2023 | 全国勘察设计注册工程师执业资格考试用书

Zhuce Yantu Gongchengshi Zhiye Zige Kaoshi
Jichu Kaoshi Shijuan

注册岩土工程师执业资格考试
基础考试试卷

公共基础

注册工程师考试复习用书编委会 / 编

曹纬浚 / 主编

微信扫一扫
里面有数字资源的获取和使用方法哟

人民交通出版社股份有限公司
北京

内 容 提 要

本书收录注册岩土工程师执业资格考试基础考试真题（含公共基础 2009~2022 年、专业基础 2011~2022 年真题，2015 年缺考），每套真题均参考实际考卷排版，提供详细解析及参考答案。

本书可供参加 2023 年注册岩土工程师执业资格考试基础考试的考生模拟练习。

图书在版编目（CIP）数据

2023 注册岩土工程师执业资格考试基础考试试卷/曹纬浚主编. — 北京：人民交通出版社股份有限公司，2023.1

2023 全国勘察设计注册工程师执业资格考试用书

ISBN 978-7-114-18458-1

Ⅰ.①2… Ⅱ.①曹… Ⅲ.①岩土工程—资格考试—习题集 Ⅳ.①TU4-44

中国版本图书馆 CIP 数据核字（2023）第 002108 号

书　　名：**2023 注册岩土工程师执业资格考试基础考试试卷**
著 作 者：曹纬浚
责任编辑：刘彩云
责任印制：张　凯
出版发行：人民交通出版社股份有限公司
地　　址：（100011）北京市朝阳区安定门外外馆斜街 3 号
网　　址：http://www.ccpcl.com.cn
销售电话：（010）59757973
总 经 销：人民交通出版社股份有限公司发行部
经　　销：各地新华书店
印　　刷：北京市密东印刷有限公司
开　　本：889 × 1194　1/16
印　　张：53.75
字　　数：1030 千
版　　次：2023 年 1 月　第 1 版
印　　次：2023 年 1 月　第 1 次印刷
书　　号：ISBN 978-7-114-18458-1
定　　价：168.00 元（含两册）

注册工程师考试复习用书

编　委　会

目　录

（公共基础）

2009年度全国勘察设计注册工程师

执业资格考试试卷

基础考试

（上）

二〇〇九年九月

应考人员注意事项

1. 本试卷科目代码为“1”，考生务必将此代码填涂在答题卡“科目代码”相应的栏目内，否则，无法评分。
2. 书写用笔：**黑色或蓝色钢笔、签字笔或圆珠笔；**

   填涂答题卡用笔：**黑色 2B 铅笔**。
3. 必须用书写用笔将工作单位、姓名、准考证号填写在答题卡和试卷相应的栏目内。
4. 本试卷由 120 题组成，每题 1 分，满分 120 分，本试卷全部为单项选择题，每小题的四个备选项中只有一个正确答案，错选、多选、不选均不得分。
5. 考生作答时，必须按**题号在答题卡上**将相应试题所选选项对应的**字母用 2B 铅笔涂黑**。
6. 在答题卡上书写与题意无关的语言，或在答题卡上作标记的，均按违纪试卷处理。
7. 考试结束时，由监考人员当面将试卷、答题卡一并收回。
8. 草稿纸由各地统一配发，考后收回。

单项选择题（共 120 分，每题 1 分。每题的备选项中只有一个最符合题意。）

1. 设$\vec{\alpha}=-\vec{i}+3\vec{j}+\vec{k}$，$\vec{\beta}=\vec{i}+\vec{j}+t\vec{k}$，已知$\vec{\alpha}\times\vec{\beta}=-4\vec{i}-4\vec{k}$，则$t=$

A. −2　　B. 0

C. −1　　D. 1

2. 设平面方程为$x+y+z+1=0$，直线方程为$1-x=y+1=z$，则直线与平面：

A. 平行　　B. 垂直

C. 重合　　D. 相交但不垂直

3. 设函数$f(x)=\begin{cases}1+x\ ,\ x\geqslant 0\\ 1-x^2,\ x<0\end{cases}$，在$(-\infty,+\infty)$内：

A. 单调减少　　B. 单调增加

C. 有界　　D. 偶函数

4. 若函数$f(x)$在点x_0间断，$g(x)$在点x_0连续，则$f(x)g(x)$在点x_0：

A. 间断　　B. 连续

C. 第一类间断　　D. 可能间断可能连续

5. 函数$y=\cos^2\frac{1}{x}$在x处的导数是：

A. $\frac{1}{x^2}\sin\frac{2}{x}$　　B. $-\sin\frac{2}{x}$

C. $-\frac{2}{x^2}\cos\frac{1}{x}$　　D. $-\frac{1}{x^2}\sin\frac{2}{x}$

6. 设$y=f(x)$是(a,b)内的可导函数，x，$x+\Delta x$是(a,b)内的任意两点，则：

A. $\Delta y=f'(x)\Delta x$

B. 在x，$x+\Delta x$之间恰好有一点ξ，使$\Delta y=f'(\xi)\Delta x$

C. 在x，$x+\Delta x$之间至少存在一点ξ，使$\Delta y=f'(\xi)\Delta x$

D. 在x，$x+\Delta x$之间的任意一点ξ，使$\Delta y=f'(\xi)\Delta x$

7. 设$z=f(x^2-y^2)$，则$\mathrm{d}z=$

A. $2x-2y$　　B. $2x\mathrm{d}x-2y\mathrm{d}y$

C. $f'(x^2-y^2)\mathrm{d}x$　　D. $2f'(x^2-y^2)(x\mathrm{d}x-y\mathrm{d}y)$

8. 若$\int f(x)\mathrm{d}x = F(x) + C$，则$\int \frac{1}{\sqrt{x}} f(\sqrt{x})\mathrm{d}x =$

A. $\frac{1}{2}F(\sqrt{x}) + C$

B. $2F(\sqrt{x}) + C$

C. $F(x) + C$

D. $\frac{F(\sqrt{x})}{\sqrt{x}}$

9. $\int \frac{\cos 2x}{\sin^2 x \cos^2 x}\mathrm{d}x =$

A. $\cot x - \tan x + C$

B. $\cot x + \tan x + C$

C. $-\cot x - \tan x + C$

D. $-\cot x + \tan x + C$

10. $\frac{\mathrm{d}}{\mathrm{d}x}\int_0^{\cos x} \sqrt{1-t^2}\,\mathrm{d}t$等于：

A. $\sin x$

B. $|\sin x|$

C. $-\sin^2 x$

D. $-\sin x\,|\sin x|$

11. 下列结论中正确的是：

A. $\int_{-1}^{1} \frac{1}{x^2}\mathrm{d}x$收敛

B. $\frac{\mathrm{d}}{\mathrm{d}x}\int_0^{x^2} f(t)\mathrm{d}t = f(x^2)$

C. $\int_1^{+\infty} \frac{1}{\sqrt{x}}\mathrm{d}x$发散

D. $\int_{-\infty}^{0} e^{-\frac{x^2}{2}}\mathrm{d}x$发散

12. 曲面$x^2 + y^2 + z^2 = 2z$之内及曲面$z = x^2 + y^2$之外所围成的立体的体积$V =$

A. $\int_0^{2\pi}\mathrm{d}\theta\int_0^1 r\mathrm{d}r\int_r^{\sqrt{1-r^2}}\mathrm{d}z$

B. $\int_0^{2\pi}\mathrm{d}\theta\int_0^r r\mathrm{d}r\int_{r^2}^{1-\sqrt{1-r^2}}\mathrm{d}z$

C. $\int_0^{2\pi}\mathrm{d}\theta\int_0^r r\mathrm{d}r\int_r^{1-r}\mathrm{d}z$

D. $\int_0^{2\pi}\mathrm{d}\theta\int_0^1 r\mathrm{d}r\int_{1-\sqrt{1-r^2}}^{r^2}\mathrm{d}z$

13. 已知级数$\sum\limits_{n=1}^{\infty}(u_{2n} - u_{2n+1})$是收敛的，则下列结论成立的是：

A. $\sum\limits_{n=1}^{\infty} u_n$必收敛

B. $\sum\limits_{n=1}^{\infty} u_n$未必收敛

C. $\lim\limits_{n\to\infty} u_n = 0$

D. $\sum\limits_{n=1}^{\infty} u_n$发散

14. 函数$\frac{1}{3-x}$展开成$(x-1)$的幂级数是：

A. $\sum\limits_{n=0}^{\infty}\frac{x^n}{2^n}$

B. $\sum\limits_{n=0}^{\infty}\left(\frac{1-x}{2}\right)^n$

C. $\sum\limits_{n=0}^{\infty}\frac{(x-1)^n}{2^{n+1}}$

D. $\sum\limits_{n=0}^{\infty}(-1)^n\frac{x^n}{4^{n+1}}$

15. 微分方程$(3+2y)x\mathrm{d}x+(1+x^2)\mathrm{d}y=0$的通解为：

A. $1+x^2=Cy$

B. $(1+x^2)(3+2y)=C$

C. $(3+2y)^2=\frac{C}{1+x^2}$

D. $(1+x^2)^2(3+2y)=C$

16. 微分方程$y''+ay'^2=0$满足条件$y|_{x=0}=0$，$y'|_{x=0}=-1$的特解是：

A. $\frac{1}{a}\ln|1-ax|$

B. $\frac{1}{a}\ln|ax|+1$

C. $ax-1$

D. $\frac{1}{a}x+1$

17. 设$\boldsymbol{\alpha}_1,\boldsymbol{\alpha}_2,\boldsymbol{\alpha}_3$是 3 维列向量，$|\boldsymbol{A}|=|\boldsymbol{\alpha}_1,\boldsymbol{\alpha}_2,\boldsymbol{\alpha}_3|$，则与$|\boldsymbol{A}|$相等的是：

A. $|\boldsymbol{\alpha}_2,\boldsymbol{\alpha}_1,\boldsymbol{\alpha}_3|$

B. $|-\boldsymbol{\alpha}_2,-\boldsymbol{\alpha}_3,-\boldsymbol{\alpha}_1|$

C. $|\boldsymbol{\alpha}_1+\boldsymbol{\alpha}_2,\boldsymbol{\alpha}_2+\boldsymbol{\alpha}_3,\boldsymbol{\alpha}_3+\boldsymbol{\alpha}_1|$

D. $|\boldsymbol{\alpha}_1,\boldsymbol{\alpha}_1+\boldsymbol{\alpha}_2,\boldsymbol{\alpha}_1+\boldsymbol{\alpha}_2+\boldsymbol{\alpha}_3|$

18. 设$\boldsymbol{A}$是$m\times n$非零矩阵，$\boldsymbol{B}$是$n\times l$非零矩阵，满足$\boldsymbol{AB}=0$，以下选项中不一定成立的是：

A. $\boldsymbol{A}$的行向量组线性相关

B. $\boldsymbol{A}$的列向量组线性相关

C. $\boldsymbol{B}$的行向量组线性相关

D. $r(\boldsymbol{A})+r(\boldsymbol{B})\leqslant n$

19. 设$\boldsymbol{A}$是 3 阶实对称矩阵，$\boldsymbol{P}$是 3 阶可逆矩阵，$\boldsymbol{B}=\boldsymbol{P}^{-1}\boldsymbol{AP}$，已知$\boldsymbol{\alpha}$是$\boldsymbol{A}$的属于特征值$\lambda$的特征向量，则$\boldsymbol{B}$的属于特征值$\lambda$的特征向量是：

A. $\boldsymbol{P\alpha}$　　B. $\boldsymbol{P}^{-1}\boldsymbol{\alpha}$　　C. $\boldsymbol{P}^{\mathrm{T}}\boldsymbol{\alpha}$　　D. $(\boldsymbol{P}^{-1})^{\mathrm{T}}\boldsymbol{\alpha}$

20. 设$\boldsymbol{A}=\begin{bmatrix}1&1\\1&2\end{bmatrix}$，与$\boldsymbol{A}$合同的矩阵是：

A. $\begin{bmatrix}1&-1\\-1&2\end{bmatrix}$

B. $\begin{bmatrix}-1&1\\1&-2\end{bmatrix}$

C. $\begin{bmatrix}1&1\\-1&2\end{bmatrix}$

D. $\begin{bmatrix}1&-1\\1&2\end{bmatrix}$

21. 若$P(A)=0.5$，$P(B)=0.4$，$P(\overline{A}-B)=0.3$，则$P(A\cup B)=$

A. 0.6　　B. 0.7　　C. 0.8　　D. 0.9

22. 设随机变量$X\sim N(0,\sigma^2)$，则对任何实数λ，都有：

A. $P(X\leqslant\lambda)=P(X\geqslant\lambda)$

B. $P(X\geqslant\lambda)=P(X\leqslant-\lambda)$

C. $X-\lambda\sim N(\lambda,\sigma^2-\lambda^2)$

D. $\lambda X\sim N(0,\lambda\sigma^2)$

23. 设随机变量X的概率密度为$f(x)=\begin{cases}\frac{3}{8}x^2, & 0<x<2\\ 0, & 其他\end{cases}$，则$Y=\frac{1}{X}$的数学期望是：

A. $\frac{3}{4}$　　B. $\frac{1}{2}$　　C. $\frac{2}{3}$　　D. $\frac{1}{4}$

24. 设总体X的概率密度为$f(x,\theta)=\begin{cases}e^{-(x-\theta)}, & x\geqslant\theta\\ 0, & x<\theta\end{cases}$，而$X_1,X_2,\cdots,X_n$是来自该总体的样本，则未知参数$\theta$的最大似然估计是：

A. $\overline{X}-1$

B. $n\overline{X}$

C. $\min(X_1,X_2,\cdots,X_n)$

D. $\max(X_1,X_2,\cdots,X_n)$

25. 1mol 刚性双原子理想气体，当温度为T时，每个分子的平均平动动能为：

A. $\frac{3}{2}RT$　　B. $\frac{5}{2}RT$　　C. $\frac{3}{2}kT$　　D. $\frac{5}{2}kT$

26. 在恒定不变的压强下，气体分子的平均碰撞频率$\overline{Z}$与温度T的关系为：

A. $\overline{Z}$与T无关

B. $\overline{Z}$与$\sqrt{T}$成正比

C. $\overline{Z}$与$\sqrt{T}$成反比

D. $\overline{Z}$与T成正比

27. 汽缸内有一定量的理想气体，先使气体做等压膨胀，直至体积加倍，然后做绝热膨胀，直至降到初始温度，在整个过程中，气体的内能变化ΔE和对外做功W为：

A. $\Delta E=0$，$W>0$

B. $\Delta E=0$，$W<0$

C. $\Delta E>0$，$W>0$

D. $\Delta E<0$，$W<0$

28. 一个汽缸内储有一定量的单原子分子理想气体，在压缩过程中外界做功 209J，此过程中气体内能增加 120J，则外界传给气体的热量为：

A. −89J　　B. 89J　　C. 329J　　D. 0

29. 已知平面简谐波的方程为$y=A\cos(Bt-Cx)$，式中A、B、C为正常数，此波的波长和波速分别为：

A. $\frac{B}{C}$，$\frac{2\pi}{C}$

B. $\frac{2\pi}{C}$，$\frac{B}{C}$

C. $\frac{\pi}{C}$，$\frac{2B}{C}$

D. $\frac{2\pi}{C}$，$\frac{C}{B}$

30. 一平面简谐波在弹性媒质中传播，在某一瞬间，某质元正处于其平衡位置，此时它的：

A. 动能为零，势能最大

B. 动能为零，热能为零

C. 动能最大，势能最大

D. 动能最大，势能为零

31. 通常声波的频率范围是：

A. 20~200Hz　　B. 20~2000Hz

C. 20~20000Hz　　D. 20~200000Hz

32. 在空气中用波长为λ的单色光进行双缝干涉实验，观测到相邻明条纹的间距为1.33mm，当把实验装置放入水中（水的折射率$n = 1.33$）时，则相邻明条纹的间距变为：

A. 1.33mm　　B. 2.66mm　　C. 1mm　　D. 2mm

33. 波长为λ的单色光垂直照射到置于空气中的玻璃劈尖上，玻璃的折射率为n，则第三级暗条纹处的玻璃厚度为：

A. $\frac{3\lambda}{2n}$　　B. $\frac{\lambda}{2n}$　　C. $\frac{3\lambda}{2}$　　D. $\frac{2n}{3\lambda}$

34. 若在迈克尔逊干涉仪的可动反射镜 M 移动 0.620mm 过程中，观察到干涉条纹移动了 2300 条，则所用光波的波长为：

A. 269nm　　B. 539nm

C. 2690nm　　D. 5390nm

35. 波长分别为$\lambda_1 = 450\text{nm}$和$\lambda_2 = 750\text{nm}$的单色平行光，垂直入射到光栅上，在光栅光谱中，这两种波长的谱线有重叠现象，重叠处波长为λ_2谱线的级数为：

A. $2,3,4,5,\cdots$　　B. $5,10,15,20,\cdots$

C. $2,4,6,8,\cdots$　　D. $3,6,9,12,\cdots$

36. 一束自然光从空气投射到玻璃板表面上，当折射角为30°时，反射光为完全偏振光，则此玻璃的折射率为：

A. $\frac{\sqrt{3}}{2}$　　B. $\frac{1}{2}$　　C. $\frac{\sqrt{3}}{3}$　　D. $\sqrt{3}$

37. 化学反应低温自发，高温非自发，该反应的：

A. $\Delta H < 0$，$\Delta S < 0$　　B. $\Delta H > 0$，$\Delta S < 0$

C. $\Delta H < 0$，$\Delta S > 0$　　D. $\Delta H > 0$，$\Delta S > 0$

38. 已知氯电极的标准电势为 1.358V，当氯离子浓度为 $0.1\text{mol} \cdot \text{L}^{-1}$，氯气分压为$0.1 \times 100\text{kPa}$时，该电极的电极电势为：

A. 1.358V　　B. 1.328V　　C. 1.388V　　D. 1.417V

39. 已知下列电对电极电势的大小顺序为：$E(F_2/F^-) > E(Fe^{3+}/Fe^{2+}) > E(Mg^{2+}/Mg) > E(Na^+/Na)$，则下列离子中最强的还原剂是：

A. F^-　　B. Fe^{2+}　　C. Na^+　　D. Mg^{2+}

40. 升高温度，反应速率常数增大的主要原因是：

A. 活化分子百分数增加　　B. 混乱度增加

C. 活化能增加　　D. 压力增大

41. 下列各波函数不合理的是：

A. $\psi(1,1,0)$　　B. $\psi(2,1,0)$

C. $\psi(3,2,0)$　　D. $\psi(5,3,0)$

42. 将反应$MnO_2 + HCl \longrightarrow MnCl_2 + Cl_2 + H_2O$配平后，方程式中$MnCl_2$的系数是：

A. 1　　B. 2　　C. 3　　D. 4

43. 某一弱酸 HA 的标准解离常数为1.0×10^{-5}，则相应弱酸强碱盐 MA 的标准水解常数为：

A. 1.0×10^{-9}　　B. 1.0×10^{-2}

C. 1.0×10^{-19}　　D. 1.0×10^{-5}

44. 某化合物的结构式为（苯环邻位取代 —CHO 与 —CH_2OH），该有机化合物不能发生的化学反应类型是：

A. 加成反应　　B. 还原反应

C. 消除反应　　D. 氧化反应

45. 聚丙烯酸酯的结构式为 $\left[CH_2 - \underset{\underset{CO_2R}{|}}{CH} \right]_n$，它属于：

①无机化合物；②有机化合物；③高分子化合物；④离子化合物；⑤共价化合物。

A. ①③④　　B. ①③⑤

C. ②③⑤　　D. ②③④

46. 下列物质中不能使酸性高锰酸钾溶液褪色的是：

A. 苯甲醛　　B. 乙苯　　C. 苯　　D. 苯乙烯

47. 设力$\boldsymbol{F}$在x轴上的投影为F，则该力在与x轴共面的任一轴上的投影：

A. 一定不等于零　　B. 不一定等于零

C. 一定等于零　　D. 等于F

48. 等边三角形ABC，边长为a，沿其边缘作用大小均为F的力$\boldsymbol{F}_1$、$\boldsymbol{F}_2$、$\boldsymbol{F}_3$，方向如图所示，力系向A点简化的主矢及主矩的大小分别为：

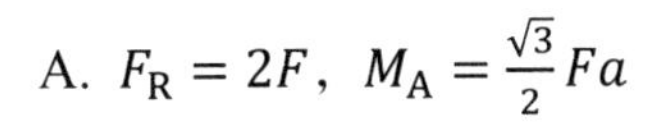
A. $F_{\mathrm{R}}=2F$，$M_{\mathrm{A}}=\frac{\sqrt{3}}{2}Fa$

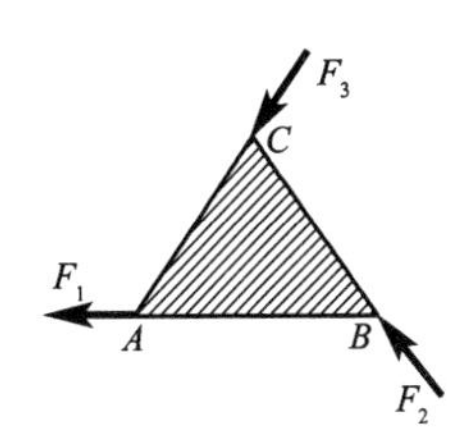

B. $F_{\mathrm{R}}=0$，$M_{\mathrm{A}}=\frac{\sqrt{3}}{2}Fa$

C. $F_{\mathrm{R}}=2F$，$M_{\mathrm{A}}=\sqrt{3}Fa$

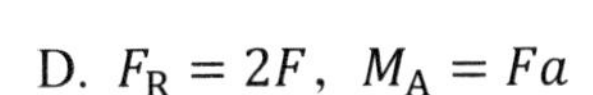
D. $F_{\mathrm{R}}=2F$，$M_{\mathrm{A}}=Fa$

49. 已知杆AB和杆CD的自重不计，且在C处光滑接触，若作用在杆AB上力偶矩为M_1，若欲使系统保持平衡，作用在CD杆上的力偶矩M_2，转向如图所示，则其矩值为：

A. $M_2=M_1$

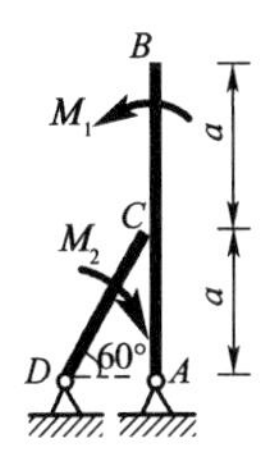

B. $M_2=\frac{4}{3}M_1$

C. $M_2=2M_1$

D. $M_2=3M_1$

50. 物块重力的大小$W=100\mathrm{kN}$，置于$\alpha=60°$的斜面上，与斜面平行力的大小$F_{\mathrm{P}}=80\mathrm{kN}$（如图所示），若物块与斜面间的静摩擦系数$f=0.2$，则物块所受的摩擦力$\boldsymbol{F}$为：

A. $F=10\mathrm{kN}$，方向为沿斜面向上

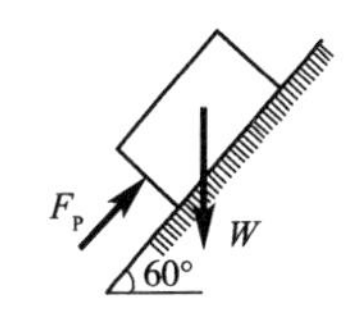

B. $F=10\mathrm{kN}$，方向为沿斜面向下

C. $F=6.6\mathrm{kN}$，方向为沿斜面向上

D. $F=6.6\mathrm{kN}$，方向为沿斜面向下

51. 若某点按$s=8-2t^2$（s以 m 计，t以 s 计）的规律运动，则$t=3\mathrm{s}$时点经过的路程为：

A. 10m　　B. 8m

C. 18m　　D. 8m 至 18m 以外的一个数值

52. 杆$OA = l$，绕固定轴O转动，某瞬时杆端A点的加速度$\boldsymbol{a}$如图所示，则该瞬时杆OA的角速度及角加速度分别为：

A. 0，$\frac{a}{l}$

B. $\sqrt{\frac{a\cos\alpha}{l}}$，$\frac{a\sin\alpha}{l}$

C. $\sqrt{\frac{a}{l}}$，0

D. 0，$\sqrt{\frac{a}{l}}$

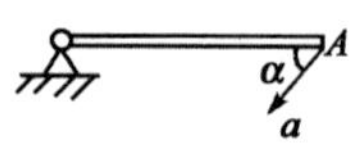

53. 图示绳子的一端绕在滑轮上，另一端与置于水平面上的物块 B 相连，若物块 B 的运动方程为$x = kt^2$，其中k为常数，轮子半径为R。则轮缘上A点的加速度大小为：

A. $2k$

B. $\sqrt{4k^2t^2 / R}$

C. $(2k + 4k^2t^2) / R$

D. $\sqrt{4k^2 + 16k^4t^4 / R^2}$

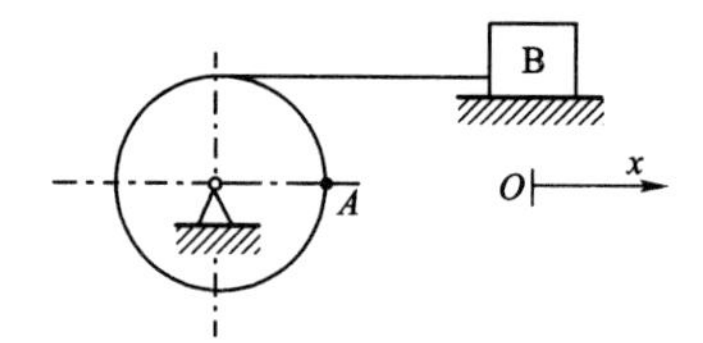

54. 质量为m的质点M，受有两个力$\boldsymbol{F}$和$\boldsymbol{R}$的作用，产生水平向左的加速度$\boldsymbol{a}$，如图所示，它在x轴方向的动力学方程为：

A. $ma = F - R$

B. $-ma = F - R$

C. $ma = R + F$

D. $-ma = R - F$

55. 均质圆盘质量为m，半径为R，在铅垂平面内绕O轴转动，图示瞬时角速度为ω，则其对O轴的动量矩和动能大小分别为：

A. $mR\omega$，$\frac{1}{4}mR\omega$

B. $\frac{1}{2}mR\omega$，$\frac{1}{2}mR\omega$

C. $\frac{1}{2}mR^2\omega$，$\frac{1}{2}mR^2\omega^2$

D. $\frac{3}{2}mR^2\omega$，$\frac{3}{4}mR^2\omega^2$

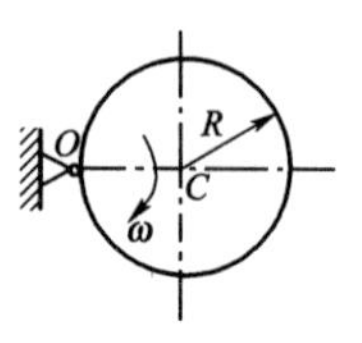

56. 质量为m，长为 $2l$的均质细杆初始位于水平位置，如图所示。A端脱落后，杆绕轴B转动，当杆转到铅垂位置时，AB杆角加速度的大小为：

A. 0

B. 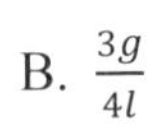 $\frac{3g}{4l}$

C. 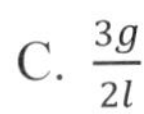 $\frac{3g}{2l}$

D. 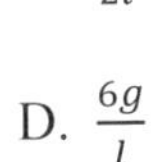 $\frac{6g}{l}$

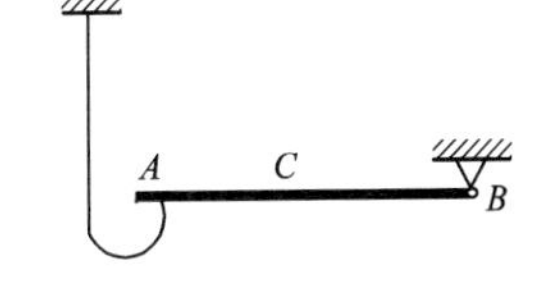

57. 均质细杆AB重力为$\boldsymbol{P}$，长为 $2l$，A端铰支，B端用绳系住，处于水平位置，如图所示。当B端绳突然剪断瞬时，AB杆的角加速度大小为$\frac{3g}{4l}$，则A处约束力大小为：

A. $F_{\mathrm{Ax}} = 0$，$F_{\mathrm{Ay}} = 0$

B. $F_{\mathrm{Ax}} = 0$，$F_{\mathrm{Ay}} = P / 4$

C. $F_{\mathrm{Ax}} = P$，$F_{\mathrm{Ay}} = P / 2$

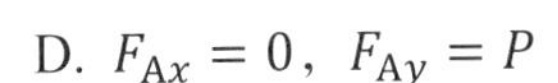
D. $F_{\mathrm{Ax}} = 0$，$F_{\mathrm{Ay}} = P$

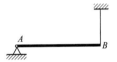

58. 图示弹簧质量系统，置于光滑的斜面上，斜面的倾角α可以在0°~90°间改变，则随α的增大，系统振动的固有频率：

A. 增大

B. 减小

C. 不变

D. 不能确定

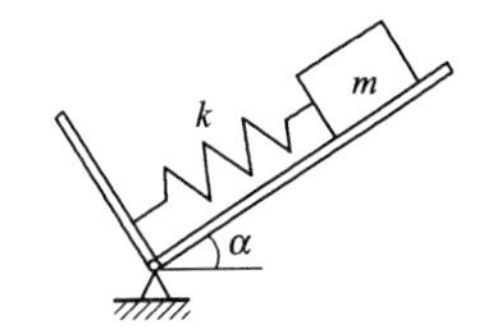

59. 在低碳钢拉伸实验中，冷作硬化现象发生在：

A. 弹性阶段

B. 屈服阶段

C. 强化阶段

D. 局部变形阶段

60. 螺钉受力如图所示，已知螺钉和钢板的材料相同，拉伸许用应力$[\sigma]$是剪切许用应力$[\tau]$的 2 倍，即$[\sigma]=2[\tau]$，钢板厚度t是螺钉头高度h的 1.5 倍，则螺钉直径d的合理值为：

A. $d=2h$

B. $d=0.5h$

C. $d^2=2Dt$

D. $d^2=Dt$

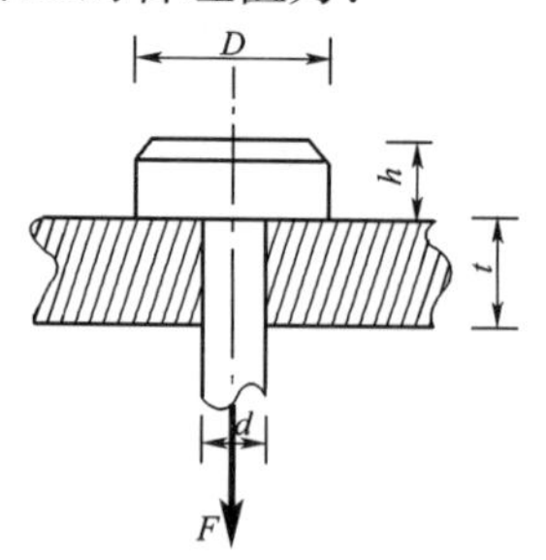

61. 直径为d的实心圆轴受扭，若使扭转角减小一半，圆轴的直径需变为：

A. $\sqrt[4]{2}d$

B. $\sqrt[3]{\sqrt{2}}d$

C. $0.5d$

D. $2d$

62. 图示圆轴抗扭截面模量为W_t，剪切模量为G，扭转变形后，圆轴表面A点处截取的单元体互相垂直的相邻边线改变了γ角，如图所示。圆轴承受的扭矩T为：

A. $T=G\gamma W_t$

B. $T=\frac{G\gamma}{W_t}$

C. $T=\frac{\gamma}{G}W_t$

D. $T=\frac{W_t}{G\gamma}$

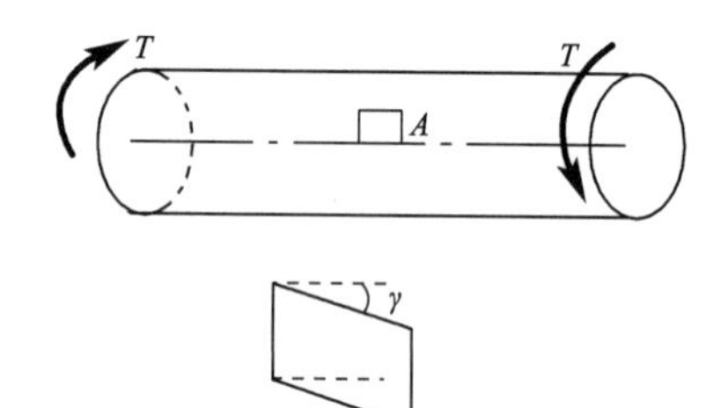

63. 矩形截面挖去一个边长为a的正方形，如图所示，该截面对z轴的惯性矩I_z为：

A. $I_z=\frac{bh^3}{12}-\frac{a^4}{12}$

B. $I_z=\frac{bh^3}{12}-\frac{13a^4}{12}$

C. $I_z=\frac{bh^3}{12}-\frac{a^4}{3}$

D. $I_z=\frac{bh^3}{12}-\frac{7a^4}{12}$

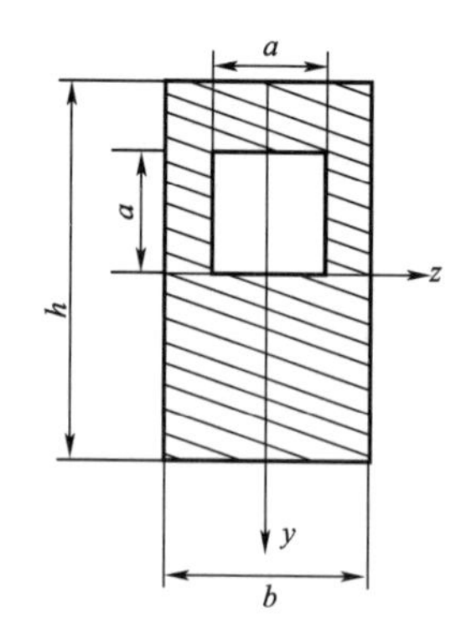

64. 图示外伸梁，A截面的剪力为：

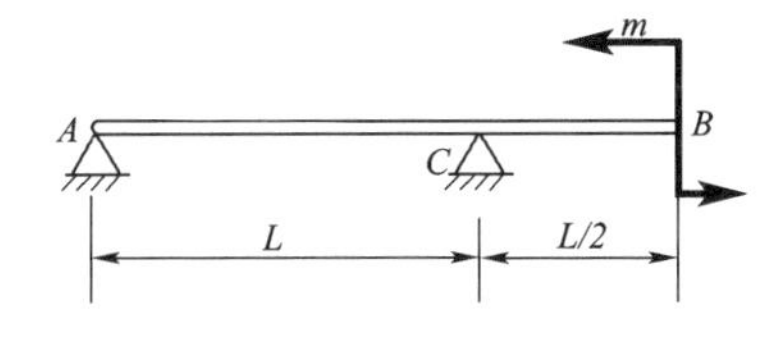

A. 0　　B. $\frac{3m}{2L}$　　C. $\frac{m}{L}$　　D. $-\frac{m}{L}$

65. 两根梁长度、截面形状和约束条件完全相同，一根材料为钢，另一根材料为铝。在相同的外力作用下发生弯曲变形，两者不同之处为：

A. 弯曲内力　　B. 弯曲正应力

C. 弯曲切应力　　D. 挠曲线

66. 图示四个悬臂梁中挠曲线是圆弧的为：

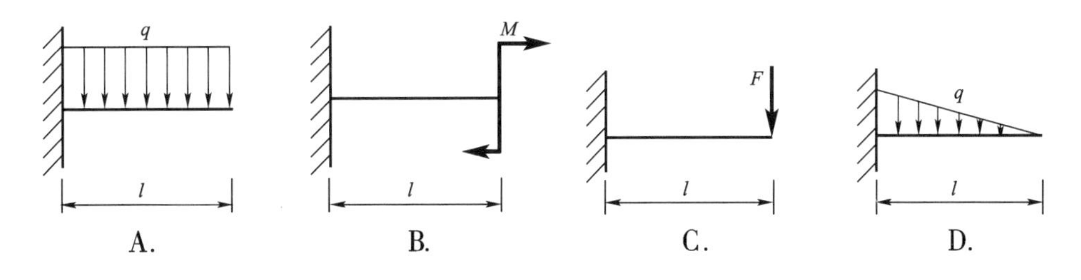

67. 受力体一点处的应力状态如图所示，该点的最大主应力σ_1为：

A. 70MPa

B. 10MPa

C. 40MPa

D. 50MPa

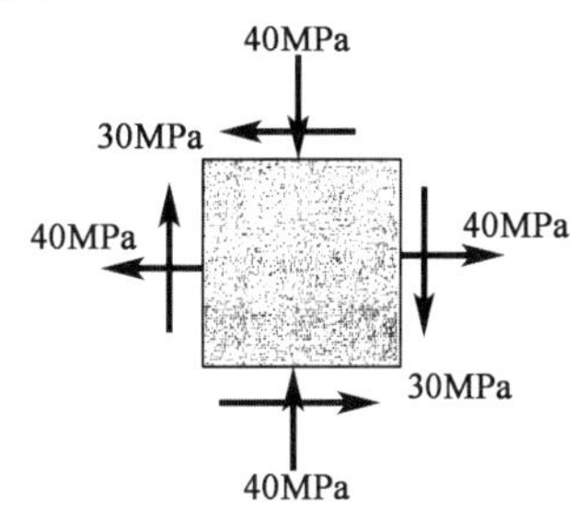

68. 图示T形截面杆，一端固定一端自由，自由端的集中力F作用在截面的左下角点，并与杆件的轴线平行。该杆发生的变形为：

A. 绕y和z轴的双向弯曲

B. 轴向拉伸和绕y、z轴的双向弯曲

C. 轴向拉伸和绕z轴弯曲

D. 轴向拉伸和绕y轴弯曲

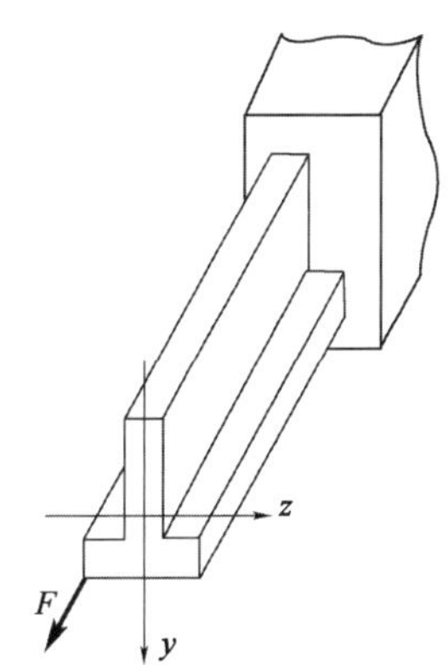

69. 图示圆轴，在自由端圆周边界承受竖直向下的集中力F，按第三强度理论，危险截面的相当应力σ_{eq3}为：

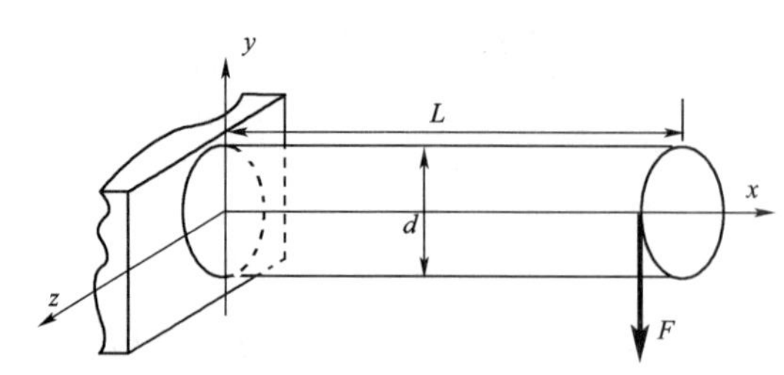

A. $\sigma_{\mathrm{eq3}}=\frac{16}{\pi d^3}\sqrt{(FL)^2+4\left(\frac{Fd}{2}\right)^2}$　　B. $\sigma_{\mathrm{eq3}}=\frac{16}{\pi d^3}\sqrt{(FL)^2+\left(\frac{Fd}{2}\right)^2}$

C. $\sigma_{\mathrm{eq3}}=\frac{32}{\pi d^3}\sqrt{(FL)^2+4\left(\frac{Fd}{2}\right)^2}$　　D. $\sigma_{\mathrm{eq3}}=\frac{32}{\pi d^3}\sqrt{(FL)^2+\left(\frac{Fd}{2}\right)^2}$

70. 两根完全相同的细长（大柔度）压杆AB和CD如图所示，杆的下端为固定铰链约束，上端与刚性水平杆固结。两杆的弯曲刚度均为EI，其临界荷载F_{a}为：

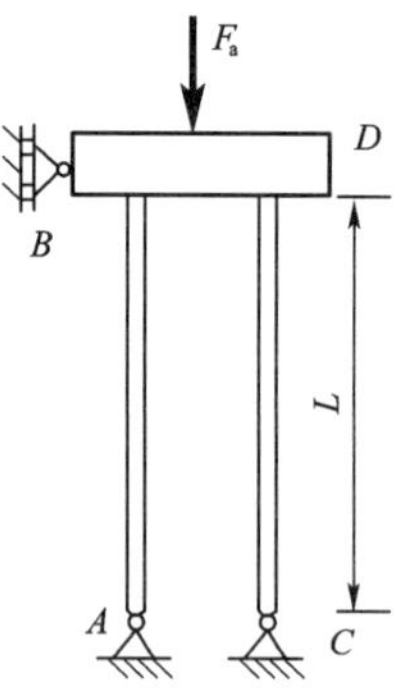

A. $2.04\times\frac{\pi^2EI}{L^2}$

B. $4.08\times\frac{\pi^2EI}{L^2}$

C. $8\times\frac{\pi^2EI}{L^2}$

D. $2\times\frac{\pi^2EI}{L^2}$

71. 静止的流体中，任一点的压强的大小与下列哪一项无关？

A. 当地重力加速度　　B. 受压面的方向

C. 该点的位置　　D. 流体的种类

72. 静止油面（油面上为大气）下 3m 深度处的绝对压强为下列哪一项？（油的密度为800kg/m^3，当地大气压为 100kPa）

A. 3kPa　　B. 23.5kPa

C. 102.4kPa　　D. 123.5kPa

73. 根据恒定流的定义，下列说法中正确的是：

A. 各断面流速分布相同

B. 各空间点上所有运动要素均不随时间变化

C. 流线是相互平行的直线

D. 流动随时间按一定规律变化

74. 正常工作条件下的薄壁小孔口与圆柱形外管嘴，直径d相等，作用水头H相等，则孔口流量Q_1和孔口收缩断面流速v_1与管嘴流量Q_2和管嘴出口流速v_2的关系是：

A. $v_1 < v_2$，$Q_1 < Q_2$　　B. $v_1 < v_2$，$Q_1 > Q_2$

C. $v_1 > v_2$，$Q_1 < Q_2$　　D. $v_1 > v_2$，$Q_1 > Q_2$

75. 明渠均匀流只能发生在：

A. 顺坡棱柱形渠道　　B. 平坡棱柱形渠道

C. 逆坡棱柱形渠道　　D. 变坡棱柱形渠道

76. 在流量、渠道断面形状和尺寸、壁面粗糙系数一定时，随底坡的增大，正常水深将会：

A. 减小　　B. 不变

C. 增大　　D. 随机变化

77. 有一个普通完全井，其直径为 1m，含水层厚度$H = 11\text{m}$，土壤渗透系数$k = 2\text{m/h}$。抽水稳定后的井中水深$h_0 = 8\text{m}$，试估算井的出水量：

A. $0.084\text{m}^3/\text{s}$　　B. $0.017\text{m}^3/\text{s}$

C. $0.17\text{m}^3/\text{s}$　　D. $0.84\text{m}^3/\text{s}$

78. 研究船体在水中航行的受力试验，其模型设计应采用：

A. 雷诺准则　　B. 弗劳德准则

C. 韦伯准则　　D. 马赫准则

79. 在静电场中，有一个带电体在电场力的作用下移动，由此所做的功的能量来源是：

A. 电场能　　　　B. 带电体自身的能量

C. 电场能和带电体自身的能量　　　　D. 电场外部的能量

80. 图示电路中，$u_C = 10\text{V}$，$i_1 = 1\text{mA}$，则：

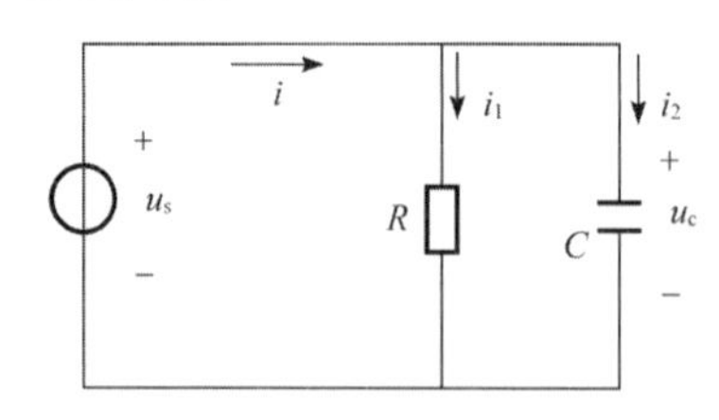

A. 因为$i_2 = 0$，使电流$i_1 = 1\text{mA}$　　　　B. 因为参数C未知，无法求出电流i

C. 虽然电流i_2未知，但是$i > i_1$成立　　　　D. 电容储存的能量为 0

81. 图示电路中，电流I_1和电流I_2分别为：

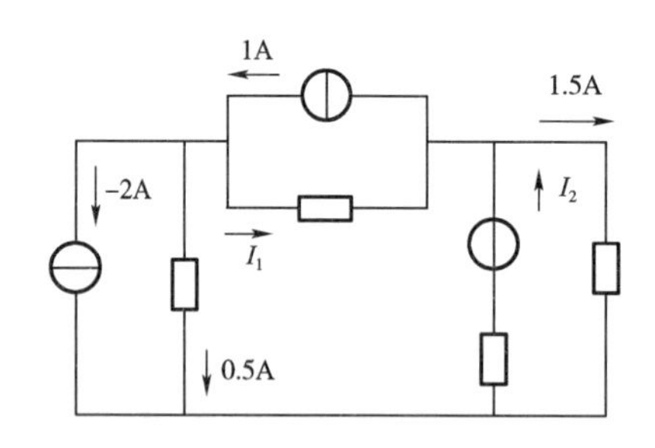

A. 2.5A 和 1.5A　　　　B. 1A 和 0A

C. 2.5A 和 0A　　　　D. 1A 和 1.5A

82. 正弦交流电压的波形图如图所示，该电压的时域解析表达式为：

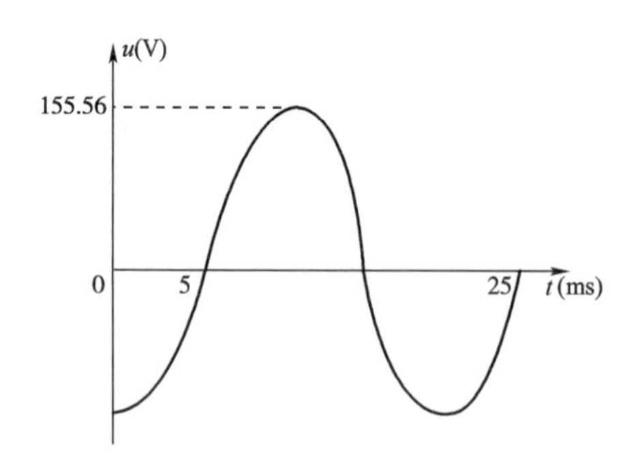

A. $u(t) = 155.56\sin(\omega t - 5°)\,\text{V}$　　　　B. $u(t) = 110\sqrt{2}\sin(314t - 90°)\,\text{V}$

C. $u(t) = 110\sqrt{2}\sin(50t + 60°)\,\text{V}$　　　　D. $u(t) = 155.56\sin(314t - 60°)\,\text{V}$

83. 图示电路中，若$u = U_{\mathrm{M}} \sin(\omega t + \psi_{\mathrm{u}})$，则下列表达式中一定成立的是：

式 1：$u = u_{\mathrm{R}} + u_{\mathrm{L}} + u_{\mathrm{C}}$

式 2：$u_{\mathrm{X}} = u_{\mathrm{L}} - u_{\mathrm{C}}$

式 3：$U_{\mathrm{X}} < U_{\mathrm{L}}$及$U_{\mathrm{X}} < U_{\mathrm{C}}$

式 4：$U^2 = U_{\mathrm{R}}^2 + (U_{\mathrm{L}} + U_{\mathrm{C}})^2$

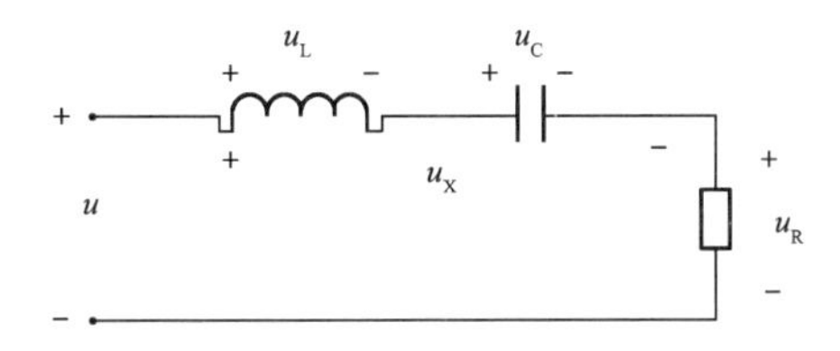

A. 式 1 和式 3　　　　B. 式 2 和式 4

C. 式 1，式 3 和式 4　　　　D. 式 2 和式 3

84. 图 a）所示电路的激励电压如图 b）所示，那么，从$t = 0$时刻开始，电路出现暂态过程的次数和在换路时刻发生突变的量分别是：

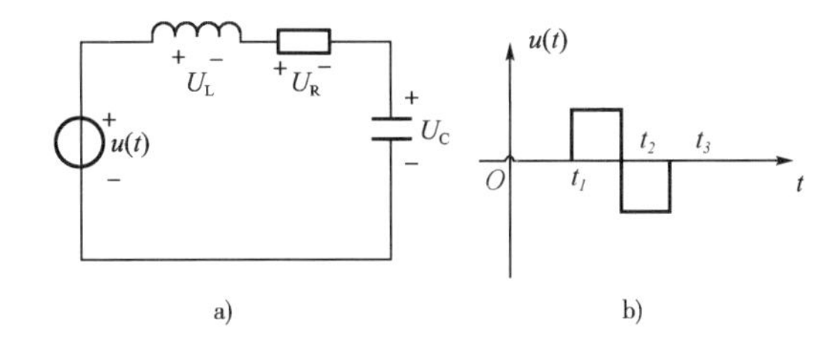

A. 3 次，电感电压　　　　B. 4 次，电感电压和电容电流

C. 3 次，电容电流　　　　D. 4 次，电阻电压和电感电压

85. 在信号源$(u_{\mathrm{s}}, R_{\mathrm{s}})$和电阻$R_{\mathrm{L}}$之间插入一个理想变压器，如图所示，若电压表和电流表的读数分别为 100V 和 2A，则信号源供出电流的有效值为：

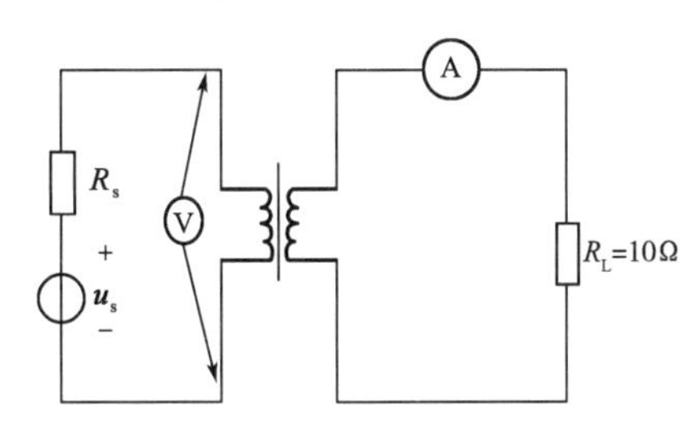

A. 0.4A　　　　B. 10A

C. 0.28A　　　　D. 7.07A

86. 三相异步电动机的工作效率与功率因数随负载的变化规律是：

A. 空载时，工作效率为 0，负载越大功率越高

B. 空载时，功率因数较小，接近满负荷时达到最大值

C. 功率因数与电动机的结构和参数有关，与负载无关

D. 负载越大，功率因数越大

87. 在如下关于信号与信息的说法中，正确的是：

A. 信息含于信号之中

B. 信号含于信息之中

C. 信息是一种特殊的信号

D. 同一信息只能承载于一种信号之中

88. 数字信号如图所示，如果用其表示数值，那么，该数字信号表示的数量是：

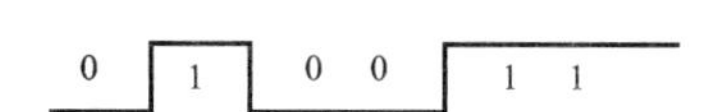

A. 3 个 0 和 3 个 1

B. 一万零一十一

C. 3

D. 19

89. 用传感器对某管道中流动的液体流量$x(t)$进行测量，测量结果为$u(t)$，用采样器对$u(t)$采样后得到信号$u^*(t)$，那么：

A. $x(t)$和$u(t)$均随时间连续变化，因此均是模拟信号

B. $u^*(t)$仅在采样点上有定义，因此是离散时间信号

C. $u^*(t)$仅在采样点上有定义，因此是数字信号

D. $u^*(t)$是$x(t)$的模拟信号

90. 模拟信号$u(t)$的波形图如图所示，它的时间域描述形式是：

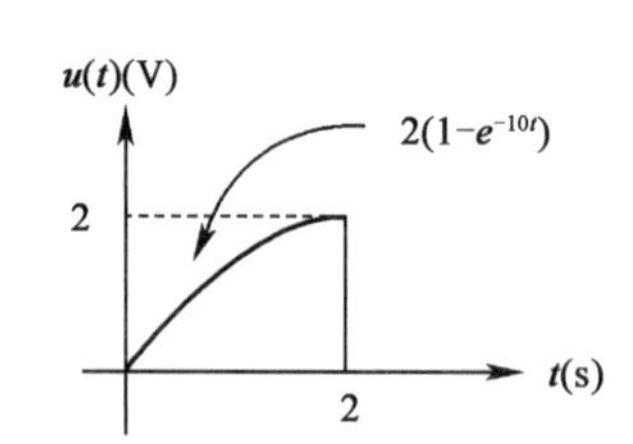

A. $u(t)=2(1-e^{-10t})\cdot 1(t)$

B. $u(t)=2(1-e^{-0.1t})\cdot 1(t)$

C. $u(t)=[2(1-e^{-10t})-2]\cdot 1(t)$

D. $u(t)=2(1-e^{-10t})\cdot 1(t)-2\cdot 1(t-2)$

91. 模拟信号放大器是完成对输入模拟量：

A. 幅度的放大　　B. 频率的放大

C. 幅度和频率的放大　　D. 低频成分的放大

92. 某逻辑问题的真值表如表所示，由此可以得到，该逻辑问题的输入输出之间的关系为：

C	A	B	F
0	0	0	0
0	0	1	0
0	1	0	0
0	1	1	0
1	0	0	1
1	0	1	0
1	1	0	0
1	1	1	1

A. $\mathrm{F}=0+1=1$　　B. $\mathrm{F}=\overline{\mathrm{A}}\overline{\mathrm{B}}\mathrm{C}+\mathrm{ABC}$

C. $\mathrm{F}=\mathrm{A}\overline{\mathrm{B}}\mathrm{C}+\mathrm{A}\overline{\mathrm{B}}\mathrm{C}$　　D. $\mathrm{F}=\overline{\mathrm{A}}\overline{\mathrm{B}}+\mathrm{AB}$

93. 电路如图所示，D 为理想二极管，$u_{\mathrm{i}}=6\sin\omega t\,(\mathrm{V})$，则输出电压的最大值$U_{\mathrm{oM}}$为：

A. 6V

B. 3V

C. −3V

D. −6V

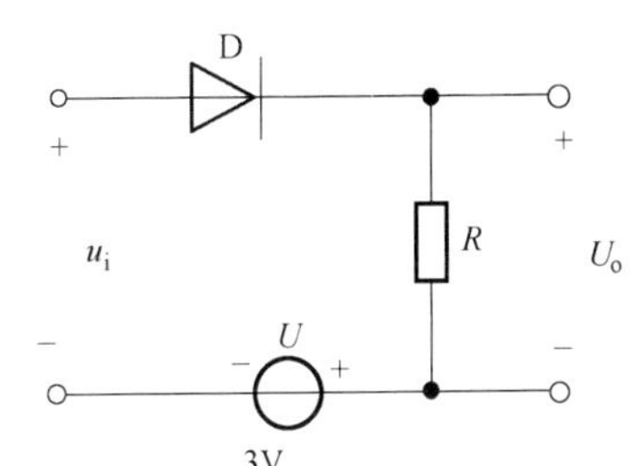

94. 将放大倍数为 1、输入电阻为 100Ω、输出电阻为 50Ω 的射极输出器插接在信号源(u_s, R_s)与负载(R_L)之间，形成图 b）电路，与图 a）电路相比，负载电压的有效值：

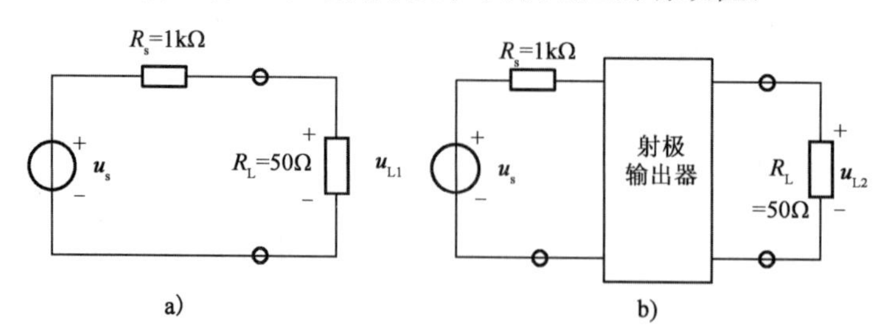

A. $U_{L2} > U_{L1}$　　B. $U_{L2} = U_{L1}$

C. $U_{L2} < U_{L1}$　　D. 因为u_s未知，不能确定U_{L1}和U_{L2}之间的关系

95. 数字信号$B = 1$时，图示两种基本门的输出分别为：

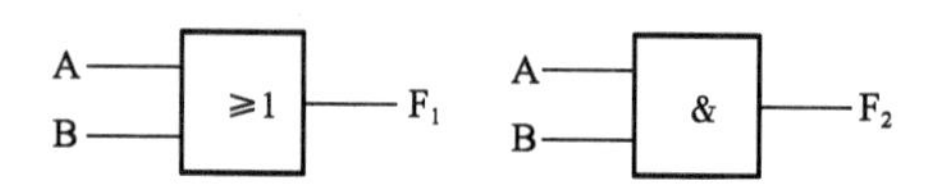

A. $F_1 = A$，$F_2 = 1$　　B. $F_1 = 1$，$F_2 = A$

C. $F_1 = 1$，$F_2 = 0$　　D. $F_1 = 0$，$F_2 = A$

96. JK 触发器及其输入信号波形如图所示，该触发器的初值为 0，则它的输出Q为：

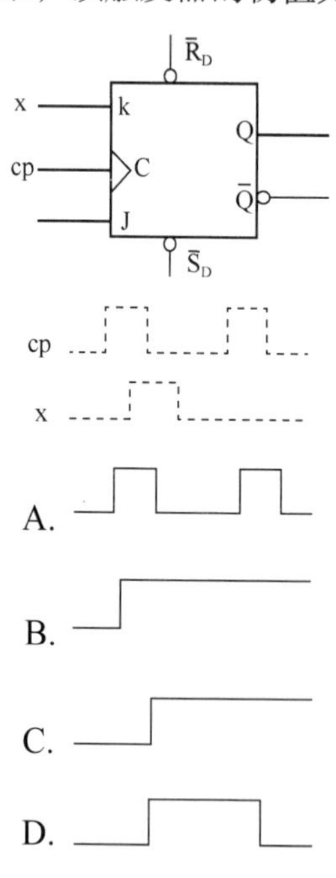

97. 存储器的主要功能是：

A. 自动计算　　B. 进行输入/输出

C. 存放程序和数据　　D. 进行数值计算

98. 按照应用和虚拟机的观点，软件可分为：

A. 系统软件，多媒体软件，管理软件

B. 操作系统，硬件管理系统和网络系统

C. 网络系统，应用软件和程序设计语言

D. 系统软件，支撑软件和应用软件

99. 信息具有多个特征，下列四条关于信息特征的叙述中，有错误的一条是：

A. 信息的可识别性，信息的可变性，信息的可流动性

B. 信息的可处理性，信息的可存储性，信息的属性

C. 信息的可再生性，信息的有效性和无效性，信息的使用性

D. 信息的可再生性，信息的独立存在性，信息的不可失性

100. 将八进制数763转换成相应的二进制数，其正确的结果是：

A. 110101110　　B. 110111100

C. 100110101　　D. 111110011

101. 计算机的内存储器以及外存储器的容量通常：

A. 以字节即8位二进制数为单位来表示

B. 以字即16位二进制数为单位来表示

C. 以二进制数为单位来表示

D. 以双字即32位二进制数为单位来表示

102. 操作系统是一个庞大的管理控制程序，它由五大管理功能组成，在下面四个选项中，不属于这五大管理功能的是：

A. 作业管理，存储管理

B. 设备管理，文件管理

C. 进程与处理器调度管理，存储管理

D. 中断管理，电源管理

103. 在Windows中，对存储器采用分页存储管理技术时，规定一个页的大小为：

A. 4G字节　　B. 4K字节

C. 128M字节　　D. 16K字节

104. 为解决主机与外围设备操作速度不匹配的问题，Windows 采用了下列哪项技术来解决这个矛盾：

A. 缓冲技术　　B. 流水线技术

C. 中断技术　　D. 分段、分页技术

105. 计算机网络技术涉及：

A. 通信技术和半导体工艺技术　　B. 网络技术和计算机技术

C. 通信技术和计算机技术　　D. 航天技术和计算机技术

106. 计算机网络是一个复合系统，共同遵守的规则称为网络协议，网络协议主要由：

A. 语句、语义和同步三个要素构成　　B. 语法、语句和同步三个要素构成

C. 语法、语义和同步三个要素构成　　D. 语句、语义和异步三个要素构成

107. 关于现金流量的下列说法中，正确的是：

A. 同一时间点上现金流入和现金流出之和，称为净现金流量

B. 现金流量图表示现金流入、现金流出及其与时间的对应关系

C. 现金流量图的零点表示时间序列的起点，同时也是第一个现金流量的时间点

D. 垂直线的箭头表示现金流动的方向，箭头向上表示现金流出，即表示费用

108. 项目前期研究阶段的划分，下列正确的是：

A. 规划，研究机会和项目建议书

B. 机会研究，项目建议书和可行性研究

C. 规划，机会研究，项目建议书和可行性研究

D. 规划，机会研究，项目建议书，可行性研究，后评价

109. 某项目建设期 3 年，共贷款 1000 万元，第一年贷款 200 万元，第二年贷款 500 万元，第三年贷款 300 万元，贷款在各年内均衡发生，贷款年利率为 7%，建设期内不支付利息，建设期利息为：

A. 98.00 万元　　B. 101.22 万元

C. 138.46 万元　　D. 62.33 万元

110. 下列不属于股票融资特点的是：

A. 股票融资所筹备的资金是项目的股本资金，可作为其他方式筹资的基础

B. 股票融资所筹资金没有到期偿还问题

C. 普通股票的股利支付，可视融资主体的经营好坏和经营需要而定

D. 股票融资的资金成本较低

111. 融资前分析和融资后分析的关系，下列说法中正确的是：

A. 融资前分析是考虑债务融资条件下进行的财务分析

B. 融资后分析应广泛应用于各阶段的财务分析

C. 在规划和机会研究阶段，可以只进行融资前分析

D. 一个项目财务分析中融资前分析和融资后分析两者必不可少

112. 经济效益计算的原则是：

A. 增量分析的原则　　B. 考虑关联效果的原则

C. 以全国居民作为分析对象的原则　　D. 支付意愿原则

113. 某建设项目年设计生产能力为 8 万台，年固定成本为 1200 万元，产品单台售价为 1000 元，单台产品可变成本为 600 元，单台产品销售税金及附加为 150 元，则该项目的盈亏平衡点的产销量为：

A. 48000 台　　B. 12000 台

C. 30000 台　　D. 21819 台

114. 下列可以提高产品价值的是：

A. 功能不变，提高成本　　B. 成本不变，降低功能

C. 成本增加一些，功能有很大提高　　D. 功能很大降低，成本降低一些

115. 按照《中华人民共和国建筑法》规定，建设单位申领施工许可证，应该具备的条件之一是：

A. 拆迁工作已经完成　　B. 已经确定监理企业

C. 有保证工程质量和安全的具体措施　　D. 建设资金全部到位

116. 根据《中华人民共和国招标投标法》的规定，下列包括在招标公告中的是：

A. 招标项目的性质、数量　　　　B. 招标项目的技术要求

C. 对投标人员资格的审查标准　　D. 拟签订合同的主要条款

117. 按照《中华人民共和国合同法》的规定，招标人在招标时，招标公告属于合同订立过程中的：

A. 邀约　　　　B. 承诺

C. 要约邀请　　D. 以上都不是

118. 根据《中华人民共和国节约能源法》的规定，为了引导用能单位和个人使用先进的节能技术、节能产品，国务院管理节能工作的部门会同国务院有关部门：

A. 发布节能技术政策大纲

B. 公布节能技术、节能产品的推广目录

C. 支持科研单位和企业开展节能技术的应用研究

D. 开展节能共性和关键技术，促进节能技术创新和成果转化

119. 根据《中华人民共和国环境保护法》的规定，有关环境质量标准的下列说法中，正确的是：

A. 对国家污染物排放标准中已经作出规定的项目，不得再制定地方污染物排放标准

B. 地方人民政府对国家环境质量标准中未作出规定的项目，不得制定地方标准

C. 地方污染物排放标准必须经过国务院环境主管部门的审批

D. 向已有地方污染物排放标准的区域排放污染物的，应当执行地方排放标准

120. 根据《建设工程勘察设计管理条例》的规定，编制初步设计文件应当：

A. 满足编制方案设计文件和控制概算的需要

B. 满足编制施工招标文件、主要设备材料订货和编制施工图设计文件的需要

C. 满足非标准设备制作，并注明建筑工程合理使用年限

D. 满足设备材料采购和施工的需要

2009年度全国勘察设计注册工程师执业资格考试基础考试（上）

试题解析及参考答案

1. 解 $\vec{\alpha}\times\vec{\beta}=\begin{vmatrix}\vec{i} & \vec{j} & \vec{k}\\ -1 & 3 & 1\\ 1 & 1 & t\end{vmatrix}=\vec{i}\,(-1)^{1+1}\begin{vmatrix}3 & 1\\ 1 & t\end{vmatrix}+\vec{j}\,(-1)^{1+2}\begin{vmatrix}-1 & 1\\ 1 & t\end{vmatrix}+$

$$\vec{k}\,(-1)^{1+3}\begin{vmatrix}-1 & 3\\ 1 & 1\end{vmatrix}=(3t-1)\,\vec{i}+(t+1)\,\vec{j}-4\,\vec{k}$$

已知$\vec{\alpha}\times\vec{\beta}=-4\,\vec{i}-4\,\vec{k}$

则$-4=3t-1$，$t=-1$

或$t+1=0$，$t=-1$

答案： C

2. 解 直线的点向式方程为$\frac{x-1}{-1}=\frac{y+1}{1}=\frac{z-0}{1}$，$\vec{s}=\{-1,1,1\}$。平面$x+y+z+1=0$,平面法向量$\vec{n}=\{1,1,1\}$。而$\vec{n}\cdot\vec{s}=\{1,1,1\}\cdot\{-1,1,1\}=1\neq 0$，故$\vec{n}$不垂直于$\vec{s}$且$\vec{s}$，$\vec{n}$坐标不成比例，即$\frac{-1}{1}\neq\frac{1}{1}$，因此$\vec{n}$不平行于$\vec{s}$。从而可知直线与平面不平行、不重合且直线也不垂直于平面。

答案： D

3. 解 **方法1**：可通过画出函数图形判定（见解图）。

方法2：求导数$f'(x)=\begin{cases}1\ \ , & x>0\\ -2x, & x<0\end{cases}$

在$(-\infty,0)\cup(0,+\infty)$内，$f'(x)>0$

$f(x)$在$(-\infty,+\infty)$单调增加。

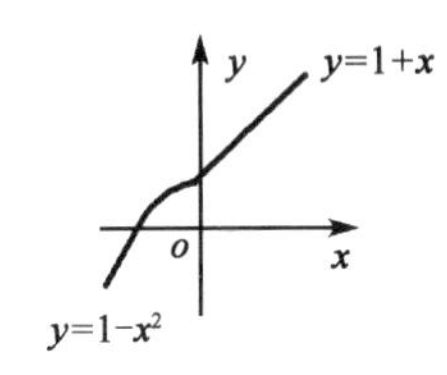

题3解图

答案： B

4. 解 通过举例来说明。

设点$x_0=0$，$f(x)=\begin{cases}1, & x\geqslant 0\\ 0, & x<0\end{cases}$，在$x_0=0$间断，$g(x)=0$，在$x_0=0$连续，而$f(x)\cdot g(x)=0$，在$x_0=0$连续。

设点$x_0=0$，$f(x)=\begin{cases}1, & x\geqslant 0\\ 0, & x<0\end{cases}$，在$x_0=0$处间断，$g(x)=1$，在$x_0=0$处连续，而$f(x)\cdot g(x)=\begin{cases}1, & x\geqslant 0\\ 0, & x<0\end{cases}$，在$x_0=0$处间断。

答案： D

5. 解 利用复合函数求导公式计算，本题由$y=u^2$，$u=\cos v$，$v=\frac{1}{x}$复合而成。所以$y'=\left(\cos^2\frac{1}{x}\right)'=2\cos\frac{1}{x}\cdot\left(-\sin\frac{1}{x}\right)\cdot\left(-\frac{1}{x^2}\right)=\frac{1}{x^2}\sin\frac{2}{x}$。

答案： A

6. 解 利用拉格朗日中值定理计算，$f(x)$在$[x,x+\Delta x]$或$[x+\Delta x,x]$连续，在$(x,x+\Delta x)$或$(x+\Delta x,x)$可导，则有$f(x+\Delta x)-f(x)=f'(\xi)\Delta x$，$\xi$位于$x,x+\Delta x$之间。

即$\Delta y=f'(\xi)\Delta x$（至少存在一点ξ，ξ位于$x,x+\Delta x$之间）。

答案： C

7. 解 本题为二元复合函数求全微分，计算公式为$\mathrm{d}z=\frac{\partial z}{\partial x}\mathrm{d}x+\frac{\partial z}{\partial y}\mathrm{d}y$，$\frac{\partial z}{\partial x}=f'(x^2-y^2)\cdot 2x$，$\frac{\partial z}{\partial y}=f'(x^2-y^2)\cdot(-2y)$，代入得：

$$\mathrm{d}z=f'(x^2-y^2)\cdot 2x\mathrm{d}x+f'(x^2-y^2)(-2y)\mathrm{d}y=2f'(x^2-y^2)(x\mathrm{d}x-y\mathrm{d}y)$$

答案： D

8. 解 利用不定积分第一换元法（凑微分）：$\int\frac{1}{\sqrt{x}}f(\sqrt{x})\mathrm{d}x=\int f(\sqrt{x})\mathrm{d}(2\sqrt{x})=2\int f(\sqrt{x})\mathrm{d}\sqrt{x}$，利用已知条件$\int f(x)\mathrm{d}x=F(x)+C$，得出$\int\frac{1}{\sqrt{x}}f(\sqrt{x})\mathrm{d}x=2F(\sqrt{x})+C$。

答案： B

9. 解 利用公式$\cos 2x=\cos^2 x-\sin^2 x$，将被积函数变形：

$$\begin{aligned}\text{原式}&=\int\frac{\cos^2 x-\sin^2 x}{\sin^2 x\cos^2 x}\mathrm{d}x=\int\left(\frac{1}{\sin^2 x}-\frac{1}{\cos^2 x}\right)\mathrm{d}x\\&=\int\frac{1}{\sin^2 x}\mathrm{d}x-\int\frac{1}{\cos^2 x}\mathrm{d}x\\&=-\cot x-\tan x+C\end{aligned}$$

答案： C

10. 解 本题为求复合的积分上限函数的导数，利用下列公式计算。

$$\frac{\mathrm{d}}{\mathrm{d}x}\int_0^{g(x)}\sqrt{1-t^2}\mathrm{d}t=\sqrt{1-g^2(x)}\cdot g'(x)$$

所以$\frac{\mathrm{d}}{\mathrm{d}x}\int_0^{\cos x}\sqrt{1-t^2}\mathrm{d}t=\sqrt{1-\cos^2 x}\cdot(-\sin x)=-\sin x\sqrt{\sin^2 x}=-\sin x\,|\sin x|$

答案： D

11. 解 逐项排除法。

选项 A：$x=0$为被积函数$f(x)=\frac{1}{x^2}$的无穷不连续点，计算方法：

$$\int_{-1}^{1}\frac{1}{x^2}\mathrm{d}x=\int_{-1}^{0}\frac{1}{x^2}\mathrm{d}x+\int_0^1\frac{1}{x^2}\mathrm{d}x$$

只要判断其中一个发散，即广义积分发散，计算$\int_0^1\frac{1}{x^2}\mathrm{d}x=-\frac{1}{x}\Big|_0^1=-1+\lim\limits_{x\to 0^+}\frac{1}{x}=+\infty$，所以选项 A 错误。

选项 B：$\frac{\mathrm{d}}{\mathrm{d}x}\int_0^{x^2}f(t)\mathrm{d}t=f(x^2)\cdot 2x$，显然错误。

选项 C：$\int_1^{+\infty}\frac{1}{\sqrt{x}}\mathrm{d}x=2\sqrt{x}\Big|_1^{+\infty}=2\left(\lim\limits_{x\to\infty}\sqrt{x}-1\right)=+\infty$发散，正确。

选项 D：由$\frac{1}{\sqrt{2\pi}}e^{-\frac{x^2}{2}}$为标准正态分布的概率密度函数，可知$\int_{-\infty}^{0}e^{-\frac{x^2}{2}}\mathrm{d}x$收敛。

也可用下面方法判定：

因$\int_{-\infty}^{0}e^{-\frac{x^2}{2}}\mathrm{d}x=\int_{-\infty}^{0}e^{-\frac{y^2}{2}}\mathrm{d}y$

$$\int_{-\infty}^{0}e^{-\frac{x^2}{2}}\mathrm{d}x\int_{-\infty}^{0}e^{-\frac{y^2}{2}}\mathrm{d}y=\int_{-\infty}^{0}\int_{-\infty}^{0}e^{-\frac{x^2+y^2}{2}}\mathrm{d}x\mathrm{d}y=\int_{\pi}^{\frac{3}{2}\pi}\mathrm{d}\theta\int_{0}^{+\infty}re^{-\frac{r^2}{2}}\mathrm{d}r$$

$$=\frac{\pi}{2}\left[-\int_{0}^{+\infty}e^{-\frac{r^2}{2}}\mathrm{d}\left(-\frac{r^2}{2}\right)\right]=-\frac{\pi}{2}e^{-\frac{r^2}{2}}\Big|_{0}^{+\infty}=\frac{\pi}{2}$$

因此，$\left(\int_{-\infty}^{0}e^{-\frac{x^2}{2}}\mathrm{d}x\right)^2=\frac{\pi}{2}$，$\int_{-\infty}^{0}e^{-\frac{x^2}{2}}\mathrm{d}x=\sqrt{\frac{\pi}{2}}$收敛，选项 D 错误。

答案：C

12. 解　利用柱面坐标计算三重积分（见解图）。

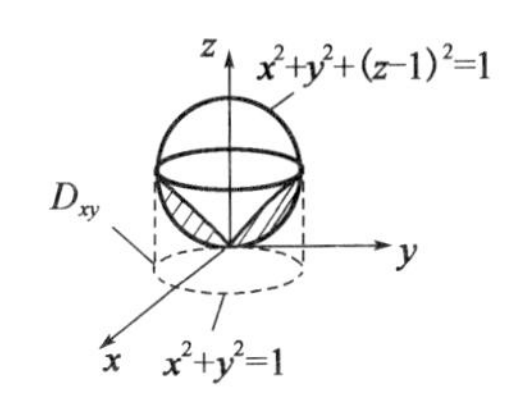

题 12 解图

立体体积$V=\iiint 1\mathrm{d}V$，联立$\begin{cases}x^2+y^2+z^2=2z\\ z=x^2+y^2\end{cases}$，消$z$得$D_{xy}$：

$x^2+y^2\leqslant 1$

由$x^2+y^2+z^2=2z$，得到

$x^2+y^2+(z-1)^2=1$，$(z-1)^2=1-x^2-y^2$，$z-1=\pm\sqrt{1-x^2-y^2}$，$z=1\pm\sqrt{1-x^2-y^2}$

取$z=1-\sqrt{1-x^2-y^2}$

$1-\sqrt{1-x^2-y^2}\leqslant z\leqslant x^2+y^2$，即$1-\sqrt{1-r^2}\leqslant z\leqslant r^2$，积分区域$\Omega$在柱面坐标下的形式为

$\begin{cases}1-\sqrt{1-r^2}\leqslant z\leqslant r^2\\ 0\leqslant r\leqslant 1\\ 0\leqslant\theta\leqslant 2\pi\end{cases}$，$\mathrm{d}V=r\mathrm{d}r\mathrm{d}\theta\mathrm{d}z$，写成三次积分

先对z积分，再对r积分，最后对θ积分，即得选项 D。

答案：D

13. 解　通过举例说明。

（1）取$u_n=1$，级数$\sum\limits_{n=1}^{\infty}u_n=\sum\limits_{n=1}^{\infty}1$，级数发散，而$\sum\limits_{n=1}^{\infty}(u_{2n}-u_{2n+1})=\sum\limits_{n=1}^{\infty}(1-1)=\sum\limits_{n=1}^{\infty}0$，级数收敛。

（2）取$u_n=0$，$\sum\limits_{n=1}^{\infty}u_n=\sum\limits_{n=1}^{\infty}0$，级数收敛，而$\sum\limits_{n=1}^{\infty}(u_{2n}-u_{2n+1})=\sum\limits_{n=1}^{\infty}0$，级数收敛。

答案：B

14. 解　将函数$\frac{1}{3-x}$变形，利用公式$\frac{1}{1-x}=1+x+x^2+\cdots+x^n+\cdots\ (-1,1)$，将函数展开成$x-1$幂级数，即

$$\frac{1}{3-x}=\frac{1}{2-(x-1)}=\frac{1}{2\left(1-\frac{x-1}{2}\right)}=\frac{1}{2}\cdot\frac{1}{1-\frac{x-1}{2}}$$

再利用公式写出最后结果，所以

$$\frac{1}{3-x}=\frac{1}{2}\left[1+\frac{x-1}{2}+\left(\frac{x-1}{2}\right)^2+\cdots+\left(\frac{x-1}{2}\right)^n\right]=\frac{1}{2}\sum_{n=0}^{\infty}\left(\frac{x-1}{2}\right)^n=\sum_{n=0}^{\infty}\frac{(x-1)^n}{2^{n+1}}$$

答案： C

15. 解 方程的类型为可分离变量方程，将方程分离变量，得

$$-\frac{1}{3+2y}\mathrm{d}y=\frac{x}{1+x^2}\mathrm{d}x$$

两边积分：

$$-\int\frac{1}{3+2y}\mathrm{d}y=\int\frac{x}{1+x^2}\mathrm{d}x$$

$$-\frac{1}{2}\int\frac{1}{3+2y}\mathrm{d}(3+2y)=\frac{1}{2}\int\frac{1}{1+x^2}\mathrm{d}(x^2+1)$$

$$-\frac{1}{2}\ln(3+2y)=\frac{1}{2}\ln(1+x^2)+C$$

$$\frac{1}{2}\ln(1+x^2)+\frac{1}{2}\ln(3+2y)=-C$$

$\ln(1+x^2)+\ln(3+2y)=-2C$，令$-2C=\ln C_1$，$\ln(1+x^2)+\ln(3+2y)=\ln C_1$，故$(1+x^2)(3+2y)=C_1$。

答案： B

16. 解 本题为可降阶的高阶微分方程，按不显含变量x计算。设$y'=P$，$y''=P'$，方程化为$P'+aP^2=0$，$\frac{\mathrm{d}P}{\mathrm{d}x}=-aP^2$，分离变量，$\frac{1}{P^2}\mathrm{d}P=-a\mathrm{d}x$，积分得$-\frac{1}{P}=-ax+C_1$，代入初始条件$x=0$，$P=y'=-1$，得$C_1=1$，即$-\frac{1}{P}=-ax+1$，$P=\frac{1}{ax-1}$，$\frac{\mathrm{d}y}{\mathrm{d}x}=\frac{1}{ax-1}$，求出通解，代入初始条件，求出特解。

即$y=\int\frac{1}{ax-1}\mathrm{d}x=\frac{1}{a}\ln|ax-1|+C$，代入初始条件$x=0$，$y=0$，得$C=0$。

故特解为$y=\frac{1}{a}\ln|1-ax|$。

答案： A

17. 解 利用行列式的运算性质变形、化简。

A 项：$|\alpha_2,\alpha_1,\alpha_3|\overset{c_1\leftrightarrow c_2}{=\!=\!=}-|\alpha_1,\alpha_2,\alpha_3|$，错误。

B 项：$|-\alpha_2,-\alpha_3,-\alpha_1|=(-1)^3|\alpha_2,\alpha_3,\alpha_1|\overset{c_1\leftrightarrow c_3}{=\!=\!=}(-1)^3(-1)|\alpha_1,\alpha_3,\alpha_2|\overset{c_2\leftrightarrow c_3}{=\!=\!=}$

$(-1)^3(-1)(-1)|\alpha_1,\alpha_2,\alpha_3|=-|\alpha_1,\alpha_2,\alpha_3|$，错误。

C 项：$|\alpha_1+\alpha_2,\alpha_2+\alpha_3,\alpha_3+\alpha_1|=|\alpha_1,\alpha_2+\alpha_3,\alpha_3+\alpha_1|+|\alpha_2,\alpha_2+\alpha_3,\alpha_3+\alpha_1|$

$=|\alpha_1,\alpha_2+\alpha_3,\alpha_3|+|\alpha_1,\alpha_2+\alpha_3,\alpha_1|+$

$|\alpha_2,\alpha_2,\alpha_3+\alpha_1|+|\alpha_2,\alpha_3,\alpha_3+\alpha_1|$

$=|\alpha_1,\alpha_2+\alpha_3,\alpha_3|+|\alpha_2,\alpha_3,\alpha_3+\alpha_1|$

$=|\alpha_1,\alpha_2,\alpha_3|+|\alpha_2,\alpha_3,\alpha_1|$

$=|\alpha_1,\alpha_2,\alpha_3|+|\alpha_1,\alpha_2,\alpha_3|=2|\alpha_1,\alpha_2,\alpha_3|$，错误。

D 项：$|\alpha_1,\alpha_2,\alpha_3+\alpha_2+\alpha_1|\overset{(-1)c_1+c_3}{=\!=\!=}|\alpha_1,\alpha_2,\alpha_3+\alpha_2|\overset{(-1)c_2+c_3}{=\!=\!=}|\alpha_1,\alpha_2,\alpha_3|$，正确。

答案：D

18. 解 $\boldsymbol{A}$、$\boldsymbol{B}$为非零矩阵且$\boldsymbol{AB}=0$，由矩阵秩的性质可知$r(\boldsymbol{A})+r(\boldsymbol{B})\leqslant n$，而$\boldsymbol{A}$、$\boldsymbol{B}$为非零矩阵，则$r(\boldsymbol{A})\geqslant 1$，$r(\boldsymbol{B})\geqslant 1$，又因$r(\boldsymbol{A})<n$，$r(\boldsymbol{B})<n$，则由$1\leqslant r(\boldsymbol{A})<n$，知$\boldsymbol{A}_{m\times n}$的列向量相关，$1\leqslant r(\boldsymbol{B})<n$，$\boldsymbol{B}_{n\times l}$的行向量相关，从而选项 B、C、D 均成立。

答案：A

19. 解 利用矩阵的特征值、特征向量的定义判定，即问满足式子$\boldsymbol{Bx}=\lambda\boldsymbol{x}$中的$\boldsymbol{x}$是什么向量？已知$\boldsymbol{\alpha}$是$\boldsymbol{A}$属于特征值$\lambda$的特征向量，故

$$\boldsymbol{A\alpha}=\lambda\boldsymbol{\alpha} \quad ①$$

将已知式子$\boldsymbol{B}=\boldsymbol{P}^{-1}\boldsymbol{AP}$两边，左乘矩阵$\boldsymbol{P}$，右乘矩阵$\boldsymbol{P}^{-1}$，得$\boldsymbol{PBP}^{-1}=\boldsymbol{PP}^{-1}\boldsymbol{APP}^{-1}$，化简为$\boldsymbol{PBP}^{-1}=\boldsymbol{A}$，即

$$\boldsymbol{A}=\boldsymbol{PBP}^{-1} \quad ②$$

将②式代入①式，得

$$\boldsymbol{PBP}^{-1}\boldsymbol{\alpha}=\lambda\boldsymbol{\alpha} \quad ③$$

将③式两边左乘$\boldsymbol{P}^{-1}$，得$\boldsymbol{BP}^{-1}\boldsymbol{\alpha}=\lambda\boldsymbol{P}^{-1}\boldsymbol{\alpha}$，即$\boldsymbol{B}(\boldsymbol{P}^{-1}\boldsymbol{\alpha})=\lambda(\boldsymbol{P}^{-1}\boldsymbol{\alpha})$，成立。

答案：B

20. 解 由合同矩阵定义，若存在一个可逆矩阵$\boldsymbol{C}$，使$\boldsymbol{C}^{\mathrm{T}}\boldsymbol{AC}=\boldsymbol{B}$，则称$\boldsymbol{A}$合同于$\boldsymbol{B}$。

取$\boldsymbol{C}=\begin{bmatrix}-1 & 0\\ 0 & 1\end{bmatrix}$，$|\boldsymbol{C}|=-1\neq 0$，$\boldsymbol{C}$可逆，可验证$\boldsymbol{C}^{\mathrm{T}}\boldsymbol{AC}=\begin{bmatrix}1 & -1\\ -1 & 2\end{bmatrix}$。

答案：A

21. 解 $P(\overline{A}-B)=P(\overline{A}\,\overline{B})=P(\overline{A\cup B})=0.3$，$P(A\cup B)=1-P(\overline{A\cup B})=0.7$

答案：B

22. 解 （1）判断选项 A、B 的对错。

方法 1：利用定积分、广义积分的几何意义

$$P(a<X<b)=\int_a^b f(x)\mathrm{d}x=S$$

S为$[a,b]$上曲边梯形的面积。

$N(0,\sigma^2)$的概率密度为偶函数，图形关于直线$x=0$对称。

因此选项 B 对，选项 A 错。

方法 2：利用正态分布概率计算公式

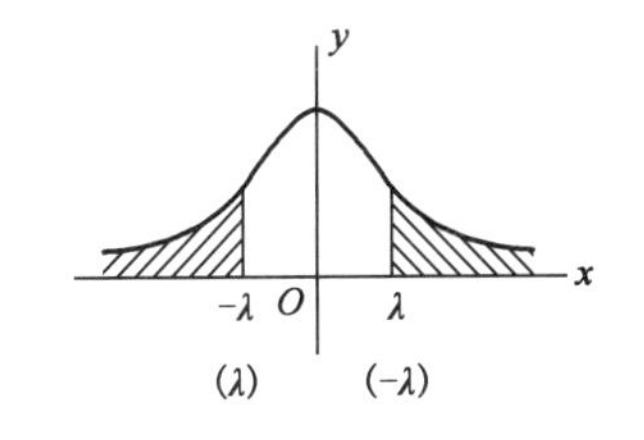

题 22 解图

$$P(X\leqslant\lambda)=\Phi\left(\frac{\lambda-0}{\sigma}\right)=\Phi\left(\frac{\lambda}{\sigma}\right)$$
$$P(X\geqslant\lambda)=1-P(X<\lambda)=1-\Phi\left(\frac{\lambda}{\sigma}\right)$$
$$P(X\leqslant-\lambda)=\Phi\left(\frac{-\lambda}{\sigma}\right)=1-\Phi\left(\frac{\lambda}{\sigma}\right)$$

选项 B 对，选项 A 错。

（2）判断选项 C、D 的对错。

方法 1：验算数学期望与方差

$E(X-\lambda)=\mu-\lambda=0-\lambda=-\lambda\neq\lambda(\lambda\neq0$ 时)，选项 C 错；

$D(\lambda X)=\lambda^2\sigma^2\neq\lambda\sigma^2(\lambda\neq0，\lambda\neq1$ 时)，选项 D 错。

方法 2：利用结论

若$X\sim N(\mu,\sigma^2)$，a、b为常数且$a\neq0$，则$aX+b\sim N(a\mu+b,a^2\sigma^2)$；

$X-\lambda\sim N(-\lambda,\sigma^2)$，选项 C 错；

$\lambda X\sim N(0,\lambda^2\sigma^2)$，选项 D 错。

答案：B

23. 解　$E(Y)=E\left(\frac{1}{X}\right)=\int_0^2\frac{1}{x}\frac{3}{8}x^2\mathrm{d}x=\frac{3}{4}$。

答案：A

24. 解　似然函数［将$f(x)$中的x改为x_i并写在$\prod\limits_{i=1}^{n}$后面］：

$$L(\theta)=\prod_{i=1}^{n}e^{-(x_i-\theta)},\ x_1,x_2,\cdots,x_n\geqslant\theta$$
$$\ln L(\theta)=\sum_{i=1}^{n}\ln e^{-(x_i-\theta)}=\sum_{i=1}^{n}(\theta-x_i)=n\theta-\sum_{i=1}^{n}x_i$$
$$\frac{\mathrm{d}\ln L(\theta)}{\mathrm{d}\theta}=n>0$$

$\ln L(\theta)$及$L(\theta)$均为θ的单调增函数，θ取最大值时，$L(\theta)$取最大值。

由于$x_1,x_2\cdots,x_n\geqslant\theta$，因此$\theta$的最大似然估计值为$\min(x_1,x_2,\cdots,x_n)$。

答案：C

25. 解　无论是何种理想气体分子，其分子平均平动动能均为：$\overline{w}=\frac{3}{2}kT$。

答案：C

26. 解　气体分子的平均碰撞频率$\overline{Z}=\sqrt{2}\pi d^2n\bar{v}$，其中$\bar{v}$为分子的平均速率，$n$为分子数密度（单位体积内分子数），$\bar{v}=1.6\sqrt{\frac{RT}{M}}$，$p=nkT$，于是$\overline{Z}=\sqrt{2}\pi d^2\frac{p}{kT}1.6\sqrt{\frac{RT}{M}}=\sqrt{2}\pi d^2\frac{p}{k}1.6\sqrt{\frac{R}{MT}}$，所以$p$不变时，$\overline{Z}$与$\sqrt{T}$成反比。

答案：C

27. 解 因为气体内能与温度有关，今降到初始温度，$\Delta T=0$，则$\Delta E_{内}=0$；又等压膨胀和绝热膨胀都对外做功，$W>0$。

答案：A

28. 解 根据热力学第一定律$Q=\Delta E+W$，注意到“在压缩过程中外界做功209J”，即系统对外做功$W=-209$J。又$\Delta E=120$J，故$Q=120+(-209)=-89$J，即系统对外放热 89J，也就是说外界传给气体的热量为−89J。

答案：A

29. 解 比较平面谐波的波动方程$y=A\cos 2\pi\left(\frac{t}{T}-\frac{x}{\lambda}\right)$

$$y=A\cos(Bt-Cx)=A\cos 2\pi\left(\frac{Bt}{2\pi}-\frac{Cx}{2\pi}\right)=A\cos 2\pi\left(\frac{t}{\frac{2\pi}{B}}+\frac{x}{\frac{2\pi}{C}}\right)$$

故周期$T=\frac{2\pi}{B}$，频率$\nu=\frac{B}{2\pi}$，波长$\lambda=\frac{2\pi}{C}$，由此波速$u=\lambda\nu=\frac{B}{C}$。

答案：B

30. 解 质元经过平衡位置时，速度最大，故动能最大，根据机械波动能量特征，动能与势能是同相的，质元动能最大势能也最大。

答案：C

31. 解 声学基础知识。声波的频率范围为 20~20000Hz，低于 20Hz 为次声波，高于 20000Hz 为超声波。

答案：C

32. 解 双缝干涉时，条纹间距$\Delta x=\lambda_n\frac{D}{d}$，在空气中干涉，有$1.33\approx\lambda\frac{D}{d}$，此光在水中的波长为$\lambda_n=\frac{\lambda}{n}$，此时条纹间距$\Delta x(水)=\frac{\lambda D}{nd}=\frac{1.33}{n}=1\text{mm}$。

答案：C

33. 解 空气中的玻璃劈尖，反射光光程差存在半波损失，其暗纹条件为：

$$\delta=2ne+\frac{\lambda}{2}=(2k+1)\frac{\lambda}{2},\ k=0,1,2,\cdots$$

令$k=3$，有$2ne+\frac{\lambda}{2}=\frac{7\lambda}{2}$，得出$e=\frac{3\lambda}{2n}$。

答案：A

34. 解 对迈克尔逊干涉仪，条纹移动$\Delta x=\Delta n\frac{\lambda}{2}$，令$\Delta x=0.62$，$\Delta n=2300$，则

$$\lambda=\frac{2\times\Delta x}{\Delta n}=\frac{2\times 0.62}{2300}=5.39\times10^{-4}\text{mm}=539\text{nm}$$

注：$1\text{nm}=10^{-9}\text{m}=10^{-6}\text{mm}$。

答案：B

35. 解 由光栅公式：$(a+b)\sin\phi = k\lambda$，$k = 1,2,3,\cdots$，即$k_1\lambda_1 = k_2\lambda_2$，$\frac{k_1}{k_2} = \frac{\lambda_2}{\lambda_1} = \frac{750}{450} = \frac{5}{3}$。

故重叠处波长λ_2的级数k_2必须是 3 的整数倍，即$3,6,9,12,\cdots$。

答案： D

36. 解 注意到"当折射角为30°时，反射光为完全偏振光"，说明此时入射角即起偏角i_0。根据$i_0 + \gamma_0 = \frac{\pi}{2}$，$i_0 = 60°$，再由$\tan i_0 = \frac{n_2}{n_1}$，$n_1 \approx 1$，可得$n_2 = \tan 60° = \sqrt{3}$。

答案： D

37. 解 反应自发性判据（最小自由能原理）：$\Delta G < 0$，自发过程，过程能向正方向进行；$\Delta G = 0$，平衡状态；$\Delta G > 0$，非自发过程，过程能向逆方向进行。

由公式$\Delta G = \Delta H - T\Delta S$及自发判据可知，当 ΔH和 ΔS均小于零时，ΔG在低温时小于零，所以低温自发，高温非自发。转换温度$T = \frac{\Delta H}{\Delta S}$。

答案： A

38. 解 根据电极电势的能斯特方程式

$$\varphi_{Cl_2/Cl^-} = \varphi^{\Theta}_{Cl_2/Cl^-} + \frac{0.0592}{n}\lg\frac{\frac{p(Cl_2)}{p^{\Theta}}}{\left[\frac{c(Cl)}{c^{\Theta}}\right]^2} = 1.358 + \frac{0.0592}{2} \times \lg 10 = 1.388V$$

答案： C

39. 解 电对中，斜线右边为氧化态，斜线左边为还原态。电对的电极电势越大，表示电对中氧化态的氧化能力越强，是强氧化剂；电对的电极电势越小，表示电对中还原态的还原能力越强，是强还原剂。所以依据电对电极电势大小顺序，知氧化剂强弱顺序：$F_2 > Fe^{3+} > Mg^{2+} > Na^+$；还原剂强弱顺序：$Na > Mg > Fe^{2+} > F^-$。

答案： B

40. 解 反应速率常数：表示反应物均为单位浓度时的反应速率。升高温度能使更多分子获得能量而成为活化分子，活化分子百分数可显著增加，发生化学反应的有效碰撞增加，从而增大反应速率常数。

答案： A

41. 解 波函数$\psi(n,l,m)$可表示一个原子轨道的运动状态。n,l,m的取值范围：主量子数n可取的数值为$1,2,3,4,\cdots$；角量子数l可取的数值为$0,1,2,\cdots,(n-1)$；磁量子数m可取的数值为$0,\pm1,\pm2,\pm3,\cdots,\pm l$。选项 A 中$n$取 1 时，$l$最大取$n-1=0$。

答案： A

42. 解 可以用氧化还原配平法。配平后的方程式为$MnO_2 + 4HCl = MnCl_2 + Cl_2 + 2H_2O$。

答案： A

43. 解 弱酸强碱盐的标准水解常数为：

$$K_h = \frac{K_w}{K_a} = \frac{1.0 \times 10^{-14}}{1.0 \times 10^{-5}} = 1.0 \times 10^{-9}$$

答案：A

44. 解 苯环含有双键，可以发生加成反应；醛基既可以发生氧化反应，也可以发生还原反应。

答案：C

45. 解 聚丙烯酸酯不是无机化合物，是有机化合物，是高分子化合物，不是离子化合物；是共价化合物。

答案：C

46. 解 苯甲醛和乙苯可以被高锰酸钾氧化为苯甲酸而使高锰酸钾溶液褪色，苯乙烯的乙烯基可以使高锰酸钾溶液褪色。苯不能使高锰酸钾褪色。

答案：C

47. 解 根据力的投影公式，$F_x = F\cos\alpha$，当$\alpha = 0$时$F_x = F$，即力$\boldsymbol{F}$与x轴平行，故只有当力$\boldsymbol{F}$在与x轴垂直的y轴（$\alpha = 90°$）上投影为0外，在其余与x轴共面轴上的投影均不为0。

答案：B

48. 解 将力系向A点简化，$\boldsymbol{F}_3$沿作用线移到A点，$\boldsymbol{F}_2$平移到A点附加力偶即主矩$M_A = M_A(F_2) = \frac{\sqrt{3}}{2}aF$，三个力的主矢$F_{Ry} = 0$，$F_{Rx} = F_1 + F_2\sin 30° + F_3\sin 30° = 2F$（向左）。

答案：A

49. 解 根据受力分析，A、C、D处的约束力均为水平方向（见解图），考虑杆AB的平衡$\sum M = 0$，$M_1 - F_{NC}\cdot a = 0$，可得$F_{NC} = \frac{M_1}{a}$；分析杆DC，采用力偶的平衡方程$F'_{NC}\cdot a - M_2 = 0$，$F'_{NC} = F_{NC}$，即得$M_2 = M_1$。

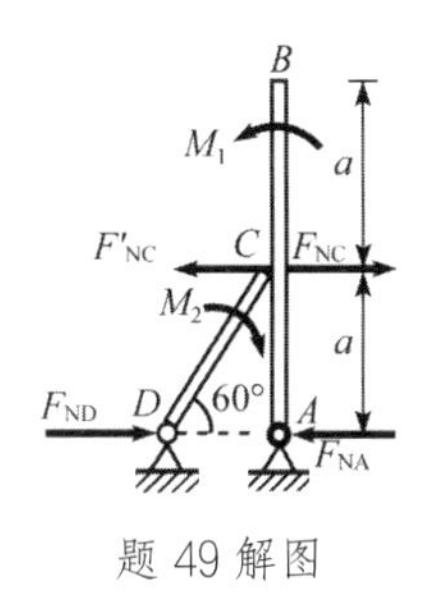

题 49 解图

答案：A

50. 解 根据摩擦定律$F_{max} = W\cos 60° \times f = 10\text{kN}$，沿斜面的主动力为$W\sin 60° - F_p = 6.6\text{kN}$，方向沿斜面向下。由平衡方程得摩擦力的大小应为6.6kN，方向与物块运动趋势反向，即沿斜面向上。

答案：C

51. 解 当$t = 0\text{s}$时，$s = 8\text{m}$，当$t = 3\text{s}$时，$s = -10\text{m}$，点的速度$v = \frac{\text{d}s}{\text{d}t} = -4t$，即沿与$s$正方向相反的方向从 8m 处经过坐标原点运动到了−10m 处，故所经路程为 18m。

答案： C

52. 解 根据定轴转动刚体上一点加速度与转动角速度、角加速度的关系：$a_n = \omega^2 l$，$a_\tau = \alpha l$，而题中$a_n = a\cos\alpha = \omega^2 l$，$\omega = \sqrt{\frac{a\cos\alpha}{l}}$，$a_\tau = a\sin\alpha = \alpha l$，$\alpha = \frac{a\sin\alpha}{l}$。

答案： B

53. 解 物块 B 的速度为：$v_{\text{B}} = \frac{\text{d}x}{\text{d}t} = 2kt$；加速度为：$a_{\text{B}} = \frac{\text{d}^2 x}{\text{d}t^2} = 2k$；而轮缘点$A$的速度与物块 B 的速度相同，即$v_{\text{A}} = v_{\text{B}} = 2kt$；轮缘点$A$的切向加速度与物块 B 的加速度相同，则

$$a_{\text{A}} = \sqrt{a_{\text{A}n}^2 + a_{\text{A}\tau}^2} = \sqrt{\left(\frac{v_{\text{B}}^2}{R}\right)^2 + a_{\text{B}}^2} = \sqrt{\frac{16k^4t^4}{R^2} + 4k^2}$$

答案： D

54. 解 将动力学矢量方程$m\boldsymbol{a} = \boldsymbol{F} + \boldsymbol{R}$，在$x$方向投影，有$-ma = F - R$。

答案： B

55. 解 根据定轴转动刚体动量矩和动能的公式：$L_{\text{O}} = J_{\text{O}}\omega$，$T = \frac{1}{2}J_{\text{O}}\omega^2$，其中：$J_{\text{O}} = \frac{1}{2}mR^2 + mR^2 = \frac{3}{2}mR^2$，$L_{\text{O}} = \frac{3}{2}mR^2\omega$，$T = \frac{3}{4}mR^2\omega^2$。

答案： D

56. 解 根据定轴转动微分方程$J_{\text{B}}\alpha = M_{\text{B}}(\boldsymbol{F})$，当杆转动到铅垂位置时，受力如解图所示，杆上所有外力对B点的力矩为零，即$M_{\text{B}}(\boldsymbol{F}) = 0$。

答案： A

57. 解 绳剪断瞬时（见解图），杆的$\omega = 0$，$\alpha = \frac{3g}{4l}$；则质心的加速度$a_{\text{C}x} = 0$，$a_{\text{C}y} = \alpha l = \frac{3g}{4}$。根据质心运动定理：$\frac{P}{g}a_{\text{C}y} = P - F_{\text{A}y}$，$F_{\text{A}x} = 0$，$F_{\text{A}y} = P - \frac{P}{g} \times \frac{3}{4}g = \frac{P}{4}$。

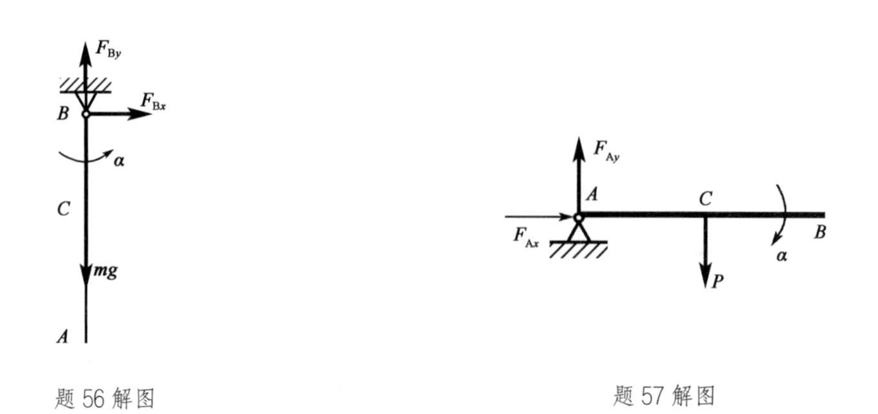

题 56 解图　　　　题 57 解图

答案： B

58. 解 质点振动的固有频率与倾角无关。

答案：C

59. 解 由低碳钢拉伸实验的应力-应变曲线图可知，卸载时的直线规律和再加载时的冷作硬化现象都发生在强化阶段。

答案：C

60. 解 把螺钉杆拉伸强度条件$\sigma=\frac{F}{\frac{\pi}{4}d^2}=[\sigma]$和螺母的剪切强度条件$\tau=\frac{F}{\pi dh}=[\tau]$，代入$[\sigma]=2[\tau]$，即得$d=2h$。

答案：A

61. 解 使$\varphi_1=\frac{\varphi}{2}$，即$\frac{T}{GI_{p1}}=\frac{1}{2}\frac{T}{GI_p}$，所以$I_{p1}=2I_p$，$\frac{\pi}{32}d_1^4=2\frac{\pi}{32}d^4$，得$d_1=\sqrt[4]{2}d$。

答案：A

62. 解 圆轴表面$\tau=\frac{T}{W_t}$，又$\tau=G\gamma$，所以$T=\tau W_t=G\gamma W_t$。

答案：A

63. 解 图中正方形截面$I_z^{方}=\frac{a^4}{12}+\left(\frac{a}{2}\right)^2\cdot a^2=\frac{a^4}{3}$，整个截面$I_z=I_z^{矩}-I_z^{方}=\frac{bh^3}{12}-\frac{a^4}{3}$

答案：C

64. 解 设F_A向上，$\sum M_C=0$，$m-F_AL=0$，则$F_A=\frac{m}{L}$，再用直接法求A截面的剪力$F_s=F_A=\frac{m}{L}$。

答案：C

65. 解 因为钢和铝的弹性模量不同，而4个选项之中只有挠曲线与弹性模量有关，所以选挠曲线。

答案：D

66. 解 由集中力偶M产生的挠曲线方程$f=\frac{Mx^2}{2EI}$是x的二次曲线可知，挠曲线是圆弧的为选项B。

答案：B

67. 解 $\sigma_1=\frac{\sigma_x+\sigma_y}{2}+\sqrt{\left(\frac{\sigma_x-\sigma_y}{2}\right)^2+\tau_x^2}=\frac{40+(-40)}{2}+\sqrt{\left[\frac{40-(-40)}{2}\right]^2+30^2}=50\text{MPa}$

答案：D

68. 解 这显然是偏心拉伸，而且对y、z轴都有偏心。把力F平移到截面形心，要加两个附加力偶矩，该杆将发生轴向拉伸和绕y、z轴的双向弯曲。

答案：B

69. 解 把力F沿轴线z平移至圆轴截面中心，并加一个附加力偶，则使圆轴产生弯曲和扭转组合变形。最大弯矩$M=FL$，最大扭矩$T=F\frac{d}{2}$，$\sigma_{eq3}=\frac{\sqrt{M^2+T^2}}{W_z}=\frac{32}{\pi d^3}\sqrt{(FL)^2+\left(\frac{Fd}{2}\right)^2}$。

答案：D

70. 解 当压杆AB和CD同时达到临界荷载时，结构的临界荷载：

$$F_{\mathrm{a}}=2F_{\mathrm{cr}}=2\times\frac{\pi^2EI}{(0.7L)^2}=4.08\frac{\pi^2EI}{L^2}$$

答案：B

71. 解 静压强特性为流体静压强的大小与受压面的方向无关。

答案：B

72. 解 绝对压强要计及液面大气压强，$p=p_0+\rho gh$，$p_0=100\mathrm{kPa}$，代入题设数据后有：

$$p'=100\mathrm{kPa}+0.8\times9.8\times3\mathrm{kPa}=123.52\mathrm{kPa}$$

答案：D

73. 解 根据恒定流定义可得，各空间点上所有运动要素均不随时间变化的流动为恒定流。

答案：B

74. 解 孔口流速系数$\varphi=0.97$、流量系数$\mu=0.62$，管嘴的流速系数$\varphi=0.82$、流量系数$\mu=0.82$。相同直径、相同水头的孔口流速大于圆柱形外管嘴流速，但流量小于后者。

答案：C

75. 解 根据明渠均匀流发生的条件可得（明渠均匀流只能发生在顺坡渠道中）。

答案：A

76. 解 根据谢才公式$v=C\sqrt{Ri}$，当底坡i增大时，流速增大，在题设条件下，水深应减小。

答案：A

77. 解 先用经验公式$R=3000S\sqrt{k}$，求影响半径：

$$R=3000\times(11-8)\times\sqrt{2/3600}=212.1\mathrm{m}$$

再应用普通完全井公式$Q=1.366\frac{k(H^2-h^2)}{\lg\frac{R}{r_0}}$，计算流量：

$$Q=1.366\times\frac{2}{3600}\times\frac{11^2-8^2}{\lg\frac{212.1}{0.5}}=0.0164\mathrm{m}^3/\mathrm{s}$$

答案：B

78. 解 船在明渠中航行试验，是属于明渠重力流性质，应选用弗劳德准则。

答案：B

79. 解 带电体是在电场力的作用下做功，其能量来自电场和自身的能量。

答案：C

80. 解 直流电源作用下的直流稳态电路中，电容相当于断路$i_2=0$，电容元件存储的能量与电压的平方成正比。$u_C = u_R = u_s \neq 0$，即电容的存储能量不为 0，$i = i_1 + i_2 = i_1 = 1\text{mA}$。

答案： A

81. 解 根据节电的电流关系 KCL，列写两个节点电流方程即可解出：

$I_1 = 1 - (-2) - 0.5 = 2.5\text{A}$，$I_2 = 1.5 + 1 - I_1 = 0$

答案： C

82. 解 对正弦交流电路的三要素在函数式和波形图表达式的分析可知：

$U_m = 155.56\text{V}$；$\varphi_u = -90°$；$\omega = 2\pi/T = 314\text{rad/s}$（$T = 20\text{ms}$）

因此，可以写出：$u(t) = 155.56\sin(314t - 90°) = 110\sqrt{2}\sin(314t - 90°)\,\text{V}$

答案： B

83. 解 在正弦交流电路中，分电压与总电压的大小符合相量关系，电感电压超前电流 90°，电容电流落后电流 90°。

式 2 应该为：$u_x = u_L + u_C$

式 4 应该为：$U^2 = U_R^2 + (U_L - U_C)^2$

答案： A

84. 解 在有储能原件存在的电路中，电感电流和电容电压不能跃变。本电路的输入电压发生了三次跃变。在图示的 RLC 串联电路中因为电感电流不跃变，电阻的电流、电压和电容的电流不会发生跃变。

答案： A

85. 解 理想变压器的内部损耗为零，$P_1 = P_2$；$P_2 = I_2^2 R_L = 2^2 \times 10 = 40\text{W}$。

电源供出电流$I_1 = \frac{P_1}{U_1} = \frac{40}{100} = 0.4\text{A}$。

答案： A

86. 解 三相交流电动机的功率因素和效率均与负载的大小有关，电动机接近空载时，功率因素和效率都较低，只有当电动机接近满载工作时，电动机的功率因素和效率才达到较大的数值。

答案： B

87. 解 “信息”指的是人们通过感官接收到的关于客观事物的变化情况；“信号”是信息的表示形式，是传递信息的工具，如声、光、电等。信息是存在于信号之中的。

答案： A

88. 解 图示信号是用电位高低表示的二进制数$(010011)_B$，将其转换为十进制的数值是

$$(010011)_B = 1 \times 2^4 + 1 \times 2^1 + 1 \times 2^0 = 16 + 2 + 1 = 19$$

答案： D

89. 解 $x(t)$是原始信号，$u(t)$是模拟电压信号，它们都是时间的连续信号；而$u^*(t)$是经过采样器以后的采样信号，是离散信号$u^*(t)$。数字信号是用二进制代码表示的离散时间信号。

答案： B

90. 解 此题可以用叠加原理分析，将信号分解为一个指数信号和一个阶跃信号的叠加。

答案： D

91. 解 模拟信号放大器的基本要求是不能失真，即要求放大信号的幅度，不可以改变信号的频率。

答案： A

92. 解 此题要求掌握的是如何将真值表转换为逻辑表达式。输出变量 F 为在输入变量 ABC 的控制下数值为 1 的或逻辑。输入变量用与逻辑表示，取值"1"时写原变量，取值"0"时写反变量。

答案： B

93. 解 分析二极管电路的方法：先将二极管视为断路，判断二极管的端部电压。如果二极管处于正向偏置状态，二极管导通，可将二极管视为短路；如果二极管处于反向偏置状态，二极管截止，可将二极管视为断路。简化后含有二极管的电路已经成为线性电路，用线性电路理论分析可得结果。

本题中，$u_{\mathrm{i}} > 3\mathrm{V}$时，二极管导通，输出电压$U_{\mathrm{o}}$的最大值为：

$$U_{\mathrm{omax}} = U_{\mathrm{im}} - U = 6 - 3 = 3\mathrm{V}$$

答案： B

94. 解 理解放大电路输入电阻和输出电阻的概念，利用其等效电路计算可得结果。

图 a）：$U_{\mathrm{L1}} = \frac{R_{\mathrm{L}}}{R_{\mathrm{s}}+R_{\mathrm{L}}} U_{\mathrm{s}} = \frac{50}{1000+50} U_{\mathrm{s}} = \frac{U_{\mathrm{s}}}{21}$

图 b）：等效电路图

$u_{\mathrm{i}} = u_{\mathrm{s}} \frac{r_{\mathrm{i}}}{r_{\mathrm{i}}+R_{\mathrm{s}}} = \frac{U_{\mathrm{s}}}{11}$

$u_{\mathrm{os2}} = A_{\mathrm{u}} u_{\mathrm{i}} = \frac{U_{\mathrm{s}}}{11}$

$U_{\mathrm{L2}} = \frac{R_{\mathrm{L}}}{R_{\mathrm{L}}+r_{\mathrm{o}}} U_{\mathrm{os2}} = \frac{U_{\mathrm{s}}}{22}$

所以$U_{\mathrm{L2}} < U_{\mathrm{L1}}$。

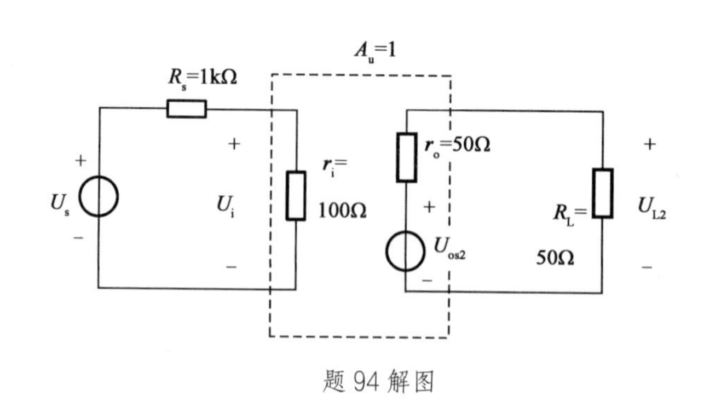

题 94 解图

答案： C

95. 解 左边电路是或门，$\mathrm{F_1 = A + B}$，右边电路是与门，$\mathrm{F_2 = A \cdot B}$。根据逻辑电路的基本关系，当$\mathrm{B} = 1$时，$\mathrm{F_1 = A + 1 = 1}$；$\mathrm{F_2 = A \cdot 1 = A}$。

答案： B

96. 解 图示电路是电位触发的 JK 触发器。当 cp 在上升沿时，触发器取输入信号 JK。触发器的状态由 JK 触发器的功能表（略）确定。

答案：B

97. 解　存放正在执行的程序和当前使用的数据，它具有一定的运算能力。

答案：C

98. 解　按照应用和虚拟机的观点，计算机软件可分为系统软件、支撑软件、应用软件三类。

答案：D

99. 解　信息有以下主要特征：可识别性、可变性、可流动性、可存储性、可处理性、可再生性、有效性和无效性、属性和可使用性。

答案：D

100. 解　一位八进制对应三位二进制，7 对应 111，6 对应 110，3 对应 011。

答案：D

101. 解　内存储器容量是指内存存储容量，即内容储存器能够存储信息的字节数。外储器是可将程序和数据永久保存的存储介质，可以说其容量是无限的。字节是信息存储中常用的基本单位。

答案：A

102. 解　操作系统通常包括几大功能模块：处理器管理、作业管理、存储器管理、设备管理、文件管理、进程管理。

答案：D

103. 解　Windows 中，对存储器的管理采取分段存储、分页存储管理技术。一个存储段可以小至 1 个字节，大至 4G 字节，而一个页的大小规定为 4K 字节。

答案：B

104. 解　Windows 采用了缓冲技术来解决主机与外设的速度不匹配问题，如使用磁盘高速缓冲存储器，以提高磁盘存储速率，改善系统整体功能。

答案：A

105. 解　计算机网络是计算机技术和通信技术的结合产物。

答案：C

106. 解　计算机网络协议的三要素：语法、语义、同步。

答案：C

107. 解　现金流量图表示的是现金流入、现金流出与时间的对应关系。同一时间点上的现金流入和现金流出之差，称为净现金流量。箭头向上表示现金流入，向下表示现金流出。现金流量图的零点表示时间序列的起点，但第一个现金流量不一定发生在零点。

答案：B

108.解 投资项目前期研究可分为机会研究（规划）阶段、项目建议书（初步可行性研究）阶段、可行性研究阶段。

答案：B

109.解 根据题意，贷款在各年内均衡发生，建设期内不支付利息，则

第一年利息：$(200/2)\times 7\% = 7$万元

第二年利息：$(200 + 500/2 + 7)\times 7\% = 31.99$万元

第三年利息：$(200 + 500 + 300/2 + 7 + 31.99)\times 7\% = 62.23$万元

建设期贷款利息：$7 + 31.99 + 62.23 = 101.22$万元

答案：B

110.解 股票融资（权益融资）的资金成本一般要高于债权融资的资金成本。

答案：D

111.解 融资前分析不考虑融资方案，在规划和机会研究阶段，一般只进行融资前分析。

答案：C

112.解 经济效益的计算应遵循支付意愿原则和接受补偿原则（受偿意愿原则）。

答案：D

113.解 按盈亏平衡产量公式计算：

$$\text{盈亏平衡点产销量} = \frac{1200\times 10^4}{1000 - 600 - 150} = 48000\ \text{台}$$

答案：A

114.解 根据价值公式进行判断：价值(V) = 功能(F)/成本(C)。

答案：C

115.解 《中华人民共和国建筑法》第八条规定，申请领取施工许可证，应当具备下列条件。

（一）已经办理该建筑工程用地批准手续；

（二）依法应当办理建设工程许可证的，已经取得建设工程规划许可证；

（三）需要拆迁的，其拆迁进度符合施工要求；

（四）已经确定建筑施工企业；

（五）有满足施工需要的资金安排、施工图纸及技术资料；

（六）有保证工程质量和安全的具体措施。

拆迁进度符合施工要求即可，不是拆迁全部完成，所以选项 A 错；并非所有工程都需要监理，所以选项 B 错；建设资金不是全部到位，所以选项 D 错。

答案：C

116. 解 《中华人民共和国招标投标法》第十六条规定，招标人采用公开招标方式的，应当发布招标公告。依法必须进行招标的项目的招标公告，应当通过国家指定的报刊、信息网络或者其他媒介发布。招标公告应当载明招标人的名称和地址，招标项目的性质、数量、实施地点和时间以及获取招标文件的办法等事项，所以 A 对。其他几项内容应在招标文件中载明，而不是招标公告中。

答案：A

117. 解 参见《中华人民共和国民法典》第四百七十三条。

要约邀请是希望他人向自己发出要约的意思表示。寄送的价目表、拍卖公告、招标公告、招股说明书、商业广告等为要约邀请。

答案：C

118. 解 根据《中华人民共和国节约能源法》第五十八条规定，国务院管理节能工作的部门会同国务院有关部门制定并公布节能技术、节能产品的推广目录，引导用能单位和个人使用先进的节能技术、节能产品。

答案：B

119. 解 《中华人民共和国环境保护法》第十五条规定，国务院环境保护行政主管部门，制定国家环境质量标准。省、自治区、直辖市人民政府对国家环境质量标准中未作规定的项目，可以制定地方环境质量标准；对国家环境质量标准中已作规定的项目，可以制定严于国家环境质量标准。地方环境质量标准必须报国务院环境保护主管部门备案。凡是向已有地方环境质量标准的区域排放污染物的，应当执行地方环境质量标准。选项 C 错在“审批”两字，是备案不是审批。

答案：D

120. 解 《建设工程勘察设计管理条例》第二十六条规定，编制建设工程勘察文件，应当真实、准确，满足建设工程规划、选址、设计、岩土治理和施工的需要。编制方案设计文件，应当满足编制初步设计文件和控制概算的需要。编制初步设计文件，应当满足编制施工招标文件、主要设备材料订货和编制施工图设计文件的需要。编制施工图设计文件，应当满足设备材料采购、非标准设备制作和施工的需要，并注明建设工程合理使用年限。

答案：B

2010年度全国勘察设计注册工程师

执业资格考试试卷

基础考试

（上）

二〇一〇年九月

应考人员注意事项

1. 本试卷科目代码为“1”，考生务必将此代码填涂在答题卡“科目代码”相应的栏目内，否则，无法评分。
2. 书写用笔：**黑色或蓝色钢笔、签字笔或圆珠笔**；

   填涂答题卡用笔：**黑色 2B 铅笔**。
3. 必须用书写用笔将工作单位、姓名、准考证号填写在答题卡和试卷相应的栏目内。
4. 本试卷由 120 题组成，每题 1 分，满分 120 分，本试卷全部为单项选择题，每小题的四个备选项中只有一个正确答案，错选、多选、不选均不得分。
5. 考生作答时，必须按**题号在答题卡上**将相应试题所选选项对应的**字母用 2B 铅笔涂黑**。
6. 在答题卡上书写与题意无关的语言，或在答题卡上作标记的，均按违纪试卷处理。
7. 考试结束时，由监考人员当面将试卷、答题卡一并收回。
8. 草稿纸由各地统一配发，考后收回。

单项选择题（共120题，每题1分。每题的备选项中只有一个最符合题意。）

1. 设直线方程为$\begin{cases} x = t + 1 \\ y = 2t - 2 \\ z = -3t + 3 \end{cases}$，则直线：

A. 过点$(-1,2,-3)$，方向向量为$\vec{i} + 2\vec{j} - 3\vec{k}$

B. 过点$(-1,2,-3)$，方向向量为$-\vec{i} - 2\vec{j} + 3\vec{k}$

C. 过点$(1,2,-3)$，方向向量为$\vec{i} - 2\vec{j} + 3\vec{k}$

D. 过点$(1,-2,3)$，方向向量为$-\vec{i} - 2\vec{j} + 3\vec{k}$

2. 设$\vec{\alpha}$，$\vec{\beta}$，$\vec{\gamma}$都是非零向量，若$\vec{\alpha} \times \vec{\beta} = \vec{\alpha} \times \vec{\gamma}$，则：

A. $\vec{\beta} = \vec{\gamma}$

B. $\vec{\alpha} /\!/ \vec{\beta}$且$\vec{\alpha} /\!/ \vec{\gamma}$

C. $\vec{\alpha} /\!/ (\vec{\beta} - \vec{\gamma})$

D. $\vec{\alpha} \perp (\vec{\beta} - \vec{\gamma})$

3. 设$f(x) = \frac{e^{3x} - 1}{e^{3x} + 1}$，则：

A. $f(x)$为偶函数，值域为$(-1,1)$

B. $f(x)$为奇函数，值域为$(-\infty, 0)$

C. $f(x)$为奇函数，值域为$(-1,1)$

D. $f(x)$为奇函数，值域为$(0, +\infty)$

4. 下列命题正确的是：

A. 分段函数必存在间断点

B. 单调有界函数无第二类间断点

C. 在开区间内连续，则在该区间必取得最大值和最小值

D. 在闭区间上有间断点的函数一定有界

5. 设函数$f(x) = \begin{cases} \frac{2}{x^2 + 1}, & x \leqslant 1 \\ ax + b, & x > 1 \end{cases}$可导，则必有：

A. $a = 1$，$b = 2$

B. $a = -1$，$b = 2$

C. $a = 1$，$b = 0$

D. $a = -1$，$b = 0$

6. 求极限$\lim\limits_{x\to 0}\frac{x^2\sin\frac{1}{x}}{\sin x}$时，下列各种解法中正确的是：

A. 用洛必达法则后，求得极限为 0

B. 因为$\lim\limits_{x\to 0}\sin\frac{1}{x}$不存在，所以上述极限不存在

C. 原式$=\lim\limits_{x\to 0}\frac{x}{\sin x}x\sin\frac{1}{x}=0$

D. 因为不能用洛必达法则，故极限不存在

7. 下列各点中为二元函数$z=x^3-y^3-3x^2+3y-9x$的极值点的是：

A. $(3,-1)$

B. $(3,1)$

C. $(1,1)$

D. $(-1,-1)$

8. 若函数$f(x)$的一个原函数是e^{-2x}，则$\int f''(x)\mathrm{d}x$等于：

A. $e^{-2x}+C$

B. $-2e^{-2x}$

C. $-2e^{-2x}+C$

D. $4e^{-2x}+C$

9. $\int xe^{-2x}\mathrm{d}x$等于：

A. $-\frac{1}{4}e^{-2x}(2x+1)+C$

B. $\frac{1}{4}e^{-2x}(2x-1)+C$

C. $-\frac{1}{4}e^{-2x}(2x-1)+C$

D. $-\frac{1}{2}e^{-2x}(x+1)+C$

10. 下列广义积分中收敛的是：

A. $\int_0^1\frac{1}{x^2}\mathrm{d}x$

B. $\int_0^2\frac{1}{\sqrt{2-x}}\mathrm{d}x$

C. $\int_{-\infty}^0 e^{-x}\mathrm{d}x$

D. $\int_1^{+\infty}\ln x\,\mathrm{d}x$

11. 圆周$\rho=\cos\theta$，$\rho=2\cos\theta$及射线$\theta=0$，$\theta=\frac{\pi}{4}$所围的图形的面积$S=$

A. $\frac{3}{8}(\pi+2)$

B. $\frac{1}{16}(\pi+2)$

C. $\frac{3}{16}(\pi+2)$

D. $\frac{7}{8}\pi$

12. 计算$I=\iiint\limits_{\Omega} z\mathrm{d}v$，其中$\Omega$为$z^2=x^2+y^2$，$z=1$围成的立体，则正确的解法是：

A. $I=\int_0^{2\pi}\mathrm{d}\theta\int_0^1 r\mathrm{d}r\int_0^1 z\mathrm{d}z$

B. $I=\int_0^{2\pi}\mathrm{d}\theta\int_0^1 r\mathrm{d}r\int_r^1 z\mathrm{d}z$

C. $I=\int_0^{2\pi}\mathrm{d}\theta\int_0^1 \mathrm{d}z\int_r^1 r\mathrm{d}r$

D. $I=\int_0^1\mathrm{d}z\int_0^{\pi}\mathrm{d}\theta\int_0^z zr\mathrm{d}r$

13. 下列各级数中发散的是：

A. $\sum\limits_{n=1}^{\infty}\frac{1}{\sqrt{n+1}}$

B. $\sum\limits_{n=1}^{\infty}(-1)^{n-1}\frac{1}{\ln(n+1)}$

C. $\sum\limits_{n=1}^{\infty}\frac{n+1}{3^n}$

D. $\sum\limits_{n=1}^{\infty}(-1)^{n-1}\left(\frac{2}{3}\right)^n$

14. 幂级数$\sum\limits_{n=1}^{\infty}\frac{(x-1)^n}{3^n n}$的收敛域是：

A. $[-2,4)$

B. $(-2,4)$

C. $(-1,1)$

D. $\left[-\frac{1}{3},\frac{4}{3}\right)$

15. 微分方程$y''+2y=0$的通解是：

A. $y=A\sin 2x$

B. $y=A\cos x$

C. $y=\sin\sqrt{2}x+B\cos\sqrt{2}x$

D. $y=A\sin\sqrt{2}x+B\cos\sqrt{2}x$

16. 微分方程$y\mathrm{d}x+(x-y)\mathrm{d}y=0$的通解是：

A. $\left(x-\frac{y}{2}\right)y=C$

B. $xy=C\left(x-\frac{y}{2}\right)$

C. $xy=C$

D. $y=\frac{C}{\ln\left(x-\frac{y}{2}\right)}$

17. 设$\boldsymbol{A}$是m阶矩阵，$\boldsymbol{B}$是n阶矩阵，行列式$\begin{vmatrix}0 & \boldsymbol{A}\\ \boldsymbol{B} & 0\end{vmatrix}=$

A. $-|\boldsymbol{A}||\boldsymbol{B}|$

B. $|\boldsymbol{A}||\boldsymbol{B}|$

C. $(-1)^{m+n}|\boldsymbol{A}||\boldsymbol{B}|$

D. $(-1)^{mn}|\boldsymbol{A}||\boldsymbol{B}|$

18. 设$\boldsymbol{A}$是 3 阶矩阵，矩阵$\boldsymbol{A}$的第 1 行的 2 倍加到第 2 行，得矩阵$\boldsymbol{B}$，则下列选项中成立的是：

A. $\boldsymbol{B}$的第 1 行的−2 倍加到第 2 行得$\boldsymbol{A}$

B. $\boldsymbol{B}$的第 1 列的−2 倍加到第 2 列得$\boldsymbol{A}$

C. $\boldsymbol{B}$的第 2 行的−2 倍加到第 1 行得$\boldsymbol{A}$

D. $\boldsymbol{B}$的第 2 列的−2 倍加到第 1 列得$\boldsymbol{A}$

19. 已知三维列向量$\boldsymbol{\alpha}$，$\boldsymbol{\beta}$满足$\boldsymbol{\alpha}^{\mathrm{T}}\boldsymbol{\beta}=3$，设 3 阶矩阵$\boldsymbol{A}=\boldsymbol{\beta}\boldsymbol{\alpha}^{\mathrm{T}}$，则：

A. $\boldsymbol{\beta}$是$\boldsymbol{A}$的属于特征值 0 的特征向量

B. $\boldsymbol{\alpha}$是$\boldsymbol{A}$的属于特征值 0 的特征向量

C. $\boldsymbol{\beta}$是$\boldsymbol{A}$的属于特征值 3 的特征向量

D. $\boldsymbol{\alpha}$是$\boldsymbol{A}$的属于特征值 3 的特征向量

20. 设齐次线性方程组$\begin{cases}x_1-kx_2=0\\kx_1-5x_2+x_3=0\\x_1+x_2+x_3=0\end{cases}$，当方程组有非零解时，$k$值为：

A. −2 或 3　　　　B. 2 或 3

C. 2 或−3　　　　D. −2 或−3

21. 设事件A，B相互独立，且$P(A)=\frac{1}{2}$，$P(B)=\frac{1}{3}$，则$P\left(B|A\cup\overline{B}\right)$等于：

A. $\frac{5}{6}$　　　　B. $\frac{1}{6}$

C. $\frac{1}{3}$　　　　D. $\frac{1}{5}$

22. 将 3 个球随机地放入 4 个杯子中，则杯中球的最大个数为 2 的概率为：

A. $\frac{1}{16}$　　　　B. $\frac{3}{16}$

C. $\frac{9}{16}$　　　　D. $\frac{4}{27}$

23. 设随机变量X的概率密度为$f(x)=\begin{cases}\frac{1}{x^2}, & x\geqslant 1\\0, & 其他\end{cases}$，则$P(0\leqslant X\leqslant 3)=$

A. $\frac{1}{3}$　　　　B. $\frac{2}{3}$

C. $\frac{1}{2}$　　　　D. $\frac{1}{4}$

24. 设随机变量(X,Y)服从二维正态分布，其概率密度为$f(x,y)=\frac{1}{2\pi}e^{-\frac{1}{2}(x^2+y^2)}$，则$E(X^2+Y^2)=$

A. 2　　　　B. 1

C. $\frac{1}{2}$　　　　D. $\frac{1}{4}$

25. 一定量的刚性双原子分子理想气体储于一容器中，容器的容积为V，气体压强为p，则气体的内能为：

A. $\frac{3}{2}pV$　　　　B. $\frac{5}{2}pV$

C. $\frac{1}{2}pV$　　　　D. pV

26. 理想气体的压强公式是：

A. $p=\frac{1}{3}nmv^2$　　B. $p=\frac{1}{3}nm\overline{v}$

C. $p=\frac{1}{3}nm\overline{v}^2$　　D. $p=\frac{1}{3}n\overline{v}^2$

27. “理想气体和单一热源接触做等温膨胀时，吸收的热量全部用来对外做功。”对此说法，有如下几种讨论，正确的是：

A. 不违反热力学第一定律，但违反热力学第二定律

B. 不违反热力学第二定律，但违反热力学第一定律

C. 不违反热力学第一定律，也不违反热力学第二定律

D. 违反热力学第一定律，也违反热力学第二定律

28. 一定量的理想气体，由一平衡态p_1，V_1，T_1变化到另一平衡态p_2，V_2，T_2，若$V_2>V_1$，但$T_2=T_1$，无论气体经历什么样的过程：

A. 气体对外做的功一定为正值

B. 气体对外做的功一定为负值

C. 气体的内能一定增加

D. 气体的内能保持不变

29. 在波长为λ的驻波中，两个相邻的波腹之间的距离为：

A. $\frac{\lambda}{2}$　　B. $\frac{\lambda}{4}$

C. $\frac{3\lambda}{4}$　　D. λ

30. 一平面简谐波在弹性媒质中传播时，某一时刻在传播方向上一质元恰好处在负的最大位移处，则它的：

A. 动能为零，势能最大　　B. 动能为零，势能为零

C. 动能最大，势能最大　　D. 动能最大，势能为零

31. 一声波波源相对媒质不动，发出的声波频率是ν_0。设一观察者的运动速度为波速的$\frac{1}{2}$，当观察者迎着波源运动时，他接收到的声波频率是：

A. $2\nu_0$　　B. $\frac{1}{2}\nu_0$

C. ν_0　　D. $\frac{3}{2}\nu_0$

32. 在双缝干涉实验中，光的波长 600nm，双缝间距 2mm，双缝与屏的间距为 300cm，则屏上形成的干涉图样的相邻明条纹间距为：

A. 0.45mm　　B. 0.9mm　　C. 9mm　　D. 4.5mm

33. 在双缝干涉实验中，若在两缝后（靠近屏一侧）各覆盖一块厚度均为d，但折射率分别为n_1和n_2（$n_2 > n_1$）的透明薄片，从两缝发出的光在原来中央明纹处相遇时，光程差为：

A. $d(n_2 - n_1)$　　B. $2d(n_2 - n_1)$

C. $d(n_2 - 1)$　　D. $d(n_1 - 1)$

34. 在空气中做牛顿环实验，如图所示，当平凸透镜垂直向上缓慢平移而远离平面玻璃时，可以观察到这些环状干涉条纹：

A. 向右平移　　B. 静止不动

C. 向外扩张　　D. 向中心收缩

35. 一束自然光通过两块叠放在一起的偏振片，若两偏振片的偏振化方向间夹角由α_1转到α_2，则转动前后透射光强度之比为：

A. $\frac{\cos^2 \alpha_2}{\cos^2 \alpha_1}$　　B. $\frac{\cos \alpha_2}{\cos \alpha_1}$　　C. $\frac{\cos^2 \alpha_1}{\cos^2 \alpha_2}$　　D. $\frac{\cos \alpha_1}{\cos \alpha_2}$

36. 若用衍射光栅准确测定一单色可见光的波长，在下列各种光栅常数的光栅中，选用哪一种最好：

A. 1.0×10^{-1}mm　　B. 5.0×10^{-1}mm

C. 1.0×10^{-2}mm　　D. 1.0×10^{-3}mm

37. $K_{sp}^{\ominus}(Mg(OH)_2) = 5.6 \times 10^{-12}$，则$Mg(OH)_2$在$0.01mol \cdot L^{-1}$NaOH溶液中的溶解度为：

A. $5.6 \times 10^{-9}mol \cdot L^{-1}$　　B. $5.6 \times 10^{-10}mol \cdot L^{-1}$

C. $5.6 \times 10^{-8}mol \cdot L^{-1}$　　D. $5.6 \times 10^{-5}mol \cdot L^{-1}$

38. $BeCl_2$ 中 Be 的原子轨道杂化类型为：

A. sp　　B. sp^2　　C. sp^3　　D. 不等性 sp^3

39. 常温下，在 CH_3COOH 与 CH_3COONa 的混合溶液中，若它们的浓度均为$0.10mol \cdot L^{-1}$，测得 pH 是 4.75，现将此溶液与等体积的水混合后，溶液的 pH 值是：

A. 2.38　　B. 5.06　　C. 4.75　　D. 5.25

40. 对一个化学反应来说，下列叙述正确的是：

A. $\Delta_r G_m^\ominus$越小，反应速率越快　　B. $\Delta_r H_m^\ominus$越小，反应速率越快

C. 活化能越小，反应速率越快　　D. 活化能越大，反应速率越快

41. 26 号元素原子的价层电子构型为：

A. $3d^5 4s^2$　　B. $3d^6 4s^2$　　C. $3d^6$　　D. $4s^2$

42. 确定原子轨道函数ψ形状的量子数是：

A. 主量子数　　B. 角量子数　　C. 磁量子数　　D. 自旋量子数

43. 下列反应中$\Delta_r S_m^\ominus > 0$的是：

A. $2H_2(g) + O_2(g) \longrightarrow 2H_2O(g)$

B. $N_2(g) + 3H_2(g) \longrightarrow 2NH_3(g)$

C. $NH_4Cl(s) \longrightarrow NH_3(g) + HCl(g)$

D. $CO_2(g) + 2NaOH(aq) \longrightarrow Na_2CO_3(aq) + H_2O(l)$

44. 下称各化合物的结构式，不正确的是：

A. 聚乙烯：$\left[CH_2-CH_2 \right]_n$　　B. 聚氯乙烯：$\left[CH_2-\underset{Cl}{\underset{|}{CH}} \right]_n$

C. 聚丙烯：$\left[CH_2-CH_2-CH_2 \right]_n$　　D. 聚 1-丁烯：$\left[CH_2CH(C_2H_5) \right]_n$

45. 下列化合物中，没有顺、反异构体的是：

A. $CHCl=CHCl$　　B. $CH_3CH=CHCH_2Cl$

C. $CH_2=CHCH_2CH_3$　　D. $CHF=CClBr$

46. 六氯苯的结构式正确的是：

A.　　B.

C.　　D.

47. 将大小为 100N 的力$\boldsymbol{F}$沿x、y方向分解，如图所示，若$\boldsymbol{F}$在x轴上的投影为 50N，而沿x方向的分力的大小为 200N，则$\boldsymbol{F}$在y轴上的投影为：

A. 0

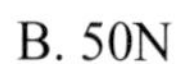
B. 50N

C. 200N

D. 100N

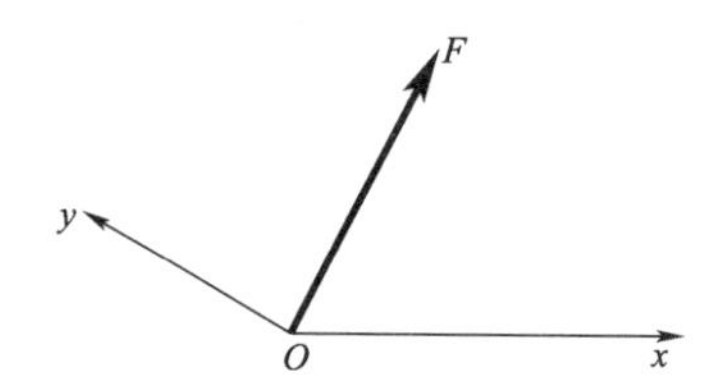

48. 图示等边三角形ABC，边长a，沿其边缘作用大小均为F的力，方向如图所示。则此力系简化为：

A. $F_{\mathrm{R}} = 0$；$M_{\mathrm{A}} = \frac{\sqrt{3}}{2}Fa$

B. $F_{\mathrm{R}} = 0$；$M_{\mathrm{A}} = Fa$

C. $F_{\mathrm{R}} = 2F$；$M_{\mathrm{A}} = \frac{\sqrt{3}}{2}Fa$

D. $F_{\mathrm{R}} = 2F$；$M_{\mathrm{A}} = \sqrt{3}Fa$

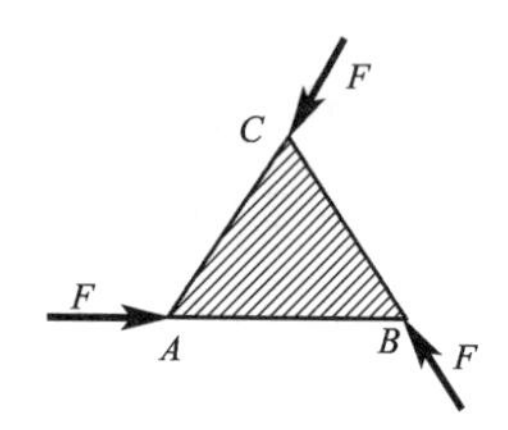

49. 三铰拱上作用有大小相等，转向相反的二力偶，其力偶矩大小为M，如图所示。略去自重，则支座A的约束力大小为：

A. $F_{\mathrm{A}x} = 0$；$F_{\mathrm{A}y} = \frac{M}{2a}$

B. $F_{\mathrm{A}x} = \frac{M}{2a}$；$F_{\mathrm{A}y} = 0$

C. $F_{\mathrm{A}x} = \frac{M}{a}$；$F_{\mathrm{A}y} = 0$

D. $F_{\mathrm{A}x} = \frac{M}{2a}$；$F_{\mathrm{A}y} = M$

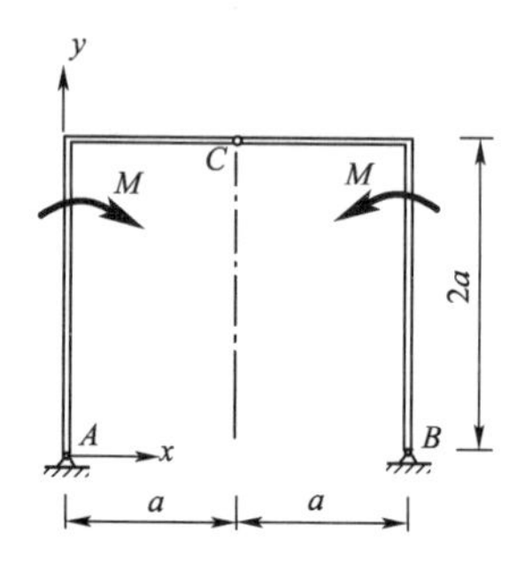

50. 简支梁受分布荷载作用如图所示。支座A、B的约束力为：

A. $F_{\mathrm{A}} = 0$，$F_{\mathrm{B}} = 0$

B. $F_{\mathrm{A}} = \frac{1}{2}qa\uparrow$，$F_{\mathrm{B}} = \frac{1}{2}qa\uparrow$

C. $F_{\mathrm{A}} = \frac{1}{2}qa\uparrow$，$F_{\mathrm{B}} = \frac{1}{2}qa\downarrow$

D. $F_{\mathrm{A}} = \frac{1}{2}qa\downarrow$，$F_{\mathrm{B}} = \frac{1}{2}qa\uparrow$

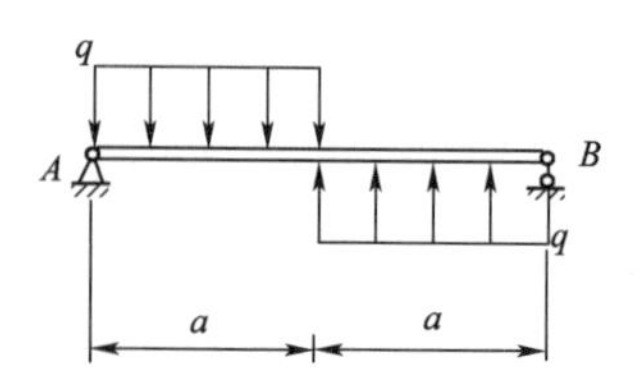

51. 已知质点沿半径为 40cm 的圆周运动，其运动规律为$s = 20t$（s以 cm 计，t以 s 计）。若$t = 1$s，则点的速度与加速度的大小为：

A. 20cm/s；$10\sqrt{2}$cm/s^2　　B. 20cm/s；10cm/s^2

C. 40cm/s；20cm/s^2　　D. 40cm/s；10cm/s^2

52. 已知点的运动方程为$x = 2t$，$y = t^2 - t$，则其轨迹方程为：

A. $y = t^2 - t$　　B. $x = 2t$

C. $x^2 - 2x - 4y = 0$　　D. $x^2 + 2x + 4y = 0$

53. 直角刚杆OAB在图示瞬间角速度$\omega = 2$rad/s，角加速度$\varepsilon = 5$rad/s^2，若$OA = 40$cm，$AB = 30$cm，则B点的速度大小、法向加速度的大小和切向加速度的大小为：

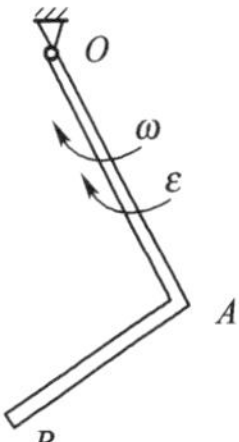

A. 100cm/s；200cm/s^2；250cm/s^2

B. 80cm/s^2；160cm/s^2；200cm/s^2

C. 60cm/s^2；120cm/s^2；150cm/s^2

D. 100cm/s^2；200cm/s^2；200cm/s^2

54. 重为$\boldsymbol{W}$的货物由电梯载运下降，当电梯加速下降、匀速下降及减速下降时，货物对地板的压力分别为$\boldsymbol{R}_1$、$\boldsymbol{R}_2$、$\boldsymbol{R}_3$，它们之间的大小关系为：

A. $R_1 = R_2 = R_3$　　B. $R_1 > R_2 > R_3$

C. $R_1 < R_2 < R_3$　　D. $R_1 < R_2 > R_3$

55. 如图所示，两重物M_1和M_2的质量分别为m_1和m_2，两重物系在不计质量的软绳上，绳绕过匀质定滑轮，滑轮半径为r，质量为m，则此滑轮系统对转轴O之动量矩为：

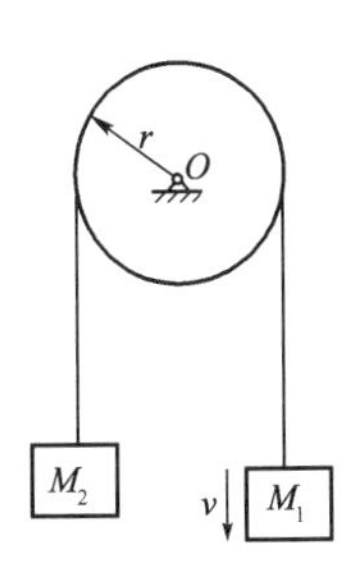

A. $L_O = \left(m_1 + m_2 - \frac{1}{2}m\right)rv$ ↘（顺时针）

B. $L_O = \left(m_1 - m_2 - \frac{1}{2}m\right)rv$ ↘（顺时针）

C. $L_O = \left(m_1 + m_2 + \frac{1}{2}m\right)rv$ ↘（顺时针）

D. $L_O = \left(m_1 + m_2 + \frac{1}{2}m\right)rv$ ↗（逆时针）

56. 质量为m，长为 $2l$的均质杆初始位于水平位置，如图所示。A端脱落后，杆绕轴B转动，当杆转到铅垂位置时，AB杆B处的约束力大小为：

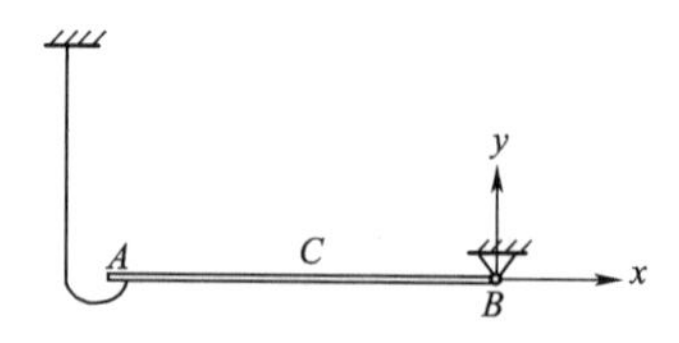

A. $F_{\mathrm{B}x}=0$，$F_{\mathrm{B}y}=0$

B. $F_{\mathrm{B}x}=0$，$F_{\mathrm{B}y}=\frac{mg}{4}$

C. $F_{\mathrm{B}x}=l$，$F_{\mathrm{B}y}=mg$

D. $F_{\mathrm{B}x}=0$，$F_{\mathrm{B}y}=\frac{5mg}{2}$

57. 图示均质圆轮，质量为m，半径为r，在铅垂图面内绕通过圆盘中心O的水平轴转动，角速度为ω，角加速度为ε，此时将圆轮的惯性力系向O点简化，其惯性力主矢和惯性力主矩的大小分别为：

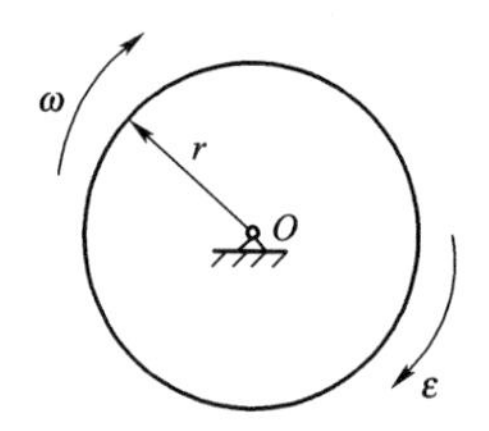

A. 0；0

B. $mr\varepsilon$；$\frac{1}{2}mr^2\varepsilon$

C. 0；$\frac{1}{2}mr^2\varepsilon$

D. 0；$\frac{1}{4}mr^2\omega^2$

58. 5 根弹簧系数均为k的弹簧，串联与并联时的等效弹簧刚度系数分别为：

A. $5k$；$\frac{k}{5}$　　B. $\frac{5}{k}$；$5k$

C. $\frac{k}{5}$；$5k$　　D. $\frac{1}{5k}$；$5k$

59. 等截面杆，轴向受力如图所示。杆的最大轴力是：

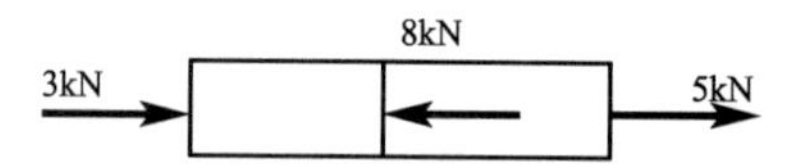

A. 8kN

B. 5kN

C. 3kN

D. 13kN

60. 钢板用两个铆钉固定在支座上，铆钉直径为d，在图示荷载下，铆钉的最大切应力是：

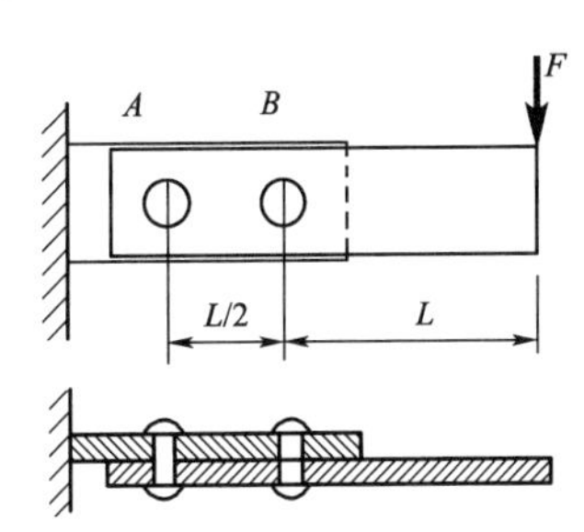

A. $\tau_{\max}=\frac{4F}{\pi d^2}$

B. $\tau_{\max}=\frac{8F}{\pi d^2}$

C. $\tau_{\max}=\frac{12F}{\pi d^2}$

D. $\tau_{\max}=\frac{2F}{\pi d^2}$

61. 圆轴直径为d，剪切弹性模量为G，在外力作用下发生扭转变形，现测得单位长度扭转角为θ，圆轴的最大切应力是：

A. $\tau=\frac{16\theta G}{\pi d^3}$

B. $\tau=\theta G\frac{\pi d^3}{16}$

C. $\tau=\theta Gd$

D. $\tau=\frac{\theta Gd}{2}$

62. 直径为d的实心圆轴受扭，为使扭转最大切应力减小一半，圆轴的直径应改为：

A. $2d$

B. $0.5d$

C. $\sqrt{2}d$

D. $\sqrt[3]{2}d$

63. 图示矩形截面对z_1轴的惯性矩I_{z1}为：

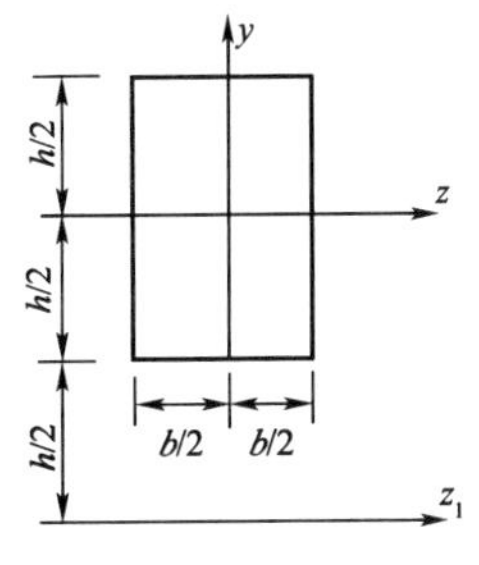

A. $I_{z1}=\frac{bh^3}{12}$

B. $I_{z1}=\frac{bh^3}{3}$

C. $I_{z1}=\frac{7bh^3}{6}$

D. $I_{z1}=\frac{13bh^3}{12}$

64. 图示外伸梁，在C、D处作用相同的集中力F，截面A的剪力和截面C的弯矩分别是：

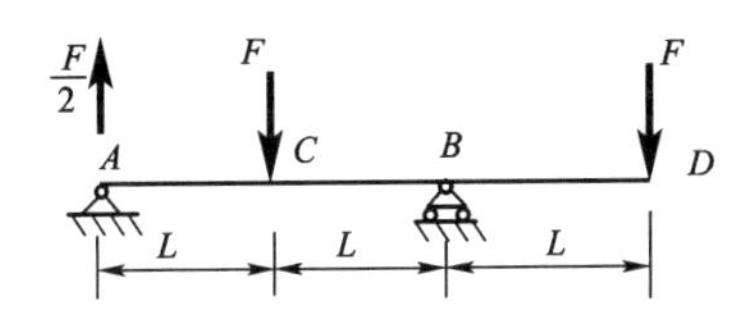

A. $F_{SA}=0$，$M_C=0$

B. $F_{SA}=F$，$M_C=FL$

C. $F_{SA}=F/2$，$M_C=FL/2$

D. $F_{SA}=0$，$M_C=2FL$

65. 悬臂梁AB由两根相同的矩形截面梁胶合而成。若胶合面全部开裂，假设开裂后两杆的弯曲变形相同，接触面之间无摩擦力，则开裂后梁的最大挠度是原来的：

A. 两者相同

B. 2 倍

C. 4 倍

D. 8 倍

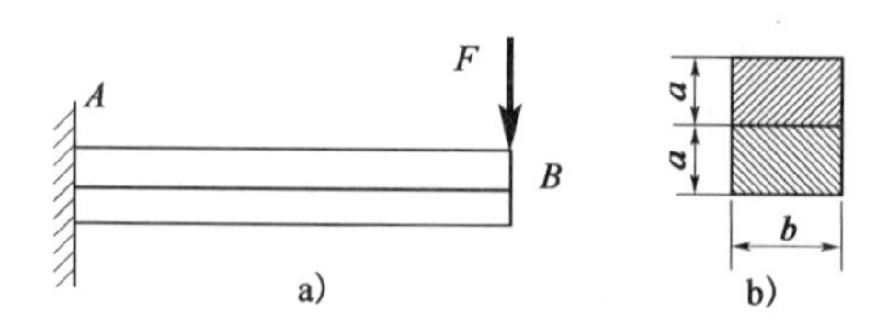

66. 图示悬臂梁自由端承受集中力偶M。若梁的长度减小一半，梁的最大挠度是原来的：

A. 1/2

B. 1/4

C. 1/8

D. 1/16

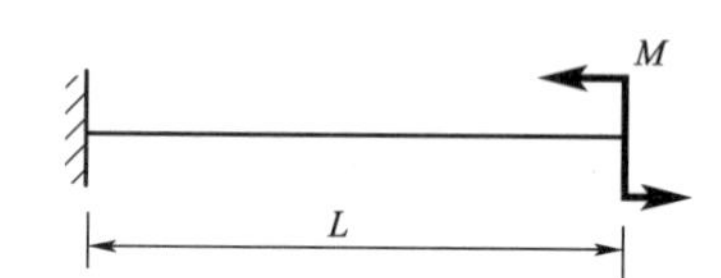

67. 在图示 4 种应力状态中，切应力值最大的应力状态是：

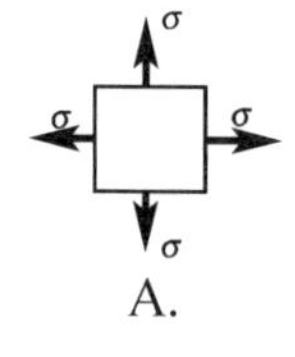

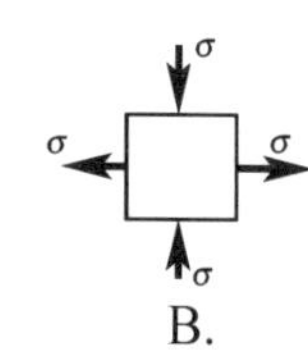

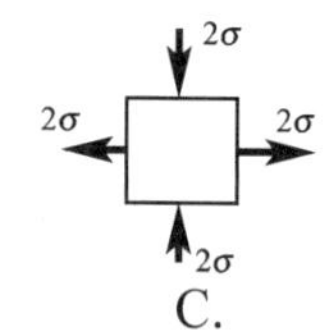

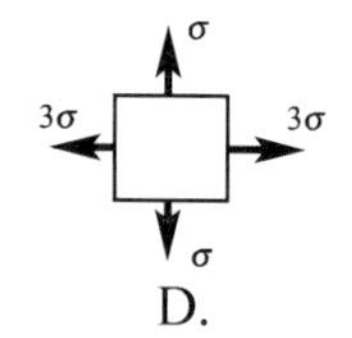

68. 图示矩形截面杆AB，A端固定，B端自由。B端右下角处承受与轴线平行的集中力F，杆的最大正应力是：

A. $\sigma = \frac{3F}{bh}$

B. $\sigma = \frac{4F}{bh}$

C. $\sigma = \frac{7F}{bh}$

D. $\sigma = \frac{13F}{bh}$

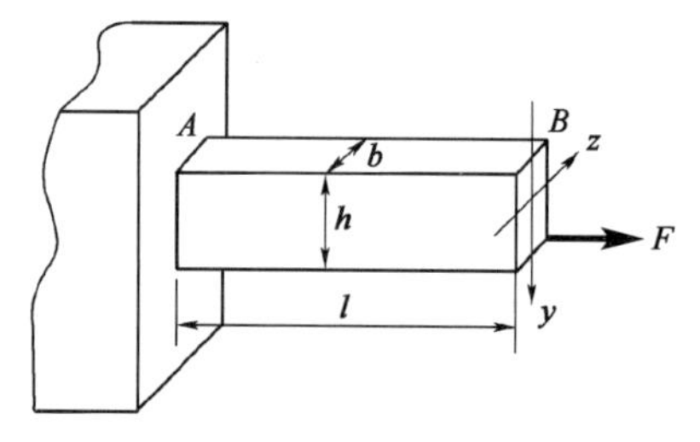

69. 图示圆轴固定端最上缘A点的单元体的应力状态是：

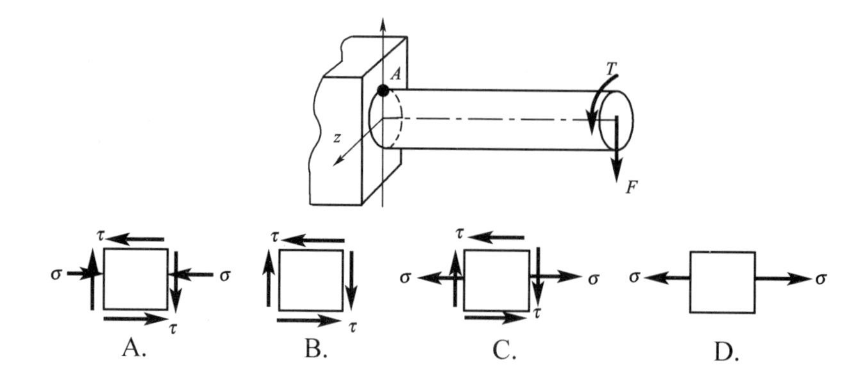

70. 图示三根压杆均为细长（大柔度）压杆，且弯曲刚度均为EI。三根压杆的临界荷载F_{cr}的关系为：

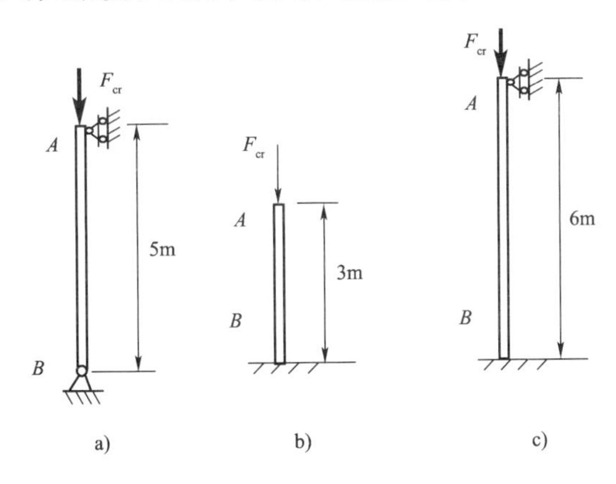

A. $F_{cra} > F_{crb} > F_{crc}$

B. $F_{crb} > F_{cra} > F_{crc}$

C. $F_{crc} > F_{cra} > F_{crb}$

D. $F_{crb} > F_{crc} > F_{cra}$

71. 如图所示，上部为气体下部为水的封闭容器装有 U 形水银测压计，其中 1、2、3 点位于同一平面上，其压强的关系为：

A. $p_1 < p_2 < p_3$

B. $p_1 > p_2 > p_3$

C. $p_2 < p_1 < p_3$

D. $p_2 = p_1 = p_3$

72. 如图所示，下列说法中错误的是：

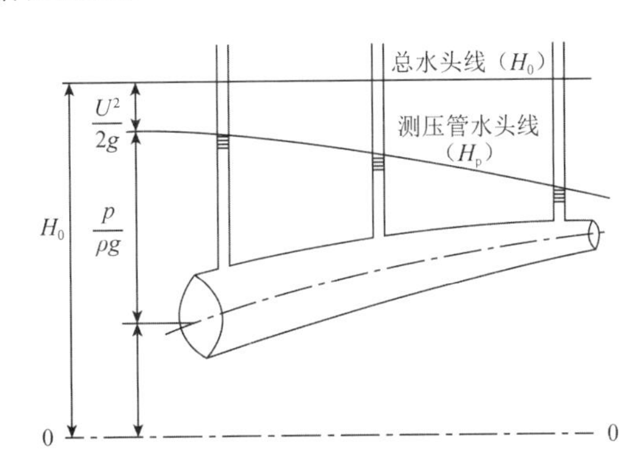

A. 对理想流体，该测压管水头线（H_p线）应该沿程无变化

B. 该图是理想流体流动的水头线

C. 对理想流体，该总水头线（H_0线）沿程无变化

D. 该图不适用于描述实际流体的水头线

73. 一管径$d = 50\text{mm}$的水管，在水温$t = 10°\text{C}$时，管内要保持层流的最大流速是：（10°C时水的运动黏滞系数$\nu = 1.31 \times 10^{-6}\text{m}^2/\text{s}$）

A. 0.21m/s　　B. 0.115m/s

C. 0.105m/s　　D. 0.0524m/s

74. 管道长度不变，管中流动为层流，允许的水头损失不变，当直径变为原来 2 倍时，若不计局部损失，流量将变为原来的：

A. 2 倍　　B. 4 倍

C. 8 倍　　D. 16 倍

75. 圆柱形管嘴的长度为l，直径为d，管嘴作用水头为H_0，则其正常工作条件为：

A. $l = (3\sim4)d$，$H_0 > 9\text{m}$　　B. $l = (3\sim4)d$，$H_0 < 9\text{m}$

C. $l > (7\sim8)d$，$H_0 > 9\text{m}$　　D. $l > (7\sim8)d$，$H_0 < 9\text{m}$

76. 如图所示，当阀门的开度变小时，流量将：

A. 增大

B. 减小

C. 不变

D. 条件不足，无法确定

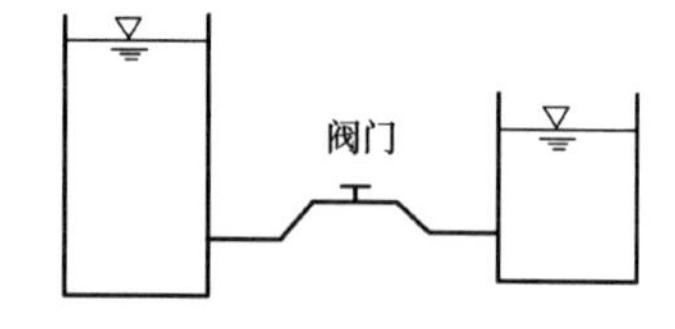

77. 在实验室中，根据达西定律测定某种土壤的渗透系数，将土样装在直径$d = 30\text{cm}$的圆筒中，在 90cm 水头差作用下，8h 的渗透水量为 100L，两测压管的距离为 40cm，该土壤的渗透系数为：

A. 0.9m/d　　B. 1.9m/d

C. 2.9m/d　　D. 3.9m/d

78. 流体的压强p、速度v、密度ρ，正确的无量纲数组合是：

A. $\frac{p}{\rho v^2}$　　B. $\frac{\rho p}{v^2}$　　C. $\frac{\rho}{p v^2}$　　D. $\frac{p}{\rho v}$

79. 在图中，线圈 a 的电阻为R_a，线圈 b 的电阻为R_b，两者彼此靠近如图所示，若外加激励$u = U_\text{M} \sin \omega t$，则：

A. $i_\text{a} = \frac{u}{R_\text{a}}$，$i_\text{b} = 0$

B. $i_\text{a} \neq \frac{u}{R_\text{a}}$，$i_\text{b} \neq 0$

C. $i_\text{a} = \frac{u}{R_\text{a}}$，$i_\text{b} \neq 0$

D. $i_\text{a} \neq \frac{u}{R_\text{a}}$，$i_\text{b} = 0$

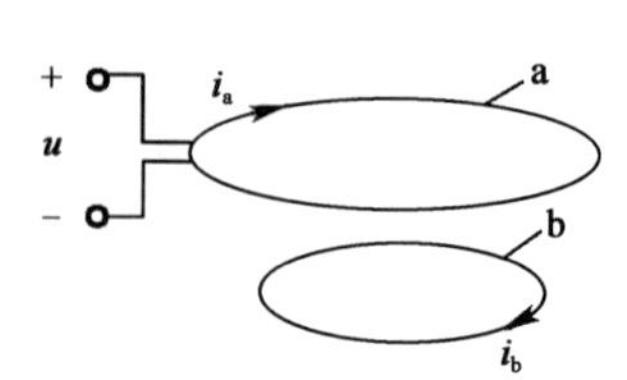

80. 图示电路中，电流源的端电压U等于：

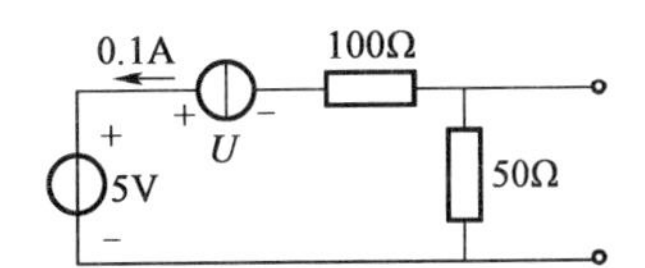

A. 20V

B. 10V

C. 5V

D. 0V

81. 已知电路如图所示，若使用叠加原理求解图中电流源的端电压U，正确的方法是：

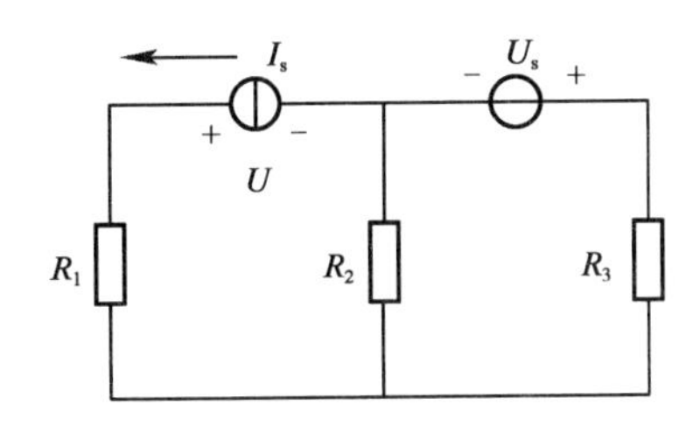

A. $U'=(R_2/\!/R_3+R_1)I_s$，$U''=0$，$U=U'$

B. $U'=(R_1+R_2)I_s$，$U''=0$，$U=U'$

C. $U'=(R_2/\!/R_3+R_1)I_s$，$U''=\frac{R_2}{R_2+R_3}U_s$，$U=U'-U''$

D. $U'=(R_2/\!/R_3+R_1)I_s$，$U''=\frac{R_2}{R_2+R_3}U_s$，$U=U'+U''$

82. 图示电路中，A_1、A_2、V_1、V_2均为交流表，用于测量电压或电流的有效值I_1、I_2、U_1、U_2，若$I_1=4A$，$I_2=2A$，$U_1=10V$，则电压表V_2的读数应为：

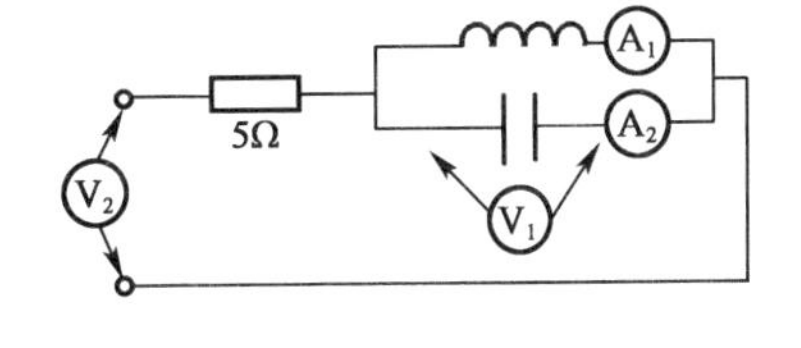

A. 40V

B. 14.14V

C. 31.62V

D. 20V

83. 三相五线供电机制下，单相负载 A 的外壳引出线应：

A. 保护接地

B. 保护接中

C. 悬空

D. 保护接 PE 线

84. 某滤波器的幅频特性波特图如图所示，该电路的传递函数为：

A. $\frac{j\omega/10}{1+j\omega/10}$

B. $\frac{j\omega/20\pi}{1+j\omega/20\pi}$

C. $\frac{j\omega/2\pi}{1+j\omega/2\pi}$

D. $\frac{1}{1+j\omega/20\pi}$

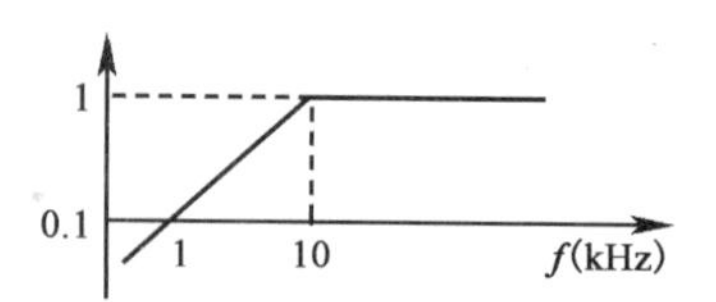

85. 若希望实现三相异步电动机的向上向下平滑调速，则应采用：

A. 串转子电阻调速方案　　B. 串定子电阻调速方案

C. 调频调速方案　　D. 变磁极对数调速方案

86. 在电动机的继电接触控制电路中，具有短路保护、过载保护、欠压保护和行程保护，其中，需要同时接在主电路和控制电路中的保护电器是：

A. 热继电器和行程开关　　B. 熔断器和行程开关

C. 接触器和行程开关　　D. 接触器和热继电器

87. 信息可以以编码的方式载入：

A. 数字信号之中　　B. 模拟信号之中

C. 离散信号之中　　D. 采样保持信号之中

88. 七段显示器的各段符号如图所示，那么，字母“E”的共阴极七段显示器的显示码 abcdefg 应该是：

A. 1001111　　B. 0110000

C. 10110111　　D. 10001001

89. 某电压信号随时间变化的波形图如图所示，该信号应归类于：

A. 周期信号　　B. 数字信号

C. 离散信号　　D. 连续时间信号

90. 非周期信号的幅度频谱是：

A. 连续的　　B. 离散的，谱线正负对称排列

C. 跳变的　　D. 离散的，谱线均匀排列

91. 图 a）所示电压信号波形经电路 A 变换成图 b）波形，再经电路 B 变换成图 c）波形，那么，电路 A 和电路 B 应依次选用：

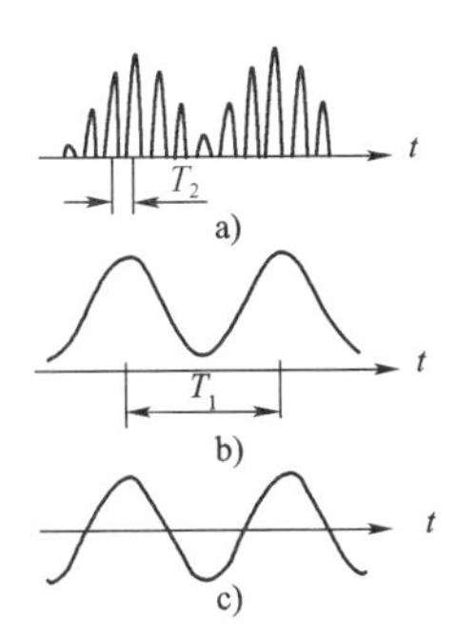

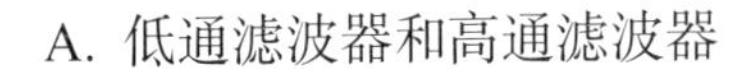

A. 低通滤波器和高通滤波器

B. 高通滤波器和低通滤波器

C. 低通滤波器和带通滤波器

D. 高通滤波器和带通滤波器

92. 由图示数字逻辑信号的波形可知，三者的函数关系是：

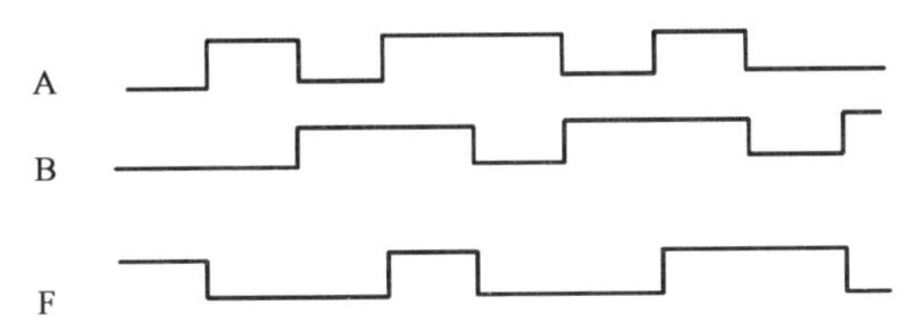

A. $F=\overline{AB}$

B. $F=\overline{A+B}$

C. $F=AB+\overline{A}\overline{B}$

D. $F=\overline{A}B+A\overline{B}$

93. 某晶体管放大电路的空载放大倍数$A_k=-80$、输入电阻$r_i=1k\Omega$和输出电阻$r_o=3k\Omega$，将信号源（$u_s=10\sin\omega t\,mV$，$R_s=1k\Omega$）和负载（$R_L=5k\Omega$）接于该放大电路之后（见图），负载电压u_o将为：

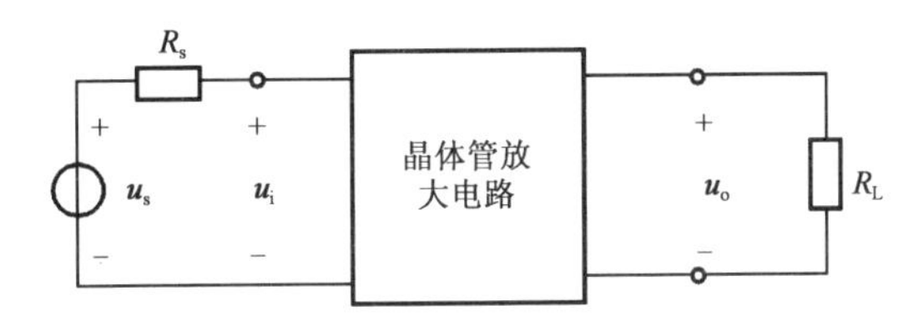

A. $-0.8\sin\omega t$ V

B. $-0.5\sin\omega t$ V

C. $-0.4\sin\omega t$ V

D. $-0.25\sin\omega t$ V

94. 将运算放大器直接用于两信号的比较，如图 a）所示，其中，$u_{i1}=-1V$，u_{i1}的波形由图 b）给出，则输出电压u_o等于：

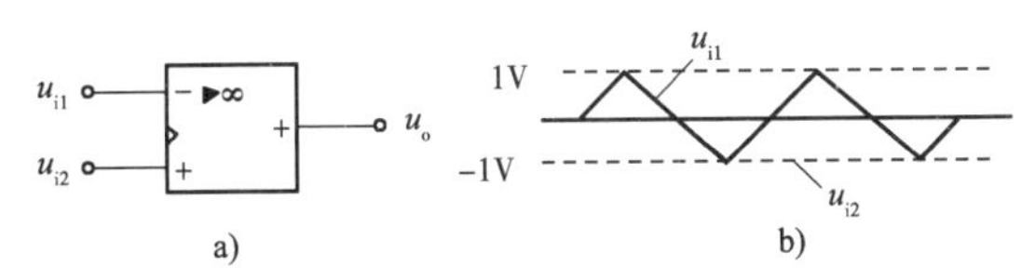

A. u_a

B. $-u_a$

C. 正的饱和值

D. 负的饱和值

95. D 触发器的应用电路如图所示，设输出 Q 的初值为 0，那么，在时钟脉冲 cp 的作用下，输出 Q 为：

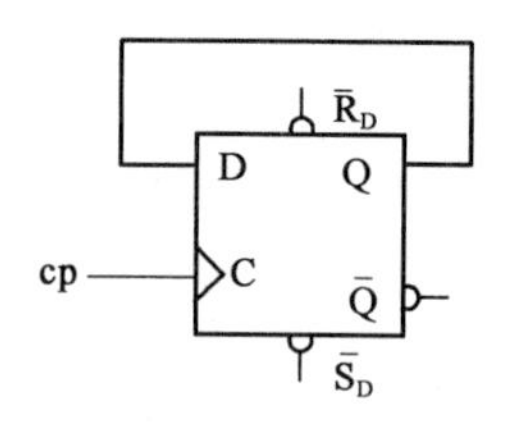

A. 1

B. cp

C. 脉冲信号，频率为时钟脉冲频率的1/2

D. 0

96. 由 JK 触发器组成的应用电器如图所示，设触发器的初值都为 0，经分析可知是一个：

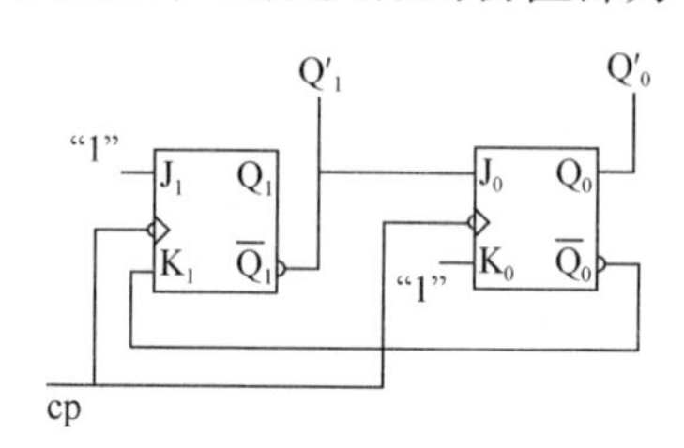

A. 同步二进制加法计数器　　B. 同步四进制加法计数器

C. 同步三进制减法计数器　　D. 同步三进制加法计数器

97. 总线能为多个部件服务，它可分时地发送与接收各部件的信息。所以，可以把总线看成是：

A. 一组公共信息传输线路

B. 微机系统的控制信息传输线路

C. 操作系统和计算机硬件之间的控制线

D. 输入/输出的控制线

98. 计算机内的数字信息、文字信息、图像信息、视频信息、音频信息等所有信息，都是用：

A. 不同位数的八进制数来表示的

B. 不同位数的十进制数来表示的

C. 不同位数的二进制数来表示的

D. 不同位数的十六进制数来表示的

99. 将二进制小数 0.1010101111 转换成相应的八进制数，其正确结果是：

A. 0.2536　　B. 0.5274

C. 0.5236　　D. 0.5281

100. 影响计算机图像质量的主要参数有：

A. 颜色深度、显示器质量、存储器大小

B. 分辨率、颜色深度、存储空间大小

C. 分辨率、存储器大小、图像加工处理工艺

D. 分辨率、颜色深度、图像文件的尺寸

101. 数字签名是最普遍、技术最成熟、可操作性最强的一种电子签名技术，当前已得到实际应用的是在：

A. 电子商务、电子政务中

B. 票务管理、股票交易中

C. 股票交易、电子政务中

D. 电子商务、票务管理中

102. 在 Windows 中，对存储器采用分段存储管理时，每一个存储器段可以小至 1 个字节，大至：

A. 4K 字节

B. 16K 字节

C. 4G 字节

D. 128M 字节

103. Windows 的设备管理功能部分支持即插即用功能，下面四条后续说明中有错误的一条是：

A. 这意味着当将某个设备连接到计算机上后即可立刻使用

B. Windows 自动安装有即插即用设备及其设备驱动程序

C. 无需在系统中重新配置该设备或安装相应软件

D. 无需在系统中重新配置该设备但需安装相应软件才可立刻使用

104. 信息化社会是信息革命的产物，它包含多种信息技术的综合应用。构成信息化社会的三个主要技术支柱是：

A. 计算机技术、信息技术、网络技术

B. 计算机技术、通信技术、网络技术

C. 存储器技术、航空航天技术、网络技术

D. 半导体工艺技术、网络技术、信息加工处理技术

105. 网络软件是实现网络功能不可缺少的软件环境。网络软件主要包括：

A. 网络协议和网络操作系统

B. 网络互联设备和网络协议

C. 网络协议和计算机系统

D. 网络操作系统和传输介质

106. 因特网是一个联结了无数个小网而形成的大网，也就是说：

A. 因特网是一个城域网　　B. 因特网是一个网际网

C. 因特网是一个局域网　　D. 因特网是一个广域网

107. 某公司拟向银行贷款 100 万元，贷款期为 3 年，甲银行的贷款利率为 6%（按季计息），乙银行的贷款利率为 7%，该公司向哪家银行贷款付出的利息较少：

A. 甲银行　　B. 乙银行

C. 两家银行的利息相等　　D. 不能确定

108. 关于总成本费用的计算公式，下列正确的是：

A. 总成本费用 = 生产成本 + 期间费用

B. 总成本费用 = 外购原材料、燃料和动力费 + 工资及福利费 + 折旧费

C. 总成本费用 = 外购原材料、燃料和动力费 + 工资及福利费 + 折旧费 + 摊销费

D. 总成本费用 = 外购原材料、燃料和动力费 + 工资及福利费 + 折旧费 + 摊销费 + 修理费

109. 关于准股本资金的下列说法中，正确的是：

A. 准股本资金具有资本金性质，不具有债务资金性质

B. 准股本资金主要包括优先股股票和可转换债券

C. 优先股股票在项目评价中应视为项目债务资金

D. 可转换债券在项目评价中应视为项目资本金

110. 某项目建设工期为两年，第一年投资 200 万元，第二年投资 300 万元，投产后每年净现金流量为 150 万元，项目计算期为 10 年，基准收益率 10%，则此项目的财务净现值为：

A. 331.97 万元　　B. 188.63 万元

C. 171.18 万元　　D. 231.60 万元

111. 可外贸货物的投入或产出的影子价格应根据口岸价格计算，下列公式正确的是：

A. 出口产出的影子价格(出厂价) = 离岸价(FOB) × 影子汇率 + 出口费用

B. 出口产出的影子价格(出厂价) = 到岸价(CIF) × 影子汇率 − 出口费用

C. 进口投入的影子价格(到厂价) = 到岸价(CIF) × 影子汇率 + 进口费用

D. 进口投入的影子价格(到厂价) = 离岸价(FOB) × 影子汇率 − 进口费用

112. 关于盈亏平衡点的下列说法中，错误的是：

A. 盈亏平衡点是项目的盈利与亏损的转折点

B. 盈亏平衡点上，销售（营业、服务）收入等于总成本费用

C. 盈亏平衡点越低，表明项目抗风险能力越弱

D. 盈亏平衡分析只用于财务分析

113. 属于改扩建项目经济评价中使用的五种数据之一的是：

A. 资产　　　　B. 资源

C. 效益　　　　D. 增量

114. ABC 分类法中，部件数量占 60%~80%、成本占 5%~10%的为：

A. A 类　　　　B. B 类

C. C 类　　　　D. 以上都不对

115. 根据《中华人民共和国安全生产法》的规定，生产经营单位使用的涉及生命安全、危险性较大的特种设备，以及危险物品的容器、运输工具，必须按照国家有关规定，由专业生产单位生产，并经取得专业资质的检测，检验机构检测、检验合格，取得：

A. 安全使用证和安全标志，方可投入使用

B. 安全使用证或安全标志，方可投入使用

C. 生产许可证和安全使用证，方可投入使用

D. 生产许可证或安全使用证，方可投入使用

116. 根据《中华人民共和国招标投标法》的规定，招标人和中标人按照招标文件和中标人的投标文件，订立书面合同的时间要求是：

A. 自中标通知书发出之日起 15 日内

B. 自中标通知书发出之日起 30 日内

C. 自中标单位收到中标通知书之日起 15 日内

D. 自中标单位收到中标通知书之日起 30 日内

117. 根据《中华人民共和国行政许可法》的规定，下列可以不设行政许可事项的是：

A. 有限自然资源开发利用等需要赋予特定权利的事项

B. 提供公众服务等需要确定资质的事项

C. 企业或者其他组织的设立等，需要确定主体资格的事项

D. 行政机关采用事后监督等其他行政管理方式能够解决的事项

118. 根据《中华人民共和国节约能源法》的规定，对固定资产投资项目国家实行：

A. 节能目标责任制和节能考核评价制度

B. 节能审查和监管制度

C. 节能评估和审查制度

D. 能源统计制度

119. 按照《建设工程质量管理条例》规定，施工人员对涉及结构安全的试块、试件以及有关材料进行现场取样时应当：

A. 在设计单位监督现场取样

B. 在监督单位或监理单位监督下现场取样

C. 在施工单位质量管理人员监督下现场取样

D. 在建设单位或监理单位监督下现场取样

120. 按照《建设工程安全生产管理条例》规定，工程监理单位在实施监理过程中，发现存在安全事故隐患的，应当要求施工单位整改；情况严重的，应当要求施工单位暂时停止施工，并及时报告：

A. 施工单位　　B. 监理单位

C. 有关主管部门　　D. 建设单位

2010年度全国勘察设计注册工程师执业资格考试基础考试（上）

试题解析及参考答案

1. 解 把直线的参数方程化成点向式方程，得到$\frac{x-1}{1}=\frac{y+2}{2}=\frac{z-3}{-3}$；

则直线L的方向向量取$\vec{s}=\{1,2,-3\}$或$\vec{s}=\{-1,-2,3\}$均可。另外，由直线的点向式方程，可知直线过M点，$M(1,-2,3)$。

答案：D

2. 解 已知$\vec{a}\times\vec{\beta}=\vec{a}\times\vec{\gamma}$，$\vec{a}\times\vec{\beta}-\vec{a}\times\vec{\gamma}=\vec{0}$，得$\vec{a}\times\left(\vec{\beta}-\vec{\gamma}\right)=\vec{0}$。由向量积的运算性质可知，$\vec{a}$，$\vec{b}$为非零向量，若$\vec{a}/\!/\vec{b}$，则$\vec{a}\times\vec{b}=\vec{0}$若$\vec{a}\times\vec{b}=\vec{0}$，则$\vec{a}/\!/\vec{b}$，可知$\vec{a}/\!/\left(\vec{\beta}-\vec{\gamma}\right)$。

答案：C

3. 解 用奇偶函数定义判定。有$f(-x)=-f(x)$成立，$f(-x)=\frac{e^{-3x}-1}{e^{-3x}+1}=\frac{1-e^{3x}}{1+e^{3x}}=-\frac{e^{3x}-1}{e^{3x}+1}=-f(x)$确定为奇函数。另外，由函数式可知定义域$(-\infty,+\infty)$，确定值域为$(-1,1)$。

答案：C

4. 解 通过题中给出的命题，较容易判断选项A、C、D是错误的。

对于选项B，给出条件“有界”，函数不含有无穷间断点，给出条件单调函数不会出现振荡间断点，从而可判定函数无第二类间断点。

答案：B

5. 解 根据给出的条件可知，函数在$x=1$可导，则在$x=1$必连续。就有$\lim\limits_{x\to1^+}f(x)=\lim\limits_{x\to1^-}f(x)=f(1)$成立，得到$a+b=1$。

再通过给出条件在$x=1$可导，即有$f'_+(1)=f'_-(1)$成立，利用定义计算$f(x)$在$x=1$处左右导数：

$$f'_-(1)=\lim_{x\to1^-}\frac{f(x)-f(1)}{x-1}=\lim_{x\to1^-}\frac{\frac{2}{x^2+1}-1}{x-1}=\lim_{x\to1^-}\frac{1-x^2}{(x^2+1)(x-1)}=-1$$

$$f'_+(1)=\lim_{x\to1^+}\frac{f(x)-f(1)}{x-1}=\lim_{x\to1^+}\frac{ax+b-1}{x-1}=\lim_{x\to1^+}\frac{ax-a}{x-1}=a$$

则$a=-1$，$b=2$。

答案：B

6. 解 分析题目给出的解法，选项A、B、D均不正确。

正确的解法为选项C，原式$=\lim\limits_{x\to0}\frac{x}{\sin x}x\sin\frac{1}{x}=1\times0=0$。

因$\lim\limits_{x\to0}\frac{x}{\sin x}=1$，第一重要极限；而$\lim\limits_{x\to0}x\sin\frac{1}{x}=0$为无穷小量乘有界函数极限。

答案：C

7. 解 利用多元函数极值存在的充分条件确定。

（1）由$\begin{cases}\dfrac{\partial z}{\partial x}=0\\\dfrac{\partial z}{\partial y}=0\end{cases}$，即$\begin{cases}3x^2-6x-9=0\\-3y^2+3=0\end{cases}$，求出驻点$(3,1)$，$(3,-1)$，$(-1,1)$，$(-1,-1)$。

（2）求出$\frac{\partial^2 z}{\partial x^2}$，$\frac{\partial^2 z}{\partial x\partial y}$，$\frac{\partial^2 z}{\partial y^2}$分别代入每一驻点，得到$A$，$B$，$C$的值。

当$AC-B^2>0$取得极点，再由$A>0$取得极小值，$A<0$取得极大值。

$$\frac{\partial^2 z}{\partial x^2}=6x-6，\frac{\partial^2 z}{\partial x\partial y}=0，\frac{\partial^2 z}{\partial y^2}=-6y$$

将$x=3$，$y=-1$代入得$A=12$，$B=0$，$C=6$

$AC-B^2=72>0$，$A>0$

所以在$(3,-1)$点取得极小值，其他点均不取得极值。

答案：A

8. 解 **方法 1**：利用原函数的定义求出$f(x)=-2e^{-2x}$，$f'(x)=4e^{-2x}$，$f''(x)=-8e^{-2x}$，将$f''(x)$代入积分即可。计算如下：

$$\int f''(x)\mathrm{d}x=\int -8e^{-2x}\mathrm{d}x=4\int e^{-2x}\mathrm{d}(-2x)=4e^{-2x}+C$$

方法 2：利用原函数的定义求出$f(x)=-2e^{-2x}$，$f'(x)=4e^{-2x}$，

$$\int f''(x)\mathrm{d}x=f'(x)+C=4e^{-2x}+C$$

答案：D

9. 解 利用分部积分方法计算$\int u\mathrm{d}v=uv-\int v\mathrm{d}u$，即

$$\begin{aligned}\int xe^{-2x}\mathrm{d}x&=-\frac{1}{2}\int xe^{-2x}\mathrm{d}(-2x)=-\frac{1}{2}\int x\mathrm{d}e^{-2x}\\&=-\frac{1}{2}\left(xe^{-2x}-\int e^{-2x}\mathrm{d}x\right)\\&=-\frac{1}{2}\left[xe^{-2x}+\frac{1}{2}\int e^{-2x}\mathrm{d}(-2x)\right]\\&=-\frac{1}{2}(xe^{-2x}+\frac{1}{2}e^{-2x})+C\\&=-\frac{1}{4}(2x+1)e^{-2x}+C\end{aligned}$$

答案：A

10. 解 利用广义积分的方法计算。

对于选项 B，因$\lim\limits_{x\to 2^-}\frac{1}{\sqrt{2-x}}=+\infty$，知$x=2$为无穷不连续点，则有：

$$\begin{aligned}\int_0^2\frac{1}{\sqrt{2-x}}\mathrm{d}x&=-\int_0^2(2-x)^{-\frac{1}{2}}\mathrm{d}(2-x)=-2(2-x)^{\frac{1}{2}}\Big|_0^2\\&=-2\left[\lim_{x\to 2^-}(2-x)^{\frac{1}{2}}-\sqrt{2}\right]=2\sqrt{2}\end{aligned}$$

答案：B

11. 解 由题目给出的条件知，围成的图形（见解图）化为极坐标计算，$S=\iint\limits_D 1\mathrm{d}x\mathrm{d}y$，面积元素

$\mathrm{d}x\mathrm{d}y = r\mathrm{d}r\mathrm{d}\theta$。具体计算如下：

$$D:\begin{cases}0\leqslant\theta\leqslant\frac{\pi}{4}\\ \cos\theta\leqslant r\leqslant 2\cos\theta\end{cases}$$

$$S=\int_0^{\frac{\pi}{4}}\mathrm{d}\theta\int_{\cos\theta}^{2\cos\theta}r\mathrm{d}r=\int_0^{\frac{\pi}{4}}\left(\frac{1}{2}r^2\right)\Big|_{\cos\theta}^{2\cos\theta}\mathrm{d}\theta$$

$$=\frac{1}{2}\int_0^{\frac{\pi}{4}}(4\cos^2\theta-\cos^2\theta)\mathrm{d}\theta$$

$$=\frac{3}{2}\int_0^{\frac{\pi}{4}}\cos^2\theta\mathrm{d}\theta=\frac{3}{2}\int_0^{\frac{\pi}{4}}\frac{1+\cos 2\theta}{2}\mathrm{d}\theta=\frac{3}{16}(\pi+2)$$

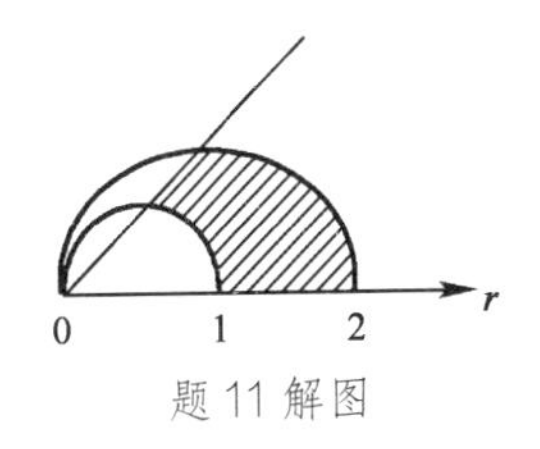

题 11 解图

答案：C

12. 解 通过题目给出的条件画出图形（见解图），利用柱面坐标计算，联立消z：$\begin{cases}z^2=x^2+y^2\\ z=1\end{cases}$，得$x^2+y^2=1$。代入$x=r\cos\theta$，$y=r\sin\theta$，$z^2=x^2+y^2$，$z^2=r^2$，$z=r$，$-z=-r$，取$z=r$（上半锥）。

$$D_{xy}:\ x^2+y^2\leqslant 1,\ \Omega:\begin{cases}r\leqslant z\leqslant 1\\ 0\leqslant r\leqslant 1\\ 0\leqslant\theta\leqslant 2\pi\end{cases},\ \mathrm{d}V=r\mathrm{d}r\mathrm{d}\theta\mathrm{d}z$$

则$V=\iiint\limits_{\Omega}z\mathrm{d}V=\iiint\limits_{\Omega}zr\mathrm{d}r\mathrm{d}\theta\mathrm{d}z$，再化为柱面坐标系下的三次积分。先对$z$积，再对$r$积，最后对$\theta$积分，即$V=\int_0^{2\pi}\mathrm{d}\theta\int_0^1 r\mathrm{d}r\int_{\mathrm{r}}^1 z\mathrm{d}z$。

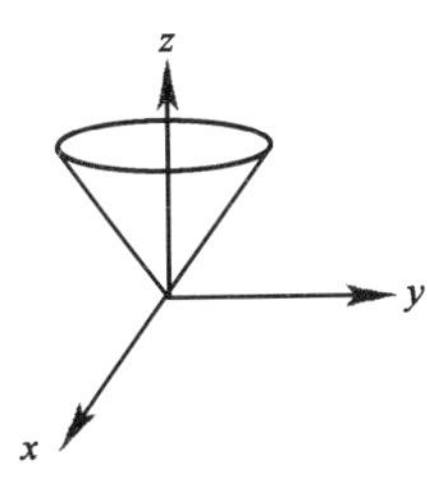

题 12 解图

答案：B

13. 解 **方法 1**：利用交错级数收敛法可判定选项 B 的级数收敛，利用正项级数比值法可判定选项 C 的级数收敛，利用等比级数收敛性的结论知选项级数 D 的级数收敛，故发散的是选项 A 的级数。或直接通过正项级数比较法的极限形式判定，$\lim\limits_{n\to\infty}\frac{U_n}{V_n}=\lim\limits_{n\to\infty}\frac{\frac{1}{\sqrt{n+1}}}{\frac{1}{n}}=\lim\limits_{n\to\infty}\frac{n}{\sqrt{n+1}}=\infty$，因级数$\sum\limits_{n=1}^{\infty}\frac{1}{n}$发散，故级数$\sum\limits_{n=1}^{\infty}\frac{1}{\sqrt{n+1}}$发散。

方法 2：直接通过正项级数比较法的极限形式判定，$\lim\limits_{n\to\infty}\frac{U_n}{V_n}=\lim\limits_{n\to\infty}\frac{\frac{1}{\sqrt{n+1}}}{\frac{1}{\sqrt{n}}}=\lim\limits_{n\to\infty}\frac{\sqrt{n}}{\sqrt{n+1}}=1$，因级数$\sum\limits_{n=1}^{\infty}\frac{1}{\sqrt{n}}$发散，故级数$\sum\limits_{n=1}^{\infty}\frac{1}{\sqrt{n+1}}$发散。

答案：A

14. 解 设$x-1=t$，级数化为$\sum\limits_{n=1}^{\infty}\frac{t^n}{3^n n}$，求级数的收敛半径。

因$\lim\limits_{n\to\infty}\left|\frac{a_{n+1}}{a_n}\right|=\lim\limits_{n\to\infty}\frac{\frac{1}{3^{n+1}(n+1)}}{\frac{1}{3^n\cdot n}}=\lim\limits_{n\to\infty}\frac{n\cdot 3^n}{(n+1)3^{n+1}}=\frac{1}{3}$

则$R=\frac{1}{\rho}=3$，即$|t|<3$收敛。

再判定$t=3$，$t=-3$时的敛散性，即当$t=3$时发散，$t=-3$时收敛。

计算如下：$t=3$代入级数，$\sum\limits_{n=1}^{\infty}\frac{1}{n}$为调和级数发散；

$t=-3$代入级数，$\sum\limits_{n=1}^{\infty}(-1)^n\frac{1}{n}$为交错级数，满足莱布尼兹条件收敛。因此$-3\leqslant x-1<3$，即$-2\leqslant x<4$。

答案：A

15. 解 写出微分方程对应的特征方程$r^2+2=0$，得$r=\pm\sqrt{2}i$，即$\alpha=0$，$\beta=\sqrt{2}$，写出通解$y=A\sin\sqrt{2}x+B\cos\sqrt{2}x$。

答案：D

16. 解 将微分方程化成$\frac{\mathrm{d}x}{\mathrm{d}y}+\frac{1}{y}x=1$，方程为一阶线性方程。

其中$P(y)=\frac{1}{y}$，$Q(y)=1$

代入求通解公式$x=e^{-\int P(y)\mathrm{d}y}\left[\int Q(y)e^{\int P(y)\mathrm{d}y}\mathrm{d}y+C\right]$

计算如下：

$x=e^{-\int\frac{1}{y}\mathrm{d}y}\left(\int e^{\int\frac{1}{y}\mathrm{d}y}\mathrm{d}y+C\right)=e^{-\ln y}\left(\int e^{\ln y}\mathrm{d}y+C\right)=\frac{1}{y}\left(\int y\mathrm{d}y+C\right)=\frac{1}{y}\left(\frac{1}{2}y^2+C\right)$

变形得$xy=\frac{1}{2}y^2+C$，$\left(x-\frac{y}{2}\right)y=C$

或将方程化为齐次方程计算：

$$\frac{\mathrm{d}y}{\mathrm{d}x}=-\frac{\frac{y}{x}}{1-\frac{y}{x}}$$

答案：A

17. 解

①将分块矩阵变形为$\begin{vmatrix}\boldsymbol{A} & 0\\0 & \boldsymbol{B}\end{vmatrix}$的形式。

②利用分块矩阵计算公式$\begin{vmatrix}\boldsymbol{A} & 0\\0 & \boldsymbol{B}\end{vmatrix}=|\boldsymbol{A}|\cdot|\boldsymbol{B}|$。

将矩阵$\boldsymbol{B}$的第一行与矩阵$\boldsymbol{A}$的行互换，换的方法是从矩阵$\boldsymbol{A}$最下面一行开始换，逐行往上换，换到第一行一共换了m次，行列式更换符号$(-1)^m$。再将矩阵$\boldsymbol{B}$的第二行与矩阵$\boldsymbol{A}$的各行互换，换到第二行，又更换符号为$(-1)^m$，…，最后再将矩阵$\boldsymbol{B}$的最后一行与矩阵$\boldsymbol{A}$的各行互换到矩阵的第n行位置，这样原矩阵：

$$\begin{vmatrix}0 & \boldsymbol{A}\\\boldsymbol{B} & 0\end{vmatrix}=\underbrace{(-1)^m\cdot(-1)^m\cdots(-1)^m}_{n个}\begin{vmatrix}\boldsymbol{B} & 0\\0 & \boldsymbol{A}\end{vmatrix}=(-1)^{m\cdot n}\begin{vmatrix}\boldsymbol{B} & 0\\0 & \boldsymbol{A}\end{vmatrix}$$
$$=(-1)^{mn}|\boldsymbol{B}||\boldsymbol{A}|=(-1)^{mn}|\boldsymbol{A}||\boldsymbol{B}|$$

答案：D

18. 解 由题目给出的运算写出相应矩阵，再验证还原到原矩阵时应用哪一种运算方法。

答案：A

19. 解 通过矩阵的特征值、特征向量的定义判定。只要满足式子$\boldsymbol{Ax}=\lambda\boldsymbol{x}$，非零向量$\boldsymbol{x}$即为矩阵$\boldsymbol{A}$对应特征值$\lambda$的特征向量。

再利用题目给出的条件：

$$\boldsymbol{\alpha}^{\mathrm{T}}\boldsymbol{\beta}=3 \quad ①$$

$$\boldsymbol{A}=\boldsymbol{\beta}\boldsymbol{\alpha}^{\mathrm{T}} \qquad ②$$

将等式②两边右乘$\boldsymbol{\beta}$，得$\boldsymbol{A}\cdot\boldsymbol{\beta}=\boldsymbol{\beta}\boldsymbol{\alpha}^{\mathrm{T}}\cdot\boldsymbol{\beta}$，即$\boldsymbol{A}\boldsymbol{\beta}=\boldsymbol{\beta}(\boldsymbol{\alpha}^{\mathrm{T}}\boldsymbol{\beta})$，代入①式得$\boldsymbol{A}\boldsymbol{\beta}=\boldsymbol{\beta}\cdot 3$，故$\boldsymbol{A}\boldsymbol{\beta}=3\cdot\boldsymbol{\beta}$成立。

答案：C

20. 解 齐次线性方程组，当变量的个数与方程的个数相同时，方程组有非零解的充要条件是系数行列式为零，即$\begin{vmatrix}1 & -k & 0\\ k & -5 & 1\\ 1 & 1 & 1\end{vmatrix}=0$

则 $$\begin{vmatrix}1 & -k & 0\\ k & -5 & 1\\ 1 & 1 & 1\end{vmatrix}\xlongequal{(-1)r_2+r_3}\begin{vmatrix}1 & -k & 0\\ k & -5 & 1\\ 1-k & 6 & 0\end{vmatrix}=1\cdot(-1)^{2+3}\begin{vmatrix}1 & -k\\ 1-k & 6\end{vmatrix}$$

$$=-[6-(-k)(1-k)]=-(6+k-k^2)$$

即$k^2-k-6=0$，解得$k_1=3$，$k_2=-2$。

答案：A

21. 解 已知

$$P(B|A\cup\bar{B})=\frac{P\big(B(A\cup\bar{B})\big)}{P(A\cup\bar{B})}=\frac{P(AB\cup B\bar{B})}{P(A\cup\bar{B})}=\frac{P(AB)}{P(A)+P(\bar{B})-P(A\bar{B})}$$

因为A、B相互独立，所以A、$\bar{B}$也相互独立。

有$P(AB)=P(A)P(B)$，$P(A\bar{B})=P(A)P(\bar{B})$，故

$$P(B|A\cup\bar{B})=\frac{P(A)P(B)}{P(A)+P(\bar{B})-P(A)P(\bar{B})}=\frac{\frac{1}{2}\times\frac{1}{3}}{\frac{1}{2}+\left(1-\frac{1}{3}\right)-\frac{1}{2}\left(1-\frac{1}{3}\right)}=\frac{1}{5}$$

答案：D

22. 解 显然为古典概型，$P(A)=m/n$。

一个球一个球地放入杯中，每个球都有 4 种放法，所以所有可能结果数$n=4\times4\times4=64$，事件A“杯中球的最大个数为 2”即 4 个杯中有一个杯子里有 2 个球，有 1 个杯子有 1 个球，还有两个空杯。第一个球有 4 种放法，从第二个球起有两种情况：①第 2 个球放到已有一个球的杯中（一种放法），第 3 个球可放到 3 个空杯中任一个（3 种放法）；②第 2 个球放到 3 个空杯中任一个（3 种放法），第 3 个球可放到两个有球杯中（2 种放法）。则$m=4\times(1\times3+3\times2)=36$，因此$P(A)=36/64=9/16$。或设$A_i(i=1,2,3)$表示“杯中球的最大个数为$i$”，则

$$P(A_2)=1-P(A_1)-P(A_3)$$

$$=1-\frac{4\times3\times2}{4\times4\times4}-\frac{4\times1\times1}{4\times4\times4}=\frac{9}{16}$$

答案：C

23. 解 $P(0\leqslant X\leqslant 3)=\int_0^3 f(x)\mathrm{d}x=\int_1^3 \frac{1}{x^2}\mathrm{d}x=\frac{2}{3}$。

答案：B

24. 解 因$f(x,y)=\frac{1}{2\pi}e^{-\frac{x^2+y^2}{2}}=\frac{1}{\sqrt{2\pi}}e^{-\frac{x^2}{2}}\cdot\frac{1}{\sqrt{2\pi}}e^{-\frac{y^2}{2}}$

所以$X\sim N(0,1)$，$Y\sim N(0,1)$，X，Y相互独立。

$$E(X^2+Y^2)=E(X^2)+E(Y^2)=D(X)+[E(X)]^2+D(Y)+[E(Y)]^2=1+1=2$$

或$E(X^2+Y^2)=\int_{-\infty}^{+\infty}\int_{-\infty}^{+\infty}(x^2+y^2)\frac{1}{2\pi}e^{-\frac{x^2+y^2}{2}}\mathrm{d}x\mathrm{d}y=\int_0^{2\pi}\int_0^{+\infty}r^2\frac{1}{2\pi}e^{-\frac{r^2}{2}}r\mathrm{d}r\mathrm{d}\theta$

$$=\int_0^{2\pi}\mathrm{d}\theta\int_0^{+\infty}r^2\frac{1}{4\pi}e^{-\frac{r^2}{2}}\mathrm{d}r^2\quad(\text{令}t=r^2)$$

$$=2\pi\cdot\frac{1}{4\pi}\int_0^{+\infty}te^{-\frac{t}{2}}\mathrm{d}t$$

$$=\frac{1}{2}\left(-2te^{-\frac{t}{2}}\Big|_0^{+\infty}+\int_0^{+\infty}2\,e^{-\frac{t}{2}}\mathrm{d}t\right)=2$$

答案：A

25. 解 由$E_{内}=\frac{m}{M}\frac{i}{2}RT$，又$pV=\frac{m}{M}RT$，$E_{内}=\frac{i}{2}pV$，对双原子分子$i=5$。

答案：B

26. 解 $p=\frac{2}{3}n\overline{w}=\frac{2}{3}n\left(\frac{1}{2}m\overline{v}^2\right)=\frac{1}{3}nm\overline{v}^2$。

答案：C

27. 解 单一等温膨胀过程并非循环过程，可以做到从外界吸收的热量全部用来对外做功，既不违反热力学第一定律也不违反热力学第二定律。

答案：C

28. 解 对于给定的理想气体，内能的增量只与系统的起始和终了状态有关，与系统所经历的过程无关。

内能增量$\Delta E=\frac{M}{\mu}\frac{i}{2}R(T_2-T_1)=\frac{M}{\mu}\frac{i}{2}R\Delta T$，若$T_2=T_1$，则$\Delta E=0$，气体内能保持不变。

答案：D

29. 解 波腹的位置由公式$x_{腹}=k\frac{\lambda}{2}$（k为整数）决定。相邻两波腹之间距离，即

$$\Delta x=x_{k+1}-x_k=(k+1)\frac{\lambda}{2}-k\frac{\lambda}{2}=\frac{\lambda}{2}$$

答案：A

30. 解 质元在最大位移处，速度为零，“形变”为零，故质元的动能为零，势能也为零。

答案：B

31. 解 按多普勒效应公式$\nu=\frac{u+v_0}{u}\nu_0$，今$v_0=\frac{u}{2}$，故$\nu=\frac{u+\frac{u}{2}}{u}\nu_0=\frac{3}{2}\nu_0$。

答案：D

32. 解 注意，所谓双缝间距指缝宽d。由$\Delta x=\frac{D}{d}\lambda$（$\Delta x$为相邻两明纹之间距离），代入数据，得

$$\Delta x=\frac{3000}{2}\times 600\times 10^{-6}\text{mm}=0.9\text{mm}$$

注：$1\text{nm}=10^{-9}\text{m}=10^{-6}\text{mm}$。

答案：B

33. 解 如解图所示光程差$\delta=n_2d+r_2-d-(n_1d+r_1-d)$，注意到$r_1=r_2$，$\delta=(n_2-n_1)d$。

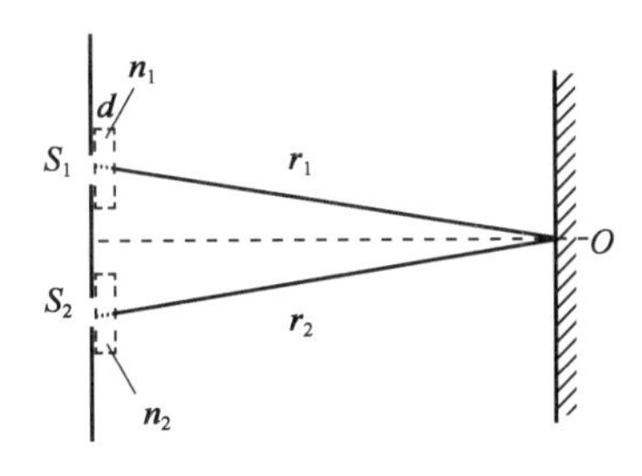

题 33 解图

答案：A

34. 解 球面与平面空气薄膜缝隙上下两束反射光产生的明暗相间圆形图样，称之为牛顿环。牛顿环属等厚干涉，同一级条纹对应同一个厚度。平凸透镜向上移动，条纹向中心收缩。

答案：D

35. 解 转动前$I_1=I_0\cos^2\alpha_1$，转动后$I_2=I_0\cos^2\alpha_2$，$\frac{I_1}{I_2}=\frac{\cos^2\alpha_1}{\cos^2\alpha_2}$。

答案：C

36. 解 由光栅公式，光栅常数d越小，同级条纹衍射角越大，分辨率越高，故选光栅常数最小的选项。

$$d\cdot\sin\theta=k\lambda,\ R=\frac{D}{1.22\lambda}$$

答案：D

37. 解 $Mg(OH)_2$的溶解度为s，则$K_{sp}=s(0.01+2s)^2$，因s很小，$0.01+2s\approx 0.01$，则$5.6\times 10^{-12}=s\times 0.01^2$，$s=5.6\times 10^{-8}$。

答案：C

38. 解 利用价电子对互斥理论确定杂化类型及分子空间构型的方法。

对于AB_n型分子、离子（A 为中心原子）：

（1）确定 A 的价电子对数（x）

$$x=\frac{1}{2}[\text{A 的价电子数}+\text{B 提供的价电子数}\pm\text{离子电荷数(负/正)}]$$

原则：A 的价电子数=主族序数；B 原子为 H 和卤素每个原子各提供一个价电子，为氧与硫不提供价电子；正离子应减去电荷数，负离子应加上电荷数。

（2）确定杂化类型（见解表）

题 38 解表

价电子对数	2	3	4
杂化类型	sp 杂化	sp^2 杂化	sp^3 杂化

（3）确定分子空间构型

原则：根据中心原子杂化类型及成键情况分子空间构型。如果中心原子的价电子对数等于σ键电子对数，杂化轨道构型为分子空间构型；如果中心原子的价电子对数大于σ键电子对数，分子空间构型发生变化。

$$价电子对数(x) = \sigma键电子对数 + 孤对电子数$$

根据价电子对互斥理论：$BeCl_2$ 的价电子对数$x = \frac{1}{2}$(Be 的价电子数+2个 Cl 提供的价电子数)=$\frac{1}{2} \times (2 + 2) = 2$，$BeCl_2$ 分子中，Be 原子形成了两 Be-Clσ 健，价电子对数等于σ健数，所以两个 Be-Cl 夹角为 180°，$BeCl_2$ 为直线型分子，Be 为 sp 杂化。

答案：A

39. 解 醋酸和醋酸钠组成缓冲溶液，醋酸和醋酸钠的浓度相等，与等体积水稀释后，醋酸和醋酸钠的浓度仍然相等。缓冲溶液的$\mathrm{pH} = \mathrm{p}K_\mathrm{a} - \lg\frac{C_{酸}}{C_{盐}}$，溶液稀释 pH 不变。

答案：C

40. 解 由阿仑尼乌斯公式$k = Ze^{\frac{-\varepsilon}{RT}}$，可知：温度一定时，活化能越小，速率常数就越大，反应速率也越大。活化能越小，反应越易正向进行。

答案：C

41. 解 根据原子核外电子排布规律，26 号元素的原子核外电子排布为：$1s^22s^22p^63s^23p^63d^64s^2$，为 d 区副族元素。其价电子构型为 $3d^64s^2$。

答案：B

42. 解 一组合理的量子数n, l, m取值对应一个合理的波函数$\psi = \psi_{n,l,m}$，即可以确定一个原子轨道。

（1）主量子数

①$n = 1,2,3,4,\cdots$对应于第一、第二、第三、第四，…电子层，用K, L, M, N表示。

②表示电子到核的平均距离。

③决定原子轨道能量。

（2）角量子数

①$l = 0,1,2,3$的原子轨道分别为s, p, d, f轨道。

②确定原子轨道的形状。s 轨道为球形，p 轨道为双球形，d 轨道为四瓣梅花形。

③对于多电子原子，与n共同确定原子轨道的能量。

（3）磁量子数

①确定原子轨道的取向。

②确定亚层中轨道数目。

答案：B

43. 解 物质的标准熵值大小一般规律：

（1）对于同一种物质，$S_g > S_l > S_s$。

（2）同一物质在相同的聚集状态时，其熵值随温度的升高而增大，$S_{高温} > S_{低温}$。

（3）对于不同种物质，$S_{复杂分子} > S_{简单分子}$。

（4）对于混合物和纯净物，$S_{混合物} > S_{纯物质}$。

（5）对于一个化学反应的熵变，反应前后气体分子数增加的反应熵变大于零，反应前后气体分子数减小的反应熵变小于零。

4个选项化学反应前后气体分子数的变化：

$A = 2 - 2 - 1 = -1$，$B = 2 - 1 - 3 = -2$，$C = 1 + 1 - 0 = 2$，$D = 0 - 1 = -1$

答案：C

44. 解 聚丙烯的结构式为 $\left[\!-CH_2-\underset{\underset{CH_3}{|}}{CH}-\right]_n$ 。

答案：C

45. 解 烯烃双键两边C原子均通过σ键与不同基团时，才有顺反异构体。

答案：C

46. 解 苯环上六个氢被氯取代为六氯苯。

答案：C

47. 解 如解图所示，根据力的投影公式，$F_x = F\cos\alpha$，故$\alpha = 60°$。而分力$\boldsymbol{F}_x$的大小是力$\boldsymbol{F}$大小的2倍，故力$\boldsymbol{F}$与y轴垂直。

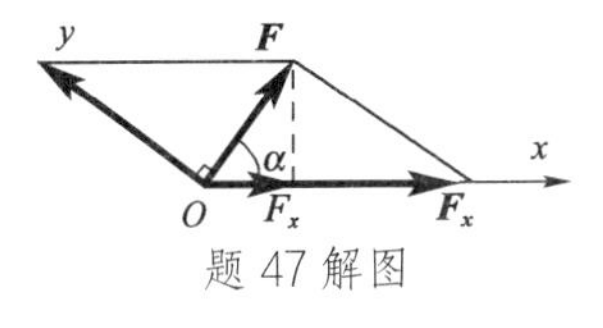

题47解图

答案：A

48. 解 将力系向A点简化，作用于C点的力F沿作用线移到A点，作用于B点的力F平移到A点附加的力偶即主矩：$M_A = M_A(F) = \frac{\sqrt{3}}{2}aF$；三个力的主矢：$F_{Ry} = 0$，$F_{Rx} = F - F\sin 30° - F\sin 30° = 0$。

答案：A

49. 解 根据受力分析，由于主动力偶自成平衡力系，则A、B处的约束力亦应组成平衡力系，即满足二力平衡条件（等值、反向、共线），均为水平方向，考虑AC的平衡，利用力偶的平衡方程，即$\sum M =$

0，$F_{Ax} \cdot 2a - M = 0$，得到$F_{Ax} = \frac{M}{2a}$，$F_{Ay} = 0$。

答案：B

50. 解 均布力组成了力偶矩为qa^2的逆时针转向力偶。A、B处的约束力沿铅垂方向组成顺时针转向力偶，与均布力组成的力偶相平衡，即：$qa^2 - F_{Ay} \cdot 2a = 0$，可得：$F_{Ay} = F_{By} = \frac{qa^2}{2}$。

答案：C

51. 解 点的速度、切向加速度和法向加速度分别为：$v = \frac{ds}{dt} = 20\text{cm/s}$，$a_\tau = \frac{dv}{dt} = 0$，$a_n = \frac{v^2}{R} = \frac{400}{40} = 10\text{cm/s}^2$。

答案：B

52. 解 将运动方程中的参数t消去，即$t = \frac{x}{2}$，$y = \left(\frac{x}{2}\right)^2 - \frac{x}{2}$，整理易得$x^2 - 2x - 4y = 0$。

答案：C

53. 解 根据定轴转动刚体上一点速度、加速度与转动角速度、角加速度的关系，$v_B = OB \cdot \omega = 50 \times 2 = 100\text{cm/s}$，$a_B^\tau = OB \cdot \varepsilon = 50 \times 5 = 250\text{cm/s}$，$a_B^n = OB \cdot \omega^2 = 50 \times 2^2 = 200\text{cm/s}$。

答案：A

54. 解 根据质点运动微分方程$m\boldsymbol{a} = \sum \boldsymbol{F}$，当货物加速下降、匀速下降和减速下降时，加速度分别向下、为零、向上，代入公式有$ma = W - R_1$，$0 = W - R_2$，$-ma = W - R_3$。

答案：C

55. 解 根据动量矩定义和公式：

$$L_O = M_O(m_1 v) + M_O(m_2 v) + J_{O轮}\omega = m_1 rv + m_2 rv + \frac{1}{2}mr^2\omega，\ \omega = \frac{v}{r}，\ L_O = (m_1 + m_2 + \frac{1}{2}m)rv$$

答案：C

56. 解 根据动能定理，当杆从水平转动到铅垂位置时

$$T_1 = 0;\ T_2 = \frac{1}{2}J_B\omega^2 = \frac{1}{2} \cdot \frac{1}{3}m(2l)^2\omega^2 = \frac{2}{3}ml^2\omega^2$$

将$W_{12} = mgl$代入$T_2 - T_1 = W_{12}$，得$\omega^2 = \frac{3g}{2l}$

再根据定轴转动微分方程：$J_B\alpha = M_B(F) = 0$，$\alpha = 0$

质心运动定理：$a_{C\tau} = l\alpha = 0$，$a_{Cn} = l\omega^2 = \frac{3g}{2}$

受力见解图：$ml\omega^2 = F_{By} - mg$，$F_{By} = \frac{5}{2}mg$，$F_{Bx} = 0$

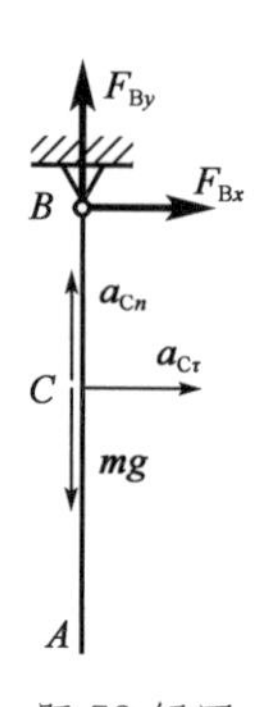

题 56 解图

答案：D

57. 解 根据定轴转动刚体惯性力系的简化结果，惯性力主矢和主矩的大小分别为$F_I = ma_C = 0$，$M_{IO} = J_O\varepsilon = \frac{1}{2}mr^2\varepsilon$。

答案：C

58. 解 根据串、并联弹簧等效弹簧刚度的计算公式。

答案： C

59. 解 轴向受力杆左段轴力是−3kN，右段轴力是 5kN。

答案： B

60. 解 把F力平移到铆钉群中心O，并附加一个力偶$m = F \cdot \frac{5}{4}L$，在铆钉上将产生剪力Q_1和Q_2，其中$Q_1 = \frac{F}{2}$，而Q_2计算方法如下。

$$\sum M_{\mathrm{O}} = 0, \quad Q_2 \cdot \frac{L}{2} = F \cdot \frac{5}{4}$$

得$Q_2 = \frac{5}{2}F$，所以$Q = Q_1 + Q_2 = 3F$，$\tau_{\max} = \frac{Q}{\frac{\pi}{4}d^2} = \frac{12F}{\pi d^2}$

答案： C

61. 解 由$\theta = \frac{T}{GI_{\mathrm{p}}}$，得$\frac{T}{I_{\mathrm{p}}} = \theta G$，故$\tau_{\max} = \frac{T}{I_{\mathrm{p}}} \cdot \frac{d}{2} = \frac{\theta G d}{2}$。

答案： D

62. 解 为使$\tau_1 = \frac{1}{2}\tau$，应使$\frac{T}{\frac{\pi}{16}d_1^3} = \frac{1}{2}\frac{T}{\frac{\pi}{16}d^3}$，即$d_1^3 = 2d^3$，故$d_1 = \sqrt[3]{2}d$。

答案： D

63. 解 $I_{z1} = I_z + a^2 A = \frac{bh^3}{12} + h^2 \cdot bh = \frac{13}{12}bh^3$

答案： D

64. 解 考虑梁的整体平衡：$\sum M_{\mathrm{B}} = 0$，$F_{\mathrm{A}} = 0$

应用直接法求剪力和弯矩，得$F_{\mathrm{SA}} = 0$，$M_{\mathrm{C}} = 0$

答案： A

65. 解 开裂前，$f = \frac{Fl^3}{3EI}$，其中$I = \frac{b(2a)^3}{12} = 8\frac{ba^3}{12} = 8I_1$；

开裂后，$f_1 = \frac{\frac{F}{2}l^3}{3EI_1} = \frac{\frac{1}{2}Fl^3}{3E\frac{I}{8}} = 4 \cdot \frac{Fl^3}{3EI} = 4f$。

答案： C

66. 解 原来，$f = \frac{Ml^2}{2EI}$；梁长减半后，$f_1 = \frac{M\left(\frac{l}{2}\right)^2}{2EI} = \frac{1}{4}f$。

答案： B

67. 解 图 c）中σ_1和σ_3的差值最大。

$$\tau_{\max} = \frac{\sigma_1 - \sigma_3}{2} = \frac{2\sigma - (-2\sigma)}{2} = 2\sigma$$

答案： C

68. 解 图示杆是偏心拉伸，等价于轴向拉伸和两个方向弯曲的组合变形。

$$\sigma_{\max}^{+}=\frac{F_{\mathrm{N}}}{bh}+\frac{M_{\mathrm{g}}}{W_{\mathrm{g}}}+\frac{M_y}{W_y}=\frac{F}{bh}+\frac{F\frac{h}{2}}{\frac{bh^2}{6}}+\frac{F\frac{b}{2}}{\frac{hb^2}{6}}=7\frac{F}{bh}$$

答案：C

69. 解　力F产生的弯矩引起A点的拉应力，力偶T产生的扭矩引起A点的切应力τ，故A点应为既有拉应力σ又有τ的复杂应力状态。

答案：C

70. 解　图 a）$\mu l=1\times5=5\mathrm{m}$，图 b）$\mu l=2\times3=6\mathrm{m}$，图 c）$\mu l=0.7\times6=4.2\mathrm{m}$。由公式$F_{\mathrm{cr}}=\frac{\pi^2EI}{(\mu l)^2}$，可知图 b）$F_{\mathrm{cr}}$最小，图 c）$F_{\mathrm{cr}}$最大。

答案：C

71. 解　静止流体等压面应是一水平面，且应绘出于连通、连续同一种流体中，据此可绘出两个等压面以判断压强p_1、p_2、p_3的大小。

答案：A

72. 解　测压管水头线的变化是由于过流断面面积的变化引起流速水头的变化，进而引起压强水头的变化，而与是否理想流体无关，故选项 A 说法是错误的。

答案：A

73. 解　由判别流态的下临界雷诺数$\mathrm{Re_k}=\frac{v_{\mathrm{c}}d}{\nu}$解出下临界流速$v_{\mathrm{c}}$即可，$v_{\mathrm{c}}=\frac{\mathrm{Re_c}\nu}{d}$，而$\mathrm{Re_c}=2000$。代入题设数据后有：$v_{\mathrm{c}}=\frac{2000\times1.31\times10^{-6}}{0.05}=0.0524\mathrm{m/s}$。

答案：D

74. 解　根据沿程损失计算公式$h_{\mathrm{f}}=\lambda\frac{L}{d}\frac{v^2}{2g}$及层流阻力系数计算公式$\lambda=\frac{64}{\mathrm{Re}}$、$\mathrm{Re}=\frac{vd}{\nu}$联立求解可得。代入题设条件后有：$\frac{v_1}{d_1^2}=\frac{v_2}{d_2^2}$，而$v_2=v_1\left(\frac{d_2}{d_1}\right)^2=v_12^2=4v_1$

$$\frac{Q_2}{Q_1}=\frac{v_2}{v_1}\left(\frac{d_2}{d_1}\right)^2=4\times2^2=16$$

答案：D

75. 解　圆柱形外管嘴正常工作的条件：$L=(3-4)d$，$H_0<9\mathrm{m}$。

答案：B

76. 解　根据有压管基本公式$H=SQ^2$，可解出流量$Q=\sqrt{\frac{H}{S}}$，H为上、下游液面差，不变。阀门关小，阻抗S增加，流量应减小。

答案：B

77. 解　按达西公式$Q=kAJ$，可解出渗透系数

$$k=\frac{Q}{AJ}=\frac{0.1}{\frac{\pi}{4}\times 0.3^2\times\frac{90}{40}\times 8\times 3600}=2.183\times 10^{-5}\mathrm{m/s}=1.886\mathrm{m/d}$$

答案：B

78. 解 无量纲量即量纲为 1 的量，$\dim\frac{p}{\rho v^2}=\frac{\mathrm{ML^{-1}T^{-2}}}{\mathrm{ML^{-3}(LT^{-1})^2}}=1$。

答案：A

79. 解 根据电磁感应定律，线圈 a 中是变化的电源，将产生变化的电流，线圈 a 中要考虑电磁感应的作用$i_a\neq\frac{u}{R_a}$；变化磁通将与线圈 b 交链，在线圈 b 中产生感应电动势，由此产生感应电流$i_b\neq 0$。

答案：B

80. 解 电流源的端电压由外电路决定：$U=5+0.1\times(100+50)=20\mathrm{V}$。

答案：A

81. 解 用叠加原理分析，将电路分解为各个电源单独作用的电路。不作用的电压源短路，不作用的电流源断路。$U=U'+U''$，U'为电流源单独作用，$U'=I_s(R_1+R_2/\!/R_3)$；U''为电压源作用，$U'=\frac{R_2}{R_2+R_3}U_s$。

答案：D

82. 解 本题的考点为交流电路中电压、电流的复数运算关系。将原电路表示为复电路图（见解图），$|\dot{I}_R|=|\dot{I}_1+\dot{I}_2|=4-2=2\mathrm{A}$（注：$\dot{I}_1$和$\dot{I}_2$相位相反）

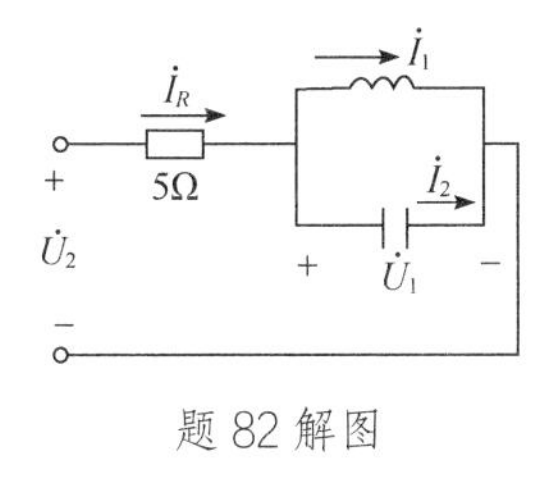

题 82 解图

$|\dot{U}_R|=|5\dot{I}_R|=5\times 2=10\mathrm{V}$

$|\dot{U}_2|=|\dot{U}_R+\dot{U}_1|=\sqrt{10^2+10^2}=10\sqrt{2}\mathrm{V}$（注：$\dot{U}_R$与$\dot{U}_1$相位差为 90°）

分析可见选项 B 正确。

答案：B

83. 解 三相五线制供电系统中单相负载的外壳引出线应该与“PE 线”（保护接地线）连接。

答案：D

84. 解 从图形判断这是一个高通滤波器的频率特性图。它反映了电路的输出电压和输入电压对于不同频率信号的响应关系，利用高通滤波器的传递函数分析。

高通滤波器的传递函数为：

$$H(jw)=\frac{jw/W_C}{1+jw/W_C}$$

其中：W_c为截止角频率（由电路参数 R、L、C 等决定），$W_C=2\pi f_c$，由题图可知$f_C=10\text{kHz}$，$W_C=20\pi(\text{krad})$。

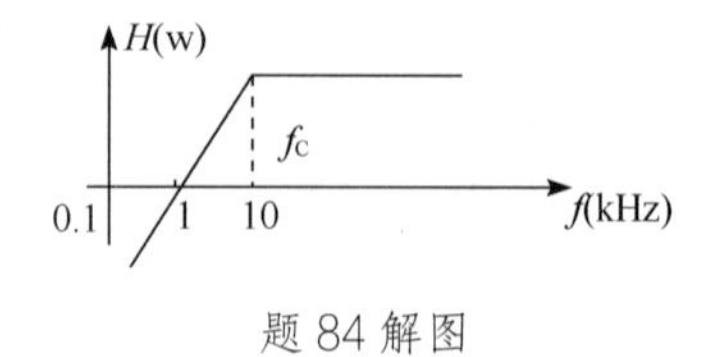

题 84 解图

代入传递函数公式可得：

$$H(jw)=\frac{jw/(20\pi)}{1+jw/(20\pi)}$$

可知选项 D 公式错，选项 A、选项 C 的W_C错，选项 B 正确。

答案：B

85. 解 三相交流异步电动机的转速关系公式为$n\approx n_0=\frac{60f}{p}$，可以看到电动机的转速$n$取决于电源的频率$f$和电机的极对数$p$，改变磁极对数是有极调速，转子串电阻和降压调速只能向下降速，而不能升速。要想实现向上、向下平滑调速，应该使用改变频率f的方法。

答案：C

86. 解 在电动机的继电接触控制电路中，熔断器对电路实现短路保护，热继电器对电路实现过载保护，交流接触器起欠压保护的作用，需同时接在主电路和控制电路中；行程开关一般只连接在电机的控制回路中。

答案：D

87. 解 信息通常是以编码的方式载入数字信号中的。

答案：A

88. 解 七段显示器的各段符号是用发光二极管制作的，各段符号如图所示。在共阴极七段显示器电路中，高电平“1”字段发光，“0”熄灭。显示字母“E”的共阴极七段显示器显示时 b、c 段熄灭，显示码 abcdefg 应该是 1001111。

答案：A

89. 解 图示电压信号是连续的时间信号，在每个时间点的数值确定；对其他的周期信号、数字信号、离散信号的定义均不符合。

答案：D

90. 解 根据对模拟信号的频谱分析可知：周期信号的频谱是离散的，非周期信号的频谱是连续的。

答案：A

91. 解 该电路是利用滤波技术进行信号处理，从图 a）到图 b）经过了低通滤波，从图 b）到图 c）利用了高通滤波技术（消去了直流分量）。

答案：A

92. 解 此题的分析方法是先根据给定的波形图写输出和输入之间的真值表，然后观察输出与输入的逻辑关系，写出逻辑表达式即可。观察$F = A \cdot B + \overline{A} \cdot \overline{B}$，属同或门关系。

答案：C

93. 解 首先应清楚放大电路中输入电阻和输出电阻的概念，然后将放大电路的输入端等效成一个输入电阻，输出端等效成一个等效电压源（如解图所示），最后用电路理论计算可得结果。

其中：

$$u_i = \frac{r_i}{R_s + r_i} u_s = 5\sin\omega t\,(\text{mV})$$

$$u_{os} = A_k u_i = -400\sin\omega t\,(\text{mV})$$

$$u_o = \frac{R_L}{r_o + R_L} u_{os} = -250\sin\omega t\,(\text{mV}) = -0.25\sin\omega t\,(\text{V})$$

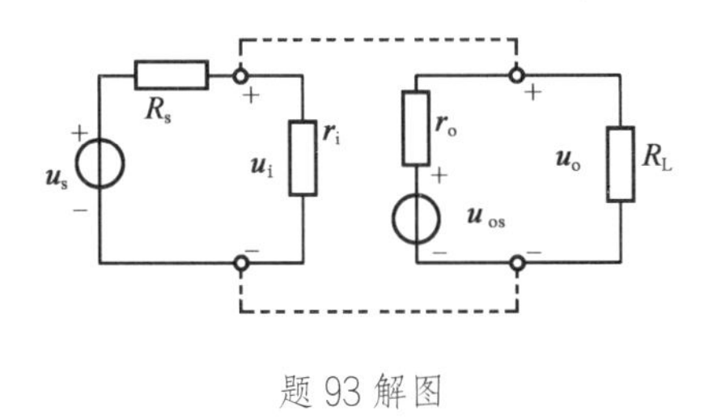

题 93 解图

答案：D

94. 解 该电路是电压比较电路，u_{i1}为输入信号，u_{i2}为基准信号。当u_{i1}大于u_{i2}时，输出为负的饱和值；当u_{i1}小于u_{i2}时，输出为正的饱和值。本题始终保持u_{i1}大于u_{i2}，因此输出u_o为负的饱和值。

答案：D

95. 解 该电路是 D 触发器，这种连接方法构成保持状态：$Q_{n+1} = D = Q_n$。

答案：D

96. 解 本题为两个 JK 触发器构成的时序逻辑电路。时钟 cp 信号同时接在两个触发器上，故为同步触发方式。初始状态$Q_1 = Q_0 = 0$，时序分析见解表。

题 96 解表

cp	Q_1	Q_0	$J_1 = 1$	$K_1 = \overline{Q}_0$	$J_0 = \overline{Q}_1$	$K_0 = 1$	$Q_1' = \overline{Q}_1$	$Q_0' = Q_0$
0	0	0	1	1	1	1	1	0
1	1	1	1	0	0	1	0	1
2	1	0	1	1	0	1	0	0
3	0	0	1	1	1	1	1	0

可见在三个时钟脉冲后完成一次循环。输出端变化顺序为$Q_1'Q_0'$：10→01→00（→10），即三进制减法计数器。

答案：C

97. 解 总线（Bus）是计算机各种功能部件之间传送信息的公共通信干线，它是由导线组成的传输线束。按照计算机所传输的信息种类，计算机的总线可划分为数据总线、地址总线和控制总线，分别用来传输数据、数据地址和控制信号。微型计算机是以总线结构来连接各个功能部件的。

答案：A

98. 解 信息可采用某种度量单位进行度量，并进行信息编码。现代计算机使用的是二进制。

答案：C

99. 解 三位二进制对应一位八进制，将小数点后每三位二进制分成一组，101 对应 5，010 对应 2，111 对应 7，100 对应 4。

答案：B

100. 解 图像的主要参数有分辨率（包括屏幕分辨率、图像分辨率、像素分辨率）、颜色深度、图像文件的尺寸。

答案：B

101. 解 在网上正式传输的书信或文件常常要根据亲笔签名或印章来证明真实性，数字签名就是用来解决这类问题的，是目前在电子商务、电子政务中应用最为普遍、技术最成熟、可操作性最强的一种电子签名的方法。

答案：A

102. 解 一个存储器段可以小至一个字节，可大至 4G 字节。而一个页的大小则规定为 4K 字节。

答案：C

103. 解 Windows 的设备管理功能部分支持即插即用功能，Windows 自动安装有即插即用设备及其设备驱动程序。即插即用就是在加上新的硬件以后不用为此硬件再安装驱动程序了。而选项 D 说需安装相应软件才可立刻使用是错误的。

答案：D

104. 解 构成信息化社会的三个主要技术支柱是计算机技术、通信技术和网络技术。

答案：B

105. 解 网络软件是实现网络功能不可缺少的软件环境，主要包括网络传输协议和网络操作系统。

答案：A

106. 解 因特网是一个国际网，也就是说因特网是一个连接了无数个小网而形成大网。

答案：B

107. 解 比较两家银行的年实际利率，其中较低者利息较少。

甲银行的年实际利率：$i_{甲}=\left(1+\frac{r}{m}\right)^m-1=\left(1+\frac{6\%}{4}\right)^4-1=6.14\%$；乙银行的年实际利率为 7%，故向甲银行贷款付出的利息较少。

答案：A

108. 解 总成本费用有生产成本加期间费用和按生产要素两种估算方法。生产成本加期间费用计算公式为：总成本费用=生产成本+期间费用。

答案：A

109. 解 准股本资金是一种既具有资本金性质又具有债务资金性质的资金，主要包括优先股股票和可转换债券。

答案：B

110. 解 按计算财务净现值的公式计算。

$$\begin{aligned}\mathrm{FNPV}&=-200-300(P/F,10\%,1)+150(P/A,10\%,8)(P/F,10\%,2)\\&=-200-300\times0.90909+150\times5.33493\times0.82645=188.63\text{ 万元}\end{aligned}$$

答案：B

111. 解 可外贸货物影子价格：

直接进口投入物的影子价格(到厂价) = 到岸价(CIF) × 影子汇率 + 进口费用

答案：C

112. 解 盈亏平衡点越低，说明项目盈利的可能性越大，项目抵抗风险的能力越强。

答案：C

113. 解 改扩建项目盈利能力分析可能涉及的五种数据：①“现状”数据；②“无项目”数据；③“有项目”数据；④新增数据；⑤增量数据。

答案：D

114. 解 在 ABC 分类法中，A 类部件占部件总数的比重较少，但占总成本的比重较大；C 类部件占部件总数的比重较大，占总数的 60%~80%，但占总成本的比重较小，占 5%~10%。

答案：C

115. 解 《中华人民共和国安全生产法》第三十七条规定，生产经营单位使用的危险物品的容器、运输工具，以及涉及人身安全、危险性较大的海洋石油开采特种设备及矿山井下特种设备，必须按照国家有关规定，由专业生产单位生产，并经具有专业资质的检测、检验机构检测、检验合格，取得安全使用证或者安全标志，方可投入使用。检测、检验机构对检测、检验结果负责。

答案：B

116. 解 《中华人民共和国招标投标法》第四十六条规定，招标人和中标人应当自中标通知书发出之日起三十日内，按照招标文件和中标人的投标文件订立书面合同。招标人和中标人不得再行订立背离合同实质性内容的其他协议。

答案：B

117. 解 《中华人民共和国行政许可法》第十三条规定，本法第十二条所列事项，通过下列方式能够予以规范的，可以不设行政许可：

（一）公民、法人或者其他组织能够自主决定的；

（二）市场竞争机制能够有效调节的；

（三）行业组织或者中介机构能够自律管理的；

（四）行政机关采用事后监督等其他行政管理方式能够解决的。

答案：D

118. 解 《中华人民共和国节约能源法》第十五条规定，国家实行固定资产投资项目节能评估和审查制度。不符合强制性节能标准的项目，依法负责项目审批或者核准的机关不得批准或者核准建设；建设单位不得开工建设；已经建成的，不得投入生产、使用。具体办法由国务院管理节能工作的部门会同国务院有关部门制定。

答案：C

119. 解 《建设工程质量管理条例》第三十一条规定，施工人员对涉及结构安全的试块、试件以及有关材料，应当在建设单位或者工程监理单位监督下现场取样，并送具有相应资质等级的质量检测单位进行检测。

答案：D

120. 解 《建设工程安全生产管理条例》第十四条规定，工程监理单位在实施监理过程中，发现存在安全事故隐患的，应当要求施工单位整改；情况严重的，应当要求施工单位暂时停止施工，并及时报告建设单位。施工单位拒不整改或者不停止施工的，工程监理单位应当及时向有关主管部门报告。

答案：D

2011年度全国勘察设计注册工程师
执业资格考试试卷

基础考试
（上）

二〇一一年九月

应考人员注意事项

1. 本试卷科目代码为“1”，考生务必将此代码填涂在答题卡“科目代码”相应的栏目内，否则，无法评分。

2. 书写用笔：**黑色或蓝色钢笔、签字笔或圆珠笔**；

   填涂答题卡用笔：**黑色 2B 铅笔**。

3. 必须用书写用笔将工作单位、姓名、准考证号填写在答题卡和试卷相应的栏目内。

4. 本试卷由 120 题组成，每题 1 分，满分 120 分，本试卷全部为单项选择题，每小题的四个备选项中只有一个正确答案，错选、多选、不选均不得分。

5. 考生作答时，必须按**题号在答题卡上**将相应试题所选选项对应的**字母用 2B 铅笔涂黑**。

6. 在答题卡上书写与题意无关的语言，或在答题卡上作标记的，均按违纪试卷处理。

7. 考试结束时，由监考人员当面将试卷、答题卡一并收回。

8. 草稿纸由各地统一配发，考后收回。

单项选择题（共 120 题，每题 1 分。每题的备选项中只有一个最符合题意。）

1. 设直线方程为$x=y-1=z$，平面方程为$x-2y+z=0$，则直线与平面：

A. 重合
B. 平行不重合
C. 垂直相交
D. 相交不垂直

2. 在三维空间中，方程$y^2-z^2=1$所代表的图形是：

A. 母线平行x轴的双曲柱面
B. 母线平行y轴的双曲柱面
C. 母线平行z轴的双曲柱面
D. 双曲线

3. 当$x\to 0$时，3^x-1是x的：

A. 高阶无穷小
B. 低阶无穷小
C. 等价无穷小
D. 同阶但非等价无穷小

4. 函数$f(x)=\frac{x-x^2}{\sin\pi x}$的可去间断点的个数为：

A. 1 个
B. 2 个
C. 3 个
D. 无穷多个

5. 如果$f(x)$在x_0点可导，$g(x)$在x_0点不可导，则$f(x)g(x)$在x_0点：

A. 可能可导也可能不可导
B. 不可导
C. 可导
D. 连续

6. 当$x>0$时，下列不等式中正确的是：

A. $e^x<1+x$
B. $\ln(1+x)>x$
C. $e^x<ex$
D. $x>\sin x$

7. 若函数$f(x,y)$在闭区域D上连续，下列关于极值点的陈述中正确的是：

A. $f(x,y)$的极值点一定是$f(x,y)$的驻点

B. 如果P_0是$f(x,y)$的极值点，则P_0点处$B^2-AC<0$$\left(其中，A=\frac{\partial^2 f}{\partial x^2}，B=\frac{\partial^2 f}{\partial x\partial y}，C=\frac{\partial^2 f}{\partial y^2}\right)$

C. 如果P_0是可微函数$f(x,y)$的极值点，则在P_0点处$\mathrm{d}f=0$

D. $f(x,y)$的最大值点一定是$f(x,y)$的极大值点

8. $\int\frac{\mathrm{d}x}{\sqrt{x}(1+x)}=$

A. $\arctan\sqrt{x}+C$

B. $2\arctan\sqrt{x}+C$

C. $\tan(1+x)$

D. $\frac{1}{2}\arctan x+C$

9. 设$f(x)$是连续函数，且$f(x)=x^2+2\int_0^2 f(t)\mathrm{d}t$，则$f(x)=$

A. x^2

B. $x^2 2$

C. $2x$

D. $x^2-\frac{16}{9}$

10. $\int_{-2}^{2}\sqrt{4-x^2}\mathrm{d}x=$

A. π

B. 2π

C. 3π

D. $\frac{\pi}{2}$

11. 设L为连接(0,2)和(1,0)的直线段，则对弧长的曲线积分$\int_L(x^2+y^2)\mathrm{d}S=$

A. $\frac{\sqrt{5}}{2}$

B. 2

C. $\frac{3\sqrt{5}}{2}$

D. $\frac{5\sqrt{5}}{3}$

12. 曲线$y=e^{-x}(x\geqslant 0)$与直线$x=0$，$y=0$所围图形，绕ox轴旋转所得旋转体的体积为：

A. $\frac{\pi}{2}$

B. π

C. $\frac{\pi}{3}$

D. $\frac{\pi}{4}$

13. 若级数$\sum\limits_{n=1}^{\infty} u_n$收敛，则下列级数中不收敛的是：

A. $\sum\limits_{n=1}^{\infty} ku_n(k \neq 0)$

B. $\sum\limits_{n=1}^{\infty} u_{n+100}$

C. $\sum\limits_{n=1}^{\infty} \left(u_{2n} + \frac{1}{2^n}\right)$

D. $\sum\limits_{n=1}^{\infty} \frac{50}{u_n}$

14. 设$\sum\limits_{n=0}^{\infty} a_n x^n$的收敛半径为 2，则幂级数$\sum\limits_{n=1}^{\infty} na_n(x-2)^{n+1}$的收敛区间是：

A. $(-2,2)$

B. $(-2,4)$

C. $(0,4)$

D. $(-4,0)$

15. 微分方程$xy\mathrm{d}x = \sqrt{2-x^2}\mathrm{d}y$的通解是：

A. $y = e^{-C\sqrt{2-x^2}}$

B. $y = e^{-\sqrt{2-x^2}} + C$

C. $y = Ce^{-\sqrt{2-x^2}}$

D. $y = C - \sqrt{2-x^2}$

16. 微分方程$\frac{\mathrm{d}y}{\mathrm{d}x} - \frac{y}{x} = \tan\frac{y}{x}$的通解是：

A. $\sin\frac{y}{x} = Cx$

B. $\cos\frac{y}{x} = Cx$

C. $\sin\frac{y}{x} = x + C$

D. $Cx\sin\frac{y}{x} = 1$

17. 设$\boldsymbol{A} = \begin{bmatrix} 1 & 0 & 1 \\ 0 & 1 & 2 \\ -2 & 0 & -3 \end{bmatrix}$，则$\boldsymbol{A}^{-1} =$

A. $\begin{bmatrix} 3 & 0 & 1 \\ 4 & 1 & 2 \\ 2 & 0 & 1 \end{bmatrix}$

B. $\begin{bmatrix} 3 & 0 & 1 \\ 4 & 1 & 2 \\ -2 & 0 & -1 \end{bmatrix}$

C. $\begin{bmatrix} -3 & 0 & -1 \\ 4 & 1 & 2 \\ -2 & 0 & -1 \end{bmatrix}$

D. $\begin{bmatrix} 3 & 0 & 1 \\ -4 & -1 & -2 \\ 2 & 0 & 1 \end{bmatrix}$

18. 设 3 阶矩阵$\boldsymbol{A} = \begin{bmatrix} 1 & 1 & a \\ 1 & a & 1 \\ a & 1 & 1 \end{bmatrix}$，已知$\boldsymbol{A}$的伴随矩阵的秩为 1，则$a =$

A. -2

B. -1

C. 1

D. 2

19. 设$\boldsymbol{A}$是 3 阶矩阵，$\boldsymbol{P}=(\alpha_1,\alpha_2,\alpha_3)$是 3 阶可逆矩阵，且$\boldsymbol{P}^{-1}\boldsymbol{A}\boldsymbol{P}=\begin{bmatrix}1&0&0\\0&2&0\\0&0&0\end{bmatrix}$。若矩阵$\boldsymbol{Q}=(\alpha_2,\alpha_1,\alpha_3)$，则$\boldsymbol{Q}^{-1}\boldsymbol{A}\boldsymbol{Q}=$

A. $\begin{bmatrix}1&0&0\\0&2&0\\0&0&0\end{bmatrix}$　　B. $\begin{bmatrix}2&0&0\\0&1&0\\0&0&0\end{bmatrix}$

C. $\begin{bmatrix}0&1&0\\2&0&0\\0&0&0\end{bmatrix}$　　D. $\begin{bmatrix}0&2&0\\1&0&0\\0&0&0\end{bmatrix}$

20. 齐次线性方程组$\begin{cases}x_1-x_2+x_4=0\\x_1-x_3+x_4=0\end{cases}$的基础解系为：

A. $\alpha_1=(1,1,1,0)^{\mathrm{T}}$，$\alpha_2=(-1,-1,1,0)^{\mathrm{T}}$

B. $\alpha_1=(2,1,0,1)^{\mathrm{T}}$，$\alpha_2=(-1,-1,1,0)^{\mathrm{T}}$

C. $\alpha_1=(1,1,1,0)^{\mathrm{T}}$，$\alpha_2=(-1,0,0,1)^{\mathrm{T}}$

D. $\alpha_1=(2,1,0,1)^{\mathrm{T}}$，$\alpha_2=(-2,-1,0,1)^{\mathrm{T}}$

21. 设A，B是两个事件，$P(A)=0.3$，$P(B)=0.8$，则当$P(A\cup B)$为最小值时，$P(AB)=$

A. 0.1　　B. 0.2

C. 0.3　　D. 0.4

22. 三个人独立地破译一份密码，每人能独立译出这份密码的概率分别为$\frac{1}{5}$、$\frac{1}{3}$、$\frac{1}{4}$，则这份密码被译出的概率为：

A. $\frac{1}{3}$　　B. $\frac{1}{2}$

C. $\frac{2}{5}$　　D. $\frac{3}{5}$

23. 设随机变量X的概率密度为$f(x)=\begin{cases}2x,\ 0<x<1\\0\ ,\ 其他\end{cases}$，$Y$表示对$X$的 3 次独立重复观察中事件$\left\{X\leqslant\frac{1}{2}\right\}$出现的次数，则$P\{Y=2\}$等于：

A. $\frac{3}{64}$　　B. $\frac{9}{64}$

C. $\frac{3}{16}$　　D. $\frac{9}{16}$

24. 设随机变量X和Y都服从$N(0,1)$分布，则下列叙述中正确的是：

A. $X+Y\sim$正态分布

B. $X^2+Y^2\sim\chi^2$分布

C. X^2和Y^2都$\sim\chi^2$分布

D. $\frac{X^2}{Y^2}\sim F$分布

25. 一瓶氦气和一瓶氮气，它们每个分子的平均平动动能相同，而且都处于平衡态，则它们：

A. 温度相同，氦分子和氮分子的平均动能相同

B. 温度相同，氦分子和氮分子的平均动能不同

C. 温度不同，氦分子和氮分子的平均动能相同

D. 温度不同，氦分子和氮分子的平均动能不同

26. 最概然速率v_{p}的物理意义是：

A. v_{p}是速率分布中的最大速率

B. v_{p}是大多数分子的速率

C. 在一定的温度下，速率与v_{p}相近的气体分子所占的百分率最大

D. v_{p}是所有分子速率的平均值

27. 1mol 理想气体从平衡态 $2p_1$、V_1沿直线变化到另一平衡态p_1、$2V_1$，则此过程中系统的功和内能的变化是：

A. $W>0$，$\Delta E>0$

B. $W<0$，$\Delta E<0$

C. $W>0$，$\Delta E=0$

D. $W<0$，$\Delta E>0$

28. 在保持高温热源温度T_1和低温热源温度T_2不变的情况下，使卡诺热机的循环曲线所包围的面积增大，则会：

A. 净功增大，效率提高

B. 净功增大，效率降低

C. 净功和功率都不变

D. 净功增大，效率不变

29. 一平面简谐波的波动方程为$y = 0.01\cos 10\pi(25t - x)$ (SI)，则在$t = 0.1$s时刻，$x = 2$m处质元的振动位移是：

A. 0.01cm

B. 0.01m

C. −0.01m

D. 0.01mm

30. 对于机械横波而言，下面说法正确的是：

A. 质元处于平衡位置时，其动能最大，势能为零

B. 质元处于平衡位置时，其动能为零，势能最大

C. 质元处于波谷处时，动能为零，势能最大

D. 质元处于波峰处时，动能与势能均为零

31. 在波的传播方向上，有相距为 3m 的两质元，两者的相位差为$\frac{\pi}{6}$，若波的周期为 4s，则此波的波长和波速分别为：

A. 36m 和6m/s

B. 36m 和9m/s

C. 12m 和6m/s

D. 12m 和9m/s

32. 在双缝干涉实验中，入射光的波长为λ，用透明玻璃纸遮住双缝中的一条缝（靠近屏一侧），若玻璃纸中光程比相同厚度的空气的光程大 2.5λ，则屏上原来的明纹处：

A. 仍为明条纹

B. 变为暗条纹

C. 既非明纹也非暗纹

D. 无法确定是明纹还是暗纹

33. 在真空中，可见光的波长范围为：

A. 400~760nm

B. 400~760mm

C. 400~760cm

D. 400~760m

34. 有一玻璃劈尖，置于空气中，劈尖角为θ，用波长为λ的单色光垂直照射时，测得相邻明纹间距为l，若玻璃的折射率为n，则θ、λ、l与n之间的关系为：

A. $\theta = \frac{\lambda n}{2l}$

B. $\theta = \frac{l}{2n\lambda}$

C. $\theta = \frac{l\lambda}{2n}$

D. $\theta = \frac{\lambda}{2nl}$

35. 一束自然光垂直穿过两个偏振片，两个偏振片的偏振化方向成 45°角。已知通过此两偏振片后的光强为I，则入射至第二个偏振片的线偏振光强度为：

A. I　　B. $2I$　　C. $3I$　　D. $\frac{I}{2}$

36. 一单缝宽度$a = 1 \times 10^{-4}$m，透镜焦距$f = 0.5$m，若用$\lambda = 400$nm的单色平行光垂直入射，中央明纹的宽度为：

A. 2×10^{-3}m　　B. 2×10^{-4}m

C. 4×10^{-4}m　　D. 4×10^{-3}m

37. 29 号元素的核外电子分布式为：

A. $1s^2 2s^2 2p^6 3s^2 3p^6 3d^9 4s^2$　　B. $1s^2 2s^2 2p^6 3s^2 3p^6 3d^{10} 4s^1$

C. $1s^2 2s^2 2p^6 3s^2 3p^6 4s^1 3d^{10}$　　D. $1s^2 2s^2 2p^6 3s^2 3p^6 4s^2 3d^9$

38. 下列各组元素的原子半径从小到大排序错误的是：

A. Li < Na < K　　B. Al < Mg < Na　　C. C < Si < Al　　D. P < As < Se

39. 下列溶液混合，属于缓冲溶液的是：

A. 50mL 0.2mol · L^{-1} CH_3COOH 与 50mL 0.1mol · L^{-1} NaOH

B. 50mL 0.1mol · L^{-1} CH_3COOH 与 50mL 0.1mol · L^{-1} NaOH

C. 50mL 0.1mol · L^{-1} CH_3COOH 与 50mL 0.2mol · L^{-1} NaOH

D. 50mL 0.2mol · L^{-1} HCl 与 50mL 0.1mol · L^{-1} NH_3H_2O

40. 在一容器中，反应$2NO_2(g) \rightleftharpoons 2NO(g) + O_2(g)$，恒温条件下达到平衡后，加一定量 Ar 气保持总压力不变，平衡将会：

A. 向正方向移动　　B. 向逆方向移动

C. 没有变化　　D. 不能判断

41. 某第 4 周期的元素，当该元素原子失去一个电子成为正 1 价离子时，该离子的价层电子排布式为 $3d^{10}$，则该元素的原子序数是：

A. 19　　B. 24　　C. 29　　D. 36

42. 对于一个化学反应，下列各组中关系正确的是：

A. $\Delta_r G_m^\ominus > 0$，$K^\ominus < 1$　　B. $\Delta_r G_m^\ominus > 0$，$K^\ominus > 1$

C. $\Delta_r G_m^\ominus < 0$，$K^\ominus = 1$　　D. $\Delta_r G_m^\ominus < 0$，$K^\ominus < 1$

43. 价层电子构型为 $4d^{10}5s^1$ 的元素在周期表中属于：

A. 第四周期 VIIB 族　　B. 第五周期 IB 族

C. 第六周期 VIIB 族　　D. 镧系元素

44. 下列物质中，属于酚类的是：

A. C_3H_7OH　　B. $C_6H_5CH_2OH$

C. C_6H_5OH　　D. $\underset{\displaystyle OH}{\underset{|}{CH_2}}-\underset{\displaystyle OH}{\underset{|}{CH}}-\underset{\displaystyle OH}{\underset{|}{CH_2}}$

45. 有机化合物 $H_3C-\underset{\displaystyle CH_3}{\underset{|}{CH}}-\underset{\displaystyle CH_3}{\underset{|}{CH}}-CH_2-CH_3$ 的名称是：

A. 2-甲基-3-乙基丁烷　　B. 3,4-二甲基戊烷

C. 2-乙基-3-甲基丁烷　　D. 2,3-二甲基戊烷

46. 下列物质中，两个氢原子的化学性质不同的是：

A. 乙炔　　B. 甲酸　　C. 甲醛　　D. 乙二酸

47. 两直角刚杆AC、CB支承如图所示，在铰C处受力$\boldsymbol{F}$作用，则A、B两处约束力的作用线与x轴正向所成的夹角分别为：

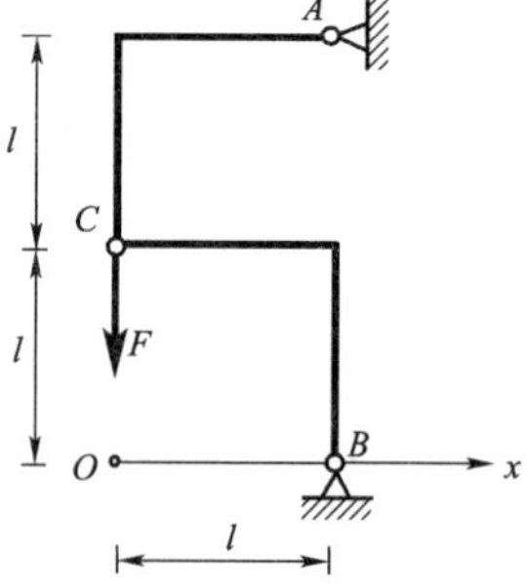

A. 0°；90°

B. 90°；0°

C. 45°；60°

D. 45°；135°

48. 在图示四个力三角形中，表示$\boldsymbol{F}_{\mathrm{R}}=\boldsymbol{F}_1+\boldsymbol{F}_2$的图是：

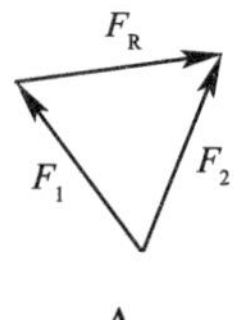

A.

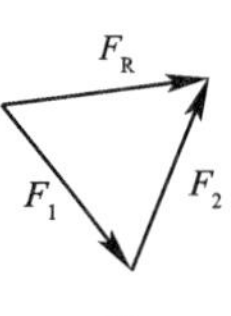

B.

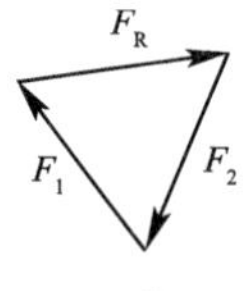

C.

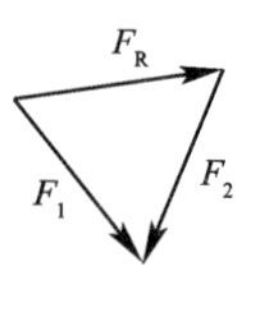

D.

49. 均质杆AB长为l，重为$\boldsymbol{W}$，受到如图所示的约束，绳索ED处于铅垂位置，A、B两处为光滑接触，杆的倾角为α，又$CD=l/4$，则A、B两处对杆作用的约束力大小关系为：

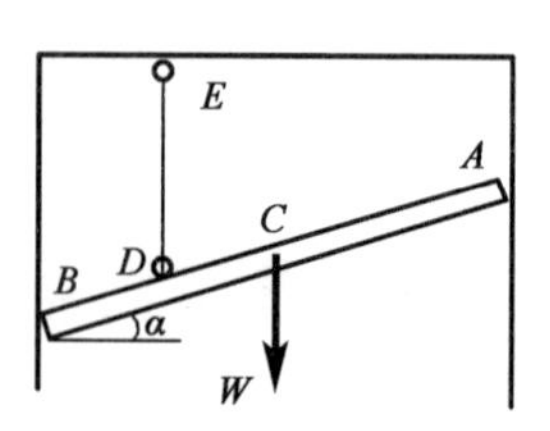

A. $F_{\mathrm{NA}}=F_{\mathrm{NB}}=0$

B. $F_{\mathrm{NA}}=F_{\mathrm{NB}}\neq 0$

C. $F_{\mathrm{NA}}\leqslant F_{\mathrm{NB}}$

D. $F_{\mathrm{NA}}\geqslant F_{\mathrm{NB}}$

50. 一重力大小为$W = 60\text{kN}$的物块，自由放置在倾角为$\alpha = 30°$的斜面上，如图所示，若物块与斜面间的静摩擦系数为$f = 0.4$，则该物块的状态为：

A. 静止状态

B. 临界平衡状态

C. 滑动状态

D. 条件不足，不能确定

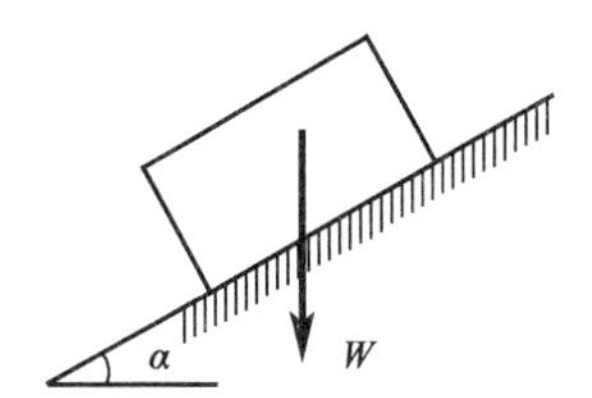

51. 当点运动时，若位置矢大小保持不变，方向可变，则其运动轨迹为：

A. 直线　　　　B. 圆周

C. 任意曲线　　　　D. 不能确定

52. 刚体做平动时，某瞬时体内各点的速度和加速度为：

A. 体内各点速度不相同，加速度相同

B. 体内各点速度相同，加速度不相同

C. 体内各点速度相同，加速度也相同

D. 体内各点速度不相同，加速度也不相同

53. 在图示机构中，杆$O_1A = O_2B$，$O_1A \parallel O_2B$，杆$O_2C =$杆O_3D，$O_2C \parallel O_3D$，且$O_1A = 20\text{cm}$，$O_2C = 40\text{cm}$，若杆O_1A以角速度$\omega = 3\text{rad/s}$匀速转动，则杆CD上任意点M速度及加速度的大小分别为：

A. 60cm/s；180cm/s^2

B. 120cm/s；360cm/s^2

C. 90cm/s；270cm/s^2

D. 120cm/s；150cm/s^2

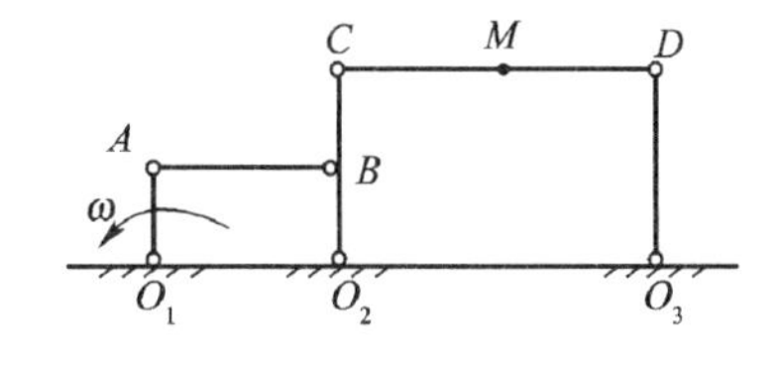

54. 图示均质圆轮，质量为m，半径为r，在铅垂图面内绕通过圆轮中心O的水平轴以匀角速度ω转动。则系统动量、对中心O的动量矩、动能的大小分别为：

A. 0；$\frac{1}{2}mr^2\omega$；$\frac{1}{4}mr^2\omega^2$

B. $mr\omega$；$\frac{1}{2}mr^2\omega$；$\frac{1}{4}mr^2\omega^2$

C. 0；$\frac{1}{2}mr^2\omega$；$\frac{1}{2}mr^2\omega^2$

D. 0；$\frac{1}{4}mr^2\omega$；$\frac{1}{4}mr^2\omega^2$

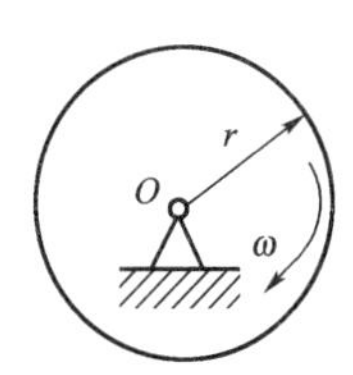

55. 如图所示，两重物M_1和M_2的质量分别为m_1和m_2，两重物系在不计质量的软绳上，绳绕过均质定滑轮，滑轮半径r，质量为m，则此滑轮系统的动量为：

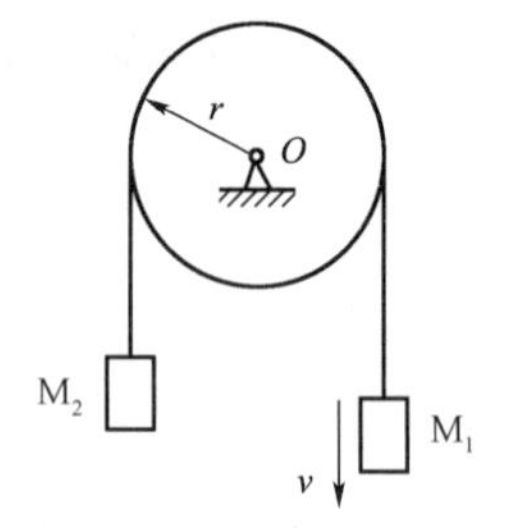

A. 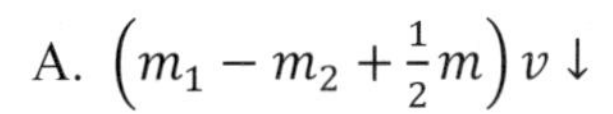 $\left(m_1 - m_2 + \frac{1}{2}m\right)v\downarrow$

B. $(m_1 - m_2)v\downarrow$

C. 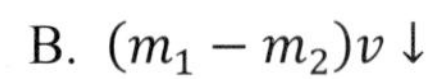 $\left(m_1 + m_2 + \frac{1}{2}m\right)v\uparrow$

D. $(m_1 - m_2)v\uparrow$

56. 均质细杆AB重力为$\boldsymbol{P}$、长 $2L$，A端铰支，B端用绳系住，处于水平位置，如图所示，当B端绳突然剪断瞬时，AB杆的角加速度大小为：

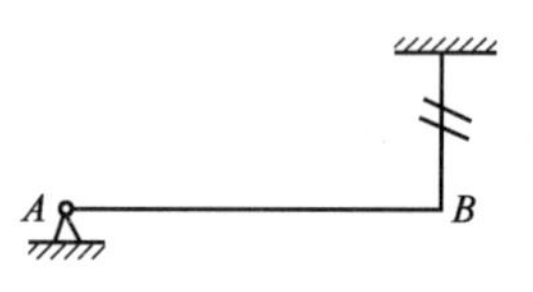

A. 0

B. 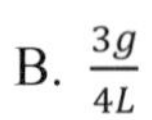 $\frac{3g}{4L}$

C. $\frac{3g}{2L}$

D. $\frac{6g}{L}$

57. 质量为m，半径为R的均质圆盘，绕垂直于图面的水平轴O转动，其角速度为ω。在图示瞬间，角加速度为 0，盘心C在其最低位置，此时将圆盘的惯性力系向O点简化，其惯性力主矢和惯性力主矩的大小分别为：

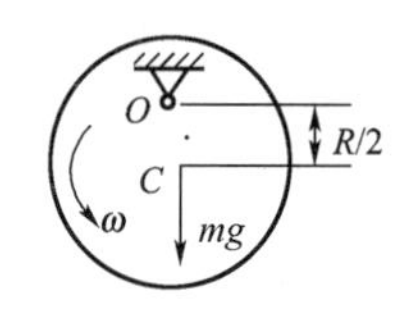

A. $m\frac{R}{2}\omega^2$；0

B. $mR\omega^2$；0

C. 0；0

D. 0；$\frac{1}{2}m\frac{R}{2}\omega^2$

58. 图示装置中，已知质量$m = 200\text{kg}$，弹簧刚度$k = 100\text{N/cm}$，则图中各装置的振动周期为：

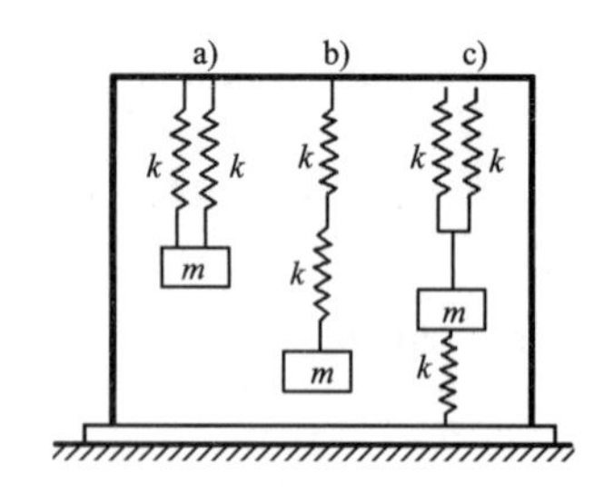

A. 图 a）装置振动周期最大

B. 图 b）装置振动周期最大

C. 图 c）装置振动周期最大

D. 三种装置振动周期相等

59. 圆截面杆ABC轴向受力如图，已知BC杆的直径$d=100$mm，AB杆的直径为 $2d$。杆的最大的拉应力为：

A. 40MPa

B. 30MPa

C. 80MPa

D. 120MPa

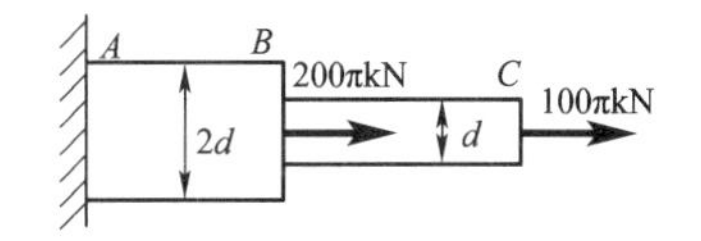

60. 已知铆钉的许可切应力为$[\tau]$，许可挤压应力为$[\sigma_{bs}]$，钢板的厚度为t，则图示铆钉直径d与钢板厚度t的关系是：

A. $d=\frac{8t[\sigma_{bs}]}{\pi[\tau]}$

B. $d=\frac{4t[\sigma_{bs}]}{\pi[\tau]}$

C. $d=\frac{\pi[\tau]}{8t[\sigma_{bs}]}$

D. $d=\frac{\pi[\tau]}{4t[\sigma_{bs}]}$

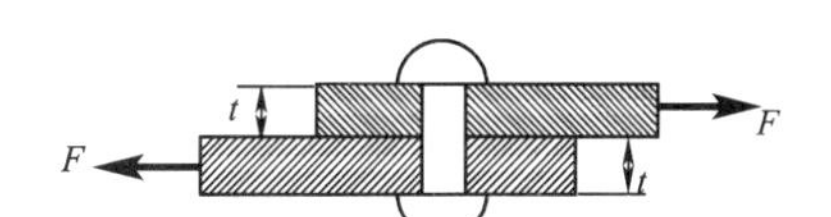

61. 图示受扭空心圆轴横截面上的切应力分布图中，正确的是：

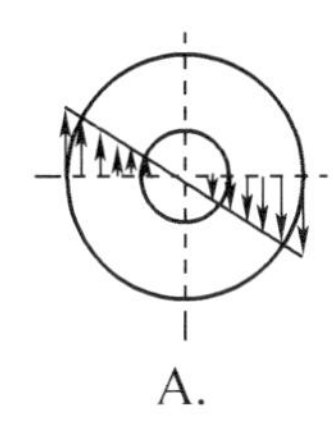
A.

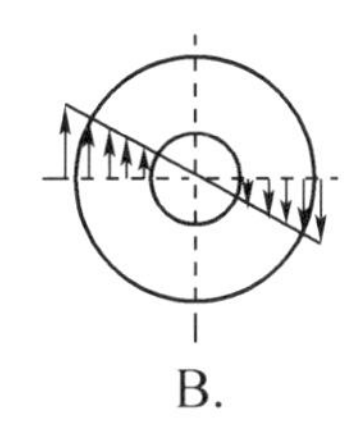
B.

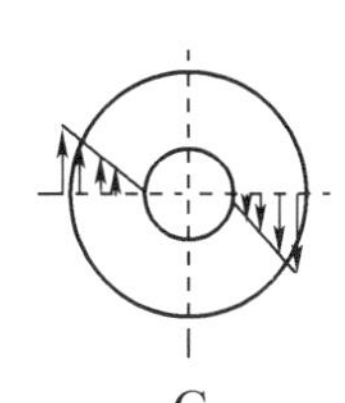
C.

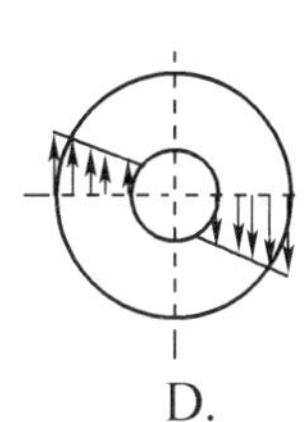
D.

62. 图示截面的抗弯截面模量W_z为：

A. $W_z=\frac{\pi d^3}{32}-\frac{a^3}{6}$

B. $W_z=\frac{\pi d^3}{32}-\frac{a^4}{6d}$

C. $W_z=\frac{\pi d^3}{32}-\frac{a^3}{6d}$

D. $W_z=\frac{\pi d^4}{64}-\frac{a^4}{12}$

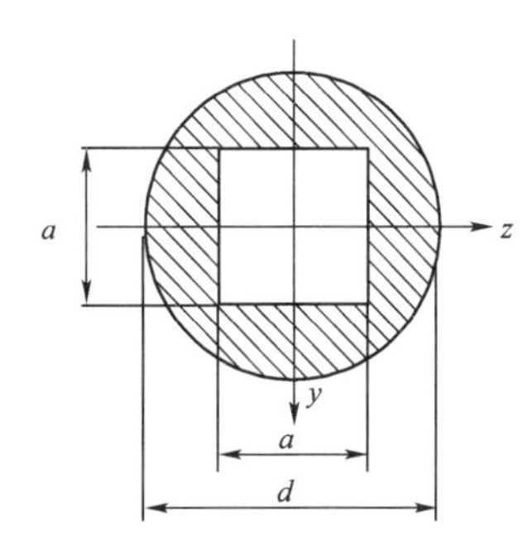

63. 梁的弯矩图如图所示，最大值在B截面。在梁的A、B、C、D四个截面中，剪力为 0 的截面是：

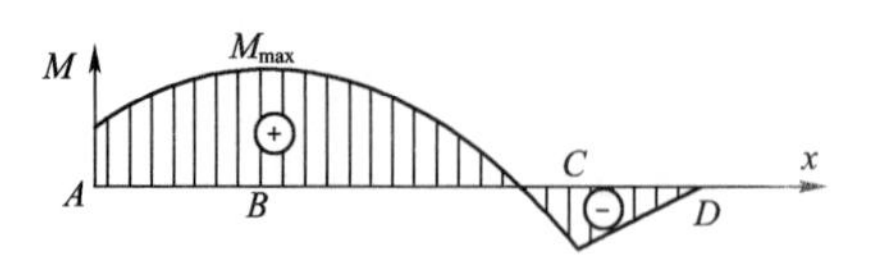

A. A截面
B. B截面
C. C截面
D. D截面

64. 图示悬臂梁AB，由三根相同的矩形截面直杆胶合而成，材料的许可应力为$[\sigma]$。若胶合面开裂，假设开裂后三根杆的挠曲线相同，接触面之间无摩擦力，则开裂后的梁承载能力是原来的：

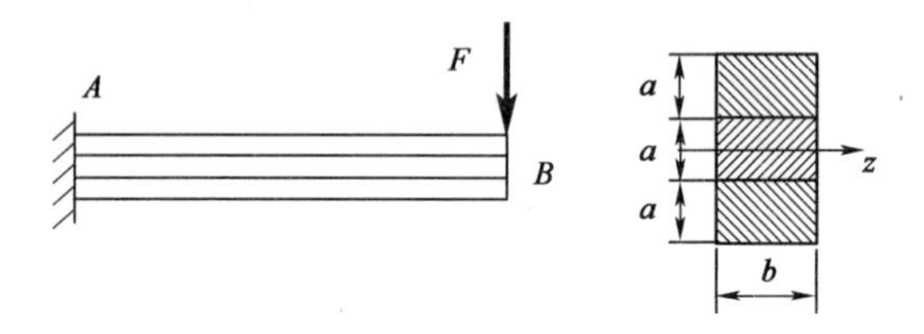

A. 1/9
B. 1/3
C. 两者相同
D. 3 倍

65. 梁的横截面是由狭长矩形构成的工字形截面，如图所示，z轴为中性轴，截面上的剪力竖直向下，该截面上的最大切应力在：

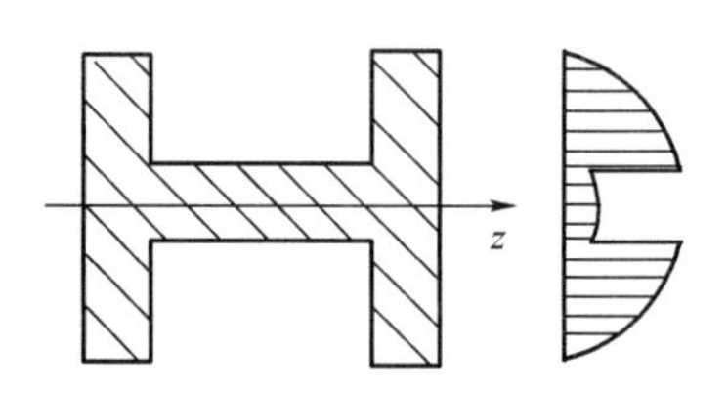

A. 腹板中性轴处
B. 腹板上下缘延长线与两侧翼缘相交处
C. 截面上下缘
D. 腹板上下缘

66. 矩形截面简支梁中点承受集中力F。若$h = 2b$，分别采用图 a）、图 b）两种方式放置，图 a）梁的最大挠度是图 b）梁的：

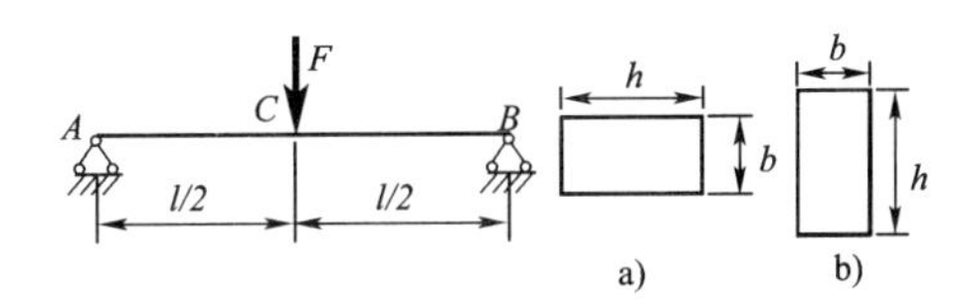

A. 1/2　　　　B. 2 倍

C. 4 倍　　　　D. 8 倍

67. 在图示xy坐标系下，单元体的最大主应力σ_1大致指向：

A. 第一象限，靠近x轴

B. 第一象限，靠近y轴

C. 第二象限，靠近x轴

D. 第二象限，靠近y轴

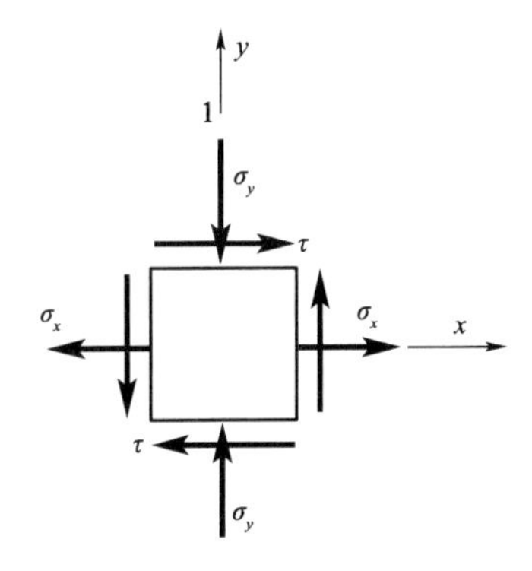

68. 图示变截面短杆，AB段压应力σ_{AB}与BC段压应力σ_{BC}的关系是：

A. σ_{AB}比σ_{BC}大$1/4$

B. σ_{AB}比σ_{BC}小$1/4$

C. σ_{AB}是σ_{BC}的2倍

D. σ_{AB}是σ_{BC}的$1/2$

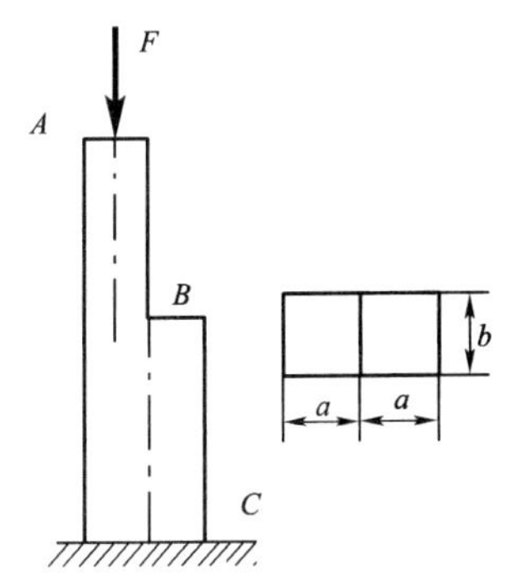

69. 图示圆轴，固定端外圆上$y=0$点（图中A点）的单元体的应力状态是：

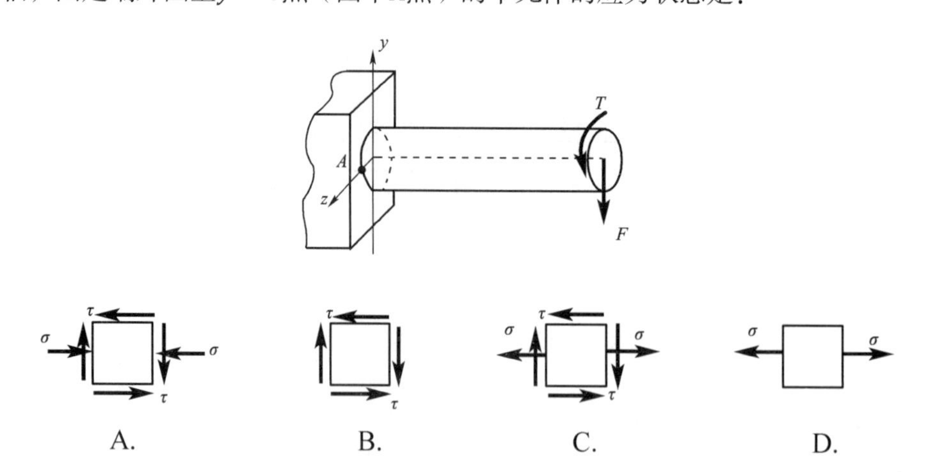

70. 一端固定一端自由的细长（大柔度）压杆，长为L（图 a），当杆的长度减小一半时（图 b），其临界荷载F_{cr}比原来增加：

A. 4 倍

B. 3 倍

C. 2 倍

D. 1 倍

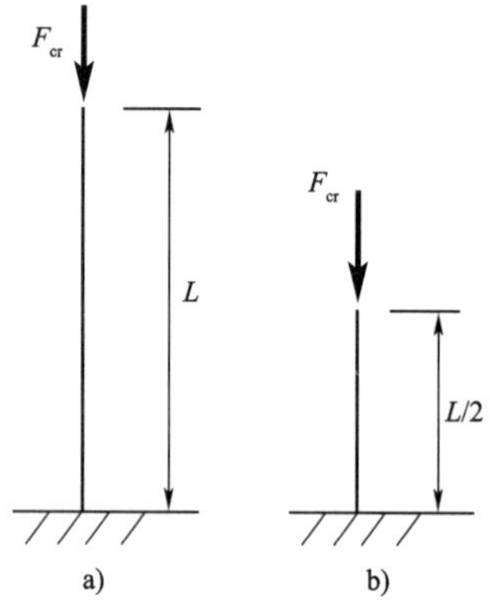

71. 空气的黏滞系数与水的黏滞系数μ分别随温度的降低而：

A. 降低，升高　　B. 降低，降低

C. 升高，降低　　D. 升高，升高

72. 重力和黏滞力分别属于：

A. 表面力、质量力　　B. 表面力、表面力

C. 质量力、表面力　　D. 质量力、质量力

73. 对某一非恒定流，以下对于流线和迹线的正确说法是：

A. 流线和迹线重合

B. 流线越密集，流速越小

C. 流线曲线上任意一点的速度矢量都与曲线相切

D. 流线可能存在折弯

74. 对某一流段，设其上、下游两断面 1-1、2-2 的断面面积分别为A_1、A_2，断面流速分别为v_1、v_2，两断面上任一点相对于选定基准面的高程分别为Z_1、Z_2，相应断面同一选定点的压强分别为p_1、p_2，两断面处的流体密度分别为ρ_1、ρ_2，流体为不可压缩流体，两断面间的水头损失为$h_{l1\text{-}2}$。下列方程表述一定错误的是：

A. 连续性方程：$v_1A_1 = v_2A_2$

B. 连续性方程：$\rho_1v_1A_1 = \rho_2v_2A_2$

C. 恒定总流能量方程：$\frac{p_1}{\rho_1 g} + Z_1 + \frac{v_1^2}{2g} = \frac{p_2}{\rho_2 g} + Z_2 + \frac{v_2^2}{2g}$

D. 恒定总流能量方程：$\frac{p_1}{\rho_1 g} + Z_1 + \frac{v_1^2}{2g} = \frac{p_2}{\rho_2 g} + Z_2 + \frac{v_2^2}{2g} + h_{l1\text{-}2}$

75. 水流经过变直径圆管，管中流量不变，已知前段直径d_1 =30mm，雷诺数为 5000，后段直径变为d_2 =60mm，则后段圆管中的雷诺数为：

A. 5000　　B. 4000　　C. 2500　　D. 1250

76. 两孔口形状、尺寸相同，一个是自由出流，出流流量为Q_1；另一个是淹没出流，出流流量为Q_2。若自由出流和淹没出流的作用水头相等，则Q_1与Q_2的关系是：

A. $Q_1 > Q_2$　　B. $Q_1 = Q_2$

C. $Q_1 < Q_2$　　D. 不确定

77. 水力最优断面是指当渠道的过流断面面积A、粗糙系数n和渠道底坡i一定时，其：

A. 水力半径最小的断面形状　　B. 过流能力最大的断面形状

C. 湿周最大的断面形状　　D. 造价最低的断面形状

78. 图示溢水堰模型试验，实际流量为$Q_n = 537\text{m}^3/\text{s}$，若在模型上测得流量$Q_\text{n} = 300\text{L/s}$，则该模型长度比尺为：

A. 4.5　　B. 6

C. 10　　D. 20

79. 点电荷$+q$和点电荷$-q$相距 30cm，那么，在由它们构成的静电场中：

A. 电场强度处处相等

B. 在两个点电荷连线的中点位置，电场力为 0

C. 电场方向总是从$+q$指向$-q$

D. 位于两个点电荷连线的中点位置上，带负电的可移动体将向$-q$处移动

80. 设流经图示电感元件的电流$i = 2\sin 1000t$ A，若$L = 1$mH，则电感电压：

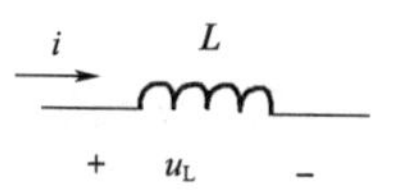

A. $u_L = 2\sin 1000t$ V

B. $u_L = -2\cos 1000t$ V

C. u_L的有效值$U_L = 2$V

D. u_L的有效值$U_L = 1.414$V

81. 图示两电路相互等效，由图 b）可知，流经 10Ω 电阻的电流$I_R = 1$A，由此可求得流经图 a）电路中 10Ω 电阻的电流I等于：

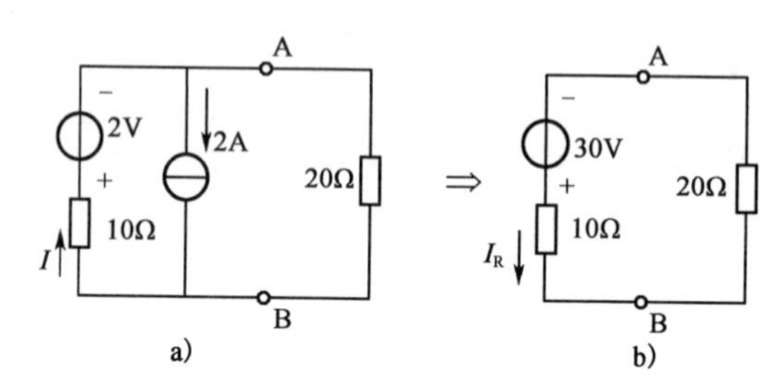

A. 1A B. −1A C. −3A D. 3A

82. RLC串联电路如图所示，在工频电压$u(t)$的激励下，电路的阻抗等于：

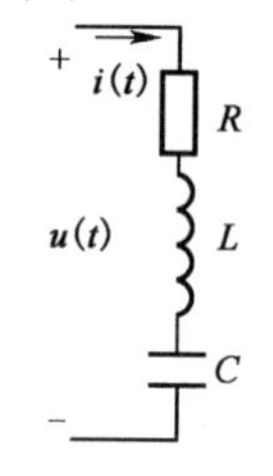

A. $R + 314L + 314C$

B. $R + 314L + 1/314C$

C. $\sqrt{R^2 + (314L - 1/314C)^2}$

D. $\sqrt{R^2 + (314L + 1/314C)^2}$

83. 图示电路中，$u = 10\sin(1000t + 30°)$ V，如果使用相量法求解图示电路中的电流i，那么，如下步骤中存在错误的是：

步骤 1：$\dot{I}_1 = \frac{10}{R + j1000L}$；步骤 2：$\dot{I}_2 = 10 \cdot j1000C$；

步骤 3：$\dot{I} = \dot{I}_1 + \dot{I}_2 = I\angle\Psi_i$；步骤 4：$\dot{I} = I\sqrt{2}\sin\Psi_i$

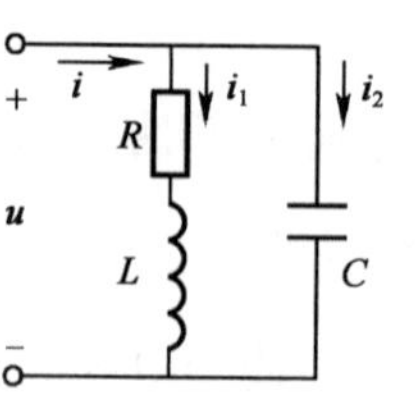

A. 仅步骤 1 和步骤 2 错

B. 仅步骤 2 错

C. 步骤 1、步骤 2 和步骤 4 错

D. 仅步骤 4 错

84. 图示电路中，开关k在$t=0$时刻打开，此后，电流i的初始值和稳态值分别为：

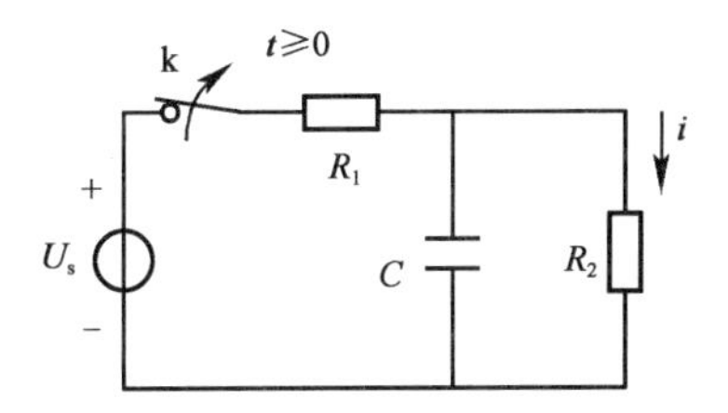

A. $\frac{U_s}{R_2}$和 0

B. $\frac{U_s}{R_1+R_2}$和 0

C. $\frac{U_s}{R_1}$和$\frac{U_s}{R_1+R_2}$

D. $\frac{U_s}{R_1+R_2}$和$\frac{U_s}{R_1+R_2}$

85. 在信号源(u_s, R_s)和电阻R_L之间接入一个理想变压器，如图所示。若$u_s=80\sin\omega t\,\mathrm{V}$，$R_L=10\Omega$，且此时信号源输出功率最大，那么，变压器的输出电压u_2等于：

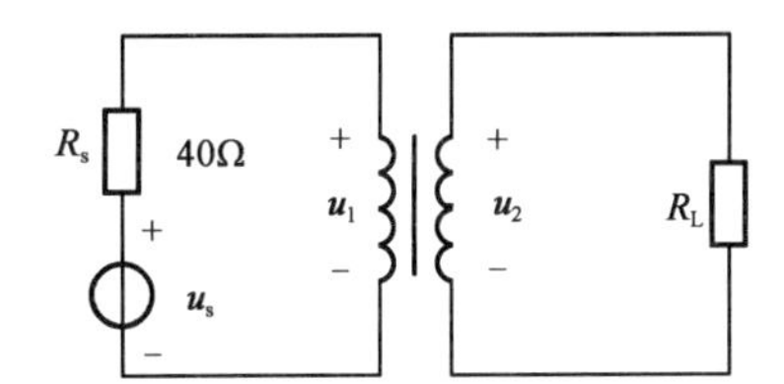

A. $40\sin\omega t\,\mathrm{V}$

B. $20\sin\omega t\,\mathrm{V}$

C. $80\sin\omega t\,\mathrm{V}$

D. 20V

86. 接触器的控制线圈如图 a）所示，动合触点如图 b）所示，动断触点如图 c）所示，当有额定电压接入线圈后：

KM　　KM1　　KM2

a)　　b)　　c)

A. 触点 KM1 和 KM2 因未接入电路均处于断开状态

B. KM1 闭合，KM2 不变

C. KM1 闭合，KM2 断开

D. KM1 不变，KM2 断开

87. 某空调器的温度设置为 25℃，当室温超过 25℃后，它便开始制冷，此时红色指示灯亮，并在显示屏上显示“正在制冷”字样，那么：

A. “红色指示灯亮”和“正在制冷”均是信息

B. “红色指示灯亮”和“正在制冷”均是信号

C. “红色指示灯亮”是信号，“正在制冷”是信息

D. “红色指示灯亮”是信息，“正在制冷”是信号

88. 如果一个 16 进制数和一个 8 进制数的数字信号相同，那么：

A. 这个 16 进制数和 8 进制数实际反映的数量相等

B. 这个 16 进制数 2 倍于 8 进制数

C. 这个 16 进制数比 8 进制数少 8

D. 这个 16 进制数与 8 进制数的大小关系不定

89. 在以下关于信号的说法中，正确的是：

A. 代码信号是一串电压信号，故代码信号是一种模拟信号

B. 采样信号是时间上离散、数值上连续的信号

C. 采样保持信号是时间上连续、数值上离散的信号

D. 数字信号是直接反映数值大小的信号

90. 设周期信号$u(t)=\sqrt{2}U_1\sin(\omega t+\psi_1)+\sqrt{2}U_3\sin(3\omega t+\psi_3)+\cdots$

$$u_1(t)=\sqrt{2}U_1\sin(\omega t+\psi_1)+\sqrt{2}U_3\sin(3\omega t+\psi_3)$$

$$u_2(t)=\sqrt{2}U_1\sin(\omega t+\psi_1)+\sqrt{2}U_5\sin(5\omega t+\psi_5)$$

则：

A. $u_1(t)$较$u_2(t)$更接近$u(t)$

B. $u_2(t)$较$u_1(t)$更接近$u(t)$

C. $u_1(t)$与$u_2(t)$接近$u(t)$的程度相同

D. 无法做出三个电压之间的比较

91. 某模拟信号放大器输入与输出之间的关系如图所示，那么，能够经该放大器得到 5 倍放大的输入信号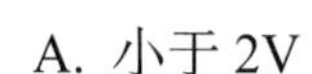$u_i(t)$最大值一定：

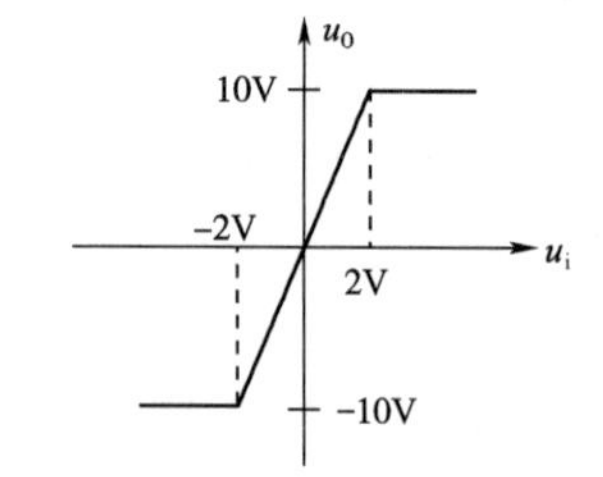

A. 小于 2V

B. 小于 10V 或大于−10V

C. 等于 2V 或等于−2V

D. 小于等于 2V 且大于等于−2V

92. 逻辑函数$F=\overline{\overline{AB}+\overline{BC}}$的化简结果是：

A. $F=AB+BC$

B. $F=\overline{A}+\overline{B}+\overline{C}$

C. $F=A+B+C$

D. $F=ABC$

93. 图示电路中，$u_i = 10\sin\omega t$，二极管 D_2 因损坏而断开，这时输出电压的波形和输出电压的平均值为：

A. 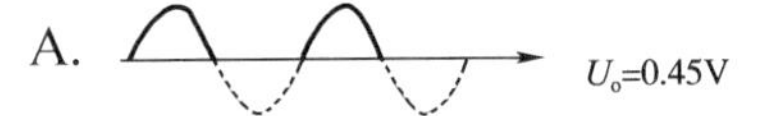

B. 

C. U_o=−3.18V

D. U_o=3.18V

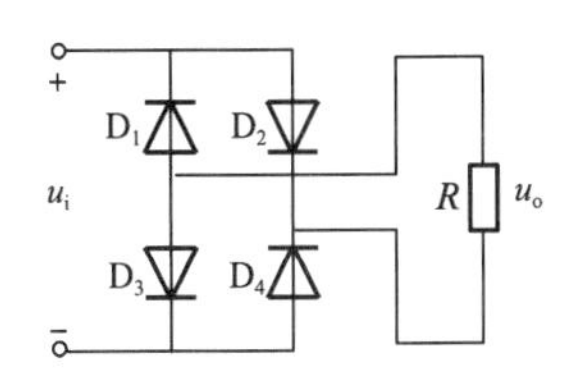

94. 图 a）所示运算放大器的输出与输入之间的关系如图 b）所示，若$u_i = 2\sin\omega t$ mV，则u_o为：

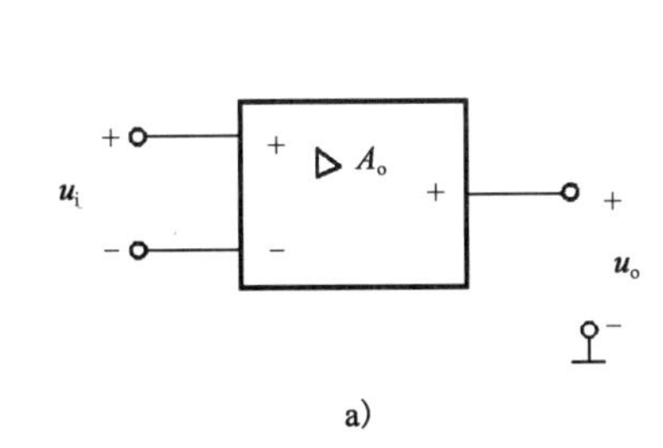

a)

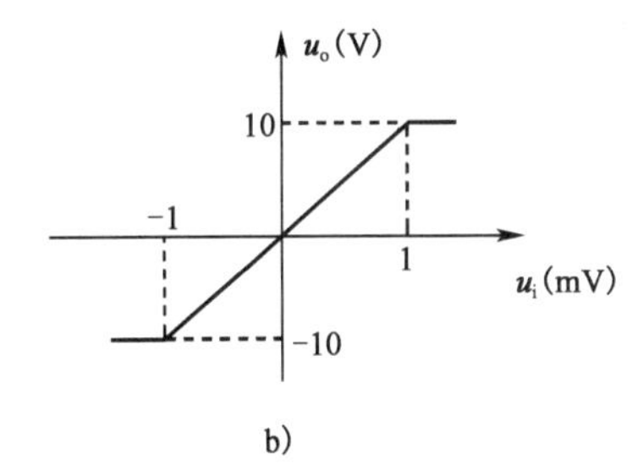

b)

A. 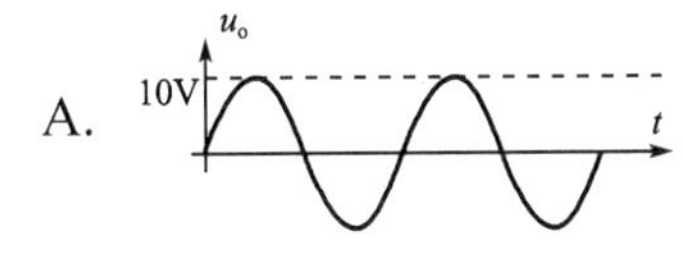

B. 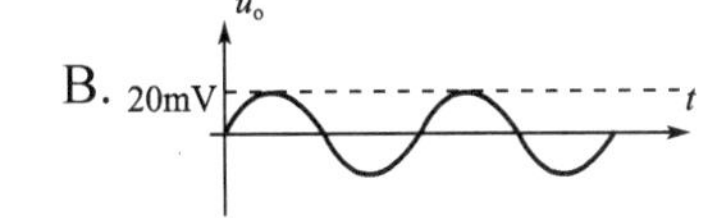

C. 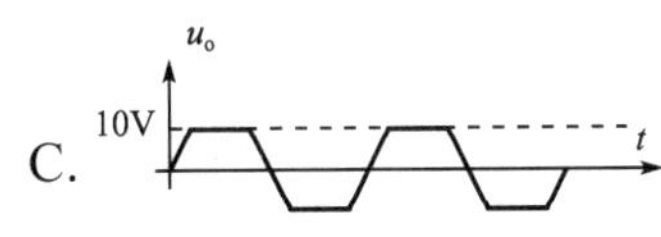

D. 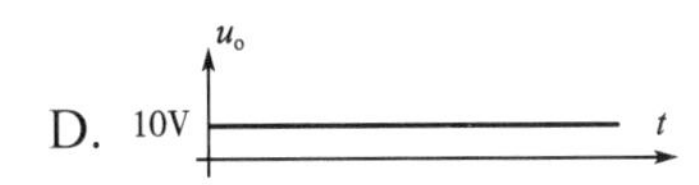

95. 基本门如图 a）所示，其中，数字信号 A 由图 b）给出，那么，输出 F 为：

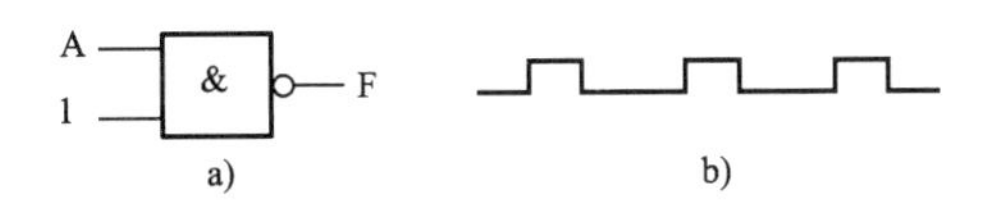

A. 1

B. 0

C.

D.

96. JK 触发器及其输入信号波形如图所示，那么，在$t = t_0$和$t = t_1$时刻，输出 Q 分别为：

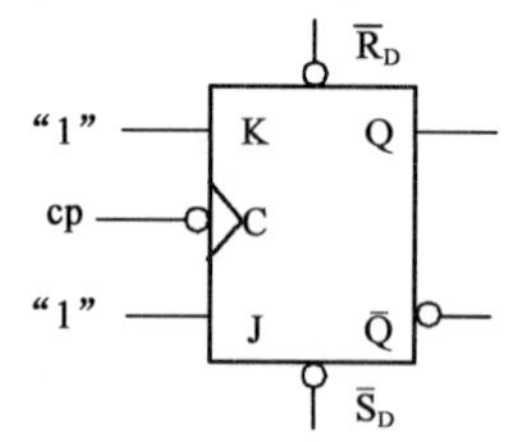

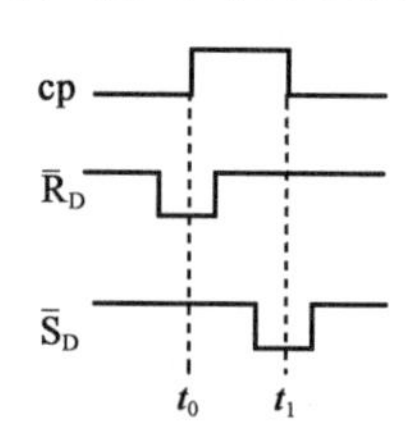

A. $Q(t_0) = 1$，$Q(t_1) = 0$

B. $Q(t_0) = 0$，$Q(t_1) = 1$

C. $Q(t_0) = 0$，$Q(t_1) = 0$

D. $Q(t_0) = 1$，$Q(t_1) = 1$

97. 计算机存储器中的每一个存储单元都配置一个唯一的编号，这个编号就是：

A. 一种寄存标志　　B. 寄存器地址

C. 存储器的地址　　D. 输入/输出地址

98. 操作系统作为一种系统软件，存在着与其他软件明显不同的三个特征是：

A. 可操作性、可视性、公用性

B. 并发性、共享性、随机性

C. 随机性、公用性、不可预测性

D. 并发性、可操作性、脆弱性

99. 将二进制数 11001 转换成相应的十进制数，其正确结果是：

A. 25　　B. 32

C. 24　　D. 22

100. 图像中的像素实际上就是图像中的一个个光点，这光点：

A. 只能是彩色的，不能是黑白的

B. 只能是黑白的，不能是彩色的

C. 既不能是彩色的，也不能是黑白的

D. 可以是黑白的，也可以是彩色的

101. 计算机病毒以多种手段入侵和攻击计算机信息系统，下面有一种不被使用的手段是：

A. 分布式攻击、恶意代码攻击

B. 恶意代码攻击、消息收集攻击

C. 删除操作系统文件、关闭计算机系统

D. 代码漏洞攻击、欺骗和会话劫持攻击

102. 计算机系统中，存储器系统包括：

A. 寄存器组、外存储器和主存储器

B. 寄存器组、高速缓冲存储器（Cache）和外存储器

C. 主存储器、高速缓冲存储器（Cache）和外存储器

D. 主存储器、寄存器组和光盘存储器

103. 在计算机系统中，设备管理是指对：

A. 除 CPU 和内存储器以外的所有输入/输出设备的管理

B. 包括 CPU 和内存储器及所有输入/输出设备的管理

C. 除 CPU 外，包括内存储器及所有输入/输出设备的管理

D. 除内存储器外，包括 CPU 及所有输入/输出设备的管理

104. Windows 提供了两种十分有效的文件管理工具，它们是：

A. 集合和记录　　B. 批处理文件和目标文件

C. 我的电脑和资源管理器　　D. 我的文档、文件夹

105. 一个典型的计算机网络主要由两大部分组成，即：

A. 网络硬件系统和网络软件系统

B. 资源子网和网络硬件系统

C. 网络协议和网络软件系统

D. 网络硬件系统和通信子网

106. 局域网是指将各种计算机网络设备互联在一起的通信网络，但其覆盖的地理范围有限，通常在：

A. 几十米之内　　B. 几百公里之内

C. 几公里之内　　D. 几十公里之内

107. 某企业年初投资 5000 万元，拟 10 年内等额回收本利，若基准收益率为 8%，则每年年末应回收的资金是：

A. 540.00 万元　　B. 1079.46 万元

C. 745.15 万元　　D. 345.15 万元

108. 建设项目评价中的总投资包括：

A. 建设投资和流动资金

B. 建设投资和建设期利息

C. 建设投资、建设期利息和流动资金

D. 固定资产投资和流动资产投资

109. 新设法人融资方式，建设项目所需资金来源于：

A. 资本金和权益资金

B. 资本金和注册资本

C. 资本金和债务资金

D. 建设资金和债务资金

110. 财务生存能力分析中，财务生存的必要条件是：

A. 拥有足够的经营净现金流量

B. 各年累计盈余资金不出现负值

C. 适度的资产负债率

D. 项目资本金净利润率高于同行业的净利润率参考值

111. 交通运输部门拟修建一条公路，预计建设期为一年，建设期初投资为 100 万元，建成后即投入使用，预计使用寿命为 10 年，每年将产生的效益为 20 万元，每年需投入保养费 8000 元。若社会折现率为 10%，则该项目的效益费用比为：

A. 1.07

B. 1.17

C. 1.85

D. 1.92

112. 建设项目经济评价有一整套指标体系，敏感性分析可选定其中一个或几个主要指标进行分析，最基本的分析指标是：

A. 财务净现值

B. 内部收益率

C. 投资回收期

D. 偿债备付率

113. 在项目无资金约束、寿命不同、产出不同的条件下，方案经济比选只能采用：

A. 净现值比较法

B. 差额投资内部收益率法

C. 净年值法

D. 费用年值法

114. 在对象选择中，通过对每个部件与其他各部件的功能重要程度进行逐一对比打分，相对重要的得1分，不重要的得0分，此方法称为：

A. 经验分析法　　　　B. 百分比法

C. ABC分析法　　　　D. 强制确定法

115. 按照《中华人民共和国建筑法》的规定，下列叙述中正确的是：

A. 设计文件选用的建筑材料、建筑构配件和设备，不得注明其规格、型号

B. 设计文件选用的建筑材料、建筑构配件和设备，不得指定生产厂、供应商

C. 设计单位应按照建设单位提出的质量要求进行设计

D. 设计单位对施工过程中发现的质量问题应当按照监理单位的要求进行改正

116. 根据《中华人民共和国招标投标法》的规定，招标人对已发出的招标文件进行必要的澄清或修改的，应该以书面形式通知所有招标文件收受人，通知的时间应当在招标文件要求提交投标文件截止时间至少：

A. 20日前　　　　B. 15日前

C. 7日前　　　　D. 5日前

117. 按照《中华人民共和国合同法》的规定，下列情形中，要约不失效的是：

A. 拒绝要约的通知到达要约人

B. 要约人依法撤销要约

C. 承诺期限届满，受要约人未作出承诺

D. 受要约人对要约的内容作出非实质性变更

118. 根据《中华人民共和国节约能源法》的规定，国家实施的能源发展战略是：

A. 限制发展高耗能、高污染行业，发展节能环保型产业

B. 节约与开发并举，把节约放在首位

C. 合理调整产业结构、企业结构、产品结构和能源消费结构

D. 开发和利用新能源、可再生能源

119. 根据《中华人民共和国环境保护法》的规定，下列关于企业事业单位排放污染物的规定中，正确的是：

（注：《中华人民共和国环境保护法》2014 年进行了修订，此题已过时）

A. 排放污染物的企业事业单位，必须申报登记

B. 排放污染物超过标准的企业事业单位，或者缴纳超标准排污费，或者负责治理

C. 征收的超标准排污费必须用于该单位污染的治理，不得挪作他用

D. 对造成环境严重污染的企业事业单位，限期关闭

120. 根据《建设工程勘察设计管理条例》的规定，建设工程勘察、设计方案的评标一般不考虑：

A. 投标人资质

B. 勘察、设计方案的优劣

C. 设计人员的能力

D. 投标人的业绩

2011年度全国勘察设计注册工程师执业资格考试基础考试（上）

试题解析及参考答案

1. 解 直线方向向量$\vec{s}=\{1,1,1\}$，平面法线向量$\vec{n}=\{1,-2,1\}$，计算$\vec{s}\cdot\vec{n}=0$，即$1\times1+1\times(-2)+1\times1=0$，$\vec{s}\perp\vec{n}$，从而知直线//平面，或直线与平面重合；再在直线上取一点(0,1,0)，代入平面方程得$0-2\times1+0=-2\neq0$，不满足方程，所以该点不在平面上。

答案：B

2. 解 方程$F(x,y,z)=0$中缺少一个字母，空间解析几何中这样的曲面方程表示为柱面。本题方程中缺少字母x，方程$y^2-z^2=1$表示以平面yoz曲线$y^2-z^2=1$为准线，母线平行于x轴的双曲柱面。

答案：A

3. 解 可通过求$\lim\limits_{x\to0}\frac{3^x-1}{x}$的极限判断。$\lim\limits_{x\to0}\frac{3^x-1}{x}\overset{\frac{0}{0}}{=}\lim\limits_{x\to0}\frac{3^x\ln3}{1}=\ln3\neq0$。

答案：D

4. 解 使分母为0的点为间断点，令$\sin\pi x=0$，得$x=0,\pm1,\pm2,\cdots$为间断点，再利用可去间断点定义，找出可去间断点。

当$x=0$时，$\lim\limits_{x\to0}\frac{x-x^2}{\sin\pi x}\overset{\frac{0}{0}}{=}\lim\limits_{x\to0}\frac{1-2x}{\pi\cos\pi x}=\frac{1}{\pi}$，极限存在，可知$x=0$为函数的一个可去间断点。

同样，可计算当$x=1$时，$\lim\limits_{x\to1}\frac{x-x^2}{\sin\pi x}=\lim\limits_{x\to1}\frac{1-2x}{\pi\cos\pi x}=\frac{1}{\pi}$，极限存在，因而$x=1$也是一个可去间断点。其他间断点求极限都不存在，均不满足可去间断点定义。

答案：B

5. 解 举例说明。

如$f(x)=x$在$x=0$可导，$g(x)=|x|=\begin{cases}x\ , & x\geqslant0\\-x, & x<0\end{cases}$在$x=0$处不可导，$f(x)g(x)=x|x|=\begin{cases}x^2\ , & x\geqslant0\\-x^2, & x<0\end{cases}$，通过计算$f'_+(0)=f'_-(0)=0$，知$f(x)g(x)$在$x=0$处可导。

如$f(x)=2$在$x=0$处可导，$g(x)=|x|$在$x=0$处不可导，$f(x)g(x)=2|x|=\begin{cases}2x\ , & x\geqslant0\\-2x, & x<0\end{cases}$，通过计算函数$f(x)g(x)$在$x=0$处的右导为2，左导为$-2$，可知$f(x)g(x)$在$x=0$处不可导。

答案：A

6. 解 利用函数的单调性证明。设$f(x)=x-\sin x$，$x\subset(0,+\infty)$，得$f'(x)=1-\cos x\geqslant0$，所以$f(x)$单增，当$x=0$时，$f(0)=0$，从而当$x>0$时，$f(x)>0$，即$x-\sin x>0$。

答案：D

7. 解 在题目中只给出$f(x,y)$在闭区域D上连续这一条件，并未讲函数$f(x,y)$在P_0点是否具有一阶、二阶连续偏导，而选项A、B判定中均利用了这个未给的条件，因而选项A、B不成立。选项D中，$f(x,y)$的最大值点可以在D的边界曲线上取得，因而不一定是$f(x,y)$的极大值点，故选项D不成立。

在选项C中，给出P_0是可微函数的极值点这个条件，因而$f(x,y)$在P_0偏导存在，且$\left.\frac{\partial f}{\partial x}\right|_{P_0}=0$，$\left.\frac{\partial f}{\partial y}\right|_{P_0}=0$。

故$\mathrm{d}f=\left.\frac{\partial f}{\partial x}\right|_{P_0}\mathrm{d}x+\left.\frac{\partial f}{\partial y}\right|_{P_0}\mathrm{d}y=0$

答案：C

8. 解

方法1：凑微分再利用积分公式计算。

原式$=2\int\frac{1}{1+x}\mathrm{d}\sqrt{x}=2\int\frac{1}{1+(\sqrt{x})^2}\mathrm{d}\sqrt{x}=2\arctan\sqrt{x}+C$。

换元，设$\sqrt{x}=t$，$x=t^2$，$\mathrm{d}x=2t\mathrm{d}t$。

方法2：原式$=\int\frac{2t}{t(1+t^2)}\mathrm{d}t=2\int\frac{1}{1+t^2}\mathrm{d}t=2\arctan t+C$，回代$t=\sqrt{x}$。

答案：B

9. 解 $f(x)$是连续函数，$\int_0^2 f(t)\mathrm{d}t$的结果为一常数，设为A，那么已知表达式化为$f(x)=x^2+2A$，两边作定积分，$\int_0^2 f(x)\mathrm{d}x=\int_0^2(x^2+2A)\mathrm{d}x$，化为$A=\int_0^2 x^2\mathrm{d}x+2A\int_0^2\mathrm{d}x$，通过计算得到$A=-\frac{8}{9}$。

计算如下：$A=\left.\frac{1}{3}x^3\right|_0^2+2Ax|_0^2=\frac{8}{3}+4A$，得$A=-\frac{8}{9}$，所以$f(x)=x^2+2\times\left(-\frac{8}{9}\right)=x^2-\frac{16}{9}$。

答案：D

10. 解 利用偶函数在对称区间的积分公式得原式$=2\int_0^2\sqrt{4-x^2}\mathrm{d}x$，而积分$\int_0^2\sqrt{4-x^2}\mathrm{d}x$为圆$x^2+y^2=4$面积的$\frac{1}{4}$，即为$\frac{1}{4}\cdot\pi\cdot2^2=\pi$，从而原式$=2\pi$。

另一方法：可设$x=2\sin t$，$\mathrm{d}x=2\cos t\,\mathrm{d}t$，则$\int_0^2\sqrt{4-x^2}\mathrm{d}x=\int_0^{\frac{\pi}{2}}4\cos^2 t\,\mathrm{d}t=4\cdot\frac{1}{2}\cdot\frac{\pi}{2}=\pi$，从而原式$=2\int_0^2\sqrt{4-x^2}\mathrm{d}x=2\pi$。

答案：B

11. 解 利用已知两点求出直线方程L：$y=-2x+2$（见图解）

L的参数方程$\begin{cases}y=-2x+2\\x=x\end{cases}$ $(0\leqslant x\leqslant1)$

$\mathrm{d}S=\sqrt{1^2+(-2)^2}\mathrm{d}x=\sqrt{5}\mathrm{d}x$

$$S=\int_0^1[x^2+(-2x+2)^2]\sqrt{5}\mathrm{d}x$$

$$=\sqrt{5}\int_0^1(5x^2-8x+4)\mathrm{d}x$$

$$=\sqrt{5}\left.\left(\frac{5}{3}x^3-4x^2+4x\right)\right|_0^1=\frac{5}{3}\sqrt{5}$$

y
2
L
x
0
1

题11解图

答案：D

12. 解　$y=e^{-x}$，即$y=\left(\frac{1}{e}\right)^{x}$，画出平面图形（见解图）。根据$V=\int_0^{+\infty}\pi(e^{-x})^2\mathrm{d}x$，可计算结果。

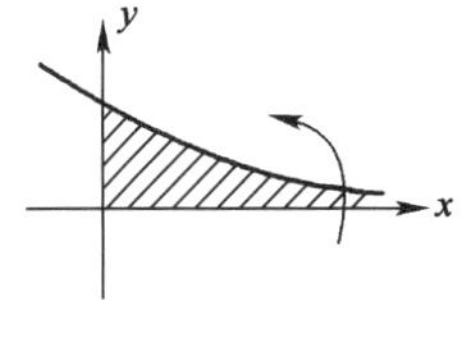

题12解图

$$V=\int_0^{+\infty}\pi e^{-2x}\mathrm{d}x=-\frac{\pi}{2}\int_0^{+\infty}e^{-2x}\mathrm{d}(-2x)=-\frac{\pi}{2}e^{-2x}\Big|_0^{+\infty}=\frac{\pi}{2}$$

答案：A

13. 解　利用级数性质易判定选项A、B、C均收敛。对于选项D，因$\sum\limits_{n=1}^{\infty}u_n$收敛，则有$\lim\limits_{x\to\infty}u_n=0$，而级数$\sum\limits_{n=1}^{\infty}\frac{50}{u_n}$的一般项为$\frac{50}{u_n}$，计算$\lim\limits_{x\to\infty}\frac{50}{u_n}=\infty\neq0$，故级数D发散。

答案：D

14. 解　由已知条件可知$\lim\limits_{n\to\infty}\left|\frac{a_{n+1}}{a_n}\right|=\frac{1}{2}$，设$x-2=t$，幂级数$\sum\limits_{n=1}^{\infty}na_n(x-2)^{n+1}$化为$\sum\limits_{n=1}^{\infty}na_nt^{n+1}$，求系数比的极限确定收敛半径，$\lim\limits_{n\to\infty}\left|\frac{(n+1)a_{n+1}}{na_n}\right|=\lim\limits_{n\to\infty}\left|\frac{n+1}{n}\cdot\frac{a_{n+1}}{a_n}\right|=\frac{1}{2}$，$R=2$，即$|t|<2$收敛，$-2<x-2<2$，即$0<x<4$收敛。

答案：C

15. 解　分离变量，化为可分离变量方程$\frac{x}{\sqrt{2-x^2}}\mathrm{d}x=\frac{1}{y}\mathrm{d}y$，两边进行不定积分，得到最后结果。

注意左边式子的积分$\int\frac{x}{\sqrt{2-x^2}}\mathrm{d}x=-\frac{1}{2}\int\frac{\mathrm{d}(2-x^2)}{\sqrt{2-x^2}}=-\sqrt{2-x^2}$，右边式子积分$\int\frac{1}{y}\mathrm{d}y=\ln y+C_1$，所以$-\sqrt{2-x^2}=\ln y+C_1$，$\ln y=-\sqrt{2-x^2}-C_1$，$y=e^{-C_1-\sqrt{2-x^2}}=Ce^{-\sqrt{2-x^2}}$，其中$C=e^{-C_1}$。

答案：C

16. 解　微分方程为一阶齐次方程，设$u=\frac{y}{x}$，$y=xu$，$\frac{\mathrm{d}y}{\mathrm{d}x}=u+x\frac{\mathrm{d}u}{\mathrm{d}x}$，代入化简得$\cot u\,\mathrm{d}u=\frac{1}{x}\mathrm{d}x$

两边积分$\int\cot u\,\mathrm{d}u=\int\frac{1}{x}\mathrm{d}x$，$\ln\sin u=\ln x+C_1$，$\sin u=e^{C_1+\ln x}=e^{C_1}\cdot e^{\ln x}$，$\sin u=Cx$（其中$C=e^{C_1}$）

代入$u=\frac{y}{x}$，得$\sin\frac{y}{x}=Cx$。

答案：A

17. 解　**方法1**：用公式$\boldsymbol{A}^{-1}=\frac{1}{|\boldsymbol{A}|}\boldsymbol{A}^*$计算，但较麻烦。

方法2：简便方法，试探一下给出的哪一个矩阵满足$\boldsymbol{AB}=\boldsymbol{E}$

如：$\begin{bmatrix}1&0&1\\0&1&2\\-2&0&-3\end{bmatrix}\begin{bmatrix}3&0&1\\4&1&2\\-2&0&-1\end{bmatrix}=\begin{bmatrix}1&0&0\\0&1&0\\0&0&1\end{bmatrix}$

方法3：用矩阵初等变换，求逆阵。

$$(\boldsymbol{A}|\boldsymbol{E})=\begin{bmatrix}1&0&1&1&0&0\\0&1&2&0&1&0\\-2&0&-3&0&0&1\end{bmatrix}\xrightarrow{2r_1+r_3}\begin{bmatrix}1&0&1&1&0&0\\0&1&2&0&1&0\\0&0&-1&2&0&1\end{bmatrix}\xrightarrow[\substack{2r_3+r_2\\(-1)r_3}]{r_3+r_1}$$

$$\begin{bmatrix}1&0&0&3&0&1\\0&1&0&4&1&2\\0&0&1&-2&0&-1\end{bmatrix}$$

选项B正确。

答案：B

18. 解 利用结论：设$\boldsymbol{A}$为n阶方阵，$\boldsymbol{A}^*$为$\boldsymbol{A}$的伴随矩阵，则：

（1）$R(\boldsymbol{A})=n$的充要条件是$R(\boldsymbol{A}^*)=n$

（2）$R(\boldsymbol{A})=n-1$的充要条件是$R(\boldsymbol{A}^*)=1$

（3）$R(\boldsymbol{A})\leqslant n-2$的充要条件是$R(\boldsymbol{A}^*)=0$，即$\boldsymbol{A}^*=0$

$n=3$，$R(\boldsymbol{A}^*)=1$，$R(\boldsymbol{A})=2$

$$\boldsymbol{A}=\begin{bmatrix}1&1&a\\1&a&1\\a&1&1\end{bmatrix}\xrightarrow[-ar_1+r_3]{-r_1+r_2}\begin{bmatrix}1&1&a\\0&a-1&1-a\\0&1-a&1-a^2\end{bmatrix}\xrightarrow{r_2+r_3}\begin{bmatrix}1&1&a\\0&a-1&1-a\\0&0&2-a-a^2\end{bmatrix}$$

代入$a=-2$，得

$$\boldsymbol{A}=\begin{bmatrix}1&1&-2\\0&-3&3\\0&0&0\end{bmatrix}，R(\boldsymbol{A})=2$$

选项 A 对。

答案：A

19. 解 当$\boldsymbol{P}^{-1}\boldsymbol{AP}=\boldsymbol{\Lambda}$时，$\boldsymbol{P}=(\alpha_1,\alpha_2,\alpha_3)$中$\alpha_1$、$\alpha_2$、$\alpha_3$的排列满足对应关系，$\alpha_1$对应$\lambda_1$，$\alpha_2$对应$\lambda_2$，$\alpha_3$对应$\lambda_3$，可知$\alpha_1$对应特征值$\lambda_1=1$，$\alpha_2$对应特征值$\lambda_2=2$，$\alpha_3$对应特征值$\lambda_3=0$，由此可知当$\boldsymbol{Q}=(\alpha_2,\alpha_1,\alpha_3)$时，对应$\boldsymbol{\Lambda}=\begin{bmatrix}2&0&0\\0&1&0\\0&0&0\end{bmatrix}$。

答案：B

20. 解 **方法 1**：对方程组的系数矩阵进行初等行变换：

$$\begin{bmatrix}1&-1&0&1\\1&0&-1&1\end{bmatrix}\to\begin{bmatrix}1&-1&0&1\\0&1&-1&0\end{bmatrix}$$

即$\begin{cases}x_1-x_2+x_4=0\\x_2-x_3=0\end{cases}$，得到方程组的同解方程组$\begin{cases}x_1=x_2-x_4\\x_3=x_2+0x_4\end{cases}$

当$x_2=1$，$x_4=0$时，得$x_1=1$，$x_3=1$；当$x_2=0$，$x_4=1$时，得$x_1=-1$，$x_3=0$，写出基础解系ξ_1，ξ_2，即$\xi_1=\begin{bmatrix}1\\1\\1\\0\end{bmatrix}$，$\xi_2=\begin{bmatrix}-1\\0\\0\\1\end{bmatrix}$。

方法 2：把选项中列向量代入核对，即：

$$\begin{bmatrix}1&-1&0&1\\1&0&-1&1\end{bmatrix}\begin{bmatrix}1\\1\\1\\0\end{bmatrix}=\begin{bmatrix}0\\0\end{bmatrix}，选项 A 错。$$

$$\begin{bmatrix}1&-1&0&1\\1&0&-1&1\end{bmatrix}\begin{bmatrix}-1\\-1\\1\\0\end{bmatrix}=\begin{bmatrix}0\\-2\end{bmatrix}，选项 B 错。$$

$\begin{bmatrix}1 & -1 & 0 & 1\\1 & 0 & -1 & 1\end{bmatrix}\begin{bmatrix}-1\\0\\0\\1\end{bmatrix}=\begin{bmatrix}0\\0\end{bmatrix}$，选项C正确。

答案：C

21. 解 $P(A\cup B)=P(A)+P(B)-P(AB)$，$P(A\cup B)+P(AB)=P(A)+P(B)=1.1$，$P(A\cup B)$取最小值时，$P(AB)$取最大值，因$P(A)<P(B)$，所以$P(AB)$的最大值等于$P(A)=0.3$。或用图示法（面积表示概率），见解图。

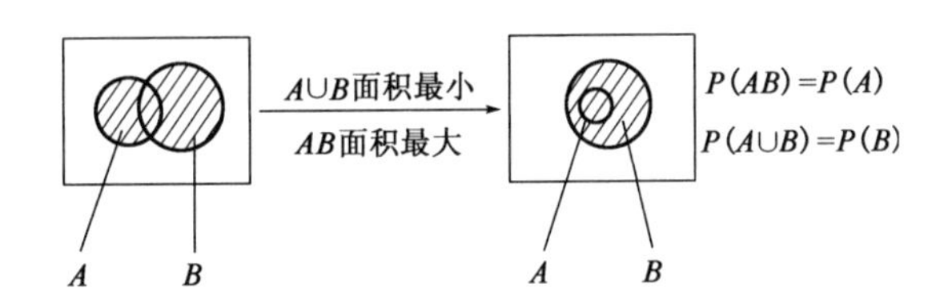

题21解图

答案：C

22. 解 设甲、乙、丙单人译出密码分别记为A、B、C，则这份密码被破译出可记为$A\cup B\cup C$，因为A、B、C相互独立，所以

$$\begin{aligned}P(A\cup B\cup C)&=P(A)+P(B)+P(C)-P(AB)-P(AC)-P(BC)+P(ABC)\\&=P(A)+P(B)+P(C)-P(A)P(B)-P(A)P(C)-P(B)P(C)+\\&\quad P(A)P(B)P(C)=\frac{3}{5}\end{aligned}$$

或由$\overline{A}$、$\overline{B}$、$\overline{C}$也相互独立，

$$\begin{aligned}P(A\cup B\cup C)&=1-P\left(\overline{A\cup B\cup C}\right)=1-P\left(\overline{A}\,\overline{B}\,\overline{C}\right)=1-P\left(\overline{A}\right)P\left(\overline{B}\right)P\left(\overline{C}\right)\\&=1-[1-P(A)][1-P(B)][1-P(C)]=\frac{3}{5}\end{aligned}$$

答案：D

23. 解 由题意可知$Y\sim B(3,p)$，其中$p=P\left\{X\leqslant\frac{1}{2}\right\}=\int_0^{\frac{1}{2}}2x\mathrm{d}x=\frac{1}{4}$

$$P(Y=2)=C_3^2\left(\frac{1}{4}\right)^2\frac{3}{4}=\frac{9}{64}$$

答案：B

24. 解 由χ^2分布定义，$X^2\sim\chi^2(1)$，$Y^2\sim\chi^2(1)$，因不能确定X与Y是否相互独立，所以选项A、B、D都不对。当$X\sim N(0,1)$，$Y=-X$时，$Y\sim N(0,1)$，但$X+Y=0$不是随机变量。

答案：C

25. 解 ①分子的平均平动动能$\overline{w}=\frac{3}{2}kT$，分子的平均动能$\bar{\varepsilon}=\frac{i}{2}k$。

分子的平均平动动能相同，即温度相等。

②分子的平均动能 = 平均(平动动能 + 转动动能) $=\frac{i}{2}kT$。i为分子自由度，$i(\mathrm{He})=3$，$i(\mathrm{N_2})=5$，

故氦分子和氮分子的平均动能不同。

答案：B

26. 解 v_p为$f(v)$最大值所对应的速率，由最概然速率定义得正确选项C。

答案：C

27. 解 理想气体从平衡态$A(2p_1,V_1)$变化到平衡态$B(p_1,2V_1)$，体积膨胀，做功$W>0$。

判断内能变化情况：

方法 1：画p-V图，注意到平衡态$A(2p_1,V_1)$和平衡态$B(p_1,2V_1)$都在同一等温线上，$\Delta T=0$，故$\Delta E=0$。

方法 2：气体处于平衡态A时，其温度为$T_A=\frac{2p_1\times V_1}{R}$；处于平衡态B时，温度$T_B=\frac{2p_1\times V_1}{R}$，显然$T_A=T_B$，温度不变，内能不变，$\Delta E=0$。

答案：C

28. 解 循环过程的净功数值上等于闭合循环曲线所围的面积。若循环曲线所包围的面积增大，则净功增大。而卡诺循环的循环效率由下式决定：$\eta_{卡诺}=1-\frac{T_2}{T_1}$。若$T_1$、$T_2$不变，则循环效率不变。

答案：D

29. 解 按题意，$y=0.01\cos10\pi(25\times0.1-2)=0.01\cos5\pi=-0.01\text{m}$。

答案：C

30. 解 质元在机械波动中，动能和势能是同相位的，同时达到最大值，又同时达到最小值，质元在最大位移处（波峰或波谷），速度为零，“形变”为零，此时质元的动能为零，势能为零。

答案：D

31. 解 由$\Delta\phi=\frac{2\pi\nu\Delta x}{u}$，今$\nu=\frac{1}{T}=\frac{1}{4}=0.25$，$\Delta x=3\text{m}$，$\Delta\phi=\frac{\pi}{6}$，故$u=9\text{m/s}$，$\lambda=\frac{u}{\nu}=36\text{m}$。

答案：B

32. 解 如解图所示，考虑O处的明纹怎样变化。

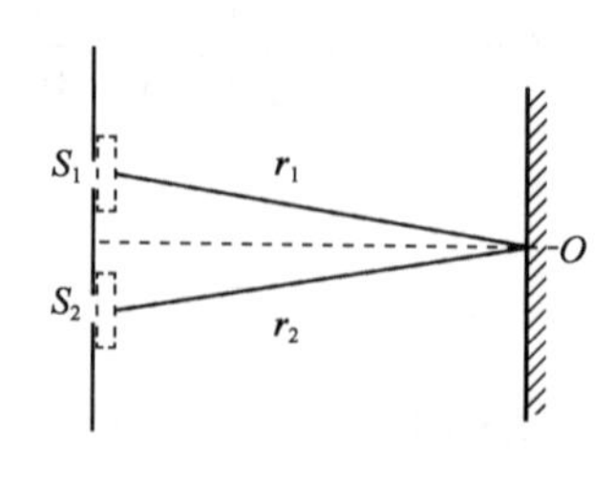

题32解图

①玻璃纸未遮住时：光程差$\delta=r_1-r_2=0$，O处为零级明纹。

②玻璃纸遮住后：光程差$\delta'=\frac{5}{2}\lambda$，根据干涉条件知$\delta'=\frac{5}{2}\lambda=(2\times2+1)\frac{\lambda}{2}$，满足暗纹条件。

答案：B

33. 解 光学常识，可见光的波长范围 400~760nm，注意$1\text{nm}=10^{-9}\text{m}$。

答案： A

34. 解 玻璃劈尖的干涉条件为$\delta=2nd+\frac{\lambda}{2}=k\lambda(k=1,2,\cdots)$（明纹），相邻两明（暗）纹对应的空气层厚度差为$d_{k+1}-d_k=\frac{\lambda}{2n}$（见解图）。若劈尖的夹角为$\theta$，则相邻两明（暗）纹的间距$l$应满足关系式：

$l\sin\theta=d_{k+1}-d_k=\frac{\lambda}{2n}$或$l\sin\theta=\frac{\lambda}{2n}$

$l=\frac{\lambda}{2n\sin\theta}\approx\frac{\lambda}{2n\theta}$，故$\theta=\frac{\lambda}{2nl}$

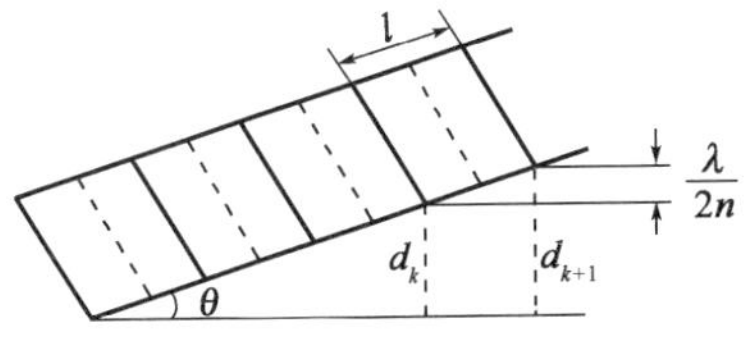

题 34 解图

答案： D

35. 解 自然光垂直通过第一偏振后，变为线偏振光，光强设为I'，此即入射至第二个偏振片的线偏振光强度。今$\alpha=45°$，已知自然光通过两个偏振片后光强为I'，根据马吕斯定律，$I=I'\cos^2 45°=\frac{I'}{2}$，所以$I'=2I$。

答案： B

36. 解 单缝衍射中央明纹宽度为

$$\Delta x=\frac{2\lambda f}{a}=\frac{2\times400\times10^{-9}\times0.5}{10^{-4}}=4\times10^{-3}\text{m}$$

答案： D

37. 解 原子核外电子排布服从三个原则：泡利不相容原理、能量最低原理、洪特规则。

（1）泡利不相容原理：在同一个原子中，不允许两个电子的四个量子数完全相同，即，同一个原子轨道最多只能容纳自旋相反的两个电子。

（2）能量最低原理：电子总是尽量占据能量最低的轨道。多电子原子轨道的能级取决于主量子数n和角量子数l，主量子数n相同时，l越大，能量越高；当主量子数n和角量子数l都不相同时，可以发生能级交错现象。轨道能级顺序：1s；2s，2p；3s，3p；4s，3d，4p；5s，4d，5p；6s，4f，5d，6p；7s，5f，6d，…。

（3）洪特规则：电子在n，l相同的数个等价轨道上分布时，每个电子尽可能占据磁量子数不同的轨道且自旋方向相同。

原子核外电子分布式书写规则：根据三大原则和近似能级顺序将电子一次填入相应轨道，再按电子层顺序整理，相同电子层的轨道排在一起。

答案： B

38. 解 元素周期表中，同一主族元素从上往下随着原子序数增加，原子半径增大；同一周期主族元素随着原子序数增加，原子半径减小。选项 D，As 和 Se 是同一周期主族元素，Se 的原子半径小于 As。

答案：D

39. 解 缓冲溶液的组成：弱酸、共轭碱或弱碱及其共轭酸所组成的溶液。选项 A 的 CH_3COOH 过量，与 NaOH 反应生成 CH_3COONa，形成 CH_3COOH/CH_3COONa 缓冲溶液。

答案：A

40. 解 压力对固相或液相的平衡没有影响；对反应前后气体计量系数不变的反应的平衡也没有影响。反应前后气体计量系数不同的反应：增大压力，平衡向气体分子数减少的方向；减少压力，平衡向气体分子数增加的方向移动。

总压力不变，加入惰性气体 Ar，相当于减少压力，反应方程式中各气体的分压减小，平衡向气体分子数增加的方向移动。

答案：A

41. 解 原子得失电子原则：当原子失去电子变成正离子时，一般是能量较高的最外层电子先失去，而且往往引起电子层数的减少；当原子得到电子变成负离子时，所得的电子总是分布在它的最外电子层。

本题中原子失去的为 4s 上的一个电子，该原子的价电子构型为 $3d^{10}4s^1$，为 29 号 Cu 原子的电子构型。

答案：C

42. 解 根据吉布斯等温方程$\Delta_r G_m^\Theta = -RT\ln K^\Theta$推断，$K^\Theta < 1$，$\Delta_r G_m^\Theta > 0$。

答案：A

43. 解 元素的周期数为价电子构型中的最大主量子数，最大主量子数为 5，元素为第五周期；元素价电子构型特点为$(n-1)d^{10}ns^1$，为 IB 族元素特征价电子构型。

答案：B

44. 解 酚类化合物为苯环直接和羟基相连。A 为丙醇，B 为苯甲醇，C 为苯酚，D 为丙三醇。

答案：C

45. 解 系统命名法：

（1）链烃及其衍生物的命名

①选择主链：选择最长碳链或含有官能团的最长碳链为主链；

②主链编号：从距取代基或官能团最近的一端开始对碳原子进行编号；

③写出全称：将取代基的位置编号、数目和名称写在前面，将母体化合物的名称写在后面。

（2）芳香烃及其衍生物的命名

①选择母体：选择苯环上所连官能团或带官能团最长的碳链为母体，把苯环视为取代基；

②编号：将母体中碳原子依次编号，使官能团或取代基位次具有最小值。

答案：D

46. 解 甲酸结构式为 $\mathrm{H-\overset{\overset{\displaystyle O}{\|}}{C}-O-H}$，两个氢处于不同化学环境。

答案：B

47. 解 C与BC均为二力构件，故A处约束力沿AC方向，B处约束力沿BC方向；分析铰链C的平衡，其受力如解图所示。

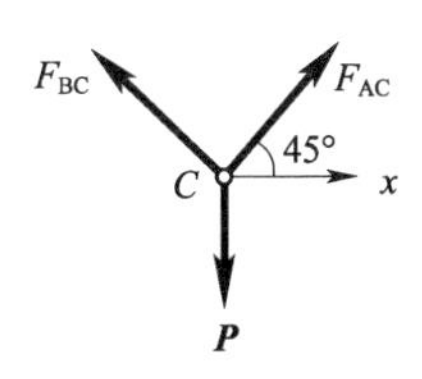

题 47 解图

答案：D

48. 解 根据力多边形法则，分力首尾相连，合力为力三角形的封闭边。

答案：B

49. 解 A、B处为光滑约束，其约束力均为水平并组成一力偶，与力$\boldsymbol{W}$和DE杆约束力组成的力偶平衡，故两约束力大小相等，且不为零。

答案：B

50. 解 根据摩擦定律$F_{\max}=W\cos 30°\times f=20.8\text{kN}$，沿斜面向下的主动力为$W\sin 30°=30\text{kN}>F_{\max}$。

答案：C

51. 解 点的运动轨迹为位置矢端曲线。

答案：B

52. 解 可根据平行移动刚体的定义判断。

答案：C

53. 解 杆AB和CD均为平行移动刚体，所以$v_{\mathrm{M}}=v_{\mathrm{C}}=2v_{\mathrm{B}}=2v_{\mathrm{A}}=2\omega\cdot O_1A=120\text{cm/s}$，$a_{\mathrm{M}}=a_{\mathrm{C}}=2a_{\mathrm{B}}=2a_{\mathrm{A}}=2\omega^2\cdot O_1A=360\text{cm/s}^2$。

答案：B

54. 解 根据动量、动量矩、动能的定义，刚体做定轴转动时：

$$\boldsymbol{p}=mv_{\mathrm{C}}，L_{\mathrm{O}}=J_{\mathrm{O}}\omega，T=\frac{1}{2}J_{\mathrm{O}}\omega^2$$

此题中，$v_{\mathrm{C}}=0$，$J_{\mathrm{O}}=\frac{1}{2}mr^2$。

答案：A

55. 解 根据动量的定义$\boldsymbol{p}=\sum m_i v_i$，所以，$p=(m_1-m_2)v$（向下）。

答案：B

56. 解 用定轴转动微分方程$J_A\alpha = M_A(F)$，见解图，$\frac{1}{3}\frac{P}{g}(2L)^2\alpha = PL$，所以角加速度$\alpha = \frac{3g}{4L}$。

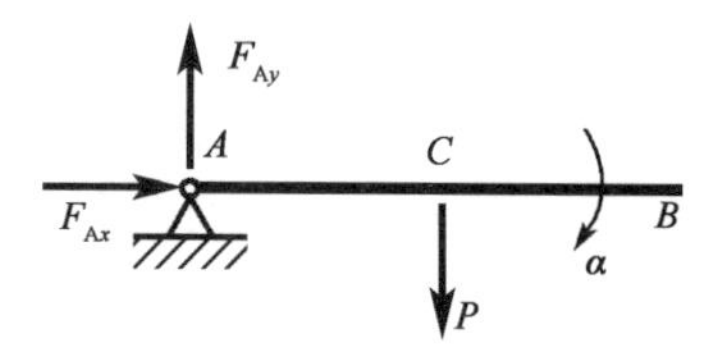

题 56 解图

答案：B

57. 解 根据定轴转动刚体惯性力系向O点简化的结果，其主矩大小为$M_{IO} = J_O\alpha = 0$，主矢大小为$F_I = ma_C = m \cdot \frac{R}{2}\omega^2$。

答案：A

58. 解 装置 a）、b）、c）的自由振动频率分别为$\omega_{0a} = \sqrt{\frac{2k}{m}}$；$\omega_{0b} = \sqrt{\frac{k}{2m}}$；$\omega_{0c} = \sqrt{\frac{3k}{m}}$，且周期为$T = \frac{2\pi}{\omega_0}$。

答案：B

59. 解

$$\sigma_{AB} = \frac{F_{NAB}}{A_{AB}} = \frac{300\pi \times 10^3\text{N}}{\frac{\pi}{4} \times 200^2\text{mm}^2} = 30\text{MPa}$$

$$\sigma_{BC} = \frac{F_{NBC}}{A_{BC}} = \frac{100\pi \times 10^3\text{N}}{\frac{\pi}{4} \times 100^2\text{mm}^2} = 40\text{MPa} = \sigma_{max}$$

答案：A

60. 解

$$\tau = \frac{Q}{A_Q} = \frac{F}{\frac{\pi}{4}d^2} = \frac{4F}{\pi d^2} = [\tau] \quad ①$$

$$\sigma_{bs} = \frac{P_{bs}}{A_{bs}} = \frac{F}{dt} = [\sigma_{bs}] \quad ②$$

再用②式除①式，可得$\frac{\pi d}{4t} = \frac{[\sigma_{bs}]}{[\tau]}$。

答案：B

61. 解 受扭空心圆轴横截面上的切应力分布与半径成正比，而且在空心圆内径中无应力，只有选项 B 图是正确的。

答案：B

62. 解

$$W_z=\frac{I_z}{y_{\max}}=\frac{\frac{\pi}{64}d^4-\frac{a^4}{12}}{\frac{d}{2}}=\frac{\pi d^3}{32}-\frac{a^4}{6d}$$

答案： B

63. 解 根据$\frac{\mathrm{d}M}{\mathrm{d}x}=Q$可知，剪力为零的截面弯矩的导数为零，也即是弯矩有极值。

答案： B

64. 解 开裂前

$$\sigma_{\max}=\frac{M}{W_z}=\frac{M}{\frac{b}{6}(3a)^2}=\frac{2M}{3ba^2}$$

开裂后

$$\sigma_{1\max}=\frac{\frac{M}{3}}{W_{z1}}=\frac{\frac{M}{3}}{\frac{ba^2}{6}}=\frac{2M}{ba^2}$$

开裂后最大正应力是原来的 3 倍，故梁承载能力是原来的1/3。

答案： B

65. 解 由矩形和工字形截面的切应力计算公式可知$\tau=\frac{QS_z}{bI_z}$，切应力沿截面高度呈抛物线分布。由于腹板上截面宽度b突然加大，故z轴附近切应力突然减小。

答案： B

66. 解 承受集中力的简支梁的最大挠度$f_c=\frac{Fl^3}{48EI}$，与惯性矩I成反比。$I_a=\frac{hb^3}{12}=\frac{b^4}{6}$，而$I_b=\frac{bh^3}{12}=\frac{4}{6}b^4$，因图 a）梁$I_a$是图 b）梁$I_b$的$\frac{1}{4}$，故图 a）梁的最大挠度是图 b）梁的 4 倍。

答案： C

67. 解 图示单元体的最大主应力σ_1的方向，可以看作是σ_x的方向（沿x轴）和纯剪切单元体的最大拉应力的主方向（在第一象限沿 45°向上），叠加后的合应力的指向。

答案： A

68. 解 AB段是轴向受压，$\sigma_{AB}=\frac{F}{ab}$

BC段是偏心受压，$\sigma_{BC}=\frac{F}{2ab}+\frac{F\cdot\frac{a}{2}}{\frac{b}{6}(2a)^2}=\frac{5F}{4ab}$

答案： B

69. 解 图示圆轴是弯扭组合变形，在固定端处既有弯曲正应力，又有扭转切应力。但是图中A点位于中性轴上，故没有弯曲正应力，只有切应力，属于纯剪切应力状态。

答案： B

70. 解 由压杆临界荷载公式$F_{cr}=\frac{\pi^2EI}{(\mu l)^2}$可知，$F_{cr}$与杆长$l^2$成反比，故杆长度为$\frac{l}{2}$时，$F_{cr}$是原来的 4 倍。

答案：A

71. 解 空气的黏滞系数，随温度降低而降低；而水的黏滞系数相反，随温度降低而升高。

答案：A

72. 解 质量力是作用在每个流体质点上，大小与质量成正比的力；表面力是作用在所设流体的外表，大小与面积成正比的力。重力是质量力，黏滞力是表面力。

答案：C

73. 解 根据流线定义及性质以及非恒定流定义可得。

答案：C

74. 解 题中已给出两断面间有水头损失$h_{l1\text{-}2}$，而选项C中未计及$h_{l1\text{-}2}$，所以是错误的。

答案：C

75. 解 根据雷诺数公式$\mathrm{Re}=\frac{vd}{\nu}$及连续方程$v_1A_1=v_2A_2$联立求解可得。

$$v_2=v_1\left(\frac{d_1}{d_2}\right)^2=\left(\frac{30}{60}\right)^2v_1=\frac{v_1}{4}$$

$$\mathrm{Re}_2=\frac{v_2d_2}{\nu}=\frac{\frac{v_1}{4}\times 2d_1}{\nu}=\frac{1}{2}\mathrm{Re}_1=\frac{1}{2}\times 5000=2500$$

答案：C

76. 解 当自由出流孔口与淹没出流孔口的形状、尺寸相同，且作用水头相等时，则出流量应相等。

答案：A

77. 解 水力最优断面是过流能力最大的断面形状。

答案：B

78. 解 依据弗劳德准则，流量比尺$\lambda_{\mathrm{Q}}=\lambda_{\mathrm{L}}^{2.5}$，所以长度比尺$\lambda_{\mathrm{L}}=\lambda_{\mathrm{Q}}^{1/2.5}$，代入题设数据后有：

$$\lambda_{\mathrm{L}}=\left(\frac{537}{0.3}\right)^{1/2.5}=(1790)^{0.4}=20$$

答案：D

79. 解 此题选项A、C、D明显不符合静电荷物理特征。关于选项B可以用电场强度的叠加定理分析，两个异性电荷连线的中心位置电场强度也不为零，因此，本题的四个选项均不正确。

答案：无

80. 解 电感电压与电流之间的关系是微分关系，即

$$u=L\frac{\mathrm{d}i}{\mathrm{d}t}=2\omega L\sin(1000t+90°)=2\sin(1000t+90°)$$

或用相量法分析：$\dot{U}_{\mathrm{L}}=j\omega L\dot{I}=\sqrt{2}\angle 90°\mathrm{V}$；$I=\sqrt{2}\mathrm{A}$，$j\omega L=j1\Omega(\omega=1000\mathrm{rad})$，$u_{\mathrm{L}}$的有效值为

$\sqrt{2}$V。

答案：D

81. 解 根据线性电路的戴维南定理，图 a）和图 b）电路等效指的是对外电路电压和电流相同，即电路中 20Ω 电阻中的电流均为 1A，方向自下向上；然后利用节电电流关系可知，流过图 a）电路 10Ω 电阻中的电流为$2-1=1$A。

答案：A

82. 解 RLC 串联的交流电路中，阻抗的计算公式是$Z=R+jX_{\mathrm{L}}-jX_{\mathrm{C}}=R+j\omega L-j\frac{1}{\omega C}$，阻抗的模$|Z|=\sqrt{R^2+\left(\omega L-\frac{1}{\omega C}\right)^2}$；$\omega=314\mathrm{rad/s}$。

答案：C

83. 解 该电路是 RLC 混联的正弦交流电路，根据给定电压，将其写成复数为$\dot{U}=U\angle 30^\circ=\frac{10}{\sqrt{2}}\angle 30^\circ$ V；$\dot{I}_1=\frac{\dot{U}}{R+j\omega L}$；电流$\dot{I}=\dot{I}_1+\dot{I}_2=\frac{U\angle 30^\circ}{R+j\omega L}+\frac{U\angle 30^\circ}{-j\left(\frac{1}{\omega C}\right)}$；$i=I\sqrt{2}\sin(1000t+\Psi_{\mathrm{i}})$ A。

答案：C

84. 解 在暂态电路中电容电压符合换路定则$U_{\mathrm{C}}(t_{0+})=U_{\mathrm{C}}(t_{0-})$，开关打开以前$U_{\mathrm{C}}(t_{0-})=\frac{R_2}{R_1+R_2}U_{\mathrm{s}}$，$I(0_+)=U_{\mathrm{C}}(0_+)/R_2$；电路达到稳定以后电容能量放光，电路中稳态电流$I(\infty)=0$。

答案：B

85. 解 信号源输出最大功率的条件是电源内阻与负载电阻相等，电路中的实际负载电阻折合到变压器的原边数值为$R_{\mathrm{L}}'=\left(\frac{U_1}{U_2}\right)^2R_{\mathrm{L}}=R_{\mathrm{S}}=40\Omega$；$K=\frac{u_1}{u_2}=2$，$u_1=u_{\mathrm{s}}\frac{R_{\mathrm{L}}'}{R_{\mathrm{S}}+R_{\mathrm{L}}'}=40\sin\omega t$；$u_2=\frac{u_1}{K}=20\sin\omega t$。

答案：B

86. 解 在继电接触控制电路中，电器符号均表示电器没有动作的状态，当接触器线圈 KM 通电以后常开触点 KM1 闭合，常闭触点 KM2 断开。

答案：C

87. 解 信息是通过感官接收的关于客观事物的存在形式或变化情况。信号是消息的表现形式，是可以直接观测到的物理现象（如电、光、声、电磁波等）。通常认为“信号是信息的表现形式”。红灯亮的信号传达了开始制冷的信息。

答案：C

88. 解 八进制和十六进制都是数字电路中采用的数制，本质上都是二进制，在应用中是根据数字信号的不同要求所选取的不同的书写格式。

答案：A

89. 解 模拟信号是幅值和时间均连续的信号，采样信号是时间离散、数值连续的信号，离散信号是指在某些不连续时间定义函数值的信号，数字信号是将幅值量化后并以二进制代码表示的离散信号。

答案：B

90. 解 题中给出非正弦周期信号的傅里叶级数展开式。周期信号中各次谐波的幅值随着频率的增加而减少。$u_1(t)$中包含基波和三次谐波，而$u_2(t)$包含的谐波次数是基波和五次谐波，$u_1(t)$包含的信息较$u_2(t)$更加完整。

答案：A

91. 解 由图可以分析，当信号$|u_{\mathrm{i}}(t)|\leqslant 2\mathrm{V}$时，放大电路工作在线性工作区，$u_{\mathrm{o}}(t)=5u_{\mathrm{i}}(t)$；当信号$|u_{\mathrm{i}}(t)|\geqslant 2\mathrm{V}$时，放大电路工作在非线性工作区，$u_{\mathrm{o}}(t)=\pm 10\mathrm{V}$。

答案：D

92. 解 由逻辑电路的基本关系可得结果，变换中用到了逻辑电路的摩根定理。

$$\mathrm{F}=\overline{\overline{\mathrm{AB}}+\overline{\mathrm{BC}}}=\mathrm{AB}\cdot\mathrm{BC}=\mathrm{ABC}$$

答案：D

93. 解 该电路为二极管的桥式整流电路，当D_2二极管断开时，电路变为半波整流电路，输入电压的交流有效值和输出直流电压的关系为$U_{\mathrm{o}}=0.45U_{\mathrm{i}}$，同时根据二极管的导通电流方向可得$U_{\mathrm{o}}=-3.18\mathrm{V}$。

答案：C

94. 解 由图可以分析，当信号$|u_{\mathrm{i}}(t)|\leqslant 1\mathrm{V}$时，放大电路工作在线性工作区，$u_{\mathrm{o}}(t)=10^4u_{\mathrm{i}}(t)$；当信号$|u_{\mathrm{i}}(t)|\geqslant 1\mathrm{mV}$时，放大电路工作在非线性工作区，$u_{\mathrm{o}}(t)=\pm 10\mathrm{V}$；输入信号$u_{\mathrm{i}}(t)$最大值为2mV，则有一部分工作区进入非线性区。对应的输出波形与选项C一致。

答案：C

95. 解 图a）示电路是与非门逻辑电路，$\mathrm{F}=\overline{1\cdot\mathrm{A}}=\overline{\mathrm{A}}$。

答案：D

96. 解 图示电路是下降沿触发的JK触发器，$\overline{\mathrm{R}}_{\mathrm{D}}$是触发器的清零端，$\overline{\mathrm{S}}_{\mathrm{D}}$是置“1”端，画解图并由触发器的逻辑功能分析，即可得答案。

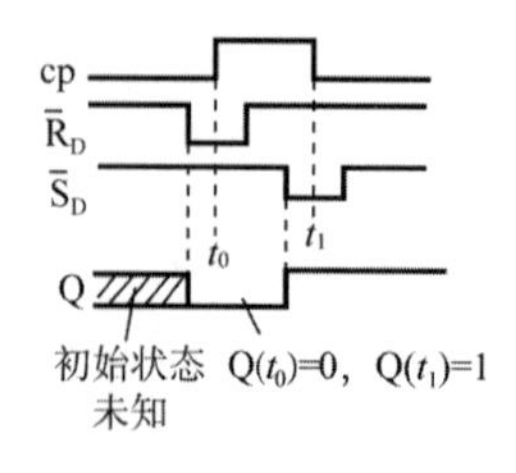

题96解图

答案：B

97. 解 计算机存储单元是按一定顺序编号，这个编号被称为存储地址。

答案：C

98. 解 操作系统的特征有并发性、共享性和随机性。

答案：B

99. 解 二进制最后一位是1，转换后则一定是十进制数的奇数。

答案：A

100. 解 像素实际上就是图像中的一个个光点，光点可以是黑白的，也可以是彩色的。

答案：D

101. 解 删除操作系统文件，计算机将无法正常运行。

答案：C

102. 解 存储器系统包括主存储器、高速缓冲存储器和外存储器。

答案：C

103. 解 设备管理是对除CPU和内存储器之外的所有输入/输出设备的管理。

答案：A

104. 解 两种十分有效的文件管理工具是“我的电脑”和“资源管理器”。

答案：C

105. 解 计算机网络主要由网络硬件系统和网络软件系统两大部分组成。

答案：A

106. 解 局域网覆盖的地理范围通常在几公里之内。

答案：C

107. 解 按等额支付资金回收公式计算（已知P求A）。

$A = P(A/P, i, n) = 5000 \times (A/P, 8\%, 10) = 5000 \times 0.14903 = 745.15$万元

答案：C

108. 解 建设项目经济评价中的总投资，由建设投资、建设期利息和流动资金组成。

答案：C

109. 解 新设法人项目融资的资金来源于项目资本金和债务资金，权益融资形成项目的资本金，债务融资形成项目的债务资金。

答案：C

110. 解　在财务生存能力分析中，各年累计盈余资金不出现负值是财务生存的必要条件。

答案：B

111. 解　分别计算效益流量的现值和费用流量的现值，二者的比值即为该项目的效益费用比。建设期 1 年，使用寿命 10 年，计算期共 11 年。注意：第 1 年为建设期，投资发生在第 0 年（即第 1 年的年初），第 2 年开始使用，效益和费用从第 2 年末开始发生。该项目的现金流量图如解图所示。

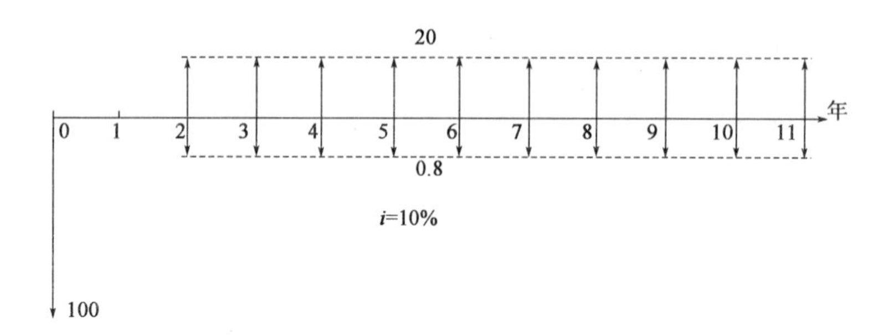

题 111 解图

效益流量的现值：$B = 20 \times (P/A, 10\%, 10) \times (P/F, 10\%, 1)$

$= 20 \times 6.144 \times 0.9091 = 111.72$ 万元

费用流量的现值：$C = 0.8 \times (P/A, 10\%, 10) \times (P/F, 10\%, 1)$

$= 0.8 \times 6.1446 \times 0.9091 + 100 = 104.47$ 万元

该项目的效益费用比为：$R_{\mathrm{BC}} = B/C = 111.72/104.47 = 1.07$

答案：A

112. 解　投资项目敏感性分析最基本的分析指标是内部收益率。

答案：B

113. 解　净年值法既可用于寿命期相同，也可用于寿命期不同的方案比选。

答案：C

114. 解　强制确定法是以功能重要程度作为选择价值工程对象的一种分析方法，包括 01 评分法、04 评分法等。其中，01 评分法通过对每个部件与其他各部件的功能重要程度进行逐一对比打分，相对重要的得 1 分，不重要的得 0 分，最后计算各部件的功能重要性系数。

答案：D

115. 解　《中华人民共和国建筑法》第五十七条规定，建筑设计单位对设计文件选用的建筑材料、建筑构配件和设备，不得指定生产厂家和供应商。

答案：B

116. 解　《中华人民共和国招标投标法》第二十三条规定，招标人对已发出的招标文件进行必要的澄清或者修改的，应当在招标文件要求提交投标文件截止时间至少十五日前，以书面形式通知所有招标文件收受人。该澄清或者修改的内容为招标文件的组成部分。

答案：B

117. 解 《中华人民共和国民法典》第四百七十八条规定，有下列情形之一的，要约失效：

（一）拒绝要约的通知到达要约人；

（二）要约人依法撤销要约；

（三）承诺期限届满，受要约人未作出承诺；

（四）受要约人对要约的内容作出实质性变更。

答案：D

118. 解 《中华人民共和国节约能源法》第四条规定，节约资源是我国的基本国策。国家实施节约与开发并举，把节约放在首位的能源发展战略。

答案：B

119. 解 《中华人民共和国环境保护法》2014 年进行了修订，新法第四十五条规定，国家依照法律规定实行排污许可管理制度。此题已过时，未作解答。

120. 解 《建设工程勘察设计管理条例》第十四条规定，建设工程勘察、设计方案评标，应当以投标人的业绩、信誉和勘察、设计人员的能力以及勘察、设计方案的优劣为依据，进行综合评定。资质问题在资格预审时已解决，不是评标的条件。

答案：A

2012年度全国勘察设计注册工程师

执业资格考试试卷

基础考试

（上）

二〇一二年九月

应考人员注意事项

1. 本试卷科目代码为“1”，考生务必将此代码填涂在答题卡“科目代码”相应的栏目内，否则，无法评分。
2. 书写用笔：**黑色或蓝色钢笔、签字笔或圆珠笔**；
   填涂答题卡用笔：**黑色 2B 铅笔**。
3. 必须用书写用笔将工作单位、姓名、准考证号填写在答题卡和试卷相应的栏目内。
4. 本试卷由 120 题组成，每题 1 分，满分 120 分，本试卷全部为单项选择题，每小题的四个备选项中只有一个正确答案，错选、多选、不选均不得分。
5. 考生作答时，必须按**题号在答题卡上**将相应试题所选选项对应的**字母用 2B 铅笔涂黑**。
6. 在答题卡上书写与题意无关的语言，或在答题卡上作标记的，均按违纪试卷处理。
7. 考试结束时，由监考人员当面将试卷、答题卡一并收回。
8. 草稿纸由各地统一配发，考后收回。

单项选择题（共 120 题，每题 1 分。每题的备选项中只有一个最符合题意。）

1. 设$f(x)=\begin{cases}\cos x+x\sin\frac{1}{x}, & x<0\\ x^2+1, & x\geqslant 0\end{cases}$，则$x=0$是$f(x)$的下面哪一种情况：

A. 跳跃间断点

B. 可去间断点

C. 第二类间断点

D. 连续点

2. 设$\alpha(x)=1-\cos x$，$\beta(x)=2x^2$，则当$x\to 0$时，下列结论中正确的是：

A. $\alpha(x)$与$\beta(x)$是等价无穷小

B. $\alpha(x)$是$\beta(x)$的高阶无穷小

C. $\alpha(x)$是$\beta(x)$的低阶无穷小

D. $\alpha(x)$与$\beta(x)$是同阶无穷小但不是等价无穷小

3. 设$y=\ln(\cos x)$，则微分$\mathrm{d}y$等于：

A. $\frac{1}{\cos x}\mathrm{d}x$

B. $\cot x\mathrm{d}x$

C. $-\tan x\mathrm{d}x$

D. $-\frac{1}{\cos x\sin x}\mathrm{d}x$

4. $f(x)$的一个原函数为e^{-x^2}，则$f'(x)=$

A. $2(-1+2x^2)e^{-x^2}$

B. $-2xe^{-x^2}$

C. $2(1+2x^2)e^{-x^2}$

D. $(1-2x)e^{-x^2}$

5. $f'(x)$连续，则$\int f'(2x+1)\mathrm{d}x$等于：

A. $f(2x+1)+C$

B. $\frac{1}{2}f(2x+1)+C$

C. $2f(2x+1)+C$

D. $f(x)+C$

（C为任意常数）

6. 定积分$\int_0^{\frac{1}{2}}\frac{1+x}{\sqrt{1-x^2}}\mathrm{d}x=$

A. $\frac{\pi}{3}+\frac{\sqrt{3}}{2}$

B. $\frac{\pi}{6}-\frac{\sqrt{3}}{2}$

C. $\frac{\pi}{6}-\frac{\sqrt{3}}{2}+1$

D. $\frac{\pi}{6}+\frac{\sqrt{3}}{2}+1$

7. 若D是由$y=x$，$x=1$，$y=0$所围成的三角形区域，则二重积分$\iint\limits_D f(x,y)\mathrm{d}x\mathrm{d}y$在极坐标系下的二次积分是：

A. $\int_0^{\frac{\pi}{4}}\mathrm{d}\theta\int_0^{\cos\theta}f(r\cos\theta,r\sin\theta)r\mathrm{d}r$

B. $\int_0^{\frac{\pi}{4}}\mathrm{d}\theta\int_0^{\frac{1}{\cos\theta}}f(r\cos\theta,r\sin\theta)r\mathrm{d}r$

C. $\int_0^{\frac{\pi}{4}}\mathrm{d}\theta\int_0^{\frac{1}{\cos\theta}}r\mathrm{d}r$

D. $\int_0^{\frac{\pi}{4}}\mathrm{d}\theta\int_0^{\frac{1}{\cos\theta}}f(x,y)\mathrm{d}r$

8. 当$a<x<b$时，有$f'(x)>0$，$f''(x)<0$，则在区间(a,b)内，函数$y=f(x)$图形沿x轴正向是：

A. 单调减且凸的

B. 单调减且凹的

C. 单调增且凸的

D. 单调增且凹的

9. 函数在给定区间上不满足拉格朗日定理条件的是：

A. $f(x)=\frac{x}{1+x^2}$，$[-1,2]$

B. $f(x)=x^{\frac{2}{3}}$，$[-1,1]$

C. $f(x)=e^{\frac{1}{x}}$，$[1,2]$

D. $f(x)=\frac{x+1}{x}$，$[1,2]$

10. 下列级数中，条件收敛的是：

A. $\sum\limits_{n=1}^{\infty}\frac{(-1)^n}{n}$

B. $\sum\limits_{n=1}^{\infty}\frac{(-1)^n}{n^3}$

C. $\sum\limits_{n=1}^{\infty}\frac{(-1)^n}{n(n+1)}$

D. $\sum\limits_{n=1}^{\infty}(-1)^n\frac{n+1}{n+2}$

11. 当$|x|<\frac{1}{2}$时，函数$f(x)=\frac{1}{1+2x}$的麦克劳林展开式正确的是：

A. $\sum\limits_{n=0}^{\infty}(-1)^{n+1}(2x)^n$

B. $\sum\limits_{n=0}^{\infty}(-2)^n x^n$

C. $\sum\limits_{n=1}^{\infty}(-1)^n 2^n x^n$

D. $\sum\limits_{n=1}^{\infty}2^n x^n$

12. 已知微分方程$y'+p(x)y=q(x)[q(x)\neq 0]$有两个不同的特解$y_1(x)$，$y_2(x)$，$C$为任意常数，则该微分方程的通解是：

A. $y=C(y_1-y_2)$

B. $y=C(y_1+y_2)$

C. $y=y_1+C(y_1+y_2)$

D. $y=y_1+C(y_1-y_2)$

13. 以$y_1=e^x$，$y_2=e^{-3x}$为特解的二阶线性常系数齐次微分方程是：

A. $y''-2y'-3y=0$

B. $y''+2y'-3y=0$

C. $y''-3y'+2y=0$

D. $y''+3y'+2y=0$

14. 微分方程$\frac{dy}{dx}+\frac{x}{y}=0$的通解是：

A. $x^2+y^2=C(C\in R)$

B. $x^2-y^2=C(C\in R)$

C. $x^2+y^2=C^2(C\in R)$

D. $x^2-y^2=C^2(C\in R)$

15. 曲线$y=(\sin x)^{\frac{3}{2}}(0\leqslant x\leqslant \pi)$与$x$轴围成的平面图形绕$x$轴旋转一周而成的旋转体体积等于：

A. $\frac{4}{3}$

B. $\frac{4}{3}\pi$

C. $\frac{2}{3}\pi$

D. $\frac{2}{3}\pi^2$

16. 曲线$x^2+4y^2+z^2=4$与平面$x+z=a$的交线在yOz平面上的投影方程是：

A. $\begin{cases}(a-z)^2+4y^2+z^2=4\\x=0\end{cases}$

B. $\begin{cases}x^2+4y^2+(a-x)^2=4\\z=0\end{cases}$

C. $\begin{cases}x^2+4y^2+(a-x)^2=4\\x=0\end{cases}$

D. $(a-z)^2+4y^2+z^2=4$

17. 方程$x^2-\frac{y^2}{4}+z^2=1$，表示：

A. 旋转双曲面

B. 双叶双曲面

C. 双曲柱面

D. 锥面

18. 设直线L为$\begin{cases}x+3y+2z+1=0\\2x-y-10z+3=0\end{cases}$，平面π为$4x-2y+z-2=0$，则直线和平面的关系是：

A. L平行于π

B. L在π上

C. L垂直于π

D. L与π斜交

19. 已知n阶可逆矩阵$\boldsymbol{A}$的特征值为λ_0，则矩阵$(2\boldsymbol{A})^{-1}$的特征值是：

A. $\frac{2}{\lambda_0}$

B. $\frac{\lambda_0}{2}$

C. $\frac{1}{2\lambda_0}$

D. $2\lambda_0$

20. 设$\vec{\alpha_1}$，$\vec{\alpha_2}$，$\vec{\alpha_3}$，$\vec{\beta}$为n维向量组，已知$\vec{\alpha_1}$，$\vec{\alpha_2}$，$\vec{\beta}$线性相关，$\vec{\alpha_2}$，$\vec{\alpha_3}$，$\vec{\beta}$线性无关，则下列结论中正确的是：

A. $\vec{\beta}$必可用$\vec{\alpha_1}$，$\vec{\alpha_2}$线性表示

B. $\vec{\alpha_1}$必可用$\vec{\alpha_2}$，$\vec{\alpha_3}$，$\vec{\beta}$线性表示

C. $\vec{\alpha_1}$，$\vec{\alpha_2}$，$\vec{\alpha_3}$必线性无关

D. $\vec{\alpha_1}$，$\vec{\alpha_2}$，$\vec{\alpha_3}$必线性相关

21. 要使得二次型$f(x_1,x_2,x_3)=x_1^2+2tx_1x_2+x_2^2-2x_1x_3+2x_2x_3+2x_3^2$为正定的，则$t$的取值条件是：

A. $-1<t<1$

B. $-1<t<0$

C. $t>0$

D. $t<-1$

22. 若事件A、B互不相容，且$P(A)=p$，$P(B)=q$，则$P(\overline{A}\,\overline{B})$等于：

A. $1-p$

B. $1-q$

C. $1-(p+q)$

D. $1+p+q$

23. 若随机变量X与Y相互独立，且X在区间[0,2]上服从均匀分布，Y服从参数为 3 的指数分布，则数学期望$E(XY)=$

A. $\frac{4}{3}$

B. 1

C. $\frac{2}{3}$

D. $\frac{1}{3}$

24. 设$X_1,X_2,\cdots,X_n$是来自总体$N(\mu,\sigma^2)$的样本，μ、σ^2未知，$\overline{X}=\frac{1}{n}\sum_{i=1}^{n}X_i$，$Q^2=\sum_{i=1}^{n}\left(X_i-\overline{X}\right)^2$，$Q>0$。则检验假设$H_0$：$\mu=0$时应选取的统计量是：

A. $\sqrt{n(n-1)}\frac{\overline{X}}{Q}$

B. $\sqrt{n}\frac{\overline{X}}{Q}$

C. $\sqrt{n-1}\frac{\overline{X}}{Q}$

D. $\sqrt{n}\frac{\overline{X}}{Q^2}$

25. 两种摩尔质量不同的理想气体，它们压强相同、温度相同、体积不同。则它们的：

A. 单位体积内的分子数不同

B. 单位体积内气体的质量相同

C. 单位体积内气体分子的总平均平动动能相同

D. 单位体积内气体的内能相同

26. 某种理想气体的总分子数为N，分子速率分布函数为$f(v)$，则速率在$v_1\rightarrow v_2$区间内的分子数是：

A. $\int_{v_1}^{v_2}f(v)\mathrm{d}v$

B. $N\int_{v_1}^{v_2}f(v)\mathrm{d}v$

C. $\int_{0}^{\infty}f(v)\mathrm{d}v$

D. $N\int_{0}^{\infty}f(v)\mathrm{d}v$

27. 一定量的理想气体由a状态经过一过程到达b状态，吸热为 335J，系统对外做功 126J；若系统经过另一过程由a状态到达b状态，系统对外做功 42J，则过程中传入系统的热量为：

A. 530J　　　　B. 167J

C. 251J　　　　D. 335J

28. 一定量的理想气体，经过等体过程，温度增量ΔT，内能变化ΔE_1，吸收热量Q_1；若经过等压过程，温度增量也为ΔT，内能变化ΔE_2，吸收热量Q_2，则一定是：

A. $\Delta E_2 = \Delta E_1$，$Q_2 > Q_1$

B. $\Delta E_2 = \Delta E_1$，$Q_2 < Q_1$

C. $\Delta E_2 > \Delta E_1$，$Q_2 > Q_1$

D. $\Delta E_2 < \Delta E_1$，$Q_2 < Q_1$

29. 一平面简谐波的波动方程为$y = 2 \times 10^{-2}\cos 2\pi\left(10t - \frac{x}{5}\right)$(SI)。$t = 0.25$s时，处于平衡位置，且与坐标原点$x = 0$最近的质元的位置是：

A. ±5m　　　　B. 5m

C. ±1.25m　　　　D. 1.25m

30. 一平面简谐波沿x轴正方向传播，振幅$A = 0.02$m，周期$T = 0.5$s，波长$\lambda = 100$m，原点处质元的初相位$\phi = 0$，则波动方程的表达式为：

A. $y = 0.02\cos 2\pi\left(\frac{t}{2} - 0.01x\right)$(SI)

B. $y = 0.02\cos 2\pi(2t - 0.01x)$(SI)

C. $y = 0.02\cos 2\pi\left(\frac{t}{2} - 100x\right)$(SI)

D. $y = 0.02\cos 2\pi(2t - 100x)$(SI)

31. 两人轻声谈话的声强级为 40dB，热闹市场上噪声的声强级为 80dB。市场上噪声的声强与轻声谈话的声强之比为：

A. 2　　　　B. 20

C. 10^2　　　　D. 10^4

32. P_1和P_2为偏振化方向相互垂直的两个平行放置的偏振片，光强为I_0的自然光垂直入射在第一个偏振片P_1上，则透过P_1和P_2的光强分别为：

A. $\frac{I_0}{2}$和 0

B. 0 和$\frac{I_0}{2}$

C. I_0和I_0

D. $\frac{I_0}{2}$和$\frac{I_0}{2}$

33. 一束自然光自空气射向一块平板玻璃，设入射角等于布儒斯特角，则反射光为：

A. 自然光　　B. 部分偏振光

C. 完全偏振光　　D. 圆偏振光

34. 波长$\lambda = 550\text{nm}(1\text{nm} = 10^{-9}\text{m})$的单色光垂直入射于光栅常数为$2 \times 10^{-4}\text{cm}$的平面衍射光栅上，可能观察到光谱线的最大级次为：

A. 2　　B. 3

C. 4　　D. 5

35. 在单缝夫琅禾费衍射实验中，波长为λ的单色光垂直入射到单缝上，对应于衍射角为 30°的方向上，若单缝处波阵面可分成 3 个半波带。则缝宽a为：

A. λ　　B. 1.5λ

C. 2λ　　D. 3λ

36. 以双缝干涉实验中，波长为λ的单色平行光垂直入射到缝间距为a的双缝上，屏到双缝的距离为D，则某一条明纹与其相邻的一条暗纹的间距为：

A. $\frac{D\lambda}{a}$

B. $\frac{D\lambda}{2a}$

C. $\frac{2D\lambda}{a}$

D. $\frac{D\lambda}{4a}$

37. 钴的价层电子构型是$3d^7 4s^2$，钴原子外层轨道中未成对电子数为：

A. 1　　　　B. 2

C. 3　　　　D. 4

38. 在 HF、HCl、HBr、HI 中，按熔、沸点由高到低顺序排列正确的是：

A. HF、HCl、HBr、HI

B. HI、HBr、HCl、HF

C. HCl、HBr、HI、HF

D. HF、HI、HBr、HCl

39. 对于 HCl 气体溶解于水的过程，下列说法正确的是：

A. 这仅是一个物理变化过程

B. 这仅是一个化学变化过程

C. 此过程既有物理变化又有化学变化

D. 此过程中溶质的性质发生了变化，而溶剂的性质未变

40. 体系与环境之间只有能量交换而没有物质交换，这种体系在热力学上称为：

A. 绝热体系　　　　B. 循环体系

C. 孤立体系　　　　D. 封闭体系

41. 反应$PCl_3(g) + Cl_2(g) \rightleftharpoons PCl_5(g)$，298K 时$K^{\Theta} = 0.767$，此温度下平衡时，如$p(PCl_5) = p(PCl_3)$，则$p(Cl_2) =$

A. 130.38kPa

B. 0.767kPa

C. 7607kPa

D. 7.67×10^{-3}kPa

42. 在铜锌原电池中，将铜电极的$C(H^+)$由1mol/L增加到2mol/L，则铜电极的电极电势：

A. 变大　　　　B. 变小

C. 无变化　　　　D. 无法确定

43. 元素的标准电极电势图如下：

$Cu^{2+}\xrightarrow{0.159}Cu^{+}\xrightarrow{0.52}Cu$

$Au^{3+}\xrightarrow{1.36}Au^{+}\xrightarrow{1.83}Au$

$Fe^{3+}\xrightarrow{0.771}Fe^{2+}\xrightarrow{-0.44}Fe$

$MnO_4^{-}\xrightarrow{1.51}Mn^{2+}\xrightarrow{-1.18}Mn$

在空气存在的条件下，下列离子在水溶液中最稳定的是：

A. Cu^{2+}　　B. Au^{+}

C. Fe^{2+}　　D. Mn^{2+}

44. 按系统命名法，下列有机化合物命名正确的是：

A. 2-乙基丁烷　　B. 2，2-二甲基丁烷

C. 3，3-二甲基丁烷　　D. 2，3，3-三甲基丁烷

45. 下列物质使溴水褪色的是：

A. 乙醇　　B. 硬脂酸甘油酯

C. 溴乙烷　　D. 乙烯

46. 昆虫能分泌信息素。下列是一种信息素的结构简式：

$$CH_3(CH_2)_5CH=CH(CH_2)_9CHO$$

下列说法正确的是：

A. 这种信息素不可以与溴发生加成反应

B. 它可以发生银镜反应

C. 它只能与 1mol H_2 发生加成反应

D. 它是乙烯的同系物

47. 图示刚架中，若将作用于B处的水平力$\boldsymbol{P}$沿其作用线移至C处，则A、D处的约束力：

A. 都不变

B. 都改变

C. 只有A处改变

D. 只有D处改变

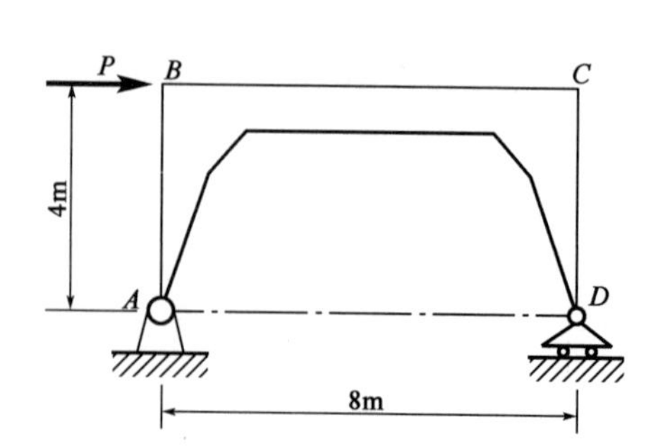

48. 图示绞盘有三个等长为l的柄，三个柄均在水平面内，其间夹角都是120°。如在水平面内，每个柄端分别作用一垂直于柄的力$\boldsymbol{F}_1$、$\boldsymbol{F}_2$、$\boldsymbol{F}_3$，且有$F_1 = F_2 = F_3 = F$，该力系向O点简化后的主矢及主矩应为：

A. $F_R = 0$，$M_O = 3Fl$(↷)

B. $F_R = 0$，$M_O = 3Fl$(↶)

C. $F_R = 2F$(水平向右)，$M_O = 3Fl$(↷)

D. $F_R = 2F$(水平向左)，$M_O = 3Fl$(↶)

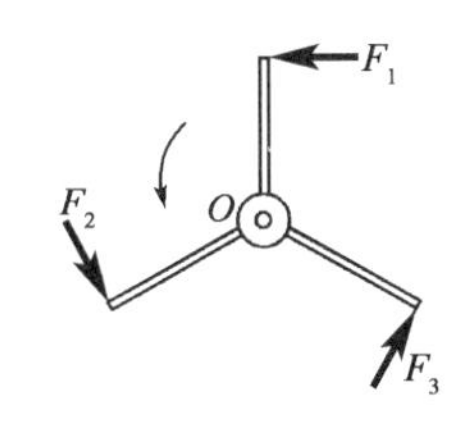

49. 图示起重机的平面构架，自重不计，且不计滑轮质量，已知：F =100kN，L =70cm，B、D、E为铰链连接。则支座A的约束力为：

A. $F_{Ax} = 100\text{kN}(\leftarrow)$，$F_{Ay} = 150\text{kN}(\downarrow)$

B. $F_{Ax} = 100\text{kN}(\rightarrow)$，$F_{Ay} = 50\text{kN}(\uparrow)$

C. $F_{Ax} = 100\text{kN}(\leftarrow)$，$F_{Ay} = 50\text{kN}(\downarrow)$

D. $F_{Ax} = 100\text{kN}(\leftarrow)$，$F_{Ay} = 100\text{kN}(\downarrow)$

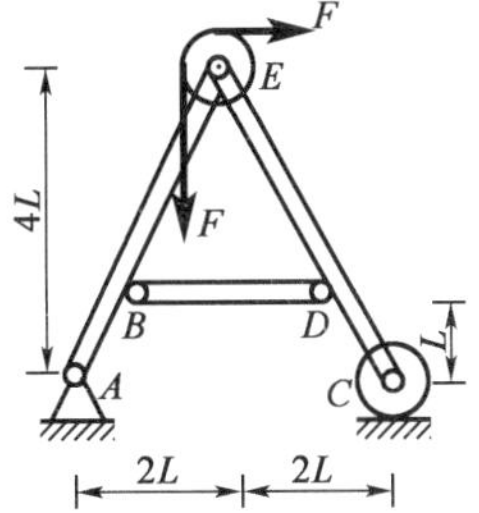

50. 平面结构如图所示，自重不计。已知：$F = 100\text{kN}$。判断图示BCH桁架结构中，内力为零的杆数是：

A. 3 根杆

B. 4 根杆

C. 5 根杆

D. 6 根杆

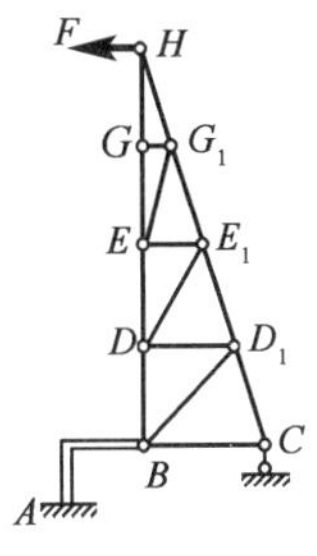

51. 动点以常加速度2m/s^2做直线运动。当速度由5m/s增加到8m/s时，则点运动的路程为：

A. 7.5m

B. 12m

C. 2.25m

D. 9.75m

52. 物体作定轴转动的运动方程为$\varphi = 4t - 3t^2$(φ以 rad 计，t以 s 计)。此物体内，转动半径$r = 0.5\text{m}$的一点，在$t_0 = 0$时的速度和法向加速度的大小分别为：

A. 2m/s，8m/s^2

B. 3m/s，3m/s^2

C. 2m/s，8.54m/s^2

D. 0，8m/s^2

53. 一木板放在两个半径$r = 0.25\text{m}$的传输鼓轮上面。在图示瞬时，木板具有不变的加速度$a = 0.5\text{m/s}^2$，方向向右；同时，鼓轮边缘上的点具有一大小为3m/s^2的全加速度。如果木板在鼓轮上无滑动，则此木板的速度为：

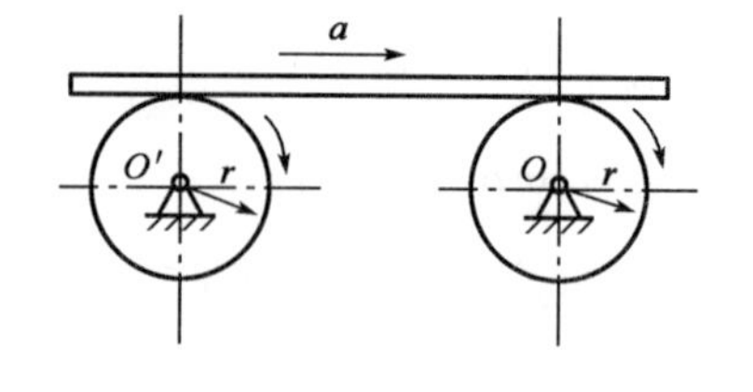

A. 0.86m/s

B. 3m/s

C. 0.5m/s

D. 1.67m/s

54. 重为W的人乘电梯铅垂上升，当电梯加速上升、匀速上升及减速上升时，人对地板的压力分别为$\boldsymbol{P}_1$、$\boldsymbol{P}_2$、$\boldsymbol{P}_3$，它们之间的关系为：

A. $P_1 = P_2 = P_3$　　B. $P_1 > P_2 > P_3$

C. $P_1 < P_2 < P_3$　　D. $P_1 < P_2 > P_3$

55. 均质细杆AB重力为$\boldsymbol{W}$，A端置于光滑水平面上，B端用绳悬挂，如图所示。当绳断后，杆在倒地的过程中，质心C的运动轨迹为：

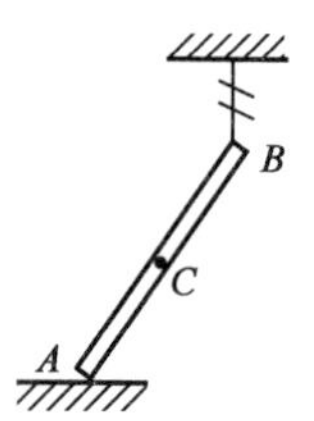

A. 圆弧线

B. 曲线

C. 铅垂直线

D. 抛物线

56. 杆OA与均质圆轮的质心用光滑铰链A连接，如图所示，初始时它们静止于铅垂面内，现将其释放，则圆轮A所作的运动为：

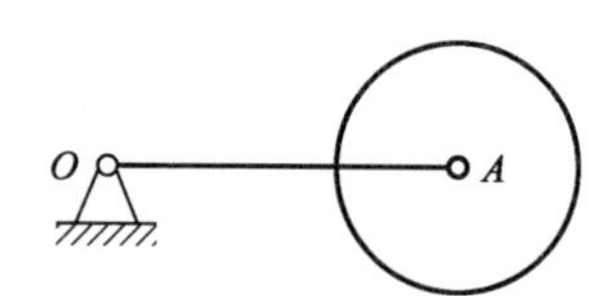

A. 平面运动

B. 绕轴O的定轴转动

C. 平行移动

D. 无法判断

57. 图示质量为m、长为l的均质杆OA绕O轴在铅垂平面内作定轴转动。已知某瞬时杆的角速度为ω，角加速度为α，则杆惯性力系合力的大小为：

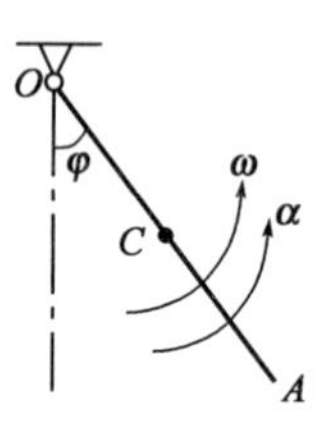

A. $\frac{l}{2}m\sqrt{\alpha^2 + \omega^2}$

B. $\frac{l}{2}m\sqrt{\alpha^2 + \omega^4}$

C. $\frac{l}{2}m\alpha$

D. $\frac{l}{2}m\omega^2$

58. 已知单自由度系统的振动固有频率$\omega_n = 2\text{rad/s}$,若在其上分别作用幅值相同而频率为$\omega_1 = 1\text{rad/s}$，$\omega_2 = 2\text{rad/s}$，$\omega_3 = 3\text{rad/s}$的简谐干扰力，则此系统强迫振动的振幅为：

A. $\omega_1 = 1\text{rad/s}$时振幅最大

B. $\omega_2 = 2\text{rad/s}$时振幅最大

C. $\omega_3 = 3\text{rad/s}$时振幅最大

D. 不能确定

59. 截面面积为A的等截面直杆，受轴向拉力作用。杆件的原始材料为低碳钢，若将材料改为木材，其他条件不变，下列结论中正确的是：

A. 正应力增大，轴向变形增大

B. 正应力减小，轴向变形减小

C. 正应力不变，轴向变形增大

D. 正应力减小，轴向变形不变

60. 图示等截面直杆，材料的拉压刚度为EA，杆中距离A端 1.5L处横截面的轴向位移是：

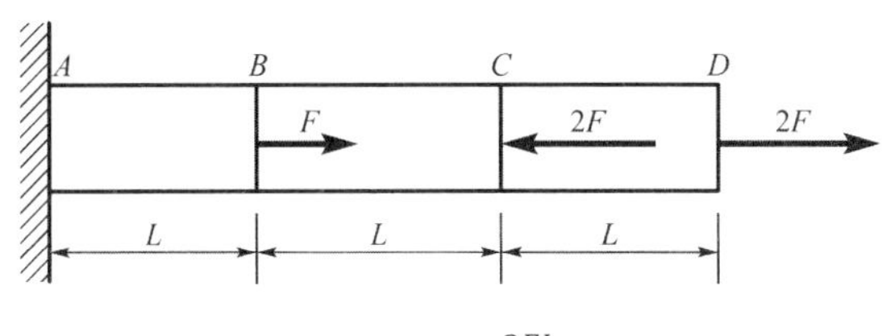

A. $\frac{4FL}{EA}$　　　B. $\frac{3FL}{EA}$

C. $\frac{2FL}{EA}$　　　D. $\frac{FL}{EA}$

61. 图示冲床的冲压力$F = 300\pi\text{kN}$，钢板的厚度$t = 10\text{mm}$，钢板的剪切强度极限$\tau_b = 300\text{MPa}$。冲床在钢板上可冲圆孔的最大直径d是：

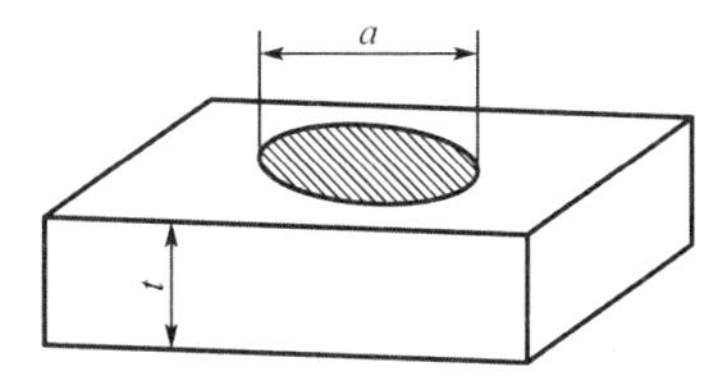

A. $d = 200\text{mm}$

B. $d = 100\text{mm}$

C. $d = 4000\text{mm}$

D. $d = 1000\text{mm}$

62. 图示两根木杆连接结构，已知木材的许用切应力为$[\tau]$，许用挤压应力为$[\sigma_{bs}]$，则a与h的合理比值是：

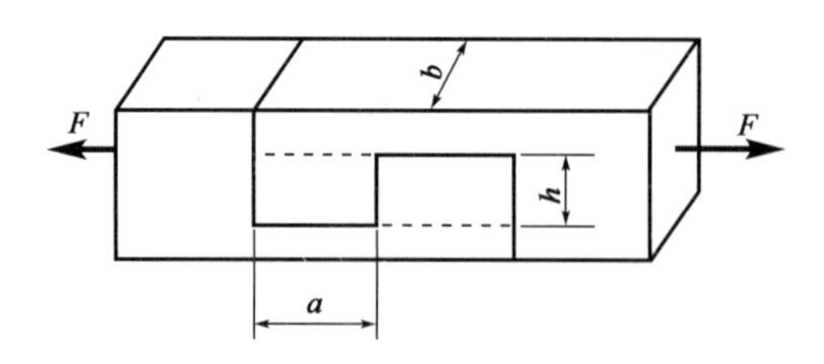

A. $\frac{h}{a}=\frac{[\tau]}{[\sigma_{bs}]}$　　B. $\frac{h}{a}=\frac{[\sigma_{bs}]}{[\tau]}$

C. $\frac{h}{a}=\frac{[\tau]a}{[\sigma_{bs}]}$　　D. $\frac{h}{a}=\frac{[\sigma_{bs}]a}{[\tau]}$

63. 圆轴受力如图所示，下面 4 个扭矩图中正确的是：

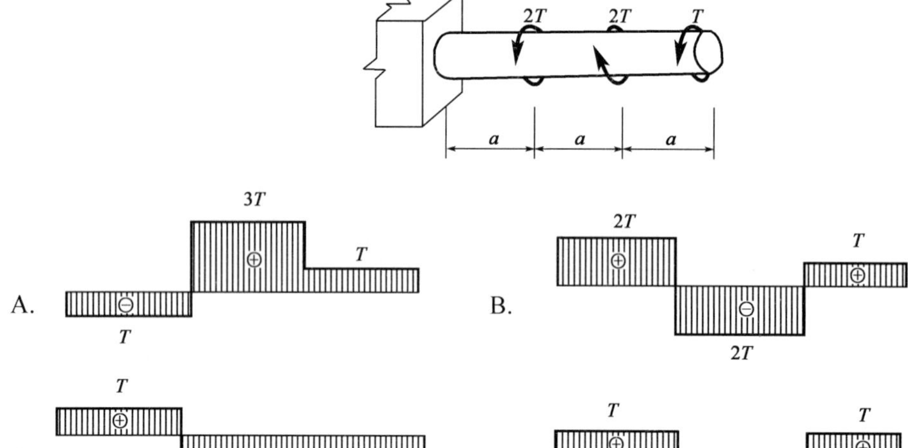

64. 直径为d的实心圆轴受扭，若使扭转角减小一半，圆轴的直径需变为：

A. $\sqrt[4]{2}d$　　B. $\sqrt[3]{2}d$

C. $0.5d$　　D. $\frac{8}{3}d$

65. 梁ABC的弯矩如图所示，根据梁的弯矩图，可以断定该梁B点处：

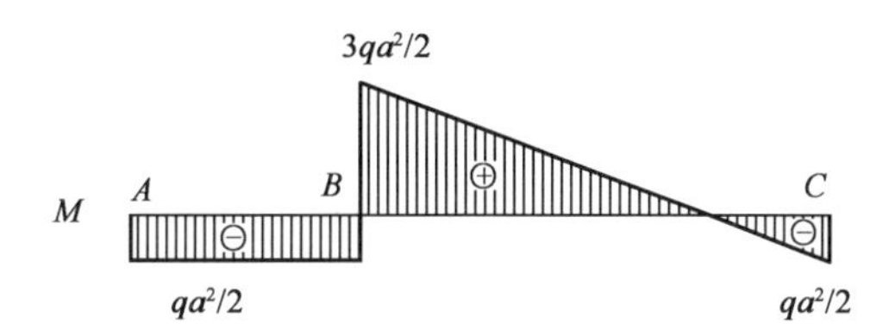

A. 无外荷载　　　　B. 只有集中力偶

C. 只有集中力　　　　D. 有集中力和集中力偶

66. 图示空心截面对z轴的惯性矩I_z为：

A. $I_z = \frac{\pi d^4}{32} - \frac{a^4}{12}$

B. $I_z = \frac{\pi d^4}{64} - \frac{a^4}{12}$

C. $I_z = \frac{\pi d^4}{32} + \frac{a^4}{12}$

D. $I_z = \frac{\pi d^4}{64} + \frac{a^4}{12}$

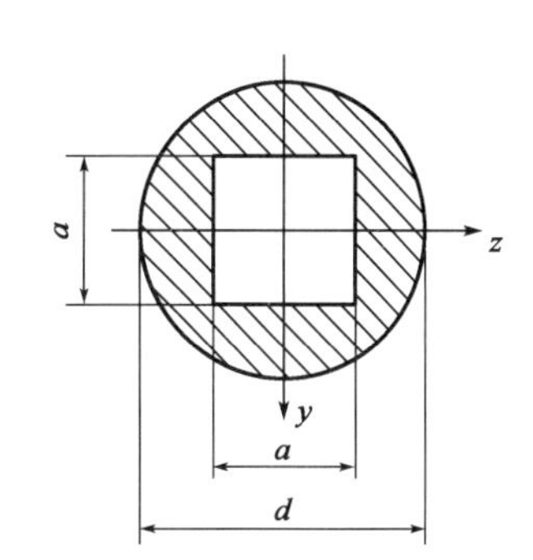

67. 两根矩形截面悬臂梁，弹性模量均为E，横截面尺寸如图所示，两梁的载荷均为作用在自由端的集中力偶。已知两梁的最大挠度相同，则集中力偶M_{e2}是M_{e1}的：$\left(\text{悬臂梁受自由端集中力偶}M\text{作用，自由端挠度为}\frac{ML^2}{2EI}\right)$

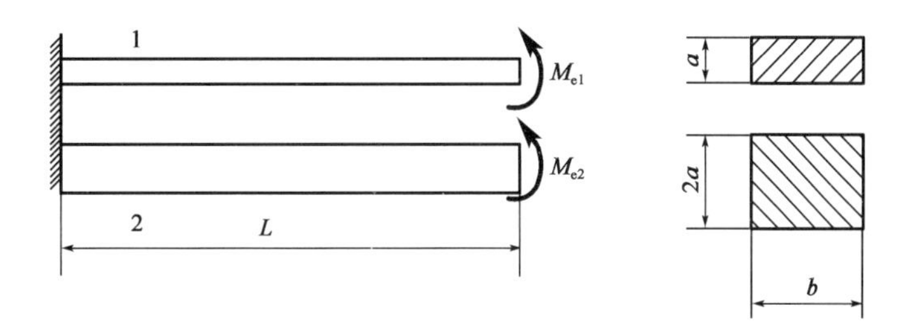

A. 8 倍

B. 4 倍

C. 2 倍

D. 1 倍

68. 图示等边角钢制成的悬臂梁AB，c点为截面形心，x'为该梁轴线，y'、z'为形心主轴。集中力F竖直向下，作用线过角钢两个狭长矩形边中线的交点，梁将发生以下变形：

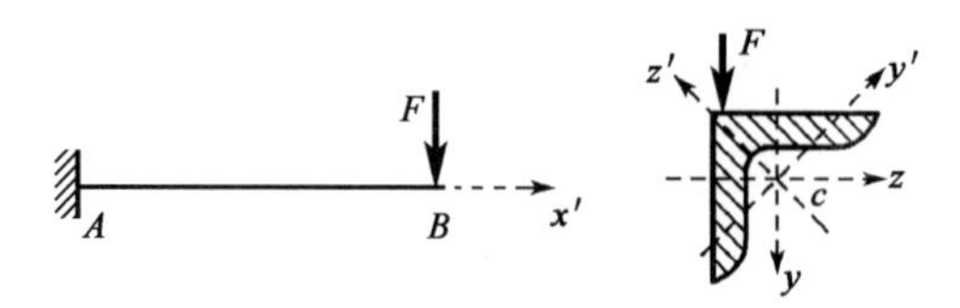

A. $x'z'$平面内的平面弯曲

B. 扭转和$x'z'$平面内的平面弯曲

C. $x'y'$平面和$x'z'$平面内的双向弯曲

D. 扭转和$x'y'$平面、$x'z'$平面内的双向弯曲

69. 图示单元体，法线与x轴夹角$\alpha=45°$的斜截面上切应力τ_α是：

A. $\tau_\alpha=10\sqrt{2}\text{MPa}$

B. $\tau_\alpha=50\text{MPa}$

C. $\tau_\alpha=60\text{MPa}$

D. $\tau_\alpha=0$

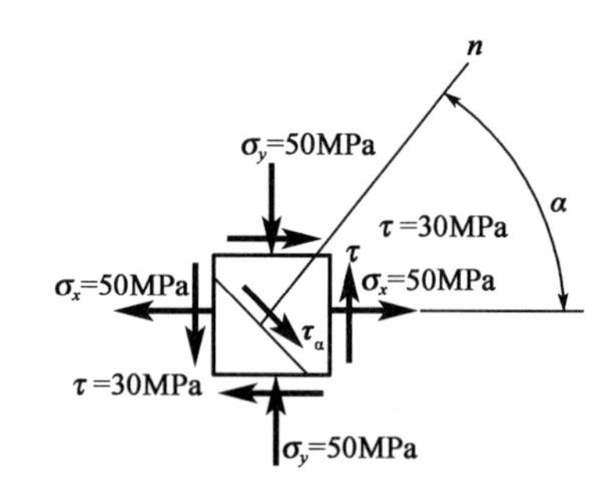

70. 图示矩形截面细长（大柔度）压杆，弹性模量为E。该压杆的临界荷载F_{cr}为：

A. $F_{cr}=\frac{\pi^2E}{L^2}\left(\frac{bh^3}{12}\right)$

B. $F_{cr}=\frac{\pi^2E}{L^2}\left(\frac{hb^3}{12}\right)$

C. $F_{cr}=\frac{\pi^2E}{(2L)^2}\left(\frac{bh^3}{12}\right)$

D. $F_{cr}=\frac{\pi^2E}{(2L)^2}\left(\frac{hb^3}{12}\right)$

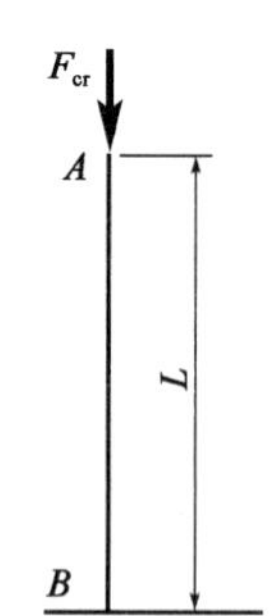

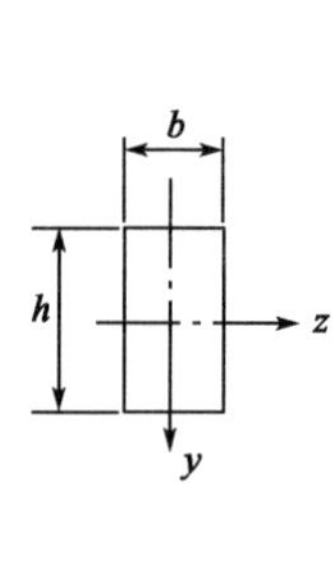

71. 按连续介质概念，流体质点是：

A. 几何的点

B. 流体的分子

C. 流体内的固体颗粒

D. 几何尺寸在宏观上同流动特征尺度相比是微小量，又含有大量分子的微元体

72. 设A、B两处液体的密度分别为ρ_A与ρ_B，由U形管连接，如图所示，已知水银密度为ρ_m，1、2面的高度差为Δh，它们与A、B中心点的高度差分别是h_1与h_2，则AB两中心点的压强差$P_A - P_B$为：

A. $(-h_1\rho_A + h_2\rho_B + \Delta h\rho_m)g$

B. $(h_1\rho_A - h_2\rho_B - \Delta h\rho_m)g$

C. $[-h_1\rho_A + h_2\rho_B + \Delta h(\rho_m - \rho_A)]g$

D. $[h_1\rho_A - h_2\rho_B - \Delta h(\rho_m - \rho_A)]g$

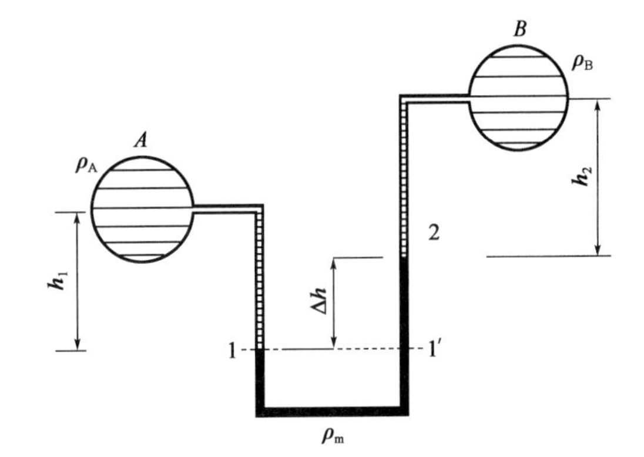

73. 汇流水管如图所示，已知三部分水管的横截面积分别为$A_1 = 0.01\text{m}^2$，$A_2 = 0.005\text{m}^2$，$A_3 = 0.01\text{m}^2$入流速度$v_1 = 4\text{m/s}$，$v_2 = 6\text{m/s}$，求出流的流速v_3为：

A. 8m/s

B. 6m/s

C. 7m/s

D. 5m/s

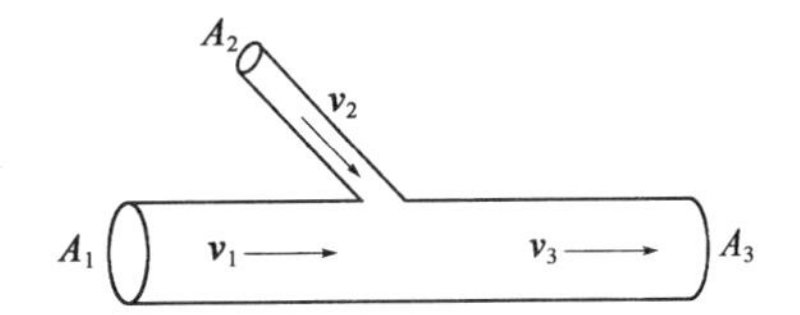

74. 尼古拉斯实验的曲线图中，在以下哪个区域里，不同相对粗糙度的试验点，分别落在一些与横轴平行的直线上，阻力系数λ与雷诺数无关：

A. 层流区

B. 临界过渡区

C. 紊流光滑区

D. 紊流粗糙区

75. 正常工作条件下，若薄壁小孔口直径为d，圆柱形管嘴的直径为d_2，作用水头H相等，要使得孔口与管嘴的流量相等，则直径d_1与d_2的关系是：

A. $d_1 > d_2$　　B. $d_1 < d_2$

C. $d_1 = d_2$　　D. 条件不足无法确定

76. 下面对明渠均匀流的描述哪项是正确的：

A. 明渠均匀流必须是非恒定流　　B. 明渠均匀流的粗糙系数可以沿程变化

C. 明渠均匀流可以有支流汇入或流出　　D. 明渠均匀流必须是顺坡

77. 有一完全井，半径$r_0 = 0.3\text{m}$，含水层厚度$H = 15\text{m}$，土壤渗透系数$k = 0.0005\text{m/s}$，抽水稳定后，井水深$h = 10\text{m}$，影响半径$R = 375\text{m}$，则由达西定律得出的井的抽水量Q为：（其中计算系数为1.366）

A. $0.0276\text{m}^3/\text{s}$　　B. $0.0138\text{m}^3/\text{s}$

C. $0.0414\text{m}^3/\text{s}$　　D. $0.0207\text{m}^3/\text{s}$

78. 量纲和谐原理是指：

A. 量纲相同的量才可以乘除　　B. 基本量纲不能与导出量纲相运算

C. 物理方程式中各项的量纲必须相同　　D. 量纲不同的量才可以加减

79. 关于电场和磁场，下述说法中正确的是：

A. 静止的电荷周围有电场，运动的电荷周围有磁场

B. 静止的电荷周围有磁场，运动的电荷周围有电场

C. 静止的电荷和运动的电荷周围都只有电场

D. 静止的电荷和运动的电荷周围都只有磁场

80. 如图所示，两长直导线的电流$I_1 = I_2$，L是包围I_1、I_2的闭合曲线，以下说法中正确的是：

A. L上各点的磁场强度H的量值相等，不等于0

B. L上各点的H等于0

C. L上任一点的H等于I_1、I_2在该点的磁场强度的叠加

D. L上各点的H无法确定

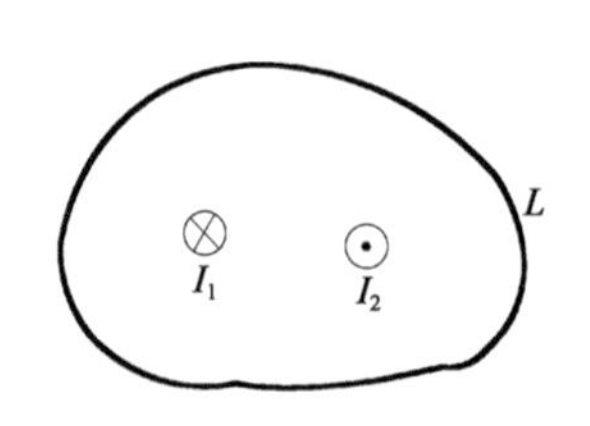

81. 电路如图所示，U_s为独立电压源，若外电路不变，仅电阻R变化时，将会引起下述哪种变化？

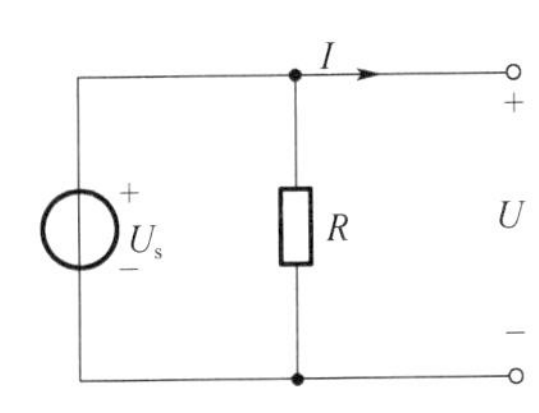

A. 端电压U的变化

B. 输出电流I的变化

C. 电阻R支路电流的变化

D. 上述三者同时变化

82. 在图a）电路中有电流I时，可将图a）等效为图b），其中等效电压源电压U_s和等效电源内阻R_0分别为：

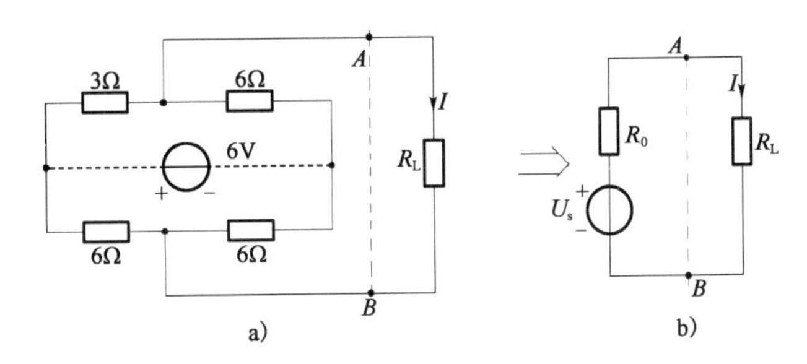

A. −1V，5.143Ω　　B. 1V，5Ω　　C. −1V，5Ω　　D. 1V，5.143Ω

83. 某三相电路中，三个线电流分别为：

$$i_A = 18\sin(314t + 23°)\ (\mathrm{A})$$
$$i_B = 18\sin(314t - 97°)\ (\mathrm{A})$$
$$i_C = 18\sin(314t + 143°)\ (\mathrm{A})$$

当$t = 10\mathrm{s}$时，三个电流之和为：

A. 18A　　B. 0A　　C. $18\sqrt{2}$A　　D. $18\sqrt{3}$A

84. 电路如图所示，电容初始电压为零，开关在$t = 0$时闭合，则$t \geqslant 0$时，$u(t)$为：

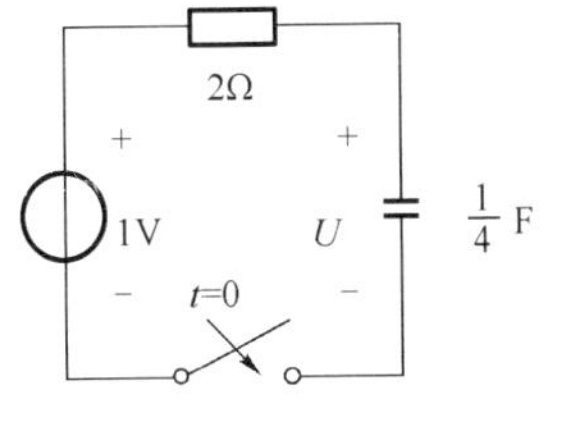

A. $(1 - e^{-0.5t})$V

B. $(1 + e^{-0.5t})$V

C. $(1 - e^{-2t})$V

D. $(1 + e^{-2t})$V

85. 有一容量为10kV·A的单相变压器，电压为3300/220V，变压器在额定状态下运行。在理想的情况下副边可接40W、220V、功率因数$\cos\phi = 0.44$的日光灯多少盏？

A. 110　　B. 200　　C. 250　　D. 125

86. 整流滤波电路如图所示，已知$U_1 = 30\text{V}$，$U_o = 12\text{V}$，$R = 2\text{k}\Omega$，$R_L = 4\text{k}\Omega$（稳压管的稳定电流$I_{\text{Zmin}} = 5\text{mA}$与$I_{\text{Zmax}} = 18\text{mA}$）。通过稳压管的电流和通过二极管的平均电流分别是：

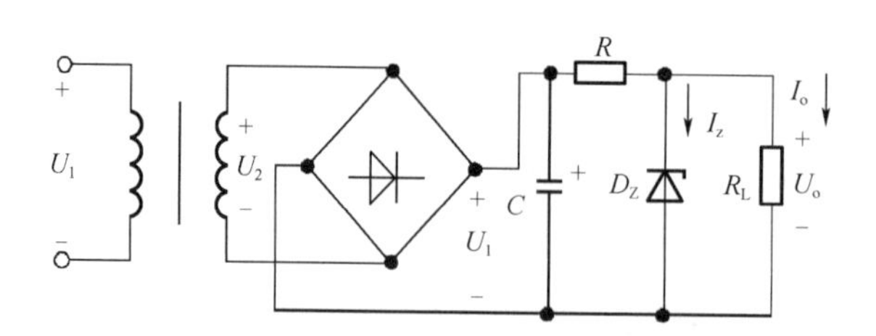

A. 5mA，2.5mA

B. 8mA，8mA

C. 6mA，2.5mA

D. 6mA，4.5mA

87. 晶体管非门电路如图所示，已知$U_{\text{CC}} = 15\text{V}$，$U_{\text{B}} = -9\text{V}$，$R_{\text{C}} = 3\text{k}\Omega$，$R_{\text{B}} = 20\text{k}\Omega$，$\beta = 40$，当输入电压$U_1 = 5\text{V}$时，要使晶体管饱和导通，$R_{\text{X}}$的值不得大于：（设$U_{\text{BE}} = 0.7\text{V}$，集电极和发射极之间的饱和电压$U_{\text{CES}} = 0.3\text{V}$）

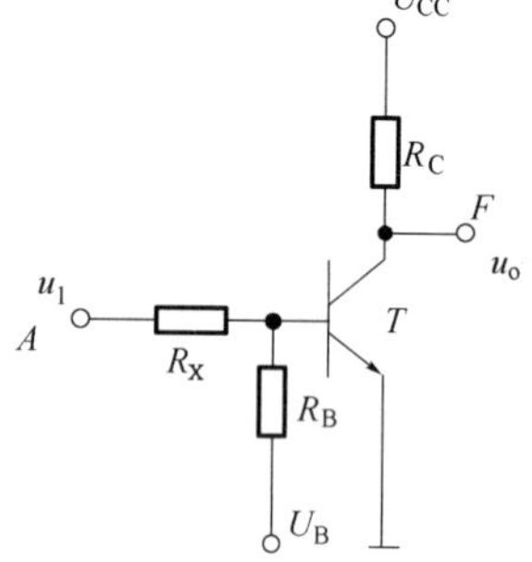

A. 7.1kΩ

B. 35kΩ

C. 3.55kΩ

D. 17.5kΩ

88. 图示为共发射极单管电压放大电路，估算静态点I_{B}、I_{C}、V_{CE}分别为：

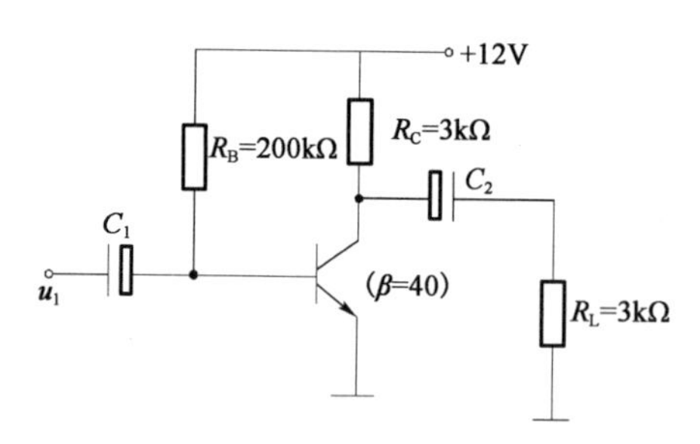

A. 57μA，2.28mA，5.16V

B. 57μA，2.28mA，8V

C. 57μA，4mA，0V

D. 30μA，2.8mA，3.5V

89. 图为三个二极管和电阻 R 组成的一个基本逻辑门电路，输入二极管的高电平和低电平分别是 3V 和 0V，电路的逻辑关系式是：

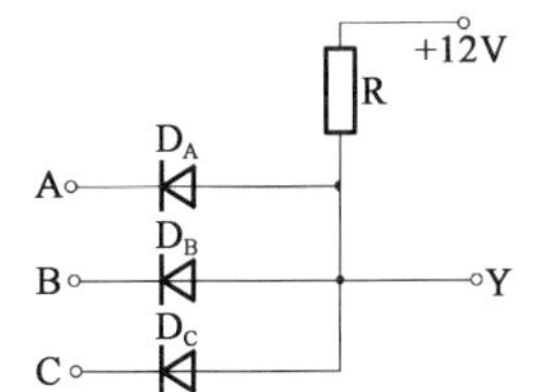

A. Y=ABC

B. Y=A+B+C

C. Y=AB+C

D. Y=(A+B)C

90. 由两个主从型 JK 触发器组成的逻辑电路如图 a）所示，设Q_1、Q_2的初始态是 0、0，已知输入信号 A 和脉冲信号 cp 的波形，如图 b）所示，当第二个 cp 脉冲作用后，Q_1、Q_2将变为：

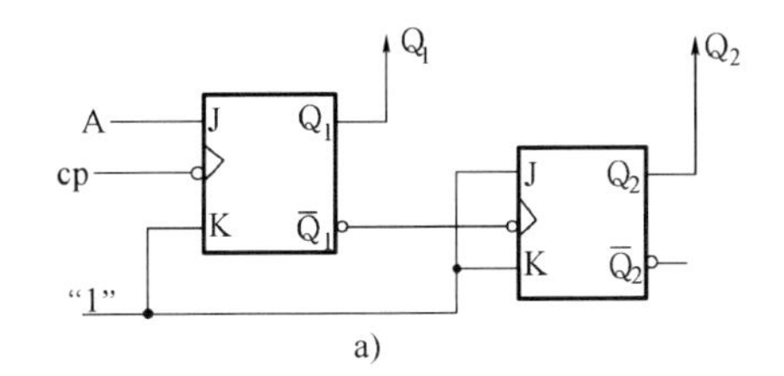

a)

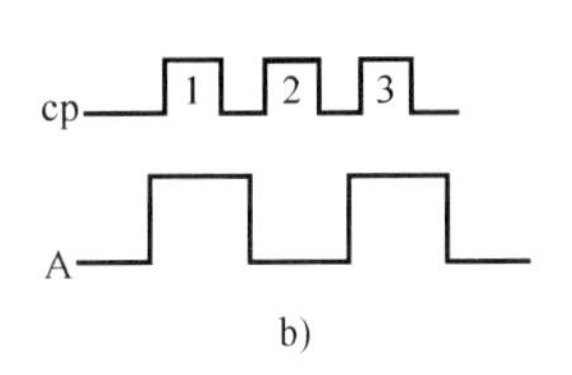

b)

A. 1、1　　　　B. 1、0

C. 0、1　　　　D. 保持 0、0 不变

91. 图示为电报信号、温度信号、触发脉冲信号和高频脉冲信号的波形，其中是连续信号的是：

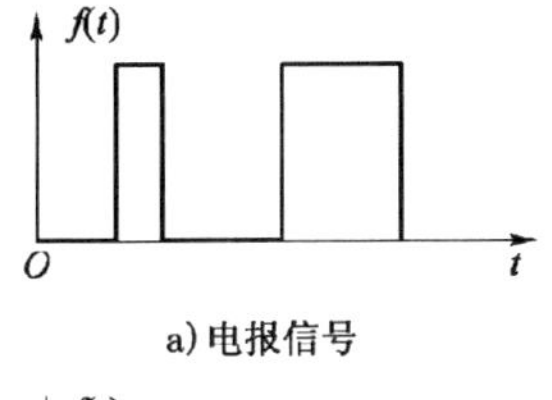

a) 电报信号

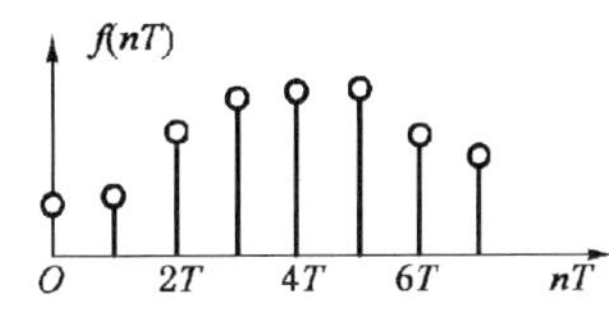

b) 温度信号

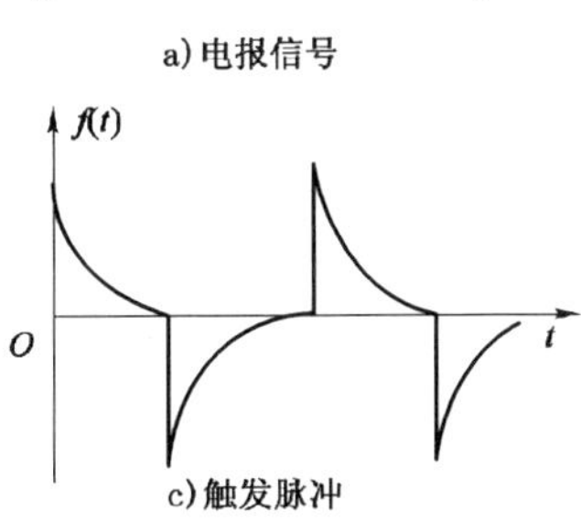

c) 触发脉冲

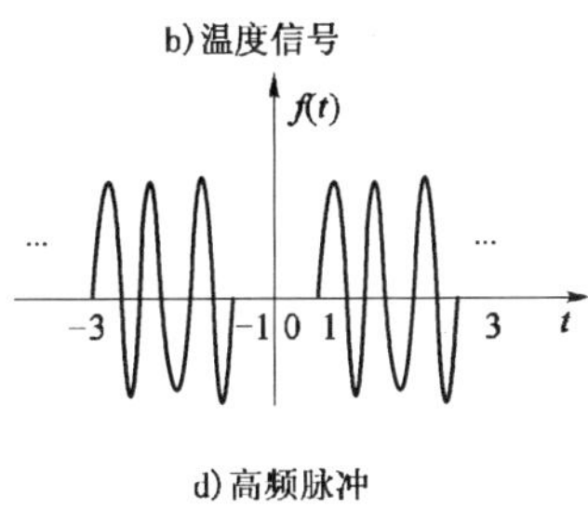

d) 高频脉冲

A. a）、c）、d）　　　　B. b）、c）、d）

C. a）、b）、c）　　　　D. a）、b）、d）

92. 连续时间信号与通常所说的模拟信号的关系是：

A. 完全不同　　　　B. 是同一个概念

C. 不完全相同　　　　D. 无法回答

93. 单位冲激信号$\delta(t)$是：

A. 奇函数　　　　B. 偶函数

C. 非奇非偶函数　　　　D. 奇异函数，无奇偶性

94. 单位阶跃信号$\varepsilon(t)$是物理量单位跃变现象，而单位冲激信号$\delta(t)$是物理量产生单位跃变什么的现象：

A. 速度　　　　B. 幅度

C. 加速度　　　　D. 高度

95. 如图所示的周期为T的三角波信号，在用傅氏级数分析周期信号时，系数a_0、a_n和b_n判断正确的是：

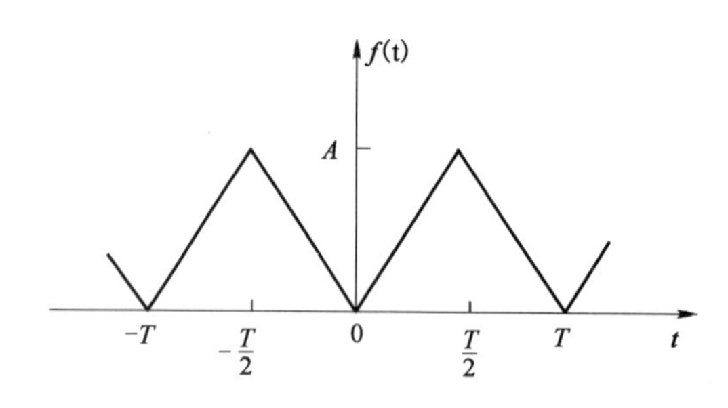

A. 该信号是奇函数且在一个周期的平均值为零，所以傅立叶系数a_0和b_n是零

B. 该信号是偶函数且在一个周期的平均值不为零，所以傅立叶系数a_0和a_n不是零

C. 该信号是奇函数且在一个周期的平均值不为零，所以傅立叶系数a_0和b_n不是零

D. 该信号是偶函数且在一个周期的平均值为零，所以傅立叶系数a_0和b_n是零

96. 将$(11010010.01010100)_\mathrm{B}$表示成十六进制数是：

A. $(\mathrm{D2.54})_\mathrm{H}$　　　　B. D2.54

C. $(\mathrm{D2.A8})_\mathrm{H}$　　　　D. $(\mathrm{D2.54})_\mathrm{B}$

97. 计算机系统内的系统总线是：

A. 计算机硬件系统的一个组成部分

B. 计算机软件系统的一个组成部分

C. 计算机应用软件系统的一个组成部分

D. 计算机系统软件的一个组成部分

98. 目前，人们常用的文字处理软件有：

A. Microsoft Word 和国产字处理软件 WPS

B. Microsoft Excel 和 Auto CAD

C. Microsoft Access 和 Visual Foxpro

D. Visual BASIC 和 Visual C++

99. 下面所列各种软件中，最靠近硬件一层的是：

A. 高级语言程序

B. 操作系统

C. 用户低级语言程序

D. 服务性程序

100. 操作系统中采用虚拟存储技术，实际上是为实现：

A. 在一个较小内存储空间上，运行一个较小的程序

B. 在一个较小内存储空间上，运行一个较大的程序

C. 在一个较大内存储空间上，运行一个较小的程序

D. 在一个较大内存储空间上，运行一个较大的程序

101. 用二进制数表示的计算机语言称为：

A. 高级语言　　B. 汇编语言

C. 机器语言　　D. 程序语言

102. 下面四个二进制数中，与十六进制数 AE 等值的一个是：

A. 10100111　　B. 10101110

C. 10010111　　D. 11101010

103. 常用的信息加密技术有多种，下面所述四条不正确的一条是：

A. 传统加密技术、数字签名技术

B. 对称加密技术

C. 密钥加密技术

D. 专用 ASCII 码加密技术

104. 广域网，又称为远程网，它所覆盖的地理范围一般：

A. 从几十米到几百米

B. 从几百米到几公里

C. 从几公里到几百公里

D. 从几十公里到几千公里

105. 我国专家把计算机网络定义为：

A. 通过计算机将一个用户的信息传送给另一个用户的系统

B. 由多台计算机、数据传输设备以及若干终端连接起来的多计算机系统

C. 将经过计算机储存、再生，加工处理的信息传输和发送的系统

D. 利用各种通信手段，把地理上分散的计算机连在一起，达到相互通信、共享软/硬件和数据等资源的系统

106. 在计算机网络中，常将实现通信功能的设备和软件称为：

A. 资源子网　　B. 通信子网

C. 广域网　　D. 局域网

107. 某项目拟发行 1 年期债券。在年名义利率相同的情况下，使年实际利率较高的复利计息期是：

A. 1 年　　B. 半年

C. 1 季度　　D. 1 个月

108. 某建设工程建设期为 2 年。其中第一年向银行贷款总额为 1000 万元，第二年无贷款，贷款年利率为 6%，则该项目建设期利息为：

A. 30 万元　　B. 60 万元

C. 61.8 万元　　D. 91.8 万元

109. 某公司向银行借款 5000 万元，期限为 5 年，年利率为 10%，每年年末付息一次，到期一次还本，企业所得税率为 25%。若不考虑筹资费用，该项借款的资金成本率是：

A. 7.5%　　B. 10%

C. 12.5%　　D. 37.5%

110. 对于某常规项目（IRR 唯一），当设定折现率为 12%时，求得的净现值为 130 万元；当设定折现率为 14%时，求得的净现值为−50 万元，则该项目的内部收益率应是：

A. 11.56%　　B. 12.77%

C. 13%　　D. 13.44%

111. 下列财务评价指标中，反映项目偿债能力的指标是：

A. 投资回收期　　B. 利息备付率

C. 财务净现值　　D. 总投资收益率

112. 某企业生产一种产品，年固定成本为 1000 万元，单位产品的可变成本为 300 元、售价为 500 元，则其盈亏平衡点的销售收入为：

A. 5 万元　　B. 600 万元

C. 1500 万元　　D. 2500 万元

113. 下列项目方案类型中，适于采用净现值法直接进行方案选优的是：

A. 寿命期相同的独立方案

B. 寿命期不同的独立方案

C. 寿命期相同的互斥方案

D. 寿命期不同的互斥方案

114. 某项目由 A、B、C、D 四个部分组成，当采用强制确定法进行价值工程对象选择时，它们的价值指数分别如下所示。其中不应作为价值工程分析对象的是：

A. 0.7559　　B. 1.0000

C. 1.2245　　D. 1.5071

115. 建筑工程开工前，建设单位应当按照国家有关规定申请领取施工许可证，颁发施工许可证的单位应该是：

A. 县级以上人民政府建设行政主管部门

B. 工程所在地县级以上人民政府建设工程监督部门

C. 工程所在地省级以上人民政府建设行政主管部门

D. 工程所在地县级以上人民政府建设行政主管部门

116. 根据《中华人民共和国安全生产法》的规定，生产经营单位主要负责人对本单位的安全生产负总责，某生产经营单位的主要负责人对本单位安全生产工作的职责是：

A. 建立、健全本单位安全生产责任制

B. 保证本单位安全生产投入的有效使用

C. 及时报告生产安全事故

D. 组织落实本单位安全生产规章制度和操作规程

117. 根据《中华人民共和国招标投标法》的规定，某建设工程依法必须进行招标，招标人委托了招标代理机构办理招标事宜，招标代理机构的行为合法的是：

A. 编制投标文件和组织评标

B. 在招标人委托的范围内办理招标事宜

C. 遵守《中华人民共和国招标投标法》关于投标人的规定

D. 可以作为评标委员会成员参与评标

118. 《中华人民共和国合同法》规定的合同形式中不包括：

A. 书面形式　　B. 口头形式

C. 特定形式　　D. 其他形式

119. 根据《中华人民共和国行政许可法》规定，下列可以设定行政许可的事项是：

A. 企业或者其他组织的设立等，需要确定主体资格的事项

B. 市场竞争机制能够有效调节的事项

C. 行业组织或者中介机构能够自律管理的事项

D. 公民、法人或者其他组织能够自主决定的事项

120. 根据《建设工程质量管理条例》的规定，施工图必须经过审查批准，否则不得使用，某建设单位投资的大型工程项目施工图设计已经完成，该施工图应该报审的管理部门是：

A. 县级以上人民政府建设行政主管部门

B. 县级以上人民政府工程设计主管部门

C. 县级以上政府规划部门

D. 工程监理单位

2012 年度全国勘察设计注册工程师执业资格考试基础考试（上）

试题解析及参考答案

1. 解 $\lim\limits_{x\to0^+}(x^2+1)=1$，$\lim\limits_{x\to0^-}\left(\cos x+x\sin\frac{1}{x}\right)=1+0=1$

$f(0)=(x^2+1)|_{x=0}=1$，所以$\lim\limits_{x\to0^+}f(x)=\lim\limits_{x\to0^-}f(x)=f(0)$

答案： D

2. 解 $\lim\limits_{x\to0}\frac{1-\cos x}{2x^2}=\lim\limits_{x\to0}\frac{\frac{1}{2}x^2}{2x^2}=\frac{1}{4}\neq1$，当$x\to0$，$1-\cos x\sim\frac{1}{2}x^2$。

答案： D

3. 解 $y=\ln\cos x$，$y'=\frac{-\sin x}{\cos x}=-\tan x$，$\mathrm{d}y=-\tan x\mathrm{d}x$

答案： C

4. 解 $f(x)=\left(e^{-x^2}\right)'=-2xe^{-x^2}$

$f'(x)=-2\left[e^{-x^2}+xe^{-x^2}(-2x)\right]=2e^{-x^2}(2x^2-1)$

答案： A

5. 解 $\int f'(2x+1)\mathrm{d}x=\frac{1}{2}\int f'(2x+1)\mathrm{d}(2x+1)=\frac{1}{2}f(2x+1)+C$

答案： B

6. 解

$$\begin{aligned}\int_0^{\frac{1}{2}}\frac{1+x}{\sqrt{1-x^2}}\mathrm{d}x&=\int_0^{\frac{1}{2}}\frac{1}{\sqrt{1-x^2}}\mathrm{d}x+\int_0^{\frac{1}{2}}\frac{x}{\sqrt{1-x^2}}\mathrm{d}x\\&=\arcsin x\Big|_0^{\frac{1}{2}}+\int_0^{\frac{1}{2}}\frac{1}{\sqrt{1-x^2}}\mathrm{d}\left(\frac{1}{2}x^2\right)\\&=\arcsin\frac{1}{2}+\left(-\frac{1}{2}\right)\times\int_0^{\frac{1}{2}}\frac{1}{\sqrt{1-x^2}}\mathrm{d}\left(1-x^2\right)\\&=\frac{\pi}{6}+\left(-\frac{1}{2}\right)\times2(1-x^2)^{\frac{1}{2}}\Big|_0^{\frac{1}{2}}\\&=\frac{\pi}{6}-\left(\frac{\sqrt{3}}{2}-1\right)=\frac{\pi}{6}+1-\frac{\sqrt{3}}{2}\end{aligned}$$

答案： C

7. 解 见解图，D：$\begin{cases}0\leqslant\theta<\frac{\pi}{4}\\0\leqslant r\leqslant\frac{1}{\cos\theta}\end{cases}$，因为$x=1$，$r\cos\theta=1\left(\text{即}r=\frac{1}{\cos\theta}\right)$

等式$=\int_0^{\frac{\pi}{4}}\mathrm{d}\theta\int_0^{\frac{1}{\cos\theta}}f(r\cos\theta,r\sin\theta)r\mathrm{d}r$

题 7 解图

答案： B

8. 解 已知$a<x<b$，$f'(x)>0$，单增；$f''(x)<0$，凸。所以函数在区间(a,b)内图形沿x轴正向

是单增且凸的。

答案：C

9. 解 $f(x)=x^{\frac{2}{3}}$在$[-1,1]$连续。$F'(x)=\frac{2}{3}x^{-\frac{1}{3}}=\frac{2}{3}\cdot\frac{1}{\sqrt[3]{x}}$在$(-1,1)$不可导[因为$f'(x)$在$x=0$导数不存在]，所以不满足拉格朗日定理的条件。

答案：B

10. 解 $\sum\limits_{n=1}^{\infty}\left|\frac{(-1)^n}{n}\right|=\sum\limits_{n=1}^{\infty}\frac{1}{n}$，发散；

而$\sum\limits_{n=1}^{\infty}\frac{(-1)^n}{n}$满足：①$u_n\geqslant u_{n+1}$，②$\lim\limits_{n\to\infty}u_n=0$，该级数收敛。

所以级数条件收敛。

答案：A

11. 解 $|x|<\frac{1}{2}$，即$-\frac{1}{2}<x<\frac{1}{2}$，$f(x)=\frac{1}{1+2x}$

已知：$\frac{1}{1+x}=1-x+x^2-x^3+\cdots+(-1)^nx^n+\cdots=\sum\limits_{n=0}^{\infty}(-1)^nx^n(-1<x<1)$

$$\text{则}f(x)=\frac{1}{1+2x}=1-(2x)+(2x)^2-(2x)^3+\cdots+(-1)^n(2x)^n+\cdots$$
$$=\sum_{n=0}^{\infty}(-1)^n(2x)^n=\sum_{n=0}^{\infty}(-2)^nx^n\qquad\left(-1<2x<1,\ \text{即}-\frac{1}{2}<x<\frac{1}{2}\right)$$

答案：B

12. 解 已知$y_1(x)$，$y_2(x)$是微分方程$y'+p(x)y=q(x)$两个不同的特解，所以$y_1(x)-y_2(x)$为对应齐次方程$y'+p(x)y=0$的一个解。

微分方程$y'+p(x)y=q(x)$的通解为$y=y_1+C(y_1-y_2)$。

答案：D

13. 解 $y''+2y'-3y=0$，特征方程为$r^2+2r-3=0$，得$r_1=-3$，$r_2=1$。所以$y_1=e^x$，$y_2=e^{-3x}$为选项B的特解，满足条件。

答案：B

14. 解 $\frac{\mathrm{d}y}{\mathrm{d}x}=-\frac{x}{y}$，$y\mathrm{d}y=-x\mathrm{d}x$

两边积分：$\frac{1}{2}y^2=-\frac{1}{2}x^2+C$，$y^2=-x^2+2C$，$y^2+x^2=C_1$，这里常数$C_1=2C$，必须满足$C_1\geqslant 0$。

故方程的通解为$x^2+y^2=C^2(C\in R)$。

答案：C

15. 解 旋转体体积$V=\int_0^{\pi}\pi\left[(\sin x)^{\frac{3}{2}}\right]^2\mathrm{d}x=\pi\int_0^{\pi}\sin^3x\mathrm{d}x=\pi\int_0^{\pi}\sin^2x\mathrm{d}(-\cos x)$

$$=-\pi\int_0^{\pi}(1-\cos^2x)\,\mathrm{d}\cos x=-\pi\left(\cos x-\frac{1}{3}\cos^3x\right)\Big|_0^{\pi}=\frac{4}{3}\pi$$

答案：B

16. 解 方程组$\begin{cases}x^2+4y^2+z^2=4 & ①\\ x+z=a & ②\end{cases}$

消去字母x，由②式得：

$$x=a-z \quad ③$$

③式代入①式得：$(a-z)^2+4y^2+z^2=4$

则曲线在yOz平面上投影方程为$\begin{cases}(a-z)^2+4y^2+z^2=4\\ x=0\end{cases}$

答案： A

17. 解 方程$x^2-\frac{y^2}{4}+z^2=1$，即$x^2+z^2-\frac{y^2}{4}=1$，可由xOy平面上双曲线$\begin{cases}x^2-\frac{y^2}{4}=1\\ z=0\end{cases}$绕$y$轴旋转得到，也可由$yOz$平面上双曲线$\begin{cases}z^2-\frac{y^2}{4}=1\\ x=0\end{cases}$绕$y$轴旋转得到。

所以$x^2+z^2-\frac{y^2}{4}=1$为旋转双曲面。

答案： A

18. 解 直线L的方向向量$\vec{s}=\begin{vmatrix}\vec{i} & \vec{j} & \vec{k}\\ 1 & 3 & 2\\ 2 & -1 & -10\end{vmatrix}=-28\vec{i}+14\vec{j}-7\vec{k}$，即$\vec{s}=\{-28,14,-7\}$

平面π：$4x-2y+z-2=0$，法线向量：$\vec{n}=\{4,-2,1\}$

$\vec{s}$，$\vec{n}$坐标成比例，$\frac{-28}{4}=\frac{14}{-2}=\frac{-7}{1}$，则$\vec{s}\ /\!/\ \vec{n}$，直线$L$垂直于平面$\pi$。

答案： C

19. 解 $\boldsymbol{A}$的特征值为λ_0，$2\boldsymbol{A}$的特征值为$2\lambda_0$，$(2\boldsymbol{A})^{-1}$的特征值为$\frac{1}{2\lambda_0}$。

答案： C

20. 解 已知$\vec{\alpha_1}$，$\vec{\alpha_2}$，$\vec{\beta}$线性相关，$\vec{\alpha_2}$，$\vec{\alpha_3}$，$\vec{\beta}$线性无关。由性质可知：$\vec{\alpha_1}$，$\vec{\alpha_2}$，$\vec{\alpha_3}$，$\vec{\beta}$线性相关（部分相关，全体相关），$\vec{\alpha_2}$，$\vec{\alpha_3}$，$\vec{\beta}$线性无关。

故$\vec{\alpha_1}$可用$\vec{\alpha_2}$，$\vec{\alpha_3}$，$\vec{\beta}$线性表示。

答案： B

21. 解 已知$\boldsymbol{A}=\begin{bmatrix}1 & t & -1\\ t & 1 & 1\\ -1 & 1 & 2\end{bmatrix}$

由矩阵$\boldsymbol{A}$正定的充分必要条件可知：$1>0$，$\begin{vmatrix}1 & t\\ t & 1\end{vmatrix}=1-t^2>0$

$$\begin{vmatrix}1 & t & -1\\ t & 1 & 1\\ -1 & 1 & 2\end{vmatrix}\xlongequal[2c_1+c_3]{c_1+c_2}\begin{vmatrix}1 & t+1 & 1\\ t & t+1 & 1+2t\\ -1 & 0 & 0\end{vmatrix}=(-1)[(t+1)(1+2t)-(t+1)]$$
$$=-2t(t+1)>0$$

求解$t^2<1$，得$-1<t<1$；再求解$-2t(t+1)>0$，得$t(t+1)<0$，即$-1<t<0$，则公共解$-1<t<0$。

答案：B

22. 解 A、B互不相容时，$P(AB)=0$。$\overline{A}\,\overline{B}=\overline{A\cup B}$

$P(\overline{A}\,\overline{B})=P(\overline{A\cup B})=1-P(A\cup B)$

$=1-[P(A)+P(B)-P(AB)]=1-(p+q)$

或使用图示法（面积表示概率），见解图。

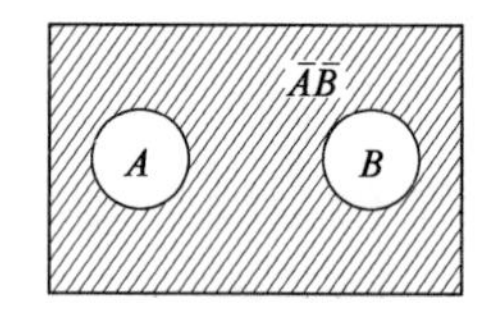

题22解图

答案：C

23. 解 X与Y独立时，$E(XY)=E(X)E(Y)$，X在$[a,b]$上服从均匀分布时，$E(X)=\frac{a+b}{2}=1$，Y服从参数为λ的指数分布时，$E(Y)=\frac{1}{\lambda}=\frac{1}{3}$，$E(XY)=\frac{1}{3}$。

答案：D

24. 解 当σ^2未知时检验假设H_0：$\mu=\mu_0$，应选取统计量$T=\frac{\overline{X}-\mu_0}{S}\sqrt{n}$，$S^2=\frac{1}{n-1}\sum\limits_{i=1}^{n}\left(X_i-\overline{X}\right)^2=\frac{1}{n-1}Q^2$，$S=\frac{Q}{\sqrt{n-1}}$。

当$\mu_0=0$时，$T=\sqrt{n(n-1)}\frac{\overline{X}}{Q}$。

答案：A

25. 解 ①由$p=nkT$，知选项A不正确；

②由$pV=\frac{m}{M}RT$，知选项B不正确；

③由$\overline{\omega}=\frac{3}{2}kT$，温度、压强相等，单位体积分子数相同，知选项C正确；

④由$E_{内}=\frac{i}{2}\frac{m}{M}RT=\frac{i}{2}pV$，知选项D不正确。

答案：C

26. 解 $N\int_{v_1}^{v_2}f(v)\mathrm{d}v$表示速率在$v_1\to v_2$区间内的分子数。

答案：B

27. 解 注意内能的增量ΔE只与系统的起始和终了状态有关，与系统所经历的过程无关。

$Q_{\mathrm{ab}}=335=\Delta E_{\mathrm{ab}}+126$，$\Delta E_{\mathrm{ab}}=209\mathrm{J}$，$Q'_{\mathrm{ab}}=\Delta E_{\mathrm{ab}}+42=251\mathrm{J}$

答案：C

28. 解 等体过程：

$$Q_1=Q_{\mathrm{v}}=\Delta E_1=\frac{m}{M}\frac{i}{2}R\Delta T \quad ①$$

等压过程：

$$Q_2=Q_{\mathrm{p}}=\Delta E_2+A=\frac{m}{M}\frac{i}{2}R\Delta T+A \quad ②$$

对于给定的理想气体，内能的增量只与系统的起始和终了状态有关，与系统所经历的过程无关，$\Delta E_1=\Delta E_2$。

比较①式和②式，注意到$A>0$，显然$Q_2>Q_1$。

答案：A

29. 解 在$t=0.25\mathrm{s}$时刻，处于平衡位置，$y=0$

由简谐波的波动方程$y=2\times10^{-2}\cos2\pi\left(10\times0.25-\frac{x}{5}\right)=0$，可知

$$\cos2\pi\left(10\times0.25-\frac{x}{5}\right)=0$$

则$2\pi\left(10\times0.25-\frac{x}{5}\right)=(2k+1)\frac{\pi}{2}$，$k=0,\pm1,\pm2,\cdots$

由此可得$2\frac{x}{5}=\frac{9}{2}-k$

当$x=0$时，$k=4.5$

所以$k=4$，$x=1.25$或$k=5$，$x=-1.25$时，与坐标原点$x=0$最近

答案：C

30. 解　当初相位$\phi=0$时，波动方程的表达式为$y=A\cos\omega\left(t-\frac{x}{u}\right)$，利用$\omega=2\pi\nu$，$\nu=\frac{1}{T}$，$u=\lambda\nu$，表达式$y=A\cos\left[2\pi\nu\left(t-\frac{x}{\lambda\nu}\right)\right]=A\cos2\pi\left(\nu t-\frac{\nu x}{\lambda\nu}\right)=A\cos2\pi\left(\frac{t}{T}-\frac{x}{\lambda}\right)$，令$A=0.02\text{m}$，$T=0.5\text{s}$，$\lambda=100\text{m}$，则$y=0.02\cos\left(\frac{t}{\frac{1}{2}}-\frac{x}{100}\right)=0.02\cos2\pi(2t-0.01x)$。

答案：B

31. 解　声强级$L=10\lg\frac{I}{I_0}\text{dB}$，由题意得$40=10\lg\frac{I}{I_0}$，即$\frac{I}{I_0}=10^4$；同理$\frac{I'}{I_0}=10^8$，$\frac{I'}{I}=10^4$。

答案：D

32. 解　自然光I_0通过P_1偏振片后光强减半为$\frac{I_0}{2}$，通过P_2偏振后光强为$I=\frac{I_0}{2}\cos^2 90°=0$。

答案：A

33. 解　布儒斯特定律，以布儒斯特角入射，反射光为完全偏振光。

答案：C

34. 解　由光栅公式：$(a+b)\sin\phi=\pm k\lambda\quad(k=0,1,2,\cdots)$

令$\phi=90°$，$k=\frac{2000}{550}=3.63$，k取小于此数的最大正整数，故k取 3。

答案：B

35. 解　由单缝衍射明纹条件：$a\sin\phi=(2k+1)\frac{\lambda}{2}$，即$a\sin30°=3\times\frac{\lambda}{2}$，则$a=3\lambda$。

答案：D

36. 解　杨氏双缝干涉：$x_{明}=\pm k\frac{D\lambda}{a}$，$x_{暗}=(2k+1)\frac{D\lambda}{2a}$，间距$=x_{暗}-x_{明}=\frac{D\lambda}{2a}$。

答案：B

37. 解　除 3d 轨道上的 7 个电子，其他轨道上的电子都已成对。3d 轨道上的 7 个电子填充到 5 个简并的 d 轨道中，按照洪特规则有 3 个未成对电子。

答案：C

38. 解 分子间力包括色散力、诱导力、取向力。分子间力以色散力为主。对同类型分子，色散力正比于分子量，所以分子间力正比于分子量。分子间力主要影响物质的熔点、沸点和硬度。对同类型分子，分子量越大，色散力越大，分子间力越大，物质的熔、沸点越高，硬度越大。

分子间氢键使物质熔、沸点升高，分子内氢键使物质熔、沸点减低。

HF 有分子间氢键，沸点最大。其他三个没有分子间氢键，HCl、HBr、HI 分子量逐渐增大，分子间力逐渐增大，沸点逐渐增大。

答案： D

39. 解 HCl 溶于水既有物理变化也有化学变化。HCl 的微粒向水中扩散的过程是物理变化，HCl 的微粒解离生成氢离子和氯离子的过程是化学变化。

答案： C

40. 解 系统与环境间只有能量交换，没有物质交换是封闭系统；既有物质交换，又有能量交换是敞开系统；没有物质交换，也没有能量交换是孤立系统。

答案： D

41. 解 $K^{\Theta}=\dfrac{\frac{p_{PCl_5}}{p^{\Theta}}}{\frac{p_{PCl_3}}{p^{\Theta}}\frac{p_{Cl_2}}{p^{\Theta}}}=\dfrac{p_{PCl_5}}{p_{PCl_3}\cdot p_{Cl_2}}p^{\Theta}=\dfrac{p^{\Theta}}{p_{Cl_2}}$，$p_{Cl_2}=\dfrac{p^{\Theta}}{K^{\Theta}}=\dfrac{100\text{kPa}}{0.767}=130.38\text{kPa}$

答案： A

42. 解 铜电极的电极反应为：$Cu^{2+}+2e^{-}=Cu$，氢离子没有参与反应，所以铜电极的电极电势不受氢离子影响。

答案： C

43. 解 元素电势图的应用。

（1）判断歧化反应：对于元素电势图$A\overset{E^{\Theta}_{左}}{—}B\overset{E^{\Theta}_{右}}{—}C$，若$E^{\Theta}_{右}$大于$E^{\Theta}_{左}$，B 即是电极电势大的电对的氧化型，可作氧化剂，又是电极电势小的电对的还原型，也可作还原剂，B 的歧化反应能够发生；若$E^{\Theta}_{右}$小于$E^{\Theta}_{左}$，B 的歧化反应不能发生。

（2）计算标准电极电势：根据元素电势图，可以从已知某些电对的标准电极电势计算出另一电对的标准电极电势。

从元素电势图可知，Au^{+}可以发生歧化反应。由于Cu^{2+}达到最高氧化数，最不易失去电子，最稳定。

答案： A

44. 解 系统命名法。

（1）链烃的命名

①选择主链：选择最长碳链或含有官能团的最长碳链为主链；

②主链编号：从距取代基或官能团最近的一端开始对碳原子进行编号；

③写出全称：将取代基的位置编号、数目和名称写在前面，将母体化合物的名称写在后面。

（2）衍生物的命名

①选择母体：选择苯环上所连官能团或带官能团最长的碳链为母体，把苯环视为取代基；

②编号：将母体中碳原子依次编号，使官能团或取代基位次具有最小值。

答案：B

45. 解 含有不饱和键的有机物、含有醛基的有机物可使溴水褪色。

答案：D

46. 解 信息素分子为含有 C═C 不饱和键的醛，C═C 不饱和键和醛基可以与溴发生加成反应；醛基可以发生银镜反应；一个分子含有两个不饱和键（C═C 双键和醛基），1mol 分子可以和 2mol H_2 发生加成反应；它是醛，不是乙烯同系物。

答案：B

47. 解 根据力的可传性，作用于刚体上的力可沿其作用线滑移至刚体内任意点而不改变力对刚体的作用效应，同样也不会改变A、D处的约束力。

答案：A

48. 解 主矢$\boldsymbol{F}_{\mathrm{R}}=\boldsymbol{F}_1+\boldsymbol{F}_2+\boldsymbol{F}_3$为三力的矢量和，且此三力可构成首尾相连自行封闭的力三角形，故主矢为零；对O点的主矩为各力向O点平移后附加各力偶（$\boldsymbol{F}_1$、$\boldsymbol{F}_2$、$\boldsymbol{F}_3$对O点之矩）的代数和，即$M_O=3Fa$（逆时针）。

答案：B

49. 解 画出体系整体的受力图，列平衡方程：

$\Sigma F_x=0$，$F_{\mathrm{A}x}+F=0$，得到$F_{\mathrm{A}x}=-F=-100\mathrm{kN}$

$\Sigma M_{\mathrm{C}}(F)=0$，$F(2L+r)-F(4L+r)-F_{\mathrm{A}y}4L=0$

得到$F_{\mathrm{A}y}=-\frac{F}{2}=-\frac{100}{2}=-50\mathrm{kN}$

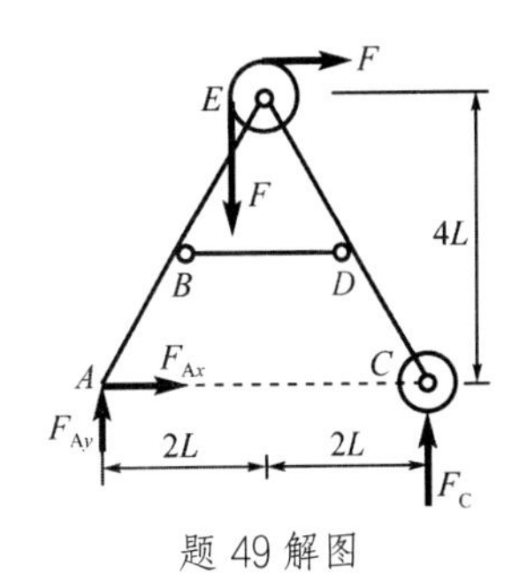

题 49 解图

答案：C

50. 解 根据零杆判别的方法，分析节点G的平衡，可知杆GG_1为零杆；分析节点G_1的平衡，由于GG_1为零杆，故节点实际只连接了三根杆，由此可知杆G_1E为零杆。依次类推，逐一分析节点E、E_1、D、D_1，可分别得出EE_1、E_1D、DD_1、D_1B为零杆。

答案：D

51. 解 因为点做匀加速直线运动，所以可根据公式：$2as=v_{\mathrm{t}}^2-v_0^2$，得到点运动的路程应为：

$$s=\frac{v_t^2-v_0^2}{2a}=\frac{8^2-5^2}{2\times 2}=9.75\text{m}$$

答案：D

52. 解 根据转动刚体内一点的速度和法向加速度公式：$v=r\omega$；$a_n=r\omega^2$，且$\omega=\dot{\varphi}=4-6t$，因此，转动刚体内转动半径$r=0.5\text{m}$的点，在$t_0=0$时的速度和法向加速度的大小为：$v=r\omega=0.5\times 4=2\text{m/s}$，$a_n=r\omega^2=0.5\times 4^2=8\text{m/s}^2$。

答案：A

53. 解 木板的加速度与轮缘一点的切向加速度相等，即$a_t=a=0.5\text{m/s}^2$，若木板的速度为v，则轮缘一点的法向加速度$a_n=r\omega^2=\frac{v^2}{r}=\sqrt{a_A^2-a_t^2}$，所以有：

$$v=\sqrt{r\sqrt{a_A^2-a_t^2}}=\sqrt{0.25\sqrt{3^2-0.5^2}}=0.86\text{m/s}$$

答案：A

54. 解 根据质点运动微分方程$m\boldsymbol{a}=\sum\boldsymbol{F}$，当电梯加速上升、匀速上升及减速上升时，加速度分别向上、零、向下，代入质点运动微分方程，分别有：

$$ma=P_1-W，\ 0=W-P_2，\ ma=W-P_3$$

所以：$P_1=W+ma$，$P_2=W$，$P_3=W-ma$

答案：B

55. 解 杆在绳断后的运动过程中，只受重力和地面的铅垂方向约束力，水平方向外力为零，根据质心运动定理，水平方向有：$ma_{Cx}=0$。由于初始静止，故$v_{Cx}=0$，说明质心在水平方向无运动，只沿铅垂方向运动。

答案：C

56. 解 分析圆轮A，外力对轮心的力矩为零，即$\sum M_A(F)=0$，应用相对质心的动量矩定理，有$J_A\alpha=\sum M_A(F)=0$，则$\alpha=0$，由于初始静止，故$\omega=0$，圆轮无转动，所以其运动形式为平行移动。

答案：C

57. 解 惯性力系合力的大小为$F_I=ma_C$，而杆质心的切向和法向加速度分别为$a_t=\frac{l}{2}\alpha$，$a_n=\frac{l}{2}\omega^2$，其全加速度为$a_C=\sqrt{a_t^2+a_n^2}=\frac{l}{2}\sqrt{\alpha^2+\omega^4}$，因此$F_I=\frac{l}{2}m\sqrt{\alpha^2+\omega^4}$。

答案：B

58. 解 因为干扰力的频率与系统固有频率相等时将发生共振，所以$\omega_2=2\text{rad/s}=\omega_n$时发生共振，故有最大振幅。

答案：B

59. 解 若将材料由低碳钢改为木材，则改变的只是弹性模量E，而正应力计算公式$\sigma=\frac{F_{\mathrm{N}}}{A}$中没有$E$，故正应力不变。但是轴向变形计算公式$\Delta l=\frac{F_{\mathrm{N}}l}{EA}$中，$\Delta l$与$E$成反比，当木材的弹性模量减小时，轴向变形$\Delta l$增大。

答案：C

60. 解 由杆的受力分析可知A截面受到一个约束反力为F，方向向左，杆的轴力图如图所示：由于BC段杆轴力为零，没有变形，故杆中距离A端1.5L处横截面的轴向位移就等于AB段杆的伸长，$\Delta l=\frac{FL}{EA}$。

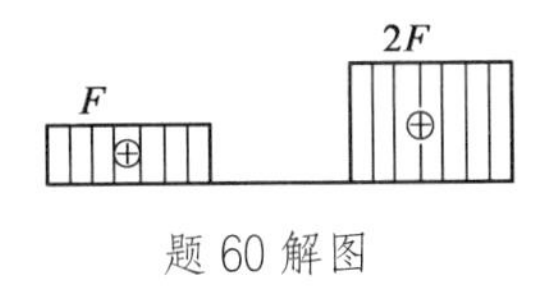

题60解图

答案：D

61. 解 圆孔钢板冲断时的剪切面是一个圆柱面，其面积为πdt，冲断条件是$\tau_{\max}=\frac{F}{\pi dt}=\tau_{\mathrm{b}}$，故

$$d=\frac{F}{\pi t\tau_{\mathrm{b}}}=\frac{300\pi\times10^3\mathrm{N}}{\pi\times10\mathrm{mm}\times300\mathrm{MPa}}=100\mathrm{mm}$$

答案：B

62. 解 图示结构剪切面面积是ab，挤压面面积是hb。

剪切强度条件：
$$\tau=\frac{F}{ab}=[\tau] \quad ①$$

挤压强度条件：
$$\sigma_{\mathrm{bs}}=\frac{F}{hb}=[\sigma_{\mathrm{bs}}] \quad ②$$

$$\frac{①}{②}=\frac{h}{a}=\frac{[\tau]}{[\sigma_{\mathrm{bs}}]}$$

答案：A

63. 解 由外力平衡可知左端的反力偶为T，方向是由外向内转。再由各段扭矩计算可知：左段扭矩为$+T$，中段扭矩为$-T$，右段扭矩为$+T$。

答案：D

64. 解 由$\phi_1=\frac{\phi}{2}$，即$\frac{T}{GI_{\mathrm{p1}}}=\frac{1}{2}\frac{T}{GI_{\mathrm{p}}}$，得$I_{\mathrm{p1}}=2I_{\mathrm{p}}$，所以$\frac{\pi d_1^4}{32}=2\frac{\pi}{32}d^4$，故$d_1=\sqrt[4]{2}d$。

答案：A

65. 解 此题未说明梁的类型，有两种可能（见解图），简支梁时答案为B，悬臂梁时答案为D。

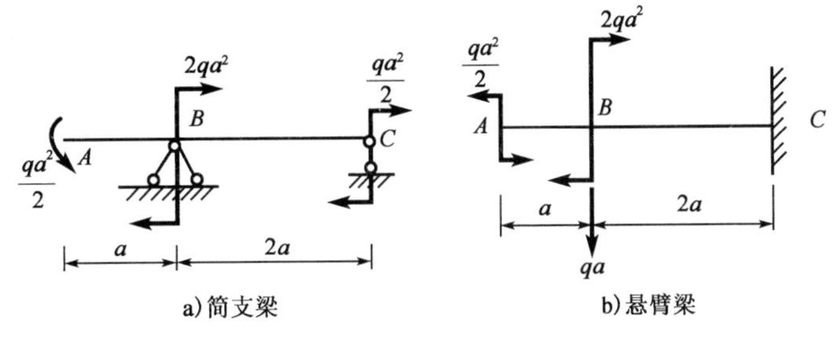

题65解图

答案： B 或 D

66. 解 $I_z = \frac{\pi}{64}d^4 - \frac{a^4}{12}$

答案： B

67. 解 因为$I_2 = \frac{b(2a)^3}{12} = 8\frac{ba^3}{12} = 8I_1$，又$f_1 = f_2$，即$\frac{M_1L^2}{2EI_1} = \frac{M_2L^2}{2EI_2}$，故$\frac{M_2}{M_1} = \frac{I_2}{I_1} = 8$。

答案： A

68. 解 图示截面的弯曲中心是两个狭长矩形边的中线交点，形心主轴是y'和z'，故无扭转，而有沿两个形心主轴y'、z'方向的双向弯曲。

答案： C

69. 解 图示单元体$\sigma_x = 50\text{MPa}$，$\sigma_y = -50\text{MPa}$，$\tau_x = -30\text{MPa}$，$\alpha = 45°$。故

$$\tau_\alpha = \frac{\sigma_x - \sigma_y}{2}\sin 2\alpha + \tau_x \cos 2\alpha = \frac{50-(-50)}{2}\sin 90° - 30 \times \cos 90° = 50\text{MPa}$$

答案： B

70. 解 图示细长压杆，$\mu = 2$，$I_{\min} = I_y = \frac{hb^3}{12}$，$F_{\text{cr}} = \frac{\pi^2 EI_{\min}}{(\mu L)^2} = \frac{\pi^2 E}{(2L)^2}\left(\frac{hb^3}{12}\right)$。

答案： D

71. 解 由连续介质假设可知。

答案： D

72. 解 仅受重力作用的静止流体的等压面是水平面。点 1 与 1′的压强相等。

$$P_\text{A} + \rho_\text{A} g h_1 = P_\text{B} + \rho_\text{B} g h_2 + \rho_\text{m} g \Delta h$$

$$P_\text{A} - P_\text{B} = (-\rho_\text{A} h_1 + \rho_\text{B} h_2 + \rho_\text{m} \Delta h)g$$

答案： A

73. 解 用连续方程求解。

$$v_3 = \frac{v_1 A_1 + v_2 A_2}{A_3} = \frac{4 \times 0.01 + 6 \times 0.005}{0.01} = 7\text{m/s}$$

答案： C

74. 解 由尼古拉兹阻力曲线图可知，在紊流粗糙区。

答案： D

75. 解 薄壁小孔口与圆柱形外管嘴流量公式均可用，流量$Q = \mu \cdot A\sqrt{2gH_0}$，根据面积$A = \frac{\pi d^2}{4}$和题设两者的$H_0$及$Q$均相等，则有$\mu_1 d_1^2 = \mu_2 d_2^2$，而$\mu_2 > \mu_1 (0.82 > 0.62)$，所以$d_1 > d_2$。

答案： A

76. 解 明渠均匀流必须发生在顺坡渠道上。

答案：D

77. 解 完全普通井流量公式：

$$Q = 1.366\frac{k(H^2 - h^2)}{\lg\frac{R}{r_0}} = 1.366 \times \frac{0.0005 \times (15^2 - 10^2)}{\lg\frac{375}{0.3}} = 0.0276\text{m}^3/\text{s}$$

答案：A

78. 解 一个正确反映客观规律的物理方程中，各项的量纲是和谐的、相同的。

答案：C

79. 解 静止的电荷产生静电场，运动电荷周围不仅存在电场，也存在磁场。

答案：A

80. 解 用安培环路定律$\oint H\mathrm{d}L = \sum I$，这里电流是代数和，注意它们的方向。

答案：C

81. 解 注意理想电压源和实际电压源的区别，该题是理想电压源$U_\mathrm{s} = U$，即输出电压恒定，电阻R的变化只能引起该支路的电流变化。

答案：C

82. 解 利用等效电压源定理判断。在求等效电压源电动势时，将A、B两点开路后，电压源的两上方电阻和两下方电阻均为串联连接方式。求内阻时，将6V电压源短路。

$$U_\mathrm{s} = 6\left(\frac{6}{3+6} - \frac{6}{6+6}\right) = 1\text{V}$$

$$R_0 = 6 /\!/ 6 + 3 /\!/ 6 = 5\Omega$$

答案：B

83. 解 对称三相交流电路中，任何时刻三相电流之和均为零。

答案：B

84. 解 该电路为线性一阶电路，暂态过程依据公式$f(t) = f(\infty) + [f(t_0+) - f(\infty)]e^{-t/\tau}$分析。$f(t)$表示电路中任意电压和电流，其中$f(\infty)$是电量的稳态值，$f(t_{0+})$表示初始值，$\tau$表示电路的时间常数。在阻容耦合电路中$\tau = RC$。

答案：C

85. 解 变压器的额定功率用视在功率表示，它等于变压器初级绕阻或次级绕阻中电压额定值与电流额定值的乘积，$S_\mathrm{N} = U_{1\mathrm{N}}I_{1\mathrm{N}} = U_{2\mathrm{N}}I_{2\mathrm{N}}$。接负载后，消耗的有功功率$P_\mathrm{N} = S_\mathrm{N}\cos\varphi_\mathrm{N}$。值得注意的是，次级绕阻电压是变压器空载时的电压，$U_{2\mathrm{N}} = U_{20}$。可以认为变压器初级端的功率因数与次级端的功率因数相同。

$$P_N = S_N \cos\varphi = 10^4 \times 0.44 = 4400\text{W}$$

故可以接入 40W 日光灯 110 盏。

答案：A

86. 解　该电路为直流稳压电源电路。对于输出的直流信号，电容在电路中可视为断路。桥式整流电路中的二极管通过的电流平均值是电阻R中通过电流的一半。

答案：D

87. 解　根据晶体三极管工作状态的判断条件，当晶体管处于饱和状态时，基极电流与集电极电流的关系是：

$$I_B > I_{BS} = \frac{1}{\beta} I_{CS} = \frac{1}{\beta}\left(\frac{U_{CC} - U_{CES}}{R_C}\right)$$

从输入回路分析：

$$I_B = I_{Rx} - I_{RB} = \frac{U_i - U_{BE}}{R_x} - \frac{U_{BE} - U_B}{R_B}$$

答案：A

88. 解　根据等效的直流通道计算，在直流等效电路中电容断路。

设$U_{BE} = 0.6\text{V}$

$$I_B = \frac{V_{CC} - U_{BE}}{R_B} = \frac{12 - 0.6}{200} = 0.057\text{mA}$$

$$I_C = \beta I_B = 40 \times 0.057 = 2.28\text{mA}$$

$$U_{CE} = V_{CC} - I_C R_C = 12 - 2.28 \times 3 = 5.16\text{V}$$

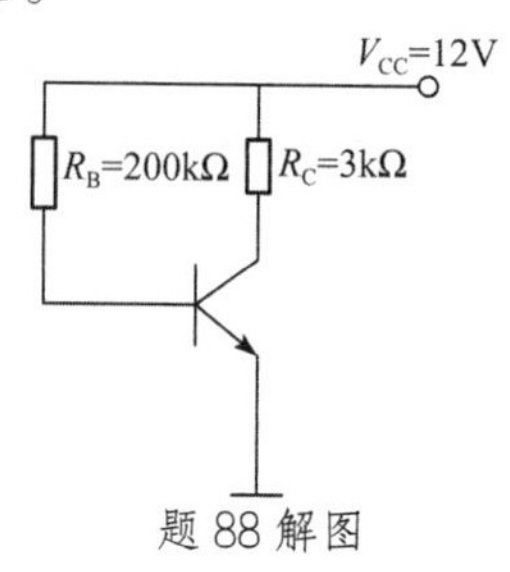

题 88 解图

答案：A

89. 解　首先确定在不同输入电压下三个二极管的工作状态，依此确定输出端的电位U_Y；然后判断各电位之间的逻辑关系，当点电位高于 2.4V 时视为逻辑状态“1”，电位低于 0.4V 时视为逻辑状态“0”。

答案：A

90. 解　该触发器为负边沿触发方式，即当时钟信号由高电平下降为低电平时刻输出端的状态可能发生改变。波形分析见解图。

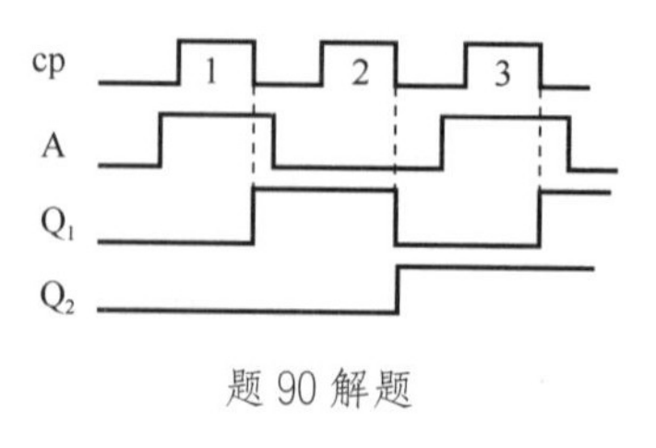

题 90 解题

答案：C

91. 解　连续信号指的是在时间范围都有定义（允许有有限个间断点）的信号。

答案：A

92. 解 连续信号指的是时间连续的信号，模拟信号是指在时间和数值上均连续的信号。

答案：C

93. 解 $\delta(t)$只在$t=0$时刻存在，$\delta(t)=\delta(-t)$，所以是偶函数。

答案：B

94. 解 常用模拟信号中，单位冲激信号$\delta(t)$与单位阶跃函数信号$\varepsilon(t)$有微分关系，反应信号变化速度。

答案：A

95. 解 周期信号的傅氏级数公式为：

$$f(t)=a_0+\sum_{k=1}^{\infty}(a_n\cos k\omega_1 t+b_n\sin k\omega_1 t)$$

式中，a_0表示直流分量，a_n表示余弦分量的幅值，b_n表示正弦分量的幅值。

答案：B

96. 解 根据二进制与十六进制的关系转换，即：$(1101\ 0010.0101\ 0100)_B=(D2.54)_H$

答案：A

97. 解 系统总线又称内总线。因为该总线是用来连接微机各功能部件而构成一个完整微机系统的，所以称之为系统总线。计算机系统内的系统总线是计算机硬件系统的一个组成部分。

答案：A

98. 解 Microsoft Word 和国产字处理软件 WPS 都是目前广泛使用的文字处理软件。

答案：A

99. 解 操作系统是用户与硬件交互的第一层系统软件，一切其他软件都要运行于操作系统之上（包括选项 A、C、D）。

答案：B

100. 解 由于程序在运行的过程中，都会出现时间的局部性和空间的局部性，这样就完全可以在一个较小的物理内存储器空间上来运行一个较大的用户程序。

答案：B

101. 解 二进制数是计算机所能识别的，由 0 和 1 两个数码组成，称为机器语言。

答案：C

102. 解 四位二进制对应一位十六进制，A 表示 10，对应的二进制为 1010，E 表示 14，对应的二进制为 1110。

答案：B

103. 解　传统加密技术、数字签名技术、对称加密技术和密钥加密技术都是常用的信息加密技术，而专用 ASCII 码加密技术是不常用的信息加密技术。

答案：D

104. 解　广域网又称为远程网，它一般是在不同城市之间的 LAN（局域网）或者 MAN（城域网）网络互联，它所覆盖的地理范围一般从几十公里到几千公里。

答案：D

105. 解　我国专家把计算机网络定义为：利用各种通信手段，把地理上分散的计算机连在一起，达到相互通信、共享软/硬件和数据等资源的系统。

答案：D

106. 解　人们把计算机网络中实现网络通信功能的设备及其软件的集合称为网络的通信子网，而把网络中实现资源共享功能的设备及其软件的集合称为资源。

答案：B

107. 解　年名义利率相同的情况下，一年内计息次数较多的，年实际利率较高。

答案：D

108. 解　按建设期利息公式$Q=\sum\left(P_{t-1}+\frac{A_t}{2}\cdot i\right)$计算。

第一年贷款总额 1000 万元，计算利息时按贷款在年内均衡发生考虑。

$$Q_1=(1000/2)\times 6\%=30\text{ 万元}$$

$$Q_2=(1000+30)\times 6\%=61.8\text{ 万元}$$

$$Q=Q_1+Q_2=30+61.8=91.8\text{ 万元}$$

答案：D

109. 解　按不考虑筹资费用的银行借款资金成本公式$K_e=R_e(1-T)$计算。

$$K_e=R_e(1-T)=10\%\times(1-25\%)=7.5\%$$

答案：A

110. 解　利用计算 IRR 的插值公式计算。

$$\text{IRR}=12\%+(14\%-12\%)\times(130)/(130+|-50|)=13.44\%$$

答案：D

111. 解　利息备付率属于反映项目偿债能力的指标。

答案：B

112. 解 可先求出盈亏平衡产量，然后乘以单位产品售价，即为盈亏平衡点销售收入。

$$\text{盈亏平衡点销售收入} = 500 \times \left(\frac{10 \times 10^4}{500 - 300}\right) = 2500\text{ 万元}$$

答案：D

113. 解 寿命期相同的互斥方案可直接采用净现值法选优。

答案：C

114. 解 价值指数等于 1 说明该部分的功能与其成本相适应。

答案：B

115. 解 《中华人民共和国建筑法》第七条规定，建筑工程开工前，建设单位应当按照国家有关规定向工程所在地县级以上人民政府建设行政主管部门申请领取施工许可证；但是，国务院建设行政主管部门确定的限额以下的小型工程除外。

答案：D

116. 解 依据《中华人民共和国安全生产法》第二十一条第（一）款，选项 B、C、D 均与法律条文有出入。

答案：A

117. 解 依据《中华人民共和国招标投标法》第十五条，招标代理机构应当在招标人委托的范围内办理招标事宜。

答案：B

118. 解 依据《中华人民共和国民法典》第四百六十九条规定，当事人订立合同有书面形式、口头形式和其他形式。

答案：C

119. 解 见《中华人民共和国行政许可法》第十二条第五款规定。选项 A 属于可以设定行政许可的内容，选项 B、C、D 均属于第十三条规定的可以不设行政许可的内容。

答案：A

120. 解 《建设工程质量管理条例》（2000 年版）第十一条规定，“施工图设计文件报县级以上人民政府建设行政主管部门审查”，但是 2017 年此条文改为“施工图设计文件审查的具体办法，由国务院建设行政主管部门、国务院其他有关部门制定”。故按照现行版本，此题无正确答案。

答案：无

2013年度全国勘察设计注册工程师

执业资格考试试卷

基础考试
（上）

二〇一三年九月

应考人员注意事项

1. 本试卷科目代码为“1”，考生务必将此代码填涂在答题卡“科目代码”相应的栏目内，否则，无法评分。

2. 书写用笔：**黑色或蓝色钢笔、签字笔或圆珠笔**；

   填涂答题卡用笔：**黑色 2B 铅笔**。

3. 必须用书写用笔将工作单位、姓名、准考证号填写在答题卡和试卷相应的栏目内。

4. 本试卷由 120 题组成，每题 1 分，满分 120 分，本试卷全部为单项选择题，每小题的四个备选项中只有一个正确答案，错选、多选、不选均不得分。

5. 考生作答时，必须按**题号在答题卡上**将相应试题所选选项对应的**字母用 2B 铅笔涂黑**。

6. 在答题卡上书写与题意无关的语言，或在答题卡上作标记的，均按违纪试卷处理。

7. 考试结束时，由监考人员当面将试卷、答题卡一并收回。

8. 草稿纸由各地统一配发，考后收回。

单项选择题（共 120 题，每题 1 分。每题的备选项中只有一个最符合题意。）

1. 已知向量$\boldsymbol{\alpha}=(-3,-2,1)$，$\boldsymbol{\beta}=(1,-4,-5)$，则$|\boldsymbol{\alpha}\times\boldsymbol{\beta}|$等于：

A. 0　　B. 6

C. $14\sqrt{3}$　　D. $14\boldsymbol{i}+16\boldsymbol{j}-10\boldsymbol{k}$

2. 若$\lim\limits_{x\to 1}\frac{2x^2+ax+b}{x^2+x-2}=1$，则必有：

A. $a=-1$，$b=2$　　B. $a=-1$，$b=-2$

C. $a=-1$，$b=-1$　　D. $a=1$，$b=1$

3. 若$\begin{cases}x=\sin t\\ y=\cos t\end{cases}$，则$\frac{\mathrm{d}y}{\mathrm{d}x}$等于：

A. $-\tan t$　　B. $\tan t$

C. $-\sin t$　　D. $\cot t$

4. 设$f(x)$有连续导数，则下列关系式中正确的是：

A. $\int f(x)\mathrm{d}x=f(x)$　　B. $\left[\int f(x)\mathrm{d}x\right]'=f(x)$

C. $\int f'(x)\mathrm{d}x=f(x)\mathrm{d}x$　　D. $\left[\int f(x)\mathrm{d}x\right]'=f(x)+C$

5. 已知$f(x)$为连续的偶函数，则$f(x)$的原函数中：

A. 有奇函数

B. 都是奇函数

C. 都是偶函数

D. 没有奇函数也没有偶函数

6. 设$f(x)=\begin{cases}3x^2, & x\leqslant 1\\ 4x-1, & x>1\end{cases}$，则$f(x)$在点$x=1$处：

A. 不连续　　B. 连续但左、右导数不存在

C. 连续但不可导　　D. 可导

7. 函数$y=(5-x)x^{\frac{2}{3}}$的极值可疑点的个数是：

A. 0　　B. 1

C. 2　　D. 3

8. 下列广义积分中发散的是：

A. $\int_0^{+\infty} e^{-x}\mathrm{d}x$

B. $\int_0^{+\infty} \frac{1}{1+x^2}\mathrm{d}x$

C. $\int_0^{+\infty} \frac{\ln x}{x}\mathrm{d}x$

D. $\int_0^{1} \frac{1}{\sqrt{1-x^2}}\mathrm{d}x$

9. 二次积分$\int_0^1 \mathrm{d}x\int_{x^2}^{x} f(x,y)\mathrm{d}y$交换积分次序后的二次积分是：

A. $\int_{x^2}^{x}\mathrm{d}y\int_0^1 f(x,y)\mathrm{d}x$

B. $\int_0^1\mathrm{d}y\int_{y^2}^{y} f(x,y)\mathrm{d}x$

C. $\int_{y}^{\sqrt{y}}\mathrm{d}y\int_0^1 f(x,y)\mathrm{d}x$

D. $\int_0^1\mathrm{d}y\int_{y}^{\sqrt{y}} f(x,y)\mathrm{d}x$

10. 微分方程$xy' - y\ln y = 0$满足$y(1) = e$的特解是：

A. $y = ex$

B. $y = e^x$

C. $y = e^{2x}$

D. $y = \ln x$

11. 设$z = z(x,y)$是由方程$xz - xy + \ln(xyz) = 0$所确定的可微函数，则$\frac{\partial z}{\partial y} =$

A. $\frac{-xz}{xz+1}$

B. $-x + \frac{1}{2}$

C. $\frac{z(-xz+y)}{x(xz+1)}$

D. $\frac{z(xy-1)}{y(xz+1)}$

12. 正项级数$\sum\limits_{n=1}^{\infty} a_n$的部分和数列$\{S_n\}\left(S_n = \sum\limits_{i=1}^{n} a_i\right)$有上界是该级数收敛的：

A. 充分必要条件

B. 充分条件而非必要条件

C. 必要条件而非充分条件

D. 既非充分又非必要条件

13. 若$f(-x) = -f(x)(-\infty < x < +\infty)$，且在$(-\infty,0)$内$f'(x) > 0$，$f''(x) < 0$，则$f(x)$在$(0,+\infty)$内是：

A. $f'(x) > 0$，$f''(x) < 0$

B. $f'(x) < 0$，$f''(x) > 0$

C. $f'(x) > 0$，$f''(x) > 0$

D. $f'(x) < 0$，$f''(x) < 0$

14. 微分方程$y'' - 3y' + 2y = xe^x$的待定特解的形式是：

A. $y = (Ax^2 + Bx)e^x$

B. $y = (Ax + B)e^x$

C. $y = Ax^2e^x$

D. $y = Axe^x$

15. 已知直线L：$\frac{x}{3}=\frac{y+1}{-1}=\frac{z-3}{2}$，平面$\pi$：$-2x+2y+z-1=0$，则：

A. L与π垂直相交　　B. L平行于π，但L不在π上

C. L与π非垂直相交　　D. L在π上

16. 设L是连接点$A(1,0)$及点$B(0,-1)$的直线段，则对弧长的曲线积分$\int_L (y-x)\mathrm{d}s=$

A. -1　　B. 1

C. $\sqrt{2}$　　D. $-\sqrt{2}$

17. 下列幂级数中，收敛半径$R=3$的幂级数是：

A. $\sum\limits_{n=0}^{\infty} 3x^n$　　B. $\sum\limits_{n=0}^{\infty} 3^n x^n$

C. $\sum\limits_{n=0}^{\infty} \frac{1}{3^{\frac{n}{2}}} x^n$　　D. $\sum\limits_{n=0}^{\infty} \frac{1}{3^{n+1}} x^n$

18. 若$z=f(x,y)$和$y=\varphi(x)$均可微，则$\frac{\mathrm{d}z}{\mathrm{d}x}$等于：

A. $\frac{\partial f}{\partial x}+\frac{\partial f}{\partial y}$　　B. $\frac{\partial f}{\partial x}+\frac{\partial f}{\partial y}\frac{\mathrm{d}\varphi}{\mathrm{d}x}$

C. $\frac{\partial f}{\partial y}\frac{\mathrm{d}\varphi}{\mathrm{d}x}$　　D. $\frac{\partial f}{\partial x}-\frac{\partial f}{\partial y}\frac{\mathrm{d}\varphi}{\mathrm{d}x}$

19. 已知向量组$\boldsymbol{\alpha}_1=(3,2,-5)^{\mathrm{T}}$，$\boldsymbol{\alpha}_2=(3,-1,3)^{\mathrm{T}}$，$\boldsymbol{\alpha}_3=\left(1,-\frac{1}{3},1\right)^{\mathrm{T}}$，$\boldsymbol{\alpha}_4=(6,-2,6)^{\mathrm{T}}$，则该向量组的一个极大线性无关组是：

A. $\boldsymbol{\alpha}_2$，$\boldsymbol{\alpha}_4$　　B. $\boldsymbol{\alpha}_3$，$\boldsymbol{\alpha}_4$

C. $\boldsymbol{\alpha}_1$，$\boldsymbol{\alpha}_2$　　D. $\boldsymbol{\alpha}_2$，$\boldsymbol{\alpha}_3$

20. 若非齐次线性方程组$\boldsymbol{Ax}=\boldsymbol{b}$中，方程的个数少于未知量的个数，则下列结论中正确的是：

A. $\boldsymbol{Ax}=\boldsymbol{0}$仅有零解　　B. $\boldsymbol{Ax}=\boldsymbol{0}$必有非零解

C. $\boldsymbol{Ax}=\boldsymbol{0}$一定无解　　D. $\boldsymbol{Ax}=\boldsymbol{b}$必有无穷多解

21. 已知矩阵$\boldsymbol{A}=\begin{bmatrix}1 & -1 & 1\\ 2 & 4 & -2\\ -3 & -3 & 5\end{bmatrix}$与$\boldsymbol{B}=\begin{bmatrix}\lambda & 0 & 0\\ 0 & 2 & 0\\ 0 & 0 & 2\end{bmatrix}$相似，则$\lambda$等于：

A. 6　　B. 5

C. 4　　D. 14

22. 设A和B为两个相互独立的事件，且$P(A)=0.4$，$P(B)=0.5$，则$P(A\cup B)$等于：

A. 0.9　　B. 0.8

C. 0.7　　D. 0.6

23. 下列函数中，可以作为连续型随机变量的分布函数的是：

A. $\Phi(x)=\begin{cases}0, & x<0\\ 1-e^{x}, & x\geqslant 0\end{cases}$　　B. $F(x)=\begin{cases}e^{x}, & x<0\\ 1, & x\geqslant 0\end{cases}$

C. $G(x)=\begin{cases}e^{-x}, & x<0\\ 1, & x\geqslant 0\end{cases}$　　D. $H(x)=\begin{cases}0, & x<0\\ 1+e^{-x}, & x\geqslant 0\end{cases}$

24. 设总体$X\sim N(0,\sigma^2)$，$X_1,X_2,\cdots,X_n$是来自总体的样本，则σ^2的矩估计是：

A. $\frac{1}{n}\sum\limits_{i=1}^{n}X_i$　　B. $n\sum\limits_{i=1}^{n}X_i$

C. $\frac{1}{n^2}\sum\limits_{i=1}^{n}X_i^2$　　D. $\frac{1}{n}\sum\limits_{i=1}^{n}X_i^2$

25. 一瓶氦气和一瓶氮气，它们每个分子的平均平动动能相同，而且都处于平衡态。则它们：

A. 温度相同，氦分子和氮分子的平均动能相同

B. 温度相同，氦分子和氮分子的平均动能不同

C. 温度不同，氦分子和氮分子的平均动能相同

D. 温度不同，氦分子和氮分子的平均动能不同

26. 最概然速率v_{p}的物理意义是：

A. v_{p}是速率分布中的最大速率

B. v_{p}是大多数分子的速率

C. 在一定的温度下，速率与v_{p}相近的气体分子所占的百分率最大

D. v_{p}是所有分子速率的平均值

27. 气体做等压膨胀，则：

A. 温度升高，气体对外做正功

B. 温度升高，气体对外做负功

C. 温度降低，气体对外做正功

D. 温度降低，气体对外做负功

28. 一定量理想气体由初态(p_1, V_1, T_1)经等温膨胀到达终态(p_2, V_2, T_1)，则气体吸收的热量Q为：

A. $Q = p_1 V_1 \ln \frac{V_2}{V_1}$　　B. $Q = p_1 V_2 \ln \frac{V_2}{V_1}$

C. $Q = p_1 V_1 \ln \frac{V_1}{V_2}$　　D. $Q = p_2 V_1 \ln \frac{p_2}{p_1}$

29. 一横波沿一根弦线传播，其方程为$y = -0.02 \cos \pi(4x - 50t)$ (SI)，该波的振幅与波长分别为：

A. 0.02cm，0.5cm　　B. −0.02m，−0.5m

C. −0.02m，0.5m　　D. 0.02m，0.5m

30. 一列机械横波在t时刻的波形曲线如图所示，则该时刻能量处于最大值的媒质质元的位置是：

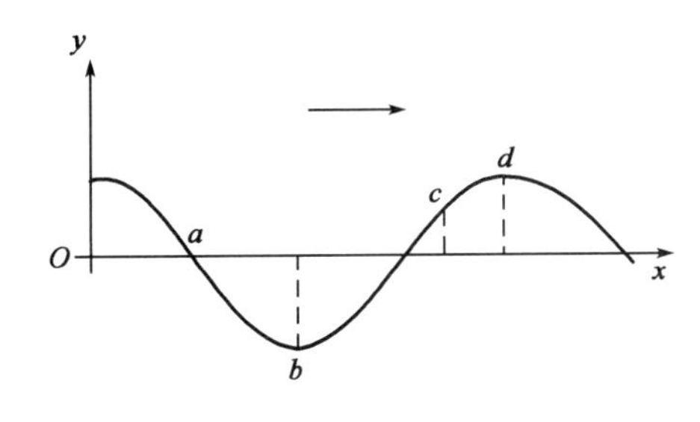

A. a　　B. b

C. c　　D. d

31. 在波长为λ的驻波中，两个相邻波腹之间的距离为：

A. $\lambda/2$　　B. $\lambda/4$

C. $3\lambda/4$　　D. λ

32. 两偏振片叠放在一起，欲使一束垂直入射的线偏振光经过两个偏振片后振动方向转过 90°，且使出射光强尽可能大，则入射光的振动方向与前后两偏振片的偏振化方向夹角分别为：

A. 45°和 90°　　B. 0°和 90°

C. 30°和 90°　　D. 60°和 90°

33. 光的干涉和衍射现象反映了光的：

A. 偏振性质　　B. 波动性质

C. 横波性质　　D. 纵波性质

34. 若在迈克耳逊干涉仪的可动反射镜M移动了 0.620mm 的过程中，观察到干涉条纹移动了 2300 条，则所用光波的波长为：

A. 269nm

B. 539nm

C. 2690nm

D. 5390nm

35. 在单缝夫琅禾费衍射实验中，屏上第三级暗纹对应的单缝处波面可分成的半波带的数目为：

A. 3

B. 4

C. 5

D. 6

36. 波长为λ的单色光垂直照射在折射率为n的劈尖薄膜上，在由反射光形成的干涉条纹中，第五级明条纹与第三级明条纹所对应的薄膜厚度差为：

A. $\frac{\lambda}{2n}$

B. $\frac{\lambda}{n}$

C. $\frac{\lambda}{5n}$

D. $\frac{\lambda}{3n}$

37. 量子数$n=4$，$l=2$，$m=0$的原子轨道数目是：

A. 1

B. 2

C. 3

D. 4

38. PCl_3分子空间几何构型及中心原子杂化类型分别为：

A. 正四面体，sp^3杂化

B. 三角锥形，不等性sp^3杂化

C. 正方形，dsp^2杂化

D. 正三角形，sp^2杂化

39. 已知$Fe^{3+}\underline{0.771}Fe^{2+}\underline{-0.44}Fe$，则$E^\Theta(Fe^{3+}/Fe)$等于：

A. 0.331V

B. 1.211V

C. -0.036V

D. 0.110V

40. 在$BaSO_4$饱和溶液中，加入$BaCl_2$，利用同离子效应使$BaSO_4$的溶解度降低，体系中$c(SO_4{}^{2-})$的变化是：

A. 增大

B. 减小

C. 不变

D. 不能确定

41. 催化剂可加快反应速率的原因。下列叙述正确的是：

A. 降低了反应的$\Delta_r H_m^\Theta$

B. 降低了反应的$\Delta_r G_m^\Theta$

C. 降低了反应的活化能

D. 使反应的平衡常数K^Θ减小

42. 已知反应$C_2H_2(g) + 2H_2(g) \rightleftharpoons C_2H_6(g)$的$\Delta_r H_m < 0$，当反应达平衡后，欲使反应向右进行，可采取的方法是：

A. 升温，升压　　　　B. 升温，减压

C. 降温，升压　　　　D. 降温，减压

43. 向原电池$(-)Ag, AgCl \mid Cl^- \parallel Ag^+ \mid Ag(+)$的负极中加入 NaCl，则原电池电动势的变化是：

A. 变大　　　　B. 变小

C. 不变　　　　D. 不能确定

44. 下列各组物质在一定条件下反应，可以制得比较纯净的 1,2-二氯乙烷的是：

A. 乙烯通入浓盐酸中

B. 乙烷与氯气混合

C. 乙烯与氯气混合

D. 乙烯与卤化氢气体混合

45. 下列物质中，不属于醇类的是：

A. C_4H_9OH　　　　B. 甘油

C. $C_6H_5CH_2OH$　　　　D. C_6H_5OH

46. 人造象牙的主要成分是 $\left[CH_2-O \right]_n$，它是经加聚反应制得的。合成此高聚物的单体是：

A. $(CH_3)_2O$　　　　B. CH_3CHO

C. HCHO　　　　D. HCOOH

47. 图示构架由AC、BD、CE三杆组成，A、B、C、D处为铰接，E处光滑接触。已知：$F_p = 2kN$，$\theta = 45°$，杆及轮重均不计，则E处约束力的方向与x轴正向所成的夹角为：

A. 0°

B. 45°

C. 90°

D. 225°

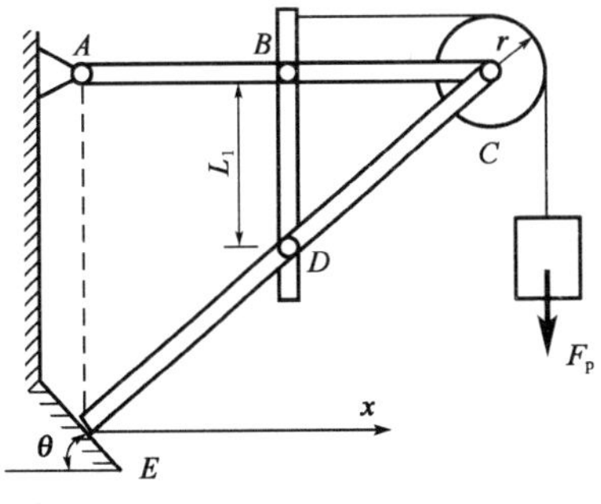

48. 图示结构直杆BC，受荷载$\boldsymbol{F}$，q作用，$BC=L$，$F=qL$，其中q为荷载集度，单位为N/m，集中力以N计，长度以m计。则该主动力系数对O点的合力矩为：

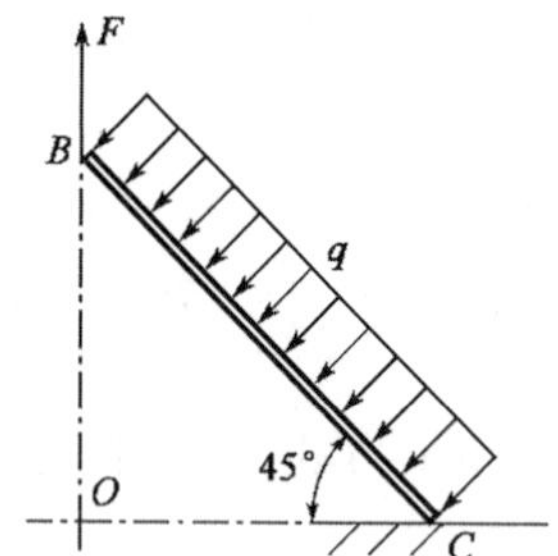

A. $M_{\mathrm{O}}=0$

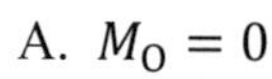

B. $M_{\mathrm{O}}=\frac{qL^2}{2}\mathrm{N\cdot m}$(↶)

C. $M_{\mathrm{O}}=\frac{3qL^2}{2}\mathrm{N\cdot m}$(↶)

D. $M_{\mathrm{O}}=qL^2\mathrm{kN\cdot m}$(↷)

49. 图示平面构架，不计各杆自重。已知：物块 M 重力为$\boldsymbol{F}_{\mathrm{p}}$，悬挂如图示，不计小滑轮$D$的尺寸与质量，$A$、$E$、$C$均为光滑铰链，$L_1=1.5\mathrm{m}$，$L_2=2\mathrm{m}$。则支座$B$的约束力为：

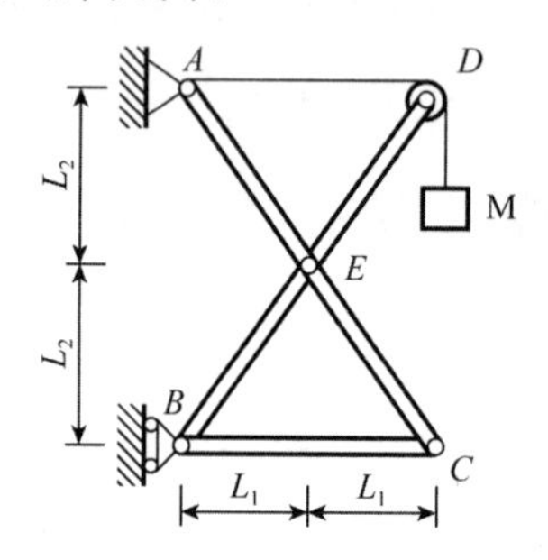

A. $F_{\mathrm{B}}=3F_{\mathrm{p}}/4(\rightarrow)$

B. $F_{\mathrm{B}}=3F_{\mathrm{p}}/4(\leftarrow)$

C. $F_{\mathrm{B}}=F_{\mathrm{p}}(\leftarrow)$

D. $F_{\mathrm{B}}=0$

50. 物体的重力为$\boldsymbol{W}$，置于倾角为α的斜面上，如图所示。已知摩擦角$\varphi_{\mathrm{m}}>\alpha$，则物块处于的状态为：

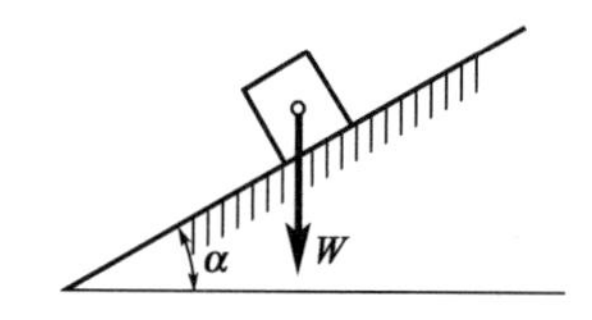

A. 静止状态

B. 临界平衡状态

C. 滑动状态

D. 条件不足，不能确定

51. 已知动点的运动方程为$x=t$，$y=2t^2$。则其轨迹方程为：

A. $x=t^2-t$

B. $y=2t$

C. $y-2x^2=0$

D. $y+2x^2=0$

52. 一炮弹以初速度v_0和仰角α射出。对于图所示直角坐标的运动方程为$x = v_0\cos\alpha t$，$y = v_0\sin\alpha t - \frac{1}{2}gt^2$，则当$t = 0$时，炮弹的速度和加速度的大小分别为：

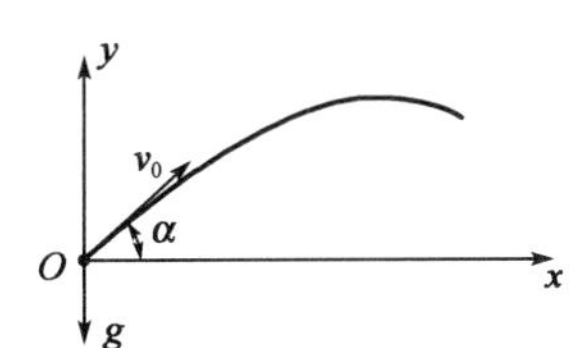

A. $v = v_0\cos\alpha$，$a = g$

B. $v = v_0$，$a = g$

C. $v = v_0\sin\alpha$，$a = -g$

D. $v = v_0$，$a = -g$

53. 两摩擦轮如图所示。则两轮的角速度与半径关系的表达式为：

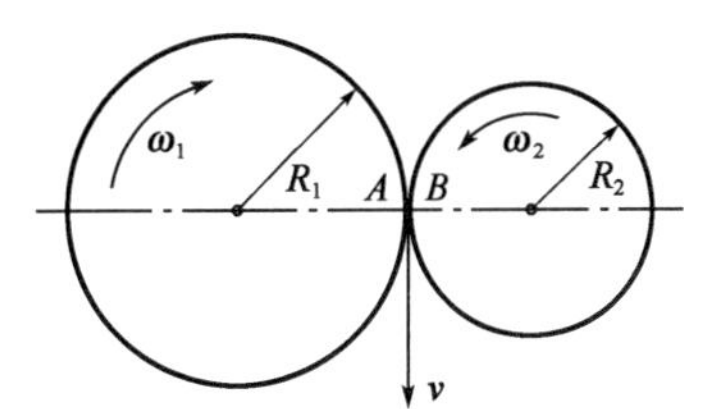

A. $\frac{\omega_1}{\omega_2} = \frac{R_1}{R_2}$

B. $\frac{\omega_1}{\omega_2} = \frac{R_2}{R_1^2}$

C. $\frac{\omega_1}{\omega_2} = \frac{R_1}{R_2^2}$

D. $\frac{\omega_1}{\omega_2} = \frac{R_2}{R_1}$

54. 质量为m的物块A，置于与水平面成θ角的斜面B上，如图所示。A与B间的摩擦系数为f，为保持A与B一起以加速度a水平向右运动，则所需加速度a的大小至少是：

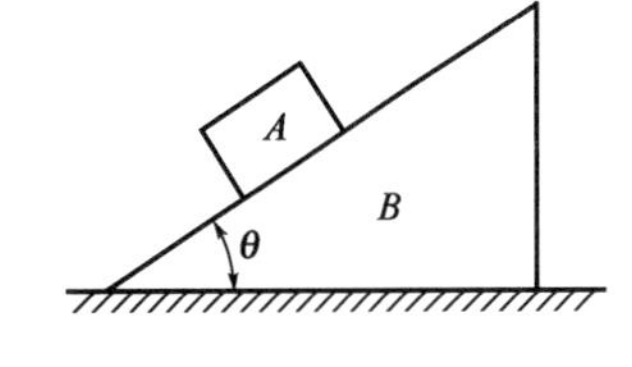

A. $a = \frac{g(f\cos\theta + \sin\theta)}{\cos\theta + f\sin\theta}$

B. $a = \frac{gf\cos\theta}{\cos\theta + f\sin\theta}$

C. $a = \frac{g(f\cos\theta - \sin\theta)}{\cos\theta + f\sin\theta}$

D. $a = \frac{gf\sin\theta}{\cos\theta + f\sin\theta}$

55. A块与B块叠放如图所示，各接触面处均考虑摩擦。当B块受力$\boldsymbol{F}$作用沿水平面运动时，A块仍静止于B块上，于是：

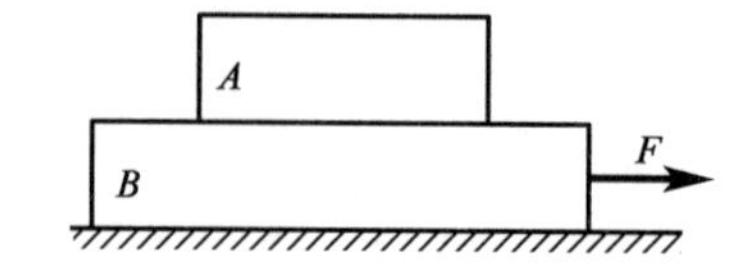

A. 各接触面处的摩擦力都做负功

B. 各接触面处的摩擦力都做正功

C. A块上的摩擦力做正功

D. B块上的摩擦力做正功

56. 质量为m，长为 $2l$的均质杆初始位于水平位置，如图所示。A端脱落后，杆绕轴B转动，当杆转到铅垂位置时，AB杆B处的约束力大小为：

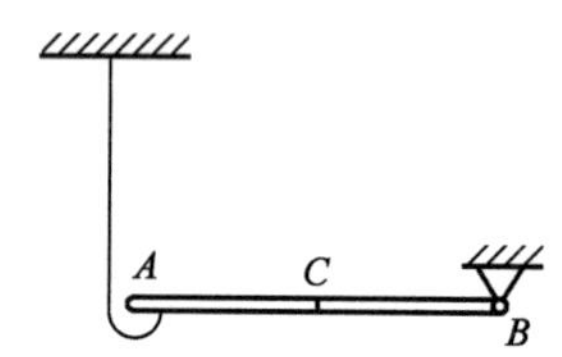

A. $F_{\mathrm{B}x}=0$，$F_{\mathrm{B}y}=0$

B. $F_{\mathrm{B}x}=0$，$F_{\mathrm{B}y}=\frac{mg}{4}$

C. $F_{\mathrm{B}x}=l$，$F_{\mathrm{B}y}=mg$

D. $F_{\mathrm{B}x}=0$，$F_{\mathrm{B}y}=\frac{5mg}{2}$

57. 质量为m，半径为R的均质圆轮，绕垂直于图面的水平轴O转动，其角速度为ω。在图示瞬时，角加速度为 0，轮心C在其最低位置，此时将圆轮的惯性力系向O点简化，其惯性力主矢和惯性力主矩的大小分别为：

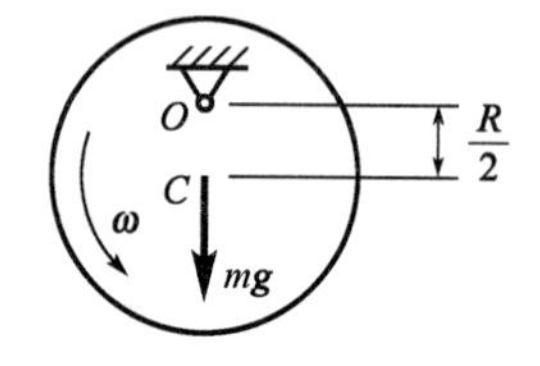

A. $m\frac{R}{2}\omega^2$，0

B. $mR\omega^2$，0

C. 0，0

D. 0，$\frac{1}{2}mR^2\omega^2$

58. 质量为 110kg 的机器固定在刚度为$2\times10^6\mathrm{N/m}$的弹性基础上，当系统发生共振时，机器的工作频率为：

A. 66.7rad/s

B. 95.3rad/s

C. 42.6rad/s

D. 134.8rad/s

59. 图示结构的两杆面积和材料相同，在铅直力F作用下，拉伸正应力最先达到许用应力的杆是：

A. 杆 1

B. 杆 2

C. 同时达到

D. 不能确定

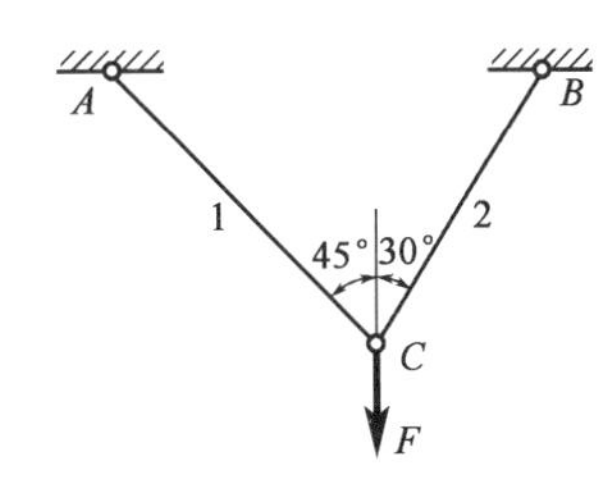

60. 图示结构的两杆许用应力均为$[\sigma]$，杆 1 的面积为A，杆 2 的面积为 $2A$，则该结构的许用荷载是：

A. $[F]=A[\sigma]$

B. $[F]=2A[\sigma]$

C. $[F]=3A[\sigma]$

D. $[F]=4A[\sigma]$

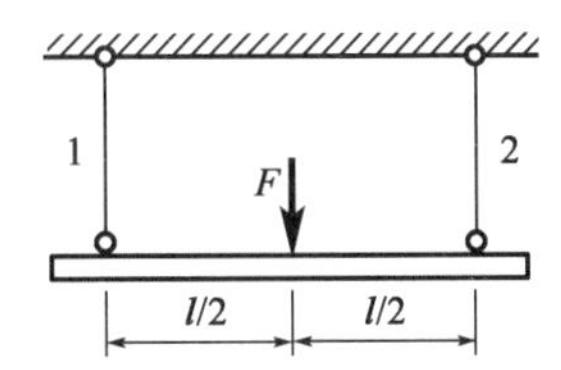

61. 钢板用两个铆钉固定在支座上，铆钉直径为d，在图示荷载作用下，铆钉的最大切应力是：

A. $\tau_{\max}=\frac{4F}{\pi d^2}$

B. $\tau_{\max}=\frac{8F}{\pi d^2}$

C. $\tau_{\max}=\frac{12F}{\pi d^2}$

D. $\tau_{\max}=\frac{2F}{\pi d^2}$

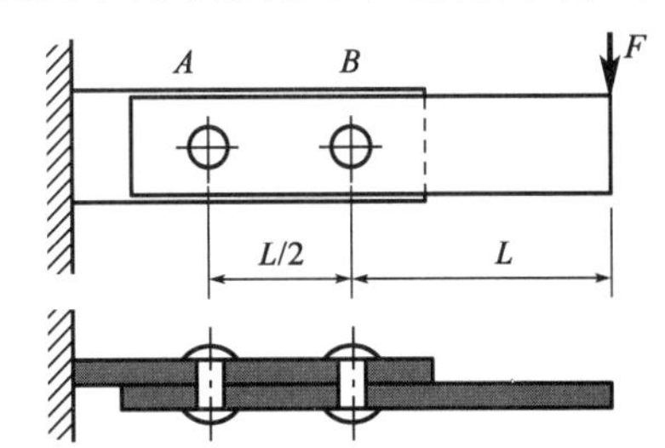

62. 螺钉承受轴向拉力F，螺钉头与钢板之间的挤压应力是：

A. $\sigma_{bs}=\frac{4F}{\pi(D^2-d^2)}$

B. $\sigma_{bs}=\frac{F}{\pi dt}$

C. $\sigma_{bs}=\frac{4F}{\pi d^2}$

D. $\sigma_{bs}=\frac{4F}{\pi D^2}$

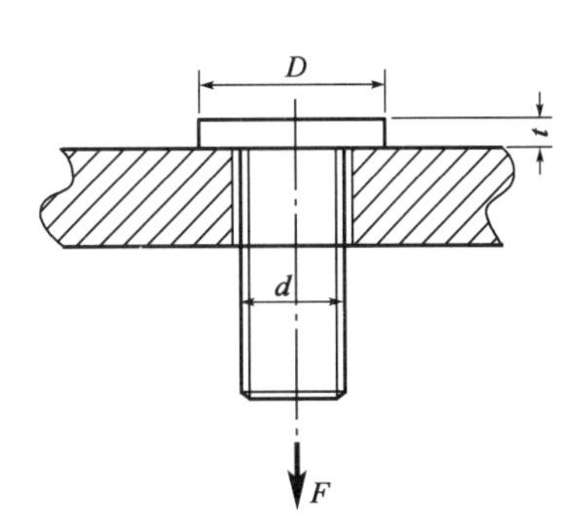

63. 圆轴直径为d，切变模量为G，在外力作用下发生扭转变形，现测得单位长度扭转角为θ，圆轴的最大切应力是：

A. $\tau_{\max} = \frac{16\theta G}{\pi d^3}$　　B. $\tau_{\max} = \theta G \frac{\pi d^3}{16}$

C. $\tau_{\max} = \theta G d$　　D. $\tau_{\max} = \frac{\theta G d}{2}$

64. 图示两根圆轴，横截面面积相同，但分别为实心圆和空心圆。在相同的扭矩T作用下，两轴最大切应力的关系是：

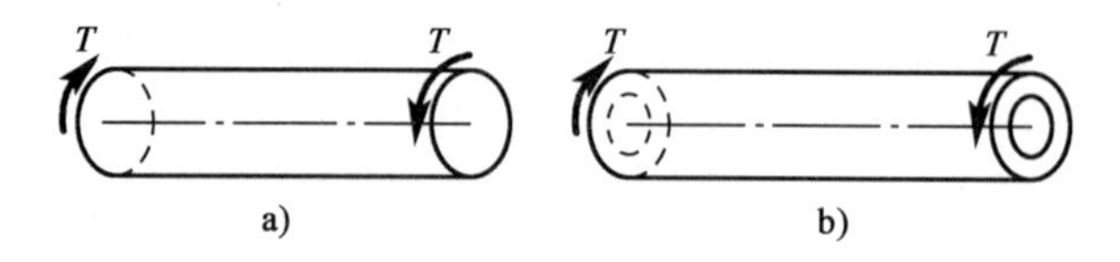

A. $\tau_a < \tau_b$　　B. $\tau_a = \tau_b$

C. $\tau_a > \tau_b$　　D. 不能确定

65. 简支梁AC的A、C截面为铰支端。已知的弯矩图如图所示，其中AB段为斜直线，BC段为抛物线。以下关于梁上荷载的正确判断是：

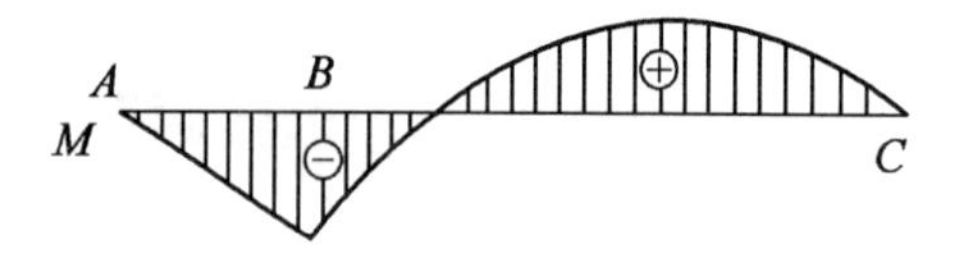

A. AB段$q = 0$，BC段$q \neq 0$，B截面处有集中力

B. AB段$q \neq 0$，BC段$q = 0$，B截面处有集中力

C. AB段$q = 0$，BC段$q \neq 0$，B截面处有集中力偶

D. AB段$q \neq 0$，BC段$q = 0$，B截面处有集中力偶

（q为分布荷载集度）

66. 悬臂梁的弯矩如图所示，根据梁的弯矩图，梁上的荷载F、m的值应是：

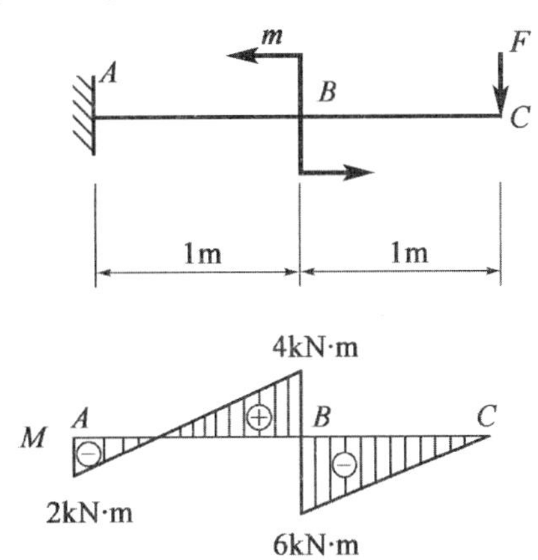

A. $F=6\text{kN}$，$m=10\text{kN}\cdot\text{m}$

B. $F=6\text{kN}$，$m=6\text{kN}\cdot\text{m}$

C. $F=4\text{kN}$，$m=4\text{kN}\cdot\text{m}$

D. $F=4\text{kN}$，$m=6\text{kN}\cdot\text{m}$

67. 承受均布荷载的简支梁如图 a）所示，现将两端的支座同时向梁中间移动$l/8$，如图 b）所示，两根梁的中点$\left(\frac{l}{2}处\right)$弯矩之比$\frac{M_a}{M_b}$为：

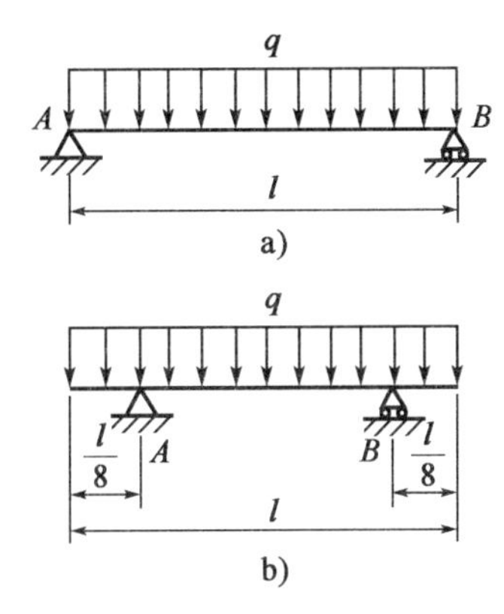

A. 16

B. 4

C. 2

D. 1

68. 按照第三强度理论，图示两种应力状态的危险程度是：

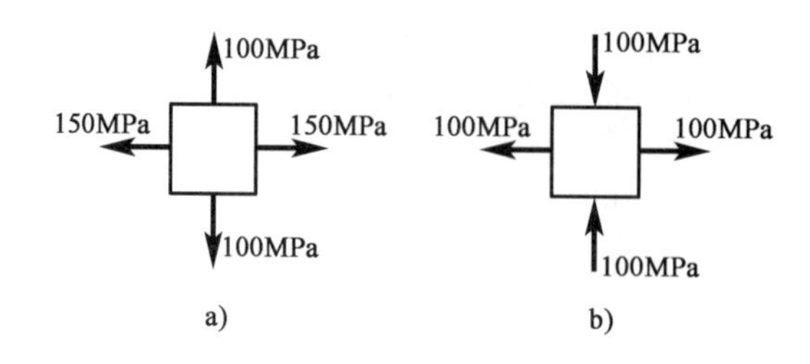

A. a）更危险　　　　B. b）更危险

C. 两者相同　　　　D. 无法判断

69. 两根杆粘合在一起，截面尺寸如图所示。杆 1 的弹性模量为E_1，杆 2 的弹性模量为E_2，且$E_1 = 2E_2$。若轴向力F作用在截面形心，则杆件发生的变形是：

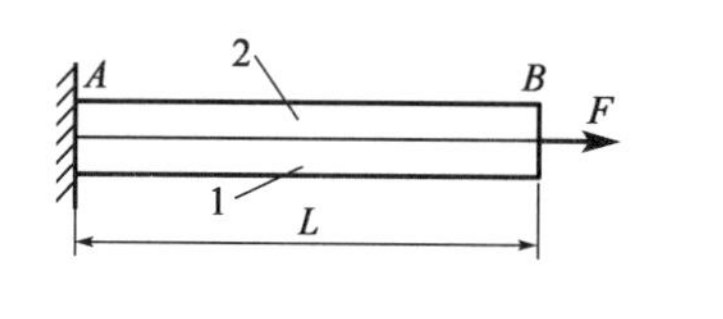

A. 拉伸和向上弯曲变形　　　　B. 拉伸和向下弯曲变形

C. 弯曲变形　　　　D. 拉伸变形

70. 图示细长压杆AB的A端自由，B端固定在简支梁上。该压杆的长度系数μ是：

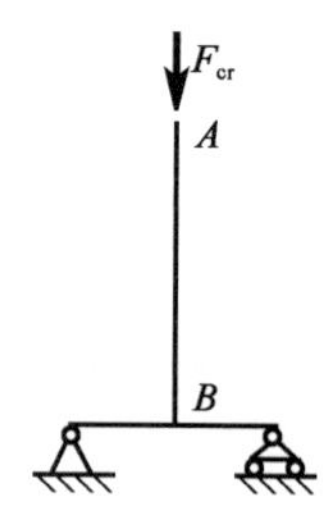

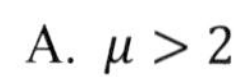

A. $\mu > 2$

B. $2 > \mu > 1$

C. $1 > \mu > 0.7$

D. $0.7 > \mu > 0.5$

71. 半径为R的圆管中，横截面上流速分布为$u = 2\left(1 - \frac{r^2}{R^2}\right)$，其中$r$表示到圆管轴线的距离，则在$r_1 = 0.2R$处的黏性切应力与$r_2 = R$处的黏性切应力大小之比为：

A. 5　　　　B. 25

C. 1/5　　　　D. 1/25

72. 图示一水平放置的恒定变直径圆管流，不计水头损失，取两个截面标记为 1 和 2，当$d_1 > d_2$时，则两截面形心压强关系是：

A. $p_1 < p_2$

B. $p_1 > p_2$

C. $p_1 = p_2$

D. 不能确定

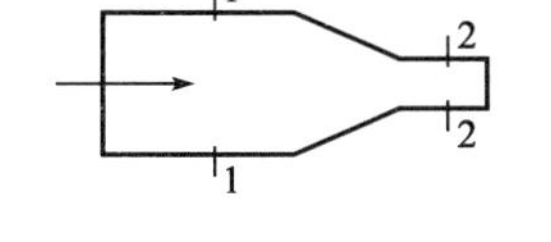

73. 水由喷嘴水平喷出，冲击在光滑平板上，如图所示，已知出口流速为50m/s，喷射流量为$0.2\text{m}^3/\text{s}$，不计阻力，则平板受到的冲击力为：

A. 5kN

B. 10kN

C. 20kN

D. 40kN

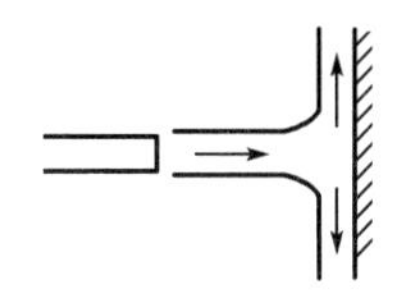

74. 沿程水头损失h_f：

A. 与流程长度成正比，与壁面切应力和水力半径成反比

B. 与流程长度和壁面切应力成正比，与水力半径成反比

C. 与水力半径成正比，与流程长度和壁面切应力成反比

D. 与壁面切应力成正比，与流程长度和水力半径成反比

75. 并联压力管的流动特征是：

A. 各分管流量相等

B. 总流量等于各分管的流量和，且各分管水头损失相等

C. 总流量等于各分管的流量和，且各分管水头损失不等

D. 各分管测压管水头差不等于各分管的总能头差

76. 矩形水力最优断面的底宽是水深的：

A. $\frac{1}{2}$

B. 1 倍

C. 1.5 倍

D. 2 倍

77. 渗流流速u与水力坡度J的关系是：

A. u正比于J

B. u反比于J

C. u正比于J的平方

D. u反比于J的平方

78. 烟气在加热炉回热装置中流动，拟用空气介质进行实验。已知空气黏度$\nu_{空气} = 15 \times 10^{-6} \mathrm{m^2/s}$，烟气运动黏度$\nu_{烟气} = 60 \times 10^{-6} \mathrm{m^2/s}$，烟气流速$\nu_{烟气} = 3\mathrm{m/s}$，如若实际长度与模型长度的比尺$\lambda_L = 5$，则模型空气的流速应为：

A. 3.75m/s　　B. 0.15m/s

C. 2.4m/s　　D. 60m/s

79. 在一个孤立静止的点电荷周围：

A. 存在磁场，它围绕电荷呈球面状分布

B. 存在磁场，它分布在从电荷所在处到无穷远处的整个空间中

C. 存在电场，它围绕电荷呈球面状分布

D. 存在电场，它分布在从电荷所在处到无穷远处的整个空间中

80. 图示电路消耗电功率 2W，则下列表达式中正确的是：

A. $(8+R)I^2 = 2$，$(8+R)I = 10$

B. $(8+R)I^2 = 2$，$-(8+R)I = 10$

C. $-(8+R)I^2 = 2$，$-(8+R)I = 10$

D. $-(8+R)I = 10$，$(8+R)I = 10$

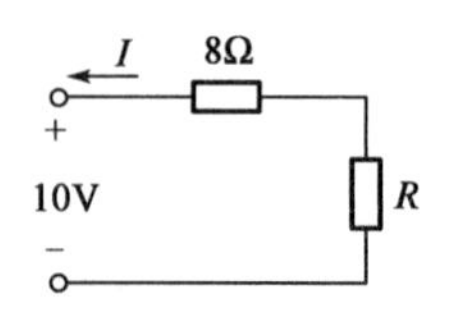

81. 图示电路中，a-b端的开路电压U_{abk}为：

A. 0

B. $\frac{R_1}{R_1+R_2}U_s$

C. $\frac{R_2}{R_1+R_2}U_s$

D. $\frac{R_2 /\!/ R_L}{R_1+R_2 /\!/ R_L}U_s$

（注：$R_2 /\!/ R_L = \frac{R_2 \cdot R_L}{R_2+R_L}$）

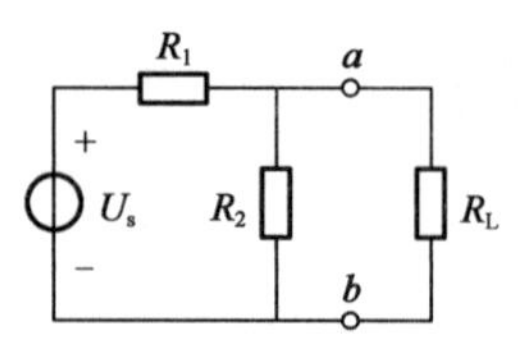

82. 在直流稳态电路中，电阻、电感、电容元件上的电压与电流大小的比值分别为：

A. R，0，0　　　　B. 0，0，∞

C. R，∞，0　　　　D. R，0，∞

83. 图示电路中，若$u(t)=\sqrt{2}\,U\sin(\omega t+\psi_{\mathrm{u}})$时，电阻元件上的电压为0，则：

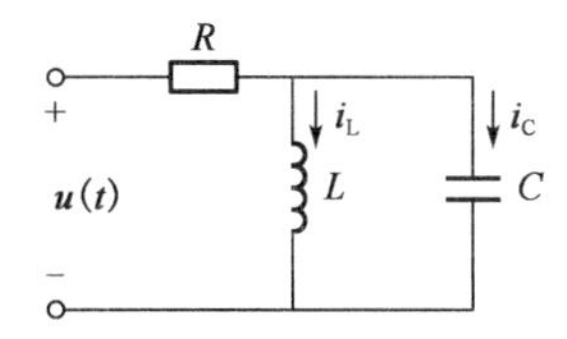

A. 电感元件断开了

B. 一定有$I_{\mathrm{L}}=I_{\mathrm{C}}$

C. 一定有$i_{\mathrm{L}}=i_{\mathrm{C}}$

D. 电感元件被短路了

84. 已知图示三相电路中三相电源对称，$Z_1=z_1\angle\varphi_1$，$Z_2=z_2\angle\varphi_2$，$Z_3=z_3\angle\varphi_3$，若$U_{\mathrm{NN'}}=0$，则$z_1=z_2=z_3$，且：

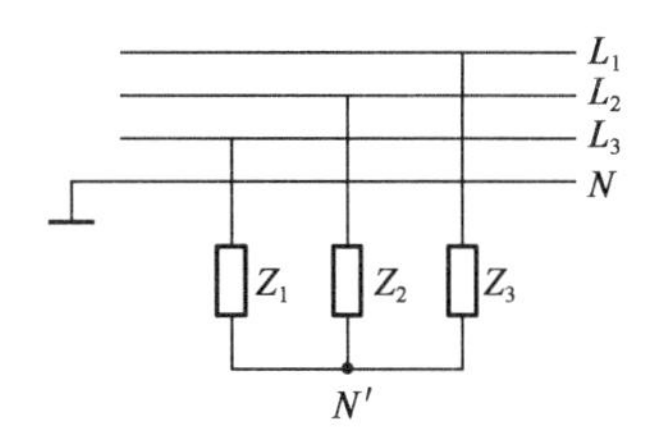

A. $\varphi_1=\varphi_2=\varphi_3$

B. $\varphi_1-\varphi_2=\varphi_2-\varphi_3=\varphi_3-\varphi_1=120°$

C. $\varphi_1-\varphi_2=\varphi_2-\varphi_3=\varphi_3-\varphi_1=-120°$

D. N'必须被接地

85. 图示电路中，设变压器为理想器件，若$u=10\sqrt{2}\sin\omega t\mathrm{V}$，则：

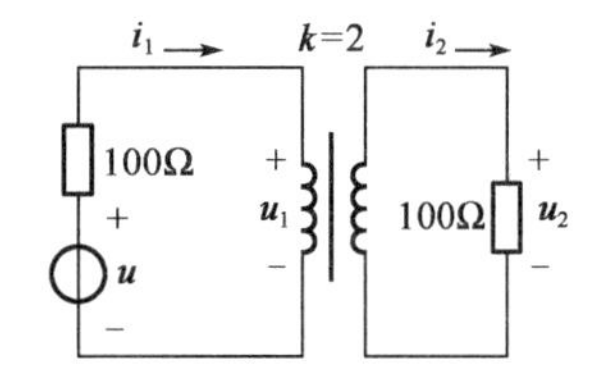

A. $U_1=\frac{1}{2}U$，$U_2=\frac{1}{4}U$

B. $I_1=0.01U$，$I_1=0$

C. $I_1=0.002U$，$I_2=0.004U$

D. $U_1=0$，$U_2=0$

86. 对于三相异步电动机而言，在满载起动情况下的最佳启动方案是：

A. Y-△启动方案，起动后，电动机以Y接方式运行

B. Y-△启动方案，起动后，电动机以△接方式运行

C. 自耦调压器降压启动

D. 绕线式电动机串转子电阻启动

87. 关于信号与信息，以下几种说法中正确的是：

A. 电路处理并传输电信号

B. 信号和信息是同一概念的两种表述形式

C. 用“1”和“0”组成的信息代码“101”只能表示数量“5”

D. 信息是看得到的，信号是看不到的

88. 图示非周期信号$u(t)$的时域描述形式是：［注：$u(t)$是单位阶跃函数］

A. $u(t)=\begin{cases}1\text{V}, & t\leqslant 2\\ -1\text{V}, & t>2\end{cases}$

B. $u(t)=-1(t-1)+2\cdot 1(t-2)-1(t-3)\text{V}$

C. $u(t)=1(t-1)-1(t-2)\text{V}$

D. $u(t)=-1(t+1)+1(t+2)-1(t+3)\text{V}$

89. 某放大器的输入信号$u_1(t)$和输出信号$u_2(t)$如图所示，则：

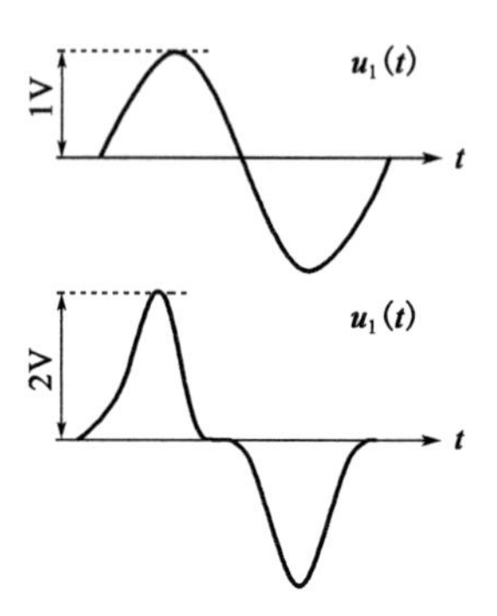

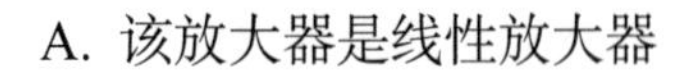

A. 该放大器是线性放大器

B. 该放大器放大倍数为 2

C. 该放大器出现了非线性失真

D. 该放大器出现了频率失真

90. 对逻辑表达式$\text{ABC}+\text{A}\overline{\text{BC}}+\text{B}$的化简结果是：

A. AB　　　　B. A+B

C. ABC　　　　D. $\text{A}\overline{\text{BC}}$

91. 已知数字信号X和数字信号Y的波形如图所示，

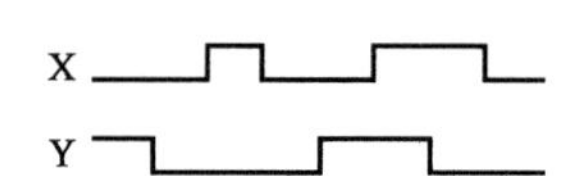

则数字信号$\text{F}=\overline{\text{XY}}$的波形为：

A.
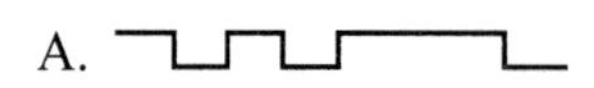

B.

C.

D.

92. 十进制数字 32 的 BCD 码为：

A. 00110010　　B. 00100000

C. 100000　　D. 00100011

93. 二级管应用电路如图所示，设二极管 D 为理想器件，$u_{\mathrm{i}}=10\sin\omega t\mathrm{V}$，则输出电压$u_{\mathrm{o}}$的波形为：

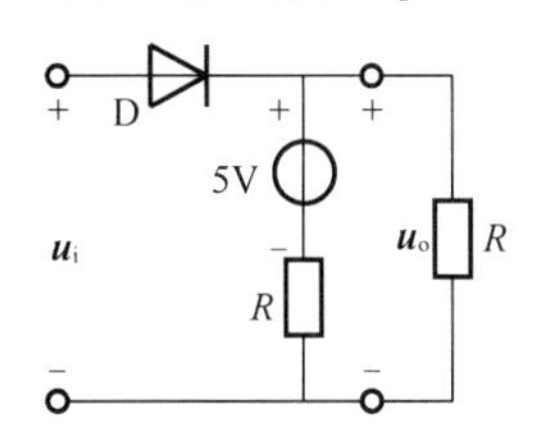

A. 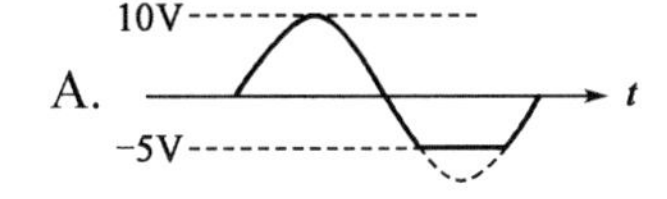

B. 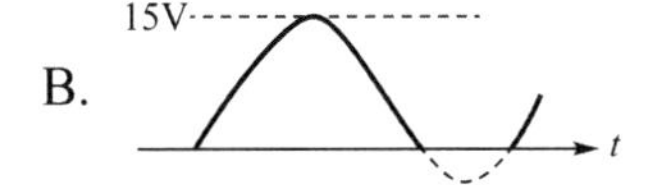

C. 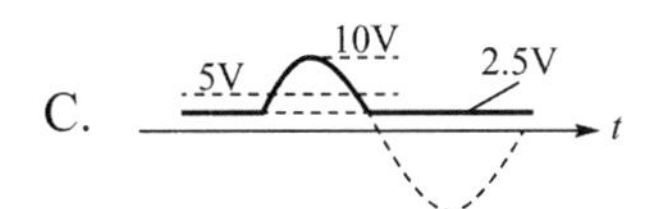

D. 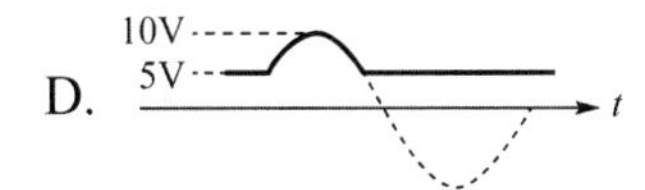

94. 晶体三极管放大电路如图所示，在进入电容C_{E}之后：

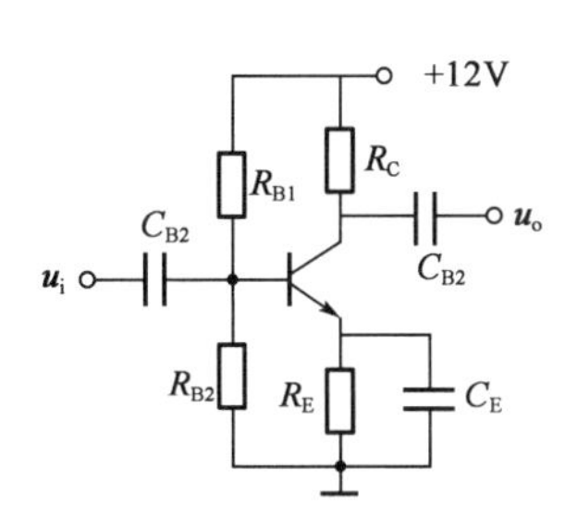

A. 放大倍数变小

B. 输入电阻变大

C. 输入电阻变小，放大倍数变大

D. 输入电阻变大，输出电阻变小，放大倍数变大

95. 图 a）所示电路中，复位信号$\overline{R}_D$，信号 A 及时钟脉冲信号 cp 如图 b）所示，经分析可知，在第一个和第二个时钟脉冲的下降沿时刻，输出 Q 分别等于：

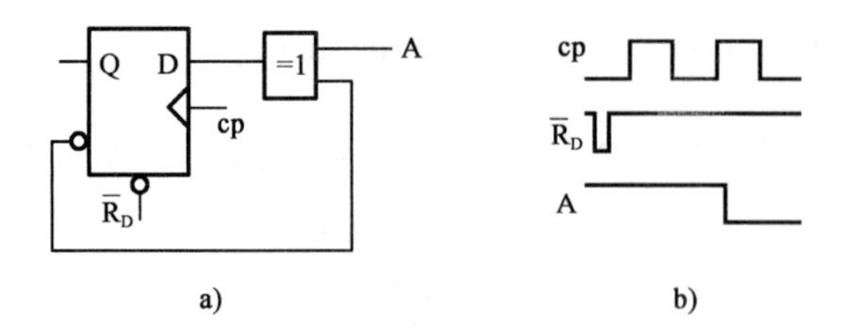

A. 0　0

B. 0　1

C. 1　0

D. 1　1

附：触发器的逻辑状态表为

D	Q_{n+1}
0	0
1	1

96. 图 a）所示电路中，复位信号、数据输入及时钟脉冲信号如图 b）所示，经分析可知，在第一个和第二个时钟脉冲的下降沿过后，输出 Q 分别等于：

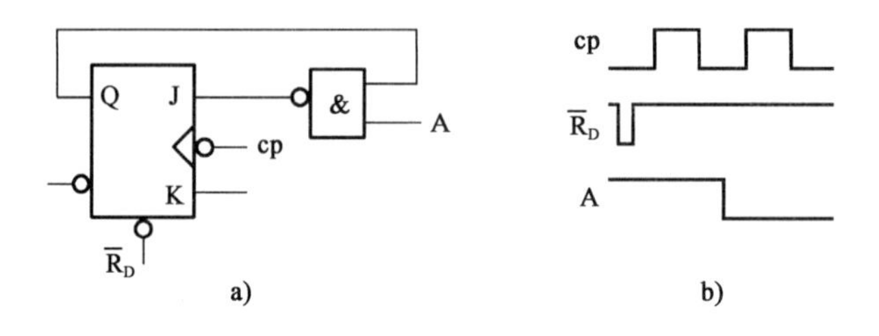

A. 0　0

B. 0　1

C. 1　0

D. 1　1

附：触发器的逻辑状态表为

J	K	Q_{n+1}
0	0	Q_D
0	1	0
1	0	1
1	1	$\overline{Q}_D$

97. 现在全国都在开发三网合一的系统工程，即：

A. 将电信网、计算机网、通信网合为一体

B. 将电信网、计算机网、无线电视网合为一体

C. 将电信网、计算机网、有线电视网合为一体

D. 将电信网、计算机网、电话网合为一体

98. 在计算机的运算器上可以：

A. 直接解微分方程

B. 直接进行微分运算

C. 直接进行积分运算

D. 进行算数运算和逻辑运算

99. 总线中的控制总线传输的是：

A. 程序和数据

B. 主存储器的地址码

C. 控制信息

D. 用户输入的数据

100. 目前常用的计算机辅助设计软件是：

A. Microsoft Word

B. AutoCAD

C. Visual BASIC

D. Microsoft Access

101. 计算机中度量数据的最小单位是：

A. 数 0

B. 位

C. 字节

D. 字

102. 在下面列出的四种码中，不能用于表示机器数的一种是：

A. 原码

B. ASCII 码

C. 反码

D. 补码

103. 一幅图像的分辨率为 640×480 像素，这表示该图像中：

A. 至少由 480 个像素组成

B. 总共由 480 个像素组成

C. 每行由 640×480 个像素组成

D. 每列由 480 个像素组成

104. 在下面四条有关进程特征的叙述中，其中正确的一条是：

A. 静态性、并发性、共享性、同步性

B. 动态性、并发性、共享性、异步性

C. 静态性、并发性、独立性、同步性

D. 动态性、并发性、独立性、异步性

105. 操作系统的设备管理功能是对系统中的外围设备：

A. 提供相应的设备驱动程序，初始化程序和设备控制程序等

B. 直接进行操作

C. 通过人和计算机的操作系统对外围设备直接进行操作

D. 既可以由用户干预，也可以直接执行操作

106. 联网中的每台计算机：

A. 在联网之前有自己独立的操作系统，联网以后是网络中的某一个结点联网以后是网络中的某一个结点

B. 在联网之前有自己独立的操作系统，联网以后它自己的操作系统屏蔽

C. 在联网之前没有自己独立的操作系统，联网以后使用网络操作系统

D. 联网中的每台计算机有可以同时使用的多套操作系统

107. 某企业向银行借款，按季度计息，年名义利率为 8%，则年实际利率为：

A. 8%　　B. 8.16%

C. 8.24%　　D. 8.3%

108. 在下列选项中，应列入项目投资现金流量分析中的经营成本的是：

A. 外购原材料、燃料和动力费　　B. 设备折旧

C. 流动资金投资　　D. 利息支出

109. 某项目第 6 年累计净现金流量开始出现正值，第五年末累计净现金流量为−60 万元，第 6 年当年净现金流量为 240 万元，则该项目的静态投资回收期为：

A. 4.25 年　　B. 4.75 年

C. 5.25 年　　D. 6.25 年

110. 某项目初期（第 0 年年初）投资额为 5000 万元，此后从第二年年末开始每年有相同的净收益，收益期为 10 年。寿命期结束时的净残值为零，若基准收益率为 15%，则要使该投资方案的净现值为零，其年净收益应为：

[已知：$(P/A,15\%,10) = 5.0188$，$(P/F,15\%,1) = 0.8696$]

A. 574.98 万元　　B. 866.31 万元

C. 996.25 万元　　D. 1145.65 万元

111. 以下关于项目经济费用效益分析的说法中正确的是：

A. 经济费用效益分析应考虑沉没成本

B. 经济费用和效益的识别不适用“有无对比”原则

C. 识别经济费用效益时应剔出项目的转移支付

D. 为了反映投入物和产出物真实经济价值，经济费用效益分析不能使用市场价格

112. 已知甲、乙为两个寿命期相同的互斥项目，其中乙项目投资大于甲项目。通过测算得出甲、乙两项目的内部收益率分别为17%和14%，增量内部收益$\Delta IRR_{(乙-甲)}=13\%$，基准收益率为14%，以下说法中正确的是：

A. 应选择甲项目

B. 应选择乙项目

C. 应同时选择甲、乙两个项目

D. 甲、乙两项目均不应选择

113. 以下关于改扩建项目财务分析的说法中正确的是：

A. 应以财务生存能力分析为主

B. 应以项目清偿能力分析为主

C. 应以企业层次为主进行财务分析

D. 应遵循“有无对比”原刚

114. 下面关于价值工程的论述中正确的是：

A. 价值工程中的价值是指成本与功能的比值

B. 价值工程中的价值是指产品消耗的必要劳动时间

C. 价值工程中的成本是指寿命周期成本，包括产品在寿命期内发生的全部费用

D. 价值工程中的成本就是产品的生产成本，它随着产品功能的增加而提高

115. 根据《中华人民共和国建筑法》规定，某建设单位领取了施工许可证，下列情节中，可能不导致施工许可证废止的是：

A. 领取施工许可证之日起三个月内因故不能按期开工，也未申请延期

B. 领取施工许可证之日起按期开工后又中止施工

C. 向发证机关申请延期开工一次，延期之日起三个月内，因故仍不能按期开工，也未申请延期

D. 向发证机关申请延期开工两次，超过6个月因故不能按期开工，继续申请延期

116. 某施工单位一个有职工 185 人的三级施工资质的企业，根据《中华人民共和国安全生产法》规定，该企业下列行为中合法的是：

A. 只配备兼职的安全生产管理人员

B. 委托具有国家规定相关专业技术资格的工程技术人员提供安全生产管理服务，由其负责承担保证安全生产的责任

C. 安全生产管理人员经企业考核后即任职

D. 设置安全生产管理机构

117. 下列属于《中华人民共和国招标投标法》规定的招标方式是：

A. 公开招标和直接招标

B. 公开招标和邀请招标

C. 公开招标和协议招标

D. 公开招标和非公开招标

118. 根据《中华人民共和国合同法》规定，下列行为不属于要约邀请的是：

A. 某建设单位发布招标公告

B. 某招标单位发出中标通知书

C. 某上市公司发出招标说明书

D. 某商场寄送的价目表

119. 根据《中华人民共和国行政许可法》的规定，除可以当场作出行政许可决定的外，行政机关应当自受理行政可之日起作出行政许可决定的时限是：

A. 5 日之内

B. 7 日之内

C. 15 日之内

D. 20 日之内

120. 某建设项目甲建设单位与乙施工单位签订施工总承包合同后，乙施工单位经甲建设单位认可，将打桩工程分包给丙专业承包单位，丙专业承包单位又将劳务作业分包给丁劳务单位，由于丙专业承包单位从业人员责任心不强，导致该打桩工程部分出现了质量缺陷，对于该质量缺陷的责任承担，以下说明正确的是：

A. 乙单位和丙单位承担连带责任

B. 丙单位和丁单位承担连带责任

C. 丙单位向甲单位承担全部责任

D. 乙、丙、丁三单位共同承担责任

2013 年度全国勘察设计注册工程师执业资格考试基础考试（上）

试题解析及参考答案

1. 解 $\boldsymbol{\alpha}\times\boldsymbol{\beta}=\begin{vmatrix} \boldsymbol{i} & \boldsymbol{j} & \boldsymbol{k} \\ -3 & -2 & 1 \\ 1 & -4 & -5 \end{vmatrix}=14\boldsymbol{i}-14\boldsymbol{j}+14\boldsymbol{k}$

$|\boldsymbol{\alpha}\times\boldsymbol{\beta}|=\sqrt{14^2+14^2+14^2}=\sqrt{3\times14^2}=14\sqrt{3}$

答案：C

2. 解 因为$\lim\limits_{x\to1}(x^2+x-2)=0$

故$\lim\limits_{x\to1}(2x^2+ax+b)=0$，即$2+a+b=0$，得$b=-2-a$，代入原式：

$$\lim_{x\to1}\frac{2x^2+ax-2-a}{x^2+x-2}=\lim_{x\to1}\frac{2(x+1)(x-1)+a(x-1)}{(x+2)(x-1)}=\lim_{x\to1}\frac{2\times2+a}{3}=1$$

故$4+a=3$，得$a=-1$，$b=-1$

答案：C

3. 解 $\frac{\mathrm{d}y}{\mathrm{d}x}=\frac{\frac{\mathrm{d}y}{\mathrm{d}t}}{\frac{\mathrm{d}x}{\mathrm{d}t}}=\frac{-\sin t}{\cos t}=-\tan t$

答案：A

4. 解 $\left[\int f(x)\mathrm{d}x\right]'=f(x)$

答案：B

5. 解 举例$f(x)=x^2$，$\int x^2\mathrm{d}x=\frac{1}{3}x^3+C$

当$C=0$时，$\int x^2\mathrm{d}x=\frac{1}{3}x^3$为奇函数；

当$C=1$时，$\int x^2\mathrm{d}x=\frac{1}{3}x^3+1$为非奇非偶函数。

答案：A

6. 解 $\lim\limits_{x\to1^-}f(x)=\lim\limits_{x\to1^-}3x^2=3$，$\lim\limits_{x\to1^+}(4x-1)=3$，$f(1)=3$，函数$f(x)$在$x=1$处连续。

$f'_+(1)=\lim\limits_{x\to1^+}\frac{4x-1-3\times1}{x-1}=\lim\limits_{x\to1^+}\frac{4(x-1)}{x-1}=4$

$f'_-(1)=\lim\limits_{x\to1^-}\frac{3x^2-3}{x-1}=\lim\limits_{x\to1^-}\frac{3(x+1)(x-1)}{x-1}=6$

$f'_+(1)\neq f'_-(1)$，在$x=1$处不可导；

故$f(x)$在$x=1$处连续不可导。

答案：C

7. 解

$$y' = -1 \cdot x^{\frac{2}{3}} + (5-x)\frac{2}{3}x^{-\frac{1}{3}} = -x^{\frac{2}{3}} + \frac{2}{3}\cdot\frac{5-x}{x^{\frac{1}{3}}} = \frac{-3x+2(5-x)}{3x^{\frac{1}{3}}}$$

$$= \frac{-3x+10-2x}{3\cdot x^{\frac{1}{3}}} = \frac{5(2-x)}{3x^{\frac{1}{3}}}$$

可知$x=0$，$x=2$为极值可疑点，所以极值可疑点的个数为 2。

答案：C

8. 解 选项 A：$\int_0^{+\infty} e^{-x}\mathrm{d}x = -\int_0^{+\infty} e^{-x}\,\mathrm{d}(-x) = -e^{-x}\Big|_0^{+\infty} = -\left(\lim\limits_{x\to+\infty} e^{-x} - 1\right) = 1$

选项 B：$\int_0^{+\infty} \frac{1}{1+x^2}\mathrm{d}x = \arctan x\Big|_0^{+\infty} = \frac{\pi}{2}$

选项 C：因为$\lim\limits_{x\to0^+}\frac{\ln x}{x} = \lim\limits_{x\to0^+}\frac{1}{x}\ln x \to \infty$，所以函数在$x\to0^+$无界。

$$\int_0^{+\infty}\frac{\ln x}{x}\mathrm{d}x = \int_0^{+\infty}\frac{\ln x}{x}\mathrm{d}x = \int_0^{+\infty}\ln x\mathrm{d}\ln x = \frac{1}{2}(\ln x)^2\Big|_0^{+\infty}$$

而$\lim\limits_{x\to+\infty}\frac{1}{2}(\ln x)^2 = \infty$，$\lim\limits_{x\to0}\frac{1}{2}(\ln x)^2 = \infty$，故广义积分发散。

选项 D：$\int_0^1 \frac{1}{\sqrt{1-x^2}}\mathrm{d}x = \arcsin x\Big|_0^1 = \frac{\pi}{2}$

注：$\lim\limits_{x\to1^-}\frac{1}{\sqrt{1-x^2}} = +\infty$，$x=1$为无穷间断点。

答案：C

9. 解 见解图，D：$0\leqslant y\leqslant1$，$y\leqslant x\leqslant\sqrt{y}$；

$y=x$，即$x=y$；$y=x^2$，得$x=\sqrt{y}$；

所以二次积分交换积分顺序后为$\int_0^1\mathrm{d}y\int_y^{\sqrt{y}}f(x,y)\mathrm{d}x$。

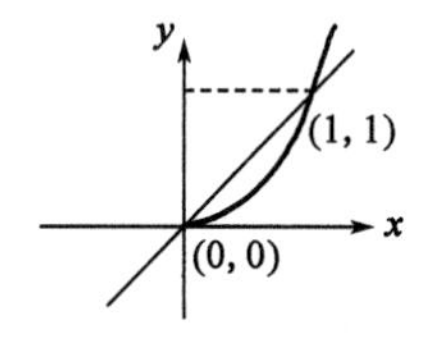

题 9 解图

答案：D

10. 解 $x\frac{\mathrm{d}y}{\mathrm{d}x} = y\ln y$，$\frac{1}{y\ln y}\mathrm{d}y = \frac{1}{x}\mathrm{d}x$，$\ln\ln y = \ln x + \ln C$

$\ln y = Cx$，$y = e^{Cx}$，代入$x=1$，$y=e$，有$e=e^{1C}$，得$C=1$

所以$y=e^x$

答案：B

11. 解 $F(x,y,z) = xz - xy + \ln(xyz)$

$$F_x = z - y + \frac{yz}{xyz} = z - y + \frac{1}{x}，F_y = -x + \frac{xz}{xyz} = -x + \frac{1}{y}，F_z = x + \frac{xy}{xyz} = x + \frac{1}{z}$$

$$\frac{\partial z}{\partial y} = -\frac{F_y}{F_z} = -\frac{\frac{-xy+1}{y}}{\frac{xz+1}{z}} = -\frac{(1-xy)z}{y(xz+1)} = \frac{z(xy-1)}{y(xz+1)}$$

答案：D

12. 解 正项级数$\sum\limits_{n=1}^{\infty}u_n$收敛的充分必要条件是，它的部分和数列$\{S_n\}$有界。

答案：A

13. 解 已知$f(-x)=-f(x)$，函数在$(-\infty,+\infty)$为奇函数。

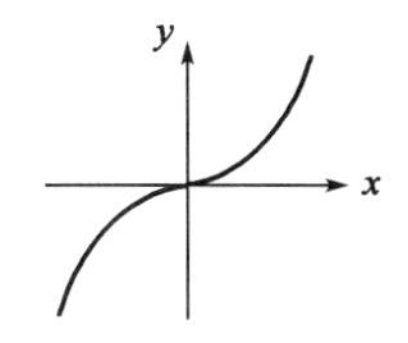

题13解图

可配合图形说明在$(-\infty,0)$，$f'(x)>0$，$f''(x)<0$，凸增。

故在$(0,+\infty)$为凹增，即在$(0,+\infty)$，$f'(x)>0$，$f''(x)>0$。

答案：C

14. 解 特征方程：$r^2-3r+2=0$，$r_1=1$，$r_2=2$，$f(x)=xe^x$，$r=1$为对应齐次方程的特征方程的单根，故特解形式$y^*=x(Ax+B)\cdot e^x$。

答案：A

15. 解 $\vec{s}=\{3,-1,2\}$，$\vec{n}=\{-2,2,1\}$，$\vec{s}\cdot\vec{n}\neq 0$，$\vec{s}$与$\vec{n}$不垂直。

故直线L不平行于平面π，从而选项B、D不成立；又因为$\vec{s}$不平行于$\vec{n}$，所以L不垂直于平面π，选项A不成立；即直线L与平面π非垂直相交。

答案：C

16. 解 见解图，L：$y=x-1$，所以L的参数方程$\begin{cases}x=x\\y=x-1\end{cases}$，$0\leqslant x\leqslant 1$

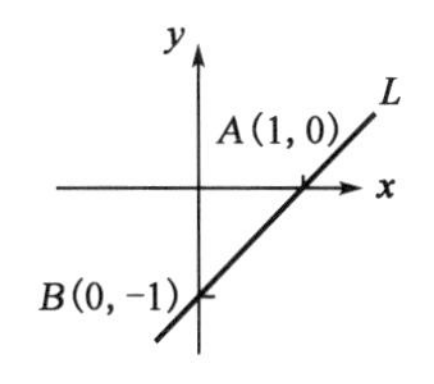

题16解图

$\mathrm{d}s=\sqrt{1^2+1^2}\mathrm{d}x=\sqrt{2}\mathrm{d}x$

故$\int_L(y-x)\mathrm{d}s=\int_0^1(x-1-x)\sqrt{2}\mathrm{d}x=-\sqrt{2}\cdot 1=-\sqrt{2}$

答案：D

17. 解 $R=3$，则$\rho=\frac{1}{3}$

选项A：$\sum\limits_{n=0}^{\infty}3x^n$，$\lim\limits_{n\to\infty}\left|\frac{a_{n+1}}{a_n}\right|=1$

选项B：$\sum\limits_{n=1}^{\infty}3^nx^n$，$\lim\limits_{n\to x}\left|\frac{3^{n+1}}{3^n}\right|=3$

选项C：$\sum\limits_{n=0}^{\infty}\frac{1}{3^{\frac{n}{2}}}x^n$，$\lim\limits_{n\to\infty}\left|\frac{\frac{1}{3^{\frac{n+1}{2}}}}{\frac{1}{3^{\frac{n}{2}}}}\right|=\lim\limits_{n\to\infty}\frac{1}{3^{\frac{n+1}{2}}}\cdot 3^{\frac{n}{2}}=\lim\limits_{n\to\infty}3^{\frac{n}{2}-\frac{n+1}{2}}=3^{-\frac{1}{2}}$

选项D：$\sum\limits_{n=0}^{\infty}\frac{1}{3^{n+1}}x^n$，$\lim\limits_{n\to\infty}\left|\frac{\frac{1}{3^{n+2}}}{\frac{1}{3^{n+1}}}\right|=\lim\limits_{n\to\infty}\frac{3^{n+1}}{3^{n+2}}=\frac{1}{3}$，$\rho=\frac{1}{3}$，$R=\frac{1}{\rho}=3$

答案：D

18. 解 $z=f(x,y)$，$\begin{cases}x=x\\y=\varphi(x)\end{cases}$，则$\frac{\mathrm{d}z}{\mathrm{d}x}=\frac{\partial f}{\partial x}\cdot 1+\frac{\partial f}{\partial y}\cdot\frac{\mathrm{d}\varphi}{\mathrm{d}x}$

答案：B

19. 解 以$\boldsymbol{\alpha}_1$、$\boldsymbol{\alpha}_2$、$\boldsymbol{\alpha}_3$、$\boldsymbol{\alpha}_4$为列向量作矩阵$\boldsymbol{A}$

$$A=\begin{bmatrix}3&3&1&6\\2&-1&-\frac{1}{3}&-2\\-5&3&1&6\end{bmatrix}\xrightarrow{-r_1+r_3}\begin{bmatrix}3&3&1&6\\2&-1&-\frac{1}{3}&-2\\-8&0&0&0\end{bmatrix}\xrightarrow{-\frac{1}{8}r_3}\begin{bmatrix}3&3&1&6\\2&-1&-\frac{1}{3}&-2\\1&0&0&0\end{bmatrix}\xrightarrow[(-2)r_3+r_2]{(-3)r_3+r_1}$$

$$\begin{bmatrix}0&3&1&6\\0&-1&-\frac{1}{3}&-2\\1&0&0&0\end{bmatrix}\xrightarrow{3r_2+r_1}\begin{bmatrix}0&0&0&0\\0&-1&-\frac{1}{3}&-2\\1&0&0&0\end{bmatrix}\xrightarrow{r_1\leftrightarrow r_3}\begin{bmatrix}1&0&0&0\\0&-1&-\frac{1}{3}&-2\\0&0&0&0\end{bmatrix}$$

极大无关组为$\boldsymbol{\alpha}_1$、$\boldsymbol{\alpha}_2$。

（说明：因为行阶梯形矩阵的第二行中第 3 列、第 4 列的数也不为 0，所以$\boldsymbol{\alpha}_1$、$\boldsymbol{\alpha}_3$或$\boldsymbol{\alpha}_1$、$\boldsymbol{\alpha}_4$也是向量组的最大线性无关组。）

答案： C

20. 解　设$\boldsymbol{A}$为$m\times n$矩阵，$m<n$，则$R(\boldsymbol{A})=r\leqslant\min\{m,n\}=m<n$，$\boldsymbol{Ax}=\boldsymbol{0}$必有非零解。

选项 D 错误，因为增广矩阵的秩不一定等于系数矩阵的秩。

答案： B

21. 解　矩阵相似有相同的特征多项式，有相同的特征值。

方法 1：

$$|\lambda\boldsymbol{E}-\boldsymbol{A}|=\begin{vmatrix}\lambda-1&1&-1\\-2&\lambda-4&2\\3&3&\lambda-5\end{vmatrix}\xlongequal{(-3)r_1+r_3}\begin{vmatrix}\lambda-1&1&-1\\-2&\lambda-4&2\\-3\lambda+6&0&\lambda-2\end{vmatrix}\xlongequal{-(\lambda-4)r_1+r_2}$$

$$\begin{vmatrix}\lambda-1&1&-1\\-\lambda^2+5\lambda-6&0&\lambda-2\\-3\lambda+6&0&\lambda-2\end{vmatrix}=(-1)^{1+2}\begin{vmatrix}-(\lambda-2)(\lambda-3)&\lambda-2\\-3(\lambda-2)&\lambda-2\end{vmatrix}$$

$$=(\lambda-2)(\lambda-2)\begin{vmatrix}+(\lambda-3)&1\\3&1\end{vmatrix}=(\lambda-2)(\lambda-2)[+(\lambda-3)-3]$$

$$=(\lambda-2)(\lambda-2)(\lambda-6)$$

特征值为 2，2，6；矩阵$\boldsymbol{B}$中$\lambda=6$。

方法 2： 因为$\boldsymbol{A}\sim\boldsymbol{B}$，所以$\boldsymbol{A}$与$\boldsymbol{B}$的主对角线元素和相等，$\sum\limits_{i=1}^{3}a_{ii}=\sum\limits_{i=1}^{3}b_{ii}$，即$1+4+5=\lambda+2+2$，得$\lambda=6$。

答案： A

22. 解　A、B相互独立，则$P(AB)=P(A)P(B)$，$P(A\cup B)=P(A)+P(B)-P(AB)=P(A)+P(B)-P(A)P(B)=0.7$或$P(A\cup B)=1-P(\overline{A\cup B})=1-P(\overline{A}\,\overline{B})=1-P(\overline{A})P(\overline{B})=0.7$。

答案： C

23. 解　分布函数［记为$Q(x)$］性质为：①$0\leqslant Q(x)\leqslant 1$，$Q(-\infty)=0$，$Q(+\infty)=1$；②$Q(x)$是非减函数；③$Q(x)$是右连续的。

$\Phi(+\infty)=-\infty$；$F(x)$满足分布函数的性质①、②、③；

$G(-\infty)=+\infty$；$x\geqslant 0$时，$H(x)>1$。

答案：B

24. 解 注意$E(X)=0$，$\sigma^2=D(X)=E(X^2)-[E(X)]^2=E(X^2)$，$\sigma^2$也是$X$的二阶原点矩，$\sigma^2$的矩估计量是样本的二阶原点矩$\frac{1}{n}\sum\limits_{i=1}^{n}X_i^2$。

说明：统计推断时要充分利用已知信息。当$E(X)=\mu$已知时，估计$D(X)=\sigma^2$，用$\frac{1}{n}\sum\limits_{i=1}^{n}(X_i-\mu)^2$比用$\frac{1}{n}\sum\limits_{i=1}^{n}\left(X_i-\overline{X}\right)^2$效果好。

答案：D

25. 解 ①分子的平均动能$=\frac{3}{2}kT$，若分子的平均平动动能相同，则温度相同。

②分子的平均动能=平均（平动动能+转动动能）$=\frac{i}{2}kT$。其中，i为分子自由度，而$i(\mathrm{He})=3$，$i(\mathrm{N_2})=5$，则氦分子和氮分子的平均动能不同。

答案：B

26. 解 此题需要正确理解最概然速率的物理意义，v_{p}为$f(v)$最大值所对应的速率。

答案：C

注：25、26题2011年均考过。

27. 解 画等压膨胀p-V图，由图知$V_2>V_1$，故气体对外做正功。由等温线知$T_2>T_1$，温度升高。

答案：A

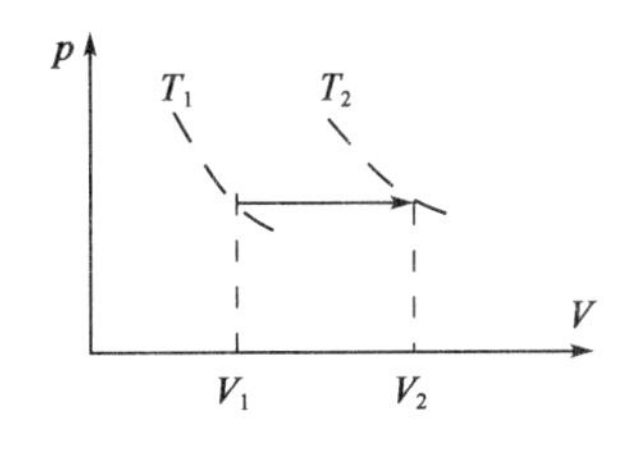

题27解图

28. 解 $Q_{\mathrm{T}}=\frac{m}{M}RT\ln\frac{V_2}{V_1}=p_1V_1\ln\frac{V_2}{V_1}$

答案：A

29. 解 ①波动方程标准式：$y=A\cos\left[\omega\left(t-\frac{x-x_0}{u}\right)+\varphi_0\right]$

②本题方程：$y=-0.02\cos\pi(4x-50t)=0.02\cos[\pi(4x-50t)+\pi]$

$$=0.02\cos[\pi(50t-4x)+\pi]=0.02\cos\left[50\pi\left(t-\frac{4x}{50}\right)+\pi\right]$$

$$=0.02\cos\left[50\pi\left(t-\frac{x}{\frac{50}{4}}\right)+\pi\right]$$

故$\omega=50\pi=2\pi\nu$，$\nu=25\mathrm{Hz}$，$u=\frac{50}{4}$

波长$\lambda=\frac{u}{\nu}=0.5\mathrm{m}$，振幅$A=0.02\mathrm{m}$

答案：D

30. 解 a、b、c、d处质元都垂直于x轴上下振动。由图知，t时刻a处质元位于振动的平衡位置，此时速率最大，动能最大，势能也最大。

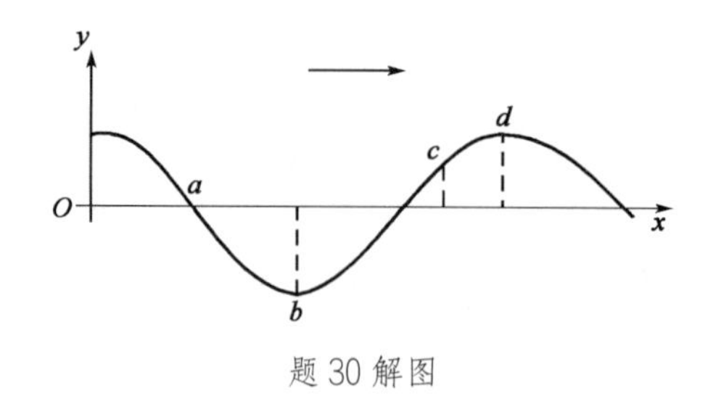

题 30 解图

答案： A

31. 解 $x_{腹}=\pm k\frac{\lambda}{2}$，$k=0,1,2,\cdots$。相邻两波腹之间的距离为：$x_{k+1}-x_k=(k+1)\frac{\lambda}{2}-k\frac{\lambda}{2}=\frac{\lambda}{2}$。

答案： A

32. 解 设线偏振光的光强为I，线偏振光与第一个偏振片的夹角为φ。因为最终线偏振光的振动方向要转过 90°，所以第一个偏振片与第二个偏振片的夹角为$\frac{\pi}{2}-\varphi$。

根据马吕斯定律：

线偏振光通过第一块偏振片后的光强$I_1=I\cos^2\varphi$

线偏振光通过第二块偏振片后的光强$I_2=I_1\cos^2\left(\frac{\pi}{2}-\varphi\right)=\frac{I}{4}\sin^2 2\varphi$

要使透射光强达到最强，令$\sin 2\varphi=1$，得$\varphi=\frac{\pi}{4}$，透射光强的最大值为$\frac{I}{4}$。

入射光的振动方向与前后两偏振片的偏振化方向夹角分别为 45°和 90°。

答案： A

33. 解 光的干涉和衍射现象反映了光的波动性质，光的偏振现象反映了光的横波性质。

答案： B

34. 解 注意到$1\text{nm}=10^{-9}\text{m}=10^{-6}\text{mm}$。

由$\Delta x=\Delta n\frac{\lambda}{2}$，有$0.62=2300\frac{\lambda}{2}$，$\lambda=5.39\times10^{-4}\text{mm}=539\text{nm}$。

答案： B

35. 解 由单缝衍射暗纹条件：$a\sin\varphi=k\lambda=2k\frac{\lambda}{2}$，令$k=3$，故半波带数目为 6。

答案： D

36. 解 劈尖干涉明纹公式：$2nd+\frac{\lambda}{2}=k\lambda$，$k=1,2,\cdots$

对应的薄膜厚度差$2nd_5-2nd_3=2\lambda$，故$d_5-d_3=\frac{\lambda}{n}$。

答案： B

37. 解 一组允许的量子数n、l、m取值对应一个合理的波函数，即可以确定一个原子轨道。量子数$n=4$，$l=2$，$m=0$为一组合理的量子数，确定一个原子轨道。

答案： A

38. 解 根据价电子对互斥理论：

PCl_3的价电子对数$x = \frac{1}{2}$(P 的价电子数 + 三个 Cl 提供的价电子数) $= \frac{1}{2}(5+3) = 4$

PCl_3分子中，P 原子形成三个 P-Cl σ 键，价电子对数减去σ键数等于 1，所以 P 原子除形成三个 P-Cl 键外，还有一个孤电子对，PCl_3的空间构型为三角锥形，P 为不等性sp^3杂化。

答案：B

39. 解 由已知条件可知

$$Fe^{3+} \xrightarrow[z_1=1]{0.771} Fe^{2+} \xrightarrow[z_2=2]{-0.44} Fe \quad (z=3)$$

即 $Fe^{3+} + z_1e = Fe^{2+}$

+) $Fe^{2+} + z_2e = Fe$

$Fe^{3+} + ze = Fe$

$$E^{\ominus}(Fe^{3+}/Fe) = \frac{z_1E^{\ominus}(Fe^{3+}/Fe^{2+}) + z_2E^{\ominus}(Fe^{2+}/Fe)}{z} = \frac{0.771 + 2 \times (-0.44)}{3} \approx -0.036V$$

答案：C

40. 解 在$BaSO_4$饱和溶液中，存在$BaSO_4 \rightleftharpoons Ba^{2+} + SO_4{}^{2-}$平衡，加入$BaCl_2$，溶液中$Ba^{2+}$增加，平衡向左移动，$SO_4{}^{2-}$的浓度减小。

答案：B

41. 解 催化剂之所以加快反应的速率，是因为它改变了反应的历程，降低了反应的活化能，增加了活化分子百分数。

答案：C

42. 解 此反应为气体分子数减小的反应，升压，反应向右进行；反应的$\Delta_r H_m < 0$，为放热反应，降温，反应向右进行。

答案：C

43. 解 负极 氧化反应：$Ag + Cl^- = AgCl + e$

正极 还原反应：$Ag^+ + e = Ag$

电池反应：$Ag^+ + Cl^- = AgCl$

原电池负极能斯特方程式为：$\varphi_{AgCl/Ag} = \varphi^{\ominus}_{AgCl/Ag} + 0.059\lg\frac{1}{c(Cl^-)}$。

由于负极中加入NaCl，Cl^-浓度增加，则负极电极电势减小，正极电极电势不变，因此电池的电动势增大。

答案：A

44. 解 乙烯与氯气混合，可以发生加成反应：$C_2H_4 + Cl_2 = CH_2Cl - CH_2Cl$。

答案：C

45. 解 羟基与烷基直接相连为醇，通式为 R—OH（R 为烷基）；羟基与芳香基直接相连为酚，通式为 Ar—OH（Ar 为芳香基）。

答案：D

46. 解 由低分子化合物（单体）通过加成反应，相互结合成高聚物的反应称为加聚反应。加聚反应没有产生副产物，高聚物成分与单体相同，单体含有不饱和键。HCHO 为甲醛，加聚反应为：$n\mathrm{H_2C}=\mathrm{O}\longrightarrow \left[\mathrm{CH_2}-\mathrm{O}\right]_n$。

答案：C

47. 解 E处为光滑接触面约束，根据约束的性质，约束力应垂直于支撑面，指向被约束物体。

答案：B

48. 解 $\boldsymbol{F}$力和均布力q的合力作用线均通过O点，故合力矩为零。

答案：A

49. 解 取构架整体为研究对象，根据约束的性质，B 处为活动铰链支座，约束力为水平方向（见解图）。列平衡方程：

$$\sum M_{\mathrm{A}}(F)=0,\ F_{\mathrm{B}}\cdot 2L_2-F_{\mathrm{p}}\cdot 2L_1=0$$

$$F_{\mathrm{B}}=\frac{3}{4}F_{\mathrm{P}}$$

题 49 解图

答案：A

50. 解 根据斜面的自锁条件，斜面倾角小于摩擦角时，物体静止。

答案：A

51. 解 将$t=x$代入y的表达式。

答案：C

52. 解 分别对运动方程x和y求时间t的一阶、二阶导数，再令$t=0$，且有$v=\sqrt{\dot{x}^2+\dot{y}^2}$，$a=\sqrt{\ddot{x}^2+\ddot{y}^2}$。

答案：B

53. 解 两轮啮合点A、B的速度相同，且$v_A = R_1\omega_1$，$v_B = R_2\omega_2$。

答案：D

54. 解 可在A上加一水平向左的惯性力，根据达朗贝尔原理，物块A上作用的重力mg、法向约束力F_N、摩擦力F以及大小为ma的惯性力组成平衡力系，沿斜面列平衡方程，当摩擦力$F = ma\cos\theta + mg\sin\theta \leqslant F_N f(F_N = mg\cos\theta - ma\sin\theta)$时可保证$A$与$B$一起以加速度$a$水平向右运动。

答案：C

55. 解 物块A上的摩擦力水平向右，使其向右运动，故做正功。

答案：C

56. 解 杆位于铅垂位置时有$J_B\alpha = M_B = 0$；故角加速度$\alpha = 0$；而角速度可由动能定理：$\frac{1}{2}J_B\omega^2 = mgl$，得$\omega^2 = \frac{3g}{2l}$。则质心的加速度为：$a_{Cx} = 0$，$a_{Cy} = l\omega^2$。根据质心运动定理，有$ma_{Cx} = F_{Bx}$，$ma_{Cy} = F_{By} - mg$，便可得最后结果。

答案：D

57. 解 根据定义，惯性力系主矢的大小为：$ma_C = m\frac{R}{2}\omega^2$；主矩的大小为：$J_O\alpha = 0$。

答案：A

58. 解 发生共振时，系统的工作频率与其固有频率相等。

$$\omega_0 = \sqrt{\frac{k}{m}} = \sqrt{\frac{2\times 10^6}{110}} = 134.8\text{rad/s}$$

答案：D

59. 解 取节点C，画C点的受力图，如图所示。

$$\sum F_x = 0,\ F_1\sin 45° = F_2\sin 30°$$

$$\sum F_y = 0,\ F_1\cos 45° + F_2\cos 30° = F$$

可得$F_1 = \frac{\sqrt{2}}{1+\sqrt{3}}F$，$F_2 = \frac{2}{1+\sqrt{3}}F$

故$F_2 > F_1$，而$\sigma_2 = \frac{F_2}{A} > \sigma_1 = \frac{F_1}{A}$

所以杆2最先达到许用应力。

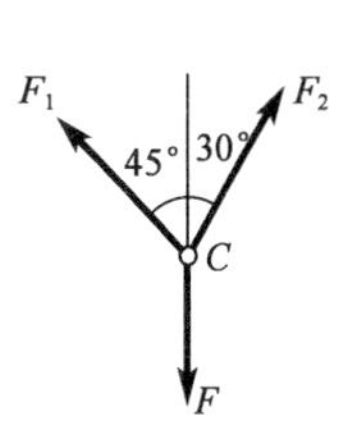

题59解图

答案：B

60. 解 此题受力是对称的，故$F_1 = F_2 = \frac{F}{2}$

由杆1，得$\sigma_1 = \frac{F_1}{A_1} = \frac{\frac{F}{2}}{A} = \frac{F}{2A} \leqslant [\sigma]$，故$F \leqslant 2A[\sigma]$

由杆2，得$\sigma_2 = \frac{F_2}{A_2} = \frac{\frac{F}{2}}{2A} = \frac{F}{4A} \leqslant [\sigma]$，故$F \leqslant 4A[\sigma]$

从两者取最小的，所以$[F]=2A[\sigma]$。

答案：B

61. 解　把F力平移到铆钉群中心O，并附加一个力偶$m=F\cdot\frac{5}{4}L$，在铆钉上将产生剪力Q_1和Q_2，其中$Q_1=\frac{F}{2}$，而Q_2计算方法如下。

$$\sum M_{\mathrm{O}}=0，Q_2\cdot\frac{L}{2}=F\cdot\frac{5}{4}L，Q_2=\frac{5}{2}F$$

则

$$Q=Q_1+Q_2=3F，\tau_{\max}=\frac{Q}{\frac{\pi}{4}d^2}=\frac{12F}{\pi d^2}$$

答案：C

62. 解　螺钉头与钢板之间的接触面是一个圆环面，故挤压面$A_{\mathrm{bs}}=\frac{\pi}{4}(D^2-d^2)$。

$$\sigma_{\mathrm{bs}}=\frac{F_{\mathrm{bs}}}{A_{\mathrm{bs}}}=\frac{F}{\frac{\pi}{4}(D^2-d^2)}$$

答案：A

63. 解　圆轴的最大切应力$\tau_{\max}=\frac{T}{I_{\mathrm{p}}}\cdot\frac{d}{2}$，圆轴的单位长度扭转角$\theta=\frac{T}{GI_{\mathrm{p}}}$

故$\frac{T}{I_{\mathrm{p}}}=\theta G$，代入得$\tau_{\max}=\theta G\frac{d}{2}$

答案：D

64. 解　设实心圆直径为d，空心圆外径为D，空心圆内外径之比为α，因两者横截面积相同，故有$\frac{\pi}{4}d^2=\frac{\pi}{4}D^2(1-\alpha^2)$，即$d=D(1-\alpha^2)^{\frac{1}{2}}$。

$$\frac{\tau_{\mathrm{a}}}{\tau_{\mathrm{b}}}=\frac{\frac{T}{\frac{\pi}{16}d^3}}{\frac{T}{\frac{\pi}{16}D^3(1-\alpha^4)}}=\frac{D^3(1-\alpha^4)}{d^3}=\frac{D^3(1-\alpha^2)(1+\alpha^2)}{D^3(1-\alpha^2)(1-\alpha^2)^{\frac{1}{2}}}=\frac{1+\alpha^2}{\sqrt{1-\alpha^2}}>1$$

答案：C

65. 解　根据“零、平、斜”“平、斜、抛”的规律，AB段的斜直线，对应AB段$q=0$；BC段的抛物线，对应BC段$q\neq0$，即应有q。而B截面处有一个转折点，应对应于一个集中力。

答案：A

66. 解　弯矩图中B截面的突变值为$10\mathrm{kN\cdot m}$，故$m=10\mathrm{kN\cdot m}$。

答案：A

67. 解　$M_{\mathrm{a}}=\frac{1}{8}ql^2$，$M_{\mathrm{b}}$的计算可用叠加法，如解图所示，则$\frac{M_{\mathrm{a}}}{M_{\mathrm{b}}}=\frac{\frac{ql^2}{8}}{\frac{ql^2}{16}}=2$。

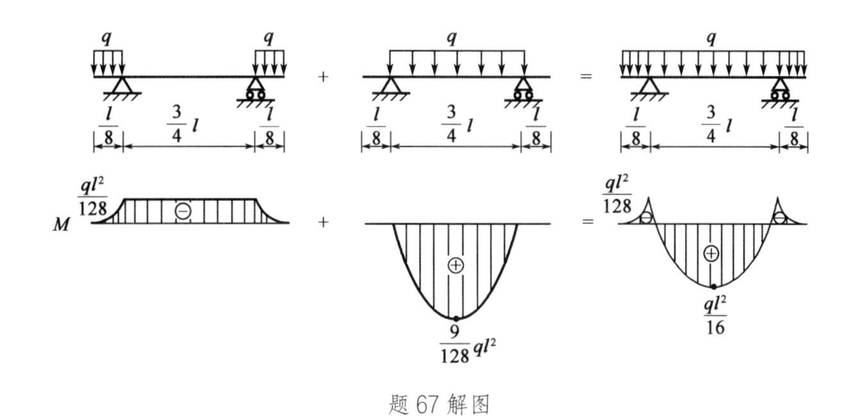

题 67 解图

答案：C

68. 解 图 a）中$\sigma_{r3} = \sigma_1 - \sigma_3 = 150 - 0 = 150\text{MPa}$；

图 b）中$\sigma_{r3} = \sigma_1 - \sigma_3 = 100 - (-100) = 200\text{MPa}$；

显然图 b）σ_{r3}更大，更危险。

答案：B

69. 解 设杆 1 受力为F_1，杆 2 受力为F_2，可见：

$$F_1 + F_2 = F \qquad ①$$

$\Delta l_1 = \Delta l_2$，即$\frac{F_1 l}{E_1 A} = \frac{F_2 l}{E_2 A}$

故

$$\frac{F_1}{F_2} = \frac{E_1}{E_2} = \frac{1}{2} \qquad ②$$

联立①、②两式，得到$F_1 = \frac{1}{3}F$，$F_2 = \frac{2}{3}F$。

这结果相当于偏心受拉，如解图所示，$M = \frac{F}{3} \cdot \frac{h}{2} = \frac{Fh}{6}$。

题 69 解图

答案：A

70. 解 杆端约束越弱，μ越大，在两端固定$(\mu = 0.5)$，一端固定、一端铰支$(\mu = 0.7)$，两端铰支$(\mu = 1)$和一端固定、一端自由$(\mu = 2)$这四种杆端约束中，一端固定、一端自由的约束最弱，μ最大。而图示细长压杆AB一端自由、一端固定在简支梁上，其杆端约束比一端固定、一端自由$(\mu = 2)$时更弱，故μ比 2 更大。

答案：A

71. 解 切应力$\tau = \mu \frac{\mathrm{d}u}{\mathrm{d}y}$，而$y = R - r$，$\mathrm{d}y = -\mathrm{d}r$，故$\frac{\mathrm{d}u}{\mathrm{d}y} = -\frac{\mathrm{d}u}{\mathrm{d}r}$

题设流速$u = 2\left(1 - \frac{r^2}{R^2}\right)$，故$\frac{\mathrm{d}u}{\mathrm{d}y} = -\frac{\mathrm{d}u}{\mathrm{d}r} = \frac{2 \times 2r}{R^2} = \frac{4r}{R^2}$

题设$r_1 = 0.2R$，故切应力$\tau_1 = \mu\left(\frac{4\times0.2R}{R^2}\right) = \mu\left(\frac{0.8}{R}\right)$

题设$r_2 = R$，则切应力$\tau_2 = \mu\left(\frac{4R}{R^2}\right) = \mu\left(\frac{4}{R}\right)$

切应力大小之比$\frac{\tau_1}{\tau_2} = \frac{\mu\left(\frac{0.8}{R}\right)}{\mu\left(\frac{4}{R}\right)} = \frac{0.8}{4} = \frac{1}{5}$

答案： C

72. 解　对断面1-1及2-2中点写能量方程：$Z_1 + \frac{p_1}{\rho g} + \frac{\alpha_1 v_1^2}{2g} = Z_2 + \frac{p_2}{\rho g} + \frac{\alpha_2 v_2^2}{2g}$

题设管道水平，故$Z_1 = Z_2$；又因$d_1 > d_2$，由连续方程知$v_1 < v_2$。

代入上式后知：$p_1 > p_2$。

答案： B

73. 解　由动量方程可得：$\sum F_x = \rho Q v = 1000\text{kg/m}^3 \times 0.2\text{m}^3\text{/s} \times 50\text{m/s} = 10\text{kN}$。

答案： B

74. 解　由均匀流基本方程$\tau = \rho gRJ$，$J = \frac{h_\text{f}}{L}$，知沿程损失$h_\text{f} = \frac{\tau L}{\rho gR}$。

答案： B

75. 解　由并联长管水头损失相等知：$h_\text{f1} = h_\text{f2} = h_\text{f3} = \cdots = h_\text{f}$，总流量$Q = \sum_{i=1}^{n} Q_i$。

答案： B

76. 解　矩形断面水力最佳宽深比$\beta = 2$，即$b = 2h$。

答案： D

77. 解　由渗流达西公式知$u = kJ$。

答案： A

78. 解　按雷诺模型，$\frac{\lambda_\text{v}\lambda_\text{L}}{\lambda_\nu} = 1$，流速比尺$\lambda_\text{v} = \frac{\lambda_\nu}{\lambda_\text{L}}$

按题设$\lambda_\nu = \frac{60\times10^{-6}}{15\times10^{-6}} = 4$，长度比尺$\lambda_\text{L} = 5$，因此流速比尺$\lambda_\text{v} = \frac{4}{5} = 0.8$

$\lambda_\text{v} = \frac{v_{\text{烟气}}}{v_{\text{空气}}}$，$v_{\text{空气}} = \frac{v_{\text{烟气}}}{\lambda_\text{v}} = \frac{3\text{m/s}}{0.8} = 3.75\text{m/s}$

答案： A

79. 解　静止的电荷产生电场，不会产生磁场，并且电场是有源场，其方向从正电荷指向负电荷。

答案： D

80. 解　电路的功率关系$P = UI = I^2R$以及欧姆定律$U = RI$，是在电路的电压电流的正方向一致时成立；当方向不一致时，前面增加“−”号。

答案： B

81. 解 考查电路的基本概念：开路与短路，电阻串联分压关系。当电路中a-b开路时，电阻$\mathrm{R_1}$、$\mathrm{R_2}$相当于串联。$U_{\mathrm{abk}} = \frac{R_2}{R_1+R_2} \cdot U_{\mathrm{s}}$。

答案：C

82. 解 在直流电源作用下电感等效于短路，$U_{\mathrm{L}} = 0$；电容等效于开路，$I_{\mathrm{C}} = 0$。

$$\frac{U_{\mathrm{R}}}{I_{\mathrm{R}}} = R;\ \frac{U_{\mathrm{L}}}{I_{\mathrm{L}}} = 0;\ \frac{U_{\mathrm{C}}}{I_{\mathrm{C}}} = \infty$$

答案：D

83. 解 根据已知条件（电阻元件的电压为0），即电阻电流为0，电路处于谐振状态，电感支路与电容支路的电流大小相等，方向相反，可以写成$I_{\mathrm{L}} = I_{\mathrm{C}}$，或$i_{\mathrm{L}} = -i_{\mathrm{C}}$。

答案：B

84. 解 三相电路中，电源中性点与负载中点等电位，说明电路中负载也是对称负载，三相电路负载的阻抗相等条件为：$Z_1 = Z_2 = Z_3$，即$\begin{cases} Z_1 = Z_2 = Z_3 \\ \varphi_1 = \varphi_2 = \varphi_3 \end{cases}$。

答案：A

85. 解 本题考查理想变压器的三个变比关系，在变压器的初级回路中电源内阻与变压器的折合阻抗R_{L}'串联。

$$R_{\mathrm{L}}' = K^2 R_{\mathrm{L}} \quad (R_{\mathrm{L}} = 100\Omega)$$

答案：C

86. 解 绕线式的三相异步电动机转子串电阻的方法适应于不同接法的电动机，并且可以起到限制启动电流、增加启动转矩以及调速的作用。Y-△启动方法只用于正常△接运行，并轻载启动的电动机。

答案：D

87. 解 信号和信息不是同一概念。信号是表示信息的物理量，如电信号可以通过幅度、频率、相位的变化来表示不同的信息；信息是对接收者有意义、有实际价值的抽象的概念。由此可见，信号是可以看得到的，信息是看不到的。数码是常用的信息代码，并不是只能表示数量大小，通过定义可以表示不同事物的状态。由0和1组成的信息代码101并不能仅仅表示数量“5”，因此选项B、C、D错误。

处理并传输电信号是电路的重要功能，选项A正确。

答案：A

88. 解 信号可以用函数来描述，$u(t)$信号波形是由多个伴有延时阶跃信号的叠加构成的。

答案：B

89. 解 输出信号的失真属于非线性失真，其原因是由于三极管输入特性死区电压的影响。放大器的放大倍数只能对不失真信号定义，选项A、B错误。

答案：C

90. 解　根据逻辑函数的相关公式计算$ABC + A\overline{BC} + B = A\left(BC + \overline{BC}\right) + B = A + B$。

答案：B

91. 解　根据给定的 X、Y 波形，其与非门$\overline{XY}$的图形可利用有“0”则“1”的原则确定为选项 D。

答案：D

92. 解　BCD 码是用二进制数表示的十进制数，属于无权码，此题的 BCD 码是用四位二进制数表示的：$(0011\ 0010)_B = (3\ 2)_{BCD}$

答案：A

93. 解　此题为二极管限幅电路，分析二极管电路首先要将电路模型线性化，即将二极管断开后分析极性（对于理想二极管，如果是正向偏置将二极管短路，否则将二极管断路），最后按照线性电路理论确定输入和输出信号关系。

即：该二极管截止后，求$u_{阳} = u_i$，$u_{阴} = 2.5V$，则$u_i > 2.5V$时，二极管导通，$u_o = u_i$；$u_i < 2.5V$时，二极管截止，$u_o = 2.5V$。

答案：C

94. 解　根据三极管的微变等效电路分析可见，增加电容C_E以后，在动态信号作用下，发射极电阻被电容短路。放大倍数提高，输入电阻减小。

答案：C

95. 解　此电路是组合逻辑电路（异或门）与时序逻辑电路（D 触发器）的组合应用，电路的初始状态由复位信号$\overline{R}_D$确定，输出状态在时钟脉冲信号 cp 的上升沿触发，$D = A \oplus \overline{Q}$。

答案：A

96. 解　此题与上题类似，是组合逻辑电路（与非门）与时序逻辑电路（JK 触发器）的组合应用，输出状态在时钟脉冲信号 cp 的下降沿触发。$J = \overline{Q \cdot A}$，K 端悬空时，可以认为$K = 1$。

答案：C

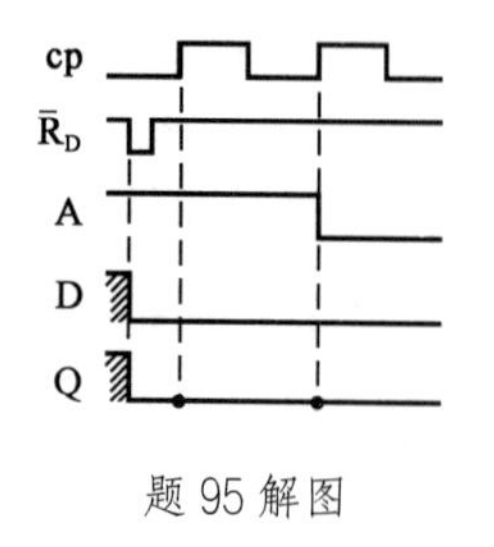

题 95 解图

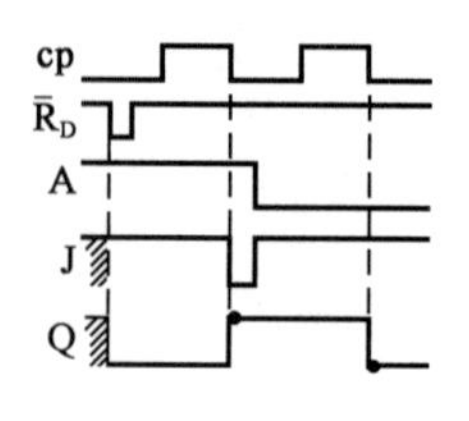

题 96 解图

97. 解　“三网合一”是指在未来的数字信息时代，当前的数据通信网（俗称数据网、计算机网）将与电视网（含有线电视网）以及电信网合三为一，并且合并的方向是传输、接收和处理全部实现数字化。

答案：C

98. 解 计算机运算器的功能是完成算术运算和逻辑运算，算数运算是完成加、减、乘、除的运算，逻辑运算主要包括与、或、非、异或等，从而完成低电平与高电平之间的切换，送出控制信号，协调计算机工作。

答案：D

99. 解 计算机的总线可以划分为数据总线、地址总线和控制总线，数据总线用来传输数据、地址总线用来传输数据地址、控制总线用来传输控制信息。

答案：C

100. 解 Microsoft Word 是文字处理软件。Visual BASIC 简称 VB，是 Microsoft 公司推出的一种 Windows 应用程序开发工具。Microsoft Access 是小型数据库管理软件。AutoCAD 是专业绘图软件，主要用于工业设计中，被广泛用于民用、军事等各个领域。CAD 是 Computer Aided Design 的缩写，意思为计算机辅助设计。加上 Auto，指它可以应用于几乎所有跟绘图有关的行业，比如建筑、机械、电子、天文、物理、化工等。

答案：B

101. 解 位也称为比特，记为 bit，是计算机最小的存储单位，是用 0 或 1 来表示的一个二进制位数。字节是数据存储中常用的基本单位，8 位二进制构成一个字节。字是由若干字节组成一个存储单元，一个存储单元中存放一条指令或一个数据。

答案：B

102. 解 原码是机器数的一种简单的表示法。其符号位用 0 表示正号，用 1 表示负号，数值一般用二进制形式表示。机器数的反码可由原码得到。如果机器数是正数，则该机器数的反码与原码一样；如果机器数是负数，则该机器数的反码是对它的原码（符号位除外）各位取反而得到的。机器数的补码可由原码得到。如果机器数是正数，则该机器数的补码与原码一样；如果机器数是负数，则该机器数的补码是对它的原码（除符号位外）各位取反，并在末位加 1 而得到的。ASCII 码是将人在键盘上敲入的字符（数字、字母、特殊符号等）转换成机器能够识别的二进制数，并且每个字符唯一确定一个 ASCII 码，形象地说，它就是人与计算机交流时使用的键盘语言通过“翻译”转换成的计算机能够识别的语言。

答案：B

103. 解 点阵中行数和列数的乘积称为图像的分辨率，若一个图像的点阵总共有 480 行，每行 640 个点，则该图像的分辨率为 640×480=307200 个像素。每一条水平线上包含 640 个像素点，共有 480 条线，即扫描列数为 640 列，行数为 480 行。

答案：D

104. 解　进程与程序的概念是不同的，进程有以下4个特征。

动态性：进程是动态的，它由系统创建而产生，并由调度而执行。

并发性：用户程序和操作系统的管理程序等，在它们的运行过程中，产生的进程在时间上是重叠的，它们同存在于内存储器中，并共同在系统中运行。

独立性：进程是一个能独立运行的基本单位，同时也是系统中独立获得资源和独立调度的基本单位，进程根据其获得的资源情况可独立地执行或暂停。

异步性：由于进程之间的相互制约，使进程具有执行的间断性。各进程按各自独立的、不可预知的速度向前推进。

答案：D

105. 解　操作系统的设备管理功能是负责分配、回收外部设备，并控制设备的运行，是人与外部设备之间的接口。

答案：C

106. 解　联网中的计算机都具有"独立功能"，即网络中的每台主机在没联网之前就有自己独立的操作系统，并且能够独立运行。联网以后，它本身是网络中的一个结点，可以平等地访问其他网络中的主机。

答案：A

107. 解　利用由年名义利率求年实际利率的公式计算：

$$i=\left(1+\frac{r}{m}\right)^{m}-1=\left(1+\frac{8\%}{4}\right)^{4}-1=8.24\%$$

答案：C

108. 解　经营成本包括外购原材料、燃料和动力费、工资及福利费、修理费等，不包括折旧、摊销费和财务费用。流动资金投资不属于经营成本。

答案：A

109. 解　根据静态投资回收期的计算公式：$P_{\mathrm{t}}=6-1+\frac{|-60|}{240}=5.25$年。

答案：C

110. 解　该项目的现金流量图如解图所示。根据题意，有

$$\mathrm{NPV}=-5000+A(P/A,15\%,10)(P/F,15\%,1)=0$$

解得　$A=5000\div(5.0188\times0.8696)=1145.65$万元

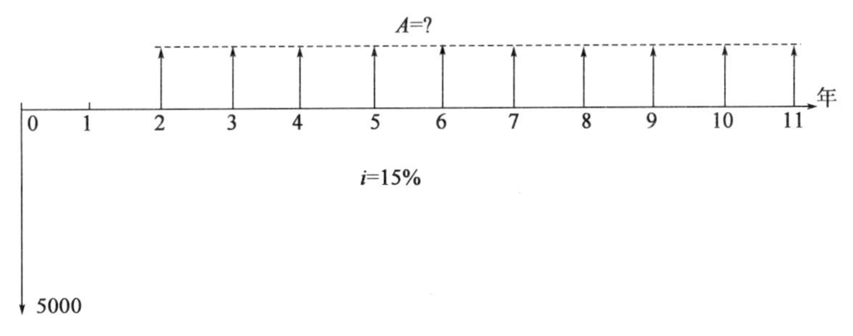

题 110 解图

答案：D

111. 解　项目经济效益和费用的识别应遵循剔除转移支付原则。

答案：C

112. 解　两个寿命期相同的互斥项目的选优应采用增量内部收益率指标，$\Delta IRR_{(乙-甲)}$为 13%，小于基准收益率 14%，应选择投资较小的方案。

答案：A

113. 解　“有无对比”是财务分析应遵循的基本原则。

答案：D

114. 解　根据价值工程中价值公式中成本的概念。

答案：C

115. 解　《中华人民共和国建筑法》第九条规定，建设单位应当自领取施工许可证之日起三个月内开工。因故不能按期开工的，应当向发证机关申请延期；延期以两次为限，每次不超过三个月。既不开工又不申请延期或者超过延期时限的，施工许可证自行废止。

答案：B

116. 解　《中华人民共和国安全生产法》第二十四条规定，矿山、金属冶炼、建筑施工、运输单位和危险物品的生产、经营、储存、装卸单位，应当设置安全生产管理机构或者配备专职安全生产管理人员。

前款规定以外的其他生产经营单位，从业人员超过一百人的，应当设置安全生产管理机构或者配备专职安全生产管理人员；从业人员在一百人以下的，应当配备专职或者兼职的安全生产管理人员。

答案：D

117. 解　《中华人民共和国招标投标法》第十条规定，招标分为公开招标和邀请招标。

答案：B

118. 解　《中华人民共和国民法典》第四百七十三条规定，要约邀请是希望他人向自己发出要约的表示。拍卖公告、招标公告、招股说明书、债券募集办法、基金招募说明书、商业广告和宣传、寄送的价目表等为要约邀请。商业广告和宣传的内容符合要约条件的，构成要约。

答案： B

119. 解 《中华人民共和国行政许可法》第四十二条规定，除可以当场作出行政许可决定的外，行政机关应当自受理行政许可申请之日起二十日内做出行政许可决定。二十日内不能做出决定的，经本行政机关负责人批准，可以延长十日，并应当将延长期限的理由告知申请人。但是，法律、法规另有规定的，依照其规定。

答案： D

120. 解 《中华人民共和国建筑法》第二十九条规定，建筑工程总承包单位按照总承包合同的约定对建设单位负责；分包单位按照分包合同的约定对总承包单位负责。总承包单位和分包单位就分包工程对建设单位承担连带责任。

答案： A

2014年度全国勘察设计注册工程师

执业资格考试试卷

基础考试

（上）

二〇一四年九月

应考人员注意事项

1. 本试卷科目代码为“1”，考生务必将此代码填涂在答题卡“科目代码”相应的栏目内，否则，无法评分。

2. 书写用笔：**黑色或蓝色钢笔、签字笔或圆珠笔**；

   填涂答题卡用笔：**黑色 2B 铅笔**。

3. 必须用书写用笔将工作单位、姓名、准考证号填写在答题卡和试卷相应的栏目内。

4. 本试卷由 120 题组成，每题 1 分，满分 120 分，本试卷全部为单项选择题，每小题的四个备选项中只有一个正确答案，错选、多选、不选均不得分。

5. 考生作答时，必须按**题号在答题卡上**将相应试题所选选项对应的**字母用 2B 铅笔涂黑**。

6. 在答题卡上书写与题意无关的语言，或在答题卡上作标记的，均按违纪试卷处理。

7. 考试结束时，由监考人员当面将试卷、答题卡一并收回。

8. 草稿纸由各地统一配发，考后收回。

单项选择题（共 120 题，每题 1 分。每题的备选项中只有一个最符合题意。）

1. 若$\lim\limits_{x\to 0}(1-x)^{\frac{k}{x}}=2$，则常数$k$等于：

A. $-\ln 2$　　B. $\ln 2$

C. 1　　D. 2

2. 在空间直角坐标系中，方程$x^2+y^2-z=0$所表示的图形是：

A. 圆锥面　　B. 圆柱面

C. 球面　　D. 旋转抛物面

3. 点$x=0$是$y=\arctan\frac{1}{x}$的：

A. 可去间断点　　B. 跳跃间断点

C. 连续点　　D. 第二类间断点

4. $\frac{\mathrm{d}}{\mathrm{d}x}\int_{2x}^{0}e^{-t^2}\mathrm{d}t$等于：

A. e^{-4x^2}　　B. $2e^{-4x^2}$

C. $-2e^{-4x^2}$　　D. e^{-x^2}

5. $\frac{\mathrm{d}(\ln x)}{\mathrm{d}\sqrt{x}}$等于：

A. $\frac{1}{2x^{3/2}}$　　B. $\frac{2}{\sqrt{x}}$

C. $\frac{1}{\sqrt{x}}$　　D. $\frac{2}{x}$

6. 不定积分$\int\frac{x^2}{\sqrt[3]{1+x^3}}\mathrm{d}x$等于：

A. $\frac{1}{4}(1+x^3)^{\frac{4}{3}}+C$　　B. $(1+x^3)^{\frac{1}{3}}+C$

C. $\frac{3}{2}(1+x^3)^{\frac{2}{3}}+C$　　D. $\frac{1}{2}(1+x^3)^{\frac{2}{3}}+C$

7. 设$a_n=\left(1+\frac{1}{n}\right)^n$，则数列$\{a_n\}$是：

A. 单调增而无上界　　B. 单调增而有上界

C. 单调减而无下界　　D. 单调减而有上界

8. 下列说法中正确的是：

A. 若$f'(x_0)=0$，则$f(x_0)$必是$f(x)$的极值

B. 若$f(x_0)$是$f(x)$的极值，则$f(x)$在x_0处可导，且$f'(x_0)=0$

C. 若$f(x)$在x_0处可导，则$f'(x_0)=0$是$f(x)$在x_0取得极值的必要条件

D. 若$f(x)$在x_0处可导，则$f'(x_0)=0$是$f(x)$在x_0取得极值的充分条件

9. 设有直线L_1：$\frac{x-1}{1}=\frac{y-3}{-2}=\frac{z+5}{1}$与$L_2$：$\begin{cases}x=3-t\\y=1-t\\z=1+2t\end{cases}$，则$L_1$与$L_2$的夹角$\theta$等于：

A. $\frac{\pi}{2}$　　B. $\frac{\pi}{3}$

C. $\frac{\pi}{4}$　　D. $\frac{\pi}{6}$

10. 微分方程$xy'-y=x^2e^{2x}$通解y等于：

A. $x\left(\frac{1}{2}e^{2x}+C\right)$　　B. $x(e^{2x}+C)$

C. $x\left(\frac{1}{2}x^2e^{2x}+C\right)$　　D. $x^2e^{2x}+C$

11. 抛物线$y^2=4x$与直线$x=3$所围成的平面图形绕x轴旋转一周形成的旋转体体积是：

A. $\int_0^3 4x\mathrm{d}x$　　B. $\pi\int_0^3(4x)^2\mathrm{d}x$

C. $\pi\int_0^3 4x\mathrm{d}x$　　D. $\pi\int_0^3\sqrt{4x}\mathrm{d}x$

12. 级数$\sum\limits_{n=1}^{\infty}(-1)^n\frac{1}{n^{p-1}}$：

A. 当$1<p\leqslant 2$时条件收敛　　B. 当$p>2$时条件收敛

C. 当$p<1$时条件收敛　　D. 当$p>1$时条件收敛

13. 函数$y=C_1e^{-x+C_2}$（C_1,C_2为任意常数）是微分方程$y''-y'-2y=0$的：

A. 通解

B. 特解

C. 不是解

D. 解，既不是通解又不是特解

14. 设L为从点$A(0,-2)$到点$B(2,0)$的有向直线段，则对坐标的曲线积分$\int_L \frac{1}{x-y}\mathrm{d}x+y\mathrm{d}y$等于：

A. 1　　B. −1

C. 3　　D. −3

15. 设方程$x^2+y^2+z^2=4z$确定可微函数$z=z(x,y)$，则全微分$\mathrm{d}z$等于：

A. $\frac{1}{2-z}(y\mathrm{d}x+x\mathrm{d}y)$

B. $\frac{1}{2-z}(x\mathrm{d}x+y\mathrm{d}y)$

C. $\frac{1}{2+z}(\mathrm{d}x+\mathrm{d}y)$

D. $\frac{1}{2-z}(\mathrm{d}x-\mathrm{d}y)$

16. 设D是由$y=x$，$y=0$及$y=\sqrt{(a^2-x^2)}(x\geqslant 0)$所围成的第一象限区域，则二重积分$\iint\limits_D \mathrm{d}x\mathrm{d}y$等于：

A. $\frac{1}{8}\pi a^2$　　B. $\frac{1}{4}\pi a^2$

C. $\frac{3}{8}\pi a^2$　　D. $\frac{1}{2}\pi a^2$

17. 级数$\sum\limits_{n=1}^{\infty}\frac{(2x+1)^n}{n}$的收敛域是：

A. $(-1,1)$　　B. $[-1,1]$

C. $[-1,0)$　　D. $(-1,0)$

18. 设$z=e^{xe^y}$，则$\frac{\partial^2 z}{\partial x^2}$等于：

A. e^{xe^y+2y}　　B. $e^{xe^y+y}(xe^y+1)$

C. e^{xe^y}　　D. e^{xe^y+y}

19. 设$\boldsymbol{A}$，$\boldsymbol{B}$为三阶方阵，且行列式$|\boldsymbol{A}|=-\frac{1}{2}$，$|\boldsymbol{B}|=2$，$\boldsymbol{A}^*$是$\boldsymbol{A}$的伴随矩阵，则行列式$|2\boldsymbol{A}^*\boldsymbol{B}^{-1}|$等于：

A. 1　　B. −1

C. 2　　D. −2

20. 下列结论中正确的是：

A. 如果矩阵$\boldsymbol{A}$中所有顺序主子式都小于零，则$\boldsymbol{A}$一定为负定矩阵

B. 设$\boldsymbol{A}=(a_{ij})_{n\times n}$，若$a_{ij}=a_{ji}$，且$a_{ij}>0(i,j=1,2,\cdots,n)$，则$\boldsymbol{A}$一定为正定矩阵

C. 如果二次型$f(x_1,x_2,\cdots,x_n)$中缺少平方项，则它一定不是正定二次型

D. 二次型$f(x_1,x_2,x_3)=x_1^2+x_2^2+x_3^2+x_1x_2+x_1x_3+x_2x_3$所对应的矩阵是$\begin{bmatrix}1&1&1\\1&1&1\\1&1&1\end{bmatrix}$

21. 已知n元非齐次线性方程组$\boldsymbol{Ax}=\boldsymbol{b}$，秩$r(\boldsymbol{A})=n-2$，$\vec{\alpha_1}$，$\vec{\alpha_2}$，$\vec{\alpha_3}$为其线性无关的解向量，$k_1$，$k_2$为任意常数，则$\boldsymbol{Ax}=\boldsymbol{b}$通解为：

A. $\vec{x}=k_1(\vec{\alpha_1}-\vec{\alpha_2})+k_2(\vec{\alpha_1}+\vec{\alpha_3})+\vec{\alpha_1}$

B. $\vec{x}=k_1(\vec{\alpha_1}-\vec{\alpha_3})+k_2(\vec{\alpha_2}+\vec{\alpha_3})+\vec{\alpha_1}$

C. $\vec{x}=k_1(\vec{\alpha_2}-\vec{\alpha_1})+k_2(\vec{\alpha_2}-\vec{\alpha_3})+\vec{\alpha_1}$

D. $\vec{x}=k_1(\vec{\alpha_2}-\vec{\alpha_3})+k_2(\vec{\alpha_1}+\vec{\alpha_2})+\vec{\alpha_1}$

22. 设A与B是互不相容的事件，$p(A)>0$，$p(B)>0$，则下列式子一定成立的是：

A. $P(A)=1-P(B)$

B. $P(A|B)=0$

C. $P\left(A\middle|\overline{B}\right)=1$

D. $P\left(\overline{AB}\right)=0$

23. 设(X,Y)的联合概率密度为$f(x,y)=\begin{cases}k, 0<x<1, 0<y<x\\0, \quad\quad 其他\end{cases}$，则数学期望$E(XY)$等于：

A. $\frac{1}{4}$

B. $\frac{1}{3}$

C. $\frac{1}{6}$

D. $\frac{1}{2}$

24. 设$X_1, X_2, \cdots, X_n$与$Y_1, Y_2, \cdots, Y_n$是来自正态总体$X \sim N(\mu, \sigma^2)$的样本，并且相互独立，$\overline{X}$与$\overline{Y}$分别是其样本均值，则$\frac{\sum_{i=1}^{n}(X_i-\overline{X})^2}{\sum_{i=1}^{n}(Y_i-\overline{Y})^2}$服从的分布是：

A. $t(n-1)$　　B. $F(n-1, n-1)$

C. $\chi^2(n-1)$　　D. $N(\mu, \sigma^2)$

25. 在标准状态下，当氢气和氦气的压强与体积都相等时，氢气和氦气的内能之比为：

A. $\frac{5}{3}$　　B. $\frac{3}{5}$

C. $\frac{1}{2}$　　D. $\frac{3}{2}$

26. 速率分布函数$f(v)$的物理意义是：

A. 具有速率v的分子数占总分子数的百分比

B. 速率分布在v附近的单位速率间隔中百分数占总分子数的百分比

C. 具有速率v的分子数

D. 速率分布在v附近的单位速率间隔中的分子数

27. 有 1mol 刚性双原子分子理想气体，在等压过程中对外做功W，则其温度变化ΔT为：

A. $\frac{R}{W}$　　B. $\frac{W}{R}$

C. $\frac{2R}{W}$　　D. $\frac{2W}{R}$

28. 理想气体在等温膨胀过程中：

A. 气体做负功，向外界放出热量　　B. 气体做负功，从外界吸收热量

C. 气体做正功，向外界放出热量　　D. 气体做正功，从外界吸收热量

29. 一横波的波动方程是$y = 2 \times 10^{-2} \cos 2\pi \left(10t - \frac{x}{5}\right)$(SI)，$t = 0.25$s时，距离原点$(x = 0)$处最近的波峰位置为：

A. ±2.5m　　B. ±7.5m

C. ±4.5m　　D. ±5m

30. 一平面简谐波在弹性媒质中传播，在某一瞬时，某质元正处于其平衡位置，此时它的：

A. 动能为零，势能最大　　B. 动能为零，势能为零

C. 动能最大，势能最大　　D. 动能最大，势能为零

31. 通常人耳可听到的声波的频率范围是：

A. 20~200Hz　　B. 20~2000Hz

C. 20~20000Hz　　D. 20~200000Hz

32. 在空气中用波长为λ的单色光进行双缝干涉验时，观测到相邻明条纹的间距为 1.33mm，当把实验装置放入水中（水的折射率为$n = 1.33$）时，则相邻明条纹的间距变为：

A. 1.33mm　　B. 2.66mm　　C. 1mm　　D. 2mm

33. 在真空中可见的波长范围是：

A. 400~760nm　　B. 400~760mm

C. 400~760cm　　D. 400~760m

34. 一束自然光垂直穿过两个偏振片，两个偏振片的偏振化方向成 45°。已知通过此两偏振片后光强为I，则入射至第二个偏振片的线偏振光强度为：

A. I　　B. $2I$　　C. $3I$　　D. $I/2$

35. 在单缝夫琅禾费衍射实验中，单缝宽度$a = 1 \times 10^{-4}$m，透镜焦距$f = 0.5$m。若用$\lambda = 400$nm的单色平行光垂直入射，中央明纹的宽度为：

A. 2×10^{-3}m　　B. 2×10^{-4}m

C. 4×10^{-4}m　　D. 4×10^{-3}m

36. 一单色平行光垂直入射到光栅上，衍射光谱中出现了五条明纹，若已知此光栅的缝宽a与不透光部分b相等，那么在中央明纹一侧的两条明纹级次分别是：

A. 1 和 3　　B. 1 和 2

C. 2 和 3　　D. 2 和 4

37. 下列元素，电负性最大的是：

A. F　　B. Cl　　C. Br　　D. I

38. 在NaCl，$MgCl_2$，$AlCl_3$，$SiCl_4$四种物质中，离子极化作用最强的是：

A. NaCl　　B. $MgCl_2$

C. $AlCl_3$　　D. $SiCl_4$

39. 现有 100mL 浓硫酸，测得其质量分数为 98%，密度为1.84g/mL，其物质的量浓度为：

A. $18.4mol \cdot L^{-1}$　　B. $18.8mol \cdot L^{-1}$

C. $18.0mol \cdot L^{-1}$　　D. $1.84mol \cdot L^{-1}$

40. 已知反应（1）$H_2(g) + S(s) \rightleftharpoons H_2S(g)$，其平衡常数为$K_1^{\Theta}$，

（2）$S(s) + O_2(g) \rightleftharpoons SO_2(g)$，其平衡常数为$K_2^{\Theta}$，则反应

（3）$H_2(g) + SO_2(s) \rightleftharpoons O_2(g) + H_2S(g)$的平衡常数为$K_3^{\Theta}$是：

A. $K_1^{\Theta} + K_2^{\Theta}$　　B. $K_1^{\Theta} \cdot K_2^{\Theta}$

C. $K_1^{\Theta} - K_2^{\Theta}$　　D. $K_1^{\Theta}/K_2^{\Theta}$

41. 有原电池$(-)Zn \mid ZnSO_4(C_1) \parallel CuSO_4(C_2) \mid Cu(+)$，如向铜半电池中通入硫化氢，则原电池电动势变化趋势是：

A. 变大　　B. 变小

C. 不变　　D. 无法判断

42. 电解NaCl水溶液时，阴极上放电的离子是：

A. H^+　　B. OH^-　　C. Na^+　　D. Cl^-

43. 已知反应$N_2(g) + 3H_2(g) \longrightarrow 2NH_3(g)$的$\Delta_r H_m < 0$，$\Delta_r S_m < 0$，则该反应为：

A. 低温易自发，高温不易自发　　B. 高温易自发，低温不易自发

C. 任何温度都易自发　　D. 任何温度都不易自发

44. 下列有机物中，对于可能处在同一平面上的最多原子数目的判断，正确的是：

A. 丙烷最多有 6 个原子处于同一平面上

B. 丙烯最多有 9 个原子处于同一平面上

C. 苯乙烯（$C_6H_5-CH{=}CH_2$）最多有 16 个原子处于同一平面上

D. $CH_3CH{=}CH-C{\equiv}C-CH_3$ 最多有 12 个原子处于同一平面上

45. 下列有机物中，既能发生加成反应和酯化反应，又能发生氧化反应的化合物是：

A. $CH_3CH = CHCOOH$　　B. $CH_3CH = CHCOOC_2H_5$

C. $CH_3CH_2CH_2CH_2OH$　　D. $HOCH_2CH_2CH_2CH_2OH$

46. 人造羊毛的结构简式为：$\left[CH_2-CH \right]_n$，它属于：

①共价化合物；②无机化合物；③有机化合物；④高分子化合物；⑤离子化合物。

A. ②④⑤　　B. ①④⑤

C. ①③④　　D. ③④⑤

47. 将大小为100N的力$\boldsymbol{F}$沿x、y方向分解，若$\boldsymbol{F}$在x轴上的投影为50N，而沿x方向的分力的大小为200N，则$\boldsymbol{F}$在y轴上的投影为：

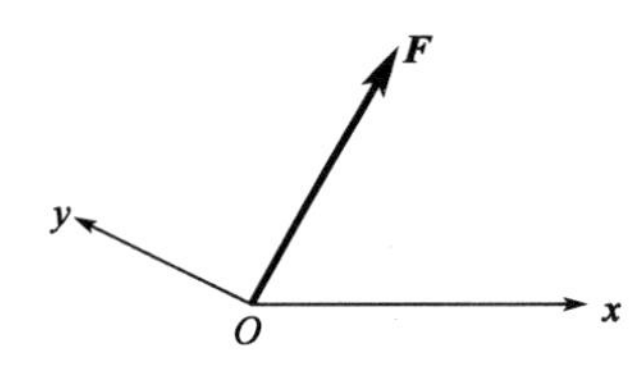

A. 0　　B. 50N

C. 200N　　D. 100N

48. 图示边长为a的正方形物块$OABC$，已知：各力大小$F_1 = F_2 = F_3 = F_4 = F$，力偶矩$M_1 = M_2 = Fa$。该力系向$O$点简化后的主矢及主矩应为：

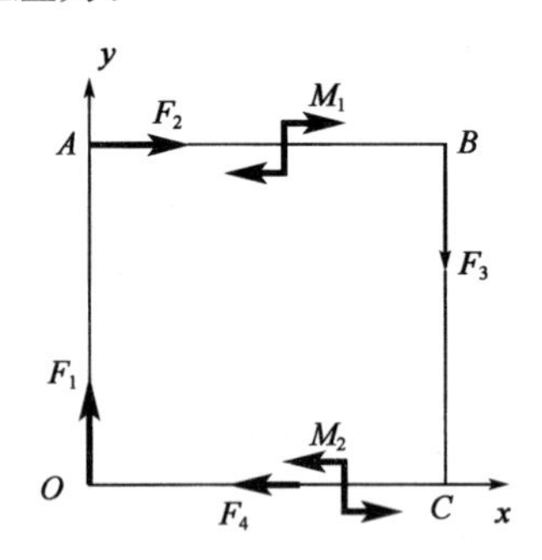

A. $F_R = 0N$，$M_O = 4Fa$(↻)

B. $F_R = 0N$，$M_O = 3Fa$(↺)

C. $F_R = 0N$，$M_O = 2Fa$(↺)

D. $F_R = 0N$，$M_O = 2Fa$(↻)

49. 在图示机构中，已知$\boldsymbol{F}_{\mathrm{p}}$，$L=2\mathrm{m}$，$r=0.5\mathrm{m}$，$\theta=30°$，$BE=EG$，$CE=EH$，则支座$A$的约束力为：

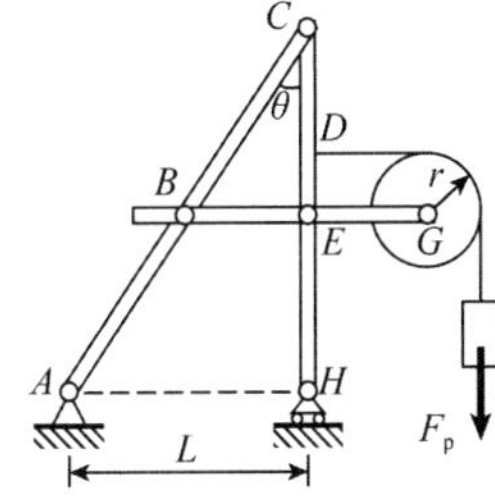

A. $F_{\mathrm{A}x}=F_{\mathrm{p}}(\leftarrow)$，$F_{\mathrm{A}y}=1.75F_{\mathrm{p}}(\downarrow)$

B. $F_{\mathrm{A}x}=0$，　　$F_{\mathrm{A}y}=0.75F_{\mathrm{p}}(\downarrow)$

C. $F_{\mathrm{A}x}=0$，　　$F_{\mathrm{A}y}=0.75F_{\mathrm{p}}(\uparrow)$

D. $F_{\mathrm{A}x}=F_{\mathrm{p}}(\rightarrow)$，$F_{\mathrm{A}y}=1.75F_{\mathrm{p}}(\uparrow)$

50. 图示不计自重的水平梁与桁架在B点铰接。已知：荷载$\boldsymbol{F}_1$、$\boldsymbol{F}$均与BH垂直，$F_1=8\mathrm{kN}$，$F=4\mathrm{kN}$，$M=6\mathrm{kN}\cdot\mathrm{m}$，$q=1\mathrm{kN/m}$，$L=2\mathrm{m}$。则杆件 1 的内力为：

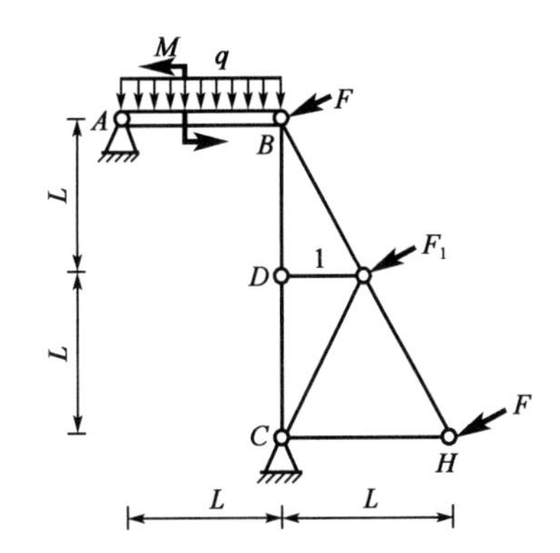

A. $F_1=0$

B. $F_1=8\mathrm{kN}$

C. $F_1=-8\mathrm{kN}$

D. $F_1=-4\mathrm{kN}$

51. 动点A和B在同一坐标系中的运动方程分别为$\begin{cases}x_{\mathrm{A}}=t\\y_{\mathrm{A}}=2t^2\end{cases}$，$\begin{cases}x_{\mathrm{B}}=t^2\\y_{\mathrm{B}}=2t^4\end{cases}$，其中$x$、$y$以 cm 计，$t$以 s 计，则两点相遇的时刻为：

A. $t=1\mathrm{s}$　　B. $t=0.5\mathrm{s}$

C. $t=2\mathrm{s}$　　D. $t=1.5\mathrm{s}$

52. 刚体作平动时，某瞬时体内各点的速度与加速度为：

A. 体内各点速度不相同，加速度相同

B. 体内各点速度相同，加速度不相同

C. 体内各点速度相同，加速度也相同

D. 体内各点速度不相同，加速度也不相同

53. 杆OA绕固定轴O转动，长为l，某瞬时杆端A点的加速度$\boldsymbol{a}$如图所示。则该瞬时OA的角速度及角加速度为：

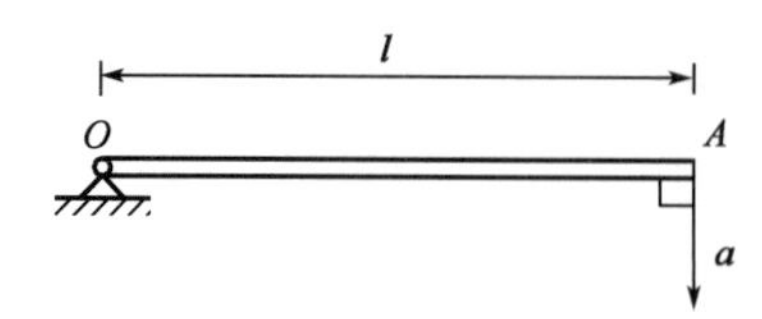

A. 0，$\frac{a}{l}$

B. $\sqrt{\frac{a\cos\alpha}{l}}$，$\frac{a\sin\alpha}{l}$

C. $\sqrt{\frac{a}{l}}$，0

D. 0，$\sqrt{\frac{a}{l}}$

54. 在图示圆锥摆中，球M的质量为m，绳长l，若α角保持不变，则小球的法向加速度为：

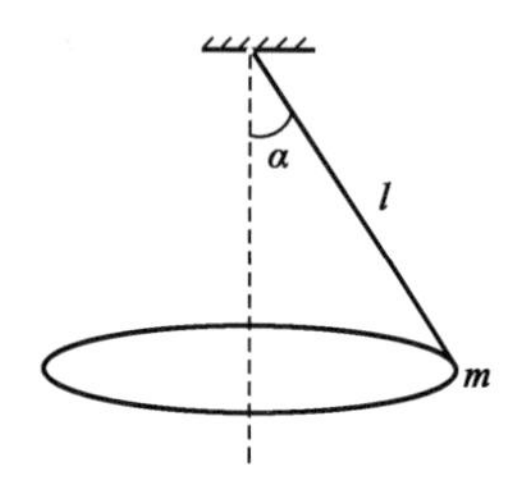

A. $g\sin\alpha$

B. $g\cos\alpha$

C. $g\tan\alpha$

D. $g\cot\alpha$

55. 图示均质链条传动机构的大齿轮以角速度ω转动，已知大齿轮半径为R，质量为m_1，小齿轮半径为r，质量为m_2，链条质量不计，则此系统的动量为：

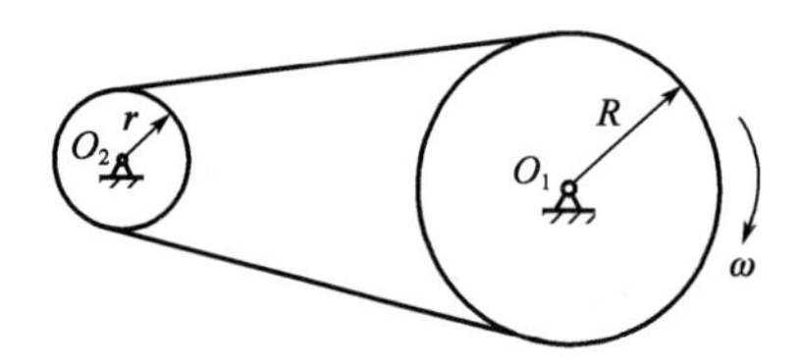

A. $(m_1+2m_2)v$ →

B. $(m_1+m_2)v$ →

C. $(2m_1-m_2)v$ →

D. 0

56. 均质圆柱体半径为R，质量为m，绕关于对纸面垂直的固定水平轴自由转动，初瞬时静止（G在O轴的铅垂线上），如图所示，则圆柱体在位置$\theta = 90°$时的角速度是：

A. 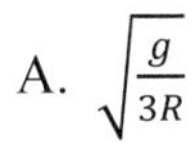 $\sqrt{\frac{g}{3R}}$

B. 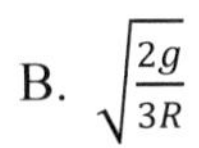 $\sqrt{\frac{2g}{3R}}$

C. 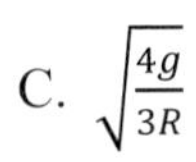 $\sqrt{\frac{4g}{3R}}$

D. $\sqrt{\frac{g}{2R}}$

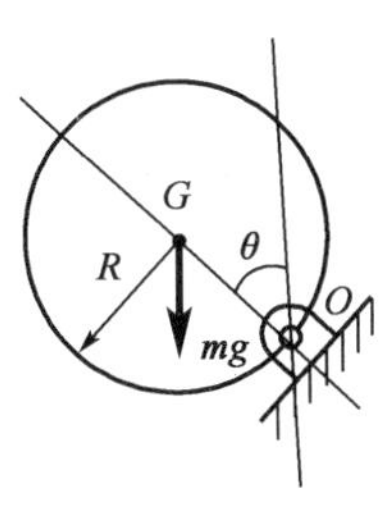

57. 质量不计的水平细杆AB长为L，在铅垂图面内绕A轴转动，其另一端固连质量为m的质点B，在图示水平位置静止释放。则此瞬时质点B的惯性力为：

A. $F_g = mg$

B. $F_g = \sqrt{2}mg$

C. 0

D. $F_g = \frac{\sqrt{2}}{2}mg$

58. 如图所示系统中，当物块振动的频率比为 1.27 时，k的值是：

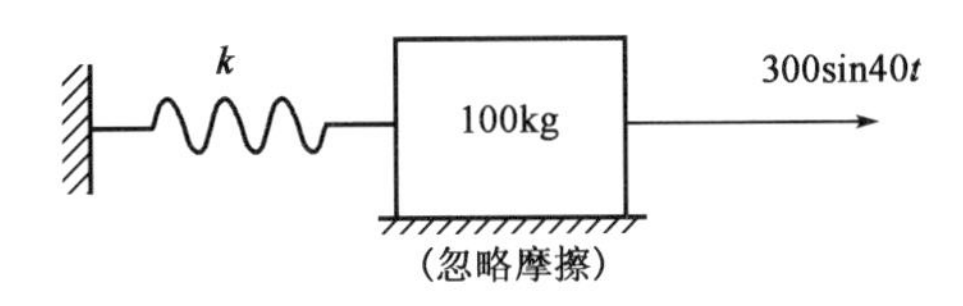

A. 1×10^5N/m

B. 2×10^5N/m

C. 1×10^4N/m

D. 1.5×10^5N/m

59. 图示结构的两杆面积和材料相同，在铅直向下的力F作用下，下面正确的结论是：

A. C点位平放向下偏左，1 杆轴力不为零

B. C点位平放向下偏左，1 杆轴力为零

C. C点位平放铅直向下，1 杆轴力为零

D. C点位平放向下偏右，1 杆轴力不为零

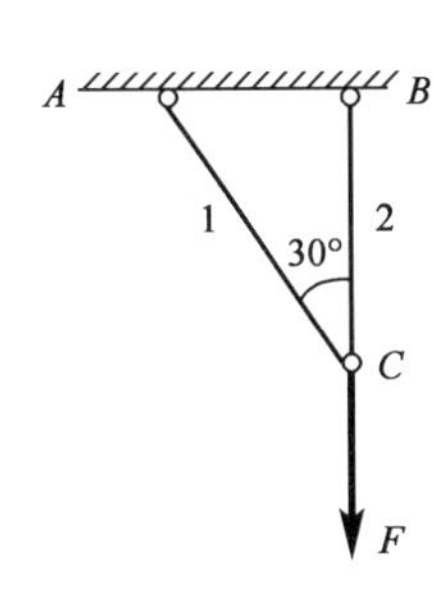

60. 图截面杆ABC轴向受力如图所示，已知BC杆的直径$d=100\text{mm}$，AB杆的直径为$2d$，杆的最大拉应力是：

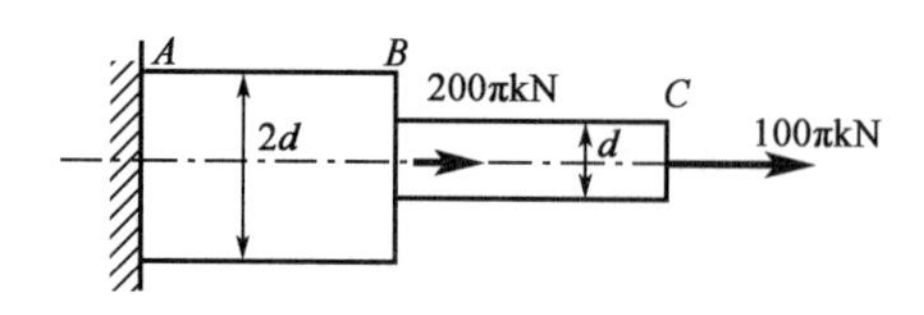

A. 40MPa　　　　B. 30MPa

C. 80MPa　　　　D. 120MPa

61. 桁架由 2 根细长直杆组成，杆的截面尺寸相同，材料分别是结构钢和普通铸铁，在下列桁架中，布局比较合理的是：

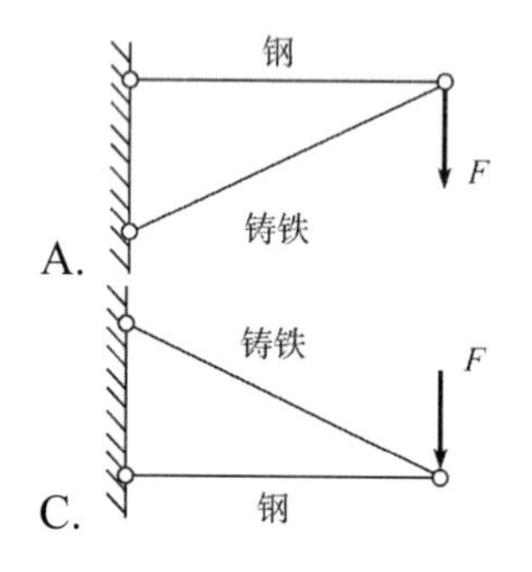

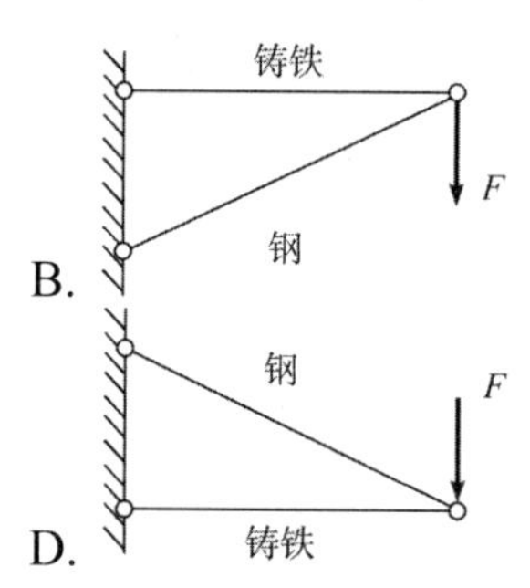

62. 冲床在钢板上冲一圆孔，圆孔直径$d=100\text{mm}$，钢板的厚度$t=10\text{mm}$钢板的剪切强度极限$\tau_b=300\text{MPa}$，需要的冲压力F是：

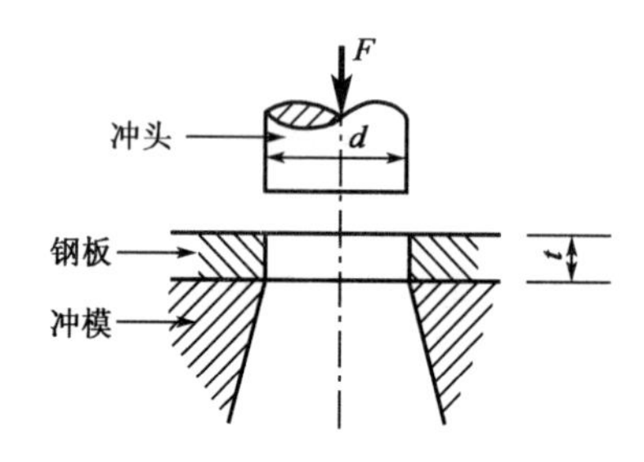

A. $F=300\pi\text{kN}$

B. $F=3000\pi\text{kN}$

C. $F=2500\pi\text{kN}$

D. $F=7500\pi\text{kN}$

63. 螺钉受力如图。已知螺钉和钢板的材料相同，拉伸许用应力$[\sigma]$是剪切许用应力$[\tau]$的 2 倍，即$[\sigma]=2[\tau]$，钢板厚度t是螺钉头高度h的 1.5 倍，则螺钉直径d的合理值是：

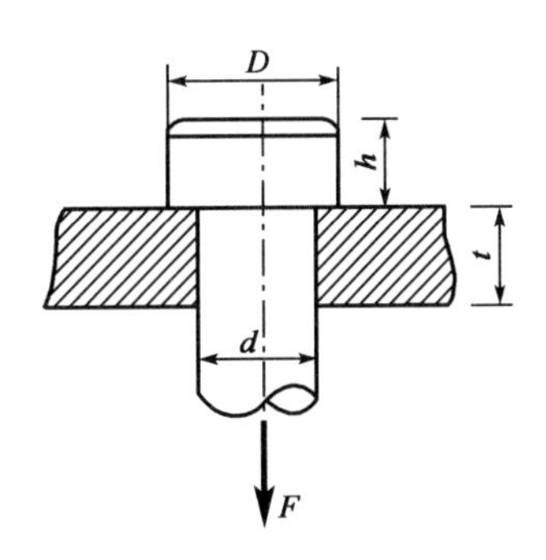

A. $d=2h$

B. $d=0.5h$

C. $d^2=2Dt$

D. $d^2=0.5Dt$

64. 图示受扭空心圆轴横截面上的切应力分布图，其中正确的是：

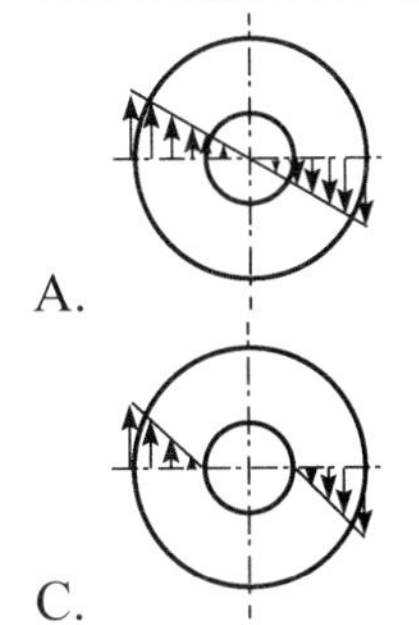

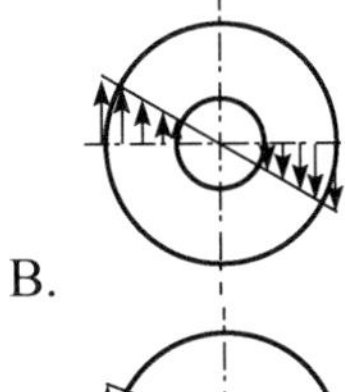

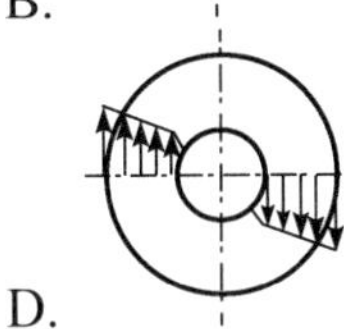

65. 在一套传动系统中，有多根圆轴，假设所有圆轴传递的功率相同，但转速不同，各轴所承受的扭矩与其转速的关系是：

A. 转速快的轴扭矩大

B. 转速慢的轴扭矩大

C. 各轴的扭矩相同

D. 无法确定

66. 梁的弯矩图如图所示，最大值在B截面。在梁的A、B、C、D四个截面中，剪力为零的截面是：

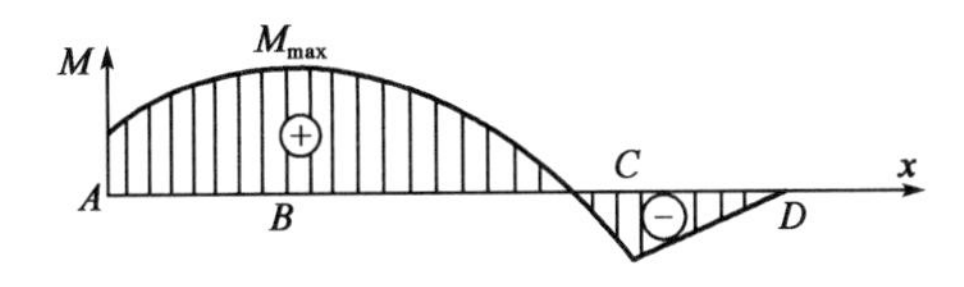

A. A截面

B. B截面

C. C截面

D. D截面

67. 图示矩形截面受压杆，杆的中间段右侧有一槽，如图 a）所示，若在杆的左侧，即槽的对称位置也挖出同样的槽（见图 b），则图 b）杆的最大压应力是图 a）最大压应力的：

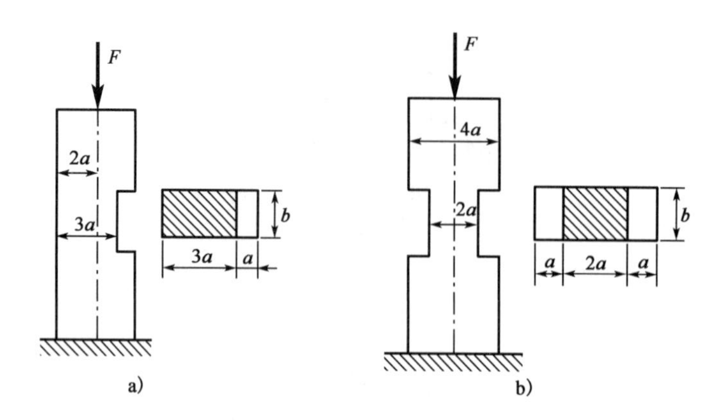

A. 3/4　　　　B. 4/3

C. 3/2　　　　D. 2/3

68. 梁的横截面可选用图示空心矩形、矩形、正方形和圆形四种之一，假设四种截面的面积均相等，荷载作用方向沿垂向下，承载能力最大的截面是：

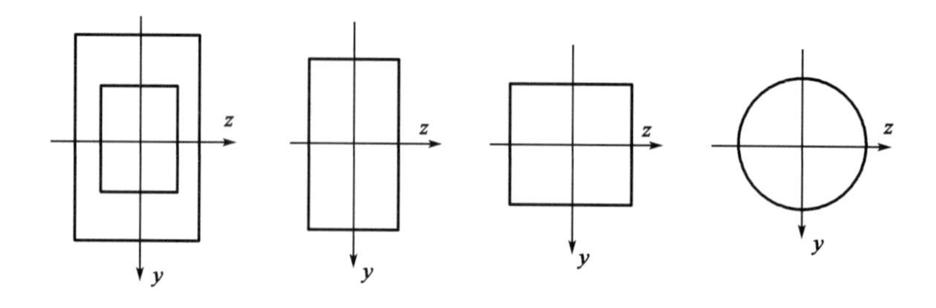

A. 空心矩形　　　　B. 实心矩形

C. 正方形　　　　D. 圆形

69. 按照第三强度理论，图示两种应力状态的危险程度是：

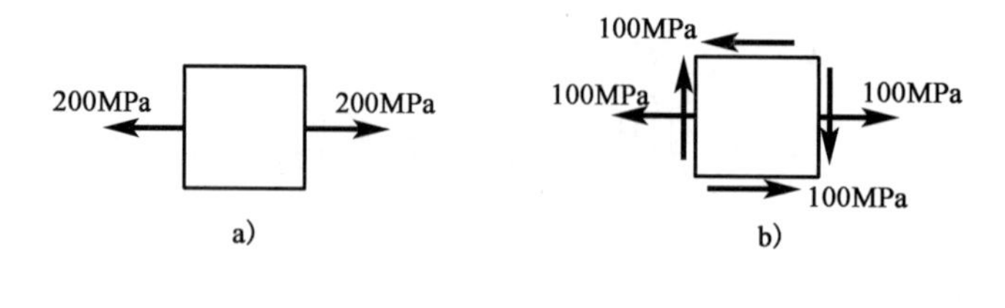

A. 无法判断　　　　B. 两者相同

C. a）更危险　　　　D. b）更危险

70. 正方形截面杆AB，力F作用在xoy平面内，与x轴夹角α，杆距离B端为a的横截面上最大正应力在$\alpha = 45°$时的值是$\alpha = 0$时值的：

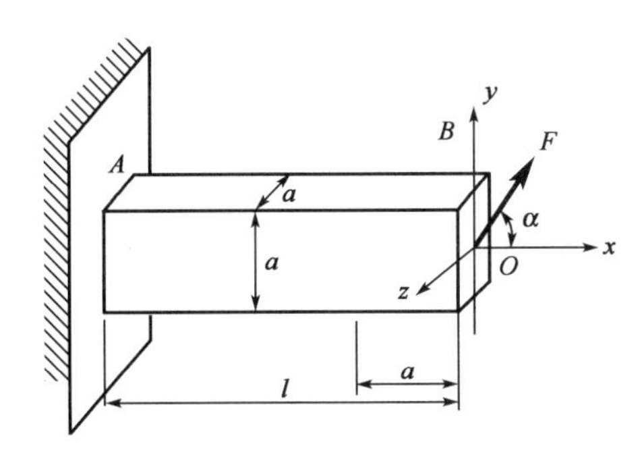

A. $\frac{7\sqrt{2}}{2}$倍

B. $3\sqrt{2}$倍

C. $\frac{5\sqrt{2}}{2}$倍

D. $\sqrt{2}$倍

71. 如图所示水下有一半径为$R = 0.1\text{m}$的半球形侧盖，球心至水面距离$H = 5\text{m}$，作用于半球盖上水平方向的静水压力是：

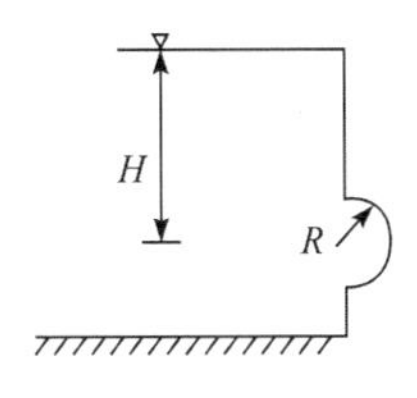

A. 0.98kN　　B. 1.96kN

C. 0.77kN　　D. 1.54kN

72. 密闭水箱如图所示，已知水深$h = 2\text{m}$，自由面上的压强$p_0 = 88\text{kN/m}^2$，当地大气压强$p_a = 101\text{kN/m}^2$，则水箱底部A点的绝对压强与相对压强分别为：

A. 107.6kN/m^2和-6.6kN/m^2

B. 107.6kN/m^2和6.6kN/m^2

C. 120.6kN/m^2和-6.6kN/m^2

D. 120.6kN/m^2和6.6kN/m^2

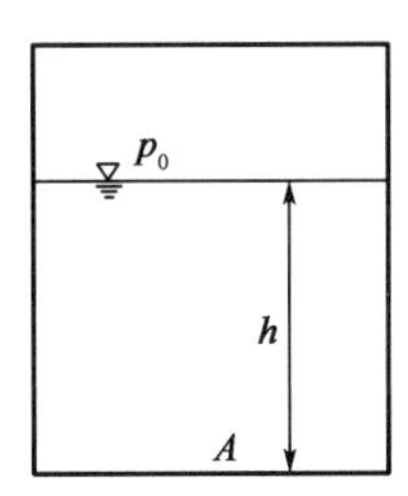

73. 下列不可压缩二维流动中，满足连续性方程的是：

A. $u_x = 2x$，$u_y = 2y$

B. $u_x = 0$，$u_y = 2xy$

C. $u_x = 5x$，$u_y = -5y$

D. $u_x = 2xy$，$u_y = -2xy$

74. 圆管层流中，下述错误的是：

A. 水头损失与雷诺数有关

B. 水头损失与管长度有关

C. 水头损失与流速有关

D. 水头损失与粗糙度有关

75. 主干管在A、B间是由两条支管组成的一个并联管路，两支管的长度和管径分别为$l_1 = 1800\text{m}$，$d_1 = 150\text{mm}$，$l_2 = 3000\text{m}$，$d_2 = 200\text{mm}$，两支管的沿程阻力系数λ均为 0.01，若主干管流量$Q = 39\text{L/s}$，则两支管流量分别为：

A. $Q_1 = 12\text{L/s}$，$Q_2 = 27\text{L/s}$

B. $Q_1 = 15\text{L/s}$，$Q_2 = 24\text{L/s}$

C. $Q_1 = 24\text{L/s}$，$Q_2 = 15\text{L/s}$

D. $Q_1 = 27\text{L/s}$，$Q_2 = 12\text{L/s}$

76. 一梯形断面明渠，水力半径$R = 0.8\text{m}$，底坡$i = 0.0006$，粗糙系数$n = 0.05$，则输水流速为：

A. 0.42m/s

B. 0.48m/s

C. 0.6m/s

D. 0.75m/s

77. 地下水的浸润线是指：

A. 地下水的流线

B. 地下水运动的迹线

C. 无压地下水的自由水面线

D. 土壤中干土与湿土的界限

78. 用同种流体，同一温度进行管道模型实验，按黏性力相似准则，已知模型管径 0.1m，模型流速4m/s，若原型管径为 2m，则原型流速为：

A. 0.2m/s　　B. 2m/s

C. 80m/s　　D. 8m/s

79. 真空中有三个带电质点，其电荷分别为q_1、q_2和q_3，其中，电荷为q_1和q_3的质点位置固定，电荷为q_2的质点可以自由移动，当三个质点的空间分布如图所示时，电荷为q_2的质点静止不动，此时如下关系成立的是：

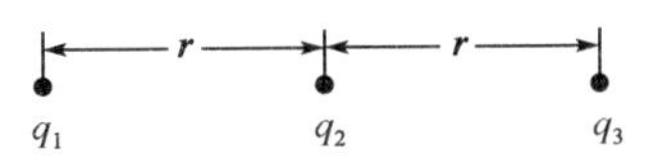

A. $q_1 = q_2 = 2q_3$　　B. $q_1 = q_3 = |q_2|$

C. $q_1 = q_2 = -q_3$　　D. $q_2 = q_3 = -q_1$

80. 在图示电路中，$I_1 = -4\text{A}$，$I_2 = -3\text{A}$，则$I_3 =$

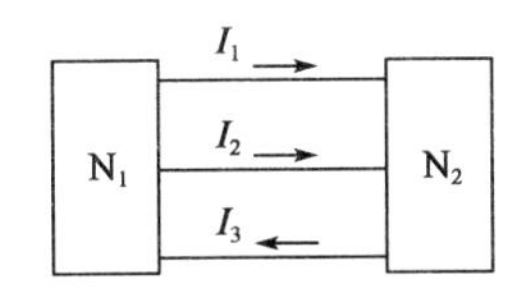

A. −1A　　B. 7A

C. −7A　　D. 1A

81. 已知电路如图所示，其中，响应电流I在电压源单独作用时的分量为：

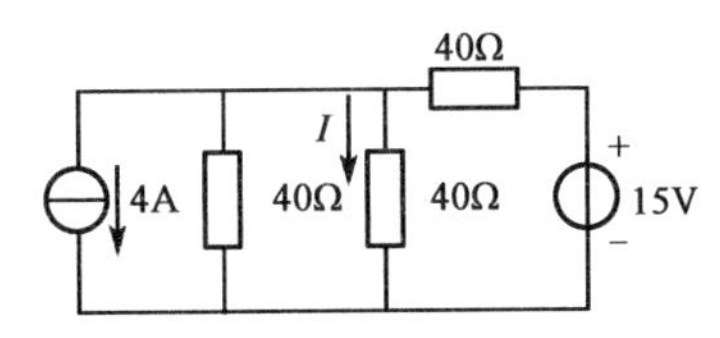

A. 0.375A　　B. 0.25A

C. 0.125A　　D. 0.1875A

82. 已知电流$\dot{I}(t) = 0.1\sin(\omega t + 10°)$ A，电压$u(t) = 10\sin(\omega t - 10°)$ V，则如下表述中正确的是：

A. 电流$i(t)$与电压$u(t)$呈反相关系

B. $\dot{I} = 0.1\angle 10°\text{A}$，$\dot{U} = 10\angle - 10°\text{V}$

C. $\dot{I} = 70.7\angle 10°\text{mA}$，$\dot{U} = -7.07\angle 10°\text{V}$

D. $\dot{I} = 70.7\angle 10°\text{mA}$，$\dot{U} = 7.07\angle - 10°\text{V}$

83. 一交流电路由 R、L、C 串联而成，其中，$R = 10\Omega$，$X_L = 8\Omega$，$X_C = 6\Omega$。通过该电路的电流为 10A，则该电路的有功功率、无功功率和视在功率分别为：

A. 1kW，1.6kvar，2.6kV · A

B. 1kW，200var，1.2kV · A

C. 100W，200var，223.6V · A

D. 1kW，200var，1.02kV · A

84. 已知电路如图所示，设开关在$t = 0$时刻断开，那么如下表述中正确的是：

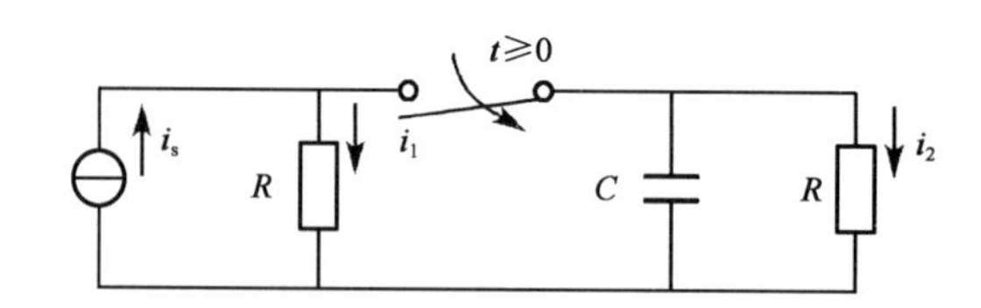

A. 电路的左右两侧均进入暂态过程

B. 电路i_1立即等于i_s，电流i_2立即等于 0

C. 电路i_2由$\frac{1}{2}i_s$逐步衰减到 0

D. 在$t = 0$时刻，电流i_2发生了突变

85. 图示变压器空载运行电路中，设变压器为理想器件，若$u = \sqrt{2}U\sin\omega t$，则此时：

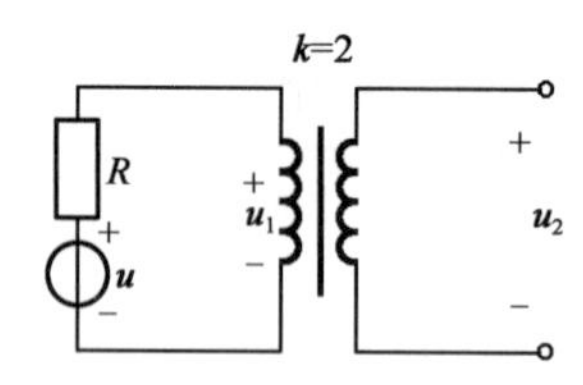

A. $U_l = \frac{\omega L \cdot U}{\sqrt{R^2 + (\omega L)^2}}$，$U_2 = 0$

B. $u_1 = u$，$U_2 = \frac{1}{2}U_1$

C. $u_1 \neq u$，$U_2 = \frac{1}{2}U_1$

D. $u_1 = u$，$U_2 = 2U_1$

86. 设某△接异步电动机全压启动时的启动电流$I_{st}=30A$，启动转矩$T_u=45N\cdot m$，若对此台电动机采用Y-△降压启动方案，则启动电流和启动转矩分别为：

A. 17.32A，25.98N · m

B. 10A，15N · m

C. 10A，25.98N · m

D. 17.32A，15N · m

87. 图示电路的任意一个输出端，在任意时刻都只出现0V或5V这两个电压值（例如，在$t=t_0$时刻获得的输出电压从上到下依次为5V、0V、5V、0V），那么该电路的输出电压：

A. 是取值离散的连续时间信号

B. 是取值连续的离散时间信号

C. 是取值连续的连续时间信号

D. 是取值离散的离散时间信号

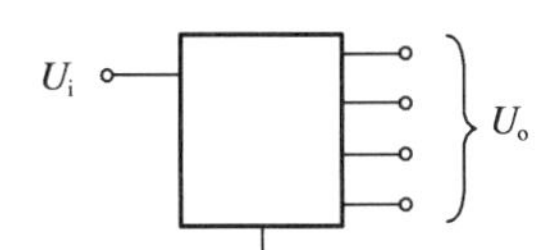

88. 图示非周期信号$u(t)$如图所示，若利用单位阶跃函数$\varepsilon(t)$将其写成时间函数表达式，则$u(t)$等于：

A. $5-1=4V$

B. $5\varepsilon(t)+\varepsilon(t-t_0)V$

C. $5\varepsilon(t)-4\varepsilon(t-t_0)V$

D. $5\varepsilon(t)-4\varepsilon(t+t_0)V$

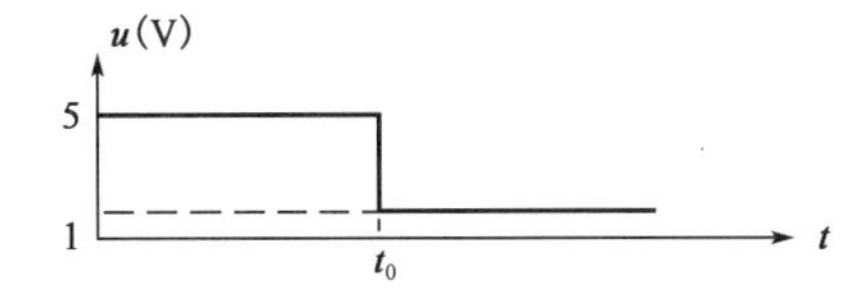

89. 模拟信号经线性放大器放大后，信号中被改变的量是：

A. 信号的频率

B. 信号的幅值频谱

C. 信号的相位频谱

D. 信号的幅值

90. 逻辑表达式(A + B)(A + C)的化简结果是：

A. A

B. $A^2+AB+AC+BC$

C. A + BC

D. (A + B)(A + C)

91. 已知数字信号 A 和数字信号 B 的波形如图所示，则数字信号$F=\overline{AB}$的波形为：

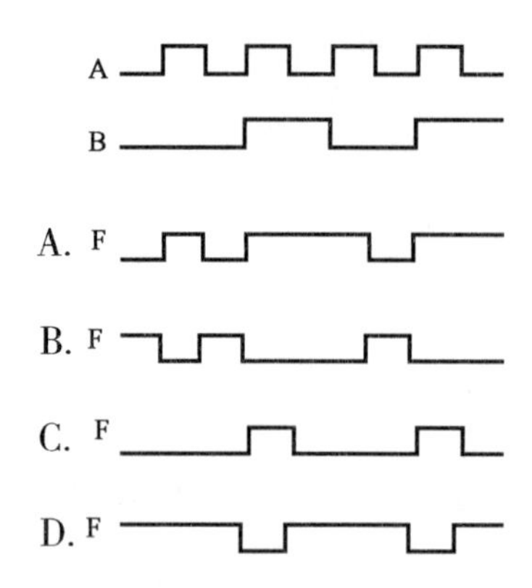

92. 逻辑函数$F=f(A、B、C)$的真值表如图所示，由此可知：

A	B	C	F
0	0	0	1
0	0	1	0
0	1	0	0
0	1	1	1
1	0	0	1
1	0	1	0
1	1	0	0
1	1	1	1

A. $F=\overline{A}(\overline{B}C+B\overline{C})+A(\overline{B}\overline{C}+BC)$　　B. $F=\overline{B}C+B\overline{C}$

C. $F=\overline{B}\overline{C}+BC$　　D. $F=\overline{A}+\overline{B}+\overline{BC}$

93. 二极管应用电路如图 a）所示，电路的激励u_i如图 b）所示，设二极管为理想器件，则电路的输出电压u_o的平均值$U_o=$

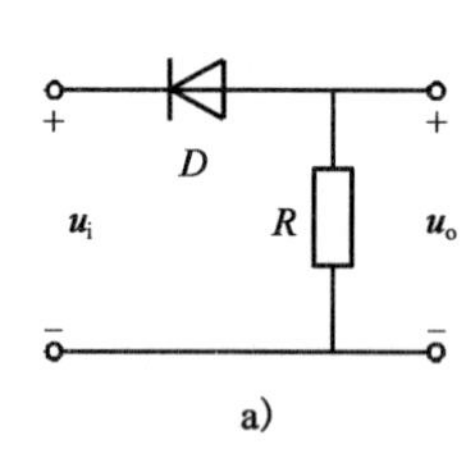

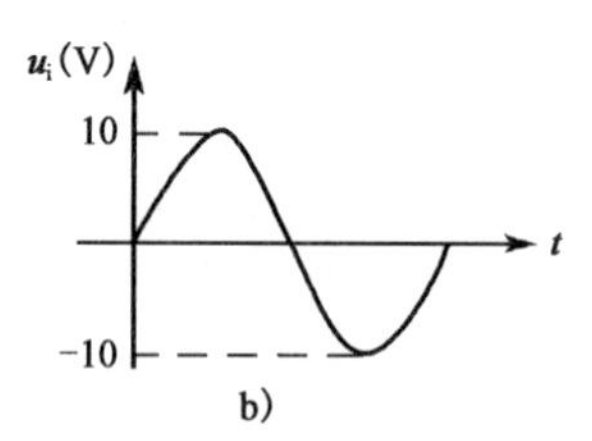

A. $\frac{10}{\sqrt{2}}\times 0.45=3.18V$　　B. $10\times 0.45=4.5V$

C. $-\frac{10}{\sqrt{2}}\times 0.45=-3.18V$　　D. $-10\times 0.45=-4.5V$

94. 运算放大器应用电路如图所示，设运算放大器输出电压的极限值为±11V，如果将 2V 电压接入电路的“A”端，电路的“B”端接地后，测得输出电压为−8V，那么，如果将 2V 电压接入电路的“B”端，而电路的“A”端接地，则该电路的输出电压u_o等于：

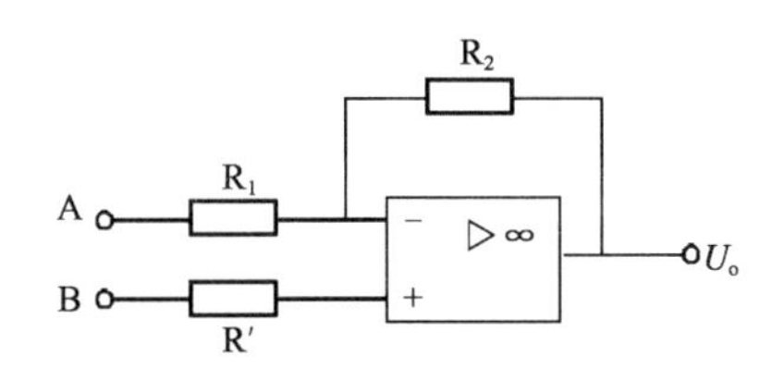

A. 8V　　B. −8V　　C. 10V　　D. −10V

95. 图 a）所示电路中，复位信号$\overline{R}_D$、信号 A 及时钟脉冲信号 cp 如图 b）所示，经分析可知，在第一个和第二个时钟脉冲的下降沿时刻，输出 Q 先后等于：

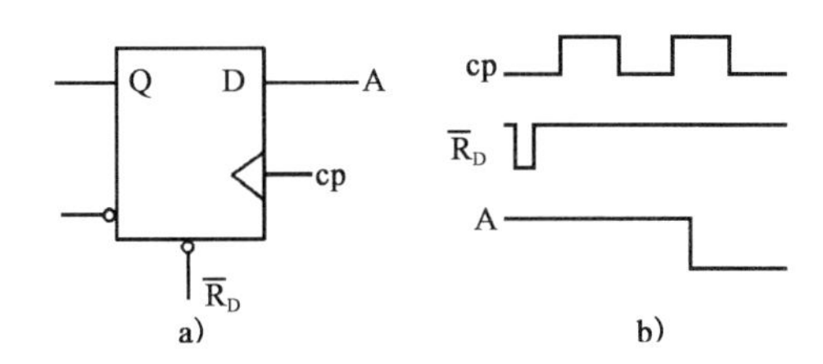

A. 0，0　　B. 0，1

C. 1，0　　D. 1，1

附：触发器的逻辑状态表为

D	Q_{n+1}
0	0
1	1

96. 图 a）所示电路中，复位信号、数据输入及时钟脉冲信号如图 b）所示，经分析可知，在第一个和第二个时钟脉冲的下降沿过后，输出 Q 先后等于：

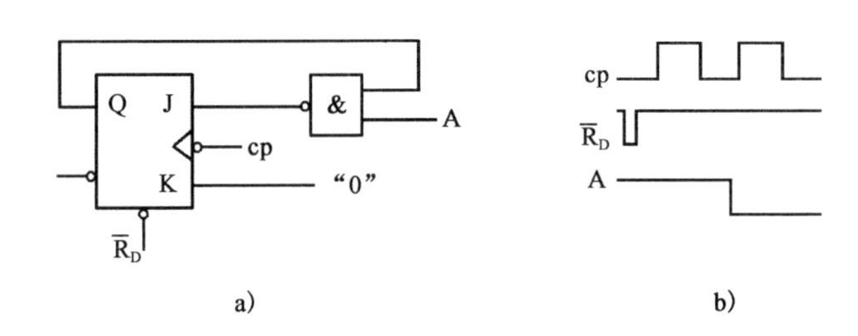

A. 0，0　　B. 0，1　　C. 1，0　　D. 1，1

附：触发器的逻辑状态表为

J	K	Q_{n+1}
0	0	Q_D
0	1	0
1	0	1
1	1	$\bar{Q}_D$

97. 总线中的地址总线传输的是：

A. 程序和数据　　B. 主储存器的地址码或外围设备码

C. 控制信息　　D. 计算机的系统命令

98. 软件系统中，能够管理和控制计算机系统全部资源的软件是：

A. 应用软件　　B. 用户程序

C. 支撑软件　　D. 操作系统

99. 用高级语言编写的源程序，将其转换成能在计算机上运行的程序过程是：

A. 翻译、连接、执行　　B. 编辑、编译、连接

C. 连接、翻译、执行　　D. 编程、编辑、执行

100. 十进制的数 256.625 用十六进制表示则是：

A. 110.B　　B. 200.C

C. 100.A　　D. 96.D

101. 在下面有关信息加密技术的论述中，不正确的是：

A. 信息加密技术是为提高信息系统及数据的安全性和保密性的技术

B. 信息加密技术是为防止数据信息被别人破译而采用的技术

C. 信息加密技术是网络安全的重要技术之一

D. 信息加密技术是为清楚计算机病毒而采用的技术

102. 可以这样来认识进程，进程是：

A. 一段执行中的程序　　B. 一个名义上的软件系统

C. 与程序等效的一个概念　　D. 一个存放在 ROM 中的程序

103. 操作系统中的文件管理是：

A. 对计算机的系统软件资源进行管理　　B. 对计算机的硬件资源进行管理

C. 对计算机用户进行管理　　D. 对计算机网络进行管理

104. 在计算机网络中，常将负责全网络信息处理的设备和软件称为：

A. 资源子网　　B. 通信子网

C. 局域网　　D. 广域网

105. 若按采用的传输介质的不同，可将网络分为：

A. 双绞线网、同轴电缆网、光纤网、无线网

B. 基带网和宽带网

C. 电路交换类、报文交换类、分组交换类

D. 广播式网络、点到点式网络

106. 一个典型的计算机网络系统主要是由：

A. 网络硬件系统和网络软件系统组成　　B. 主机和网络软件系统组成

C. 网络操作系统和若干计算机组成　　D. 网络协议和网络操作系统组成

107. 如现在投资 100 万元，预计年利率为 10%，分 5 年等额回收，每年可回收：

[已知：$(A/P,10\%,5)=0.2638$，$(A/F,10\%,5)=0.1638$]

A. 16.38 万元　　B. 26.38 万元

C. 62.09 万元　　D. 75.82 万元

108. 某项目投资中有部分资金源于银行贷款，该贷款在整个项目期间将等额偿还本息。项目预计年经营成本为 5000 万元，年折旧费和摊销为 2000 万元，则该项目的年总成本费用应：

A. 等于 5000 万元　　B. 等于 7000 万元

C. 大于 7000 万元　　D. 在 5000 万元与 7000 万元之间

109. 下列财务评价指标中，反映项目盈利能力的指标是：

A. 流动比率　　B. 利息备付率

C. 投资回收期　　D. 资产负债率

110. 某项目第一年年初投资 5000 万元，此后从第一年年末开始每年年末有相同的净收益，收益期为 10 年。寿命期结束时的净残值为 100 万元，若基准收益率为 12%，则要使该投资方案的净现值为零，其年净收益应为：

[已知：$(P/A,12\%,10)=5.6500$；$(P/F,12\%,10)=0.3220$]

A. 879.26 万元　　B. 884.96 万元

C. 890.65 万元　　D. 1610 万元

111. 某企业设计生产能力为年产某产品 40000t，在满负荷生产状态下，总成本为 30000 万元，其中固定成本为 10000 万元，若产品价格为1 万元/t，则以生产能力利用率表示的盈亏平衡点为：

A. 25%　　B. 35%　　C. 40%　　D. 50%

112. 已知甲、乙为两个寿命期相同的互斥项目，通过测算得出：甲、乙两项目的内部收益率分别为 18% 和 14%，甲、乙两项目的净现值分别为 240 万元和 320 万元。假如基准收益率为 12%，则以下说法中正确的是：

A. 应选择甲项目　　B. 应选择乙项目

C. 应同时选择甲、乙两个项目　　D. 甲、乙项目均不应选择

113. 下列项目方案类型中，适于采用最小公倍数法进行方案比选的是：

A. 寿命期相同的互斥方案　　B. 寿命期不同的互斥方案

C. 寿命期相同的独立方案　　D. 寿命期不同的独立方案

114. 某项目整体功能的目标成本为 10 万元，在进行功能评价时，得出某一功能F^*的功能评价系数为 0.3，若其成本改进期望值为−5000 元（即降低 5000 元），则F^*的现实成本为：

A. 2.5 万元　　B. 3 万元

C. 3.5 万元　　D. 4 万元

115. 根据《中华人民共和国建筑法》规定，对从事建筑业的单位实行资质管理制度，将从事建活动的工程监理单位，划分为不同的资质等级。监理单位资质等级的划分条件可以不考虑：

A. 注册资本　　B. 法定代表人

C. 已完成的建筑工程业绩　　D. 专业技术人员

116. 某生产经营单位使用危险性较大的特种设备，根据《中华人民共和国安全生产法》规定，该设备投入使用的条件不包括：

A. 该设备应由专业生产单位生产

B. 该设备应进行安全条件论证和安全评价

C. 该设备须经取得专业资质的检测、检验机构检测、检验合格

D. 该设备须取得安全使用证或者安全标志

117. 根据《中华人民共和国招标投标法》规定，某工程项目委托监理服务的招投标活动，应当遵循的原则是：

A. 公开、公平、公正、诚实信用

B. 公开、平等、自愿、公平、诚实信用

C. 公正、科学、独立、诚实信用

D. 全面、有效、合理、诚实信用

118. 根据《中华人民共和国合同法》规定，要约可以撤回和撤销。下列要约，不得撤销的是：

A. 要约到达受要约人

B. 要约人确定了承诺期限

C. 受要约人未发出承诺通知

D. 受要约人即将发出承诺通知

119. 下列情形中，作出行政许可决定的行政机关或者其上级行政机关，应当依法办理有关行政许可的注销手续的是：

A. 取得市场准入许可的被许可人擅自停业、歇业

B. 行政机关工作人员对直接关系生命财产安全的设施监督检查时，发现存在安全隐患的

C. 行政许可证件依法被吊销的

D. 被许可人未依法履行开发利用自然资源义务的

120. 某建设工程项目完成施工后，施工单位提出工程竣工验收申请，根据《建设工程质量管理条例》规定，该建设工程竣工验收应当具备的条件不包括：

A. 有施工单位提交的工程质量保证保证金

B. 有工程使用的主要建筑材料、建筑构配件和设备的进场试验报告

C. 有勘察、设计、施工、工程监理等单位分别签署的质量合格文件

D. 有完整的技术档案和施工管理资料

2014 年度全国勘察设计注册工程师执业资格考试基础考试（上）

试题解析及参考答案

1. 解 $\lim\limits_{x\to 0}(1-x)^{\frac{k}{x}}=2$

可利用公式$\lim\limits_{x\to 0}(1+x)^{\frac{1}{x}}=e$计算

因$\lim\limits_{x\to 0}(1-x)^{\frac{-k}{-x}}=\lim\limits_{x\to 0}\left[(1-x)^{\frac{1}{-x}}\right]^{-k}=e^{-k}$

所以$e^{-k}=2$，$k=-\ln 2$。

答案： A

2. 解 $x^2+y^2-z=0$，$z=x^2+y^2$为旋转抛物面。

答案： D

3. 解 $y=\arctan\frac{1}{x}$，$x=0$，分母为零，该点为间断点。

因$\lim\limits_{x\to 0^+}\arctan\frac{1}{x}=\frac{\pi}{2}$，$\lim\limits_{x\to 0^-}\arctan\frac{1}{x}=-\frac{\pi}{2}$，所以$x=0$为跳跃间断点。

答案： B

4. 解 $\frac{\mathrm{d}}{\mathrm{d}x}\int_{2x}^{0}e^{-t^2}\mathrm{d}t=-\frac{\mathrm{d}}{\mathrm{d}x}\int_{0}^{2x}e^{-t^2}\mathrm{d}t=-e^{-4x^2}\cdot 2=-2e^{-4x^2}$

答案： C

5. 解

$$\frac{\mathrm{d}(\ln x)}{\mathrm{d}\sqrt{x}}=\frac{\frac{1}{x}\mathrm{d}x}{\frac{1}{2}\cdot\frac{1}{\sqrt{x}}\mathrm{d}x}=\frac{2}{\sqrt{x}}$$

答案： B

6. 解

$$\begin{aligned}\int\frac{x^2}{\sqrt[3]{1+x^3}}\mathrm{d}x&=\frac{1}{3}\int\frac{1}{\sqrt[3]{1+x^3}}\mathrm{d}x^3=\frac{1}{3}\int\frac{1}{\sqrt[3]{1+x^3}}\mathrm{d}(1+x^3)\\&=\frac{1}{3}\times\frac{3}{2}(1+x^3)^{\frac{2}{3}}+C=\frac{1}{2}(1+x^3)^{\frac{2}{3}}+C\end{aligned}$$

答案： D

7. 解 $a_n=\left(1+\frac{1}{n}\right)^n$，数列$\{a_n\}$是单调增而有上界。

答案： B

8. 解 函数$f(x)$在点x_0处可导，则$f'(x_0)=0$是$f(x)$在x_0取得极值的必要条件。

答案： C

9. 解

$$L_1:\frac{x-1}{1}=\frac{y-3}{-2}=\frac{z+5}{1},\ \vec{S}_1=\{1,-2,1\}$$
$$L_2:\frac{x-3}{-1}=\frac{y-1}{-1}=\frac{z-1}{2}=t,\ \vec{S}_2=\{-1,-1,2\}$$
$$\cos\left(\widehat{\vec{S}_1,\vec{S}_2}\right)=\frac{\vec{S}_1\cdot\vec{S}_2}{|\vec{S}_1||\vec{S}_2|}=\frac{3}{\sqrt{6}\times\sqrt{6}}=\frac{1}{2},\ \left(\widehat{\vec{S}_1,\vec{S}_2}\right)=\frac{\pi}{3}$$

答案：B

10. 解 $xy'-y=x^2e^{2x}\Rightarrow y'-\frac{1}{x}y=xe^{2x}$

$$P(x)=-\frac{1}{x},\ Q(x)=xe^{2x}$$
$$y=e^{-\int\left(-\frac{1}{x}\right)\mathrm{d}x}\left[\int xe^{2x}e^{\int\left(-\frac{1}{x}\right)\mathrm{d}x}\mathrm{d}x+C\right]=e^{\ln x}\left(\int xe^{2x}e^{-\ln x}\mathrm{d}x+C\right)$$
$$=x\left(\int e^{2x}\mathrm{d}x+C\right)=x\left(\frac{1}{2}e^{2x}+C\right)$$

答案：A

11. 解 见解图，$V=\int_0^3\pi y^2\,\mathrm{d}x=\int_0^3\pi 4x\mathrm{d}x=\pi\int_0^3 4x\mathrm{d}x$。

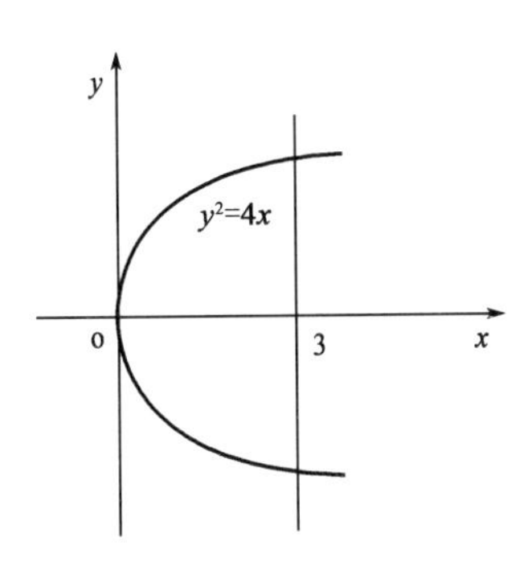

题 11 解图

答案：C

12. 解 $\sum\limits_{n=1}^{\infty}(-1)^n\frac{1}{n^{p-1}}$级数条件收敛应满足条件：①取绝对值后级数发散；②原级数收敛。

$\sum\limits_{n=1}^{\infty}\left|(-1)^n\frac{1}{n^{p-1}}\right|=\sum\limits_{n=1}^{\infty}\frac{1}{n^{p-1}}$，当$0<p-1\leqslant 1$时，即$1<p\leqslant 2$，取绝对值后级数发散，原级数$\sum\limits_{n=1}^{\infty}(-1)^n\frac{1}{n^{p-1}}$为交错级数。

当$p-1>0$时，即$p>1$

利用幂函数性质判定：$y=x^p(p>0)$

当$x\in(0,+\infty)$时，$y=x^p$单增，且过(1,1)点，本题中，$p>1$，因而$n^{p-1}<(n+1)^{p-1}$，所以$\frac{1}{n^{p-1}}>\frac{1}{(n+1)^{p-1}}$。

满足：①$\frac{1}{n^{p-1}}>\frac{1}{(n+1)^{p-1}}$；②$\lim\limits_{n\to\infty}\frac{1}{n^{p-1}}=0$。故$\sum\limits_{n=1}^{\infty}(-1)^n\frac{1}{n^{p-1}}$收敛。

综合以上结论，$1<p\leqslant 2$和$p>1$，应为$1<p\leqslant 2$。

答案：A

13. 解 $y = C_1e^{-x+C_2} = C_1e^{C_2}e^{-x}$

$y' = -C_1e^{C_2}e^{-x}$，$y'' = C_1e^{C_2}e^{-x}$

代入方程得$C_1e^{C_2}e^{-x} - (-C_1e^{C_2}e^{-x}) - 2C_1e^{C_2}e^{-x} = 0$

$y = C_1e^{-x+C_2}$是方程$y'' - y' - 2y = 0$的解，又因$y = C_1e^{-x+C_2} = C_1e^{C_2}e^{-x} = C_3e^{-x}$（其中$C_3 = C_1e^{C_2}$）只含有一个独立的任意常数，所以$y = C_1e^{-x+C_2}$，既不是方程的通解，也不是方程的特解。

答案：D

14. 解 L：$\begin{cases} y = x - 2 \\ x = x \end{cases}$，$x:0 \to 2$，如解图所示。

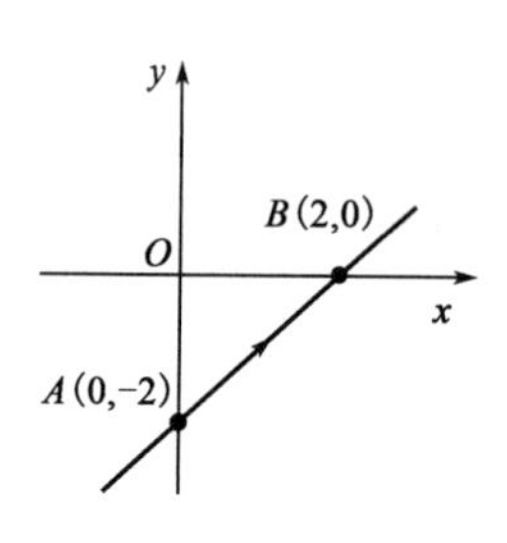

题 14 解图

注：从起点对应的参数积到终点对应的参数。

$$\int_L \frac{1}{x-y}\mathrm{d}x + y\mathrm{d}y = \int_0^2 \frac{1}{x-(x-2)}\mathrm{d}x + (x-2)\mathrm{d}x$$
$$= \int_0^2 \left(x - \frac{3}{2}\right)\mathrm{d}x = \left(\frac{1}{2}x^2 - \frac{3}{2}x\right)\bigg|_0^2$$
$$= \frac{1}{2} \times 4 - \frac{3}{2} \times 2 = -1$$

答案：B

15. 解 $x^2 + y^2 + z^2 = 4z$，$x^2 + y^2 + z^2 - 4z = 0$，$F(x,y,z) = x^2 + y^2 + z^2 - 4z$

$$F_x = 2x,\ F_y = 2y,\ F_z = 2z - 4$$

$$\frac{\partial z}{\partial x} = -\frac{F_x}{F_z} = -\frac{2x}{2z-4} = -\frac{x}{z-2},\quad \frac{\partial z}{\partial y} = -\frac{F_y}{F_z} = -\frac{2y}{2z-4} = -\frac{y}{z-2}$$

$$\mathrm{d}z = \frac{\partial z}{\partial x}\mathrm{d}x + \frac{\partial z}{\partial y}\mathrm{d}y = -\frac{x}{z-2}\mathrm{d}x - \frac{y}{z-2}\mathrm{d}y = \frac{1}{2-z}(x\mathrm{d}x + y\mathrm{d}y)$$

答案：B

16. 解 D：$\begin{cases} 0 \leqslant \theta \leqslant \frac{\pi}{4} \\ 0 \leqslant r \leqslant a \end{cases}$，如解图所示。

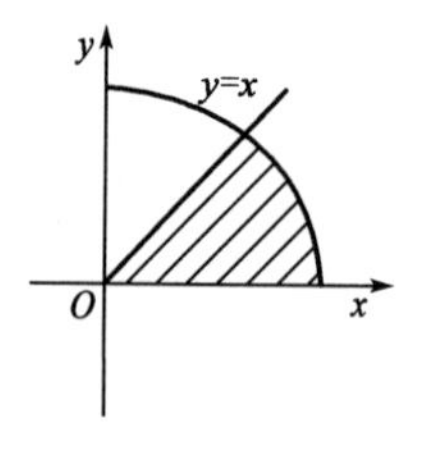

题 16 解图

$$\iint_D \mathrm{d}x\mathrm{d}y = \int_0^{\frac{\pi}{4}}\mathrm{d}\theta\int_0^a r\mathrm{d}r = \frac{\pi}{4} \times \frac{1}{2}r^2\bigg|_0^a = \frac{1}{8}\pi a^2$$

答案：A

17. 解 设$2x + 1 = z$，级数为$\sum\limits_{n=1}^{\infty}\frac{z^n}{n}$

$\lim\limits_{n\to\infty}\left|\frac{a_{n+1}}{a_n}\right| = \lim\limits_{n\to\infty}\frac{\frac{1}{n+1}}{\frac{1}{n}} = 1$，$\rho = 1$，$R = \frac{1}{\rho} = 1$

当$z = 1$时，$\sum\limits_{n=1}^{\infty}\frac{1}{n}$发散，当$z = -1$时，$\sum\limits_{n=1}^{\infty}\frac{(-1)^n}{n}$收敛

所以$-1 \leqslant z < 1$收敛，即$-1 \leqslant 2x + 1 < 1$，$-1 \leqslant x < 0$

答案：C

18. 解 $z=e^{xe^y}$，$\frac{\partial z}{\partial x}=e^{xe^y}\cdot e^y=e^y\cdot e^{xe^y}$

$\frac{\partial^2 z}{\partial x^2}=e^y\cdot e^{xe^y}\cdot e^y=e^{xe^y}\cdot e^{2y}=e^{xe^y+2y}$

答案： A

19. 解 **方法 1：** $|2\boldsymbol{A}^*\boldsymbol{B}^{-1}|=2^3|\boldsymbol{A}^*\boldsymbol{B}^{-1}|=2^3|\boldsymbol{A}^*|\cdot|\boldsymbol{B}^{-1}|$

$\boldsymbol{A}^{-1}=\frac{1}{|\boldsymbol{A}|}\boldsymbol{A}^*$，$\boldsymbol{A}^*=|\boldsymbol{A}|\cdot\boldsymbol{A}^{-1}$

$\boldsymbol{A}\cdot\boldsymbol{A}^{-1}=\boldsymbol{E}$，$|\boldsymbol{A}|\cdot|\boldsymbol{A}^{-1}|=1$，$|\boldsymbol{A}^{-1}|=\frac{1}{|\boldsymbol{A}|}=\frac{1}{-\frac{1}{2}}=-2$

$|\boldsymbol{A}^*|=\left||\boldsymbol{A}|\cdot\boldsymbol{A}^{-1}\right|=\left|-\frac{1}{2}\boldsymbol{A}^{-1}\right|=\left(-\frac{1}{2}\right)^3|\boldsymbol{A}^{-1}|=\left(-\frac{1}{2}\right)^3\times(-2)=\frac{1}{4}$

$\boldsymbol{B}\cdot\boldsymbol{B}^{-1}=\boldsymbol{E}$，$|\boldsymbol{B}|\cdot|\boldsymbol{B}^{-1}|=1$，$|\boldsymbol{B}^{-1}|=\frac{1}{|\boldsymbol{B}|}=\frac{1}{2}$

因此，$|2\boldsymbol{A}^*\boldsymbol{B}^{-1}|=2^3\times\frac{1}{4}\times\frac{1}{2}=1$

方法 2： 直接用公式计算$|\boldsymbol{A}^*|=|\boldsymbol{A}|^{n-1}$，$|\boldsymbol{B}^{-1}|=\frac{1}{|\boldsymbol{B}|}$，$|2\boldsymbol{A}^*\boldsymbol{B}^{-1}|=2^3|\boldsymbol{A}^*\boldsymbol{B}^{-1}|=2^3|\boldsymbol{A}^*||\boldsymbol{B}^{-1}|=2^3|\boldsymbol{A}|^{3-1}\cdot\frac{1}{|\boldsymbol{B}|}=2^3\cdot\left(-\frac{1}{2}\right)^2\cdot\frac{1}{2}=1$

答案： A

20. 解 选项 A，$\boldsymbol{A}$未必是实对称矩阵，即使$\boldsymbol{A}$为实对称矩阵，但所有顺序主子式都小于零，不符合对称矩阵为负定的条件。对称矩阵为负定的充分必要条件：奇数阶顺序主子式为负，而偶数阶顺序主子式为正，所以错误。

选项 B，实对称矩阵为正定矩阵的充分必要条件是所有特征值都大于零，选项 B 给出的条件有时不能满足所有特征值都大于零的条件，例如$\boldsymbol{A}=\begin{bmatrix}1 & 1\\ 1 & 1\end{bmatrix}$，$|\boldsymbol{A}|=0$，$\boldsymbol{A}$有特征值$\lambda=0$，所以错误。

选项 D，给出的二次型所对应的对称矩阵为$\begin{bmatrix}1 & \frac{1}{2} & \frac{1}{2}\\ \frac{1}{2} & 1 & \frac{1}{2}\\ \frac{1}{2} & \frac{1}{2} & 1\end{bmatrix}$，所以错误。

选项 C，由惯性定理可知，实二次型$f(x_1,x_2,\cdots,x_n)=x^{\mathrm{T}}\boldsymbol{A}\boldsymbol{x}$经可逆线性变换（或配方法）化为标准型时，在标准型（或规范型）中，正、负平方项的个数是唯一确定的。对于缺少平方项的n元二次型的标准型（或规范型），正惯性指数不会等于未知数的个数n。

例如：$f(x_1,x_2)=x_1\cdot x_2$，无平方项，设$\begin{cases}x_1=y_1+y_2\\ x_2=y_1-y_2\end{cases}$，代入变形$f=y_1^2-y_2^2$（标准型），正惯性指数为$1<n=2$。所以二次型$f(x_1,x_2)$不是正定二次型。

答案： C

21. 解 **方法 1：** 已知n元非齐次线性方程组$\boldsymbol{A}\boldsymbol{x}=\boldsymbol{b}$，$r(\boldsymbol{A})=n-2$，对应$n$元齐次线性方程组$\boldsymbol{A}\boldsymbol{x}=\boldsymbol{0}$的基础解系中的线性无关解向量的个数为$n-(n-2)=2$，可验证$\boldsymbol{\alpha}_2-\boldsymbol{\alpha}_1$，$\boldsymbol{\alpha}_2-\boldsymbol{\alpha}_3$为齐次线性方程

组的解：$\boldsymbol{A}(\boldsymbol{\alpha}_2-\boldsymbol{\alpha}_1)=\boldsymbol{A}\boldsymbol{\alpha}_2-\boldsymbol{A}\boldsymbol{\alpha}_1=\boldsymbol{b}-\boldsymbol{b}=0$，$\boldsymbol{A}(\boldsymbol{\alpha}_2-\boldsymbol{\alpha}_3)=\boldsymbol{A}\boldsymbol{\alpha}_2-\boldsymbol{A}\boldsymbol{\alpha}_3=\boldsymbol{b}-\boldsymbol{b}=0$；还可验$\boldsymbol{\alpha}_2-\boldsymbol{\alpha}_1$，$\boldsymbol{\alpha}_2-\boldsymbol{\alpha}_3$线性无关。

所以$k_1(\boldsymbol{\alpha}_2-\boldsymbol{\alpha}_1)+k_2(\boldsymbol{\alpha}_2-\boldsymbol{\alpha}_3)$为$n$元齐次线性方程组$\boldsymbol{Ax}=\boldsymbol{0}$的通解，而$\boldsymbol{\alpha}_1$为$n$元非齐次线性方程组$\boldsymbol{Ax}=\boldsymbol{b}$的一特解。

因此，$\boldsymbol{Ax}=\boldsymbol{b}$的通解为$\boldsymbol{x}=k_1(\boldsymbol{\alpha}_2-\boldsymbol{\alpha}_1)+k_2(\boldsymbol{\alpha}_2-\boldsymbol{\alpha}_3)+\boldsymbol{\alpha}_1$。

方法 2：观察四个选项异同点，结合$\boldsymbol{Ax}=\boldsymbol{b}$通解结构，想到一个结论：

设$y_1,y_2,\cdots,y_s$为$\boldsymbol{Ax}=\boldsymbol{b}$的解，$k_1,k_2,\cdots,k_s$为数，则：

当$\sum\limits_{i=1}^{s}k_i=0$时，$\sum\limits_{i=1}^{s}k_iy_i$为$\boldsymbol{Ax}=\boldsymbol{0}$的解；

当$\sum\limits_{i=1}^{s}k_i=1$时，$\sum\limits_{i=1}^{s}k_iy_i$为$\boldsymbol{Ax}=\boldsymbol{b}$的解。

可以判定选项 C 正确。

答案：C

22. 解　A与B互不相容，$P(AB)=0$，$P(A|B)=\frac{P(AB)}{P(B)}=0$。

答案：B

23. 解　见解图，$\int_{-\infty}^{+\infty}\int_{-\infty}^{+\infty}f(x,y)\,\mathrm{d}x\mathrm{d}y=\int_0^1\int_0^x k\mathrm{d}y\mathrm{d}x=\frac{k}{2}=1$，得$k=2$

$$E(XY)=\int_{-\infty}^{+\infty}\int_{-\infty}^{+\infty}xyf(x,y)\mathrm{d}x\mathrm{d}y=\int_0^1\int_0^x 2xy\mathrm{d}y\mathrm{d}x=\frac{1}{4}$$

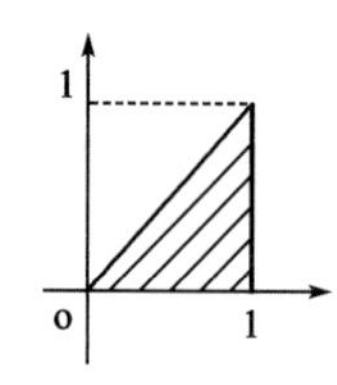

题 23 解图

答案：A

24. 解　设$S_1^2=\frac{1}{n-1}\sum\limits_{i=1}^{n}\left(X_i-\overline{X}\right)^2$

因为总体$X\sim N(\mu,\sigma^2)$

所以$\frac{\sum\limits_{i=1}^{n}\left(X_i-\overline{X}\right)^2}{\sigma^2}=\frac{(n-1)S_1^2}{\sigma^2}\sim\chi^2(n-1)$，同理$\frac{\sum\limits_{i=1}^{n}\left(Y_i-\overline{Y}\right)^2}{\sigma^2}\sim\chi^2(n-1)$

又因为两样本相互独立，所以$\frac{\sum\limits_{i=1}^{n}\left(X_i-\overline{X}\right)^2}{\sigma^2}$与$\frac{\sum\limits_{i=1}^{n}\left(Y_i-\overline{Y}\right)^2}{\sigma^2}$相互独立

$$\frac{\sum\limits_{i=1}^{n}\left(X_i-\overline{X}\right)^2}{\sum\limits_{i=1}^{n}\left(Y_i-\overline{Y}\right)^2}=\frac{\frac{\sum\limits_{i=1}^{n}\left(X_i-\overline{X}\right)^2}{(n-1)\sigma^2}}{\frac{\sum\limits_{i=1}^{n}\left(Y_i-\overline{Y}\right)^2}{(n-1)\sigma^2}}\sim F(n-1,n-1)$$

注意：解答选择题，有时抓住关键点就可判定。$\sum\limits_{i=1}^{n}\left(X_i-\overline{X}\right)^2$与$\chi^2$分布有关，$\frac{\sum\limits_{i=1}^{n}\left(X_i-\overline{X}\right)^2}{\sum\limits_{i=1}^{n}\left(Y_i-\overline{Y}\right)^2}$与$F$分布有关，只有选项 B 是$F$分布。

答案：B

25. 解　由气态方程$pV=\frac{m}{M}RT$知，标准状态下，p、V相同，T也相等。

由$E=\frac{m}{M}\frac{i}{2}RT=\frac{i}{2}pV$，注意到氢为双原子分子，氦为单原子分子，即$i(\mathrm{H_2})=5$，$i(\mathrm{He})=3$，又

$p(H_2)=p(He)$，$V(H_2)=V(He)$，故$\frac{E(H_2)}{E(He)}=\frac{i(H_2)}{i(He)}=\frac{5}{3}$。

答案：A

26. 解 由麦克斯韦速率分布函数定义$f(v)=\frac{dN}{Ndv}$可得。

答案：B

27. 解 由$W_{等压}=p\Delta V=\frac{m}{M}R\Delta T$，令$\frac{m}{M}=1$，故$\Delta T=\frac{W}{R}$。

答案：B

28. 解 等温膨胀过程的特点是：理想气体从外界吸收的热量Q，全部转化为气体对外做功$A(A>0)$。

答案：D

29. 解 所谓波峰，其纵坐标$y=+2\times10^{-2}$m，亦即要求$\cos2\pi\left(10t-\frac{x}{5}\right)=1$，即$2\pi\left(10t-\frac{x}{5}\right)=\pm2k\pi$；

当$t=0.25$s时，$20\pi\times0.25-\frac{2\pi x}{5}=\pm2k\pi$，$x=(12.5\mp5k)$；

因为要取距原点最近的点（注意$k=0$并非最小），逐一取$k=0,1,2,3,\cdots$，其中$k=2$，$x=2.5$；$k=3$，$x=-2.5$。

答案：A

30. 解 质元处于平衡位置，此时速度最大，故质元动能最大，动能与势能是同相的，所以势能也最大。

答案：C

31. 解 声波的频率范围为 20~20000Hz。

答案：C

32. 解 间距$\Delta x=\frac{D\lambda}{nd}$[$D$为双缝到屏幕的垂直距离（见解图），$d$为缝宽，$n$为折射率]

今$1.33=\frac{D\lambda}{d}(n_{空气}\approx1)$，当把实验装置放入水中，则$\Delta x_{水}=\frac{D\lambda}{1.33d}=1$

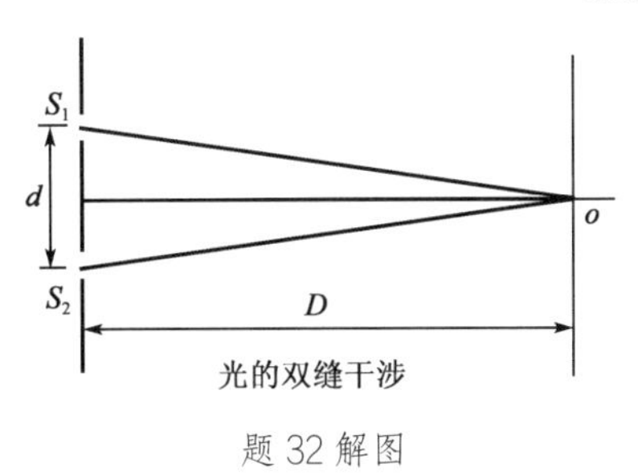

题 32 解图

答案：C

33. 解 可见光的波长范围 400~760nm。

答案：A

34. 解　自然光垂直通过第一个偏振片后，变为线偏振光，光强设为I'，即入射至第二个偏振片的线偏振光强度。根据马吕斯定律，自然光通过两个偏振片后，$I = I'\cos^2 45° = \frac{I'}{2}$，$I' = 2I$。

答案：B

35. 解　中央明纹的宽度由紧邻中央明纹两侧的暗纹$(k = 1)$决定。

如解图所示，通常衍射角ϕ很小，且$D \approx f$(f为焦距)，则$x \approx \phi f$

由暗纹条件$a\sin\phi = 1 \times \lambda(k = 1)$($a$缝宽)，得$\phi \approx \frac{\lambda}{a}$

第一级暗纹距中心P_0距离为$x_1 = \phi f = \frac{\lambda}{a} f$

所以中央明纹的宽度Δx(中央)$= 2x_1 = \frac{2\lambda f}{a}$

故 $\Delta x = \frac{2 \times 0.5 \times 400 \times 10^{-9}}{10^{-4}} = 400 \times 10^{-5}\text{m}$

$= 4 \times 10^{-3}\text{m}$

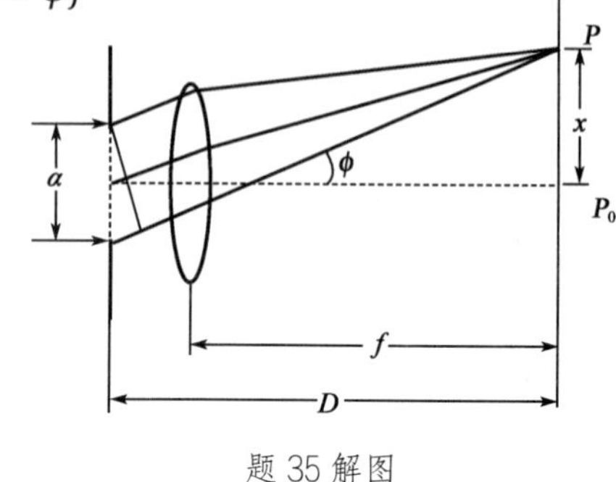

题 35 解图

答案：D

36. 解　根据光栅的缺级理论，当$\frac{a+b(\text{光栅常数})}{a(\text{缝宽})}$=整数时，会发生缺级现象，今$\frac{a+b}{a} = \frac{2a}{a} = 2$，在光栅明纹中，将缺$k = 2,4,6,\cdots$级，衍射光谱中出现的五条明纹为 0，±1，±3。（此题超纲）

答案：A

37. 解　周期表中元素电负性的递变规律：同一周期从左到右，主族元素的电负性逐渐增大；同一主族从上到下元素的电负性逐渐减小。

答案：A

38. 解　离子在外电场或另一离子作用下，发生变形产生诱导偶极的现象叫离子极化。正负离子相互极化的强弱取决于离子的极化力和变形性。离子的极化力为某离子使其他离子变形的能力。极化力取决于：①离子的电荷。电荷数越多，极化力越强。②离子的半径。半径越小，极化力越强。③离子的电子构型。当电荷数相等、半径相近时，极化力的大小为：18 或 18+2 电子构型>9~17 电子构型>8 电子构型。每种离子都具有极化力和变形性，一般情况下，主要考虑正离子的极化力和负离子的变形性。离子半径的变化规律：同周期不同元素离子的半径随离子电荷代数值增大而减小。四个化合物中，$SiCl_4$ 为共价化合物，其余三个为离子化合物。三个离子化合物中阴离子相同，阳离子为同周期元素，离子半径逐渐减小，离子电荷的代数值逐渐增大，所以极化作用逐渐增大。离子极化的结果使离子键向共价键过渡。

答案：C

39. 解　100mL 浓硫酸中H_2SO_4的物质的量$n = \frac{100 \times 1.84 \times 0.98}{98} = 1.84\text{mol}$

物质的量浓度$c = \frac{1.84}{0.1} = 18.4\text{mol} \cdot \text{L}^{-1}$

答案：A

40. 解 多重平衡规则：当n个反应相加（或相减）得总反应时，总反应的K等于各个反应平衡常数的乘积（或商）。题中反应（3）=（1）-（2），所以$K_3^\Theta=\frac{K_1^\Theta}{K_2^\Theta}$。

答案：D

41. 解 铜电极通入H_2S，生成CuS沉淀，Cu^{2+}浓度减小。

铜半电池反应为：$Cu^{2+}+2e^- = Cu$，根据电极电势的能斯特方程式：

$$\varphi=\varphi^\Theta+\frac{0.059}{2}\lg\frac{C_{氧化型}}{C_{还原型}}=\varphi^\Theta+\frac{0.059}{2}\lg C_{Cu^{2+}}$$

$C_{Cu^{2+}}$减小，电极电势减小

原电池的电动势$E=\varphi_{正}-\varphi_{负}$，$\varphi_{正}$减小，$\varphi_{负}$不变，则电动势$E$减小。

答案：B

42. 解 电解产物析出顺序由它们的析出电势决定。析出电势与标准电极电势、离子浓度、超电势有关。总的原则：析出电势代数值较大的氧化型物质首先在阴极还原；析出电势代数值较小的还原型物质首先在阳极氧化。

阴极：当$\varphi^\Theta>\varphi^\Theta_{Al^{3+}/Al}$时，$M^{n+}+ne^- = M$

当$\varphi^\Theta<\varphi^\Theta_{Al^{3+}/Al}$时，$2H^+ +2e^- = H_2$

因$\varphi^\Theta_{Na^+/Na}<\varphi^\Theta_{Al^{3+}/Al}$时，所以$H^+$首先放电析出。

答案：A

43. 解 由公式$\Delta G=\Delta H-T\Delta S$可知，当$\Delta H$和$\Delta S$均小于零时，$\Delta G$在低温时小于零，所以低温自发，高温非自发。

答案：A

44. 解 丙烷最多5个原子处于一个平面，丙烯最多7个原子处于一个平面，苯乙烯最多16个原子处于一个平面，$CH_3CH=CH-C\equiv C-CH_3$最多10个原子处于一个平面。

答案：C

45. 解 烯烃能发生加成反应和氧化反应，酸可以发生酯化反应。

答案：A

46. 解 人造羊毛为聚丙烯腈，由单体丙烯腈通过加聚反应合成，为高分子化合物。分子中存在共价键，为共价化合物，同时为有机化合物。

答案：C

47. 解 根据力的投影公式，$F_x=F\cos\alpha$，故$\alpha=60°$；而分力F_x的大小是力F大小的2倍，故力F

与y轴垂直。

答案：A （此题2010年考过）

48. 解 M_1与M_2等值反向，四个分力构成自行封闭的四边形，故合力为零，F_1与F_3、F_2与F_4构成顺时针转向的两个力偶，其力偶矩的大小均为Fa。

答案：D

49. 解 对系统进行整体分析，外力有主动力F_{p}，A、H处约束力，由于F_{p}与H处约束力均为铅垂方向，故A处也只有铅垂方向约束力，列平衡方程$\sum M_{\mathrm{H}}(F)=0$，便可得结果。

答案：B

50. 解 分析节点D的平衡，可知1杆为零杆。

答案：A

51. 解 只有当$t=1\mathrm{s}$时两个点才有相同的坐标。

答案：A

52. 解 根据平行移动刚体的定义和特点。

答案：C （此题2011年考过）

53. 解 根据定轴转动刚体上一点加速度与转动角速度、角加速度的关系：$a_n=\omega^2 l$，$a_\tau=\alpha l$，此题$a_n=0$，$\alpha=\frac{a_\tau}{l}=\frac{a}{l}$。

答案：A

54. 解 在铅垂平面内垂直于绳的方向列质点运动微分方程（牛顿第二定律），有：

$$ma_n\cos\alpha=mg\sin\alpha$$

答案：C

55. 解 两轮质心的速度均为零，动量为零，链条不计质量。

答案：D

56. 解 根据动能定理：$T_2-T_1=W_{12}$，其中$T_1=0$（初瞬时静止），$T_2=\frac{1}{2}\times\frac{3}{2}mR^2\omega^2$，$W_{12}=mgR$，代入动能定理可得结果。

答案：C

57. 解 杆水平瞬时，其角速度为零，加在物块上的惯性力铅垂向上，列平衡方程$\sum M_{\mathrm{O}}(F)=0$，则有$(F_{\mathrm{g}}-mg)l=0$，所以$F_{\mathrm{g}}=mg$。

答案：A

58. 解 已知频率比$\frac{\omega}{\omega_0}=1.27$，且$\omega=40\,\mathrm{rad/s}$，$\omega_0=\sqrt{\frac{k}{m}}$ （$m=100\mathrm{kg}$）

所以，$k=\left(\frac{40}{1.27}\right)^2\times 100=9.9\times 10^4\approx 1\times 10^5\mathrm{N/m}$

答案：A

59. 解 首先取节点C为研究对象，根据节点C的平衡可知，杆 1 受力为零，杆 2 的轴力为拉力F；再考虑两杆的变形，杆 1 无变形，杆 2 受拉伸长。由于变形后两根杆仍然要连在一起，因此C点变形后的位置，应该在以A点为圆心，以杆 1 原长为半径的圆弧，和以B点为圆心、以伸长后的杆 2 长度为半径的圆弧的交点C'上，如解图所示。显然这个点在C点向下偏左的位置。

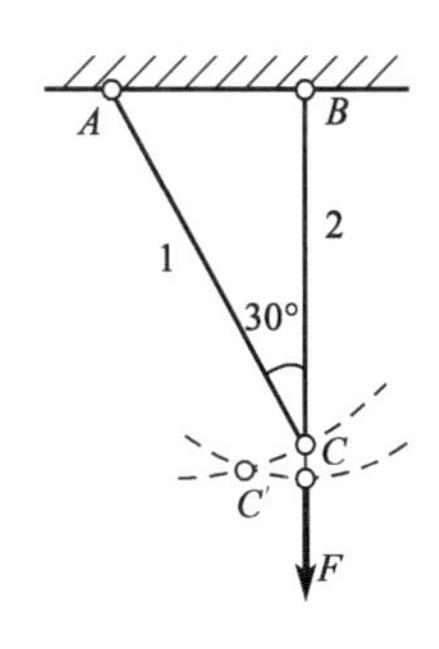

题 59 解图

答案：B

60. 解

$$\sigma_{\mathrm{AB}}=\frac{F_{\mathrm{NAB}}}{A_{\mathrm{AB}}}=\frac{300\pi\times 10^3\mathrm{N}}{\frac{\pi}{4}\times 200^2\mathrm{mm}^2}=30\mathrm{MPa}，\sigma_{\mathrm{BC}}=\frac{F_{\mathrm{NBC}}}{A_{\mathrm{BC}}}=\frac{100\pi\times 10^3\mathrm{N}}{\frac{\pi}{4}\times 100^2\mathrm{mm}^2}=40\mathrm{MPa}$$

显然杆的最大拉应力是 40MPa

答案：A

61. 解 A 图、B 图中节点的受力是图 a），C 图、D 图中节点的受力是图 b）。

为了充分利用铸铁抗压性能好的特点，应该让铸铁承受更大的压力，显然 A 图布局比较合理。

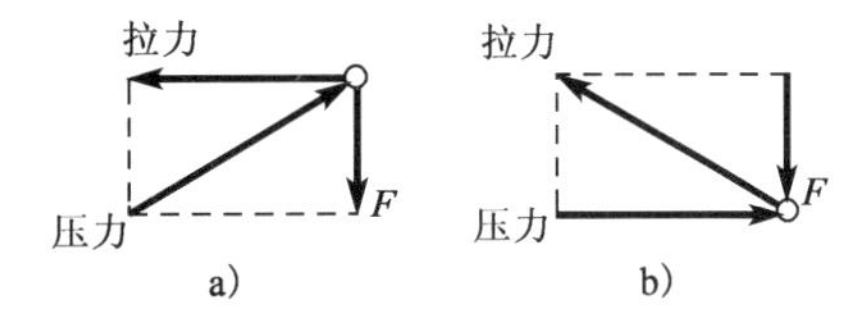

题 61 解图

答案：A

62. 解 被冲断的钢板的剪切面是一个圆柱面，其面积$A_{\mathrm{Q}}=\pi dt$，根据钢板破坏的条件：

$$\tau_{\mathrm{Q}}=\frac{Q}{A_{\mathrm{Q}}}=\frac{F}{\pi dt}=\tau_{\mathrm{b}}$$

可得$F=\pi dt\tau_{\mathrm{b}}=\pi\times 100\mathrm{mm}\times 10\mathrm{mm}\times 300\mathrm{MPa}=300\pi\times 10^3\mathrm{N}=300\pi\mathrm{kN}$

答案：A

63. 解 螺杆受拉伸，横截面面积是$\frac{\pi}{4}d^2$，由螺杆的拉伸强度条件，可得：

$$\sigma=\frac{F}{\frac{\pi}{4}d^2}=\frac{4F}{\pi d^2}=[\sigma] \quad ①$$

螺母的内圆周面受剪切，剪切面面积是πdh，由螺母的剪切强度条件，可得：

$$\tau_{\mathrm{Q}}=\frac{F_{\mathrm{Q}}}{A_{\mathrm{Q}}}=\frac{F}{\pi dh}=[\tau] \quad ②$$

把①、②两式同时代入$[\sigma]=2[\tau]$，即有$\frac{4F}{\pi d^2}=2\cdot\frac{F}{\pi dh}$，化简后得$d=2h$。

答案：A

64. 解 受扭空心圆轴横截面上各点的切应力应与其到圆心的距离成正比，而在空心圆部分因没有材料，故也不应有切应力，故正确的只能是B。

答案：B

65. 解 根据外力矩（此题中即是扭矩）与功率、转速的计算公式：$M(\mathrm{kN\cdot m})=9.55\frac{p(\mathrm{kW})}{n(\mathrm{r/min})}$可知，转速小的轴，扭矩（外力矩）大。

答案：B

66. 解 根据剪力和弯矩的微分关系$\frac{\mathrm{d}m}{\mathrm{d}x}=Q$可知，弯矩的最大值发生在剪力为零的截面，也就是弯矩的导数为零的截面，故选B。

答案：B

67. 解 题图a）是偏心受压，在中间段危险截面上，外力作用点O与被削弱的截面形心C之间的偏心距$e=\frac{a}{2}$（见解图），产生的附加弯矩$M=F\cdot\frac{a}{2}$，故题图a）中的最大应力：

$$\sigma_{\mathrm{a}}=-\frac{F_{\mathrm{N}}}{A_{\mathrm{a}}}-\frac{M}{W}=-\frac{F}{3ab}-\frac{F\frac{a}{2}}{\frac{b}{6}(3a)^2}=-\frac{2F}{3ab}$$

题图b）虽然截面面积小，但却是轴向压缩，其最大压应力：

$$\sigma_{\mathrm{b}}=-\frac{F_{\mathrm{N}}}{A_{\mathrm{b}}}=-\frac{F}{2ab}$$

故$\frac{\sigma_{\mathrm{b}}}{\sigma_{\mathrm{a}}}=\frac{3}{4}$

答案：A

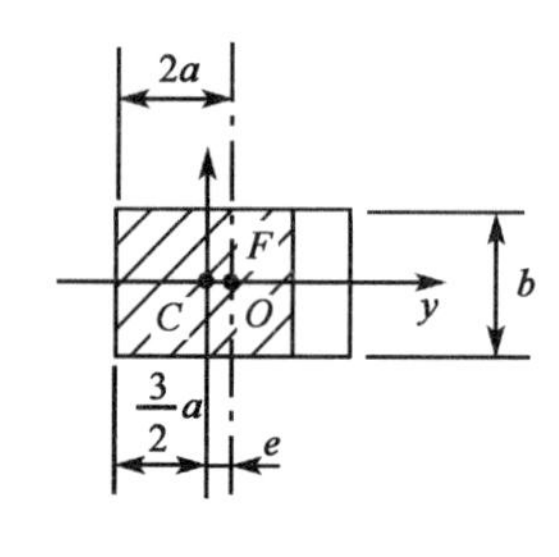

题67解图

68. 解 由梁的正应力强度条件：

$$\sigma_{\max}=\frac{M_{\max}}{I}\cdot y_{\max}=\frac{M_{\max}}{W}\leqslant[\sigma]$$

可知，梁的承载能力与梁横截面惯性矩I（或W）的大小成正比，当外荷载产生的弯矩$M_{\max}$不变的情况下，截面惯性矩（或W）越大，其承载能力也越大，显然相同面积制成的梁，矩形比圆形好，空心矩形的惯性矩（或W）最大，其承载能力最大。

答案：A

69. 解 图a）中$\sigma_1=200\mathrm{MPa}$，$\sigma_2=0$，$\sigma_3=0$

$\sigma_{\mathrm{r3}}^{\mathrm{a}}=\sigma_1-\sigma_3=200\mathrm{MPa}$

图b）中$\sigma_1=\frac{100}{2}+\sqrt{\left(\frac{100}{2}\right)^2+100^2}=161.8\mathrm{MPa}$，$\sigma_2=0$

$\sigma_3=\frac{100}{2}-\sqrt{\left(\frac{100}{2}\right)^2+100^2}=-61.8\mathrm{MPa}$

$\sigma_{r3}^{b}=\sigma_1-\sigma_3=223.6\text{MPa}$

故图 b）更危险

答案： D

70. 解　当$\alpha=0°$时，杆是轴向受位：

$$\sigma_{\max}^{0°}=\frac{F_N}{A}=\frac{F}{a^2}$$

当$\alpha=45°$时，杆是轴向受拉与弯曲组合变形：

$$\sigma_{\max}^{45°}=\frac{F_N}{A}+\frac{M_g}{W_g}=\frac{\frac{\sqrt{2}}{2}F}{a^2}+\frac{\frac{\sqrt{2}}{2}F\cdot a}{\frac{a^3}{6}}=\frac{7\sqrt{2}}{2}\frac{F}{a^2}$$

可得

$$\frac{\sigma_{\max}^{45°}}{\sigma_{\max}^{0°}}=\frac{\frac{7\sqrt{2}}{2}\frac{F}{a^2}}{\frac{F}{a^2}}=\frac{7\sqrt{2}}{2}$$

答案： A

71. 解　水平静压力$P_x=\rho gh_c\pi r^2=1\times9.8\times5\times\pi\times0.1^2=1.54\text{kN}$

答案： D

72. 解　A点绝对压强$p_A'=p_0+\rho gh=88+1\times9.8\times2=107.6\text{kPa}$

A点相对压强$p_A=p_A'-p_a=107.6-101=6.6\text{kPa}$

答案： B

73. 解　对二维不可压缩流体运动连续性微分方程式为：$\frac{\partial u_x}{\partial x}+\frac{\partial u_y}{\partial y}=0$，即$\frac{\partial u_x}{\partial x}=-\frac{\partial u_y}{\partial y}$。

对题中 C 项求偏导数可得$\frac{\partial u_x}{\partial x}=5$，$\frac{\partial u_y}{\partial y}=-5$，满足连续性方程。

答案： C

74. 解　圆管层流中水头损失与管壁粗糙度无关。

答案： D

75. 解　$Q_1+Q_2=39\text{L/s}$

$$\frac{Q_1}{Q_2}=\sqrt{\frac{S_2}{S_1}}=\sqrt{\frac{8\lambda L_2}{\pi^2gd_2^5}\Big/\frac{8\lambda L_1}{\pi^2gd_1^5}}=\sqrt{\frac{L_2\cdot d_1^5}{L_1\cdot d_2^5}}=\sqrt{\frac{3000}{1800}\times\left(\frac{0.15}{0.20}\right)^5}=0.629$$

即$0.629Q_2+Q_2=39\text{L/s}$，得$Q_2=24\text{L/s}$，$Q_1=15\text{L/s}$。

答案： B

76. 解　$v=C\sqrt{Ri}$，$C=\frac{1}{n}R^{\frac{1}{6}}=\frac{1}{0.05}(0.8)^{\frac{1}{6}}=19.27\sqrt{\text{m}}/\text{s}$

流速$v=19.27\times\sqrt{0.8\times0.0006}=0.42\text{m/s}$

答案：A

77. 解 地下水的浸润线是指无压地下水的自由水面线。

答案：C

78. 解 按雷诺准则设计应满足比尺关系式$\frac{\lambda_v \cdot \lambda_L}{\lambda_\nu}=1$，则流速比尺$\lambda_v=\frac{\lambda_\nu}{\lambda_L}$，题设用相同温度、同种流体做试验，所以$\lambda_\nu=1$，$\lambda_v=\frac{1}{\lambda_L}$，而长度比尺$\lambda_L=\frac{2\text{m}}{0.1\text{m}}=20$，所以流速比尺$\lambda_v=\frac{1}{20}$，即$\frac{v_{原型}}{v_{模型}}=\frac{1}{20}$，$v_{原型}=\frac{4}{20}\text{m/s}=0.2\text{m/s}$。

答案：A

79. 解 三个电荷处在同一直线上，且每个电荷均处于平衡状态，可建立电荷平衡方程：

$$\frac{kq_1q_2}{r^2}=\frac{kq_3q_2}{r^2}$$

则$q_1=q_3=|q_2|$

答案：B

80. 解 根据节点电流关系：$\sum I=0$，即$I_1+I_2-I_3=0$，得$I_3=I_1+I_2=-7\text{A}$。

答案：C

81. 解 根据叠加原理，电流源不作用时，将其断路，如解图所示。写出电压源单独作用时的电路模型并计算。

$$I'=\frac{15}{40+40/\!/40}\times\frac{40}{40+40}=\frac{15}{40+20}\times\frac{1}{2}=0.125\text{A}$$

答案：C

题 81 解图

82. 解 ①$u_{(t)}$与$i_{(t)}$的相位差$\varphi=\psi_u-\psi_i=-20°$

②用有效值相量表示$u_{(t)}$，$i_{(t)}$：

$$\dot{U}=U\angle\psi_u=\frac{10}{\sqrt{2}}\angle-10°=7.07\angle-10°\text{V}$$

$$\dot{I}=I\angle\psi_i=\frac{0.1}{\sqrt{2}}\angle10°=0.0707\angle10°\text{A}=70.7\angle10°\text{mA}$$

答案：D

83. 解 交流电路的功率关系为：

$$S^2=P^2+Q^2$$

式中：S——视在功率反映设备容量；

P——耗能元件消耗的有功功率；

Q——储能元件交换的无功功率。

本题中：$P=I^2R=1000\text{W}$，$Q=I^2(X_L-X_C)=200\text{var}$

$S=\sqrt{P^2+Q^2}=1019\approx 1020\text{V}\cdot\text{A}$

答案：D

84. 解　开关打开以后电路如解图所示。

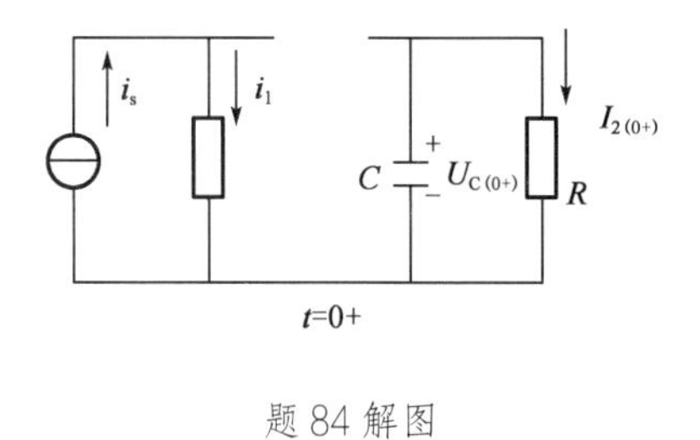

题 84 解图

左边电路中无储能元件，无暂态过程，右边电路中出现暂态过程，变化为：

$$I_{2(0+)}=\frac{U_{C(0+)}}{R}=\frac{U_{C(0-)}}{R}\neq\frac{1}{2}I_s\neq 0$$

$$I_{2(\infty)}=\frac{U_{C(\infty)}}{R}=0$$

答案：C

85. 解　理想变压器空载运行$R_L\to\infty$，则$R_L'=K^2R_L\to\infty$

$u_1=u$，又有$k=\frac{U_1}{U_2}=2$，则$U_1=2U_2$

答案：B

86. 解　当正常运行为三角形接法的三相交流异步电动机启动时采用星形接法，电机为降压运行，启动电流和启动力矩均为正常运行的1/3。即

$$I_{st}'=\frac{1}{3}I_{st}=10\text{A}，T_{st}'=\frac{1}{3}T_{st}=15\text{N}\cdot\text{m}$$

答案：B

87. 解　自变量在整个连续区间内都有定义的信号是连续信号或连续时间信号。图示电路的输出信号为时间连续数值离散的信号。

答案：A

88. 解　图示的非周期信号利用叠加性质等效为两个阶跃信号：

$$u(t)=u_1(t)+u_2(t)$$

$$u_1(t)=5\varepsilon(t)，u_2(t)=-4\varepsilon(t-t_0)$$

答案：C

89. 解　放大电路是在输入信号控制下，将信号的幅值放大，而频率不变。

答案：D

90. 解　根据逻辑代数公式分析如下：

$(\text{A}+\text{B})(\text{A}+\text{C})=\text{A}\cdot\text{A}+\text{A}\cdot\text{B}+\text{A}\cdot\text{C}+\text{B}\cdot\text{C}=\text{A}(1+\text{B}+\text{C})+\text{BC}=\text{A}+\text{BC}$

答案：C

91. 解　“与非门”电路遵循输入有“0”输出则“1”的原则，利用输入信号 A、B 的对应波形分析即可。

答案：D

92. 解 根据真值表，写出函数的最小项表达式后进行化简即可：

$$F(A \cdot B \cdot C) = \overline{A}\overline{B}\overline{C} + \overline{A}BC + A\overline{B}\overline{C} + ABC$$
$$= (\overline{A} + A)\overline{B}\overline{C} + (\overline{A} + A)BC$$
$$= \overline{B}\overline{C} + BC$$

答案：C

93. 解 由图示电路分析输出波形如解图所示。

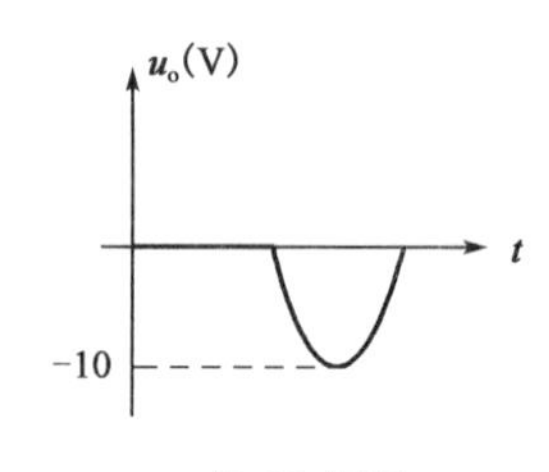

题 93 解图

$u_i > 0$时，二极管截止，$u_o = 0$；

$u_i < 0$时，二极管导通，$u_o = u_i$，为半波整流电路。

$U_o = -0.45U_i = 0.45 \times \frac{-10}{\sqrt{2}} = -3.18V$

答案：C

94. 解 ①当 A 端接输入信号，B 端接地时，电路为反相比例放大电路：

$$u_o = -\frac{R_2}{R_1}u_i = -8 = -\frac{R_2}{R_1} \times 2$$

得$\frac{R_2}{R_1} = 4$

②如 A 端接地，B 端接输入信号为同相放大电路：

$$u_o = \left(1 + \frac{R_2}{R_1}\right)u_i = (1 + 4) \times 2 = 10V$$

答案：C

95. 解 图示为 D 触发器，触发时刻为 cp 波形的上升沿，输入信号$D = A$，输出波形为$Q_{n+1} = D$，对应于第一和第二个脉冲的下降沿，Q 为高电平“1”。

答案：D

96. 解 图示为 J K 触发器和与非门的组合，触发时刻为 cp 脉冲的下降沿，触发器输入信号为：$J = \overline{Q \cdot A}$，K = “0”

输出波形为 Q 所示。两个脉冲的下降沿后 Q 为高电平。

答案：D

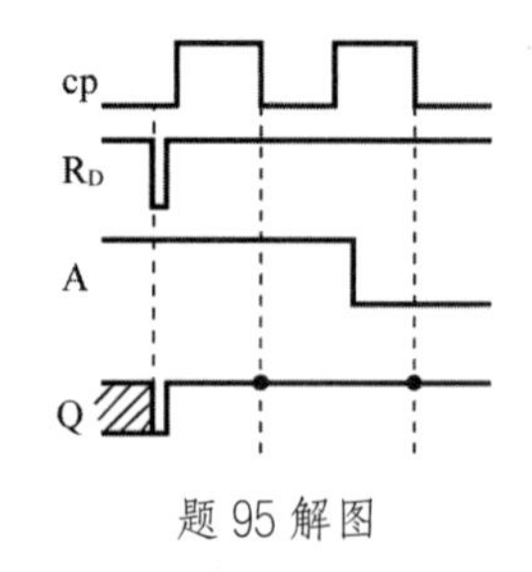

题 95 解图

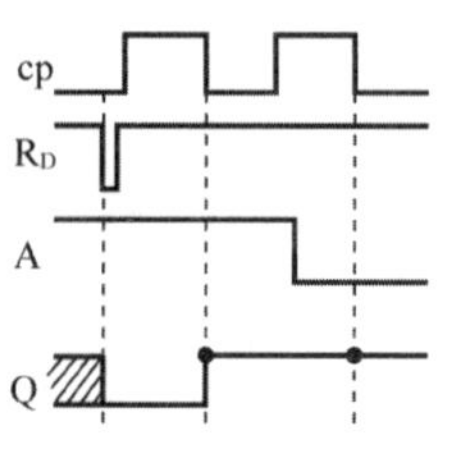

题 96 解图

97. 解 根据总线传送信息的类别，可以把总线划分为数据总线、地址总线和控制总线，数据总线用来传送程序或数据；地址总线用来传送主存储器地址码或外围设备码；控制总线用来传送控制信息。

答案：B

98. 解 为了使计算机系统所有软硬件资源有条不紊、高效、协调、一致地进行工作，需要由一个软件来实施统一管理和统一调度工作，这种软件就是操作系统，由它来负责管理、控制和维护计算机系统的全部软硬件资源以及数据资源。应用软件是指计算机用户为了利用计算机的软、硬件资源而开发研制出的那些专门用于某一目的的软件。用户程序是为解决用户实际应用问题而专门编写的程序。支撑软件是指支援其他软件的编写制作和维护的软件。

答案：D

99. 解 一个计算机程序执行的过程可分为编辑、编译、连接和运行四个过程。用高级语言编写的程序成为编辑程序，编译程序是一种语言的翻译程序，翻译完的目标程序不能立即被执行，要通过连接程序将目标程序和有关的系统函数库以及系统提供的其他信息连接起来，形成一个可执行程序。

答案：B

100. 解 先将十进制 256.625 转换成二进制数，整数部分 256 转换成二进制 100000000，小数部分 0.625 转换成二进制 0.101，而后根据四位二进制对应一位十六进制关系进行转换，转换后结果为 100.A。

答案：C

101. 解 信息加密技术是为提高信息系统及数据的安全性和保密性的技术，是防止数据信息被别人破译而采用的技术，是网络安全的重要技术之一。不是为清除计算机病毒而采用的技术。

答案：D

102. 解 进程是一段运行的程序，进程运行需要各种资源的支持。

答案：A

103. 解 文件管理是对计算机的系统软件资源进行管理，主要任务是向计算机用户提供提供一种简便、统一的管理和使用文件的界面。

答案：A

104. 解 计算机网络可以分为资源子网和通信子网两个组成部分。资源子网主要负责全网的信息处理，为网络用户提供网络服务和资源共享功能等。

答案：A

105. 解 采用的传输介质的不同，可将网络分为双绞线网、同轴电缆网、光纤网、无线网；按网络的传输技术可以分为广播式网络、点到点式网络；按线路上所传输信号的不同又可分为基带网和宽带网。

答案：A

106. 解　一个典型的计算机网络系统主要是由网络硬件系统和网络软件系统组成。网络硬件是计算机网络系统的物质基础，网络软件是实现网络功能不可缺少的软件环境。

答案：A

107. 解　根据等额支付资金回收公式，每年可回收：

$$A = P(A/P, 10\%, 5) = 100 \times 0.2638 = 26.38 \text{ 万元}$$

答案：B

108. 解　经营成本是指项目总成本费用扣除固定资产折旧费、摊销费和利息支出以后的全部费用。即，经营成本=总成本费用−折旧费−摊销费−利息支出。本题经营成本与折旧费、摊销费之和为7000万元，再加上利息支出，则该项目的年总成本费用大于7000万元。

答案：C

109. 解　投资回收期是反映项目盈利能力的财务评价指标之一。

答案：C

110. 解　该项目的现金流量图如解图所示。

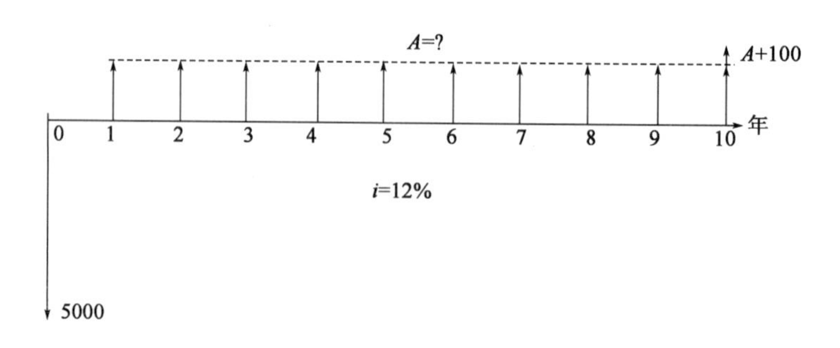

题110解图

根据题意有：$\mathrm{NPV} = A(P/A, 12\%, 10) + 100 \times (P/F, 12\%, 10) - P = 0$

因此，$A = [P - 100 \times (P/F, 12\%, 10)] \div (P/A, 12\%, 10)$

$= (5000 - 100 \times 0.3220) \div 5.6500 = 879.26$ 万元

答案：A

111. 解　根据题意，该企业单位产品变动成本为：

$$(30000 - 10000) \div 40000 = 0.5 \text{ 万元/t}$$

根据盈亏平衡点计算公式，盈亏平衡生产能力利用率为：

$$E^* = \frac{Q^*}{Q_c} \times 100\% = \frac{C_f}{(P - C_v)Q_c} \times 100\% = \frac{10000}{(1 - 0.5) \times 40000} \times 100\% = 50\%$$

答案：D

112. 解　两个寿命期相同的互斥方案只能选择其中一个方案，可采用净现值法、净年值法、差额内部收益率法等选优，不能直接根据方案的内部收益率选优。采用净现值法应选净现值大的方案。

答案：B

113. 解 最小公倍数法适用于寿命期不等的互斥方案比选。

答案：B

114. 解 功能F^*的目标成本为：$10 \times 0.3 = 3$万元

功能F^*的现实成本为：$3 + 0.5 = 3.5$万元

答案：C

115. 解 《中华人民共和国建筑法》第十三条规定，从事建筑活动的建筑施工企业、勘察单位、设计单位和工程监理单位，按照其拥有的注册资本、专业技术人员、技术装备和已完成的建筑工程业绩等资质条件，划分为不同的资质等级，经资质审查合格，取得相应等级的资质证书后，方可在其资质等级许可的范围内从事建筑活动。

答案：B

116. 解 《中华人民共和国安全生产法》第三十七条规定，生产经营单位使用的危险物品的容器、运输工具，以及涉及人身安全、危险性较大的海洋石油开采特种设备和矿山井下特种设备，必须按照国家有关规定，由专业生产单位生产，并经具有专业资质的检测、检验机构检测、检验合格，取得安全使用证或者安全标志，方可投入使用。检测、检验机构对检测、检验结果负责。

答案：B

117. 解 《中华人民共和国招标投标法》第五条规定，招标投标活动应当遵循公开、公平、公正和诚实信用的原则。

答案：A

118. 解 《中华人民共和国民法典》第四百七十六条规定，有下列情形之一的，要约不得撤销：

（一）要约人确定了承诺期限或者以其他形式明示要约不可撤销。

答案：B

119. 解 《中华人民共和国行政许可法》第七十条规定，有下列情形之一的，行政机关应当依法办理有关行政许可的注销手续：

（一）行政许可有效期届满未延续的；

（二）赋予公民特定资格的行政许可，该公民死亡或者丧失行为能力的；

（三）法人或者其他组织依法终止的；

（四）行政许可依法被撤销、撤回，或者行政许可证件依法被吊销的；

（五）因不可抗力导致行政许可事项无法实施的；

（六）法律、法规规定的应当注销行政许可的其他情形。

答案： C

120. 解 《建设工程质量管理条例》第十六条规定，建设单位收到建设工程竣工报告后，应当组织设计、施工、工程监理等有关单位进行竣工验收。建设工程竣工验收应当具备下列条件：

（一）完成建设工程设计和合同约定的各项内容；

（二）有完整的技术档案和施工管理资料；

（三）有工程使用的主要建筑材料、建筑构配件和设备的进场试验报告；

（四）有勘察、设计、施工、工程监理等单位分别签署的质量合格文件；

（五）有施工单位签署的工程保修书。

答案： A

2016 年度全国勘察设计注册工程师

执业资格考试试卷

基础考试

（上）

二〇一六年九月

应考人员注意事项

1. 本试卷科目代码为“1”，考生务必将此代码填涂在答题卡“科目代码”相应的栏目内，否则，无法评分。
2. 书写用笔：**黑色或蓝色钢笔、签字笔或圆珠笔**；

   填涂答题卡用笔：**黑色 2B 铅笔**。
3. 必须用书写用笔将工作单位、姓名、准考证号填写在答题卡和试卷相应的栏目内。
4. 本试卷由 120 题组成，每题 1 分，满分 120 分，本试卷全部为单项选择题，每小题的四个备选项中只有一个正确答案，错选、多选、不选均不得分。
5. 考生作答时，必须按**题号在答题卡上**将相应试题所选选项对应的**字母用 2B 铅笔涂黑**。
6. 在答题卡上书写与题意无关的语言，或在答题卡上作标记的，均按违纪试卷处理。
7. 考试结束时，由监考人员当面将试卷、答题卡一并收回。
8. 草稿纸由各地统一配发，考后收回。

单项选择题（共 120 题，每题 1 分。每题的备选项中只有一个最符合题意。）

1. 下列极限式中，能够使用洛必达法则求极限的是：

A. $\lim\limits_{x\to 0}\frac{1+\cos x}{e^x-1}$

B. $\lim\limits_{x\to 0}\frac{x-\sin x}{\sin x}$

C. $\lim\limits_{x\to 0}\frac{x^2\sin\frac{1}{x}}{\sin x}$

D. $\lim\limits_{x\to\infty}\frac{x+\sin x}{x-\sin x}$

2. 设$\begin{cases}x=t-\arctan t\\ y=\ln(1+t^2)\end{cases}$，则$\left.\frac{\mathrm{d}y}{\mathrm{d}x}\right|_{t=1}$等于：

A. 1

B. -1

C. 2

D. $\frac{1}{2}$

3. 微分方程$\frac{\mathrm{d}y}{\mathrm{d}x}=\frac{1}{xy+y^3}$是：

A. 齐次微分方程

B. 可分离变量的微分方程

C. 一阶线性微分方程

D. 二阶微分方程

4. 若向量$\boldsymbol{\alpha},\boldsymbol{\beta}$满足$|\boldsymbol{\alpha}|=2$，$|\boldsymbol{\beta}|=\sqrt{2}$，且$\boldsymbol{\alpha}\cdot\boldsymbol{\beta}=2$，则$|\boldsymbol{\alpha}\times\boldsymbol{\beta}|$等于：

A. 2

B. $2\sqrt{2}$

C. $2+\sqrt{2}$

D. 不能确定

5. $f(x)$在点x_0处的左、右极限存在且相等是$f(x)$在点x_0处连续的：

A. 必要非充分的条件

B. 充分非必要的条件

C. 充分且必要的条件

D. 既非充分又非必要的条件

6. 设$\int_0^x f(t)\mathrm{d}t=\frac{\cos x}{x}$，则$f\left(\frac{\pi}{2}\right)$等于：

A. $\frac{\pi}{2}$

B. $-\frac{2}{\pi}$

C. $\frac{2}{\pi}$

D. 0

7. 若$\sec^2 x$是$f(x)$的一个原函数，则$\int xf(x)\,\mathrm{d}x$等于：

A. $\tan x+C$

B. $x\tan x-\ln|\cos x|+C$

C. $x\sec^2 x+\tan x+C$

D. $x\sec^2 x-\tan x+C$

8. yOz坐标面上的曲线$\begin{cases}y^2+z=1\\x=0\end{cases}$绕$Oz$轴旋转一周所生成的旋转曲面方程是：

A. $x^2+y^2+z=1$　　B. $x+y^2+z=1$

C. $y^2+\sqrt{x^2+z^2}=1$　　D. $y^2-\sqrt{x^2+z^2}=1$

9. 若函数$z=f(x,y)$在点$P_0(x_0,y_0)$处可微，则下面结论中错误的是：

A. $z=f(x,y)$在P_0处连续　　B. $\lim\limits_{\substack{x\to x_0\\y\to y_0}}f(x,y)$存在

C. $f'_x(x_0,y_0)$，$f'_y(x_0,y_0)$均存在　　D. $f'_x(x,y)$，$f'_y(x,y)$在P_0处连续

10. 若$\int_{-\infty}^{+\infty}\frac{A}{1+x^2}\mathrm{d}x=1$，则常数$A$等于：

A. $\frac{1}{\pi}$　　B. $\frac{2}{\pi}$

C. $\frac{\pi}{2}$　　D. π

11. 设$f(x)=x(x-1)(x-2)$，则方程$f'(x)=0$的实根个数是：

A. 3　　B. 2

C. 1　　D. 0

12. 微分方程$y''-2y'+y=0$的两个线性无关的特解是：

A. $y_1=x$，$y_2=e^x$　　B. $y_1=e^{-x}$，$y_2=e^x$

C. $y_1=e^{-x}$，$y_2=xe^{-x}$　　D. $y_1=e^x$，$y_2=xe^x$

13. 设函数$f(x)$在(a,b)内可微，且$f'(x)\neq 0$，则$f(x)$在(a,b)内：

A. 必有极大值　　B. 必有极小值

C. 必无极值　　D. 不能确定有还是没有极值

14. 下列级数中，绝对收敛的级数是：

A. $\sum\limits_{n=1}^{\infty}(-1)^{n-1}\frac{1}{n}$　　B. $\sum\limits_{n=1}^{\infty}(-1)^{n-1}\frac{1}{\sqrt{n}}$

C. $\sum\limits_{n=1}^{\infty}\frac{n^2}{1+n^2}$　　D. $\sum\limits_{n=1}^{\infty}\frac{\sin\frac{3}{2}n}{n^2}$

15. 若D是由$x=0$，$y=0$，$x^2+y^2=1$所围成在第一象限的区域，则二重积分$\iint\limits_D x^2y\mathrm{d}x\mathrm{d}y$等于：

A. $-\frac{1}{15}$

B. $\frac{1}{15}$

C. $-\frac{1}{12}$

D. $\frac{1}{12}$

16. 设L是抛物线$y=x^2$上从点$A(1,1)$到点$O(0,0)$的有向弧线，则对坐标的曲线积分$\int_L x\mathrm{d}x+y\mathrm{d}y$等于：

A. 0

B. 1

C. −1

D. 2

17. 幂级数$\sum\limits_{n=0}^{\infty}\frac{(-1)^n}{2^n}x^n$在$|x|<2$的和函数是：

A. $\frac{2}{2+x}$

B. $\frac{2}{2-x}$

C. $\frac{1}{1-2x}$

D. $\frac{1}{1+2x}$

18. 设$z=\frac{3^{xy}}{x}+xF(u)$，其中$F(u)$可微，且$u=\frac{y}{x}$，则$\frac{\partial z}{\partial y}$等于：

A. $3^{xy}-\frac{y}{x}F'(u)$

B. $\frac{1}{x}3^{xy}\ln 3+F'(u)$

C. $3^{xy}+F'(u)$

D. $3^{xy}\ln 3+F'(u)$

19. 若使向量组$\boldsymbol{\alpha}_1=(6,t,7)^{\mathrm{T}}$，$\boldsymbol{\alpha}_2=(4,2,2)^{\mathrm{T}}$，$\boldsymbol{\alpha}_3=(4,1,0)^{\mathrm{T}}$线性相关，则$t$等于：

A. −5

B. 5

C. −2

D. 2

20. 下列结论中正确的是：

A. 矩阵$\boldsymbol{A}$的行秩与列秩可以不等

B. 秩为r的矩阵中，所有r阶子式均不为零

C. 若n阶方阵$\boldsymbol{A}$的秩小于n，则该矩阵$\boldsymbol{A}$的行列式必等于零

D. 秩为r的矩阵中，不存在等于零的$r-1$阶子式

21. 已知矩阵$A=\begin{bmatrix}5 & -3 & 2\\ 6 & -4 & 4\\ 4 & -4 & a\end{bmatrix}$的两个特征值为$\lambda_1=1$，$\lambda_2=3$，则常数$a$和另一特征值$\lambda_3$为：

A. $a=1$，$\lambda_3=-2$　　B. $a=5$，$\lambda_3=2$

C. $a=-1$，$\lambda_3=0$　　D. $a=-5$，$\lambda_3=-8$

22. 设有事件A和B，已知$P(A)=0.8$，$P(B)=0.7$，且$P(A|B)=0.8$，则下列结论中正确的是：

A. A与B独立　　B. A与B互斥

C. $B\supset A$　　D. $P(A\cup B)=P(A)+P(B)$

23. 某店有 7 台电视机，其中 2 台次品。现从中随机地取 3 台，设X为其中的次品数，则数学期望$E(X)$等于：

A. $\frac{3}{7}$　　B. $\frac{4}{7}$

C. $\frac{5}{7}$　　D. $\frac{6}{7}$

24. 设总体$X\sim N(0,\sigma^2)$，$X_1,X_2,\cdots,X_n$是来自总体的样本，$\hat{\sigma}^2=\frac{1}{n}\sum_{i=1}^{n}X_i^2$，则下面结论中正确的是：

A. $\hat{\sigma}^2$不是σ^2的无偏估计量　　B. $\hat{\sigma}^2$是σ^2的无偏估计量

C. $\hat{\sigma}^2$不一定是σ^2的无偏估计量　　D. $\hat{\sigma}^2$不是σ^2的估计量

25. 假定氧气的热力学温度提高一倍，氧分子全部离解为氧原子，则氧原子的平均速率是氧分子平均速率的：

A. 4 倍　　B. 2 倍

C. $\sqrt{2}$倍　　D. $\frac{1}{\sqrt{2}}$

26. 容积恒定的容器内盛有一定量的某种理想气体，分子的平均自由程为$\overline{\lambda}_0$，平均碰撞频率为$\overline{Z}_0$，若气体的温度降低为原来的$\frac{1}{4}$，则此时分子的平均自由程$\overline{\lambda}$和平均碰撞频率$\overline{Z}$为：

A. $\overline{\lambda}=\overline{\lambda}_0$，$\overline{Z}=\overline{Z}_0$　　B. $\overline{\lambda}=\overline{\lambda}_0$，$\overline{Z}=\frac{1}{2}\overline{Z}_0$

C. $\overline{\lambda}=2\overline{\lambda}_0$，$\overline{Z}=2\overline{Z}_0$　　D. $\overline{\lambda}=\sqrt{2}\,\overline{\lambda}_0$，$\overline{Z}=4\overline{Z}_0$

27. 一定量的某种理想气体由初始态经等温膨胀变化到末态时，压强为p_1；若由相同的初始态经绝热膨胀到另一末态时，压强为p_2，若两过程末态体积相同，则：

A. $p_1 = p_2$　　　　B. $p_1 > p_2$

C. $p_1 < p_2$　　　　D. $p_1 = 2p_2$

28. 在卡诺循环过程中，理想气体在一个绝热过程中所做的功为W_1，内能变化为ΔE_1，则在另一绝热过程中所做的功为W_2，内能变化为ΔE_2，则W_1、W_2及ΔE_1、ΔE_2之间的关系为：

A. $W_2 = W_1$，$\Delta E_2 = \Delta E_1$　　　　B. $W_2 = -W_1$，$\Delta E_2 = \Delta E_1$

C. $W_2 = -W_1$，$\Delta E_2 = -\Delta E_1$　　　　D. $W_2 = W_1$，$\Delta E_2 = -\Delta E_1$

29. 波的能量密度的单位是：

A. $\mathrm{J \cdot m^{-1}}$　　　　B. $\mathrm{J \cdot m^{-2}}$

C. $\mathrm{J \cdot m^{-3}}$　　　　D. J

30. 两相干波源，频率为 100Hz，相位差为π，两者相距 20m，若两波源发出的简谐波的振幅均为A，则在两波源连线的中垂线上各点合振动的振幅为：

A. $-A$　　　　B. 0　　　　C. A　　　　D. $2A$

31. 一平面简谐波的波动方程为$y = 2 \times 10^{-2} \cos 2\pi \left(10t - \frac{x}{5}\right)$(SI)，对$x = 2.5\text{m}$处的质元，在$t = 0.25\text{s}$时，它的：

A. 动能最大，势能最大　　　　B. 动能最大，势能最小

C. 动能最小，势能最大　　　　D. 动能最小，势能最小

32. 一束自然光自空气射向一块玻璃，设入射角等于布儒斯特角i_0，则光的折射角为：

A. $\pi + i_0$　　　　B. $\pi - i_0$

C. $\frac{\pi}{2} + i_0$　　　　D. $\frac{\pi}{2} - i_0$

33. 两块偏振片平行放置，光强为I_0的自然光垂直入射在第一块偏振片上，若两偏振片的偏振化方向夹角为45°，则从第二块偏振片透出的光强为：

A. $\frac{I_0}{2}$　　　　B. $\frac{I_0}{4}$

C. $\frac{I_0}{8}$　　　　D. $\frac{\sqrt{2}}{4}I_0$

34. 在单缝夫琅禾费衍射实验中，单缝宽度为a，所用单色光波长为λ，透镜焦距为f，则中央明条纹的半宽度为：

A. $\frac{f\lambda}{a}$　　B. $\frac{2f\lambda}{a}$

C. $\frac{a}{f\lambda}$　　D. $\frac{2a}{f\lambda}$

35. 通常亮度下，人眼睛瞳孔的直径约为 3mm，视觉感受到最灵敏的光波波长为$550\text{nm}(1\text{nm} = 1\times10^{-9}\text{m})$，则人眼睛的最小分辨角约为：

A. $2.24\times10^{-3}\text{rad}$　　B. $1.12\times10^{-4}\text{rad}$

C. $2.24\times10^{-4}\text{rad}$　　D. $1.12\times10^{-3}\text{rad}$

36. 在光栅光谱中，假如所有偶数级次的主极大都恰好在透射光栅衍射的暗纹方向上，因而出现缺级现象，那么此光栅每个透光缝宽度a和相邻两缝间不透光部分宽度b的关系为：

A. $a = 2b$　　B. $b = 3a$

C. $a = b$　　D. $b = 2a$

37. 多电子原子中同一电子层原子轨道能级（量）最高的亚层是：

A. s 亚层　　B. p 亚层

C. d 亚层　　D. f 亚层

38. 在CO和N_2分子之间存在的分子间力有：

A. 取向力、诱导力、色散力　　B. 氢键

C. 色散力　　D. 色散力、诱导力

39. 已知$K_b^\ominus(NH_3\cdot H_2O) = 1.8\times10^{-5}$，$0.1\text{mol}\cdot L^{-1}$的$NH_3\cdot H_2O$溶液的pH为：

A. 2.87　　B. 11.13　　C. 2.37　　D. 11.63

40. 通常情况下，$K_a^\ominus$、$K_b^\ominus$、$K^\ominus$、$K_{sp}^\ominus$，它们的共同特性是：

A. 与有关气体分压有关　　B. 与温度有关

C. 与催化剂的种类有关　　D. 与反应物浓度有关

41. 下列各电对的电极电势与H^+浓度有关的是：

A. Zn^{2+}/Zn　　B. Br_2/Br

C. AgI/Ag　　D. MnO_4^-/Mn^{2+}

42. 电解Na_2SO_4水溶液时，阳极上放电的离子是：

A. H^+　　B. OH^-　　C. Na^+　　D. SO_4^{2-}

43. 某化学反应在任何温度下都可以自发进行，此反应需满足的条件是：

A. $\Delta_r H_m < 0$，$\Delta_r S_m > 0$　　B. $\Delta_r H_m > 0$，$\Delta_r S_m < 0$

C. $\Delta_r H_m < 0$，$\Delta_r S_m < 0$　　D. $\Delta_r H_m > 0$，$\Delta_r S_m > 0$

44. 按系统命名法，下列有机化合物命名正确的是：

A. 3-甲基丁烷　　B. 2-乙基丁烷

C. 2,2-二甲基戊烷　　D. 1,1,3-三甲基戊烷

45. 苯氨酸和山梨酸（$CH_3CH=CHCH=CHCOOH$）都是常见的食品防腐剂。下列物质中只能与其中一种酸发生化学反应的是：

A. 甲醇　　B. 溴水

C. 氢氧化钠　　D. 金属钾

46. 受热到一定程度就能软化的高聚物是：

A. 分子结构复杂的高聚物　　B. 相对摩尔质量较大的高聚物

C. 线性结构的高聚物　　D. 体型结构的高聚物

47. 图示结构由直杆AC，DE和直角弯杆BCD所组成，自重不计，受荷载F与$M = F \cdot a$作用。则A处约束力的作用线与x轴正向所成的夹角为：

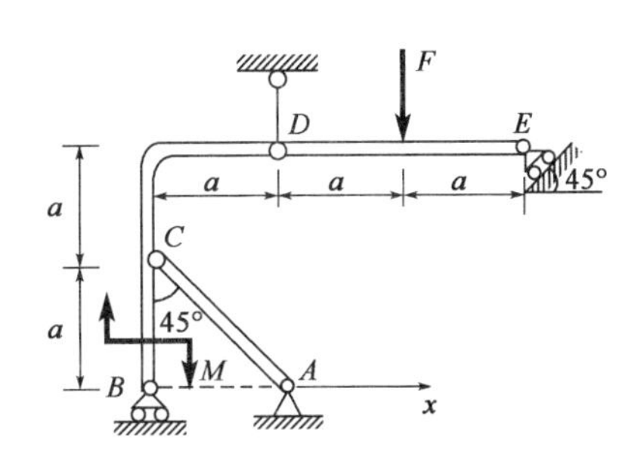

A. 135°　　B. 90°

C. 0°　　D. 45°

48. 图示平面力系中，已知$q = 10\text{kN/m}$，$M = 20\text{kN}\cdot\text{m}$，$a = 2\text{m}$。则该主动力系对$B$点的合力矩为：

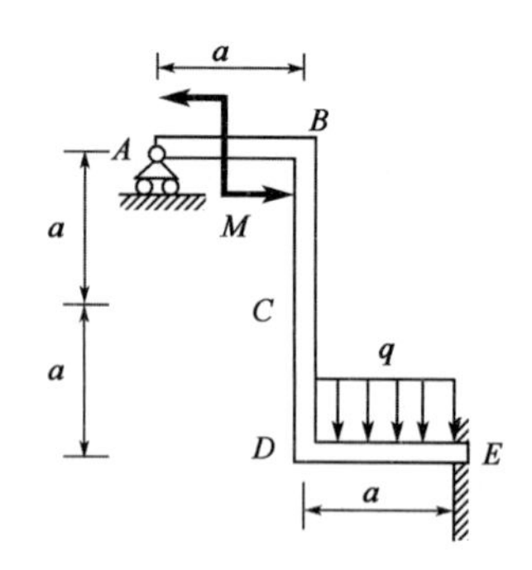

A. $M_B = 0$

B. $M_B = 20\text{kN}\cdot\text{m}$(↶)

C. $M_B = 40\text{kN}\cdot\text{m}$(↶)

D. $M_B = 40\text{kN}\cdot\text{m}$(↷)

49. 简支梁受分布荷载作用如图所示。支座A、B的约束力为：

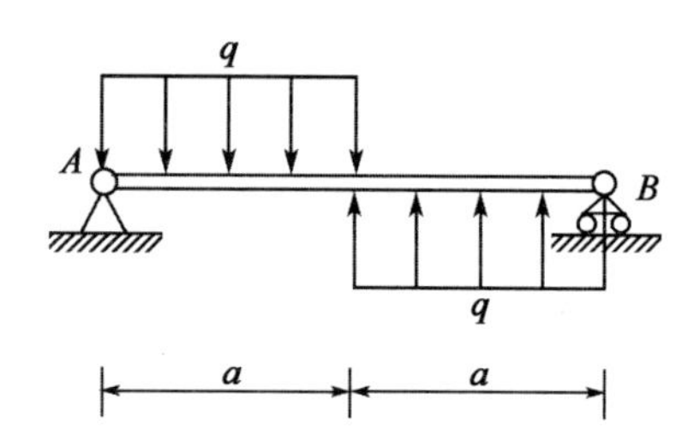

A. $F_A = 0$，$F_B = 0$

B. $F_A = \frac{1}{2}qa\uparrow$，$F_B = \frac{1}{2}qa\uparrow$

C. $F_A = \frac{1}{2}qa\uparrow$，$F_B = \frac{1}{2}qa\downarrow$

D. $F_A = \frac{1}{2}qa\downarrow$，$F_B = \frac{1}{2}qa\uparrow$

50. 重力为$\boldsymbol{W}$的物块自由地放在倾角为α的斜面上如图示。且$\sin\alpha = \frac{3}{5}$，$\cos\alpha = \frac{4}{5}$。物块上作用一水平力F，且$F = W$。若物块与斜面间的静摩擦系数$f = 0.2$，则该物块的状态为：

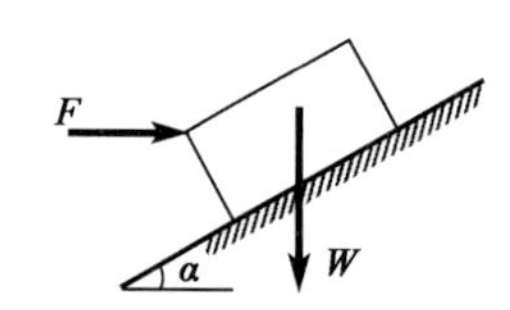

A. 静止状态

B. 临界平衡状态

C. 滑动状态

D. 条件不足，不能确定

51. 一动点沿直线轨道按照$x = 3t^3 + t + 2$的规律运动（x以 m 计，t以 s 计），则当$t = 4\text{s}$时，动点的位移、速度和加速度分别为：

A. $x = 54\text{m}$，$v = 145\text{m/s}$，$a = 18\text{m/s}^2$

B. $x = 198\text{m}$，$v = 145\text{m/s}$，$a = 72\text{m/s}^2$

C. $x = 198\text{m}$，$v = 49\text{m/s}$，$a = 72\text{m/s}^2$

D. $x = 192\text{m}$，$v = 145\text{m/s}$，$a = 12\text{m/s}^2$

52. 点在直径为 6m 的圆形轨迹上运动，走过的距离是$s = 3t^2$，则点在2s末的切向加速度为：

A. 48m/s^2　　B. 4m/s^2　　C. 96m/s^2　　D. 6m/s^2

53. 杆$OA = l$，绕固定轴O转动，某瞬时杆端A点的加速度a如图所示，则该瞬时杆OA的角速度及角加速度为：

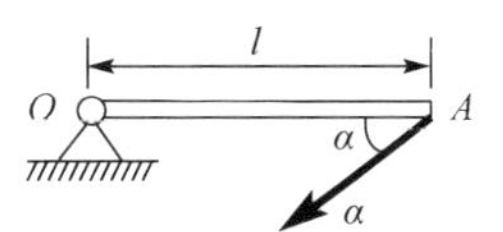

A. 0, $\frac{a}{l}$

B. $\sqrt{\frac{a\cos\alpha}{l}}$, $\frac{a\sin\alpha}{l}$

C. 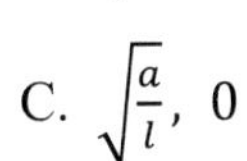 $\sqrt{\frac{a}{l}}$, 0

D. 0, $\sqrt{\frac{a}{l}}$

54. 质量为m的物体M在地面附近自由降落，它所受的空气阻力的大小为$F_{\text{R}} = Kv^2$，其中K为阻力系数，v为物体速度，该物体所能达到的最大速度为：

A. $v = \sqrt{\frac{mg}{K}}$　　B. $v = \sqrt{mgK}$

C. $v = \sqrt{\frac{g}{K}}$　　D. $v = \sqrt{gK}$

55. 质点受弹簧力作用而运动，l_0为弹簧自然长度，k为弹簧刚度系数，质点由位置 1 到位置 2 和由位置 3 到位置 2 弹簧力所做的功为：

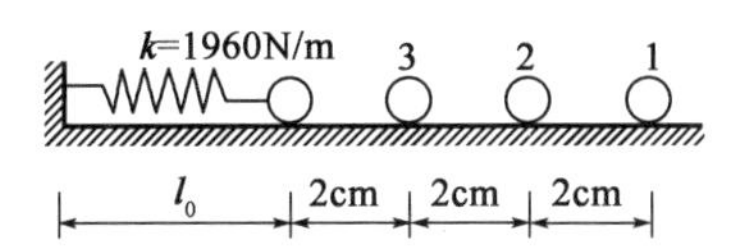

A. $W_{12} = -1.96\text{J}$，$W_{32} = 1.176\text{J}$　　B. $W_{12} = 1.96\text{J}$，$W_{32} = 1.176\text{J}$

C. $W_{12} = 1.96\text{J}$，$W_{32} = -1.176\text{J}$　　D. $W_{12} = -1.96\text{J}$，$W_{32} = -1.176\text{J}$

56. 如图所示圆环以角速度ω绕铅直轴AC自由转动，圆环的半径为R，对转轴z的转动惯量为I。在圆环中的A点放一质量为m的小球，设由于微小的干扰，小球离开A点。忽略一切摩擦，则当小球达到B点时，圆环的角速度为：

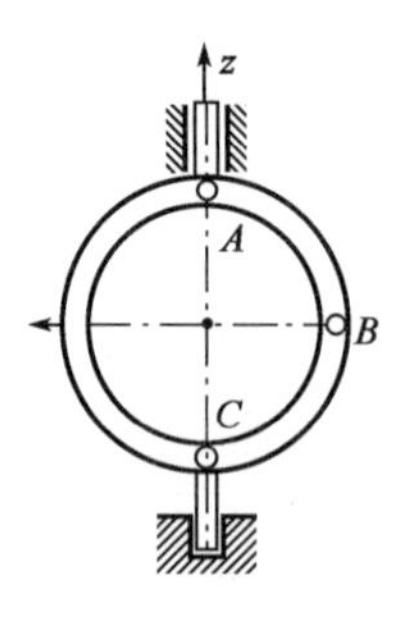

A. $\frac{mR^2\omega}{I+mR^2}$　　B. $\frac{I\omega}{I+mR^2}$

C. ω　　D. $\frac{2I\omega}{I+mR^2}$

57. 图示均质圆轮，质量为m，半径为r，在铅垂图面内绕通过圆盘中心O的水平轴转动，角速度为ω，角加速度为ε，此时将圆轮的惯性力系向O点简化，其惯性力主矢和惯性力主矩的大小分别为：

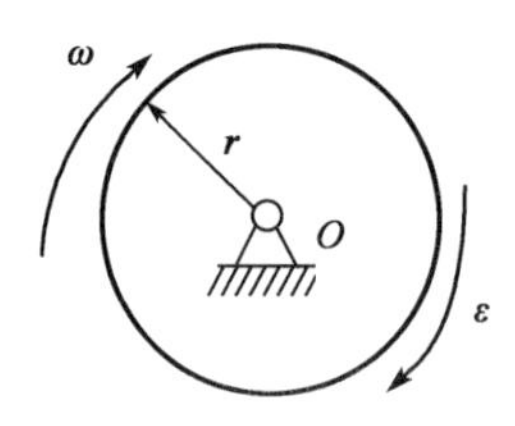

A. 0，0　　B. $mr\varepsilon$，$\frac{1}{2}mr^2\varepsilon$

C. 0，$\frac{1}{2}mr^2\varepsilon$　　D. 0，$\frac{1}{4}mr^2\omega^2$

58. 5kg 质量块振动，其自由振动规律是$x = X\sin\omega_n t$，如果振动的圆频率为30rad/s，则此系统的刚度系数为：

A. 2500N/m　　B. 4500N/m

C. 180N/m　　D. 150N/m

59. 横截面直杆，轴向受力如图，杆的最大拉伸轴力是：

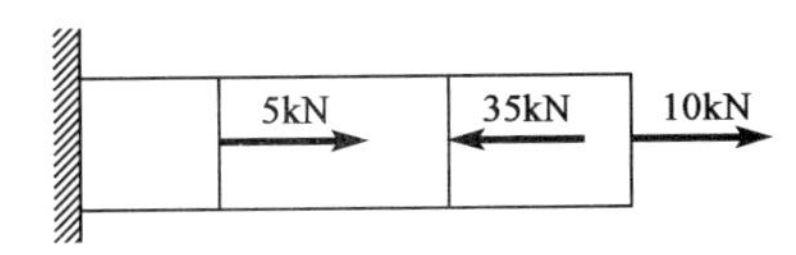

A. 10kN　　B. 25kN

C. 35kN　　D. 20kN

60. 已知铆钉的许用切应力为$[\tau]$，许用挤压应力为$[\sigma_{\rm bs}]$，钢板的厚度为t，则图示铆钉直径d与钢板厚度t的合理关系是：

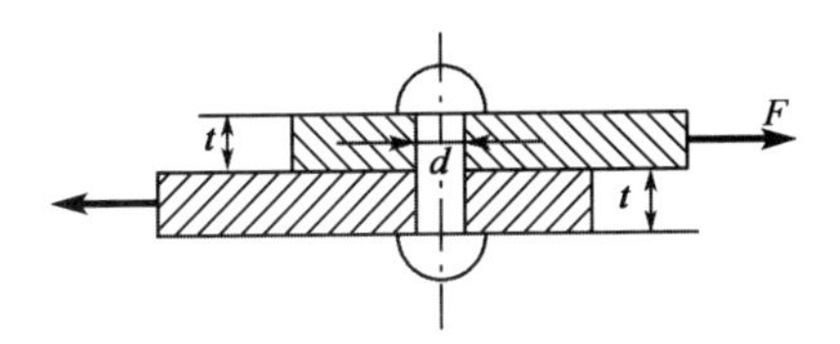

A. $d=\frac{8t[\sigma_{\rm bs}]}{\pi[\tau]}$　　B. $d=\frac{4t[\sigma_{\rm bs}]}{\pi[\tau]}$

C. $d=\frac{\pi[\tau]}{8t[\sigma_{\rm bs}]}$　　D. $d=\frac{\pi[\tau]}{4t[\sigma_{\rm bs}]}$

61. 直径为d的实心圆轴受扭，在扭矩不变的情况下，为使扭转最大切应力减小一半，圆轴的直径应改为：

A. $2d$　　B. $0.5d$

C. $\sqrt{2}d$　　D. $\sqrt[3]{2}d$

62. 在一套传动系统中，假设所有圆轴传递的功率相同，转速不同。该系统的圆轴转速与其扭矩的关系是：

A. 转速快的轴扭矩大

B. 转速慢的轴扭矩大

C. 全部轴的扭矩相同

D. 无法确定

63. 面积相同的三个图形如图示，对各自水平形心轴z的惯性矩之间的关系为：

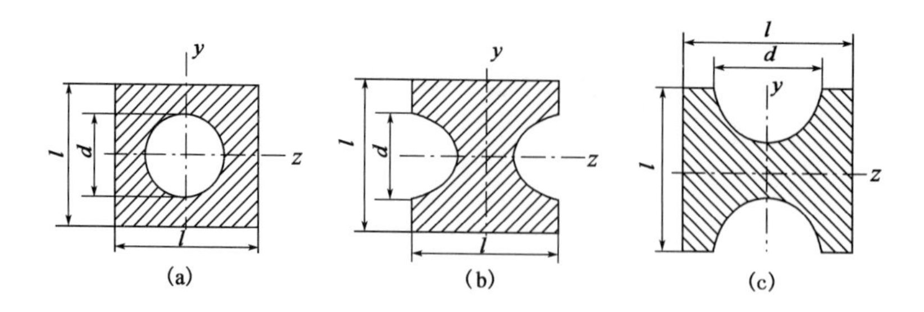

A. $I_{(a)} > I_{(b)} > I_{(c)}$　　B. $I_{(a)} < I_{(b)} < I_{(c)}$

C. $I_{(a)} < I_{(c)} = I_{(b)}$　　D. $I_{(a)} = I_{(b)} > I_{(c)}$

64. 悬臂梁的弯矩如图示，根据弯矩图推得梁上的荷载应为：

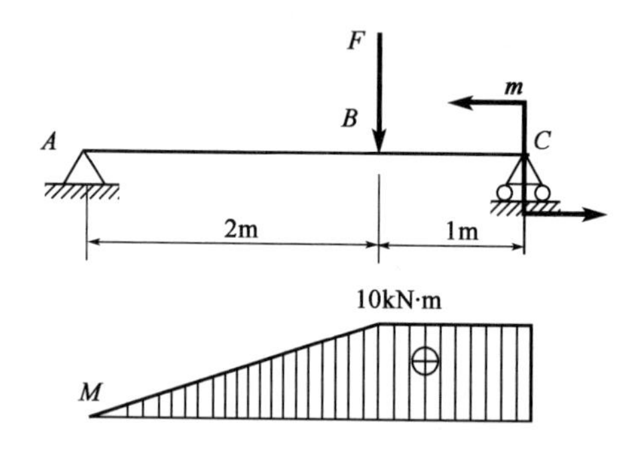

A. $F = 10\text{kN}$，$m = 10\text{kN}\cdot\text{m}$　　B. $F = 5\text{kN}$，$m = 10\text{kN}\cdot\text{m}$

C. $F = 10\text{kN}$，$m = 5\text{kN}\cdot\text{m}$　　D. $F = 5\text{kN}$，$m = 5\text{kN}\cdot\text{m}$

65. 在图示xy坐标系下，单元体的最大主应力σ_1大致指向：

A. 第一象限，靠近x轴

B. 第一象限，靠近y轴

C. 第二象限，靠近x轴

D. 第二象限，靠近y轴

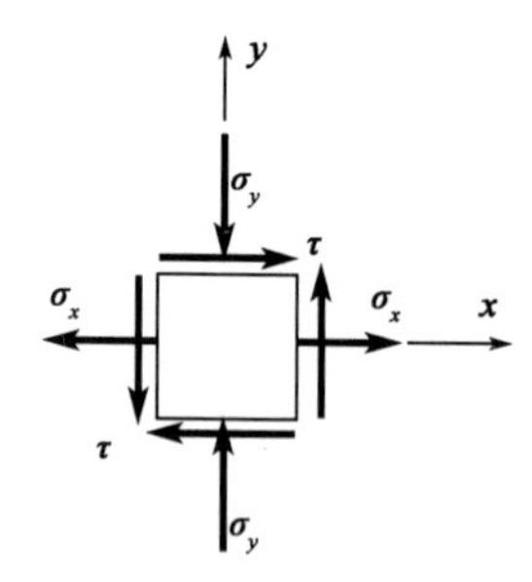

66. 图示变截面短杆，AB段压应力σ_{AB}与BC段压应力σ_{BC}的关系是：

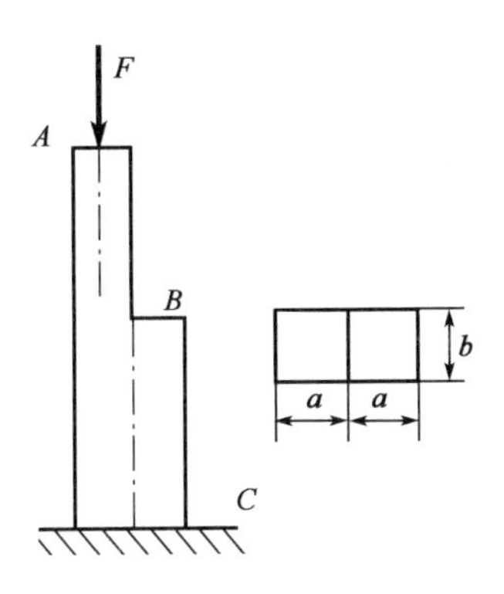

A. $\sigma_{AB} = 1.25\sigma_{BC}$　　B. $\sigma_{AB} = 0.8\sigma_{BC}$

C. $\sigma_{AB} = 2\sigma_{BC}$　　D. $\sigma_{AB} = 0.5\sigma_{BC}$

67. 简支梁AB的剪力图和弯矩图如图示。该梁正确的受力图是：

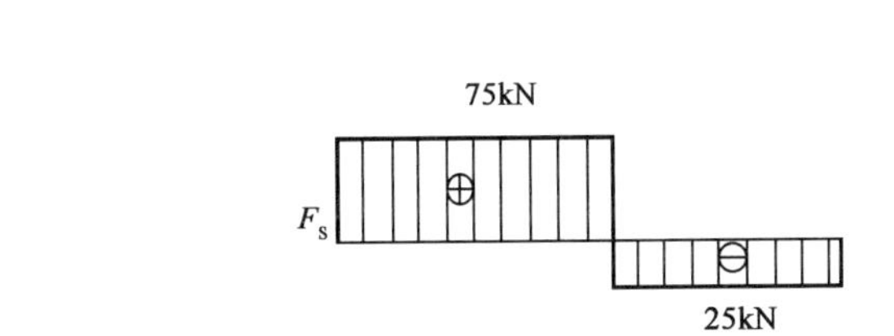

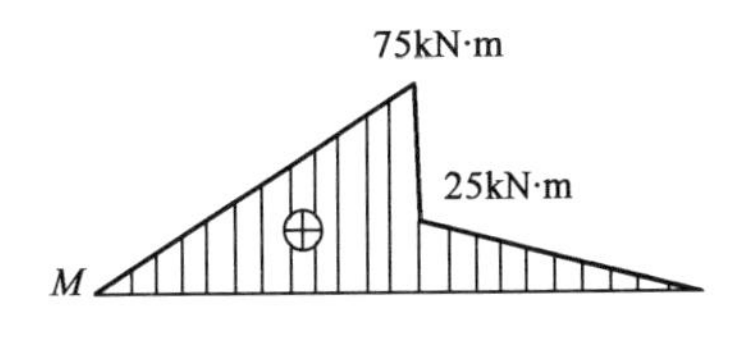

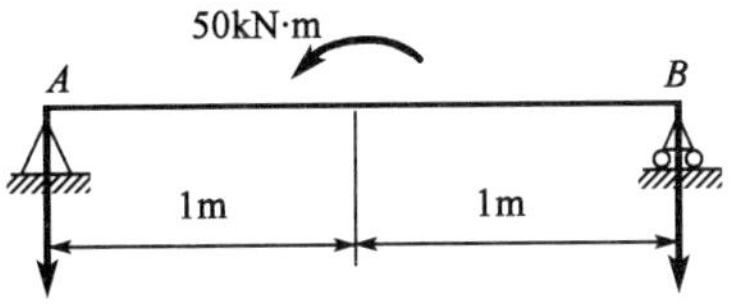

50kN·m

A　B

1m　1m

A.

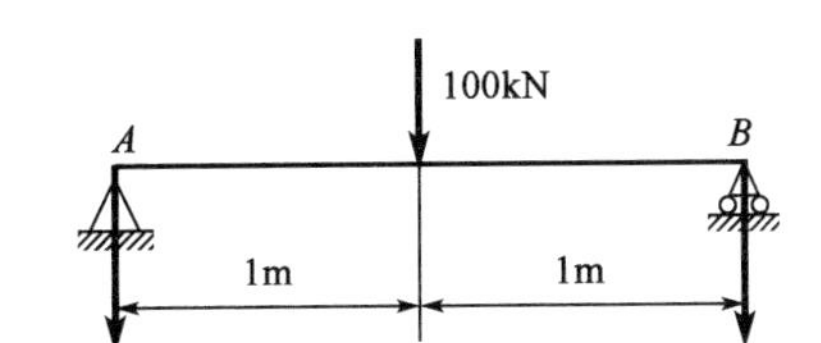

B.

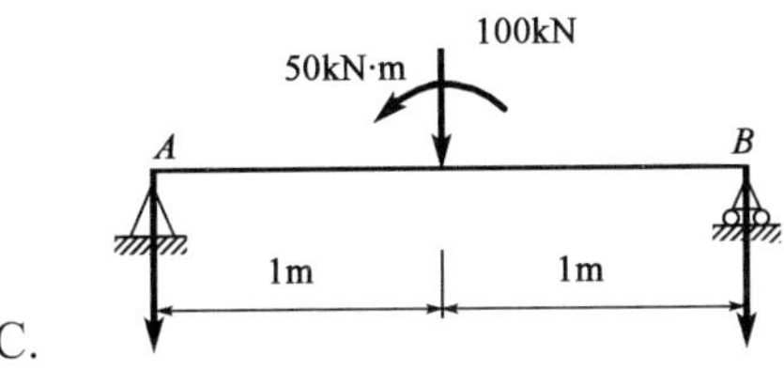

C.

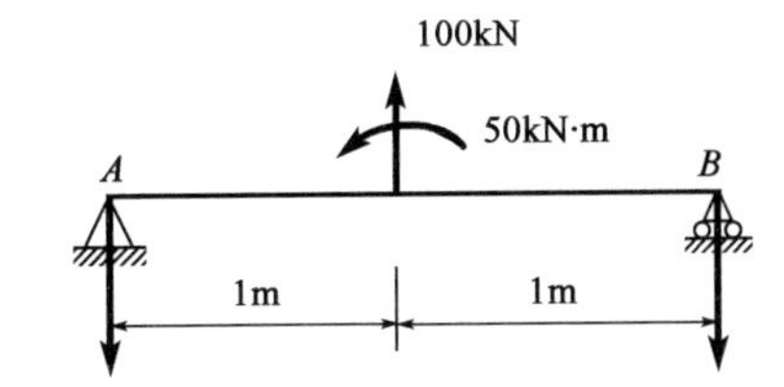

D.

68. 矩形截面简支梁中点承受集中力F=100kN。若h=200mm，b=100mm，梁的最大弯曲正应力是：

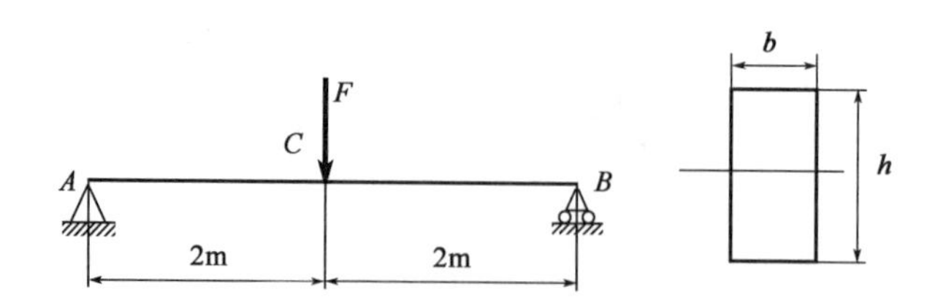

A. 75MPa　　B. 150MPa

C. 300MPa　　D. 50MPa

69. 图示槽形截面杆，一端固定，另一端自由，作用在自由端角点的外力F与杆轴线平行。该杆将发生的变形是：

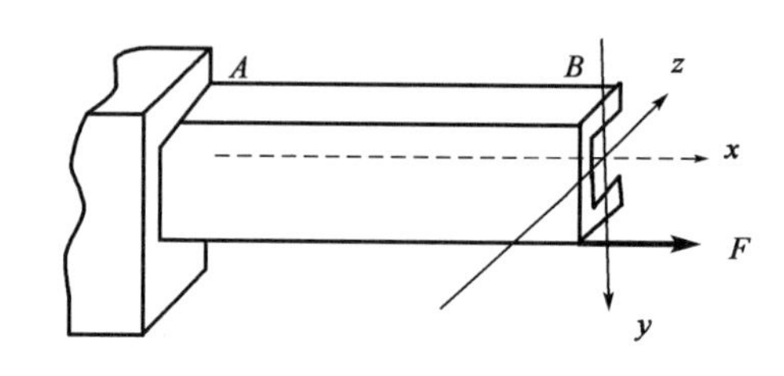

A. xy平面xz平面内的双向弯曲

B. 轴向拉伸及xy平面和xz平面内的双向弯曲

C. 轴向拉伸和xy平面内的平面弯曲

D. 轴向拉伸和xz平面内的平面弯曲

70. 两端铰支细长（大柔度）压杆，在下端铰链处增加一个扭簧弹性约束，如图所示。该压杆的长度系数μ的取值范围是：

A. $0.7 < \mu < 1$

B. $2 > \mu > 1$

C. $0.5 < \mu < 0.7$

D. $\mu < 0.5$

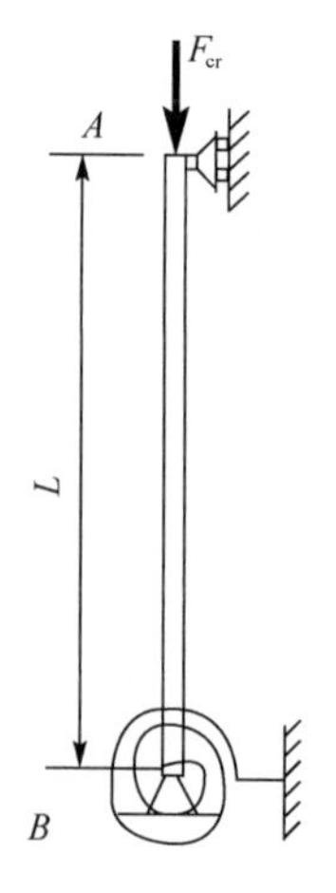

71. 标准大气压时的自由液面下 1m 处的绝对压强为：

A. 0.11MPa　　B. 0.12MPa

C. 0.15MPa　　D. 2.0MPa

72. 一直径$d_1=0.2$m的圆管，突然扩大到直径为$d_2=0.3$m，若$v_1=9.55$m/s，则v_2与Q分别为：

A. 4.24m/s，0.3m^3/s　　B. 2.39m/s，0.3m^3/s

C. 4.24m/s，0.5m^3/s　　D. 2.39m/s，0.5m^3/s

73. 直径为 20mm 的管流，平均流速为9m/s，已知水的运动黏性系数$\nu=0.0114$cm^2/s，则管中水流的流态和水流流态转变的层流流速分别是：

A. 层流，19cm/s　　B. 层流，11.4cm/s

C. 紊流，19cm/s　　D. 紊流，11.4cm/s

74. 边界层分离现象的后果是：

A. 减小了液流与边壁的摩擦力　　B. 增大了液流与边壁的摩擦力

C. 增加了潜体运动的压差阻力　　D. 减小了潜体运动的压差阻力

75. 如图由大体积水箱供水，且水位恒定，水箱顶部压力表读数 19600Pa，水深$H=2$m，水平管道长$l=100$m，直径$d=200$mm，沿程损失系数 0.02，忽略局部损失，则管道通过流量是：

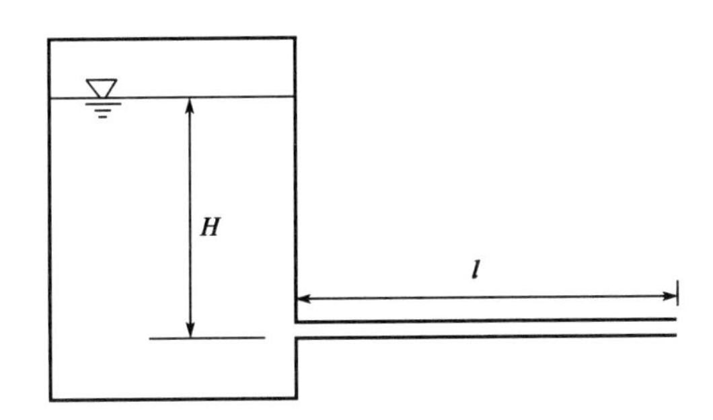

A. 83.8L/s　　B. 196.5L/s

C. 59.3L/s　　D. 47.4L/s

76. 两条明渠过水断面面积相等，断面形状分别为（1）方形，边长为a；（2）矩形，底边宽为$2a$，水深为$0.5a$，它们的底坡与粗糙系数相同，则两者的均匀流流量关系式为：

A. $Q_1>Q_2$　　B. $Q_1=Q_2$

C. $Q_1<Q_2$　　D. 不能确定

77. 如图，均匀砂质土壤装在容器中，设渗透系数为0.012cm/s，渗流流量为$0.3\text{m}^3/\text{s}$，则渗流流速为：

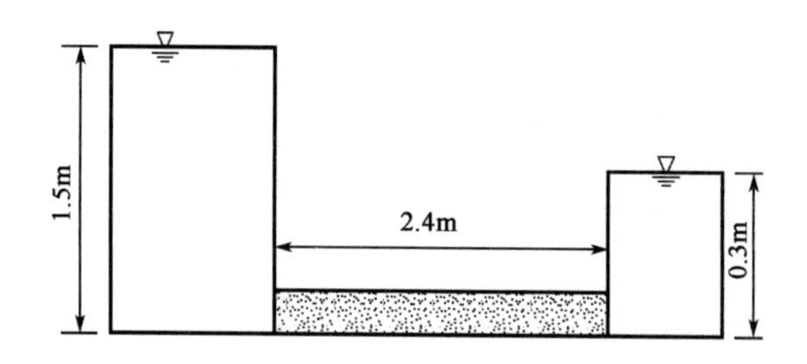

A. 0.003cm/s

B. 0.006cm/s

C. 0.009cm/s

D. 0.012cm/s

78. 雷诺数的物理意义是：

A. 压力与黏性力之比

B. 惯性力与黏性力之比

C. 重力与惯性力之比

D. 重力与黏性力之比

79. 真空中，点电荷q_1和q_2的空间位置如图所示，q_1为正电荷，且$q_2 = -q_1$，则A点的电场强度的方向是：

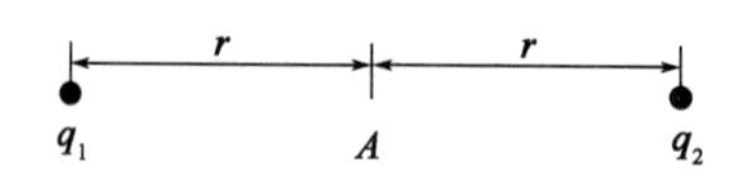

A. 从A点指向q_1

B. 从A点指向q_2

C. 垂直于q_1q_2连线，方向向上

D. 垂直于q_1q_2连线，方向向下

80. 设电阻元件 R、电感元件 L、电容元件 C 上的电压电流取关联方向，则如下关系成立的是：

A. $i_{\text{R}} = R \cdot u_{\text{R}}$

B. $u_{\text{C}} = C\frac{\text{d}i_{\text{C}}}{\text{d}t}$

C. $i_{\text{C}} = C\frac{\text{d}u_{\text{C}}}{\text{d}t}$

D. $u_{\text{L}} = \frac{1}{L}\int i_{\text{c}}\,\text{d}t$

81. 用于求解图示电路的 4 个方程中，有一个错误方程，这个错误方程是：

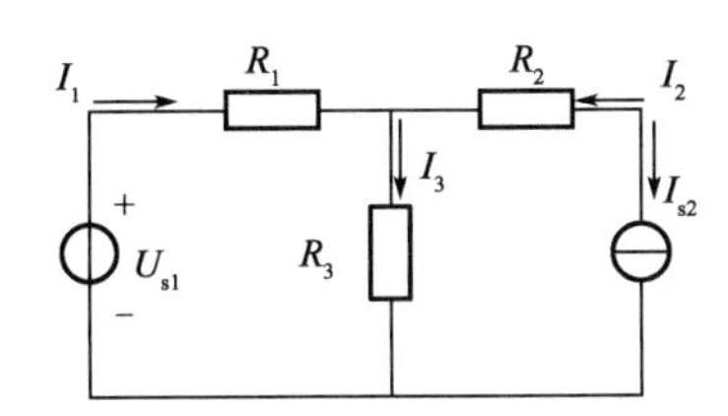

A. $I_1R_1 + I_3R_3 - U_{s1} = 0$　　B. $I_2R_2 + I_3R_3 = 0$

C. $I_1 + I_2 - I_3 = 0$　　D. $I_2 = -I_{s2}$

82. 已知有效值为 10V 的正弦交流电压的相量图如图所示，则它的时间函数形式是：

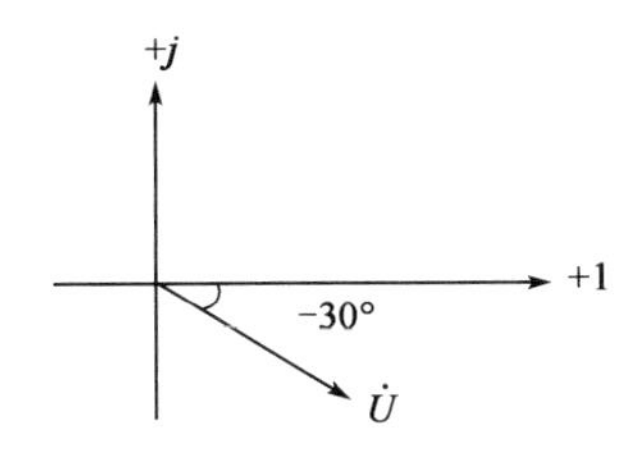

A. $u(t) = 10\sqrt{2}\sin(\omega t - 30°)\,\text{V}$

B. $u(t) = 10\sin(\omega t - 30°)\,\text{V}$

C. $u(t) = 10\sqrt{2}\sin(-30°)\,\text{V}$

D. $u(t) = 10\cos(-30°) + 10\sin(-30°)\,\text{V}$

83. 图示电路中，当端电压$\dot{U} = 100\angle 0°\text{V}$时，$\dot{I}$等于：

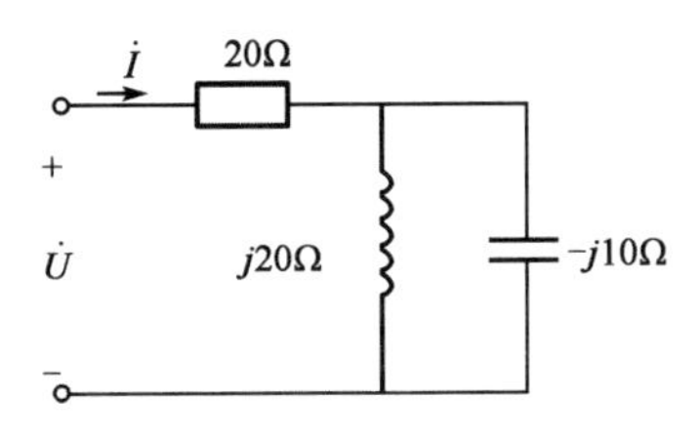

A. $3.5\angle -45°\text{A}$　　B. $3.5\angle 45°\text{A}$

C. $4.5\angle 26.6°\text{A}$　　D. $4.5\angle -26.6°\text{A}$

84. 在图示电路中，开关 S 闭合后：

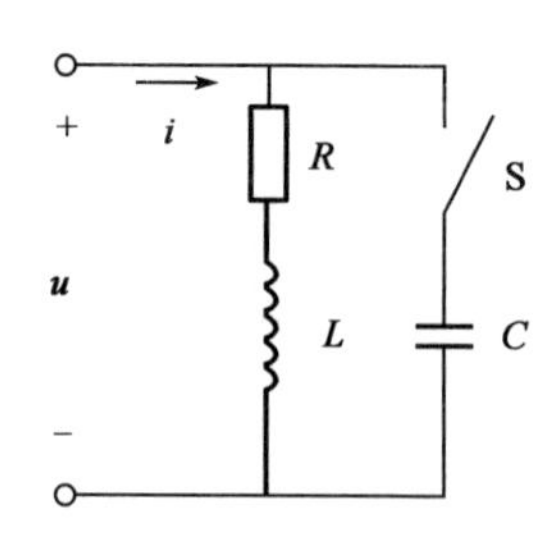

A. 电路的功率因数一定变大

B. 总电流减小时，电路的功率因数变大

C. 总电流减小时，感性负载的功率因数变大

D. 总电流减小时，一定出现过补偿现象

85. 图示变压器空载运行电路中，设变压器为理想器件，若$u = \sqrt{2}U\sin\omega t$，则此时：

A. $\frac{U_2}{U_1} = 2$

B. $\frac{U}{U_2} = 2$

C. $u_2 = 0, u_1 = 0$

D. $\frac{U}{U_1} = 2$

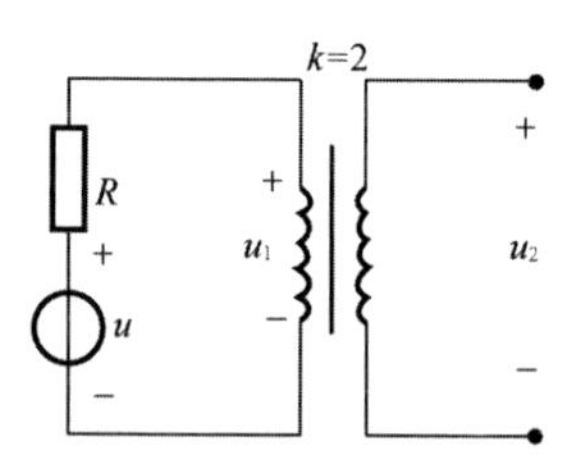

86. 设某△接三相异步电动机的全压启动转矩为66N · m，当对其使用Y-△降压启动方案时，当分别带10N · m、20N · m、30N · m、40N · m的负载启动时：

A. 均能正常启动

B. 均无法正常启动

C. 前两者能正常启动，后两者无法正常启动

D. 前三者能正常启动，后者无法正常启动

87. 图示电压信号u_o是：

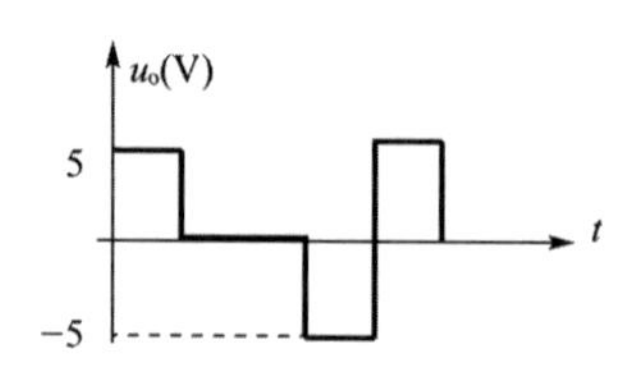

A. 二进制代码信号

B. 二值逻辑信号

C. 离散时间信号

D. 连续时间信号

88. 信号$u(t)=10\cdot 1(t)-10\cdot 1(t-1)\mathrm{V}$，其中，$1(t)$表示单位阶跃函数，则$u(t)$应为：

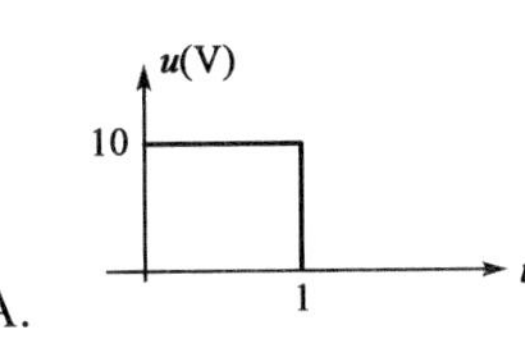

A.

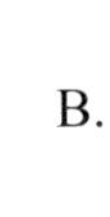

B.

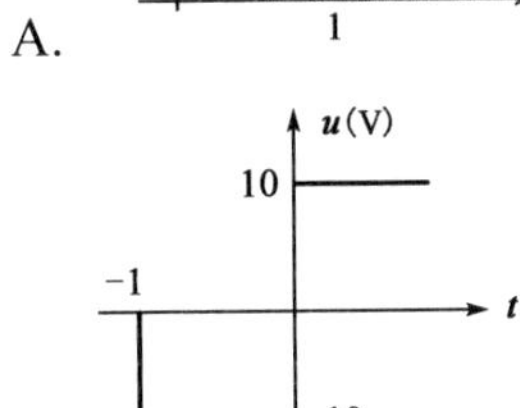

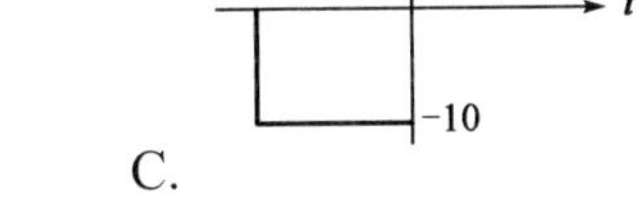

C.

D.

89. 一个低频模拟信号$u_1(t)$被一个高频的噪声信号污染后，能将这个噪声滤除的装置是：

A. 高通滤波器　　B. 低通滤波器

C. 带通滤波器　　D. 带阻滤波器

90. 对逻辑表达式$\overline{\mathrm{AB}}+\overline{\mathrm{BC}}$的化简结果是：

A. $\overline{\mathrm{A}}+\overline{\mathrm{B}}+\overline{\mathrm{C}}$　　B. $\overline{\mathrm{A}}+2\overline{\mathrm{B}}+\overline{\mathrm{C}}$

C. $\overline{\mathrm{A}+\mathrm{C}}+\mathrm{B}$　　D. $\overline{\mathrm{A}}+\overline{\mathrm{C}}$

91. 已知数字信号 A 和数字信号 B 的波形如图所示，则数字信号$\mathrm{F}=\mathrm{A}\overline{\mathrm{B}}+\overline{\mathrm{A}}\mathrm{B}$的波形为：

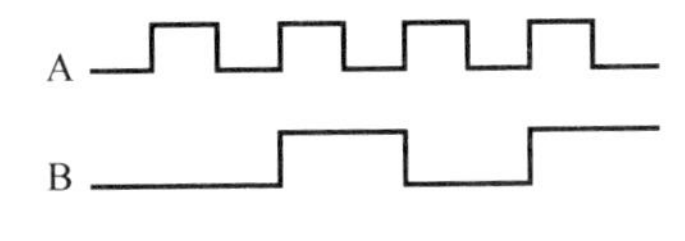

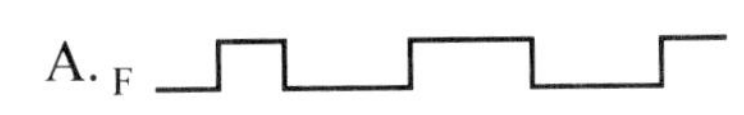

A.

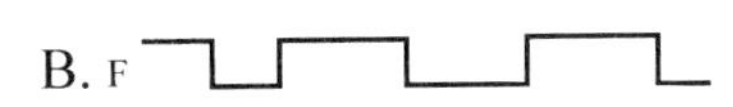

B.

C.

D.

92. 十进制数字 10 的 BCD 码为：

A. 00010000　　B. 00001010

C. 1010　　D. 0010

93. 二极管应用电路如图所示，设二极管为理想器件，当$u_1 = 10\sin\omega t$V时，输出电压u_o的平均值U_o等于：

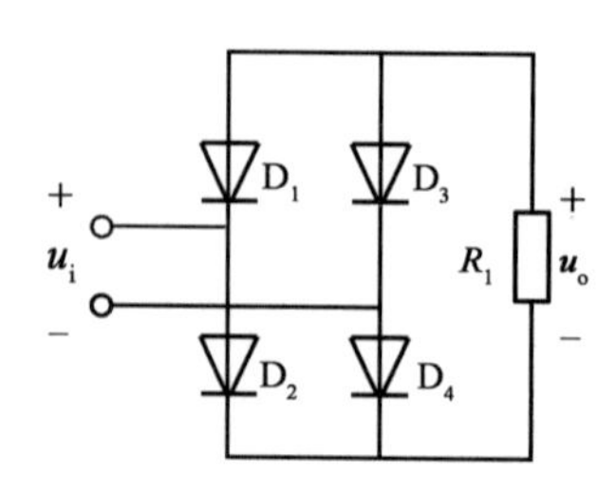

A. 10V　　B. $0.9 \times 10 = 9$V

C. $0.9 \times \frac{10}{\sqrt{2}} = 6.36$V　　D. $-0.9 \times \frac{10}{\sqrt{2}} = -6.36$V

94. 运算放大器应用电路如图所示，设运算放大器输出电压的极限值为±11V。如果将−2.5V电压接入“A”端，而“B”端接地后，测得输出电压为 10V，如果将−2.5V电压接入“B”端，而“A”端接地，则该电路的输出电压u_o等于：

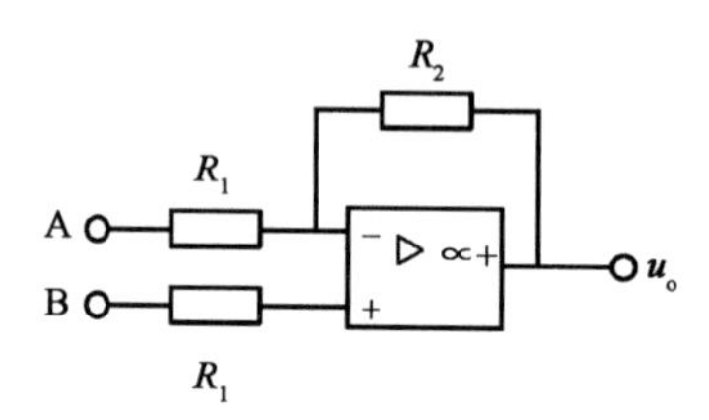

A. 10V　　B. −10V

C. −11V　　D. −12.5V

95. 图示逻辑门的输出F_1和F_2分别为：

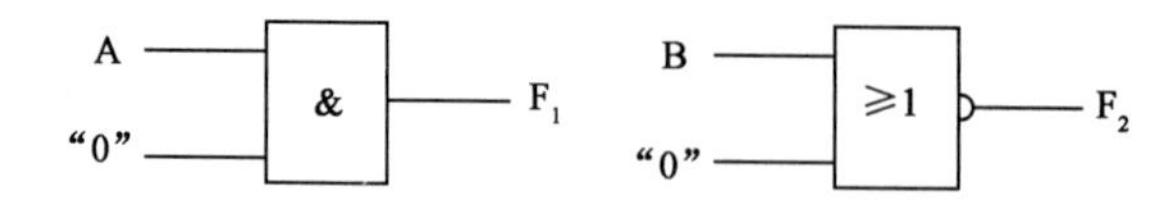

A. 0 和$\overline{B}$　　B. 0 和 1

C. A 和$\overline{B}$　　D. A 和 1

96. 图 a）所示电路中，时钟脉冲、复位信号及数模输入信号如图 b）所示。经分析可知，在第一个和第二个时钟脉冲的下降沿过后，输出 Q 先后等于：

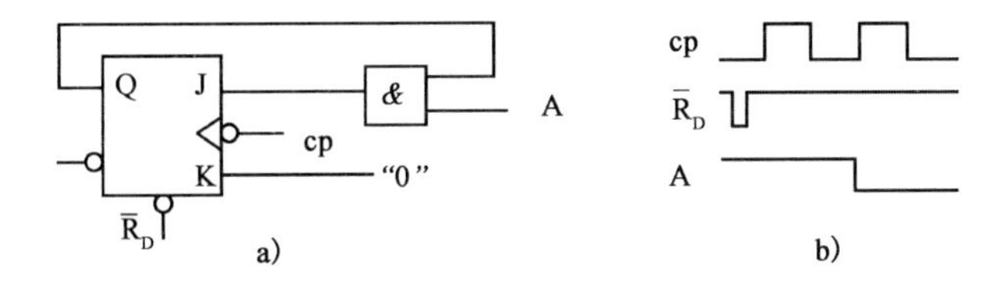

A. 0　0　　　　B. 0　1

C. 1　0　　　　D. 1　1

附：触发器的逻辑状态表为

J	K	Q_{n+1}
0	0	Q_n
0	1	0
1	0	1
1	1	$\overline{Q}_n$

97. 计算机发展的人性化的一个重要方面是：

A. 计算机的价格便宜

B. 计算机使用上的"傻瓜化"

C. 计算机使用不需要电能

D. 计算机不需要软件和硬件，自己会思维

98. 计算机存储器是按字节进行编址的，一个存储单元是：

A. 8 个字节　　　　B. 1 个字节

C. 16 个二进制数位　　　　D. 32 个二进制数位

99. 下面有关操作系统的描述中，其中错误的是：

A. 操作系统就是充当软、硬件资源的管理者和仲裁者的角色

B. 操作系统具体负责在各个程序之间，进行调度和实施对资源的分配

C. 操作系统保证系统中的各种软、硬件资源得以有效地、充分地利用

D. 操作系统仅能实现管理和使用好各种软件资源

100. 计算机的支撑软件是：

A. 计算机软件系统内的一个组成部分　　B. 计算机硬件系统内的一个组成部分

C. 计算机应用软件内的一个组成部分　　D. 计算机专用软件内的一个组成部分

101. 操作系统中的进程与处理器管理的主要功能是：

A. 实现程序的安装、卸载

B. 提高主存储器的利用率

C. 使计算机系统中的软硬件资源得以充分利用

D. 优化外部设备的运行环境

102. 影响计算机图像质量的主要参数有：

A. 存储器的容量、图像文件的尺寸、文件保存格式

B. 处理器的速度、图像文件的尺寸、文件保存格式

C. 显卡的品质、图像文件的尺寸、文件保存格式

D. 分辨率、颜色深度、图像文件的尺寸、文件保存格式

103. 计算机操作系统中的设备管理主要是：

A. 微处理器 CPU 的管理　　B. 内存储器的管理

C. 计算机系统中的所有外部设备的管理　　D. 计算机系统中的所有硬件设备的管理

104. 下面四个选项中，不属于数字签名技术的是：

A. 权限管理　　B. 接收者能够核实发送者对报文的签名

C. 发送者事后不能对报文的签名进行抵赖　　D. 接收者不能伪造对报文的签名

105. 实现计算机网络化后的最大好处是：

A. 存储容量被增大　　B. 计算机运行速度加快

C. 节省大量人力资源　　D. 实现了资源共享

106. 校园网是提高学校教学、科研水平不可缺少的设施，它是属于：

A. 局域网　　B. 城域网

C. 广域网　　D. 网际网

107. 某企业拟购买3年期一次到期债券，打算三年后到期本利和为300万元，按季复利计息，年名义利率为8%，则现在应购买债券：

A. 119.13万元　　B. 236.55万元

C. 238.15万元　　D. 282.70万元

108. 在下列费用中，应列入项目建设投资的是：

A. 项目经营成本　　B. 流动资金

C. 预备费　　D. 建设期利息

109. 某公司向银行借款2400万元，期限为6年，年利率为8%，每年年末付息一次，每年等额还本，到第6年末还完本息。请问该公司第4年年末应还的本息和是：

A. 432万元　　B. 464万元

C. 496万元　　D. 592万元

110. 某项目动态投资回收期刚好等于项目计算期，则以下说法中正确的是：

A. 该项目动态回收期小于基准回收期　　B. 该项目净现值大于零

C. 该项目净现值小于零　　D. 该项目内部收益率等于基准收益率

111. 某项目要从国外进口一种原材料，原始材料的CIF（到岸价格）为150美元/吨，美元的影子汇率为6.5，进口费用为240元/吨，请问这种原材料的影子价格是：

A. 735元人民币　　B. 975元人民币

C. 1215元人民币　　D. 1710元人民币

112. 已知甲、乙为两个寿命期相同的互斥项目，其中乙项目投资大于甲项目。通过测算得出甲、乙两项目的内部收益率分别为18%和14%，增量内部收益率$\Delta IRR_{(乙-甲)}=13\%$，基准收益率为11%，以下说法中正确的是：

A. 应选择甲项目　　B. 应选择乙项目

C. 应同时选择甲、乙两个项目　　D. 甲、乙两个项目均不应选择

113. 以下关于改扩建项目财务分析的说法中正确的是：

A. 应以财务生存能力分析为主　　B. 应以项目清偿能力分析为主

C. 应以企业层次为主进行财务分析　　D. 应遵循“有无对比”原则

114. 某工程设计有四个方案，在进行方案选择时计算得出：甲方案功能评价系数 0.85，成本系数 0.92；乙方案功能评价系数 0.6，成本系数 0.7；丙方案功能评价系数 0.94，成本系数 0.88；丁方案功能评价系数 0.67，成本系数 0.82。则最优方案的价值系数为：

A. 0.924　　B. 0.857

C. 1.068　　D. 0.817

115. 根据《中华人民共和国建筑法》的规定，有关工程发包的规定，下列理解错误的是：

A. 关于对建筑工程进行肢解发包的规定，属于禁止性规定

B. 可以将建筑工程的勘察、设计、施工、设备采购一并发包给一个工程总承包单位

C. 建筑工程实行直接发包的，发包单位可以将建筑工程发包给具有资质证书的承包单位

D. 提倡对建筑工程实行总承包

116. 根据《建设工程安全生产管理条例》的规定，施工单位实施爆破、起重吊装等施工时，应当安排现场的监督人员是：

A. 项目管理技术人员　　B 应急救援人员

C. 专职安全生产管理人员　　D. 专职质量管理人员

117. 某工程项目实行公开招标，招标人根据招标项目的特点和需要编制招标文件，其招标文件的内容不包括：

A. 招标项目的技术要求　　B. 对投标人资格审查的标准

C. 拟签订合同的时间　　D. 投标报价要求和评标标准

118. 某水泥厂以电子邮件的方式于 2008 年 3 月 5 日发出销售水泥的要约，要求 2008 年 3 月 6 日 18:00 前回复承诺。甲施工单位于 2008 年 3 月 6 日 16:00 对该要约发出承诺，由于网络原因，导致该电子邮件于 2008 年 3 月 6 日 20:00 到达水泥厂，此时水泥厂的水泥已经售完。下列关于该承诺如何处理的说法，正确的是：

A. 张厂长说邮件未能按时到达，可以不予理会

B. 李厂长说邮件是在期限内发出的，应该作为有效承诺，我们必须想办法给对方供应水泥

C. 王厂长说虽然邮件是在期限内发出的，但是到达晚了，可以认为是无效承诺

D. 赵厂长说我们及时通知对方，因承诺到达已晚，不接受就是了

119. 根据《中华人民共和国环境保护法》的规定，下列关于建设项目中防治污染的设施的说法中，不正确的是：

A. 防治污染的设施，必须与主体工程同时设计、同时施工、同时投入使用

B. 防治污染的设施不得擅自拆除

C. 防治污染的设施不得擅自闲置

D. 防治污染的设施经建设行政主管部门验收合格后方可投入生产或者使用

120. 根据《建设工程质量管理条例》的规定，监理单位代表建设单位对施工质量实施监理，并对施工质量承担监理责任，其监理的依据不包括：

A. 有关技术标准　　　　B. 设计文件

C. 工程承包合同　　　　D. 建设单位指令

2016年度全国勘察设计注册工程师执业资格考试基础考试（上）

试题解析及参考答案

1. 解 $\lim\limits_{x\to 0}\frac{x-\sin x}{\sin x}\overset{\frac{0}{0}}{=}\lim\limits_{x\to 0}\frac{1-\cos x}{\cos x}=0$

答案： B

2. 解 由$\begin{cases}x=t-\arctan t\\ y=\ln(1+t^2)\end{cases}$，知$\frac{\mathrm{d}x}{\mathrm{d}t}=\frac{t^2}{1+t^2}$，$\frac{\mathrm{d}y}{\mathrm{d}t}=\frac{2t}{1+t^2}$，则$\frac{\mathrm{d}y}{\mathrm{d}x}=\frac{\mathrm{d}y/\mathrm{d}t}{\mathrm{d}x/\mathrm{d}t}=\frac{2t}{t^2}$，$\left.\frac{\mathrm{d}y}{\mathrm{d}x}\right|_{t=1}=\left.\frac{2}{t}\right|_{t=1}=2$

答案： C

3. 解 $\frac{\mathrm{d}y}{\mathrm{d}x}=\frac{1}{xy+y^3}$，$\frac{\mathrm{d}x}{\mathrm{d}y}=xy+y^3$，$\frac{\mathrm{d}x}{\mathrm{d}y}-yx=y^3$，方程为关于$F(y,x,x')=0$的一阶线性微分方程。

答案： C

4. 解 $|\boldsymbol{\alpha}|=2$，$|\boldsymbol{\beta}|=\sqrt{2}$，$\boldsymbol{\alpha}\cdot\boldsymbol{\beta}=2$

由$\boldsymbol{\alpha}\cdot\boldsymbol{\beta}=|\boldsymbol{\alpha}||\boldsymbol{\beta}|\cos(\widehat{\boldsymbol{\alpha},\boldsymbol{\beta}})=2\sqrt{2}\cos(\widehat{\boldsymbol{\alpha},\boldsymbol{\beta}})=2$，可知$\cos(\widehat{\boldsymbol{\alpha},\boldsymbol{\beta}})=\frac{\sqrt{2}}{2}$，$(\widehat{\boldsymbol{\alpha},\boldsymbol{\beta}})=\frac{\pi}{4}$

故$|\boldsymbol{\alpha}\times\boldsymbol{\beta}|=|\boldsymbol{\alpha}||\boldsymbol{\beta}|\sin(\widehat{\boldsymbol{\alpha},\boldsymbol{\beta}})=2\times\sqrt{2}\times\frac{\sqrt{2}}{2}=2$

答案： A

5. 解 $f(x)$在点x_0处的左、右极限存在且相等，是$f(x)$在点x_0连续的必要非充分条件。

答案： A

6. 解 对$\int_0^x f(t)\mathrm{d}t=\frac{\cos x}{x}$两边求导，得$f(x)=\frac{-x\sin x-\cos x}{x^2}$，则$f\left(\frac{\pi}{2}\right)=\frac{-\frac{\pi}{2}\cdot 1-0}{\frac{\pi^2}{4}}=-\frac{2}{\pi}$

答案： B

7. 解 $\int xf(x)\mathrm{d}x=\int x\mathrm{d}\sec^2 x=x\sec^2 x-\int\sec^2 x\,\mathrm{d}x=x\sec^2 x-\tan x+C$

答案： D

8. 解 $\begin{cases}y^2+z=1\\ x=0\end{cases}$表示在$yOz$平面上曲线绕$z$轴旋转，得曲面方程$x^2+y^2+z=1$。

答案： A

9. 解 $f_x'(x_0,y_0)$，$f_y'(x_0,y_0)$在点$P_0(x_0,y_0)$处连续仅是函数$z=f(x,y)$在点$P_0(x_0,y_0)$可微的充分条件，反之不一定成立，即$z=f(x,y)$在点$P_0(x_0,y_0)$处可微，不能保证偏导$f_x'(x_0,y_0)$，$f_y'(x_0,y_0)$在点$P_0(x_0,y_0)$处连续。没有定理保证。

答案： D

10. 解

$$\int_{-\infty}^{+\infty}\frac{A}{1+x^2}\mathrm{d}x=A\int_{-\infty}^{+\infty}\frac{1}{1+x^2}\mathrm{d}x=A\left[\int_{-\infty}^{0}\frac{1}{1+x^2}\mathrm{d}x+\int_{0}^{+\infty}\frac{1}{1+x^2}\mathrm{d}x\right]$$
$$=A\left(\arctan x\Big|_{-\infty}^{0}+\arctan x\Big|_{0}^{+\infty}\right)=A\left(\frac{\pi}{2}+\frac{\pi}{2}\right)=A\pi$$

由$A\pi=1$，得$A=\frac{1}{\pi}$

答案：A

11. 解 $f(x)=x(x-1)(x-2)$

$f(x)$在$[0,1]$连续，在$(0,1)$可导，且$f(0)=f(1)$

由罗尔定理可知，存在$f'(\zeta_1)=0$，ζ_1在$(0,1)$之间

$f(x)$在$[1,2]$连续，在$(1,2)$可导，且$f(1)=f(2)$

由罗尔定理可知，存在$f'(\zeta_2)=0$，ζ_2在$(1,2)$之间

因为$f'(x)=0$是二次方程，所以$f'(x)=0$的实根个数为2。

答案：B

12. 解 $y''-2y'+y=0$，$r^2-2r+1=0$，$r=1$，二重根。

通解$y=(C_1+C_2x)e^x$（其中C_1，C_2为任意常数）

线性无关的特解为$y_1=e^x$，$y_2=xe^x$

答案：D

13. 解 $f(x)$在(a,b)内可微，且$f'(x)\neq 0$。

由函数极值存在的必要条件，$f(x)$在(a,b)内可微，即$f(x)$在(a,b)内可导，且在x_0处取得极值，那么$f'(x_0)=0$。

该题不符合此条件，所以必无极值。

答案：C

14. 解 对$\sum\limits_{n=1}^{\infty}\frac{\sin\frac{3}{2}n}{n^2}$取绝对值，即$\sum\limits_{n=1}^{\infty}\left|\frac{\sin\frac{3}{2}n}{n^2}\right|$，而$\left|\frac{\sin\frac{3}{2}n}{n^2}\right|\leqslant\frac{1}{n^2}$

因为$\sum\limits_{n=1}^{\infty}\frac{1}{n^2}$，$p=2>1$，收敛，由比较法知$\sum\limits_{n=1}^{\infty}\left|\frac{\sin\frac{3}{2}n}{n^2}\right|$收敛，所以级数$\sum\limits_{n=1}^{\infty}\frac{\sin\frac{3}{2}n}{n^2}$绝对收敛。

答案：D

15. 解 如解图所示，D：$\begin{cases}0\leqslant r\leqslant 1\\ 0\leqslant\theta\leqslant\frac{\pi}{2}\end{cases}$

$$\begin{aligned}\iint_D x^2y\mathrm{d}x\mathrm{d}y&=\int_0^{\frac{\pi}{2}}\cos^2\theta\sin\theta\mathrm{d}\theta\int_0^1 r^4\mathrm{d}r\\&=\frac{1}{5}\int_0^{\frac{\pi}{2}}\cos^2\theta\sin\theta\mathrm{d}\theta=-\frac{1}{5}\int_0^{\frac{\pi}{2}}\cos^2\theta\,\mathrm{d}\cos\theta\\&=-\frac{1}{5}\cdot\frac{1}{3}\cos^3\theta\Big|_0^{\frac{\pi}{2}}=\frac{1}{15}\end{aligned}$$

题15解图

答案：B

16. 解　如解图所示，L：$\begin{cases} y = x^2 \\ x = x \end{cases}$　$(x：1 \to 0)$

$$\int_L x\mathrm{d}x + y\mathrm{d}y = \int_1^0 x\mathrm{d}x + x^2 \cdot 2x\mathrm{d}x = -\int_0^1 (x + 2x^3)\mathrm{d}x$$

$$= -\left(\frac{1}{2}x^2 + \frac{2}{4}x^4\right)\Big|_0^1$$

$$= -\left(\frac{1}{2} + \frac{1}{2}\right) = -1$$

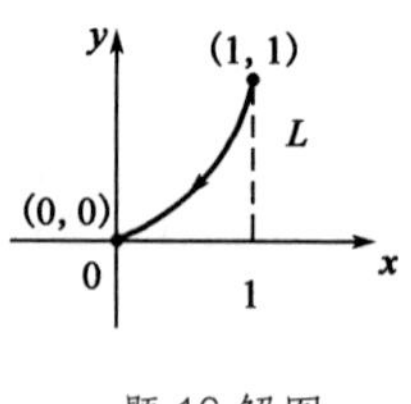

题 16 解图

答案：C

17. 解　$\sum\limits_{n=0}^{\infty} \frac{(-1)^n}{2^n} x^n = 1 - \frac{x}{2} + \left(\frac{x}{2}\right)^2 - \left(\frac{x}{2}\right)^3 + \cdots$

因为$|x| < 2$，所以$\left|\frac{x}{2}\right| < 1$，$q = -\frac{x}{2}$，$|q| = \left|\frac{x}{2}\right| < 1$

级数的和函数$S = \frac{a_1}{1-q} = \frac{1}{1-\left(-\frac{x}{2}\right)} = \frac{2}{2+x}$

答案：A

18. 解　$z = \frac{3^{xy}}{x} + xF(u)$，$u = \frac{y}{x}$

$$\frac{\partial z}{\partial y} = \frac{1}{x}3^{xy} \cdot \ln 3 \cdot x + xF'(u)\frac{1}{x} = 3^{xy}\ln 3 + F'(u)$$

答案：D

19. 解　将$\boldsymbol{\alpha}_1, \boldsymbol{\alpha}_2, \boldsymbol{\alpha}_3$组成矩阵$\begin{bmatrix} 6 & 4 & 4 \\ t & 2 & 1 \\ 7 & 2 & 0 \end{bmatrix}$，$\boldsymbol{\alpha}_1, \boldsymbol{\alpha}_2, \boldsymbol{\alpha}_3$线性相关的充要条件是$\begin{vmatrix} 6 & 4 & 4 \\ t & 2 & 1 \\ 7 & 2 & 0 \end{vmatrix} = 0$

$$\begin{vmatrix} 6 & 4 & 4 \\ t & 2 & 1 \\ 7 & 2 & 0 \end{vmatrix} \xlongequal{r_2(-4)+r_1} \begin{vmatrix} 6-4t & -4 & 0 \\ t & 2 & 1 \\ 7 & 2 & 0 \end{vmatrix} = 1 \cdot (-1)^{2+3} \begin{vmatrix} 6-4t & -4 \\ 7 & 2 \end{vmatrix}$$

$$= (-1)(12 - 8t + 28) = -(-8t + 40) = 8t - 40 = 0，得t = 5$$

答案：B

20. 解　根据n阶方阵A的秩小于n的充要条件是$|\boldsymbol{A}| = 0$，可知选项 C 正确。

答案：C

21. 解　由方阵$\boldsymbol{A}$的特征值和特征向量的重要性质计算

设方阵$\boldsymbol{A}$的特征值为$\lambda_1, \lambda_2, \lambda_3$

则
$$\begin{cases} \lambda_1 + \lambda_2 + \lambda_3 = a_{11} + a_{22} + a_{33} & ① \\ \lambda_1 \cdot \lambda_2 \cdot \lambda_3 = |\boldsymbol{A}| & ② \end{cases}$$

由①式可知　$1 + 3 + \lambda_3 = 5 + (-4) + a$

得$\lambda_3 - a = -3$

由②式可知　$1 \cdot 3 \cdot \lambda_3 = \begin{vmatrix} 5 & -3 & 2 \\ 6 & -4 & 4 \\ 4 & -4 & a \end{vmatrix}$

得

$$3\lambda_3 = 2\begin{vmatrix}5 & -3 & 2\\3 & -2 & 2\\4 & -4 & a\end{vmatrix} \xlongequal{(-1)r_1+r_2} 2\begin{vmatrix}5 & -3 & 2\\-2 & 1 & 0\\4 & -4 & a\end{vmatrix} \xlongequal{2c_2+c_1} 2\begin{vmatrix}-1 & -3 & 2\\0 & 1 & 0\\-4 & -4 & a\end{vmatrix}$$

$$= 2\cdot 1(-1)^{2+2}\begin{vmatrix}-1 & 2\\-4 & a\end{vmatrix} = 2(-a+8) = -2a+16$$

解方程组$\begin{cases}\lambda_3 - a = -3\\3\lambda_3 + 2a = 16\end{cases}$，得$\lambda_3 = 2$，$a = 5$

答案：B

22. 解 因$P(AB) = P(B)P(A|B) = 0.7\times 0.8 = 0.56$，而$P(A)P(B) = 0.8\times 0.7 = 0.56$，故$P(AB) = P(A)P(B)$，即$A$与$B$独立。因$P(AB) = P(A) + P(B) - P(A\cup B) = 1.5 - P(A\cup B) > 0$，选项 B 错。因$P(A) > P(B)$，选项 C 错。因$P(A) + P(B) = 1.5 > 1$，选项 D 错。

注意：独立是用概率定义的，即可用概率来判定是否独立。而互斥、包含、对立（互逆）是不能由概率来判定的，所以选项 B、C 错。

答案：A

23. 解

$$P(X=0) = \frac{C_5^3}{C_7^3} = \frac{\frac{5\times 4\times 3}{1\times 2\times 3}}{\frac{7\times 6\times 5}{1\times 2\times 3}} = \frac{2}{7}，P(X=1) = \frac{C_5^2 C_2^1}{C_7^3} = \frac{\frac{5\times 4}{1\times 2}\times 2}{\frac{7\times 6\times 5}{1\times 2\times 3}} = \frac{4}{7}$$

$$P(X=2) = \frac{C_5^1 C_2^2}{C_7^3} = \frac{5}{\frac{7\times 6\times 5}{1\times 2\times 3}} = \frac{1}{7}\text{或}P(X=2) = 1 - \frac{2}{7} - \frac{4}{7} = \frac{1}{7}$$

$$E(X) = 0\times P(X=0) + 1\times P(X=1) + 2\times P(X=2) = \frac{6}{7}$$

$$\left[\text{求}E(X)\text{时，可以不求}P(X=0)\right]$$

答案：D

24. 解 $X_1, X_2, \cdots, X_n$与总体X同分布

$$E(\hat{\sigma}^2) = E\left(\frac{1}{n}\sum_{i=1}^{n} X_i^2\right) = \frac{1}{n}\sum_{i=1}^{n} E\left(X_i^2\right) = \frac{1}{n}\sum_{i=1}^{n} E(X^2) = E(X^2)$$

$$= D(X) + [E(X)]^2 = \sigma^2 + 0^2 = \sigma^2$$

答案：B

25. 解 $\bar{v} = \sqrt{\frac{8RT}{\pi M}}$，$\bar{v}_{O_2} = \sqrt{\frac{8RT}{\pi M}} = \sqrt{\frac{8RT}{\pi\cdot 32}}$

氧气的热力学温度提高一倍，氧分子全部离解为氧原子，$T_O = 2T_{O_2}$

$\bar{v}_O = \sqrt{\frac{8RT_O}{\pi M_O}} = \sqrt{\frac{8R\cdot 2T}{\pi\cdot 16}}$，则$\frac{\bar{v}_O}{\bar{v}_{O_2}} = \frac{\sqrt{\frac{8R\cdot 2T}{\pi\cdot 16}}}{\sqrt{\frac{8RT}{\pi\cdot 32}}} = 2$

答案：B

26. 解 气体分子的平均碰撞频率$Z_0=\sqrt{2}n\pi d^2\overline{v}=\sqrt{2}n\pi d^2\sqrt{\frac{8RT}{\pi M}}$

平均自由程为$\overline{\lambda}_0=\frac{\overline{v}}{\overline{Z}_0}=\frac{1}{\sqrt{2}n\pi d^2}$

$$T'=\frac{1}{4}T,\ \overline{\lambda}=\overline{\lambda}_0,\ \overline{Z}=\frac{1}{2}\overline{Z}_0$$

答案：B

27. 解 气体从同一状态出发做相同体积的等温膨胀或绝热膨胀，如解图所示。

绝热线比等温线陡，故$p_1>p_2$。

答案：B

28. 解 卡诺正循环由两个准静态等温过程和两个准静态绝热过程组成，如解图所示。

由热力学第一定律：$Q=\Delta E+W$，绝热过程$Q=0$，两个绝热过程高低温热源温度相同，温差相等，内能差相同。一个绝热过程为绝热膨胀，另一个绝热过程为绝热压缩，$W_2=-W_1$，一个内能增大，一个内能减小，$\Delta E_2=-\Delta E_1$。

答案：C

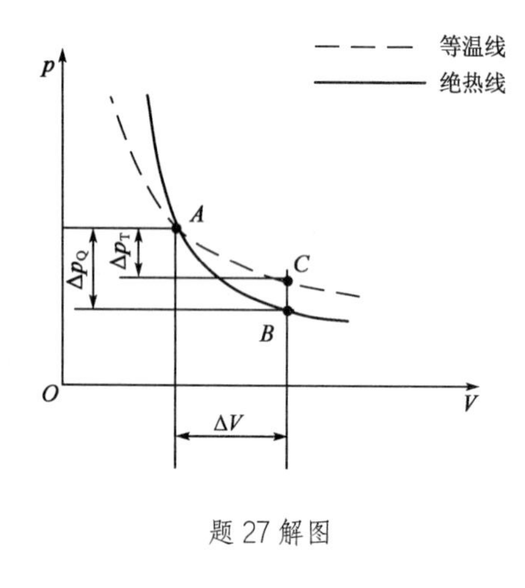

题 27 解图

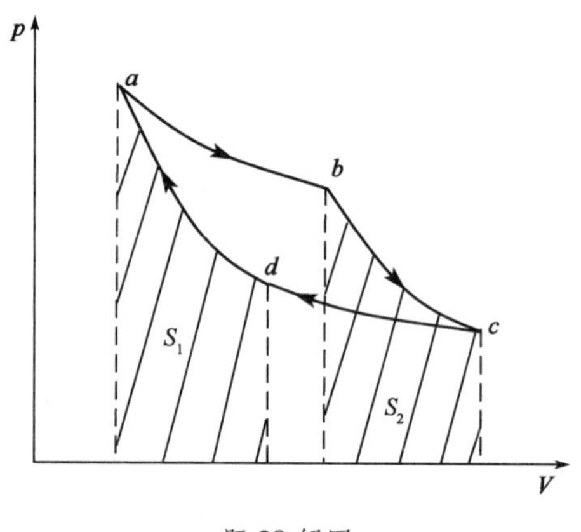

题 28 解图

29. 解 单位体积的介质中波所具有的能量称为能量密度。

$$w=\frac{\Delta W}{\Delta V}=\rho\omega^2A^2\sin^2\left[\omega\left(t-\frac{x}{u}\right)\right]$$

答案：C

30. 解 在中垂线上各点：波程差为零，初相差为π

$$\Delta\varphi=\alpha_2-\alpha_1-\frac{2\pi(r_2-r_1)}{\lambda}=\pi$$

符合干涉减弱条件，故振幅为$A=A_2-A_1=0$

答案：B

31. 解 简谐波在弹性媒质中传播时媒质质元的能量不守恒，任一质元$W_p=W_k$，平衡位置时动能及势能均为最大，最大位移处动能及势能均为零。

将$x=2.5\text{m}$，$t=0.25\text{s}$代入波动方程：

$$y=2\times10^{-2}\cos2\pi\left(10\times0.25-\frac{2.5}{5}\right)=0.02\text{m}$$

为波峰位置，动能及势能均为零。

答案：D

32. 解 当自然光以布儒斯特角i_0入射时，$i_0+\gamma=\frac{\pi}{2}$，故光的折射角为$\frac{\pi}{2}-i_0$。

答案：D

33. 解 此题考查的知识点为马吕斯定律。光强为I_0的自然光通过第一个偏振片光强为入射光强的一半，通过第二个偏振片光强为$I=\frac{I_0}{2}\cos^2\frac{\pi}{4}=\frac{I_0}{4}$。

答案：B

34. 解 单缝夫琅禾费衍射中央明条纹的宽度$l_0=2x_1=\frac{2\lambda}{a}f$，半宽度$\frac{f\lambda}{a}$。

答案：A

35. 解 人眼睛的最小分辨角：

$$\theta=1.22\frac{\lambda}{D}=\frac{1.22\times550\times10^{-6}}{3}=2.24\times10^{-4}\text{rad}$$

答案：C

36. 解 光栅衍射是单缝衍射和多缝干涉的和效果，当多缝干涉明纹与单缝衍射暗纹方向相同时，将出现缺级现象。

单缝衍射暗纹条件：$a\sin\varphi=k\lambda$

光栅衍射明纹条件：$(a+b)\sin\varphi=k'\lambda$

$$\frac{a\sin\varphi}{(a+b)\sin\varphi}=\frac{k\lambda}{k'\lambda}=\frac{1}{2},\frac{2}{4},\frac{3}{6},\cdots$$

$$2a=a+b,a=b$$

答案：C

37. 解 多电子原子中原子轨道的能级取决于主量子数n和角量子数l：主量子数n相同时，l越大，能量越高；角量子数l相同时，n越大，能量越高。n决定原子轨道所处的电子层数，l决定原子轨道所处亚层（$l=0$为s亚层，$l=1$为p亚层，$l=2$为d亚层，$l=3$为f亚层）。同一电子层中的原子轨道n相同，l越大，能量越高。

答案：D

38. 解 分子间力包括色散力、诱导力、取向力。极性分子与极性分子之间的分子间力有色散力、诱导力、取向力；极性分子与非极性分子之间的分子间力有色散力、诱导力；非极性分子与非极性分子之间的分子间力只有色散力。CO为极性分子，N_2为非极性分子，所以，CO与N_2间的分子间力有色散力、诱导力。

答案：D

39. 解 $NH_3 \cdot H_2O$为一元弱碱

$$C_{OH^-} = \sqrt{K_b \cdot C} = \sqrt{1.8 \times 10^{-5} \times 0.1} \approx 1.34 \times 10^{-3} \text{mol/L}$$

$$C_{H^+} = 10^{-14}/C_{OH^-} \approx 7.46 \times 10^{-12}，\text{pH} = -\text{lg}C_{H^+} \approx 11.13$$

答案：B

40. 解 它们都属于平衡常数，平衡常数是温度的函数，与温度有关，与分压、浓度、催化剂都没有关系。

答案：B

41. 解 四个电对的电极反应分别为：

$$Zn^{2+} + 2e^- = Zn；Br_2 + 2e^- = 2Br^-$$

$$AgI + e^- = Ag + I^-$$

$$MnO_4{}^- + 8H^+ + 5e^- = Mn^{2+} + 4H_2O$$

只有$MnO_4{}^-/Mn^{2+}$电对的电极反应与H^+的浓度有关。

根据电极电势的能斯特方程式，$MnO_4{}^-/Mn^{2+}$电对的电极电势与H^+的浓度有关。

答案：D

42. 解 如果阳极为惰性电极，阳极放电顺序：

①溶液中简单负离子如I^-、Br^-、Cl^-将优先OH^-离子在阳极上失去电子析出单质；

②若溶液中只有含氧根离子（如$SO_4{}^{2-}$、$NO_3{}^-$），则溶液中OH^-在阳极放电析出O_2。

答案：B

43. 解 由公式$\Delta G = \Delta H - T\Delta S$可知，当$\Delta H < 0$和$\Delta S > 0$时，$\Delta G$在任何温度下都小于零，都能自发进行。

答案：A

44. 解 系统命名法：

（1）链烃及其衍生物的命名

①选择主链：选择最长碳链或含有官能团的最长碳链为主链；

②主链编号：从距取代基或官能团最近的一端开始对碳原子进行编号；

③写出全称：将取代基的位置编号、数目和名称写在前面，将母体化合物的名称写在后面。

（2）其衍生物的命名

①选择母体：选择苯环上所连官能团或带官能团最长的碳链为母体，把苯环视为取代基；

②编号：将母体中碳原子依次编号，使官能团或取代基位次具有最小值。

答案：C

45. 解 甲醇可以和两个酸发生酯化反应；氢氧化钠可以和两个酸发生酸碱反应；金属钾可以和两个酸反应生成苯氨酸钾和山梨酸钾；溴水只能和山梨酸发生加成反应。

答案：B

46. 解 塑料一般分为热塑性塑料和热固性塑料。前者为线性结构的高分子化合物，这类化合物能溶于适当的有机溶剂，受热时会软化、熔融，加工成各种形状，冷后固化，可以反复加热成型；后者为体型结构的高分子化合物，具有热固性，一旦成型后不溶于溶剂，加热也不再软化、熔融，只能一次加热成型。

答案：C

47. 解 首先分析杆DE，E处为活动铰链支座，约束力垂直于支撑面，如解图a）所示，杆DE的铰链D处的约束力可按三力汇交原理确定；其次分析铰链D，D处铰接了杆DE、直角弯杆BCD和连杆，连杆的约束力F_D沿杆为铅垂方向，杆DE作用在铰链D上的力为$F'_{D右}$，按照铰链D的平衡，其受力图如解图b）所示；最后分析直杆AC和直角弯杆BCD，直杆AC为二力杆，A处约束力沿杆方向，根据力偶的平衡，由F_A与$F'_{D左}$组成的逆时针转向力偶与顺时针转向的主动力偶M组成平衡力系，故 A 处约束力的指向如解图c）所示。

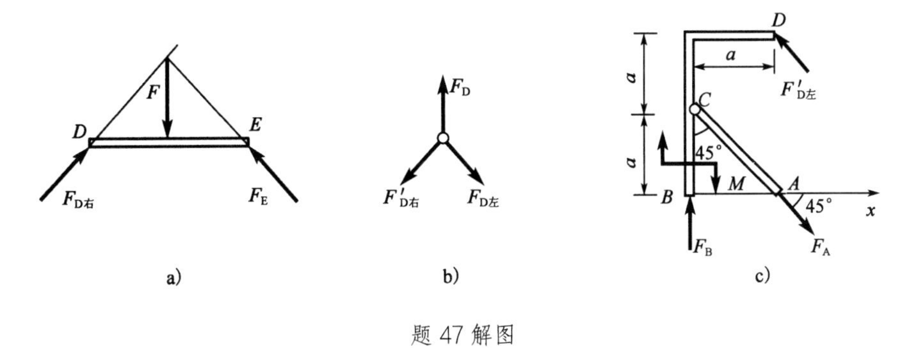

题 47 解图

答案：D

48. 解 将主动力系对B点取矩求代数和：

$$M_B = M - qa^2/2 = 20 - 10 \times 2^2/2 = 0$$

答案：A

49. 解 均布力组成了力偶矩为qa^2的逆时针转向力偶。A、B 处的约束力应沿铅垂方向组成顺时针转向的力偶。

答案：C （此题 2010 年考过）

50. 解 如解图所示，若物块平衡，则沿斜面方向有：

$$F_f = F\cos\alpha - W\sin\alpha = 0.2F$$

而最大静摩擦力$F_{fmax} = f \cdot F_N = f(F\sin\alpha + W\cos\alpha) = 0.28F$

因$F_{fmax} > F_f$，所以物块静止。

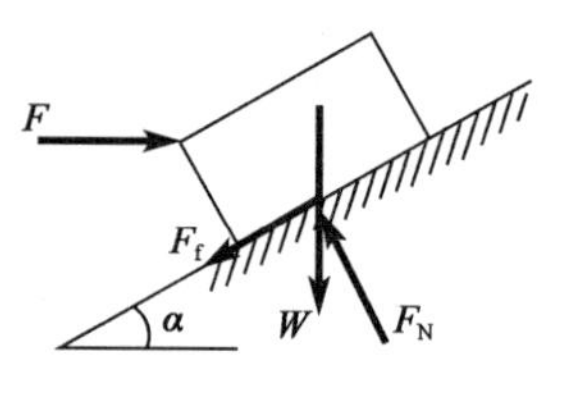

题 50 解图

答案： A

51. 解 将x对时间t求一阶导数为速度，即：$v = 9t^2 + 1$；再对时间t求一阶导数为加速度，即$a = 18t$，将$t = 4s$代入，可得：$x = 198m$，$v = 145m/s$，$a = 72m/s^2$。

答案： B

52. 解 根据定义，切向加速度为弧坐标s对时间的二阶导数，即$a_\tau = 6m/s^2$。

答案： D

53. 解 根据定轴转动刚体上一点加速度与转动角速度、角加速度的关系：$a_n = \omega^2 l$，$a_\tau = \alpha l$，而题中$a_n = a\cos\alpha = \omega^2 l$，所以$\omega = \sqrt{\frac{a\cos\alpha}{l}}$，$a_\tau = a\sin\alpha = \alpha l$，所以$\alpha = \frac{a\sin\alpha}{l}$。

答案： B （此题 2009 年考过）

54. 解 按照牛顿第二定律，在铅垂方向有$ma = F_R - mg = Kv^2 - mg$，当$a = 0$（速度$v$的导数为零）时有速度最大，为$v = \sqrt{\frac{mg}{K}}$。

答案： A

55. 解 根据弹簧力的功公式：

$$W_{12} = \frac{k}{2}(0.06^2 - 0.04^2) = 1.96J$$

$$W_{32} = \frac{k}{2}(0.02^2 - 0.04^2) = -1.176J$$

答案： C

56. 解 系统在转动中对转动轴z的动量矩守恒，即：$I\omega = (I + mR^2)\omega_t$（设$\omega_t$为小球达到 B 点时圆环的角速度），则$\omega_t = \frac{I\omega}{I+mR^2}$。

答案： B

57. 解 根据定轴转动刚体惯性力系的简化结果：惯性力主矢和主矩的大小分别为$F_I = ma_C = 0$，$M_{IO} = J_O\alpha = \frac{1}{2}mr^2\varepsilon$。

答案： C （此题 2010 年考过）

58. 解 由公式$\omega_n^2 = k/m$，$k = m\omega_n^2 = 5 \times 30^2 = 4500N/m$。

答案： B

59. 解 首先考虑整体平衡，可求出左端支座反力是水平向右的力，大小等于 20kN，分三段求出各段的轴力，画出轴力图如解图所示。

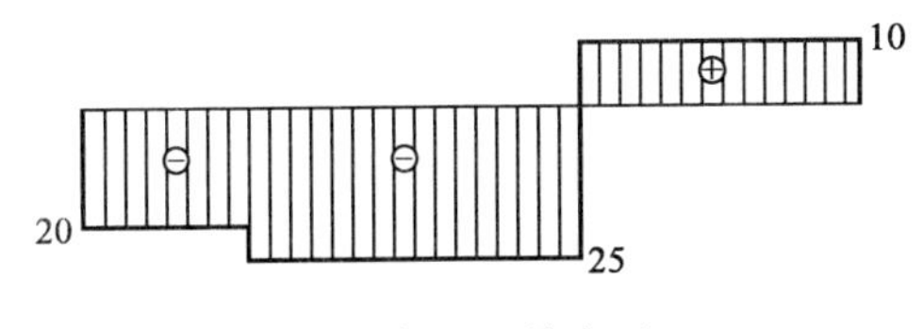

题59解图　轴力图

可以看到最大拉伸轴力是10kN。

答案： A

60. 解　由铆钉的剪切强度条件：$\tau = \frac{F_s}{A_s} = \frac{F}{\frac{\pi}{4}d^2} = [\tau]$

可得：
$$\frac{4F}{\pi d^2} = [\tau] \quad ①$$

由铆钉的挤压强度条件：$\sigma_{bs} = \frac{F_{bs}}{A_{bs}} = \frac{F}{dt} = [\sigma_{bs}]$

可得：
$$\frac{F}{dt} = [\sigma_{bs}] \quad ②$$

d与t的合理关系应使两式同时成立，②式除以①式，得到$\frac{\pi d}{4t} = \frac{[\sigma_{bs}]}{[\tau]}$，即$d = \frac{4t[\sigma_{bs}]}{\pi[\tau]}$。

答案： B

61. 解　设原直径为d时，最大切应力为τ，最大切应力减小后为τ_1，直径为d_1。

则有

$$\tau = \frac{T}{\frac{\pi}{16}d^3}, \ \tau_1 = \frac{T}{\frac{\pi}{16}d_1^3}$$

因$\tau_1 = \frac{\tau}{2}$，则$\frac{T}{\frac{\pi}{16}d_1^3} = \frac{1}{2} \cdot \frac{T}{\frac{\pi}{16}d^3}$，即$d_1^3 = 2d^3$，所以$d_1 = \sqrt[3]{2}d$。

答案： D

62. 解　根据外力偶矩（扭矩T）与功率（P）和转速（n）的关系：

$$T = M_e = 9550\frac{P}{n}$$

可见，在功率相同的情况下，转速慢（n小）的轴扭矩T大。

答案： B

63. 解　图（a）与图（b）面积相同，面积分布的位置到z轴的距离也相同，故惯性矩$I_{z(a)} = I_{z(b)}$，而图（c）虽然面积与（a）、（b）相同，但是其面积分布的位置到z轴的距离小，所以惯性矩$I_{z(c)}$也小。

答案： D

64. 解　由于C端的弯矩就等于外力偶矩，所以$m = 10\text{kN} \cdot \text{m}$，又因为$BC$段弯矩图是水平线，属于纯弯曲，剪力为零，所以$C$点支反力为零。

由梁的整体受力图可知$F_A = F$，所以B点的弯矩$M_B = F_A \times 2 = 10\text{kN} \cdot \text{m}$，即$F_A = 5\text{kN}$。

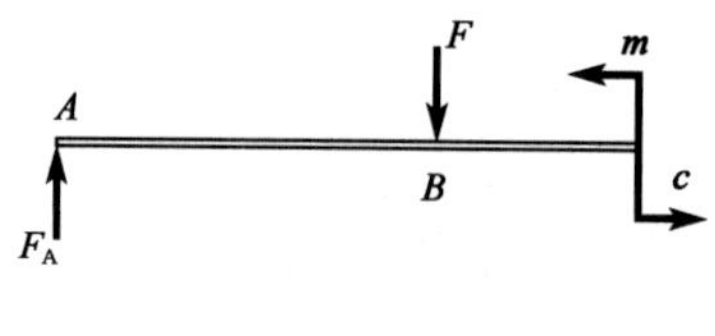

题 64 解图

答案：B

65. 解 图示单元体的最大主应力σ_1的方向，可以看作是σ_x的方向（沿x轴）和纯剪切单元体的最大拉应力的主方向（在第一象限沿 45°向上），叠加后的合应力的指向。

答案：A （此题 2011 年考过）

66. 解 AB段是轴向受压，$\sigma_{AB}=\frac{F}{ab}$；BC段是偏心受压，$\sigma_{BC}=\frac{F}{2ab}+\frac{F\cdot\frac{a}{2}}{\frac{b}{6}(2a)^2}=\frac{5F}{4ab}$。

答案：B （此题 2011 年考过）

67. 解 从剪力图看梁跨中有一个向下的突变，对应于一个向下的集中力，其值等于突变值 100kN；从弯矩图看梁的跨中有一个突变值$50\text{kN}\cdot\text{m}$，对应于一个外力偶矩$50\text{kN}\cdot\text{m}$，所以只能选 C 图。

答案：C

68. 解 梁两端的支座反力为$\frac{F}{2}=50\text{kN}$，梁中点最大弯矩$M_{\max}=50\times2=100\text{kN}\cdot\text{m}$

最大弯曲正应力：

$$\sigma_{\max}=\frac{M_{\max}}{W_z}=\frac{M_{\max}}{\frac{bh^2}{6}}=\frac{100\times10^6\text{N}\cdot\text{mm}}{\frac{1}{6}\times100\times200^2\text{mm}^3}=150\text{MPa}$$

答案：B

69. 解 本题是一个偏心拉伸问题，由于水平力F对两个形心主轴y、z都有偏心距，所以可以把F力平移到形心轴x以后，将产生两个平面内的双向弯曲和x轴方向的轴向拉伸的组合变形。

答案：B

70. 解 从常用的四种杆端约束的长度系数μ的值可看出，杆端约束越强，μ值越小，而杆端约束越弱，则μ值越大。本题图中所示压杆的杆端约束比两端铰支压杆（$\mu=1$）强，又比一端铰支、一端固定压杆（$\mu=0.7$）弱，故$0.7<\mu<1$。

答案：A

71. 解 静水压力基本方程为$p=p_0+\rho gh$，将题设条件代入可得：

绝对压强$p=101.325\text{kPa}+9.8\text{kPa/m}\times1\text{m}=111.125\text{kPa}\approx0.111\text{MPa}$

答案：A

72. 解 流速$v_2=v_1\times\left(\frac{d_1}{d_2}\right)^2=9.55\times\left(\frac{0.2}{0.3}\right)^2=4.24\text{m/s}$

流量$Q=v_1\times\frac{\pi}{4}d_1^2=9.55\times\frac{\pi}{4}0.2^2=0.3\text{m}^3/\text{s}$

答案：A

73. 解 管中雷诺数$\mathrm{Re}=\frac{v\cdot d}{\nu}=\frac{2\times 900}{0.0114}=157894.74\gg \mathrm{Re}_c$，为紊流

欲使流态转变为层流时的流速$v_c=\frac{\mathrm{Re}_c\cdot\nu}{d}=\frac{2000\times 0.0114}{2}=11.4\mathrm{cm}/s$

答案：D

74. 解 边界层分离增加了潜体运动的压差阻力。

答案：C

75. 解 对水箱自由液面与管道出口写能量方程：

$$H+\frac{p}{\rho g}=\frac{v^2}{2g}+h_f=\frac{v^2}{2g}\left(1+\lambda\frac{L}{d}\right)$$

代入题设数据并化简：

$$2+\frac{19600}{9800}=\frac{v^2}{2g}\left(1+0.02\times\frac{100}{0.2}\right)$$

计算得流速$v=2.67\mathrm{m/s}$

流量$Q=v\times\frac{\pi}{4}d^2=2.67\times\frac{\pi}{4}0.2^2=0.08384\mathrm{m^3/s}=83.84\mathrm{L/s}$

答案：A

76. 解 由明渠均匀流谢才-曼宁公式$Q=\frac{1}{n}R^{\frac{2}{3}}i^{\frac{1}{2}}A$可知：在题设条件下面积$A$，粗糙系数$n$，底坡$i$均相同，则流量$Q$的大小取决于水力半径$R$的大小。对于方形断面，其水力半径$R_1=\frac{a^2}{3a}=\frac{a}{3}$，对于矩形断面，其水力半径为$R_2=\frac{2a\times 0.5a}{2a+2\times 0.5a}=\frac{a^2}{3a}=\frac{a}{3}$，即$R_1=R_2$。故$Q_1=Q_2$。

答案：B

77. 解 将题设条件代入达西定律$u=kJ$

则有渗流速度$u=0.012\mathrm{cm/s}\times\frac{1.5-0.3}{2.4}=0.006\mathrm{cm/s}$

答案：B

78. 解 雷诺数的物理意义为：惯性力与黏性力之比。

答案：B

79. 解 点电荷q_1、q_2电场作用的方向分布为：始于正电荷(q_1)，终止于负电荷(q_2)。

答案：B

80. 解 电路中，如果元件中电压电流取关联方向，即电压电流的正方向一致，则它们的电压电流关系如下：

电压，$u_L=L\frac{di_L}{dt}$；电容，$i_C=C\frac{du_C}{dt}$；电阻，$u_R=Ri_R$。

答案：C

81. 解 本题考查对电流源的理解和对基本 KCL、KVL 方程的应用。

需注意，电流源的端电压由外电路决定。

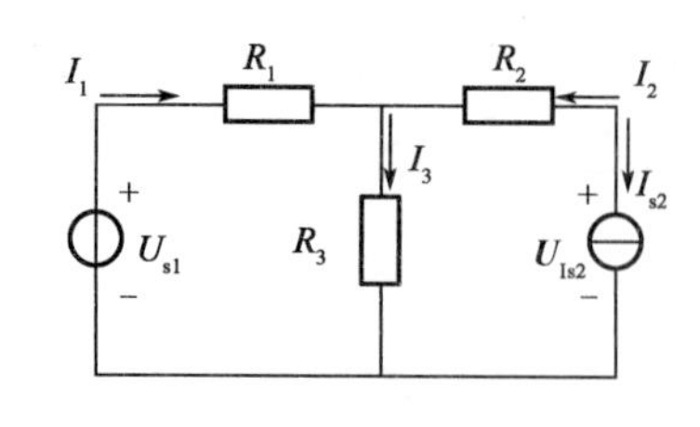

题 81 解图

如解图所示，当电流源的端电压U_{Is2}与I_{s2}取一致方向时：

$$U_{Is2} = I_2R_2 + I_3R_3 \neq 0$$

其他方程正确。

答案： B

82. 解 本题注意正弦交流电的三个特征（大小、相位、速度）和描述方法，图中电压$\dot{U}$为有效值相量。

由相量图可分析，电压最大值为$10\sqrt{2}$V，初相位为$-30°$，角频率用ω表示，时间函数的正确描述为：

$$u(t) = 10\sqrt{2}\sin(\omega t - 30°)\,\text{V}$$

答案： A

83. 解 用相量法。

$$\dot{I} = \frac{\dot{U}}{20 + (j20 /\!/ -j10)} = \frac{100\angle 0°}{20 - j20} = \frac{5}{\sqrt{2}}\angle 45° = 3.5\angle 45°\text{A}$$

答案： B

84. 解 电路中 R-L 串联支路为电感性质，右支路电容为功率因数补偿所设。

如解图所示，当电容量适当增加时电路功率因数提高。当$\varphi = 0$，$\cos\varphi = 1$时，总电流I达到最小值。如果I_c继续增加出现过补偿（即电流$\dot{I}$超前于电压$\dot{U}$时），会使电路的功率因数降低。

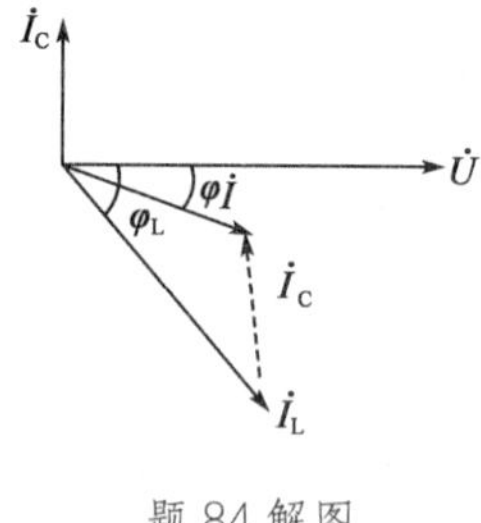

题 84 解图

当电容参数C改变时，感性电路的功率因数$\cos\varphi_L$不变。通常，进行功率因数补偿时不出现$\varphi < 0$情况。仅有总电流I减小时电路的功率因素（$\cos\varphi$）变大。

答案： B

85. 解 理想变压器副边空载时，可以认为原边电流为零，则$U = U_1$。根据电压变比关系可知：$\frac{U}{U_2} = 2$。

答案： B

86. 解 三相交流异步电动机正常运行采用三角形接法时，为了降低启动电流可以采用星形启动，即Y-△启动。但随之带来的是启动转矩也是△接法的1/3。

答案：C

87. 解 本题信号波形在时间轴上连续，数值取值为+5、0、−5，是离散的。“二进制代码信号”“二值逻辑信号”均不符合题义。只能认为是连续的时间信号。

答案：D

88. 解 将图形用数学函数描述为：

$$u(t) = 10 \cdot 1(t) - 10 \cdot 1(t-1) = u_1(t) + u_2(t)$$

这是两个阶跃信号的叠加，如解图所示。

题88解图

答案：A

89. 解 低通滤波器可以使低频信号畅通，而高频的干扰信号淹没。

答案：B

90. 解 此题可以利用反演定理处理如下：

$$\overline{AB} + \overline{BC} = \overline{A} + \overline{B} + \overline{B} + \overline{C} = \overline{A} + \overline{B} + \overline{C}$$

答案：A

91. 解 $F = A\overline{B} + \overline{A}B$为异或关系。

由输入量A、B和输出的波形分析可见：$\begin{cases} \text{当输入 A 与 B 相异时，输出 F 为 1。} \\ \text{当输入 A 与 B 相同时，输出 F 为 0。} \end{cases}$

答案：A

92. 解 BCD码是用二进制表示的十进制数，当用四位二进制数表示十进制的10时，可以写为“0001 0000”。

答案：A

93. 解 本题采用全波整流电路，结合二极管连接方式分析。在输出信号u_o中保留u_i信号小于0的部分。

则输出直流电压U_o与输入交流有效值U_i的关系为：

$$U_o = -0.9U_i$$

本题$U_i = \frac{10}{\sqrt{2}}$V，代入上式得$U_o = -0.9 \times \frac{10}{\sqrt{2}} = -6.36$V。

答案：D

94. 解 将电路“A”端接入−2.5V的信号电压，“B”端接地，则构成如解图a）所示的反相比例运算电路。输出电压与输入的信号电压关系为：

$$u_o = -\frac{R_2}{R_1}u_i$$

可知：

$$\frac{R_2}{R_1} = -\frac{u_o}{u_i} = 4$$

当“A”端接地，“B”端接信号电压，就构成解图 b）的同相比例电路，则输出u_o与输入电压u_i的关系为：

$$u_o = \left(1+\frac{R_2}{R_1}\right)u_i = -12.5\text{V}$$

考虑到运算放大器输出电压在$-11\sim11$V之间，可以确定放大器已经工作在负饱和状态，输出电压为负的极限值-11V。

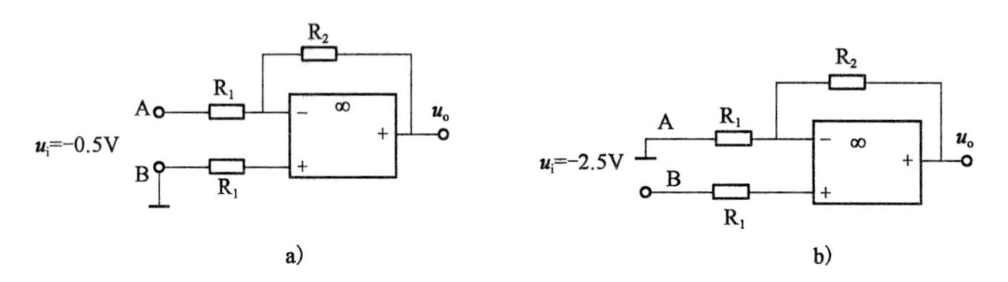

题 94 解图

答案：C

95. 解　左侧电路为与门：$F_1 = A\cdot0 = 0$，右侧电路为或非门：$F_2 = \overline{B+0} = \overline{B}$。

答案：A

96. 解　本题为 J-K 触发器（脉冲下降沿触发）和与门构成的时序逻辑电路。其中 J 触发信号为$J = Q\cdot A$。（注：为波形分析方便，作者补充了 J 端的辅助波形，图中阴影表示该信号未知。）

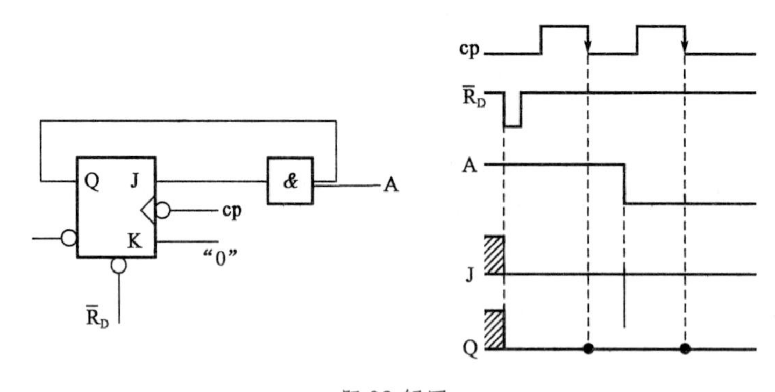

题 96 解图

答案：A

97. 解　计算机发展的人性化的一个重要方面是“使用傻瓜化”。计算机要成为大众的工具，首先必须做到“使用傻瓜化”。要让计算机能听懂、能说话、能识字、能写文、能看图像、能现实场景等。

答案：B

98. 解 计算机内的存储器是由一个个存储单元组成的,每一个存储单元的容量为 8 位二进制信息,称一个字节。

答案: B

99. 解 操作系统是一个庞大的管理控制程序。通常,它是由进程与处理器调度、作业管理、存储管理、设备管理、文件管理五大功能组成。它包括了选项 A、B、C 所述的功能,不是仅能实现管理和使用好各种软件资源。

答案: D

100. 解 支撑软件是指支援其他软件的编写制作和维护的软件,主要包括环境数据库、各种接口软件和工具软件,是计算机系统内的一个组成部分。

答案: A

101. 解 进程与处理器调度负责把 CPU 的运行时间合理地分配给各个程序,以使处理器的软硬件资源得以充分的利用。

答案: C

102. 解 影响计算机图像质量的主要参数有分辨率、颜色深度、图像文件的尺寸和文件保存格式等。

答案: D

103. 解 计算机操作系统中的设备管理的主要功能是负责分配、回收外部设备,并控制设备的运行,是人与外部设备之间的接口。

答案: C

104. 解 数字签名机制提供了一种鉴别方法,以解决伪造、抵赖、冒充和篡改等安全问题。接收方能够鉴别发送方所宣称的身份,发送方事后不能否认他曾经发送过数据这一事实。数字签名技术是没有权限管理的。

答案: A

105. 解 计算机网络是用通信线路和通信设备将分布在不同地点的具有独立功能的多个计算机系统互相连接起来,在功能完善的网络软件的支持下实现彼此之间的数据通信和资源共享的系统。

答案: D

106. 解 局域网是指在一个较小地理范围内的各种计算机网络设备互连在一起的通信网络,可以包含一个或多个子网,通常其作用范围是一座楼房、一个学校或一个单位,地理范围一般不超过几公里。城域网的地理范围一般是一座城市。广域网实际上是一种可以跨越长距离,且可以将两个或多个局域网或主机连接在一起的网络。网际网实际上是多个不同的网络通过网络互联设备互联而成的大型网络。

答案：A

107. 解 首先计算年实际利率：$i=\left(1+\frac{8\%}{4}\right)^4-1=8.243\%$

根据一次支付现值公式：

$$P=\frac{F}{(1+i)^n}=\frac{300}{(1+8.24\%)^3}=236.55\text{ 万元}$$

或季利率$i=8\%/4=2\%$，三年共 12 个季度，按一次支付现值公式计算：

$$P=\frac{F}{(1+i)^n}=\frac{300}{(1+2\%)^{12}}=236.55\text{ 万元}$$

答案：B

108. 解 建设项目评价中的总投资包括建设投资、建设期利息和流动资金之和。建设投资由工程费用（建筑工程费、设备购置费、安装工程费）、工程建设其他费用和预备费（基本预备费和涨价预备费）组成。

答案：C

109. 解 该公司借款偿还方式为等额本金法。

每年应偿还的本金：$2400/6=400$万元

前 3 年已经偿还本金：$400\times3=1200$万元

尚未还款本金：$2400-1200=1200$万元

第 4 年应还利息$I_4=1200\times8\%=96$万元，本息和$A_4=400+96=496$万元

或按等额本金法公式计算：

$$A_t=\frac{I_c}{n}+I_c\left(1-\frac{t-1}{n}\right)i=\frac{2400}{6}+2400\times\left(1-\frac{4-1}{6}\right)\times8\%=496\text{ 万元}$$

答案：C

110. 解 动态投资回收期T^*是指在给定的基准收益率（基准折现率）i_c的条件下，用项目的净收益回收总投资所需要的时间。动态投资回收期的表达式为：

$$\sum_{t=0}^{T^*}(\mathrm{CI}-\mathrm{CO})_t(1+i_c)^{-t}=0$$

式中，i_c为基准收益率。

内部收益率 IRR 是使一个项目在整个计算期内各年净现金流量的现值累计为零时的利率，表达式为：

$$\sum_{t=0}^{n}(\mathrm{CI}-\mathrm{CO})_t(1+\mathrm{IRR})^{-t}=0$$

式中，n为项目计算期。如果项目的动态投资回收期T正好等于计算期n，则该项目的内部收益率 IRR 等于基准收益率i_c。

答案：D

111. 解 直接进口原材料的影子价格（到厂价）=到岸价（CIF）×影子汇率+进口费用

$$= 150 \times 6.5 + 240 = 1215\text{元人民币/t}$$

答案：C

112. 解 对于寿命期相等的互斥项目，应依据增量内部收益率指标选优。如果增量内部收益率 ΔIRR 大于基准收益率i_c，应选择投资额大的方案；如果增量内部收益率 ΔIRR 小于基准收益率i_c，则应选择投资额小的方案。

答案：B

113. 解 改扩建项目财务分析要进行项目层次和企业层次两个层次的分析。项目层次应进行盈利能力分析、清偿能力分析和财务生存能力分析，应遵循“有无对比”的原则。

答案：D

114. 解 价值系数=功能评价系数/成本系数，本题各方案价值系数：

甲方案：$0.85/0.92 = 0.924$

乙方案：$0.6/0.7 = 0.857$

丙方案：$0.94/0.88 = 1.068$

丁方案：$0.67/0.82 = 0.817$

其中，丙方案价值系数 1.068，与 1 相差 6.8%，说明功能与成本基本一致，为四个方案中的最优方案。

答案：C

115. 解 见《中华人民共和国建筑法》第二十四条，可知选项 A、B、D 正确，又第二十二条规定：发包单位应当将建筑工程发包给具有资质证书的承包单位。

答案：C

116. 解 《中华人民共和国安全生产法》第四十三条规定，生产经营单位进行爆破、吊装、动火、临时用电以及国务院应急管理部门会同国务院有关部门规定的其他危险作业，应当安排专门人员进行现场安全管理，确保操作规程的遵守和安全措施的落实。

答案：C

117. 解 其招标文件要包括拟签订的合同条款，而不是签订时间。

《中华人民共和国招标投标法》第十九条规定，招标人应当根据招标项目的特点和需要编制招标文件。招标文件应当包括招标项目的技术要求、对投标人资格审查的标准、投标报价要求和评标标准等所有实质性要求和条件以及拟签订合同的主要条款。

答案：C

118. 解 《中华人民共和国民法典》第四百八十七条规定，受要约人在承诺期限内发出承诺，按照通常情形能够及时到达要约人，但是因其他原因致使承诺到达要约人时超过承诺期限的，除要约人及时通知受要约人因承诺超过期限不接受该承诺外，该承诺有效。

按此条规定，选项D是可以的。

答案：D

119. 解 应由环保部门验收，不是建设行政主管部门验收，见《中华人民共和国环境保护法》。

《中华人民共和国环境保护法》第十条规定，国务院环境保护主管部门，对全国环境保护工作实施统一监督管理；县级以上地方人民政府环境保护主管部门，对本行政区域环境保护工作实施统一监督管理。

县级以上人民政府有关部门和军队环境保护部门，依照有关法律的规定对资源保护和污染防治等环境保护工作实施监督管理。

第四十一条规定，建设项目中防治污染的设施，应当与主体工程同时设计、同时施工、同时投产使用。防治污染的设施应当符合经批准的环境影响评价文件的要求，不得擅自拆除或者闲置。

（旧版《中华人民共和国环境保护法》第二十六条规定，建设项目中防治污染的措施，必须与主体工程同时设计、同时施工、同时投产使用。防治污染的设施必须经原审批环境影响报告书的环境保护行政主管部门验收合格后，该建设项目方可投入生产或者使用。）

答案：D

120. 解 《中华人民共和国建筑法》第三十二条规定，建筑工程监理应当依照法律、行政法规及有关的技术标准、设计文件和建筑工程承包合同，对承包单位在施工质量、建设工期和建设资金使用等方面，代表建设单位实施监督。

答案：D

2017年度全国勘察设计注册工程师

执业资格考试试卷

基础考试

（上）

二○一七年九月

应考人员注意事项

1. 本试卷科目代码为“1”，考生务必将此代码填涂在答题卡“科目代码”相应的栏目内，否则，无法评分。

2. 书写用笔：**黑色或蓝色钢笔、签字笔或圆珠笔**；

   填涂答题卡用笔：**黑色 2B 铅笔**。

3. 必须用书写用笔将工作单位、姓名、准考证号填写在答题卡和试卷相应的栏目内。

4. 本试卷由 120 题组成，每题 1 分，满分 120 分，本试卷全部为单项选择题，每小题的四个备选项中只有一个正确答案，错选、多选、不选均不得分。

5. 考生作答时，必须按**题号在答题卡上**将相应试题所选选项对应的**字母用 2B 铅笔涂黑**。

6. 在答题卡上书写与题意无关的语言，或在答题卡上作标记的，均按违纪试卷处理。

7. 考试结束时，由监考人员当面将试卷、答题卡一并收回。

8. 草稿纸由各地统一配发，考后收回。

单项选择题（共 120 题，每题 1 分。每题的备选项中只有一个最符合题意。）

1. 要使得函数$f(x)=\begin{cases}\frac{x\ln x}{1-x}, & x>0\\ a\ , & x=1\end{cases}$在$(0,+\infty)$上连续，则常数$a$等于：

A. 0　　　　B. 1

C. -1　　　　D. 2

2. 函数$y=\sin\frac{1}{x}$是定义域内的：

A. 有界函数　　　　B. 无界函数

C. 单调函数　　　　D. 周期函数

3. 设$\boldsymbol{\alpha}$、$\boldsymbol{\beta}$均为非零向量，则下面结论正确的是：

A. $\boldsymbol{\alpha}\times\boldsymbol{\beta}=\boldsymbol{0}$是$\boldsymbol{\alpha}$与$\boldsymbol{\beta}$垂直的充要条件　　　　B. $\boldsymbol{\alpha}\cdot\boldsymbol{\beta}=\boldsymbol{0}$是$\boldsymbol{\alpha}$与$\boldsymbol{\beta}$平行的充要条件

C. $\boldsymbol{\alpha}\times\boldsymbol{\beta}=\boldsymbol{0}$是$\boldsymbol{\alpha}$与$\boldsymbol{\beta}$平行的充要条件　　　　D. 若$\boldsymbol{\alpha}=\lambda\boldsymbol{\beta}$（$\lambda$是常数），则$\boldsymbol{\alpha}\cdot\boldsymbol{\beta}=\boldsymbol{0}$

4. 微分方程$y'-y=0$满足$y(0)=2$的特解是：

A. $y=2e^{-x}$　　　　B. $y=2e^{x}$

C. $y=e^{x}+1$　　　　D. $y=e^{-x}+1$

5. 设函数$f(x)=\int_{x}^{2}\sqrt{5+t^2}\mathrm{d}t$，$f'(1)$等于：

A. $2-\sqrt{6}$　　　　B. $2+\sqrt{6}$

C. $\sqrt{6}$　　　　D. $-\sqrt{6}$

6. 若$y=g(x)$由方程$e^y+xy=e$确定，则$y'(0)$等于：

A. $-\frac{y}{e^y}$　　　　B. $-\frac{y}{x+e^y}$

C. 0　　　　D. $-\frac{1}{e}$

7. $\int f(x)\mathrm{d}x=\ln x+C$，则$\int\cos x f(\cos x)\mathrm{d}x$等于：

A. $\cos x+C$　　　　B. $x+C$

C. $\sin x+C$　　　　D. $\ln\cos x+C$

8. 函数$f(x,y)$在点$P_0(x_0,y_0)$处有一阶偏导数是函数在该点连续的：

A. 必要条件

B. 充分条件

C. 充分必要条件

D. 既非充分又非必要

9. 过点$(-1,-2,3)$且平行于z轴的直线的对称方程是：

A. $\begin{cases} x=1 \\ y=-2 \\ z=-3t \end{cases}$

B. $\frac{x-1}{0}=\frac{y+2}{0}=\frac{z-3}{1}$

C. $z=3$

D. $\frac{x+1}{0}=\frac{y+2}{0}=\frac{z-3}{1}$

10. 定积分$\int_1^2 \frac{1-\frac{1}{x}}{x^2}\mathrm{d}x$等于：

A. 0

B. $-\frac{1}{8}$

C. $\frac{1}{8}$

D. 2

11. 函数$f(x)=\sin\left(x+\frac{\pi}{2}+\pi\right)$在区间$[-\pi,\pi]$上的最小值点$x_0$等于：

A. $-\pi$

B. 0

C. $\frac{\pi}{2}$

D. π

12. 设L是椭圆$\begin{cases} x=a\cos\theta \\ y=b\sin\theta \end{cases}(a>0，b>0)$的上半椭圆周，沿顺时针方向，则曲线积分$\int_L y^2\mathrm{d}x$等于：

A. $\frac{5}{3}ab^2$

B. $\frac{4}{3}ab^2$

C. $\frac{2}{3}ab^2$

D. $\frac{1}{3}ab^2$

13. 级数$\sum\limits_{n=1}^{\infty}\frac{(-1)^n}{a_n}(a_n>0)$满足下列什么条件时收敛：

A. $\lim\limits_{n\to\infty}a_n=\infty$

B. $\lim\limits_{n\to\infty}\frac{1}{a_n}=0$

C. $\sum\limits_{n=1}^{\infty}a_n$发散

D. a_n单调递增且$\lim\limits_{n\to\infty}a_n=+\infty$

14. 曲线$f(x)=xe^{-x}$的拐点是：

A. $(2,2e^{-2})$

B. $(-2,-2e^{2})$

C. $(-1,e)$

D. $(1,e^{-1})$

15. 微分方程$y''+y'+y=e^{x}$的特解是：

A. $y=e^{x}$

B. $y=\frac{1}{2}e^{x}$

C. $y=\frac{1}{3}e^{x}$

D. $y=\frac{1}{4}e^{x}$

16. 若圆域D：$x^2+y^2\leqslant 1$，则二重积分$\iint\limits_{D}\frac{\mathrm{d}x\mathrm{d}y}{1+x^2+y^2}$等于：

A. $\frac{\pi}{2}$

B. π

C. $2\pi\ln 2$

D. $\pi\ln 2$

17. 幂级数$\sum\limits_{n=1}^{\infty}\frac{x^n}{n!}$的和函数$S(x)$等于：

A. e^{x}

B. $e^{x}+1$

C. $e^{x}-1$

D. $\cos x$

18. 设$z=y\varphi\left(\frac{x}{y}\right)$，其中$\varphi(u)$具有二阶连续导数，则$\frac{\partial^2 z}{\partial x\partial y}$等于：

A. $\frac{1}{y}\varphi''\left(\frac{x}{y}\right)$

B. $-\frac{x}{y^2}\varphi''\left(\frac{x}{y}\right)$

C. 1

D. $\varphi''\left(\frac{x}{y}\right)-\frac{x}{y}\varphi'\left(\frac{x}{y}\right)$

19. 矩阵$\boldsymbol{A}=\begin{bmatrix}0&0&-2\\0&3&0\\1&0&0\end{bmatrix}$的逆矩阵是$\boldsymbol{A}^{-1}$是：

A. $\begin{bmatrix}-\frac{1}{2}&0&0\\0&\frac{1}{3}&0\\0&0&1\end{bmatrix}$

B. $\begin{bmatrix}0&0&-\frac{1}{2}\\0&\frac{1}{3}&0\\1&0&0\end{bmatrix}$

C. $\begin{bmatrix}0&0&1\\0&\frac{1}{3}&0\\-\frac{1}{2}&0&0\end{bmatrix}$

D. $\begin{bmatrix}0&0&6\\0&2&0\\3&0&0\end{bmatrix}$

20. 设$\boldsymbol{A}$为$m\times n$矩阵，则齐次线性方程组$\boldsymbol{Ax}=\boldsymbol{0}$有非零解的充分必要条件是：

A. 矩阵$\boldsymbol{A}$的任意两个列向量线性相关

B. 矩阵$\boldsymbol{A}$的任意两个列向量线性无关

C. 矩阵$\boldsymbol{A}$的任一列向量是其余列向量的线性组合

D. 矩阵$\boldsymbol{A}$必有一个列向量是其余列向量的线性组合

21. 设$\lambda_1=6$，$\lambda_2=\lambda_3=3$为三阶实对称矩阵$\boldsymbol{A}$的特征值，属于$\lambda_2=\lambda_3=3$的特征向量为$\xi_2=(-1,0,1)^{\mathrm{T}}$，$\xi_3=(1,2,1)^{\mathrm{T}}$，则属于$\lambda_1=6$的特征向量是：

A. $(1,-1,1)^{\mathrm{T}}$

B. $(1,1,1)^{\mathrm{T}}$

C. $(0,2,2)^{\mathrm{T}}$

D. $(2,2,0)^{\mathrm{T}}$

22. 有A、B、C三个事件，下列选项中与事件A互斥的事件是：

A. $\overline{B\cup C}$

B. $\overline{A\cup B\cup C}$

C. $\overline{A}B+A\overline{C}$

D. $A(B+C)$

23. 设二维随机变量(X,Y)的概率密度为$f(x,y)=\begin{cases}e^{-2ax+by}, & x>0,\ y>0\\ 0, & 其他\end{cases}$，则常数$a$，$b$应满足的条件是：

A. $ab=-\frac{1}{2}$，且$a>0$，$b<0$

B. $ab=\frac{1}{2}$，且$a>0$，$b>0$

C. $ab=-\frac{1}{2}$，$a<0$，$b>0$

D. $ab=\frac{1}{2}$，且$a<0$，$b<0$

24. 设$\hat{\theta}$是参数θ的一个无偏估计量，又方差$D(\hat{\theta})>0$，下列结论中正确的是：

A. $\hat{\theta}^2$是θ^2的无偏估计量

B. $\hat{\theta}^2$不是θ^2的无偏估计量

C. 不能确定$\hat{\theta}^2$是不是θ^2的无偏估计量

D. $\hat{\theta}^2$不是θ^2的估计量

25. 有两种理想气体，第一种的压强为p_1，体积为V_1，温度为T_1，总质量为M_1，摩尔质量为μ_1；第二种的压强为p_2，体积为V_2，温度为T_2，总质量为M_2，摩尔质量为μ_2。当$V_1=V_2$，$T_1=T_2$，$M_1=M_2$时，则$\frac{\mu_1}{\mu_2}$：

A. $\frac{\mu_1}{\mu_2}=\sqrt{\frac{p_1}{p_2}}$

B. $\frac{\mu_1}{\mu_2}=\frac{p_1}{p_2}$

C. $\frac{\mu_1}{\mu_2}=\sqrt{\frac{p_2}{p_1}}$

D. $\frac{\mu_1}{\mu_2}=\frac{p_2}{p_1}$

26. 在恒定不变的压强下，气体分子的平均碰撞频率$\overline{Z}$与温度T的关系是：

A. $\overline{Z}$与T无关

B. $\overline{Z}$与$\sqrt{T}$无关

C. $\overline{Z}$与$\sqrt{T}$成反比

D. $\overline{Z}$与$\sqrt{T}$成正比

27. 一定量的理想气体对外做了 500J 的功，如果过程是绝热的，则气体内能的增量为：

A. 0J

B. 500J

C. −500J

D. 250J

28. 热力学第二定律的开尔文表述和克劳修斯表述中，下述正确的是：

A. 开尔文表述指出了功热转换的过程是不可逆的

B. 开尔文表述指出了热量由高温物体传到低温物体的过程是不可逆的

C. 克劳修斯表述指出通过摩擦而做功变成热的过程是不可逆的

D. 克劳修斯表述指出气体的自由膨胀过程是不可逆的

29. 已知平面简谐波的方程为$y=A\cos(Bt-Cx)$，式中A、B、C为正常数，此波的波长和波速分别为：

A. $\frac{B}{C}$，$\frac{2\pi}{C}$

B. $\frac{2\pi}{C}$，$\frac{B}{C}$

C. $\frac{\pi}{C}$，$\frac{2B}{C}$

D. $\frac{2\pi}{C}$，$\frac{C}{B}$

30. 对平面简谐波而言，波长λ反映：

A. 波在时间上的周期性　　B. 波在空间上的周期性

C. 波中质元振动位移的周期性　　D. 波中质元振动速度的周期性

31. 在波的传播方向上，有相距为 3m 的两质元，两者的相位差为$\frac{\pi}{6}$，若波的周期为 4s，则此波的波长和波速分别为：

A. 36m 和6m/s　　B. 36m 和9m/s

C. 12m 和6m/s　　D. 12m 和9m/s

32. 在双缝干涉实验中，入射光的波长为λ，用透明玻璃纸遮住双缝中的一条缝（靠近屏的一侧），若玻璃纸中光程比相同厚度的空气的光程大2.5λ，则屏上原来的明纹处：

A. 仍为明条纹　　B. 变为暗条纹

C. 既非明条纹也非暗条纹　　D. 无法确定是明纹还是暗纹

33. 一束自然光通过两块叠放在一起的偏振片，若两偏振片的偏振化方向间夹角由α_1转到α_2，则前后透射光强度之比为：

A. $\frac{\cos^2\alpha_2}{\cos^2\alpha_1}$　　B. $\frac{\cos\alpha_2}{\cos\alpha_1}$

C. $\frac{\cos^2\alpha_1}{\cos^2\alpha_2}$　　D. $\frac{\cos\alpha_1}{\cos\alpha_2}$

34. 若用衍射光栅准确测定一单色可见光的波长，在下列各种光栅常数的光栅中，选用哪一种最好：

A. 1.0×10^{-1}mm　　B. 5.0×10^{-1}mm

C. 1.0×10^{-2}mm　　D. 1.0×10^{-3}mm

35. 在双缝干涉实验中，光的波长 600nm，双缝间距 2mm，双缝与屏的间距为 300cm，则屏上形成的干涉图样的相邻明条纹间距为：

A. 0.45mm　　B. 0.9mm

C. 9mm　　D. 4.5mm

36. 一束自然光从空气投射到玻璃板表面上，当折射角为30°时，反射光为完全偏振光，则此玻璃的折射率为：

A. 2　　B. 3　　C. $\sqrt{2}$　　D. $\sqrt{3}$

37. 某原子序数为 15 的元素，其基态原子的核外电子分布中，未成对电子数是：

A. 0　　B. 1　　C. 2　　D. 3

38. 下列晶体中熔点最高的是：

A. NaCl　　B. 冰

C. SiC　　D. Cu

39. 将$0.1mol \cdot L^{-1}$的HOAc溶液冲稀一倍，下列叙述正确的是：

A. HOAc的电离度增大　　B. 溶液中有关离子浓度增大

C. HOAc的电离常数增大　　D. 溶液的 pH 值降低

40. 已知$K_b(NH_3 \cdot H_2O) = 1.8 \times 10^{-5}$，将$0.2mol \cdot L^{-1}$的$NH_3 \cdot H_2O$溶液和$0.2mol \cdot L^{-1}$的 HCl 溶液等体积混合，其混合溶液的pH值为：

A. 5.12　　B. 8.87　　C. 1.63　　D. 9.73

41. 反应$A(S) + B(g) \rightleftharpoons C(g)$的 $\Delta H < 0$，欲增大其平衡常数，可采取的措施是：

A. 增大 B 的分压　　B. 降低反应温度

C. 使用催化剂　　D. 减小 C 的分压

42. 两个电极组成原电池，下列叙述正确的是：

A. 作正极的电极的$E_{(+)}$值必须大于零

B. 作负极的电极的$E_{(-)}$值必须小于零

C. 必须是$E^{\Theta}_{(+)} > E^{\Theta}_{(-)}$

D. 电极电势E值大的是正极，E值小的是负极

43. 金属钠在氯气中燃烧生成氯化钠晶体，其反应的熵变是：

A. 增大　　B. 减少

C. 不变　　D. 无法判断

44. 某液体烃与溴水发生加成反应生成 2，3-二溴-2-甲基丁烷，该液体烃是：

A. 2-丁烯　　B. 2-甲基-1-丁烷

C. 3-甲基-1-丁烷　　D. 2-甲基-2-丁烯

45. 下列物质中与乙醇互为同系物的是：

A. $CH_2 = CHCH_2OH$

B. 甘油

C. $-CH_2OH$

D. $CH_3CH_2CH_2CH_2OH$

46. 下列有机物不属于烃的衍生物的是：

A. $CH_2 = CHCl$

B. $CH_2 = CH_2$

C. $CH_3CH_2NO_2$

D. CCl_4

47. 结构如图所示，杆DE的点H由水平闸拉住，其上的销钉C置于杆AB的光滑直槽中，各杆自重均不计，已知$F_P = 10\text{kN}$。销钉C处约束力的作用线与x轴正向所成的夹角为：

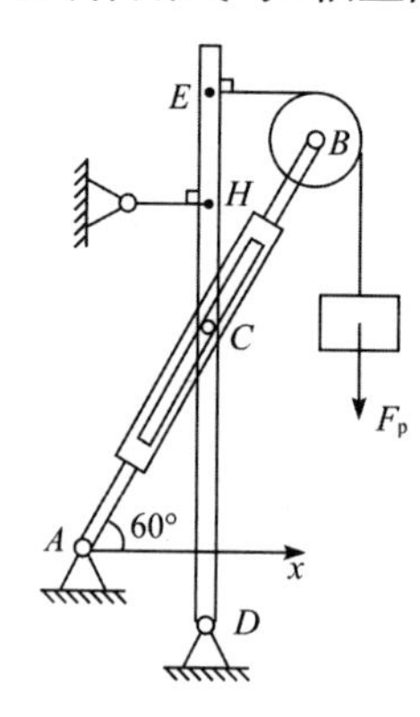

A. 0°

B. 90°

C. 60°

D. 150°

48. 力$\boldsymbol{F}_1$、$\boldsymbol{F}_2$、$\boldsymbol{F}_3$、$\boldsymbol{F}_4$分别作用在刚体上同一平面内的A、B、C、D四点，各力矢首尾相连形成一矩形如图所示。该力系的简化结果为：

A. 平衡

B. 一合力

C. 一合力偶

D. 一力和一力偶

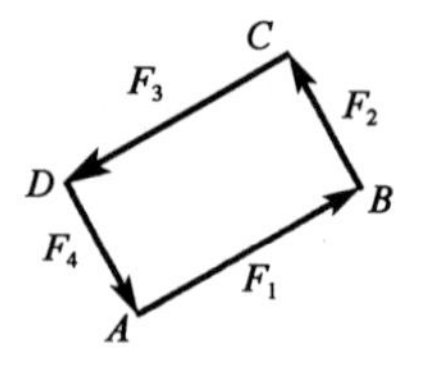

49. 均质圆柱体重力为$\boldsymbol{P}$，直径为D，置于两光滑的斜面上。设有图示方向力$\boldsymbol{F}$作用，当圆柱不移动时，接触面 2 处的约束力F_{N2}的大小为：

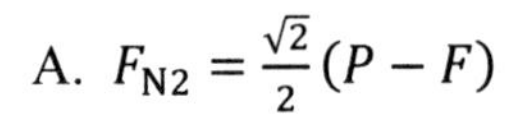

A. $F_{N2}=\frac{\sqrt{2}}{2}(P-F)$

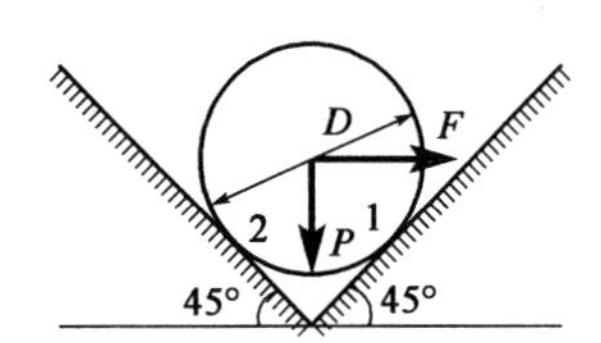

B. $F_{N2}=\frac{\sqrt{2}}{2}F$

C. $F_{N2}=\frac{\sqrt{2}}{2}P$

D. $F_{N2}=\frac{\sqrt{2}}{2}(P+F)$

50. 如图所示，杆AB的A端置于光滑水平面上，AB与水平面夹角为$30°$，杆的重力大小为P，B处有摩擦，则杆AB平衡时，B处的摩擦力与x方向的夹角为：

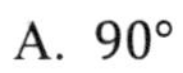

A. 90°

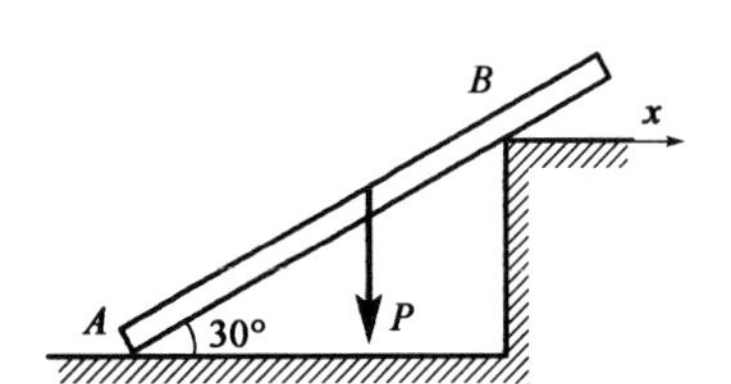

B. 30°

C. 60°

D. 45°

51. 点沿直线运动，其速度$v=20t+5$，已知：当$t=0$时，$x=5\text{m}$，则点的运动方程为：

A. $x=10t^2+5t+5$　　B. $x=20t+5$

C. $x=10t^2+5t$　　D. $x=20t^2+5t+5$

52. 杆$OA=l$，绕固定轴O转动，某瞬时杆端A点的加速度$\boldsymbol{a}$如图所示，则该瞬时杆OA的角速度及角加速度为：

A. 0，$\frac{a}{l}$

B. $\sqrt{\frac{a}{l}}$，$\frac{a}{l}$

C. $\sqrt{\frac{a}{l}}$，0

D. 0，$\sqrt{\frac{a}{l}}$

53. 如图所示，一绳缠绕在半径为r的鼓轮上，绳端系一重物M，重物M以速度$\boldsymbol{v}$和加速度$\boldsymbol{a}$向下运动，则绳上两点A、D和轮缘上两点B、C的加速度是：

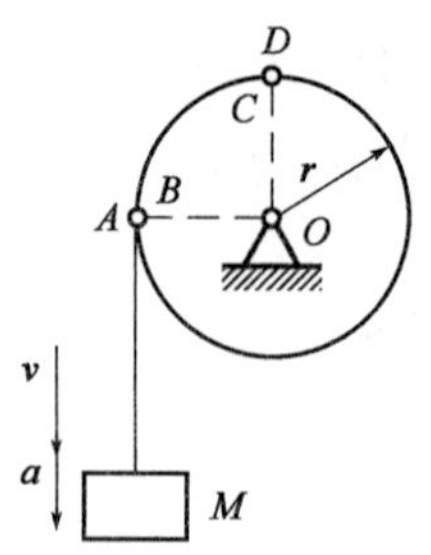

A. A、B两点的加速度相同，C、D两点的加速度相同

B. A、B两点的加速度不相同，C、D两点的加速度不相同

C. A、B两点的加速度相同，C、D两点的加速度不相同

D. A、B两点的加速度不相同，C、D两点的加速度相同

54. 汽车重力大小为$W = 2800\text{N}$，并以匀速$v = 10\text{m/s}$的行驶速度驶入刚性洼地底部，洼地底部的曲率半径$\rho = 5\text{m}$，取重力加速度$g = 10\text{m/s}^2$，则在此处地面给汽车约束力的大小为：

A. 5600N　　　　B. 2800N

C. 3360N　　　　D. 8400N

55. 图示均质圆轮，质量m，半径R，由挂在绳上的重力大小为W的物块使其绕O运动。设物块速度为$\boldsymbol{v}$，不计绳重，则系统动量、动能的大小为：

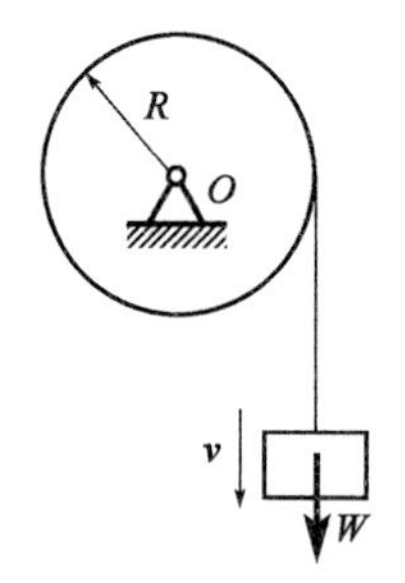

A. $\frac{W}{g} \cdot v$；$\frac{1}{2} \cdot \frac{v^2}{g}\left(\frac{1}{2}mg + W\right)$

B. mv；$\frac{1}{2} \cdot \frac{v^2}{g}\left(\frac{1}{2}mg + W\right)$

C. $\frac{W}{g} \cdot v + mv$；$\frac{1}{2} \cdot \frac{v^2}{g}\left(\frac{1}{2}mg - W\right)$

D. $\frac{W}{g} \cdot v - mv$；$\frac{W}{g} \cdot v + mv$

56. 边长为L的均质正方形平板，位于铅垂平面内并置于光滑水平面上，在微小扰动下，平板从图示位置开始倾倒，在倾倒过程中，其质心C的运动轨迹为：

A. 半径为$L/\sqrt{2}$的圆弧

B. 抛物线

C. 铅垂直线

D. 椭圆曲线

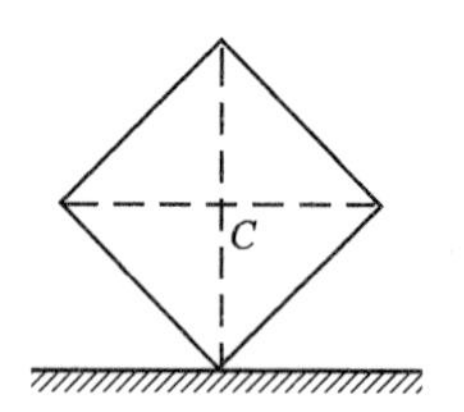

57. 如图所示，均质直杆OA的质量为m，长为l，以匀角速度ω绕O轴转动。此时将OA杆的惯性力系向O点简化，其惯性力主矢和惯性力主矩的大小分别为：

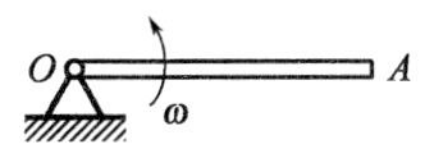

A. 0；0

B. $\frac{1}{2}ml\omega^2$；$\frac{1}{3}ml^2\omega^2$

C. $ml\omega^2$；$\frac{1}{2}ml^2\omega^2$

D. $\frac{1}{2}ml\omega^2$；0

58. 如图所示，重力大小为W的质点，由长为l的绳子连接，则单摆运动的固有频率为：

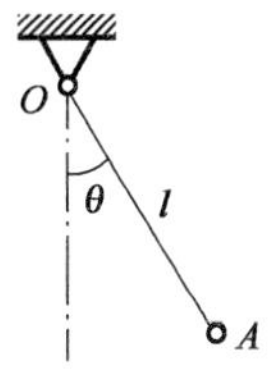

A. $\sqrt{\frac{g}{2l}}$

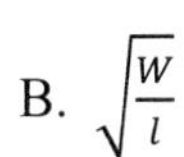
B. $\sqrt{\frac{W}{l}}$

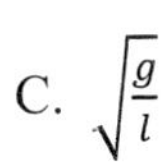
C. $\sqrt{\frac{g}{l}}$

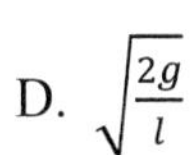
D. $\sqrt{\frac{2g}{l}}$

59. 已知拉杆横截面积$A = 100\text{mm}^2$，弹性模量$E = 200\text{GPa}$，横向变形系数$\mu = 0.3$，轴向拉力$F = 20\text{kN}$，则拉杆的横向应变ε'是：

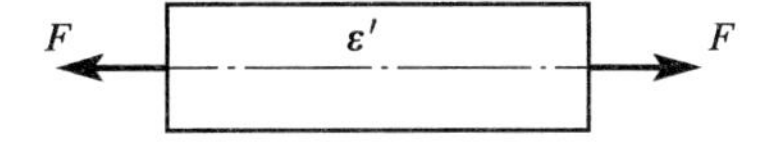

A. $\varepsilon' = 0.3 \times 10^{-3}$

B. $\varepsilon' = -0.3 \times 10^{-3}$

C. $\varepsilon' = 10^{-3}$

D. $\varepsilon' = -10^{-3}$

60. 图示两根相同的脆性材料等截面直杆，其中一根有沿横截面的微小裂纹。在承受图示拉伸荷载时，有微小裂纹的杆件的承载能力比没有裂纹杆件的承载能力明显降低，其主要原因是：

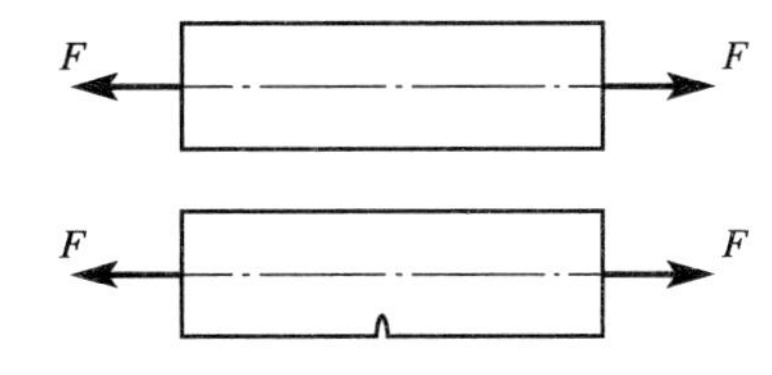

A. 横截面积小

B. 偏心拉伸

C. 应力集中

D. 稳定性差

61. 已知图示杆件的许用拉应力$[\sigma]=120\text{MPa}$，许用剪应力$[\tau]=90\text{MPa}$，许用挤压应力$[\sigma_{bs}]=240\text{MPa}$，则杆件的许用拉力$[P]$等于：

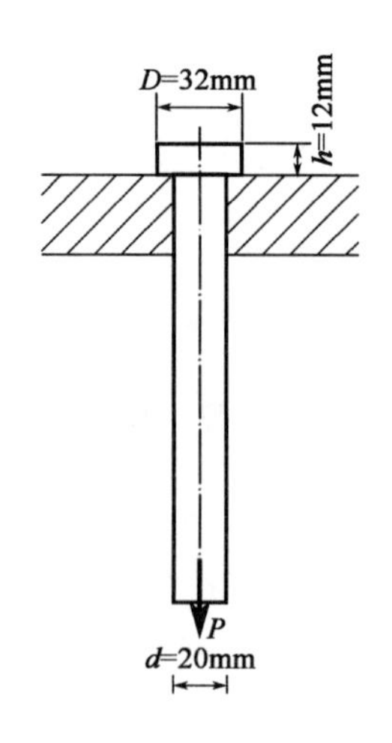

A. 18.8kN　　B. 67.86kN

C. 117.6kN　　D. 37.7kN

62. 如图所示，等截面传动轴，轴上安装 a、b、c 三个齿轮，其上的外力偶矩的大小和转向一定，但齿轮的位置可以调换。从受力的观点来看，齿轮 a 的位置应放置在下列选项中的何处？

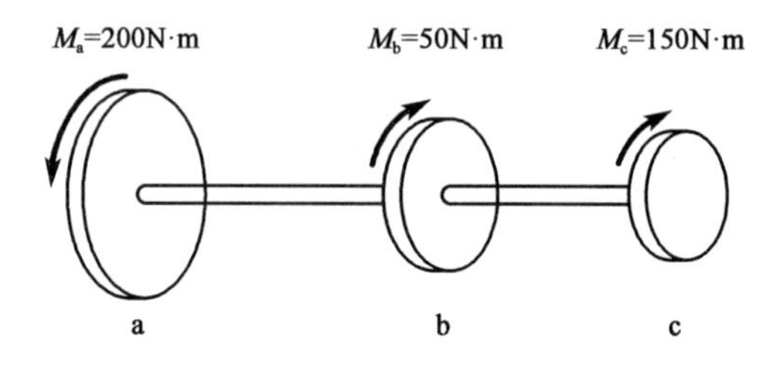

A. 任意处　　B. 轴的最左端

C. 轴的最右端　　D. 齿轮 b 与 c 之间

63. 梁AB的弯矩图如图所示，则梁上荷载F、m的值为：

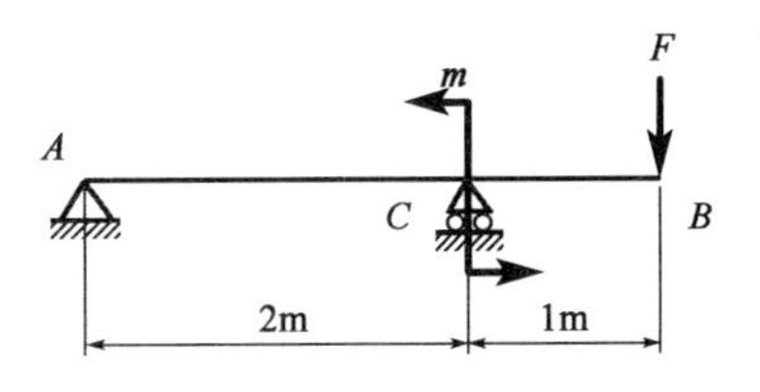

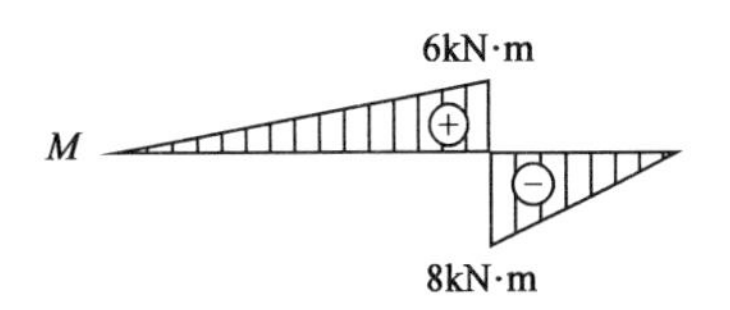

A. $F=8\text{kN}$，$m=14\text{kN}\cdot\text{m}$

B. $F=8\text{kN}$，$m=6\text{kN}\cdot\text{m}$

C. $F=6\text{kN}$，$m=8\text{kN}\cdot\text{m}$

D. $F=6\text{kN}$，$m=14\text{kN}\cdot\text{m}$

64. 悬臂梁AB由三根相同的矩形截面直杆胶合而成，材料的许用应力为$[\sigma]$，在力F的作用下，若胶合面完全开裂，接触面之间无摩擦力，假设开裂后三根杆的挠曲线相同，则开裂后的梁强度条件的承载能力是原来的：

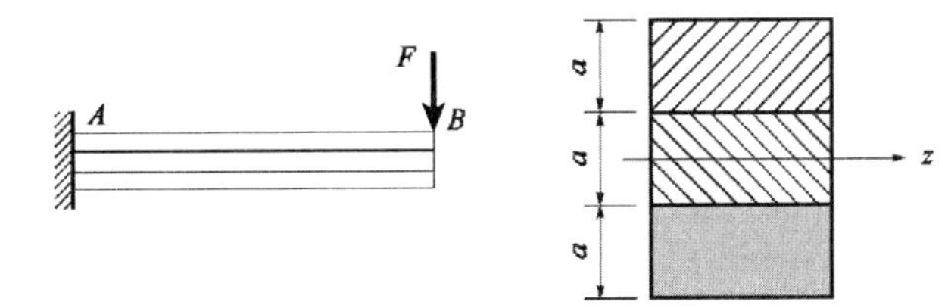

A. 1/9　　B. 1/3

C. 两者相同　　D. 3 倍

65. 梁的横截面为图示薄壁工字型，z轴为截面中性轴，设截面上的剪力竖直向下，则该截面上的最大弯曲切应力在：

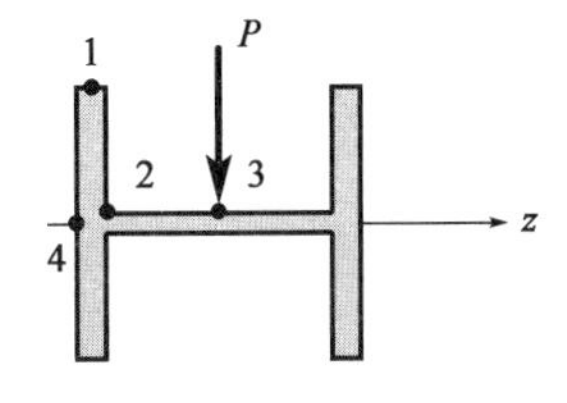

A. 翼缘的中性轴处 4 点

B. 腹板上缘延长线与翼缘相交处的 2 点

C. 左侧翼缘的上端 1 点

D. 腹板上边缘的 3 点

66. 图示悬臂梁自由端承受集中力偶m_g。若梁的长度减少一半，梁的最大挠度是原来的：

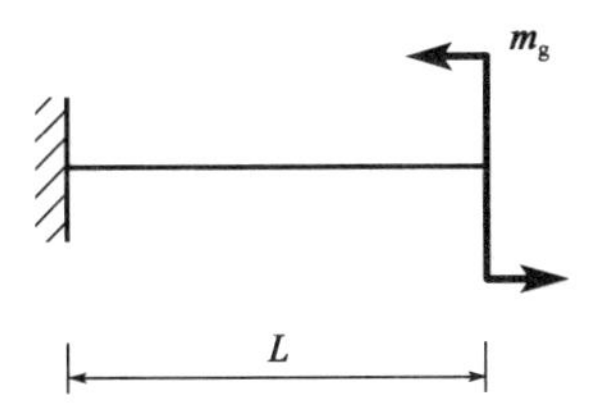

A. 1/2

B. 1/4

C. 1/8

D. 1/16

67. 矩形截面简支梁梁中点承受集中力F，若$h=2b$，若分别采用图 a）、b）两种方式放置，图 a）梁的最大挠度是图 b）的：

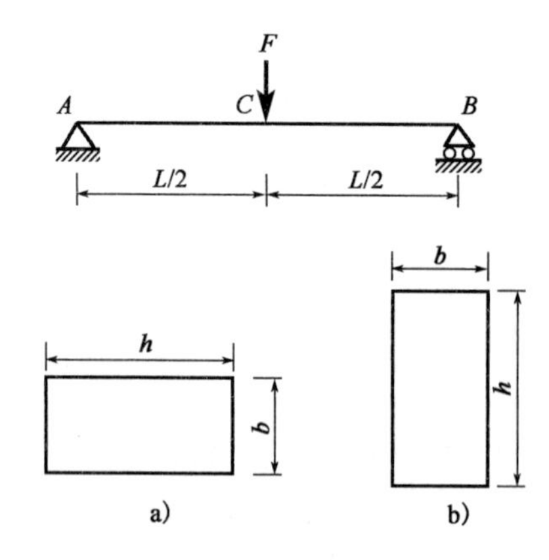

A. 1/2　　　　B. 2 倍

C. 4 倍　　　　D. 6 倍

68. 已知图示单元体上的$\sigma>\tau$，则按第三强度理论，其强度条件为：

A. $\sigma-\tau\leqslant[\sigma]$

B. $\sigma+\tau\leqslant[\sigma]$

C. $\sqrt{\sigma^2+4\tau^2}\leqslant[\sigma]$

D. $\sqrt{\left(\frac{\sigma}{2}\right)^2+\tau^2}\leqslant[\sigma]$

69. 图示矩形截面拉杆中间开一深为$\frac{h}{2}$的缺口，与不开缺口时的拉杆相比（不计应力集中影响），杆内最大正应力是不开口时正应力的多少倍？

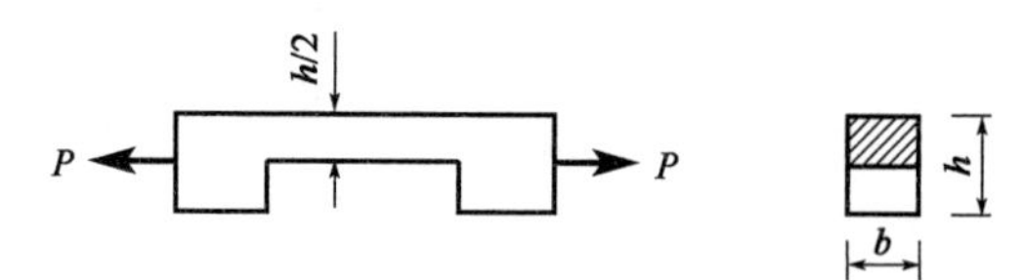

A. 2　　　　B. 4

C. 8　　　　D. 16

70. 一端固定另一端自由的细长（大柔度）压杆，长度为L（图 a），当杆的长度减少一半时（图 b），其临界载荷是原来的：

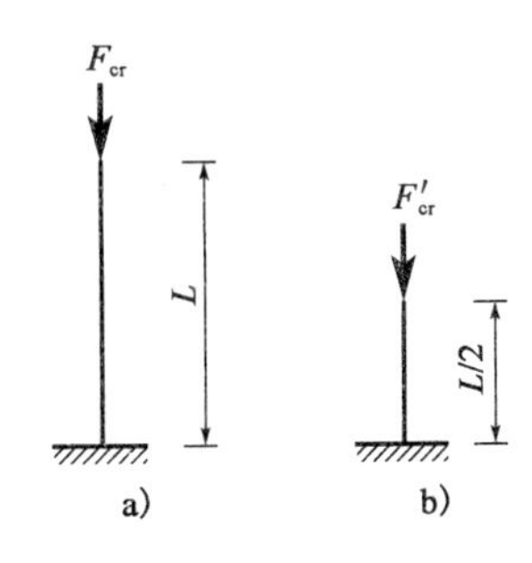

A. 4 倍　　B. 3 倍

C. 2 倍　　D. 1 倍

71. 水的运动黏性系数随温度的升高而：

A. 增大　　B. 减小

C. 不变　　D. 先减小然后增大

72. 密闭水箱如图所示，已知水深$h = 1\text{m}$，自由面上的压强$p_0 = 90\text{kN/m}^2$，当地大气压$p_a = 101\text{kN/m}^2$，则水箱底部A点的真空度为：

A. -1.2kN/m^2

B. 9.8kN/m^2

C. 1.2kN/m^2

D. -9.8kN/m^2

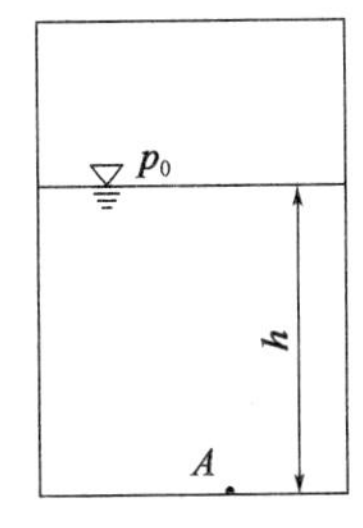

73. 关于流线，错误的说法是：

A. 流线不能相交

B. 流线可以是一条直线，也可以是光滑的曲线，但不可能是折线

C. 在恒定流中，流线与迹线重合

D. 流线表示不同时刻的流动趋势

74. 如图所示，两个水箱用两段不同直径的管道连接，1~3 管段长$l_1 = 10\text{m}$，直径$d_1 = 200\text{mm}$，$\lambda_1 = 0.019$；3~6 管段长$l_2 = 10\text{m}$，直径$d_2 = 100\text{mm}$，$\lambda_2 = 0.018$，管道中的局部管件：1 为入口($\xi_1 = 0.5$)；2 和 5 为90°弯头($\xi_2 = \xi_5 = 0.5$)；3 为渐缩管($\xi_3 = 0.024$)；4 为闸阀($\xi_4 = 0.5$)；6 为管道出口($\xi_6 = 1$)。若输送流量为40L/s，则两水箱水面高度差为：

A. 3.501m

B. 4.312m

C. 5.204m

D. 6.123m

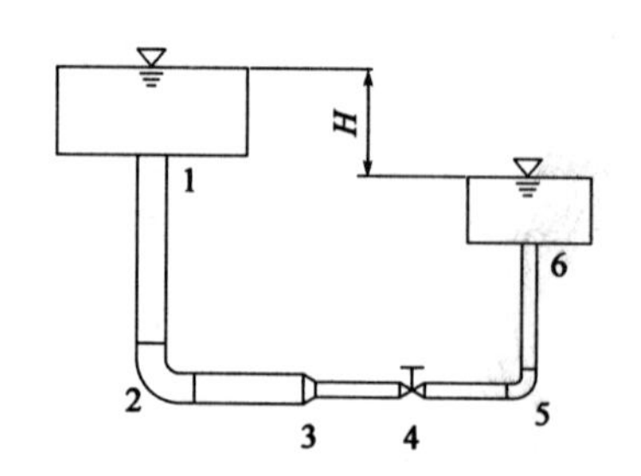

75. 在长管水力计算中：

A. 只有速度水头可忽略不计

B. 只有局部水头损失可忽略不计

C. 速度水头和局部水头损失均可忽略不计

D. 两断面的测压管水头差并不等于两断面间的沿程水头损失

76. 矩形排水沟，底宽 5m，水深 3m，则水力半径为：

A. 5m　　B. 3m

C. 1.36m　　D. 0.94m

77. 潜水完全井抽水量大小与相关物理量的关系是：

A. 与井半径成正比　　B. 与井的影响半径成正比

C. 与含水层厚度成正比　　D. 与土体渗透系数成正比

78. 合力F、密度ρ、长度L、速度v组合的无量纲数是：

A. $\frac{F}{\rho v L}$　　B. $\frac{F}{\rho v^2 L}$

C. $\frac{F}{\rho v^2 L^2}$　　D. $\frac{F}{\rho v L^2}$

79. 由图示长直导线上的电流产生的磁场：

A. 方向与电流方向相同

B. 方向与电流方向相反

C. 顺时针方向环绕长直导线（自上向下俯视）

D. 逆时针方向环绕长直导线（自上向下俯视）

80. 已知电路如图所示，其中电流I等于：

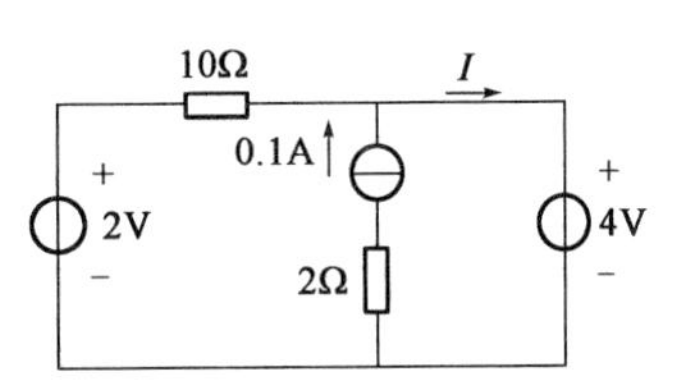

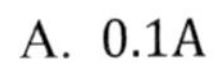

A. 0.1A

B. 0.2A

C. −0.1A

D. −0.2A

81. 已知电路如图所示，其中响应电流I在电流源单独作用时的分量为：

A. 因电阻R未知，故无法求出

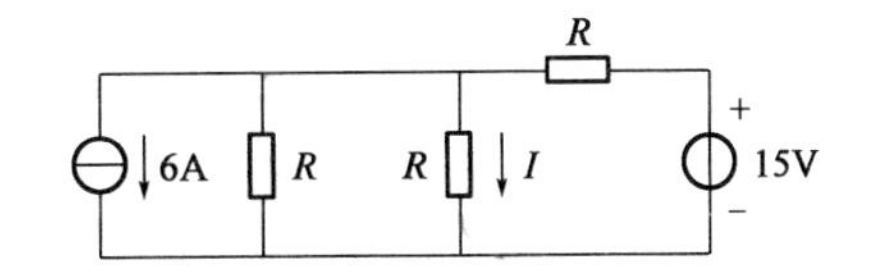

B. 3A

C. 2A

D. −2A

82. 用电压表测量图示电路$u(t)$和$i(t)$的结果是 10V 和 0.2A，设电流$i(t)$的初相位为$10°$，电压与电流呈反相关系，则如下关系成立的是：

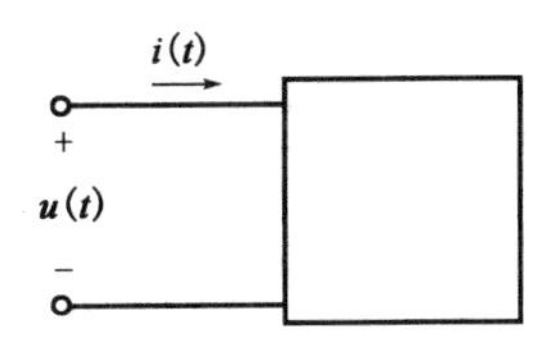

A. $\dot{U} = 10\angle -10°\text{V}$

B. $\dot{U} = -10\angle -10°\text{V}$

C. $\dot{U} = 10\sqrt{2}\angle -170°\text{V}$

D. $\dot{U} = 10\angle -170°\text{V}$

83. 测得某交流电路的端电压u和电流i分别为 110V 和 1A，两者的相位差为$30°$，则该电路的有功功率、无功功率和视在功率分别为：

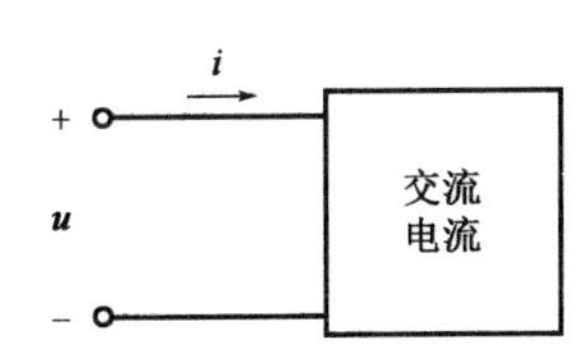

A. 95.3W，55var，110V·A

B. 55W，95.3var，110V·A

C. 110W，110var，110V·A

D. 95.3W，55var，150.3V·A

84. 已知电路如图所示，设开关在$t=0$时刻断开，那么：

A. 电流i_C从 0 逐渐增长，再逐渐衰减为 0

B. 电压从 3V 逐渐衰减到 2V

C. 电压从 2V 逐渐增长到 3V

D. 时间常数$\tau=4C$

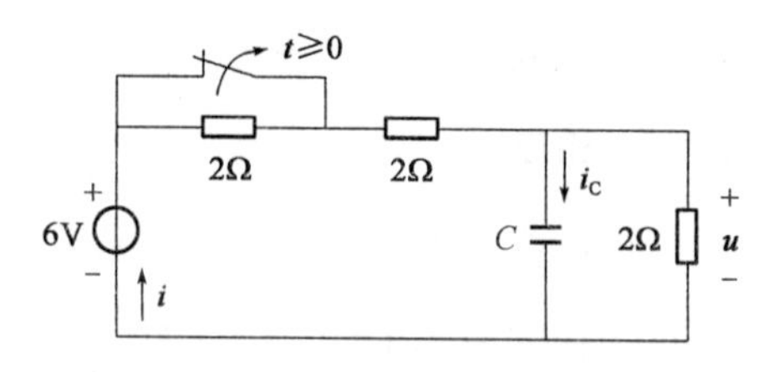

85. 图示变压器为理想变压器，且$N_1=100$匝，若希望$I_1=1$A时，$P_{R2}=40$W，则N_2应为：

A. 50 匝

B. 200 匝

C. 25 匝

D. 400 匝

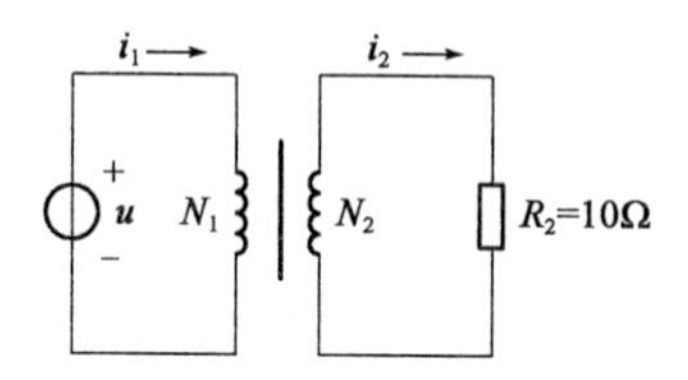

86. 为实现对电动机的过载保护，除了将热继电器的热元件串接在电动机的供电电路中外，还应将其：

A. 常开触点串接在控制电路中

B. 常闭触点串接在控制电路中

C. 常开触点串接在主电路中

D. 常闭触点串接在主电路中

87. 通过两种测量手段测得某管道中液体的压力和流量信号如图中曲线 1 和曲线 2 所示，由此可以说明：

A. 曲线 1 是压力的模拟信号

B. 曲线 2 是流量的模拟信号

C. 曲线 1 和曲线 2 均为模拟信号

D. 曲线 1 和曲线 2 均为连续信号

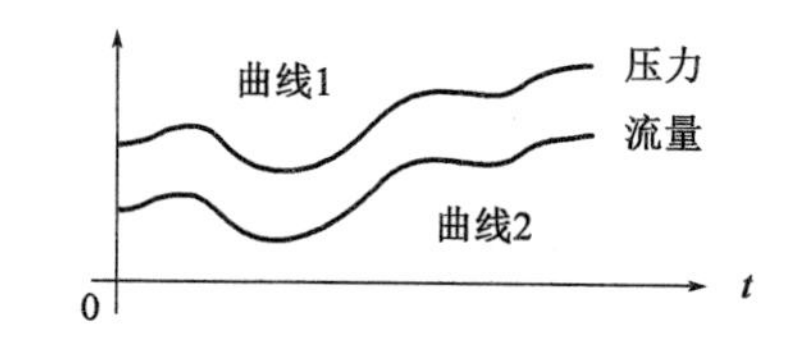

88. 设周期信号$u(t)$的幅值频谱如图所示，则该信号：

A. 是一个离散时间信号

B. 是一个连续时间信号

C. 在任意瞬间均取正值

D. 最大瞬时值为 1.5V

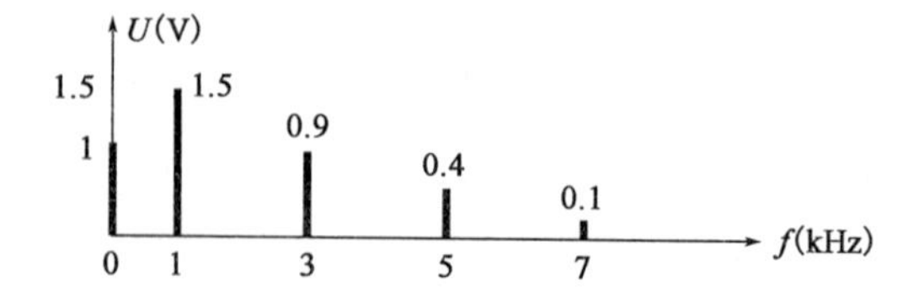

89. 设放大器的输入信号为$u_1(t)$，放大器的幅频特性如图所示，令$u_1(t)=\sqrt{2}u_1\sin 2\pi ft$，且$f>f_{\mathrm{H}}$，则：

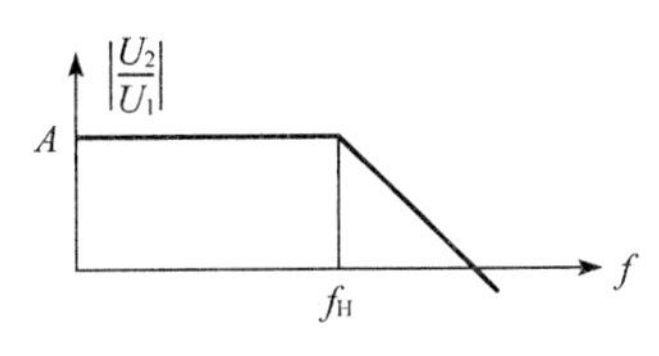

A. $u_2(t)$的出现频率失真

B. $u_2(t)$的有效值$U_2=AU_1$

C. $u_2(t)$的有效值$U_2<AU_1$

D. $u_2(t)$的有效值$U_2>AU_1$

90. 对逻辑表达式$\mathrm{AC}+\mathrm{DC}+\overline{\mathrm{AD}}\cdot\mathrm{C}$的化简结果是：

A. C

B. A + D + C

C. AC + DC

D. $\overline{\mathrm{A}}+\overline{\mathrm{C}}$

91. 已知数字信号 A 和数字信号 B 的波形如图所示，则数字信号 F= $\overline{\mathrm{A}+\mathrm{B}}$的波形为：

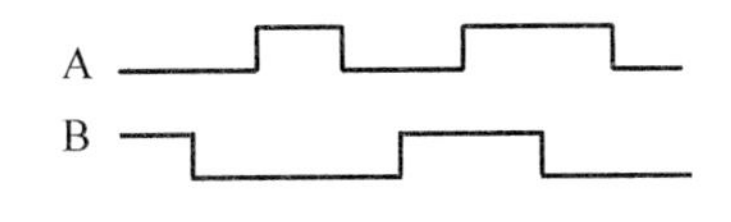

A. F

B. F

C. F

D. F

92. 十进制数字 88 的 BCD 码为：

A. 00010001

B. 10001000

C. 01100110

D. 01000100

93. 二极管应用电路如图 a）所示，电路的激励u_{f}如图 b）所示，设二极管为理想器件，则电路输出电压u_{o}的波形为：

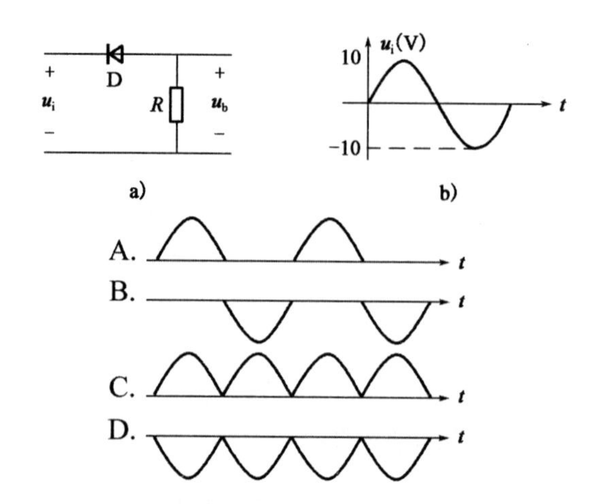

94. 图 a）所示的电路中，运算放大器输出电压的极限值为$\pm U_{\mathrm{oM}}$，当输入电压$u_{\mathrm{i1}}=1\mathrm{V}$，$u_{\mathrm{i2}}=2\sin at$时，输出电压波形如图 b）所示。如果将$u_{\mathrm{i1}}$从 1V 调至 1.5V，将会使输出电压的：

A. 频率发生改变

B. 幅度发生改变

C. 平均值升高

D. 平均值降低

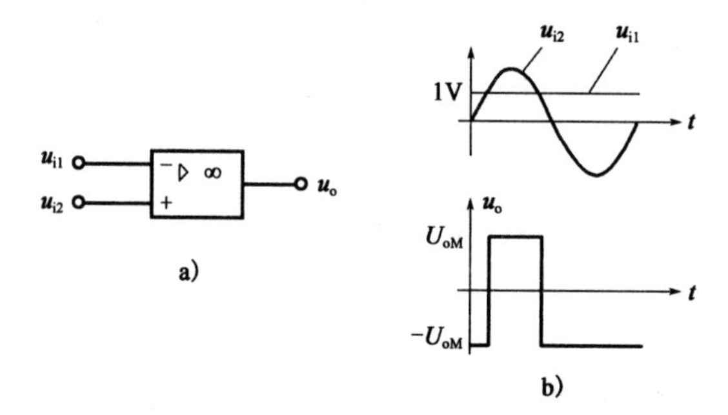

95. 图 a）所示的电路中，复位信号$\overline{R}_D$、信号 A 及时钟脉冲信号 cp 如图 b）所示，经分析可知，在第一个和第二个时钟脉冲的下降沿时刻，输出 Q 先后等于：

A. 0　0　　　　B. 0　1

C. 1　0　　　　D. 1　1

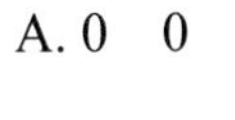

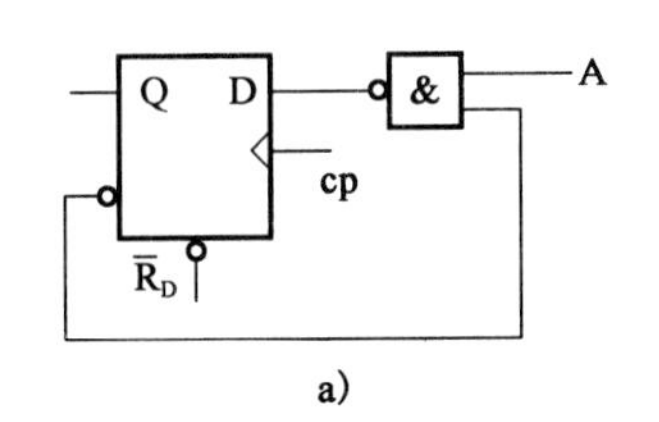

a）

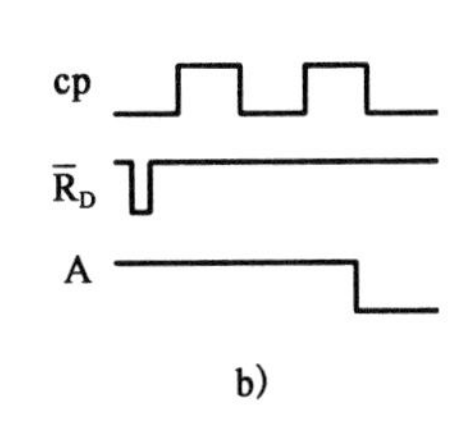

b）

附：触发器的逻辑状态表为

D	Q_{n+1}
0	0
1	1

96. 图示时序逻辑电路是一个：

A. 左移寄存器

B. 右移寄存器

C. 异步三位二进制加法计数器

D. 同步六进制计数器

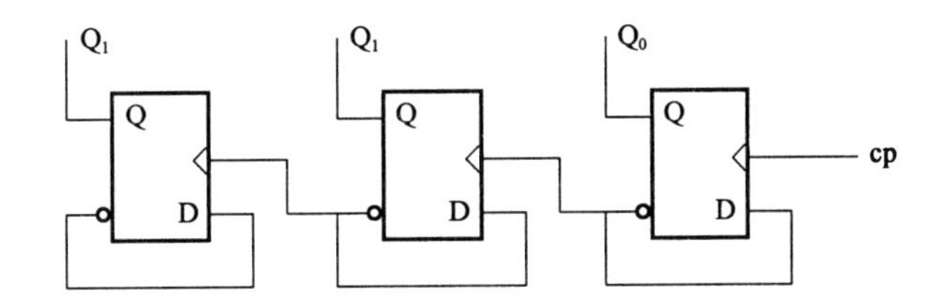

附：触发器的逻辑状态表为

D	Q_{n+1}
0	0
1	1

97. 计算机系统的内存存储器是：

A. 计算机软件系统的一个组成部分　　B. 计算机硬件系统的一个组成部分

C. 隶属于外围设备的一个组成部分　　D. 隶属于控制部件的一个组成部分

98. 根据冯·诺依曼结构原理，计算机的硬件由：

A. 运算器、存储器、打印机组成

B. 寄存器、存储器、硬盘存储器组成

C. 运算器、控制器、存储器、I/O设备组成

D. CPU、显示器、键盘组成

99. 微处理器与存储器以及外围设备之间的数据传送操作通过：

A. 显示器和键盘进行　　B. 总线进行

C. 输入/输出设备进行　　D. 控制命令进行

100. 操作系统的随机性指的是：

A. 操作系统的运行操作是多层次的

B. 操作系统与单个用户程序共享系统资源

C. 操作系统的运行是在一个随机的环境中进行的

D. 在计算机系统中同时存在多个操作系统，且同时进行操作

101. Windows 2000 以及以后更新的操作系统版本是：

A. 一种单用户单任务的操作系统

B. 一种多任务的操作系统

C. 一种不支持虚拟存储器管理的操作系统

D. 一种不适用于商业用户的营组系统

102. 十进制的数 256.625，用八进制表示则是：

A. 412.5　　B. 326.5

C. 418.8　　D. 400.5

103. 计算机的信息数量的单位常用 KB、MB、GB、TB 表示，它们中表示信息数量最大的一个是：

A. KB　　B. MB　　C. GB　　D. TB

104. 下列选项中，不是计算机病毒特点的是：

A. 非授权执行性、复制传播性

B. 感染性、寄生性

C. 潜伏性、破坏性、依附性

D. 人机共患性、细菌传播性

105. 按计算机网络作用范围的大小，可将网络划分为：

A. X.25 网、ATM 网

B. 广域网、有线网、无线网

C. 局域网、城域网、广域网

D. 环形网、星形网、树形网、混合网

106. 下列选项中不属于局域网拓扑结构的是：

A. 星形　　B. 互联形

C. 环形　　D. 总线型

107. 某项目借款 2000 万元，借款期限 3 年，年利率为 6%，若每半年计复利一次，则实际年利率会高出名义利率多少：

A. 0.16%　　B. 0.25%

C. 0.09%　　D. 0.06%

108. 某建设项目的建设期为 2 年，第一年贷款额为 400 万元，第二年贷款额为 800 万元，贷款在年内均衡发生，贷款年利率为 6%，建设期内不支付利息，则建设期贷款利息为：

A. 12 万元　　B. 48.72 万

C. 60 万元　　D. 60.72 万元

109. 某公司发行普通股筹资 8000 万元，筹资费率为 3%，第一年股利率为 10%，以后每年增长 5%，所得税率为 25%，则普通股资金成本为：

A. 7.73%　　B. 10.31%

C. 11.48%　　D. 15.31%

110. 某投资项目原始投资额为 200 万元，使用寿命为 10 年，预计净残值为零，已知该项目第 10 年的经营净现金流量为 25 万元，回收营运资金 20 万元，则该项目第 10 年的净现金流量为：

A. 20 万元　　　　B. 25 万元

C. 45 万元　　　　D. 65 万元

111. 以下关于社会折现率的说法中，不正确的是：

A. 社会折现率可用作经济内部收益率的判别基准

B. 社会折现率可用作衡量资金时间经济价值

C. 社会折现率可用作不同年份之间资金价值转化的折现率

D. 社会折现率不能反映资金占用的机会成本

112. 某项目在进行敏感性分析时，得到以下结论：产品价格下降 10%，可使$NPV = 0$；经营成本上升 15%，$NPV = 0$；寿命期缩短 20%，$NPV = 0$；投资增加 25%，$NPV = 0$。则下列因素中，最敏感的是：

A. 产品价格　　　　B. 经营成本

C. 寿命期　　　　D. 投资

113. 现有两个寿命期相同的互斥投资方案 A 和 B，B 方案的投资额和净现值都大于 A 方案，A 方案的内部收益率为 14%，B 方案的内部收益率为 15%，差额的内部收益率为 13%，则使 A、B 两方案优劣相等时的基准收益率应为：

A. 13%　　　　B. 14%

C. 15%　　　　D. 13%至 15%之间

114. 某产品共有五项功能F_1、F_2、F_3、F_4、F_5，用强制确定法确定零件功能评价体系时，其功能得分分别为 3、5、4、1、2，则F_3的功能评价系数为：

A. 0.20　　B. 0.13　　C. 0.27　　D. 0.33

115. 根据《中华人民共和国建筑法》规定，施工企业可以将部分工程分包给其他具有相应资质的分包单位施工，下列情形中不违反有关承包的禁止性规定的是：

A. 建筑施工企业超越本企业资质等级许可的业务范围或者以任何形式用其他建筑施工企业的名义承揽工程

B. 承包单位将其承包的全部建筑工程转包给他人

C. 承包单位将其承包的全部建筑工程肢解以后以分包的名义分别转包给他人

D. 两个不同资质等级的承包单位联合共同承包

116. 根据《中华人民共和国安全生产法》规定，从业人员享有权利并承担义务，下列情形中属于从业人员履行义务的是：

A. 张某发现直接危及人身安全的紧急情况时禁止作业撤离现场

B. 李某发现事故隐患或者其他不安全因素，立即向现场安全生产管理人员或者本单位负责人报告

C. 王某对本单位安全生产工作中存在的问题提出批评、检举、控告

D. 赵某对本单位的安全生产工作提出建议

117. 某工程实行公开招标，招标文件规定，投标人提交投标文件截止时间为 3 月 22 日下午 5 点整。投标人 D 由于交通拥堵于 3 月 22 日下午 5 点 10 分送达投标文件，其后果是：

A. 投标保证金被没收

B. 招标人拒收该投标文件

C. 投标人提交的投标文件有效

D. 由评标委员会确定为废标

118. 在订立合同是显失公平的合同时，当事人可以请求人民法院撤销该合同，其行使撤销权的有效期限是：

A. 自知道或者应当知道撤销事由之日起五年内

B. 自撤销事由发生之日一年内

C. 自知道或者应当知道撤销事由之日起一年内

D. 自撤销事由发生之日五年内

119. 根据《建设工程质量管理条例》规定，下列有关建设工程质量保修的说法中，正确的是：

A. 建设工程的保修期，自工程移交之日起计算

B. 供冷系统在正常使用条件下，最低保修期限为 2 年

C. 供热系统在正常使用条件下，最低保修期限为 2 年采暖期

D. 建设工程承包单位向建设单位提交竣工结算资料时，应当出具质量保修书

120. 根据《建设工程安全生产管理条例》规定，建设单位确定建设工程安全作业环境及安全施工措施所需费用的时间是：

A. 编制工程概算时

B. 编制设计预算时

C. 编制施工预算时

D. 编制投资估算时

2017年度全国勘察设计注册工程师执业资格考试基础考试（上）

试题解析及参考答案

1. 解　本题考查分段函数的连续性问题，重点考查在分界点处的连续性。

要求在分界点处函数的左右极限存在且相等并且等于该点的函数值：

$$\operatorname*{Lim}_{x\to1}\frac{x\ln x}{1-x}\overset{\frac{0}{0}}{=}\lim_{x\to1}\frac{(x\ln x)'}{(1-x)'}=\lim_{x\to1}\frac{1\cdot\ln x+x\cdot\dfrac{1}{x}}{-1}=-1$$

而$\lim\limits_{x\to1}\frac{x\ln x}{1-x}=f(1)=a\Rightarrow a=-1$

答案：C

2. 解　本题考查复合函数在定义域内的性质。

函数$\sin\frac{1}{x}$的定义域为$(-\infty,0)$，$(0,+\infty)$，它是由函数$y=\sin t$，$t=\frac{1}{t}$复合而成的，当t在$(-\infty,0)$，$(0,+\infty)$变化时，t在$(-\infty,+\infty)$内变化，函数$y=\sin t$的值域为$[-1,1]$，所以函数$y=\sin\frac{1}{x}$是有界函数。

答案：A

3. 解　本题考查空间向量的相关性质，注意“点乘”和“叉乘”对向量运算的几何意义。

选项 A、C 中，$|\boldsymbol{\alpha}\times\boldsymbol{\beta}|=|\boldsymbol{\alpha}|\cdot|\boldsymbol{\beta}|\cdot\sin(\boldsymbol{\alpha},\boldsymbol{\beta})$，若$\boldsymbol{\alpha}\times\boldsymbol{\beta}=\boldsymbol{0}$，且$\boldsymbol{\alpha},\boldsymbol{\beta}$非零，则有$\sin(\boldsymbol{\alpha},\boldsymbol{\beta})=0$，故$\boldsymbol{\alpha}/\!/\boldsymbol{\beta}$，选项 A 错误，C 正确。

选项 B 中，$\boldsymbol{\alpha}\cdot\boldsymbol{\beta}=|\boldsymbol{\alpha}|\cdot|\boldsymbol{\beta}|\cdot\cos(\boldsymbol{\alpha},\boldsymbol{\beta})$，若$\boldsymbol{\alpha}\cdot\boldsymbol{\beta}=0$，且$\boldsymbol{\alpha},\boldsymbol{\beta}$非零，则有$\cos(\boldsymbol{\alpha},\boldsymbol{\beta})=0$，故$\boldsymbol{\alpha}\perp\boldsymbol{\beta}$，选项 B 错误。

选项 D 中，若$\boldsymbol{\alpha}=\lambda\boldsymbol{\beta}$，则$\boldsymbol{\alpha}/\!/\boldsymbol{\beta}$，此时$\boldsymbol{\alpha}\cdot\boldsymbol{\beta}=\lambda\boldsymbol{\beta}\cdot\boldsymbol{\beta}=\lambda|\boldsymbol{\beta}||\boldsymbol{\beta}|\cos0°\neq0$，选项 D 错误。

答案：C

4. 解　本题考查一阶线性微分方程的特解形式，本题采用公式法和代入法均能得到结果。

方法 1：公式法，一阶线性微分方程的一般形式为：$y'+P(x)y=Q(x)$

其通解为$y=e^{-\int P(x)\mathrm{d}x}\left[\int Q(x)e^{\int P(x)\mathrm{d}x}\mathrm{d}x+C\right]$

本题中，$P(x)=-1$，$Q(x)=0$，有$y=e^{-\int-1\mathrm{d}x}(0+C)=Ce^{x}$

由$y(0)=2\Rightarrow Ce^{0}=2$，即$C=2$，故$y=2e^{x}$。

方法 2：利用可分离变量方程计算：$\frac{\mathrm{d}y}{\mathrm{d}x}=y\Longrightarrow\frac{\mathrm{d}y}{y}=\mathrm{d}x\Longrightarrow\int\frac{\mathrm{d}y}{y}=\int\mathrm{d}x\Longrightarrow\ln y=x+\ln c\Longrightarrow y=Ce^{x}$

由$y(0)=2\Rightarrow Ce^{0}=2$，即$C=2$，故$y=2e^{x}$。

方法 3：代入法，将选项 A 中$y=2e^{-x}$代入$y'-y=0$中，不满足方程。同理，选项 C、D 也不满足。

答案：B

5. 解　本题考查变限定积分求导的问题。

对于下限有变量的定积分求导，可先转化为上限有变量的定积分求导问题，注意交换上下限的位置之后，增加一个负号，再利用公式即可：

$$f(x)=\int_x^2\sqrt{5+t^2}\mathrm{d}t=-\int_2^x\sqrt{5+t^2}\mathrm{d}t$$

$$f'(x)=-\sqrt{5+x^2}$$

$$f'(1)=-\sqrt{6}$$

答案：D

6. 解　本题考查隐函数求导的问题。

方法 1：方程两边对x求导，注意y是x的函数：

$$e^y+x'y=e$$

$$(e^y)'+(xy)'=(e)'$$

$$e^y\cdot y'+(y+xy')=0$$

$$(e^y+x)y'=-y$$

解出$y'=\frac{-y}{x+e^y}$

当$x=0$时，有$e^y=e\Rightarrow y=1$，$y'(0)=-\frac{1}{e}$

方法 2：利用二元方程确定的隐函数导数的计算方法计算。

$$e^y+xy=e，e^y+xy-e=0$$

设$F(x,y)=e^y+xy-e$，$F_y'(x,y)=e^y+x$，$F_x'(x,y)=y$

所以 $$\frac{\mathrm{d}y}{\mathrm{d}x}=-\frac{F_x'(x,y)}{F_y'(x,y)}=-\frac{y}{e^y+x}$$

当$x=0$时，$y=1$，代入得$\left.\frac{\mathrm{d}y}{\mathrm{d}x}\right|_{x=0}=-\frac{1}{e}$

注：本题易错选 B 项，选 B 则是没有看清题意，题中所求是$y'(0)$而并非$y'(x)$。

答案：D

7. 解　本题考查不定积分的相关内容。

已知$\int f(x)\mathrm{d}x=\ln x+C$，可知$f(x)=\frac{1}{x}$

则$f(\cos x)=\frac{1}{\cos x}$，即$\int\cos x\,f(\cos x)\mathrm{d}x=\int\cos x\cdot\frac{1}{\cos x}\mathrm{d}x=x+C$

注：本题不适合采用凑微分的形式。

答案：B

8. 解　本题考查多元函数微分学的概念性问题，涉及多元函数偏导数与多元函数连续等概念，需记忆下图的关系式方可快速解答：

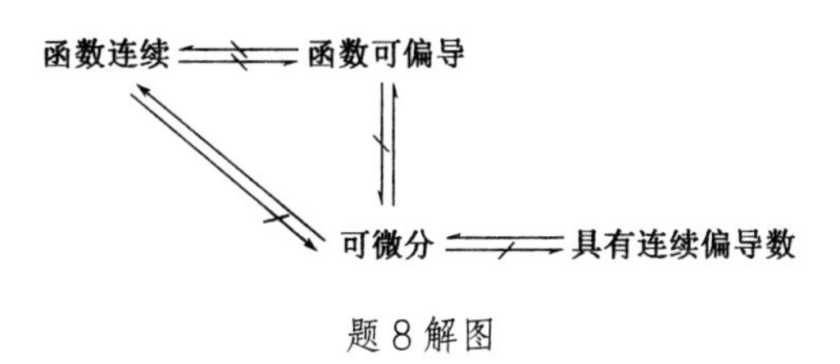

题 8 解图

$f(x,y)$在点$P_0(x_0,y_0)$有一阶偏导数，不能推出$f(x,y)$在$P_0(x_0,y_0)$连续。

同样，$f(x,y)$在$P_0(x_0,y_0)$连续，不能推出$f(x,y)$在$P_0(x_0,y_0)$有一阶偏导数。

可知，函数可偏导与函数连续之间的关系是不能相互导出的。

答案： D

9. 解 本题考查空间解析几何中对称直线方程的概念。

对称式直线方程的特点是连等号的存在，故而选项 A 和 C 可直接排除，且选项 A 和 C 并不是直线的表达式。由于所求直线平行于z轴，取z轴的方向向量为所求直线的方向向量。

$\vec{s}_z=\{0,0,1\}$，$M_0(-1,-2,3)$，利用点向式写出对称式方程：

$$\frac{x+1}{0}=\frac{y+2}{0}=\frac{z-3}{1}$$

答案： D

10. 解 本题考查定积分的计算。

对本题，观察分子中有$\frac{1}{x}$，而$\left(\frac{1}{x}\right)'=-\frac{1}{x^2}$，故适合采用凑微分解答：

原式$=\int_1^2-\left(1-\frac{1}{x}\right)\mathrm{d}\left(\frac{1}{x}\right)=\int_1^2\left(\frac{1}{x}-1\right)\mathrm{d}\left(\frac{1}{x}\right)=\int_1^2\frac{1}{x}\mathrm{d}\left(\frac{1}{x}\right)-\int_1^2 1\mathrm{d}\left(\frac{1}{x}\right)$

$=\frac{1}{2}\left(\frac{1}{x}\right)^2\Big|_1^2-\frac{1}{x}\Big|_1^2=\frac{1}{8}$

答案： C

11. 解 本题考查了三角函数的基本性质，以及最值的求法。

方法 1： $f(x)=\sin(x+\frac{\pi}{2}+\pi)=-\cos x$

$x\in[-\pi,\pi]$

$f'(x)=\sin x$，$f'(x)=0$，即$\sin x=0$，可知$x=0$，$-\pi$，π为驻点

则$f(0)=-\cos 0=-1$，$f(-\pi)=-\cos(-\pi)=1$，$f(\pi)=-\cos\pi=1$

所以$x=0$，函数取得最小值，最小值点$x_0=0$

方法 2： 通过作图，可以看出在$[-\pi,\pi]$上的最小值点$x_0=0$。

答案： B

12. 解 本题考查参数方程形式的对坐标的曲线积分（也称第二类曲线积分），注意绕行方向为顺时针。

如解图所示，上半椭圆ABC是由参数方程$\begin{cases}x=a\cos\theta\\ y=b\sin\theta\end{cases}(a>0,\ b>0)$画出的。本题积分路径$L$为沿上半椭圆顺时针方向，从$C$到$B$，再到$A$，$\theta$变化范围由$\pi$变化到 0，具体计算可由方程$x=a\cos\theta$得到。起点为$C(-a,0)$，把$-a$代入方程中的$x$，得$\theta=\pi$。终点为$A(a,0)$，把$a$代入方程中的$x$，得$\theta=0$，因此参数$\theta$的变化为从$\theta=\pi$变化到$\theta=0$，即$\theta$：$\pi\to 0$。

由$x = a\cos\theta$可知，$dx = -a\sin\theta d\theta$，因此原式有：

$$\int_L y^2\,dx = \int_\pi^0 (b\sin\theta)^2(-a\sin\theta)d\theta = \int_0^\pi ab^2\sin^3\theta d\theta = ab^2\int_0^\pi \sin^2\theta d(-\cos\theta)$$

$$= -ab^2\int_0^\pi (1-\cos^2\theta)d(\cos\theta) = \frac{4}{3}ab^2$$

注：对坐标的曲线积分应注意积分路径的方向，然后写出积分变量的上下限，本题若取逆时针为绕行方向，则θ的范围应从 0 到π。简单作图即可观察和验证。

答案：B

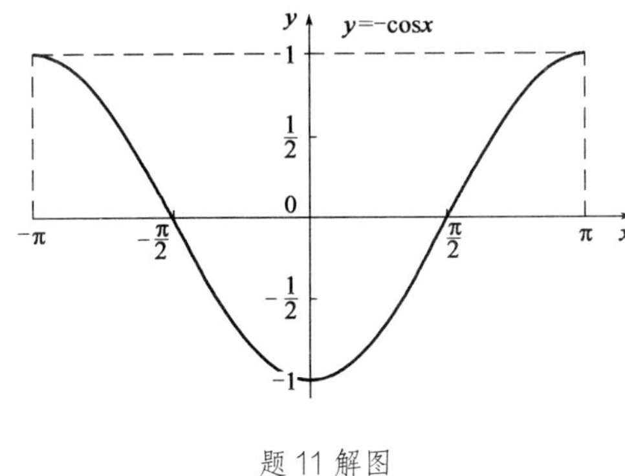

题 11 解图

题 12 解图

13.解 本题考查交错级数收敛的充分条件。

注意本题有$(-1)^n$，显然$\sum\limits_{n=1}^{\infty}\frac{(-1)^n}{a_n}(a_n > 0)$是一个交错级数。

交错级数收敛，即$\sum\limits_{n=1}^{\infty}(-1)^n a_n$只要满足：①$a_n > a_{n+1}$，②$a_n \to 0(n\to\infty)$即可。

在选项 D 中，已知a_n单调递增，即$a_n < a_{n+1}$，所以$\frac{1}{a_n} > \frac{1}{a_{n+1}}$

又知$\lim\limits_{n\to\infty} a_n = +\infty$，所以$\lim\limits_{n\to\infty}\frac{1}{a_n} = 0$，故级数$\sum\limits_{n=1}^{\infty}\frac{(-1)^n}{a_n}(a_n > 0)$收敛

其他选项均不符合交错级数收敛的判别方法。

答案：D

14.解 本题考查函数拐点的求法。

求解函数拐点即先求函数的二阶导数为 0 的点，因此有：

$$F'(x) = e^{-x} - xe^{-x}$$

$$F''(x) = xe^{-x} - 2e^{-x} = (x-2)e^{-x}$$

令$f''(x) = 0$，解出$x = 2$

当$x\in(-\infty, 2)$时，$f''(x) < 0$；当$x\in(2, +\infty)$时，$f''(x) > 0$

所以拐点为$(2, 2e^{-2})$

答案：A

15.解 本题考查二阶常系数线性非齐次方程的特解问题。

严格说来本题有点超纲，大纲要求是求解二阶常系数线性齐次微分方程，对于非齐次方程并不做要求。因此本题可采用代入法求解，考虑到$e^x=(e^x)'=(e^x)''$，观察各选项，易知选项C符合要求。

具体解析过程如下：

$y''+y'+y=e^x$对应的齐次方程为$y''+y'+y=0$

$r^2+r+1=0\Rightarrow r_{1,2}=\frac{-1\pm\sqrt{3}i}{2}$

所以$\lambda=1$不是特征方程的根

设二阶非齐次线性方程的特解$y^*=Ax^0e^x=Ae^x$

$(y^*)'=Ae^x$，$(y^*)''=Ae^x$

代入，得$Ae^x+Ae^x+Ae^x=e^x$

$3Ae^x=e^x$，$3A=1$，$A=\frac{1}{3}$，所以特解为$y^*=\frac{1}{3}e^x$

答案：C

16.解 本题考查二重积分在极坐标下的运算。

注意到在二重积分的极坐标中有$x=r\cos\theta$，$y=r\sin\theta$，故$x^2+y^2=r^2$，因此对于圆域有$0\leqslant r^2\leqslant 1$，也即$r$：$0\to 1$，整个圆域范围内有$\theta$：$0\to 2\pi$，如解图所示，同时注意二重积分中面积元素$\mathrm{d}x\mathrm{d}y=r\mathrm{d}r\mathrm{d}\theta$，故：

$$\iint_D \frac{\mathrm{d}x\mathrm{d}y}{1+x^2+y^2}=\int_0^{2\pi}\mathrm{d}\theta\int_0^1\frac{1}{1+r^2}r\mathrm{d}r\xrightarrow[\text{对}r\text{凑微分}]{\theta\text{和}r\text{无关直接积分,}}2\pi\int_0^1\frac{1}{2}\frac{1}{1+r^2}\mathrm{d}(1+r^2)$$

$$=\pi\ln(1+r^2)\Big|_0^1=\pi\ln 2$$

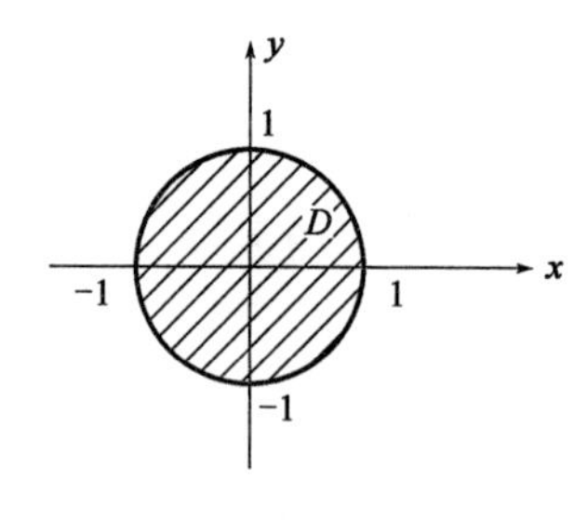

题16解图

答案：D

17.解 本题考查幂级数的和函数的基本运算。

级数$\sum\limits_{n=1}^{\infty}\frac{x^n}{n!}=\frac{x}{1!}+\frac{x^2}{2!}+\frac{x^3}{3!}+\cdots+\frac{x^n}{n!}+\cdots$

已知$e^x=1+\frac{x}{1!}+\frac{x^2}{2!}+\cdots+\frac{x^n}{n!}+\cdots(-\infty,+\infty)$

所以级数$\sum\limits_{n=1}^{\infty}\frac{x^n}{n!}$的和函数$S(x)=e^x-1$

注：考试中常见的幂级数展开式有：

$\frac{1}{1-x}=1+x+x^2+\cdots+x^k+\cdots=\sum\limits_{k=0}^{\infty}x^k$，$|x|<1$

$\frac{1}{1+x}=1-x+x^2-\cdots+(-1)^kx^k+\cdots=\sum\limits_{k=0}^{\infty}(-1)^k x^k$，$|x|<1$

$e^x=1+x+\frac{x^2}{2!}+\cdots+\frac{x^k}{k!}+\cdots=\sum\limits_{k=0}^{\infty}\frac{x^k}{k!}$，$(-\infty,+\infty)$

答案：C

18. 解　本题考查多元抽象函数偏导数的运算，及多元复合函数偏导数的计算方法。

$$z = y\varphi\left(\frac{x}{y}\right)$$

$$\frac{\partial z}{\partial x} = y \cdot \varphi'\left(\frac{x}{y}\right) \cdot \frac{1}{y} = \varphi'\left(\frac{x}{y}\right)$$

$$\frac{\partial^2 z}{\partial x \partial y} = \varphi''\left(\frac{x}{y}\right) \cdot \left(\frac{x}{y}\right)'_y = \varphi''\left(\frac{x}{y}\right) \cdot \left(\frac{x}{-y^2}\right)$$

注：复合函数的链式法则为$f'(g(x)) = f' \cdot g'$，读者应注意题目中同时含有抽象函数与具体函数的求导法则。

答案：B

19. 解　本题考查可逆矩阵的相关知识。

方法 1：利用初等行变换求解如下：

由$[\boldsymbol{A}|\boldsymbol{E}] \xrightarrow{\text{初等行变换}} [\boldsymbol{E}|\boldsymbol{A}^{-1}]$

得：$\left[\begin{array}{ccc|ccc} 0 & 0 & -2 & 1 & 0 & 0 \\ 0 & 3 & 0 & 0 & 1 & 0 \\ 1 & 0 & 0 & 0 & 0 & 1 \end{array}\right] \xrightarrow{r_1 \leftrightarrow r_3} \left[\begin{array}{ccc|ccc} 1 & 0 & 0 & 0 & 0 & 1 \\ 0 & 3 & 0 & 0 & 1 & 0 \\ 0 & 0 & -2 & 1 & 0 & 0 \end{array}\right] \xrightarrow[-\frac{1}{2}r_3]{\frac{1}{3}r_2} \left[\begin{array}{ccc|ccc} 1 & 0 & 0 & 0 & 0 & 1 \\ 0 & 1 & 0 & 0 & \frac{1}{3} & 0 \\ 0 & 0 & 1 & -\frac{1}{2} & 0 & 0 \end{array}\right]$

故$\boldsymbol{A}^{-1} = \begin{bmatrix} 0 & 0 & 1 \\ 0 & \frac{1}{3} & 0 \\ -\frac{1}{2} & 0 & 0 \end{bmatrix}$

方法 2：逐项代入法，与矩阵$\boldsymbol{A}$乘积等于$\boldsymbol{E}$，即为正确答案。验证选项 C，计算过程如下：

$$\begin{bmatrix} 0 & 0 & -2 \\ 0 & 3 & 0 \\ 1 & 0 & 0 \end{bmatrix} \begin{bmatrix} 0 & 0 & 1 \\ 0 & \dfrac{1}{3} & 0 \\ -\dfrac{1}{2} & 0 & 0 \end{bmatrix} = \begin{bmatrix} 1 & 0 & 0 \\ 0 & 1 & 0 \\ 0 & 0 & 1 \end{bmatrix}$$

方法 3：利用求逆矩阵公式：

$$\boldsymbol{A}^{-1} = \frac{\boldsymbol{A}^*}{|\boldsymbol{A}|} = \frac{1}{|\boldsymbol{A}|} \begin{bmatrix} A_{11} & A_{21} & A_{31} \\ A_{12} & A_{22} & A_{32} \\ A_{13} & A_{23} & A_{33} \end{bmatrix}$$

答案：C

20. 解　本题考查线性齐次方程组解的基本知识，矩阵的秩和矩阵列向量组的线性相关性。

方法 1：$\boldsymbol{A}x = 0$有非零解$\Leftrightarrow R(\boldsymbol{A}) < n \Leftrightarrow \boldsymbol{A}$的列向量组线性相关$\Leftrightarrow$至少有一个列向量是其余列向量的线性组合。

方法 2：举反例，$\boldsymbol{A} = \begin{bmatrix} 1 & 0 & 0 \\ 0 & 1 & 1 \\ 0 & 0 & 0 \end{bmatrix}$，齐次方程组$\boldsymbol{A}x = 0$就有无穷多解，因为$R(\boldsymbol{A}) = 2 < 3$，然而矩阵中第一列和第二列线性无关，选项 A 错。第二列和第三列线性相关，选项 B 错。第一列不是第二列、第三列的线性组合，选项 C 错。

答案：D

21. 解 本题考查实对称阵的特征值与特征向量的相关知识。

已知重要结论：实对称矩阵属于不同特征值的特征向量必然正交。

方法 1：设对应$\lambda_1=6$的特征向量$\xi_1=(x_1\quad x_2\quad x_3)^{\mathrm{T}}$，由于$\boldsymbol{A}$是实对称矩阵，故$\xi_1^{\mathrm{T}}\cdot\xi_2=0$，$\xi_1^{\mathrm{T}}\cdot\xi_3=0$，即

$$\begin{cases}(x_1\quad x_2\quad x_3)\begin{bmatrix}-1\\0\\1\end{bmatrix}=0\\(x_1\quad x_2\quad x_3)\begin{bmatrix}1\\2\\1\end{bmatrix}=0\end{cases}\Rightarrow\begin{cases}-x_1+x_3=0\\x_1+2x_2+x_3=0\end{cases}$$

$$\begin{bmatrix}-1&0&1\\1&2&1\end{bmatrix}\to\begin{bmatrix}1&0&-1\\1&2&1\end{bmatrix}\to\begin{bmatrix}1&0&-1\\0&2&2\end{bmatrix}\to\begin{bmatrix}1&0&-1\\0&1&1\end{bmatrix}$$

该同解方程组为$\begin{cases}x_1-x_3=0\\x_2+x_3=0\end{cases}\Rightarrow\begin{cases}x_1=x_3\\x_2=-x_3\end{cases}$

当$x_3=1$时，$x_1=1$，$x_2=-1$

方程组的基础解系$\xi=(1\quad -1\quad 1)^{\mathrm{T}}$，取$\xi_1=(1\quad -1\quad 1)^{\mathrm{T}}$

方法 2：采用代入法，对四个选项进行验证。

对于选项 A：$(1\quad -1\quad 1)\begin{bmatrix}-1\\0\\1\end{bmatrix}=0$，$(1\quad -1\quad 1)\begin{bmatrix}1\\2\\1\end{bmatrix}=0$，可知正确。

答案：A

22. 解 $A(\overline{B\cup C})=A\overline{B}\overline{C}$可能发生，选项 A 错。

$A(\overline{A\cup B\cup C})=A\overline{A}\,\overline{B}\,\overline{C}=\varnothing$，选项 B 对。

或见解图，图 a）$\overline{B\cup C}$（斜线区域）与A有交集，图 b）$\overline{A\cup B\cup C}$（斜线区域）与A无交集。

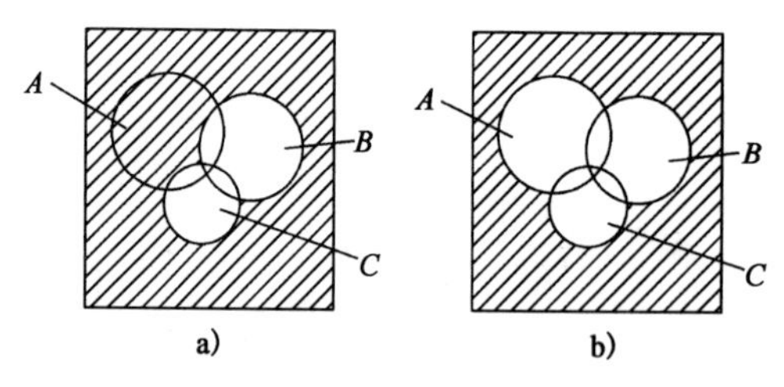

题 22 解图

答案：B

23. 解 本题考查概率密度的性质：$\int_{-\infty}^{+\infty}\int_{-\infty}^{+\infty}f(x,y)\mathrm{d}x\mathrm{d}y=1$

方法 1：

$$\int_0^{+\infty}\int_0^{+\infty}e^{-2ax+by}\,\mathrm{d}y\mathrm{d}x=\int_0^{+\infty}e^{-2ax}\,\mathrm{d}x\cdot\int_0^{+\infty}e^{by}\,\mathrm{d}y=1$$

当$a>0$时，$\int_0^{+\infty}e^{-2ax}\,\mathrm{d}x=\frac{-1}{2a}e^{-2ax}\Big|_0^{+\infty}=\frac{1}{2a}$

当$b<0$时，$\int_0^{+\infty}e^{by}\,\mathrm{d}y=\frac{1}{b}e^{by}\Big|_0^{+\infty}=\frac{-1}{b}$

$\frac{1}{2a}\cdot\frac{-1}{b}=1$，$ab=-\frac{1}{2}$

方法 2：

当$x>0$，$y>0$时，$f(x,y)=e^{-2ax+by}=2ae^{-2ax}\cdot(-b)e^{by}\cdot\frac{-1}{2ab}$

当$\frac{-1}{2ab}$=1，即$ab=-\frac{1}{2}$时，X与Y相互独立，且X服从参数$\lambda=2a(a>0)$的指数分布，Y服从参数$\lambda=-b(b<0)$的指数分布。

答案：A

24. 解 因为$\hat{\theta}$是θ的无偏估计量，即$E(\hat{\theta})=\theta$

所以$E\left[(\hat{\theta})^2\right]=D(\hat{\theta})+[E(\hat{\theta})]^2=D(\hat{\theta})+\theta^2$

又因为$D(\hat{\theta})>0$，所以$E[(\hat{\theta})^2]>\theta^2$，$(\hat{\theta})^2$不是$\theta^2$的无偏估计量

答案：B

25. 解 理想气体状态方程$pV=\frac{M}{\mu}RT$，因为$V_1=V_2$，$T_1=T_2$，$M_1=M_2$，所以$\frac{\mu_1}{\mu_2}=\frac{p_2}{p_1}$。

答案：D

26. 解 气体分子的平均碰撞频率：$\overline{Z}=\sqrt{2}n\pi d^2\overline{v}$，已知$\overline{v}=1.6\sqrt{\frac{RT}{M}}$，$p=nkT$，则：

$$\overline{Z}=\sqrt{2}n\pi d^2\overline{v}=\sqrt{2}\frac{p}{kT}\pi d^2\cdot 1.6\sqrt{\frac{RT}{M}}\propto\frac{1}{\sqrt{T}}$$

答案：C

27. 解 热力学第一定律 $Q=W+\Delta E$，绝热过程做功等于内能增量的负值，即$\Delta E=-W=-500\text{J}$。

答案：C

28. 解 此题考查对热力学第二定律与可逆过程概念的理解。开尔文表述的是关于热功转换过程中的不可逆性，克劳修斯表述则指出热传导过程中的不可逆性。

答案：A

29. 解 此题考查波动方程基本关系。

$$y=A\cos(Bt-Cx)=A\cos B\left(t-\frac{x}{B/C}\right)$$

$$u=\frac{B}{C}，\omega=B，T=\frac{2\pi}{\omega}=\frac{2\pi}{B}$$

$$\lambda=u\cdot T=\frac{B}{C}\cdot\frac{2\pi}{B}=\frac{2\pi}{C}$$

答案：B

30. 解 波长λ反映的是波在空间上的周期性。

答案：B

31. 解 由描述波动的基本物理量之间的关系得：

$$\frac{\lambda}{3}=\frac{2\pi}{\pi/6}，\lambda=36，U=\frac{\lambda}{T}=\frac{36}{4}=9$$

答案：B

32. 解　光的干涉，光程差变化为半波长的奇数倍时，原明纹处变为暗条纹。

答案：B

33. 解　此题考查马吕斯定律。

$I=I_0\cos^2\alpha$，光强为I_0的自然光通过第一个偏振片，光强为入射光强的一半，通过第二个偏振片，光强为$I=\frac{I_0}{2}\cos^2\alpha$，则：

$$\frac{I_1}{I_2}=\frac{\frac{1}{2}I_0\cos^2\alpha_1}{\frac{1}{2}I_0\cos^2\alpha_2}=\frac{\cos^2\alpha_1}{\cos^2\alpha_2}$$

答案：C

34. 解　本题同 2010-36，由光栅公式$d\sin\theta=k\lambda$，对同级条纹，光栅常数小，衍射角大，分辨率高，选光栅常数小的。

答案：D

35. 解　由双缝干涉条纹间距公式计算：

$$\Delta x=\frac{D}{d}\lambda=\frac{3000}{2}\times600\times10^{-6}=0.9\text{mm}$$

答案：B

36. 解　由布儒斯特定律，折射角为$30°$时，入射角为$60°$，$\tan60°=\frac{n_2}{n_1}=\sqrt{3}$。

答案：D

37. 解　原子序数为 15 的元素，原子核外有 15 个电子，基态原子的核外电子排布式为$1s^22s^22p^63s^23p^3$，根据洪特规则，$3p^3$中 3 个电子分占三个不同的轨道，并且自旋方向相同。所以原子序数为 15 的元素，其基态原子核外电子分布中，有 3 个未成对电子。

答案：D

38. 解　NaCl是离子晶体，冰是分子晶体，SiC是原子晶体，Cu是金属晶体。所以SiC的熔点最高。

答案：C

39. 解　根据稀释定律$\alpha=\sqrt{K_a/C}$，一元弱酸HOAc的浓度越小，解离度越大。所以HOAc浓度稀释一倍，解离度增大。

注：HOAc 一般写为 HAc，普通化学书中常用 HAc。

答案：A

40. 解　将$0.2\text{mol}\cdot\text{L}^{-1}$的$NH_3\cdot H_2O$与$0.2\text{mol}\cdot\text{L}^{-1}$的 HCl 溶液等体积混合生成$0.1\text{mol}\cdot\text{L}^{-1}$的$NH_4Cl$

溶液，NH_4Cl为强酸弱碱盐，可以水解，溶液$C_{H^+}=\sqrt{C\cdot K_W/K_b}=\sqrt{0.1\times\frac{10^{-14}}{1.8\times10^{-5}}}\approx7.5\times10^{-6}$，$pH=-lgC_{H^+}=5.12$。

答案：A

41. 解 此反应为放热反应。平衡常数只是温度的函数，对于放热反应，平衡常数随着温度升高而减小。相反，对于吸热反应，平衡常数随着温度的升高而增大。

答案：B

42. 解 电对的电极电势越大，其氧化态的氧化能力越强，越易得电子发生还原反应，做正极；电对的电极电势越小，其还原态的还原能力越强，越易失电子发生氧化反应，做负极。

答案：D

43. 解 反应方程式为$2Na(s)+Cl_2(g)==2NaCl(s)$。气体分子数增加的反应，其熵值增大；气体分子数减小的反应，熵值减小。

答案：B

44. 解 加成反应生成2，3二溴-2-甲基丁烷，所以在2，3位碳碳间有双键，所以该烃为2-甲基-2-丁烯。

答案：D

45. 解 同系物是指结构相似、分子组成相差若干个$-CH_2-$原子团的有机化合物。

答案：D

46. 解 烃类化合物是碳氢化合物的统称，是由碳与氢原子所构成的化合物，主要包含烷烃、环烷烃、烯烃、炔烃、芳香烃。烃分子中的氢原子被其他原子或者原子团所取代而生成的一系列化合物称为烃的衍生物。

答案：B

47. 解 销钉C处为光滑接触约束，约束力应垂直于AB光滑直槽，由于$\boldsymbol{F}_p$的作用，直槽的左上侧与销钉接触，故其约束力的作用线与x轴正向所成的夹角为$150°$。

答案：D

48. 解 根据力系简化结果分析，分力首尾相连组成自行封闭的力多边形，则简化后的主矢为零，而$\boldsymbol{F}_1$与$\boldsymbol{F}_3$、$\boldsymbol{F}_2$与$\boldsymbol{F}_4$分别组成逆时针转向的力偶，合成后为一合力偶。

答案：C

49. 解 以圆柱体为研究对象，沿1、2接触点的法线方向有约束力$\boldsymbol{F}_{N1}$和$\boldsymbol{F}_{N2}$，受力如解图所示。

对圆柱体列$\boldsymbol{F}_{N2}$方向的平衡方程：

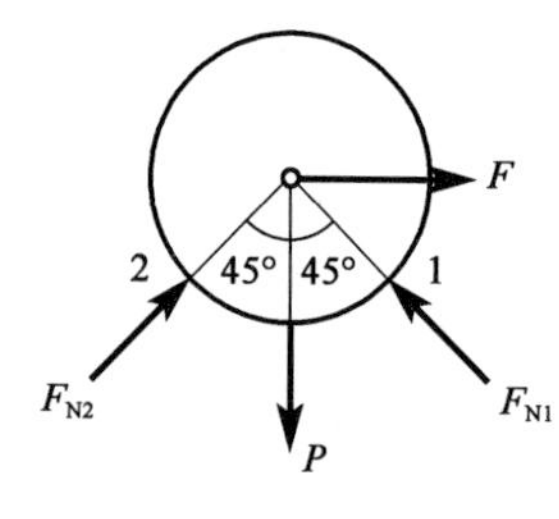

题 49 解图

$\sum F_2 = 0$，$F_{N2} - P\cos45° + F\sin45° = 0$，$F_{N2} = \frac{\sqrt{2}}{2}(P - F)$

答案：A

50. 解　在重力作用下，杆A端有向左侧滑动的趋势，故B处摩擦力应沿杆指向右上方向。

答案：B

51. 解　因为速度$v = \frac{dx}{dt}$，积一次分，即：$\int_5^x dx = \int_0^t (20t + 5)dt, x - 5 = 10t^2 + 5t$。

答案：A

52. 解　根据定轴转动刚体上一点加速度与转动角速度、角加速度的关系：$a_n = \omega^2 l$，$a_\tau = \alpha l$，而题中$a_n = a = \omega^2 l$，所以$\omega = \sqrt{\frac{a}{l}}$，$a_\tau = 0 = \alpha l$，所以$\alpha = 0$。

答案：C

53. 解　绳上A点的加速度大小为a（该点速度方向在下一瞬时无变化，故只有铅垂方向的加速度），而轮缘上各点的加速度大小为$\sqrt{a^2 + \left(\frac{v^2}{r}\right)^2}$，绳上$D$点随轮缘$C$点一起运动，所以两点加速度相同。

答案：D

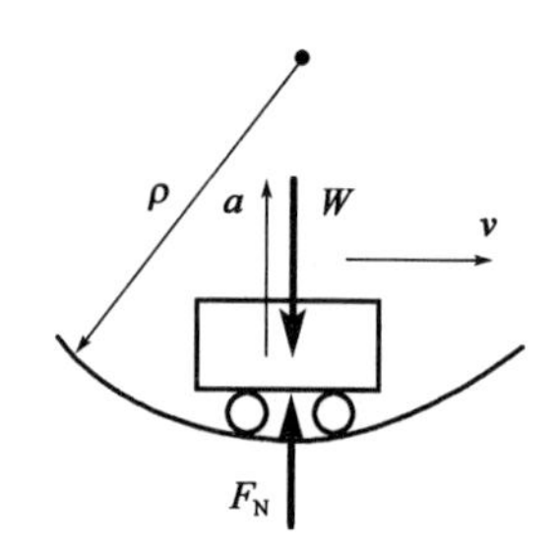

题 54 解图

54. 解　汽车运动到洼地底部时加速度的大小为$a = a_n = \frac{v^2}{\rho}$，其运动及受力如解图所示，按照牛顿第二定律，在铅垂方向有$ma = F_N - W$，F_N为地面给汽车的合约束，力$F_N = \frac{W}{g} \cdot \frac{v^2}{\rho} + W = \frac{2800}{10} \times \frac{10^2}{5} + 2800 = 8400N$。

答案：D

55. 解　根据动量的公式：$p = mv_C$，则圆轮质心速度为零，动量为零，故系统的动量只有物块的$\frac{W}{g} \cdot v$；又根据动能的公式：圆轮的动能为$\frac{1}{2} \cdot \frac{1}{2} mR^2\omega^2 = \frac{1}{4} mR^2 \left(\frac{v}{R}\right)^2 = \frac{1}{4} mv^2$，物块的动能为$\frac{1}{2} \cdot \frac{W}{g} v^2$，两者相加为$\frac{1}{2} \cdot \frac{v^2}{g} \left(\frac{1}{2} mg + W\right)$。

答案：A

56. 解　由于系统在水平方向受力为零，故在水平方向有质心守恒，即质心只沿铅垂方向运动。

答案：C

57. 解　根据定轴转动刚体惯性力系的简化结果分析，匀角速度转动（$\alpha = 0$）刚体的惯性力主矢和主矩的大小分别为：$F_I = ma_C = \frac{1}{2} ml\omega^2$，$M_{IO} = J_O \alpha = 0$。

答案：D

58. 解　单摆运动的固有频率公式：$\omega_n = \sqrt{\frac{g}{l}}$。

答案：C

59. 解

$$\varepsilon' = -\mu\varepsilon = -\mu\frac{\sigma}{E} = -\mu\frac{F_{\rm N}}{AE} = -0.3 \times \frac{20 \times 10^3{\rm N}}{100{\rm mm}^2 \times 200 \times 10^3{\rm MPa}} = -0.3 \times 10^{-3}$$

答案：B

60. 解 由于沿横截面有微小裂纹，使得横截面的形心有变化，杆件由原来的轴向拉伸变成了偏心拉伸，其应力$\sigma = \frac{F_{\rm N}}{A} + \frac{M_z}{W_z}$明显变大，故有裂纹的杆件比没有裂纹杆件的承载能力明显降低。

答案：B

61. 解 由$\sigma = \frac{P}{\frac{1}{4}\pi d^2} \leqslant [\sigma]$，$\tau = \frac{P}{\pi dh} \leqslant [\tau]$，$\sigma_{\rm bs} = \frac{P}{\frac{\pi}{4}(D^2-d^2)} \leqslant [\sigma_{\rm bs}]$分别求出$[P]$，然后取最小值即为杆件的许用拉力。

答案：D

62. 解 由于a轮上的外力偶矩$M_{\rm a}$最大，当a轮放在两端时轴内将产生较大扭矩；只有当a轮放在中间时，轴内扭矩才较小。

答案：D

63. 解 由最大负弯矩为$8{\rm kN \cdot m}$，可以反推：$M_{\max} = F \times 1{\rm m}$，故$F = 8{\rm kN}$

再由支座C处（即外力偶矩M作用处）两侧的弯矩的突变值是$14{\rm kN \cdot m}$，可知外力偶矩为$14{\rm kN \cdot m}$。

答案：A

64. 解 开裂前，由整体梁的强度条件$\sigma_{\max} = \frac{M}{W_z} \leqslant [\sigma]$，可知：

$$M \leqslant [\sigma]W_z = [\sigma]\frac{b(3a)^2}{6} = \frac{3}{2}ba^2[\sigma]$$

胶合面开裂后，每根梁承担总弯矩M_1的$\frac{1}{3}$，由单根梁的强度条件$\sigma_{1\max} = \frac{M_1}{W_{z1}} = \frac{\frac{M_1}{3}}{W_{z1}} = \frac{M_1}{3W_{z1}} \leqslant [\sigma]$，可知：

$$M_1 \leqslant 3[\sigma]W_{z1} = 3[\sigma]\frac{ba^2}{6} = \frac{1}{2}ba^2[\sigma]$$

故开裂后每根梁的承载能力是原来的$\frac{1}{3}$。

答案：B

65. 解 矩形截面切应力的分布是一个抛物线形状，最大切应力在中性轴z上，图示梁的横截面可以看作是一个中性轴附近梁的宽度b突然变大的矩形截面。根据弯曲切应力的计算公式：

$$\tau = \frac{QS_z^*}{bI_z}$$

在b突然变大的情况下，中性轴附近的τ突然变小，切应力分布图沿y方向的分布如解图所示，所以最大切应力在2点。

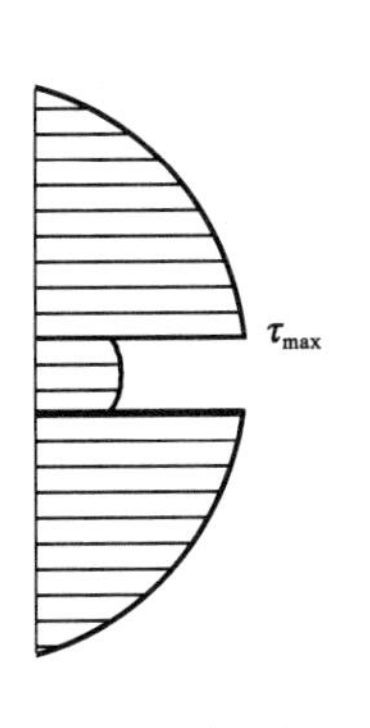

题65解图

答案：B

66. 解 由悬臂梁的最大挠度计算公式$f_{\max}=\frac{m_{g}L^{2}}{2EI}$，可知$f_{\max}$与$L^{2}$成正比，故有

$$f_{\max}'=\frac{m_{g}\left(\frac{L}{2}\right)^{2}}{2EI}=\frac{1}{4}f_{\max}$$

答案：B

67. 解 由跨中受集中力F作用的简支梁最大挠度的公式$f_{c}=\frac{Fl^{3}}{48EI}$，可知最大挠度与截面对中性轴的惯性矩成反比。

因为$I_{a}=\frac{b^{3}h}{12}=\frac{b^{4}}{6}$，$I_{b}=\frac{bh^{3}}{12}=\frac{2b^{4}}{3}$，所以$\frac{f_{a}}{f_{b}}=\frac{I_{b}}{I_{a}}=\frac{\frac{2}{3}b^{4}}{\frac{b^{4}}{6}}=4$

答案：C

68. 解 首先求出三个主应力：$\sigma_{1}=\sigma,\sigma_{2}=\tau,\sigma_{3}=-\tau$，再由第三强度理论得$\sigma_{r3}=\sigma_{1}-\sigma_{3}=\sigma+\tau\leqslant[\sigma]$。

答案：B

69. 解 开缺口的截面是偏心受拉，偏心距为$\frac{h}{4}$，由公式$\sigma_{\max}=\frac{P}{A}+\frac{P\cdot\frac{h}{4}}{W_{z}}$可求得结果。

答案：C

70. 解 由一端固定、另一端自由的细长压杆的临界力计算公式$F_{cr}=\frac{\pi^{2}EI}{(2L)^{2}}$，可知$F_{cr}$与$L^{2}$成反比，故有

$$F_{cr}'=\frac{\pi^{2}EI}{\left(2\cdot\frac{L}{2}\right)^{2}}=4\frac{\pi^{2}EI}{(2L)^{2}}=4F_{cr}$$

答案：A

71. 解 水的运动黏性系数随温度的升高而减小。

答案：B

72. 解 真空度$p_{v}=p_{a}-p'=101-(90+9.8)=1.2\text{kN/m}^{2}$

答案：C

73. 解 流线表示同一时刻的流动趋势。

答案：D

74. 解 对两水箱水面写能量方程可得：$H=h_{w}=h_{w_1}+h_{w_2}$

1~3 管段中的流速$v_{1}=\frac{Q}{\frac{\pi}{4}d_{1}^{2}}=\frac{0.04}{\frac{\pi}{4}\times0.2^{2}}=1.27\text{m/s}$

$h_{w_1}=\left(\lambda_{1}\frac{l_{1}}{d_{1}}+\sum\zeta_{1}\right)\frac{v_{1}^{2}}{2g}=\left(0.019\times\frac{10}{0.2}+0.5+0.5+0.024\right)\times\frac{1.27^{2}}{2\times9.8}=0.162\text{m}$

3~6 管段中的流速$v_{2}=\frac{Q}{\frac{\pi}{4}d_{2}^{2}}=\frac{0.04}{\frac{\pi}{4}\times0.1^{2}}=5.1\text{m/s}$

$h_{w_2}=\left(\lambda_2\frac{l_2}{d_2}+\sum\zeta_2\right)\frac{v_2^2}{2g}=\left(0.018\times\frac{10}{0.1}+0.5+0.05+1\right)\times\frac{5.1^2}{2\times9.8}=5.042\text{m}$

$H=h_{w_1}+h_{w_2}=0.162+5.042=5.204\text{m}$

答案：C

75. 解 在长管水力计算中，速度水头和局部损失均可忽略不计。

答案：C

76. 解 矩形排水管水力半径$R=\frac{A}{\chi}=\frac{5\times3}{5+2\times3}=1.36\text{m}$。

答案：C

77. 解 潜水完全井流量$Q=1.36k\frac{H^2-h^2}{\lg\frac{R}{r}}$，因此$Q$与土体渗透数$k$成正比。

答案：D

78. 解 无量纲量即量纲为 1 的量，$\dim\frac{F}{\rho v^2L^2}=\frac{\rho v^2L^2}{\rho v^2L^2}=1$

答案：C

79. 解 电流与磁场的方向可以根据右手螺旋定则确定，即让右手大拇指指向电流的方向，则四指的指向就是磁感线的环绕方向。

答案：D

80. 解 见解图，设 2V 电压源电流为I'，则：

$I=I'+0.1$

$10I'=2-4=-2\text{V}$

$I'=-0.2\text{A}$

$I=-0.2+0.1=-0.1\text{A}$

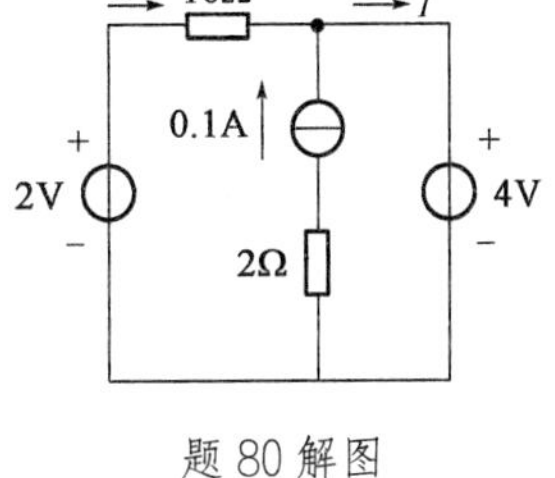

题 80 解图

答案：C

81. 解 电流源单独作用时，15V 的电压源做短路处理，则

$$I=\frac{1}{3}\times(-6)=-2\text{A}$$

答案：D

82. 解 画相量图分析（见解图），电压表和电流表读数为有效值。

答案：D

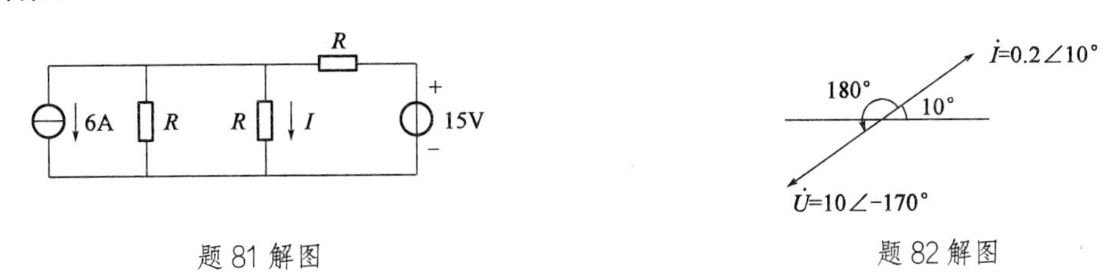

题 81 解图　　题 82 解图

83. 解

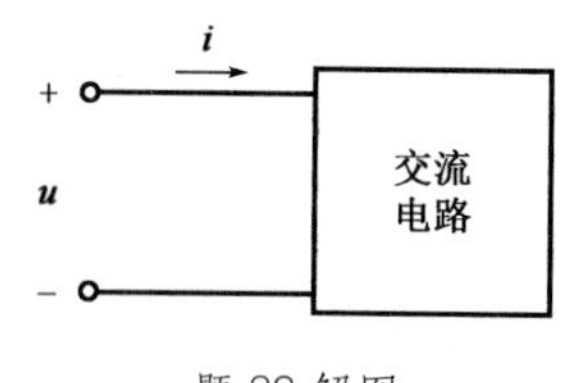

题 83 解图

$P = UI\cos\varphi = 110 \times 1 \times \cos 30° = 95.3\text{W}$

$Q = UI\sin\varphi = 110 \times 1 \times \sin 30° = 55\text{W}$

$S = UI = 110 \times 1 = 110\text{V}\cdot\text{A}$

答案： A

84. 解 在直流稳态电路中电容作开路处理。开关未动作前，$u = U_{\text{C}(0-)}$

电容为开路状态时，$U_{\text{C}(0-)} = \frac{1}{2} \times 6 = 3\text{V}$

电源充电进入新的稳态时，$U_{\text{C}(\infty)} = \frac{1}{3} \times 6 = 2\text{V}$

因此换路电容电压逐步衰减到 2V。电路的时间常数$\tau = RC$，本题中C值没给出，是不能确定τ的数值的。

答案： B

85. 解 如解图所示，根据理想变压器关系有

$$I_2 = \sqrt{\frac{P_2}{R_2}} = \sqrt{\frac{40}{10}} = 2\text{A}，K = \frac{I_2}{I_1} = 2，N_2 = \frac{N_1}{K} = \frac{100}{2} = 50 \text{ 匝}$$

题 84 解图

题 85 解图

答案： A

86. 解 实现对电动机的过载保护，除了将热继电器的热元件串联在电动机的主电路外，还应将热继电器的常闭触点串接在控制电路中。

当电机过载时，这个常闭触点断开，控制电路供电通路断开。

答案： B

87. 解 模拟信号与连续时间信号不同，模拟信号是幅值连续变化的连续时间信号。题中两条曲线均符合该性质。

答案： C

88. 解 周期信号的幅值频谱是离散且收敛的。这个周期信号一定是时间上的连续信号。

本题给出的图形是周期信号的频谱图。频谱图是非正弦信号中不同正弦信号分量的幅值按频率变化排列的图形，其大小是表示各次谐波分量的幅值，用正值表示。例如本题频谱图中出现的 1.5V 对应于 1kHz 的正弦信号分量的幅值，而不是这个周期信号的幅值。因此本题选项 C 或 D 都是错误的。

答案： B

89. 解 放大器的输入为正弦交流信号。但$u_1(t)$的频率过高，超出了上限频率f_H，放大倍数小于A，因此输出信号u_2的有效值$U_2 < AU_1$。

答案： C

90. 解 $AC + DC + \overline{AD} \cdot C = (A + D + \overline{AD}) \cdot C = (A + D + \overline{A} + \overline{D}) \cdot C = 1 \cdot C = C$

答案： A

91. 解 $\overline{A + B} = F$

F 是个或非关系，可以用“有 1 则 0”的口诀处理。

答案： B

92. 解 本题各选项均是用八位二进制 BCD 码表示的十进制数，即是以四位二进制表示一位十进制。十进制数字 88 的 BCD 码是 10001000。

答案： B

93. 解 图示为二极管的单相半波整流电路。

当$u_i > 0$时，二极管截止，输出电压$u_o = 0$；当$u_i < 0$时，二极管导通，输出电压u_o与输入电压u_i相等。

答案： B

94. 解 本题为用运算放大器构成的电压比较电路，波形分析如解图所示。阴影面积可以反映输出电压平均值的大小。

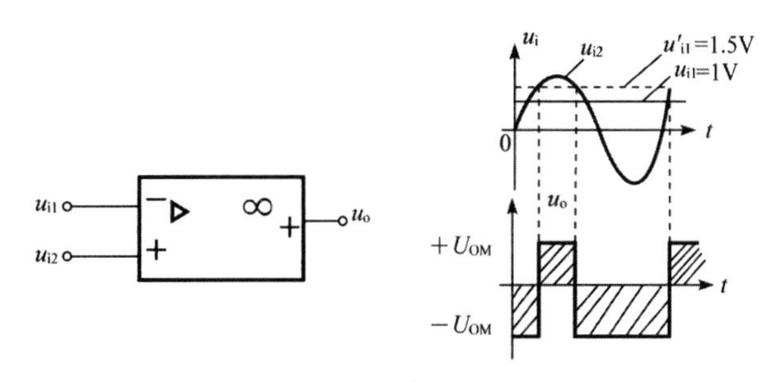

题 94 解图

当$u_{i1} < u_{i2}$时，$u_o = +U_{oM}$；当$u_{i1} > u_{i2}$时，$u_o = -U_{oM}$

当u_{i1}升高到 1.5V 时，u_o波形的正向面积减小，反向面积增加，电压平均值降低（如解图中虚线波形所示）。

答案： D

95. 解 题图为一个时序逻辑电路，由解图可以看出，第一个和第二个时钟的下降沿时刻，输出 Q

均等于 0。

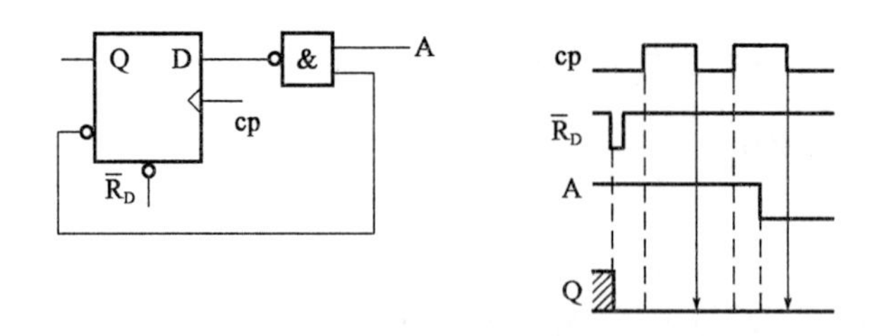

题 95 解图

答案：A

96. 解 图示为三位的异步二进制加法计数器，波形图分析如下。

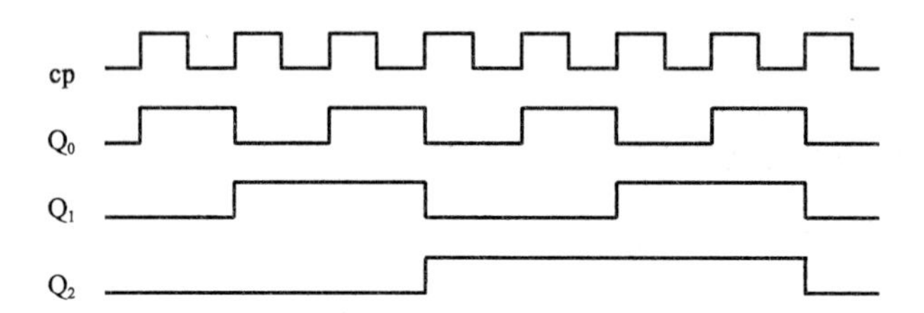

答案：C

97. 解 计算机硬件的组成包括输入/输出设备、存储器、运算器、控制器。内存储器是主机的一部分，属于计算机的硬件系统。

答案：B

98. 解 根据冯·诺依曼结构原理，计算机硬件是由运算器、控制器、存储器、I/O 设备组成。

答案：C

99. 解 当要对存储器中的内容进行读写操作时，来自地址总线的存储器地址经地址译码器译码之后，选中指定的存储单元，而读写控制电路根据读写命令实施对存储器的存取操作，数据总线则用来传送写入内存储器或从内存储器读出的信息。

答案：B

100. 解 操作系统的运行是在一个随机的环境中进行的，也就是说，人们不能对于所运行的程序的行为以及硬件设备的情况做任何的假定，一个设备可能在任何时候向微处理器发出中断请求。人们也无法知道运行着的程序会在什么时候做了些什么事情，也无法确切的知道操作系统正处于什么样的状态之中，这就是随机性的含义。

答案：C

101. 解 多任务操作系统是指可以同时运行多个应用程序。比如：在操作系统下，在打开网页的同时还可以打开 QQ 进行聊天，可以打开播放器看视频等。目前的操作系统都是多任务的操作系统。

答案：B

102. 解 先将十进制数转换为二进制数（100000000+0.101=100000000.101），而后三位二进制数对应于一位八进制数。

答案：D

103. 解 $1\text{KB} = 2^{10}\text{B} = 1024\text{B}$

$1\text{MB} = 2^{20}\text{B} = 1024\text{KB}$

$1\text{GB} = 2^{30}\text{B} = 1024\text{MB} = 1024 \times 1024\text{KB}$

$1\text{TB} = 2^{40}\text{B} = 1024\text{GB} = 1024 \times 1024\text{MB}$

答案：D

104. 解 计算机病毒特点包括非授权执行性、复制传染性、依附性、寄生性、潜伏性、破坏性、隐蔽性、可触发性。

答案：D

105. 解 通常人们按照作用范围的大小，将计算机网络分为三类：局域网、城域网和广域网。

答案：C

106. 解 常见的局域网拓扑结构分为星形网、环形网、总线网，以及它们的混合型。

答案：B

107. 解 年实际利率为：

$$i = \left(1 + \frac{r}{m}\right)^m - 1 = \left(1 + \frac{6\%}{2}\right)^2 - 1 = 6.09\%$$

年实际利率高出名义利率：$6.09\% - 6\% = 0.09\%$

答案：C

108. 解 第一年贷款利息：$400/2 \times 6\% = 12$万元

第二年贷款利息：$(400 + 800/2 + 12) \times 6\% = 48.72$ 万元

建设期贷款利息：$12 + 48.72 = 60.72$万元

答案：D

109. 解 由于股利必须在企业税后利润中支付，因而不能抵减所得税的缴纳。普通股资金成本为：

$$K_s = \frac{8000 \times 10\%}{8000 \times (1 - 3\%)} + 5\% = 15.31\%$$

答案：D

110. 解 回收营运资金为现金流入，故项目第 10 年的净现金流量为$25 + 20 = 45$万元。

答案：C

111. 解 社会折现率是用以衡量资金时间经济价值的重要参数，代表资金占用的机会成本，并且用作不同年份之间资金价值换算的折现率。

答案：D

112. 解 题目给出的影响因素中，产品价格变化较小就使得项目净现值为零，故该因素最敏感。

答案：A

113. 解 差额投资内部收益率是两个方案各年净现金流量差额的现值之和等于零时的折现率。差额内部收益率等于基准收益率时，两方案的净现值相等，即两方案的优劣相等。

答案：A

114. 解 F_3的功能系数为：$F_3 = \frac{4}{3+5+4+1+2} = 0.27$

答案：C

115. 解 《中华人民共和国建筑法》第二十七条规定，大型建筑工程或者结构复杂的建筑工程，可以由两个以上的承包单位联合共同承包。共同承包的各方对承包合同的履行承担连带责任。

两个以上不同资质等级的单位实行联合共同承包的，应当按照资质等级低的单位的业务许可范围承揽工程。

答案：D

116. 解 选项 B 属于义务，其他几条属于权利。

答案：B

117. 解 《中华人民共和国招标投标法》第二十八条规定，投标人应当在招标文件要求提交投标文件的截止时间前，将投标文件送达投标地点。招标人收到投标文件后，应当签收保存，不得开启。投标人少于三个的，招标人应当依照本法重新招标。 在招标文件要求提交投标文件的截止时间后送达的投标文件，招标人应当拒收。

答案：B

118. 解 《中华人民共和国民法典》第一百五十二条规定，有下列情形之一的，撤销权消灭：

（一）当事人自知道或者应当知道撤销事由之日起一年内、重大误解的当事人自知道或者应当知道撤销事由之日起九十日内没有行使撤销权；

……

答案：C

119. 解 《建筑工程质量管理条例》第三十九条规定，建设工程实行质量保修制度。建设工程承包单位在向建设单位提交工程竣工验收报告时，应当向建设单位出具质量保修书。质量保修书中应当明确建设工程的保修范围、保修期限和保修责任等。

建设工程的保修期，自竣工验收合格之日起计算，不是移交之日起计算，所以选项 A 错。供冷系统保修期是两个运行季，不是 2 年，所以选项 B 错。质量保修书是竣工验收时提交，不是结算时提交，所以选项 D 错。

答案： C

120. 解 《建设工程安全生产管理条例》第八条规定，建设单位在编制工程概算时，应当确定建设工程安全作业环境及安全施工措施所需费用。

答案： A

2018年度全国勘察设计注册工程师
执业资格考试试卷

基础考试
（上）

二〇一八年十月

应考人员注意事项

1. 本试卷科目代码为“1”，考生务必将此代码填涂在答题卡“科目代码”相应的栏目内，否则，无法评分。
2. 书写用笔：**黑色或蓝色钢笔、签字笔或圆珠笔**；

   填涂答题卡用笔：**黑色 2B 铅笔**。
3. 必须用书写用笔将工作单位、姓名、准考证号填写在答题卡和试卷相应的栏目内。
4. 本试卷由 120 题组成，每题 1 分，满分 120 分，本试卷全部为单项选择题，每小题的四个备选项中只有一个正确答案，错选、多选、不选均不得分。
5. 考生作答时，必须按**题号在答题卡上**将相应试题所选选项对应的**字母用 2B 铅笔涂黑**。
6. 在答题卡上书写与题意无关的语言，或在答题卡上作标记的，均按违纪试卷处理。
7. 考试结束时，由监考人员当面将试卷、答题卡一并收回。
8. 草稿纸由各地统一配发，考后收回。

单项选择题（共 120 题，每题 1 分。每题的备选项中只有一个最符合题意。）

1. 下列等式中不成立的是：

A. $\lim\limits_{x\to 0}\frac{\sin x^2}{x^2}=1$

B. $\lim\limits_{x\to \infty}\frac{\sin x}{x}=1$

C. $\lim\limits_{x\to 0}\frac{\sin x}{x}=1$

D. $\lim\limits_{x\to \infty}x\sin\frac{1}{x}=1$

2. 设$f(x)$为偶函数，$g(x)$为奇函数，则下列函数中为奇函数的是：

A. $f[g(x)]$

B. $f[f(x)]$

C. $g[f(x)]$

D. $g[g(x)]$

3. 若$f'(x_0)$存在，则$\lim\limits_{x\to x_0}\frac{xf(x_0)-x_0f(x)}{x-x_0}=$：

A. $f'(x_0)$

B. $-x_0f'(x_0)$

C. $f(x_0)-x_0f'(x_0)$

D. $x_0f'(x_0)$

4. 已知$\varphi(x)$可导，则$\frac{\mathrm{d}}{\mathrm{d}x}\int_{\varphi(x^2)}^{\varphi(x)}e^{t^2}\,\mathrm{d}t$等于：

A. $\varphi'(x)e^{[\varphi(x)]^2}-2x\varphi'(x^2)e^{[\varphi(x^2)]^2}$

B. $e^{[\varphi(x)]^2}-e^{[\varphi(x^2)]^2}$

C. $\varphi'(x)e^{[\varphi(x)]^2}-\varphi'(x^2)e^{[\varphi(x^2)]^2}$

D. $\varphi'(x)e^{\varphi(x)}-2x\varphi'(x^2)e^{\varphi(x^2)}$

5. 若$\int f(x)\mathrm{d}x=F(x)+C$，则$\int xf(1-x^2)\mathrm{d}x$等于：

A. $F(1-x^2)+C$

B. $-\frac{1}{2}F(1-x^2)+C$

C. $\frac{1}{2}F(1-x^2)+C$

D. $-\frac{1}{2}F(x)+C$

6. 若$x=1$是函数$y=2x^2+ax+1$的驻点，则常数a等于：

A. 2

B. −2

C. 4

D. −4

7. 设向量$\boldsymbol{\alpha}$与向量$\boldsymbol{\beta}$的夹角$\theta=\frac{\pi}{3}$，$|\boldsymbol{\alpha}|=1$，$|\boldsymbol{\beta}|=2$，则$|\boldsymbol{\alpha}+\boldsymbol{\beta}|$等于：

A. $\sqrt{8}$

B. $\sqrt{7}$

C. $\sqrt{6}$

D. $\sqrt{5}$

8. 微分方程$y''=\sin x$的通解y等于：

A. $-\sin x+C_1+C_2$　　B. $-\sin x+C_1x+C_2$

C. $-\cos x+C_1x+C_2$　　D. $\sin x+C_1x+C_2$

9. 设函数$f(x)$，$g(x)$在$[a,b]$上均可导$(a<b)$，且恒正，若$f'(x)g(x)+f(x)g'(x)>0$，则当$x\in(a,b)$时，下列不等式中成立的是：

A. $\frac{f(x)}{g(x)}>\frac{f(a)}{g(b)}$　　B. $\frac{f(x)}{g(x)}>\frac{f(b)}{g(b)}$

C. $f(x)g(x)>f(a)g(a)$　　D. $f(x)g(x)>f(b)g(b)$

10. 由曲线$y=\ln x$，y轴与直线$y=\ln a$，$y=\ln b(b>a>0)$所围成的平面图形的面积等于：

A. $\ln b-\ln a$　　B. $b-a$

C. e^b-e^a　　D. e^b+e^a

11. 下列平面中，平行于且非重合于yOz坐标面的平面方程是：

A. $y+z+1=0$　　B. $z+1=0$

C. $y+1=0$　　D. $x+1=0$

12. 函数$f(x,y)$在点$P_0(x_0,y_0)$处的一阶偏导数存在是该函数在此点可微分的：

A. 必要条件　　B. 充分条件

C. 充分必要条件　　D. 既非充分条件也非必要条件

13. 下列级数中，发散的是：

A. $\sum\limits_{n=1}^{\infty}\frac{1}{n(n+1)}$　　B. $\sum\limits_{n=1}^{\infty}\frac{1}{n^{3/2}}$

C. $\sum\limits_{n=1}^{\infty}\left(\frac{n}{2n+1}\right)^2$　　D. $\sum\limits_{n=1}^{\infty}(-1)^n\frac{1}{\sqrt{n}}$

14. 在下列微分方程中，以函数$y=C_1e^{-x}+C_2e^{4x}$（C_1，C_2为任意常数）为通解的微分方程是：

A. $y''+3y'-4y=0$　　B. $y''-3y'-4y=0$

C. $y''+3y'+4y=0$　　D. $y''+y'-4y=0$

15. 设L是从点$A(0,1)$到点$B(1,0)$的直线段，则对弧长的曲线积分$\int_L \cos(x+y)\mathrm{d}s$等于：

A. $\cos 1$

B. $2\cos 1$

C. $\sqrt{2}\cos 1$

D. $\sqrt{2}\sin 1$

16. 若正方形区域D：$|x|\leqslant 1$，$|y|\leqslant 1$，则二重积分$\iint\limits_D (x^2+y^2)\mathrm{d}x\mathrm{d}y$等于：

A. 4

B. $\frac{8}{3}$

C. 2

D. $\frac{2}{3}$

17. 函数$f(x)=a^x(a>0，a\neq 1)$的麦克劳林展开式中的前三项是：

A. $1+x\ln a+\frac{x^2}{2}$

B. $1+x\ln a+\frac{\ln a}{2}x^2$

C. $1+x\ln a+\frac{(\ln a)^2}{2}x^2$

D. $1+\frac{x}{\ln a}+\frac{x^2}{2\ln a}$

18. 设函数$z=f(x^2y)$，其中$f(u)$具有二阶导数，则$\frac{\partial^2 z}{\partial x\partial y}$等于：

A. $f''(x^2y)$

B. $f'(x^2y)+x^2f''(x^2y)$

C. $2x[f'(x^2y)+xf''(x^2y)]$

D. $2x[f'(x^2y)+x^2yf''(x^2y)]$

19. 设$\boldsymbol{A}$、$\boldsymbol{B}$均为三阶矩阵，且行列式$|\boldsymbol{A}|=1$，$|\boldsymbol{B}|=-2$，$\boldsymbol{A}^{\mathrm{T}}$为$\boldsymbol{A}$的转置矩阵，则行列式$\left|-2\boldsymbol{A}^{\mathrm{T}}\boldsymbol{B}^{-1}\right|$等于：

A. -1

B. 1

C. -4

D. 4

20. 要使齐次线性方程组$\begin{cases}ax_1+x_2+x_3=0\\x_1+ax_2+x_3=0\\x_1+x_2+ax_3=0\end{cases}$，有非零解，则$a$应满足：

A. $-2<a<1$

B. $a=1$或$a=-2$

C. $a\neq -1$且$a\neq -2$

D. $a>1$

21. 矩阵$\boldsymbol{A}=\begin{bmatrix}1 & -1 & 0\\ -1 & 3 & 0\\ 0 & 0 & 0\end{bmatrix}$所对应的二次型的标准型是：

A. $f=y_1^2-3y_2^2$

B. $f=y_1^2-2y_2^2$

C. $f=y_1^2+2y_2^2$

D. $f=y_1^2-y_2^2$

22. 已知事件$\boldsymbol{A}$与$\boldsymbol{B}$相互独立，且$P(\overline{A})=0.4$，$P(\overline{B})=0.5$，则$P(A\cup B)$等于：

A. 0.6

B. 0.7

C. 0.8

D. 0.9

23. 设随机变量X的分布函数为$F(x)=\begin{cases}0 & x\leqslant 0\\ x^3 & 0<x\leqslant 1\\ 1 & x>1\end{cases}$，则数学期望$E(X)$等于：

A. $\int_0^1 3x^2\mathrm{d}x$

B. $\int_0^1 3x^3\mathrm{d}x$

C. $\int_0^1 \frac{x^4}{4}\mathrm{d}x+\int_1^{+\infty} x\mathrm{d}x$

D. $\int_0^{+\infty} 3x^3\mathrm{d}x$

24. 若二维随机变量(X,Y)的联合分布律为：

Y \ X	1	2	3
1	$\frac{1}{6}$	$\frac{1}{9}$	$\frac{1}{18}$
2	$\frac{1}{3}$	β	α

且X与Y相互独立，则α、β取值为：

A. $\alpha=\frac{1}{6}$，$\beta=\frac{1}{6}$

B. $\alpha=0$，$\beta=\frac{1}{3}$

C. $\alpha=\frac{2}{9}$，$\beta=\frac{1}{9}$

D. $\alpha=\frac{1}{9}$，$\beta=\frac{2}{9}$

25. 1mol 理想气体（刚性双原子分子），当温度为T时，每个分子的平均平动动能为：

A. $\frac{3}{2}RT$

B. $\frac{5}{2}RT$

C. $\frac{3}{2}kT$

D. $\frac{5}{2}kT$

26. 一密闭容器中盛有 1mol 氦气（视为理想气体），容器中分子无规则运动的平均自由程仅取决于：

A. 压强p

B. 体积V

C. 温度T

D. 平均碰撞频率$\overline{Z}$

27. “理想气体和单一恒温热源接触做等温膨胀时，吸收的热量全部用来对外界做功。”对此说法，有以下几种讨论，其中正确的是：

A. 不违反热力学第一定律，但违反热力学第二定律

B. 不违反热力学第二定律，但违反热力学第一定律

C. 不违反热力学第一定律，也不违反热力学第二定律

D. 违反热力学第一定律，也违反热力学第二定律

28. 一定量的理想气体，由一平衡态(p_1,V_1,T_1)变化到另一平衡态(p_2,V_2,T_2)，若$V_2>V_1$，但$T_2=T_1$，无论气体经历怎样的过程：

A. 气体对外做的功一定为正值

B. 气体对外做的功一定为负值

C. 气体的内能一定增加

D. 气体的内能保持不变

29. 一平面简谐波的波动方程为$y=0.01\cos 10\pi(25t-x)$(SI)，则在$t=0.1$s时刻，$x=2$m处质元的振动位移是：

A. 0.01cm

B. 0.01m

C. −0.01m

D. 0.01mm

30. 一平面简谐波的波动方程为$y=0.02\cos\pi(50t+4x)$(SI)，此波的振幅和周期分别为：

A. 0.02m，0.04s

B. 0.02m，0.02s

C. −0.02m，0.02s

D. 0.02m，25s

31. 当机械波在媒质中传播，一媒质质元的最大形变量发生在：

A. 媒质质元离开其平衡位置的最大位移处

B. 媒质质元离开其平衡位置的$\frac{\sqrt{2}}{2}A$处（A为振幅）

C. 媒质质元离开其平衡位置的$\frac{A}{2}$处

D. 媒质质元在其平衡位置处

32. 双缝干涉实验中，若在两缝后（靠近屏一侧）各覆盖一块厚度均为d，但折射率分别为n_1和n_2（$n_2>n_1$）的透明薄片，则从两缝发出的光在原来中央明纹初相遇时，光程差为：

A. $d(n_2-n_1)$

B. $2d(n_2-n_1)$

C. $d(n_2-1)$

D. $d(n_1-1)$

33. 在空气中做牛顿环实验，当平凸透镜垂直向上缓慢平移而远离平面镜时，可以观察到这些环状干涉条纹：

A. 向右平移　　B. 静止不动

C. 向外扩张　　D. 向中心收缩

34. 真空中波长为λ的单色光，在折射率为n的均匀透明媒质中，从A点沿某一路径传播到B点，路径的长度为l，A、B两点光振动的相位差为$\Delta\varphi$，则：

A. $l=\frac{3\lambda}{2}$，$\Delta\varphi=3\pi$　　B. $l=\frac{3\lambda}{2n}$，$\Delta\varphi=3n\pi$

C. $l=\frac{3\lambda}{2n}$，$\Delta\varphi=3\pi$　　D. $l=\frac{3n\lambda}{2}$，$\Delta\varphi=3n\pi$

35. 空气中用白光垂直照射一块折射率为1.50、厚度为0.4×10^{-6}m的薄玻璃片，在可见光范围内，光在反射中被加强的光波波长是（$1\text{m}=1\times10^{9}\text{nm}$）：

A. 480nm　　B. 600nm　　C. 2400nm　　D. 800nm

36. 有一玻璃劈尖，置于空气中，劈尖角$\theta=8\times10^{-5}$rad（弧度），用波长$\lambda=589$nm的单色光垂直照射此劈尖，测得相邻干涉条纹间距$l=2.4$mm，则此玻璃的折射率为：

A. 2.86　　B. 1.53　　C. 15.3　　D. 28.6

37. 某元素正二价离子（M^{2+}）的外层电子构型是$3s^23p^6$，该元素在元素周期表中的位置是：

A. 第三周期，第 VIII 族　　B. 第三周期，第 VIA 族

C. 第四周期，第 IIA 族　　D. 第四周期，第 VIII 族

38. 在Li^+、Na^+、K^+、Rb^+中，极化力最大的是：

A. Li^+　　B. Na^+　　C. K^+　　D. Rb^+

39. 浓度均为$0.1\text{mol}\cdot\text{L}^{-1}$的$NH_4Cl$、NaCl、NaOAc、$Na_3PO_4$溶液，其 pH 值从小到大顺序正确的是：

A. NH_4Cl，NaCl，NaOAc，Na_3PO_4　　B. Na_3PO_4，NaOAc，NaCl，NH_4Cl

C. NH_4Cl，NaCl，Na_3PO_4，NaOAc　　D. NaOAc，Na_3PO_4，NaCl，NH_4Cl

40. 某温度下，在密闭容器中进行如下反应$2A(g)+B(g)\rightleftharpoons2C(g)$，开始时，$p(A)=p(B)=300\text{kPa}$，$p(C)=0\text{kPa}$，平衡时，$p(C)=100\text{kPa}$，在此温度下反应的标准平衡常数$K^{\Theta}$是：

A. 0.1　　B. 0.4　　C. 0.001　　D. 0.002

41. 在酸性介质中，反应$MnO_4^- + SO_3^{2-} + H^+ \longrightarrow Mn^{2+} + SO_4^{2-}$，配平后，$H^+$的系数为：

A. 8　　B. 6　　C. 0　　D. 5

42. 已知：酸性介质中，$E^\ominus(ClO_4^-/Cl^-) = 1.39V$，$E^\ominus(ClO_3^-/Cl^-) = 1.45V$，$E^\ominus(HClO/Cl^-) = 1.49V$，$E^\ominus(Cl_2/Cl^-) = 1.36V$，以上各电对中氧化型物质氧化能力最强的是：

A. ClO_4^-　　B. ClO_3^-　　C. HClO　　D. Cl_2

43. 下列反应的热效应等于$CO_2(g)$的$\Delta_f H_m^\ominus$的是：

A. C(金刚石) + $O_2(g) \longrightarrow CO_2(g)$

B. $CO(g) + \frac{1}{2}O_2(g) \longrightarrow CO_2(g)$

C. C(石墨) + $O_2(g) \longrightarrow CO_2(g)$

D. 2C(石墨) + $2O_2(g) \longrightarrow 2CO_2(g)$

44. 下列物质在一定条件下不能发生银镜反应的是：

A. 甲醛　　B. 丁醛

C. 甲酸甲酯　　D. 乙酸乙酯

45. 下列物质一定不是天然高分子的是：

A. 蔗糖　　B. 蛋白质

C. 橡胶　　D. 纤维素

46. 某不饱和烃催化加氢反应后，得到$(CH_3)_2CHCH_2CH_3$，该不饱和烃是：

A. 1-戊炔　　B. 3-甲基-1-丁炔

C. 2-戊炔　　D. 1,2-戊二烯

47. 设力$\boldsymbol{F}$在x轴上的投影为F，则该力在与x轴共面的任一轴上的投影：

A. 一定不等于零　　B. 不一定等于零

C. 一定等于零　　D. 等于F

48. 在图示边长为a的正方形物块$OABC$上作用一平面力系，已知：$F_1 = F_2 = F_3 = 10N$，$a = 1m$，力偶的转向如图所示，力偶矩的大小为$M_1 = M_2 = 10N \cdot m$，则力系向O点简化的主矢、主矩为：

A. $F_R = 30N$（方向铅垂向上），$M_O = 10N \cdot m$(↺)

B. $F_R = 30N$（方向铅垂向上），$M_O = 10N \cdot m$(↻)

C. $F_R = 50N$（方向铅垂向上），$M_O = 30N \cdot m$(↺)

D. $F_R = 10N$（方向铅垂向上），$M_O = 10N \cdot m$(↻)

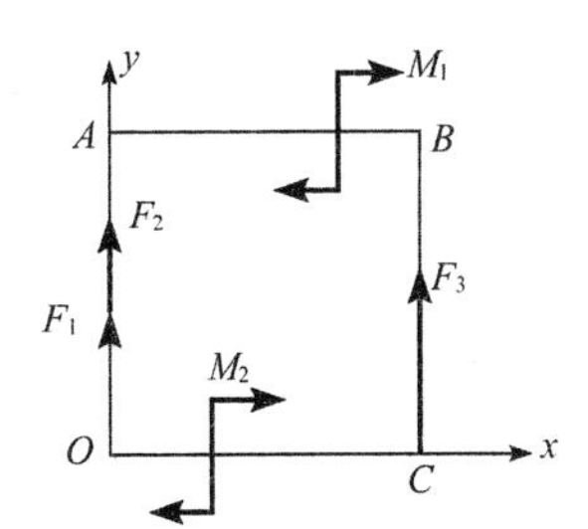

49. 在图示结构中，已知$AB = AC = 2r$，物重F_{p}，其余质量不计，则支座A的约束力为：

A. $F_{\mathrm{A}} = 0$

B. $F_{\mathrm{A}} = \frac{1}{2}F_{\mathrm{p}}(\leftarrow)$

C. $F_{\mathrm{A}} = \frac{1}{2} \cdot 3F_{\mathrm{p}}(\rightarrow)$

D. $F_{\mathrm{A}} = \frac{1}{2} \cdot 3F_{\mathrm{p}}(\leftarrow)$

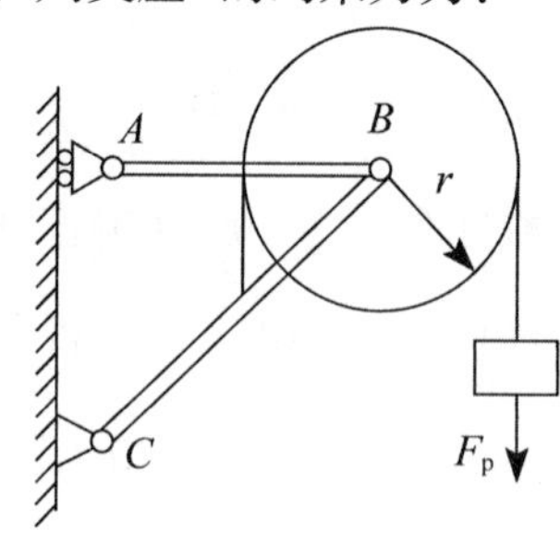

50. 图示平面结构，各杆自重不计，已知$q = 10\mathrm{kN/m}$，$F_{\mathrm{p}} = 20\mathrm{kN}$，$F = 30\mathrm{kN}$，$L_1 = 2\mathrm{m}$，$L_2 = 5\mathrm{m}$，$B$、$C$处为铰链连接，则$BC$杆的内力为：

A. $F_{\mathrm{BC}} = -30\mathrm{kN}$

B. $F_{\mathrm{BC}} = 30\mathrm{kN}$

C. $F_{\mathrm{BC}} = 10\mathrm{kN}$

D. $F_{\mathrm{BC}} = 0$

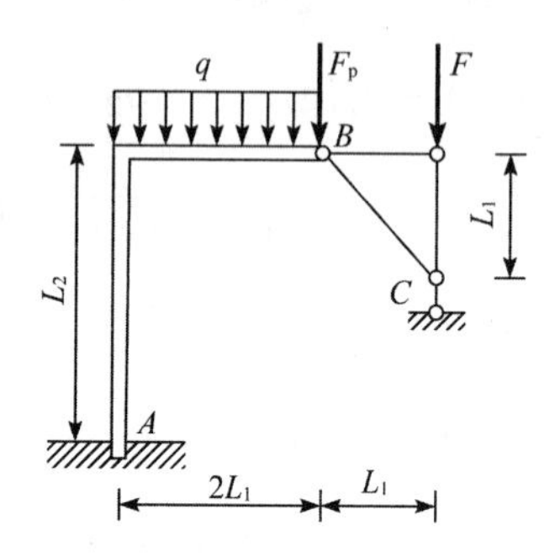

51. 点的运动由关系式$S = t^4 - 3t^3 + 2t^2 - 8$决定（$S$以 m 计，$t$以 s 计），则$t = 2\mathrm{s}$时的速度和加速度为：

A. $-4\mathrm{m/s}$，$16\mathrm{m/s^2}$

B. $4\mathrm{m/s}$，$12\mathrm{m/s^2}$

C. $4\mathrm{m/s}$，$16\mathrm{m/s^2}$

D. $4\mathrm{m/s}$，$-16\mathrm{m/s^2}$

52. 质点以匀速度 $15\mathrm{m/s}$绕直径为 10m 的圆周运动，则其法向加速度为：

A. $22.5\mathrm{m/s^2}$

B. $45\mathrm{m/s^2}$

C. 0

D. $75\mathrm{m/s^2}$

53. 四连杆机构如图所示，已知曲柄O_1A长为r，且$O_1A = O_2B$，$O_1O_2 = AB = 2b$，角速度为ω，角加速度为α，则杆AB的中点M的速度、法向和切向加速度的大小分别为：

A. $v_{\mathrm{M}} = b\omega$，$a_{\mathrm{M}}^n = b\omega^2$，$a_{\mathrm{M}}^t = b\alpha$

B. $v_{\mathrm{M}} = b\omega$，$a_{\mathrm{M}}^n = r\omega^2$，$a_{\mathrm{M}}^t = r\alpha$

C. $v_{\mathrm{M}} = r\omega$，$a_{\mathrm{M}}^n = r\omega^2$，$a_{\mathrm{M}}^t = r\alpha$

D. $v_{\mathrm{M}} = r\omega$，$a_{\mathrm{M}}^n = b\omega^2$，$a_{\mathrm{M}}^t = b\alpha$

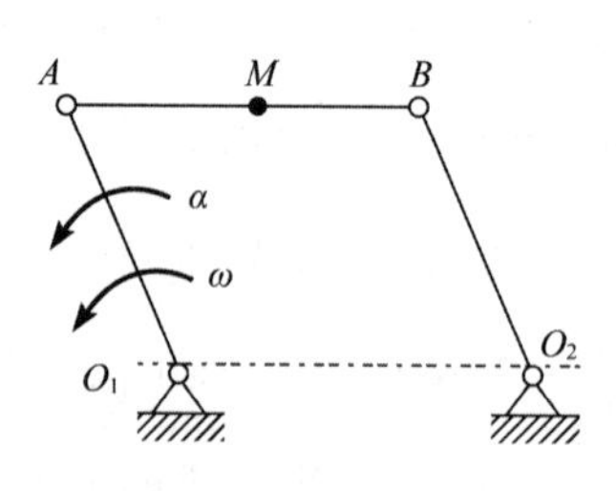

54. 质量为m的小物块在匀速转动的圆桌上，与转轴的距离为r，如图所示。设物块与圆桌之间的摩擦系数为μ，为使物块与桌面之间不产生相对滑动，则物块的最大速度为：

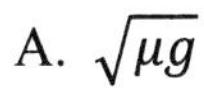

A. $\sqrt{\mu g}$

B. $2\sqrt{\mu gr}$

C. $\sqrt{\mu gr}$

D. $\sqrt{\mu r}$

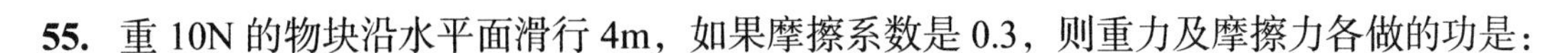

55. 重 10N 的物块沿水平面滑行 4m，如果摩擦系数是 0.3，则重力及摩擦力各做的功是：

A. 40N · m，40N · m　　　　B. 0，40N · m

C. 0，12N · m　　　　D. 40N · m，12N · m

56. 质量m_1与半径r均相同的三个均质滑轮，在绳端作用有力或挂有重物，如图所示。已知均质滑轮的质量为$m_1 = 2\text{kN} \cdot \text{s}^2/\text{m}$，重物的质量分别为$m_2 = 0.2\text{kN} \cdot \text{s}^2/\text{m}$，$m_3 = 0.1\text{kN} \cdot \text{s}^2/\text{m}$，重力加速度按$g = 10\text{m/s}^2$计算，则各轮转动的角加速度$\alpha$间的关系是：

A. $\alpha_1 = \alpha_3 > \alpha_2$　　　　B. $\alpha_1 < \alpha_2 < \alpha_3$

C. $\alpha_1 > \alpha_3 > \alpha_2$　　　　D. $\alpha_1 \neq \alpha_2 = \alpha_3$

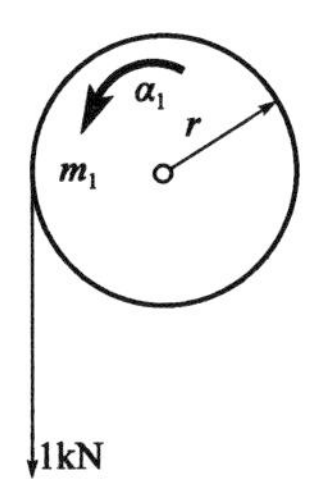

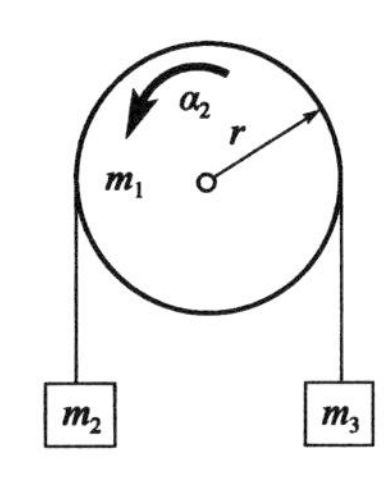

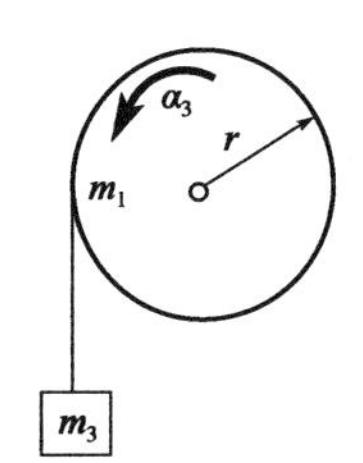

57. 均质细杆OA，质量为m，长l。在如图所示水平位置静止释放，释放瞬时轴承O施加于杆OA的附加动反力为：

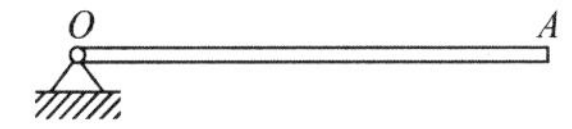

A. $3mg\uparrow$

B. $3mg\downarrow$

C. $\frac{3}{4}mg\uparrow$

D. $\frac{3}{4}mg\downarrow$

58. 图示两系统均做自由振动，其固有圆频率分别为：

A. $\sqrt{\frac{2k}{m}}$，$\sqrt{\frac{k}{2m}}$

B. $\sqrt{\frac{k}{m}}$，$\sqrt{\frac{m}{2k}}$

C. $\sqrt{\frac{k}{2m}}$，$\sqrt{\frac{k}{m}}$

D. $\sqrt{\frac{k}{m}}$，$\sqrt{\frac{k}{2m}}$

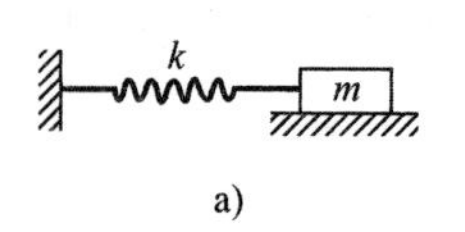

a)

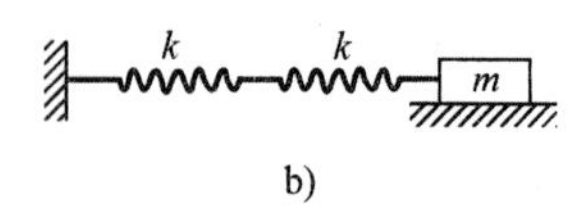

b)

59. 等截面杆，轴向受力如图所示，则杆的最大轴力是：

A. 8kN

B. 5kN

C. 3kN

D. 13kN

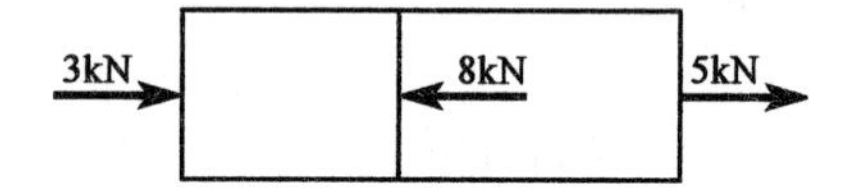

60. 变截面杆AC受力如图所示。已知材料弹性模量为E，杆BC段的截面积为A，杆AB段的截面积为$2A$，则杆C截面的轴向位移是：

A. $\frac{FL}{2EA}$

B. 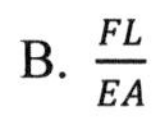 $\frac{FL}{EA}$

C. 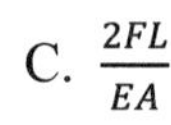 $\frac{2FL}{EA}$

D. 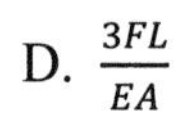 $\frac{3FL}{EA}$

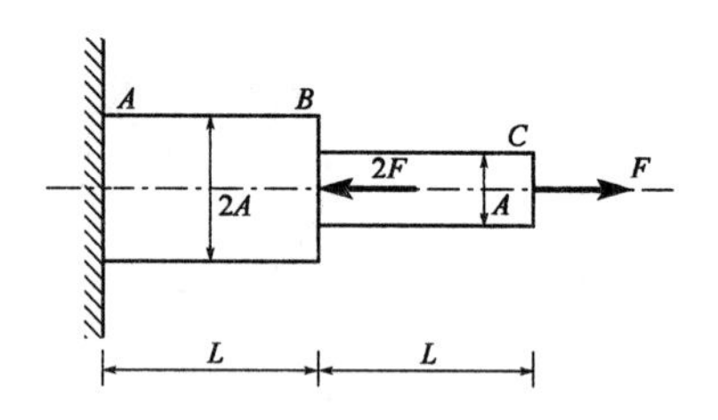

61. 直径d =0.5m 的圆截面立柱，固定在直径$D = 1$m的圆形混凝土基座上，圆柱的轴向压力$F =$ 1000kN，混凝土的许用应力$[\tau] = 1.5$MPa。假设地基对混凝土板的支反力均匀分布，为使混凝土基座不被立柱压穿，混凝土基座所需的最小厚度t应是：

A. 159mm

B. 212mm

C. 318mm

D. 424mm

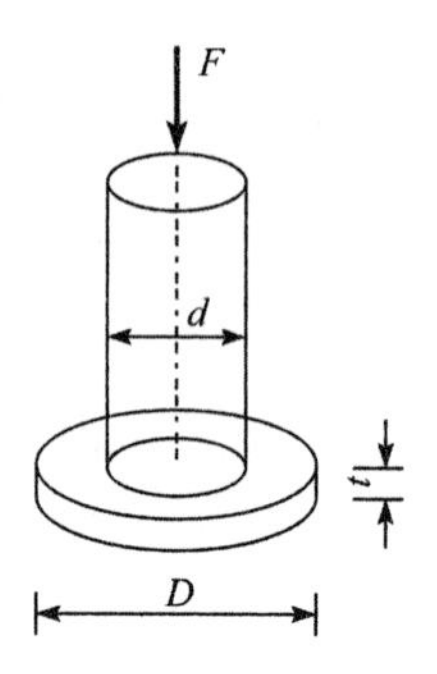

62. 实心圆轴受扭，若将轴的直径减小一半，则扭转角是原来的：

A. 2 倍　　　　B. 4 倍

C. 8 倍　　　　D. 16 倍

63. 图示截面对z轴的惯性矩I_z为：

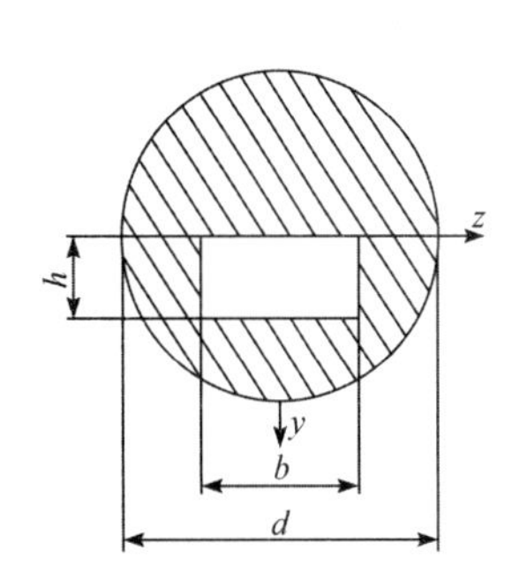

A. $I_z=\frac{\pi d^4}{64}-\frac{bh^3}{3}$

B. $I_z=\frac{\pi d^4}{64}-\frac{bh^3}{12}$

C. $I_z=\frac{\pi d^4}{32}-\frac{bh^3}{6}$

D. $I_z=\frac{\pi d^4}{64}-\frac{13bh^3}{12}$

64. 图示圆轴的抗扭截面系数为W_{T}，切变模量为G。扭转变形后，圆轴表面A点处截取的单元体互相垂直的相邻边线改变了γ角，如图所示。圆轴承受的扭矩T是：

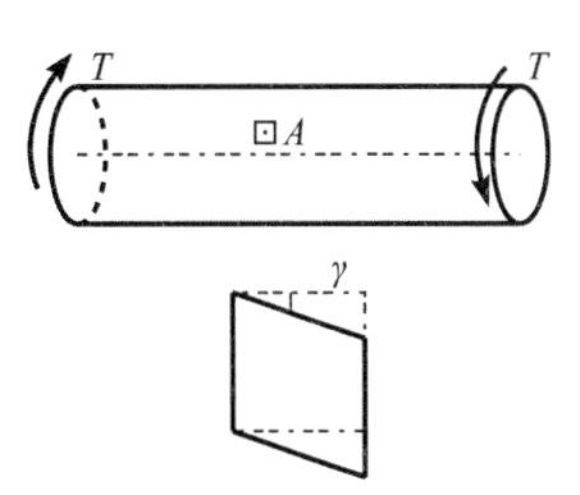

A. $T=G\gamma W_{\mathrm{T}}$

B. $T=\frac{G\gamma}{W_{\mathrm{T}}}$

C. $T=\frac{\gamma}{G}W_{\mathrm{T}}$

D. $T=\frac{W_{\mathrm{T}}}{G\gamma}$

65. 材料相同的两根矩形截面梁叠合在一起，接触面之间可以相对滑动且无摩擦力。设两根梁的自由端共同承担集中力偶m，弯曲后两根梁的挠曲线相同，则上面梁承担的力偶矩是：

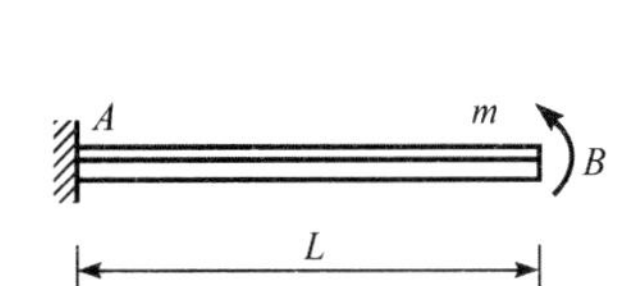

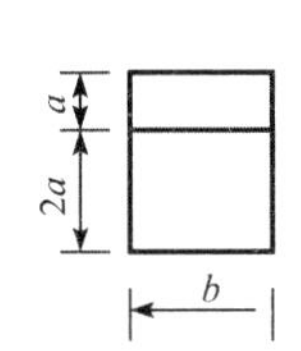

A. $m/9$

B. $m/5$

C. $m/3$

D. $m/2$

66. 图示等边角钢制成的悬臂梁AB，C点为截面形心，x为该梁轴线，y'、z'为形心主轴。集中力$\boldsymbol{F}$竖直向下，作用线过形心，则梁将发生以下哪种变化：

A. xy平面内的平面弯曲

B. 扭转和xy平面内的平面弯曲

C. xy'和xz'平面内的双向弯曲

D. 扭转及xy'和xz'平面内的双向弯曲

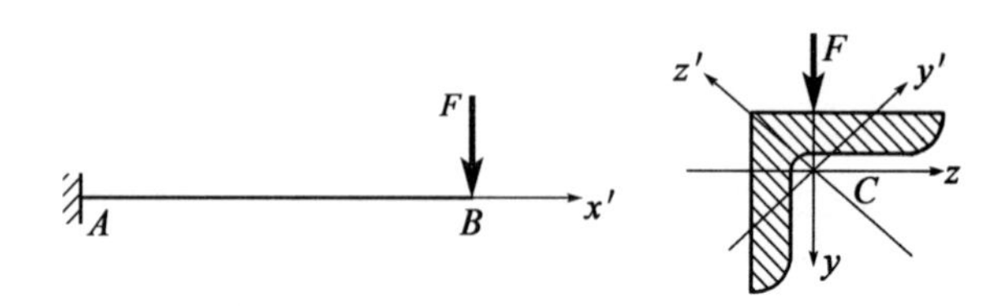

67. 图示直径为d的圆轴，承受轴向拉力$\boldsymbol{F}$和扭矩$\boldsymbol{T}$。按第三强度理论，截面危险的相当应力σ_{eq3}为：

A. $\sigma_{eq3}=\frac{32}{\pi d^3}\sqrt{F^2+T^2}$

B. $\sigma_{eq3}=\frac{16}{\pi d^3}\sqrt{F^2+T^2}$

C. $\sigma_{eq3}=\sqrt{\left(\frac{4F}{\pi d^2}\right)^2+4\left(\frac{16T}{\pi d^3}\right)^2}$

D. $\sigma_{eq3}=\sqrt{\left(\frac{4F}{\pi d^2}\right)^2+4\left(\frac{32T}{\pi d^3}\right)^2}$

68. 在图示 4 种应力状态中，最大切应力τ_{max}大的应力状态是：

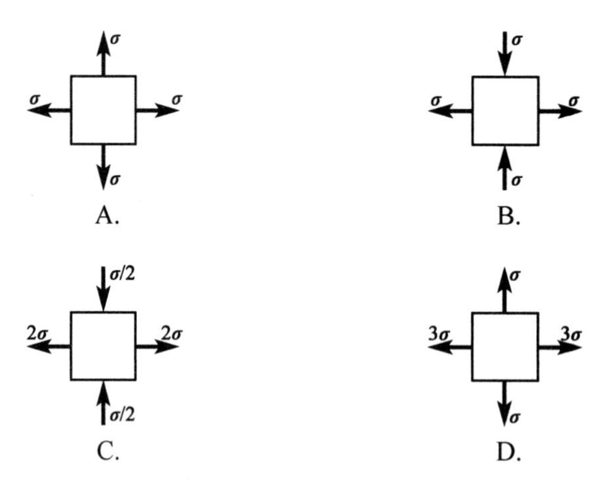

69. 图示圆轴固定端最上缘A点单元体的应力状态是：

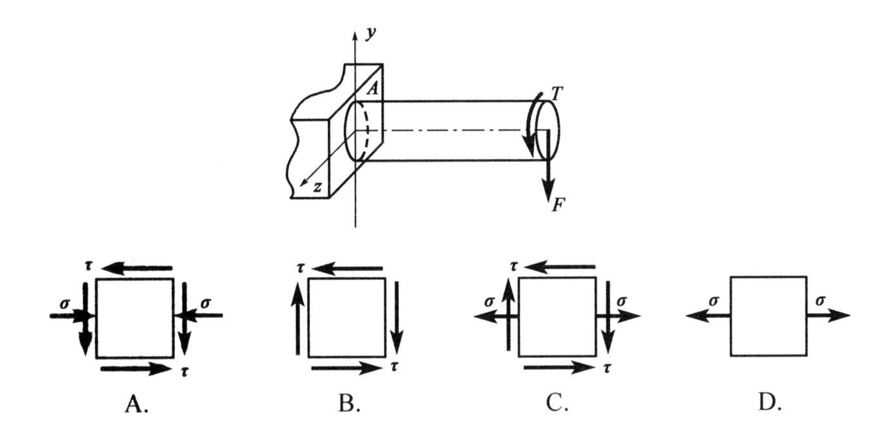

70. 图示三根压杆均为细长（大柔度）压杆，且弯曲刚度为EI。三根压杆的临界荷载F_{cr}的关系为：

A. $F_{cra} > F_{crb} > F_{crc}$

B. $F_{crb} > F_{cra} > F_{crc}$

C. $F_{crc} > F_{cra} > F_{crb}$

D. $F_{crb} > F_{crc} > F_{cra}$

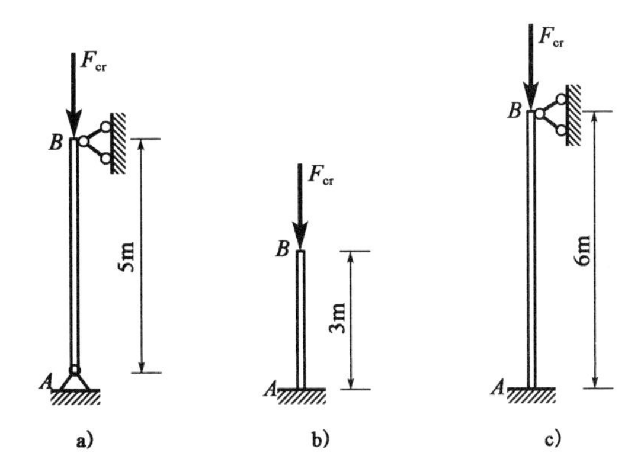

71. 压力表测出的压强是：

A. 绝对压强

B. 真空压强

C. 相对压强

D. 实际压强

72. 有一变截面压力管道，测得流量为 15L/s，其中一截面的直径为 100mm，另一截面处的流速为 20m/s，则此截面的直径为：

A. 29mm

B. 31mm

C. 35mm

D. 26mm

73. 一直径为 50mm 的圆管，运动黏滞系数$\nu = 0.18\text{cm}^2/\text{s}$、密度$\rho = 0.85\text{g/cm}^3$的油在管内以$v = 10\text{cm/s}$的速度做层流运动，则沿程损失系数是：

A. 0.18　　B. 0.23　　C. 0.20　　D. 0.26

74. 圆柱形管嘴，直径为 0.04m，作用水头为 7.5m，则出水流量为：

A. $0.008\text{m}^3/\text{s}$　　B. $0.023\text{m}^3/\text{s}$

C. $0.020\text{m}^3/\text{s}$　　D. $0.013\text{m}^3/\text{s}$

75. 同一系统的孔口出流，有效作用水头H相同，则自由出流与淹没出流的关系为：

A. 流量系数不等，流量不等　　B. 流量系数不等，流量相等

C. 流量系数相等，流量不等　　D. 流量系数相等，流量相等

76. 一梯形断面明渠，水力半径$R = 1\text{m}$，底坡$i = 0.0008$，粗糙系数$n = 0.02$，则输水流速度为：

A. 1m/s　　B. 1.4m/s

C. 2.2m/s　　D. 0.84m/s

77. 渗流达西定律适用于：

A. 地下水渗流　　B. 砂质土壤渗流

C. 均匀土壤层流渗流　　D. 地下水层流渗流

78. 几何相似、运动相似和动力相似的关系是：

A. 运动相似和动力相似是几何相似的前提

B. 运动相似是几何相似和动力相似的表象

C. 只有运动相似，才能几何相似

D. 只有动力相似，才能几何相似

79. 图示为环线半径为r的铁芯环路，绕有匝数为N的线圈，线圈中通有直流电流I，磁路上的磁场强度H处处均匀，则H值为：

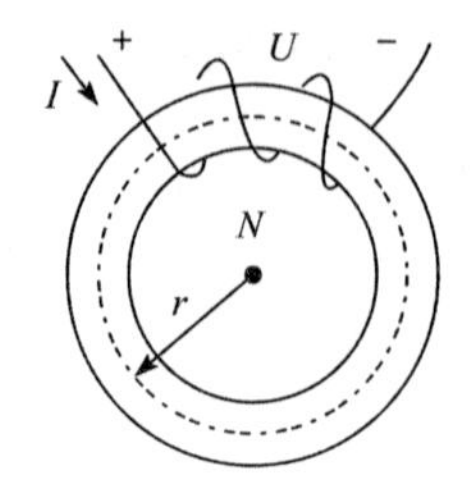

A. $\frac{NI}{r}$，顺时针方向

B. $\frac{NI}{2\pi r}$，顺时针方向

C. $\frac{NI}{r}$，逆时针方向

D. $\frac{NI}{2\pi r}$，逆时针方向

80. 图示电路中，电压$U =$

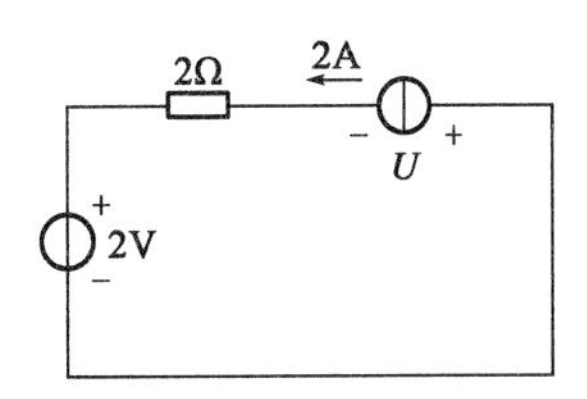

A. 0V

B. 4V

C. 6V

D. −6V

81. 对于图示电路，可以列写a、b、c、d 4个结点的KCL方程和①、②、③、④、⑤ 5个回路的KVL方程。为求出6个未知电流$I_1 \sim I_6$，正确的求解模型应该是：

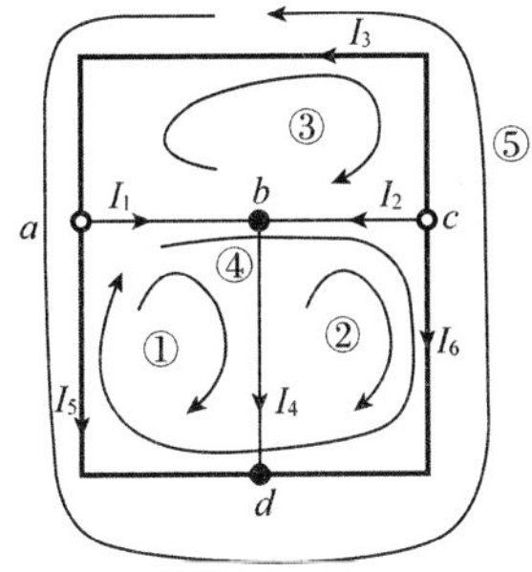

A. 任选3个KCL方程和3个KVL方程

B. 任选3个KCL方程和①、②、③ 3个回路的KVL方程

C. 任选3个KCL方程和①、②、④ 3个回路的KVL方程

D. 写出4个KCL方程和任意2个KVL方程

82. 已知交流电流$i(t)$的周期$T = 1\text{ms}$，有效值$I = 0.5\text{A}$，当$t = 0$时，$i = 0.5\sqrt{2}\text{A}$，则它的时间函数描述形式是：

A. $i(t) = 0.5\sqrt{2}\sin 1000t\,\text{A}$

B. $i(t) = 0.5\sin 2000\pi t\,\text{A}$

C. $i(t) = 0.5\sqrt{2}\sin(2000\pi t + 90°)\,\text{A}$

D. $i(t) = 0.5\sqrt{2}\sin(1000\pi t + 90°)\,\text{A}$

83. 图a)滤波器的幅频特性如图b)所示，当$u_\text{i} = u_\text{i1} = 10\sqrt{2}\sin 100t\,\text{V}$时，输出$u_\text{o} = u_\text{o1}$，当$u_\text{i} = u_\text{i2} = 10\sqrt{2}\sin 10^4 t\,\text{V}$时，输出$u_\text{o} = u_\text{o2}$，则可以算出：

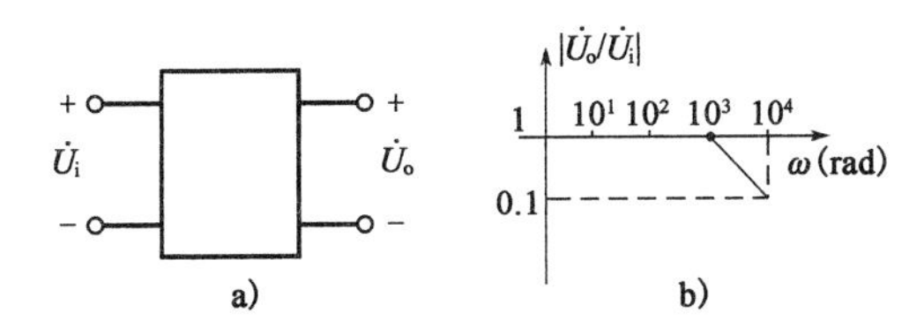

A. $U_\text{o1} = U_\text{o2} = 10\text{V}$

B. $U_\text{o1} = 10\text{V}$，U_o2不能确定，但小于10V

C. $U_\text{o1} < 10\text{V}$，$U_\text{o2} = 0$

D. $U_\text{o1} = 10\text{V}$，$U_\text{o2} = 1\text{V}$

84. 如图 a）所示功率因数补偿电路中，当$C = C_1$时得到相量图如图 b）所示，当$C = C_2$时得到相量图如图 c）所示，则：

A. C_1一定大于C_2

B. 当$C = C_1$时，功率因数$\lambda|_{C_1} = -0.866$；当$C = C_2$时，功率因数$\lambda|_{C_2} = 0.866$

C. 因为功率因数$\lambda|_{C_1} = \lambda|_{C_2}$，所以采用两种方案均可

D. 当$C = C_2$时，电路出现过补偿，不可取

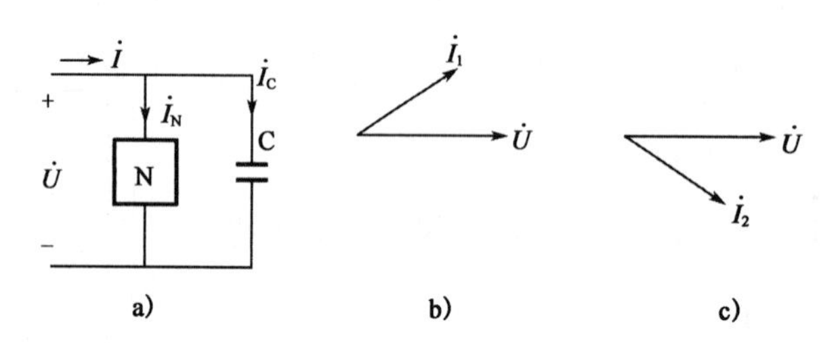

85. 某单相理想变压器，其一次线圈为 550 匝，有两个二次线圈。若希望一次电压为 100V 时，获得的二次电压分别为 10V 和 20V，则$N_{2|10V}$和$N_{2|20V}$应分别为：

A. 50 匝和 100 匝 B. 100 匝和 50 匝

C. 55 匝和 110 匝 D. 110 匝和 55 匝

86. 为实现对电动机的过载保护，除了将热继电器的常闭触点串接在电动机的控制电路中外，还应将其热元件：

A. 也串接在控制电路中 B. 再并接在控制电路中

C. 串接在主电路中 D. 并接在主电路中

87. 某温度信号如图 a）所示，经温度传感器测量后得到图 b）波形，经采样后得到图 c）波形，再经保持器得到图 d）波形，则：

A. 图 b）是图 a）的模拟信号

B. 图 a）是图 b）的模拟信号

C. 图 c）是图 b）的数字信号

D. 图 d）是图 a）的模拟信号

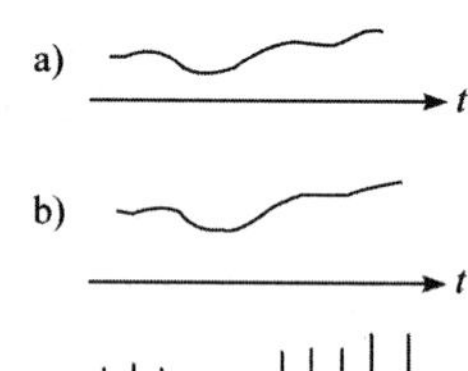

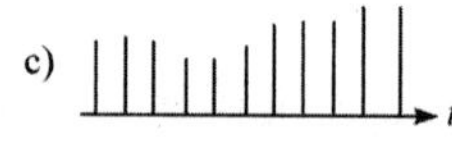

88. 若某周期信号的一次谐波分量为$5\sin 10^3 t$ V，则它的三次谐波分量可表示为：

A. $U\sin 3\times 10^3 t$，$U > 5\text{V}$　　　　B. $U\sin 3\times 10^3 t$，$U < 5\text{V}$

C. $U\sin 10^6 t$，$U > 5\text{V}$　　　　D. $U\sin 10^6 t$，$U < 5\text{V}$

89. 设放大器的输入信号为$u_1(t)$，放大器的幅频特性如图所示，令$u_1(t)=\sqrt{2}U_1\sin 2\pi ft$，$u_2(t)=$

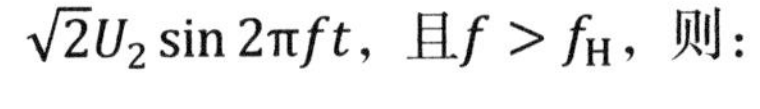

$\sqrt{2}U_2\sin 2\pi ft$，且$f > f_H$，则：

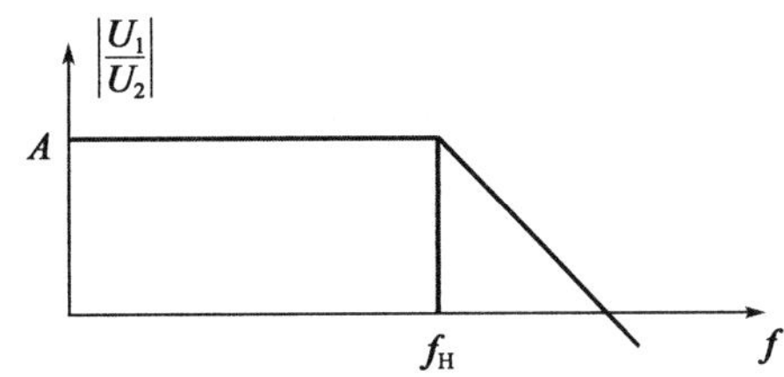

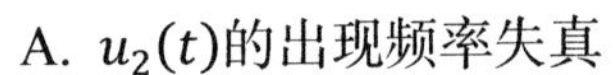

A. $u_2(t)$的出现频率失真

B. $u_2(t)$的有效值$U_2 = AU_1$

C. $u_2(t)$的有效值$U_2 < AU_1$

D. $u_2(t)$的有效值$U_2 > AU_1$

90. 对逻辑表达式$\overline{\text{AD}+\overline{\text{A}}\text{D}}$的化简结果是：

A. 0　　　　B. 1

C. $\overline{\text{A}}\text{D}+\text{A}\overline{\text{D}}$　　　　D. $\overline{\text{AD}}+\text{AD}$

91. 已知数字信号A和数字信号B的波形如图所示，则数字信号$\text{F}=\overline{\text{A}+\text{B}}$的波形为：

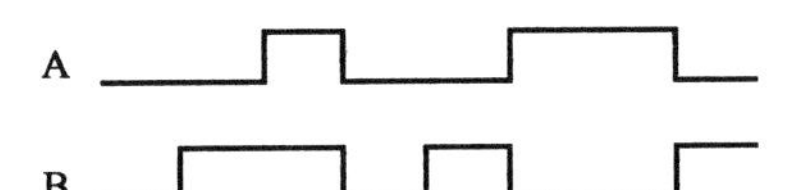

A. F

B. F

C. F

D. F

92. 十进制数字 16 的 BCD 码为：

A. 00010000　　　　B. 00010110

C. 00010100　　　　D. 00011110

93. 二极管应用电路如图所示，$U_A = 1V$，$U_B = 5V$，设二极管为理想器件，则输出电压U_F：

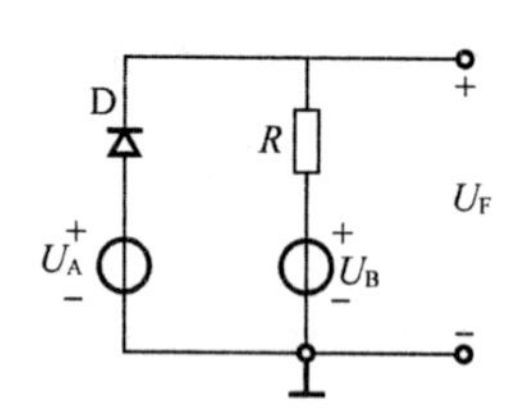

A. 等于1V

B. 等于5V

C. 等于0V

D. 因R未知，无法确定

94. 运算放大器应用电路如图所示，其中$C = 1\mu F$，$R = 1M\Omega$，$U_{oM} = \pm 10V$，若$u_1 = 1V$，则u_o：

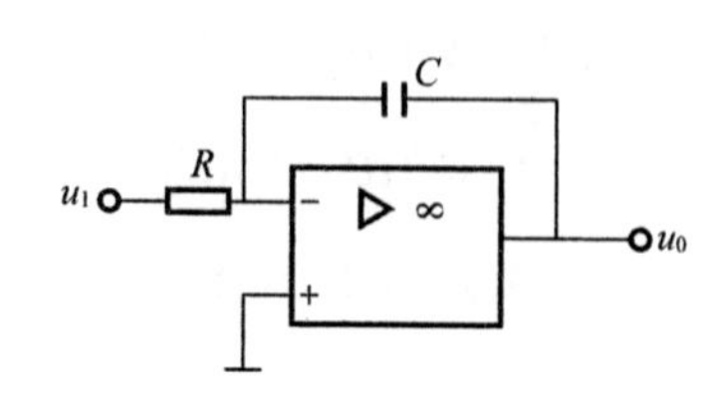

A. 等于0V

B. 等于1V

C. 等于10V

D. $t < 10s$时，为$-t$；$t \geqslant 10s$后，为$-10V$

95. 图a）所示电路中，复位信号$\overline{R}_D$、信号A及时钟脉冲信号cp如图b）所示，经分析可知，在第一个和第二个时钟脉冲的下降沿时刻，输出Q先后等于：

A. 0　0

B. 0　1

C. 1　0

D. 1　1

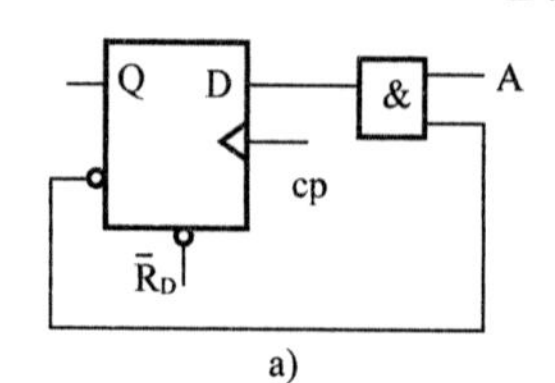

a）

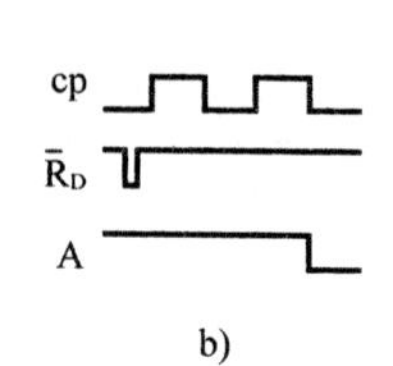

b）

附：触发器的逻辑状态表

D	Q_{n+1}
0	0
1	1

96. 图示电路的功能和寄存数据是：

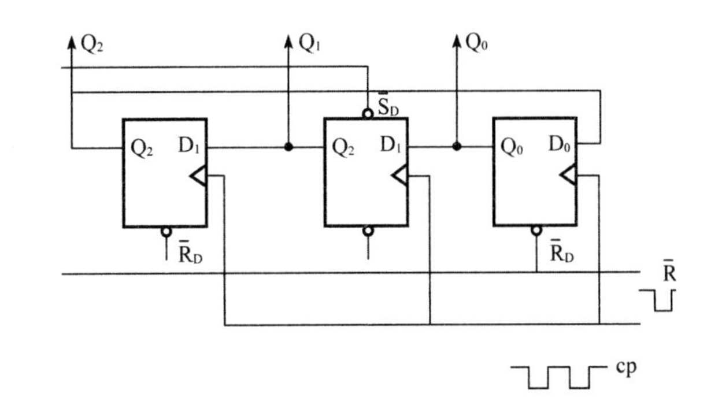

A. 左移的三位移位寄存器，寄存数据是 010

B. 右移的三位移位寄存器，寄存数据是 010

C. 左移的三位移位寄存器，寄存数据是 000

D. 右移的三位移位寄存器，寄存数据是 000

97. 计算机按用途可分为：

A. 专业计算机和通用计算机

B. 专业计算机和数字计算机

C. 通用计算机和模拟计算机

D. 数字计算机和现代计算机

98. 当前微机所配备的内存储器大多是：

A. 半导体存储器

B. 磁介质存储器

C. 光线（纤）存储器

D. 光电子存储器

99. 批处理操作系统的功能是将用户的一批作业有序地排列起来：

A. 在用户指令的指挥下、顺序地执行作业流

B. 计算机系统会自动地、顺序地执行作业流

C. 由专门的计算机程序员控制作业流的执行

D. 由微软提供的应用软件来控制作业流的执行

100. 杀毒软件应具有的功能是：

A. 消除病毒

B. 预防病毒

C. 检查病毒

D. 检查并消除病毒

101. 目前，微机系统中普遍使用的字符信息编码是：

A. BCD 编码

B. ASCII 编码

C. EBCDIC 编码

D. 汉字字型码

102. 下列选项中，不属于 Windows 特点的是：

A. 友好的图形用户界面　　B. 使用方便

C. 多用户单任务　　D. 系统稳定可靠

103. 操作系统中采用虚拟存储技术，是为了对：

A. 外为存储空间的分配　　B. 外存储器进行变换

C. 内存储器的保护　　D. 内存储器容量的扩充

104. 通过网络传送邮件、发布新闻消息和进行数据交换是计算机网络的：

A. 共享软件资源功能　　B. 共享硬件资源功能

C. 增强系统处理功能　　D. 数据通信功能

105. 下列有关因特网提供服务的叙述中，错误的一条是：

A. 文件传输服务、远程登录服务　　B. 信息搜索服务、WWW 服务

C. 信息搜索服务、电子邮件服务　　D. 网络自动连接、网络自动管理

106. 若按网络传输技术的不同，可将网络分为：

A. 广播式网络、点到点式网络

B. 双绞线网、同轴电缆网、光纤网、无线网

C. 基带网和宽带网

D. 电路交换类、报文交换类、分组交换类

107. 某企业准备 5 年后进行设备更新，到时所需资金估计为 600 万元，若存款利率为 5%，从现在开始每年年末均等额存款，则每年应存款：

[已知：$(A/F, 5\%, 5) = 0.18097$]

A. 78.65 万元　　B. 108.58 万元

C. 120 万元　　D. 165.77 万元

108. 某项目投资于邮电通信业，运营后的营业收入全部来源于对客户提供的电信服务，则在估计该项目现金流时不包括：

A. 企业所得税　　B. 增值税

C. 城市维护建设税　　D. 教育税附加

109. 某公司向银行借款150万元，期限为5年，年利率为8%，每年年末等额还本付息一次（即等额本息法），到第五年末还完本息。则该公司第2年年末偿还的利息为：

[已知：$(A/P,8\%,5)=0.2505$]

A. 9.954万元

B. 12万元

C. 25.575万元

D. 37.575万元

110. 以下关于项目内部收益率指标的说法正确的是：

A. 内部收益率属于静态评价指标

B. 项目内部收益率就是项目的基准收益率

C. 常规项目可能存在多个内部收益率

D. 计算内部收益率不必事先知道准确的基准收益率i_c

111. 影子价格是商品或生产要素的任何边际变化对国家的基本社会经济目标所做贡献的价值，因而影子价格是：

A. 目标价格

B. 反映市场供求状况和资源稀缺程度的价格

C. 计划价格

D. 理论价格

112. 在对项目进行盈亏平衡分析时，各方案的盈亏平衡点生产能力利用率有如下四种数据，则抗风险能力较强的是：

A. 30%

B. 60%

C. 80%

D. 90%

113. 甲、乙为两个互斥的投资方案。甲方案现时点的投资为25万元，此后从第一年年末开始，年运行成本为4万元，寿命期为20年，净残值为8万元；乙方案现时点的投资额为12万元，此后从第一年年末开始，年运行成本为6万元，寿命期也为20年，净残值6万元。若基准收益率为20%，则甲、乙方案费用现值分别为：

[已知：$(P/A,20\%,20)=4.8696$，$(P/F,20\%,20)=0.02608$]

A. 50.80万元，−41.06万元

B. 54.32万元，41.06万元

C. 44.27万元，41.06万元

D. 50.80万元，44.27万元

114. 某产品的实际成本为 10000 元，它由多个零部件组成，其中一个零部件的实际成本为 880 元，功能评价系数为 0.140，则该零部件的价值指数为：

A. 0.628　　B. 0.880

C. 1.400　　D. 1.591

115. 某工程项目甲建设单位委托乙监理单位对丙施工总承包单位进行监理，有关监理单位的行为符合规定的是：

A. 在监理合同规定的范围内承揽监理业务

B. 按建设单位委托，客观公正地执行监理任务

C. 与施工单位建立隶属关系或者其他利害关系

D. 将工程监理业务转让给具有相应资质的其他监理单位

116. 某施工企业取得了安全生产许可证后，在从事建筑施工活动中，被发现已经不具备安全生产条件，则正确的处理方法是：

A. 由颁发安全生产许可证的机关暂扣或吊销安全生产许可证

B. 由国务院建设行政主管部门责令整改

C. 由国务院安全管理部门责令停业整顿

D. 吊销安全生产许可证，5 年内不得从事施工活动

117. 某工程项目进行公开招标，甲乙两个施工单位组成联合体投标该项目，下列做法中，不合法的是：

A. 双方商定以一个投标人的身份共同投标

B. 要求双方至少一方应当具备承担招标项目的相应能力

C. 按照资质等级较低的单位确定资质等级

D. 联合体各方协商签订共同投标协议

118. 某建设工程总承包合同约定，材料价格按照市场价履约，但具体价款没有明确约定，结算时应当依据的价格是：

A. 订立合同时履行地的市场价格　　B. 结算时买方所在地的市场价格

C. 订立合同时签约地的市场价格　　D. 结算工程所在地的市场价格

119. 某城市计划对本地城市建设进行全面规划，根据《中华人民共和国环境保护法》的规定，下列城乡建设行为不符合《中华人民共和国环境保护法》规定的是：

A. 加强在自然景观中修建人文景观

B. 有效保护植被、水域

C. 加强城市园林、绿地园林

D. 加强风景名胜区的建设

120. 根据《建设工程安全生产管理条例》规定，施工单位主要负责人应当承担的责任是：

A. 落实安全生产责任制度、安全生产规章制度和操作规程

B. 保证本单位安全生产条件所需资金的投入

C. 确保安全生产费用的有效使用

D. 根据工程的特点组织特定安全施工措施

2018 年度全国勘察设计注册工程师执业资格考试基础考试（上）

试题解析及参考答案

1. 解　本题考查基本极限公式以及无穷小量的性质。

选项 A 和 C 是基本极限公式，成立。

选项 B，$\lim\limits_{x\to\infty}\frac{\sin x}{x}=\lim\limits_{x\to\infty}\frac{1}{x}\sin x$，其中$\frac{1}{x}$是无穷小，$\sin x$是有界函数，无穷小乘以有界函数的值为无穷小量，也就是极限为 0，故选项 B 不成立。

选项 D，只要令$t=\frac{1}{x}$，则可化为选项 C 的结果。

答案：B

2. 解　本题考查奇偶函数的性质。当$f(-x)=-f(x)$时，$f(x)$为奇函数；当$f(-x)=f(x)$时，$f(x)$为偶函数。

方法 1：选项 D，设$H(x)=g[g(x)]$，则

$$H(-x)=g[g(-x)]\overset{g(x)\text{为}}{\underset{\text{奇函数}}{=\!=\!=}}g[-g(x)]=-g[g(x)]=-H(x)$$

故$g[g(x)]$为奇函数。

方法 2：采用特殊值法，题中$f(x)$是偶函数，$g(x)$是奇函数，可设$f(x)=x^2$，$g(x)=x$，验证选项 A、B、C 均是偶函数，错误。

答案：D

3. 解　本题考查导数的定义，需要熟练拼凑相应的形式。

根据导数定义：$f'(x_0)=\lim\limits_{x\to x_0}\frac{f(x)-f(x_0)}{x-x_0}$，与题中所给形式类似，进行拼凑：

$$\lim_{x\to x_0}\frac{xf(x_0)-x_0f(x)}{(x-x_0)}$$
$$=\lim_{x\to x_0}\frac{xf(x_0)-x_0f(x)+x_0f(x_0)-x_0f(x_0)}{x-x_0}$$
$$=\lim_{x\to x_0}\left[\frac{-x_0f(x)+x_0f(x_0)}{x-x_0}+\frac{xf(x_0)-x_0f(x_0)}{x-x_0}\right]$$
$$=-x_0f'(x_0)+f(x_0)$$

答案：C

4. 解　本题考查变限定积分求导的计算方法。

变限定积分求导的方法如下：

$$\frac{\mathrm{d}\left(\int_{\psi(x)}^{\varphi(x)} f(t)\mathrm{d}t\right)}{\mathrm{d}x} = \frac{\mathrm{d}}{\mathrm{d}x}\left(\int_{\psi(x)}^{a} f(t)\mathrm{d}t + \int_{a}^{\varphi(x)} f(t)\mathrm{d}t\right) \quad (a\text{为常数})$$

$$= \frac{\mathrm{d}}{\mathrm{d}x}\left(-\int_{a}^{\psi(x)} f(t)\mathrm{d}t + \int_{a}^{\varphi(x)} f(t)\mathrm{d}t\right)$$

$$= -f(\psi(x))\psi'(x) + f(\varphi(x))\varphi'(x)$$

求导时，先把积分下限函数化为积分上限函数，再求导。

计算如下：

$$\frac{\mathrm{d}}{\mathrm{d}x}\int_{\varphi(x^2)}^{\varphi(x)} e^{t^2}\mathrm{d}t$$

$$= \frac{\mathrm{d}}{\mathrm{d}x}\left[\int_{\varphi(x^2)}^{a} e^{t^2}\mathrm{d}t + \int_{a}^{\varphi(x)} e^{t^2}\mathrm{d}t\right] \quad (a\text{为常数})$$

$$= \frac{\mathrm{d}}{\mathrm{d}x}\left[-\int_{a}^{\varphi(x^2)} e^{t^2}\mathrm{d}t + \int_{a}^{\varphi(x)} e^{t^2}\mathrm{d}t\right]$$

$$= -e^{[\varphi(x^2)]^2}\varphi'(x^2)\cdot 2x + e^{[\varphi(x)]^2}\cdot\varphi'(x)$$

$$= \varphi'(x)e^{[\varphi(x)]^2} - 2x\varphi'(x^2)e^{[\varphi(x^2)]^2}$$

答案：A

5. 解　本题考查不定积分的基本计算技巧：凑微分。

$$\int xf(1-x^2)\mathrm{d}x = -\frac{1}{2}\int f(1-x^2)\mathrm{d}(1-x^2) \xlongequal[\int f(x)\mathrm{d}x=F(x)+C]{\text{已知}} -\frac{1}{2}F(1-x^2)+C$$

答案：B

6. 解　本题考查一阶导数的应用。

驻点是函数的一阶导数为 0 的点，本题中函数明显是光滑连续的，所以对函数求导，有$y' = 4x + a$，将$x = 1$代入得到$y'(1) = 4 + a = 0$，解出$a = -4$。

答案：D

7. 解　本题考查向量代数的基本运算。

方法 1：$(\boldsymbol{\alpha}+\boldsymbol{\beta})\cdot(\boldsymbol{\alpha}+\boldsymbol{\beta}) = |\boldsymbol{\alpha}+\boldsymbol{\beta}|\cdot|\boldsymbol{\alpha}+\boldsymbol{\beta}|\cdot\cos 0 = |\boldsymbol{\alpha}+\boldsymbol{\beta}|^2$

所以，$|\boldsymbol{\alpha}+\boldsymbol{\beta}|^2 = (\boldsymbol{\alpha}+\boldsymbol{\beta})\cdot(\boldsymbol{\alpha}+\boldsymbol{\beta}) = \boldsymbol{\alpha}\cdot\boldsymbol{\alpha} + \boldsymbol{\beta}\cdot\boldsymbol{\alpha} + \boldsymbol{\alpha}\cdot\boldsymbol{\beta} + \boldsymbol{\beta}\cdot\boldsymbol{\beta} = \boldsymbol{\alpha}\cdot\boldsymbol{\alpha} + 2\boldsymbol{\alpha}\cdot\boldsymbol{\beta} + \boldsymbol{\beta}\cdot\boldsymbol{\beta}$

$$\xlongequal[\theta=\frac{\pi}{3}]{|\boldsymbol{\alpha}|=1,|\boldsymbol{\beta}|=2} 1\times 1\times\cos 0 + 2\times 1\times 2\times\cos\frac{\pi}{3} + 2\times 2\times\cos 0 = 7$$

所以，$|\boldsymbol{\alpha}+\boldsymbol{\beta}|^2 = 7$，则$|\boldsymbol{\alpha}+\boldsymbol{\beta}| = \sqrt{7}$

方法 2：可通过作图来辅助求解。

如解图所示，若设$\boldsymbol{\beta} = (2,0)$，由于$\boldsymbol{\alpha}$和$\boldsymbol{\beta}$的夹角为$\frac{\pi}{3}$，则

$$\boldsymbol{\alpha} = \left(1\cdot\cos\frac{\pi}{3}, 1\cdot\sin\frac{\pi}{3}\right) = \left(\cos\frac{\pi}{3}, \sin\frac{\pi}{3}\right),\ \boldsymbol{\beta} = (2,0)$$

$$\boldsymbol{\alpha}+\boldsymbol{\beta} = \left(2+\cos\frac{\pi}{3}, \sin\frac{\pi}{3}\right)$$

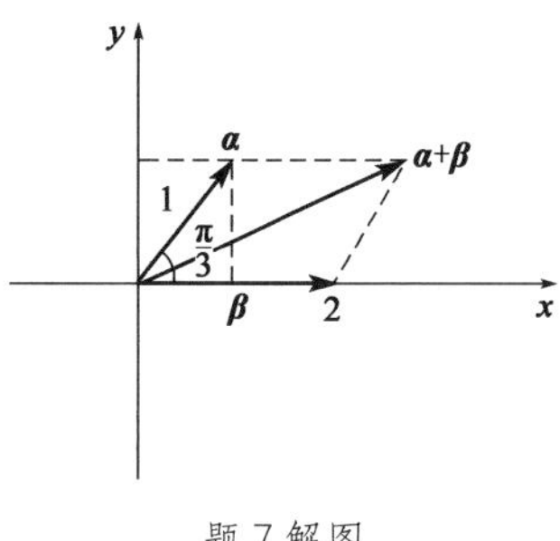

题 7 解图

$$|\boldsymbol{\alpha}+\boldsymbol{\beta}|=\sqrt{\left(2+\cos\frac{\pi}{3}\right)^2+\sin^2\frac{\pi}{3}}=\sqrt{4+2\times2\times\cos\frac{\pi}{3}+\cos^2\frac{\pi}{3}+\sin^2\frac{\pi}{3}}=\sqrt{7}$$

答案： B

8. 解 本题考查简单的二阶常微分方程求解，直接进行两次积分即可。

$y''=\sin x$，则$y'=\int\sin x\,\mathrm{d}x=-\cos x+C_1$

再次对x进行积分，有：$y=\int(-\cos x+C_1)\mathrm{d}x=-\sin x+C_1x+C_2$

答案： B

9. 解 本题考查导数的基本应用与计算。

已知$f(x)$，$g(x)$在$[a,\ b]$上均可导，且恒正，

设$H(x)=f(x)g(x)$，则$H'(x)=f'(x)g(x)+f(x)g'(x)$，

已知$f'(x)g(x)+f(x)g'(x)>0$，所以函数$H(x)=f(x)g(x)$在$x\in(a,\ b)$时单调增加，因此有$H(a)<H(x)<H(b)$，即$f(a)g(a)<f(x)g(x)<f(b)g(b)$。

答案： C

10. 解 本题考查定积分的基本几何应用。注意积分变量的选择，是选择x方便，还是选择y方便？

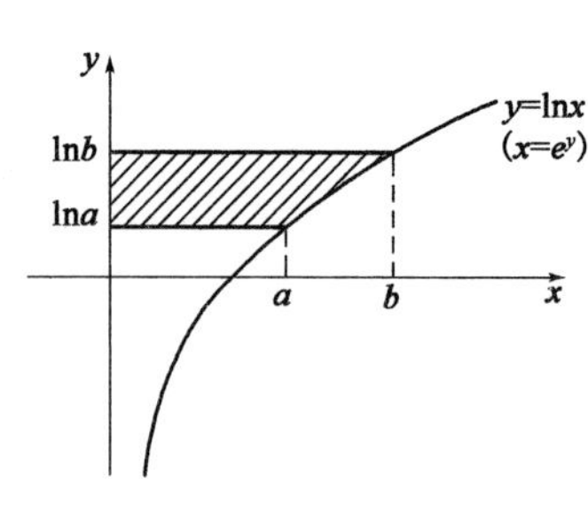

题 10 解图

如解图所示，本题所求图形面积即为阴影图形面积，此时选择积分变量y较方便。

$$A=\int_{\ln a}^{\ln b}\varphi(y)\mathrm{d}y$$

因为$y=\ln x$，则$x=e^y$，故：

$$A=\int_{\ln a}^{\ln b}e^y\,\mathrm{d}y=e^y\Big|_{\ln a}^{\ln b}=e^{\ln b}-e^{\ln a}=b-a$$

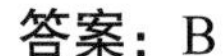

答案： B

11. 解 本题考查空间解析几何中平面的基本性质和运算。

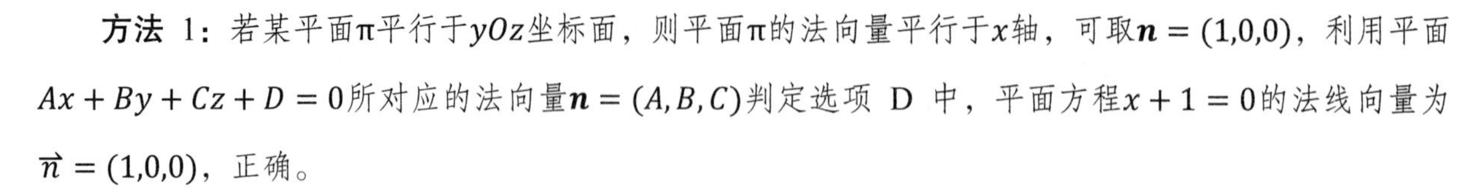

方法 1： 若某平面π平行于yOz坐标面，则平面π的法向量平行于x轴，可取$\boldsymbol{n}=(1,0,0)$，利用平面$Ax+By+Cz+D=0$所对应的法向量$\boldsymbol{n}=(A,B,C)$判定选项 D 中，平面方程$x+1=0$的法线向量为$\vec{n}=(1,0,0)$，正确。

方法 2： 可通过画出选项 A、B、C 的图形来确定。

答案： D

12. 解 本题考查多元函数微分学的概念性问题，涉及多元函数偏导数与多元函数连续等概念，需记忆解图的关系式方可快速解答：

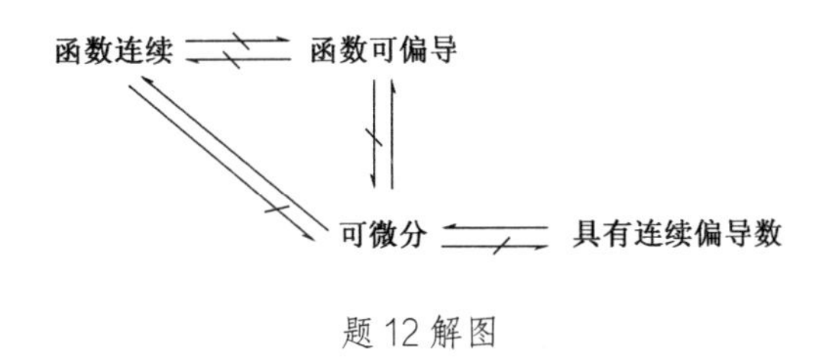

题 12 解图

可知，函数可微可推出一阶偏导数存在，而函数一阶偏导数存在推不出函数可微，故在此点一阶偏导数存在是函数在该点可微的必要条件。

答案： A

13. 解 本题考查级数中常数项级数的敛散性。

利用级数敛散性判定方法以及p级数的相关性判定。

选项 A，利用比较法的极限形式，选择级数$\sum\limits_{n=1}^{\infty}\frac{1}{n^2}$，$p>1$收敛。

而$\lim\limits_{n\to\infty}\frac{\frac{1}{n(n+1)}}{\frac{1}{n^2}}=\lim\limits_{n\to\infty}\frac{n^2}{n^2+n}=1$

所以级数收敛。

选项 B，可利用p级数的敛散性判断。

p级数$\sum\limits_{n=1}^{\infty}\frac{1}{n^p}$（$p>0$，实数），当$p>1$时，$p$级数收敛；当$p\leqslant 1$时，$p$级数发散。

选项 B，$p=\frac{3}{2}>1$，故级数收敛。

选项 D，可利用交错级数的莱布尼茨定理判断。

设交错级数$\sum\limits_{n=1}^{\infty}(-1)^{n-1}a_n$，其中$a_n>0$，只要：①$a_n\geqslant a_{n+1}(n=1,2,\dots)$，②$\lim\limits_{n\to\infty}a_n=0$，则$\sum\limits_{n=1}^{\infty}(-1)^{n-1}a_n$就收敛。

选项 D 中①$\frac{1}{\sqrt{n}}>\frac{1}{\sqrt{n+1}}(n=1,2,\dots)$，②$\lim\limits_{n\to\infty}\frac{1}{\sqrt{n}}=0$，故级数收敛。

选项 C，对于级数$\sum\limits_{n=1}^{\infty}\left(\frac{n}{2n+1}\right)^2$，$\lim\limits_{n\to\infty}u_n=\lim\limits_{n\to\infty}\left(\frac{n}{2n+1}\right)^2=\left(\frac{1}{2}\right)^2=\frac{1}{4}\neq 0$

级数收敛的必要条件是$\lim\limits_{n\to\infty}u_n=0$，而本选项$\lim\limits_{n\to\infty}u_n\neq 0$，故级数发散。

答案： C

14. 解 本题考查二阶常系数微分方程解的基本结构。

已知函数$y=C_1e^{-x}+C_2e^{4x}$是某微分方程的通解，则该微分方程拥有的特征方程的解分别为$r_1=-1$，$r_2=+4$，则有$(r+1)(r-4)=0$，展开有$r^2-3r-4=0$，故对应的微分方程为$y''-3y'-4y=0$。

答案： B

15. 解 本题考查对弧长曲线积分（也称第一类曲线积分）的相关计算。

依据题意，作解图，知L方程为$y=-x+1$

L的参数方程为$\begin{cases}x=x\\y=-x+1\end{cases}(0\leqslant x\leqslant 1)$

$$dS=\sqrt{1^2+(-1)^2}dx=\sqrt{2}dx$$

$$\int_L \cos(x+y)\,dS=\int_0^1 \cos[x+(-x+1)]\sqrt{2}\,dx$$

$$=\int_0^1 \sqrt{2}\cos 1\,dx=\sqrt{2}\cos 1\cdot x\Big|_0^1=\sqrt{2}\cos 1$$

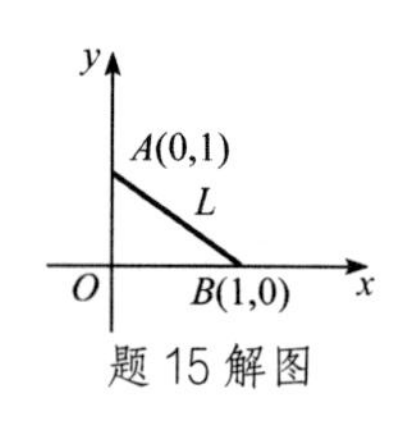

题 15 解图

注：写出直线L的方程后，需判断x的取值范围（对弧长的曲线积分，积分变量应由小变大），从方程中看可知x：$0\to 1$，若考查对坐标的曲线积分（也称第二类曲线积分），则应特别注意路径行走方向，以便判断x的上下限。

答案：C

16. 解　本题考查直角坐标系下的二重积分计算问题。

根据题中所给正方形区域可作图，其中，D：$|x|\leqslant 1$，$|y|\leqslant 1$，即$-1\leqslant x\leqslant 1$，$-1\leqslant y\leqslant 1$。有

$$\iint_D (x^2+y^2)dxdy=\int_{-1}^1 dx\int_{-1}^1 (x^2+y^2)\,dy=\int_{-1}^1\left(x^2y+\frac{y^3}{3}\right)\Bigg|_{-1}^1 dx$$

$$=\int_{-1}^1\left(2x^2+\frac{2}{3}\right)dx=\left(\frac{2}{3}x^3+\frac{2}{3}x\right)\Bigg|_{-1}^1=\frac{8}{3}$$

或利用对称性，$D=4D_1$，则

$$\iint_D (x^2+y^2)dxdy\overset{\text{利用对称性}}{=\!=\!=\!=}4\iint_{D_1}(x^2+y^2)dxdy$$

$$=4\int_0^1 dx\int_0^1 (x^2+y^2)\,dy=4\int_0^1\left(x^2y+\frac{1}{3}y^3\right)\Bigg|_0^1 dx$$

$$=4\int_0^1\left(x^2+\frac{1}{3}\right)dx=4\times\left[\frac{1}{3}x^3+\frac{1}{3}x\right]_0^1$$

$$=4\times\left(\frac{1}{3}+\frac{1}{3}\right)=\frac{8}{3}$$

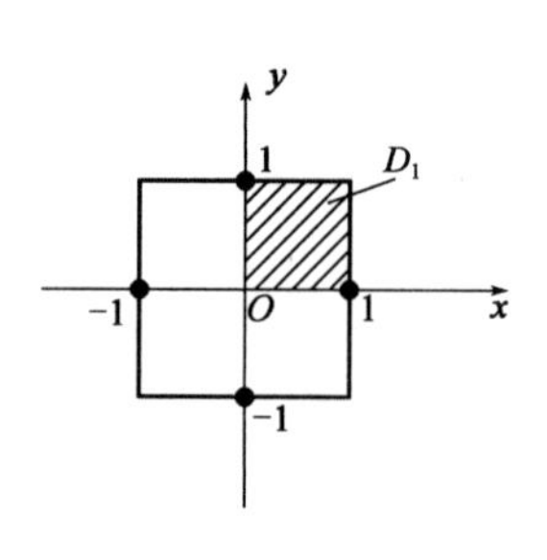

题 16 解图

答案：B

17. 解　本题考查麦克劳林展开式的基本概念。

麦克劳林展开式的一般形式为

$$f(x)=f(0)+f'(0)x+\frac{f''(0)}{2!}x^2+\cdots+\frac{f^n(0)}{n!}x^n+R_n(x)$$

其中$R_n(x)=\frac{f^{n+1}(\xi)}{(n+1)!}x^{n+1}$，这里$\xi$是介于0与$x$之间的某个值。

$f'(x)=a^x\ln a$，$f''(x)=a^x(\ln a)^2$，故$f'(0)=\ln a$，$f''(0)=(\ln a)^2$，$f(0)=1$

所以$f(x)$的麦克劳林展开式的前三项是：$1+x\ln a+\frac{(\ln a)^2}{2}x^2$

答案：C

18. 解　本题考查多元函数的混合偏导数求解。

函数$z=f(x^2y)$

$$\frac{\partial z}{\partial x}=2xyf'(x^2y)$$

$$\frac{\partial^2 z}{\partial x\partial y}=2x[f'(x^2y)+yf''(x^2y)x^2]=2x[f'(x^2y)+x^2yf''(x^2y)]$$

答案：D

19. 解 本题考查矩阵和行列式的基本计算。

因为$\boldsymbol{A}$、$\boldsymbol{B}$均为三阶矩阵，则

$$\left|-2\boldsymbol{A}^{\mathrm{T}}\boldsymbol{B}^{-1}\right|=(-2)^3\left|\boldsymbol{A}^{\mathrm{T}}\boldsymbol{B}^{-1}\right|$$

$=-8\left|\boldsymbol{A}^{\mathrm{T}}\right|\cdot\left|\boldsymbol{B}^{-1}\right|=-8|\boldsymbol{A}|\cdot\frac{1}{|\boldsymbol{B}|}$（矩阵乘积的行列式性质）

$\left(\right.$矩阵转置行列式性质，$|\boldsymbol{B}\boldsymbol{B}^{-1}|=|\boldsymbol{E}|$，$|\boldsymbol{B}|\cdot|\boldsymbol{B}^{-1}|=1$，$\left.|\boldsymbol{B}^{-1}|=\frac{1}{|\boldsymbol{B}|}\right)$

$$=-8\times1\times\frac{1}{-2}=4$$

答案：D

20. 解 本题考查线性方程组$\boldsymbol{Ax}=\boldsymbol{0}$，有非零解的充要条件。

方程组$\begin{cases}ax_1+x_2+x_3=0\\x_1+ax_2+x_3=0\\x_1+x_2+ax_3=0\end{cases}$有非零解的充要条件是$\begin{vmatrix}a&1&1\\1&a&1\\1&1&a\end{vmatrix}=0$

$$\begin{vmatrix}a&1&1\\1&a&1\\1&1&a\end{vmatrix}\xlongequal{(-1)c_3+c_2}\begin{vmatrix}a&0&1\\1&a-1&1\\1&1-a&a\end{vmatrix}\xlongequal{(-a)c_3+c_1}\begin{vmatrix}0&0&1\\1-a&a-1&1\\1-a^2&1-a&a\end{vmatrix}$$

$$=\begin{vmatrix}1-a&a-1\\1-a^2&1-a\end{vmatrix}=(1-a)^2\begin{vmatrix}1&-1\\1+a&1\end{vmatrix}=(1-a)^2(2+a)=0$$

所以$a=1$或-2。

答案：B

21. 解 本题考查利用配方法求二次型的标准型，考查的知识点较偏。

方法 1：由矩阵$\boldsymbol{A}$可写出二次型为$f(x_1,x_2,x_3)=x_1^2-2x_1x_2+3x_2^2$，利用配方法得到

$$f(x_1,x_2,x_3)=x_1^2-2x_1x_2+x_2^2+2x_2^2=(x_1-x_2)^2+2x_2^2$$

令$x_1-x_2=y_1$，$x_2=y_2$，可得$f=y_1^2+2y_2^2$

方法 2：利用惯性定理，选项 A、B、D（正惯性指数为 1，负惯性指数为 1）可以互化，因此对单选题，一定是错的。不用计算可知，只能选 C。

答案：C

22. 解 因为A与B独立，所以$\overline{A}$与$\overline{B}$独立。

$$P(A\cup B)=1-P\left(\overline{A\cup B}\right)=1-P\left(\overline{A}\overline{B}\right)=1-P\left(\overline{A}\right)P\left(\overline{B}\right)=1-0.4\times0.5=0.8$$

或者$P(A\cup B)=P(A)+P(B)-P(AB)$

由于A与B相互独立，则$P(AB) = P(A)P(B)$

而$P(A) = 1 - P(\overline{A}) = 0.6$，$P(B) = 1 - P(\overline{B}) = 0.5$

故$P(A \cup B) = 0.6 + 0.5 - 0.6 \times 0.5 = 0.8$

答案：C

23. 解 数学期望$E(X) = \int_{-\infty}^{+\infty} xf(x)\,\mathrm{d}x$，由已知条件，知

$$f(x) = F'(x) = \begin{cases} 3x^2, & 0 < x < 1 \\ 0 & ，其他 \end{cases}$$

则$E(X) = \int_0^1 x \cdot 3x^2 \mathrm{d}x = \int_0^1 3x^3 \mathrm{d}x$

答案：B

24. 解 二维离散型随机变量X、Y相互独立的充要条件是$P_{ij} = P_{i\cdot}P_{\cdot j}$

还有分布律性质$\sum_i \sum_j P(X = i，Y = j)$=1

利用上述等式建立两个独立方程，解出α、β。

下面根据独立性推出一个公式：

因为$\frac{P(X=i，Y=1)}{P(X=i，Y=2)} = \frac{P(X=i)P(Y=1)}{P(X=i)P(Y=2)} = \frac{P(Y=1)}{P(Y=2)} \quad i = 1,2,3,\cdots$

所以$\frac{P(X=1，Y=1)}{P(X=1，Y=2)} = \frac{P(X=2，Y=1)}{P(X=2，Y=2)} = \frac{P(X=3，Y=1)}{P(X=3，Y=2)}$

即$\frac{\frac{1}{6}}{\frac{1}{3}} = \frac{\frac{1}{9}}{\beta} = \frac{\frac{1}{18}}{\alpha}$

选项D对。

答案：D

25. 解 分子的平均平动动能公式$\overline{\omega} = \frac{3}{2}kT$，分子的平均动能公式$\overline{\varepsilon} = \frac{i}{2}kT$，刚性双原子分子自由度$i = 5$，但此题问的是每个分子的平均平动动能而不是平均动能，故正确答案为C。

答案：C

26. 解 分子无规则运动的平均自由程公式$\lambda = \frac{\overline{v}}{\overline{Z}} = \frac{1}{\sqrt{2}\pi d^2 n}$，气体定了，$d$就定了，所以容器中分子无规则运动的平均自由程仅取决于n，即单位体积的分子数。此题给定1mol氦气，分子总数定了，故容器中分子无规则运动的平均自由程仅取决于体积V。

答案：B

27. 解 理想气体和单一恒温热源做等温膨胀时，吸收的热量全部用来对外界做功，既不违反热力学第一定律，也不违反热力学第二定律。因为等温膨胀是一个单一的热力学过程而非循环过程。

答案：C

28. 解 理想气体的功和热量是过程量。内能是状态量，是温度的单值函数。此题给出$T_2 = T_1$，无

论气体经历怎样的过程，气体的内能保持不变。而因为不知气体变化过程，故无法判断功的正负。

答案：D

29. 解 将$t = 0.1\text{s}$，$x = 2\text{m}$代入方程，即

$$y = 0.01\cos 10\pi(25t - x) = 0.01\cos 10\pi(2.5 - 2) = -0.01$$

答案：C

30. 解 $A = 0.02\text{m}$，$T = \frac{2\pi}{\omega} = \frac{2\pi}{50\pi} = \frac{1}{25} = 0.04\text{s}$

答案：A

31. 解 机械波在媒质中传播，一媒质质元的最大形变量发生在平衡位置，此位置动能最大，势能也最大，总机械能亦最大。

答案：D

32. 解 上下缝各覆盖一块厚度为d的透明薄片，则从两缝发出的光在原来中央明纹初相遇时，光程差为

$$\delta = r - d + n_2 d - (r - d + n_1 d) = d(n_2 - n_1)$$

答案：A

33. 解 牛顿环的环状干涉条纹为等厚干涉条纹，当平凸透镜垂直向上缓慢平移而远离平面镜时，原k级条纹向环中心移动，故这些环状干涉条纹向中心收缩。

答案：D

34. 解 $\Delta\varphi = \frac{2\pi}{\lambda}\delta = \frac{2\pi}{\lambda}nl = 3\pi$，$l = \frac{3\lambda}{2n}$

答案：C

35. 解 反射光的光程差加强条件$\delta = 2nd + \frac{\lambda}{2} = k\lambda$

可见光范围$\lambda(400\sim760\text{nm})$，取$\lambda = 400\text{nm}$，$k = 3.5$；取$\lambda = 760\text{nm}$，$k = 2.1$

k取整数，$k = 3$，$\lambda = 480\text{nm}$

答案：A

36. 解 玻璃劈尖相邻干涉条纹间距公式为：$l = \frac{\lambda}{2n\theta}$

此玻璃的折射率为：$n = \frac{\lambda}{2l\theta} = 1.53$

答案：B

37. 解 当原子失去电子成为正离子时，一般是能量较高的最外层电子先失去，而且往往引起电子层数的减少。某元素正二价离子（M^{2+}）的外层电子构型是 $3s^2 3p^6$，所以该元素原子基态核外电子构型为 $1s^2 2s^2 2p^6 3s^2 3p^6 4s^2$。该元素基态核外电子最高主量子数为 4，为第四周期元素；价电子构型为 $4s^2$，为

s 区元素，IIA 族元素。

答案： C

38. 解 离子的极化力是指某离子使其他离子变形的能力。极化率（离子的变形性）是指某离子在电场作用下电子云变形的程度。每种离子都具有极化力与变形性，一般情况下，主要考虑正离子的极化力和负离子的变形性。极化力与离子半径有关，离子半径越小，极化力越强。

答案： A

39. 解 NH_4Cl 为强酸弱碱盐，水解显酸性；NaCl 不水解；NaOAc 和 Na_3PO_4 均为强碱弱酸盐，水解显碱性，因为$K_a(\mathrm{HAc}) > K_a(\mathrm{H_3PO_4})$，所以 Na_3PO_4 的水解程度更大，碱性更强。

答案： A

40. 解 根据理想气体状态方程$pV = nRT$，得$n = \frac{pV}{RT}$。所以当温度和体积不变时，反应器中气体（反应物或生成物）的物质的量与气体分压成正比。根据$2\mathrm{A(g)} + \mathrm{B(g)} \rightleftharpoons 2\mathrm{C(g)}$可知，生成物气体C的平衡分压为100kPa，则A要消耗100kPa，B要消耗50kPa，平衡时$p(\mathrm{A}) = 200\mathrm{kPa}$，$p(\mathrm{B}) = 250\mathrm{kPa}$。

$$K^{\Theta} = \frac{\left(\frac{p(C)}{p^{\theta}}\right)^2}{\left(\frac{p(A)}{p^{\theta}}\right)^2\left(\frac{p(B)}{p^{\theta}}\right)} = \frac{\left(\frac{100}{100}\right)^2}{\left(\frac{200}{100}\right)^2\left(\frac{250}{100}\right)} = 0.1$$

答案： A

41. 解 根据氧化还原反应配平原则，还原剂失电子总数等于氧化剂得电子总数，配平后的方程式为：$2\mathrm{MnO_4}^- + 5\mathrm{SO_3}^{2-} + 6\mathrm{H}^+ = 2\mathrm{Mn}^{2+} + 5\mathrm{SO_4}^{2-} + 3\mathrm{H_2O}$。

答案： B

42. 解 电极电势的大小，可以判断氧化剂与还原剂的相对强弱。电极电势越大，表示电对中氧化态的氧化能力越强。所以题中氧化剂氧化能力最强的是 HClO。

答案： C

43. 解 标准状态时，由指定单质生成单位物质的量的纯物质 B 时反应的焓变（反应的热效应），称为物质 B 的标准摩尔生成焓，记作$\Delta_f H_m^{\Theta}$。指定单质通常指标准压力和该温度下最稳定的单质，如 C 的指定单质为石墨(s)。选项 A 中 C(金刚石)不是指定单质，选项 D 中不是生成单位物质的量的 CO_2(g)。

答案： C

44. 解 发生银镜反应的物质要含有醛基（–CHO），所以甲醛、乙醛、乙二醛等各种醛类、甲酸及其盐（如 HCOOH、HCOONa）、甲酸酯（如甲酸甲酯 $HCOOCH_3$、甲酸丙酯 $HCOOC_3H_7$ 等）和葡萄糖、麦芽糖等分子中含醛基的糖与银氨溶液在适当条件下可以发生银镜反应。

答案： D

45. 解 蛋白质、橡胶、纤维素都是天然高分子，蔗糖（$C_{12}H_{22}O_{11}$）不是。

答案：A

46. 解 1-戊炔、2-戊炔、1,2-戊二烯催化加氢后产物均为戊烷，3-甲基-1-丁炔催化加氢后产物为2-甲基丁烷，结构式为$(CH_3)_2CHCH_2CH_3$。

答案：B

47. 解 根据力的投影公式，$F_x = F\cos\alpha$，故只有当$\alpha = 0°$时$F_x = F$，即力$\boldsymbol{F}$与x轴平行；而除力$\boldsymbol{F}$在与x轴垂直的y轴（$\boldsymbol{\alpha} = 90°$）上投影为0外，在其余与$x$轴共面轴上的投影均不为0。

答案：B

48. 解 主矢$\boldsymbol{F}_{\mathrm{R}} = \boldsymbol{F}_1 + \boldsymbol{F}_2 + \boldsymbol{F}_3 = 30\boldsymbol{j}\mathrm{N}$为三力的矢量和；对$O$点的主矩为各力向$O$点取矩及外力偶矩的代数和，即$M_{\mathrm{O}} = F_3 a - M_1 - M_2 = -10\mathrm{N}\cdot\mathrm{m}$（顺时针）。

答案：B

49. 解 取整体为研究对象，受力如解图所示。

列平衡方程：

$\sum m_{\mathrm{C}}(F) = 0$，$F_{\mathrm{A}}\cdot 2r - F_{\mathrm{P}}\cdot 3r = 0$，$F_{\mathrm{A}} = \frac{3}{2}F_{\mathrm{P}}$

答案：D

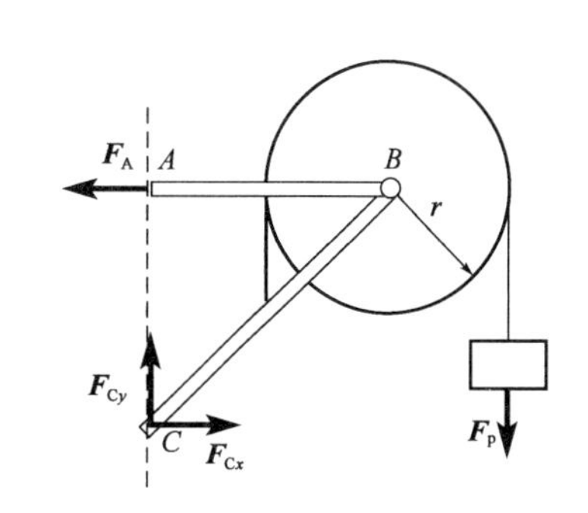

题49解图

50. 解 分析节点C的平衡，可知BC杆为零杆。

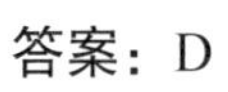
答案：D

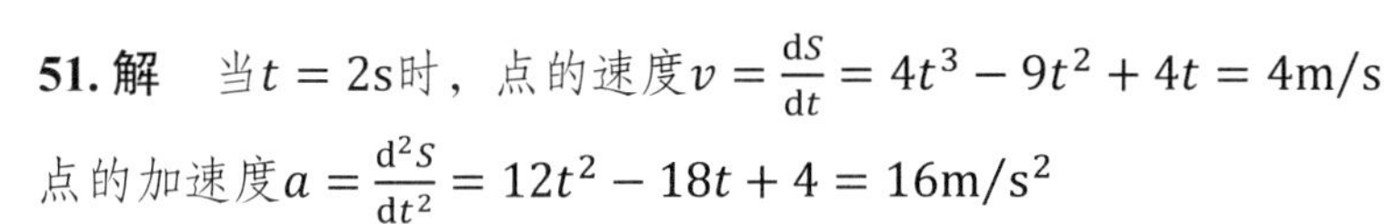
51. 解 当$t = 2\mathrm{s}$时，点的速度$v = \frac{\mathrm{d}S}{\mathrm{d}t} = 4t^3 - 9t^2 + 4t = 4\mathrm{m/s}$

点的加速度$a = \frac{\mathrm{d}^2 S}{\mathrm{d}t^2} = 12t^2 - 18t + 4 = 16\mathrm{m/s^2}$

答案：C

52. 解 根据点做曲线运动时法向加速度的公式：$a_n = \frac{v^2}{\rho} = \frac{15^2}{5} = 45\mathrm{m/s^2}$。

答案：B

53. 解 因为点A、B两点的速度、加速度方向相同，大小相等，根据刚体做平行移动时的特性，可判断杆AB的运动形式为平行移动，因此，平行移动刚体上M点和A点有相同的速度和加速度，即：$v_{\mathrm{M}} = v_{\mathrm{A}} = r\omega$，$a_{\mathrm{M}}^n = a_{\mathrm{A}}^n = r\omega^2$，$a_{\mathrm{M}}^t = a_{\mathrm{A}}^t = r\alpha$。

答案：C

54. 解 物块与桌面之间最大的摩擦力$F = \mu mg$

根据牛顿第二定律$ma = F$，即$m\frac{v^2}{r} = F = \mu mg$，则得$v = \sqrt{\mu g r}$

答案：C

55. 解 重力与水平位移相垂直，故做功为零，摩擦力$F = 10 \times 0.3 = 3\text{N}$，所做之功$\text{W} = 3 \times 4 = 12\text{N} \cdot \text{m}$。

答案：C

56. 解 根据动量矩定理：

$J\alpha_1 = 1 \times r$（J为滑轮的转动惯量）

$J\alpha_2 + m_2r^2\alpha_2 + m_3r^2\alpha_2 = (m_2g - m_3g)r = 1 \times r$

$J\alpha_3 + m_3r^2\alpha_3 = m_3gr = 1 \times r$

则$\alpha_1 = \frac{1\times r}{J}$；$\alpha_2 = \frac{1\times r}{J+m_2r^2+m_3r^2}$；$\alpha_3 = \frac{1\times r}{J+m_3r^2}$

答案：C

57. 解 如解图所示，杆释放瞬时，其角速度为零，根据动量矩定理：$J_O\alpha = mg\frac{l}{2}$，$\frac{1}{3}ml^2\alpha = mg\frac{l}{2}$，$\alpha = \frac{3g}{2l}$；施加于杆$OA$上的附加动反力为$ma_C = m\frac{3g}{2l}\cdot\frac{l}{2} = \frac{3}{4}mg$，方向与质心加速度$a_C$方向相同。

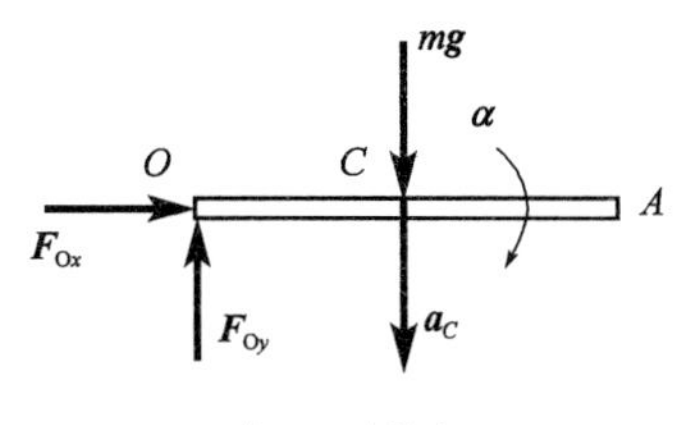

题 57 解图

答案：D

58. 解 根据单自由度质点直线振动固有频率公式，

a）系统：$\omega_a = \sqrt{\frac{k}{m}}$；

b）系统：等效的弹簧刚度为$\frac{k}{2}$，$\omega_b = \sqrt{\frac{k}{2m}}$。

答案：D

59. 解 用直接法求轴力，可得：左段杆的轴力是−3kN，右段杆的轴力是 5kN。所以杆的最大轴力是 5kN。

答案：B

60. 解 用直接法求轴力，可得：$N_{AB} = -F$，$N_{BC} = F$

杆C截面的位移是：

$$\delta_C = \Delta l_{AB} + \Delta l_{BC} = \frac{-F\cdot l}{E\cdot 2A} + \frac{Fl}{EA} = \frac{Fl}{2EA}$$

答案：A

61. 解 混凝土基座与圆截面立柱的交接面，即圆环形基座板的内圆柱面即为剪切面（如解图所示）：

$$A_Q = \pi dt$$

圆形混凝土基座上的均布压力（面荷载）为：

$$q = \frac{1000 \times 10^3 \text{N}}{\frac{\pi}{4} \times 1000^2 \text{mm}^2} = \frac{4}{\pi} \text{MPa}$$

作用在剪切面上的剪力为：

$$Q = q \cdot \frac{\pi}{4}(1000^2 - 500^2) = 750 \text{kN}$$

由剪切强度条件：$\tau = \frac{Q}{A_Q} = \frac{Q}{\pi dt} \leqslant [\tau]$，可得：

$$t \geqslant \frac{Q}{\pi d[\tau]} = \frac{750 \times 10^3 \text{N}}{\pi \times 500 \text{mm} \times 1.5 \text{MPa}} = 318.3 \text{mm}$$

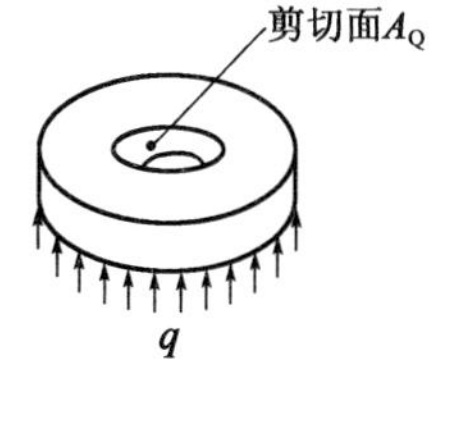

题 61 解图

答案： C

62. 解　设实心圆轴直径为d，则：

$$\phi = \frac{Tl}{GI_p} = \frac{Tl}{G\frac{\pi}{32}d^4} = 32\frac{Tl}{\pi d^4 G}$$

若实心圆轴直径减小为$d_1 = \frac{d}{2}$，则：

$$\phi_1 = \frac{Tl}{GI_{p1}} = \frac{Tl}{G\frac{\pi}{32}\left(\frac{d}{2}\right)^4} = 16\frac{32Tl}{\pi d^4 G} = 16\phi$$

答案： D

63. 解　图示截面对z轴的惯性矩等于圆形截面对z轴的惯性矩减去矩形对z轴的惯性矩。

$$I_z^{矩} = \frac{bh^3}{12} + \left(\frac{h}{2}\right)^2 \cdot bh = \frac{bh^3}{3}$$

$$I_z = I_z^{圆} - I_z^{矩} = \frac{\pi d^4}{64} - \frac{bh^3}{3}$$

答案： A

64. 解　圆轴表面A点的剪应力$\tau = \frac{T}{W_T}$

根据胡克定律$\tau = G\gamma$，因此$T = \tau W_T = G\gamma W_T$

答案： A

65. 解　上下梁的挠曲线曲率相同，故有

$$\rho = \frac{M_1}{EI_1} = \frac{M_2}{EI_2}$$

所以$\frac{M_1}{M_2} = \frac{I_1}{I_2} = \frac{\frac{ba^3}{12}}{\frac{b(2a)^3}{12}} = \frac{1}{8}$，即$M_2 = 8M_1$

又有$M_1 + M_2 = m$，因此$M_1 = \frac{m}{9}$

答案： A

66. 解　图示截面的弯曲中心是两个狭长矩形边的中线交点，形心主轴是y'和z'，因为外力$\boldsymbol{F}$作用线

没有通过弯曲中心，故有扭转，还有沿两个形心主轴y'、z'方向的双向弯曲。

答案：D

67. 解 本题是拉扭组合变形，轴向拉伸产生的正应力$\sigma=\frac{F}{A}=\frac{4F}{\pi d^2}$

扭转产生的剪应力$\tau=\frac{T}{W_{\mathrm{T}}}=\frac{16T}{\pi d^3}$

$$\sigma_{\mathrm{eq3}}=\sqrt{\sigma^2+4\tau^2}=\sqrt{\left(\frac{4F}{\pi d^2}\right)^2+4\left(\frac{16T}{\pi d^3}\right)^2}$$

答案：C

68. 解 A 图：$\sigma_1=\sigma$，$\sigma_2=\sigma$，$\sigma_3=0$；$\tau_{\max}=\frac{\sigma-0}{2}=\frac{\sigma}{2}$

B 图：$\sigma_1=\sigma$，$\sigma_2=0$，$\sigma_3=-\sigma$； $\tau_{\max}=\frac{\sigma-(-\sigma)}{2}=\sigma$

C 图：$\sigma_1=2\sigma$，$\sigma_2=0$，$\sigma_3=-\frac{\sigma}{2}$；$\tau_{\max}=\frac{2\sigma-\left(-\frac{\sigma}{2}\right)}{2}=\frac{5}{4}\sigma$

D 图：$\sigma_1=3\sigma$，$\sigma_2=\sigma$，$\sigma_3=0$；$\tau_{\max}=\frac{3\sigma-0}{2}=\frac{3}{2}\sigma$

答案：D

69. 解 图示圆轴是弯扭组合变形，力F作用下产生的弯矩在固定端最上缘A点引起拉伸正应力σ，外力偶T在A点引起扭转切应力τ，故A点单元体的应力状态是选项 C。

答案：C

70. 解 A 图：$\mu l=1\times5=5$

B 图：$\mu l=2\times3=6$

C 图：$\mu l=0.7\times6=4.2$

根据压杆的临界荷载公式$F_{\mathrm{cr}}=\frac{\pi^2EI}{(\mu l)^2}$

可知：μl越大，临界荷载越小；μl越小，临界荷载越大。

所以F_{crc}最大，而F_{crb}最小。

答案：C

71. 解 压力表测出的是相对压强。

答案：C

72. 解 设第一截面的流速为$v_1=\frac{Q}{\frac{\pi}{4}d_1^2}=\frac{0.015\mathrm{m^3/s}}{\frac{\pi}{4}0.1^2\mathrm{m^2}}=1.91\mathrm{m/s}$

另一截面流速$v_2=20\mathrm{m/s}$，待求直径为d_2，由连续方程可得：

$$d_2=\sqrt{\frac{v_1}{v_2}d_1^2}=\sqrt{\frac{1.91}{20}\times0.1^2}=0.031\mathrm{m}=31\mathrm{mm}$$

答案：B

73. 解 层流沿程损失系数$\lambda=\frac{64}{\mathrm{Re}}$，而雷诺数$\mathrm{Re}=\frac{vd}{\nu}$

代入题设数据，得：$\mathrm{Re}=\frac{10\times5}{0.18}=278$

沿程损失系数$\lambda=\frac{64}{278}=0.23$

答案： B

74. 解 圆柱形管嘴出水流量$Q=\mu A\sqrt{2gH_0}$

代入题设数据，得：$Q=0.82\times\frac{\pi}{4}(0.04)^2\sqrt{2\times9.8\times7.5}=0.0125\mathrm{m^3/s}\approx0.013\mathrm{m^3/s}$

答案： D

75. 解 在题设条件下，则自由出流孔口与淹没出流孔口的关系应为流量系数相等、流量相等。

答案： D

76. 解 由明渠均匀流谢才公式，知流速$v=C\sqrt{Ri}$，$C=\frac{1}{n}R^{\frac{1}{6}}$

代入题设数据，得：$C=\frac{1}{0.02}\times1^{\frac{1}{6}}=50\sqrt{\mathrm{m}}/\mathrm{s}$

流速$v=50\sqrt{1\times0.0008}=1.41\mathrm{m/s}$

答案： B

77. 解 达西渗流定律适用于均匀土壤层流渗流。

答案： C

78. 解 运动相似是几何相似和动力相似的表象。

答案： B

79. 解 根据恒定磁路的安培环路定律：$\sum HL=\sum NI$

得：$H=\frac{NI}{L}=\frac{NI}{2\pi\gamma}$

磁场方向按右手螺旋关系判断为顺时针方向。

答案： B

80. 解 $U=-2\times2-2=-6\mathrm{V}$

答案： D

81. 解 该电路具有 6 条支路，为求出 6 个独立的支路电流，所列方程数应该与支路数相等，即要列出 6 阶方程。

正确的列写方法是：

KCL 独立节点方程=节点数$-1=4-1=3$

KVL 独立回路方程（网孔数）= 支路数 − 独立节点数 $=6-3=3$

“网孔”为内部不含支路的回路。

答案：B

82. 解　$i(t) = I_m \sin(\omega t + \psi_i)$ A

$t = 0$时，$i(t) = I_m \sin\psi_i = 0.5\sqrt{2}$A

$$\begin{cases} \sin\psi_i = 1, \ \psi_i = 90° \\ I_m = 0.5\sqrt{2}\text{A} \\ \omega = 2\pi f = 2\pi\dfrac{1}{T} = 2000\pi \end{cases}$$

$i(t) = 0.5\sqrt{2}\sin(2000\pi t + 90°)$ A

答案：C

83. 解　图 b）给出了滤波器的幅频特性曲线。U_{i1}与U_{i2}的频率不同，它们的放大倍数是不一样的。从特性曲线查出：

$U_{o1}/U_{i1} = 1 \Rightarrow U_{o1} = U_{i1} = 10\text{V} \Rightarrow U_{o2}/U_{i2} = 0.1 \Rightarrow U_{o2} = 0.1 \times U_{i2} = 1\text{V}$

答案：D

84. 解　画相量图分析，如解图所示。

$\dot{I}_2 = \dot{I}_N + \dot{I}_{C2}$，$\dot{I}_1 = \dot{I}_N + \dot{I}_{C1}$

$|\dot{I}_{C1}| > |\dot{I}_{C2}|$

$$I_C = \frac{U}{X_C} = \frac{U}{\frac{1}{\omega C}} = U\omega C \propto C$$

题 84 解图

有$I_{C1} > I_{C2}$，所以$C_1 > C_2$

并且功率因数$\lambda|_{C_1} = -0.866$时电路出现过补偿，呈容性性质，一般不采用。

当$C = C_2$时，电路中总电流$\dot{I}_2$落后于电压$\dot{U}$，为感性性质，不为过补偿。

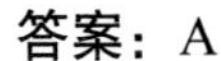
答案：A

85. 解　如解图所示，由题意可知：

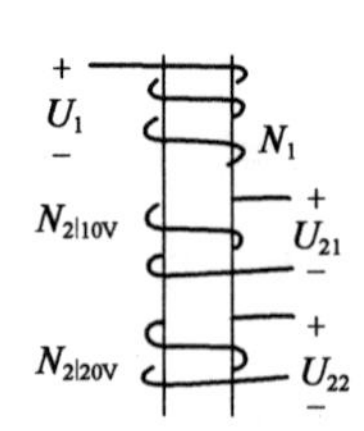

题 85 解图

$N_1 = 550$匝

当$U_1 = 100$V时，$U_{21} = 10$V，$U_{22} = 20$V

$\frac{N_1}{N_{2|10V}} = \frac{U_1}{U_{21}}$，$N_{2|10V} = N_1 \cdot \frac{U_{21}}{U_1} = 550 \times \frac{10}{100} = 55$匝

$\frac{N_1}{N_{2|20V}} = \frac{U_1}{U_{22}}$，$N_{2|20V} = N_1 \cdot \frac{U_{22}}{U_1} = 550 \times \frac{20}{100} = 110$匝

答案：C

86. 解　为实现对电动机的过载保护，热继电器的热元件串联在电动机的主电路中，测量电动机的主电流，同时将热继电器的常闭触点接在控制电路中，一旦电动机过载，则常闭触点断开，切断电机的供电电路。

答案：C

87. 解 “模拟”是指把某一个量用与它相对应的连续的物理量（电压）来表示；图 d）不是模拟信号，图 c）是采样信号，而非数字信号。对本题的分析可见，图 b）是图 a）的模拟信号。

答案：A

88. 解 周期信号频谱是离散的频谱，信号的幅度随谐波次数的增高而减小。针对本题情况，可知该周期信号的一次谐波分量为：

$u_1 = U_{1\text{m}} \sin \omega_1 t = 5 \sin 10^3 t$

$U_{1\text{m}} = 5\text{V}$，$\omega_1 = 10^3$

$u_3 = U_{3\text{m}} \sin 3\omega t$

$\omega_3 = 3\omega_1 = 3 \times 10^3$

$U_{3\text{m}} < U_{1\text{m}}$

答案：B

89. 解 放大器的输入为正弦交流信号，但$u_1(t)$的频率过高，超出了上限频率f_H，放大倍数小于A，因此输出信号u_2的有效值$U_2 < AU_1$。

答案：C

90. 解 根据逻辑电路的反演关系，对公式变化可知结果

$$\overline{(\text{AD} + \overline{\text{A}}\overline{\text{D}})} = \overline{\text{AD}} \cdot \overline{(\overline{\text{A}}\overline{\text{D}})} = (\overline{\text{A}} + \overline{\text{D}}) \cdot (\text{A} + \text{D}) = \overline{\text{A}}\text{D} + \text{A}\overline{\text{D}}$$

答案：C

91. 解 本题输入信号A、B与输出信号F为或非逻辑关系，$\text{F} = \overline{\text{A} + \text{B}}$（输入有 1 输出则 0），对齐相位画输出波形如解图所示。

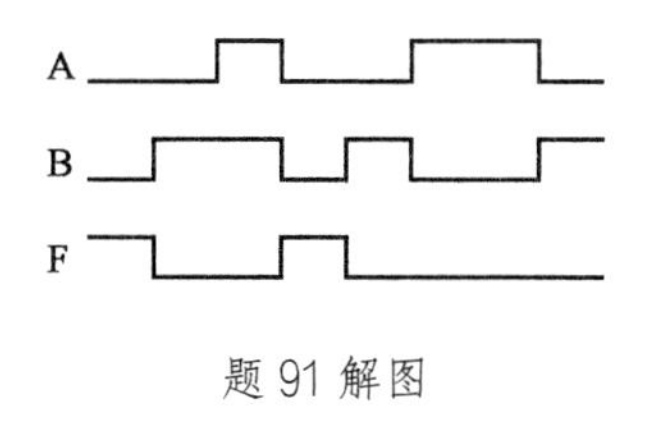

题 91 解图

结果与选项 A 的图形一致。

答案：A

92. 解 BCD 码是用二进制数表示十进制数。有两种常用形式，压缩 BCD 码，用 4 位二进制数表示 1 位十进制数；非压缩 BCD 码，用 8 位二进制数表示 1 位十进制数，本题的 BCD 码形式属于第一种。

选项 B，0001 表示十进制的 1，0110 表示十进制的 6，即$(16)_{\text{BCD}}=(0001\ 0110)_\text{B}$，正确。

答案：B

93. 解 设二极管D截止，可以判断：

$U_{D阳} = 1V$，$U_{D阴} = 5V$

D为反向偏置状态，可见假设成立，$U_F = U_B = 5V$

答案：B

94. 解 该电路为运算放大器的积分运算电路。

$u_o = -\frac{1}{RC}\int u_i dt$

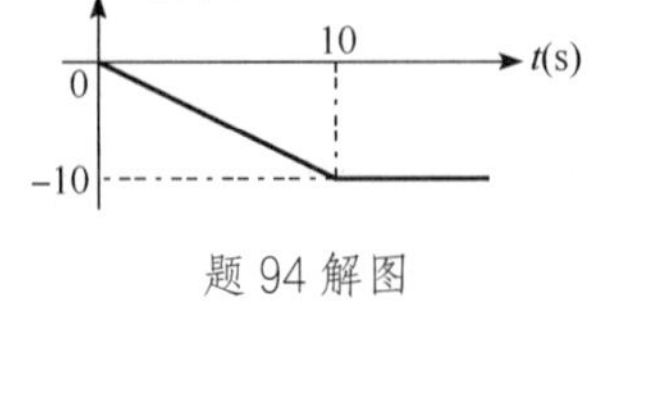

题94解图

当$u_i = 1V$时，$u_o = -\frac{1}{RC}t$

如解图所示，当$t < 10s$时，

运算放大器工作在线性状态，$u_o = -t$

当$t \geqslant 10s$后，电路出现反向饱和，$u_o = -10V$

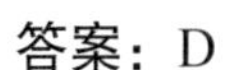

答案：D

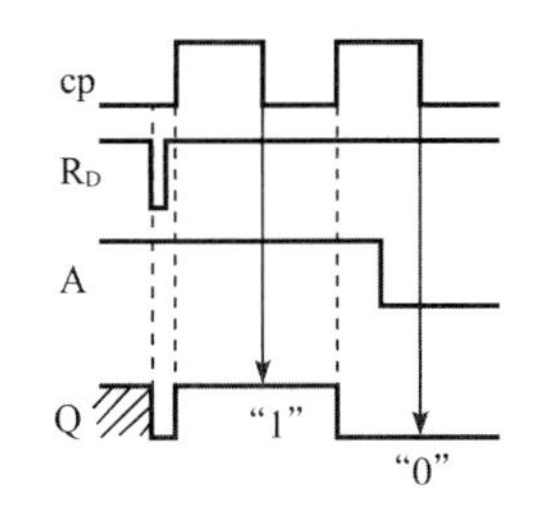

题95解图

95. 解 输出Q与输入信号A的关系：$Q_{n+1} = D = A \cdot \overline{Q}_n$

输入信号Q在时钟脉冲的上升沿触发。

如解图所示，可知cp脉冲的两个下降沿时刻Q的状态分别是1 0。

答案：C

96. 解 由题图可见该电路由3个D触发器组成，$Q_{n+1} = D$。在时钟脉冲的作用下，存储数据依次向左循环移位。

当$\overline{R}_D = 0$时，系统初始化：$Q_2 = 0$，$Q_1 = 1$，$Q_0 = 0$。

即存储数据是"010"。

答案：A

97. 解 计算机按用途可分为专业计算机和通用计算机。专业计算机是为解决某种特殊问题而设计的计算机，针对具体问题能显示出有效、快速和经济的特性，但它的适应性较差，不适用于其他方面的应用。在导弹和火箭上使用的计算机很大部分就是专业计算机。通用计算机适应性很强，应用范围很广，如应用于科学计算、数据处理和实时控制等领域。

答案：A

98. 解 当前计算机的内存储器多数是半导体存储器。半导体存储器从使用功能上分，有随机存储器（Random Access Memory，简称 RAM，又称读写存储器），只读存储器（Read Only Memory，简称 ROM）。

答案：A

99. 解 批处理操作系统是指将用户的一批作业有序地排列在一起，形成一个庞大的作业流。计算机指令系统会自动地顺序执行作业流，以节省人工操作时间和提高计算机的使用效率。

答案：B

100. 解 杀毒软件能防止计算机病毒的入侵，及时有效地提醒用户当前计算机的安全状况，可以对计算机内的所有文件进行检查，发现病毒时可清除病毒，有效地保护计算机内的数据安全。

答案：D

101. 解 ASCII 码是“美国信息交换标准代码”的简称，是目前国际上最为流行的字符信息编码方案。在这种编码中每个字符用 7 个二进制位表示。这样，从 0000000 到 1111111 可以给出 128 种编码，可以用来表示 128 个不同的字符，其中包括 10 个数字、大小写字母各 26 个、算术运算符、标点符号及专用符号等。

答案：B

102. 解 Windows 特点的是使用方便、系统稳定可靠、有友好的用户界面、更高的可移动性，笔记本用户可以随时访问信息等。

答案：C

103. 解 虚拟存储技术实际上是在一个较小的物理内存储器空间上，来运行一个较大的用户程序。它利用大容量的外存储器来扩充内存储器的容量，产生一个比内存空间大得多、逻辑上的虚拟存储空间。

答案：D

104. 解 通信和数据传输是计算机网络主要功能之一，用来在计算机系统之间传送各种信息。利用该功能，地理位置分散的生产单位和业务部门可通过计算机网络连接在一起进行集中控制和管理。也可以通过计算机网络传送电子邮件，发布新闻消息和进行电子数据交换，极大地方便了用户，提高了工作效率。

答案：D

105. 解 因特网提供的服务有电子邮件服务、远程登录服务、文件传输服务、WWW 服务、信息搜索服务。

答案：D

106. 解 按采用的传输介质不同，可将网络分为双绞线网、同轴电缆网、光纤网、无线网；按网络传输技术不同，可将网络分为广播式网络和点到点式网络；按线路上所传输信号的不同，又可将网络分为基带网和宽带网两种。

答案：A

107. 解 根据等额支付偿债基金公式（已知F，求A）：

$$A = F\left[\frac{i}{(1+i)^n - 1}\right] = F(A/F, i, n) = 600 \times (A/F, 5\%, 5) = 600 \times 0.18097 = 108.58 \text{ 万元}$$

答案：B

108. 解 从企业角度进行投资项目现金流量分析时，可不考虑增值税，因为增值税是价外税，不进入企业成本也不进入销售收入。执行新的《中华人民共和国增值税暂行条例》以后，为了体现固定资产进项税抵扣导致企业应纳增值税的降低进而致使净现金流量增加的作用，应在现金流入中增加销项税额，同时在现金流出中增加进项税额以及应纳增值税。

答案：B

109. 解 注意题目问的是第 2 年年末偿还的利息（不包括本金）。

等额本息法每年还款的本利和相等，根据等额支付资金回收公式（已知P求A），每年年末还本付息金额为：

$$A = P\left[\frac{i(1+i)^n}{(1+i)^n - 1}\right] = P(A/P, 8\%, 5) = 150 \times 0.2505 = 37.575 \text{ 万元}$$

则第 1 年末偿还利息为$150 \times 8\% = 12$万元，偿还本金为$37.575 - 12 = 25.575$万元

第 1 年已经偿还本金25.575万元，尚未偿还本金为$150 - 25.575 = 124.425$万元

第 2 年年末应偿还利息为$(150 - 25.575) \times 8\% = 9.954$万元

答案：A

110. 解 内部收益率是指项目在计算期内各年净现金流量现值累计等于零时的收益率，属于动态评价指标。计算内部收益率不需要事先给定基准收益率i_c，计算出内部收益率后，再与项目的基准收益率i_c比较，以判定项目财务上的可行性。

常规项目投资方案是指除了建设期初或投产期初的净现金流量为负值外，以后年份的净现金流量均为正值，计算期内净现金流量由负到正只变化一次，这类项目只要累计净现金流量大于零，内部收益率就有唯一解，即项目的内部收益率。

答案：D

111. 解 影子价格是能够反映资源真实价值和市场供求关系的价格。

答案：B

112. 解 生产能力利用率的盈亏平衡点指标数值越低，说明较低的生产能力利用率即可达到盈亏平衡，也即说明企业经营抗风险能力较强。

答案：A

113. 解 由于残值可以回收，并没有真正形成费用消耗，故应从费用中将残值减掉。

由甲方案的现金流量图可知：

甲方案的费用现值：

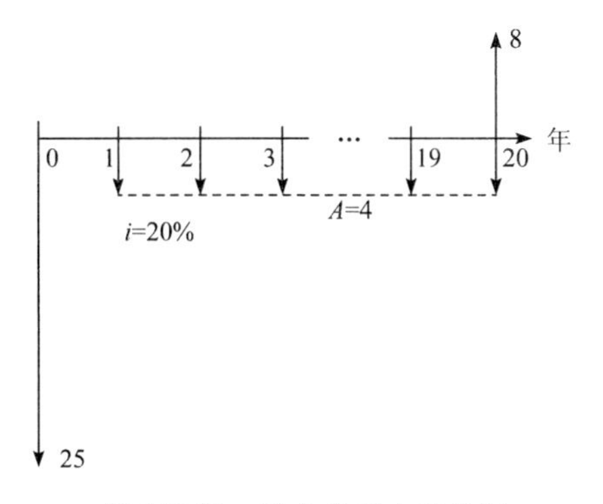

题 113 解　甲方案现金流量图

$$P = 4(P/A, 20\%, 20) + 25 - 8(P/F, 20\%, 20)$$
$$= 4 \times 4.8696 + 25 - 8 \times 0.02608 = 44.27 \text{ 万元}$$

同理可计算乙方案的费用现值：

$$P = 6(P/A, 20\%, 20) + 12 - 6(P/F, 20\%, 20)$$
$$= 6 \times 4.8696 + 12 - 6 \times 0.02608 = 41.06 \text{ 万元}$$

答案： C

114. 解　该零件的成本系数$C = 880 \div 10000 = 0.088$

该零部件的价值指数为$0.140 \div 0.088 = 1.591$

答案： D

115. 解　《中华人民共和国建筑法》第三十四条规定，工程监理单位应当根据建设单位的委托，客观、公正地执行监理任务。

选项 C 和 D 明显错误。选项 A 也是错误的，因为监理单位承揽监理业务的范围是根据其单位资质决定的，而不是和甲方签订的合同所决定的。

答案： B

116. 解　《中华人民共和国安全法》第六十三条规定，负有安全生产监督管理职责的部门依照有关法律、法规的规定，对涉及安全生产的事项需要审查批准（包括批准、核准、许可、注册、认证、颁发证照等，下同）或者验收的，必须严格依照有关法律、法规和国家标准或者行业标准规定的安全生产条件和程序进行审查；不符合有关法律、法规和国家标准或者行业标准规定的安全生产条件的，不得批准或者验收通过。对未依法取得批准或者验收合格的单位擅自从事有关活动的，负责行政审批的部门发现或者接到举报后应当立即予以取缔，并依法予以处理。对已经依法取得批准的单位，负责行政审批的部门发现其不再具备安全生产条件的，应当撤销原批准。

答案： A

117. 解　《中华人民共和国建筑法》第二十七条规定，大型建筑工程或者结构复杂的建筑工程，可以由两个以上的承包单位联合共同承包。共同承包的各方对承包合同的履行承担连带责任。

两个以上不同资质等级的单位实行联合共同承包的，应当按照资质等级低的单位的业务许可范围承揽工程。

答案：B

118. 解 《中华人民共和国民法典》第五百一十一条第二款规定，价款或者报酬不明确的，按照订立合同时履行地的市场价格履行；依法应当执行政府定价或者政府指导价的，依照规定履行。

答案：A

119. 解 《中华人民共和国环境保护法》第三十五条规定，城乡建设应当结合当地自然环境的特点，保护植被、水域和自然景观，加强城市园林、绿地和风景名胜区的建设与管理。

答案：A

120. 解 根据《建筑工程安全生产管理条例》第二十一条规定，施工单位主要负责人依法对本单位的安全生产工作全面负责。施工单位应当建立健全安全生产责任制度和安全生产教育培训制度，制定安全生产规章制度和操作规程，保证本单位安全生产条件所需资金的投入，对所承担的建设工程进行定期和专项安全检查，并做好安全检查记录。故选项B对。

主要负责人的职责是“建立”安全生产责任制，不是“落实”，所以选项**A**错。

答案：B

2019年度全国勘察设计注册工程师

执业资格考试试卷

基础考试

（上）

二〇一九年十月

应考人员注意事项

1. 本试卷科目代码为“1”，考生务必将此代码填涂在答题卡“科目代码”相应的栏目内，否则，无法评分。
2. 书写用笔：**黑色或蓝色钢笔、签字笔或圆珠笔**；
   填涂答题卡用笔：**黑色 2B 铅笔**。
3. 必须用书写用笔将工作单位、姓名、准考证号填写在答题卡和试卷相应的栏目内。
4. 本试卷由 120 题组成，每题 1 分，满分 120 分，本试卷全部为单项选择题，每小题的四个备选项中只有一个正确答案，错选、多选、不选均不得分。
5. 考生作答时，必须按**题号在答题卡上**将相应试题所选选项对应的**字母用 2B 铅笔涂黑**。
6. 在答题卡上书写与题意无关的语言，或在答题卡上作标记的，均按违纪试卷处理。
7. 考试结束时，由监考人员当面将试卷、答题卡一并收回。
8. 草稿纸由各地统一配发，考后收回。

单项选择题（共 120 题，每题 1 分。每题的备选项中只有一个最符合题意。）

1. 极限$\lim\limits_{x\to 0}\frac{3+e^{\frac{1}{x}}}{1-e^{\frac{2}{x}}}$等于：

A. 3　　　　B. -1

C. 0　　　　D. 不存在

2. 函数$f(x)$在点$x=x_0$处连续是$f(x)$在点$x=x_0$处可微的：

A. 充分条件　　　　B. 充要条件

C. 必要条件　　　　D. 无关条件

3. x趋于 0 时，$\sqrt{1-x^2}-\sqrt{1+x^2}$与$x^k$是同阶无穷小，则常数$k$等于：

A. 3　　　　B. 2

C. 1　　　　D. 1/2

4. 设$y=\ln(\sin x)$，则二阶导数y''等于：

A. $\frac{\cos x}{\sin^2 x}$　　　　B. $\frac{1}{\cos^2 x}$　　　　C. $\frac{1}{\sin^2 x}$　　　　D. $-\frac{1}{\sin^2 x}$

5. 若函数$f(x)$在$[a,b]$上连续，在(a,b)内可导，且$f(a)=f(b)$，则在(a,b)内满足$f'(x_0)=0$的点x_0：

A. 必存在且只有一个　　　　B. 至少存在一个

C. 不一定存在　　　　D. 不存在

6. 设$f(x)$在$(-\infty,+\infty)$内连续，其导数$f'(x)$的图形如图所示，则$f(x)$有：

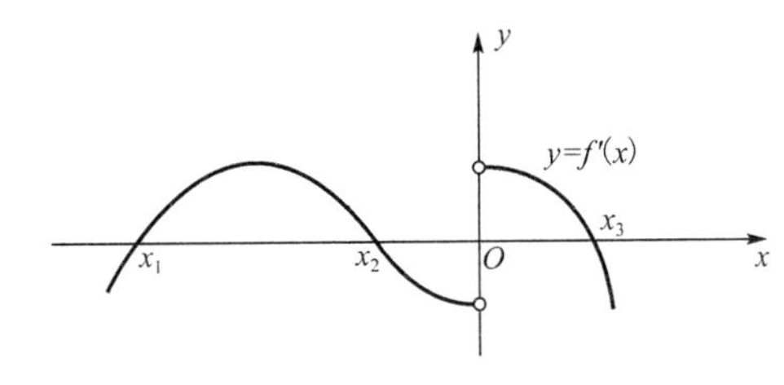

A. 一个极小值点和两个极大值点

B. 两个极小值点和两个极大值点

C. 两个极小值点和一个极大值点

D. 一个极小值点和三个极大值点

7. 不定积分$\int \frac{x}{\sin^2(x^2+1)}\mathrm{d}x$等于：

A. $-\frac{1}{2}\cot(x^2+1)+C$

B. $\frac{1}{\sin(x^2+1)}+C$

C. $-\frac{1}{2}\tan(x^2+1)+C$

D. $-\frac{1}{2}\cot x+C$

8. 广义积分$\int_{-2}^{2}\frac{1}{(1+x)^2}\mathrm{d}x$的值为：

A. $\frac{4}{3}$

B. $-\frac{4}{3}$

C. $\frac{2}{3}$

D. 发散

9. 已知向量$\boldsymbol{\alpha}=(2,1,-1)$，若向量$\boldsymbol{\beta}$与$\boldsymbol{\alpha}$平行，且$\boldsymbol{\alpha}\cdot\boldsymbol{\beta}=3$，则$\boldsymbol{\beta}$为：

A. $(2,1,-1)$

B. $\left(\frac{3}{2},\frac{3}{4},-\frac{3}{4}\right)$

C. $\left(1,\frac{1}{2},-\frac{1}{2}\right)$

D. $\left(1,-\frac{1}{2},\frac{1}{2}\right)$

10. 过点$(2,0,-1)$且垂直于xOy坐标面的直线方程是：

A. $\frac{x-2}{1}=\frac{y}{0}=\frac{z+1}{0}$

B. $\frac{x-2}{0}=\frac{y}{1}=\frac{z+1}{0}$

C. $\frac{x-2}{0}=\frac{y}{0}=\frac{z+1}{1}$

D. $\begin{cases}x=2\\z=-1\end{cases}$

11. 微分方程$y\ln x\,\mathrm{d}x-x\ln y\,\mathrm{d}y=0$满足条件$y(1)=1$的特解是：

A. $\ln^2x+\ln^2y=1$

B. $\ln^2x-\ln^2y=1$

C. $\ln^2x+\ln^2y=0$

D. $\ln^2x-\ln^2y=0$

12. 若D是由x轴、y轴及直线$2x+y-2=0$所围成的闭区域，则二重积分$\iint\limits_D \mathrm{d}x\mathrm{d}y$的值等于：

A. 1

B. 2

C. $\frac{1}{2}$

D. -1

13. 函数$y=C_1C_2e^{-x}$（C_1、C_2是任意常数）是微分方程$y''-2y'-3y=0$的：

A. 通解

B. 特解

C. 不是解

D. 既不是通解又不是特解，而是解

14. 设圆周曲线L：$x^2+y^2=1$取逆时针方向，则对坐标的曲线积分$\int_L \frac{y\mathrm{d}x-x\mathrm{d}y}{x^2+y^2}$等于：

A. 2π

B. -2π

C. π

D. 0

15. 对于函数$f(x,y)=xy$，原点$(0,0)$：

A. 不是驻点

B. 是驻点但非极值点

C. 是驻点且为极小值点

D. 是驻点且为极大值点

16. 关于级数$\sum_{n=1}^{\infty}(-1)^{n-1}\frac{1}{n^p}$收敛性的正确结论是：

A. $0<p\leqslant 1$时发散

B. $p>1$时条件收敛

C. $0<p\leqslant 1$时绝对收敛

D. $0<p\leqslant 1$时条件收敛

17. 设函数$z=\left(\frac{y}{x}\right)^x$，则全微分$\mathrm{d}z\bigg|_{\substack{x=1\\y=2}}=$

A. $\ln 2\,\mathrm{d}x+\frac{1}{2}\mathrm{d}y$

B. $(\ln 2+1)\mathrm{d}x+\frac{1}{2}\mathrm{d}y$

C. $2\left[(\ln 2-1)\mathrm{d}x+\frac{1}{2}\mathrm{d}y\right]$

D. $\frac{1}{2}\ln 2\,\mathrm{d}x+2\mathrm{d}y$

18. 幂级数$\sum_{n=1}^{\infty}(-1)^{n-1}\frac{x^{2n-1}}{2n-1}$的收敛域是：

A. $[-1,1]$

B. $(-1,1]$

C. $[-1,1)$

D. $(-1,1)$

19. 若n阶方阵$\boldsymbol{A}$满足$|\boldsymbol{A}|=b(b\neq 0，n\geqslant 2)$，而$\boldsymbol{A}^*$是$\boldsymbol{A}$的伴随矩阵，则行列式$|\boldsymbol{A}^*|$等于：

A. b^n

B. b^{n-1}

C. b^{n-2}

D. b^{n-3}

20. 已知二阶实对称矩阵$\boldsymbol{A}$的一个特征值为 1，而$\boldsymbol{A}$的对应特征值 1 的特征向量为$\begin{bmatrix}1\\-1\end{bmatrix}$，若$|\boldsymbol{A}|=-1$，则$\boldsymbol{A}$的另一个特征值及其对应的特征向量是：

A. $\begin{cases}\lambda=1\\x=(1,1)^{\mathrm{T}}\end{cases}$

B. $\begin{cases}\lambda=-1\\x=(1,1)^{\mathrm{T}}\end{cases}$

C. $\begin{cases}\lambda=-1\\x=(-1,1)^{\mathrm{T}}\end{cases}$

D. $\begin{cases}\lambda=-1\\x=(1,-1)^{\mathrm{T}}\end{cases}$

21. 设二次型$f(x_1,x_2,x_3)=x_1^2+tx_2^2+3x_3^2+2x_1x_2$，要使其秩为 2，则参数$t$的值等于：

A. 3

B. 2

C. 1

D. 0

22. 设A、B为两个事件，且$P(A)=\frac{1}{3}$，$P(B)=\frac{1}{4}$，$P(B|A)=\frac{1}{6}$，则$P(A|B)$等于：

A. $\frac{1}{9}$

B. $\frac{2}{9}$

C. $\frac{1}{3}$

D. $\frac{4}{9}$

23. 设随机向量(X,Y)的联合分布律为

X \ Y	-1	0
1	1/4	1/4
2	1/6	a

则a的值等于：

A. $\frac{1}{3}$

B. $\frac{2}{3}$

C. $\frac{1}{4}$

D. $\frac{3}{4}$

24. 设总体X服从均匀分布$U(1,\theta)$，$\overline{X}=\frac{1}{n}\sum_{i=1}^{n}\mathrm{X}_i$，则$\theta$的矩估计为：

A. $\overline{X}$

B. $2\overline{X}$

C. $2\overline{X}-1$

D. $2\overline{X}+1$

25. 关于温度的意义，有下列几种说法：

（1）气体的温度是分子平均平动动能的量度；

（2）气体的温度是大量气体分子热运动的集体表现，具有统计意义；

（3）温度的高低反映物质内部分子运动剧烈程度的不同；

（4）从微观上看，气体的温度表示每个气体分子的冷热程度。

这些说法中正确的是：

A.（1）、（2）、（4）

B.（1）、（2）、（3）

C.（2）、（3）、（4）

D.（1）、（3）、（4）

26. 设$\bar{v}$代表气体分子运动的平均速率，v_{p}代表气体分子运动的最概然速率，$(\bar{v}^2)^{\frac{1}{2}}$代表气体分子运动的方均根速率，处于平衡状态下的理想气体，三种速率关系正确的是：

A. $(\bar{v}^2)^{\frac{1}{2}} = \bar{v} = v_{\mathrm{p}}$

B. $\bar{v} = v_p < (\bar{v}^2)^{\frac{1}{2}}$

C. $v_{\mathrm{p}} < \bar{v} < (\bar{v}^2)^{\frac{1}{2}}$

D. $v_{\mathrm{p}} > \bar{v} < (\bar{v}^2)^{\frac{1}{2}}$

27. 理想气体向真空做绝热膨胀：

A. 膨胀后，温度不变，压强减小

B. 膨胀后，温度降低，压强减小

C. 膨胀后，温度升高，加强减小

D. 膨胀后，温度不变，压强不变

28. 两个卡诺热机的循环曲线如图所示，一个工作在温度为T_1与T_3的两个热源之间，另一个工作在温度为T_1与T_3的两个热源之间，已知这两个循环曲线所包围的面积相等，由此可知：

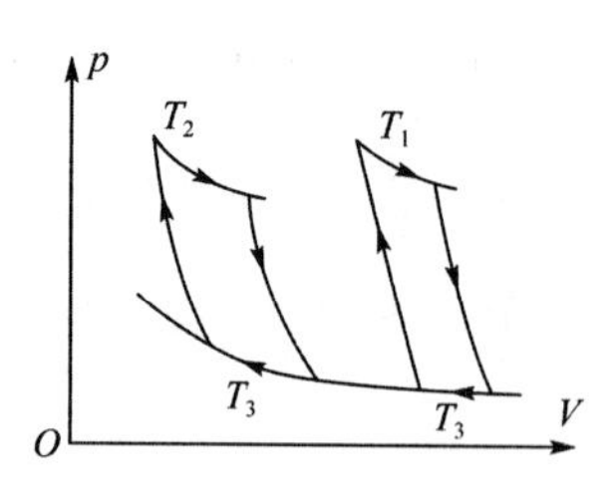

A. 两个热机的效率一定相等

B. 两个热机从高温热源所吸收的热量一定相等

C. 两个热机向低温热源所放出的热量一定相等

D. 两个热机吸收的热量与放出的热量（绝对值）的差值一定相等

29. 刚性双原子分子理想气体的定压摩尔热容量C_{p}与其定体摩尔热容量C_{V}之比，$C_{\mathrm{p}}/C_{\mathrm{V}}$等于：

A. $\frac{5}{3}$ B. $\frac{3}{5}$

C. $\frac{7}{5}$ D. $\frac{5}{7}$

30. 一横波沿绳子传播时，波的表达式为$y=0.05\cos(4\pi x-10\pi t)\,(\mathrm{SI})$，则：

A. 波长为0.5m

B. 波速为5m/s

C. 波速为25m/s

D. 频率为2Hz

31. 火车疾驰而来时，人们听到的汽笛音调，与火车远离而去时人们听到的汽笛音调相比较，音调：

A. 由高变低

B. 由低变高

C. 不变

D. 是变高还是变低不能确定

32. 在波的传播过程中，若保持其他条件不变，仅使振幅增加一倍，则波的强度增加到：

A. 1 倍　　B. 2 倍

C. 3 倍　　D. 4 倍

33. 两列相干波，其表达式为$y_1 = A\cos 2\pi\left(\upsilon t - \frac{x}{\lambda}\right)$和$y_2 = A\cos 2\pi\left(\upsilon t + \frac{x}{\lambda}\right)$，在叠加后形成的驻波中，波腹处质元振幅为：

A. A　　B. $-A$

C. $2A$　　D. $-2A$

34. 在玻璃（折射率$n_1 = 1.60$）表面镀一层 MgF_2（折射率$n_2 = 1.38$）薄膜作为增透膜，为了使波长为 500nm（$1\text{nm} = 10^{-9}\text{m}$）的光从空气（$n_1 = 1.00$）正入射时尽可能少反射，$MgF_2$ 薄膜的最小厚度应为：

A. 78.1nm　　B. 90.6nm

C. 125nm　　D. 181nm

35. 在单缝衍射实验中，若单缝处波面恰好被分成奇数个半波带，在相邻半波带上，任何两个对应点所发出的光在明条纹处的光程差为：

A. λ　　B. 2λ

C. $\lambda/2$　　D. $\lambda/4$

36. 在双缝干涉实验中，用单色自然光，在屏上形成干涉条纹。若在两缝后放一个偏振片，则：

A. 干涉条纹的间距不变，但明纹的亮度加强

B. 干涉条纹的间距不变，但明纹的亮度减弱

C. 干涉条纹的间距变窄，但明纹的亮度减弱

D. 无干涉条纹

37. 下列元素中第一电离能最小的是：

A. H　　B. Li

C. Na　　D. K

38. $H_2C=HC-CH=CH_2$ 分子中所含化学键共有：

A. 4 个σ键，2 个π键　　B. 9 个σ键，2 个π键

C. 7 个σ键，4 个π键　　D. 5 个σ键，4 个π键

39. 在 NaCl，$MgCl_2$，$AlCl_3$，$SiCl_4$ 四种物质的晶体中，离子极化作用最强的是：

A. NaCl　　B. $MgCl_2$

C. $AlCl_3$　　D. $SiCl_4$

40. $pH = 2$溶液中的$c(OH^-)$是$pH = 4$溶液中$c(OH^-)$的：

A. 2倍　　B. 1/2

C. 1/100　　D. 100倍

41. 某反应在 298K 及标准状态下不能自发进行，当温度升高到一定值时，反应能自发进行，下列符合此条件的是：

A. $\Delta_r H_m^\ominus > 0$，$\Delta_r S_m^\ominus > 0$　　B. $\Delta_r H_m^\ominus < 0$，$\Delta_r S_m^\ominus < 0$

C. $\Delta_r H_m^\ominus < 0$，$\Delta_r S_m^\ominus > 0$　　D. $\Delta_r H_m^\ominus > 0$，$\Delta_r S_m^\ominus < 0$

42. 下列物质水溶液$pH > 7$的是：

A. NaCl　　B. Na_2CO_3

C. $Al_2(SO_4)_3$　　D. $(NH_4)_2SO_4$

43. 已知$E^\ominus(Fe^{3+}/Fe^{2+}) = 0.77V$，$E^\ominus(MnO_4^-/Mn^{2+}) = 1.51V$，当同时提高两电对酸度时，两电对电极电势数值的变化下列正确的是：

A. $E^\ominus(Fe^{3+}/Fe^{2+})$变小，$E^\ominus(MnO_4^-/Mn^{2+})$变大

B. $E^\ominus(Fe^{3+}/Fe^{2+})$变大，$E^\ominus(MnO_4^-/Mn^{2+})$变大

C. $E^\ominus(Fe^{3+}/Fe^{2+})$不变，$E^\ominus(MnO_4^-/Mn^{2+})$变大

D. $E^\ominus(Fe^{3+}/Fe^{2+})$不变，$E^\ominus(MnO_4^-/Mn^{2+})$不变

44. 分子式为C_5H_{12}的各种异构体中，所含甲基数和它的一氯代物的数目与下列情况相符的是：

A. 2个甲基，能生成4种一氯代物　　B. 3个甲基，能生成5种一氯代物

C. 3个甲基，能生成4种一氯代物　　D. 4个甲基，能生成4种一氯代物

45. 在下列有机物中，经催化加氢反应后不能生成2-甲基戊烷的是：

A. $CH_2{=}C(CH_3)CH_2CH_2CH_3$（第2个碳上连有$CH_3$）　　B. $(CH_3)_2CHCH_2CH{=}CH_2$

C. $CH_3C(CH_3){=}CHCH_2CH_3$（第2个碳上连有CH_3）　　D. $CH_3CH_2CH(CH_3)CH{=}CH_2$（第3个碳上连有$CH_3$）

46. 以下是分子式为$C_5H_{12}O$的有机物，其中能被氧化为含相同碳原子数的醛的化合物是：

① $CH_2(OH)CH_2CH_2CH_2CH_3$　　② $CH_3CH(OH)CH_2CH_2CH_3$

③ $CH_3CH_2CH(OH)CH_2CH_3$　　④ $CH_3CH(OH)CH_2CH_3$

A. ①②　　B. ③④

C. ①④　　D. 只有①

47. 图示三角刚架中，若将作用于构件$\boldsymbol{BC}$上的力F沿其作用线移至构件$\boldsymbol{AC}$上，则$\boldsymbol{A}$、$\boldsymbol{B}$、$\boldsymbol{C}$处约束力的大小：

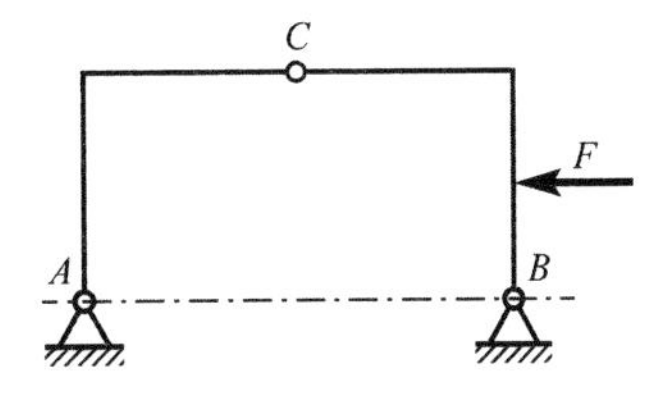

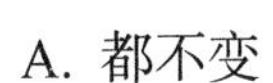

A. 都不变

B. 都改变

C. 只有C处改变

D. 只有C处不改变

48. 平面力系如图所示，已知：$F_1 = 160\text{N}$，$M = 4\text{N}\cdot\text{m}$，则力系向$\boldsymbol{A}$点简化后的主矩大小应为：

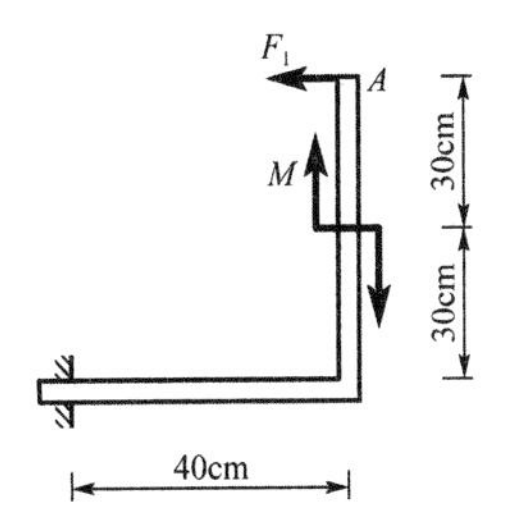

A. $M_A = 4\text{N}\cdot\text{m}$

B. $M_A = 1.2\text{N}\cdot\text{m}$

C. $M_A = 1.6\text{N}\cdot\text{m}$

D. $M_A = 0.8\text{N}\cdot\text{m}$

49. 图示承重装置，***B***、***C***、***D***、***E***处均为光滑铰链连接，各杆和滑轮的重量略去不计，已知：a，r，F_p。则固定端***A***的约束力偶为：

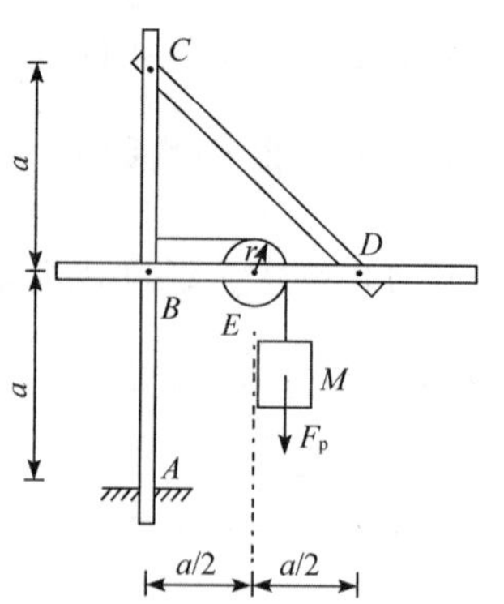

A. $M_A = F_p \times \left(\frac{a}{2} + r\right)$（顺时针）

B. $M_A = F_p \times \left(\frac{a}{2} + r\right)$（逆时针）

C. $M_A = F_p r$（逆时针）

D. $M_A = \frac{a}{2} F_p$（顺时针）

50. 判断图示桁架结构中，内力为零的杆数是：

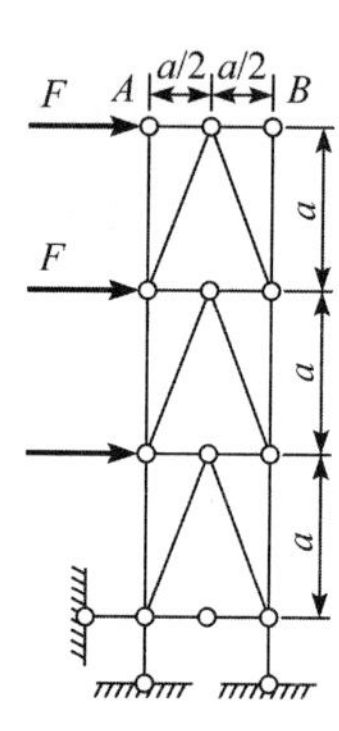

A. 3

B. 4

C. 5

D. 6

51. 汽车匀加速运动，在 10s 内，速度由 0 增加到5m/s。则汽车在此时间内行驶的距离为：

A. 25m　　B. 50m

C. 75m　　D. 100m

52. 物体作定轴转动的运动方程为$\boldsymbol{\varphi} = 4\boldsymbol{t} - 3\boldsymbol{t}^2$（$\boldsymbol{\varphi}$以rad计，$\boldsymbol{t}$以s计），则此物体内转动半径$\boldsymbol{r} = 0.5\text{m}$的一点在$\boldsymbol{t} = 1\text{s}$时的速度和切向加速度的大小分别为：

A. -2m/s，-20m/s^2

B. -1m/s，-3m/s^2

C. -2m/s，-8.54m/s^2

D. 0，-20.2m/s^2

53. 如图所示机构中，曲柄$OA=r$，以常角速度ω转动。则滑动构件BC的速度、加速度的表达式分别为：

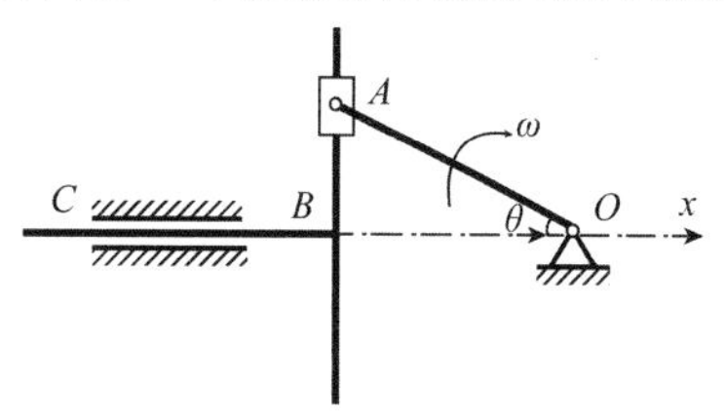

A. $r\omega\sin\omega t$，$r\omega\cos\omega t$

B. $r\omega\cos\omega t$，$r\omega^2\sin\omega t$

C. $r\sin\omega t$，$r\omega\cos\omega t$

D. $r\omega\sin\omega t$，$r\omega^2\cos\omega t$

54. 重力为$\boldsymbol{W}$的货物由电梯载运下降，当电梯加速下降、匀速下降及减速下降时，货物对地板的压力分别为$\boldsymbol{F}_1$、$\boldsymbol{F}_2$、$\boldsymbol{F}_3$，则它们之间的关系正确的是：

A. $F_1=F_2=F_3$　　B. $F_1>F_2>F_3$

C. $F_1<F_2<F_3$　　D. $F_1<F_2>F_3$

55. 均质圆盘的质量为m，半径为R，在铅垂平面内绕O轴转动，图示瞬时角速度为ω，则其对O轴的动量矩大小为：

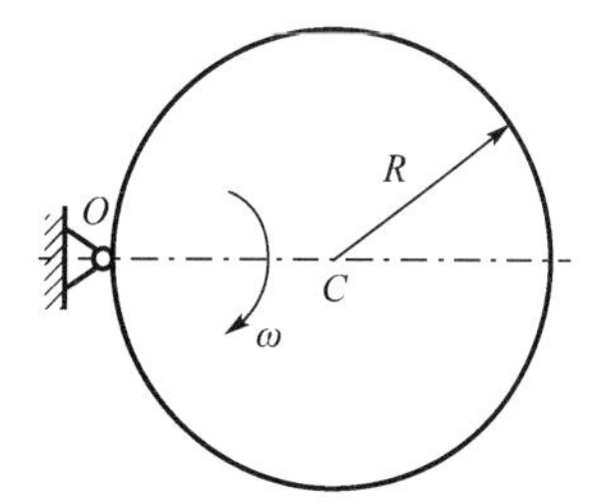

A. $mR\omega$

B. $\frac{1}{2}mR\omega$

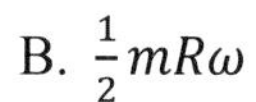

C. $\frac{1}{2}mR^2\omega$

D. $\frac{3}{2}mR^2\omega$

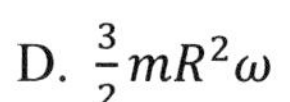

56. 均质圆柱体半径为R，质量为m，绕关于对纸面垂直的固定水平轴自由转动，初瞬时静止$\theta=0°$，如图所示，则圆柱体在任意位置θ时的角速度为：

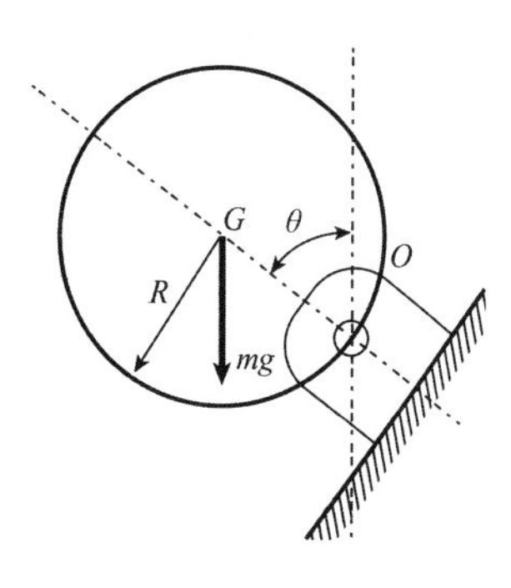

A. $\sqrt{\frac{4g(1-\sin\theta)}{3R}}$

B. $\sqrt{\frac{4g(1-\cos\theta)}{3R}}$

C. $\sqrt{\frac{2g(1-\cos\theta)}{3R}}$

D. $\sqrt{\frac{g(1-\cos\theta)}{2R}}$

57. 质量为m的物体A，置于水平成θ角的倾面B上，如图所示，A与B间的摩擦系数为f，当保持A与B一起以加速度a水平向右运动时，则物块A的惯性力是：

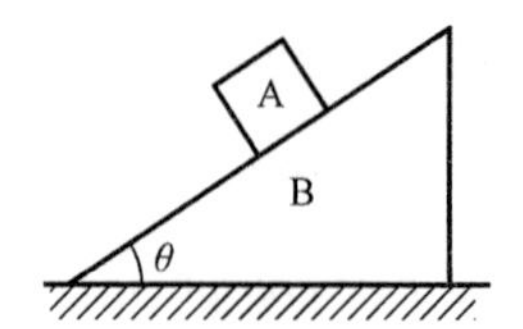

A. $ma(\leftarrow)$

B. $ma(\rightarrow)$

C. $ma(\nearrow)$

D. $ma(\swarrow)$

58. 一无阻尼弹簧—质量系统受简谐激振力作用，当激振频率$\omega_1 = 6\text{rad/s}$时，系统发生共振，给质量块增加1kg的质量后重新试验，测得共振频率$\omega_2 = 5.86\text{rad/s}$。则原系统的质量及弹簧刚度系数是：

A. 19.69kg，623.55N/m

B. 20.69kg，623.55N/m

C. 21.69kg，744.84N/m

D. 20.69kg，744.84N/m

59. 图示四种材料的应力-应变曲线中，强度最大的材料是：

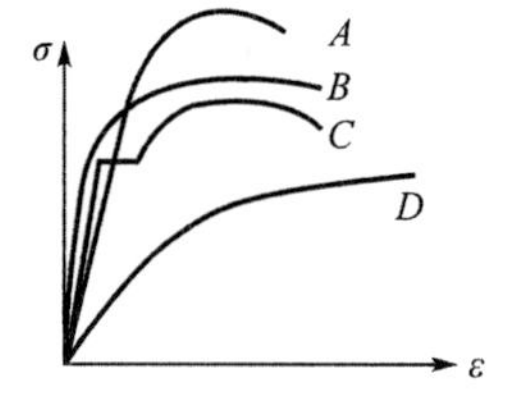

A. A

B. B

C. C

D. D

60. 图示等截面直杆，杆的横截面面积为A，材料的弹性模量为E，在图示轴向荷载作用下杆的总伸长度为：

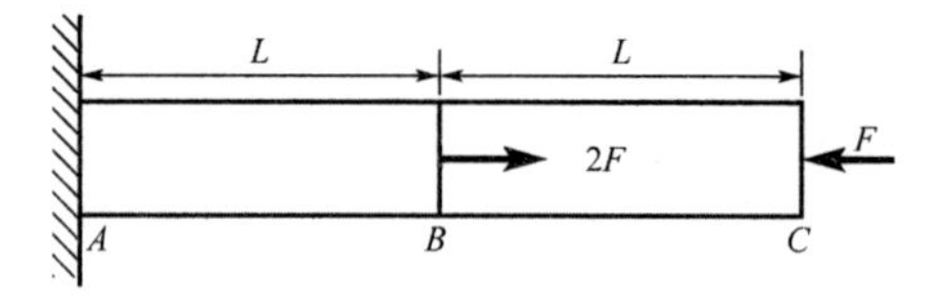

A. $\Delta L = 0$

B. $\Delta L = \frac{FL}{4EA}$

C. $\Delta L = \frac{FL}{2EA}$

D. $\Delta L = \frac{FL}{EA}$

61. 两根木杆用图示结构连接，尺寸如图所示，在轴向外力F作用下，可能引起连接结构发生剪切破坏的名义切应力是：

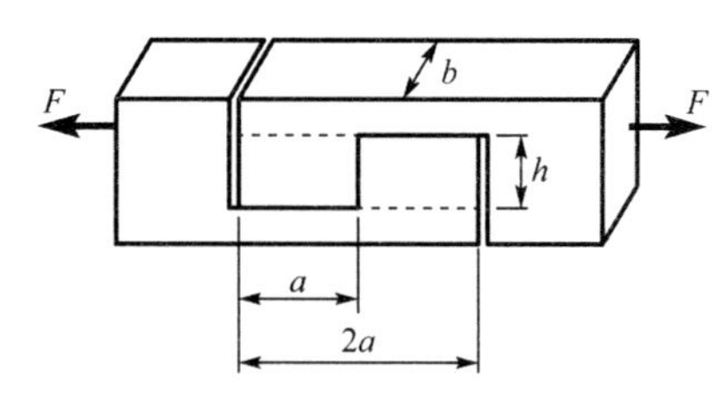

A. $\tau = \frac{F}{ab}$　　B. $\tau = \frac{F}{ah}$

C. $\tau = \frac{F}{bh}$　　D. $\tau = \frac{F}{2ab}$

62. 扭转切应力公式$\tau_{\rho} = \rho \frac{T}{I_{p}}$适用的杆件是：

A. 矩形截面杆　　B. 任意实心截面杆

C. 弹塑性变形的圆截面杆　　D. 线弹性变形的圆截面杆

63. 已知实心圆轴按强度条件可承担的最大扭矩为T，若改变该轴的直径，使其横截面积增加 1 倍，则可承担的最大扭矩为：

A. $\sqrt{2}T$　　B. $2T$

C. $2\sqrt{2}T$　　D. $4T$

64. 在下列关于平面图形几何性质的说法中，错误的是：

A. 对称轴必定通过圆形形心

B. 两个对称轴的交点必为圆形形心

C. 图形关于对称轴的静矩为零

D. 使静矩为零的轴必为对称轴

65. 悬臂梁的载荷情况如图所示，若有集中力偶m在梁上移动，则梁的内力变化情况是：

A. 剪力图、弯矩图均不变

B. 剪力图、弯矩图均改变

C. 剪力图不变，弯矩图改变

D. 剪力图改变，弯矩图不变

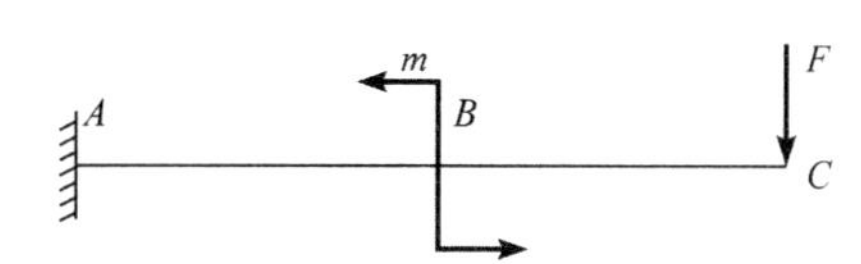

66. 图示悬臂梁，若梁的长度增加 1 倍，则梁的最大正应力和最大切应力与原来相比：

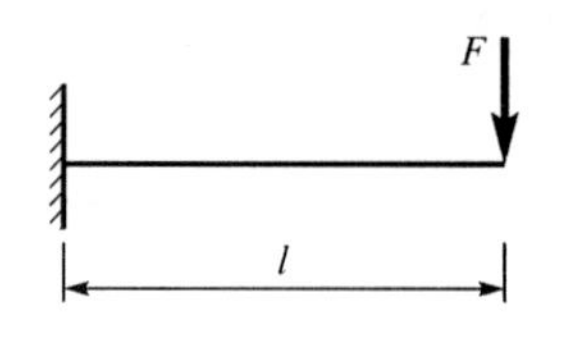

A. 均不变

B. 均为原来的 2 倍

C. 正应力为原来的 2 倍，剪应力不变

D. 正应力不变，剪应力为原来的 2 倍

67. 简支梁受力如图所示，梁的正确挠曲线是图示四条曲线中的：

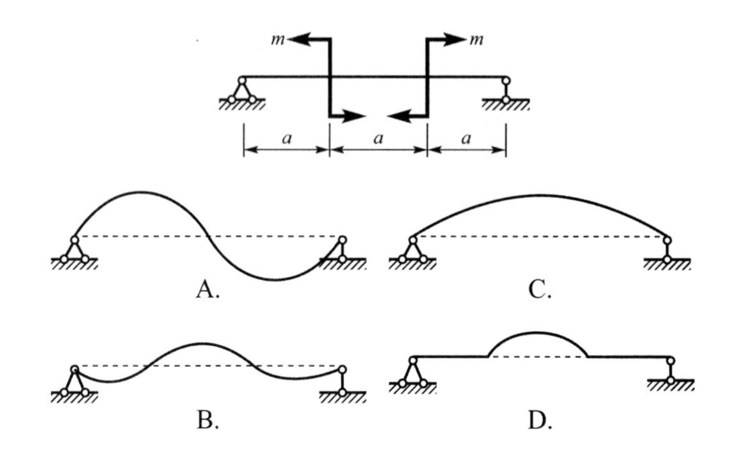

68. 两单元体分别如图 a）、b）所示。关于其主应力和主方向，下列论述正确的是：

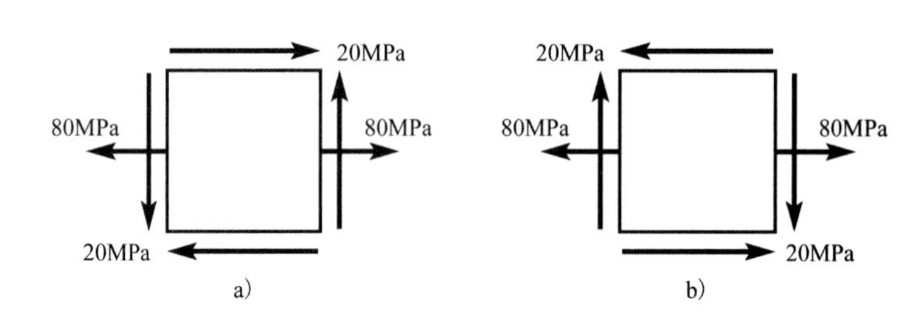

A. 主应力大小和方向均相同

B. 主应力大小相同，但方向不同

C. 主应力大小和方向均不同

D. 主应力大小不同，但方向均相同

69. 图示圆轴截面面积为A，抗弯截面系数为W，若同时受到扭矩T、弯矩M和轴向内力F_N的作用，按第三强度理论，下面的强度条件表达式中正确的是：

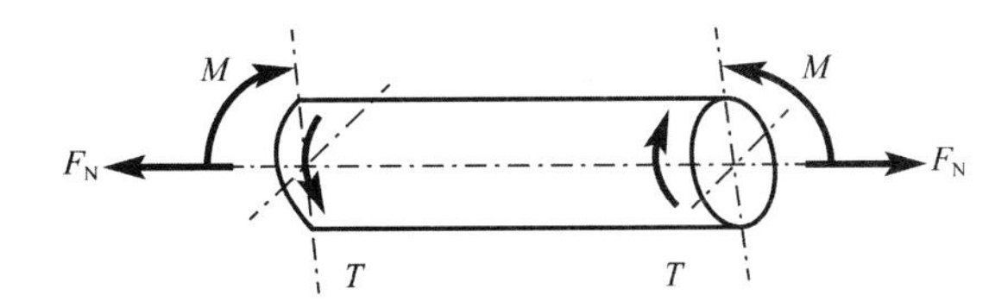

A. $\frac{F_N}{A}+\frac{1}{W}\sqrt{M^2+T^2}\leqslant[\sigma]$

B. $\sqrt{\left(\frac{F_N}{A}\right)^2+\left(\frac{M}{W}\right)^2+\left(\frac{T}{2W}\right)^2}\leqslant[\sigma]$

C. $\sqrt{\left(\frac{F_N}{A}+\frac{M}{W}\right)^2+\left(\frac{T}{W}\right)^2}\leqslant[\sigma]$

D. $\sqrt{\left(\frac{F_N}{A}+\frac{M}{W}\right)^2+4\left(\frac{T}{W}\right)^2}\leqslant[\sigma]$

70. 图示四根细长（大柔度）压杆，弯曲刚度为EI。其中具有最大临界荷载F_{cr}的压杆是：

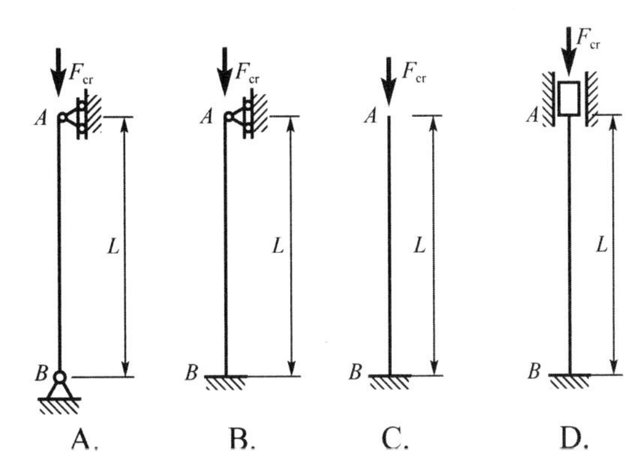

71. 连续介质假设意味着是：

A. 流体分子相互紧连

B. 流体的物理量是连续函数

C. 流体分子间有间隙

D. 流体不可压缩

72. 盛水容器形状如图所示，已知$h_1 = 0.9\text{m}$，$h_2 = 0.4\text{m}$，$h_3 = 1.1\text{m}$，$h_4 = 0.75\text{m}$，$h_5 = 1.33\text{m}$，则下列各点的相对压强正确的是：

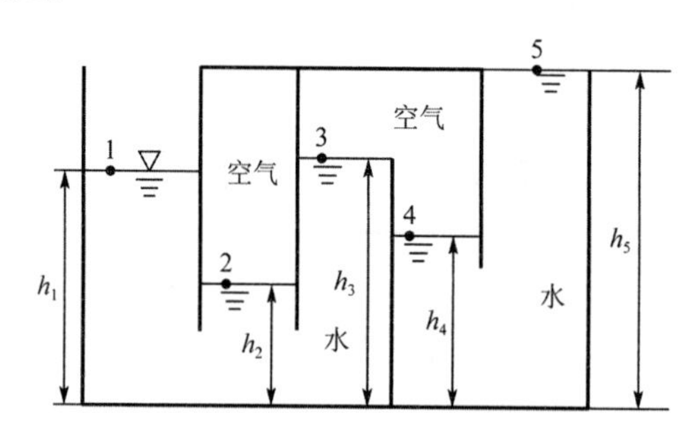

A. $p_1 = 0$，$p_2 = 4.90\text{kPa}$，$p_3 = -1.96\text{kPa}$，$p_4 = -1.96\text{kPa}$，$p_5 = -7.64\text{kPa}$

B. $p_1 = -4.90\text{kPa}$，$p_2 = 0$，$p_3 = -6.86\text{kPa}$，$p_4 = -6.86\text{kPa}$，$p_5 = -19.4\text{kPa}$

C. $p_1 = 1.96\text{kPa}$，$p_2 = 6.86\text{kPa}$，$p_3 = 0$，$p_4 = 0$，$p_5 = -5.68\text{kPa}$

D. $p_1 = 7.64\text{kPa}$，$p_2 = 12.54\text{kPa}$，$p_3 = 5.68\text{kPa}$，$p_4 = 5.68\text{kPa}$，$p_5 = 0$

73. 流体的连续性方程$v_1 A_1 = v_2 A_2$适用于：

A. 可压缩流体　　B. 不可压缩流体

C. 理想流体　　D. 任何流体

74. 尼古拉兹实验曲线中，当某管路流动在紊流光滑区时，随着雷诺数 Re 的增大，其沿程损失系数λ将：

A. 增大　　B. 减小

C. 不变　　D. 增大或减小

75. 正常工作条件下的薄壁小孔口d_1与圆柱形外管嘴d_2相等，作用水头H相等，则孔口与管嘴的流量关系正确的是：

A. $Q_1 > Q_2$　　B. $Q_1 < Q_2$

C. $Q_1 = Q_2$　　D. 条件不足无法确定

76. 半圆形明渠，半径$r_0 = 4\text{m}$，水力半径为：

A. 4m　　B. 3m

C. 2m　　D. 1m

77. 有一完全井，半径$r_0 = 0.3\text{m}$，含水层厚度$H = 15\text{m}$，抽水稳定后，井水深度$h = 10\text{m}$，影响半径$R = 375\text{m}$，已知井的抽水量是$0.0276\text{m}^3/\text{s}$，则土壤的渗透系数$k$为：

A. 0.0005m/s　　B. 0.0015m/s

C. 0.0010m/s　　D. 0.00025m/s

78. L为长度量纲，T为时间量纲，则沿程损失系数λ的量纲为：

A. L　　B. L/T

C. L^2/T　　D. 无量纲

79. 图示铁芯线圈通以直流电流I，并在铁芯中产生磁通Φ，线圈的电阻为R，那么线圈两端的电压为：

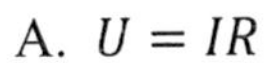

A. $U = IR$

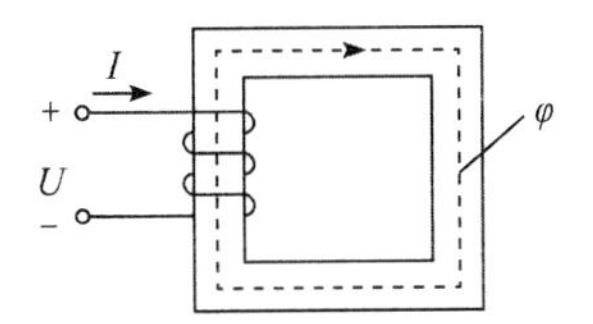

B. $U = N\frac{\mathrm{d}\Phi}{\mathrm{d}t}$

C. $U = -N\frac{\mathrm{d}\Phi}{\mathrm{d}t}$

D. $U = 0$

80. 图示电路，如下关系成立的是：

A. $R = \frac{u}{i}$

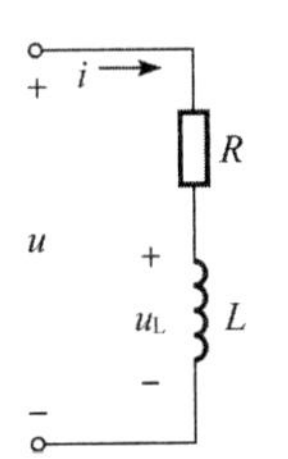

B. $u = i(R + L)$

C. $i = L\frac{\mathrm{d}u}{\mathrm{d}t}$

D. $u_L = L\frac{\mathrm{d}i}{\mathrm{d}t}$

81. 图示电路，电流I_s为：

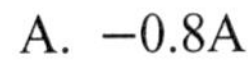

A. −0.8A

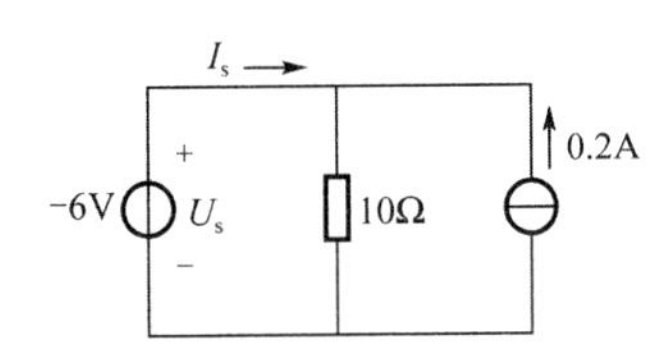

B. 0.8A

C. 0.6A

D. −0.6A

82. 图示电流$i(t)$和电压$u(t)$的相量分别为：

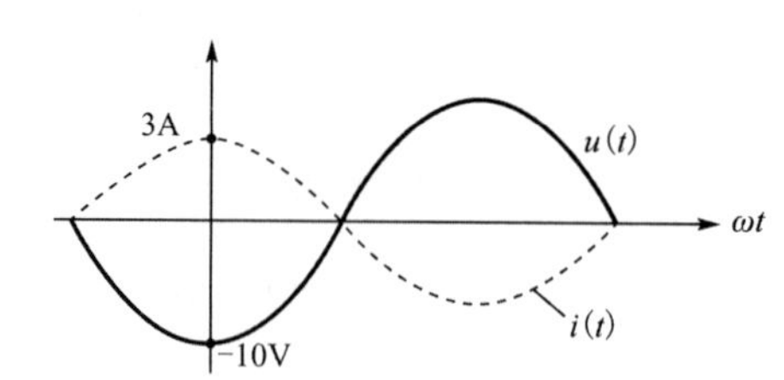

A. $\dot{I}=j2.12\text{A}$，$\dot{U}=-j7.07\text{V}$

B. $\dot{I}=2.12\angle90°\text{A}$，$\dot{U}=-7.07\angle-90°\text{V}$

C. $\dot{I}=j3\text{A}$，$\dot{U}=-j10\text{V}$

D. $\dot{I}=3\text{A}$，$\dot{U}_{\text{m}}=-10\text{V}$

83. 额定容量为20kV·A、额定电压为 220V 的某交流电源，有功功率为 8kW、功率因数为 0.6 的感性负载供电后，负载电流的有效值为：

A. $\frac{20\times10^3}{220}=90.9\text{A}$

B. $\frac{8\times10^3}{0.6\times220}=60.6\text{A}$

C. $\frac{8\times10^3}{220}=36.36\text{A}$

D. $\frac{20\times10^3}{0.6\times220}=151.5\text{A}$

84. 图示电路中，电感及电容元件上没有初始储能，开关 S 在$t=0$时刻闭合，那么，在开关闭合瞬间($t=0$)，电路中取值为 10V 的电压是：

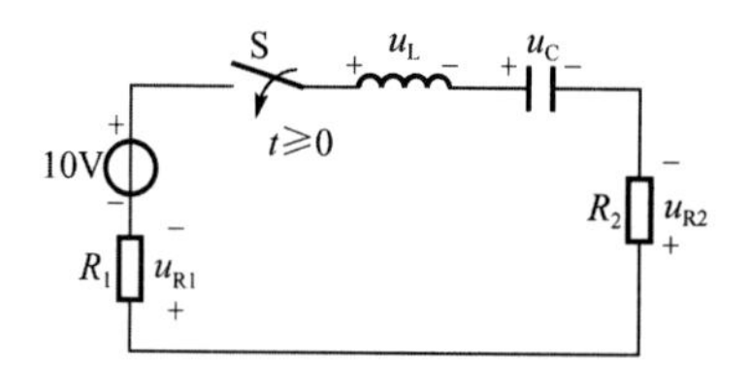

A. u_{L}

B. u_{C}

C. $u_{\text{R1}}+U_{\text{R2}}$

D. u_{R2}

85. 设图示变压器为理想器件，且$u_s = 90\sqrt{2}\sin\omega t\,\mathrm{V}$，开关 S 闭合时，信号源的内阻$R_1$与信号源右侧电路的等效电阻相等，那么，开关 S 断开后，电压u_1：

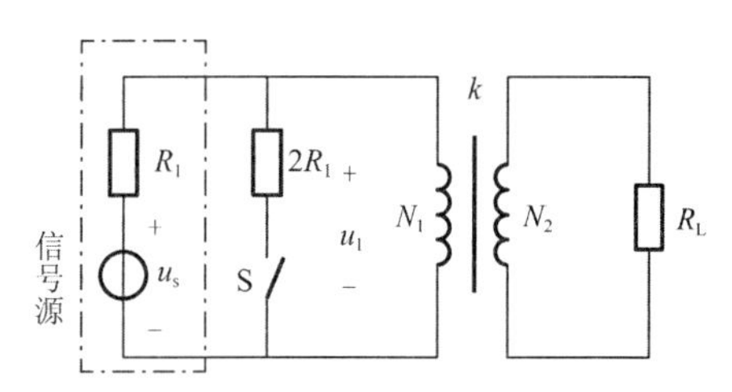

A. 因变压器的匝数比k、电阻R_L和R_1未知而无法确定

B. $u_1 = 45\sqrt{2}\sin\omega t\,\mathrm{V}$

C. $u_1 = 60\sqrt{2}\sin\omega t\,\mathrm{V}$

D. $u_1 = 30\sqrt{2}\sin\omega t\,\mathrm{V}$

86. 三相异步电动机在满载启动时，为了不引起电网电压的过大波动，则应该采用的异步电动机类型和启动方案是：

A. 鼠笼式电动机和 Y-△降压启动

B. 鼠笼式电动机和自耦调压器降压启动

C. 绕线式电动机和转子绕组串电阻启动

D. 绕线式电动机和 Y-△降压启动

87. 在模拟信号、采样信号和采样保持信号这几种信号中，属于连续时间信号的是：

A. 模拟信号与采样保持信号　　　　B. 模拟信号和采样信号

C. 采样信号与采样保持信号　　　　D. 采样信号

88. 模拟信号$u_1(t)$和$u_2(t)$的幅值频谱分别如图 a）和图 b）所示，则在时域中：

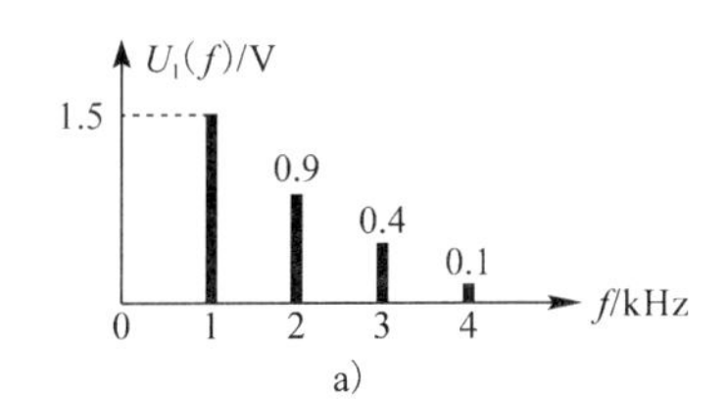

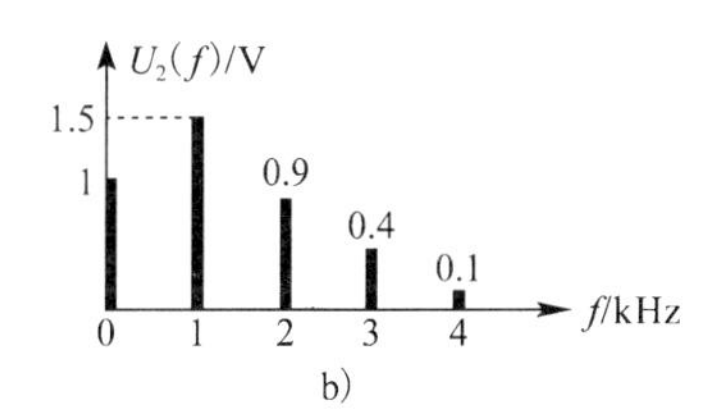

A. $u_1(t)$和$u_2(t)$是同一个函数

B. $u_1(t)$和$u_2(t)$都是离散时间函数

C. $u_1(t)$和$u_2(t)$都是周期性连续时间函数

D. $u_1(t)$是非周期性时间函数，$u_2(t)$是周期性时间函数

89. 放大器在信号处理系统中的作用是：

A. 从信号中提取有用信息

B. 消除信号中的干扰信号

C. 分解信号中的谐波成分

D. 增强信号的幅值以便后续处理

90. 对逻辑表达式$ABC+A\overline{B}+AB\overline{C}$的化简结果是：

A. A

B. $A\overline{B}$

C. AB

D. $AB\overline{C}$

91. 已知数字信号A和数字信号B的波形如图所示，则数字信号$F=\overline{A+B}$的波形为：

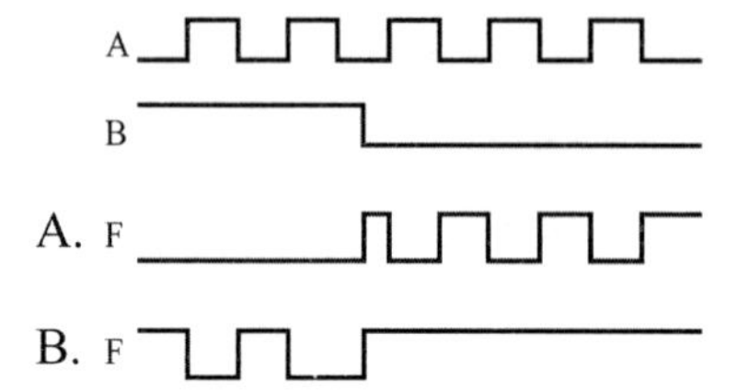

92. 逻辑函数$F=f(A,B,C)$的真值表如下所示，由此可知：

A	B	C	F
0	0	0	0
0	0	1	1
0	1	0	1
0	1	1	0
1	0	0	0
1	0	1	0
1	1	0	0
1	1	1	0

A. $F=\overline{A}\overline{B}C+B\overline{C}$

B. $F=\overline{A}\overline{B}C+\overline{A}B\overline{C}$

C. $F=\overline{A}\overline{B}\overline{C}+\overline{A}BC$

D. $F=A\overline{B}\overline{C}+ABC$

93. 二极管应用电路如图所示，图中，$u_A = 1V$，$u_B = 5V$，$R = 1k\Omega$，设二极管均为理想器件，则电流 $i_R =$

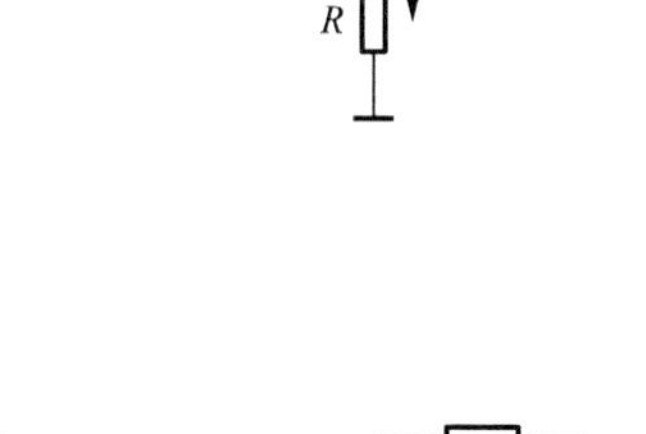

A. 5mA

B. 1mA

C. 6mA

D. 0mA

94. 图示电路中，能够完成加法运算的电路：

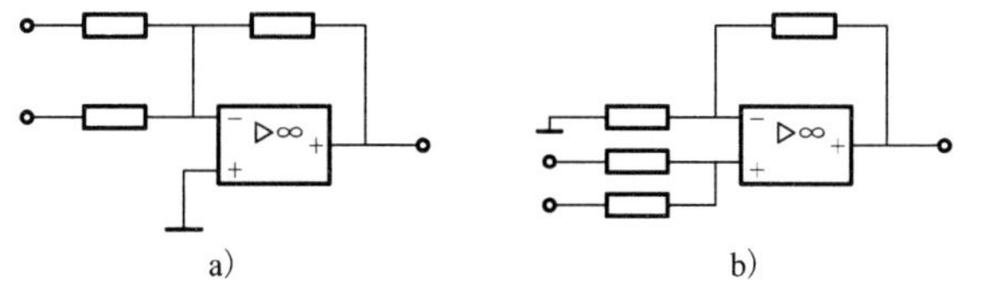

A. 是图 a）和图 b）　　B. 仅是图 a）

C. 仅是图 b）　　D. 是图 c）

95. 图 a）示电路中，复位信号及时钟脉冲信号如图 b）所示，经分析可知，在t_1时刻，输出Q_{JK}和Q_D分别等于：

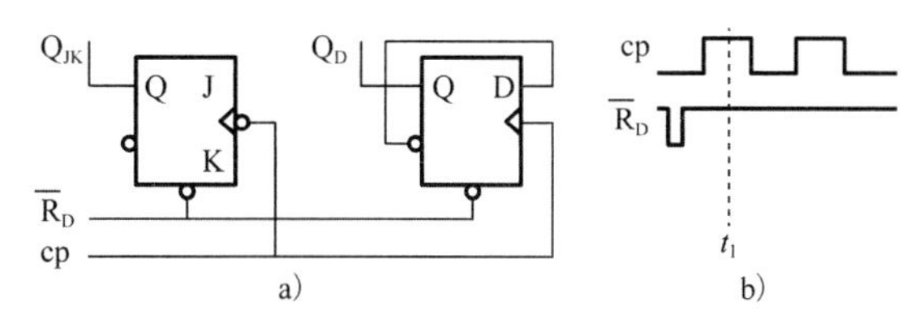

A. 0　0　　B. 0　1

C. 1　0　　D. 1　1

附：D 触发器的逻辑状态表为

D	Q_{n+1}
0	0
1	1

JK 触发器的逻辑状态表为

J	K	Q_{n+1}
0	0	Q_n
0	1	0
1	0	1
1	1	$\overline{Q}_n$

96. 图 a）示时序逻辑电路的工作波形如图 b）所示，由此可知，图 a）电路是一个：

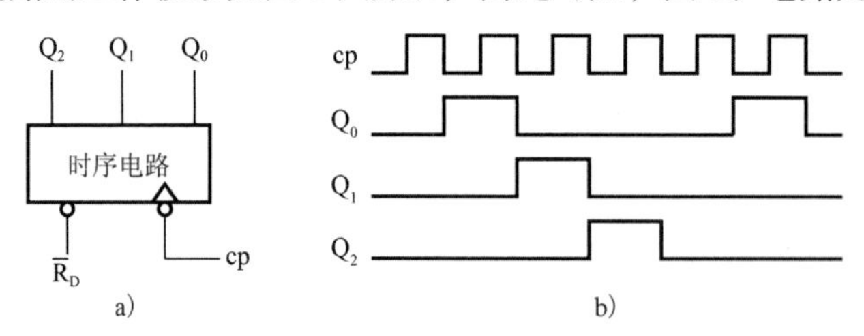

A. 右移寄存器　　B. 三进制计数器

C. 四进制计数器　　D. 五进制计数器

97. 根据冯·诺依曼结构原理，计算机的 CPU 是由：

A. 运算器、控制器组成　　B. 运算器、寄存器组成

C. 控制器、寄存器组成　　D. 运算器、存储器组成

98. 在计算机内，为有条不紊地进行信息传输操作，要用总线将硬件系统中的各个部件：

A. 连接起来　　B. 串接起来

C. 集合起来　　D. 耦合起来

99. 若干台计算机相互协作完成同一任务的操作系统属于：

A. 分时操作系统　　B. 嵌入式操作系统

C. 分布式操作系统　　D. 批处理操作系统

100. 计算机可以直接执行的程序是用：

A. 自然语言编制的程序　　B. 汇编语言编制的程序

C. 机器语言编制的程序　　D. 高级语言编制的程序

101. 汉字的国标码是用两个字节码表示的，为与 ASCII 码区别，是将两个字节的最高位：

A. 都置成 0　　B. 都置成 1

C. 分别置成 1 和 0　　D. 分别置成 0 和 1

102. 下列所列的四条存储容量单位之间换算表达式中，正确的一条是：

A. 1GB = 1024B　　B. 1GB = 1024KB

C. 1GB = 1024MB　　D. 1GB = 1024TB

103. 下列四条关于防范计算机病毒的方法中，并非有效的一条是：

A. 不使用来历不明的软件

B. 安装防病毒软件

C. 定期对系统进行病毒检测

D. 计算机使用完后锁起来

104. 下面四条描述操作系统与其他软件明显不同的特征中，正确的一条是：

A. 并发性、共享性、随机性

B. 共享性、随机性、动态性

C. 静态性、共享性、同步性

D. 动态性、并发性、异步性

105. 构成信息化社会的主要技术支柱有三个，它们是：

A. 计算机技术、通信技术和网络技术

B. 数据库技术、计算机技术和数字技术

C. 可视技术、大规模集成技术、网络技术

D. 动画技术、网络技术、通信技术

106. 为有效防范网络中的冒充、非法访问等威胁，应采用的网络安全技术是：

A. 数据加密技术

B. 防火墙技术

C. 身份验证与鉴别技术

D. 访问控制与目录管理技术

107. 某项目向银行借款，按半年复利计息，年实际利率为8.6%，则年名义利率为：

A. 8%

B. 8.16%

C. 8.24%

D. 8.42%

108. 对于国家鼓励发展的缴纳增值税的经营性项目，可以获得增值税的优惠。在财务评价中，先征后返的增值税应记作项目的：

A. 补贴收入

B. 营业收入

C. 经营成本

D. 营业外收入

109. 下列筹资方式中，属于项目资本金的筹集方式的是：

A. 银行贷款

B. 政府投资

C. 融资租赁

D. 发行债券

110. 某建设项目预计第三年息税前利润为 200 万元，折旧与摊销为 30 万元，所得税为 20 万元，项目生产期第三年应还本付息金额为 100 万元。则该年偿债备付率为：

A. 1.5 万元

B. 1.9 万元

C. 2.1 万元

D. 2.5 万元

111. 在进行融资前项目投资现金流量分析时，现金流量应包括：

A. 资产处置收益分配　　B. 流动资金

C. 借款本金偿还　　D. 借款利息偿还

112. 某拟建生产企业设计年产6万t化工原料，年固定成本为1000万元，单位可变成本、销售税金和单位产品增值税之和为800万元/t，单位产品售价为1000元/t。销售收入和成本费用均采用含税价格表示。以生产能力利用率表示的盈亏平衡点为：

A. 9.25%　　B. 21%　　C. 66.7%　　D. 83.3%

113. 某项目有甲、乙两个建设方案，投资分别为500万元和1000万元，项目期均为10年，甲项目年收益为140万元，乙项目年收益为250万元。假设基准收益率为10%，则两项目的差额净现值为：[已知：$(P/A, 10\%, 10) = 6.1446$]

A. 175.9万元　　B. 360.24万元

C. 536.14万元　　D. 896.38万元

114. 某项目打算采用甲工艺进行施工，但经广泛的市场调研和技术论证后，决定用乙工艺代替甲工艺，并达到了同样的施工质量，且成本下降15%。根据价值工程原理，该项目提高价值的途径是：

A. 功能不变，成本降低

B. 功能提高，成本降低

C. 功能和成本均下降，但成本降低幅度更大

D. 功能提高，成本不变

115. 某投资亿元的建设工程，建设工期3年，建设单位申请领取施工许可证，经审查该申请不符合法定条件的是：

A. 已取得该建设工程规划许可证

B. 已依法确定施工单位

C. 到位资金达到投资额的30%

D. 该建设工程设计已经发包由某设计单位完成

116. 根据《中华人民共和国安全生产法》，组织制定并实施本单位的生产安全事故应急救援预案的责任人是：

A. 项目负责人　　B. 安全生产管理人员

C. 单位主要负责人　　D. 主管安全的负责人

117. 根据《中华人民共和国招标投标法》，下列工程建设项目，项目的勘察、设计、施工、监理以及与工程建设有关的重要设备、材料等的采购，按照国家有关规定可不进行招标的是：

A. 大型基础设施、公用事业等关系社会公共利益、公众安全的项目

B. 全部或者部分使用国有资金投资或者国家融资的项目

C. 使用国际组织或者外国政府贷款、援助基金的项目

D. 利用扶贫资金实行以工代赈、需要使用农民工的项目

118. 订立合同需要经过要约和承诺两个阶段，下列关于要约的说法，错误的是：

A. 要约是希望和他人订立合同的意思表示

B. 要约内容应当具体明确

C. 要约是吸引他人向自己提出订立合同的意思表示

D. 经受要约人承诺，要约人即受该意思表示约束

119. 根据《中华人民共和国行政许可法》，行政机关对申请人提出的行政许可申请，应当根据不同情况分别作出处理。下列行政机关的处理，符合规定的是：

A. 申请事项依法不需要取得行政许可的，应当即时告知申请人向有关行政机关申请

B. 申请事项依法不属于本行政机关职权范围内的，应当即时告知申请人不需申请

C. 申请材料存在可以当场更正的错误的，应当告知申请人 3 日内补正

D. 申请材料不齐全，应当当场或者在 5 日内一次告知申请人需要补正的全部内容

120. 根据《建设工程质量管理条例》，下列有关建设单位的质量责任和义务的说法，正确的是：

A. 建设工程发包单位不得暗示承包方以低价竞标

B. 建设单位在办理工程质量监督手续前，应当领取施工许可证

C. 建设单位可以明示或者暗示设计单位违反工程建设强制性标准

D. 建设单位提供的与建设工程有关的原始资料必须真实、准确、齐全

2019 年度全国勘察设计注册工程师执业资格考试基础考试（上）

试题解析及参考答案

1. 解 本题考查函数极限的求法以及洛必达法则的应用。

当自变量$x \to 0$时，只有当$x \to 0^+$及$x \to 0^-$时，函数左右极限各自存在并且相等时，函数极限才存在。即当$\lim\limits_{x \to 0^+} f(x) = \lim\limits_{x \to 0^-} f(x) = A$时，$\lim\limits_{x \to 0} f(x) = A$，否则函数极限不存在。

应用洛必达法则：

$$\lim_{x \to 0^+} \frac{3+e^{\frac{1}{x}}}{1-e^{\frac{2}{x}}} \xlongequal[\text{当}x \to 0^+\text{时，}y \to +\infty]{\text{设}y=\frac{1}{x}} \lim_{y \to +\infty} \frac{3+e^y}{1-e^{2y}} \xlongequal{\frac{\infty}{\infty}} \lim_{y \to +\infty} \frac{e^y}{-2e^{2y}} = \lim_{y \to +\infty} \frac{1}{-2e^y} = 0$$

$$\lim_{x \to 0^-} \frac{3+e^{\frac{1}{x}}}{1-e^{\frac{2}{x}}} \xlongequal[\text{当}x \to 0^-\text{时，}y \to -\infty]{\text{设}y=\frac{1}{x}} \lim_{y \to -\infty} \frac{3+e^y}{1-e^{2y}} \xlongequal[e^y \to 0]{y \to -\infty} \frac{3}{1} = 3$$

因$\lim\limits_{x \to 0^+} f(x) \neq \lim\limits_{x \to 0^-} f(x)$，所以$\lim\limits_{x \to 0} f(x)$不存在。

答案：D

2. 解 本题考查函数可微、可导与函数连续之间的关系。

对于一元函数而言，函数可导和函数可微等价。函数可导必连续，函数连续不一定可导（例如$y = |x|$在$x = 0$处连续，但不可导）。因而，$f(x)$在点$x = x_0$处连续为函数在该点处可微的必要条件。

答案：C

3. 解 利用同阶无穷小定义计算。

求极限$\lim\limits_{x \to 0} \frac{\sqrt{1-x^2}-\sqrt{1+x^2}}{x^k}$，只要当极限值为常数$C$，且$C \neq 0$时，即为同阶无穷小。

$$\lim_{x \to 0} \frac{\sqrt{1-x^2}-\sqrt{1+x^2}}{x^k} \xlongequal{\text{分子有理化}} \lim_{x \to 0} \frac{\left(\sqrt{1-x^2}-\sqrt{1+x^2}\right)\left(\sqrt{1-x^2}+\sqrt{1+x^2}\right)}{x^k\left(\sqrt{1-x^2}+\sqrt{1+x^2}\right)}$$

$$= \lim_{x \to 0} \frac{-2x^2}{x^k\left(\sqrt{1-x^2}+\sqrt{1+x^2}\right)} \xlongequal{\text{只有}k=2\text{时，极限值才满足为常数}C\text{，且}C \neq 0}$$

$$\lim_{x \to 0} \frac{-2x^2}{x^2\left(\sqrt{1-x^2}+\sqrt{1+x^2}\right)} = -1$$

答案：B

4. 解 本题为求复合函数的二阶导数，可利用复合函数求导公式计算。

设$y = \ln u$，$u = \sin x$，先对中间变量求导，再乘以中间变量u对自变量x的导数（注意正确使用导数公式）。

$$y' = \frac{1}{\sin x} \cdot \cos x = \cot x\text{，}y'' = (\cot x)' = -\frac{1}{\sin^2 x}$$

答案：D

5. 解　本题考查罗尔中值定理。

由罗尔中值定理可知，函数满足：①在闭区间连续；②在开区间可导；③两端函数值相等，则在开区间内至少存在一点ξ，使得$f'(\xi)=0$。本题满足罗尔中值定理的条件，因而结论B成立。

答案：B

6. 解　$x=0$处导数不存在。x_1和O点两侧导函数符号由负变为正，函数在该点取得极小值，故x_1和O点是函数的极小值点；x_2和x_3点两侧导函数符号由正变为负，函数在该点取得极大值，故x_2和x_3点是函数的极大值点。

答案：B

7. 解　本题可用第一类换元积分方法计算，也可用凑微分方法计算。

方法1：设$x^2+1=t$，则有$2x\mathrm{d}x=\mathrm{d}t$，即$x\mathrm{d}x=\frac{1}{2}\mathrm{d}t$

$$\int\frac{x}{\sin^2(x^2+1)}\mathrm{d}x=\int\frac{1}{\sin^2 t}\frac{1}{2}\mathrm{d}t=\frac{1}{2}\int\csc^2 t\mathrm{d}t=-\frac{1}{2}\cot t+C=-\frac{1}{2}\cot(x^2+1)+C$$

方法2：

$$\int\frac{x}{\sin^2(x^2+1)}\mathrm{d}x=\frac{1}{2}\int\frac{1}{\sin^2(x^2+1)}\mathrm{d}(x^2+1)=-\frac{1}{2}\cot(x^2+1)+C$$

答案：A

8. 解　当$x=-1$时，$\lim\limits_{x\to-1}\frac{1}{(1+x)^2}=+\infty$，所以$x=-1$为函数的无穷不连续点。

本题为被积函数有无穷不连续点的广义积分。按照这类广义积分的计算方法，把广义积分在无穷不连续点$x=-1$处分成两部分，只有当每一部分都收敛时，广义积分才收敛，否则广义积分发散。

即：

$$\int_{-2}^{2}\frac{1}{(1+x)^2}\mathrm{d}x=\int_{-2}^{-1}\frac{1}{(1+x)^2}\mathrm{d}x+\int_{-1}^{2}\frac{1}{(1+x)^2}\mathrm{d}x$$

计算第一部分：

$$\int_{-2}^{-1}\frac{1}{(1+x)^2}\mathrm{d}x=\int_{-2}^{-1}\frac{1}{(1+x)^2}\mathrm{d}(x+1)=-\frac{1}{1+x}\bigg|_{-2}^{-1}=\lim_{x\to1^-}\left(-\frac{1}{1+x}\right)-\left(-\frac{1}{-1}\right)=\infty,$$

发散

所以，广义积分发散。

答案：D

9. 解　利用两向量平行的知识以及两向量数量积的运算法则计算。

已知$\boldsymbol{\beta}/\!/\boldsymbol{\alpha}$，则有$\beta=\lambda\boldsymbol{\alpha}$（$\lambda$为任意非零常数）

所以$\boldsymbol{\alpha}\cdot\boldsymbol{\beta}=\boldsymbol{\alpha}\cdot\lambda\boldsymbol{\alpha}=\lambda(\boldsymbol{\alpha}\cdot\boldsymbol{\alpha})=\lambda[2\times2+1\times1+(-1)\times(-1)]=6\lambda$

已知$\boldsymbol{\alpha}\cdot\boldsymbol{\beta}=3$，即$6\lambda=3$，$\lambda=\frac{1}{2}$

所以$\boldsymbol{\beta}=\frac{1}{2}\boldsymbol{\alpha}=\left(1,\frac{1}{2},-\frac{1}{2}\right)$

答案：C

10. 解 因直线垂直于xOy平面，因而直线的方向向量只要选与z轴平行的向量即可，取所求直线的方向向量$\vec{s}=(0,0,1)$，如解图所示，再按照直线的点向式方程的写法写出直线方程：

$$\frac{x-2}{0}=\frac{y-0}{0}=\frac{z+1}{1}$$

题 10 解图

答案：C

11. 解 通过分析可知，本题为一阶可分离变量方程，分离变量后两边积分求出方程的通解，再代入初始条件求出方程的特解。

$$y\ln x\mathrm{d}x-x\ln y\mathrm{d}y=0\Rightarrow y\ln x\mathrm{d}x=x\ln y\mathrm{d}y\Rightarrow\frac{\ln x}{x}\mathrm{d}x=\frac{\ln y}{y}\mathrm{d}y$$

$$\Rightarrow\int\frac{\ln x}{x}\mathrm{d}x=\int\frac{\ln y}{y}\mathrm{d}y\Rightarrow\int\ln x\mathrm{d}(\ln x)=\int\ln y\mathrm{d}(\ln y)$$

$$\Rightarrow\frac{1}{2}\ln^2x=\frac{1}{2}\ln^2y+C_1\Rightarrow\ln^2x-\ln^2y=C_2\qquad(\text{其中，}C_2=2C_1)$$

代入初始条件$y(x=1)=1$，得$C_2=0$

所以方程的特解：$\ln^2x-\ln^2y=0$

答案：D

12. 解 画出积分区域D的图形，如解图所示。

方法 1：因被积函数$f(x,y)=1$，所以积分$\iint\limits_D\mathrm{d}x\mathrm{d}y$的值即为这三条直线所围成的区域面积，所以$\iint\limits_D\mathrm{d}x\mathrm{d}y=\frac{1}{2}\times1\times2=1$。

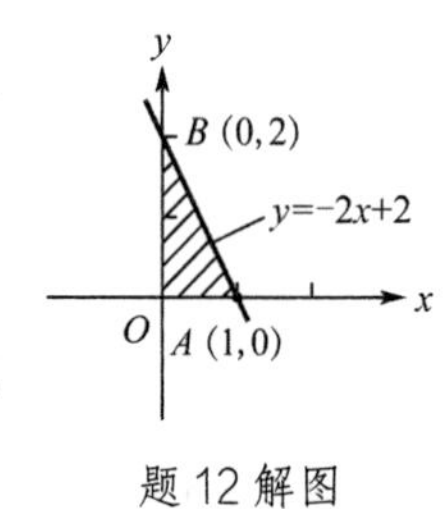

题 12 解图

方法 2：把二重积分转化为二次积分，可先对y积分再对x积分，也可先对x积分再对y积分。本题先对y积分后再对x积分：

$$D:\begin{cases}0\leqslant x\leqslant1\\0\leqslant y\leqslant-2x+2\end{cases}$$

$$\iint\limits_D\mathrm{d}x\mathrm{d}y=\int_0^1\mathrm{d}x\int_0^{-2x+2}\mathrm{d}y=\int_0^1y\Big|_0^{-2x+2}\mathrm{d}x$$

$$=\int_0^1(-2x+2)\mathrm{d}x=(-x^2+2x)\Big|_0^1=-1+2=1$$

答案：A

13. 解 $y=C_1C_2e^{-x}$，因C_1、C_2是任意常数，可设$C=C_1\cdot C_2$（C仍为任意常数），即$y=Ce^{-x}$，则有$y'=-Ce^{-x}$，$y''=Ce^{-x}$。

代入得$Ce^{-x}-2(-Ce^{-x})-3Ce^{-x}=0$，可知$y=Ce^{-x}$为方程的解。

因$y=Ce^{-x}$仅含一个独立的任意常数，可知$y=Ce^{-x}$既不是方程的通解，也不是方程的特解，只是方程的解。

答案： D

14. 解 本题考查对坐标的曲线积分的计算方法。

应注意，对坐标的曲线积分与曲线的积分路径、方向有关，积分变量的变化区间应从起点所对应的参数积到终点所对应的参数。

L：$x^2+y^2=1$

参数方程可表示为$\begin{cases}x=\cos\theta\\ y=\sin\theta\end{cases}$ （θ：$0\to2\pi$），则

$$\int_L\frac{y\mathrm{d}x-x\mathrm{d}y}{x^2+y^2}=\int_0^{2\pi}\frac{\sin\theta(-\sin\theta)-\cos\theta\cos\theta}{\cos^2\theta+\sin^2\theta}\mathrm{d}\theta=\int_0^{2\pi}(-1)\mathrm{d}\theta=-\theta\Big|_0^{2\pi}=-2\pi$$

答案： B

15. 解 本题函数为二元函数，先求出二元函数的驻点，再利用二元函数取得极值的充分条件判定。

$f(x,y)=xy$

求得偏导数$\begin{cases}f_x(x,y)=y\\ f_y(x,y)=x\end{cases}$，则$\begin{cases}f_x(0,0)=0\\ f_y(0,0)=0\end{cases}$，故点$(0,0)$为二元函数的驻点。

求得二阶导数$f''_{xx}(x,y)=0$，$f''_{xy}(x,y)=1$，$f''_{yy}(x,y)=0$

则有$A=f''_{xx}(0,0)=0$，$B=f''_{xy}(0,0)=1$，$C=f''_{yy}(0,0)=0$

$AC-B^2=-1<0$，所以在驻点$(0,0)$处取不到极值。

点$(0,0)$是驻点，但非极值点。

答案： B

16. 解 本题考查级数条件收敛、绝对收敛的有关概念，以及级数收敛与发散的基本判定方法。

将级数$\sum\limits_{n=1}^{\infty}(-1)^{n-1}\frac{1}{n^p}$各项取绝对值，得$p$级数$\sum\limits_{n=1}^{\infty}\frac{1}{n^p}$。

当$p>1$时，原级数$\sum\limits_{n=1}^{\infty}(-1)^{n-1}\frac{1}{n^p}$绝对收敛；当$0<p\leqslant1$时，级数$\sum\limits_{n=1}^{\infty}\frac{1}{n^p}$发散。所以，选项B、C均不成立。

再判定原级数$\sum\limits_{n=1}^{\infty}(-1)^{n-1}\frac{1}{n^p}$在$0<p\leqslant1$时的敛散性。

级数$\sum\limits_{n=1}^{\infty}(-1)^{n-1}\frac{1}{n^p}$为交错级数，记$u_n=\frac{1}{n^p}$。

当$p>0$时，$n^p<(n+1)^p$，则$\frac{1}{n^p}>\frac{1}{(n+1)^p}$，$u_n>u_{n+1}$，又$\lim\limits_{n\to\infty}u_n=0$，所以级数$\sum\limits_{n=1}^{\infty}(-1)^{n-1}\frac{1}{n^p}$在$0<p\leqslant1$时条件收敛。

答案： D

17. 解 利用二元函数求全微分公式$\mathrm{d}z=\frac{\partial z}{\partial x}\mathrm{d}x+\frac{\partial z}{\partial y}\mathrm{d}y$计算，然后代入$x=1$，$y=2$求出$\mathrm{d}z\Big|_{\substack{x=1\\y=2}}$的值。

（1）计算$\frac{\partial z}{\partial x}$:

$z=\left(\frac{y}{x}\right)^x$，两边取对数，得$\ln z=x\ln\left(\frac{y}{x}\right)$，两边对$x$求导，得：

$$\frac{1}{z}z_x=\ln\frac{y}{x}+x\frac{x}{y}\left(-\frac{y}{x^2}\right)=\ln\frac{y}{x}-1$$

进而得：$z_x=z\left(\ln\frac{y}{x}-1\right)=\left(\frac{y}{x}\right)^x\left(\ln\frac{y}{x}-1\right)$

（2）计算$\frac{\partial z}{\partial y}$：

$$\frac{\partial z}{\partial y}=x\left(\frac{y}{x}\right)^{x-1}\frac{1}{x}=\left(\frac{y}{x}\right)^{x-1}$$

$$\mathrm{d}z=\frac{\partial z}{\partial x}\mathrm{d}x+\frac{\partial z}{\partial y}\mathrm{d}y=\left(\frac{y}{x}\right)^x\left(\ln\frac{y}{x}-1\right)\mathrm{d}x+\left(\frac{y}{x}\right)^{x-1}\mathrm{d}y$$

$$\mathrm{d}z\bigg|_{\substack{x=1\\y=2}}=2(\ln 2-1)\mathrm{d}x+\mathrm{d}y=2\left[(\ln 2-1)\mathrm{d}x+\frac{1}{2}\mathrm{d}y\right]$$

答案：C

18. 解 幂级数只含奇数次幂项，求出级数的收敛半径，再判断端点的敛散性。

方法 1：

$$\lim_{n\to\infty}\left|\frac{u_{n+1}(x)}{u_n(x)}\right|=\lim_{n\to\infty}\left|\frac{\frac{x^{2n+1}}{2n+1}}{\frac{x^{2n-1}}{2n-1}}\right|=\lim_{n\to\infty}\left|\frac{2n-1}{2n+1}x^2\right|=x^2$$

当$x^2<1$，即$-1<x<1$时，级数收敛；当$x^2>1$，即$x>1$或$x<-1$时，级数发散：

判断端点的敛散性。

当$x=1$时，$\sum\limits_{n=1}^{\infty}(-1)^{n-1}\frac{x^{2n-1}}{2n-1}\Rightarrow\sum\limits_{n=1}^{\infty}(-1)^{n-1}\frac{1}{2n-1}$，为交错级数，同时满足$u_n>u_{n+1}$和$\lim\limits_{n\to\infty}u_n=0$，级数收敛。

当$x=-1$时，$\sum\limits_{n=1}^{\infty}(-1)^{n-1}\frac{x^{2n-1}}{2n-1}\Rightarrow\sum\limits_{n=1}^{\infty}(-1)^{n}\frac{1}{2n-1}$，为交错级数，同时满足$u_n>u_{n+1}$和$\lim\limits_{n\to\infty}u_n=0$，级数收敛。

综上，级数$\sum\limits_{n=1}^{\infty}(-1)^{n-1}\frac{x^{2n-1}}{2n-1}$的收敛域为$[-1,1]$。

方法 2：四个选项已给出，仅在端点处不同，直接判断端点$x=1$、$x=-1$的敛散性即可。

答案：A

19. 解 利用公式$|\boldsymbol{A}^*|=|\boldsymbol{A}|^{n-1}$判断。代入$|\boldsymbol{A}|=b$，得$|\boldsymbol{A}^*|=b^{n-1}$。

答案：B

20. 解 利用公式$|\boldsymbol{A}|=\lambda_1\lambda_2\cdots\lambda_n$，当$\boldsymbol{A}$为二阶方阵时，$|\boldsymbol{A}|=\lambda_1\lambda_2$

则有$\lambda_2=\frac{|\boldsymbol{A}|}{\lambda_1}=\frac{-1}{1}=-1$

由“实对称矩阵对应不同特征值的特征向量正交”判断：

$$\begin{pmatrix}1\\1\end{pmatrix}^{\mathrm{T}}\begin{pmatrix}1\\-1\end{pmatrix}=(1,\ 1)\begin{pmatrix}1\\-1\end{pmatrix}=0$$

所以$\begin{pmatrix}1\\1\end{pmatrix}$与$\begin{pmatrix}1\\-1\end{pmatrix}$正交

答案： B

21. 解 二次型f的秩就是对应矩阵$\boldsymbol{A}$的秩。

二次型对应矩阵为$\boldsymbol{A}=\begin{bmatrix}1&1&0\\1&t&0\\0&0&3\end{bmatrix}$，$R(\boldsymbol{A})=2$，则有$|\boldsymbol{A}|=0$，即$3(t-1)=0$，可以得出$t=1$。

答案： C

22. 解

$$P(A|B)=\frac{P(AB)}{P(B)}=\frac{P(A)P(B|A)}{P(B)}=\frac{\frac{1}{3}\times\frac{1}{6}}{\frac{1}{4}}=\frac{2}{9}$$

答案： B

23. 解 由联合分布律的性质：$\sum\limits_i\sum\limits_j p_{ij}=1$，得$\frac{1}{4}+\frac{1}{4}+\frac{1}{6}+a=1$，则$a=\frac{1}{3}$。

答案： A

24. 解 因为$X\sim U(1,\theta)$，所以$E(X)=\frac{1+\theta}{2}$，则$\theta=2E(X)-1$，用$\overline{X}$代替$E(X)$，得θ的矩估计$\hat{\theta}=2\overline{X}-1$。

答案： C

25. 解 温度的统计意义告诉我们：气体的温度是分子平均平动动能的量度，气体的温度是大量气体分子热运动的集体体现，具有统计意义，温度的高低反映物质内部分子运动剧烈程度的不同，正是因为它的统计意义，单独说某个分子的温度是没有意义的。

答案： B

26. 解 气体分子运动的三种速率：

$v_{\mathrm{p}}=\sqrt{\frac{2kT}{m}}\approx1.41\sqrt{\frac{RT}{M}}$

$\bar{v}=\sqrt{\frac{8kT}{\pi m}}\approx1.60\sqrt{\frac{RT}{M}}$，$\sqrt{\bar{v}^2}=\sqrt{\frac{3kT}{m}}\approx1.73\sqrt{\frac{RT}{M}}$

答案： C

27. 解 理想气体向真空作绝热膨胀，注意“真空”和“绝热”。由热力学第一定律$Q=\Delta E+W$，理想气体向真空作绝热膨胀不做功，不吸热，故内能变化为零，温度不变，但膨胀致体积增大，单位体积分子数n减少，根据$p=nkT$，故压强减小。

答案： A

28. 解 此题考查卡诺循环。

卡诺循环的热机效率为：$\eta=1-\frac{T_2}{T_1}$

T_1与T_2不同，所以效率不同。

两个循环曲线所包围的面积相等，净功相等，$W = Q_1 - Q_2$，即两个热机吸收的热量与放出的热量（绝对值）的差值一定相等。

答案：D

29. 解　此题考查理想气体分子的摩尔热容。

$$C_V = \frac{i}{2}R,\ C_p = C_V + R = \frac{i+2}{2}R$$

刚性双原子分子理想气体$i = 5$，故$\frac{C_p}{C_V} = \frac{7}{5}$

答案：C

30. 解　将波动方程化为标准式：$y = 0.05\cos(4\pi x - 10\pi t) = 0.05\cos 10\pi\left(t - \frac{x}{2.5}\right)$

$$u = 2.5\text{m/s},\ \omega = 2\pi\nu = 10\pi,\ \nu = 5\text{Hz},\ \lambda = \frac{u}{\nu} = \frac{2.5}{5} = 0.5\text{m}$$

答案：A

31. 解　此题考查声波的多普勒效应。

题目讨论的是火车疾驰而来时的过程与火车远离而去时人们听到的汽笛音调比较。

火车疾驰而来时音调（即频率）：$\nu'_{来} = \frac{u}{u - v_s}\nu$

火车远离而去时的音调：$\nu'_{去} = \frac{u}{u + v_s}\nu$

式中，u为声速，v_s为火车相对地的速度，ν为火车发出汽笛声的原频率。

相比，人们听到的汽笛音调应是由高变低的。

答案：A

32. 解　此题考查波的强度公式：$I = \frac{1}{2}\rho u A^2\omega^2$

保持其他条件不变，仅使振幅A增加 1 倍，则波的强度增加到原来的 4 倍。

答案：D

33. 解　两列振幅相同的相干波，在同一直线上沿相反方向传播，叠加的结果即为驻波。

叠加后形成的驻波的波动方程为：$y = y_1 + y_2 = \left(2A\cos 2\pi\frac{x}{\lambda}\right)\cos 2\pi\nu t$

驻波的振幅是随位置变化的，$A' = 2A\cos 2\pi\frac{x}{\lambda}$，波腹处有最大振幅$2A$。

答案：C

34. 解　此题考查光的干涉。

薄膜上下两束反射光的光程差：$\delta = 2n_2 e$

增透膜要求反射光相消：$\delta = 2n_2 e = (2k+1)\frac{\lambda}{2}$

$k = 0$时，膜有最小厚度，$e = \frac{\lambda}{4n_2} = \frac{500}{4 \times 1.38} = 90.6\text{nm}$

答案：B

35. 解 此题考查光的衍射。

单缝衍射明纹条件光程差为半波长的奇数倍，相邻两个半波带对应点的光程差为半个波长。

答案： C

36. 解 此题考查光的干涉与偏振。

双缝干涉条纹间距$\Delta x=\frac{D}{d}\lambda$，加偏振片不改变波长，故干涉条纹的间距不变，而自然光通过偏振片光强衰减为原来的一半，故明纹的亮度减弱。

答案： B

37. 解 第一电离能是基态的气态原子失去一个电子形成+1 价气态离子所需要的最低能量。变化规律：同一周期从左到右，主族元素的有效核电荷数依次增加，原子半径依次减小，电离能依次增大；同一主族元素从上到下原子半径依次增大，电离能依次减小。

答案： D

38. 解 共价键的类型分σ键和π键。共价单键均为σ键；共价双键中含 1 个σ键，1 个π键；共价三键中含 1 个σ键，2 个π键。

丁二烯分子中，碳氢间均为共价单键，碳碳间含 1 个碳碳单键，2 个碳碳双键。结构式为：

$$H_2C=CH-CH=CH_2$$

答案： B

39. 解 正负离子相互极化的强弱取决于离子的极化力和变形性，正负离子均具有极化力和变形性。正负离子相互极化的强弱一般主要考虑正离子的极化力和负离子的变形性。正离子的电荷数越多，极化力越大，半径越小，极化力越大。四种化合物中 $SiCl_4$ 是分子晶体。NaCl、$MgCl_2$、$AlCl_3$ 中的阴离子相同，都为 Cl^-，阳离子分别为 Na^+、Mg^{2+}、Al^{3+}，离子半径逐渐减小，离子电荷逐渐增大，极化力逐渐增强，对 Cl^-的极化作用逐渐增强，所以离子极化作用最强的是 $AlCl_3$。

答案： C

40. 解 根据 $pH=-\lg C_{H^+}$，$K_W=C_{H^+}\times C_{OH^-}$

$pH=2$时，$C_{H^+}=10^{-2}mol\cdot L^{-1}$，$C_{OH^-}=10^{-12}mol\cdot L^{-1}$

$pH=4$时，$C_{H^+}=10^{-4}mol\cdot L^{-1}$，$C_{OH^-}=10^{-10}mol\cdot L^{-1}$

答案： C

41. 解 吉布斯函数变$\Delta G<0$时化学反应能自发进行。根据吉布斯等温方程，当$\Delta_r H_m^\Theta>0$，$\Delta_r S_m^\Theta>0$时，反应低温不能自发进行，高温能自发进行。

答案： A

42. 解 根据盐类的水解理论，NaCl 为强酸强碱盐，不水解，溶液显中性；Na_2CO_3 为强碱弱酸盐，水解，溶液显碱性；硫酸铝和硫酸铵均为强酸弱碱盐，水解，溶液显酸性。

答案：B

43. 解 电对对应的半反应中无H^+参与时，酸度大小对电对的电极电势无影响；电对对应的半反应中有H^+参与时，酸度大小对电对的电极电势有影响，影响结果由能斯特方程决定。

电对Fe^{3+}/Fe^{2+}对应的半反应为$Fe^{3+} + e^- = Fe^{2+}$，没有H^+参与，酸度大小对电对的电极电势无影响；电对$MnO_4{}^-/Mn^{2+}$对应的半反应为$MnO_4{}^- + 8H^+ + 7e^- = Mn^{2+} + 4H_2O$，有$H^+$参与，根据能斯特方程，$H^+$浓度增大，电对的电极电势增大。

答案：C

44. 解 C_5H_{12} 有三个异构体，每种异构体中，有几种类型氢原子，就有几种一氯代物。

异构体 $H_3C-CH_2-CH_2-CH_2-CH_3$ 中，有 2 个甲基，3 种一氯代物；

异构体 $H_3C-\underset{\underset{CH_3}{|}}{CH}-CH_2-CH_3$ 中，有 3 个甲基，4 种一氯代物；

异构体 $H_3C-\overset{\overset{CH_3}{|}}{\underset{\underset{CH_3}{|}}{C}}-CH_3$ 中，有 4 个甲基，1 种一氯代物。

答案：C

45. 解 选项 A、B、C 催化加氢均生成 2-甲基戊烷，选项 D 催化加氢生成 3-甲基戊烷。

答案：D

46. 解 与端基碳原子相连的羟基氧化为醛，不与端基碳原子相连的羟基氧化为酮。

答案：C

47. 解 若力F作用于构件BC上，则AC为二力构件，满足二力平衡条件，BC满足三力平衡条件，受力图如解图 a）所示。

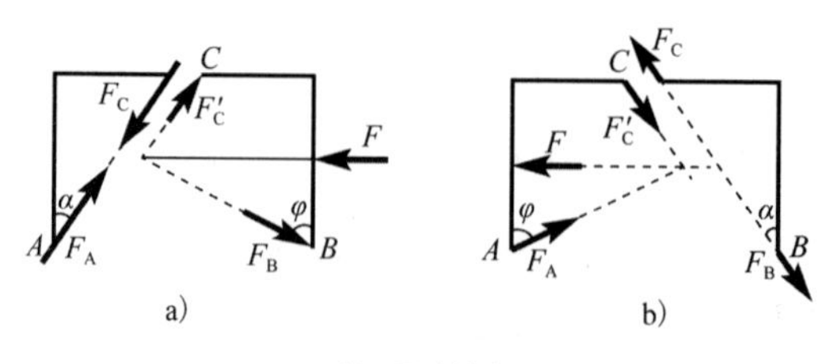

题 47 解图

对BC列平衡方程：

$$\sum F_x = 0,\ F - F_B \sin\varphi - F'_C \sin\alpha = 0$$

$$\sum F_y = 0,\ F'_C \cos\alpha - F_B \cos\varphi = 0$$

解得：$F'_C = \frac{F}{\sin\alpha + \cos\alpha\tan\varphi} = F_A$，$F_B = \frac{F}{\tan\alpha\cos\varphi + \sin\varphi}$

若力$\boldsymbol{F}$移至构件AC上，则BC为二力构件，而AC满足三力平衡条件，受力图如解图 b）所示。

对AC列平衡方程：

$$\sum F_x = 0，F - F_A\sin\varphi - F'_C\sin\alpha = 0$$

$$\sum F_y = 0，F_A\cos\varphi - F'_C\cos\alpha = 0$$

解得：$F'_C = \frac{F}{\sin\alpha + \cos\alpha\tan\varphi} = F_B$，$F_A = \frac{F}{\tan\alpha\cos\varphi + \sin\varphi}$

由此可见，两种情况下，只有C处约束力的大小没有改变，而A、B处约束力的大小都发生了改变。

答案：D

48. 解 由图可知力$\boldsymbol{F}_1$过A点，故向A点简化的附加力偶为 0，因此主动力系向A点简化的主矩即为$M_A = M = 4\text{N}\cdot\text{m}$。

答案：A

49. 解 对系统整体列平衡方程：

$$\sum M_A(F) = 0，M_A - F_p\left(\frac{a}{2} + r\right) = 0$$

得：$M_A = F_p\left(\frac{a}{2} + r\right)$（逆时针）

答案：B

50. 解 分析节点A的平衡，可知铅垂杆为零杆，再分析节点B的平衡，节点连接的两根杆均为零杆，故内力为零的杆数是 3。

答案：A

51. 解 当$t = 10\text{s}$时，$v_t = v_0 + at = 10a = 5\text{m/s}$，故汽车的加速度$a = 0.5\text{m/s}^2$。则有：

$$S = \frac{1}{2}at^2 = \frac{1}{2} \times 0.5 \times 10^2 = 25\text{m}$$

答案：A

52. 解 物体的角速度及角加速度分别为：$\omega = \dot{\varphi} = 4 - 6t\text{rad/s}$，$\alpha = \ddot{\varphi} = -6\text{rad/s}^2$，则$t = 1\text{s}$时物体内转动半径$r = 0.5\text{m}$点的速度为：$v = \omega r = -1\text{m/s}$，切向加速度为：$a_\tau = \alpha r = -3\text{m/s}^2$。

答案：B

53. 解 构件BC是平行移动刚体，根据其运动特性，构件上各点有相同的速度和加速度，用其上一点B的运动即可描述整个构件的运动，点B的运动方程为：

$$x_B = -r\cos\theta = -r\cos\omega t$$

则其速度的表达式为$v_{BC} = \dot{x}_B = r\omega\sin\omega t$，加速度的表达式为$\alpha_{BC} = \ddot{x}_B = r\omega^2\cos\omega t$

答案：D

54. 解 质点运动微分方程：$\boldsymbol{ma} = \boldsymbol{F}$

当电梯加速下降、匀速下降及减速下降时，加速度分别向下、零、向上，代入质点运动微分方程，分别有：

$$ma = W - F_1，0 = W - F_2，ma = F_3 - W$$

所以：$F_1 = W - ma$，$F_2 = W$，$F_3 = W + ma$

故$F_1 < F_2 < F_3$

答案：C

55. 解 定轴转动刚体动量矩的公式：$L_O = J_O\omega$

其中，$J_O = \frac{1}{2}mR^2 + mR^2$

因此，动量矩$L_O = \frac{3}{2}mR^2\omega$

答案：D

56. 解 动能定理：$T_2 - T_1 = W_{12}$

其中：$T_1 = 0$，$T_2 = \frac{1}{2}J_O\omega^2$

将$W_{12} = mg(R - R\cos\theta)$代入动能定理：$\frac{1}{2}\left(\frac{1}{2}mR^2 + mR^2\right)\omega^2 - 0 = mg(R - R\cos\theta)$

解得：$\omega = \sqrt{\frac{4g(1-\cos\theta)}{3R}}$

答案：B

57. 解 惯性力的定义为：$\boldsymbol{F}_\mathrm{I} = -m\boldsymbol{a}$

惯性力主矢的方向总是与其加速度方向相反。

答案：A

58. 解 当激振频率与系统的固有频率相等时，系统发生共振，即：

$\omega_0 = \sqrt{\frac{k}{m}} = \omega_1 = 6\text{rad/s}$；$\sqrt{\frac{k}{1+m}} = \omega_2 = 5.86\text{rad/s}$

联立求解可得：$m = 20.68\text{kg}$，$k = 744.53\text{N/m}$

答案：D

59. 解 由图可知，曲线A的强度失效应力最大，故 A 材料强度最高。

答案：A

60. 解 根据截面法可知，AB段轴力$F_{\mathrm{AB}} = F$，BC段轴力$F_{\mathrm{BC}} = -F$

则$\Delta L = \Delta L_{\mathrm{AB}} + \Delta L_{\mathrm{BC}} = \frac{Fl}{EA} + \frac{-Fl}{EA} = 0$

答案：A

61. 解 取一根木杆进行受力分析，可知剪力是F，剪切面是ab，故名义切应力$\tau = \frac{F}{ab}$。

答案：A

62. 解 此公式只适用于线弹性变形的圆截面（含空心圆截面）杆，选项A、B、C都不适用。

答案： D

63. 解 由强度条件$\tau_{\max}=\frac{T}{W_{\mathrm{p}}}\leqslant[\tau]$，可知直径为$d$的圆轴可承担的最大扭矩为$T\leqslant[\tau]W_{\mathrm{p}}=[\tau]\frac{\pi d^3}{16}$

若改变该轴直径为d_1，使$A_1=\frac{\pi d_1^2}{4}=2A=2\frac{\pi d^2}{4}$

则有$d_1^2=2d^2$，即$d_1=\sqrt{2}d$

故其可承担的最大扭矩为：$T_1=[\tau]\frac{\pi d_1^3}{16}=2\sqrt{2}[\tau]\frac{\pi d^3}{16}=2\sqrt{2}T$

答案： C

64. 解 在有关静矩的性质中可知，若平面图形对某轴的静矩为零，则此轴必过形心；反之，若某轴过形心，则平面图形对此轴的静矩为零。对称轴必须过形心，但过形心的轴不一定是对称轴。例如，平面图形的反对称轴也是过形心的。所以选项D错误。

答案： D

65. 解 集中力偶m在梁上移动，对剪力图没有影响，但是受集中力偶作用的位置弯矩图会发生突变，故力偶m位置的变化会引起弯矩图的改变。

答案： C

66. 解 若梁的长度增加一倍，最大剪力F没有变化，而最大弯矩则增大一倍，由Fl变为$2Fl$，而最大正应力$\sigma_{\max}=\frac{M_{\max}}{I_z}y_{\max}$变为原来的2倍，最大剪应力$\tau_{\max}=\frac{3F}{2A}$没有变化。

答案： C

67. 解 简支梁受一对自相平衡的力偶作用，不产生支座反力，左边第一段和右边第一段弯矩为零（无弯曲，是直线），中间一段为负弯矩（挠曲线向上弯曲）。

答案： D

68. 解 图a）、图b）两单元体中$\sigma_y=0$，用解析法公式：

$$\begin{matrix}\sigma_1\\\sigma_3\end{matrix}=\frac{\sigma}{2}\pm\sqrt{\left(\frac{\sigma}{2}\right)^2+\tau^2}=\frac{80}{2}\pm\sqrt{\left(\frac{80}{2}\right)^2+20^2}=\begin{matrix}84.72\\-4.72\end{matrix}\text{MPa}$$

则σ_1=84.72MPa，σ_2=0，σ_3= −4.72MPa，两单元体主应力大小相同。

两单元体主应力的方向可以用观察法判断。

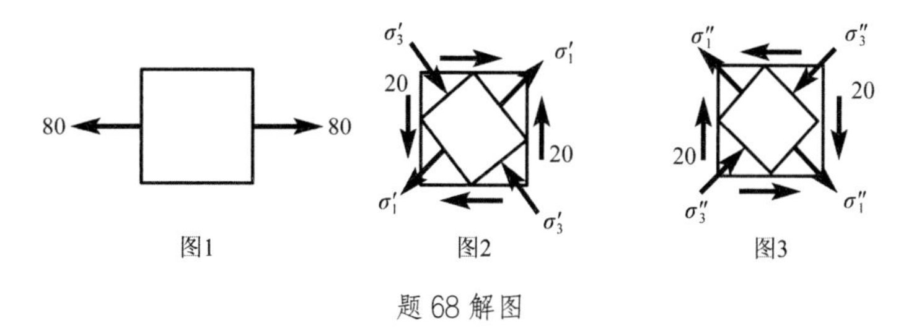

题68解图

题图 a）主应力的方向可以看成是图 1 和图 2 两个单元体主应力方向的叠加，显然主应力σ_1的方向在第一象限。

题图 b）主应力的方向可以看成是图 1 和图 3 两个单元体主应力方向的叠加，显然主应力σ_1的方向在第四象限。

所以两单元体主应力的方向不同。

答案： B

69. 解 轴力F_{N}产生的拉应力$\sigma' = \frac{F_{\mathrm{N}}}{A}$，弯矩产生的最大拉应力$\sigma'' = \frac{M}{W}$，故$\sigma = \sigma' + \sigma'' = \frac{F_{\mathrm{N}}}{A} + \frac{M}{W}$

扭矩T作用下产生的最大切应力$\tau = \frac{T}{W_{\mathrm{p}}} = \frac{T}{2W}$，所以危险截面的应力状态如解图所示。

而$\left.\begin{matrix}\sigma_1\\ \sigma_3\end{matrix}\right. = \frac{\sigma}{2} \pm \sqrt{\left(\frac{\sigma}{2}\right)^2 + \tau^2}$

所以，$\sigma_{\mathrm{r3}} = \sigma_1 - \sigma_3 = 2\sqrt{\left(\frac{\sigma}{2}\right)^2 + \tau^2} = \sqrt{\sigma^2 + 4\tau^2}$

$$= \sqrt{\left(\frac{F_{\mathrm{N}}}{A} + \frac{M}{W}\right)^2 + 4\left(\frac{T}{2W}\right)^2} = \sqrt{\left(\frac{F_{\mathrm{N}}}{A} + \frac{M}{W}\right)^2 + \left(\frac{T}{W}\right)^2}$$

题 69 解图

答案： C

70. 解 图（A）为两端铰支压杆，其长度系数$\mu = 1$。

图（B）为一端固定、一端铰支压杆，其长度系数$\mu = 0.7$。

图（C）为一端固定、一端自由压杆，其长度系数$\mu = 2$。

图（D）为两端固定压杆，其长度系数$\mu = 0.5$。

根据临界荷载公式：$F_{\mathrm{cr}} = \frac{\pi^2 EI}{(\mu l)^2}$，可知$F_{\mathrm{cr}}$与$\mu$成反比，故图（D）的临界荷载最大。

答案： D

71. 解 根据连续介质假设可知，流体的物理量是连续函数。

答案： B

72. 解 盛水容器的左侧上方为敞口的自由液面，故液面上点 1 的相对压强$p_1 = 0$，而选项 B、C、D 点 1 的相对压强p_1均不等于零，故此三个选项均错误，因此可知正确答案为 A。

现根据等压面原理和静压强计算公式，求出其余各点的相对压强如下：

$p_2 = 1000 \times 9.8 \times (h_1 - h_2) = 9800 \times (0.9 - 0.4) = 4900\mathrm{Pa} = 4.90\mathrm{kPa}$

$p_3 = p_2 - 1000 \times 9.8 \times (h_3 - h_2) = 4900 - 9800 \times (1.1 - 0.4) = -1960\mathrm{Pa} = -1.96\mathrm{kPa}$

$p_4 = p_3 = -1.96\mathrm{kPa}$（微小高度空气压强可忽略不计）

$p_5 = p_4 - 1000 \times 9.8 \times (h_5 - h_4) = -1960 - 9800 \times (1.33 - 0.75) = -7644\mathrm{Pa} = -7.64\mathrm{kPa}$

答案： A

73. 解 流体连续方程是根据质量守恒原理和连续介质假设推导而得的，在此条件下，同一流路上任意两断面的质量流量需相等，即$\rho_1 v_1 A_1 = \rho_2 v_2 A_2$。对不可压缩流体，密度$\rho$为不变的常数，即$\rho_1 = \rho_2$，故连续方程简化为：$v_1 A_1 = v_2 A_2$。

答案：B

74. 解 由尼古拉兹实验曲线图可知，在紊流光滑区，随着雷诺数 Re 的增大，沿程损失系数将减小。

答案：B

75. 解 薄壁小孔口流量公式：$Q_1 = \mu_1 A_1 \sqrt{2gH_{01}}$

圆柱形外管嘴流量公式：$Q_2 = \mu_2 A_2 \sqrt{2gH_{02}}$

按题设条件：$d_1 = d_2$，即可得$A_1 = A_2$

另有题设条件：$H_{01} = H_{02}$

由于小孔口流量系数$\mu_1 = 0.60 \sim 0.62$，圆柱形外管嘴流量系数$\mu_2 = 0.82$，即$\mu_1 < \mu_2$

综上，则有$Q_1 < Q_2$

答案：B

76. 解 水力半径R等于过流面积除以湿周，即$R = \frac{\pi r_0^2}{2\pi r_0}$

代入题设数据，可得水力半径$R = \frac{\pi \times 4^2}{2 \times \pi \times 4} = 2\text{m}$

答案：C

77. 解 普通完全井流量公式：$Q = 1.366\frac{k(H^2 - h^2)}{\lg\frac{R}{r_0}}$

代入题设数据：$0.0276 = 1.366\frac{k(15^2 - 10^2)}{\lg\frac{3.75}{0.3}}$

解得：$k = 0.0005\text{m/s}$

答案：A

78. 解 由沿程水头损失公式：$h_\text{f} = \lambda \frac{L}{d} \cdot \frac{v^2}{2g}$，可解出沿程损失系数$\lambda = \frac{2gdh_\text{f}}{Lv^2}$，写成量纲表达式$\dim\left(\frac{2gdh_\text{f}}{Lv^2}\right) = \frac{\text{LT}^{-2}\text{LL}}{\text{LL}^2\text{T}^{-2}} = 1$，即$\dim(\lambda) = 1$。故沿程损失系数$\lambda$为无量纲数。

答案：D

79. 解 线圈中通入直流电流I，磁路中磁通Φ为常量，根据电磁感应定律：

$$e = -N\frac{\text{d}\Phi}{\text{d}t} = 0$$

本题中电压—电流关系仅受线圈的电阻R影响，所以$U = IR$。

答案：A

80. 解 本题为交流电源，电流受电阻和电感的影响。

电压-电流关系为：

$$u = u_\text{R} + u_\text{L} = iR + L\frac{\text{d}i}{\text{d}t}$$

即$u_L = L\frac{di}{dt}$

答案：D

81. 解 图示电路分析如下：

$I_s = I_R - 0.2 = \frac{U_s}{R} - 0.2 = \frac{-6}{10} - 0.2 = -0.8A$

根据直流电路的欧姆定律和节点电流关系分析即可。

题81解图

答案：A

82. 解 从电压电流的波形可以分析：

最大值：$I_m = 3A$　　$U_m = 10V$

有效值：$I = \frac{I_m}{\sqrt{2}} = 2.12A$　　$U = \frac{U_m}{\sqrt{2}} = 7.07V$

初相位：$\varphi_i = +90°$　　$\varphi_u = -90°$

$\dot{U}$、$\dot{I}$的复数形式为：

$\dot{U} = 7.07\angle -90° = -j7.07V$　　$\dot{U}_m = -j10V$

$\dot{I} = 2.12\angle 90° = j2.12A$　　$\dot{I}_m = j3A$

答案：A

83. 解 交流电路中电压、电流与有功功率的基本关系为：

$$P = UI\cos\varphi \quad (\cos\varphi\text{是功率因数})$$

可知，$I = \frac{P}{U\cos\varphi} = \frac{8000}{220\times0.6} = 60.6A$

答案：B

84. 解 在开关S闭合时刻：

$$U_{C(0+)} = 0V，I_{L(0+)} = 0A$$

则

$$U_{R_1(0+)} = U_{R_2(0+)} = 0V$$

根据电路的回路电压关系：$\sum U_{(0+)} = -10 + U_{L(0+)} + U_{C(0+)} + U_{R_1(0+)} + U_{R_2(0+)} = 0$

代入数值，得$U_{L(0+)} = 10V$

答案：A

85. 解 图示电路可以等效为解图，其中，$R'_L = K_2R_L$。

在S闭合时，$2R_1 // R'_L = R_1$，可知$R'_L = 2R_1$

如果开关S打开，则$u_1 = \frac{R'_L}{R_1+R'_L}u_s = \frac{2}{3}u_s = 60\sqrt{2}\sin\omega t\,V$

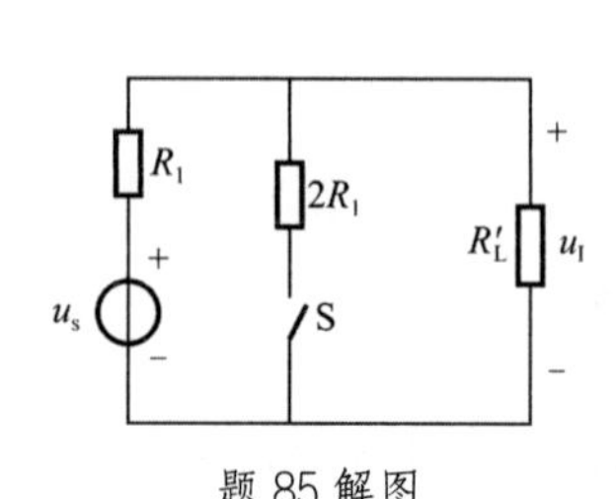

题85解图

答案：C

86. 解 三相异步电动机满载启动时必须保证电动机的启动力矩大于电动机的额定力矩。四个选项中，A、B、D 均属于降压启动，电压降低的同时必会导致启动力矩降低。所以应该采用转子绕组串电阻的方案，只有绕线式电动机的转子才能串电阻。

答案： C

87. 解 采样信号是离散时间信号（有些时间点没有定义），而模拟信号和采样保持信号才是时间上的连续信号。

答案： A

88. 解 周期信号的频谱是离散的，各谐波信号的幅值随频率的升高而减小。

信号$u_1(t)$和$u_2(t)$的幅值频谱均符合以上特征。所不同的是图 b）所示信号含有直流分量，而图 a）所示信号不包括直流分量。

答案： C

89. 解 放大器是对信号的幅值（电压或电流）进行放大，以不失真为条件，目的是便于后续处理。

答案： D

90. 解 逻辑函数化简：

$$F = ABC + A\overline{B} + AB\overline{C} = AB\left(C + \overline{C}\right) + A\overline{B} = AB + A\overline{B} = A\left(B + \overline{B}\right) = A$$

答案： A

91. 解 $F = \overline{A + B}$

（F函数与A、B信号为或非关系，可以用口诀“A、B”有 1，“F”则 0 处理）

即如解图所示。

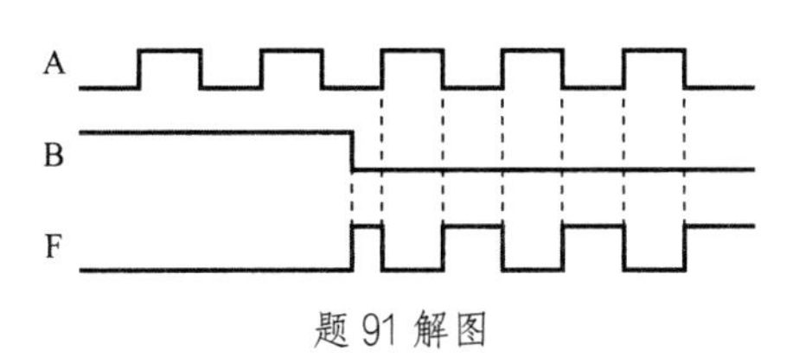

题 91 解图

答案： A

92. 解 从真值表到逻辑表达式的方法：首先在真值表中$F = 1$的项用“或”组合；然后每个$F = 1$的项对应一个输入组合的“与”逻辑，其中输入变量值为 1 的写原变量，取值为 0 的写反变量；最后将输出函数 F“合成”或的逻辑表达式。

根据真值表可以写出逻辑表达式为：$F = \overline{A}BC + \overline{A}B\overline{C}$

答案： B

93. 解 因为二极管 D_2 的阳极电位为 5V，而二极管 D_1 的阳极电位为 1V，可见二极管 D_2 是优先导通的。之后 u_F 电位箝位为 5V，二极管 D_1 可靠截止。i_R 电流通道如解图虚线所示。

$$i_R = \frac{u_B}{R} = \frac{5}{1000} = 5\text{mA}$$

题 93 解图

答案： A

94. 解 图 a）是反向加法运算电路，图 b）是同向加法运算电路，图 c）是减法运算电路。

答案： A

95. 解 当清零信号 $\overline{R}_D = 0$ 时，两个触发器同时为零。D触发器在时钟脉冲 cp 的前沿触发，JK 触发器在时钟脉冲 cp 的后沿触发。如解图所示，在 t_1 时刻，$Q_D = 1$，$Q_{JK} = 0$。

答案： B

96. 解 从解图分析可知为四进制计数器（4 个时钟周期完成一次循环）。

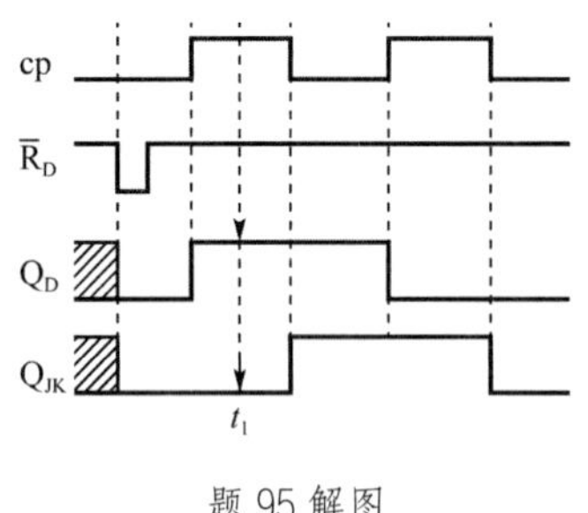

题 95 解图

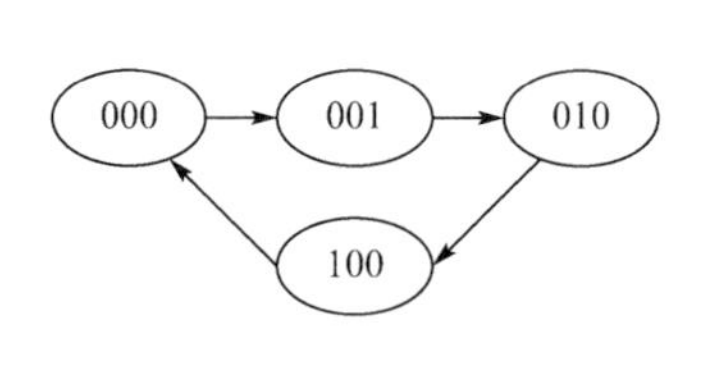

题 96 解图

答案： C

97. 解 CPU 是分析指令和执行指令的部件，是计算机的核心。它主要是由运算器和控制器组成。

答案： A

98. 解 总线就是一组公共信息传输线路，它能为多个部件服务，可分时地发送与接收各部件的信息。总线的工作方式通常是由发送信息的部件分时地将信息发往总线，再由总线将这些信息同时发往各个接收信息的部件。从总线的结构可以看出，所有设备和部件均可通过总线交换信息，因此要用总线将计算机硬件系统中的各个部件连接起来。

答案： A

99. 解 按照操作系统提供的服务，大致可以把操作系统分为以下几类：简单操作系统、分时操作系统、实时操作系统、网络操作系统、分布式操作系统和智能操作系统。简单操作系统的主要功能是操作命令的执行，文件服务，支持高级程序设计语言编译程序和控制外部设备等。分时系统支持位于不同终端的多个用户同时使用一台计算机，彼此独立互不干扰，用户感到好像一台计算机为他所用。实时操作系统的主要特点是资源的分配和调度，首先要考虑实时性，然后才是效率，此外，还应有较强的容错能力。网络操作系统是与网络的硬件相结合来完成网络的通信任务。分布式操作系统能使系统中若干台计算机相互协作完成一个共同的任务，这使得各台计算机组成一个完整的，功能强大的计算机系统。智能操作系统大多数应用在手机上。

答案：A

100. 解 计算机可直接执行的是机器语言编制的程序，它采用二进制编码形式，是由 CPU 可以识别的一组由 0、1 序列构成的指令码。其他三种语言都需要编码、编译器。

答案：C

101. 解 ASCII 码最高位都置成 0，它是“美国信息交换标准代码”的简称，是目前国际上最为流行的字符信息编码方案。在这种编码方案中每个字符用 7 个二进制位表示。对于两个字节的国标码将两个字节的最高位都置成 1，而后由软件或硬件来对字节最高位做出判断，以区分 ASCII 码与国标码。

答案：B

102. 解 GB 是 giga byte 的缩写，其中 G 表示 1024M，B 表示字节，相当于 10 的 9 次方，用二进制表示，则相当于 2 的 30 次方，即$2^{30} \approx 1024 \times 1024\text{K}$。

答案：C

103. 解 国家计算机病毒应急处理中心与计算机病毒防治产品检测中心制定了防治病毒策略：①建立病毒防治的规章制度，严格管理；②建立病毒防治和应急体系；③进行计算机安全教育，提高安全防范意识；④对系统进行风险评估；⑤选择经过公安部认证的病毒防治产品；⑥正确配置使用病毒防治产品；⑦正确配置系统，减少病毒侵害事件；⑧定期检查敏感文件；⑨适时进行安全评估，调整各种病毒防治策略；⑩建立病毒事故分析制度；⑪确保恢复，减少损失。

答案：D

104. 解 操作系统作为一种系统软件，存在着与其他软件明显不同的特征分别是并发性、共享性和随机性。并发性是指在计算机中同时存在有多个程序，从宏观上看，这些程序是同时向前进行操作的。共享性是指操作系统程序与多个用户程序共用系统中的各种资源。随机性是指操作系统的运行是在一个随机的环境中进行的。

答案：A

105. 解 21 世纪是一个以网络为核心技术的信息化时代，其典型特征就是数字化、网络化和信息化。构成信息化社会的主要技术支柱有三个，那就是计算机技术、通信技术和网络技术。

答案：A

106. 解　防火墙技术是建立在现代通信网络技术和信息安全技术基础上的应用型安全技术，可控制和监测网络之间的数据，管理进出网络的访问行为，封堵某些禁止行为，记录通过防火墙的信息内容和活动以及对网络攻击进行监测和报警。

答案：B

107. 解　根据题意，按半年复利计息，则一年计息周期数$m=2$，年实际利率$i=8.6\%$，由名义利率r求年实际利率i的公式为：

$$i=\left(1+\frac{r}{m}\right)^{m}-1$$

则$8.6\%=\left(1+\frac{r}{2}\right)^{2}-1$，解得名义利率$r=8.42\%$。

答案：D

108. 解　根据建设项目经济评价方法的有关规定，在建设项目财务评价中，对于先征后返的增值税、按销量或工作量等依据国家规定的补助定额计算并按期给予的定额补贴，以及属于财政扶持而给予的其他形式的补贴等，应按相关规定合理估算，记作补贴收入。

答案：A

109. 解　建设项目按融资的性质分为权益融资和债务融资，权益融资形成项目的资本金，债务融资形成项目的债务资金。资本金的筹集方式包括股东投资、发行股票、政府投资等，债务资金的筹集方式包括各种贷款和债券、出口信贷、融资租赁等。

答案：B

110. 解　$\text{偿债备付率}=\frac{\text{用于计算还本付息的资金}}{\text{应还本付息金额}}$

式中，用于计算还本付息的资金=息税前利润+折旧和摊销−所得税

本题的偿债备付率为：偿债备付率$=\frac{200+30-20}{100}=2.1$万元

答案：C

111. 解　融资前项目投资的现金流量包括现金流入和现金流出，其中现金流入包括营业收入、补贴收入、回收固定资产余值、回收流动资金等，现金流出包括建设投资、流动资金、经营成本和税金等。资产处置分配属于投资各方现金流量中的项目，借款本金偿还和借款利息偿还属于资本金现金流量分析中现金流量的项目。

答案：B

112. 解　以产量表示的盈亏平衡产量为：

$$\text{BEP}_{\text{产量}}=\frac{\text{年固定总成本}}{\text{单位产品销售价格}-\text{单位产品可变成本}-\text{单位产品销售税金及附加}-\text{单位产品增值税}}$$

$$=\frac{1000}{1000-800}=5\text{ 万 t}$$

以生产能力利用率表示的盈亏平衡点为：

$$BEP_{生产能力利用率}=\frac{盈亏平衡产量}{设计生产能力}=\frac{5}{6}\times100\%=83.3\%$$

答案：D

113. 解 两项目的差额现金流量：

差额投资$_{乙-甲}=1000-500=500$万元，差额年收益$_{乙-甲}=250-140=110$万元

所以两项目的差额净现值为：

差额净现值$_{乙-甲}=-500+110(P/A,10\%,10)=-500+110\times6.1446=175.9$万元

答案：A

114. 解 根据价值工程原理，价值= 功能/成本，该项目提高价值的途径是功能不变，成本降低。

答案：A

115. 解 2011 年修订的《中华人民共和国建筑法》第八条规定：

申请领取施工许可证，应当具备下列条件：

（一）已经办理该建筑工程用地批准手续；

（二）在城市规划区的建筑工程，已经取得规划许可证；

（三）需要拆迁的，其拆迁进度符合施工要求；

（四）已经确定建筑施工企业；

（五）有满足施工需要的施工图纸及技术资料；

（六）有保证工程质量和安全的具体措施；

（七）建设资金已经落实；

（八）法律、行政法规规定的其他条件。

所以选项 A、B 都是对的。

另外，按照 2014 年执行的《建筑工程施工许可管理办法》第（八）条的规定：建设资金已经落实。建设工期不足一年的，到位资金原则上不得少于工程合同价的 50%，建设工期超过一年的，到位资金原则上不得少于工程合同价的 30%。按照上条规定，选项 C 也是对的。

只有选项 D 与《建筑工程施工许可管理办法》第（五）条文字表述不太一致，原条文（五）有满足施工需要的技术资料，施工图设计文件已按规定审查合格。选项 D 中没有说明施工图审查合格的论述，所以只能选 D。

但是，提醒考生注意：

2019 年 4 月 23 日十三届人大常务委员会第十次会议上对原《中华人民共和国建筑法》第八条做了较大修改，修改后的条文是：

第八条 申请领取施工许可证，应当具备下列条件：

（一）已经办理该建筑工程用地批准手续；

（二）依法应当办理建设工程规划许可证的，已经取得规划许可证；

（三）需要拆迁的，其拆迁进度符合施工要求；

（四）已经确定建筑施工企业；

（五）有满足施工需要的资金安排、施工图纸及技术资料；

（六）有保证工程质量和安全的具体措施。

据此《建筑工程施工许可管理办法》也已做了相应修改。

答案：D

116. 解 《中华人民共和国安全生产法》第二十一条规定，生产经营单位的主要负责人对本单位安全生产工作负有下列职责：

（一）建立健全并落实本单位全员安全生产责任制，加强安全生产标准化建设；

（二）组织制定并实施本单位安全生产规章制度和操作规程；

（三）组织制定并实施本单位安全生产教育和培训计划；

（四）保证本单位安全生产投入的有效实施；

（五）组织建立并落实安全风险分级管控和隐患排查治理双重预防工作机制，督促、检查本单位的安全生产工作，及时消除生产安全事故隐患；

（六）组织制定并实施本单位的生产安全事故应急救援预案；

（七）及时、如实报告生产安全事故。

答案：C

117. 解 《中华人民共和国招标投标法》第三条规定：

在中华人民共和国境内进行下列工程建设项目包括项目的勘察、设计、施工、监理以及与工程建设有关的重要设备、材料等的采购，必须进行招标：

（一）大型基础设施、公用事业等关系社会公共利益、公众安全的项目；

（二）全部或者部分使用国有资金投资或者国家融资的项目；

（三）使用国际组织或者外国政府贷款、援助资金的项目。

选项D不在上述法律条文必须进行招标的规定中。

答案：D

118. 解 《中华人民共和国民法典》第四百七十二条规定：

要约是希望和他人订立合同的意思表示，该意思表示应当符合下列规定：

（一）内容具体确定；

（二）表明经受要约人承诺，要约人即受该意思表示约束。

选项C不符合上述条文规定。

答案：C

119.解 《中华人民共和国行政许可法》（2019年修订）第三十二条规定，行政机关对申请人提出的行政许可申请，应当根据下列情况分别作出处理：

（一）申请事项依法不需要取得行政许可的，应当即时告知申请人不受理；

（二）申请事项依法不属于本行政机关职权范围的，应当即时作出不予受理的决定，并告知申请人向有关行政机关申请；

（三）申请材料存在可以当场更正的错误的，应当允许申请人当场更正；

（四）申请材料不齐全或者不符合法定形式的，应当当场或者在五日内一次告知申请人需要补正的全部内容，逾期不告知的，自收到申请材料之日起即为受理；

（五）申请事项属于本行政机关职权范围，申请材料齐全、符合法定形式，或者申请人按照本行政机关的要求提交全部补正申请材料的，应当受理行政许可申请。

行政机关受理或者不予受理行政许可申请，应当出具加盖本行政机关专用印章和注明日期的书面凭证。

选项A和B都与法规条文不符，两条内容是互相抄错了。

选项C明显不符合规定，正确的做法是当场改正。

选项D正确。

答案：D

120.解 《工程质量管理条例》第九条规定，建设单位必须向有关的勘察、设计、施工、工程监理等单位提供与建设工程有关的原始资料。原始资料必须真实、准确、齐全。

所以选项D正确。

选项C明显错误。

选项B也不对，工程质量监督手续应当在领取施工许可证之前办理。

选项A的说法不符合原文第十条：建设工程发包单位不得迫使承包方以低于成本的价格竞标。“低价”和“低于成本价”有本质上的不同。

答案：D

2020年度全国勘察设计注册工程师

执业资格考试试卷

基础考试

（上）

二〇二〇年十月

应考人员注意事项

1. 本试卷科目代码为“1”，考生务必将此代码填涂在答题卡“科目代码”相应的栏目内，否则，无法评分。
2. 书写用笔：**黑色或蓝色钢笔、签字笔或圆珠笔**；
   填涂答题卡用笔：**黑色 2B 铅笔**。
3. 必须用书写用笔将工作单位、姓名、准考证号填写在答题卡和试卷相应的栏目内。
4. 本试卷由 120 题组成，每题 1 分，满分 120 分，本试卷全部为单项选择题，每小题的四个备选项中只有一个正确答案，错选、多选、不选均不得分。
5. 考生作答时，必须按**题号在答题卡上**将相应试题所选选项对应的**字母用 2B 铅笔涂黑**。
6. 在答题卡上书写与题意无关的语言，或在答题卡上作标记的，均按违纪试卷处理。
7. 考试结束时，由监考人员当面将试卷、答题卡一并收回。
8. 草稿纸由各地统一配发，考后收回。

单项选择题（共 120 题，每题 1 分。每题的备选项中只有一个最符合题意。）

1. 当$x \to +\infty$时，下列函数为无穷大量的是：

A. $\frac{1}{2+x}$

B. $x\cos x$

C. $e^{3x}-1$

D. $1-\arctan x$

2. 设函数$y=f(x)$满足$\lim\limits_{x\to x_0} f'(x)=\infty$，且曲线$y=f(x)$在$x=x_0$处有切线，则此切线：

A. 与ox轴平行

B. 与oy轴平行

C. 与直线$y=-x$平行

D. 与直线$y=x$平行

3. 设可微函数$y=y(x)$由方程$\sin y+e^x-xy^2=0$所确定，则微分$\mathrm{d}y$等于：

A. $\frac{-y^2+e^x}{\cos y-2xy}\mathrm{d}x$

B. $\frac{y^2+e^x}{\cos y-2xy}\mathrm{d}x$

C. $\frac{y^2+e^x}{\cos y+2xy}\mathrm{d}x$

D. $\frac{y^2-e^x}{\cos y-2xy}\mathrm{d}x$

4. 设$f(x)$的二阶导数存在，$y=f(e^x)$，则$\frac{\mathrm{d}^2y}{\mathrm{d}x^2}$等于：

A. $f''(e^x)e^x$

B. $[f''(e^x)+f'(e^x)]e^x$

C. $f''(e^x)e^{2x}+f'(e^x)e^x$

D. $f''(e^x)e^x+f'(e^x)e^{2x}$

5. 下列函数在区间$[-1,1]$上满足罗尔定理条件的是：

A. $f(x)=\sqrt[3]{x^2}$

B. $f(x)=\sin x^2$

C. $f(x)=|x|$

D. $f(x)=\frac{1}{x}$

6. 曲线$f(x)=x^4+4x^3+x+1$在区间$(-\infty,+\infty)$上的拐点个数是：

A. 0

B. 1

C. 2

D. 3

7. 已知函数$f(x)$的一个原函数是$1+\sin x$，则不定积分$\int xf'(x)\mathrm{d}x$等于：

A. $(1+\sin x)(x-1)+C$

B. $x\cos x-(1+\sin x)+C$

C. $-x\cos x+(1+\sin x)+C$

D. $1+\sin x+C$

8. 由曲线$y=x^3$，直线$x=1$和ox轴所围成的平面图形绕ox轴旋转一周所形成的旋转的体积是：

A. $\frac{\pi}{7}$　　　　B. 7π

C. $\frac{\pi}{6}$　　　　D. 6π

9. 设向量$\boldsymbol{\alpha}=(5,1,8)$，$\boldsymbol{\beta}=(3,2,7)$，若$\lambda\boldsymbol{\alpha}+\boldsymbol{\beta}$与$oz$轴垂直，则常数$\lambda$等于：

A. $\frac{7}{8}$　　　　B. $-\frac{7}{8}$

C. $\frac{8}{7}$　　　　D. $-\frac{8}{7}$

10. 过点$M_1(0,-1,2)$和$M_2(1,0,1)$且平行于z轴的平面方程是：

A. $x-y=0$　　　　B. $\frac{x}{1}=\frac{y+1}{-1}=\frac{z-2}{0}$

C. $x+y-1=0$　　　　D. $x-y-1=0$

11. 过点(1,2)且切线斜率为$2x$的曲线$y=f(x)$应满足的关系式是：

A. $y'=2x$　　　　B. $y''=2x$

C. $y'=2x$，$y(1)=2$　　　　D. $y''=2x$，$y(1)=2$

12. 设D是由直线$y=x$和圆$x^2+(y-1)^2=1$所围成且在直线$y=x$下方的平面区域，则二重积分$\iint\limits_{D} x\mathrm{d}x\mathrm{d}y$等于：

A. $\int_0^{\frac{\pi}{2}}\cos\theta\mathrm{d}\theta\int_0^{2\cos\theta}\rho^2\mathrm{d}\rho$　　　　B. $\int_0^{\frac{\pi}{2}}\sin\theta\mathrm{d}\theta\int_0^{2\sin\theta}\rho^2\mathrm{d}\rho$

C. $\int_0^{\frac{\pi}{4}}\sin\theta\mathrm{d}\theta\int_0^{2\sin\theta}\rho^2\mathrm{d}\rho$　　　　D. $\int_0^{\frac{\pi}{4}}\cos\theta\mathrm{d}\theta\int_0^{2\sin\theta}\rho^2\mathrm{d}\rho$

13. 已知y_0是微分方程$y''+py'+qy=0$的解，y_1是微分方程$y''+py'+qy=f(x)[f(x)\neq 0]$的解，则下列函数中的微分方程$y''+py'+qy=f(x)$的解是：

A. $y=y_0+C_1y_1$（C_1是任意常数）

B. $y=C_1y_1+C_2y_0$（C_1、C_2是任意常数）

C. $y=y_0+y_1$

D. $y=2y_1+3y_0$

14. 设$z=\frac{1}{x}e^{xy}$，则全微分$\mathrm{dz}\big|_{(1,-1)}$等于：

A. $e^{-1}(\mathrm{d}x+\mathrm{d}y)$　　B. $e^{-1}(-2\mathrm{d}x+\mathrm{d}y)$

C. $e^{-1}(\mathrm{d}x-\mathrm{d}y)$　　D. $e^{-1}(\mathrm{d}x+2\mathrm{d}y)$

15. 设L为从原点$O(0,0)$到点$A(1,2)$的有向直线段，则对坐标的曲线积分$\int_L -\mathrm{y}\mathrm{dx}+\mathrm{x}\mathrm{dy}$等于：

A. 0　　B. 1

C. 2　　D. 3

16. 下列级数发散的是：

A. $\sum_{n=1}^{\infty}\frac{n^2}{3n^4+1}$　　B. $\sum_{n=1}^{\infty}\frac{1}{\sqrt[3]{n(n-1)}}$

C. $\sum_{n=1}^{\infty}\frac{(-1)^n}{\sqrt{n}}$　　D. $\sum_{n=1}^{\infty}\frac{5}{3^n}$

17. 设函数$z=f^2(xy)$，其中$f(u)$具有二阶导数，则$\frac{\partial^2 z}{\partial x^2}$等于：

A. $2y^3f'(xy)f''(xy)$

B. $2y^2[f'(xy)+f''(xy)]$

C. $2y\{[f'(xy)]^2+f''(xy)\}$

D. $2y^2\{[f'(xy)]^2+f(xy)f''(xy)\}$

18. 若幂级数$\sum_{n=1}^{\infty}a_n(x+2)^n$在$x=0$处收敛，在$x=-4$处发散，则幂级数$\sum_{n=1}^{\infty}a_n(x-1)^n$的收敛域是：

A. $(-1,3)$　　B. $[-1,3)$

C. $(-1,3]$　　D. $[-1,3]$

19. 设$\boldsymbol{A}$为n阶方阵，$\boldsymbol{B}$是只对调$\boldsymbol{A}$的一、二列所得的矩阵，若$|\boldsymbol{A}|\neq|\boldsymbol{B}|$，则下面结论中一定成立的是：

A. $|\boldsymbol{A}|$可能为 0　　B. $|\boldsymbol{A}|\neq 0$

C. $|\boldsymbol{A}+\boldsymbol{B}|\neq \boldsymbol{0}$　　D. $|\boldsymbol{A}-\boldsymbol{B}|\neq \boldsymbol{0}$

20. 设$\boldsymbol{A}=\begin{bmatrix}1 & x & 1\\ x & 1 & y\\ 1 & y & 1\end{bmatrix}$，$\boldsymbol{B}=\begin{bmatrix}0 & 0 & 0\\ 0 & 1 & 0\\ 0 & 0 & 2\end{bmatrix}$，且$\boldsymbol{A}$与$\boldsymbol{B}$相似，则下列结论中成立的是：

A. $x=y=0$　　B. $x=0$，$y=1$

C. $x=1$，$y=0$　　D. $x=y=1$

21. 若向量组$\boldsymbol{\alpha}_1=(a,1,1)^{\mathrm{T}}$，$\boldsymbol{\alpha}_2=(1,a,-1)^{\mathrm{T}}$，$\boldsymbol{\alpha}_3=(1,-1,a)^{\mathrm{T}}$线性相关，则$a$的取值为：

A. $a=1$或$a=-2$　　B. $a=-1$或$a=2$

C. $a>2$　　D. $a>-1$

22. 设A、B是两事件，$P(A)=\frac{1}{4}$，$P(B|\mathrm{A})=\frac{1}{3}$，$P(A|\mathrm{B})=\frac{1}{2}$，则$P(A\cup B)$等于：

A. $\frac{3}{4}$　　B. $\frac{3}{5}$

C. $\frac{1}{2}$　　D. $\frac{1}{3}$

23. 设随机变量X与Y相互独立，方差$D(X)=1$，$D(Y)=3$，则方差$D(2X-Y)$等于：

A. 7　　B. -1

C. 1　　D. 4

24. 设随机变量X与Y相互独立，且$X\sim N(\mu_1,\sigma_1^2)$，$Y\sim N(\mu_2,\sigma_2^2)$，则$Z=X+Y$服从的分布是：

A. $N(\mu_1,\sigma_1^2+\sigma_2^2)$　　B. $N(\mu_1+\mu_2,\sigma_1\sigma_2)$

C. $N(\mu_1+\mu_2,\sigma_1^2\sigma_2^2)$　　D. $N(\mu_1+\mu_2,\sigma_1^2+\sigma_2^2)$

25. 某理想气体分子在温度T_1时的方均根速率等于温度T_2时的最概然速率，则两温度之比$\frac{T_2}{T_1}$等于：

A. $\frac{3}{2}$　　B. $\frac{2}{3}$

C. $\sqrt{\frac{3}{2}}$　　D. $\sqrt{\frac{2}{3}}$

26. 一定量的理想气体经等压膨胀后，气体的：

A. 温度下降，做正功　　B. 温度下降，做负功

C. 温度升高，做正功　　D. 温度升高，做负功

27. 一定量的理想气体从初态经一热力学过程达到末态，如初、末态均处于同一温度线上，则此过程中的内能变化 ΔE和气体做功W为：

A. $\Delta E=0$，W可正可负　　B. $\Delta E=0$，W一定为正

C. $\Delta E=0$，W一定为负　　D. $\Delta E>0$，W一定为正

28. 具有相同温度的氧气和氢气的分子平均速率之比$\frac{\bar{v}_{O_2}}{\bar{v}_{H_2}}$为：

A. 1　　B. $\frac{1}{2}$

C. $\frac{1}{3}$　　D. $\frac{1}{4}$

29. 一卡诺热机，低温热源的温度为 27℃，热机效率为 40%，其高温热源温度为：

A. 500K　　B. 45℃

C. 400K　　D. 500℃

30. 一平面简谐波，波动方程为$y=0.02\sin(\pi t+x)$ (SI)，波动方程的余弦形式为：

A. $y=0.02\cos\left(\pi t+x+\frac{\pi}{2}\right)$ (SI)

B. $y=0.02\cos\left(\pi t+x-\frac{\pi}{2}\right)$ (SI)

C. $y=0.02\cos(\pi t+x+\pi)$ (SI)

D. $y=0.02\cos\left(\pi t+x+\frac{\pi}{4}\right)$ (SI)

31. 一简谐波的频率$\nu=2000\text{Hz}$，波长$\lambda=0.20\text{m}$，则该波的周期和波速为：

A. $\frac{1}{2000}$s，400m/s　　B. $\frac{1}{2000}$s，40m/s

C. 2000s，400m/s　　D. $\frac{1}{2000}$s，20m/s

32. 两列相干波，其表达式分别为$y_1=2A\cos2\pi\left(\nu t-\frac{x}{2}\right)$和$y_2=A\cos2\pi\left(\nu t+\frac{x}{2}\right)$，在叠加后形成的合成波中，波中质元的振幅范围是：

A. $A\sim0$　　B. $3A\sim0$

C. $3A\sim-A$　　D. $3A\sim A$

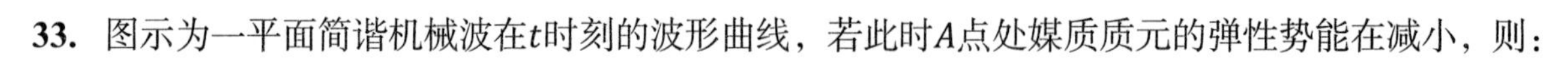

33. 图示为一平面简谐机械波在t时刻的波形曲线，若此时A点处媒质质元的弹性势能在减小，则：

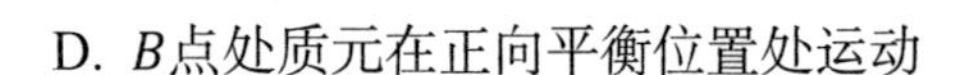

A. A点处质元的振动动能在减小

B. A点处质元的振动动能在增加

C. B点处质元的振动动能在增加

D. B点处质元在正向平衡位置处运动

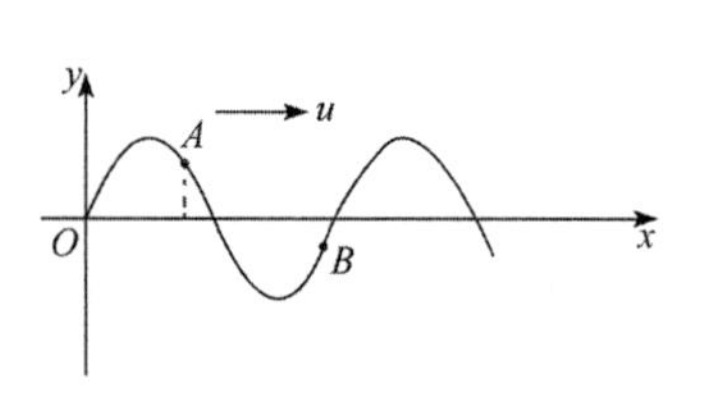

34. 在双缝干涉实验中，设缝是水平的，若双缝所在的平板稍微向上平移，其他条件不变，则屏上的干涉条纹：

A. 向下平移，且间距不变

B. 向上平移，且间距不变

C. 不移动，但间距改变

D. 向上平移，且间距改变

35. 在空气中有一肥皂膜，厚度为0.32μm（$1\mu m = 10^{-6}m$），折射率$n = 1.33$，若用白光垂直照射，通过反射，此膜呈现的颜色大体是：

A. 紫光（430nm）

B. 蓝光（470nm）

C. 绿光（566nm）

D. 红光（730nm）

36. 三个偏振片 P_1、P_2 与 P_3 堆叠在一起，P_1 和 P_3 的偏振化方向相互垂直，P_2 和 P_1 的偏振化方向间的夹角为 30°，强度为I_0的自然光垂直入射于偏振片 P_1，并依次通过偏振片 P_1、P_2 与 P_3，则通过三个偏振片后的光强为：

A. $I = I_0/4$

B. $I = I_0/8$

C. $I = 3I_0/32$

D. $I = 3I_0/8$

37. 主量子数$n = 3$的原子轨道最多可容纳的电子总数是：

A. 10 B. 8 C. 18 D. 32

38. 下列物质中，同种分子间不存在氢键的是：

A. HI

B. HF

C. NH_3

D. C_2H_5OH

39. 已知铁的相对原子质量是 56，测得 100mL 某溶液中含有 112mg 铁，则溶液中铁的浓度为：

A. $2mol \cdot L^{-1}$

B. $0.2mol \cdot L^{-1}$

C. $0.02mol \cdot L^{-1}$

D. $0.002mol \cdot L^{-1}$

40. 已知$K^\Theta(\mathrm{HOAc}) = 1.8 \times 10^{-5}$，$0.1\mathrm{mol \cdot L^{-1}}$NaOAc 溶液的 pH 值为：

A. 2.87　　　　B. 11.13

C. 5.13　　　　D. 8.88

41. 在 298K，100kPa 下，反应$2H_2(g) + O_2(g) = 2H_2O(l)$的$\Delta_r H_m^\Theta = -572\mathrm{kJ \cdot mol^{-1}}$，则$H_2O(l)$的$\Delta_f H_m^\Theta$是：

A. $572\mathrm{kJ \cdot mol^{-1}}$　　　　B. $-572\mathrm{kJ \cdot mol^{-1}}$

C. $286\mathrm{kJ \cdot mol^{-1}}$　　　　D. $-286\mathrm{kJ \cdot mol^{-1}}$

42. 已知 298K 时，反应$N_2O_4(g) \rightleftharpoons 2NO_2(g)$的$K^\Theta = 0.1132$，在 298K 时，如$p(N_2O_4) = p(NO_2) = 100\mathrm{kPa}$，则上述反应进行的方向是：

A. 反应向正向进行　　　　B. 反应向逆向进行

C. 反应达平衡状态　　　　D. 无法判断

43. 有原电池$(-)\mathrm{Zn} \mid \mathrm{ZnSO_4}(C_1) \parallel \mathrm{CuSO_4}(C_2) \mid \mathrm{Cu}(+)$，如提高 $ZnSO_4$ 浓度C_1的数值，则原电池电动势：

A. 变大　　　　B. 变小

C. 不变　　　　D. 无法判断

44. 结构简式为$(CH_3)_2CHCH(CH_3)CH_2CH_3$的有机物的正确命名是：

A. 2-甲基-3-乙基戊烷　　　　B. 2，3-二甲基戊烷

C. 3，4-二甲基戊烷　　　　D. 1，2-二甲基戊烷

45. 化合物对羟基苯甲酸乙酯，其结构式为 $HO-C_6H_4-COOC_2H_5$，它是一种常用的化妆品防霉剂。

下列叙述正确的是：

A. 它属于醇类化合物

B. 它既属于醇类化合物，又属于酯类化合物

C. 它属于醚类化合物

D. 它属于酚类化合物，同时还属于酯类化合物

46. 某高聚物分子的一部分为：$-CH_2-\underset{\underset{COOCH_3}{|}}{CH}-CH_2-\underset{\underset{COOCH_3}{|}}{CH}-CH_2-\underset{\underset{COOCH_3}{|}}{CH}-$ 在下列叙述中，正确的是：

A. 它是缩聚反应的产物

B. 它的链节为 $-\overset{\overset{CH_3}{|}}{\underset{\underset{H}{|}}{C}}-\overset{\overset{H}{|}}{\underset{\underset{COOCH_3}{|}}{C}}$

C. 它的单体为 $CH_2=CHCOOCH_3$ 和 $CH_2=CH_2$

D. 它的单体为 $CH_2=CHCOOCH_3$

47. 结构如图所示，杆DE的点H由水平绳拉住，其上的销钉C置于杆AB的光滑直槽中，各杆自重均不计。则销钉C处约束力的作用线与x轴正向所成的夹角为：

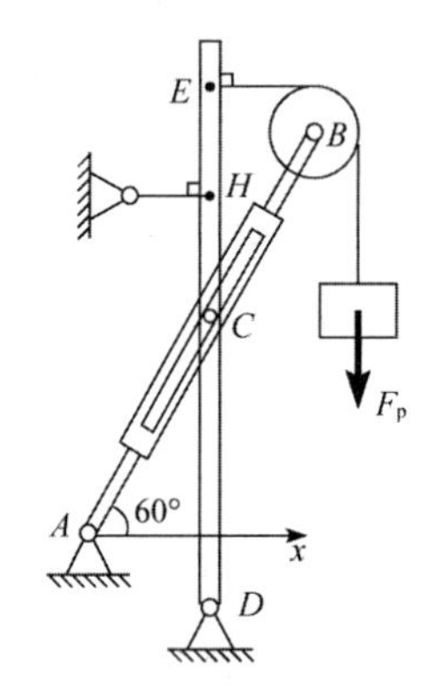

A. 0° B. 90° C. 60° D. 150°

48. 直角构件受力$F = 150$N，力偶$M = \frac{1}{2}Fa$作用，如图所示，$a = 50$cm，$\theta = 30°$，则该力系对B点的合力矩为：

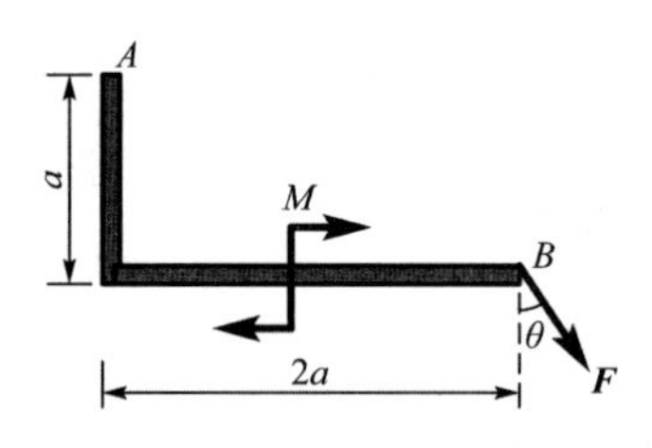

A. $M_B = 3750\text{N}\cdot\text{cm}$（顺时针） B. $M_B = 3750\text{N}\cdot\text{cm}$（逆时针）

C. $M_B = 12990\text{N}\cdot\text{cm}$（逆时针） D. $M_B = 12990\text{N}\cdot\text{cm}$（顺时针）

49. 图示多跨梁由AC和CD铰接而成，自重不计。已知$q=10\text{kN/m}$，$M=40\text{kN}\cdot\text{m}$，$F=2\text{kN}$作用在$AB$中点，且$\theta=45°$，$L=2\text{m}$。则支座$D$的约束力为：

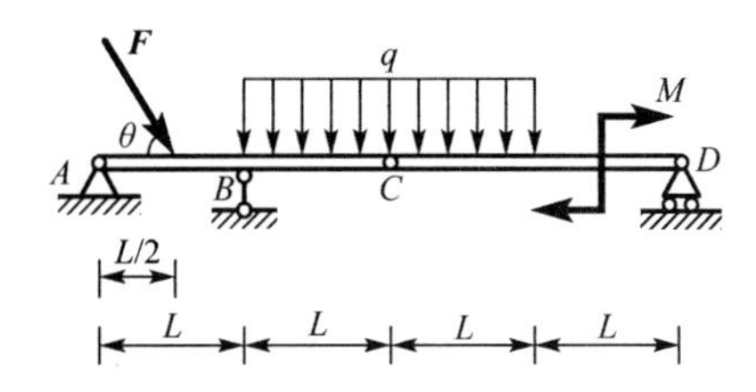

A. $F_{\text{D}}=10\text{kN}$（铅垂向上）

B. $F_{\text{D}}=15\text{kN}$（铅垂向上）

C. $F_{\text{D}}=40.7\text{kN}$（铅垂向上）

D. $F_{\text{D}}=14.3\text{ kN}$（铅垂向下）

50. 图示物块重力$F_{\text{p}}=100\text{N}$处于静止状态，接触面处的摩擦角$\varphi_{\text{m}}=45°$，在水平力$F=100\text{N}$的作用下，物块将：

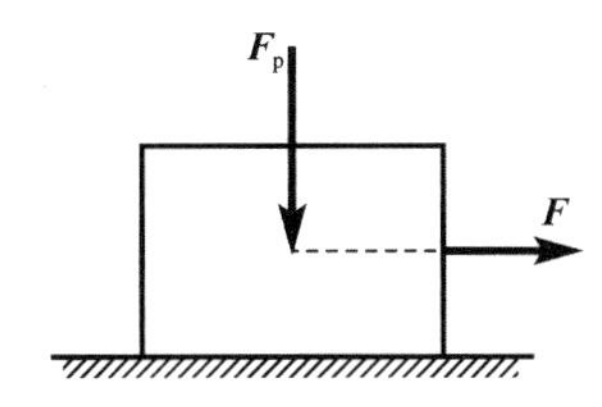

A. 向右加速滑动

B. 向右减速滑动

C. 向左加速滑动

D. 处于临界平衡状态

51. 已知动点的运动方程为$x=t^2$，$y=2t^4$，则其轨迹方程为：

A. $x=t^2-t$

B. $y=2t$

C. $y-2x^2=0$

D. $y+2x^2=0$

52. 一炮弹以初速度v_0和仰角α射出。对于图示直角坐标的运动方程为$x=v_0\cos\alpha t$，$y=v_0\sin\alpha t-\frac{1}{2}gt^2$，则当$t=0$时，炮弹的速度大小为：

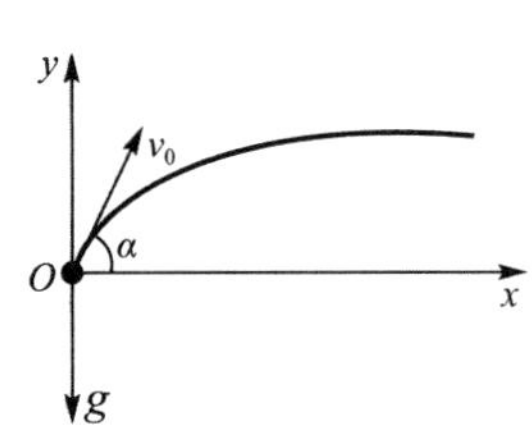

A. $v_0\cos\alpha$

B. $v_0\sin\alpha$

C. v_0

D. 0

53. 滑轮半径$\boldsymbol{r}=50\text{mm}$，安装在发动机上旋转，其皮带的运动速度为$20\text{m/s}$，加速度为$6\text{m/s}^2$。扇叶半径$\boldsymbol{R}=75\text{mm}$，如图所示。则扇叶最高点$B$的速度和切向加速度分别为：

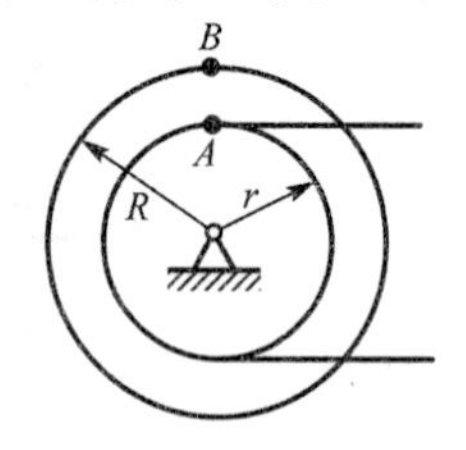

A. 30m/s，9m/s^2

B. 60m/s，9m/s^2

C. 30m/s，6m/s^2

D. 60m/s，18m/s^2

54. 质量为m的小球，放在倾角为α的光滑面上，并用平行于斜面的软绳将小球固定在图示位置，如斜面与小球均以加速度$\boldsymbol{a}$向左运动，则小球受到斜面的约束力N应为：

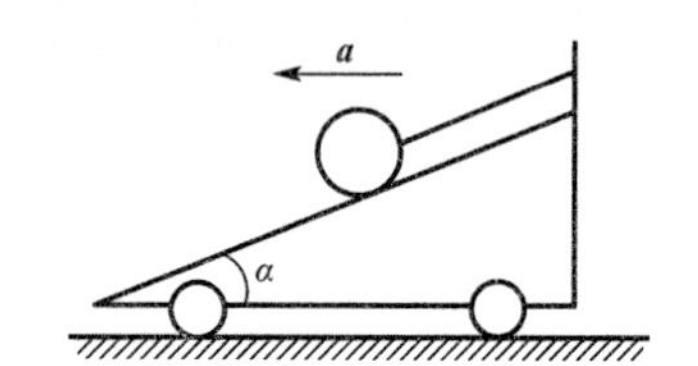

A. $N=mg\cos\alpha-ma\sin\alpha$

B. $N=mg\cos\alpha+ma\sin\alpha$

C. $N=mg\cos\alpha$

D. $N=ma\sin\alpha$

55. 图示质量$m=5\text{kg}$的物体受力拉动，沿与水平面$30°$夹角的光滑斜平面上移动 6m，其拉动物体的力为 70N，且与斜面平行，则所有力做功之和是：

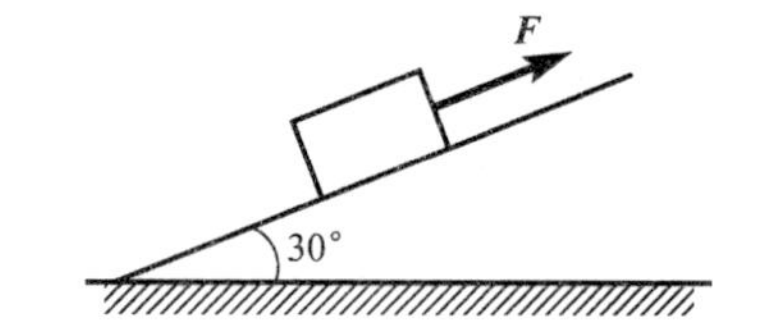

A. $420\text{N}\cdot\text{m}$

B. $-147\text{N}\cdot\text{m}$

C. $273\text{N}\cdot\text{m}$

D. $567\text{N}\cdot\text{m}$

56. 在两个半径及质量均相同的均质滑轮A及B上，各绕以不计质量的绳，如图所示。轮B绳末端挂一重力为$\boldsymbol{P}$的重物，轮A绳末端作用一铅垂向下的力为$\boldsymbol{P}$，则此两轮绕以不计质量的绳中拉力大小的关系为：

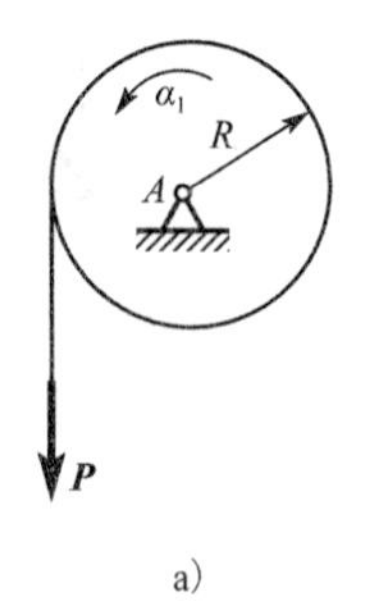

a)

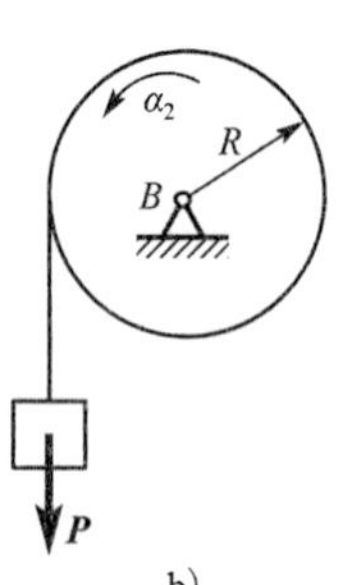

b)

A. $F_A<F_B$

B. $F_A>F_B$

C. $F_A=F_B$

D. 无法判断

57. 物块A的质量为 8kg，静止放在无摩擦的水平面上。另一质量为 4kg 的物块B被绳系住，如图所示，滑轮无摩擦。若物块A的加速度$a = 3.3\text{m/s}^2$，则物块B的惯性力是：

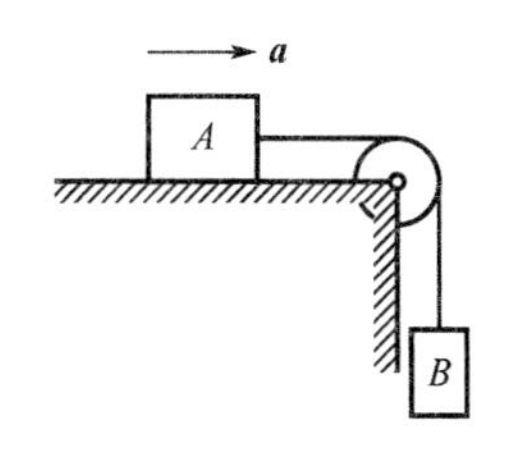

A. 13.2N（铅垂向上）

B. 13.2N（铅垂向下）

C. 26.4N（铅垂向上）

D. 26.4N（铅垂向下）

58. 如图所示系统中，$k_1 = 2 \times 10^5\text{N/m}$，$k_2 = 1 \times 10^5\text{N/m}$。激振力$F = 200\sin 50t$，当系统发生共振时，质量$m$是：

F

k_1 m k_2

A. 80kg

B. 40kg

C. 120kg

D. 100kg

59. 在低碳钢拉伸试验中，冷作硬化现象发生在：

A. 弹性阶段

B. 屈服阶段

C. 强化阶段

D. 局部变形阶段

60. 图示等截面直杆，拉压刚度为EA，杆的总伸长量为：

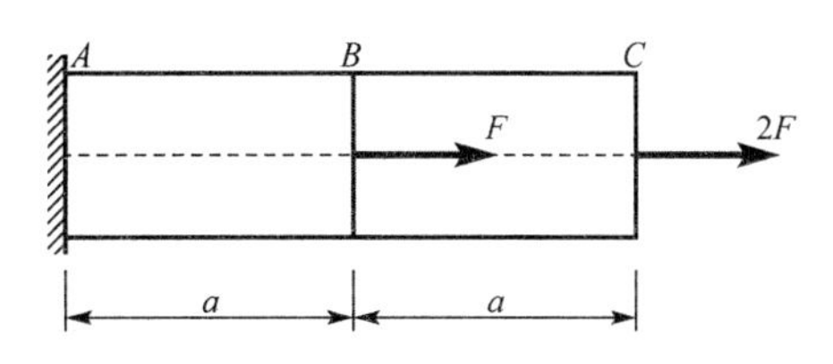

A. $\frac{2Fa}{EA}$

B. $\frac{3Fa}{EA}$

C. $\frac{4Fa}{EA}$

D. $\frac{5Fa}{EA}$

61. 如图所示，钢板用钢轴连接在铰支座上，下端受轴向拉力F，已知钢板和钢轴的许用挤压应力均为$[\sigma_{bs}]$，则钢轴的合理直径d是：

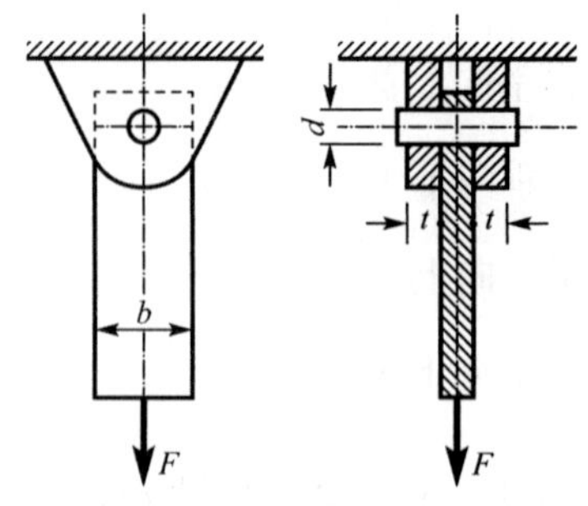

A. $d \geqslant \frac{F}{t[\sigma_{bs}]}$

B. $d \geqslant \frac{F}{b[\sigma_{bs}]}$

C. $d \geqslant \frac{F}{2t[\sigma_{bs}]}$

D. $d \geqslant \frac{F}{2b[\sigma_{bs}]}$

62. 如图所示，空心圆轴的外径为D，内径为d，其极惯性矩I_p是：

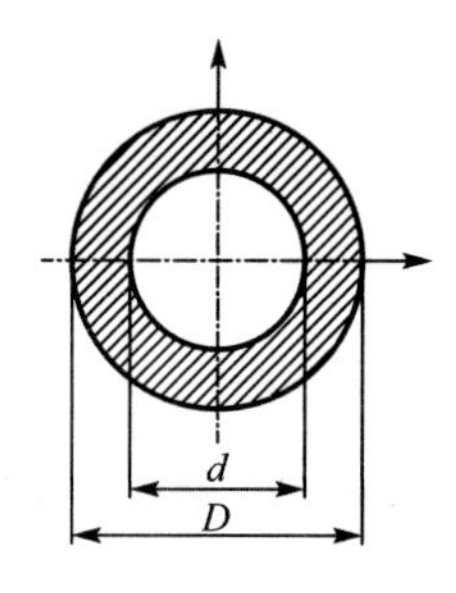

A. $I_p = \frac{\pi}{16}(D^3 - d^3)$

B. $I_p = \frac{\pi}{32}(D^3 - d^3)$

C. $I_p = \frac{\pi}{16}(D^4 - d^4)$

D. $I_p = \frac{\pi}{32}(D^4 - d^4)$

63. 在平面图形的几何性质中，数值可正、可负、也可为零的是：

A. 静矩和惯性矩

B. 静矩和惯性积

C. 极惯性矩和惯性矩

D. 惯性矩和惯性积

64. 若梁ABC的弯矩图如图所示，则该梁上的荷载为：

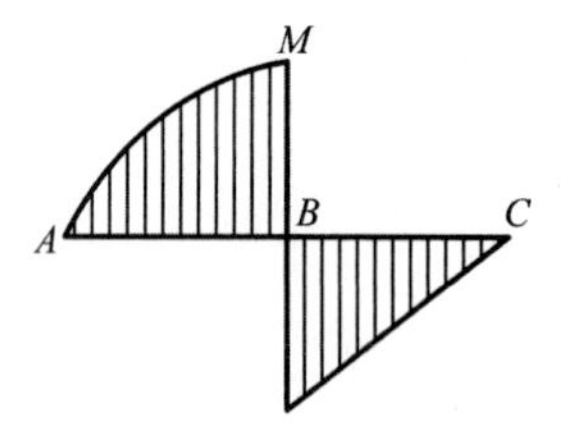

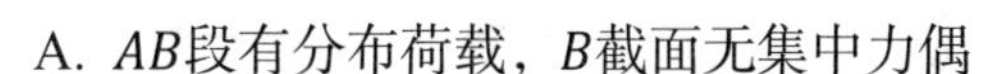

A. AB段有分布荷载，B截面无集中力偶

B. AB段有分布荷载，B截面有集中力偶

C. AB段无分布荷载，B截面无集中力偶

D. AB段无分布荷载，B截面有集中力偶

65. 承受竖直向下荷载的等截面悬臂梁，结构分别采用整块材料、两块材料并列、三块材料并列和两块材料叠合（未黏结）四种方案，对应横截面如图所示。在这四种横截面中，发生最大弯曲正应力的截面是：

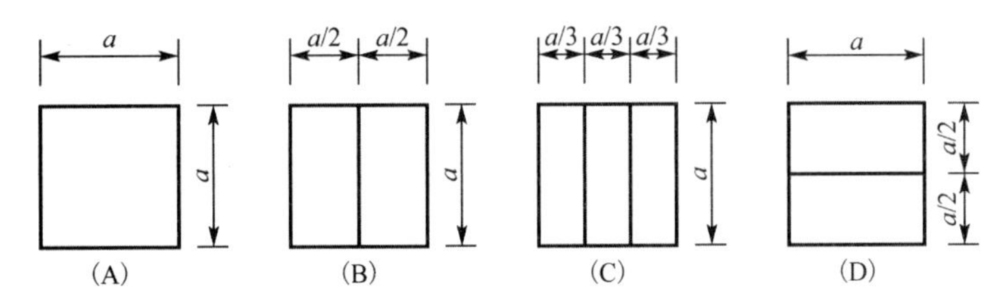

A. 图 A　　　B. 图 B　　　C. 图 C　　　D. 图 D

66. 图示ACB用积分法求变形时，确定积分常数的条件是：（式中V为梁的挠度，θ为梁横截面的转角，ΔL为杆DB的伸长变形）

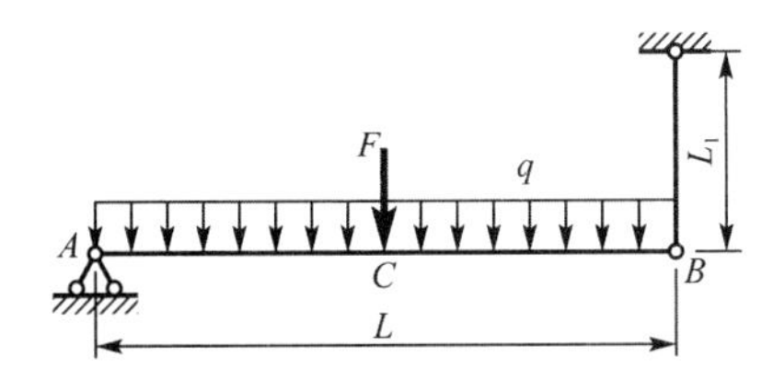

A. $V_{\mathrm{A}}=0$，$V_{\mathrm{B}}=0$，$V_{\mathrm{C}左}=V_{\mathrm{C}右}$，$\theta_{\mathrm{C}}=0$

B. $V_{\mathrm{A}}=0$，$V_{\mathrm{B}}=\Delta L$，$V_{\mathrm{C}左}=V_{\mathrm{C}右}$，$\theta_{\mathrm{C}}=0$

C. $V_{\mathrm{A}}=0$，$V_{\mathrm{B}}=\Delta L$，$V_{\mathrm{C}左}=V_{\mathrm{C}右}$，$\theta_{\mathrm{C}左}=\theta_{\mathrm{C}右}$

D. $V_{\mathrm{A}}=0$，$V_{\mathrm{B}}=\Delta L$，$V_{\mathrm{C}}=0$，$\theta_{\mathrm{C}左}=\theta_{\mathrm{C}右}$

67. 分析受力物体内一点处的应力状态，如可以找到一个平面，在该平面上有最大切应力，则该平面上的正应力：

A. 是主应力　　　B. 一定为零

C. 一定不为零　　　D. 不属于前三种情况

68. 在下面四个表达式中，第一强度理论的强度表达式是：

A. $\sigma_1 \leqslant [\sigma]$

B. $\sigma_1 - \nu(\sigma_2+\sigma_3) \leqslant [\sigma]$

C. $\sigma_1 - \sigma_3 \leqslant [\sigma]$

D. $\sqrt{\frac{1}{2}[(\sigma_1-\sigma_2)^2+(\sigma_2-\sigma_3)^2+(\sigma_3-\sigma_1)^2]} \leqslant [\sigma]$

69. 如图所示，正方形截面悬臂梁AB，在自由端B截面形心作用有轴向力F，若将轴向力F平移到B截面下缘中点，则梁的最大正应力是原来的：

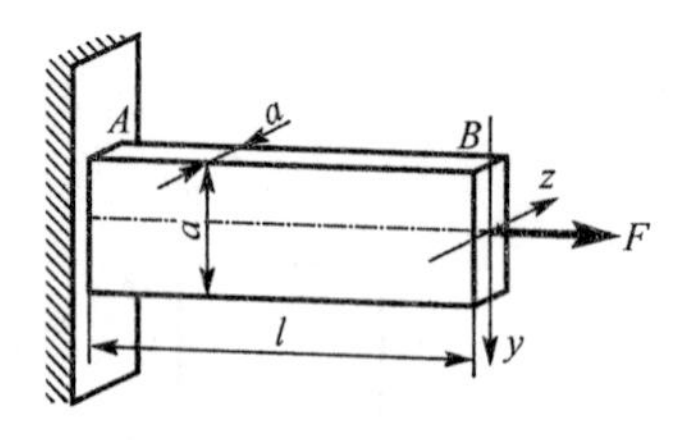

A. 1 倍

B. 2 倍

C. 3 倍

D. 4 倍

70. 图示矩形截面细长压杆，$h=2b$（图 a），如果将宽度b改为h后（图 b，仍为细长压杆），临界力F_{cr}是原来的：

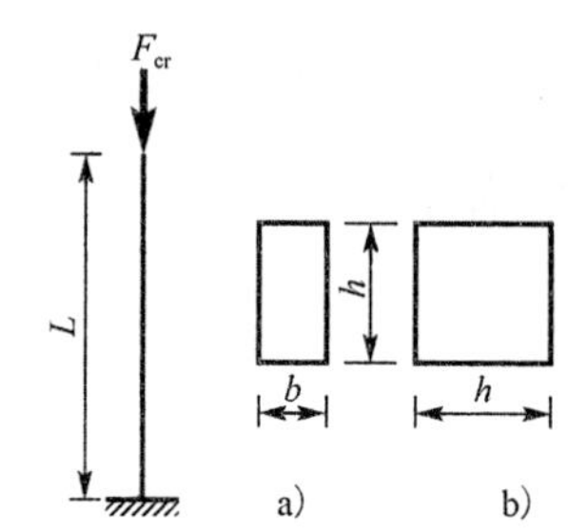

A. 16 倍

B. 8 倍

C. 4 倍

D. 2 倍

71. 静止流体能否承受切应力?

A. 不能承受　　B. 可以承受

C. 能承受很小的　　D. 具有黏性可以承受

72. 水从铅直圆管向下流出，如图所示，已知$d_1=10\text{cm}$，管口处水流速度$v_1=1.8\text{m/s}$，试求管口下方$h=2\text{m}$处的水流速度v_2和直径d_2：

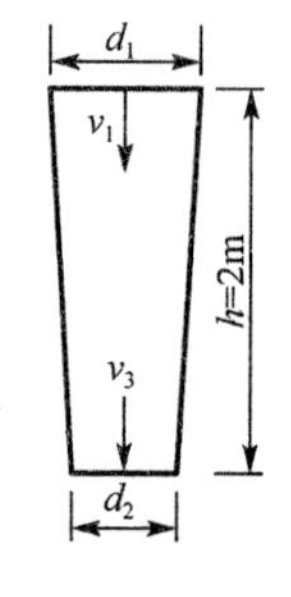

A. $v_2=6.5\text{m/s}$，$d_2=5.2\text{cm}$

B. $v_2=3.25\text{m/s}$，$d_2=5.2\text{cm}$

C. $v_2=6.5\text{m/s}$，$d_2=5.2\text{cm}$

D. $v_2=3.25\text{m/s}$，$d_2=5.2\text{cm}$

73. 利用动量定理计算流体对固体壁面的作用力时，进、出口截面上的压强应为：

A. 绝对压强　　B. 相对压强

C. 大气压　　D. 真空度

74. 一直径为 50mm 的圆管，运动黏性系数$\nu = 0.18\text{cm}^2/\text{s}$、密度$\rho = 0.85\text{g/cm}^3$的油在管内以$v = 5\text{cm/s}$的速度作层流运动，则沿程损失系数是：

A. 0.09　　　　B. 0.461

C. 0.1　　　　D. 0.13

75. 并联长管 1、2，两管的直径相同，沿程阻力系数相同，长度$L_2 = 3L_1$，通过的流量为：

A. $Q_1 = Q_2$　　　　B. $Q_1 = 1.5Q_2$

C. $Q_1 = 1.73Q_2$　　　　D. $Q_1 = 3Q_2$

76. 明渠均匀流只能发生在：

A. 平坡棱柱形渠道　　　　B. 顺坡棱柱形渠道

C. 逆坡棱柱形渠道　　　　D. 不能确定

77. 均匀砂质土填装在容器中，已知水力坡度$J = 0.5$，渗透系数$k = 0.005\text{cm/s}$，则渗流速度为：

A. 0.0025cm/s　　　　B. 0.0001cm/s

C. 0.001cm/s　　　　D. 0.015cm/s

78. 进行水力模型试验，要实现有压管流的相似，应选用的相似准则是：

A. 雷诺准则　　　　B. 弗劳德准则

C. 欧拉准则　　　　D. 马赫数

79. 在图示变压器中，左侧线圈中通以直流电流I，铁芯中产生磁通Φ。此时，右侧线圈端口上的电压u_2是：

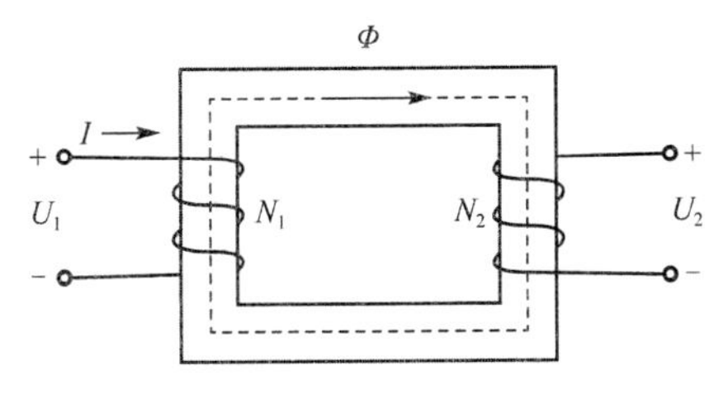

A. 0

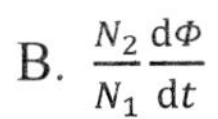
B. $\frac{N_2}{N_1}\frac{\text{d}\Phi}{\text{d}t}$

C. $N_1\frac{\text{d}\Phi}{\text{d}t}$

D. $\frac{N_1}{N_2}\frac{\text{d}\Phi}{\text{d}t}$

80. 将一个直流电源通过电阻R接在电感线圈两端，如图所示。如果$U = 10\text{V}$，$I = 1\text{A}$，那么，将直流电源换成交流电源后，该电路的等效模型为：

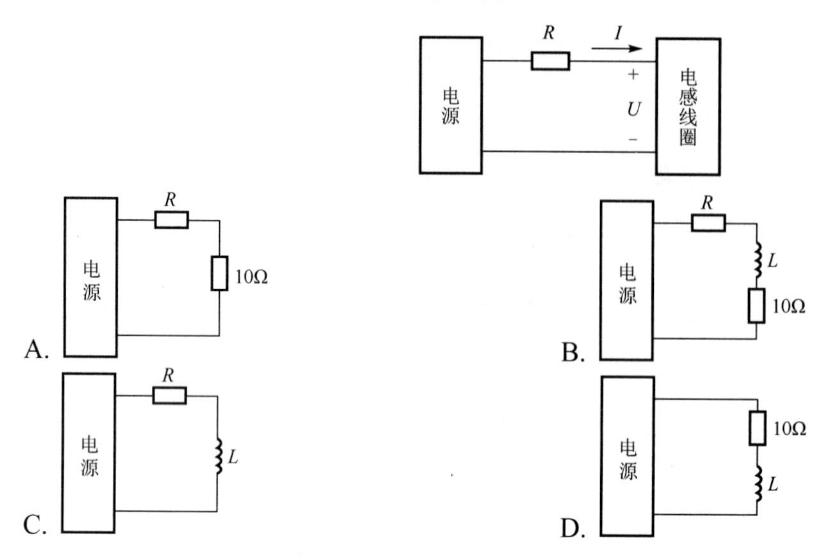

81. 图示电路中，a-b端左侧网络的等效电阻为：

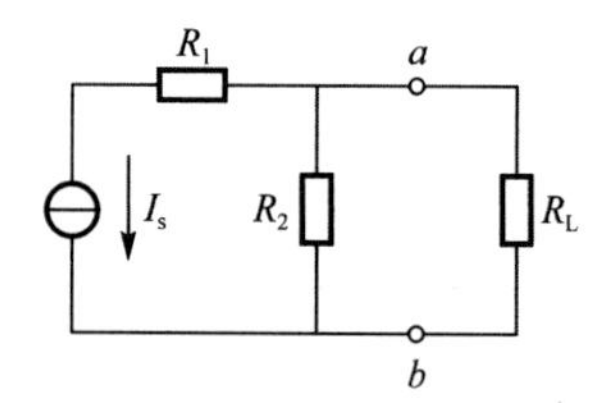

A. $R_1 + R_2$

B. $R_1 /\!/ R_2$

C. $R_1 + R_2 /\!/ R_L$

D. R_2

82. 在阻抗$Z = 10\angle 45°\Omega$两端加入交流电压$u(t) = 220\sqrt{2}\sin(314t + 30°)\text{V}$后，电流$i(t)$为：

A. $22\sin(314t + 75°)\text{A}$

B. $22\sqrt{2}\sin(314t + 15°)\text{A}$

C. $22\sin(314t + 15°)\text{A}$

D. $22\sqrt{2}\sin(314t - 15°)\text{A}$

83. 图示电路中，$Z_1 = (6 + j8)\Omega$，$Z_2 = -jX_C\Omega$，为使I取得最大值，X_C的数值为：

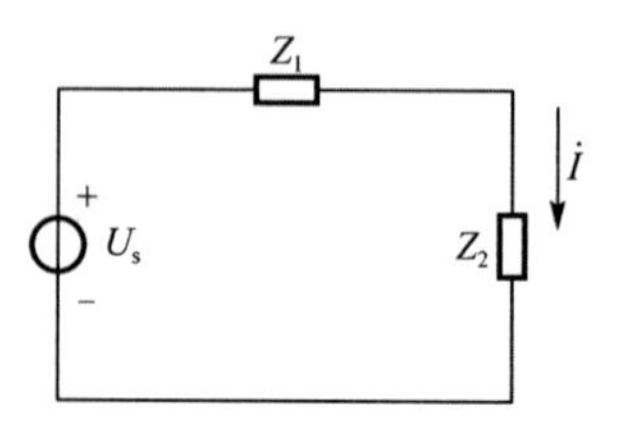

A. 6

B. 8

C. −8

D. 0

84. 三相电路如图所示，设电灯 D 的额定电压为三相电源的相电压，用电设备 M 的外壳线a及电灯 D 另一端线b应分别接到：

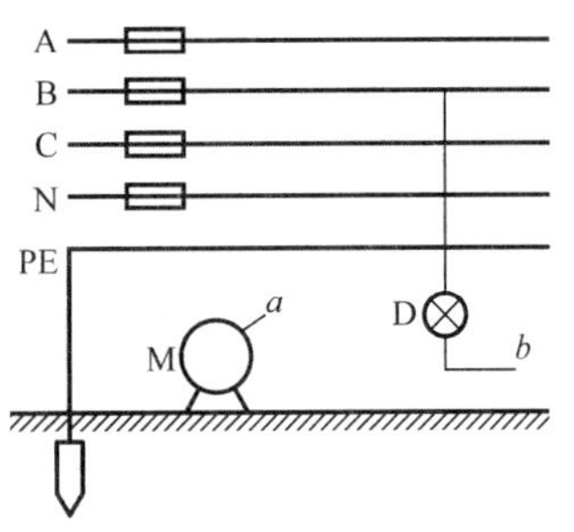

A. PE 线和 PE 线

B. N 线和 N 线

C. PE 线和 N 线

D. N 线和 PE 线

85. 设三相交流异步电动机的空载功率因数为λ_1，20%额定负载时的功率因数为λ_2，满载时功率因数为λ_3，那么以下关系成立的是：

A. $\lambda_1 > \lambda_2 > \lambda_3$

B. $\lambda_3 > \lambda_2 > \lambda_1$

C. $\lambda_2 > \lambda_1 > \lambda_3$

D. $\lambda_3 > \lambda_1 > \lambda_2$

86. 能够实现用电设备连续工作的控制电路为：

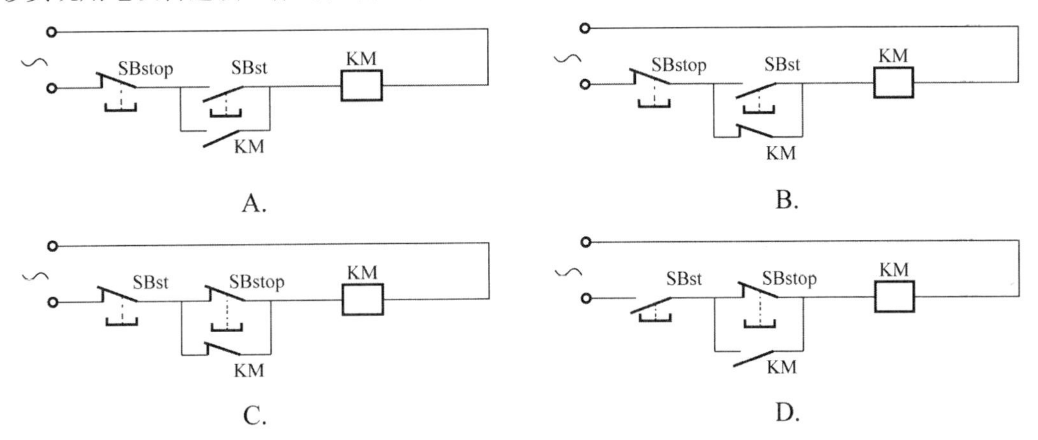

87. 下述四个信号中，不能用来表示信息代码“10101”的图是：

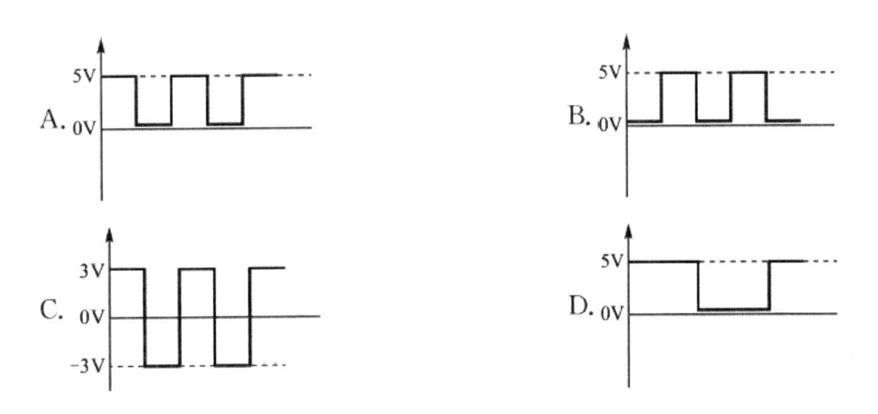

88. 模拟信号$u_1(t)$和$u_2(t)$的幅值频谱分别如图 a）和图 b）所示，则：

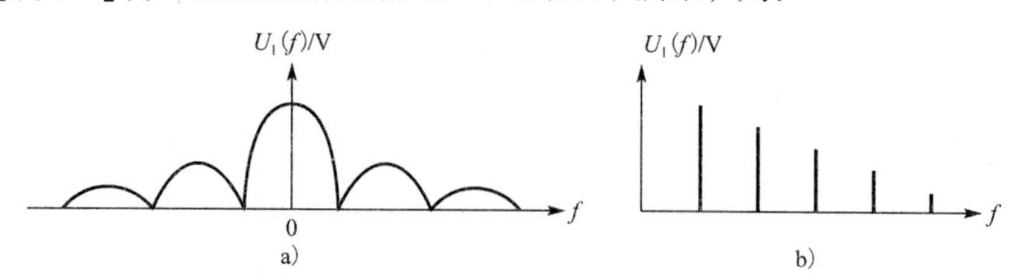

A. $u_1(t)$是连续时间信号，$u_2(t)$是离散时间信号

B. $u_1(t)$是非周期性时间信号，$u_2(t)$是周期性时间信号

C. $u_1(t)$和$u_2(t)$都是非周期时间信号

D. $u_1(t)$和$u_2(t)$都是周期时间信号

89. 以下几种说法中正确的是：

A. 滤波器会改变正弦波信号的频率

B. 滤波器会改变正弦波信号的波形形状

C. 滤波器会改变非正弦周期信号的频率

D. 滤波器会改变非正弦周期信号的波形形状

90. 对逻辑表达式$\mathrm{ABCD} + \overline{\mathrm{A}} + \overline{\mathrm{B}} + \overline{\mathrm{C}} + \overline{\mathrm{D}}$的简化结果是：

A. 0　　　　B. 1

C. ABCD　　　　D. $\overline{\mathrm{A}}\overline{\mathrm{B}}\overline{\mathrm{C}}\overline{\mathrm{D}}$

91. 已知数字电路输入信号 A 和信号 B 的波形如图所示，则数字输出信号$\mathrm{F} = \overline{\mathrm{AB}}$的波形为：

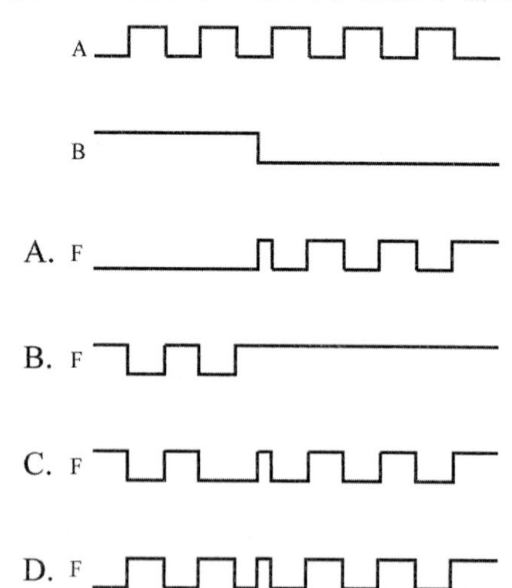

92. 逻辑函数$F=f(A,B,C)$的真值表如下，由此可知：

A	B	C	F
0	0	0	0
0	0	1	0
0	1	0	0
0	1	1	1
1	0	0	0
1	0	1	0
1	1	0	1
1	1	1	1

A. $F=BC+AB+\overline{A}\overline{B}C+B\overline{C}$　　B. $F=\overline{A}\overline{B}\overline{C}+AB\overline{C}+AC+ABC$

C. $F=AB+BC+AC$　　D. $F=\overline{A}BC+AB\overline{C}+ABC$

93. 晶体三极管放大电路如图所示，在并入电容C_E后，下列不变的量是：

A. 输入电阻和输出电阻

B. 静态工作点和电压放大倍数

C. 静态工作点和输出电阻

D. 输入电阻和电压放大倍数

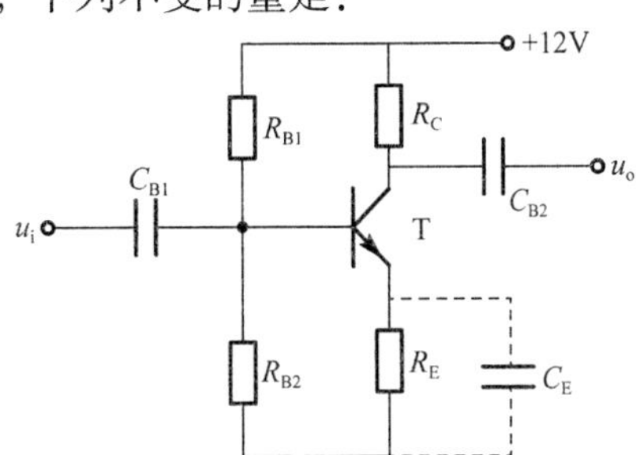

94. 图示电路中，运算放大器输出电压的极限值$\pm U_{oM}$，输入电压$u_i=U_m\sin\omega t$，现将信号电压u_i从电路的“A”端送入，电路的“B”端接地，得到输出电压u_{o1}。而将信号电压u_i从电路的“B”端输入，电路的“A”接地，得到输出电压u_{o2}。则以下正确的是：

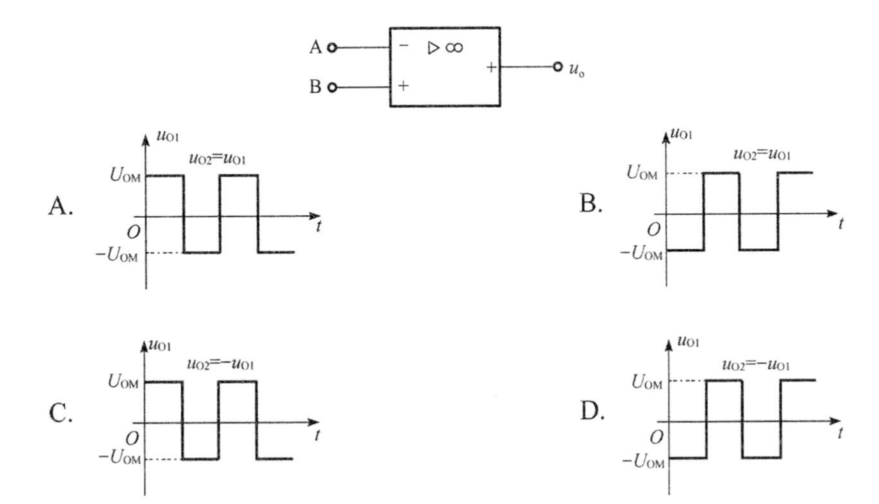

95. 图示逻辑门电路的输出F_1和F_2分别为：

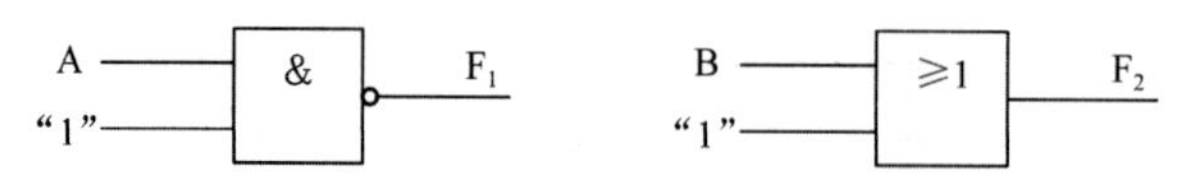

A. A 和 1　　　　B. 0 和 B

C. A 和 B　　　　D. $\overline{A}$和 1

96. 图 a）示电路，加入复位信号及时钟脉冲信号如图 b）所示，经分析可知，在t_1时刻，输出 Q_{JK} 和 Q_D 分别等于：

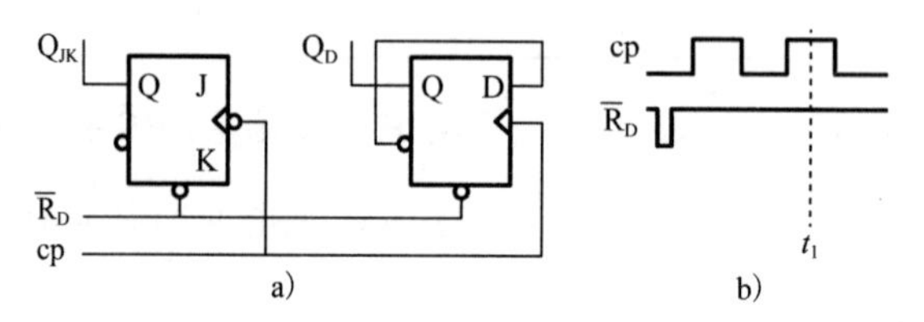

附：D 触发器的逻辑状态表为

D	Q_{n+1}
0	0
1	1

JK 触发器的逻辑状态表为

J	K	Q_{n+1}
0	0	Q_n
0	1	0
1	0	1
1	1	$\overline{Q}_n$

A. 0　0　　　　B. 0　1

C. 1　0　　　　D. 1　1

97. 下面四条有关数字计算机处理信息的描述中，其中不正确的一条是：

A. 计算机处理的是数字信息

B. 计算机处理的是模拟信息

C. 计算机处理的是不连续的离散（0 或 1）信息

D. 计算机处理的是断续的数字信息

98. 程序计数器（PC）的功能是：

A. 对指令进行译码　　B. 统计每秒钟执行指令的数目

C. 存放下一条指令的地址　　D. 存放正在执行的指令地址

99. 计算机的软件系统是由：

A. 高级语言程序、低级语言程序构成

B. 系统软件、支撑软件、应用软件构成

C. 操作系统、专用软件构成

D. 应用软件和数据库管理系统构成

100. 允许多个用户以交互方式使用计算机的操作系统是：

A. 批处理单道系统　　B. 分时操作系统

C. 实时操作系统　　D. 批处理多道系统

101. 在计算机内，ASSCII 码是为：

A. 数字而设置的一种编码方案

B. 汉字而设置的一种编码方案

C. 英文字母而设置的一种编码方案

D. 常用字符而设置的一种编码方案

102. 在微机系统内，为存储器中的每一个：

A. 字节分配一个地址　　B. 字分配每一个地址

C. 双字分配一个地址　　D. 四字分配一个地址

103. 保护信息机密性的手段有两种，一是信息隐藏，二是数据加密。下面四条表述中，有错误的一条是：

A. 数据加密的基本方法是编码，通过编码将明文变换为密文

B. 信息隐藏是使非法者难以找到秘密信息而采用“隐藏”的手段

C. 信息隐藏与数据加密所采用的技术手段不同

D. 信息隐藏与数字加密所采用的技术手段是一样的

104. 下面四条有关线程的表述中，其中错误的一条是：

A. 线程有时也称为轻量级进程

B. 有些进程只包含一个线程

C. 线程是所有操作系统分配 CPU 时间的基本单位

D. 把进程再仔细分成线程的目的是为更好地实现并发处理和共享资源

105. 计算机与信息化社会的关系是：

A. 没有信息化社会就不会有计算机

B. 没有计算机在数值上的快速计算，就没有信息化社会

C. 没有计算机及其与通信、网络等的综合利用，就没有信息化社会

D. 没有网络电话就没有信息化社会

106. 域名服务器的作用是：

A. 为连入 Internet 网的主机分配域名

B. 为连入 Internet 网的主机分配 IP 地址

C. 为连入 Internet 网的一个主机域名寻找所对应的 IP 地址

D. 将主机的 IP 地址转换为域名

107. 某人预计 5 年后需要一笔 50 万元的资金，现市场上正发售期限为 5 年的电力债券，年利率为 5.06%，按年复利计息，5 年末一次还本付息，若想 5 年后拿到 50 万元的本利和，他现在应该购买电力债券：

A. 30.52 万元　　B. 38.18 万元

C. 39.06 万元　　D. 44.19 万元

108. 以下关于项目总投资中流动资金的说法正确的是：

A. 是指工程建设其他费用和预备费之和

B. 是指投产后形成的流动资产和流动负债之和

C. 是指投产后形成的流动资产和流动负债的差额

D. 是指投产后形成的流动资产占用的资金

109. 下列筹资方式中，属于项目债务资金的筹集方式是：

A. 优先股　　B. 政府投资

C. 融资租赁　　D. 可转换债券

110. 某建设项目预计生产期第三年息税前利润为 200 万元，折旧与摊销为 50 万元，所得税为 25 万元，计入总成本费用的应付利息为 100 万元，则该年的利息备付率为：

A. 1.25　　B. 2

C. 2.25　　D. 2.5

111. 某项目方案各年的净现金流量见表（单位：万元），其静态投资回收期为：

年份	0	1	2	3	4	5
净现金流量	−100	−50	40	60	60	60

A. 2.17 年　　B. 3.17 年

C. 3.83 年　　D. 4 年

112. 某项目的产出物为可外贸货物，其离岸价格为 100 美元，影子汇率为 6 元人民币/美元，出口费用为每件 100 元人民币，则该货物的影子价格为：

A. 500 元人民币　　B. 600 元人民币

C. 700 元人民币　　D. 800 元人民币

113. 某项目有甲、乙两个建设方案，投资分别为 500 万元和 1000 万元，项目期均为 10 年，甲项目年收益为 140 万元，乙项目年收益为 250 万元。假设基准收益率为 8%。已知$(P/A, 8\%, 10) = 6.7101$，则下列关于该项目方案选择的说法中正确的是：

A. 甲方案的净现值大于乙方案，故应选择甲方案

B. 乙方案的净现值大于甲方案，故应选择乙方案

C. 甲方案的内部收益率大于乙方案，故应选择甲方案

D. 乙方案的内部收益率大于甲方案，故应选择乙方案

114. 用强制确定法（FD 法）选择价值工程的对象时，得出某部件的价值系数为 1.02，则下列说法正确的是：

A. 该部件的功能重要性与成本比重相当，因此应将该部件作为价值工程对象

B. 该部件的功能重要性与成本比重相当，因此不应将该部件作为价值工程对象

C. 该部件功能重要性较小，而所占成本较高，因此应将该部件作为价值工程对象

D. 该部件功能过高或成本过低，因此应将该部件作为价值工程对象

115. 某在建的建筑工程因故中止施工，建设单位的下列做法符合《中华人民共和国建筑法》的是：

A. 自中止施工之日起一个月内向发证机关报告

B. 自中止施工之日起半年内报发证机关核验施工许可证

C. 自中止施工之日起三个月内向发证机关申请延长施工许可证的有效期

D. 自中止施工之日起满一年，向发证机关重新申请施工许可证

116. 依据《中华人民共和国安全生产法》，企业应当对职工进行安全生产教育和培训，某施工总承包单位对职工进行安全生产培训，其培训的内容不包括：

A. 安全生产知识　　　　B. 安全生产规章制度

C. 安全生产管理能力　　D. 本岗位安全操作技能

117. 下列说法符合《中华人民共和国招标投标法》规定的是：

A. 招标人自行招标，应当具有编制招标文件和组织评标的能力

B. 招标人必须自行办理招标事宜

C. 招标人委托招标代理机构办理招标事宜，应当向有关行政监督部门备案

D. 有关行政监督部门有权强制招标人委托招标代理机构办理招标事宜

118. 甲乙双方于 4 月 1 日约定采用数据电文的方式订立合同，但双方没有指定特定系统，乙方于 4 月 8 日下午收到甲方以电子邮件方式发出的要约，于 4 月 9 日上午又收到甲方发出同样内容的传真，甲方于 4 月 9 日下午给乙方打电话通知对方，邀约已经发出，请对方尽快做出承诺，则该要约生效的时间是：

A. 4 月 8 日下午　　B. 4 月 9 日上午

C. 4 月 9 日下午　　D. 4 月 1 日

119. 根据《中华人民共和国行政许可法》规定，行政许可采取统一办理或者联合办理的，办理的时间不得超过：

A. 10 日　　B. 15 日

C. 30 日　　D. 45 日

120. 依据《建设工程质量管理条例》，建设单位收到施工单位提交的建设工程竣工验收报告申请后，应当组织有关单位进行竣工验收，参加验收的单位可以不包括：

A. 施工单位　　B. 工程监理单位

C. 材料供应单位　　D. 设计单位

2020 年度全国勘察设计注册工程师执业资格考试基础考试（上）

试题解析及参考答案

1. 解　本题考查当$x \to +\infty$时，无穷大量的概念。

选项 A，$\lim\limits_{x \to +\infty} \frac{1}{2+x} = 0$；

选项 B，$\lim\limits_{x \to +\infty} x\cos x$计算结果在$-\infty$到$+\infty$间连续变化，不符合当$x \to +\infty$函数值趋向于无穷大，且函数值越来越大的定义；

选项 D，当$x \to +\infty$时，$\lim\limits_{x \to +\infty}(1-\arctan x) = 1-\frac{\pi}{2}$。

故选项 A、B、D 均不成立。

选项 C，$\lim\limits_{x \to +\infty}(e^{3x}-1) = +\infty$。

答案：C

2. 解　本题考查函数$y = f(x)$在x_0点导数的几何意义。

已知曲线$y = f(x)$在$x = x_0$处有切线，函数$y = f(x)$在$x = x_0$点导数的几何意义表示曲线$y = f(x)$在$(x_0, f(x_0))$点切线斜率，方向和x轴正向夹角的正切即斜率$k = \tan\alpha$，只有当$\alpha \to \frac{\pi}{2}$时，才有$\lim\limits_{x \to x_0} f'(x) = \lim\limits_{\alpha \to \frac{\pi}{2}} \tan\alpha = \infty$，因而在该点的切线与$oy$轴平行。

选项 A、C、D 均不成立。

答案：B

3. 解　本题考查隐函数求导方法。可利用一元隐函数求导方法或二元隐函数求导方法或微分运算法则计算，但一般利用二元隐函数求导方法计算更简单。

方法 1：用二元隐函数方法计算。

设$F(x,y) = \sin y + e^x - xy^2$，$F'_x = e^x - y^2$，$F'_y = \cos y - 2xy$，故

$$\frac{\mathrm{d}y}{\mathrm{d}x} = -\frac{F_x}{F_y} = -\frac{e^x - y^2}{\cos y - 2xy} = \frac{y^2 - e^x}{\cos y - 2xy}$$

$$\mathrm{d}y = \frac{y^2 - e^x}{\cos y - 2xy}\mathrm{d}x$$

方法 2：用一元隐函数方法计算。

已知$\sin y + e^x - xy^2 = 0$，方程两边对x求导，得$\cos y\frac{\mathrm{d}y}{\mathrm{d}x} + e^x - \left(y^2 + 2xy\frac{\mathrm{d}y}{\mathrm{d}x}\right) = 0$，

整理$(\cos y - 2xy)\frac{\mathrm{d}y}{\mathrm{d}x} = y^2 - e^x$，$\frac{\mathrm{d}y}{\mathrm{d}x} = \frac{y^2-e^x}{\cos y-2xy}$，故$\mathrm{d}y = \frac{y^2-e^x}{\cos y-2xy}\mathrm{d}x$

方法 3：用微分运算法则计算。

已知$\sin y + e^x - xy^2 = 0$，方程两边求微分，得$\cos y\,\mathrm{d}y + e^x\mathrm{d}x - (y^2\mathrm{d}x + 2xy\mathrm{d}y) = 0$，

整理$(\cos y - 2xy)\mathrm{d}y = (y^2 - e^x)\mathrm{d}x$，故$\mathrm{d}y = \frac{y^2-e^x}{\cos y-2xy}\mathrm{d}x$

选项 A、B、C 均不成立。

答案：D

4. 解　本题考查一元抽象复合函数高阶导数的计算，计算中注意函数的复合层次，特别是求二阶导时更应注意。

$y=f(e^x)$，$\dfrac{dy}{dx}=f'(e^x)\cdot e^x=e^x\cdot f'(e^x)$

$$\frac{d^2y}{dx^2}=e^x\cdot f'(e^x)+e^x\cdot f''(e^x)\cdot e^x=e^x\cdot f'(e^x)+e^{2x}\cdot f''(e^x)$$

选项 A、B、D 均不成立。

答案：C

5. 解　本题考查罗尔定理所满足的条件。首先要掌握定理的条件：①函数在闭区间连续；②函数在开区间可导；③函数在区间两端的函数值相等。三条均成立才行。

选项 A，$\left(x^{\frac{2}{3}}\right)'=\frac{2}{3}x^{-\frac{1}{3}}=\frac{2}{3}\frac{1}{\sqrt[3]{x}}$，在$x=0$处不可导，因而在$(-1,1)$可导不满足。

选项 C，$f(x)=|x|=\begin{cases}x & x\geqslant 0\\ -x & x<0\end{cases}$，函数在$x=0$左导数为$-1$，在$x=0$右导数为 1，因而在$x=0$处不可导，在$(-1,1)$可导不满足。

选项 D，$f(x)=\frac{1}{x}$，函数在$x=0$处间断，因而在$[-1,1]$连续不成立。

选项 A、C、D 均不成立。

选项 B，$f(x)=\sin x^2$在$[-1,1]$上连续，$f'(x)=2x\cdot\cos x^2$在$(-1,1)$可导，且$f(-1)=f(1)=\sin 1$，三条均满足。

答案：B

6. 解　本题考查曲线$f(x)$求拐点的计算方法。

$f(x)=x^4+4x^3+x+1$的定义域为$(-\infty,+\infty)$，

$f'(x)=4x^3+12x^2+1$，$f''(x)=12x^2+24x=12x(x+2)$

令$f''(x)=0$，即$12x(x+2)=0$，得到$x=0$，$x=-2$

$x=-2$，$x=0$，分定义域为$(-\infty,-2)$，$(-2,0)$，$(0,+\infty)$，

检验$x=-2$点，在区间$(-\infty,-2)$，$(-2,0)$上二阶导的符号：

当在$(-\infty,-2)$时，$f''(x)>0$，凹；当在$(-2,0)$时，$f''(x)<0$，凸。

所以$x=-2$为拐点的横坐标。

检验$x=0$点，在区间$(-2,0)$，$(0,+\infty)$上二阶导的符号：

当在$(-2,0)$时，$f''(x)<0$，凸；当在$(0,+\infty)$时，$f''(x)>0$，凹。

所以$x=0$为拐点的横坐标。

综上，函数有两个拐点。

答案：C

7. 解　本题考查函数原函数的概念及不定积分的计算方法。

已知函数$f(x)$的一个原函数是$1+\sin x$，即$f(x)=(1+\sin x)'=cos\,x$，$f'(x)=-\sin x$。

方法 1：

$$\int xf'(x)\mathrm{d}x=\int x(-\sin x)\mathrm{d}x=\int x\mathrm{d}\cos x=x\cos x-\int \cos x\mathrm{d}x=x\cos x-\sin x+c$$

$$=x\cos x-\sin x-1+C=x\cos x-(1+\sin x)+C\quad(\text{其中}C=1+c)$$

方法 2：

$\int xf'(x)\mathrm{d}x=\int x\mathrm{d}f(x)=xf(x)-\int f(x)\mathrm{d}x$，因为函数$f(x)$的一个原函数是$1+\sin x$，所以$f(x)=(1+\sin x)'=\cos x$且$\int f(x)\mathrm{d}x=1+\sin x+C_1$，则原式$=x\cos x-(1+\sin x)+C$（其中$C=-C_1$）。

答案：B

8. 解　本题考查平面图形绕x轴旋转一周所得到的旋转体体积算法，如解图所示。

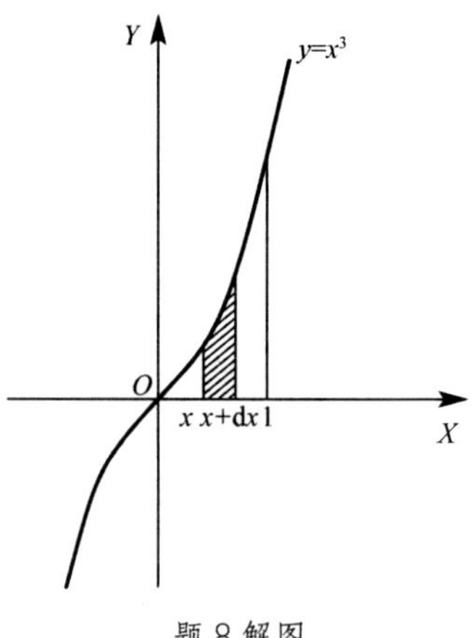

题 8 解图

$x\in[0,1]$

$[x,x+\mathrm{d}x]$：$\mathrm{d}V=\pi f^2(x)\mathrm{d}x=\pi x^6\mathrm{d}x$

$$V=\int_0^1\pi\cdot x^6\mathrm{d}x=\pi\cdot\frac{1}{7}x^7\Big|_0^1=\frac{\pi}{7}$$

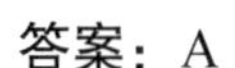

答案：A

9. 解　本题考查两向量的加法，向量与数量的乘法和运算，以及两向量垂直与坐标运算的关系。

已知$\boldsymbol{\alpha}=(5,1,8)$，$\boldsymbol{\beta}=(3,2,7)$

$\lambda\boldsymbol{\alpha}+\boldsymbol{\beta}=\lambda(5,1,8)+(3,2,7)=(5\lambda+3,\lambda+2,8\lambda+7)$

设oz轴的单位正向量为$\boldsymbol{\tau}=(0,0,1)$

已知$\lambda\boldsymbol{\alpha}+\boldsymbol{\beta}$与$oz$轴垂直，由两向量数量积的运算：

$\boldsymbol{a}\cdot\boldsymbol{b}=a_xb_x+a_yb_y+a_zb_z$，$\boldsymbol{a}\perp b$，则$\boldsymbol{a}\cdot\boldsymbol{b}=0$，即$a_xb_x+a_yb_y+a_zb_z=0$

所以$(\lambda\boldsymbol{\alpha}+\boldsymbol{\beta})\cdot\boldsymbol{\tau}=0$，$0+0+8\lambda+7=0$，$\lambda=-\frac{7}{8}$

答案：B

10. 解　本题考查直线与平面平行时，直线的方向向量和平面法向量间的关系，求出平面的法向量及所求平面方程。

（1）求平面的法向量

设oz轴的方向向量$\vec{r}=(0,0,1)$，$\overrightarrow{M_1M_2}=(1,1,-1)$，则

$$\overrightarrow{M_1M_2}\times\vec{r}=\begin{vmatrix}\vec{i} & \vec{j} & \vec{k}\\ 1 & 1 & -1\\ 0 & 0 & 1\end{vmatrix}=\vec{i}-\vec{j}$$

所求平面的法向量$\vec{n}_{平面}=\vec{i}-\vec{j}=(1,-1,0)$

（2）写出所求平面的方程

已知$M_1(0,-1,2)$，$\vec{n}_{平面}=(1,-1,0)$，则

$1\cdot(x-0)-1\cdot(y+1)+0\cdot(z-2)=0$，即$x-y-1=0$

答案：D

题 10 解图

11. 解　本题考查利用题目给出的已知条件，写出曲线微分方程。

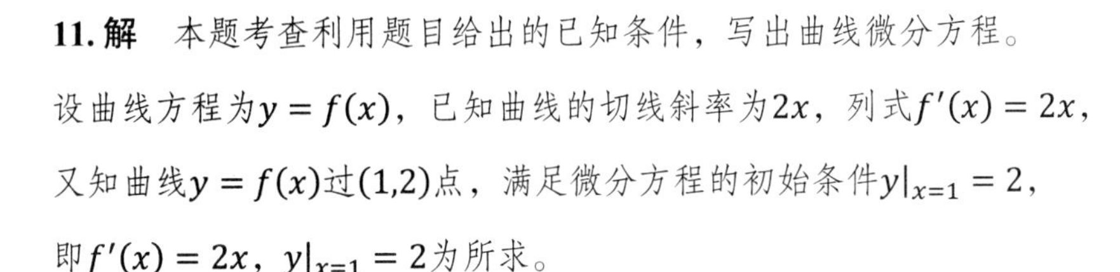

设曲线方程为$y=f(x)$，已知曲线的切线斜率为$2x$，列式$f'(x)=2x$，

又知曲线$y=f(x)$过$(1,2)$点，满足微分方程的初始条件$y|_{x=1}=2$，

即$f'(x)=2x$，$y|_{x=1}=2$为所求。

答案：C

12. 解　平面区域D是直线$y=x$和圆$x^2+(y-1)^2=1$所围成的在直线$y=x$下方的图形。如解图所示。

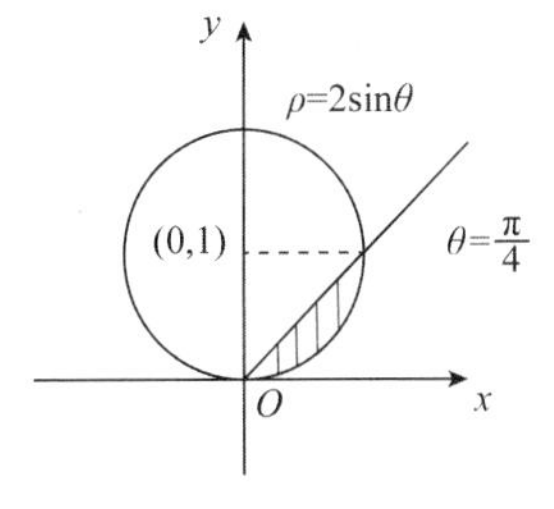

题 12 解图

利用直角坐标系和极坐标的关系：$\begin{cases}x=\rho\cos\theta\\ y=\rho\sin\theta\end{cases}$

得到圆的极坐标系下的方程为：由$x^2+(y-1)^2=1$，整理得$x^2+y^2=2y$

则$\rho^2=2\rho\sin\theta$，即$\rho=2\sin\theta$

直线$y=x$的极坐标系下的方程为：$\theta=\frac{\pi}{4}$

所以积分区域D在极坐标系下为：$\begin{cases}0\leqslant\theta\leqslant\frac{\pi}{4}\\ 0\leqslant\rho\leqslant 2\sin\theta\end{cases}$

被积函数x代换成$\rho\cos\theta$，极坐标系下面积元素为$\rho\mathrm{d}\rho\mathrm{d}\theta$，则

$$\iint\limits_D x\mathrm{d}x\mathrm{d}y=\int_0^{\frac{\pi}{4}}\mathrm{d}\theta\int_0^{2\sin\theta}\rho\cdot\cos\theta\cdot\rho\mathrm{d}\rho=\int_0^{\frac{\pi}{4}}\cos\theta\mathrm{d}\theta\int_0^{2\sin\theta}\rho^2\mathrm{d}\rho$$

答案：D

13. 解　本题考查微分方程解的结构。可将选项代入微分方程，满足微分方程的才是解。

已知y_1是微分方程$y''+py'+qy=f(x)(f(x)\neq0)$的解，即将$y_1$代入后，满足微分方程$y_1''+py_1'+qy_1=f(x)$，但对任意常数$C_1(C_1\neq1)$，$C_1y_1$得到的解均不满足微分方程，验证如下：

设$y=C_1y_1(C_1\neq1)$，求导$y'=C_1y_1'$，$y''=C_1y_1''$，$y=C_1y_1$代入方程得：

$$C_1y_1''+pC_1y_1'+qC_1y_1=C_1(y_1''+py_1'+qy_1)=C_1f(x)\neq f(x)$$

所以C_1y_1不是微分方程的解。

因而在选项 A、B、D 中，含有常数$C_1(C_1 \neq 1)$乘y_1的形式，即C_1y_1这样的解均不满足方程解的条件，所以选项A、B、D均不成立。

可验证选项C成立。已知：

$y = y_0 + y_1$，$y' = y_0' + y_1'$，$y'' = y_0'' + y_1''$，代入方程，得：

$$(y_0'' + y_1'') + p(y_0' + y_1') + q(y_0 + y_1) = y_0'' + py_0' + qy_0 + y_1'' + py_1' + qy_1$$
$$= 0 + f(x) = f(x)$$

注意：本题只是验证选项中哪一个解是微分方程的解，不是求微分方程的通解。

答案：C

14. 解　本题考查二元函数在一点的全微分的计算方法。

先求出二元函数的全微分，然后代入点$(1,-1)$坐标，求出在该点的全微分。

$$\mathrm{z} = \frac{1}{x}e^{xy},\ \frac{\partial z}{\partial x} = \left(-\frac{1}{x^2}\right)e^{xy} + \frac{1}{x}e^{xy} \cdot y = -\frac{1}{x^2}e^{xy} + \frac{y}{x}e^{xy} = e^{xy}\left(-\frac{1}{x^2} + \frac{y}{x}\right)$$

$$\frac{\partial z}{\partial y} = \frac{1}{x}e^{xy} \cdot x = e^{xy},\ \mathrm{dz} = \left(-\frac{1}{x^2} + \frac{y}{x}\right)e^{xy}\mathrm{d}x + e^{xy}\mathrm{d}y$$

$$\mathrm{dz}|_{(1,-1)} = -2e^{-1}\mathrm{d}x + e^{-1}\mathrm{d}y = e^{-1}(-2\mathrm{d}x + \mathrm{d}y)$$

答案：B

15. 解　本题考查坐标曲线积分的计算方法。

已知$O(0,0)$，$A(1,2)$，过两点的直线L的方程为$y = 2x$，见解图。

直线L的参数方程$\begin{cases} y = 2x \\ x = x \end{cases}$，

L的起点$x = 0$，终点$x = 1$，x：$0 \to 1$，

$$\int_L -y\mathrm{d}x + x\mathrm{d}y = \int_0^1 -2x\mathrm{d}x + x \cdot 2\mathrm{d}x = \int_0^1 0\mathrm{d}x = 0$$

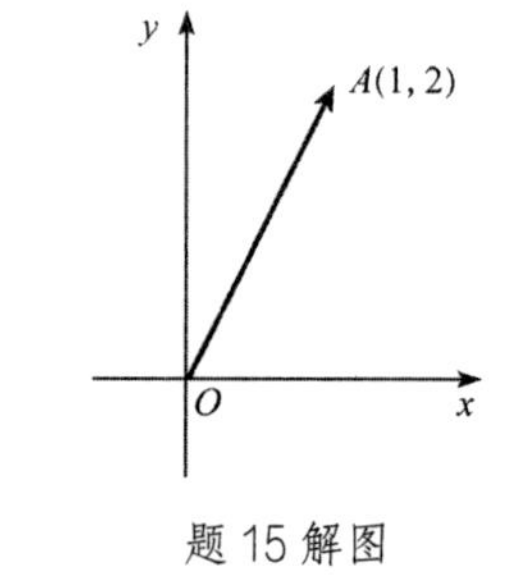

题15解图

答案：A

16. 解　本题考查正项级数、交错级数敛散性的判定。

选项A，$\sum\limits_{n=1}^{\infty}\frac{n^2}{3n^4+1}$，因为$\frac{n^2}{3n^4+1} < \frac{n^2}{3n^4} = \frac{1}{3n^2}$，

级数$\sum\limits_{n=1}^{\infty}\frac{1}{n^2}$，$P = 2 > 1$，级数收敛，$\sum\limits_{n=1}^{\infty}\frac{1}{3n^2}$收敛，

利用正项级数的比较判别法，$\sum\limits_{n=1}^{\infty}\frac{n^2}{3n^4+1}$收敛。

选项B，$\sum\limits_{n=2}^{\infty}\frac{1}{\sqrt[3]{n(n-1)}}$，因为$n(n-1) < n^2$，$\sqrt[3]{n(n-1)} < \sqrt[3]{n^2}$，$\frac{1}{\sqrt[3]{n(n-1)}} > \frac{1}{\sqrt[3]{n^2}} = \frac{1}{n^{\frac{2}{3}}}$，级数$\sum\limits_{n=2}^{\infty}\frac{1}{n^{\frac{2}{3}}}$，$P < 1$，级数发散，利用正项级数的比较判别法，$\sum\limits_{n=2}^{\infty}\frac{1}{\sqrt[3]{n(n-1)}}$发散。

选项C，$\sum_{n=1}^{\infty}\frac{(-1)^n}{\sqrt{n}}$，级数为交错级数，利用莱布尼兹定理判定：

（1）因为$n<(n+1)$，$\sqrt{n}<\sqrt{n+1}$，$\frac{1}{\sqrt{n}}>\frac{1}{\sqrt{n+1}}$，$u_n>u_{n+1}$，

（2）一般项$\lim_{n\to\infty}\frac{1}{\sqrt{n}}=0$，所以交错级数收敛。

选项D，$\sum_{n=1}^{\infty}\frac{5}{3^n}=5\sum_{n=1}^{\infty}\frac{1}{3^n}$，级数为等比级数，公比$q=\frac{1}{3}$，$|q|<1$，级数收敛。

答案：B

17. 解 本题为抽象函数的二元复合函数，利用复合函数的导数算法计算，注意函数复合的层次。

$z=f^2(xy)$，$\frac{\partial z}{\partial x}=2f(xy)\cdot f'(xy)\cdot y=2y\cdot f(xy)\cdot f'(xy)$，

$$\begin{aligned}\frac{\partial^2 z}{\partial x^2}&=2y[f'(xy)\cdot y\cdot f'(xy)+f(xy)\cdot f''(xy)\cdot y]\\&=2y^2\{[f'(xy)]^2+f(xy)\cdot f''(xy)\}\end{aligned}$$

答案：D

18. 解 本题考查幂级数$\sum_{n=1}^{\infty}a_nx^n$收敛的阿贝尔定理。

已知幂级数$\sum_{n=1}^{\infty}a_n(x+2)^n$在$x=0$处收敛，把$x=0$代入级数，得到$\sum_{n=1}^{\infty}a_n2^n$，收敛。又已知$\sum_{n=1}^{\infty}a_n(x+2)^n$在$x=-4$处发散，把$x=-4$代入级数，得到$\sum_{n=1}^{\infty}a_n(-2)^n$，发散。得到对应的幂级数$\sum_{n=1}^{\infty}a_nx^n$，在$x=2$点收敛，在$x=-2$点发散，由阿贝尔定理可知$\sum_{n=1}^{\infty}a_nx^n$的收敛域为$(-2,2]$，所以$\sum_{n=1}^{\infty}a_n(x-1)^n$的收敛域为$-2<x-1\leqslant 2$，即$-1<x\leqslant 3$。

答案：C

19. 解 由行列式性质可得$|\boldsymbol{A}|=-|\boldsymbol{B}|$，又因$|\boldsymbol{A}|\neq|\boldsymbol{B}|$，所以$|\boldsymbol{A}|\neq-|\boldsymbol{A}|$，$2|\boldsymbol{A}|\neq 0$，$|\boldsymbol{A}|\neq 0$。

答案：B

20. 解 因为$\boldsymbol{A}$与$\boldsymbol{B}$相似，所以$|\boldsymbol{A}|=|\boldsymbol{B}|=0$，且$R(\boldsymbol{A})=R(\boldsymbol{B})=2$。

方法1：

当$x=y=0$时，$|\mathrm{A}|=\begin{vmatrix}1&0&1\\0&1&0\\1&0&1\end{vmatrix}=0$，$\mathrm{A}=\begin{bmatrix}1&0&1\\0&1&0\\1&0&1\end{bmatrix}\xrightarrow{-r_1+r_3}\begin{bmatrix}1&0&1\\0&1&0\\0&0&0\end{bmatrix}$

$R(\boldsymbol{A})=R(\boldsymbol{B})=2$

方法2：

$$|\boldsymbol{A}|=\begin{vmatrix}1&x&1\\x&1&y\\1&y&1\end{vmatrix}\xrightarrow[-r_1+r_3]{-xr_1+r_2}\begin{vmatrix}1&x&1\\0&1-x^2&y-x\\0&y-x&0\end{vmatrix}=-(y-x)^2$$

令$|\boldsymbol{A}|=0$，得$x=y$

当$x=y=0$时，$|\boldsymbol{A}|=|\boldsymbol{B}|=0$，$R(\boldsymbol{A})=R(\boldsymbol{B})=2$；

当$x=y=1$时，$|\boldsymbol{A}|=|\boldsymbol{B}|=0$，但$R(\boldsymbol{A})=1\neq R(\boldsymbol{B})$。

答案：A

21. 解 因为$\boldsymbol{\alpha}_1,\boldsymbol{\alpha}_2,\boldsymbol{\alpha}_3$线性相关的充要条件是行列式$|\alpha_1,\alpha_2,\alpha_3|=0$，即

$$|\alpha_1,\alpha_2,\alpha_3|=\begin{vmatrix}a&1&1\\1&a&-1\\1&-1&a\end{vmatrix}\xrightarrow[-r_3+r_2]{-ar_3+r_1}\begin{vmatrix}0&1+a&1-a^2\\0&a+1&-1-a\\1&-1&a\end{vmatrix}=\begin{vmatrix}1+a&1-a^2\\1+a&-1-a\end{vmatrix}$$

$$=(1+a)^2\begin{vmatrix}1&1-a\\1&-1\end{vmatrix}=(1+a)^2(a-2)=0$$

解得$a=-1$或$a=2$。

答案：B

22. 解 $P(A\cup B)=P(A)+P(B)-P(AB)$

$$P(AB)=P(A)P(B|A)=\frac{1}{4}\times\frac{1}{3}=\frac{1}{12}$$

$P(B)P(A|B)=P(AB)$，$\frac{1}{2}P(B)=\frac{1}{12}$，$P(B)=\frac{1}{6}$

$$P(A\cup B)=\frac{1}{4}+\frac{1}{6}-\frac{1}{12}=\frac{1}{3}$$

答案：D

23. 解 利用方差性质得$D(2X-Y)=D(2X)+D(Y)=4D(X)+D(Y)=7$。

答案：A

24. 解 $E(Z)=E(X)+E(Y)=\mu_1+\mu_2$；

$D(Z)=D(X)+D(Y)=\sigma_1{}^2+\sigma_2^2$。

答案：D

25. 解 气体分子运动的最概然速率：$v_{\rm p}=\sqrt{\frac{2RT}{M}}$

方均根速率：$\sqrt{\overline{v}^2}=\sqrt{\frac{3RT}{M}}$

由$\sqrt{\frac{3RT_1}{M}}=\sqrt{\frac{2RT_2}{M}}$，可得到$\frac{T_2}{T_1}=\frac{3}{2}$

答案：A

26. 解 一定量的理想气体经等压膨胀（注意等压和膨胀），由热力学第一定律$Q=\Delta E+W$，体积单向膨胀做正功，内能增加，温度升高。

答案：C

27. 解 理想气体的内能是温度的单值函数，内能差仅取决于温差，此题所示热力学过程初、末态均处于同一温度线上，温度不变，故内能变化$\Delta E=0$，但功是过程量，题目并未描述过程如何进行，故无法判定功的正负。

答案：A

28. 解 气体分子运动的平均速率：$\bar{v}=\sqrt{\frac{8RT}{\pi M}}$，氧气的摩尔质量$M_{\rm O_2}=32{\rm g}$，氢气的摩尔质量$M_{\rm H_2}=$

2g，故相同温度的氧气和氢气的分子平均速率之比$\frac{\bar{v}_{O_2}}{\bar{v}_{H_2}}=\sqrt{\frac{M_{H_2}}{M_{O_2}}}=\sqrt{\frac{2}{32}}=\frac{1}{4}$。

答案：D

29. 解　卡诺循环的热机效率$\eta=1-\frac{T_2}{T_1}=1-\frac{273+27}{T_1}=40\%$，$T_1=500\text{K}$。

此题注意开尔文温度与摄氏温度的变换。

答案：A

30. 解　由三角函数公式，将波动方程化为余弦形式：

$$y=0.02\sin(\pi t+x)=0.02\cos\left(\pi t+x-\frac{\pi}{2}\right)$$

答案：B

31. 解　此题考查波的物理量之间的基本关系。

$$T=\frac{1}{\nu}=\frac{1}{2000}\text{s},\ u=\frac{\lambda}{T}=\lambda\cdot\nu=400\text{m/s}$$

答案：A

32. 解　两列振幅不相同的相干波，在同一直线上沿相反方向传播，叠加的合成波振幅为：

$$A^2=A_1^2+A_2^2+2A_1A_2\cos\Delta\varphi$$

当$\cos\Delta\varphi=1$时，合振幅最大，$A'=A_1+A_2=3A$；

当$\cos\Delta\varphi=-1$时，合振幅最小，$A'=|A_1-A_2|=A$。

此题注意振幅没有负值，要取绝对值。

答案：D

33. 解　此题考查波的能量特征。波动的动能与势能是同相的，同时达到最大最小。若此时A点处媒质质元的弹性势能在减小，则其振动动能也在减小。此时B点正向负最大位移处运动，振动动能在减小。

答案：A

34. 解　由双缝干涉相邻明纹（暗纹）的间距公式：$\Delta x=\frac{\text{D}}{\text{a}}\lambda$，若双缝所在的平板稍微向上平移，中央明纹与其他条纹整体向上稍作平移，其他条件不变，则屏上的干涉条纹间距不变。

答案：B

35. 解　此题考查光的干涉。薄膜上下两束反射光的光程差：$\delta=2ne+\frac{\lambda}{2}$

反射光加强：$\delta=2\text{ne}+\frac{\lambda}{2}=\text{k}\lambda$，$\lambda=\frac{2ne}{k-\frac{1}{2}}=\frac{4ne}{2k-1}$

$$k=2\text{时},\ \lambda=\frac{4ne}{2k-1}=\frac{4\times1.33\times0.32\times10^3}{3}=567\text{nm}$$

答案：C

36. 解　自然光I_0穿过第一个偏振片后成为偏振光，光强减半，为$I_1=\frac{1}{2}I_0$。

第一个偏振片与第二个偏振片夹角为30°，第二个偏振片与第三个偏振片夹角为60°，穿过第二个偏

振片后的光强用马吕斯定律计算：$I_2=\frac{1}{2}I_0\cos^2 30°$

穿过第三个偏振片后的光强为：$I_3=\frac{1}{2}I_0\cos^2 30°\cos^2 60°=\frac{3}{32}I_0$

答案：C

37. 解 主量子数为n的电子层中原子轨道数为n^2，最多可容纳的电子总数为$2n^2$。主量子数$n=3$，原子轨道最多可容纳的电子总数为$2\times 3^2=18$。

答案：C

38. 解 当分子中的氢原子与电负性大、半径小、有孤对电子的原子（如N、O、F）形成共价键后，还能吸引另一个电负性较大原子（如N、O、F）中的孤对电子而形成氢键。所以分子中存在N—H、O—H、F—H共价键时会形成氢键。

答案：A

39. 解 112mg铁的物质的量$n=\frac{\frac{112}{1000}}{56}=0.002\text{mol}$

溶液中铁的浓度$C=\frac{n}{V}=\frac{0.002}{\frac{100}{1000}}=0.02\text{mol}\cdot\text{L}^{-1}$

答案：C

40. 解 NaOAc为强碱弱酸盐，可以水解，水解常数$K_\text{h}=\frac{K_\text{w}}{K_\text{a}}$

$0.1\text{mol}\cdot\text{L}^{-1}$NaOAc溶液：

$$C_{\text{OH}^-}=\sqrt{C\cdot K_\text{h}}=\sqrt{C\cdot\frac{K_\text{w}}{K_\text{a}}}=\sqrt{0.1\times\frac{1\times 10^{-14}}{1.8\times 10^{-5}}}\approx 7.5\times 10^{-6}\text{mol}\cdot\text{L}^{-1}$$

$$C_{\text{H}^+}=\frac{K_\text{w}}{C_{\text{OH}^-}}=\frac{1\times 10^{-14}}{7.5\times 10^{-6}}\approx 1.3\times 10^{-9}\text{mol}\cdot\text{L}^{-1},\text{pH}=-\lg C_{\text{H}^+}\approx 8.88$$

答案：D

41. 解 由物质的标准摩尔生成焓$\Delta_\text{f}\text{H}_\text{m}^\ominus$和反应的标准摩尔反应焓变$\Delta_\text{r}\text{H}_\text{m}^\ominus$的定义可知，$\text{H}_2\text{O}(l)$的标准摩尔生成焓$\Delta_\text{f}\text{H}_\text{m}^\ominus$为反应$\text{H}_2(\text{g})+\frac{1}{2}\text{O}_2(\text{g})=\text{H}_2\text{O}(l)$的标准摩尔反应焓变$\Delta_\text{r}\text{H}_\text{m}^\ominus$。反应$2\text{H}_2(\text{g})+\text{O}_2(\text{g})=2\text{H}_2\text{O}(l)$的标准摩尔反应焓变是反应$\text{H}_2(\text{g})+\frac{1}{2}\text{O}_2(\text{g})=\text{H}_2\text{O}(l)$的标准摩尔反应焓变的2倍，即$\text{H}_2(\text{g})+\frac{1}{2}\text{O}_2(\text{g})=\text{H}_2\text{O}(l)$的$\Delta_\text{f}\text{H}_\text{m}^\ominus=\frac{1}{2}\times(-572)=-286\text{kJ}\cdot\text{mol}^{-1}$。

答案：D

42. 解 $p(\text{N}_2\text{O}_4)=p(\text{NO}_2)=100\text{kPa}$时，$\text{N}_2\text{O}_4(\text{g})\rightleftharpoons 2\text{NO}_2(\text{g})$的反应熵$Q=\frac{\left[\frac{p(\text{NO}_2)}{p^\ominus}\right]^2}{\frac{p(\text{N}_2\text{O}_4)}{p^\ominus}}=1>K^\ominus=0.1132$，根据反应熵判据，反应逆向进行。

答案：B

43. 解 原电池电动势$E=\varphi_{正}-\varphi_{负}$，负极对应电对$\text{Zn}^{2+}/\text{Zn}$的能斯特方程式为$\varphi_{\text{Zn}^{2+}/\text{Zn}}=\varphi_{\text{Zn}^{2+}/\text{Zn}}^\ominus+\frac{0.059}{2}\lg C_{\text{Zn}^{2+}}$，$\text{ZnSO}_4$浓度增加，$C_{\text{Zn}^{2+}}$增加，$\varphi_{\text{Zn}^{2+}/\text{Zn}}$增加，原电池电动势变小。

答案：B

44. 解 $(CH_3)_2CHCH(CH_3)CH_2CH_3$ 的结构式为 $H_3C-\underset{}{\overset{CH_3}{\overset{|}{CH}}}-\overset{CH_3}{\overset{|}{CH}}-CH_2-CH_3$，根据有机化合物命名规则，该有机物命名为2，3-二甲基戊烷。

答案：B

45. 解 对羟基苯甲酸乙酯含有 HO—⟨苯环⟩ 部分，为酚类化合物；含有—$COOC_2H_5$部分，为酯类化合物。

答案：D

46. 解 该高聚物的重复单元为 $-CH_2-\underset{COOCH_3}{\underset{|}{CH}}-$，是由单体 $CH_2=CHCOOCH_3$ 通过加聚反应形成的。

答案：D

47. 解 销钉C处为光滑接触约束，约束力应垂直于AB光滑直槽，由于F_p的作用，直槽的左上侧与销钉接触，故其约束力的作用线与x轴正向所成的夹角为150°。

答案：D（此题2017年考过）

48. 解 由图可知力$\boldsymbol{F}$过B点，故对B点的力矩为0，因此该力系对B点的合力矩为：

$$M_B = M = \frac{1}{2}Fa = \frac{1}{2} \times 150 \times 50 = 3750\text{N} \cdot \text{cm}(\text{顺时针})$$

答案：A

49. 解 以CD为研究对象，其受力如解图所示。

列平衡方程：$\sum M_C(F) = 0$，$2L \cdot F_D - M - q \cdot L \cdot \frac{L}{2} = 0$

代入数值得：$F_D = 15\text{kN}$（铅垂向上）

答案：B

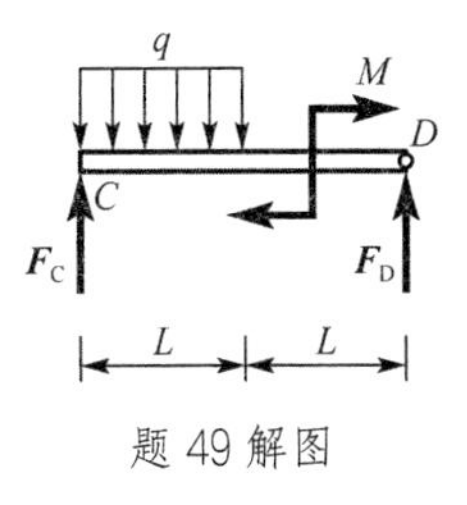

题49解图

50. 解 由于主动力$\boldsymbol{F}_p$、$\boldsymbol{F}$大小均为100N，故其二力合力作用线与接触面法线方向的夹角为45°，与摩擦角相等，根据自锁条件的判断，物块处于临界平衡状态。

答案：D

51. 解 消去运动方程中的参数t，将$t^2 = x$代入y中，有$y = 2x^2$，故$y - 2x^2 = 0$为动点的轨迹方程。

答案：C

52. 解 速度的大小为运动方程对时间的一阶导数，即：

$$v_x = \frac{dx}{dt} = v_0 \cos\alpha, v_y = \frac{dy}{dt} = v_0 \sin\alpha - gt$$

则当$t=0$时，炮弹的速度大小为：$v=\sqrt{v_x^2+v_y^2}=v_0$

答案：C

53. 解 滑轮上A点的速度和切向加速度与皮带相应的速度和加速度相同，根据定轴转动刚体上速度、切向加速度的线性分布规律，可得B点的速度$v_{\mathrm{B}}=20R/r=30\mathrm{m/s}$，切向加速度$a_{\mathrm{Bt}}=6R/r=9\mathrm{m/s^2}$。

答案：A

54. 解 小球的运动及受力分析如解图所示。根据质点运动微分方程$\boldsymbol{F}=m\boldsymbol{a}$，将方程沿着$\boldsymbol{N}$方向投影有：

$$ma\sin\alpha=N-mg\cos\alpha$$

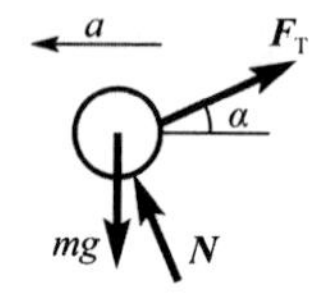

题54解图

解得：

$$N=mg\cos\alpha+ma\sin\alpha$$

答案：B

55. 解 物体受主动力$\boldsymbol{F}$、重力$m\boldsymbol{g}$及斜面的约束力$\boldsymbol{F}_{\mathrm{N}}$作用，做功分别为：

$W(\boldsymbol{F})=70\times6=420\mathrm{N\cdot m}$，$W(m\boldsymbol{g})=-5\times9.8\times6\sin30°=-147\mathrm{N\cdot m}$，$W(\boldsymbol{F}_{\mathrm{N}})=0$

故所有力做功之和为：$\boldsymbol{W}=420-147=273\mathrm{N\cdot m}$

答案：C

56. 解 根据动量矩定理，两轮分别有：$J\alpha_1=F_{\mathrm{A}}R$，$J\alpha_2=F_{\mathrm{B}}R$，对于轮$A$有$J\alpha_1=PR$，对于图b）系统有$\left(J+\frac{P}{g}R^2\right)\alpha_2=PR$，所以$\alpha_1>\alpha_2$，故有$F_{\mathrm{A}}>F_{\mathrm{B}}$。

答案：B

57. 解 根据惯性力的定义：$\boldsymbol{F}_{\mathrm{I}}=-m\boldsymbol{a}$，物块$B$的加速度与物块$A$的加速度大小相同，且向下，故物块$B$的惯性力$F_{\mathrm{BI}}=4\times3.3=13.2\mathrm{N}$，方向与其加速度方向相反，即铅垂向上。

答案：A

58. 解 当激振力频率与系统的固有频率相等时，系统发生共振，即

$$\omega_0=\sqrt{\frac{k}{m}}=\omega=50\ \mathrm{rad/s}$$

系统的等效弹簧刚度$k=k_1+k_2=3\times10^5\mathrm{N/m}$

代入上式可得：$m=120\mathrm{kg}$

答案：C

59. 解 由低碳钢拉伸时σ-ε曲线（如解图所示）可知：在加载到强化阶段后卸载，再加载时，屈服点C'明显提高，断裂前变形明显减少，所以“冷作硬化”现象发生在强化阶段。

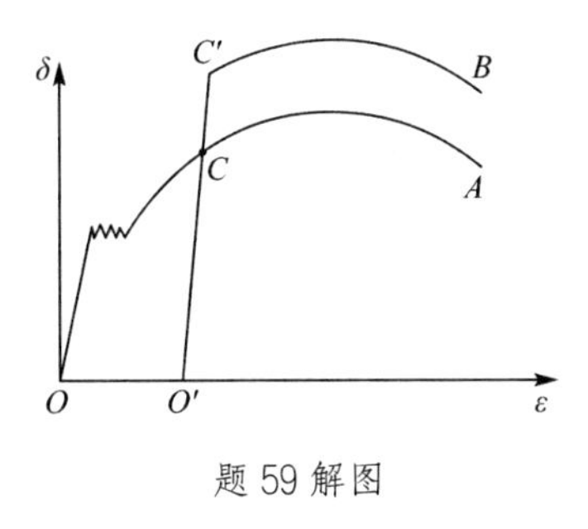

题59解图

答案：C

60. 解 AB段轴力是$3F$，$\Delta l_{AB}=\frac{3Fa}{EA}$；$BC$段轴力是$2F$，$\Delta l_{BC}=\frac{2Fa}{EA}$

杆的总伸长$\Delta l=\Delta l_{AB}+\Delta l_{BC}=\frac{3Fa}{EA}+\frac{2Fa}{EA}=\frac{5Fa}{EA}$

答案：D

61. 解 钢板和钢轴的计算挤压面积是dt，由钢轴的挤压强度条件$\sigma_{bs}=\frac{F}{dt}\leqslant[\sigma_{bs}]$，得$d\geqslant\frac{F}{t[\sigma_{bs}]}$。

答案：A

62. 解 根据极惯性矩I_p的定义：$I_p=\int_A\rho^2\mathrm{d}A$，可知极惯性矩是一个定积分，具有可加性，所以$I_p=\frac{\pi}{32}D^4-\frac{\pi}{32}d^4=\frac{\pi}{32}(D^4-d^4)$。

答案：D

63. 解 根据定义，惯性矩$I_y=\int_A z^2\mathrm{d}A$、$I_z=\int_A y^2\mathrm{d}A$和极惯性矩$I_p=\int_A\rho^2\mathrm{d}A$的值恒为正，而静矩$S_y=\int_A z\,\mathrm{d}A$、$S_z=\int_A y\,\mathrm{d}A$和惯性积$I_{yz}=\int_A yz\mathrm{d}A$的数值可正、可负，也可为零。

答案：B

64. 解 由"零、平、斜，平、斜、抛"的微分规律，可知AB段有分布荷载；B截面有弯矩的突变，故B处有集中力偶。

答案：B

65. 解 A图看整体：$\sigma_{max}=\frac{M}{W_z}=\frac{M}{\frac{a^3}{6}}=\frac{6M}{a^3}$

B图看一根梁：$\sigma_{max}=\frac{M}{W_z}=\frac{0.5M}{0.5a^3/6}=\frac{M}{\frac{a^3}{6}}=\frac{6M}{a^3}$

C图看一根梁：$\sigma_{max}=\frac{M}{W_z}=\frac{\frac{1}{3}M}{\frac{1}{3}a^3/6}=\frac{M}{\frac{a^3}{6}}=\frac{6M}{a^3}$

D图看一根梁：$\sigma_{max}=\frac{M}{W_z}=\frac{0.5M}{a\times(0.5a)^2/6}=\frac{2M}{\frac{a^3}{6}}=\frac{12M}{a^3}$

答案：D

66. 解 A处为固定铰链支座，挠度总是等于0，即$V_A=0$

B处挠度等于BD杆的变形量，即$V_B=\Delta L$

C处有集中力F作用，挠度方程和转角方程将发生转折，但是满足连续光滑的要求，即

$V_{C左} = V_{C右}$，$\theta_{C左} = \theta_{C右}$。

答案： C

67. 解 最大切应力所在截面，一定不是主平面，该平面上的正应力也一定不是主应力，也不一定为零，故只能选 D。

答案： D

68. 解 根据第一强度理论（最大拉应力理论）可知：$\sigma_{\mathrm{eq1}} = \sigma_1$，所以只能选 A。

答案： A

69. 解 移动前杆是轴向受拉：$\sigma_{\max} = \frac{F}{A} = \frac{F}{a^2}$

移动后杆是偏心受拉，属于拉伸与弯曲的组合受力与变形：

$$\sigma_{\max} = \frac{F}{A} + \frac{0.5aF}{a^3/6} = \frac{F}{a^2} + \frac{3F}{a^2} = \frac{4F}{a^2}$$

答案： D

70. 解 压杆总是在惯性矩最小的方向失稳，

对图 a）：$I_{\mathrm{a}} = \frac{hb^3}{12}$；对图 b）：$I_{\mathrm{b}} = \frac{\mathrm{h}^4}{12}$。则：

$$F_{\mathrm{cr}}^{\mathrm{a}} = \frac{\pi^2 EI_{\mathrm{a}}}{(\mu L)^2} = \frac{\pi^2 E\frac{hb^3}{12}}{(2L)^2} = \frac{\pi^2 E\frac{2b \times b^3}{12}}{(2L)^2} = \frac{\pi^2 Eb^4}{24L^2}$$

$$F_{\mathrm{cr}}^{\mathrm{b}} = \frac{\pi^2 EI_{\mathrm{b}}}{(\mu L)^2} = \frac{\pi^2 E\frac{2b \times (2b)^3}{12}}{(2L)^2} = \frac{\pi^2 Eb^4}{3L^2} = 8F_{\mathrm{cr}}^{\mathrm{a}}$$

故临界力是原来的 8 倍。

答案： B

71. 解 由流体的物理性质知，流体在静止时不能承受切应力，在微小切力作用下，就会发生显著的变形而流动。

答案： A

72. 解 由于题设条件中未给出计算水头损失的数据，现按不计水头损失的能量方程解析此题。

设基准面 0-0 与断面 2 重合，对断面 1-1 及断面 2-2 写能量方程：

$$Z_1 + \frac{v_1^2}{2g} = Z_2 + \frac{v_2^2}{2g}$$

代入数据 $2 + \frac{1.8^2}{2\mathrm{g}} = \frac{v_2^2}{2g}$，解得$v_2 = 6.50\mathrm{m/s}$

又由连续方程$v_1 A_1 = v_2 A_2$，可得$1.8\mathrm{m/s} \times \frac{\pi}{4} 0.1^2 = 6.50\mathrm{m/s} \times \frac{\pi}{4} d_2^2$

解得$d_2 = 5.2\mathrm{cm}$

答案： A

73. 解 利用动量定理计算流体对固体壁的作用力时，进出口断面上的压强应为相对压强。

答案：B

74. 解 有压圆管层流运动的沿程损失系数$\lambda=\frac{64}{\text{Re}}$

而雷诺数 Re=$\frac{vd}{\nu}=\frac{5\times5}{0.18}$=138.89，$\lambda=\frac{64}{138.89}$=0.461

答案：B

75. 解 并联长管路的水头损失相等，即$S_1Q_1^2=S_2Q_2^2$

式中管路阻抗$S_1=\frac{8\lambda\frac{L_1}{d_1}}{g\pi^2d_1^4}$，$S_2=\frac{8\lambda\frac{3L_1}{d_2}}{g\pi^2d_2^4}$

又因$d_1=d_2$，所以得：$\frac{Q_1}{Q_2}=\sqrt{\frac{S_2}{S_1}}=\sqrt{\frac{3L_1}{L_1}}=1.732$，$Q_1=1.732Q_2$

答案：C

76. 解 明渠均匀流只能发生在顺坡棱柱形渠道。

答案：B

77. 解 均匀砂质土壤适用达西渗透定律：$u=kJ$

代入题设数据，则渗流速度$u=0.005\times0.5=0.0025\text{cm/s}$

答案：A

78. 解 压力管流的模型试验应选择雷诺准则。

答案：A

79. 解 直流电源作用下，电压U_1、电流I均为恒定值，产生恒定磁通Φ。根据电磁感应定律，线圈N_2中不会产生感应电动势，所以$U_2=0$。

答案：A

80. 解 通常电感线圈的等效电路是 R-L 串联电路。当线圈通入直流电时，电感线圈的感应电压为 0，可以计算线圈电阻为$R'=\frac{U}{I}=\frac{10}{1}=10\Omega$。在交流电源作用下线圈的感应电压不为 0，要考虑线圈中感应电压的影响必须将电感线圈等效为 R-L 串联电路。因此，该电路的等效模型为：10Ω 电阻与电感 L 串联后再与传输线电阻 R 串联。

答案：B

81. 解 求等效电阻时应去除电源作用（电压源短路，电流源断路），将电流源断开后a-b端左侧网络的等效电阻为R_2。

答案：D

82. 解 首先根据给定电压函数$u(t)$写出电压的相量$\dot{U}$，利用交流电路的欧姆定律计算电流相量：

$$\dot{I}=\frac{\dot{U}}{Z}=\frac{220\angle 30^{\circ}}{10\angle 45^{\circ}}=22\angle-15^{\circ}$$

最后写出电流$i(t)$的函数表达式为$22\sqrt{2}\sin(314t-15^{\circ})$A。

答案：D

83.解 根据电路可以分析，总阻抗$Z=Z_1+Z_2=6+j8-jX_C$，当$X_C=8$时，Z有最小值，电流I有最大值（电路出现谐振，呈现电阻性质）。

答案：B

84.解 用电设备 M 的外壳线a应接到保护地线 PE 上，电灯 D 的接线b应接到电源中性点 N 上，说明如下：

（1）三相四线制：包括相线 A、B、C 和保护零线 PEN（图示的 N 线）。PEN 线上有工作电流通过，PEN 线在进入用电建筑物处要做重复接地；我国民用建筑的配电方式采用该系统。

（2）三相五线制：包括相线 A、B、C，零线 N 和保护接地线 PE。N 线有工作电流通过，PE 线平时无电流（仅在出现对地漏电或短路时有故障电流）。

零线和地线的根本差别在于一个构成工作回路，一个起保护作用（叫作保护接地），一个回电网，一个回大地，在电子电路中这两个概念要区别开，工程中也要求这两根线分开接。

答案：C

85.解 三相交流异步电动机的空载功率因数较小，为 0.2～0.3，随着负载的增加功率因数增加，当电机达到满载时功率因数最大，可以达到 0.9 以上。

答案：B

86.解 控制电路图中所有控制元件均是未工作的状态，同一电器用同一符号注明。要保持电气设备连续工作必须有自锁环节（常开触点）。

图 B 的自锁环节使用了 KM 接触器的常闭触点，图 C 和图 D 中的停止按钮 SBstop 两端不能并入 KM 接触器的常闭触点或常开触点，因此图 B、C、D 都是错误的。

图 A 的电路符合设备连续工作的要求：按启动按钮 SBst（动合）后，接触器 KM 线圈通电，KM 常开触点闭合（实现自锁）；按停止按钮 SBstop（动断）后，接触器 KM 线圈断电，用电设备停止工作。可见四个选项中图 A 符合电气设备连续工作的要求。

答案：A

87.解 表示信息的数字代码是二进制。通常用电压的高电位表示“1”，低电位表示“0”，或者反之。四个选项中的前三项都可以用来表示二进制代码“10101”，选项 D 的电位不符合“高-低-高-低-高”的规律，则不能用来表示数码“10101”。

答案：D

88. 解 根据信号的幅值频谱关系，周期信号的频谱是离散的，而非周期信号的频谱是连续的。图a）是非周期性时间信号的频谱，图b）是周期性时间信号的频谱。

答案： B

89. 解 滤波器是频率筛选器，通常根据信号的频率不同进行处理。它不会改变正弦波信号的形状，而是通过正弦波信号的频率来识别，保留有用信号，滤除干扰信号。而非正弦周期信号可以分解为多个不同频率正弦波信号的合成，它的频率特性是收敛的。对非正弦周期信号滤波时要保留基波和低频部分的信号，滤除高频部分的信号。这样做虽然不会改变原信号的频率，但是滤除高频分量以后会影响非正弦周期信号波形的形状。

答案： D

90. 解 根据逻辑函数的摩根定理对原式进行分析：

$$\mathrm{ABCD}+\overline{\mathrm{A}}+\overline{\mathrm{B}}+\overline{\mathrm{C}}+\overline{\mathrm{D}}=\mathrm{ABCD}+\overline{\overline{\overline{\mathrm{A}}+\overline{\mathrm{B}}+\overline{\mathrm{C}}+\overline{\mathrm{D}}}}=\mathrm{ABCD}+\overline{\mathrm{ABCD}}=1$$

答案： B

91. 解 $\mathrm{F}=\overline{\mathrm{AB}}$为与非门，分析波形可以用口诀：“A、B”有0，“F”为1；“A、B”全1，“F”为0，波形见解图。

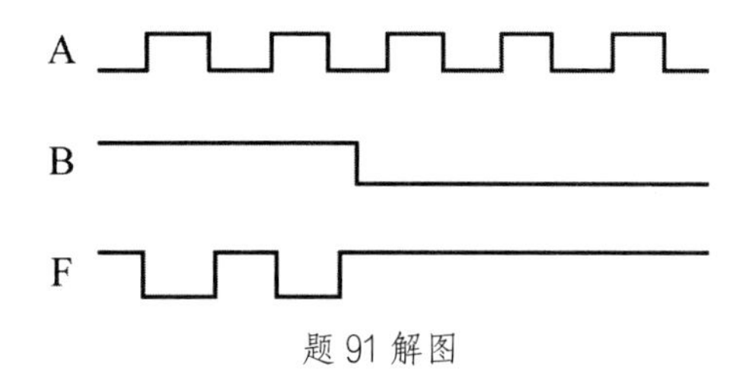

题91解图

答案： B

92. 解 根据真值表写出逻辑表达式的方法是：找出真值表输出信号 F=1 对应的输入变量取值组合，每组输入变量取值为一个乘积项（与），输入变量值为1的写原变量，输入变量值为0的写反变量。最后将这些变量相加（或），即可得到输出函数F的逻辑表达式。

根据该给定的真值表可以写出：$\mathrm{F}=\overline{\mathrm{A}}\mathrm{BC}+\mathrm{AB}\overline{\mathrm{C}}+\mathrm{ABC}$。

答案： D

93. 解 电压放大器的耦合电容有隔直通交的作用，因此电容C_{E}接入以后不会改变放大器的静态工作点。对于交变信号，接入电容C_{E}以后电阻R_{E}被短路，根据放大器的交流通道来分析放大器的动态参数，输入电阻R_{i}、输出电阻R_{o}、电压放大倍数A_{u}分别为：

$$R_i=R_{\mathrm{B1}}/\!/\ R_{\mathrm{B2}}/\!/\ [r_{\mathrm{be}}+(1+\beta)R_{\mathrm{E}}]$$

$$R_{\mathrm{o}}=R_{\mathrm{C}}$$

$$A_u = \frac{-\beta R_L'}{\gamma_{be} + (1+\beta)R_E}(R_L' = R_C /\!/ R_L)$$

可见，输出电阻R_o与R_E无关。

所以，并入电容C_E后不变的量是静态工作点和输出电阻R_o。

答案：C

94. 解 本电路属于运算放大器非线性应用，是一个电压比较电路。A 点是反相输入端，B 点是同相输入端。当 B 点电位高于 A 点电位时，输出电压有正的最大值U_{oM}。当 B 点电位低于 A 点电位时，输出电压有负的最大值$-U_{oM}$。

解图 a）、b）表示输出端u_{o1}和u_{o2}的波形正确关系。

选项 D 的u_{o1}波形分析正确，并且$u_{o1}= -u_{o2}$，符合题意。

答案：D

95. 解 利用逻辑函数分析如下：$F_1=\overline{A\cdot 1}=\overline{A}$；$F_2=B+1=1$。

答案：D

96. 解 两个电路分别为 JK 触发器和 D 触发器，逻辑状态表给定，它们有同一触发脉冲和清零信号作用。但要注意到两个触发器的触发时间不同，JK 触发器为下降沿触发，D 触发器为上升沿触发。

结合逻辑表分析输出脉冲波形如解图所示。

JK 触发器：J=K=1，$Q_{JK}^{n+1}=\overline{Q}_{JK}^{n}$，cp 下降沿触发。

D 触发器：$Q_D^{n+1}=D=\overline{Q}_D^{n}$，cp 上升沿触发。

对应的t_1时刻两个触发器的输出分别是$Q_{JK}=1$，$Q_D=0$，选项 C 正确。

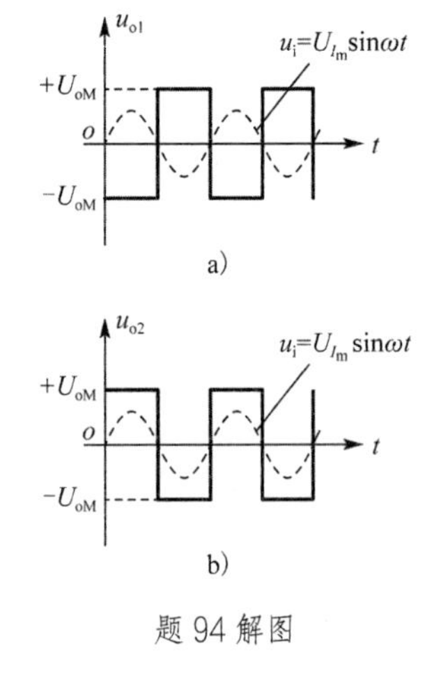

题 94 解图

题 96 解图

答案：C

97. 解 计算机数字信号只有 0（低电平）和 1（高电平），是一系列高（电源电压的幅度）和低（0V）的方波序列，幅度是不变的，时间（周期）是可变的，也就是说处理的是断续的数字信息，数字信号是离散信号。

答案：B

98.解 程序计数器（PC）又称指令地址计数器，计算机通常是按顺序逐条执行指令的，就是靠程序计数器来实现。每当执行完一条指令，PC 就自动加 1，即形成下一条指令地址。

答案：C

99.解 计算机的软件系统是由系统软件、支撑软件和应用软件构成。系统软件是负责管理、控制和维护计算机软、硬件资源的一种软件，它为应用软件提供了一个运行平台。支撑软件是支持其他软件的编写制作和维护的软件。应用软件是特定应用领域专用的软件。

答案：B

100.解 允许多个用户以交互方式使用计算机的操作系统是分时操作系统。分时操作系统是使一台计算机同时为几个、几十个甚至几百个用户服务的一种操作系统。它将系统处理机时间与内存空间按一定的时间间隔，轮流地切换给各终端用户的。

答案：B

101.解 ASSCII 码是“美国信息交换标准代码”的简称，是目前国际上最为流行的字符信息编码方案。在这种编码中每个字符用 7 个二进制位表示，从 0000000 到 1111111 可以给出 128 种编码，用来表示 128 个不同的常用字符。

答案：D

102.解 计算机系统内的存储器是由一个个存储单元组成的，而每一个存储单元的容量为 8 位二进制信息，称为一个字节。为了对存储器进行有效的管理，给每个单元都编上一个号，也就是给存储器中的每一个字节都分配一个地址码，俗称给存储器地址“编址”。

答案：A

103.解 给数据加密，是隐蔽信息的可读性，将可读的信息数据转换为不可读的信息数据，称为密文。把信息隐藏起来，即隐藏信息的存在性，将信息隐藏在一个容量更大的信息载体之中，形成隐秘载体。信息隐藏和数据加密的方法是不一样的。

答案：D

104.解 线程有时也称为轻量级进程，是被系统独立调度和 CPU 的基本运行单位。有些进程只包含一个线程，也可包含多个线程。线程的优点之一就是资源共享。

答案：C

105.解 信息化社会是以计算机信息处理技术和传输手段的广泛应用为基础和标志的新技术革命，

影响和改造社会生活方式与管理方式。信息化社会指在经济生活全面信息化的进程中，人类社会生活的其他领域也逐步利用先进的信息技术建立起各种信息网络，信息技术在生产、科研教育、医疗保健、企业和政府管理以及家庭中的广泛应用对经济和社会发展产生了巨大而深刻的影响，从根本上改变了人们的生活方式、行为方式和价值观念。计算机则是实现信息社会的必备工具之一，两者相互影响、相互制约、相互推动、相互促进，是密不可分的关系。

答案：C

106. 解　如果要寻找一个主机名所对应的 IP 地址，则需要借助域名服务器来完成。当 Internet 应用程序收到一个主机域名时，它向本地域名服务器查询该主机域名对应的 IP 地址。如果在本地域名服务器中找不到该主机域名对应的 IP 地址，则本地域名服务器向其他域名服务器发出请求，要求其他域名服务器协助查找，并将找到的 IP 地址返回给发出请求的应用程序。

答案：C

107. 解　根据一次支付现值公式（已知F求P）：

$$P=\frac{F}{(1+i)^n}=\frac{50}{(1+5.06\%)^5}=39.06\text{ 万元}$$

答案：C

108. 解　项目总投资中的流动资金是指运营期内长期占用并周转使用的营运资金。估算流动资金的方法有扩大指标法或分项详细估算法。采用分项详细估算法估算时，流动资金是流动资产与流动负债的差额。

答案：C

109. 解　资本金（权益资金）的筹措方式有股东直接投资、发行股票、政府投资等，债务资金的筹措方式有商业银行贷款、政策性银行贷款、外国政府贷款、国际金融组织贷款、出口信贷、银团贷款、企业债券、国际债券和融资租赁等。

优先股股票和可转换债券属于准股本资金，是一种既具有资本金性质又具有债务资金性质的资金。

答案：C

110. 解　利息备付率=息税前利润/应付利息

式中，息税前利润=利润总额+利息支出

本题已经给出息税前利润，因此该年的利息备付率为：

利息备付率=息税前利润/应付利息=200/100=2

答案：B

111. 解　计算各年的累计净现金流量见解表。

题111解表

年份	0	1	2	3	4	5
净现金流量	−100	−50	40	60	60	60
累计净现金流量	−100	−150	−110	−50	10	70

静态投资回收期=累计净现金流量开始出现正值的年份数$-1+\frac{\text{上年累计净现金流量的绝对值}}{\text{当年净现金流量}}$

$$=4-1+|-50|\div 60=3.83\text{年}$$

答案：C

112. 解 该货物的影子价格为：

直接出口产出物的影子价格（出厂价）= 离岸价（FOB）× 影子汇率 − 出口费用

$$=100\times 6-100=500\text{元人民币}$$

答案：A

113. 解 甲方案的净现值为：$NPV_{甲}=-500+140\times 6.7101=439.414$万元

乙方案的净现值为：$NPV_{乙}=-1000+250\times 6.7101=677.525$万元

$NPV_{乙}>NPV_{甲}$，故应选择乙方案

互斥方案比较不应直接用方案的内部收益率比较，可采用净现值差额投资内部收益率进行比较。

答案：B

114. 解 用强制确定法选择价值工程的对象时，计算结果存在以下三种情况：

①价值系数小于1较多，表明该零件相对不重要且费用偏高，应作为价值分析的对象；

②价值系数大于1较多，即功能系数大于成本系数，表明该零件较重要而成本偏低，是否需要提高费用视具体情况而定；

③价值系数接近或等于1，表明该零件重要性与成本适应，较为合理。

本题该部件的价值系数为1.02，接近1，说明该部件功能重要性与成本比重相当，不应将该部件作为价值工程对象。

答案：B

115. 解 《中华人民共和国建筑法》第十条规定，在建的建筑工程因故中止施工的，建设单位应当自中止施工之日起一个月内，向发证机关报告，并按照规定做好建筑工程的维护管理工作。

答案：A

116. 解 《中华人民共和国安全生产法》第二十八条规定，生产经营单位应当对从业人员进行安全生产教育和培训，保证从业人员具备必要的安全生产知识，熟悉有关的安全生产规章制度和安全操作规程，掌握本岗位的安全操作技能，了解事故应急处理措施，知悉自身在安全生产方面的权利和义务。

答案：C

117. 解 《中华人民共和国招标投标法》第十二条规定，招标人有权自行选择招标代理机构，委托其办理招标事宜。任何单位和个人不得以任何方式为招标人指定招标代理机构。招标人具有编制招标文件和组织评标能力的，可以自行办理招标事宜。任何单位和个人不得强制其委托招标代理机构办理招标事宜。依法必须进行招标的项目，招标人自行办理招标事宜的，应当向有关行政监督部门备案。

从上述条文可以看出选项A正确，选项B错误，因为招标人可以委托代理机构办理招标事宜。选项C错误，招标人自行招标时才需要备案，不是委托代理人才需要备案。选项D明显不符合第十二条的规定。

答案：A

118. 解 《中华人民共和国民法典》第一百三十七条规定，以对话方式作出的意思表示，相对人知道其内容时生效。以非对话方式作出的意思表示，到达相对人时生效。以非对话方式作出的采用数据电文形式的意思表示，相对人指定特定系统接收数据电文的，该数据电文进入该特定系统时生效；未指定特定系统的，相对人知道或者应当知道该数据电文进入其系统时生效。当事人对采用数据电文形式的意思表示的生效时间另有约定的，按照其约定。

答案：A

119. 解 依照《中华人民共和国行政许可法》第四十二条的规定，依照本法第二十六条的规定，行政许可采取统一办理或者联合办理、集中办理的，办理的时间不得超过四十五日；四十五日内不能办结的，经本级人民政府负责人批准，可以延长十五日，并应当将延长期限的理由告知申请人。

答案：D

120. 解 《建设工程质量管理条例》第十六条规定，建设单位收到建设工程竣工报告后，应当组织设计、施工、工程监理等有关单位进行竣工验收。

答案：C

2021 年度全国勘察设计注册工程师

执业资格考试试卷

基础考试

（上）

二〇二一年十月

应考人员注意事项

1. 本试卷科目代码为“1”，考生务必将此代码填涂在答题卡“科目代码”相应的栏目内，否则，无法评分。

2. 书写用笔：**黑色或蓝色钢笔、签字笔或圆珠笔**；

   填涂答题卡用笔：**黑色 2B 铅笔**。

3. 必须用书写用笔将工作单位、姓名、准考证号填写在答题卡和试卷相应的栏目内。

4. 本试卷由 120 题组成，每题 1 分，满分 120 分，本试卷全部为单项选择题，每小题的四个备选项中只有一个正确答案，错选、多选、不选均不得分。

5. 考生作答时，必须按**题号在答题卡上**将相应试题所选选项对应的**字母用 2B 铅笔涂黑**。

6. 在答题卡上书写与题意无关的语言，或在答题卡上作标记的，均按违纪试卷处理。

7. 考试结束时，由监考人员当面将试卷、答题卡一并收回。

8. 草稿纸由各地统一配发，考后收回。

单项选择题（共 120 题，每题 1 分。每题的备选项中只有一个最符合题意。）

1. 下列结论正确的是：

A. $\lim\limits_{x\to 0}e^{\frac{1}{x}}$存在

B. $\lim\limits_{x\to 0^-}e^{\frac{1}{x}}$存在

C. $\lim\limits_{x\to 0^+}e^{\frac{1}{x}}$存在

D. $\lim\limits_{x\to 0^+}e^{\frac{1}{x}}$存在，$\lim\limits_{x\to 0^-}e^{\frac{1}{x}}$不存在，从而$\lim\limits_{x\to 0}e^{\frac{1}{x}}$不存在

2. 当$x\to 0$时，与x^2为同阶无穷小的是：

A. $1-\cos 2x$　　B. $x^2\sin x$

C. $\sqrt{1+x}-1$　　D. $1-\cos x^2$

3. 设$f(x)$在$x=0$的某个邻域有定义，$f(0)=0$，且$\lim\limits_{x\to 0}\frac{f(x)}{x}=1$，则在$x=0$处：

A. 不连续　　B. 连续但不可导

C. 可导且导数为 1　　D. 可导且导数为 0

4. 若$f\left(\frac{1}{x}\right)=\frac{x}{1+x}$，则$f'(x)$等于：

A. $\frac{1}{x+1}$　　B. $-\frac{1}{x+1}$

C. $-\frac{1}{(x+1)^2}$　　D. $\frac{1}{(x+1)^2}$

5. 方程$x^3+x-1=0$：

A. 无实根　　B. 只有一个实根

C. 有两个实根　　D. 有三个实根

6. 若函数$f(x)$在$x=x_0$处取得极值，则下列结论成立的是：

A. $f'(x_0)=0$　　B. $f'(x_0)$不存在

C. $f'(x_0)=0$或$f'(x_0)$不存在　　D. $f''(x_0)=0$

7. 若$\int f(x)\,\mathrm{d}x=\int \mathrm{d}g(x)$，则下列各式中正确的是：

A. $f(x)=g(x)$　　B. $f(x)=g'(x)$

C. $f'(x)=g(x)$　　D. $f'(x)=g'(x)$

8. 定积分$\int_{-1}^{1}(x^3+|x|)\,e^{x^2}\mathrm{d}x$的值等于：

A. 0　　　　B. e

C. $e-1$　　　　D. 不存在

9. 曲面$x^2+y^2+z^2=a^2$与$x^2+y^2=2az\ (a>0)$的交线是：

A. 双曲线　　　　B. 抛物线

C. 圆　　　　D. 不存在

10. 设有直线$L:\begin{cases}x+3y+2z+1=0\\2x-y-10z+3=0\end{cases}$及平面$\pi: 4x-2y+z-2=0$，则直线$L$：

A. 平行π　　　　B. 垂直于π

C. 在π上　　　　D. 与π斜交

11. 已知函数$f(x)$在$(-\infty,+\infty)$内连续，并满足$f(x)=\int_0^x f(t)\mathrm{d}t$，则$f(x)$为：

A. e^x　　　　B. $-e^x$

C. 0　　　　D. e^{-x}

12. 在下列函数中，为微分方程$y''-y'-2y=6e^x$的特解的是：

A. $y=3e^{-x}$　　　　B. $y=-3e^{-x}$

C. $y=3e^x$　　　　D. $y=-3e^x$

13. 设函数$f(x,y)=\begin{cases}\frac{1}{xy}\sin(x^2y) & xy\neq 0\\ 0 & xy=0\end{cases}$，则$f_x'(0,1)$等于：

A. 0　　　　B. 1

C. 2　　　　D. −1

14. 设函数$f(u)$连续，而区域$D: x^2+y^2\leqslant 1$，且$x\geqslant 0$,则二重积分$\iint\limits_D f\left(\sqrt{x^2+y^2}\right)\mathrm{d}x\mathrm{d}y$等于：

A. $\pi\int_0^1 f(r)\,\mathrm{d}r$　　　　B. $\pi\int_0^1 rf(r)\,\mathrm{d}r$

C. $\frac{\pi}{2}\int_0^1 f(r)\,\mathrm{d}r$　　　　D. $\frac{\pi}{2}\int_0^1 rf(r)\,\mathrm{d}r$

15. 设L是圆$x^2+y^2=-2x$，取逆时针方向，则对坐标的曲线积分$\int_L (x-y)\mathrm{d}x+(x+y)\mathrm{d}y$等于：

A. -4π

B. -2π

C. 0

D. 2π

16. 设函数$z=x^y$，则$\frac{\partial^2 z}{\partial x\partial y}$等于：

A. $x^y(1+\ln x)$

B. $x^y(1+y\ln x)$

C. $x^{y-1}(1+y\ln x)$

D. $x^y(1-x\ln x)$

17. 下列级数中，收敛的级数是：

A. $\sum\limits_{n=1}^{\infty}\frac{8^n}{7^n}$

B. $\sum\limits_{n=1}^{\infty} n\sin\frac{1}{n}$

C. $\sum\limits_{n=1}^{\infty}\frac{1}{\sqrt{n}}$

D. $\sum\limits_{n=1}^{\infty}(-1)^{n-1}\frac{1}{\sqrt{n}}$

18. 级数$\sum\limits_{n=1}^{\infty} n\left(\frac{1}{2}\right)^{n-1}$的和是：

A. 1

B. 2

C. 3

D. 4

19. 若矩阵$\boldsymbol{A}=\begin{bmatrix}1&0&0\\0&-1&-1\\0&0&1\end{bmatrix}$，$\boldsymbol{I}=\begin{bmatrix}1&0&0\\0&1&0\\0&0&1\end{bmatrix}$，则矩阵$(\boldsymbol{A}-2\boldsymbol{I})^{-1}(\boldsymbol{A}^2-4\boldsymbol{I})$为：

A. $\begin{bmatrix}3&0&0\\0&1&-1\\0&0&3\end{bmatrix}$

B. $\begin{bmatrix}3&0&0\\0&1&0\\0&0&3\end{bmatrix}$

C. $\begin{bmatrix}3&0&0\\0&1&1\\0&0&3\end{bmatrix}$

D. $\begin{bmatrix}2&0&0\\0&-2&-2\\0&0&2\end{bmatrix}$

20. 已知矩阵$\boldsymbol{A}=\begin{bmatrix}0&0&1\\x&1&y\\1&0&0\end{bmatrix}$有三个线性无关的特征向量，则下列关系式正确的是：

A. $x+y=0$

B. $x+y\neq 0$

C. $x+y=1$

D. $x=y=1$

21. 设n维向量组α_1，α_2，α_3是线性方程组$\boldsymbol{A}x=\boldsymbol{0}$的一个基础解系，则下列向量组也是$\boldsymbol{A}x=\boldsymbol{0}$的基础解系的是：

A. α_1，$\alpha_2-\alpha_3$

B. $\alpha_1+\alpha_2$，$\alpha_2+\alpha_3$，$\alpha_3+\alpha_1$

C. $\alpha_1+\alpha_2$，$\alpha_2+\alpha_3$，$\alpha_1-\alpha_3$

D. α_1，$\alpha_1+\alpha_2$，$\alpha_2+\alpha_3$，$\alpha_1+\alpha_2+\alpha_3$

22. 袋子里有 5 个白球，3 个黄球，4 个黑球，从中随机抽取 1 只，已知它不是黑球，则它是黄球的概率是：

A. $\frac{1}{8}$　　B. $\frac{3}{8}$

C. $\frac{5}{8}$　　D. $\frac{7}{8}$

23. 设X服从泊松分布$P(3)$，则X的方差与数学期望之比$\frac{D(X)}{E(X)}$等于：

A. 3　　B. $\frac{1}{3}$

C. 1　　D. 9

24. 设$X_1,X_2,\cdots,X_n$是来自总体$X\sim N(\mu,\sigma^2)$的样本，$\overline{X}$是$X_1,X_2,\cdots,X_n$的样本均值，则$\sum_{i=1}^{n}\frac{(X_i-\overline{X})^2}{\sigma^2}$服从的分布是：

A. $F(n)$　　B. $t(n)$

C. $\chi^2(n)$　　D. $\chi^2(n-1)$

25. 在标准状态下，即压强$p_0=1\text{atm}$，温度$T=273.15\text{K}$，一摩尔任何理想气体的体积均为：

A. 22.4L　　B. 2.24L

C. 224L　　D. 0.224L

26. 理想气体经过等温膨胀过程，其平均自由程$\overline{\lambda}$和平均碰撞次数$\overline{Z}$的变化是：

A. $\overline{\lambda}$变大，$\overline{Z}$变大　　B. $\overline{\lambda}$变大，$\overline{Z}$变小

C. $\overline{\lambda}$变小，$\overline{Z}$变大　　D. $\overline{\lambda}$变小，$\overline{Z}$变小

27. 在一热力学过程中，系统内能的减少量全部成为传给外界的热量，此过程一定是：

A. 等体升温过程　　B. 等体降温过程

C. 等压膨胀过程　　D. 等压压缩过程

28. 理想气体卡诺循环过程的两条绝热线下的面积大小（图中阴影部分）分别为S_1和S_2，则二者的大小关系是：

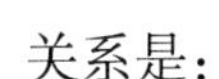

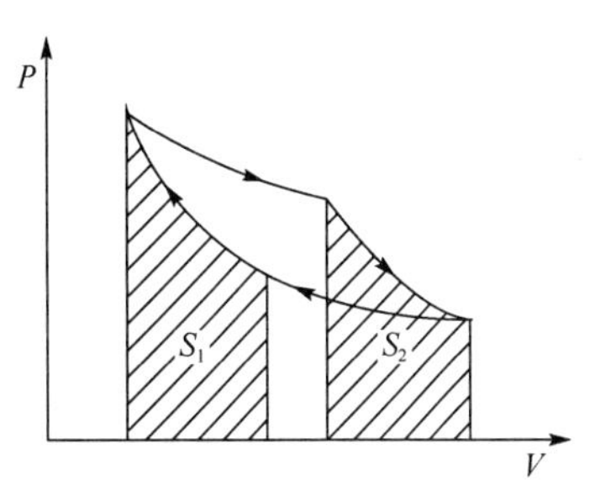

A. $S_1 > S_2$

B. $S_1 = S_2$

C. $S_1 < S_2$

D. 无法确定

29. 一热机在一次循环中吸热1.68×10^2J，向冷源放热1.26×10^2J，该热机效率为：

A. 25%　　　　B. 40%

C. 60%　　　　D. 75%

30. 若一平面简谐波的波动方程为$y = A\cos(Bt - Cx)$，式中A、B、C为正值恒量，则：

A. 波速为C　　　　B. 周期为$\frac{1}{B}$

C. 波长为$\frac{2\pi}{C}$　　　　D. 角频率为$\frac{2\pi}{B}$

31. 图示为一平面简谐机械波在t时刻的波形曲线，若此时A点处媒质质元的振动动能在增大，则：

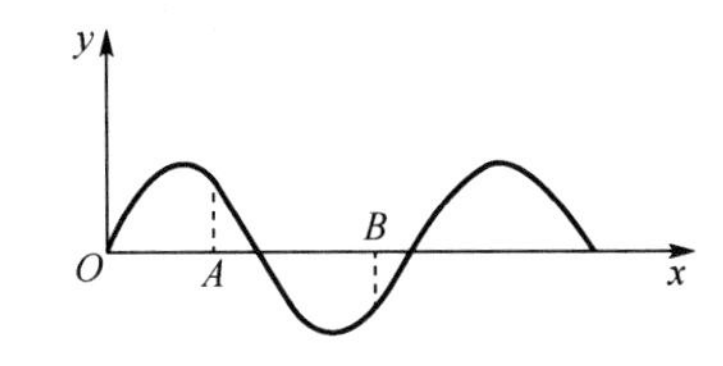

A. A点处质元的弹性势能在减小

B. 波沿x轴负方向传播

C. B点处质元振动动能在减小

D. 各点的波的能量密度都不随时间变化

32. 两个相同的喇叭接在同一播音器上，它们是相干波源，二者到P点的距离之差为$\lambda/2$（λ是声波波长），则P点处为：

A. 波的相干加强点　　　　B. 波的相干减弱点

C. 合振幅随时间变化的点　　　　D. 合振幅无法确定的点

33. 一声波波源相对媒质不动，发出的声波频率是v_0。设以观察者的运动速度为波速的$1/2$，当观察者远离波源运动时，他接收到的声波频率是：

A. v_0　　B. $2v_0$

C. $v_0/2$　　D. $3v_0/2$

34. 当一束单色光通过折射率不同的两种媒质时，光的：

A. 频率不变，波长不变　　B. 频率不变，波长改变

C. 频率改变，波长不变　　D. 频率改变，波长改变

35. 在单缝衍射中，若单缝处的波面恰好被分成偶数个半波带，在相邻半波带上任何两个对应点所发出的光，在暗条纹处的相位差为：

A. π　　B. 2π

C. $\frac{\pi}{2}$　　D. $\frac{3\pi}{2}$

36. 一束平行单色光垂直入射在光栅上，当光栅常数$(a+b)$为下列哪种情况时（a代表每条缝的宽度），$k=3$、6、9等级次的主极大均不出现？

A. $a+b=2a$　　B. $a+b=3a$

C. $a+b=4a$　　D. $a+b=6a$

37. 既能衡量元素金属性又能衡量元素非金属性强弱的物理量是：

A. 电负性　　B. 电离能

C. 电子亲和能　　D. 极化力

38. 下列各组物质中，两种分子之间存在的分子间力只含有色散力的是：

A. 氢气和氦气　　B. 二氧化碳和二氧化硫气体

C. 氢气和溴化氢气体　　D. 一氧化碳和氧气

39. 在$BaSO_4$饱和溶液中，加入Na_2SO_4，溶液中$c(Ba^{2+})$的变化是：

A. 增大　　B. 减小

C. 不变　　D. 不能确定

40. 已知$K^{\Theta}(NH_3 \cdot H_2O) = 1.8 \times 10^{-5}$，浓度均为$0.1mol \cdot L^{-1}$的$NH_3 \cdot H_2O$和$NH_4Cl$混合溶液的 pH 值为：

A. 4.74　　B. 9.26

C. 5.74　　D. 8.26

41. 已知HCl(g)的$\Delta_f H_m^{\Theta} = -92kJ \cdot mol^{-1}$，则反应$H_2(g) + Cl_2(g) = 2HCl(g)$的$\Delta_r H_m^{\Theta}$是：

A. $92kJ \cdot mol^{-1}$　　B. $-92kJ \cdot mol^{-1}$

C. $-184kJ \cdot mol^{-1}$　　D. $46kJ \cdot mol^{-}$

42. 反应$A(s) + B(g) \rightleftharpoons 2C(g)$在体系中达到平衡，如果保持温度不变，升高体系的总压（减小体积），平衡向左移动，则K^{Θ}的变化是：

A. 增大　　B. 减小

C. 不变　　D. 无法判断

43. 已知 $E^{\Theta}(Fe^{3+}/Fe^{2+}) = 0.771V$，$E^{\Theta}(Fe^{2+}/Fe) = -0.44V$，$K_{sp}^{\Theta}(Fe(OH)_3) = 2.79 \times 10^{-39}$，$K_{sp}^{\Theta}(Fe(OH)_2) = 4.87 \times 10^{-17}$，有如下原电池$(-)Fe \mid Fe^{2+}(1.0mol \cdot L^{-1}) \parallel Fe^{3+}(1.0mol \cdot L^{-1})$，$Fe^{2+}(1.0mol \cdot L^{-1}) \mid Pt(+)$，如向两个半电池中均加入 NaOH，最终均使$c(OH^-) = 1.0mol \cdot L^{-1}$，则原电池电动势变化是：

A. 变大　　B. 变小

C. 不变　　D. 无法判断

44. 下列各组化合物中能用溴水区别的是：

A. 1-己烯和己烷　　B. 1-己烯和 1-己炔

C. 2-己烯和 1-己烯　　D. 己烷和苯

45. 尼泊金丁酯是国家允许使用的食品防腐剂，它是对羟基苯甲酸与醇形成的酯类化合物。尼泊金丁酯的结构简式为：

A. $\underset{OH}{C_6H_4}-\overset{O}{\overset{\|}{C}}CH_2CH_2CH_2CH_3$

B. $CH_3CH_2CH_2CH_2O-C_6H_4-\overset{O}{\overset{\|}{C}}-OH$

C. $HO-C_6H_4-\overset{O}{\overset{\|}{C}}-COCH_2CH_2CH_2CH_3$

D. $H_3CH_2CH_2C\overset{O}{\overset{\|}{C}}-O-C_6H_4-OH$

46. 某高分子化合物的结构为：

$$\cdots-CH_2-\underset{Cl}{\underset{|}{CH}}-CH_2-\underset{Cl}{\underset{|}{CH}}-CH_2-\underset{Cl}{\underset{|}{CH}}-\cdots$$

在下列叙述中，不正确的是：

A. 它为线型高分子化合物

B. 合成该高分子化合物的反应为缩聚反应

C. 链节为 $-\underset{H}{\underset{|}{\overset{H}{\overset{|}{C}}}}-\underset{Cl}{\underset{|}{\overset{H}{\overset{|}{C}}}}-$

D. 它的单体为 $CH_2{=}CHCl$

47. 三角形板ABC受平面力系作用如图所示。欲求未知力$\boldsymbol{F}_{NA}$、$\boldsymbol{F}_{NB}$和$\boldsymbol{F}_{NC}$，独立的平衡方程组是：

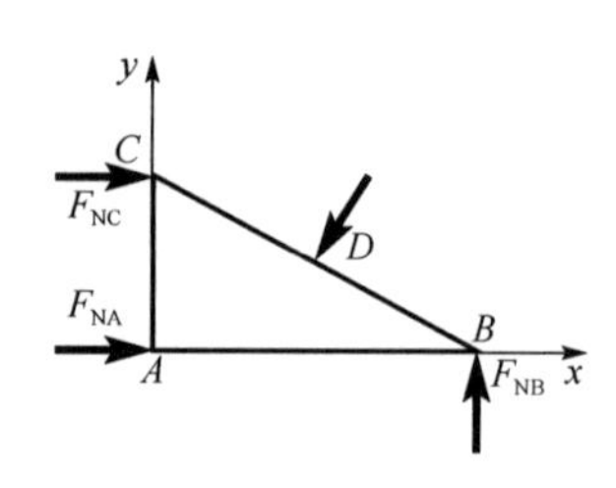

A. $\sum M_C(\boldsymbol{F})=0$，$\sum M_D(\boldsymbol{F})=0$，$\sum M_B(\boldsymbol{F})=0$

B. $\sum F_y=0$，$\sum M_A(\boldsymbol{F})=0$，$\sum M_B(\boldsymbol{F})=0$

C. $\sum F_x=0$，$\sum M_A(\boldsymbol{F})=0$，$\sum M_B(\boldsymbol{F})=0$

D. $\sum F_x=0$，$\sum M_A(\boldsymbol{F})=0$，$\sum M_C(\boldsymbol{F})=0$

48. 图示等边三角板ABC，边长为a，沿其边缘作用大小均为F的力$\boldsymbol{F}_1$、$\boldsymbol{F}_2$、$\boldsymbol{F}_3$，方向如图所示，则此力系可简化为：

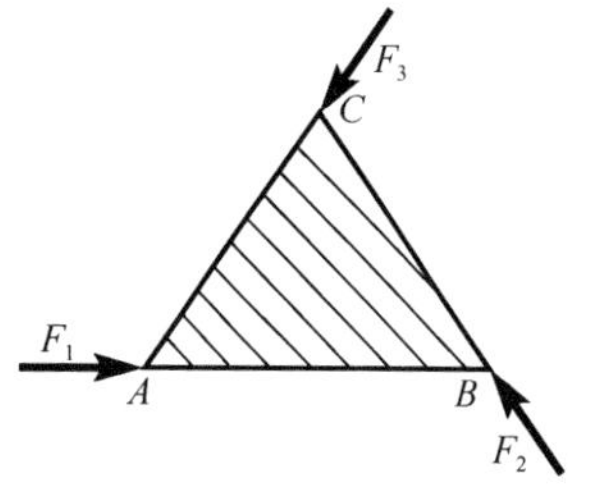

A. 平衡

B. 一力和一力偶

C. 一合力偶

D. 一合力

49. 三杆AB、AC及DEH用铰链连接如图所示。已知：$AD = BD = 0.5\text{m}$，E端受一力偶作用，其矩$M = 1\text{kN}\cdot\text{m}$。则支座$C$的约束力为：

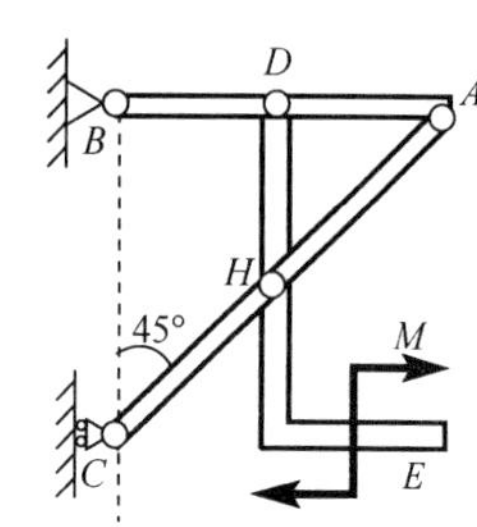

A. $F_{\text{C}} = 0$

B. $F_{\text{C}} = 2\text{kN}$（水平向右）

C. $F_{\text{C}} = 2\text{kN}$（水平向左）

D. $F_{\text{C}} = 1\text{kN}$（水平向右）

50. 图示桁架结构中，DH杆的内力大小为：

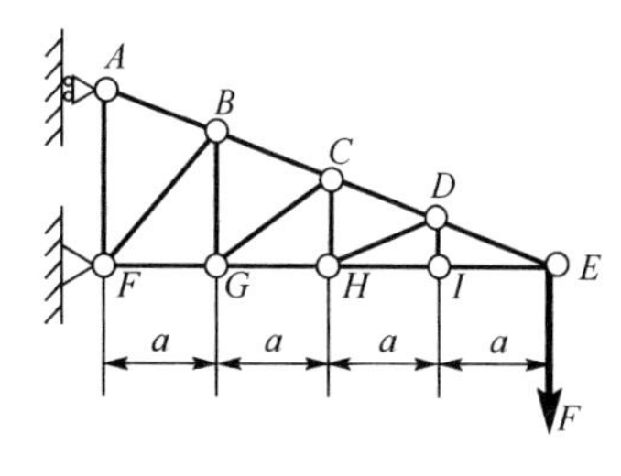

A. F

B. $-F$

C. $0.5F$

D. 0

51. 某点按$x = t^3 - 12t + 2$的规律沿直线轨迹运动（其中t以 s 计，x以 m 计），则$t = 3\text{s}$时点经过的路程为：

A. 23m

B. 21m

C. −7m

D. −14m

52. 四连杆机构如图所示。已知曲柄O_1A长为r，AM长为l，角速度为ω、角加速度为ε。则固连在AB杆上的物块M的速度和法向加速度的大小为：

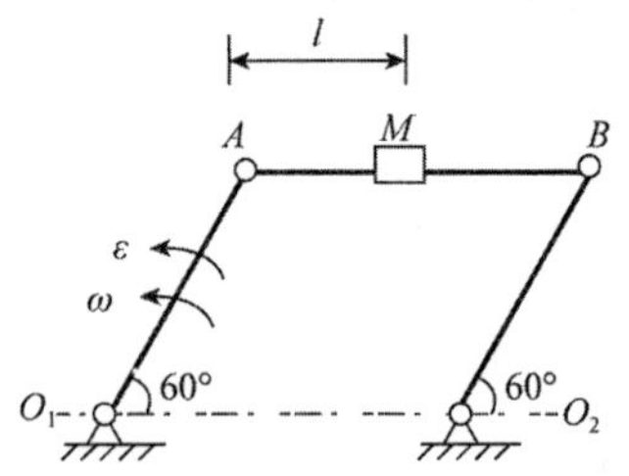

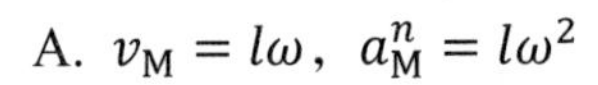
A. $v_{\mathrm{M}}=l\omega$，$a_{\mathrm{M}}^{n}=l\omega^2$

B. $v_{\mathrm{M}}=l\omega$，$a_{\mathrm{M}}^{n}=r\omega^2$

C. $v_{\mathrm{M}}=r\omega$，$a_{\mathrm{M}}^{n}=r\omega^2$

D. $v_{\mathrm{M}}=r\omega$，$a_{\mathrm{M}}^{n}=l\omega^2$

53. 直角刚杆OAB在图示瞬时角速度$\omega=2\mathrm{rad/s}$，角加速度$\varepsilon=5\mathrm{rad/s^2}$，若$OA$ =40cm，AB =30cm，则B点的速度大小和切向加速度的大小为：

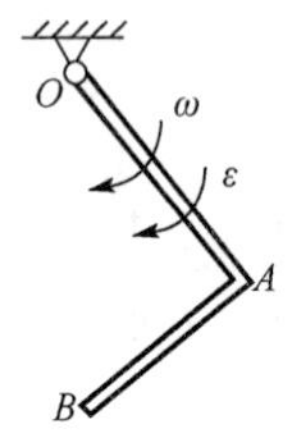

A. 100cm/s；250cm/s^2

B. 80cm/s；200cm/s^2

C. 60cm/s；150cm/s^2

D. 100cm/s；200cm/s^2

54. 设物块A为质点，其重力大小$W=10\mathrm{N}$，静止在一个可绕y轴转动的平面上，如图所示。绳长$l=2\mathrm{m}$，取重力加速度$g=10\mathrm{m/s^2}$。当平面与物块以常角速度 2rad/s转动时，则绳中的张力是：

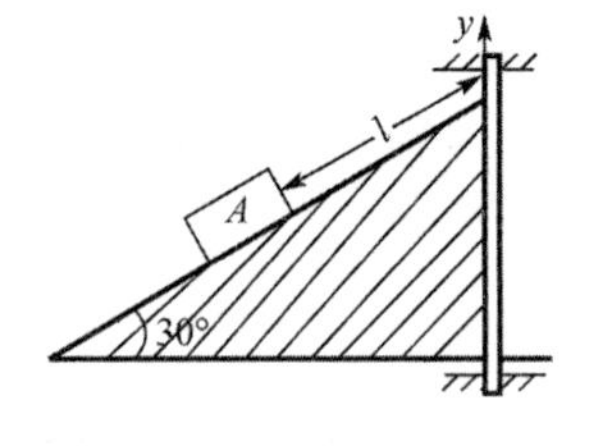

A. 11N

B. 8.66N

C. 5.00N

D. 9.51N

55. 图示均质细杆OA的质量为m，长为l，绕定轴Oz以匀角速度ω转动。设杆与Oz轴的夹角为α，则当杆运动到Oyz平面内的瞬时，细杆OA的动量大小为：

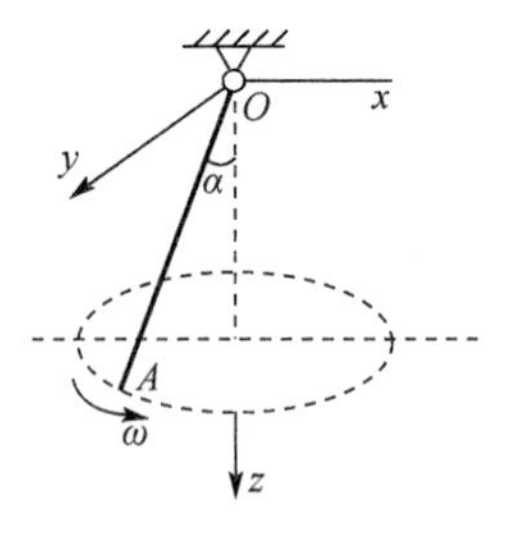

A. $\frac{1}{2}ml\omega$

B. $\frac{1}{2}ml\omega\sin\alpha$

C. $ml\omega\sin\alpha$

D. $\frac{1}{2}ml\omega\cos\alpha$

56. 均质细杆OA，质量为m，长为l。在如图所示水平位置静止释放，当运动到铅直位置时，OA杆的角速度大小为：

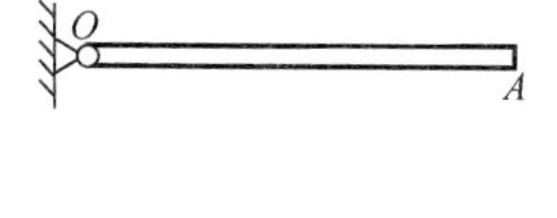

A. 0

B. $\sqrt{\frac{3g}{l}}$

C. $\sqrt{\frac{3g}{2l}}$

D. $\sqrt{\frac{g}{3l}}$

57. 质量为m，半径为R的均质圆轮，绕垂直于图面的水平轴O转动，在力偶M的作用下，其常角速度为ω，在图示瞬时，轮心C在最低位置，此时轴承O施加于轮的附加动反力为：

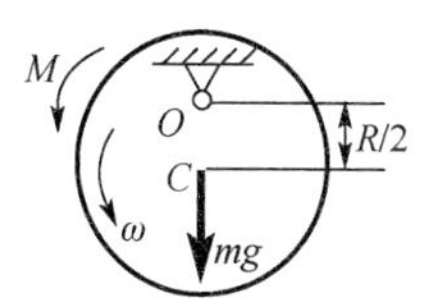

A. $mR\omega/2$(铅垂向上)

B. $mR\omega/2$(铅垂向下)

C. $mR\omega^2/2$(铅垂向上)

D. $mR\omega^2$(铅垂向上)

58. 如图所示系统中，四个弹簧均未受力，已知$m = 50\text{kg}$，$k_1 = 9800\text{N/m}$，$k_2 = k_3 = 4900\text{N/m}$，$k_4 = 19600\text{N/m}$。则此系统的固有圆频率为：

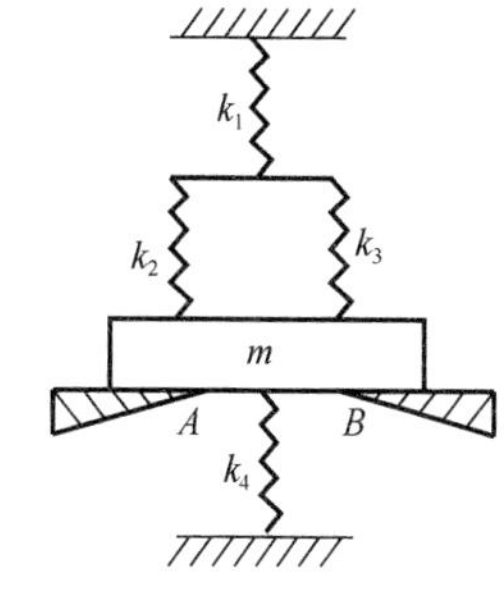

A. 19.8rad/s

B. 22.1rad/s

C. 14.1rad/s

D. 9.9rad/s

59. 关于铸铁力学性能有以下两个结论：①抗剪能力比抗拉能力差；②压缩强度比拉伸强度高。关于以上结论下列说法正确的是：

A. ①正确，②不正确

B. ②正确，①不正确

C. ①、②都正确

D. ①、②都不正确

60. 等截面直杆DCB，拉压刚度为EA，在B端轴向集中力F作用下，杆中间C截面的轴向位移为：

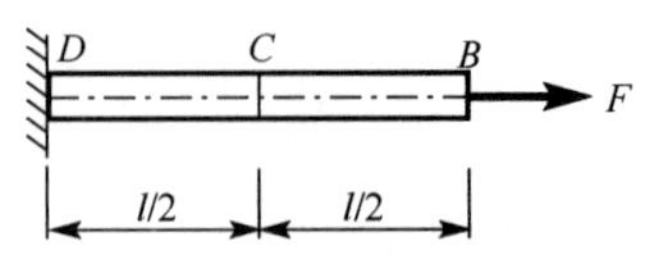

A. $\frac{2Fl}{EA}$

B. $\frac{Fl}{EA}$

C. $\frac{Fl}{2EA}$

D. $\frac{Fl}{4EA}$

61. 图示矩形截面连杆，端部与基础通过铰链轴连接，连杆受拉力F作用，已知铰链轴的许用挤压应力为$[\sigma_{bs}]$，则轴的合理直径d是：

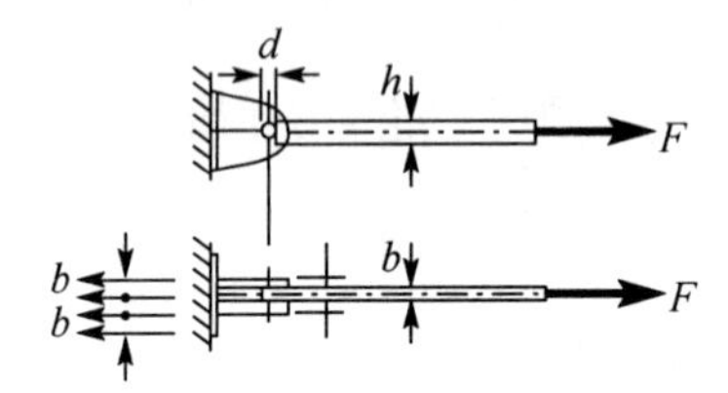

A. $d \geqslant \frac{F}{b[\sigma_{bs}]}$

B. $d \geqslant \frac{F}{h[\sigma_{bs}]}$

C. $d \geqslant \frac{F}{2b[\sigma_{bs}]}$

D. $d \geqslant \frac{F}{2h[\sigma_{bs}]}$

62. 图示圆轴在扭转力矩作用下发生扭转变形，该轴A、B、C三个截面相对于D截面的扭转角间满足：

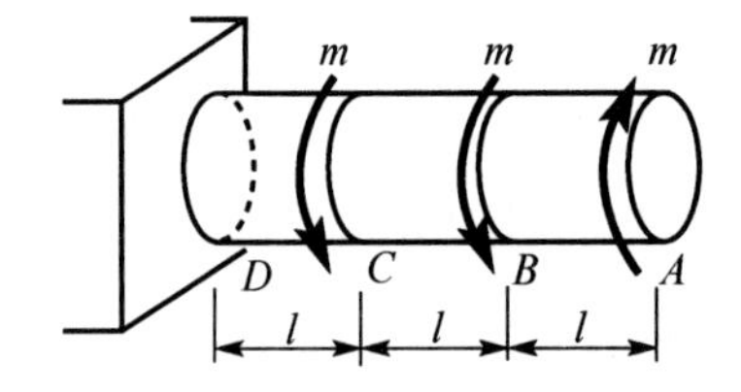

A. $\varphi_{DA} = \varphi_{DB} = \varphi_{DC}$

B. $\varphi_{DA} = 0$，$\varphi_{DB} = \varphi_{DC}$

C. $\varphi_{DA} = \varphi_{DB} = 2\varphi_{DC}$

D. $\varphi_{DA} = 2\varphi_{DC}$，$\varphi_{DB} = 0$

63. 边长为a的正方形，中心挖去一个直径为d的圆后，截面对z轴的抗弯截面系数是：

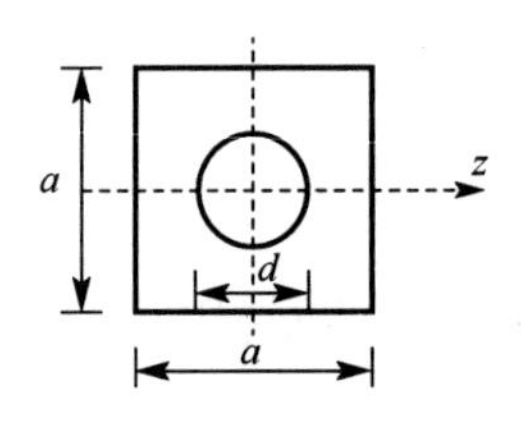

A. $W_z = \frac{a^4}{12} - \frac{\pi d^4}{64}$

B. $W_z = \frac{a^3}{6} - \frac{\pi d^3}{32}$

C. $W_z = \frac{a^3}{6} - \frac{\pi d^4}{32a}$

D. $W_z = \frac{a^3}{6} - \frac{\pi d^4}{16a}$

64. 如图所示，对称结构梁在反对称荷载作用下，梁中间C截面的弯曲内力是：

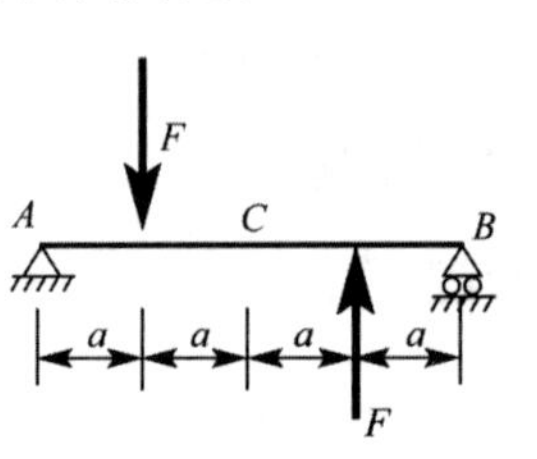

A. 剪力、弯矩均不为零

B. 剪力为零，弯矩不为零

C. 剪力不为零，弯矩为零

D. 剪力、弯矩均为零

65. 悬臂梁ABC的荷载如图所示，若集中力偶m在梁上移动，则梁的内力变化情况是：

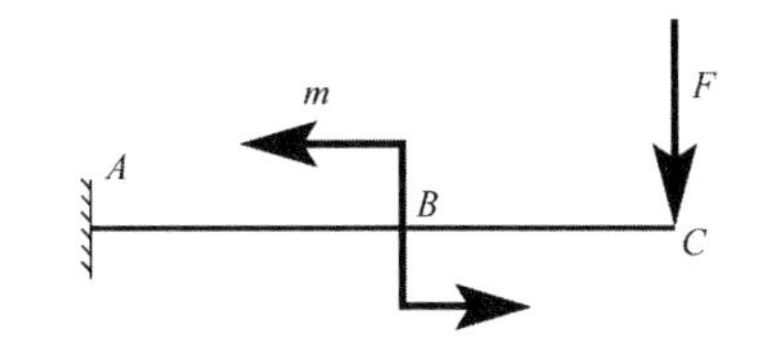

A. 剪力图、弯矩图均不变

B. 剪力图、弯矩图均改变

C. 剪力图不变，弯矩图改变

D. 剪力图改变，弯矩图不变

66. 图示梁的正确挠曲线大致形状是：

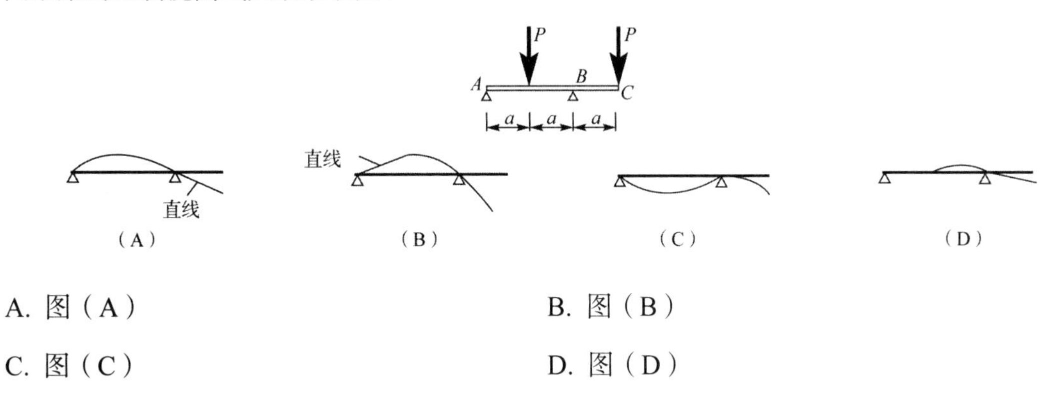

A. 图（A）　　　　B. 图（B）

C. 图（C）　　　　D. 图（D）

67. 等截面轴向拉伸杆件上 1、2、3 三点的单元体如图所示，以上三点应力状态的关系是：

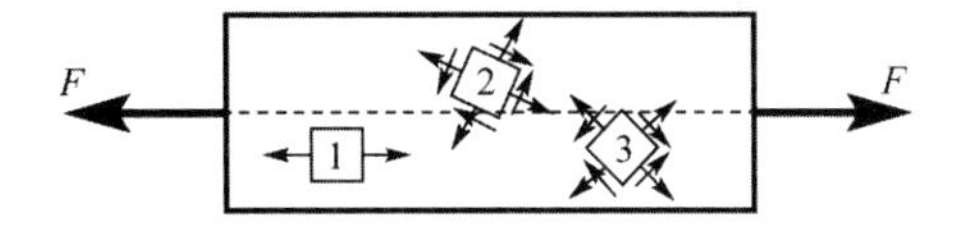

A. 仅 1、2 点相同

B. 仅 2、3 点相同

C. 各点均相同

D. 各点均不相同

68. 下面四个强度条件表达式中，对应最大拉应力强度理论的表达式是：

A. $\sigma_1 \leqslant [\sigma]$

B. $\sigma_1 - v(\sigma_2 + \sigma_3) \leqslant [\sigma]$

C. $\sigma_1 - \sigma_3 \leqslant [\sigma]$

D. $\sqrt{\frac{1}{2}[(\sigma_1 - \sigma_2)^2 + (\sigma_2 - \sigma_3)^2 + (\sigma_3 - \sigma_1)^2]} \leqslant [\sigma]$

69. 图示正方形截面杆，上端一个角点作用偏心轴向压力F，该杆的最大压应力是：

A. 100MPa

B. 150MPa

C. 175MPa

D. 25MPa

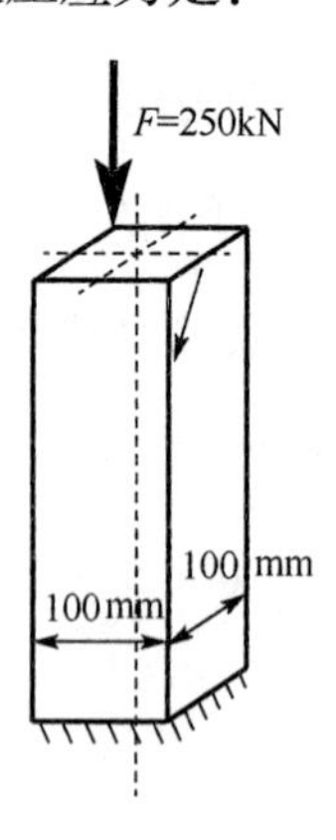

70. 图示四根细长压杆的抗弯刚度EI相同，临界荷载最大的是：

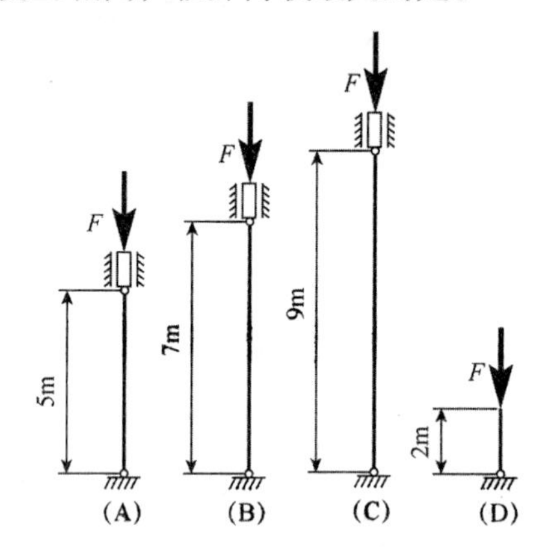

A. 图（A）　　B. 图（B）

C. 图（C）　　D. 图（D）

71. 用一块平板挡水，其挡水面积为A，形心斜向淹深为h，平板的水平倾角为θ，该平板受到的静水压力为：

A. $\rho ghA\sin\theta$　　B. $\rho ghA\cos\theta$

C. $\rho ghA\tan\theta$　　D. ρghA

72. 流体的黏性与下列哪个因素无关？

A. 分子之间的内聚力　　B. 分子之间的动量交换

C. 温度　　D. 速度梯度

73. 二维不可压缩流场的速度(单位m/s)为：$v_x = 5x^3$，$v_y = -15x^2y$，试求点$x = 1\text{m}$，$y = 2\text{m}$上的速度：

A. $v = 30.41\text{m/s}$，夹角$\tan\theta = 6$

B. $v = 25\text{m/s}$，夹角$\tan\theta = 2$

C. $v = 30.41\text{m/s}$，夹角$\tan\theta = -6$

D. $v = -25\text{m/s}$，夹角$\tan\theta = -2$

74. 圆管有压流动中，判断层流与湍流状态的临界雷诺数为：

A. 2000~2320

B. 300~400

C. 1200~1300

D. 50000~51000

75. A、B 为并联管路 1、2、3 的两连接节点，则 A、B 两点之间的水头损失为：

A. $h_{fAB} = h_{f1} + h_{f2} + h_{f3}$

B. $h_{fAB} = h_{f1} + h_{f2}$

C. $h_{fAB} = h_{f2} + h_{f3}$

D. $h_{fAB} = h_{f1} = h_{f2} = h_{f3}$

76. 可能产生明渠均匀流的渠道是：

A. 平坡棱柱形渠道

B. 正坡棱柱形渠道

C. 正坡非棱柱形渠道

D. 逆坡棱柱形渠道

77. 工程上常见的地下水运动属于：

A. 有压渐变渗流

B. 无压渐变渗流

C. 有压急变渗流

D. 无压急变渗流

78. 新设计汽车的迎风面积为 1.5m^2，最大行驶速度为 108km/h，拟在风洞中进行模型试验。已知风洞试验段的最大风速为 45m/s，则模型的迎风面积为：

A. 0.67m^2

B. 2.25m^2

C. 3.6m^2

D. 1m^2

79. 运动的电荷在穿越磁场时会受到力的作用，这种力称为：

A. 库仑力　　　　B. 洛伦兹力

C. 电场力　　　　D. 安培力

80. 图示电路中，电压U_{ab}为：

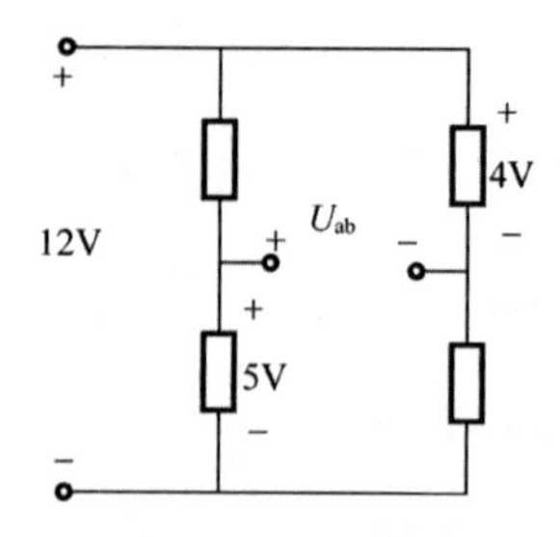

A. 5V

B. −4V

C. 3V

D. −3V

81. 图示电路中，电压源单独作用时，电压$U = U' = 20\text{V}$；则电流源单独作用时，电压$U = U''$为：

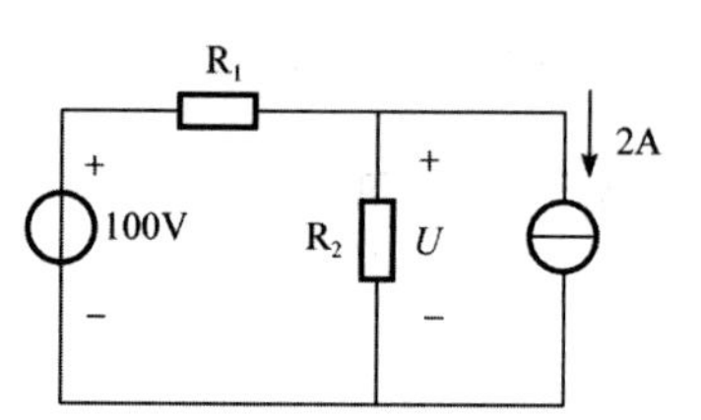

A. $2R_1$

B. $-2R_1$

C. $0.4R_1$

D. $-0.4R_1$

82. 图示电路中，若$\omega L = \frac{1}{\omega C} = R$，则：

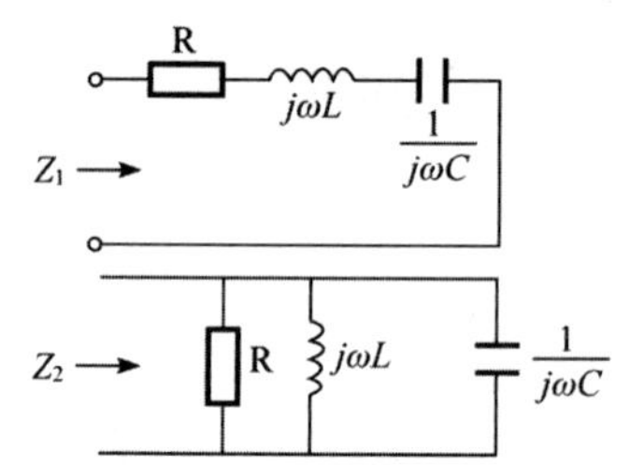

A. $Z_1 = 3R$，$Z_2 = \frac{1}{3}R$

B. $Z_1 = R$，$Z_2 = 3R$

C. $Z_1 = 3R$，$Z_2 = R$

D. $Z_1 = Z_2 = R$

83. 某RL串联电路在$u = U_m \sin \omega t$的激励下，等效复阻抗$Z = 100 + j100\,\Omega$，那么，如果$u = U_m \sin 2\omega t$，电路的功率因数λ为：

A. 0.707　　　　B. −0.707

C. 0.894　　　　D. 0.447

84. 图示电路中，电感及电容元件上没有初始储能，开关 S 在$t=0$时刻闭合，那么，在开关闭合后瞬间，电路中的电流i_{R}、i_{L}、i_{C}分别为：

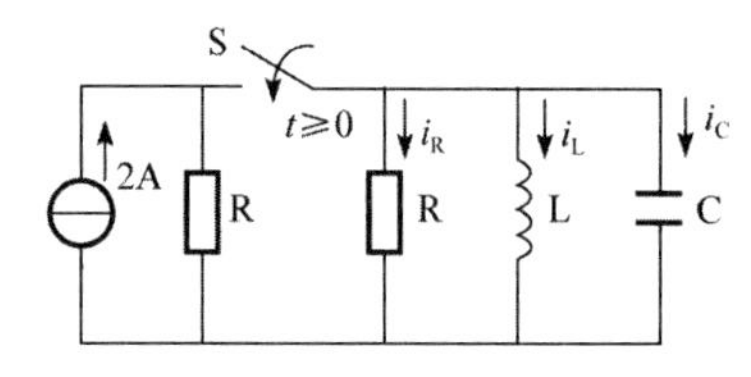

A. 1A，1A，0A

B. 0A，2A，0A

C. 0A，0A，2A

D. 2A，0A，0A

85. 设图示变压器为理想器件，且u为正弦电压，$R_{\mathrm{L1}}=R_{\mathrm{L2}}$，$u_1$和$u_2$的有效值为$U_1$和$U_2$，开关 S 闭合后，电路中的：

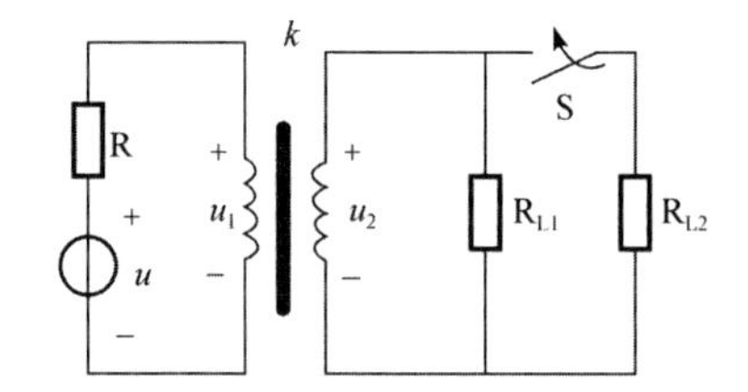

A. U_1不变，U_2也不变

B. U_1变小，U_2也变小

C. U_1变小，U_2不变

D. U_1不变，U_2变小

86. 改变三相异步电动机旋转方向的方法是：

A. 改变三相电源的大小

B. 改变三相异步电动机的定子绕组上电流的相序

C. 对三相异步电动机的定子绕组接法进行 Y-△转换

D. 改变三相异步电动机转子绕组上电流的方向

87. 就数字信号而言，下列说法正确的是：

A. 数字信号是一种离散时间信号

B. 数字信号只能以用来表示数字

C. 数字信号是一种代码信号

D. 数字信号直接表示对象的原始信息

88. 模拟信号$u_1(t)$和$u_2(t)$的幅值频谱分别如图（a）和图（b）所示，则：

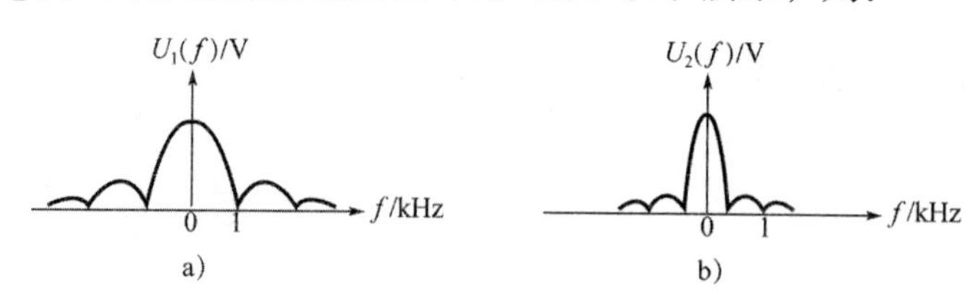

A. $u_1(t)$和$u_2(t)$都是非周期性时间信号

B. $u_1(t)$和$u_2(t)$都是周期性时间信号

C. $u_1(t)$是周期性时间信号，$u_2(t)$是非周期性时间信号

D. $u_1(t)$是非周期性时间信号，$u_2(t)$是周期性时间信号

89. 某周期信号$u(t)$的幅频特性如图（a）所示，某低通滤波器的幅频特性如图（b）所示，当将信号$u(t)$通过该低通滤波器处理以后，则：

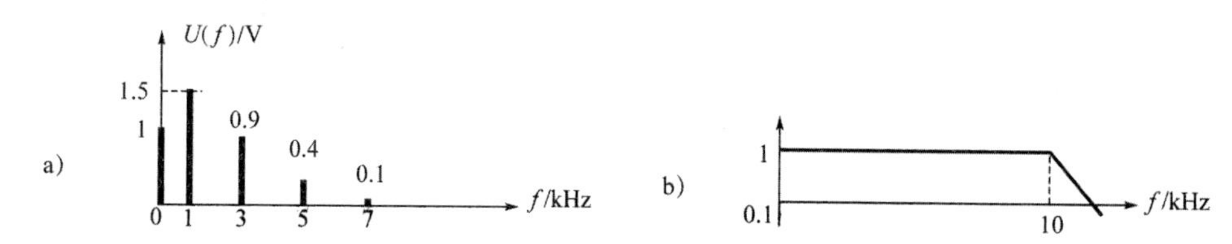

A. 信号的谐波结构改变，波形改变

B. 信号的谐波结构改变，波形不变

C. 信号的谐波结构不变，波形不变

D. 信号的谐波结构不变，波形改变

90. 对逻辑表达式$\mathrm{ABC}+\overline{\mathrm{A}}\mathrm{D}+\overline{\mathrm{B}}\mathrm{D}+\overline{\mathrm{C}}\mathrm{D}$的化简结果是：

A. D　　B. $\overline{\mathrm{D}}$

C. ABCD　　D. ABC + D

91. 已知数字信号 A 和数字信号 B 的波形如图所示，则数字信号$\mathrm{F}=\overline{\mathrm{A}}\mathrm{B}+\mathrm{A}\overline{\mathrm{B}}$的波形为：

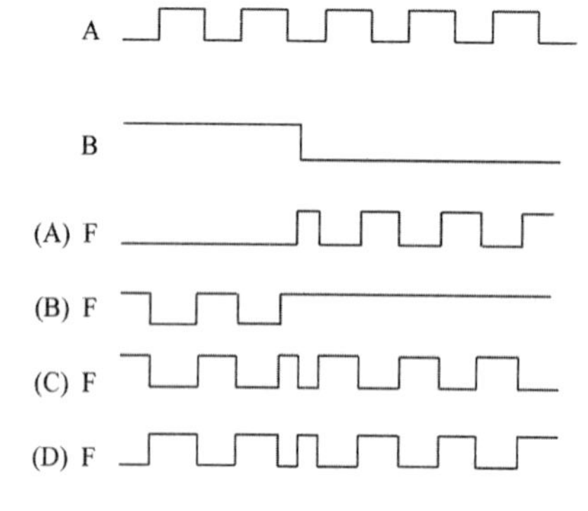

A. 图(A)　　B. 图(B)

C. 图(C)　　D. 图(D)

92. 逻辑函数$F=f(A,B,C)$的真值表如下所示，由此可知：

A	B	C	F
0	0	0	0
0	0	1	0
0	1	0	0
0	1	1	0
1	0	0	1
1	0	1	0
1	1	0	0
1	1	1	1

A. $F=A\overline{B}C+AB\overline{C}$　　　　B. $F=\overline{A}\overline{B}C+\overline{A}B\overline{C}$

C. $F=\overline{A}\overline{B}\overline{C}+\overline{A}BC$　　　　D. $F=A\overline{B}\overline{C}+ABC$

93. 二极管应用电路如图 a）所示，电路的激励u_i如图 b）所示，设二极管为理想器件，则电路的输出电压u_o的平均值U_o为：

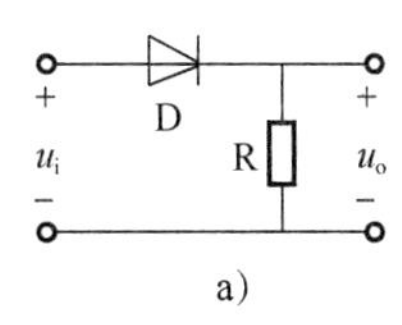

a)

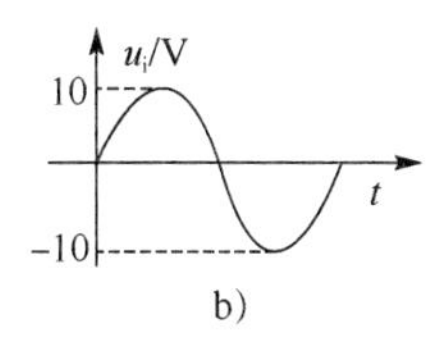

b)

A. 0V　　　　B. 7.07V

C. 3.18V　　　　D. 4.5V

94. 图示电路中，运算放大器输出电压的极限值为$\pm U_{oM}$，当输入电压$u_{i1}=1V$，$u_{i2}=2\sin\omega t$时，输出电压u_o的波形为：

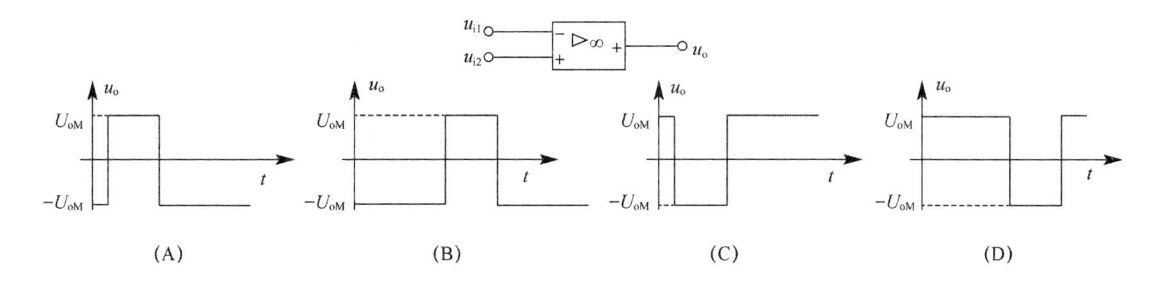

A. 图(A)　　　　B. 图(B)

C. 图(C)　　　　D. 图(D)

95. 图示逻辑门的输出F_1和F_2分别为：

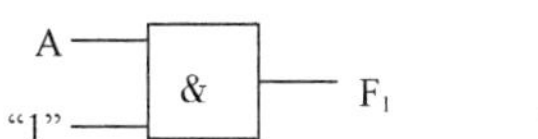

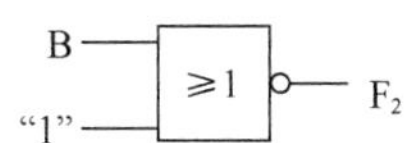

A. A和 1　　　　B. 1 和$\overline{B}$

C. A和 0　　　　D. 1 和B

96. 图示时序逻辑电路是一个：

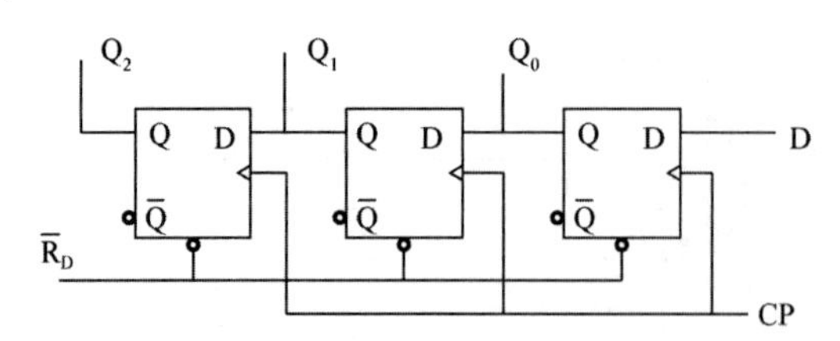

A. 三位二进制同步计数器　　B. 三位循环移位寄存器

C. 三位左移寄存器　　D. 三位右移寄存器

97. 按照目前的计算机的分类方法，现在使用的 PC 机是属于：

A. 专用、中小型计算机　　B. 大型计算机

C. 微型、通用计算机　　D. 单片机计算机

98. 目前，微机系统内主要的、常用的外存储器是：

A. 硬盘存储器　　B. 软盘存储器

C. 输入用的键盘　　D. 输出用的显示器

99. 根据软件的功能和特点，计算机软件一般可分为两大类，它们应该是：

A. 系统软件和非系统软件

B. 应用软件和非应用软件

C. 系统软件和应用软件

D. 系统软件和管理软件

100. 支撑软件是指支撑其他软件的软件，它包括：

A. 服务程序和诊断程序

B. 接口软件、工具软件、数据库

C. 服务程序和编辑程序

D. 诊断程序和编辑程序

101. 下面所列的四条中，不属于信息主要特征的一条是：

A. 信息的战略地位性、信息的不可表示性

B. 信息的可识别性、信息的可变性

C. 信息的可流动性、信息的可处理性

D. 信息的可再生性、信息的有效性和无效性

102. 从多媒体的角度上来看，图像分辨率：

A. 是指显示器屏幕上的最大显示区域

B. 是计算机多媒体系统的参数

C. 是指显示卡支持的最大分辨率

D. 是图像水平和垂直方向像素点的乘积

103. 以下关于计算机病毒的四条描述中，不正确的一条是：

A. 计算机病毒是人为编制的程序

B. 计算机病毒只有通过磁盘传播

C. 计算机病毒通过修改程序嵌入自身代码进行传播

D. 计算机病毒只要满足某种条件就能起破坏作用

104. 操作系统的存储管理功能不包括：

A. 分段存储管理　　B. 分页存储管理

C. 虚拟存储管理　　D. 分时存储管理

105. 网络协议主要组成的三要素是：

A. 资源共享、数据通信和增强系统处理功能

B. 硬件共享、软件共享和提高可靠性

C. 语法、语义和同步（定时）

D. 电路交换、报文交换和分组交换

106. 若按照数据交换方法的不同，可将网络分为：

A. 广播式网络、点到点式网络

B. 双绞线网、同轴电缆网、光纤网、无线网

C. 基带网和宽带网

D. 电路交换、报文交换、分组交换

107. 某企业向银行贷款1000万元，年复利率为8%，期限为5年，每年末等额偿还贷款本金和利息。则每年应偿还：

[已知（P/A,8%,5）=3.9927]

A. 220.63万元　　B. 250.46万元

C. 289.64万元　　D. 296.87万元

108. 在项目评价中，建设期利息应列入总投资，并形成：

A. 固定资产原值　　B. 流动资产

C. 无形资产　　D. 长期待摊费用

109. 作为一种融资方式，优先股具有某些优先权利，包括：

A. 先于普通股行使表决权

B. 企业清算时，享有先于债权人的剩余财产的优先分配权

C. 享受先于债权人的分红权利

D. 先于普通股分配股利

110. 某建设项目各年的利息备付率均小于1，其含义为：

A. 该项目利息偿付的保障程度高

B. 当年资金来源不足以偿付当期债务，需要通过短期借款偿付已到期债务

C. 可用于还本付息的资金保障程度较高

D. 表示付息能力保障程度不足

111. 某建设项目第一年年初投资1000万元，此后从第一年年末开始，每年年末将有200万元的净收益，方案的运营期为10年。寿命期结束时的净残值为零，基准收益率为12%，则该项目的净年值约为：

[已知（P/A,12%,10）=5.6502]

A. 12.34万元　　B. 23.02万元

C. 36.04万元　　D. 64.60万元

112. 进行线性盈亏平衡分析有若干假设条件，其中包括：

A. 只生产单一产品

B. 单位可变成本随生产量的增加而成比例降低

C. 单价随销售量的增加而成比例降低

D. 销售收入是销售量的线性函数

113. 有甲、乙两个独立的投资项目，有关数据见表（项目结束时均无残值）。基准折现率为10%。以下关于项目可行性的说法中正确的是：

[已知（P/A,10%,10）=6.1446]

项目	投资（万元）	每年净收益（万元）	寿命期（年）
甲	300	52	10
乙	200	30	10

A. 应只选择甲项目　　B. 应只选择乙项目

C. 甲项目与乙项目均可行　　D. 甲、乙项目均不可行

114. 在价值工程的一般工作程序中，分析阶段要做的工作包括：

A. 制订工作计划　　B. 功能评价

C. 方案创新　　D. 方案评价

115. 依据《中华人民共和国建筑法》，依法取得相应执业资格证书的专业技术人员，其从事建筑活动的合法范围是：

A. 执业资格证书许可的范围内

B. 企业营业执照许可的范围内

C. 建筑工程合同的范围内

D. 企业资质证书许可的范围内

116. 根据《中华人民共和国安全生产法》的规定，下列有关重大危险源管理的说法正确的是：

A. 生产经营单位对重大危险源应当登记建档，并制定应急预案

B. 生产经营单位对重大危险源应当经常性检测评估处置

C. 安全生产监督管理部门应当针对该企业的具体情况制定应急预案

D. 生产经营单位应当提醒从业人员和相关人员注意安全

117. 根据《中华人民共和国招标投标法》的规定，依法必须进行招标的项目，招标公告应当载明的事项不包括：

A. 招标人的名称和地址　　B. 招标项目的性质

C. 招标项目的实施地点和时间　　D. 投标报价要求

118. 某水泥有限责任公司，向若干建筑施工单位发出邀约，以每吨 400 元的价格销售水泥，一周内承诺有效，其后收到若干建筑施工单位的回复，下列回复中属于承诺有效的是：

A. 甲施工单位同意 400 元/吨购买 200 吨

B. 乙施工单位回复不购买该公司的水泥

C. 丙施工单位要求按照 380 元/吨购买 200 吨

D. 丁施工单位一周后同意 400 元/吨购买 100 吨

119. 根据《中华人民共和国节约能源法》的规定，节约能源所采取的措施正确的是：

A. 可以采取技术上可行、经济上合理以及环境和社会可以承受的措施

B. 采取技术上先进、经济上保证以及环境和安全可以承受的措施

C. 采取技术上可行、经济上合理以及人身和健康可以承受的措施

D. 采取技术上先进、经济上合理以及功能和环境可以保证的措施

120. 工程施工单位完成了楼板钢筋绑扎工作，在浇筑混凝土前，需要进行隐蔽质量验收。根据《建筑工程质量管理条例》规定，施工单位在进行工程隐蔽前应当通知的单位是：

A. 建设单位和监理单位

B. 建设单位和建设工程质量监督机构

C. 监理单位和设计单位

D. 设计单位和建设工程质量监督机构

2021年度全国勘察设计注册工程师执业资格考试基础考试（上）

试题解析及参考答案

1. 解　本题考查指数函数的极限$\lim\limits_{x \to +\infty} e^x = +\infty$，$\lim\limits_{x \to -\infty} e^x = 0$，需熟悉函数$y = e^x$的图像（见解图）。

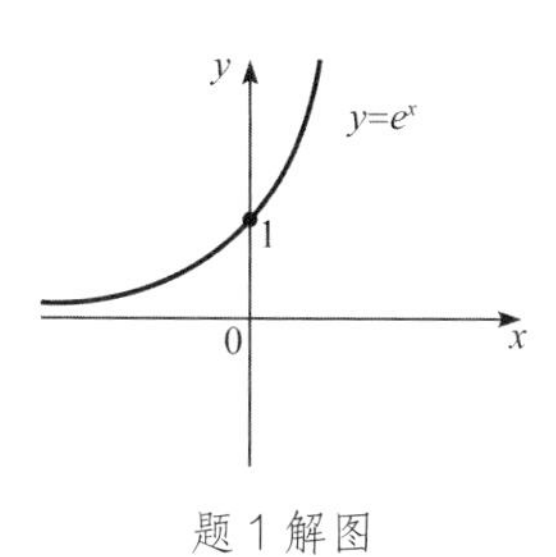

题1解图

因为$\lim\limits_{x \to 0^-} \frac{1}{x} = -\infty$，故$\lim\limits_{x \to 0^-} e^{\frac{1}{x}} = 0$，所以选项B正确。

而$\lim\limits_{x \to 0^+} \frac{1}{x} = +\infty$，则$\lim\limits_{x \to 0^+} e^{\frac{1}{x}} = +\infty$，可知选项A、C、D错误。

答案：B

2. 解　本题考查等价无穷小和同阶无穷小的概念。

当$x \to 0$时，$1 - \cos 2x \sim \frac{1}{2}(2x)^2 = 2x^2$，所以$\lim\limits_{x \to 0} \frac{1-\cos 2x}{x^2} = 2$，选项A正确。

当$x \to 0$时，$\sin x \sim x$，$\lim\limits_{x \to 0} \frac{x^2 \sin x}{x^3} = 1$，所以当$x \to 0$时，$x^2 \sin x$与$x^3$为同阶无穷小，选项B错误。

当$x \to 0$时，$\sqrt{1+x} - 1 \sim \frac{1}{2}x$，$\lim\limits_{x \to 0} \frac{\sqrt{1+x}-1}{x} = \frac{1}{2}$，所以当$x \to 0$时，$\sqrt{1+x} - 1$与$x$为同阶无穷小，选项C错误。

当$x \to 0$时，$1 - \cos x^2 \sim \frac{1}{2}x^4$，所以当$x \to 0$时，$1 - \cos x^2$与$x^4$为同阶无穷小，选项D错误。

答案：A

3. 解　本题考查导数的定义及一元函数可导与连续的关系。

由题意$f(0) = 0$，且$\lim\limits_{x \to 0} \frac{f(x)}{x} = 1$，得$\lim\limits_{x \to 0} \frac{f(x)}{x} = \lim\limits_{x \to 0} \frac{f(x)-f(0)}{x-0} = f'(0) = 1$，知选项C正确，选项B、D错误。而由可导必连续，知选项A错误。

答案：C

4. 解　本题考查通过变量代换求函数表达式以及求导公式。

先进行倒代换，设$t = \frac{1}{x}$，则$x = \frac{1}{t}$，代入得$f(t) = \frac{\frac{1}{t}}{1+\frac{1}{t}} = \frac{1}{t+1}$

即$f(x) = \frac{1}{1+x}$，则$f'(x) = -\frac{1}{(1+x)^2}$

答案：C

5. 解　本题考查连续函数零点定理及导数的应用。

设$f(x) = x^3 + x - 1$，则$f'(x) = 3x^2 + 1 > 0$，$x \in (-\infty, +\infty)$，知$f(x)$单调递增。

又采用特殊值法，有$f(0) = -1 < 0$，$f(1) = 1 > 0$，$f(x)$连续，根据零点定理，知$f(x)$在$(0,1)$上存在零点，且由单调性，知$f(x)$在$x \in (-\infty, +\infty)$内仅有唯一零点，即方程$x^3 + x - 1 = 0$只有一个实根。

答案：B

6. 解　本题考查极值的概念和极值存在的必要条件。

函数$f(x)$在点$x = x_0$处可导，则$f'(x_0) = 0$是$f(x)$在$x = x_0$取得极值的必要条件。同时，导数不存

在的点也可能是极值点，例如$y=|x|$在$x=0$点取得极小值，但$f'(0)$不存在，见解图。即可导函数的极值点一定是驻点，反之不然。极值点只能是驻点或不可导点。

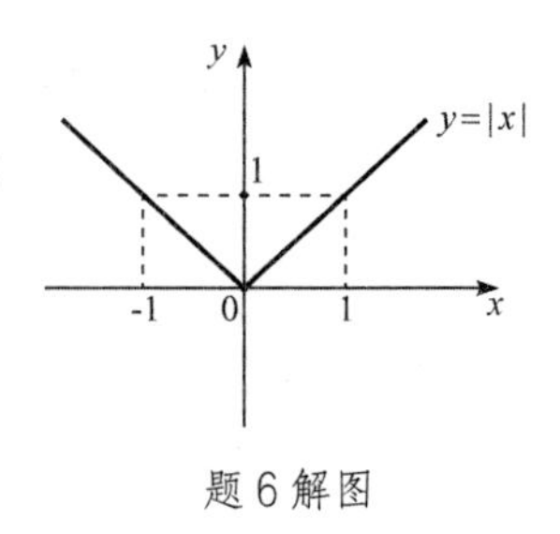

题6解图

答案：C

7. 解 本题考查不定积分和微分的基本性质。

由微分的基本运算$\mathrm{d}g(x)=g'(x)\mathrm{d}x$，得：$\int f(x)\mathrm{d}x=\int \mathrm{d}g(x)=\int g'(x)\mathrm{d}x$

等式两端对x求导，得：$f(x)=g'(x)$

答案：B

8. 解 本题考查定积分的基本运算及奇偶函数在对称区间积分的性质。

$\int_{-1}^{1}(x^3+|x|)e^{x^2}\mathrm{d}x=\int_{-1}^{1}x^3e^{x^2}\mathrm{d}x+\int_{-1}^{1}|x|e^{x^2}\mathrm{d}x$，由于$x^3$是奇函数，$e^{x^2}$是偶函数，故$x^3e^{x^2}$是奇函数，奇函数在对称区间的定积分为0，有$\int_{-1}^{1}x^3e^{x^2}\mathrm{d}x=0$，故有$\int_{-1}^{1}(x^3+|x|)e^{x^2}\mathrm{d}x=\int_{-1}^{1}|x|e^{x^2}\mathrm{d}x$。

由于$|x|$是偶函数，e^{x^2}是偶函数，故$|x|e^{x^2}$是偶函数，偶函数在对称区间的定积分为2倍半区间积分，有$\int_{-1}^{1}|x|e^{x^2}\mathrm{d}x=2\int_{0}^{1}|x|e^{x^2}\mathrm{d}x$。

$x\geqslant0$，去掉绝对值符号，有

$$2\int_0^1 xe^{x^2}\mathrm{d}x=\int_0^1 e^{x^2}\mathrm{d}x^2=e^{x^2}\Big|_0^1=e-1$$

答案：C

9. 解 本题考查曲面交线的求法，空间曲线可看作两个空间曲面的交线。

两曲面交线为$\begin{cases}x^2+y^2+z^2=a^2\\x^2+y^2=2az\end{cases}$，两式相减，整理可得$z^2+2az-a^2=0$，解得$z=\left(\sqrt{2}-1\right)a$，$z=-\left(\sqrt{2}+1\right)a$（舍去），由此可知，两曲面的交线位于$z=\left(\sqrt{2}-1\right)a$这个平行于$xoy$面的平面上，再将$z=\left(\sqrt{2}-1\right)a$代入两个曲面方程中的任意一个，可得两曲面交线$\begin{cases}x^2+y^2=2(\sqrt{2}-1)a^2\\z=(\sqrt{2}-1)a\end{cases}$，由此可知选项C正确。

答案：C

10. 解 本题考查空间直线与平面之间的关系。

平面$F(x,y,z)=x+3y+2z+1=0$的法向量为$\vec{n}_1=(1,3,2)$；

同理，平面$G(x,y,z)=2x-y-10z+3=0$的法向量为$\vec{n}_2=(2,-1,-10)$。

故由直线L的方向向量$\vec{s}=\vec{n}_1\times\vec{n}_2=\begin{vmatrix}\vec{i}&\vec{j}&\vec{k}\\1&3&2\\2&-1&-10\end{vmatrix}=-28\vec{i}+14\vec{j}-7\vec{k}$，平面$\pi$的法向量$\vec{n}_3=(4,-2,1)$，可知$\vec{s}=-7\vec{n}_3$，即直线$L$的方向向量与平面$\pi$的法向量平行，亦即垂直于$\pi$。

答案：B

11. 解 本题考查积分上限函数的导数及一阶微分方程的求解。

对方程$f(x)=\int_0^x f(t)\mathrm{d}t$两边求导，得$f'(x)=f(x)$，这是一个变量可分离的一阶微分方程，可写成$\frac{\mathrm{d}f(x)}{f(x)}=\mathrm{d}x$，两边积分$\int\frac{\mathrm{d}f(x)}{f(x)}=\int\mathrm{d}x$，可得$\ln|f(x)|=x+C_1\Rightarrow f(x)=Ce^x$，这里$C=\pm e^{C_1}$。代入初始条件$f(0)=0$，得$C=0$。所以$f(x)=0$。

注：本题可以直接观察$f(0)=\int_0^0 f(t)\mathrm{d}t=0$，只有选项 C 满足。

答案：C

12. 解 本题考查二阶常系数线性非齐次微分方程的特解。

方法 1：将四个函数代入微分方程直接验证，可得选项 D 正确。

方法 2：二阶常系数非齐次微分方程所对应的齐次方程的特征方程为$r^2-r-2=0$，特征根$r_1=-1$，$r_2=2$，由右端项$f(x)=6e^x$，可知$\lambda=1$不是对应齐次方程的特征根，所以非齐次方程的特解形式为$y=Ae^x$，A为待定常数。

代入微分方程，得$y''-y'-2y=(Ae^x)''-(Ae^x)'-2Ae^x=-2Ae^x=6e^x$，有$A=-3$，所以$y=-3e^x$是微分方程的特解。

答案：D

13. 解 本题考查多元函数在分段点的偏导数计算。

由偏导数的定义知：

$$f_x'(0,1)=\lim_{\Delta x\to 0}\frac{f(0+\Delta x,1)-f(0,1)}{\Delta x}=\lim_{\Delta x\to 0}\frac{\frac{1}{\Delta x}\sin(\Delta x)^2-0}{\Delta x}=\lim_{\Delta x\to 0}\frac{\sin(\Delta x)^2}{(\Delta x)^2}=1$$

答案：B

14. 解 本题考查直角坐标系下的二重积分化为极坐标系下的二次积分的方法。

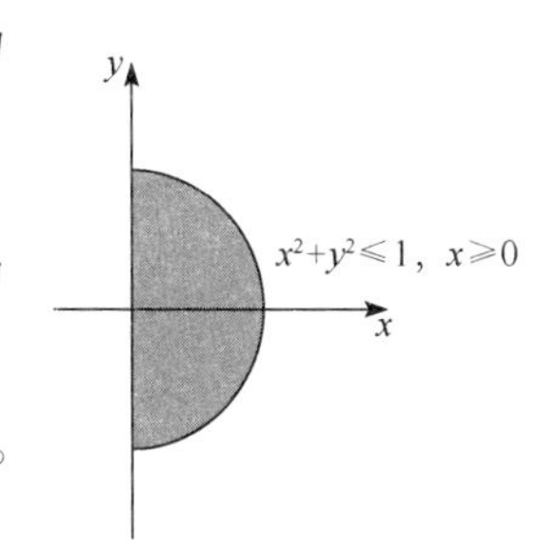

题 14 解图

直角坐标与极坐标的关系：$\begin{cases}x=r\cos\theta\\ y=r\sin\theta\end{cases}$，由$x^2+y^2\leqslant 1$，得$0\leqslant r\leqslant 1$，且由$x\geqslant 0$，可得$-\frac{\pi}{2}\leqslant\theta\leqslant\frac{\pi}{2}$，故极坐标系下的积分区域$D$:$\begin{cases}-\frac{\pi}{2}\leqslant\theta\leqslant\frac{\pi}{2}\\ 0\leqslant r\leqslant 1\end{cases}$，如解图所示。

极坐标系的面积元素$\mathrm{d}x\mathrm{d}y=r\mathrm{d}r\mathrm{d}\theta$，则：

$$\iint_D f\left(\sqrt{x^2+y^2}\right)\mathrm{d}x\mathrm{d}y=\int_{-\frac{\pi}{2}}^{\frac{\pi}{2}}\mathrm{d}\theta\int_0^1 f(r)r\mathrm{d}r=\pi\int_0^1 rf(r)\,\mathrm{d}r$$

答案：B

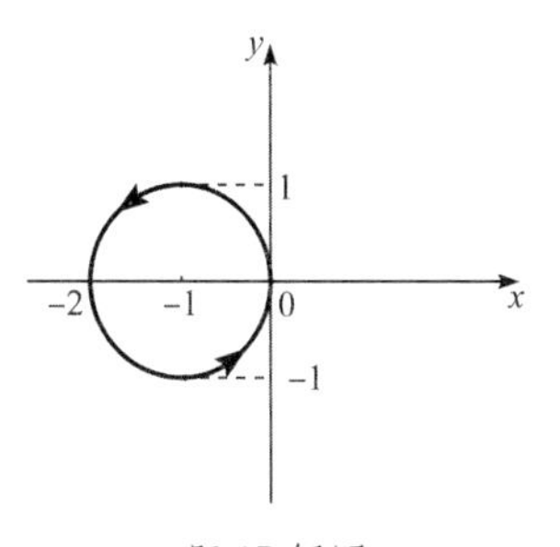

题 15 解图

15. 解 本题考查第二类曲线积分的计算。应注意，同时采用不同参数方程计算，化为定积分的形式不同，尤其应注意积分的上下限。

方法 1：按照对坐标的曲线积分计算，把圆L: $x^2+y^2=-2x$化为参数方程。

由$x^2+y^2=-2x$，得$(x+1)^2+y^2=1$，如解图所示。

令$x+1=\cos\theta$，$y=\sin\theta$，有：

$$\mathrm{d}x=\mathrm{d}\cos\theta=-\sin\theta\mathrm{d}\theta$$
$$\mathrm{d}y=\mathrm{d}\sin\theta=\cos\theta\mathrm{d}\theta$$

θ从 0 取到2π，则：

$$\begin{aligned}\int_L(x-y)\mathrm{d}x+(x+y)\,\mathrm{d}y&=\int_0^{2\pi}(-1+\cos\theta-\sin\theta)(-\sin\theta)+(-1+\cos\theta+\sin\theta)\cos\theta\,\mathrm{d}\theta\\&=\int_0^{2\pi}(\sin\theta-\cos\theta+1)\mathrm{d}\theta=2\pi\end{aligned}$$

方法 2：圆L：$x^2+y^2=-2x$,化为极坐标系下的方程为$r=-2\cos\theta$，由直角坐标和极坐标的关系，可得圆的参数方程为$\begin{cases}x=-2\cos^2\theta\\y=-2\cos\theta\sin\theta\end{cases}$ $\left(\theta从\frac{\pi}{2}取到\frac{3\pi}{2}\right)$，所以：

$$\int_L(x-y)\mathrm{d}x+(x+y)\mathrm{d}y$$
$$=\int_{\frac{\pi}{2}}^{\frac{3\pi}{2}}[(-2\cos^2\theta+2\cos\theta\sin\theta)(4\cos\theta\sin\theta)+(-2\cos^2\theta-2\cos\theta\sin\theta)(-2\cos^2\theta+2\sin^2\theta)]\mathrm{d}\theta$$
$$=\int_{\frac{\pi}{2}}^{\frac{3\pi}{2}}(-4\cos^3\theta\sin\theta+4\cos^2\theta\sin^2\theta+4\cos^4\theta-4\cos\theta\sin^3\theta)\mathrm{d}\theta$$
$$=\int_{\frac{\pi}{2}}^{\frac{3\pi}{2}}(4\cos^2\theta-4\cos\theta\sin\theta)\mathrm{d}\theta=\int_{\frac{\pi}{2}}^{\frac{3\pi}{2}}2\,(1+\cos 2\theta-\sin 2\theta)\mathrm{d}\theta$$
$$=2\pi+\sin 2\theta\Bigg|_{\frac{\pi}{2}}^{\frac{3\pi}{2}}+\cos 2\theta\Bigg|_{\frac{\pi}{2}}^{\frac{3\pi}{2}}=2\pi$$

方法 3：（不在大纲考试范围内）利用格林公式：

$$\int_L(x-y)\mathrm{d}x+(x+y)\mathrm{d}y=\iint_D 2\,\mathrm{d}x\mathrm{d}y=2\pi$$

这里D是L所围成的圆的内部区域：$x^2+y^2\leqslant-2x$。

答案：D

16. 解　本题考查多元函数偏导数计算。

$$\frac{\partial z}{\partial x}=yx^{y-1},\quad\frac{\partial^2 z}{\partial x\partial y}=x^{y-1}+yx^{y-1}\ln x=x^{y-1}(1+y\ln x)$$

答案：C

17. 解　本题考查级数收敛的必要条件，等比级数和p级数的敛散性以及交错级数敛散性的判断。

选项 A，级数是公比$q=\frac{8}{7}>1$的等比级数，故该级数发散。

选项 B，$\lim\limits_{n\to\infty}n\sin\frac{1}{n}=\lim\limits_{n\to\infty}\frac{\sin\frac{1}{n}}{\frac{1}{n}}=1\neq0$，由级数收敛的必要条件知，该级数发散。

选项 C，级数是p级数，$p=\frac{1}{2}<1$，p级数的性质为：$p>1$时级数收敛，$p\leqslant1$时级数发散，本选项的$p=\frac{1}{2}<1$，故该级数发散。

选项D，交错级数$\sum\limits_{n=1}^{\infty}(-1)^{n-1}\frac{1}{\sqrt{n}}$，满足条件：①$\lim\limits_{n\to\infty}u_n=\lim\limits_{n\to\infty}\frac{1}{\sqrt{n}}=0$，②$u_n=\frac{1}{\sqrt{n}}>u_{n+1}=\frac{1}{\sqrt{n+1}}$，由莱布尼兹定理知，该级数收敛。

注：交错级数的莱布尼兹判别法为历年考查的重点，应熟练掌握它的判断依据。

答案：D

18. 解 本题考查无穷级数求和。

方法1：考虑级数$\sum\limits_{n=1}^{\infty}nx^{n-1}$，收敛区间$(-1,1)$，则

$$S(x)=\sum_{n=1}^{\infty}nx^{n-1}=\sum_{n=1}^{\infty}(x^n)'=\left(\sum_{n=1}^{\infty}x^n\right)'=\left(\frac{x}{1-x}\right)'=\frac{1}{(1-x)^2}$$

故$\sum\limits_{n=1}^{\infty}n\left(\frac{1}{2}\right)^{n-1}=S\left(\frac{1}{2}\right)=4$

方法2：设级数的前n项部分为

$$S_n=1+2\times\frac{1}{2}+3\times\frac{1}{2^2}+4\times\frac{1}{2^3}+\cdots+(n-1)\times\frac{1}{2^{n-2}}+n\times\frac{1}{2^{n-1}} \quad ①$$

则

$$\frac{1}{2}S_n=\frac{1}{2}+2\times\frac{1}{2^2}+3\times\frac{1}{2^3}+\cdots+(n-1)\times\frac{1}{2^{n-1}}+n\times\frac{1}{2^n} \quad ②$$

式①−式②，得：

$$\frac{1}{2}S_n=1+\frac{1}{2}+\frac{1}{2^2}+\frac{1}{2^3}+\cdots\frac{1}{2^{n-1}}-n\frac{1}{2^n}=\frac{1\times\left[1-\left(\frac{1}{2}\right)^n\right]}{1-\frac{1}{2}}-n\frac{1}{2^n}\xrightarrow{n\to\infty\text{时，有}\left(\frac{1}{2}\right)^n\to 0,\ n\frac{1}{2^n}\to 0}2$$

解得：$S=\lim\limits_{n\to\infty}S_n=4$

注：方法2主要利用了等比数列求和公式：$S_n=a_1+a_1q+a_1q^2+\cdots+a_1q^{n-1}=\frac{a_1(1-q^n)}{1-q}$以及基本的极限结果：$\lim\limits_{n\to\infty}n\frac{1}{2^n}=0$。本题还可以列举有限项的求和来估算，例如$S_4=1+2\times\frac{1}{2}+3\times\frac{1}{2^2}+4\times\frac{1}{2^3}=3.25>3$，$\{S_n\}$单调递增，所以$S>3$，故选项A、B、C均错误，只有选项D正确。

答案：D

19. 解 本题考查矩阵的基本变换与计算。

方法1：$\boldsymbol{A}-2\boldsymbol{I}=\begin{bmatrix}-1&0&0\\0&-3&-1\\0&0&-1\end{bmatrix}$

$$(\boldsymbol{A}-2\boldsymbol{I}|\boldsymbol{I})=\left[\begin{array}{ccc|ccc}-1&0&0&1&0&0\\0&-3&-1&0&1&0\\0&0&-1&0&0&1\end{array}\right]\xrightarrow{-r_1}\left[\begin{array}{ccc|ccc}1&0&0&-1&0&0\\0&-3&-1&0&1&0\\0&0&-1&0&0&1\end{array}\right]$$

$$\xrightarrow{(-1)r_3+r_2}\left[\begin{array}{ccc|ccc}1&0&0&-1&0&0\\0&-3&0&0&1&-1\\0&0&-1&0&0&1\end{array}\right]\xrightarrow{-\frac{1}{3}r_2}\left[\begin{array}{ccc|ccc}1&0&0&-1&0&0\\0&1&0&0&-\frac{1}{3}&\frac{1}{3}\\0&0&-1&0&0&1\end{array}\right]$$

$$\xrightarrow{-r_3}\left[\begin{array}{ccc|ccc}1&0&0&-1&0&0\\0&1&0&0&-\frac{1}{3}&\frac{1}{3}\\0&0&1&0&0&-1\end{array}\right]，可得(\boldsymbol{A}-2\boldsymbol{I})^{-1}=\begin{bmatrix}-1&0&0\\0&-\frac{1}{3}&\frac{1}{3}\\0&0&-1\end{bmatrix}$$

$$\boldsymbol{A}^2-4\boldsymbol{I}=\begin{bmatrix}1&0&0\\0&-1&-1\\0&0&1\end{bmatrix}\cdot\begin{bmatrix}1&0&0\\0&-1&-1\\0&0&1\end{bmatrix}-\begin{bmatrix}4&0&0\\0&4&0\\0&0&4\end{bmatrix}=\begin{bmatrix}-3&0&0\\0&-3&0\\0&0&-3\end{bmatrix}$$

$$(\boldsymbol{A}-2\boldsymbol{I})^{-1}(\boldsymbol{A}^2-4\boldsymbol{I})=\begin{bmatrix}-1&0&0\\0&-\frac{1}{3}&\frac{1}{3}\\0&0&-1\end{bmatrix}\begin{bmatrix}-3&0&0\\0&-3&0\\0&0&-3\end{bmatrix}=\begin{bmatrix}3&0&0\\0&1&-1\\0&0&3\end{bmatrix}$$

方法 2：本题按方法 1 直接计算逆矩阵会很麻烦，可考虑进行变换化简，有：

$$(\boldsymbol{A}-2\boldsymbol{I})^{-1}(\boldsymbol{A}^2-4\boldsymbol{I})=(\boldsymbol{A}-2\boldsymbol{I})^{-1}(\boldsymbol{A}-2\boldsymbol{I})(\boldsymbol{A}+2\boldsymbol{I})=\boldsymbol{A}+2\boldsymbol{I}=\begin{bmatrix}3&0&0\\0&1&-1\\0&0&3\end{bmatrix}$$

答案：A

20. 解　本题考查特征值和特征向量的基本概念与性质。

求矩阵$\boldsymbol{A}$的特征值

$$|\boldsymbol{A}-\lambda\boldsymbol{I}|=\begin{vmatrix}-\lambda&0&1\\x&1-\lambda&y\\1&0&-\lambda\end{vmatrix}=-\lambda\begin{vmatrix}1-\lambda&y\\0&-\lambda\end{vmatrix}-0+1\begin{vmatrix}x&1-\lambda\\1&0\end{vmatrix}$$

$$=\lambda^2(1-\lambda)-(1-\lambda)=-(1+\lambda)(1-\lambda)^2=0$$

解得：$\lambda_1=\lambda_2=1$，$\lambda_3=-1$。

因为属于不同特征值的特征向量必定线性无关，故只需讨论$\lambda_1=\lambda_2=1$时的特征向量，有：

$$\boldsymbol{A}-\boldsymbol{I}=\begin{bmatrix}-1&0&1\\x&0&y\\1&0&-1\end{bmatrix}\xrightarrow{r_1+r_3}\begin{bmatrix}1&0&-1\\x&0&y\\0&0&0\end{bmatrix}\xrightarrow{-xr_1+r_2}\begin{bmatrix}1&0&-1\\0&0&x+y\\0&0&0\end{bmatrix}$$的秩为 1，可得$x+y=0$。

答案：A

21. 解　本题考查基础解系的基本性质。

$\boldsymbol{A}x=\boldsymbol{0}$的基础解系是所有解向量的最大线性无关组。根据已知条件，α_1，α_2，α_3是线性方程组$\boldsymbol{A}x=\boldsymbol{0}$的一个基础解系，故$\alpha_1$，$\alpha_2$，$\alpha_3$线性无关，$\boldsymbol{A}x=\boldsymbol{0}$有三个线性无关的解向量，而选项 A、D 分别有两个和四个解向量，故错误。

由已知n维向量组α_1，α_2，α_3线性无关，易知向量组$\alpha_1+\alpha_2$，$\alpha_2+\alpha_3$，$\alpha_3+\alpha_1$线性无关，且每个向量$\alpha_1+\alpha_2$，$\alpha_2+\alpha_3$，$\alpha_3+\alpha_1$均为线性方程组$\boldsymbol{A}x=\boldsymbol{0}$的解，选项 B 正确。

选项 C 中，因$\alpha_1-\alpha_3=(\alpha_1+\alpha_2)-(\alpha_2+\alpha_3)$，所以向量组线性相关，不满足基础解系的定义，故错误。

答案：B

22. 解　本题考查古典概型的概率计算。

已知不是黑球，缩减样本空间，只需考虑 5 个白球、3 个黄球，则随机抽取黄球的概率是：

$$P=\frac{3}{5+3}=\frac{3}{8}$$

答案：B

23. 解　本题考查常见分布的期望和方差的概念。

已知X服从泊松分布：$X\sim P(\lambda)$，有$\lambda=3$，$E(X)=\lambda$，$D(X)=\lambda$，故$\frac{D(X)}{E(X)}=\frac{3}{3}=1$。

注：应掌握常见随机变量的期望和方差的基本公式。

答案：C

24. 解 本题考查样本方差和常用统计抽样分布的基本概念。

样本方差$S^2=\frac{1}{n-1}\sum_{i=1}^{n}\left(X_i-\overline{X}\right)^2$，因为总体$X\sim N(\mu,\sigma^2)$，有以下结论：

$\overline{X}$与S^2相互独立，且有$\frac{(n-1)S^2}{\sigma^2}\sim\chi^2(n-1)$，则$\sum_{i=1}^{n}\frac{\left(X_i-\overline{X}\right)^2}{\sigma^2}=\frac{(n-1)S^2}{\sigma^2}\sim\chi^2(n-1)$。

注：若将样本均值$\overline{X}$改为正态分布的均值μ，则有$\sum_{i=1}^{n}\frac{(X_i-\mu)^2}{\sigma^2}\sim\chi^2(n)$。

答案：D

25. 解 由理想气体状态方程$pV=\frac{m}{M}RT$，可以得到理想气体的标准体积（摩尔体积），即在标准状态下（压强$p_0=1\text{atm}$，温度$T=273.15\text{K}$），一摩尔任何理想气体的体积均为22.4L。

答案：A

26. 解 $\overline{\lambda}=\frac{\overline{v}}{\overline{Z}}=\frac{kT}{\sqrt{2}\pi d^2 p}$，$\overline{v}=1.6\sqrt{\frac{RT}{M}}$

等温膨胀过程温度不变，压强降低，$\overline{\lambda}$变大，而温度不变，$\overline{v}$不变，故$\overline{Z}$变小。

答案：B

27. 解 由热力学第一定律$Q=\Delta E+W$，知做功为零（$W=0$）的过程为等体过程；内能减少，温度降低为等体降温过程。

答案：B

28. 解 卡诺正循环由两个准静态等温过程和两个准静态绝热过程组成。

由热力学第一定律$Q=\Delta E+W$，绝热过程$Q=0$，两个绝热过程高低温热源温度相同，温差相等，内能差相同。一个过程为绝热膨胀，另一个过程为绝热压缩，$W_2=-W_1$，一个内能增大，一个内能减小，$\Delta E_2=-\Delta E_1$。热力学的功等于曲线下的面积，故$S_1=S_2$。

答案：B

29. 解 热机效率：$\eta=1-\frac{Q_2}{Q_1}=1-\frac{1.26\times10^2}{1.68\times10^2}=25\%$

答案：A

30. 解 此题考查波动方程的基本关系。

$$y=A\cos(Bt-Cx)=A\cos B\left(t-\frac{x}{B/C}\right)$$

$$u=\frac{B}{C}\text{，}\omega=B\text{，}T=\frac{2\pi}{\omega}=\frac{2\pi}{B}$$

$$\lambda=u\cdot T=\frac{B}{C}\cdot\frac{2\pi}{B}=\frac{2\pi}{C}$$

答案：C

31. 解　由波动的能量特征得知：质点波动的动能与势能是同相的，动能与势能同时达到最大、最小。题目给出A点处媒质质元的振动动能在增大，则A点处媒质质元的振动势能也在增大，故选项 A 不正确；同样，由于A点处媒质质元的振动动能在增大，由此判定A点向平衡位置运动，波沿x负向传播，故选项 B 正确；此时B点向上运动，振动动能在增加，故选项 C 不正确；波的能量密度是随时间做周期性变化的，$w=\frac{\Delta W}{\Delta V}=\rho\omega^2A^2\sin^2\left[\omega\left(t-\frac{x}{u}\right)\right]$，故选项 D 不正确。

答案：B

32. 解　由波动的干涉特征得知：同一播音器初相位差为零。

$$\Delta\varphi=\alpha_2-\alpha_1-\frac{2\pi(r_2-\mathrm{r}_1)}{\lambda}=-\frac{2\pi\frac{\lambda}{2}}{\lambda}=\pi$$

相位差为π的奇数倍，为干涉相消点。

答案：B

33. 解　本题考查声波的多普勒效应公式。注意波源不动，$v_{\mathrm{S}}=0$，观察者远离波源运动，v_0前取负号。设波速为u，则：

$$\nu'=\frac{u-v_0}{u}\nu_0=\frac{u-\frac{1}{2}u}{u}\nu_0=\frac{1}{2}\nu_0$$

答案：C

34. 解　一束单色光通过折射率不同的两种媒质时，光的频率不变，波速改变，波长$\lambda=uT=\frac{u}{\nu}$。

答案：B

35. 解　在单缝衍射中，若单缝处的波面恰好被分成偶数个半波带，屏上出现暗条纹。相邻半波带上任何两个对应点所发出的光，在暗条纹处的光程差为$\frac{\lambda}{2}$，相位差为π。

答案：A

36. 解　光栅衍射是单缝衍射和多缝干涉的和效果。当多缝干涉明纹与单缝衍射暗纹方向相同时，将出现缺级现象。

单缝衍射暗纹条件：$a\sin\phi=k\lambda$

光栅衍射明纹条件：$(a+b)\sin\phi=k'\lambda$

$$\frac{a\sin\phi}{(a+b)\sin\phi}=\frac{k\lambda}{k'\lambda}=\frac{1}{3},\frac{2}{6},\frac{3}{9},\cdots$$

故$a+b=3a$

答案：B

37. 解　电离能可以衡量元素金属性的强弱，电子亲和能可以衡量元素非金属性的强弱，元素电负性可较全面地反映元素的金属性和非金属性强弱，离子极化力是指某离子使其他离子变形的能力。

答案：A

38. 解 分子间力包括色散力、诱导力、取向力。非极性分子和非极性分子之间只存在色散力，非极性分子和极性分子之间存在色散力和诱导力，极性分子和极性分子之间存在色散力、诱导力和取向力。题中，氢气、氦气、氧气、二氧化碳是非极性分子，二氧化硫、溴化氢和一氧化碳是极性分子。

答案：A

39. 解 在 $BaSO_4$ 饱和溶液中，存在 $BaSO_4 \rightleftharpoons Ba^{2+}+SO_4^{2-}$ 平衡，加入 Na_2SO_4，溶液中 SO_4^{2-} 浓度增加，平衡向左移动，Ba^{2+} 的浓度减小。

答案：B

40. 解 根据缓冲溶液pH值的计算公式：

$$pH = 14 - pK_b + \lg\frac{c_{碱}}{c_{盐}} = 14 + \lg1.8 \times 10^{-5} + \lg\frac{0.1}{0.1} = 14 - 4.74 - 0 = 9.26$$

答案：B

41. 解 由物质的标准摩尔生成焓$\Delta_f H_m^\Theta$和反应的标准摩尔反应焓变$\Delta_r H_m^\Theta$定义可知，HCl(g)的$\Delta_f H_m^\Theta$为反应$\frac{1}{2}H_2(g) + \frac{1}{2}Cl_2(g) == HCl(g)$的$\Delta_r H_m^\Theta$。反应$H_2(g) + Cl_2(g) == 2HCl(g)$的$\Delta_r H_m^\Theta$是反应$\frac{1}{2}H_2(g) + \frac{1}{2}Cl_2(g) == HCl(g)$的$\Delta_r H_m^\Theta$的2倍，即$H_2(g) + Cl_2(g) == 2HCl(g)$的$\Delta_r H_m^\Theta = 2 \times (-92) = -184 kJ \cdot mol^{-1}$。

答案：C

42. 解 对于指定反应，平衡常数K^Θ的值只是温度的函数，与参与平衡的物质的量、浓度、压强等无关。

答案：C

43. 解 原电池$(-)Fe \mid Fe^2 + (1.0mol \cdot L^{-1}) \parallel Fe^3 + (1.0mol \cdot L^{-1}), Fe^2 + (1.0mol \cdot L^{-1}) \mid Pt(+)$的电动势

$$E^\Theta = E^\Theta(Fe^{3+}/Fe^{2+}) - E^\Theta(Fe^{2+}/Fe) = 0.771 - (-0.44) = 1.211V$$

两个半电池中均加入 NaOH 后，Fe^{3+}、Fe^{2+}的浓度：

$$c_{Fe^{3+}} = \frac{K_{sp}^\Theta(Fe(OH)_3)}{(c_{OH^-})^3} = \frac{2.79 \times 10^{-39}}{1.0^3} = 2.79 \times 10^{-39}\ mol \cdot L^{-1}$$

$$c_{Fe^{2+}} = \frac{K_{sp}^\Theta(Fe(OH)_2)}{(c_{OH^-})^2} = \frac{4.87 \times 10^{-17}}{1.0^2} = 4.87 \times 10^{-17} mol \cdot L^{-1}$$

根据能斯特方程式，正极电极电势：

$$E(Fe^{3+}/Fe^{2+}) = E^\Theta(Fe^{3+}/Fe^{2+}) + \frac{0.0592}{1}\lg\frac{c_{Fe^{3+}}}{c_{Fe^{2+}}} = 0.771 + 0.0592 \times \lg\frac{2.79 \times 10^{-39}}{4.87 \times 10^{-17}} = -0.546V$$

负极电极电势：

$$E(Fe^{2+}/Fe) = E^\Theta(Fe^{2+}/Fe) + \frac{0.0592}{2}\lg c_{Fe^{2+}} = 0.44 + \frac{0.0592}{2}\lg4.87 \times 10^{-17} = -0.0428V$$

则电动势$E = E(Fe^{3+}/Fe^{2+}) - E(Fe^{2+}/Fe) = -0.503V$

答案： B

44. 解 烯烃和炔烃都可以与溴水反应使溴水褪色，烷烃和苯不与溴水反应。选项A中1-己烯可以使溴水褪色，而己烷不能使溴水褪色。

答案： A

45. 解 尼泊金丁酯是由对羟基苯甲酸的羧基与丁醇的羟基发生酯化反应生成的。

答案： C

46. 解 该高分子化合物由单体 $CH_2=CHCl$ 通过加聚反应形成的。

答案： D

47. 解 根据平面任意力系独立平衡方程组的条件，三个平衡方程中，选项A不满足三个矩心不共线的三矩式要求，选项B、D不满足两矩心连线不垂直于投影轴的二矩式要求。

答案： C

48. 解 三个力合成后可形成自行封闭的三角形，说明此力系主矢为零；将三力对A点取矩，$\boldsymbol{F}_1$、$\boldsymbol{F}_3$对A点的力矩为零，$\boldsymbol{F}_2$对A点的力矩不为零，说明力系的主矩不为零。根据力系简化结果的分析，主矢为零，主矩不为零，力系可简化为一合力偶。

答案： C

49. 解 以整体为研究对象，其受力如解图所示。

列平衡方程：$\sum M_B=0$，$F_C\cdot 1-M=0$

代入数值得：$F_C=1\text{kN}$（水平向右）

答案： D

题 49 解图

50. 解 根据零杆的判断方法，凡是三杆铰接的节点上，有两根杆在同一直线上，那么第三根不在这条直线上的杆必为零杆。先分析节点I，知DI杆为零杆，再分析节点D，此时D节点实际铰接的是CD、DE和DH三杆，由此可判断DH杆内力为零。

答案： D

51. 解 $t=0$时，$x=2\text{m}$，点在运动过程中其速度$v=\frac{\mathrm{d}x}{\mathrm{d}t}=3t^2-12$。即当$0<t<2\text{s}$时，点的运动方向是$x$轴的负方向；当$t=2\text{s}$时，点的速度为零，此时$x=-14\text{m}$；当$t>2\text{s}$时，点的运动方向是$x$轴的正方向；当$t=3\text{s}$时，$x=-7\text{m}$。所以点经过的路程是：$2+14+7=23\text{m}$。

答案： A

52. 解 四连杆机构在运动过程中，O_1A、O_2B杆为定轴转动刚体，AB杆为平行移动刚体。根据平行移动刚体的运动特性，其上各点有相同的速度和加速度，所以有：

$$v_A = r\omega = v_M，a_A^n = r\omega^2 = a_M^n$$

答案：C

53. 解　定轴转动刚体上一点的速度、加速度与转动角速度、角加速度的关系为：

$$v_B = OB \cdot \omega = 50 \times 2 = 100\text{cm/s}，a_B^t = OB \cdot \alpha = 50 \times 5 = 250\text{cm/s}^2$$

答案：A

54. 解　物块围绕y轴做匀速圆周运动，其加速度为指向y轴的法向加速度a_n，其运动及受力分析如解图所示。

根据质点运动微分方程$m\boldsymbol{a} = \boldsymbol{F}$，将方程沿着斜面方向投影有：

$$\frac{W}{g}a_n \cos 30^\circ = F_T - W \sin 30^\circ$$

将$a_n = \omega^2 l \cos 30^\circ$代入，解得：$F_T = 6 + 5 = 11\text{N}$

题 54 解图

答案：A

55. 解　根据刚体动量的定义：$p = mv_c = \frac{1}{2}ml\omega \sin\alpha$（其中$v_C = \frac{1}{2}l\omega \sin\alpha$）

答案：B

56. 解　根据动能定理，$T_2 - T_1 = W_{12}$。杆初始水平位置和运动到铅直位置时的动能分别为：$T_1 = 0$，$T_2 = \frac{1}{2} \cdot \frac{1}{3}ml^2\omega^2$，运动过程中重力所做之功为：$W_{12} = mg\frac{1}{2}l$，代入动能定理，可得：$\frac{1}{6}ml^2\omega^2 - 0 = \frac{l}{2}mg$，则$\omega = \sqrt{\frac{3g}{l}}$。

答案：B

57. 解　施加于轮的附加动反力$m\boldsymbol{a}_c$是由惯性力引起的约束力，大小与惯性力大小相同，其中$a_c = \frac{1}{2}R\omega^2$，方向与惯性力方向相反。

答案：C

58. 解　根据系统固有圆频率公式：$\omega_0 = \sqrt{\frac{k}{m}}$。系统中$k_2$和$k_3$并联，等效弹簧刚度$k_{23} = k_2 + k_3$；$k_1$和$k_{23}$串联，所以$\frac{1}{k_{123}} = \frac{1}{k_1} + \frac{1}{k_2 + k_3}$；$k_4$和$k_{123}$并联，故系统总的等效弹簧刚度为$k = k_4 + (\frac{1}{k_1} + \frac{1}{k_2 + k_3})^{-1} = 19600 + 4900 = 24500\text{N/m}$，代入固有圆频率的公式，可得：$\omega_0 = 22.1\text{rad/s}$。

答案：B

59. 解　铸铁的力学性能中抗拉能力最差，在扭转试验中沿45°最大拉应力的截面破坏就是明证，故①不正确；而铸铁的压缩强度比拉伸强度高得多，所以②正确。

答案：B

60. 解　由于左端D固定没有位移，所以C截面的轴向位移就等于CD段的伸长量$\Delta l_{CD} = \frac{F \cdot \frac{l}{2}}{EA}$。

答案：C

61. 解 此题挤压力是F，计算挤压面积是db，根据挤压强度条件：$\frac{P_{\rm bs}}{A_{\rm bs}}=\frac{F}{db}\leqslant[\sigma_{\rm bs}]$，可得：$d\geqslant\frac{F}{b[\sigma_{\rm bs}]}$。

答案： A

62. 解 根据该轴的外力和反力可得其扭矩图如解图所示：

故$\varphi_{\rm DA}=\varphi_{\rm DC}+\varphi_{\rm CB}+\varphi_{\rm BA}=\frac{ml}{GI_{\rm p}}+0-\frac{ml}{GI_{\rm p}}=0$

$\varphi_{\rm DB}=\varphi_{\rm DC}+\varphi_{\rm CB}=\varphi_{\rm DC}+0$

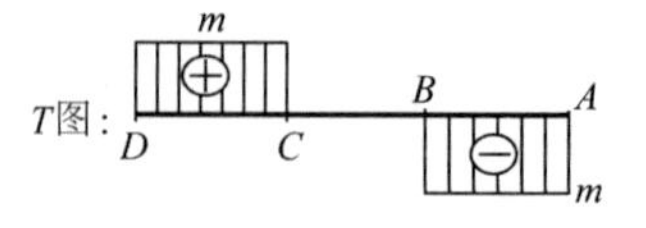

题 62 解图

答案： B

63. 解 $I_z=\frac{a^4}{12}-\frac{\pi d^4}{64}$，$W_z=\frac{I_z}{a/2}=\frac{a^3}{6}-\frac{\pi d^4}{32a}$

答案： C

64. 解 对称结构梁在反对称荷载作用下，其弯矩图是反对称的，其剪力图是对称的。在对称轴C截面上，弯矩为零，剪力不为零，是$-\frac{F}{2}$。

答案： C

65. 解 根据"突变规律"可知，在集中力偶作用的截面上，左右两侧的弯矩将产生突变，所以若集中力偶m在梁上移动，则梁的弯矩图将改变，而剪力图不变。

答案： C

66. 解 梁的挠曲线形状由荷载和支座的位置来决定。由图中荷载向下的方向可以判定：只有图(C)是正确的。

答案： C

67. 解 等截面轴向拉伸杆件中只能产生单向拉伸的应力状态，在各个方向的截面上应力可以不同，但是主应力状态都归结为单向应力状态。

答案： C

68. 解 最大拉应力理论就是第一强度理论，其相当应力就是σ_1，故选 A。

答案： A

69. 解 把作用在角点的偏心压力F，经过两次平移，平移到杆的轴线方向，形成一轴向压缩和两个平面弯曲的组合变形，其最大压应力的绝对值为：

$$
\begin{aligned}
|\sigma_{\max}^{-}|&=\frac{F}{a^2}+\frac{M_z}{W_z}+\frac{M_y}{W_y}\\
&=\frac{250\times10^3{\rm N}}{100^2{\rm mm}^2}+\frac{250\times10^3\times50{\rm N\cdot mm}}{\frac{1}{6}\times100^3{\rm mm}^3}+\frac{250\times10^3{\rm N}\times50{\rm mm}}{\frac{1}{6}\times100^3{\rm mm}^3}\\
&=25+75+75=175{\rm MPa}
\end{aligned}
$$

答案： C

70. 解 由临界荷载的公式$F_{\rm cr}=\frac{\pi^2EI}{(\mu l)^2}$可知，当抗弯刚度相同时，$\mu l$越小，临界荷载越大。

图（A）是两端铰支：$\mu l = 1 \times 5 = 5$

图（B）是一端铰支、一端固定：$\mu l = 0.7 \times 7 = 4.9$

图（C）是两端固定：$\mu l = 0.5 \times 9 = 4.5$

图（D）是一端固定、一端自由：$\mu l = 2 \times 2 = 4$

所以图（D）的μl最小，临界荷载最大。

答案：D

71. 解　平板形心处的压强为$p_c = \rho g h_c$，而平板形心处垂直水深$h_c = h\sin\theta$，因此，平板受到的静水压力$P = p_c A = \rho g h_c A = \rho g h A \sin\theta$。

答案：A

72. 解　流体的黏性是指流体在运动状态下具有抵抗剪切变形并在内部产生切应力的性质。流体的黏性来源于流体分子之间的内聚力和相邻流动层之间的动量交换，黏性的大小与温度有关。根据牛顿内摩擦定律，切应力与速度梯度的n次方成正比，而牛顿流体的切应力与速度梯度成正比，流体的动力黏性系数是单位速度梯度所需的切应力。

答案：B

73. 解　根据已知条件，$v_x = 5 \times 1^3 = 5\text{m/s}$，$v_y = -15 \times 1^2 \times 2 = 30\text{m/s}$，从而，$v = \sqrt{v_x^2 + v_y^2} = \sqrt{5^2 + (-30)^2} = 30.41\text{m/s}$，如解图所示。

$$\tan\theta = \frac{v_y}{v_x} = \frac{-15x^2y}{5x^3} = \frac{-3y}{x} = \frac{-3 \times 2}{1} = -6$$

答案：C

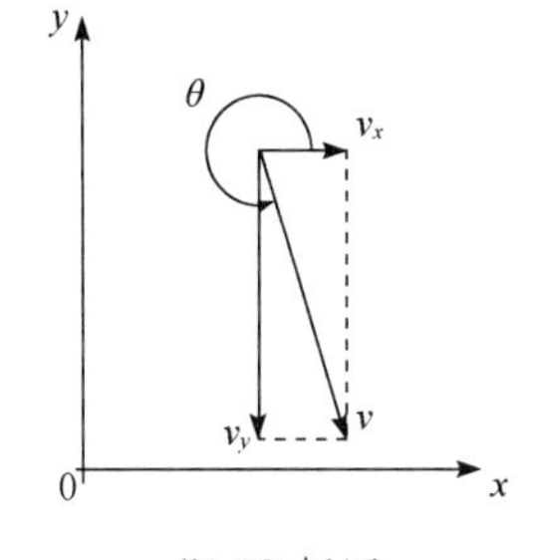

题 73 解图

74. 解　圆管有压流动中，若用水力直径表征层流与紊流的临界雷诺数Re，则Re =2000~2320；若用水力半径表征临界雷诺数Re，则Re =500~580。

答案：A

75. 解　对于并联管路，A、B两节点之间的水头损失等于各支路的水头损失，流量等于各支路的流量之和：$h_{\text{fAB}} = h_{\text{f1}} = h_{\text{f2}} = h_{\text{f3}}$，$Q_{\text{AB}} = Q_1 + Q_2 + Q_3$

对于串联管路，$h_{\text{fAB}} = h_{\text{f1}} + h_{\text{f2}} + h_{\text{f3}}$，$Q_{\text{AB}} = Q_1 = Q_2 = Q_3$

无论是并联管路，还是串联管路，总的功率损失均为：

$$N_{\text{AB}} = N_1 + N_2 + N_3 = \rho g Q_1 h_{\text{f1}} + \rho g Q_2 h_{\text{f2}} + \rho g Q_3 h_{\text{f3}}$$

答案：D

76. 解　明渠均匀流动的形成条件是：流动恒定，流量沿程不变；渠道是长直棱柱形顺坡（正坡）渠道；渠道表面粗糙系数沿程不变；渠道沿程流动无局部干扰。

答案：B

77. 解 工程上常见的地下水运动，大多是在底宽很大的不透水层基底上的重力流动，流线簇近乎于平行的直线，属于无压恒定渐变渗流。

答案： B

78. 解 模型在风洞中用空气进行试验，则黏滞阻力为其主要作用力，应按雷诺准则进行模型设计，即

$$(\mathrm{Re})_{\mathrm{p}} = (\mathrm{Re})_{\mathrm{m}} \quad 或 \quad \frac{\lambda_{\mathrm{v}}\lambda_{\mathrm{L}}}{\lambda_{\nu}} = 1$$

因为模型与原型都是使用空气，假定空气温度也相同，则可以认为运动黏度$\nu_{\mathrm{p}} = \nu_{\mathrm{m}}$

所以，$\lambda_{\nu} = 1$，$\lambda_{\mathrm{v}}\lambda_{\mathrm{L}} = 1$

已知汽车原型最大速度$v_{\mathrm{p}} = 108\mathrm{km/h} = 30\mathrm{m/s}$，模型最大风速$v_{\mathrm{m}} = 45\mathrm{m/s}$

于是，线性比尺为$\lambda_{\mathrm{L}} = \frac{1}{\lambda_{\mathrm{v}}} = \frac{1}{v_{\mathrm{p}}/v_{\mathrm{m}}} = \frac{v_{\mathrm{m}}}{v_{\mathrm{p}}} = \frac{45}{30} = 1.5$

面积比尺为$\lambda_{\mathrm{A}} = \lambda_{\mathrm{L}}^2 = 1.5^2 = 2.25$

已知汽车迎风面积$A_{\mathrm{p}} = 1.5\mathrm{m}^2$，$\lambda_{\mathrm{A}} = A_{\mathrm{p}}/A_{\mathrm{m}}$，可求得模型的迎风面积为：

$$A_{\mathrm{m}} = \frac{A_{\mathrm{p}}}{\lambda_{\mathrm{A}}} = \frac{1.5}{2.25} = 0.667\mathrm{m}^2$$

由上述计算可知，线性比尺大于1，模型的迎风面积应小于原型汽车的迎风面积，所以选项B和C可以被排除。若选择选项D，模型面积过小，原型与模型的面积比尺及线性比尺均增大，则速度比尺减小，所需的风洞风速会过大，超过风洞所能提供的最大风速，因此，可使得模型的迎风面积略大于计算值0.667m^2，选择选项A较为合理。

答案： A

79. 解 洛伦兹力是运动电荷在磁场中所受的力。这个力既适用于宏观电荷，也适用于微观电荷粒子。电流元在磁场中所受安培力就是其中运动电荷所受洛伦兹力的宏观表现。

库仑力指在真空中两个静止的点电荷之间的作用力。

电场力是指电荷之间的相互作用，只要有电荷存在就会有电场力。

安培力是通电导线在磁场中受到的作用力。

答案： B

80. 解 首先假设12V电压源的负极为参考点位点，计算a、b点位：

$U_{\mathrm{a}} = 5\mathrm{V}$，$U_{\mathrm{b}} = 12 - 4 = 8\mathrm{V}$，故$U_{\mathrm{ab}} = U_{\mathrm{a}} - U_{\mathrm{b}} = -3\mathrm{V}$

答案： D

81. 解 当电压源单独作用时，电流源断路，电阻R_2与R_1串联分压，R_2与R_1的数值关系为：

$$\frac{U'}{100} = \frac{R_2}{R_1 + R_2} = \frac{20}{100} = \frac{1}{4+1}; \quad R_2 = R_1/4$$

电流源单独作用时，电压源短路，电阻R_2压电压U''为：

$$U'' = -2\frac{R_1 \cdot R_2}{R_1 + R_2} = -0.4R_1$$

答案：D

82. 解 $Z_1 = R + j\omega L + \frac{1}{j\omega C} = R + j\left(\omega L - \frac{1}{\omega C}\right) = R$

$\frac{1}{Z_2} = \frac{1}{R} + \frac{1}{j\omega L} + \frac{1}{\frac{1}{j\omega C}} = \frac{1}{R}$

$Z_1 = Z_2 = R$

答案：D

83. 解 已知$Z = R + j\omega L = 100 + j100\Omega$

当$u = U_{\rm m}\sin 2\omega t$，频率增加时$\omega' = 2\omega$

感抗随之增加：$Z' = R + j\omega'$，$L = 100 + j200\Omega$

功率因数：$\lambda = \frac{R}{|Z'|} = \frac{100}{\sqrt{100^2+200^2}} = 0.447$

答案：D

84. 解 由于电感及电容元件上没有初始储能，可以确定$t = 0_-$时：

$$I_{\rm L(0-)} = 0\rm A，U_{\rm C(0-)} = 0\rm V$$

$t = 0_+$时，利用储能元件的换路定则，可知

$$I_{\rm L(0+)} = I_{\rm L(0-)} = 0\rm A，U_{\rm C(0+)} = U_{\rm C(0-)} = 0\rm V$$

两条电阻通道电压为零、电流为零。

$$I_{\rm R(0+)} = 0\rm A，I_{\rm C(0+)} = 2 - I_{\rm R(0+)} - I_{\rm R(0+)} - I_{\rm L(0+)} = 2\rm A$$

答案：C

85. 解 当S分开时，变压器负载电阻$R_{\rm L(S分)} = R_{\rm L1}$

原边等效负载电阻$R'_{\rm L(S分)} = k^2 R_{\rm L(S分)} = k^2 R_{\rm L1}$

当S闭合以后，变压器负载电阻$R_{\rm L(S合)} = R_{\rm L1} /\!/ R_{\rm L2} < R_{\rm L1}$

原边等效负载电阻$R'_{\rm L(S合)} < R'_{\rm L(S分)}$减小，变压器原边电压$U_1'$减小，$U_2 = U_1/k$，所以$U_2$随之变小。

答案：B

86. 解 三相异步电动机的转动方向与定子绕组电流产生的旋转磁场的方向一致，那么改变三相电源的相序就可以改变电动机旋转磁场的方向。改变电源的大小、对定子绕组接法进行Y-△转换以及改变转子绕组上电流的方向都不会变化三相异步电动机的转动方向。

答案：B

87. 解 数字信号是一种代码信号，不是时间信号，也不仅用来表示数字的大小。数字信号幅度的取值是离散的，被限制在有限个数值之内，不能直接表示对象的原始信息。

答案：C

88. 解　周期信号频谱是离散频谱，其幅度频谱的幅值随着谐波次数的增高而减小；而非周期信号的频谱是连续频谱。图 a）和图 b）所示$u_1(t)$和$u_2(t)$的幅值频谱均是连续频谱，所以$u_1(t)$和$u_2(t)$都是非周期性时间信号。

答案：A

89. 解　从周期信号$u(t)$的幅频特性图 a）可见，其频率范围均在低通滤波器图 b）的通频段以内，这个区间放大倍数相同，各个频率分量得到同样的放大，则该信号通过这个低通滤波以后，其结构和波形的形状不会变化。

答案：C

90. 解　$\mathrm{ABC}+\overline{\mathrm{A}}\mathrm{D}+\overline{\mathrm{B}}\mathrm{D}+\overline{\mathrm{C}}\mathrm{D}=\mathrm{ABC}+(\overline{\mathrm{A}}+\overline{\mathrm{B}}+\overline{\mathrm{C}})\mathrm{D}=\mathrm{ABC}+\overline{\mathrm{ABC}}\mathrm{D}=\mathrm{ABC}+\mathrm{D}$

这里利用了逻辑代数的反演定理和部分吸收关系，即：$\mathrm{A}+\overline{\mathrm{A}}\mathrm{B}=\mathrm{A}+\mathrm{B}$

答案：D

91. 解　数字信号$\mathrm{F}=\overline{\mathrm{A}}\mathrm{B}+\mathrm{A}\overline{\mathrm{B}}$为异或门关系，信号 A、B 相同为 0，相异为 1，分析波形如解图所示，结果与选项 C 一致。

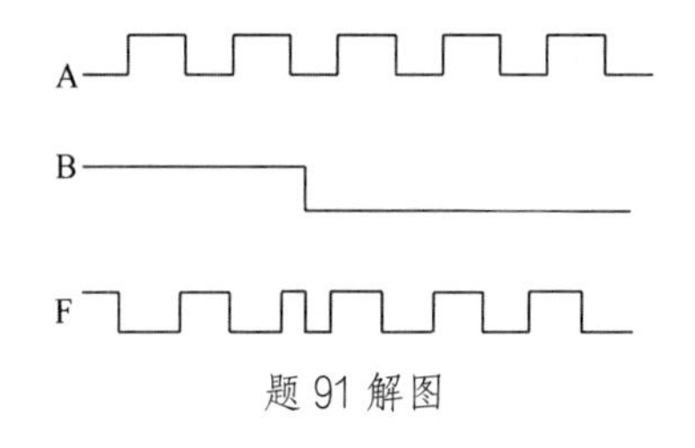

题 91 解图

答案：C

92. 解　本题是利用函数的最小项关系表达。从真值表写出逻辑表达式主要有三个步骤：首先，写出真值表中对应$\mathrm{F}=1$的输入变量A、B、C组合；然后，将输入量写成与逻辑关系（输入变量取值为 1 的写原变量，取值为 0 的写反变量）；最后将函数F用或逻辑表达：$\mathrm{F}=\mathrm{A}\overline{\mathrm{B}}\overline{\mathrm{C}}+\mathrm{ABC}$。

答案：D

93. 解　该电路是二极管半波整流电路。

当$u_\mathrm{i}>0$时，二极管导通，$u_\mathrm{o}=u_\mathrm{i}$；

当$u_\mathrm{i}<0$时，二极管 D 截止，$u_\mathrm{o}=0\mathrm{V}$。

输出电压U_o的平均值可用下面公式计算：

$$U_\mathrm{o}=0.45U_\mathrm{i}=0.45\frac{10}{\sqrt{2}}=3.18\mathrm{V}$$

答案：C

94. 解 该电路为运算放大器构成的电压比较电路，分析过程如解图所示。

当$u_{i1} > u_{i2}$时，$u_o = -U_{oM}$；

当$u_{i1} < u_{i2}$时，$u_o = +U_{oM}$。

结果与选项 A 一致。

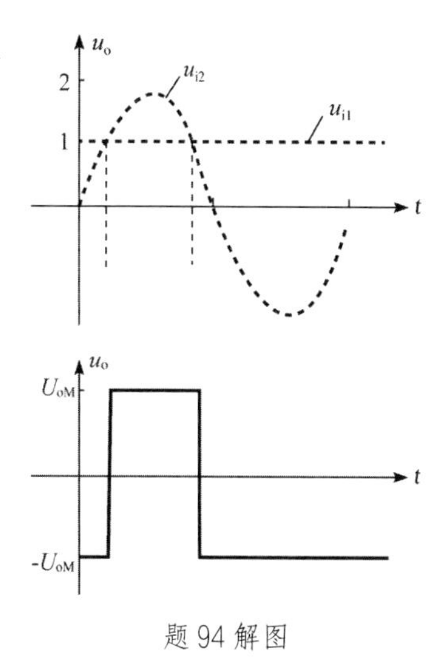

题 94 解图

答案： A

95. 解 写出输出端的逻辑关系式为：

与门　$F_1 = A \cdot 1 = A$

或非门 $F_2 = \overline{B + 1} = \overline{1} = 0$

答案： C

96. 解 数据由 D 端输入，各触发器的Q端输出数据。在时钟脉冲cp的作用下，根据触发器的关系$Q_{n+1} = D_n$分析。

假设：清零后Q_2、Q_1、Q_0均为零状态，右侧 D 端待输入数据为D_2、D_1、D_0，在时钟脉冲cp作用下，各输出端Q的关系列解表说明，可见数据输出顺序向左移动，因此该电路是三位左移寄存器。

题 96 解表

cp	Q_2	Q_1	Q_0
0	0	0	0
1	0	0	D_2
2	0	D_2	D_1
3	D_2	D_1	D_0

答案： C

97. 解 个人计算机（Personal Computer），简称PC，指在大小、性能以及价位等多个方面适合于个人使用，并由最终用户直接操控的计算机的统称。它由硬件系统和软件系统组成，是一种能独立运行，完成特定功能的设备。台式机、笔记本电脑、平板电脑等均属于个人计算机的范畴。

答案： C

98. 解 微机常用的外存储器通常是磁性介质或光盘，像硬盘、软盘、光盘和 U 盘等，能长期保存信息，并且不依赖于电来保存信息，但是由机械部件带动，速度与 CPU 相比就显得慢的多。在老式微机中使用软盘。

答案： A

99. 解 通常是将软件分为系统软件和应用软件两大类。系统软件是生成、准备和执行其他程序所需要的一组程序。应用软件是专业人员为各种应用目的而编制的程序。

答案：C

100. 解 支撑软件是指支撑其他软件的编写制作和维护的软件。主要包括环境数据库、各种接口软件和工具软件。三者形成支撑软件的整体，协同支撑其他软件的编制。

答案：B

101. 解 信息的主要特征表现为：①信息的可识别性；②信息的可变性；③信息的流动性和可存储性；④信息的可处理性和再生性；⑤信息的有效性和无效性；⑥信息的属性和使用性。

答案：A

102. 解 点阵中行数和列数的乘积称为图像的分辨率。例如，若一个图像的点阵总共有480行，每行640个点，则该图像的分辨率为640×480=307200个像素。

答案：D

103. 解 计算机病毒是指编制或者在计算机程序中插入的破坏计算机功能和破坏计算机中的数据，影响计算机使用并且能够自我复制的一组计算机指令或者程序代码，只要满足某种条件即可起到破坏作用，严重威胁着计算机信息系统的安全。

答案：B

104. 解 计算机操作系统的存储管理功能主要有：①分段存储管理；②分页存储管理；③分段分页存储管理；④虚拟存储管理。

答案：D

105. 解 网络协议主要由语法、语义和同步（定时）三个要素组成。语法是数据与控制信息的结构或格式。语义是定义数据格式中每一个字段的含义。同步是收发双方或多方在收发时间和速度上的严格匹配，即事件实现顺序的详细说明。

答案：C

106. 解 按照数据交换的功能将网络分类，常用的交换方法有电路交换、报文交换和分组交换。电路交换方式是在用户开始通信前，先申请建立一条从发送端到接收端的物理信道，并且在双方通信期间始终占用该信道。报文交换是一种数字化交换方式。分组交换也采用报文传输，但它不是以不定长的报文做传输的基本单位，而是将一个长的报文划分为许多定长的报文分组，以分组作为传输的基本单位。

答案：D

107. 解 根据等额支付资金回收公式（已知P求A）：

$$A=P\left[\frac{i(1+i)^n}{(1+i)^n-1}\right]=1000\times\left[\frac{8\%(1+8\%)^5}{(1+8\%)^5-1}\right]=1000\times0.25046=250.46\text{万元}$$

或根据题目给出的已知条件$(P/A,8\%,5)=3.9927$计算：

$1000 = A(P/A, 8\%, 5) = 3.9927A$

$A = 1000/3.9927 = 250.46$万元

答案：B

108. 解 建设投资中各分项分别形成固定资产原值、无形资产原值和其他资产原值。按现行规定，建设期利息应计入固定资产原值。

答案：A

109. 解 优先股的股份持有人优先于普通股股东分配公司利润和剩余财产，但参与公司决策管理等权利受到限制。公司清算时，剩余财产先分给债权人，再分给优先股股东，最后分给普通股股东。

答案：D

110. 解 利息备付率从付息资金来源的充裕性角度反映企业偿付债务利息的能力,表示企业使用息税前利润偿付利息的保证倍率。利息备付率高,说明利息支付的保证度大,偿债风险小。正常情况下，利息备付率应当大于1，利息备付率小于1表示企业的付息能力保障程度不足。另一个偿债能力指标是偿债备付率，表示企业可用于还本付息的资金偿还借款本息的保证倍率，正常情况应大于1；小于1表示企业当年资金来源不足以偿还当期债务，需要通过短期借款偿付已到期债务。

答案：D

111. 解 注意题干问的是该项目的净年值。等额资金回收系数与等额资金现值系数互为倒数：

等额资金回收系数：$(A/P, i, n) = \frac{i(1+i)^n}{(1+i)^n - 1}$

等额资金现值系数：$(P/A, i, n) = \frac{(1+i)^n - 1}{i(1+i)^n}$

所以$(A/P, i, n) = \frac{1}{(P/A, i, n)}$

方法1：该项目的净年值$\text{NAV} = -1000(A/P, 12\%, 10) + 200$

$= -1000/(P/A, 12\%, 10) + 200$

$= -1000/5.6502 + 200 = 23.02$ 万元

方法2：该项目的净现值$\text{NPV} = -1000 + 200 \times (P/A, 12\%, 10)$

$= -1000 + 200 \times 5.6502 = 130.04$ 万元

该项目的净年值为：$\text{NAV} = \text{NPV}(A/P, 12\%, 10) = \text{NPV}/(P/A, 12\%, 10)$

$= 130.04/5.6502 = 23.02$ 万元

答案：B

112. 解 线性盈亏平衡分析的基本假设有：①产量等于销量；②在一定范围内产量变化，单位可变成本不变，总生产成本是产量的线性函数；③在一定范围内产量变化，销售单价不变，销售收入是销售量的线性函数；④仅生产单一产品或生产的多种产品可换算成单一产品计算。

答案：D

113. 解 独立的投资方案是否可行，取决于方案自身的经济性。可根据净现值判定项目的可行性。

甲项目的净现值：

$NPV_{甲}=-300+52(P/A,10\%,10)=-300+52\times6.1446=19.52$ 万元

$NPV_{甲}>0$，故甲方案可行。

乙项目的净现值：

$NPV_{乙}=-200+30(P/A,10\%,10)=-200+30\times6.1446=-15.66$ 万元

$NPV_{乙}<0$，故乙方案不可行。

答案：A

114. 解 价值工程的一般工作程序包括准备阶段、功能分析阶段、创新阶段和实施阶段。功能分析阶段包括的工作有收集整理信息资料、功能系统分析、功能评价。

答案：B

115. 解 《中华人民共和国注册建筑师条例》第二十一条规定，注册建筑师执行业务，应当加入建筑设计单位。建筑设计单位的资质等级及其业务范围，由国务院建设行政主管部门规定。

《注册结构工程师执业资格制度暂行规定》第十九条规定，注册结构工程师执行业务，应当加入一个勘察设计单位。第二十条规定，注册结构工程师执行业务，由勘察设计单位统一接受委托并统一收费。所以注册建筑师、注册工程师均不能以个人名义承接建筑设计业务，必须加入一个设计单位，以单位名义承接任务，因此必须按照该设计单位的资质证书许可的业务范围承接任务。

答案：D

116. 解 《中华人民共和国安全生产法》第四十条规定，生产经营单位对重大危险源应当登记建档，进行定期检测、评估、监控，并制定应急预案，告知从业人员和相关人员在紧急情况下应当采取的应急措施。

答案：A

117. 解 《中华人民共和国招标投标法》第十六条规定，招标人采用公开招标方式的，应当发布招标公告。依法必须进行招标的项目的招标公告，应当通过国家指定的报刊、信息网络或者其他媒介发布。招标公告应当载明招标人的名称和地址，招标项目的性质、数量、实施地点和时间以及获取招标文件的办法等事项。

答案：D

118. 解 选项 B 乙施工单位不买，选项 C 丙施工单位不同意价格，选项 D 丁施工单位回复过期，承诺均为无效，只有选项 A 甲施工单位的回复属承诺有效。

答案：A

119. 解 《中华人民共和国节约能源法》第三条规定，本法所称节约能源（以下简称节能），是指加强用能管理，采取技术上可行、经济上合理以及环境和社会可以承受的措施，从能源生产到消费的各个环节，降低消耗、减少损失和污染物排放、制止浪费，有效、合理地利用能源。

答案：A

120. 解 《建筑工程质量管理条例》第三十条规定，施工单位必须建立、健全施工质量的检验制度，严格工序管理，做好隐蔽工程的质量检查和记录。隐蔽工程在隐蔽前，施工单位应当通知建设单位和建设工程质量监督机构。

答案：B

2022年度全国勘察设计注册工程师

执业资格考试试卷

基础考试

（上）

二〇二二年十一月

应考人员注意事项

1. 本试卷科目代码为“1”，考生务必将此代码填涂在答题卡“科目代码”相应的栏目内，否则，无法评分。
2. 书写用笔：**黑色或蓝色钢笔、签字笔或圆珠笔**；

   填涂答题卡用笔：**黑色 2B 铅笔**。
3. 必须用书写用笔将工作单位、姓名、准考证号填写在答题卡和试卷相应的栏目内。
4. 本试卷由 120 题组成，每题 1 分，满分 120 分，本试卷全部为单项选择题，每小题的四个备选项中只有一个正确答案，错选、多选、不选均不得分。
5. 考生作答时，必须按**题号在答题卡上**将相应试题所选选项对应的**字母用 2B 铅笔涂黑**。
6. 在答题卡上书写与题意无关的语言，或在答题卡上作标记的，均按违纪试卷处理。
7. 考试结束时，由监考人员当面将试卷、答题卡一并收回。
8. 草稿纸由各地统一配发，考后收回。

单项选择题（共 120 题，每题 1 分。每题的备选项中，只有一个最符合题意。）

1. 下列极限中，正确的是：

A. $\lim\limits_{x\to 0} 2^{\frac{1}{x}} = \infty$

B. $\lim\limits_{x\to 0} 2^{\frac{1}{x}} = 0$

C. $\lim\limits_{x\to 0} \sin\frac{1}{x} = 0$

D. $\lim\limits_{x\to \infty} \frac{\sin x}{x} = 0$

2. 若当$x \to \infty$时，$\frac{x^2+1}{x+1} - ax - b$为无穷大量，则常数$a$、$b$应为：

A. $a = 1$，$b = 1$

B. $a = 1$，$b = 0$

C. $a = 0$，$b = 1$

D. $a \neq 1$，b为任意常数

3. 抛物线$y = x^2$上点$\left(-\frac{1}{2}, \frac{1}{4}\right)$处的切线是：

A. 垂直于ox轴

B. 平行于ox轴

C. 与ox轴正向夹角为$\frac{3\pi}{4}$

D. 与ox轴正向夹角为$\frac{\pi}{4}$

4. 设$y = \ln(1 + x^2)$，则二阶导数y''等于：

A. $\frac{1}{(1+x^2)^2}$

B. $\frac{2(1-x^2)}{(1+x^2)^2}$

C. $\frac{x}{1+x^2}$

D. $\frac{1-x}{1+x^2}$

5. 在区间[1,2]上满足拉格朗日定理条件的函数是：

A. $y = \ln x$

B. $y = \frac{1}{\ln x}$

C. $y = \ln(\ln x)$

D. $y = \ln(2 - x)$

6. 设函数$f(x) = \frac{x^2-2x-2}{x+1}$，则$f(0) = -2$是$f(x)$的：

A. 极大值，但不是最大值

B. 最大值

C. 极小值，但不是最小值

D. 最小值

7. 设$f(x)$、$g(x)$可微，并且满足$f'(x) = g'(x)$，则下列各式中正确的是：

A. $f(x) = g(x)$

B. $\int f(x)\mathrm{d}x = \int g(x)\mathrm{d}x$

C. $\left(\int f(x)\mathrm{d}x\right)' = \left(\int g(x)\mathrm{d}x\right)'$

D. $\int f'(x)\mathrm{d}x = \int g'(x)\mathrm{d}x$

8. 定积分$\int_0^1 \frac{x^3}{\sqrt{1+x^2}}\mathrm{d}x$的值等于：

A. $\frac{1}{3}(\sqrt{2}-2)$　　B. $\frac{1}{3}(2-\sqrt{2})$

C. $\frac{1}{3}(1-2\sqrt{2})$　　D. $\frac{1}{\sqrt{2}}-1$

9. 设向量的模$|\boldsymbol{\alpha}|=\sqrt{2}$，$|\boldsymbol{\beta}|=2\sqrt{2}$，$|\boldsymbol{\alpha}\times\boldsymbol{\beta}|=2\sqrt{3}$，则$\boldsymbol{\alpha}\cdot\boldsymbol{\beta}$等于：

A. 8 或−8　　B. 6 或−6

C. 4 或−4　　D. 2 或−2

10. 设平面方程为$Ax+Cz+D=0$，其中A、C、D是均不为零的常数，则该平面：

A. 经过ox轴　　B. 不经过ox轴，但平行于ox轴

C. 经过oy轴　　D. 不经过oy轴，但平行于oy轴

11. 函数$z=f(x,y)$在点(x_0,y_0)处连续是它在该点偏导数存在的：

A. 必要而非充分条件　　B. 充分而非必要条件

C. 充分必要条件　　D. 既非充分又非必要条件

12. 设D为圆域：$x^2+y^2\leqslant 1$，则二重积分$\iint\limits_D x\mathrm{d}x\mathrm{d}y$等于：

A. $2\int_0^{\pi}\mathrm{d}\theta\int_0^1 r^2\sin\theta\mathrm{d}r$　　B. $\int_0^{2\pi}\mathrm{d}\theta\int_0^1 r^2\cos\theta\mathrm{d}r$

C. $4\int_0^{\frac{\pi}{2}}\mathrm{d}\theta\int_0^1 \mathrm{r}\cos\theta\mathrm{d}r$　　D. $4\int_0^{\frac{\pi}{4}}\mathrm{d}\theta\int_0^1 r^3\cos\theta\mathrm{d}r$

13. 微分方程$y'=2x$的一条积分曲线与直线$y=2x-1$相切，则微分方程的解是：

A. $y=x^2+2$　　B. $y=x^2-1$

C. $y=x^2$　　D. $y=x^2+1$

14. 下列级数中，条件收敛的级数是：

A. $\sum\limits_{n=2}^{\infty}(-1)^n\frac{1}{\ln n}$　　B. $\sum\limits_{n=1}^{\infty}(-1)^n\frac{1}{n^{\frac{3}{2}}}$

C. $\sum\limits_{n=1}^{\infty}(-1)^n\frac{n}{n+2}$　　D. $\sum\limits_{n=1}^{\infty}\frac{\sin\left(\frac{4n\pi}{3}\right)}{n^3}$

15. 在下列函数中，为微分方程$y''-2y'+2y=0$的特解的是：

A. $y=e^{-x}\cos x$　　B. $y=e^{-x}\sin x$

C. $y=e^{x}\sin x$　　D. $y=e^{x}\cos(2x)$

16. 设L是从点$A(a,0)$到点$B(0,a)$的有向直线段$(a>0)$，则曲线积分$\int_L x\mathrm{d}y$等于：

A. a^2　　B. $-a^2$

C. $\frac{a^2}{2}$　　D. $-\frac{a^2}{2}$

17. 若幂级数$\sum_{n=1}^{\infty} a_n x^n$的收敛半径为 3，则幂级数$\sum_{n=1}^{\infty} na_n(x-1)^{n+1}$的收敛区间是：

A. $(-3,3)$　　B. $(-2,4)$

C. $(-1,5)$　　D. $(0,6)$

18. 设$z=\frac{1}{x}f(xy)$，其中$f(u)$具有连续的二阶导数，则$\frac{\partial^2 z}{\partial x\partial y}$等于：

A. $xf'(xy)+yf''(xy)$　　B. $\frac{1}{x}f'(xy)+f''(xy)$

C. $xf''(xy)$　　D. $yf''(xy)$

19. 设$\boldsymbol{A}$，$\boldsymbol{B}$，$\boldsymbol{C}$为同阶可逆矩阵，则矩阵方程$\boldsymbol{ABXC}=\boldsymbol{D}$的解$\boldsymbol{X}$为：

A. $\boldsymbol{A}^{-1}\boldsymbol{B}^{-1}\boldsymbol{D}\boldsymbol{C}^{-1}$　　B. $\boldsymbol{B}^{-1}\boldsymbol{A}^{-1}\boldsymbol{D}\boldsymbol{C}^{-1}$

C. $\boldsymbol{C}^{-1}\boldsymbol{D}\boldsymbol{A}^{-1}\boldsymbol{B}^{-1}$　　D. $\boldsymbol{C}^{-1}\boldsymbol{D}\boldsymbol{B}^{-1}\boldsymbol{A}^{-1}$

20. 设$r(\boldsymbol{A})$表示矩阵$\boldsymbol{A}$的秩，n元齐次线性方程组$\boldsymbol{AX}=\boldsymbol{0}$有非零解时，它的每一个基础解系中所含解向量的个数都等于：

A. $r(\boldsymbol{A})$　　B. $r(\boldsymbol{A})-n$

C. $n-r(\boldsymbol{A})$　　D. $r(\boldsymbol{A})+n$

21. 若对称矩阵$\boldsymbol{A}$与矩阵$\boldsymbol{B}=\begin{pmatrix}1&0&0\\0&0&2\\0&2&0\end{pmatrix}$合同，则二次型$f(x_1,x_2,x_3)=\boldsymbol{x}^{\mathrm{T}}\boldsymbol{Ax}$的标准型是：

A. $f=y_1^2+2y_2^2-2y_3^2$

B. $f=2y_1^2-2y_2^2-y_3^2$

C. $f=y_1^2-y_2^2-2y_3^2$

D. $f=-y_1^2+y_2^2-2y_3^2$

22. 设A、B为两个事件，且$P(A)=\frac{1}{2}$，$P(B\mid A)=\frac{1}{10}$，$P(B\mid \overline{A})=\frac{1}{20}$，则概率$P(B)$等于：

A. $\frac{1}{40}$　　B. $\frac{3}{40}$

C. $\frac{7}{40}$　　D. $\frac{9}{40}$

23. 设随机变量X与Y相互独立，且$E(X)=E(Y)=0$，$D(X)=D(Y)=1$，则数学期望$E(X+Y)^2$的值等于：

A. 4　　B. 3

C. 2　　D. 1

24. 设G是由抛物线$y=x^2$与直线$y=x$所围的平面区域，而随机变量(X,Y)服从G上的均匀分布，则(X,Y)的联合密度$f(x,y)$是：

A. $f(x,y)=\begin{cases}6 & (x,y)\in G\\ 0 & 其他\end{cases}$　　B. $f(x,y)=\begin{cases}\frac{1}{6} & (x,y)\in G\\ 0 & 其他\end{cases}$

C. $f(x,y)=\begin{cases}4 & (x,y)\in G\\ 0 & 其他\end{cases}$　　D. $f(x,y)=\begin{cases}\frac{1}{4} & (x,y)\in G\\ 0 & 其他\end{cases}$

25. 在热学中经常用 L 作为体积的单位，而：

A. $1\mathrm{L}=10^{-1}\mathrm{m}^3$　　B. $1\mathrm{L}=10^{-2}\mathrm{m}^3$

C. $1\mathrm{L}=10^{-3}\mathrm{m}^3$　　D. $1\mathrm{L}=10^{-4}\mathrm{m}^3$

26. 两容器内分别盛有氢气和氦气，若它们的温度和质量分别相等，则：

A. 两种气体分子的平均平动动能相等

B. 两种气体分子的平均动能相等

C. 两种气体分子的平均速率相等

D. 两种气体的内能相等

27. 对于室温下的双原子分子理想气体，在等压膨胀的情况下，系统对外做功W与吸收热量Q之比W/Q等于：

A. 2/3　　B. 1/2

C. 2/5　　D. 2/7

28. 设高温热源的热力学温度是低温热源热力学温度的n倍，则理想气体在一次卡诺循环中，传给低温热源的热量是从高温热源吸收热量的多少倍？

A. n　　　　B. $n-1$

C. $1/n$　　　　D. $(n+1)/n$

29. 相同质量的氢气与氧气分别装在两个容积相同的封闭容器内，环境温度相同，则氢气与氧气的压强之比为：

A. 1/16　　　　B. 16/1

C. 1/8　　　　D. 8/1

30. 一平面简谐波的表达式为$y=-0.05\sin\pi(t-2x)$(SI)，则该波的频率ν(Hz)、波速u(m/s)及波线上各点振动的振幅A(m)依次为：

A. 1/2，1/2，−0.05

B. 1/2，1，−0.05

C. 1/2，1/2，0.05

D. 2，2，0.05

31. 横波以波速u沿x轴负方向传播。t时刻波形曲线如图所示，则该时刻：

A. A点振动速度大于0

B. B点静止

C. C点向下运动

D. D点振动速度小于0

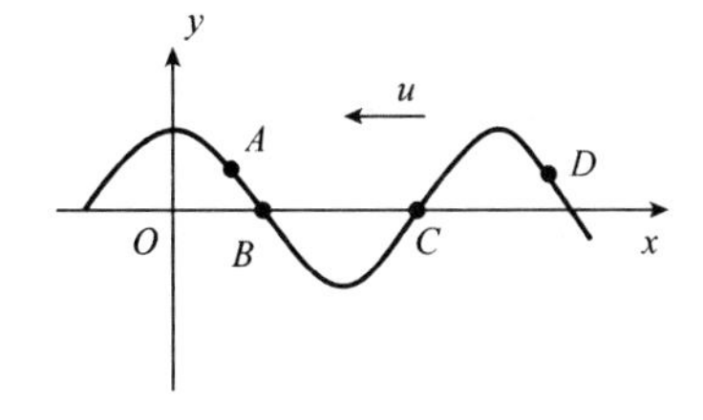

32. 常温下空气中的声速为：

A. 340m/s　　　　B. 680m/s

C. 1020m/s　　　　D. 1360m/s

33. 简谐波在传播过程中，一质元通过平衡位置时，若动能为ΔE_k，其总机械能等于：

A. ΔE_k　　　　B. $2\Delta E_k$

C. $3\Delta E_k$　　　　D. $4\Delta E_k$

34. 两块平板玻璃构成空气劈尖，左边为棱边，用单色平行光垂直入射。若上面的平板玻璃慢慢地向上平移，则干涉条纹：

A. 向棱边方向平移，条纹间隔变小

B. 向远离棱边方向平移，条纹间隔变大

C. 向棱边方向平移，条纹间隔不变

D. 向远离棱边方向平移，条纹间隔变小

35. 在单缝衍射中，对于第二级暗条纹，每个半波带的面积为S_2，对于第三级暗条纹，每个半波带的面积S_3等于：

A. $\frac{2}{3}S_2$　　B. $\frac{3}{2}S_2$

C. S_2　　D. $\frac{1}{2}S_2$

36. 使一光强为I_0的平面偏振光先后通过两个偏振片P_1和P_2，P_1和P_2的偏振化方向与原入射光光矢量振动方向的夹角分别是α和 90°，则通过这两个偏振片后的光强是：

A. $\frac{1}{2}I_0\,(\cos\alpha)^2$　　B. 0

C. $\frac{1}{4}I_0(\sin 2\alpha)^2$　　D. $\frac{1}{4}I_0(\sin\alpha)^2$

37. 多电子原子在无外场作用下，描述原子轨道能量高低的量子数是：

A. n　　B. n，l

C. n，l，m　　D. n，l，m，m_s

38. 下列化学键中，主要以原子轨道重叠成键的是：

A. 共价键　　B. 离子键

C. 金属键　　D. 氢键

39. 向$NH_3 \cdot H_2O$溶液中加入下列少许固体，使$NH_3 \cdot H_2O$解离度减小的是：

A. $NaNO_3$　　B. $NaCl$

C. $NaOH$　　D. Na_2SO_4

40. 化学反应：$Zn(s) + O_2(g) \longrightarrow ZnO(s)$，其熵变$\Delta_r S_m^\ominus$为：

A. 大于零 B. 小于零

C. 等于零 D. 无法确定

41. 反应$A(g) + B(g) \rightleftharpoons 2C(g)$达平衡后，如果升高总压，则平衡移动的方向是：

A. 向右 B. 向左

C. 不移动 D. 无法判断

42. 已知$K^\ominus(HOAc) = 1.8 \times 10^{-5}$，$K^\ominus(HCN) = 6.2 \times 10^{-10}$，下列电对中，标准电极电势最小的是：

A. $E^\ominus_{H^+/H_2}$ B. $E^\ominus_{H_2O/H_2}$

C. $E^\ominus_{HOAc/H_2}$ D. $E^\ominus_{HCN/H_2}$

43. $KMnO_4$中 Mn 的氧化数是：

A. +4 B. +5

C. +6 D. +7

44. 下列有机物中只有 2 种一氯代物的是：

A. 丙烷 B. 异戊烷

C. 新戊烷 D. 2，3-二甲基戊烷

45. 下列各反应中属于加成反应的是：

A. $CH_2 = CH_2 + 3O_2 \xrightarrow{加热} 2CO_2 + 2H_2O$

B. $C_6H_6 + Br_2 \longrightarrow C_6H_5Br + HBr$

C. $CH_2 = CH_2 + Br_2 \longrightarrow BrCH_2 - CH_2Br$

D. $CH_3 - CH_3 + 2Cl_2 \xrightarrow{催化剂} ClCH_2 + CH_2Cl + 2HCl$

46. 某卤代烷烃$C_5H_{11}Cl$发生消除反应时，可以得到 2 种烯烃，该卤代烷的结构简式可能为：

A. $CH_3—CH(CH_2Cl)—CH_2CH_3$ B. $CH_3CH_2CH_2CH(Cl)CH_3$

C. $CH_3CH_2CH(Cl)CH_2CH_3$ D. $CH_3CH_2CH_2CH_2CH_2Cl$

47. 图示构架中，G、B、C、D处为光滑铰链，杆及滑轮自重不计。已知悬挂物体重F_p，且$AB=AC$。则B处约束力的作用线与x轴正向所成的夹角为：

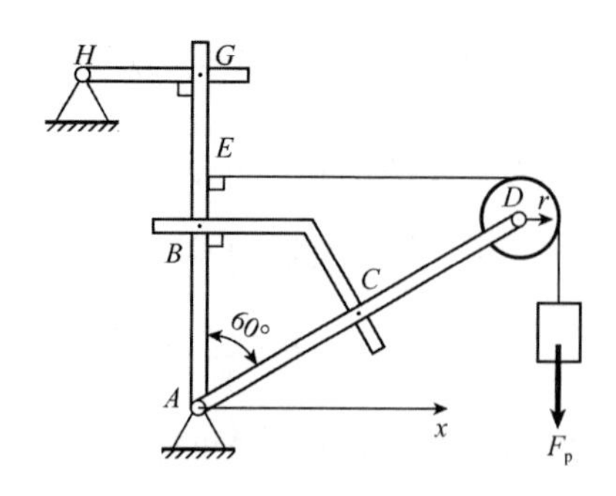

A. 0°　　　　B. 90°

C. 60°　　　　D. 150°

48. 图示平面力系中，已知$F=100\text{N}$，$q=5\text{N/m}$，$R=5\text{cm}$，$OA=AB=10\text{cm}$，$BC=5\text{cm}$（$BI\perp IC$且$BI=IC$）。则该力系对I点的合力矩为：

A. $M_I=1000\text{N}\cdot\text{cm}$（顺时针）

B. $M_I=1000\text{N}\cdot\text{cm}$（逆时针）

C. $M_I=500\text{N}\cdot\text{cm}$（逆时针）

D. $M_I=500\text{N}\cdot\text{cm}$（顺时针）

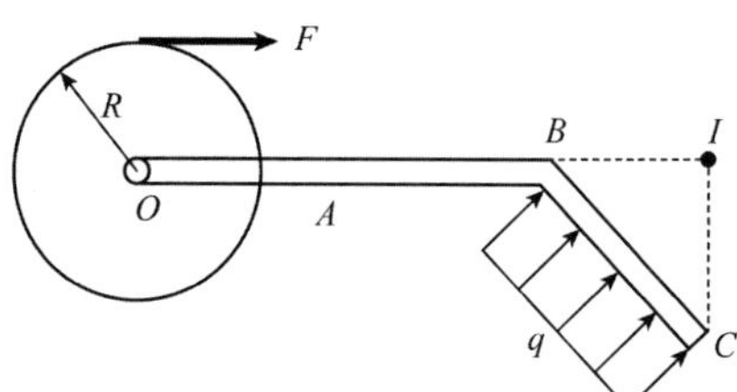

49. 三铰拱上作用有大小相等、转向相反的二力偶，其力偶矩大小为M，如图所示。略去自重，则支座A的约束力大小为：

A. $F_{Ax}=0$；$F_{Ay}=\frac{M}{2a}$

B. $F_{Ax}=\frac{M}{2a}$；$F_{Ay}=0$

C. $F_{Ax}=\frac{M}{a}$；$F_{Ay}=0$

D. $F_{Ax}=\frac{M}{2a}$；$F_{Ay}=M$

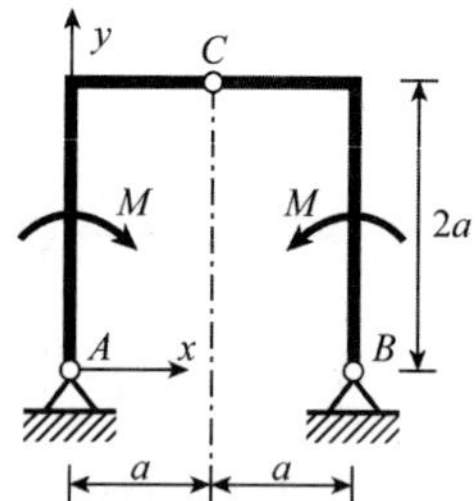

50. 如图所示，重$W=60\text{kN}$的物块自由地放在倾角为$\alpha=30°$的斜面上。已知摩擦角$\varphi_{\text{m}}<\alpha$，则物块受到摩擦力的大小是：

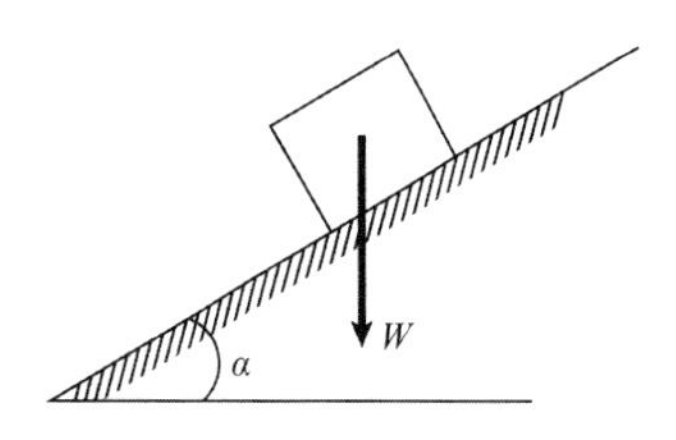

A. $60\tan\varphi_{\text{m}}\cos\alpha$

B. $60\sin\alpha$

C. $60\cos\alpha$

D. $60\tan\varphi_{\text{m}}\sin\alpha$

51. 点沿直线运动，其速度$v=t^2-20$。则$t=2\text{s}$时，点的速度和加速度分别为：

A. -16m/s，4m/s^2　　B. -20m/s，4m/s^2

C. 4m/s，-4m/s^2　　D. -16m/s，2m/s^2

52. 点沿圆周轨迹以80m/s的常速度运动，其法向加速度是120m/s^2，则此圆周轨迹的半径为：

A. 0.67m　　B. 53.3m

C. 1.50m　　D. 0.02m

53. 直角刚杆OAB可绕固定轴O在图示平面内转动，已知$OA=40\text{cm}$，$AB=30\text{cm}$，$\omega=2\text{rad/s}$，$\varepsilon=1\text{rad/s}^2$。则在图示瞬时，$B$点的加速度在$x$方向的投影及在$y$方向的投影分别为：

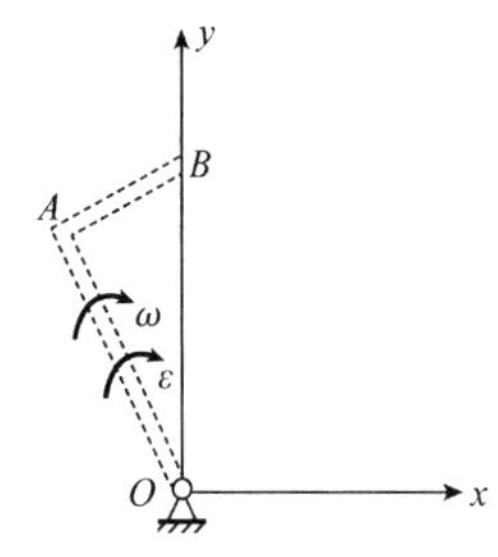

A. -50cm/s^2；200cm/s^2

B. 50cm/s^2；200cm/s^2

C. 40cm/s^2；-200cm/s^2

D. 50cm/s^2；-200cm/s^2

54. 在均匀的静止液体中，质量为m的物体M从液面处无初速下沉，假设液体阻力$F_{\text{R}}=-\mu v$，其中μ为阻尼系数，v为物体的速度，该物体所能达到的最大速度为：

A. $v_{极限}=mg\mu$　　B. $v_{极限}=\frac{mg}{\mu}$

C. $v_{极限}=\frac{g}{\mu}$　　D. $v_{极限}=g\mu$

55. 弹簧原长$l_0 = 10\text{cm}$。弹簧常量$k = 4.9\text{kN/m}$，一端固定在O点，此点在半径为$R = 10\text{cm}$的圆周上，已知$AC \perp BC$，OA为直径，如图所示。当弹簧的另一端由B点沿圆弧运动至A点时，弹性力做功是：

A. $24.5\text{N} \cdot \text{m}$

B. $-24.5\text{N} \cdot \text{m}$

C. $-20.3\text{N} \cdot \text{m}$

D. $20.3\text{N} \cdot \text{m}$

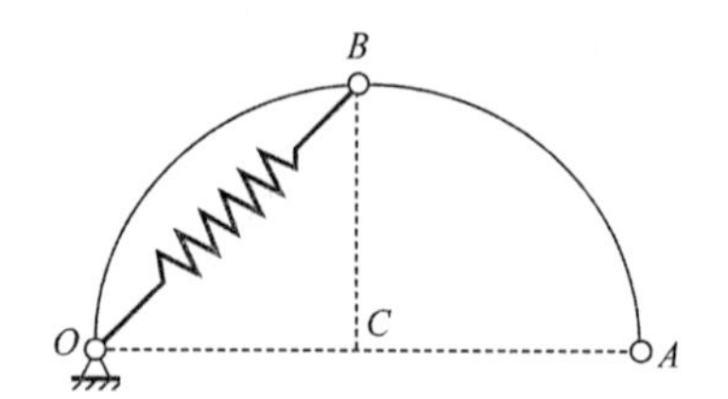

56. 如图所示，圆环的半径为R，对转轴的转动惯量为I，在圆环中的A点放一质量为m的小球，此时圆环以角速度ω绕铅直轴AC自由转动，设由于微小的干扰，小球离开A点，忽略一切摩擦，则当小球达到C点时，圆环的角速度是：

A. $\frac{mR^2\omega}{I+mR^2}$

B. $\frac{I\omega}{I+mR^2}$

C. ω

D. $\frac{2I\omega}{I+mR^2}$

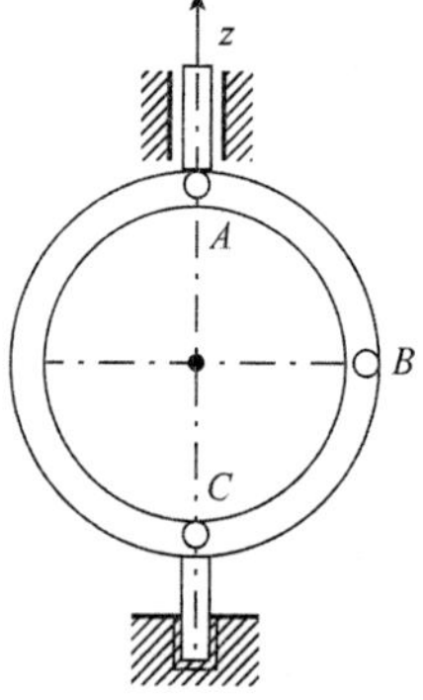

57. 均质细杆OA，质量为m，长l。在如图所示的水平位置静止释放，当运动到铅直位置时，其角速度为$\omega = \sqrt{\frac{3g}{l}}$，角加速度$\varepsilon = 0$，则轴承$O$施加于杆$OA$的附加动反力为：

A. $\frac{3}{2}mg(\uparrow)$

B. $6mg(\downarrow)$

C. $6mg(\uparrow)$

D. $\frac{3}{2}mg(\downarrow)$

58. 将一刚度系数为k、长为L的弹簧截成等长（均为$\frac{L}{2}$）的两段，则截断后每根弹簧的刚度系数均为：

A. k

B. $2k$

C. $\frac{k}{2}$

D. $\frac{1}{2k}$

59. 关于铸铁试件在拉伸和压缩试验中的破坏现象，下面说法正确的是：

A. 拉伸和压缩断口均垂直于轴线

B. 拉伸断口垂直于轴线，压缩断口与轴线大约成 45°角

C. 拉伸和压缩断口均与轴线大约成 45°角

D. 拉伸断口与轴线大约成 45°角，压缩断口垂直于轴线

60. 图示等截面直杆，在杆的B截面作用有轴向力F。已知杆的拉伸刚度为EA，则直杆自由端C的轴向位移为：

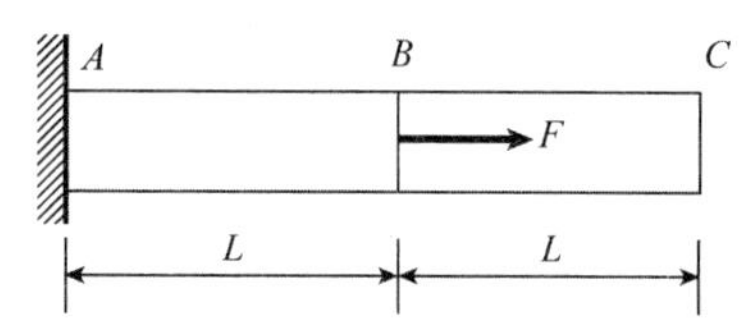

A. 0

B. $\frac{2FL}{EA}$

C. $\frac{FL}{EA}$

D. $\frac{FL}{2EA}$

61. 如图所示，钢板用销轴连接在铰支座上，下端受轴向拉力F，已知钢板和销轴的许用挤应力均为$[\sigma_{bs}]$，则销轴的合理直径d是：

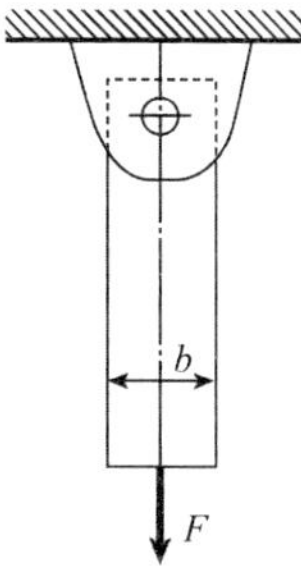

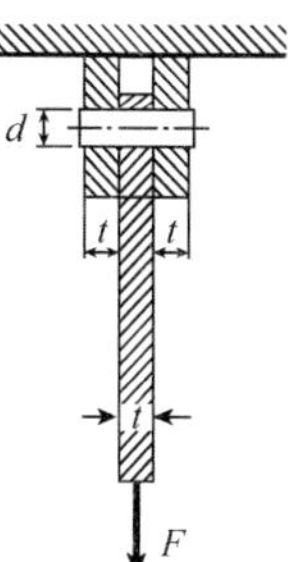

A. $d \geqslant \frac{F}{t[\sigma_{bs}]}$

B. $d \geqslant \frac{F}{2t[\sigma_{bs}]}$

C. $d \geqslant \frac{F}{b[\sigma_{bs}]}$

D. $d \geqslant \frac{F}{2b[\sigma_{bs}]}$

62. 如图所示，等截面圆轴上装有 4 个皮带轮，每个轮传递力偶矩，为提高承载力，方案最合理的是：

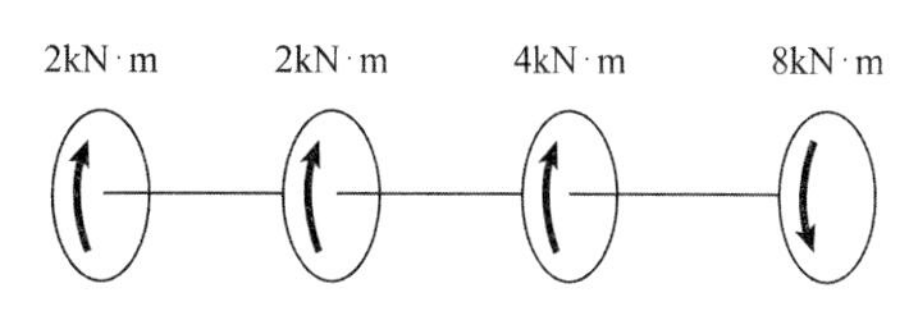

A. 1 与 3 对调

B. 2 与 3 对调

C. 2 与 4 对调

D. 3 与 4 对调

63. 受扭圆轴横截面上扭矩为T，在下面圆轴横截面切应力分布中，正确的是：

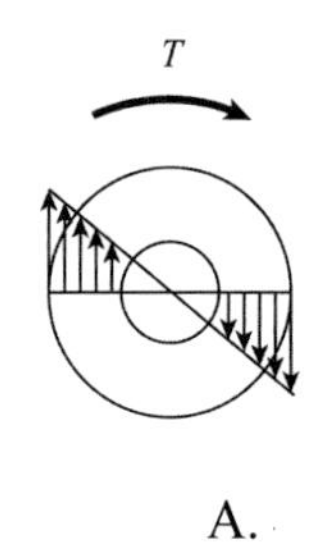

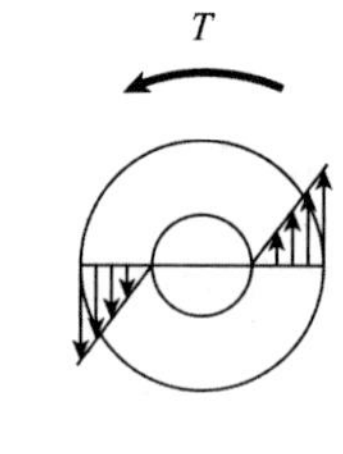

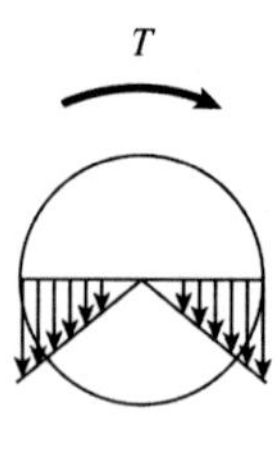

A.　　B.　　C.　　D.

64. 槽型截面，z轴通过截面形心C，将截面划分为 2 部分，分别用 1 和 2 表示，静矩分别为S_{z1}和S_{z2}，两者关系正确的是：

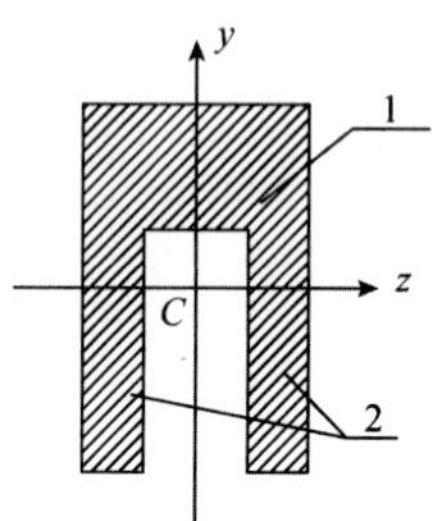

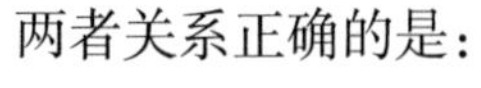

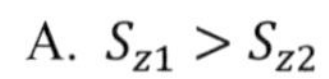

A. $S_{z1} > S_{z2}$

B. $S_{z1} = -S_{z1}$

C. $S_{z1} < S_{z2}$

D. $S_{z1} = S_{z2}$

65. 梁的弯矩图如图所示，则梁的最大剪力是：

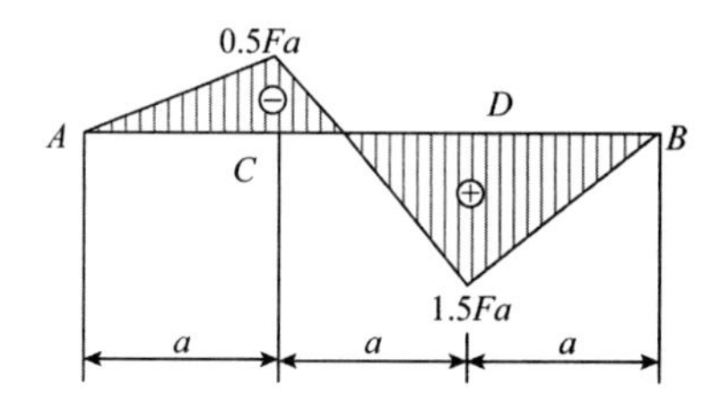

A. $0.5F$

B. F

C. $1.5F$

D. $2F$

66. 悬臂梁AB由两根相同材料和尺寸的矩形截面杆胶合而成，则胶合面的切应力应为：

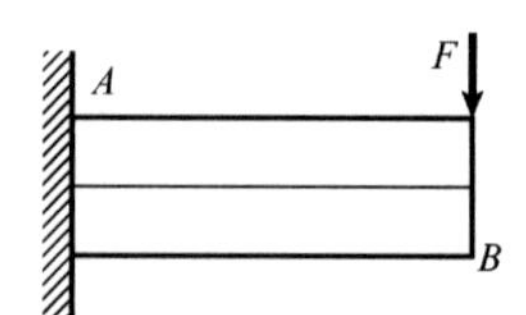

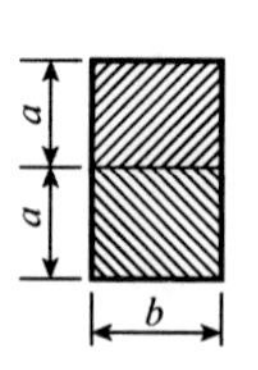

A. $\frac{F}{2ab}$

B. $\frac{F}{3ab}$

C. $\frac{3F}{4ab}$

D. $\frac{3F}{2ab}$

67. 圆截面简支梁直径为d，梁中点承受集中力F，则梁的最大弯曲正应力是：

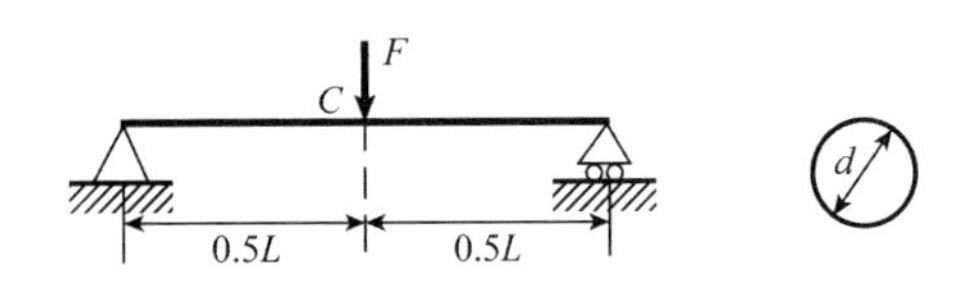

A. $\sigma_{\max}=\frac{8FL}{\pi d^3}$

B. $\sigma_{\max}=\frac{16FL}{\pi d^3}$

C. $\sigma_{\max}=\frac{32FL}{\pi d^3}$

D. $\sigma_{\max}=\frac{64FL}{\pi d^3}$

68. 材料相同的两矩形截面梁如图所示，其中，图（b）中的梁由两根高 0.5h、宽b的矩形截面梁叠合而成，叠合面间无摩擦，则下列结论正确的是：

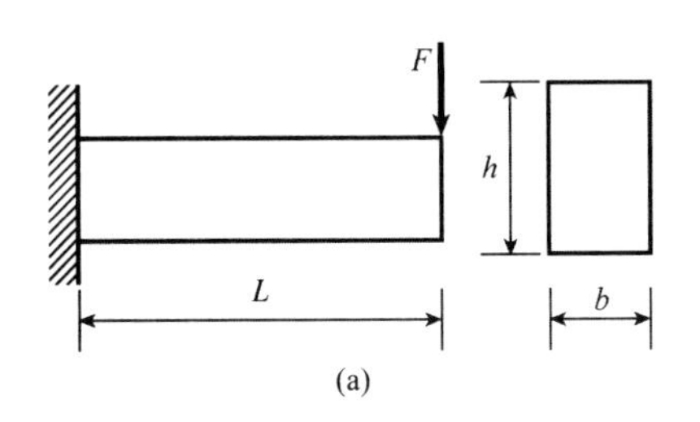

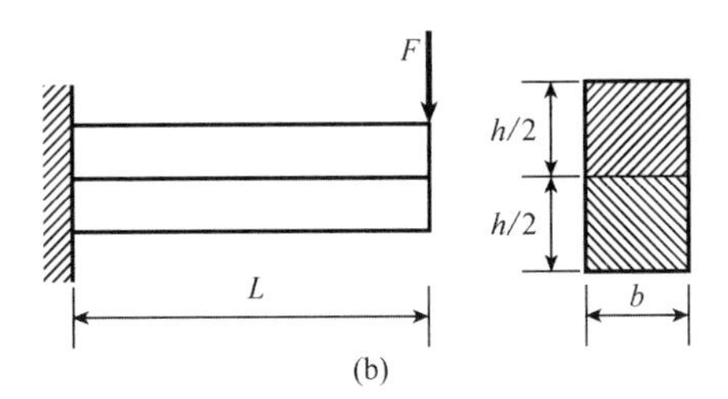

A. 两梁的强度和刚度均不相同

B. 两梁的强度和刚度均相同

C. 两梁的强度相同，刚度不同

D. 两梁的强度不同，刚度相同

69. 下图单元体处于平面应力状态，则图示应力平面内应力圆半径最小的是：

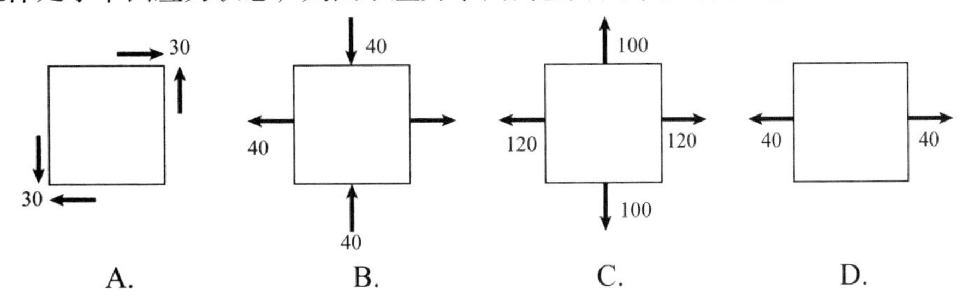

70. 一端固定、一端自由的细长压杆如图（a）所示，为提高其稳定性，在自由端增加一个活动铰链如图（b）所示，则图（b）压杆临界力是图（a）压杆临界力的：

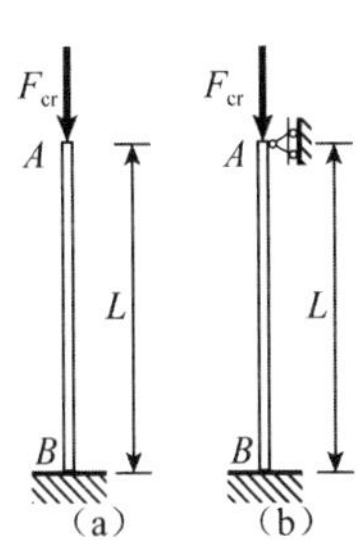

A. 2 倍

B. $\frac{2}{0.7}$倍

C. $\left(\frac{2}{0.7}\right)^2$倍

D. $\left(\frac{0.7}{2}\right)^2$倍

71. 如图所示，一密闭容器内盛有油和水，油层厚$h_1 = 40\text{cm}$，油的密度$\rho_a = 850\text{kg/m}^3$，盛有水银的U形测压管的左侧液面距水面的深度$h_2 = 60\text{cm}$，水银柱右侧高度低于油面$h = 50\text{cm}$，水银的密度$\rho_{Hg} = 13600\text{kg/m}^3$，试求油面上的压强$p_e$为：

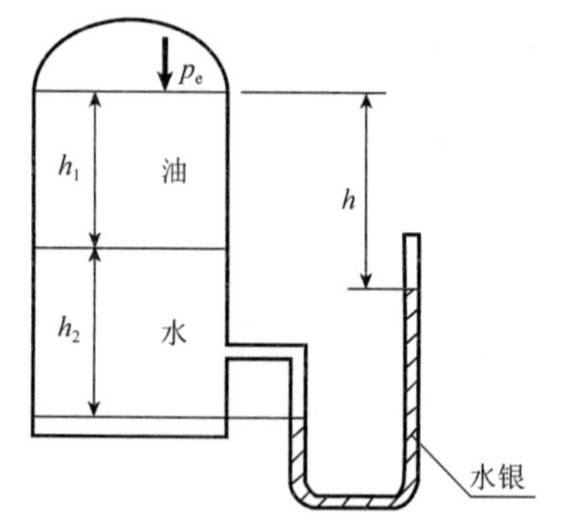

A. 13600Pa

B. 63308Pa

C. 66640Pa

D. 57428Pa

72. 动量方程中，$\sum\vec{F}$表示作用在控制体内流体上的力是：

A. 总质力　　B. 总表面力

C. 合外力　　D. 总压力

73. 在圆管中，黏性流体的流动是层流状态还是紊流状态，判定依据是：

A. 流体黏性大小　　B. 流速大小

C. 流量大小　　D. 流动雷诺数的大小

74. 给水管某处的水压是2943kPa，从该处引出一根水平输水管，直径$d = 250\text{mm}$，当量粗糙高度$k_s = 0.4\text{mm}$，水的运动黏性系数为$0.0131\text{cm}^2/\text{s}$，要保证流量为50L/s，则输水管输水距离为：

A. 6150m　　B. 6250m

C. 6350m　　D. 6450m

75. 如图所示大体积水箱供水，且水位恒定，水箱顶部压力表读数为19600Pa，水深$H = 2\text{m}$，水平管道长$l = 50\text{m}$，直径$d = 100\text{mm}$，沿程损失系数0.02，忽略局部损失，则管道通过的流量是：

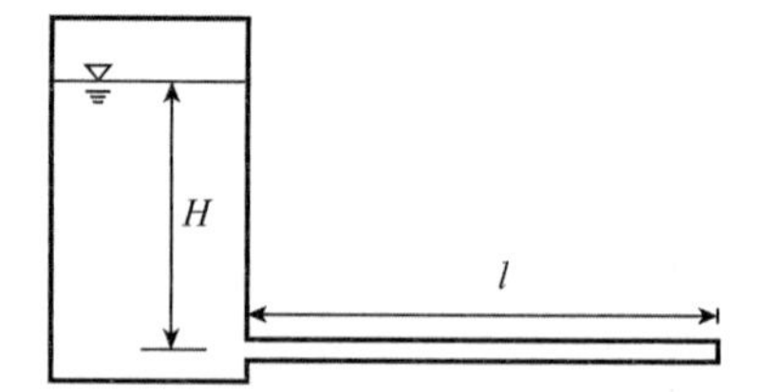

A. 83.8L/s

B. 20.95L/s

C. 10.48L/s

D. 41.9L/s

76. 两条明渠过水断面面积相等，断面形状分别为：（1）方形，边长为a；（2）矩形，底边宽为 $0.5a$，水深为 $2a$。两者的底坡与粗糙系数相同，则两者的均匀流流量关系是：

A. $Q_1 > Q_2$　　B. $Q_1 = Q_2$

C. $Q_1 < Q_2$　　D. 不能确定

77. 均匀砂质土填装在容器中，设渗透系数为 0.01cm/s，则渗流流速为：

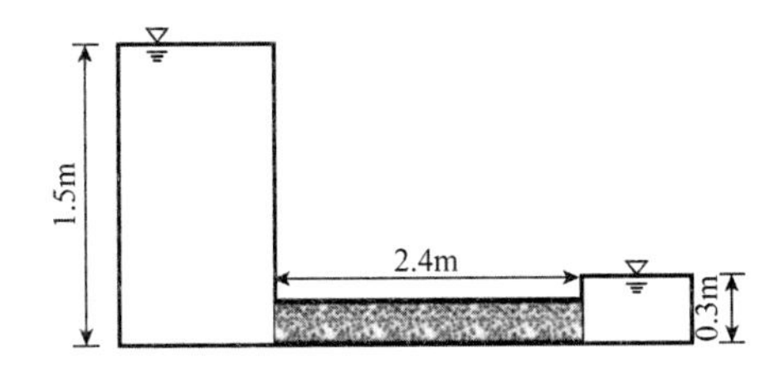

A. 0.003cm/s

B. 0.004cm/s

C. 0.005cm/s

D. 0.01cm/s

78. 弗劳德数的物理意义是：

A. 压力与黏性力之比　　B. 惯性力与黏性力之比

C. 重力与惯性力之比　　D. 重力与黏性力之比

79. 图示变压器，在左侧线圈中通以交流电流，并在铁芯中产生磁通Φ，此时右侧线圈端口上的电压u_2为：

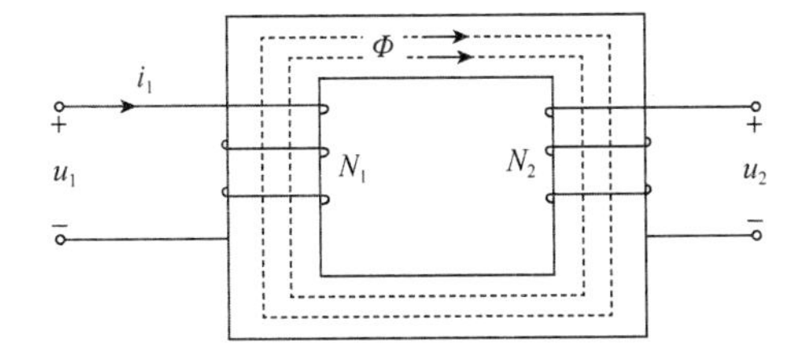

A. 0

B. $N_2\frac{d\Phi}{dt}$

C. $N_1\frac{d\Phi}{dt}$

D. $(N_1 + N_2)\frac{d\Phi}{dt}$

80. 图示电流源$I_s = 0.2$A，则电流源发出的功率为：

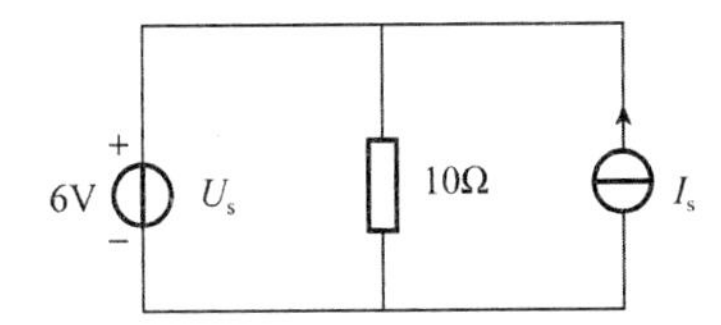

A. 0.4W

B. 4W

C. 1.2W

D. −1.2W

81. 图示电路的等效电路为：

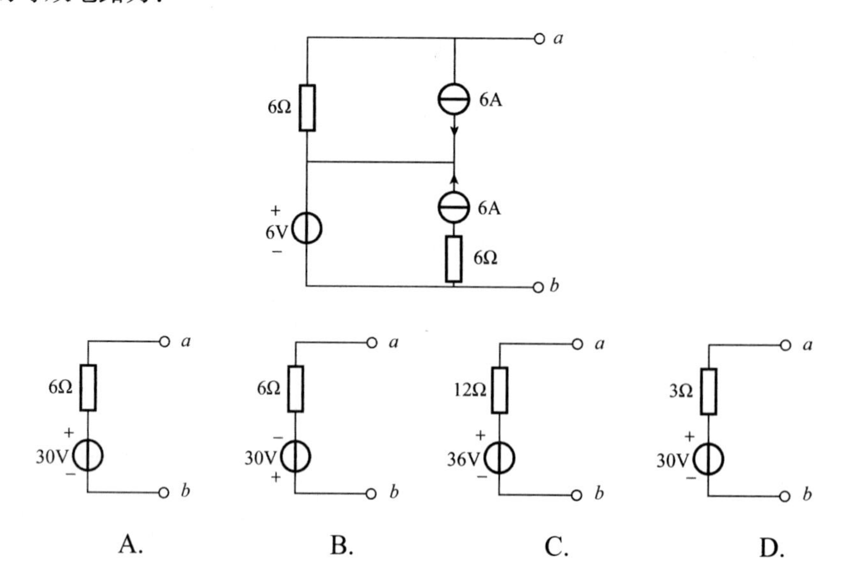

82. RLC 串联电路中，$u = 100\sin(314t + 10°)\,\mathrm{V}$，$R = 100\Omega$，$L = 1\mathrm{H}$，$C = 10\mu\mathrm{F}$，则总阻抗模为：

A. 111Ω

B. 732Ω

C. 96Ω

D. 100.1Ω

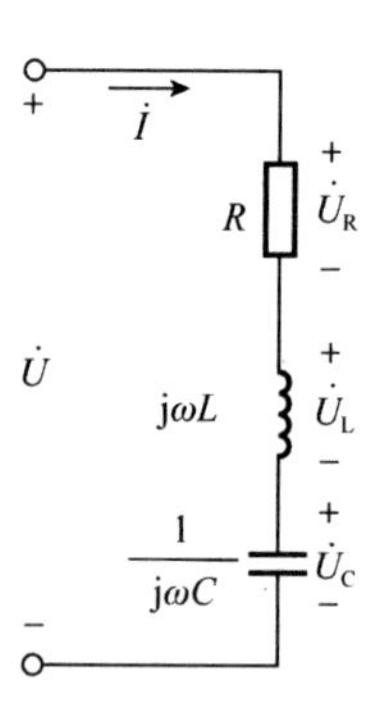

83. 某正弦交流电中，三条支路的电流为$\dot{I}_1 = 100\angle -30°\mathrm{mA}$，$i_2(t) = 100\sin(\omega t - 30°)\,\mathrm{mA}$，$i_3(t) = -100\sin(\omega t + 30°)\,\mathrm{mA}$，则：

A. i_1与i_2完全相同

B. i_3与i_1反相

C. $\dot{I}_2 = \frac{100}{\sqrt{2}}\angle\omega t - 30°\mathrm{mA}$，$\dot{I}_3 = 100\angle 180°\mathrm{mA}$

D. $i_1(t) = 100\sqrt{2}\sin(\omega t - 30°)\mathrm{mA}$，$\dot{I}_2 = \frac{100}{\sqrt{2}}\angle -30°\mathrm{mA}$，$\dot{I}_3 = \frac{100}{\sqrt{2}}\angle -150°\mathrm{mA}$

84. 图示电路中，$u = 220\sqrt{2}\sin(314t + 30°)\,\mathrm{V}$，$u_{\mathrm{B}} = 180\sqrt{2}\sin(314t - 20°)\,\mathrm{V}$，则该电路的功率因数$\lambda$为：

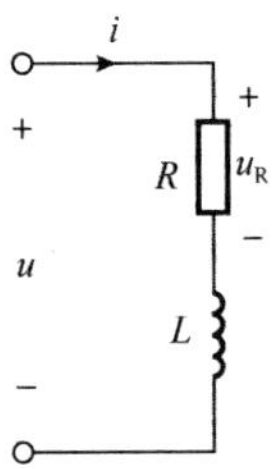

A. cos 10°

B. cos 30°

C. cos 50°

D. cos(−10°)

85. 在下列三相两极异步电机的调速方式中，哪种方式可能使转速高于额定转速？

A. 调转差率　　　　B. 调压调速

C. 改变磁极对数　　D. 调频调速

86. 设计电路，要求$\mathrm{KM_1}$控制电机 1 启动，$\mathrm{KM_2}$控制电机 2 启动，电机 2 必须在电机 1 启动后才能启动，且需要独立断开电机 2。下列电路图正确的是：

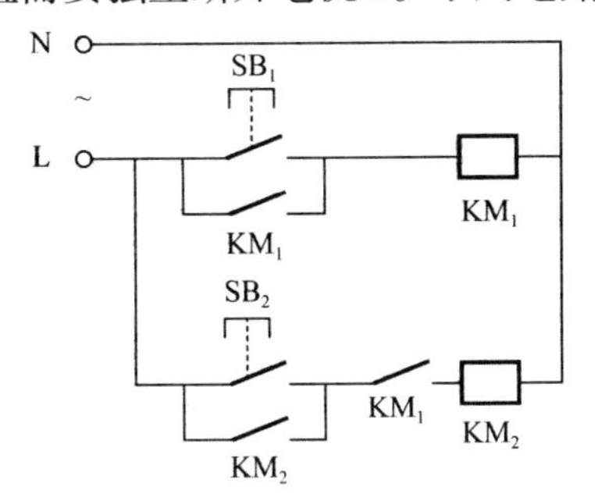

A.

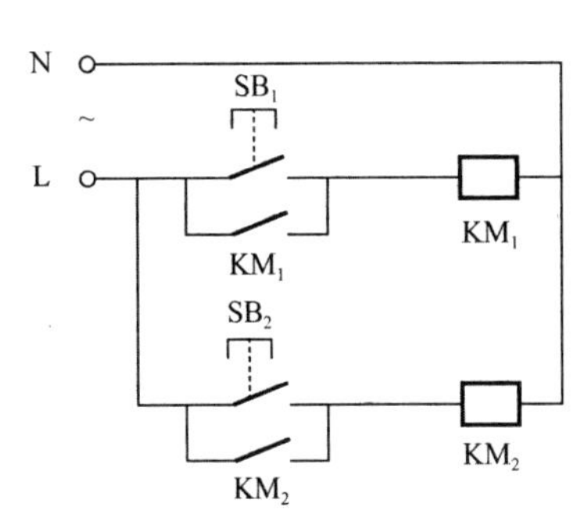

B.

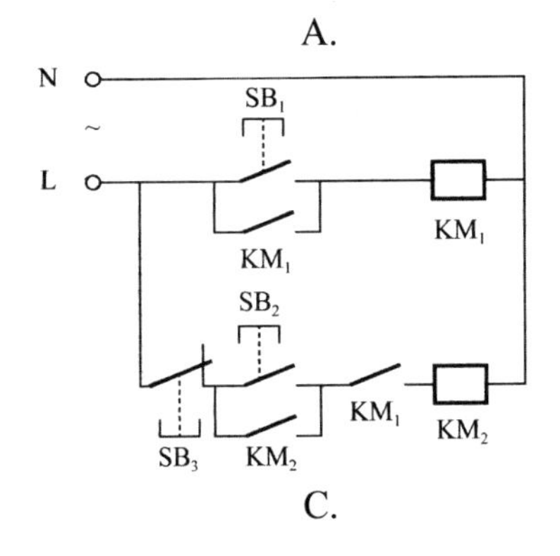

C.

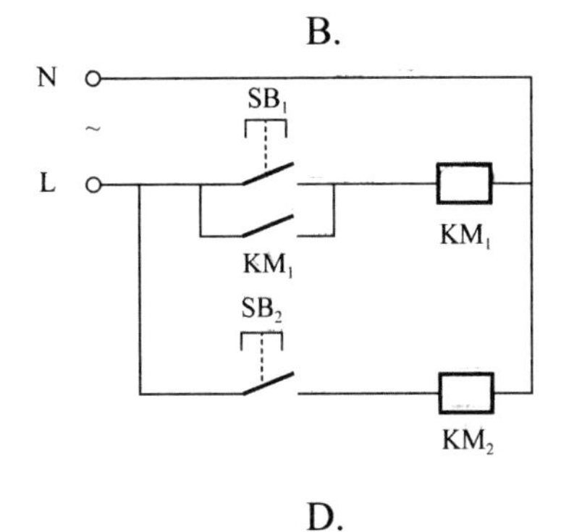

D.

87. 关于模拟信号，下列描述错误的是：

A. 模拟信号是真实信号的电信号表示

B. 模拟信号是一种人工生成的代码信号

C. 模拟信号蕴含对象的原始信号

D. 模拟信号通常是连续的时间信号

88. 模拟信号可用时域、频域描述为：

A. 时域形式在实数域描述，频域形式在复数域描述

B. 时域形式在复数域描述，频域形式在实数域描述

C. 时域形式在实数域描述，频域形式在实数域描述

D. 时域形式在复数域描述，频域形式在复数域描述

89. 信号处理器幅频特性如图所示，其为：

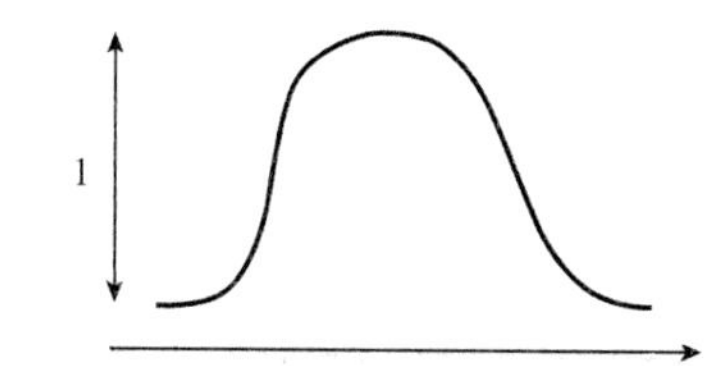

A. 带通滤波器

B. 信号放大器

C. 高通滤波器

D. 低通滤波器

90. 逻辑表达式$AB+\overline{A}C+BCDE$，可化简为：

A. $A+DE$

B. $AB+BCDE$

C. $AB+\overline{A}C+BC$

D. $AB+\overline{A}C$

91. 已知数字信号 A 和数字信号 B 的波形如图所示，则数字信号$F=\overline{A}B+A\overline{B}$的波形为：

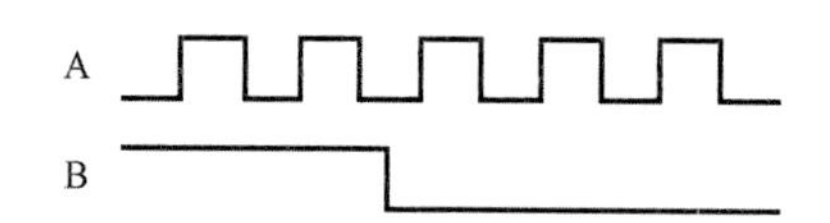

A. F

B. F

C. F

D. F

92. 逻辑函数$F=f(A,B,C)$的真值见表，由此可知：

A	B	C	F
0	0	0	0
0	0	1	0
0	1	0	0
0	1	1	0
1	0	0	1
1	0	1	0
1	1	0	0
1	1	1	1

A. $F=A\overline{B}C+AB\overline{C}$

B. $F=\overline{AB}C+\overline{A}B\overline{C}$

C. $F=\overline{ABC}+\overline{A}BC$

D. $F=A\overline{B}\,\overline{C}+ABC$

93. 二极管应用电路如图所示，设二极管为理想器件，输入正半轴时对应导通的二极管为：

A. D1 和 D3

B. D2 和 D4

C. D1 和 D4

D. D2 和 D3

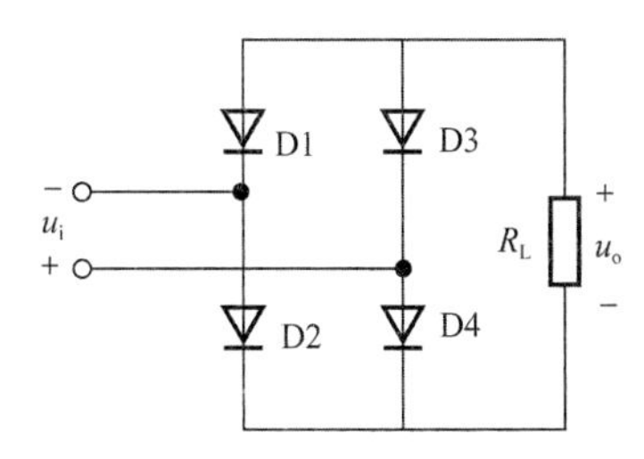

94. 图示电路中，运算放大器输出电压的极限值为$\pm U_{oM}$，当输入电压$u_{i1}=1V$，$u_{i2}=2\sin\omega t$时，输出电压波形为：

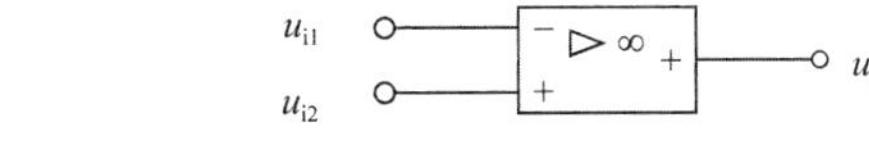

A.

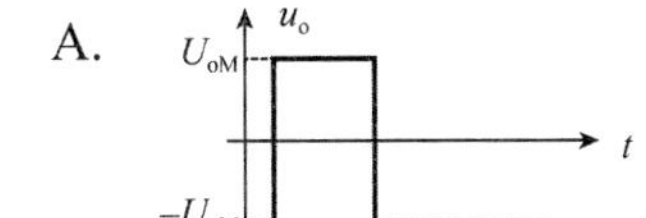

B.

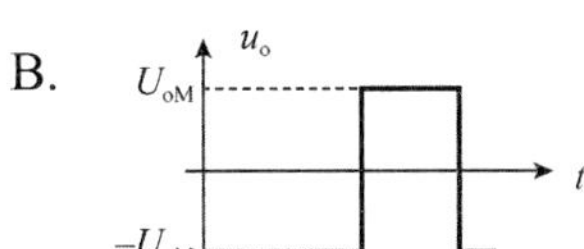

C.

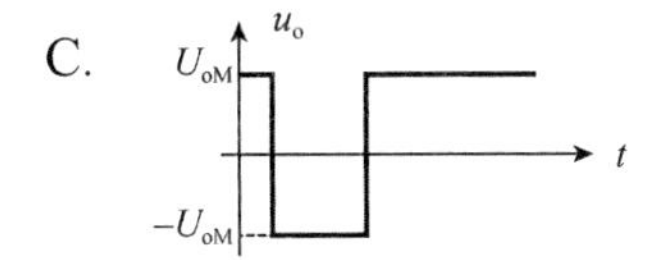

D.

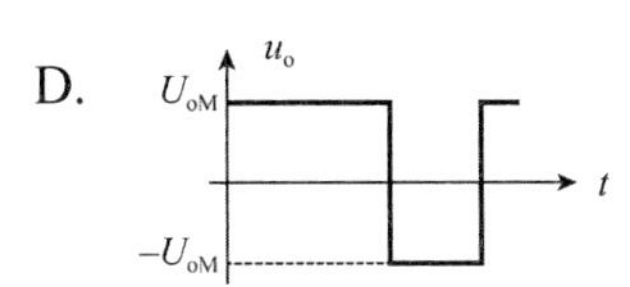

95. 图示F_1、F_2输出：

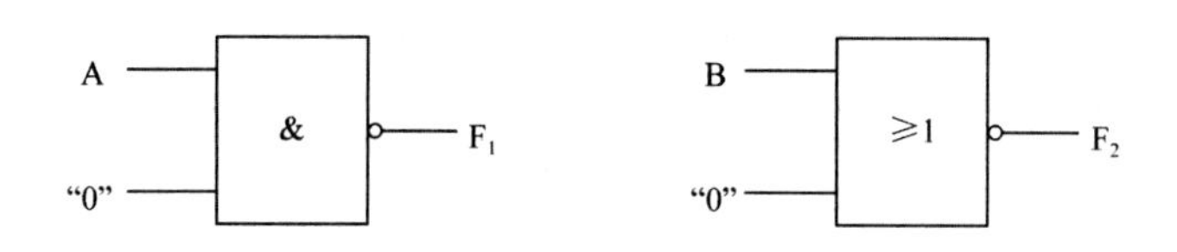

A. 00　　　　B. $1\overline{B}$

C. AB　　　　D. 10

96. 如图 a）所示，复位信号$\overline{R}_D$，置位信号$\overline{S}_D$及时钟脉冲信号 CP 如图 b）所示，经分析，t_1、t_2时刻输出 Q 先后等于：

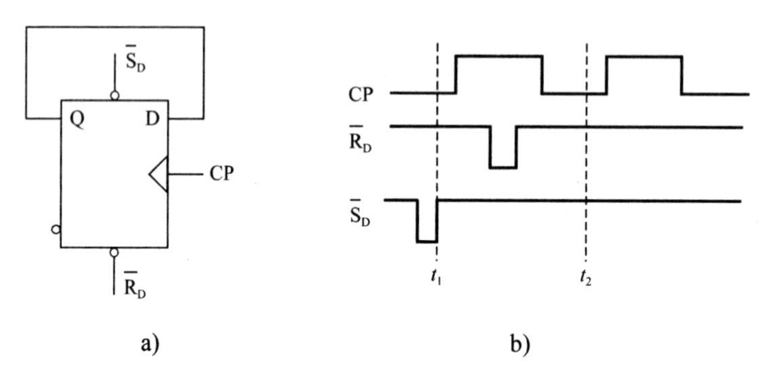

A. 00　　　　B. 01

C. 10　　　　D. 11

97. 计算机的新体系结构思想，是在一个芯片上集成：

A. 多个控制器　　　　B. 多个微处理器

C. 高速缓冲存储器　　　　D. 多个存储器

98. 存储器的主要功能为：

A. 存放程序和数据　　　　B. 给计算机供电

C. 存放电压、电流等模拟信号　　　　D. 存放指令和电压

99. 计算机系统中，为人机交互提供硬件环境的是：

A. 键盘、显示屏　　　　B. 输入/输出系统

C. 键盘、鼠标、显示屏　　　　D. 微处理器

100. 下列有关操作系统的描述，错误的是：

A. 具有文件处理的功能　　B. 使计算机系统用起来更方便

C. 具有对计算机资源管理的功能　　D. 具有处理硬件故障的功能

101. 在计算机内，汉字也是用二进制数字编码表示，一个汉字的国标码是用：

A. 两个七位二进制数码表示的　　B. 两个八位二进制数码表示的

C. 三个八位二进制数码表示的　　D. 四个八位二进制数码表示的

102. 表示计算机信息数量比较大的单位要用 PB、EB、ZB、YB 等表示。其中，数量级最小单位是：

A. YB　　B. ZB

C. PB　　D. EB

103. 在下列存储介质中，存放的程序不会再次感染上病毒的是：

A. 软盘中的程序　　B. 硬盘中的程序

C. U 盘中的程序　　D. 只读光盘中的程序

104. 操作系统中的文件管理，是对计算机系统中的：

A. 永久程序文件的管理　　B. 记录数据文件的管理

C. 用户临时文件的管理　　D. 系统软件资源的管理

105. 计算机网络环境下的硬件资源共享可以：

A. 使信息的传送操作更具有方向性

B. 通过网络访问公用网络软件

C. 使用户节省投资，便于集中管理和均衡负担负荷，提高资源的利用率

D. 独立地、平等地访问计算机的操作系统

106. 广域网与局域网有着完全不同的运行环境，在广域网中：

A. 用户自己掌握所有设备和网络的宽带，可以任意使用、维护、升级

B. 可跨越短距离，多个局域网和主机连接在一起的网络

C. 用户无法拥有广域连接所需要的技术设备和通信设施，只能由第三方提供

D. 100MBit/s 的速度是很平常的

107. 某项目从银行贷款 2000 万元，期限为 3 年，按年复利计息，到期需还本付息 2700 万元，已知 $(F/P,9\%,3)=1.295$，$(F/P,10\%,3)=1.331$，$(F/P,11\%,3)=1.368$，则银行贷款利率应：

A. 小于 9%　　B. 9%～10%之间

C. 10%～11%之间　　D. 大于 11%

108. 某建设项目的建设期为两年，第一年贷款额为 1000 万元，第二年贷款额为 2000 万元，贷款的实际利率为 4%，则建设期利息应为：

A. 100.8 万元　　B. 120 万元

C. 161.6 万元　　D. 210 万元

109. 相对于债务融资方式，普通股融资方式的特点为：

A. 融资风险较高

B. 资金成本较低

C. 增发普通股会增加新股东，使原有股东的控制权降低

D. 普通股的股息和红利有抵税的作用

110. 某建设项目各年的偿债备付率小于 1，其含义是：

A. 该项目利息偿还的保障程度高

B. 该资金来源不足以偿付当期债务，需要通过短期借款偿付已到期债务

C. 用于还本付息的保障程度较高

D. 表示付息能力保障程度不足

111. 一公司年初投资 1000 万元，此后从第一年年末开始，每年都有相等的净收益，方案的运营期为 10 年，寿命期结束时的净残值为 50 万元。若基准收益率为 12%，问每年的净收益至少为：

[已知：$(P/A,12\%,10)=5.650$，$(P/F,12\%,10)=0.322$]

A. 168.14 万元　　B. 174.14 万元

C. 176.99 万元　　D. 185.84 万元

112. 一外贸商品，到岸价格为 100 美元，影子汇率为 6 元/美元，进口费用为 100 美元，求影子价格为：

A. 500 元　　B. 600 元

C. 700 元　　D. 1200 元

113. 某企业对四个分工厂进行技术改造，每个分厂都提出了三个备选的技改方案，各分厂之间是独立的，而各分厂内部的技术方案是互斥的，则该企业面临的技改方案比选类型是：

A. 互斥型　　B. 独立型

C. 层混型　　D. 矩阵型

114. 在价值工程的一般工作程序中，创新阶段要做的工作包括：

A. 制定工作计划　　B. 功能评价

C. 功能系统分析　　D. 方案评价

115.《中华人民共和国建筑法》中，建筑单位正确的做法是：

A. 将设计和施工分别外包给相应部门

B. 将桩基工程和施工工程分别外包给相应部门

C. 将建筑的基础、主体、装饰分别外包给相应部门

D. 将建筑除主体外的部分外包给相应部门

116. 某施工单位承接了某项工程的施工任务，下列施工单位的现场安全管理行为中，错误的是：

A. 向从业人员告知作业场所和工作岗位存在的危险因素、防范措施以及事故应急措施

B. 安排质量检验员兼任安全管理员

C. 安排用于配备安全防护用品、进行安全生产培训的经费

D. 依法参加工伤社会保险，为从业人员缴纳保险费

117. 某必须进行招标的建设工程项目，若招标人于 2018 年 3 月 6 日发售招标文件，则招标文件要求投标人提交投标文件的截止日期最早的是：

A. 3 月 13 日　　B. 3 月 21 日

C. 3 月 26 日　　D. 3 月 31 日

118. 某供货单位要求施工单位以数据电文形式购买水泥的承诺，施工单位根据要求按时发出承诺后，双方当事人签订确认书，则该合同成立的时间是：

A. 双方签订确认书时间

B. 施工单位的承诺邮件进入供货单位系统的时间

C. 施工单位发电子邮件的时间

D. 供货单位查收电子邮件色时间

119. 根据《中华人民共和国节约能源法》的规定，下列行为中不违反禁止性规定的是：

A. 使用国家明令淘汰的用能设备

B. 冒用能源效率标识

C. 企业制定严于国家标准的企业节能标准

D. 销售应当标注而未标注能源效率标识的产品

120. 在建设工程施工过程中，属于专业监理工程师签认的是：

A. 样板工程专项施工方案

B. 建筑材料、构配件和设备进场验收

C. 拨付工程款

D. 竣工验收

2022年度全国勘察设计注册工程师执业资格考试基础考试（上）

试题解析及参考答案

1. 解 本题考查函数极限的基本运算。

由于$\lim\limits_{x\to0^+}\frac{1}{x}=+\infty$，$\lim\limits_{x\to0^-}\frac{1}{x}=-\infty$，所以$\lim\limits_{x\to0^+}2^{\frac{1}{x}}=+\infty$，$\lim\limits_{x\to0^-}2^{\frac{1}{x}}=0$，可得$\lim\limits_{x\to0}2^{\frac{1}{x}}$不存在，故选项A和B错误。

当$x\to0$时，有$\frac{1}{x}\to\infty$，则$\sin\frac{1}{x}$的值在$[-1,1]$震荡，极限不存在，故选项C错误。

当$x\to\infty$时，即$\lim\limits_{x\to\infty}\frac{1}{x}=0$，又$\sin x$为有界函数，即$|\sin x|\leqslant1$，根据无穷小和有界函数的乘积为无穷小，可得$\lim\limits_{x\to\infty}\frac{\sin x}{x}=0$，选项D正确。

答案： D

2. 解 本题考查函数极限的基本运算。

$$\lim_{x\to\infty}\frac{x^2+1}{x+1}-ax-b=\lim_{x\to\infty}\frac{x^2+1-(ax+b)(x+1)}{x+1}$$
$$=\lim_{x\to\infty}\frac{(1-a)x^2-(a+b)x+1-b}{x+1}\xrightarrow{\text{分子分母同时除以变量}x}$$
$$\lim_{x\to\infty}\frac{(1-a)x-(a+b)+\frac{1-b}{x}}{1+\frac{1}{x}}=\infty$$

由于$\lim\limits_{x\to\infty}\frac{1}{x}=0$，若使得$\lim\limits_{x\to\infty}\frac{(1-a)x-(a+b)+\frac{1-b}{x}}{1+\frac{1}{x}}=\infty$，则仅需要$x$的系数不得为零，故可得$a\neq1$，b为任意常数。

答案： D

3. 解 本题考查函数的导数及导数的几何意义。

根据导数的几何意义，$y'(-\frac{1}{2})$为抛物线$y=x^2$上点$(-\frac{1}{2},\frac{1}{4})$处切线的斜率，即$\tan\alpha=y'\left(-\frac{1}{2}\right)=2x|_{x=-\frac{1}{2}}=-1$，其中$\alpha$为切线与$ox$轴正向夹角，所以切线与$ox$轴正向夹角为$\frac{3\pi}{4}$。

答案： C

4. 解 本题考查函数的求导法则。

$y'=\frac{2x}{1+x^2}$，则$y''=\left(\frac{2x}{1+x^2}\right)'=\frac{2(1+x^2)-2x\cdot2x}{(1+x^2)^2}=\frac{2(1-x^2)}{(1+x^2)^2}$。

答案： B

5. 解 本题考查拉格朗日中值定理所满足的条件。

拉格朗日中值定理所满足的条件是$f(x)$在闭区间$[a,b]$连续，在开区间(a,b)可导。

选项A：$y=\ln x$在区间$[1,2]$连续，$y'=\frac{1}{x}$在开区间$(1,2)$存在，即$y=\ln x$在开区间$(1,2)$可导。

选项B：$y=\frac{1}{\ln x}$在$x=1$处，不存在，不满足右连续的条件。

选项C：$y=\ln(\ln x)$在$x=1$处，不存在，不满足右连续的条件。

选项 D：$y=\ln(2-x)$在$x=2$处，不存在，不满足左连续的条件。

答案：A

6. 解　本题考查极值的计算。

函数$f(x)=\frac{x^2-2x-2}{x+1}$的定义域为$(-\infty,-1)\cup(-1,+\infty)$

$f'(x)=\frac{(2x-2)(x+1)-(x^2-2x-2)}{(x+1)^2}=\frac{x(x+2)}{(x+1)^2}$，令$f'(x)=0$，得驻点$x=-2,x=0$。列解表：

题 6 解表

x	$(-\infty,-2)$	-2	$(-2,-1)$	-1	$(-1,0)$	0	$(0,+\infty)$
$f'(x)$	+	0	−	不存在	−	0	+
$f(x)$	单调递增	极大值$f(-2)=-6$	单调递减	无定义	单调递减	极小值$f(0)=-2$	单调递增

由于$\lim\limits_{x\to-\infty}f(x)=-\infty;\lim\limits_{x\to+\infty}f(x)=+\infty$,故$f(0)=-2$是$f(x)$的极小值,但不是最小值,选项 C 正确。

除了上述列表，本题还可以计算如下：

$$f''(x)=\frac{(2x+2)(x+1)^2-(x^2+2x)(2x+2)}{(x+1)^4}=\frac{2}{(x+1)^3}$$

$f''(0)>0$，为极小值点；

$f(-2)=-6$，小于$f(0)$，故不是最小值。

答案：C

7. 解　本题考查不定积分的概念。

由已知$f'(x)=g'(x)$，等式两边积分可得$\int f'(x)\mathrm{d}x=\int g'(x)\mathrm{d}x$，选项 D 正确。

积分后得到$f(x)=g(x)+C$，其中C为任意常数，即导函数相等，原函数不一定相等，两者之间相差一个常数，故可知选项 A、B、C 错误。

答案：D

8. 解　本题考查定积分的计算方法。

方法 1：$\int_0^1\frac{x^3}{\sqrt{1+x^2}}\mathrm{d}x=\frac{1}{2}\int_0^1\frac{x^2}{\sqrt{1+x^2}}\mathrm{d}x^2$

令$u=1+x^2$，$\mathrm{d}u=2x\mathrm{d}x$。当$x=0$时，$u=1$；当$x=1$时，$u=2$。则

$$\frac{1}{2}\int_0^1\frac{x^2}{\sqrt{1+x^2}}\mathrm{d}x^2=\frac{1}{2}\int_1^2\left(\sqrt{u}-\frac{1}{\sqrt{u}}\right)\mathrm{d}u=\frac{1}{2}\left(\frac{2}{3}u^{\frac{3}{2}}-2\sqrt{u}\right)\Big|_1^2=\frac{1}{3}(2-\sqrt{2})$$

方法 2：

$$\begin{aligned}\int_0^1\frac{x^3}{\sqrt{1+x^2}}\mathrm{d}x&=\frac{1}{2}\int_0^1\frac{x^2}{\sqrt{1+x^2}}\mathrm{d}(1+x^2)=\frac{1}{2}\int_0^1\frac{(1+x^2)-1}{\sqrt{1+x^2}}\mathrm{d}(1+x^2)\\&=\frac{1}{2}\left[\int_0^1\sqrt{1+x^2}\mathrm{d}(1+x^2)-\int_0^1\frac{1}{\sqrt{1+x^2}}\mathrm{d}(1+x^2)\right]\\&=\frac{1}{2}\left[\frac{1}{3}(1+x^2)^{\frac{3}{2}}\right]\Big|_0^1-(1+x^2)^{\frac{1}{2}}\Big|_0^1=\frac{1}{3}(2-\sqrt{2})\end{aligned}$$

方法 3：令$x=\tan t$，$\mathrm{d}x=\sec^2t\mathrm{d}t$。

当$x=0$时，$t=0$；当$x=1$时，$t=\frac{\pi}{4}$。

$$\int_0^1 \frac{x^3}{\sqrt{1+x^2}}\mathrm{d}x = \int_0^{\frac{\pi}{4}} \frac{\tan^3 t}{\sec t}\sec^2 t\mathrm{d}t = \int_0^{\frac{\pi}{4}} \frac{\sin^3 t}{\cos^4 t}\mathrm{d}t = -\int_0^{\frac{\pi}{4}} \frac{\sin^2 t}{\cos^4 t}\mathrm{d}\cos t = -\int_0^{\frac{\pi}{4}} \frac{1-\cos^2 t}{\cos^4 t}\mathrm{d}\cos t$$

$$= -\int_0^{\frac{\pi}{4}} \left(\frac{1}{\cos^4 t} - \frac{1}{\cos^2 t}\right)\mathrm{d}\cos t = \left(\frac{1}{3}\cos^{-3} t - \cos^{-1} t\right)\Big|_0^{\frac{\pi}{4}} = \frac{1}{3}\left(2-\sqrt{2}\right)$$

答案：B

9. 解 本题考查向量代数的基本运算。

由 $|\boldsymbol{\alpha}\times\boldsymbol{\beta}| = |\boldsymbol{\alpha}||\boldsymbol{\beta}|\sin(\widehat{\boldsymbol{\alpha},\boldsymbol{\beta}}) = 4\sin(\widehat{\boldsymbol{\alpha},\boldsymbol{\beta}}) = 2\sqrt{3}$，得 $\sin(\widehat{\boldsymbol{\alpha},\boldsymbol{\beta}}) = \frac{\sqrt{3}}{2}$，所以 $(\widehat{\boldsymbol{\alpha},\boldsymbol{\beta}}) = \frac{\pi}{3}$ 或 $\frac{2\pi}{3}$，$\cos(\widehat{\boldsymbol{\alpha},\boldsymbol{\beta}}) = \pm\frac{1}{2}$，故$\boldsymbol{\alpha}\cdot\boldsymbol{\beta} = |\boldsymbol{\alpha}||\boldsymbol{\beta}|\cos(\widehat{\boldsymbol{\alpha},\boldsymbol{\beta}}) = 2$或$-2$。

答案：D

10. 解 本题考查平面与坐标轴位置关系的判定方法。

平面方程为$Ax+Cz+D=0$的法向量$\boldsymbol{n}=\{A,0,C\}$，oy轴的方向向量$\boldsymbol{j}=\{0,1,0\}$，$\boldsymbol{n}\cdot\boldsymbol{j}=0$，所以平面平行于$oy$轴；又因$D$不为零，$oy$轴上的原点$(0,0,0)$不满足平面方程，即该平面不经过原点，所以平面不经过oy轴。

答案：D

11. 解 本题考查多元函数微分学的基本性质。

见解图，函数$z=f(x,y)$在点(x_0,y_0)处连续不能推得该点偏导数存在；反之，函数$z=f(x,y)$在点(x_0,y_0)偏导数存在，也不能推得函数在点(x_0,y_0)一定连续。也即，二元函数在点(x_0,y_0)处连续是它在该点偏导数存在的既非充分又非必要条件。

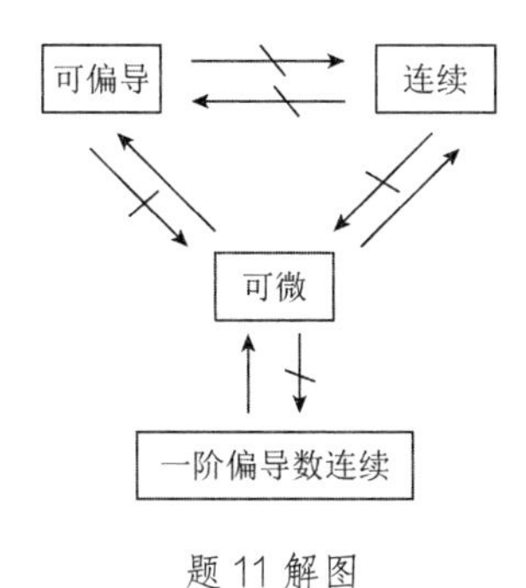

题 11 解图

答案：D

12. 解 本题考查二重积分的直角坐标与极坐标之间的变换。

根据直角坐标系和极坐标的关系（见解图）：$\begin{cases} x = r\cos\theta \\ y = r\sin\theta \end{cases}$，圆域$D$：$x^2+y^2\leqslant 1$化为极坐标系为：$0\leqslant r\leqslant 1$，$0\leqslant\theta\leqslant 2\pi$，极坐标系下面积元素$\mathrm{d}\sigma = r\mathrm{d}r\mathrm{d}\theta$，则二重积分$\iint\limits_D x\mathrm{d}x\mathrm{d}y = \int_0^{2\pi}\mathrm{d}\theta\int_0^1 r^2\cos\theta\mathrm{d}r$。

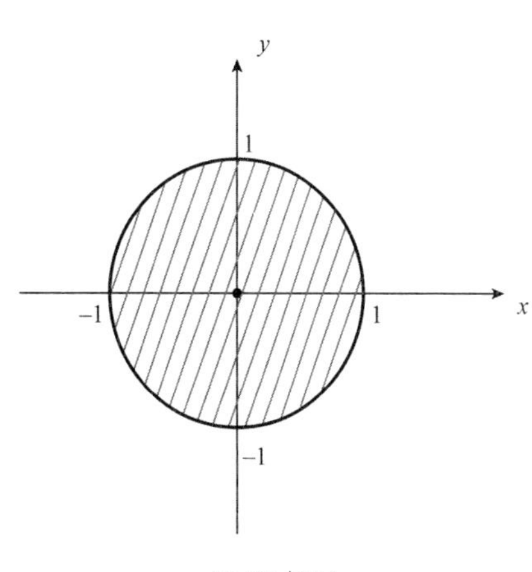

题 12 解图

答案：B

13. 解　本题考查导数的几何意义与微分方程求解。

微分方程$y' = 2x$直接积分可得通解$y = x^2 + C$，其中C是任意常数。

由于曲线与直线$y = 2x - 1$相切，则曲线与直线在切点处切线斜率相等。

已知直线$y = 2x - 1$的斜率为2，设切点为(x_0, y_0)，则$y'(x_0) = 2x_0 = 2$，得$x_0 = 1$，代入切线方程得$y_0 = 1$。

将切点$(1,1)$代入通解，得$C = 0$。

即微分方程的解是$y = x^2$。

答案：C

14. 解　本题考查常数项级数的敛散性。

选项A：$\sum\limits_{n=2}^{\infty}(-1)^n\frac{1}{\ln n}$为交错级数，满足莱布尼兹定理的条件：$u_{n+1} = \frac{1}{\ln(n+1)} < u_n = \frac{1}{\ln n}$，且$\lim\limits_{n\to\infty} u_n = 0$，所以级数收敛；另正项级数一般项$\left|(-1)^n\frac{1}{\ln n}\right| = \frac{1}{\ln n} \geqslant \frac{1}{n}$，调和级数$\sum\limits_{n=1}^{\infty}\frac{1}{n}$发散，根据正项级数比较判别法，$\sum\limits_{n=2}^{\infty}\frac{1}{\ln n}$发散。所以$\sum\limits_{n=2}^{\infty}(-1)^n\frac{1}{\ln n}$条件收敛，选项A正确。

选项B：由于$\sum\limits_{n=1}^{\infty}\frac{1}{n^{\frac{3}{2}}}$为$p = \frac{3}{2} > 1$的$p$-级数，故$\sum\limits_{n=1}^{\infty}(-1)^n\frac{1}{n^{\frac{3}{2}}}$绝对收敛。

选项C：级数$\sum\limits_{n=1}^{\infty}(-1)^n\frac{n}{n+2}$的一般项$\lim\limits_{n\to\infty}(-1)^n\frac{n}{n+2} \neq 0$，根据收敛级数的必要条件可知，该级数发散。

选项D：因为$\left|\sin\left(\frac{4n\pi}{3}\right)\right| \leqslant 1$，有$\left|\frac{\sin\left(\frac{4n\pi}{3}\right)}{n^3}\right| < \frac{1}{n^3}$，为$p = 3 > 1$的$p$-级数，级数收敛，所以$\sum\limits_{n=1}^{\infty}\frac{\sin\left(\frac{4n\pi}{3}\right)}{n^3}$绝对收敛。

答案：A

15. 解　本题考查二阶常系数线性齐次方程的求解。

方法1：二阶常系数齐次微分方程$y'' - 2y' + 2y = 0$的特征方程为：$r^2 - 2r + 2 = 0$，特征方程有一对共轭的虚根$r_{1,2} = 1 \pm i$，对应微分方程的通解为$y = e^x(C_1\cos x + C_2\sin x)$，其中$C_1$，$C_2$为任意常数。当$C_1 = 0$，$C_2 = 1$时，$y = e^x\sin x$，是微分方程的特解。

方法2：也可以将四个选项代入微分方程验证，如将选项A代入微分方程化简，有：

$$(e^{-x}\cos x)'' - 2(e^{-x}\cos x)' + 2(e^{-x}\cos x) = 4e^{-x}(\sin x + \cos x) \neq 0$$

故选项A错误；同理，将选项B、C、D分别代入微分方程并化简，可知选项C正确。

注：方法2的计算量较大，考试过程中不提倡使用。方法1的各种情况总结见解表。

题15解表

特征方程$\lambda^2 + p\lambda + q = 0$的根	微分方程$y'' + py' + qy = 0$的通解
不相等的两个实根$r_1 \neq r_2$	$y = C_1e^{r_1x} + C_2e^{r_2x}$
相等的两个实根$r_1 = r_2$	$y = (C_1 + C_2x)e^{r_1x}$
一对共轭复根$r_{1,2} = \alpha \pm \beta i(\beta > 0)$	$y = e^{\alpha x}(C_1\cos\beta x + C_2\sin\beta x)$

答案：C

16. 解 本题考查对坐标曲线积分的计算。

见解图，有向直线段L：$y=-x+a$，x从a到 0，则

$$\int_L x\mathrm{d}y=-\int_a^0 x\,\mathrm{d}x=-\frac{x^2}{2}\Big|_a^0=\frac{a^2}{2}$$

题 16 解图

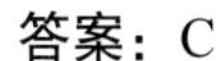

答案：C

17. 解 本题考查幂级数的收敛区间。

因为$\sum\limits_{n=1}^{\infty}a_n x^n$的收敛半径为 3，有$\lim\limits_{n\to\infty}\left|\frac{a_{n+1}}{a_n}\right|=\frac{1}{3}$，

而$\lim\limits_{n\to\infty}\left|\frac{(n+1)a_{n+1}}{na_n}\right|=\frac{1}{3}$，故$\sum\limits_{n=1}^{\infty}na_n(x-1)^{n+1}$的收敛半径也为 3。

有$-3<x-1<3$，即收敛区间为$-2<x<4$。

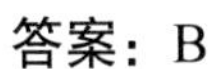

答案：B

18. 解 本题考查多元函数二阶偏导数的计算方法。

已知二元函数$z=\frac{1}{x}f(xy)$，则

$$\frac{\partial z}{\partial x}=-\frac{1}{x^2}f(xy)+\frac{1}{x}f'(xy)\cdot y$$

$$\frac{\partial^2 z}{\partial x\partial y}=-\frac{1}{x^2}f'(xy)\cdot x+\frac{1}{x}[f''(xy)\cdot xy+f'(xy)]+y=yf''(xy)$$

答案：D

19. 解 本题考查逆矩阵的性质。

$\boldsymbol{ABXC}=\boldsymbol{D}$，两端同时右乘$\boldsymbol{C}^{-1}$，有$\boldsymbol{ABX}=\boldsymbol{DC}^{-1}$，

两端同时左乘$\boldsymbol{A}^{-1}$，有$\boldsymbol{BX}=\boldsymbol{A}^{-1}\boldsymbol{DC}^{-1}$，

两端同时左乘$\boldsymbol{B}^{-1}$，有$\boldsymbol{X}=\boldsymbol{B}^{-1}\boldsymbol{A}^{-1}\boldsymbol{DC}^{-1}$。

注：矩阵乘法不满足交换律，左乘与右乘需严格对应。

答案：B

20. 解 本题考查线性方程组基础解系的性质。

n元齐次线性方程组$\boldsymbol{AX}=\boldsymbol{0}$有非零解的充要条件为$r(\boldsymbol{A})<n$，此时存在基础解系，且基础解系含$n-r(\boldsymbol{A})$个解向量。

答案：C

21. 解 本题考查二次型标准型的表示方法。

矩阵$\boldsymbol{B}$的特征方程为$|\lambda\boldsymbol{E}-\boldsymbol{B}|=\begin{vmatrix}\lambda-1 & 0 & 0\\ 0 & \lambda & -2\\ 0 & -2 & \lambda\end{vmatrix}=(\lambda-1)(\lambda^2-4)=0$，特征值分别为：$\lambda_1=1$，$\lambda_2=2$，$\lambda_3=-2$

合同矩阵的判别方法：实对阵矩阵的$\boldsymbol{A}$和$\boldsymbol{B}$合同的充分必要条件是$\boldsymbol{A}$和$\boldsymbol{B}$的特征值中正、负特征值的个数相等。

已知，矩阵$\boldsymbol{B}$对应的二次型的正惯性指数和负惯性指数分别为 2 和 1，由于合同矩阵具有相同的正、

负惯性指数，故二次型$f(x_1,x_2,x_3)=\boldsymbol{x}^{\mathrm{T}}\boldsymbol{A}\boldsymbol{x}$的标准型是：

$$f=y_1^2+2y_2^2-2y_3^2$$

答案：A

22. 解 本题考查条件概率、全概率的性质与计算方法。

依据全概率公式，$P(B)=P(A)\cdot P(B\mid A)+P(\overline{A})P(B\mid\overline{A})$

已知$P(A)=\frac{1}{2}$，则$P(\overline{A})=1-P(A)=\frac{1}{2}$；又$P(B\mid A)=\frac{1}{10}$，$P(B\mid\overline{A})=\frac{1}{20}$

故$P(B)=P(A)\cdot P(B\mid A)+P(\overline{A})P(B\mid\overline{A})=\frac{1}{2}\times\frac{1}{10}+\frac{1}{2}\times\frac{1}{20}=\frac{3}{40}$。

或者按以下思路，一步一步推导：

由$P(A)=\frac{1}{2}$，则$P(\overline{A})=1-P(A)=\frac{1}{2}$

又$P(B\mid A)=\frac{P(AB)}{P(A)}=\frac{1}{10}$，有$P(AB)=P(A)P(B\mid A)=\frac{1}{2}\times\frac{1}{10}=\frac{1}{20}$

又由$P(B\mid\overline{A})=\frac{P(\overline{A}B)}{P(\overline{A})}=\frac{P(B)-P(AB)}{P(\overline{A})}=\frac{1}{20}$，有$P(B)-P(AB)=P(B\mid\overline{A})P(\overline{A})=\frac{1}{40}$

故$P(B)=\frac{3}{40}$。

答案：B

23. 解 本题考查随机变量的数学期望与方差的性质。

$E(X+Y)^2=E(X^2+2XY+Y^2)=E(X^2)+2E(XY)+E(Y^2)$，由于$E(X^2)=D(X)+[E(X)]^2=1+0=1$，$E(Y^2)=D(Y)+[E(Y)]^2=1+0=1$，且又因为随机变量$X$与$Y$相互独立，则$E(XY)=E(X)\cdot E(Y)=0$，所以$E(X+Y)^2=2$。

或者由方差的计算公式$D(X+Y)=E(X+Y)^2-[E(X+Y)]^2$，已知随机变量$X$与$Y$相互独立，则：

$E(X+Y)^2=D(X+Y)+[E(X+Y)]^2=D(X)+D(Y)+[E(X)+E(Y)]^2=1+1+0=2$。

答案：C

24. 解 本题考查二维随机变量均匀分布的定义。

随机变量(X,Y)服从G上的均匀分布，则有联合密度函数：

$$f(x,y)=\begin{cases}\dfrac{1}{S_{\mathrm{G}}} & (x,y)\in G\\ 0 & 其他\end{cases}$$

S_{G}为$y=x^2$与$y=x$所围的平面区域的面积，见解图。

$$S_{\mathrm{G}}=\int_0^1(x-x^2)\mathrm{d}x=\left(\frac{1}{2}x^2-\frac{1}{3}x^3\right)\Big|_0^1=\frac{1}{6}$$

所以，$f(x,y)=\begin{cases}6 & (x,y)\in G\\ 0 & 其他\end{cases}$

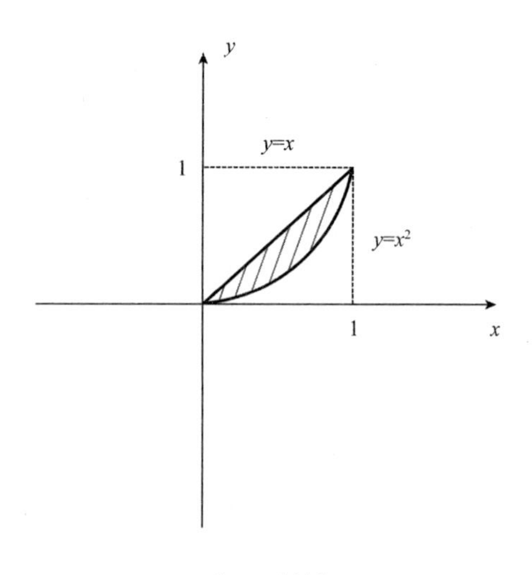

题24解图

答案：A

25. 解 $1\mathrm{m}^3=10^3\mathrm{L}$。

答案：C

26. 解 由于$\omega=\frac{3}{2}kT$，可知温度是分子平均平动动能的量度，所以当温度相等时，两种气体分子的平均平动动能相等。而两种气体分子的自由度不同，质量与摩尔质量不同，故选项B、C、D不正确。

答案： A

27. 解 双原子分子理想气体的自由度$i=5$，等压膨胀的情况下对外做功为：

$$W=P(V_2-V_1)=\frac{m}{M}R(T_2-T_1)$$

吸收热量为：$Q=\frac{m}{M}C_{\mathrm{p}}\Delta T=\frac{m}{M}\frac{7}{2}R(T_2-T_1)$

可以得到$W/Q=2/7$。

答案： D

28. 解 卡诺循环热机效率为：

$$\eta=1-\frac{Q_2}{Q_1}=1-\frac{T_2}{T_1}=1-\frac{T_2}{nT_2}=1-\frac{1}{n}$$

则$Q_2=\frac{1}{n}Q_1$，其中Q_1、Q_2分别为从高温热源吸收的热量和传给低温热源的热量。

答案： C

29. 解 相同质量的氢气与氧气分别装在两个容积相同的封闭容器内，环境温度相同，摩尔质量不同，摩尔数不等，由理想气体状态方程可得：

$$\frac{P_{\mathrm{H_2}}V}{P_{\mathrm{O_2}}V}=\frac{\frac{m}{M_{\mathrm{H_2}}}T}{\frac{m}{M_{\mathrm{O_2}}}T}=\frac{32}{2}=16$$

答案： B

30. 解 波动方程的标准表达式为：

$$y=A\cos\left[\omega\left(t-\frac{x}{u}\right)+\varphi_0\right]$$

将平面简谐波的表达式改为标准的余弦表达式：

$$y=-0.05\sin\pi(t-2x)=0.05\cos\pi\left(t-\frac{x}{\frac{1}{2}}\right)$$

则有$A=0.05$，$u=\frac{1}{2}$

$\omega=\pi$，$T=\frac{2\pi}{\omega}=2$，$\nu=\frac{1}{T}=\frac{1}{2}$。

答案： C

31. 解 横波以波速u沿x轴负方向传播，见解图。A点振动速度小于零，B点向下运动，C点向上运动，D点向下运动且振动速度小于0，故选项D正确。

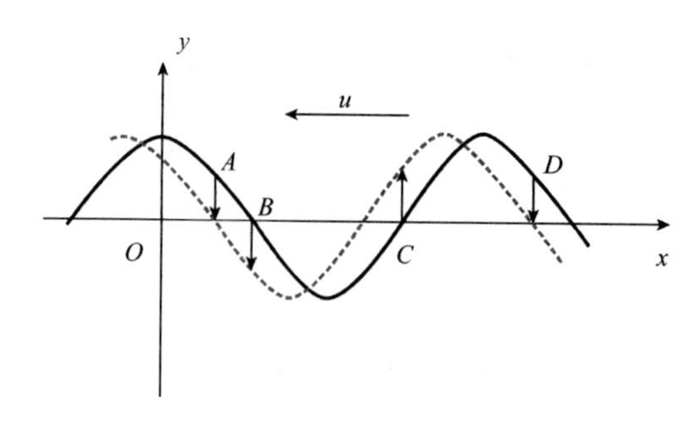

题 31 解图

答案：D

32. 解 本题考查声波常识，常温下空气中的声速为 340m/s。

答案：A

33. 解 本题考查波动的能量特征，由于动能与势能是同相位的，同时达到最大或最小，所以总机械能为动能（势能）的 2 倍。

答案：B

34. 解 等厚干涉，$a = \frac{\lambda}{2n\theta}$，夹角不变，条纹间隔不变。

答案：C

35. 解 在单缝衍射中，对于第二级暗条纹，对应有 4 个半波带，每个半波带面积为S_2；对于第三级暗条纹，对应有 6 个半波带，每个半波带面积依然为S_2，也即$S_3 = S_2$。

答案：C

36. 解 代入公式，可得

$$I = I_0 \cos^2 \alpha \cos^2 \left(\frac{\pi}{2} - \alpha\right) = I_0 \cos^2 \alpha \sin^2 \alpha = \frac{1}{4} I_0 (\sin 2\alpha)^2$$

答案：C

37. 解 多电子原子在无外场作用下，原子轨道能量高低取决于主量子数n和角量子数l。

答案：B

38. 解 共价键的本质是原子轨道的重叠，离子键由正负离子间的静电作用成键，金属键由金属正离子靠自由电子的胶合作用成键。氢键是强极性键（A-H）上的氢核与电负性很大、含孤电子对并带有部分负电荷的原子之间的静电引力。

答案：A

39. 解 $NH_3 \cdot H_2O$溶液中存在如下解离平衡：$NH_3 \cdot H_2O \rightleftharpoons NH_4{}^+ + OH^-$，加入一些固体 NaOH 后，溶液中的$OH^-$浓度增加，平衡逆向移动，氨的解离度减小。

答案：C

40. 解 气体分子数增加的反应，其熵变$\Delta_r S_m^\ominus$大于零；气体分子数减少的反应，其熵变$\Delta_r S_m^\ominus$小于零。本题中氧气分子数减少，选项 B 正确。

答案： B

41. 解 对有气体参加的反应，改变总压强（各气体反应物和生成物分压之和）时，如果反应前后气体分子数相等，则平衡不移动。

答案： C

42. 解 当温度为 298K，离子浓度为 1mol/L，气体的分压为 100kPa 时，固体为纯固体，液体为纯液体，此状态称为标准状态。标准状态时的电极电势称为标准电极电势。标准氢电极的电极电势$E^{\Theta}_{H^+/H_2}=0$，1mol/L的H_2O，HOAc 和 HCN 的氢离子浓度分别为：

$C_{H^+}(H_2O)=1\times10^{-7}mol/L$；

$C_{H^+}(HOAc)=\sqrt{K_a\cdot C}=\sqrt{1.8\times10^{-5}}=4.2\times10^{-3}mol/L$；

$C_{H^+}(HCN)=\sqrt{K_a\cdot C}=\sqrt{6.2\times10^{-10}}=2.5\times10^{-5}mol/L$。

$E^{\Theta}_{H_2O/H_2}$等于$C_{H^+}=1\times10^{-7}mol\cdot L^{-1}$时的$E_{H^+/H_2}$；

E^{Θ}_{HOAc/H_2}等于$C_{H^+}=4.2\times10^{-3}mol\cdot L^{-1}$时的$E_{H^+/H_2}$；

E^{Θ}_{HCN/H_2}等于$C_{H^+}=2.5\times10^{-5}mol\cdot L^{-1}$时的$E_{H^+/H_2}$。

根据电极电势的能斯特方程：

$$E_{H^+/H_2}=E^{\Theta}_{H^+/H_2}+\frac{0.059}{n}\lg\frac{C^2_{H^+}}{p_{H_2}}$$

可知 1mol/L H_2O的氢离子浓度最小，电极电势最小。

答案： B

43. 解 $KMnO_4$中，K 的氧化数为+1，O 的氧化数为−2，所以 Mn 的氧化数为+7。

答案： D

44. 解 丙烷有 2 种类型的氢原子，有 2 种一氯代物；异戊烷有 4 种类型的氢原子，有 4 种一氯代物；新戊烷有 1 种类型的氢原子，有 1 种一氯代物；2，3-二甲基戊烷有 6 种类型的氢原子，有 6 种一氯代物。

答案： A

45. 解 选项 A 是氧化反应，选项 B 是取代反应，选项 C 是加成反应，选项 D 是取代反应。

答案： C

46. 解 选项 A、C、D 消除反应只能得到 1 种烯烃，选项 B 消除反应只能得到 2 种烯烃。

答案： B

47. 解 因为杆BC为二力构件，B、C处的约束力应沿BC连线且等值反向（见解图），而△ABC为等边三角形，故B处约束力的作用线与x轴正向所成的夹角为 150°。

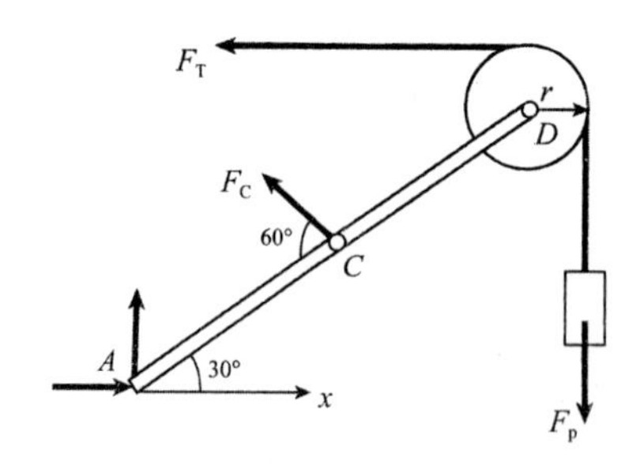

题 47 解图

答案：D

48. 解　由于q的合力作用线通过I点，其对该点的力矩为零，故系统对I点的合力矩为：

$$M_I = FR = 500\text{N} \cdot \text{cm}（顺时针）$$

答案：D

49. 解　由于物体系统所受主动力为平衡力系，故A、B处的约束力也应自成平衡力系，即满足二力平衡原理，A、B、C处的约束力均为水平方向（见解图），考虑AC的平衡，采用力偶的平衡方程：

$\sum m = 0 \quad F_A \cdot 2a - M = 0$，$F_A = F_{Ax} = \frac{M}{2a}$；且$F_{Ay} = 0$。

（注：此题同 2010 年第 49 题）

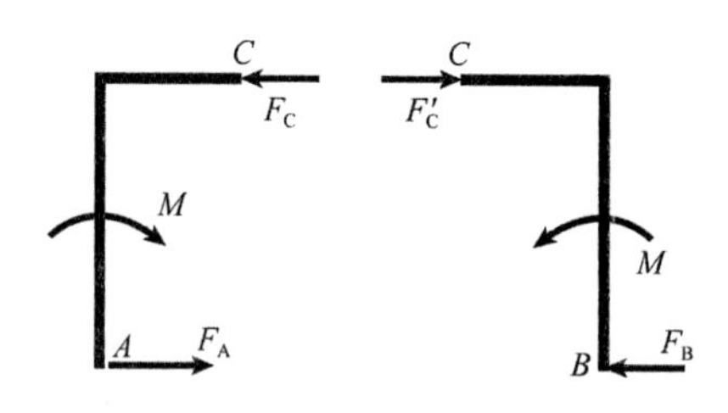

题 49 解图

答案：B

50. 解　因为摩擦角$\varphi_m < \alpha$，所以物块会向下滑动，物块所受摩擦力应为最大摩擦力，即正压力$W\cos\alpha$乘以摩擦因数$f = \tan\varphi_m$。

答案：A

51. 解　$t = 2\text{s}$时，速度$v = 2^2 - 20 = -16\text{m/s}$；加速度$a = \frac{\text{d}v}{\text{d}t} = 2t = 4\text{m/s}^2$。

答案：A

52. 解　根据法向加速度公式$a_n = \frac{v^2}{\rho}$，曲率半径即为圆周轨迹的半径，则有

$$\rho = R = \frac{v^2}{a_n} = \frac{80^2}{120} = 53.3\text{m}$$

答案：B

53. 解　定轴转动刚体上一点加速度与转动角速度、角加速度的关系为：

$a_B^t = OB \cdot \varepsilon = 50 \times 1 = 50\text{cm/s}^2$（垂直于$OB$连线，水平向右）

$a_B^n = OB \cdot \omega^2 = 50 \times 2^2 = 200\text{cm/s}^2$（由$B$指向$O$）

答案：D

54. 解 物体的加速度为零时，速度达到最大值，此时阻力与重力相等，即

由$\mu v_{极限} = mg$，得到 $$v_{极限} = \frac{mg}{\mu}$$

答案：B

55. 解 根据弹性力做功的定义可得：

$$W_{BA} = \frac{k}{2}\left[\left(\sqrt{2}R - l_0\right)^2 - (2R - l_0)^2\right]$$
$$= \frac{4900}{2} \times 0.1^2 \times \left[\left(\sqrt{2} - 1\right)^2 - 1^2\right] = -20.3\text{N} \cdot \text{m}$$

答案：C

56. 解 系统在转动中对转动轴z的动量矩守恒，设ω_t为小球达到C点时圆环的角速度，由于小球在A点与在C点对z轴的转动惯量均为零，即$I\omega = I\omega_t$，则$\omega_t = \omega$。

答案：C

57. 解 如解图所示，杆释放至铅垂位置时，其角加速度为零，质心加速度只有指向转动轴O的法向加速度，根据达朗贝尔原理，施加其上的惯性力$F_I = ma_C = m\omega^2 \cdot \frac{l}{2} = \frac{3}{2}mg$，方向向下；而施加于杆$OA$的附加动反力大小与惯性力相同，方向与其相反。

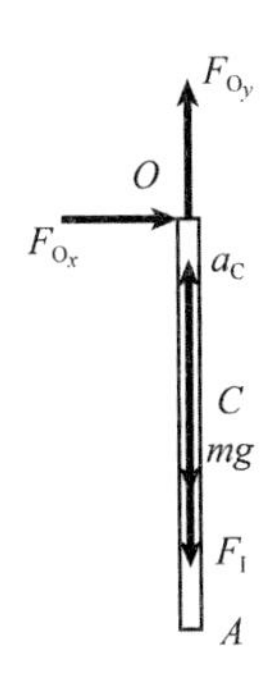

题 57 解图

答案：A

58. 解 截断前的弹簧相当于截断后两个弹簧串联而成，若设截断后的两个弹簧的刚度均为k_1，则有$\frac{1}{k} = \frac{1}{k_1} + \frac{1}{k_1}$，所以$k_1 = 2k$。

答案：B

59. 解 铸铁是脆性材料，抗拉强度最差，抗剪强度次之，而抗压强度最好。所以在拉伸试验中，铸铁试件在最大拉应力所在的垂直于轴线的横截面上发生破坏；在压缩试验中，铸铁试件在最大切应力所在的与轴线大约成45°角的截面上发生破坏。

答案：B

60. 解 AB段轴力为F，伸长量为$\frac{FL}{EA}$，BC段轴力为0，伸长量也为0，则直杆自由端C的轴向位移即为AB段的伸长量：$\frac{FL}{EA}$。

答案：C

61. 解 钢板和销轴的实际承压接触面为圆柱面，名义挤压面面积取为实际承压接触面在垂直挤压力F方向的投影面积，即dt，根据挤压强度条件$\sigma_{bs} = \frac{F}{dt} \leqslant [\sigma_{bs}]$，则直径需要满足$d \geqslant \frac{F}{t[\sigma_{bs}]}$。

答案：A

62. 解 3 和 4 对调最合理，最大扭矩$4\text{kN} \cdot \text{m}$最小，如解图所示。如果 1 和 3 对调，或者是 2 和 3 对调，则最大扭矩都是$8\text{kN} \cdot \text{m}$；如果 2 和 4 对调，则最大扭矩是$6\text{kN} \cdot \text{m}$。所以选项 D 正确。

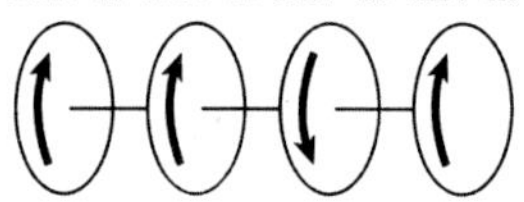

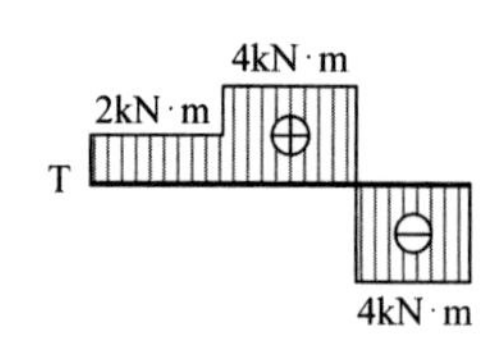

题 62 解图

答案：D

63. 解 在图示圆轴和空心圆轴横截面和空心圆截面切应力分布图中，只有选项 A 是正确的。其他选项，有的方向不对，有的分布规律不对。

答案：A

64. 解 根据截面图形静矩的性质，如果z轴过形心，则有$S_z = 0$，即：$S_{z1} + S_{z2} = 0$，所以$S_{z1} = -S_{z2}$。

答案：B

65. 解 根据梁的弯矩图可以推断其受力图如解图 1 所示。

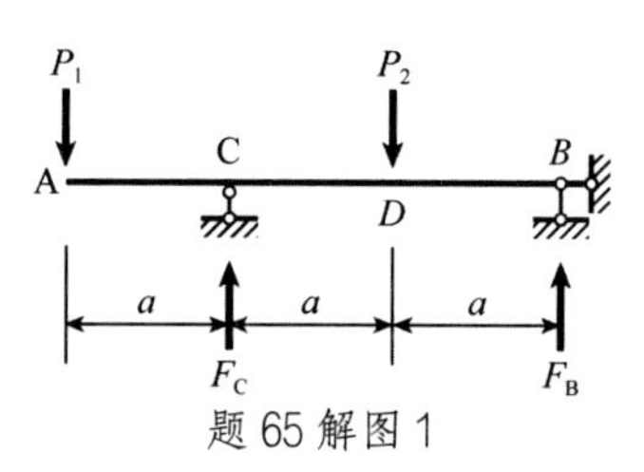

题 65 解图 1

其中：$P_1 a = 0.5Fa$，$F_B a = 1.5Fa$

可知：$P_1 = 0.5F$，$F_B = 1.5F$

用直接法可求得$M_D = F_C a - 2P_1 a = 1.5Fa$

可知：$F_C = 2.5F$

由$\sum Y = 0$，$P_1 + P_2 = F_C + F_B$

可知：$P_2 = 3.5F$

由受力图可以画出剪力图，如解图 2 所示。可见最大剪力是$2F$。

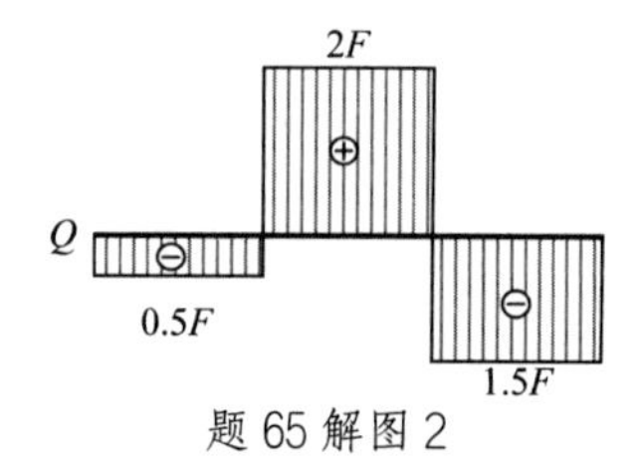

题 65 解图 2

答案：D

66. 解 两根矩形截面杆胶合在一起成为一个整体梁，最大切应力发生在中性轴（胶合面）上，最大切应力为：

$$\tau_{\max} = \frac{3Q}{2A} = \frac{3F}{4ab}$$

答案：C

67. 解 受集中力作用的简支梁最大弯矩$M_{\max} = FL/4$，圆截面的抗弯截面系数$W_z = \pi d^3/32$，所以梁的最大弯曲正应力为：

$$\sigma_{\max} = \frac{M_{\max}}{W_z} = \frac{8FL}{\pi d^3}$$

答案：A

68. 解 对于图(a)梁，可知：

$$M_{\max}^{a}=FL,W_{z}^{a}=\frac{bh^2}{6},\sigma_{\max}^{a}=\frac{M_{\max}^{a}}{W_{z}^{a}}=\frac{6FL}{bh^2}$$

对于图(b)的叠合梁，仅考查其中一根梁，可知：

$$M_{\max}^{b}=\frac{FL}{2},W_{z}^{b}=\frac{bh^2}{24},\sigma_{\max}^{b}=\frac{M_{\max}^{b}}{W_{z}^{b}}=\frac{12FL}{bh^2}$$

可见，图(a)梁的强度更大。

对于图(a)梁，可知：$\Delta a=FL^3/(3EI_z^a)$，其中$I_z^a=bh^3/12$；

对于图(b)的叠合梁，仅考查其中一根梁，可知：$\Delta b=0.5FL^3/\left(3EI_z^b\right)$，其中$I_z^b=b\left(\frac{h}{2}\right)^2/12=I_z^a/8$，则$\Delta b=4FL^3/(3EI_z^a)$。

可见，图(a)梁的刚度更大。

因此，两梁的强度和刚度均不相同。

答案： A

69. 解 按照“点面对应、先找基准”的方法，可以分别画出4个图对应的应力圆（见解图）。图中横坐标是正应力σ，纵坐标是切应力τ。

应力圆的半径大小等于最大切应力$\tau_{\max}=(\sigma_{\max}-\sigma_{\min})/2$，由此可算得：

$\tau_{A}=\frac{30-(-30)}{2}=30\text{MPa}$，$\tau_{B}=\frac{40-(-40)}{2}=40\text{MPa}$，$\tau_{C}=\frac{120-100}{2}=10\text{MPa}$，$\tau_{D}=\frac{40-0}{2}=20\text{MPa}$

可见，选项C单元体应力平面内应力圆的半径最小。

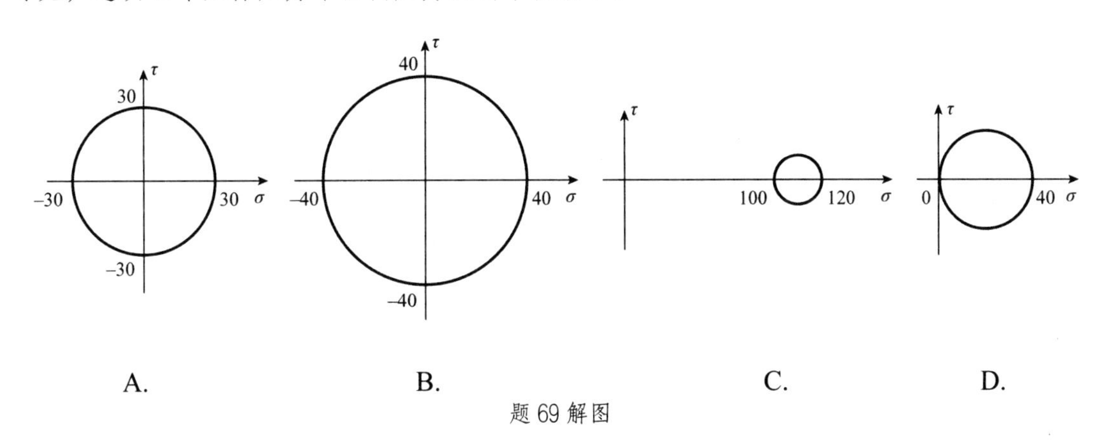

题69解图

答案： C

70. 解 根据压杆临界力计算公式：

$$F_{\text{cr}}^{a}=\frac{\pi^2EI}{(2L)^2},F_{\text{cr}}^{b}=\frac{\pi^2EI}{(0.7L)^2}$$

则$\frac{F_{\text{cr}}^{b}}{F_{\text{cr}}^{a}}=\left(\frac{2}{0.7}\right)^2$

答案： C

71. 解 绘出等压面$A\text{-}B$（见解图），则有$p_{\text{A}}=p_{\text{B}}$，存在：

$$p_{\text{A}}=p_{\text{e}}+\rho_1gh_1+\rho_2gh_2=p_{\text{B}}=\rho_{\text{Hg}}g(h_1+h_2-h)$$

则$p_e = \rho_{Hg}g(h_1 + h_2 - h) - (\rho_1 gh_1 + \rho_2 gh_2)$

$$= 13600 \times 9.8 \times (0.4 + 0.6 - 0.5) - (850 \times 0.4 \times 9.8 + 1000 \times 0.6 \times 9.8) = 57428\text{Pa}$$

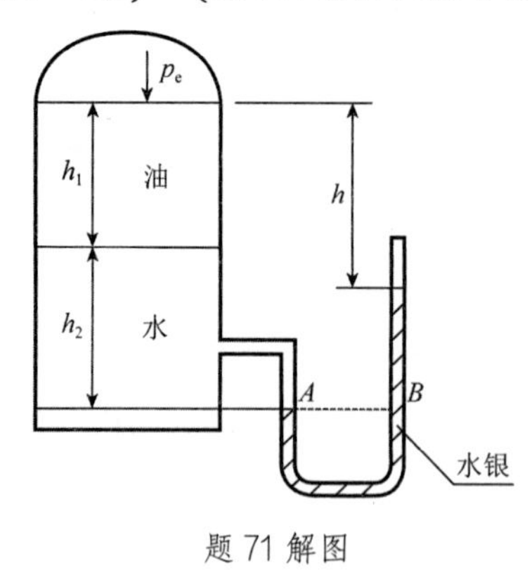

题 71 解图

答案： D

72. 解 根据动量定理，作用在控制体内流体上的力是所有外力的总和，即合外力。

答案： C

73. 解 判定圆管内流体运动状态的准则数是雷诺数。

答案： D

74. 解 给水处水压用来克服沿程损失。根据达西公式：

$$H = \lambda \frac{L}{d}\frac{v^2}{2g},\ \Delta p = \rho g\lambda \frac{L}{d}\frac{v^2}{2g} = \lambda \frac{L}{d}\frac{\rho v^2}{2},\ L = \frac{2d\Delta p}{\lambda \rho v^2}$$

流速为：$v = \frac{Q}{A} = \frac{50\times10^{-3}}{\frac{\pi}{4}\times0.25^2} = 1.02\text{m/s}$

雷诺数为：$\text{Re} = \frac{vd}{\nu} = \frac{1.02\times0.25}{0.0131\times10^{-4}} = 1.947 \times 10^5$，则流动为粗糙区流动。

根据希弗林松公式，沿程损失系数为$\lambda = 0.11\left(\frac{k_s}{d}\right)^{0.25} = 0.11 \times \left(\frac{0.4}{250}\right)^{0.25} = 0.022$。

则输水管输水距离为：$L = \frac{2\times0.25\times2943\times10^3}{0.022\times1000\times1.02^2} = 6429\text{m}$，接近于 6450m，选项 D 正确。

答案： D

75. 解 根据达西公式，水平管道沿程损失$h_f = \lambda \frac{L}{d}\frac{v^2}{2g}$，以水平管轴线为基准，对液面和管道出口列伯努利方程，可得：

$$\frac{p_e}{\rho g} + H = h_f + \frac{v^2}{2g} = \lambda \frac{l}{d}\frac{v^2}{2g} + \frac{v^2}{2g}$$

则流速为：

$$v = \sqrt{2g\frac{\frac{p_e}{\rho g} + H}{\lambda \frac{l}{d} + 1}} = \sqrt{2 \times 9.8 \times \frac{\frac{19600}{1000 \times 9.8} + 2}{0.02 \times \frac{50}{0.1} + 1}} = 2.67\text{m/s}$$

流量为：$Q = \frac{\pi}{4}d^2 v = \frac{\pi}{4} \times 0.1^2 \times 2.67 \times 10^3 = 20.96\text{L/s}$，与选项 B 最接近。

答案： B

76. 解 明渠均匀流的流量$Q = AC\sqrt{RJ}$，谢才系数$C = \frac{1}{n}R^{1/6}$，则$Q = Av = A\frac{1}{n}R^{2/3}\sqrt{J}$。

方形断面：$A = a^2$，$R = \frac{a^2}{3a} = a/3$，则

$$Q_1 = a^2 \left(\frac{a}{3}\right)^{2/3} \frac{1}{n} \sqrt{J} = \frac{1}{3^{2/3}} a^{8/3} \frac{1}{n} \sqrt{J}$$

矩形断面：$A = a^2$，$R = \frac{a^2}{0.5a + 2 \times 2a} = a/4.5$，则

$$Q_2 = a^2 \left(\frac{a}{4.5}\right)^{2/3} \frac{1}{n} \sqrt{J} = \frac{1}{4.5^{2/3}} a^{8/3} \frac{1}{n} \sqrt{J}$$

显然：$Q_1 > Q_2$。

答案：A

77. 解 渗流断面平均流速$v = kJ = 0.01 \times \frac{1.5-0.3}{2.4} = 0.005\text{cm/s}$。

答案：C

78. 解 弗劳德数表征的是重力与惯性力之比，是重力流动的相似准则数。

答案：C

79. 解 根据楞次定律，线圈的感应电压与通过本线圈的磁通变化率、本线圈的匝数成正比。即右侧线圈的电压为：$u_2 = N_2 \frac{\mathrm{d}\Phi}{\mathrm{d}t}$。

答案：B

80. 解 电流源的电压与电压源的电压相等，且与电流源电流是非关联关系。则此电流源发出的功率为：$P = U_s I_s = 6 \times 0.2 = 1.2\text{W}$。

答案：C

81. 解 如解图所示，根据等效原理，①与6V的电压源并联的元件都失效，相当于6V的电压源，将电流源与电阻的并联等效为电压源与电阻的串联；②将两个串联的电压源等效为一个电压源。

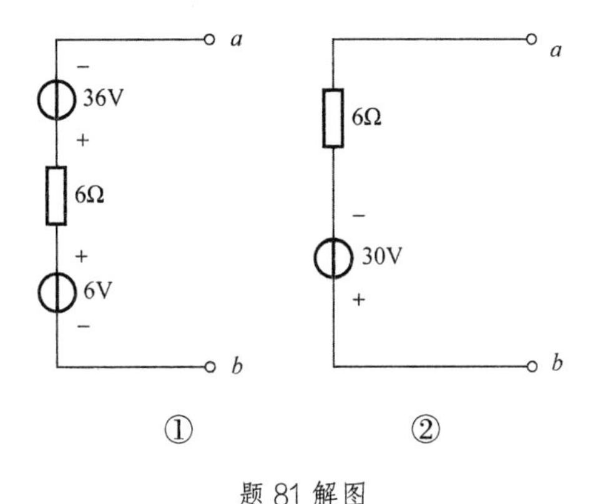

题81解图

答案：B

82. 解 根据电源电压可知，激励的角频率$\omega = 314\text{rad/s}$。三个阻抗串联，等效阻抗为：

$$Z = R + \mathrm{j}\omega L + \frac{1}{\mathrm{j}\omega C} = 100 + \mathrm{j}314 \times 1 - \mathrm{j}\frac{1}{314 \times 10 \times 10^{-6}} = 100 - \mathrm{j}4.47(\Omega)$$

等效阻抗的模为：$|Z| = \sqrt{100^2 + (-4.47)^2} = 100.10\Omega$。

答案：D

83. 解 相量是将正弦量的有效值作为模、初相位作为角度的复数。根据相量与正弦量的关系，三条支路电流的时域表达式（正弦形式）为：

$i_1(t)=100\sqrt{2}\sin(\omega t-30°)\text{mA}$，$i_2(t)=100\sin(\omega t-30°)\text{mA}$，$i_3(t)=100\sin(\omega t-150°)\text{mA}$

三条支路电流的相量形式为：

$$\dot{I}_1=100\angle-30°\text{mA},\ \dot{I}_2=\frac{100}{\sqrt{2}}\angle-30°\text{mA},\ \dot{I}_3=\frac{100}{\sqrt{2}}\angle-150°\text{mA}$$

答案：D

84. 解 功率因数角φ是电压初相角与电流初相角的差，在此处为：$\varphi=30°-(-20°)=50°$；功率因数是功率因数角的余弦值，在此处为：$\cos\varphi=\cos 50°$。

答案：C

85. 解 选项A，调整转差率可以实现对电动机运行期间（转矩不变）调速的目的，但因为是通过改变转子绕组的电阻来实现的，所以仅适用于绕线式异步电动机，且转速只能低于额定转速。

选项B，电动机的工作电压不允许超过额定电压，因此只能采用降低电枢供电电压的方式来调速，转速只能低于额定转速。

选项C，电机转速为：$n=60f(1-s)/p$。欲提高转速，则需减少极对数p，但题目已经告知为两极（$p=1$）电动机，极对数p已为最小值，不可再减。

选项D，电机转速为：$n=60f(1-s)/p$，若改变电动机供电频率，则可以实现三相异步电动机转速的增大、减小并且连续调节，需要专用的变频器（一种电力电子设备，可以实现频率的连续调节）。

答案：D

86. 解 选项A，根据电路图，按下SB_1，接触器KM_1接通，电机1启动；另外，在接触器KM_2接通后，电机2也启动；若KM_1未接通，则即使KM_2接通，电机2也无法启动。因此，可以实现电机2在电机1启动后才能启动。当KM_1接通时，断开KM_2，电机2也断开。因此，该设计满足启动顺序要求，但不满足单独断开电机2的要求。

选项B，根据电路图，KM_1、KM_2完全独立，分别控制电机1、电机2，不满足设计要求。

选项C，根据电路图，按下SB_1，接触器KM_1接通，电机1启动；另外，在接触器KM_2接通后，电机2也启动；若KM_1未接通，即使KM_2接通，电机2也无法启动。因此，可以实现电机2在电机1启动后才能启动。当KM_1接通时，断开KM_2，电机2也断开。并且，按钮SB_3可以独立控制断开电机2。因此，满足启动顺序和单独断开电机2的要求。

选项D，不满足启动顺序要求。

答案：C

87. 解 人工生成的代码信号是数字信号。

答案：B

88. 解 时域形式在实数域描述，频域形式在复数域描述。

答案： A

89. 解 横轴为频率f，纵轴为增益。高通滤波器的幅频特性应为：频率高时增益也高，图像应右高左低；低通滤波器的幅频特性应为：频率低时增益高，图像应左高右低；信号放大器理论上增益与频率无关，图像基本平直。这种局部增益（中间某一段）高于其他段，就是带通滤波器的典型特征。

答案： A

90. 解 $\mathrm{AB}+\overline{\mathrm{A}}\mathrm{C}+\mathrm{BCDE}=\mathrm{AB}+\overline{\mathrm{A}}\mathrm{C}+\left(\mathrm{A}+\overline{\mathrm{A}}\right)\mathrm{BCDE}=(\mathrm{AB}+\mathrm{ABCDE})+\left(\overline{\mathrm{A}}\mathrm{C}+\overline{\mathrm{A}}\mathrm{BCDE}\right)=\mathrm{AB}+\overline{\mathrm{A}}\mathrm{C}$

答案： D

91. 解 信号$\mathrm{F}=\overline{\mathrm{A}}\mathrm{B}+\mathrm{A}\overline{\mathrm{B}}$为异或关系：当输入A与B相异时，输出F为“1”；当输入A与B相同时，输出F为“0”。

答案： C

92. 解 函数F的表达式就是把所有输出为“1”的情况对应的关系用“+”写出来。由真值表可知：信号$\mathrm{F}=\mathrm{A}\overline{\mathrm{B}}\,\overline{\mathrm{C}}+\mathrm{ABC}$。

答案： D

93. 解 根据二极管的单向导电性，当输入为正时，导通的二极管为D4和D1。

答案： C

94. 解 根据电路图，当运算放大器的输入$u_{\mathrm{i1}}>u_{\mathrm{i2}}$时，开环输出为$-U_{\mathrm{oM}}$；当$u_{\mathrm{i1}}<u_{\mathrm{i2}}$时，开环输出为$+U_{\mathrm{oM}}$。

答案： A

95. 解 F_1为与非门输出，表达式为：$\mathrm{F}_1=\overline{\mathrm{A}0}=1$；$\mathrm{F}_2$为或非门输出，表达式为：$\mathrm{F}_2=\overline{\mathrm{B}+0}=\overline{\mathrm{B}}$。

答案： B

96. 解 触发器D的逻辑功能是：输出端Q的状态随输入端D的状态而变化，但总比输入端状态的变化晚一步，表达式为：$\mathrm{Q}_{n+1}=\mathrm{D}_n$。由解图可知：$t_1$时刻输出$\mathrm{Q}=1$，$t_2$时刻输出$\mathrm{Q}=0$。

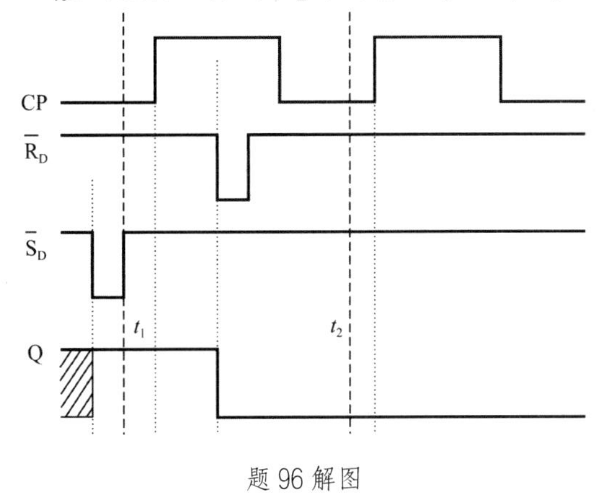

题96解图

答案：C

97. 解　计算机新的体系结构思想是在单芯片上集成多个微处理器，把主存储器和微处理器做成片上系统（System On Chip），以存储器为中心设计系统等，这是今后的发展方向。

答案：B

98. 解　存储器的主要功能是存放程序和数据。程序是计算机操作的依据，数据是计算机操作的对象。为了实现自动计算，各种信息必须先存放在计算机内的某个地方，这个地方就是计算机内的存储器。

答案：A

99. 解　输入/输出（Input/Output, I/O）设备实现了外部世界与计算机之间的信息交流，提供了人机交互的硬件环境。由于 I/O 设备通常设置在主机外部，所以也称为外部设备或外围设备。

答案：B

100. 解　操作系统主要有两个作用。一是资源管理，操作系统要对系统中的各种资源实施管理，其中包括对硬件及软件资源的管理。二是为用户提供友好的界面，计算机系统主要是为用户服务的，即使用户对计算机的硬件系统或软件系统的技术问题不精通，也可以方便地使用计算机。但操作系统不具有处理硬件故障的功能。

答案：D

101. 解　国标码是二字节码，用两个七位二进制数编码表示一个汉字，目前国标码收录 6763 个汉字，其中一级汉字（最常用汉字）3755 个，二级汉字 3008 个，另外还包括 682 个西文字符、图符。

答案：A

102. 解　$1\text{PB} = 2^{50}$字节 $= 1024\text{TB}$；$1\text{EB} = 2^{60}$字节 $= 1024\text{PB}$；$1\text{ZB} = 2^{70}$字节 $= 1024\text{EB}$；$1\text{YB} = 2^{80}$字节 $= 1024\text{ZB}$。

答案：C

103. 解　只读光盘只能从盘中读出信息，不能再写入信息，因此存放的程序不会再次感染上病毒。

答案：D

104. 解　文件管理的主要任务是向计算机用户提供一种简便、统一的管理和使用文件的界面，提供对文件的操作命令，实现按名存取文件，是对系统软件资源的管理。

答案：D

105. 解　计算机网络环境下的硬件资源共享可以为用户在全网范围内提供处理资源、存储资源、输入输出资源等的昂贵设备，如具有特殊功能的处理部件、高分辨率的激光打印机、大型绘图仪、巨型计算机以及大容量的外部存储器等，从而使用户节省投资，便于集中管理和均衡分担负荷。

答案：C

106. 解　在局域网中，所有的设备和网络的带宽都是由用户自己掌握，可以任意使用、维护和升级。

而在广域网中，用户无法拥有建立广域连接所需要的所有技术设备和通信设施，只能由第三方通信服务商（电信部门）提供。

答案：C

107. 解 计算原贷款金额 2000 万元与相应复利系数的乘积，将计算结果与到期本利和 2700 万元比较并判断。

利率为 9%、10%和 11%时的还本付息金额分别为：

$2000\times1.295=2590$万元；$2000\times1.331=2662$万元；$2000\times1.368=2736$万元

2662 万元＜2700 万元＜2736 万元，故银行利率应在 10%～11%之间。

答案：C

108. 解 注意题目中给出贷款的实际利率为 4%，年实际利率是一年利息额与本金之比。故各年利息及建设期利息为：

第一年利息：$1000\times4\%=40$万元；第二年利息：$(1000+40+2000)\times4\%=121.6$万元，建设期利息$=40+121.6=161.6$万元。

答案：C

109. 解 普通股融资方式的主要特点有：融资风险小，普通股票没有固定的到期日，不用支付固定的利息，不存在不能还本付息的风险；股票融资可以增加企业信誉和信用程度；资本成本较高，投资者投资普通股风险较高，相应地要求有较高的投资报酬率；普通股股利从税后利润中支付，不具有抵税作用，普通股的发行费用也较高；股票融资时间跨度长；容易分散控制权，当企业发行新股时，增加新股东，会导致公司控制权的分散；新股东分享公司未发行新股前积累的盈余，会降低普通股的净收益。

答案：C

110. 解 偿债备付率是指在借款偿还期内，各年可用于还本付息的资金与当期应还本付息金额之比。该指标从还本付息资金来源的充裕性角度，反映偿付债务本息的保障程度和支付能力。利息备付率小于 1，说明当年可用于还本付息（包括本金和利息）的资金保障程度不足，当年的资金来源不足以偿付当期债务，需要通过短期借款偿付已到期债务。

答案：B

111. 解 根据资金等值计算公式可列出方程：

$$1000=A(P/A,12\%,10)+50(P/F,12\%,10)1000=5.65A+50\times0.322$$

求得$A=174.14$万元。

答案：B

112. 解 直接进口投入物的影子价格（出厂价）＝到岸价（CIF）×影子汇率＋进口费用

$=100\times6+100\times6=1200$ 元

注意：本题中进口费用的单位为美元，因此计算影子价格时，应将进口费用换算为人民币。

答案： D

113. 解 层混型方案是指项目群中有两个层次，高层次是一组独立型方案，每个独立型方案又由若干个互斥型方案组成。本题方案类型属于层混型方案。

答案： C

114. 解 价值工程的一般工作程序包括准备阶段、功能分析阶段、创新阶段和实施阶段。其中，创新阶段的工作步骤包括方案创新、方案评价和提案编写。

答案： D

115. 解 《中华人民共和国建筑法》第二十八条规定，禁止承包单位将其承包的全部建筑工程转包给他人，禁止承包单位将其承包的全部建筑工程肢解以后以分包的名义分别转包给他人。第二十九条规定，建筑工程总承包单位可以将承包工程中的部分工程发包给具有相应资质条件的分包单位；但是，除总承包合同中约定的分包外，必须经建设单位认可。施工总承包的，建筑工程主体结构的施工必须由总承包单位自行完成。

答案： D

116. 解 《中华人民共和国安全生产法》第四十四条规定，生产经营单位应当教育和督促从业人员严格执行本单位的安全生产规章制度和安全操作规程；并向从业人员如实告知作业场所和工作岗位存在的危险因素、防范措施以及事故应急措施。第二十四条规定，矿山、金属冶炼、建筑施工、运输单位和危险物品的生产、经营、储存、装卸单位，应当设置安全生产管理机构或者配备专职安全生产管理人员。第四十七条规定，生产经营单位应当安排用于配备劳动防护用品、进行安全生产培训的经费。第五十一条规定，生产经营单位必须依法参加工伤保险，为从业人员缴纳保险费。

说明：此题已过时。可参加2014年版《中华人民共和国安全生产法》。

答案： B

117. 解 《中华人民共和国招标投标法》第二十四条规定，招标人应当确定投标人编制投标文件所需要的合理时间；但是，依法必须进行招标的项目，自招标文件开始发出之日起至投标人提交投标文件截止之日止，最短不得少于二十日。

答案： C

118. 解 《中华人民共和国民法典》第四百九十一条第2款规定，当事人一方通过互联网等信息网络发布的商品或者服务信息符合要约条件的，对方选择该商品或者服务并提交订单成功时合同成立，但是当事人另有约定的除外。

答案： B

119. 解 《中华人民共和国节约能源法》第十三条第3款规定，国家鼓励企业制定严于国家标准、行业标准的企业节能标准。第十三条第4款规定，省、自治区、直辖市制定严于强制性国家标准、行业标准的地方节能标准，由省、自治区、直辖市人民政府报经国务院批准；本法另有规定的除外。第十七条规定，禁止使用国家明令淘汰的用能设备、生产工艺。第十九条第2款规定，禁止销售应当标注而未标注能源效率标识的产品。第十九条第3款规定，禁止伪造、冒用能源效率标识。

答案：C

120. 解 《建设工程监理规范》第3.2.3条第5款规定，专业监理工程师应履行下列职责：检查进场的工程材料、构配件、设备的质量（选项B）。《建设工程监理规范》第3.2.1条规定，选项C拨付工程款和选项D竣工验收是总监理工程师的职责。选项A样板工程专项施工方案不需监理工程师签字。

答案：B

附录一

全国勘察设计注册工程师执业资格考试
公共基础考试大纲

I.工程科学基础

一、数学

1.1　空间解析几何

向量的线性运算；向量的数量积、向量积及混合积；两向量垂直、平行的条件；直线方程；平面方程；平面与平面、直线与直线、平面与直线之间的位置关系；点到平面、直线的距离；球面、母线平行于坐标轴的柱面、旋转轴为坐标轴的旋转曲面的方程；常用的二次曲面方程；空间曲线在坐标面上的投影曲线方程。

1.2　微分学

函数的有界性、单调性、周期性和奇偶性；数列极限与函数极限的定义及其性质；无穷小和无穷大的概念及其关系；无穷小的性质及无穷小的比较极限的四则运算；函数连续的概念；函数间断点及其类型；导数与微分的概念；导数的几何意义和物理意义；平面曲线的切线和法线；导数和微分的四则运算；高阶导数；微分中值定理；洛必达法则；函数的切线及法平面和切平面及法线；函数单调性的判别；函数的极值；函数曲线的凹凸性、拐点；偏导数与全微分的概念；二阶偏导数；多元函数的极值和条件极值；多元函数的最大、最小值及其简单应用。

1.3　积分学

原函数与不定积分的概念；不定积分的基本性质；基本积分公式；定积分的基本概念和性质（包括定积分中值定理）；积分上限的函数及其导数；牛顿-莱布尼兹公式；不定积分和定积分的换元积分法与分部积分法；有理函数、三角函数的有理式和简单无理函数的积分；广义积分；二重积分与三重积分的概念、性质、计算和应用；两类曲线积分的概念、性质和计算；求平面图形的面积、平面曲线的弧长和旋转体的体积。

1.4　无穷级数

数项级数的敛散性概念；收敛级数的和；级数的基本性质与级数收敛的必要条件；几何级数与p级数及其收敛性；正项级数敛散性的判别法；任意项级数的绝对收敛与条件收敛；幂级数及其收敛半径、收敛区间和收敛域；幂级数的和函数；函数的泰勒级数展开；函数的傅里叶系数与傅里叶级数。

1.5　常微分方程

常微分方程的基本概念；变量可分离的微分方程；齐次微分方程；一阶线性微分方程；全微分方程；可降阶的高阶微分方程；线性微分方程解的性质及解的结构定理；二阶常系数齐次线性微分方程。

1.6　线性代数

行列式的性质及计算；行列式按行展开定理的应用；矩阵的运算；逆矩阵的概念、性质及求法；矩阵的初等变换和初等矩阵；矩阵的秩；等价矩阵的概念和性质；向量的线性表示；向量组的线性相关和线性无关；线性方程组有解的判定；线性方程组求解；矩阵的特征值和特征向量的概念与性质；相似矩阵的概念和性质；矩阵的相似对角化；二次型及其矩阵表示；合同矩阵的概念和性质；二次型的秩；惯性定理；二次型及其矩阵的正定性。

1.7　概率与数理统计

随机事件与样本空间；事件的关系与运算；概率的基本性质；古典型概率；条件概率；概率的基本公式；事件的独立性；独立重复试验；随机变量；随机变量的分布函数；离散型随机变量的概率分布；连续型随机变量的概率密度；常见随机变量的分布；随机变量的数学期望、方差、标准差及其性质；随机变量函数的数学期望；矩、协方差、相关系数及其性质；总体；个体；简单随机样本；统计量；样本均值；样本方差和样本矩；χ^2分布；t分布；F分布；点估计的概念；估计量与估计值；矩估计法；最大似然估计法；估计量的评选标准；区间估计的概念；单个正态总体的均值和方差的区间估计；两个正态总体的均值差和方差比的区间估计；显著性检验；单个正态总体的均值和方差的假设检验。

二、物理学

2.1　热学

气体状态参量；平衡态；理想气体状态方程；理想气体的压强和温度的统计解释；自由度；能量按自由度均分原理；理想气体内能；平均碰撞频率和平均自由程；麦克斯韦速率分布律；方均根速率；平均速率；最概然速率；功；热量；内能；热力学第一定律及其对理想气体等值过程的应用；绝热过程；气体的摩尔热容量；循环过程；卡诺循环；热机效率；净功；制冷系数；热力学第二定律及其统计意义；可逆过程和不可逆过程。

2.2　波动学

机械波的产生和传播；一维简谐波表达式；描述波的特征量；波面，波前，波线；波的能量、能流、能流密度；波的衍射；波的干涉；驻波；自由端反射与固定端反射；声波；声强级；多普勒效应。

2.3　光学

相干光的获得；杨氏双缝干涉；光程和光程差；薄膜干涉；光疏介质；光密介质；迈克尔逊干涉仪；惠更斯-菲涅尔原理；单缝衍射；光学仪器分辨本领；衍射光栅与光谱分析；X 射线衍射；布拉格公式；自然光和偏振光；布儒斯特定律；马吕斯定律；双折射现象。

三、化学

3.1 物质的结构和物质状态

原子结构的近代概念；原子轨道和电子云；原子核外电子分布；原子和离子的电子结构；原子结构和元素周期律；元素周期表；周期族；元素性质及氧化物及其酸碱性。离子键的特征；共价键的特征和类型；杂化轨道与分子空间构型；分子结构式；键的极性和分子的极性；分子间力与氢键；晶体与非晶体；晶体类型与物质性质。

3.2 溶液

溶液的浓度；非电解质稀溶液通性；渗透压；弱电解质溶液的解离平衡；分压定律；解离常数；同离子效应；缓冲溶液；水的离子积及溶液的 pH 值；盐类的水解及溶液的酸碱性；溶度积常数；溶度积规则。

3.3 化学反应速率及化学平衡

反应热与热化学方程式；化学反应速率；温度和反应物浓度对反应速率的影响；活化能的物理意义；催化剂；化学反应方向的判断；化学平衡的特征；化学平衡移动原理。

3.4 氧化还原反应与电化学

氧化还原的概念；氧化剂与还原剂；氧化还原电对；氧化还原反应方程式的配平；原电池的组成和符号；电极反应与电池反应；标准电极电势；电极电势的影响因素及应用；金属腐蚀与防护。

3.5 有机化学

有机物特点、分类及命名；官能团及分子构造式；同分异构；有机物的重要反应：加成、取代、消除、氧化、催化加氢、聚合反应、加聚与缩聚；基本有机物的结构、基本性质及用途：烷烃、烯烃、炔烃、芳烃、卤代烃、醇、苯酚、醛和酮、羧酸、酯；合成材料：高分子化合物、塑料、合成橡胶、合成纤维、工程塑料。

四、理论力学

4.1 静力学

平衡；刚体；力；约束及约束力；受力图；力矩；力偶及力偶矩；力系的等效和简化；力的平移定理；平面力系的简化；主矢；主矩；平面力系的平衡条件和平衡方程式；物体系统（含平面静定桁架）的平衡；摩擦力；摩擦定律；摩擦角；摩擦自锁。

4.2 运动学

点的运动方程；轨迹；速度；加速度；切向加速度和法向加速度；平动和绕定轴转动；角速度；角加速度；刚体内任一点的速度和加速度。

4.3 动力学

牛顿定律；质点的直线振动；自由振动微分方程；固有频率；周期；振幅；衰减振动；阻尼对自由振动振幅的影响——振幅衰减曲线；受迫振动；受迫振动频率；幅频特性；共振；动力学普遍定理；动量；质心；动量定理及质心运动定理；动量及质心运动守恒；动量矩；动量矩定理；动量矩守恒；刚体定轴转动微分方程；转动惯量；回转半径；平行轴定理；功；动能；势能；动能定理及机械能守恒；达朗贝尔原理；惯性力；刚体作平动和绕定轴转动（转轴垂直于刚体的对称面）时惯性力系的简化；动静法。

五、材料力学

5.1 材料在拉伸、压缩时的力学性能

低碳钢、铸铁拉伸、压缩试验的应力-应变曲线；力学性能指标。

5.2 拉伸和压缩

轴力和轴力图；杆件横截面和斜截面上的应力；强度条件；虎克定律；变形计算。

5.3 剪切和挤压

剪切和挤压的实用计算；剪切面；挤压面；剪切强度；挤压强度。

5.4 扭转

扭矩和扭矩图；圆轴扭转切应力；切应力互等定理；剪切虎克定律；圆轴扭转的强度条件；扭转角计算及刚度条件。

5.5 截面几何性质

静矩和形心；惯性矩和惯性积；平行轴公式；形心主轴及形心主惯性矩概念。

5.6 弯曲

梁的内力方程；剪力图和弯矩图；分布荷载、剪力、弯矩之间的微分关系；正应力强度条件；切应力强度条件；梁的合理截面；弯曲中心概念；求梁变形的积分法、叠加法。

5.7 应力状态

平面应力状态分析的解析法和应力圆法；主应力和最大切应力；广义虎克定律；四个常用的强度理论。

5.8 组合变形

拉/压-弯组合、弯-扭组合情况下杆件的强度校核；斜弯曲。

5.9 压杆稳定

压杆的临界荷载；欧拉公式；柔度；临界应力总图；压杆的稳定校核。

六、流体力学

6.1 流体的主要物性与流体静力学

流体的压缩性与膨胀性；流体的黏性与牛顿内摩擦定律；流体静压强及其特性；重力作用下静水压强的分布规律；作用于平面的液体总压力的计算。

6.2　流体动力学基础

以流场为对象描述流动的概念；流体运动的总流分析；恒定总流连续性方程、能量方程和动量方程的运用。

6.3　流动阻力和能量损失

沿程阻力损失和局部阻力损失；实际流体的两种流态——层流和紊流；圆管中层流运动；紊流运动的特征；减小阻力的措施。

6.4　孔口管嘴管道流动

孔口自由出流、孔口淹没出流；管嘴出流；有压管道恒定流；管道的串联和并联。

6.5　明渠恒定流

明渠均匀水流特性；产生均匀流的条件；明渠恒定非均匀流的流动状态；明渠恒定均匀流的水力计算。

6.6　渗流、井和集水廊道

土壤的渗流特性；达西定律；井和集水廊道。

6.7　相似原理和量纲分析

力学相似原理；相似准数；量纲分析法。

II.现代技术基础

七、电气与信息

7.1　电磁学概念

电荷与电场；库仑定律；高斯定理；电流与磁场；安培环路定律；电磁感应定律；洛仑兹力。

7.2　电路知识

电路组成；电路的基本物理过程；理想电路元件及其约束关系；电路模型；欧姆定律；基尔霍夫定律；支路电流法；等效电源定理；叠加原理；正弦交流电的时间函数描述；阻抗；正弦交流电的相量描述；复数阻抗；交流电路稳态分析的相量法；交流电路功率；功率因数；三相配电电路及用电安全；电路暂态；R-C、R-L 电路暂态特性；电路频率特性；R-C、R-L 电路频率特性。

7.3　电动机与变压器

理想变压器；变压器的电压变换、电流变换和阻抗变换原理；三相异步电动机接线、启动、反转及调速方法；三相异步电动机运行特性；简单继电-接触控制电路。

7.4　信号与信息

信号；信息；信号的分类；模拟信号与信息；模拟信号描述方法；模拟信号的频谱；模拟信号增强；模拟信号滤波；模拟信号变换；数字信号与信息；数字信号的逻辑编码与逻辑演算；数字信号的数值编码与数值运算。

7.5　模拟电子技术

晶体二极管；极型晶体三极管；共射极放大电路；输入阻抗与输出阻抗；射极跟随器与阻抗变换；运算放大器；反相运算放大电路；同相运算放大电路；基于运算放大器的比较器电路；二极管单相半波整流电路；二极管单相桥式整流电路。

7.6　数字电子技术

与、或、非门的逻辑功能；简单组合逻辑电路；D 触发器；JK 触发器数字寄存器；脉冲计数器。

7.7　计算机系统

计算机系统组成；计算机的发展；计算机的分类；计算机系统特点；计算机硬件系统组成；CPU；存储器；输入/输出设备及控制系统；总线；数模/模数转换；计算机软件系统组成；系统软件；操作系统；操作系统定义；操作系统特征；操作系统功能；操作系统分类；支撑软件；应用软件；计算机程序设计语言。

7.8　信息表示

信息在计算机内的表示；二进制编码；数据单位；计算机内数值数据的表示；计算机内非数值数据的表示；信息及其主要特征。

7.9　常用操作系统

Windows 发展；进程和处理器管理；存储管理；文件管理；输入/输出管理；设备管理；网络服务。

7.10　计算机网络

计算机与计算机网络；网络概念；网络功能；网络组成；网络分类；局域网；广域网；因特网；网络管理；网络安全；Windows 系统中的网络应用；信息安全；信息保密。

III.工程管理基础

八、法律法规

8.1　中华人民共和国建筑法

总则；建筑许可；建筑工程发包与承包；建筑工程监理；建筑安全生产管理；建筑工程质量管理；法律责任。

8.2 中华人民共和国安全生产法

总则；生产经营单位的安全生产保障；从业人员的权利和义务；安全生产的监督管理；生产安全事故的应急救援与调查处理。

8.3 中华人民共和国招标投标法

总则；招标；投标；开标；评标和中标；法律责任。

8.4 中华人民共和国合同法

一般规定；合同的订立；合同的效力；合同的履行；合同的变更和转让；合同的权利义务终止；违约责任；其他规定。

8.5 中华人民共和国行政许可法

总则；行政许可的设定；行政许可的实施机关；行政许可的实施程序；行政许可的费用。

8.6 中华人民共和国节约能源法

总则；节能管理；合理使用与节约能源；节能技术进步；激励措施；法律责任。

8.7 中华人民共和国环境保护法

总则；环境监督管理；保护和改善环境；防治环境污染和其他公害；法律责任。

8.8 建设工程勘察设计管理条例

总则；资质资格管理；建设工程勘察设计发包与承包；建设工程勘察设计文件的编制与实施；监督管理。

8.9 建设工程质量管理条例

总则；建设单位的质量责任和义务；勘察设计单位的质量责任和义务；施工单位的质量责任和义务；工程监理单位的质量责任和义务；建设工程质量保修。

8.10 建设工程安全生产管理条例

总则；建设单位的安全责任；勘察设计工程监理及其他有关单位的安全责任；施工单位的安全责任；监督管理；生产安全事故的应急救援和调查处理。

九、工程经济

9.1 资金的时间价值

资金时间价值的概念；利息及计算；实际利率和名义利率；现金流量及现金流量图；资金等值计算的常用公式及应用；复利系数表的应用。

9.2 财务效益与费用估算

项目的分类；项目计算期；财务效益与费用；营业收入；补贴收入；建设投资；建设期利息；流动资金；总成本费用；经营成本；项目评价涉及的税费；总投资形成的资产。

9.3　资金来源与融资方案

资金筹措的主要方式；资金成本；债务偿还的主要方式。

9.4　财务分析

财务评价的内容；盈利能力分析（财务净现值、财务内部收益率、项目投资回收期、总投资收益率、项目资本金净利润率）；偿债能力分析（利息备付率、偿债备付率、资产负债率）；财务生存能力分析；财务分析报表（项目投资现金流量表、项目资本金现金流量表、利润与利润分配表、财务计划现金流量表）；基准收益率。

9.5　经济费用效益分析

经济费用和效益；社会折现率；影子价格；影子汇率；影子工资；经济净现值；经济内部收益率；经济效益费用比。

9.6　不确定性分析

盈亏平衡分析（盈亏平衡点、盈亏平衡分析图）；敏感性分析（敏感度系数、临界点、敏感性分析图）。

9.7　方案经济比选

方案比选的类型；方案经济比选的方法（效益比选法、费用比选法、最低价格法）；计算期不同的互斥方案的比选。

9.8　改扩建项目经济评价特点

改扩建项目经济评价特点。

9.9　价值工程

价值工程原理；实施步骤。

附录二

全国勘察设计注册工程师执业资格考试
公共基础试题配置说明

I.工程科学基础（共 78 题）

数学基础	24 题	理论力学基础	12 题
物理基础	12 题	材料力学基础	12 题
化学基础	10 题	流体力学基础	8 题

II.现代技术基础（共 28 题）

电气技术基础	12 题	计算机基础	10 题
信号与信息基础	6 题		

III.工程管理基础（共 14 题）

工程经济基础	8 题	法律法规	6 题

注：试卷题目数量合计 120 题，每题 1 分，满分为 120 分。考试时间为 4 小时。

2023 | 全国勘察设计注册工程师执业资格考试用书

Zhuce Yantu Gongchengshi Zhiye Zige Kaoshi
Jichu Kaoshi Shijuan

注册岩土工程师执业资格考试
基础考试试卷

专业基础

注册工程师考试复习用书编委会 / 编
曹纬浚 / 主编

微信扫一扫
里面有数字资源的获取和使用方法哟

人民交通出版社股份有限公司
北京

内 容 提 要

本书收录注册岩土工程师执业资格考试基础考试真题（含公共基础 2009~2022 年、专业基础 2011~2022 年真题，2015 年缺考），每套真题均参考实际考卷排版，提供详细解析及参考答案。

本书可供参加 2023 年注册岩土工程师执业资格考试基础考试的考生模拟练习。

图书在版编目（CIP）数据

2023 注册岩土工程师执业资格考试基础考试试卷/曹纬浚主编. — 北京：人民交通出版社股份有限公司，2023.1

2023 全国勘察设计注册工程师执业资格考试用书

ISBN 978-7-114-18458-1

Ⅰ.①2… Ⅱ.①曹… Ⅲ.①岩土工程—资格考试—习题集 Ⅳ.①TU4-44

中国版本图书馆 CIP 数据核字（2023）第 002108 号

书　　名：**2023 注册岩土工程师执业资格考试基础考试试卷**
著 作 者：曹纬浚
责任编辑：刘彩云
责任印制：张　凯
出版发行：人民交通出版社股份有限公司
地　　址：（100011）北京市朝阳区安定门外外馆斜街 3 号
网　　址：http://www.ccpcl.com.cn
销售电话：（010）59757973
总 经 销：人民交通出版社股份有限公司发行部
经　　销：各地新华书店
印　　刷：北京市密东印刷有限公司
开　　本：889 × 1194　1/16
印　　张：53.75
字　　数：1030 千
版　　次：2023 年 1 月　第 1 版
印　　次：2023 年 1 月　第 1 次印刷
书　　号：ISBN 978-7-114-18458-1
定　　价：168.00 元（含两册）

注册工程师考试复习用书

编　委　会

目　录

（专业基础）

2011年度全国勘察设计注册土木工程师（岩土）

执业资格考试试卷

基础考试

（下）

二〇一一年九月

应考人员注意事项

1. 本试卷科目代码为“2”，考生务必将此代码填涂在答题卡“科目代码”相应的栏目内，否则，无法评分。

2. 书写用笔：**黑色或蓝色钢笔、签字笔或圆珠笔**；

   填涂答题卡用笔：**黑色 2B 铅笔**。

3. 必须用书写用笔将工作单位、姓名、准考证号填写在答题卡和试卷相应的栏目内。

4. 本试卷由 60 题组成，每题 2 分，满分 120 分，本试卷全部为单项选择题，每小题的四个备选项中只有一个正确答案，错选、多选、不选均不得分。

5. 考生作答时，必须按**题号在答题卡上**将相应试题所选选项对应的**字母用 2B 铅笔涂黑**。

6. 在答题卡上书写与题意无关的语言，或在答题卡上作标记的，均按违纪试卷处理。

7. 考试结束时，由监考人员当面将试卷、答题卡一并收回。

8. 草稿纸由各地统一配发，考后收回。

单项选择题（共 60 题，每题 2 分。每题的备选项中只有一个最符合题意。）

1. 材料吸水率越大，则：

A. 强度越低　　B. 含水率越低

C. 孔隙率越大　　D. 毛细孔越多

2. 在三合土中，不同材料组分间可发生的反应为：

A. $3CaO \cdot SiO_2$ 与土作用，生成了不溶性的水化硅酸钙和水化铝酸钙

B. $2CaO \cdot SiO_2$ 与土作用，生成了不溶性的水化硅酸钙和水化铝酸钙

C. $CaSO_4 \cdot 2H_2O$ 与土作用，生成了不溶性的水化硅酸钙和水化铝酸钙

D. CaO 与土作用，生成了不溶性的水化硅酸钙和水化铝酸钙

3. 水泥混凝土遭受最严重的化学腐蚀为：

A. 溶出性腐蚀　　B. 一般酸腐蚀

C. 镁盐腐蚀　　D. 硫酸盐腐蚀

4. 大体积混凝土施工时，一般不掺：

A. 速凝剂　　B. 缓凝剂

C. 减水剂　　D. 防水剂

5. 钢材的冷加工对钢材的力学性能会有影响，下列说法不正确的是：

A. 冷拉后钢材塑性和韧性降低

B. 冷拉后钢材抗拉强度与抗压强度均提高

C. 冷拔后钢材抗拉强度与抗压强度均提高

D. 钢筋冷拉并经过时效处理后屈服强度与抗拉强度均能明显提高

6. 木材在生长、采伐、储运、加工和使用过程中会产生一些缺陷，这些缺陷会降低木材的力学性能，其中对下述木材强度影响最大的是：

A. 顺纹抗压强度　　B. 顺纹抗拉强度

C. 横纹抗压强度　　D. 顺纹抗剪强度

7. 沥青老化后，其组成变化规律为：

A. 油分增多　　B. 树脂增多

C. 地沥青质增多　　D. 沥青碳增多

8. 测量工作的基准面是：

A. 旋转椭球面　　B. 水平面

C. 大地水准面　　D. 水准面

9. 测量误差来源有三大类，下面表述完全正确的是：

A. 偶然误差、系统误差、仪器误差

B. 偶然误差、观测误差、外界环境的影响

C. 偶然误差、系统误差、观测误差

D. 仪器误差、观测误差、系统误差

10. 在测量坐标计算中，已知某边AB长D_{AB}=78.000m，该边坐标方位角α_{AB}=320°10′40″，则该边的坐标增量为：

A. $\Delta X_{\mathrm{AB}}=+60\mathrm{m}$；$\Delta Y_{\mathrm{AB}}=-50\mathrm{m}$

B. $\Delta X_{\mathrm{AB}}=-50\mathrm{m}$；$\Delta Y_{\mathrm{AB}}=+60\mathrm{m}$

C. $\Delta X_{\mathrm{AB}}=-49.952\mathrm{m}$；$\Delta Y_{\mathrm{AB}}=+59.907\mathrm{m}$

D. $\Delta X_{\mathrm{AB}}=+59.907\mathrm{m}$；$\Delta Y_{\mathrm{AB}}=-49.952\mathrm{m}$

11. 比例尺为 1∶2000 的地形图，量得某地块的图上面积为 250cm^2，则该地块的实地面积为：

A. 0.25km^2　　B. 0.5km^2

C. 25 公顷　　D. 150 亩

12. 下述测量工作不属于变形测量的是：

A. 竣工测量　　B. 位移观测

C. 倾斜观测　　D. 挠度观测

13. 根据《中华人民共和国建筑法》的规定，建设单位自领取施工许可证之日起应当最迟的开工法定时间是：

A. 一个月　　B. 三个月

C. 六个月　　D. 九个月

14. 根据《中华人民共和国招投标法》的规定，依法必须进行招标的项目，自招标文件发出之日起至招标文件要求投标人提交投标文件截止日期之日止，最短不得少于：

A. 10 天　　B. 20 天

C. 30 天　　D. 45 天

15. 根据《建设工程质量管理条例》，下述关于在正常使用条件下建设工程的最低保修期限表述错误的选项是：

A. 基础设施工程、房屋建筑的地基基础和主体结构工程，为设计文件规定的该工程合理使用年限

B. 屋面防水工程，有防水要求的卫生间和外墙面的防渗漏，为 5 年

C. 供热与供冷系统，为 1 个采暖期和供冷期

D. 电气管线、给排水管道、设备安装和装修工程，为 2 年

16. 根据《建设工程质量管理条例》的规定，下列设计单位的质量责任中不准确的是：

A. 在初步设计文件中注明建设工程的合理使用年限

B. 根据勘察设计成果文件进行建筑设计

C. 满足业主提出的设计深度要求

D. 参与建设工程质量事故处理

17. 关于土方填筑与压实，下列表述正确的是：

A. 夯实法多用于大面积填土工程

B. 碾压法多用于建筑物基坑土方回填

C. 震动压实法主要用于黏性土的压实

D. 有机质含量为 8%（质量分数）的土，仅用于无压实要求的填土

18. 按规定以不超过 20t 的同级别的同直径的钢筋为一验收批，从每批中抽取两根钢筋，每根取两个试件分别进行拉伸和冷弯，该钢筋是：

A. 热轧钢筋　　B. 冷拉钢筋

C. 冷拔钢筋　　D. 碳素钢筋

19. 既可用于水平混凝土构件，也可用于垂直混凝土构件的模板是：

A. 爬升模板　　B. 压型钢板永久性模板

C. 组合钢模板　　D. 大模板

20. 某工程各施工阶段的流水节拍见表，

m / n	一	二	三
A	3	2	2
B	4	4	3
C	5	4	4

则该工程的工期是：

A. 13 天　　B. 17 天　　C. 20 天　　D. 21 天

21. 某工作 A 持续时间 5 天，最早开始时间为 3 天，该工作有三个紧后工作 B、C、D，持续时间分别是 4 天、3 天、6 天，最迟完成时间分别是 15 天、16 天、18 天，则工作 A 的总时差是：

A. 3 天　　B. 4 天　　C. 5 天　　D. 6 天

22. 对图示体系的几何组成，描述正确的是：

A. 常变体系

B. 瞬变体系

C. 无多余约束的几何不变体

D. 有多余约束的几何不变体

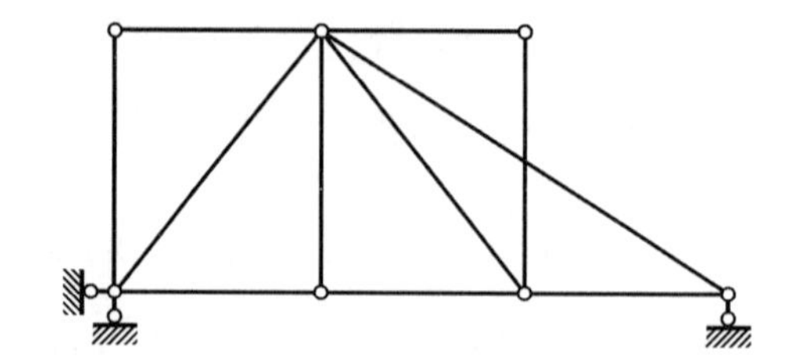

23. 对图（1）、（2）、（3）、（4）中，关于BC杆中轴力的描述正确的是：

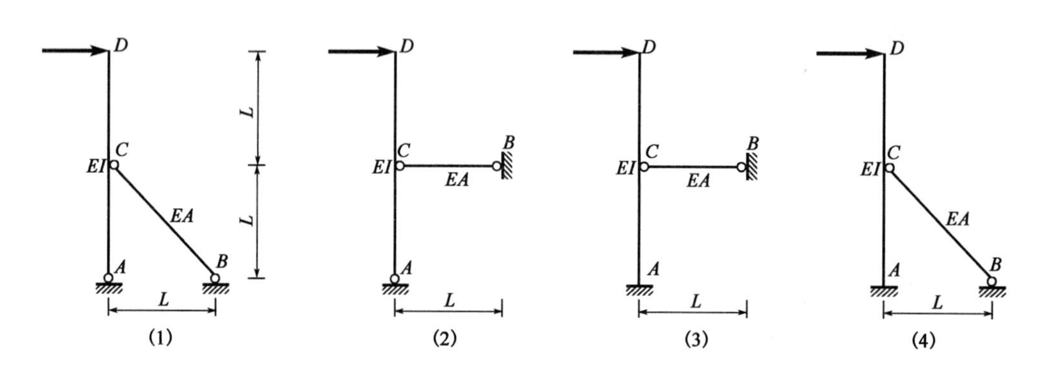

A. $|N_1| = |N_2|$　　B. $|N_1| > |N_2|$　　C. $|N_2| < |N_3|$　　D. $|N_3| = |N_4|$

24. 如图所示结构，B点处的支座反力R_B为：

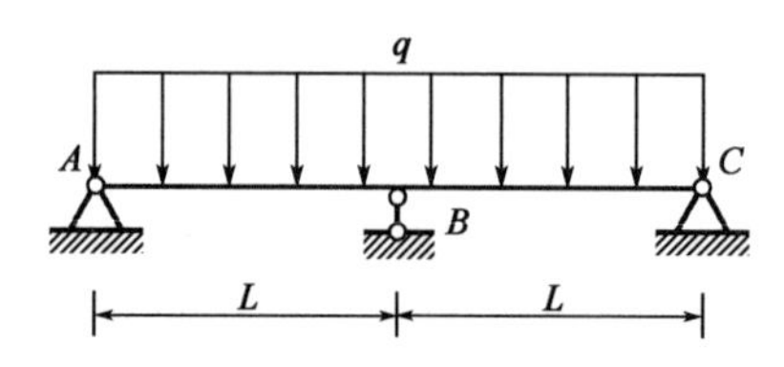

A. $R_B = ql$　　B. $R_B = 0.75ql$

C. $R_B = 1.25ql$　　D. $R_B = 1.5ql$

25. 如图所示的拱结构，其超静定次数为：

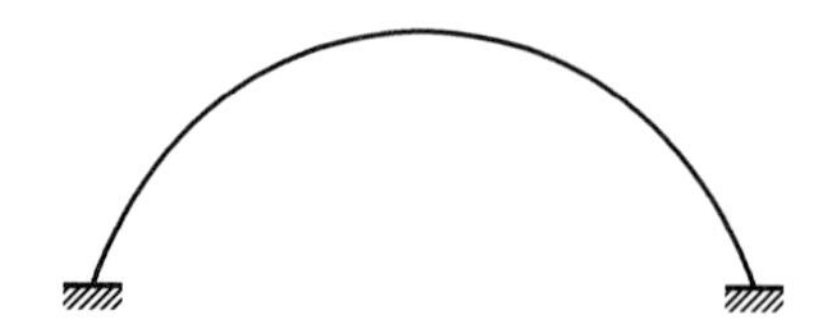

A. 1　　B. 2　　C. 3　　D. 4

26. 如图所示结构中，各杆件EI均相同，则节点A处AB杆的弯矩分配系数μ_{AB}为：

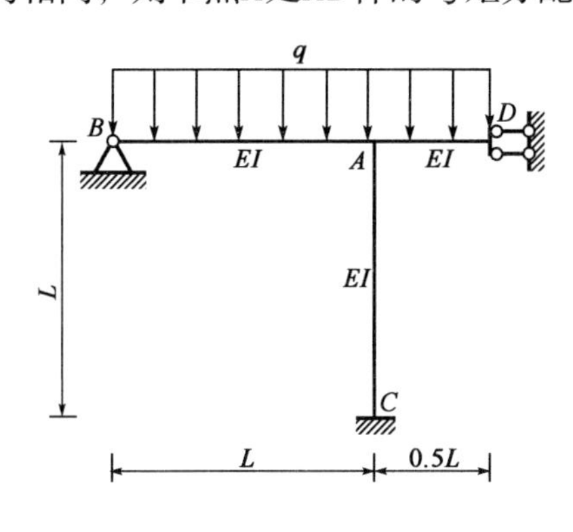

A. 1/3 B. 3/8

C. 0.3 D. 4/9

27. 如图所示结构，若不计柱质量，则其自振频率为：

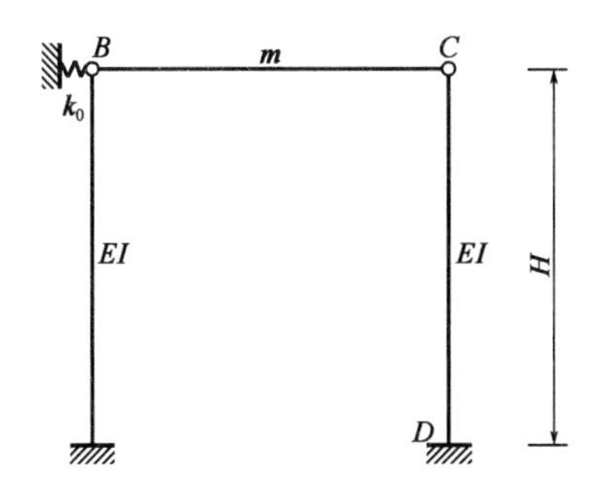

A. $\omega=\sqrt{\frac{3EI/H^3+k_0}{m}}$ B. $\omega=\sqrt{\frac{6EI/H^3+k_0}{m}}$

C. $\omega=\sqrt{\frac{3EI/H^3+2k_0}{m}}$ D. $\omega=\sqrt{\frac{6EI/H^3+2k_0}{m}}$

28. 关于抗震设计，下列叙述中不正确的是：

A. 基本烈度在结构工作年限内的超越概率是 10%

B. 乙类建筑的地震作用应符合本地区设防烈度的要求，其抗震措施应符合本地区设防烈度提高一度的要求

C. 应保证框架结构的塑性铰有足够的转动能力和耗能能力，并保证塑性铰首先发生在梁上，而不是柱上

D. 应保证结构具有多道防线，防止出现连续倒塌的状况

29. 关于钢筋混凝土梁，下列叙述中不正确的是：

A. 少筋梁受弯时，钢筋应力过早出现屈服点而引起梁的少筋破坏，因此不安全

B. 钢筋和混凝土之间的黏结力随混凝土的抗拉强度提高而增大

C. 利用弯矩调幅法进行钢筋混凝土连续梁设计时，梁承载力比按弹性设计大，梁中裂缝宽度也大

D. 受剪破坏时，若剪跨比$\lambda>3$时，一般不会发生斜压破坏

30. 高层建筑结构体系适用高度按从小到大进行排序，排列正确的是：

A. 框架结构，剪力墙结构，筒体结构

B. 框架结构，筒体结构，框架-剪力墙结构

C. 剪力墙结构，筒体结构，框架-剪力墙结构

D. 剪力墙结构，框架结构，框架-剪力墙结构

31. 关于钢结构构件，下列说法中正确的是：

A. 轴心受压构件的长细比相同，则整体稳定系数相同

B. 轴线受拉构件的对接焊缝连接必须采用一级焊缝

C. 提高钢材的强度，则钢构件尺寸必然减少从而节约钢材

D. 受弯构件满足强度要求即可，不需验算整体稳定

32. 砌体的局部受压，下列说法中错误的是：

A. 砌体的中心局部受压强度在周围砌体的约束下可提高

B. 梁端支承处局部受压面积上的应力是不均匀的

C. 增设梁垫或加大梁端截面宽度，可提高砌体的局部受压承载力

D. 梁端上部砌体传下来的压力，对梁端局部受压承载力不利

33. 关于砌体房屋的空间工作性能，下列说法中正确的是：

A. 横墙间距越大，空间工作性能越好

B. 现浇钢筋混凝土屋（楼）盖的房屋，其空间工作性能比木屋（楼）盖的房屋好

C. 多层砌体结构中，横墙承重体系比纵墙承重体系的空间刚度小

D. 墙的高厚比与房屋的空间刚度无关

34. 岩石试样单向压缩试验应力-应变曲线的 3 个阶段（见图）OA、AB、BC分别是：

A. 弹性阶段、压密阶段、塑性阶段

B. 弹性阶段、弹塑性阶段、塑性阶段

C. 压密阶段、弹性阶段、弹塑性阶段

D. 压密阶段、弹性阶段、塑性阶段

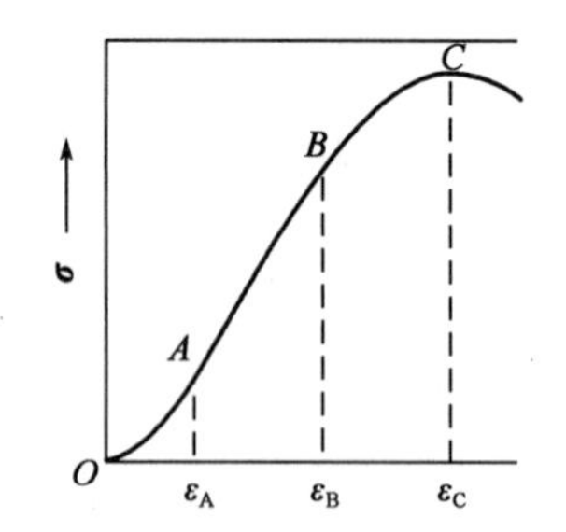

35. 某饱和土样天然含水率$w_0 = 20\%$，土粒相对密度$d_s = 2.75$，该土样的孔隙比为：

A. 0.44　　B. 0.55

C. 0.62　　D. 0.71

36. 某方形基础底面尺寸 6m×6m，埋深 2.0m，其上作用中心荷载$P = 1600\text{kN}$，基础埋深范围内为粉质黏土，重度$\gamma = 18.6\text{kN/m}^3$，饱和重度$\gamma_{\text{sat}} = 19.0\text{kN/m}^3$，地下水位在地表下 1.0m，水的重度$\gamma_{\text{w}} = 10\text{kN/m}^3$。基底中心点下 3m 处土中的竖向附加应力为：（基础及其上填方的重度取为$\gamma_0 = 20\text{kN/m}^3$）

A. 18.3kPa　　B. 23.1kPa

C. 40.0kPa　　D. 45.1kPa

37. 某饱和黏土层厚 5m，其上为砂层，底部为不透水的岩层。在荷载作用下黏土层中的附加应力分布呈倒梯形，$\sigma_{z0} = 400\text{kPa}$，$\sigma_{z1} = 200\text{kPa}$。已知，荷载作用半年后土层中的孔隙水压力呈三角形分布，见图中阴影，则此时黏土层平均固结度为：

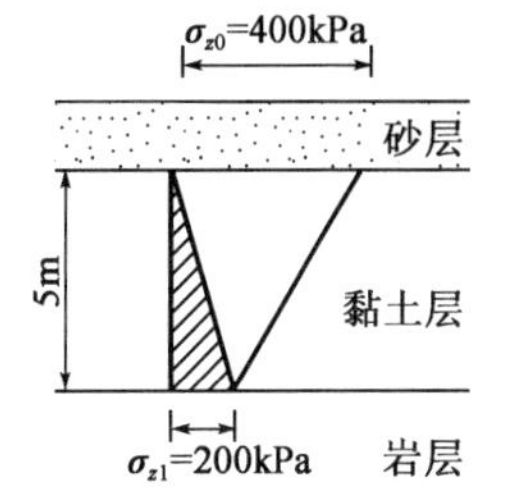

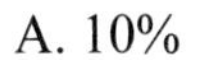
A. 10%

B. 15%

C. 33%

D. 67%

38. 对某饱和砂土（$c' = 0$）试样进行 CU 试验，已知：围压$\sigma_3 = 200\text{kPa}$，土样破坏时的轴向应力$\sigma_{1\text{f}} = 400\text{kPa}$，孔隙水压力$u_{\text{f}} = 100\text{kPa}$，则该土样的有效内摩擦角$\varphi'$为：

A. 20°　　B. 25°

C. 30°　　D. 35°

39. 某条形基础宽 10m，埋深 2m，埋深范围内土的重度$\gamma_0 = 18\text{kN/m}^3$，$\varphi = 22°$，$c = 10\text{kPa}$；地下水位于基底；地基持力层的饱和重度$\gamma_{\text{sat}} = 20\text{kN/m}^3$，$\varphi = 20°$，$c = 12\text{kPa}$；按太沙基理论求得地基发生整体剪切破坏时的地基极限承载力为：

（$\varphi = 20°$时，承载力系数$N_{\text{r}} = 5.0$，$N_{\text{q}} = 7.42$，$N_{\text{c}} = 17.6$；$\varphi = 22°$时，承载力系数$N_{\text{r}} = 6.5$，$N_{\text{q}} = 9.17$，$N_{\text{c}} = 20.2$。）

A. 728.32kPa　　B. 897.52kPa

C. 978.32kPa　　D. 1147.52kPa

40. 某地基土的临塑荷载P_{cr}，临界荷载$P_{1/4}$、$P_{1/3}$及极限荷载P_{u}之间的数值大小关系是：

A. $P_{\text{cr}} < P_{1/4} < P_{1/3} < P_{\text{u}}$　　B. $P_{\text{cr}} < P_{\text{u}} < P_{1/3} < P_{1/4}$

C. $P_{1/3} < P_{1/4} < P_{\text{cr}} < P_{\text{u}}$　　D. $P_{1/4} < P_{1/3} < P_{\text{cr}} < P_{\text{u}}$

41. 以下不属于河流地质作用的地貌是：

A. 潟湖　　B. 牛轭湖

C. 基座阶地　　D. 冲积平原

42. 以下属于原生结构面的一组是：

①沉积间断面；②卸荷裂隙；③层间错动面；④侵入岩体与围岩的接触面；⑤风化裂隙；⑥绿泥石片岩夹层。

A. ①、③、⑤　　B. ①、④、⑥

C. ②、③、⑥　　D. ②、④、⑤

43. 以下各组术语中，属于描述沉积岩结构、构造特征的是：

①碎屑结构；②斑状结构；③变晶结构；④气孔构造；⑤块状构造；⑥层理构造；⑦片理构造；⑧流纹构造。

A. ②、⑤　　B. ③、⑦

C. ①、⑥　　D. ④、⑧

44. 以下与地震相关的叙述中正确的是：

A. 地震主要是由火山活动和陷落引起的

B. 地震波中传播最慢的是面波

C. 地震震级是地震对地面和建筑物的影响或者破坏程度

D. 地震烈度是表示地震能量大小的量度

45. 以下关于地下水的化学性质等方面的表述中正确的是：

A. 地下水的酸碱度是由水中的HCO_3^-离子的浓度决定的

B. 地下水中各离子、分子、化合物（不含气体）的总和称为矿化度

C. 水的硬度由水中Na^+、K^+离子的含量决定

D. 根据各种化学腐蚀所起的破坏作用，将侵蚀性CO_2、HCO_3^-离子和pH值归纳为结晶类腐蚀性的评价指标

46. 为施工图设计提供依据所对应的勘察阶段为：

A. 可行性研究勘察　　B. 初步勘察

C. 详细勘察　　D. 施工勘察

47. 以下关于原位测试的表述中不正确的是：

A. 扁铲侧胀试验是用于碎石土、极软岩、软岩

B. 载荷试验可用于测定承压板下应力主要影响范围内的承载力和变形模量

C. 静力触探试验可测定土体的比贯入阻力、锥尖阻力、侧壁摩阻力和贯入时的孔隙水压力等

D. 圆锥动力触探试验的类型可分为轻型、重型和超重型三种

48. 沉积岩层中缺一地层，但上下两套岩层产状一致，此两套沉积岩层的接触关系是：

A. 角度不整合接触　　　　B. 沉积接触

C. 假整合接触　　　　　　D. 整合接触

49. 在花岗岩类岩石中不含有的矿物是：

A. 黑云母　　　　B. 长石

C. 石英　　　　　D. 方解石

50. 在斜坡将要发生滑动的时候，由于拉力的作用滑坡后部产生一些张开的弧形裂缝，此种裂缝称为：

A. 鼓张裂缝　　　　B. 扇形裂缝

C. 剪切裂缝　　　　D. 拉张裂缝

51. 天然应力场下，边坡形成后，边坡面附近的主应力迹线发生明显的偏转，最小主应力方向与坡面的关系表现为：

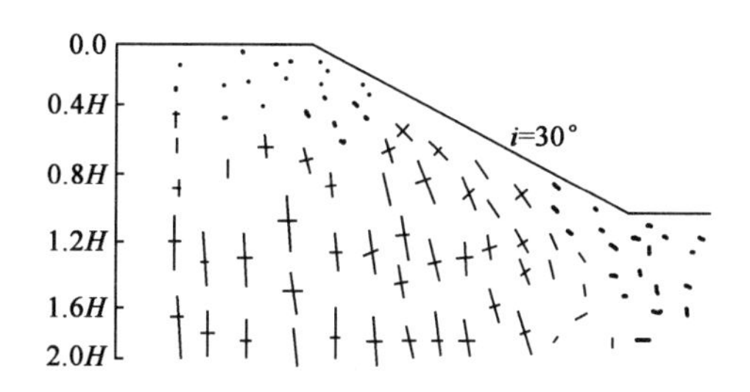

A. 近于平行　　　　B. 近于正交

C. 近于斜交　　　　D. 无规律

52. 下列各项中不是岩基极限承载力的是：

A. 通过理论计算得出的岩基承载力值

B. 通过室内试验和理论计算后得出的岩基承载力值

C. 按有关规范规定的标准测试方法测定的基本值并经统计处理后的承载力值

D. 通过现场试验测出的岩基实际承载力值

53. 软土基坑开挖到底时，不正确的操作事项是：

A. 通常在坑底面欠挖保留 200mm 厚的土层，待垫层施工时，再铲除

B. 为满足坑底挖深标高，先超挖 200mm 厚的土层，再用挖出的土回填至坑底标高

C. 如坑底不慎扰动，应将已扰动的土挖出，并用砂、碎石回填夯实

D. 如采用坑内降水的基坑，则开挖到底时应继续保持降水

54. 群桩的竖向承载力不能按各单桩承载力之和进行计算的是：

A. 桩数少于 3 根的端承桩

B. 桩数少于 3 根的非端承桩

C. 桩数大于 3 根的端承桩

D. 桩数大于 3 根的摩擦桩

55. 预压固结的地基处理工程中，对缩短工期更有效的措施是：

A. 设置水平向排水砂层

B. 加大地面预压荷载

C. 减少地面预压荷重

D. 用高能量机械压实

56. 下列影响岩体边坡稳定性的各因素中，影响最小的因素是：

A. 岩体边坡的形状

B. 岩体内温度场

C. 岩石的物理力学特性

D. 岩体内地下水运动

57. 岩基上的浅基础的极限承载力主要取决于：

A. 基础尺寸及形状

B. 地下水位

C. 岩石的力学特性与岩体的完整性

D. 基础埋深

58. 确定常规浅基础埋置深度时，一般可不考虑的因素是：

A. 土的类别与土层分布

B. 基础类型

C. 地下水位

D. 基础平面形状

59. 均质土中等截面抗压桩的桩身轴力分布规律是：

A. 从桩顶到桩端逐渐减小

B. 从桩顶到桩端逐渐增大

C. 从桩顶到桩端均匀分布

D. 桩身中部最大，桩顶与桩端处变小

60. 砂桩复合地基提高天然地基承载力的机理是：

A. 置换作用与排水作用

B. 挤密作用与排水作用

C. 预压作用与挤密作用

D. 置换作用与挤密作用

2011 年度全国勘察设计注册土木工程师（岩土）执业资格考试基础考试（下）试题解析及参考答案

1. 解　材料中的孔隙按照孔隙特征分为封闭孔和连通孔，按照孔径大小分为大孔、细微孔等。其中，封闭孔隙不会吸水，粗大孔隙中的水分不易留存。材料中的毛细孔属于细微的毛细孔，其越多，吸水率越大。

答案：D

2. 解　三合土是由石灰粉（生石灰或熟石灰）、黏土和砂子（或煤渣、碎石等）按照一定比例混合而成，主要用于建筑物的基础、路面或路基的垫层。在长期的使用环境下，石灰中的氧化钙在有水分存在的条件下，与黏土中的氧化硅和氧化铝发生反应，生成水化硅酸钙和水化铝酸钙。

答案：D

3. 解　溶出性腐蚀是混凝土中的$Ca(OH)_2$被水溶解流失的腐蚀，会导致孔隙率增大。一般酸腐蚀指酸（如HCl，HNO_3等）与$Ca(OH)_2$反应生成溶解度大的产物（如$CaCl_2$，$Ca(NO_3)_2$等），使孔隙率增大。镁盐腐蚀是指Mg^{2+}与$Ca(OH)_2$反应生成没有胶凝能力的$Mg(OH)_2$的腐蚀。在含有硫酸盐的腐蚀环境中，混凝土中的氢氧化钙与硫酸根离子反应生成硫酸钙，然后硫酸钙与混凝土中的水化铝酸钙反应生成高硫型水化硫铝酸钙（钙矾石），体积膨胀 1~1.5 倍；同时，生成的硫酸钙也可以二水硫酸钙的形式结晶，体积比氢氧化钙增大 1.2 倍。两种膨胀性产物的生成，会导致混凝土开裂、强度降低甚至破坏。因为生成的高硫型水化硫铝酸钙的晶体为针状，被形象地称为“水泥杆菌”。总之比较四种腐蚀程度，硫酸盐腐蚀的危害最大。

答案：D

4. 解　就大体积混凝土而言，主要是控制温升，主要方法之一是控制水化速度。速凝剂可以加速水化速度，所以在大体积混凝土中不能掺加速凝剂。

答案：A

5. 解　钢筋经冷加工后，屈服强度提高，塑性和韧性降低；再经过时效后，屈服强度和抗拉强度都提高，塑性和韧性进一步降低。与冷拉相比，冷拔过程中钢筋不仅受到拉力，也受压力，所以还可以提高抗压强度。

答案：B

6. 解　木材顺纹方向与纤维生长方向一致，顺纹抗拉强度即拉伸纤维的强度，而各种缺陷的存在会使纤维断裂，所以对顺纹抗拉强度的影响最大。

答案：B

7. 解 沥青的主要组分为油分、树脂和地沥青质。沥青碳是沥青中的杂质成分。老化过程使沥青中低分子组分向大分子组分转化，即油分转化为树脂，树脂转化为地沥青质，最终使沥青的塑性降低，黏性提高，脆硬性增大。所以老化后，地沥青质含量增多。

答案：C

8. 解 测量工作的基准面是大地水准面。

答案：C

9. 解 测量误差的来源主要有三类，仪器误差、观测误差（人为误差）、外界条件影响。偶然误差主要由外界干扰等原因引起，系统误差主要由仪器误差所致。

答案：C

10. 解 已知边长和坐标方位角的情况下，坐标增量计算公式为：

$$\Delta X = D\cos\alpha\text{；}\ \Delta Y = D\sin\alpha$$

将已知边长及方位角代入计算得：$\Delta X_{\mathrm{AB}} = +59.907\mathrm{m}$；$\Delta Y_{\mathrm{AB}} = -49.952\mathrm{m}$

答案：D

11. 解 实地面积计算：$S_{实地} = S_{图} \times M^2 = 250 \times 10^{-4} \times 2000^2 = 100000\mathrm{m}^2$

$$1\text{ 亩} \approx 666.7\mathrm{m}^2\text{，即 } 100000\mathrm{m}^2 = \frac{100000}{666.7}\text{ 亩} = 150\text{ 亩}$$

答案：D

12. 解 变形测量主要包括位移、沉降、挠度、倾斜测量等，不含竣工测量。

答案：A

13. 解 《中华人民共和国建筑法》第九条规定，建设单位应当自领取施工许可证之日起三个月内开工。因故不能按期开工的，应当向发证机关提出申请延期；延期以两次为限，每次不超过三个月。既不开工又不申请延期或者超过延期时限的，施工许可证自行废止。

答案：B

14. 解 《中华人民共和国招投标标法》第二十四条规定，招标人应当确定投标人编制投标文件所需要的合理时间；但是，依法必须进行招标的项目，自招标文件开始发出之日起至投标人提交投标文件截止之日止，最短不得少于二十日。

答案：B

15. 解 《建设工程质量管理条例》第四十条规定，在正常使用条件下，建设工程的最低保修期限为：

（一）基础设施工程、房屋建筑的地基基础工程和主体结构工程，为设计文件规定的该工程的合理使用年限；

（二）屋面防水工程、有防水要求的卫生间、房间和外墙面的防渗漏，为 5 年；

（三）供热与供冷系统，为 2 个采暖期、供冷期；

（四）电气管线、给排水管道、设备安装和装修工程，为 2 年。

答案： C

16. 解 《建设工程质量管理条例》第二十一条规定，设计单位应当根据勘察成果文件进行建设工程设计。设计文件应当符合国家规定的设计深度要求，注明工程合理使用年限。设计深度要按国家规定要求，如果业主有特殊要求，要签订合同，同时满足国家标准和业主要求，所以选项 C 的说法不全面。第二十四条规定，设计单位应参与建设工程质量事故分析，并对因设计造成的质量事故提出相应的处理方案。

答案： C

17. 解 夯实法多用于建筑物基坑、沟槽等小面积的土方回填压实。碾压法多用于大面积填土工程。震动压实法主要用于非黏性土的压实。《土方与爆破工程施工及验收规范》（GB 50201—2012）第 4.5.3 条第 2 款规定，草皮土和有机质含量大于 8%的土，不应用于有压实要求的回填区域，而《建筑地基基础设计规范》（GB 50007—2011）第 6.3.6 条第 5 款规定，填土地基压实填土的填料“不得使用淤泥、耕土、冻土、膨胀性土以及有机质含量大于 5%的土”；《建筑地基基础工程施工规范》（GB 51004—2015）第 8.5.2 条规定，基坑回填“土料不得采用淤泥和淤泥质土，有机质含量不大于 5%，土料的含水量应满足压实要求”。可见，选项 D 的说法较符合题意。

答案： D

18. 解 钢筋的抽样检测，热轧钢筋以不超过 60t 为一检验批，冷轧钢筋以不超过 50t 为一检验批，冷拉钢筋以不超过 20t 为一检验批，冷拔钢丝和碳素钢丝以不超过 5t 为一检验批。

答案： B

19. 解 用于竖向墙体和筒体混凝土结构的模板以大模板与爬升板为优先选取。压型钢板永久性模板施工时起模板作用，当混凝土成型后就成为了结构的组成部分，仅用于楼板（水平构件）模板。只有组合钢模板使用灵活、通用性强，可以拼出多种几何尺寸，适用于梁、板、柱、墙的施工，即既可用于水平混凝土构件，也可用于垂直混凝土构件的模板。

答案： C

20. 解 该工程属于无节奏（或称非节奏）流水施工，采用分别流水法，其工期计算公式为：

$$T = \sum K + t_N$$

采用节拍累加数列相减取大差的方法求流水步距：

$$\begin{array}{rrrrr} & 3 & 5 & 7 & \\ - & & 4 & 8 & 11 \\ \hline & 3 & 1 & -1 & -11 \end{array}$$

取最大值 3，得$K_{AB} = 3$；同理，$K_{BC} = 4$

则工期$T = 3 + 4 + 5 + 4 + 4 = 20$天

答案：C

21. 解 某项工作的总时差=本工作最迟开始时间–本工作最早开始时间，或者是某项工作的总时差=本工作最迟完成时间–本工作最早完成时间。

A 工作的最迟完成时间=各个紧后工作最迟开始时间取最小值，A 的紧后工作 B、C、D 的最迟开始时间分别为 15−4=11、16−3=13，18−6=12，三者最小值为 11。计算总时差上述两种方法都可以。

第一种方法，按最早、最迟开始时间计算：本工作 A 最早开始时间是 3，本工作 A 最迟开始时间=工作 A 的最迟完成时间–工作 A 持续时间=11−5=6 天，A 工作的总时差=A 工作最迟开始时间–A 工作最早开始时间=6−3=3 天。

第二种方法，按最早、最迟完成时间计算：本工作 A 最早完成时间是 3+5=8，本工作 A 最迟完成时间是 11 天，则 A 工作的总时差=A 工作最迟完成时间–A 工作最早完成时间=11−8=3 天。

两个公式，两种方法，计算结果总时差都是 3 天。

答案：A

22. 解 从任一杆件开始用逐次增加二元体的办法，即可知除支座外的上部为内部几何不变且无多余约束，可视为一刚片，再与大地用不交于一点的三链杆相连，符合两刚片规则。

答案：C

23. 解 图（1）及图（2）为静定结构，其内力由静力平衡条件唯一确定，对 A 取矩平衡，可知N_2的值等于N_1水平分力的值，即N_2小于N_1，故可排除选项 A，选 B；而图（3）及图（4）为超静定结构，其内力取决于平衡条件及变形协调条件，两图链杆布置不同其轴力不可能相同，可排除选项 D；由于固定端 A 的嵌固作用，N_3应小于N_2，故可排除选项 C。

答案：B

24. 解 题目缺少必要条件。如果两跨刚度相同，结构具有对称性，其竖向受力状态有如下解答。利用对称性，并引用载常数，可知BC跨的受力状态如解图 a）所示。

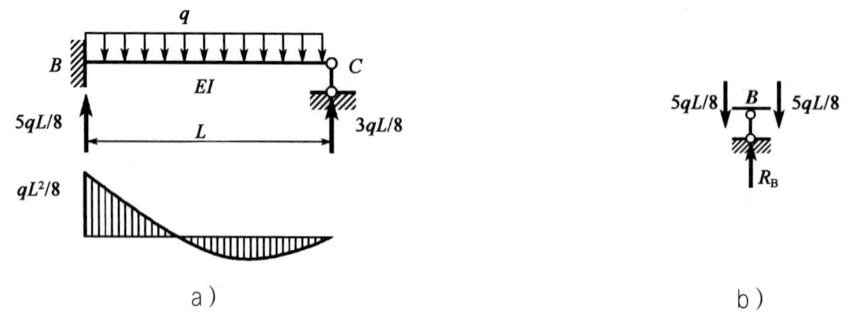

题 24 解图

AB跨按对称性做相应分析。

由结点B平衡（见解图 b），可得：$R_{\mathrm{B}} = 5ql/4$

答案： C

25. 解 撤去一个固定端（相当于撤去三个约束）即变为静定结构，故原结构有三个多余约束，三次超静定。

答案： C

26. 解 按公式计算弯矩分配系数

$$\mu_{\mathrm{AB}} = \frac{S_{\mathrm{AB}}}{\sum\limits_{\mathrm{A}} S} = \frac{3i_{\mathrm{AB}}}{3i_{\mathrm{AB}} + 4i_{\mathrm{AC}} + i_{\mathrm{AD}}} = \frac{3\dfrac{EI}{L}}{3\dfrac{EI}{L} + 4\dfrac{EI}{L} + \dfrac{EI}{0.5L}} = \frac{3}{9} = \frac{1}{3}$$

转动刚度汇总：远端固定，$S = 4i$；远端简支，$S = 3i$；远端滑动，$S = i$；远端自由，$S = 0$。

答案： A

27. 解 作解图，由上面横杆隔离体水平力平衡求沿振动方向的侧移刚度系数

$$k = Q + Q + k_0 = 2\left(\frac{3EI}{H^3}\right) + k_0 = \frac{6EI}{H^3} + k_0$$

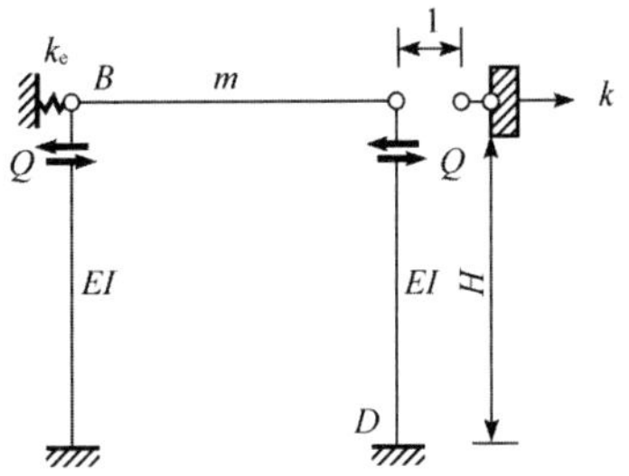

题 27 解图

代入频率计算公式

$$\omega = \sqrt{\frac{k}{m}} = \sqrt{\frac{\dfrac{6EI}{H^3} + k_0}{m}}$$

答案： B

28. 解 在设计基准期内，“小震”（多遇地震）的超越概率为 63.2%，“中震”（基本设防烈度）的超越概率为 10%，“大震”（罕遇地震）的超越概率为 2%~3%。我国采用的设计基准期为 50 年，设计基准期是为确定可变作用及与时间有关的材料性能取值而选用的时间参数，它不等同于建筑结构的设计工作年限，故选项 A 错误。

答案： A

29. 解 对于 A 选项，设计中应避免少筋梁和超筋梁，会发生脆性破坏，应采用适筋梁，破坏前有明显的预兆，属于延性破坏。对于 B 选项，光圆钢筋及变形钢筋与混凝土之间的黏结强度均随混凝土

的强度等级（抗拉强度）的提高而提高。对于C选项，弯矩调幅法是一种适用的设计方法，是在弹性弯矩的基础上，在满足静力平衡的条件下，通常是减小支座的负弯矩，增大跨内的正弯矩，但不会改变构件的承载能力。由于增大跨内正弯矩使得配筋增加，因此按弹性内力分析计算的梁中裂缝宽度会相应减小。对于D选项，剪跨比$\lambda>3$时，一般发生斜拉破坏；剪跨比$1\leqslant\lambda\leqslant3$时，通常发生剪压破坏，破坏前有一定的预兆；剪跨比$\lambda<1$时，常发生斜压破坏。综合以上，选项C错误。

答案：C

30. 解 框架结构、剪力墙结构、筒体结构的侧向刚度依次增大，抵抗水平地震作用的能力逐渐增强，因此适用高度逐渐加大，见《高层建筑混凝土结构技术规程》（JGJ 3—2010）第3.3节“房屋适用高度和高宽比”。

答案：A

31. 解 根据《钢结构设计标准》（GB 50017—2017）第7.2.1条，轴心受压构件的稳定系数与构件的长细比、钢材屈服强度和截面分类有关，选项A错误。如构件是稳定性控制，则提高钢材的强度并不能减小构件的截面尺寸，选项C错误。受弯构件应进行强度和整体稳定计算，并满足局部稳定性要求，选项D错误。根据第11.1.6条第1款1），在承受动力荷载且需要进行疲劳验算的构件中，作用力垂直于焊缝方向的横向对接焊缝，其质量等级受拉时应为一级，受压时不应低于二级；根据第11.1.6条第3款，不需要疲劳验算的构件中，凡要求与母材等强的对接焊缝宜焊透，其质量等级受拉时不应低于二级，受压时不宜低于二级。由于题中并没有明确构件承受动力荷载且需要进行疲劳验算，故此题无解。

答案：无

32. 解 砌体在局部压应力作用下，局部受压的砌体产生纵向变形和横向变形，当局部受压部分的砌体周边有砌体包围时，周边砌体像套箍一样约束直接承受应力的部分，限值其横向变形，使局部受压的砌体处于三向或双向受压状态，抗压能力大大提高。同时，只要砌体内存在未直接承受压力的面积，就有应力扩散的现象，也可以在一定程度上提高砌体的抗压强度，选项A正确。由于梁的弯曲作用，梁端支承处的局部受压面积上的应力是不均匀的，选项B正确。增设梁垫或加大梁端截面宽度，均可增加砌体的局部受压面积，提高砌体的局部受压承载力，选项C正确。梁端上部传来的荷载，对砌体局部受压承载力没有影响，选项D错误。

答案：D

33. 解 根据《砌体结构设计规范》（GB 50003—2011）第4.2.1条，房屋的静力计算，根据房屋的空间工作性能分为刚性方案、刚弹性方案和弹性方案。三种计算方案是根据房屋的屋盖或楼盖类别、横墙的间距划分的。横墙间距越小，空间工作性能越好，选项A、C错误。现浇钢筋混凝土屋（楼）盖的房屋比木屋（楼）盖的房屋空间工作性能好，选项B正确。墙体的高厚比越大，在墙厚一定时，墙体越细长，其稳定性越差，将影响房屋的空间刚度，选项D错误。

答案：B

34. 解 岩石应力与应变关系曲线，一般划分为5个区间，反映岩石在应力作用下变形与破坏的不同阶段。其中，第一阶段曲线呈上凹形的非线性曲线，代表岩石在应力作用下内部孔隙被压密、试件端部与试验机压板之间的找平；随着应力的逐渐增大，岩石进入弹性变形阶段，应力与应变关系曲线近似为直线；当应力超过了岩石的屈服应力后，开始产生塑性变形，应力与应变关系曲线由第2阶段的直线开始发生偏离。图中OA、AB、BC分别代表上述三个阶段。选项A的顺序不对，选项B、C中的弹塑性阶段名称不对。

答案：D

35. 解 根据土的三相比例指标换算公式：孔隙比的定义

$$e=\frac{wd_{\mathrm{s}}}{S_{\mathrm{r}}}$$

代入已知数据$w=20\%$，$d_{\mathrm{s}}=2.75$，饱和度$S_{\mathrm{r}}=100\%$，可求得$e=0.55$。

答案：B

36. 解 基底压力$p_{\mathrm{k}}=\frac{F_{\mathrm{k}}+G_{\mathrm{k}}}{A}=\frac{1600+6^2\times2\times20}{6\times6}=84.4\mathrm{kPa}$

基底附加压力$p_0=p_{\mathrm{k}}-\sigma_{\mathrm{c}}=84.4-(18.6\times1+9\times1)=56.8\mathrm{kPa}$

据角点法，$l=b=3$，$z=3$，则$m=1$ $n=z/b=3/3=1$

查矩形面积均布荷载作用角点下附加应力系数表，得$K_{\mathrm{c}}=0.175$，则基底中心点下3m处的竖向附加应力为：

$$\sigma_z=4\times K_{\mathrm{c}}\times p_0=4\times0.175\times56.8=39.76\approx40\mathrm{kPa}$$

答案：C

37. 解 平均固结度等于时间t时，土层骨架在黏土层中承担的有效应力与初始（全部）附加（即土层初始总应力=初始孔隙水压力或最终有效应力）应力面积的比值。

$$\begin{aligned}U&=\frac{\text{总应力图形面积}-\text{孔隙水压力图形面积}}{\text{总应力图形面积}}\\&=\frac{\frac{1}{2}\times(200+400)\times5-\frac{1}{2}\times200\times5}{\frac{1}{2}\times(200+400)\times5}\\&=\frac{1500-500}{1500}=67\%\end{aligned}$$

答案：D

38. 解 根据题意可画出有效应力条件下摩尔-库仑强度关系图。

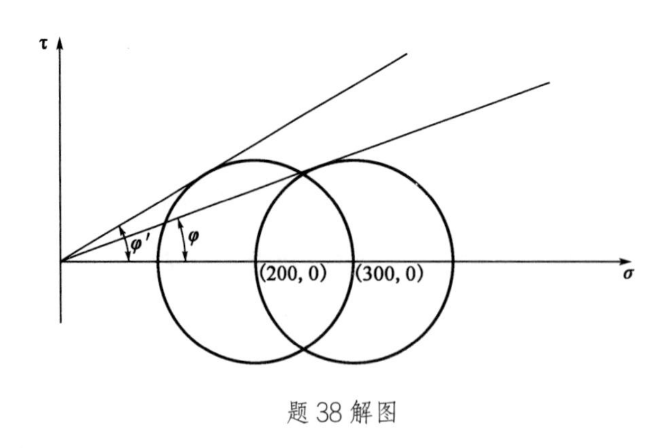

题 38 解图

据图可求得有效内摩擦角$\varphi' = \arcsin\left(\frac{100}{200}\right) = 30°$。

答案：C

39. 解　根据条形基础地基发生整体剪切破坏时的地基极限承载力计算公式代入已知条件计算：

$$
\begin{aligned}
p_u &= \frac{1}{2}\gamma b N_\gamma + q N_q + c N_c \\
&= 0.5 \times 5 \times 10 \times 10 + 7.42 \times 2 \times 18 + 12 \times 17.6 = 728.32\text{kPa}
\end{aligned}
$$

答案：A

40. 解　临塑荷载P_{cr}是指地基中刚要出现塑性剪切区的荷载。塑性荷载是指地基中出现规定的塑性区深度时对应的荷载。如基础底面宽度为b，塑性区开展深度为$b/4$或$b/3$时，相应的荷载为$P_{1/4}$或$P_{1/3}$称为临界荷载。极限荷载P_u是指地基中塑性区连成一片，地基出现完整连续的剪切破坏面时对应的荷载。它们之间数值大小关系是$P_{cr} < P_{1/4} < P_{1/3} < P_u$。

答案：A

41. 解　河流地貌包括河谷、冲积平原、河口三角洲、河间地块及水系地貌等单元；河谷地貌包括河床、河漫滩、牛轭湖、阶地等，牛轭湖是河流裁弯取直后弯曲河道淤塞而成，基座阶地是下部为基岩上部为河流冲积物的阶地。

潟湖是海岸带沙堤和海岸之间与大海隔离的部分海面。

答案：A

42. 解　原生结构面包括沉积结构面、火成结构面和变质结构面；卸荷裂隙、风化裂隙为次生结构面，层间错动面为构造结构面；而沉积间断面、侵入岩体与围岩的接触面和绿泥石片岩夹层均为原生结构面。

答案：B

43. 解　沉积岩的结构，包括碎屑结构、泥质结构、化学结构和生物结构；沉积岩的构造，包括层理构造、层面构造和生物化石等。斑状结构、气孔构造、流纹构造和块状构造是火成岩的结构和构造；变晶结构、片理构造、块状构造为变质岩的结构和构造。碎屑结构、层理构造是沉积岩的典型结构与构造。

答案：C

44. 解 地震主要是由断裂活动引起的，火山活动和陷落也会导致地震，选项A错；地震产生的地震波包括体波与面波，体波包括纵波与横波，其中纵波传播速度最快，横波次之，面波最慢，选项B正确；地震震级是表示地震能量大小的量度，选项C错；地震烈度是地震对地面和建筑物的影响或者破坏程度，选项D错。

答案：B

45. 解 地下水的酸碱度是由水中的H^+离子的浓度以10为底的负对数的值，即pH值决定的，选项A错；地下水中各离子、分子、化合物（不含气体）的总含量称为矿化度，选项B正确；地下水的硬度由水中Ca^{2+}、Mg^{2+}离子的含量决定，选项C错；结晶类腐蚀主要是SO_4^{2-}与混凝土中$Ca(OH)_2$生成二水石膏体，再与水化铝酸钙反应生成硫铝酸钙，其体积增大导致混凝土结构破坏，选项D错。

答案：B

46. 解 勘察阶段与设计阶段对应，一般分为可行性研究勘察阶段、初步勘察阶段和详细勘察阶段；对场地条件复杂的，宜进行施工勘察；详勘阶段在于针对建筑物地基及具体工程地质问题，为施工图设计和施工提供设计计算参数和可靠的依据，因此正确答案为C。

答案：C

47. 解 扁铲侧胀试验适用于一般黏性土、粉土、中密以下砂土、黄土等，不适用于碎石土、极软岩、软岩等较坚硬岩土，故选项A错；其他选项B、C、D均正确。

答案：A

48. 解 角度不整合接触是指上下地层间有明显的沉积间断，且上下地层产状不一致；沉积接触是指侵入岩先形成，之后地壳上升风化剥蚀后，接受新的地层沉积；整合接触是指上下地层间在沉积层序上是连续的，在时间空间上无沉积间断，且上下地层产状一致；假整合接触又称为平行不整合，是指上下地层产状一致，但有明显的地层沉积间断，缺失某一时期的地层。

答案：C

49. 解 花岗岩为侵入岩，呈肉红色，其主要矿物成分为石英、长石，含少量的黑云母、角闪石等；方解石主要成分为碳酸钙，其成因主要为沉积形成或次生形成。

答案：D

50. 解 滑坡由滑动体、滑动面和滑坡床三部分组成。滑坡的侧壁称为滑坡壁，滑坡体前缘称为滑坡舌，滑坡体由于整体滑动速度及位移的差异在滑坡体上形成阶梯状的滑坡台阶。滑坡体由于整体滑动速度及受力不均，形成一系列不同性质的裂隙，称为滑坡裂隙。滑坡前缘的裂隙称为鼓张裂隙，滑坡体两侧形成的裂隙称为剪切裂隙，滑坡前缘形成的放射状裂隙称为扇形裂隙，而滑坡体后缘受拉力作用形成的平行于滑坡后壁的弧形裂隙称为拉张裂缝。

答案：D

51. 解　无论是地下工程，还是边坡工程，坡面、坡底面、开挖面等自由面附近的应力场分布，均具有最大主应力平行于自由面、最小主应力垂直于自由面的特点。因此，最小主应力作用方向与坡面的关系表现为近于正交。应注意岩土工程中通常以压应力为正。

答案：B

52. 解　《建筑地基基础设计规范》（GB 50007—2011）规定，确定岩基承载力特征值的方法为岩基荷载试验方法或根据室内岩石饱和单轴抗压强度计算的方法，根据岩基破坏模式，也可通过理论计算确定，分别对应四个选项中的A、B、D，而选项C所述的方法不在规定方法内。

答案：C

53. 解　《建筑地基基础设计规范》（GB 50007—2011）第4.3.5条规定，基坑土方开挖过程应避免坑底土层受扰动，严禁扰动垫层下的软弱土层。

答案：B

54. 解　考虑群桩作用，桩数超过3根的摩擦桩基础，群桩承载力需考虑群桩效应。

答案：D

55. 解　设置排水层可以增大排水能力。加大地面预压荷载有发生地基强度破坏的可能。持续作用荷载才有利于孔隙水排出。

答案：A

56. 解　影响岩质边坡稳定性的因素，有内在因素和外在因素两大类。内在因素，包括地形地貌条件、岩体性质、岩体结构类型与地质构造等；外在因素，包括水文地质条件、风化作用、水的作用、地震作用以及人类活动因素等。岩体内的温度场，应属于内在因素，但是与选项中的其他因素相比，地温变化对边坡稳定性的影响远小于其他因素。

答案：B

57. 解　岩基在荷载作用下其变形量的大小和破坏方式受岩体自身结构条件、力学性质及受力情况等多方面因素制约。对于浅基础，除极软岩外，地下水位对基岩岩体的软化作用有限；基础大小与形状、埋深的影响也不如岩体自身性质的影响大。

答案：C

58. 解 依据《建筑地基基础设计规范》(GB 50007—2011)第 5.1.1 条，基础埋置深度与基础平面形状无关。

答案：D

59. 解 对于摩擦桩，随着深度的增加，桩的轴力由于桩周摩阻力的作用不断减小。

答案：A

60. 解 经砂桩处理后的复合地基承载力，是由达到一定密实要求的砂桩和对原软弱地基挤密成孔(挤土，不排土)作用后的原地基土共同承担。对于饱和度较高的软弱黏性土等，应该说在对其成孔挤密过程的同时，还存在一定的排水作用。该题不同选项中涉及三个作用。但是对提高地基承载力而言，主要应该是以砂桩的置换作用和对被加固土的挤密作用为主，因此选 D。

答案：D

2012年度全国勘察设计注册土木工程师（岩土）

执业资格考试试卷

基础考试

（下）

二〇一二年九月

应考人员注意事项

1. 本试卷科目代码为“2”，考生务必将此代码填涂在答题卡“科目代码”相应的栏目内，否则，无法评分。

2. 书写用笔：**黑色或蓝色钢笔、签字笔或圆珠笔**；

   填涂答题卡用笔：**黑色 2B 铅笔**。

3. 必须用书写用笔将工作单位、姓名、准考证号填写在答题卡和试卷相应的栏目内。

4. 本试卷由 60 题组成，每题 2 分，满分 120 分，本试卷全部为单项选择题，每小题的四个备选项中只有一个正确答案，错选、多选、不选均不得分。

5. 考生作答时，必须按**题号在答题卡上**将相应试题所选选项对应的**字母用 2B 铅笔涂黑**。

6. 在答题卡上书写与题意无关的语言，或在答题卡上作标记的，均按违纪试卷处理。

7. 考试结束时，由监考人员当面将试卷、答题卡一并收回。

8. 草稿纸由各地统一配发，考后收回。

单项选择题（共 60 题，每题 2 分。每题的备选项中只有一个最符合题意。）

1. 以下哪种微观结构或性质的材料不属于晶体？

A. 结构单元在三维空间规律性排列

B. 非固定熔点

C. 材料的任一部分都具有相同的性质

D. 在适当的环境中能自发形成封闭的几何多面体

2. 某种多孔材料密度为 $2.4g/cm^3$，表观密度为 $1.8g/cm^3$。该多孔材料的孔隙率为：

A. 20%　　B. 25%

C. 30%　　D. 35%

3. 我国通用的硅酸盐水泥标准中，符号“P.C”代表：

A. 普通硅酸盐水泥　　B. 硅酸盐水泥

C. 粉煤灰硅酸盐水泥　　D. 复合硅酸盐水泥

4. 混凝土的强度受到其材料的组成、养护条件和试验方法的影响，其中试验方法的影响体现在：

A. 试验设备的选择　　B. 试验地点的选择

C. 试验尺寸的选择　　D. 温湿环境的选择

5. 减水剂能够使混凝土在保持相同坍落度的前提下，大幅减小其用水量，因此能够提高混凝土的：

A. 流动性　　B. 强度

C. 黏聚性　　D. 捣实性

6. 当含碳量等于 0.8%时，钢材的晶体组织全部是：

A. 珠光体　　B. 渗碳体

C. 铁素体　　D. 奥氏体

7. 将木材破碎浸泡，研磨成木浆，加入一定量黏合剂，经热压成型、干燥处理而制成的人造板材，称为：

A. 胶合板　　B. 纤维板

C. 刨花板　　D. 大芯板

8. 测量学中高斯平面直角坐标系X轴、Y轴的定义：

A. X轴正向指东、Y轴正向指北　　B. X轴正向指西、Y轴正向指南

C. X轴正向指南、Y轴正向指东　　D. X轴正向指北、Y轴正向指东

9. DS_3型微倾式水准仪的主要组成部分是：

A. 物镜、水准器、基座　　B. 望远镜、水准器、基座

C. 望远镜、三角架、基座　　D. 仪器箱、照准器、三角架

10. 用视距测量方法求A、B两点间高差，通过观测得尺间距$L = 0.365\text{m}$，竖直角$\alpha = 3°15'00''$，仪器高$i = 1.460\text{m}$，中丝读数2.379m，则A、B两点间高差h_{AB}为：

A. 1.15m　　B. 1.14m

C. 1.16m　　D. 1.51m

11. 地形图是按一定比例，用规定的符号表示下列哪一项的正射投影图？

A. 地物的平面位置　　B. 地物、地貌的平面位置和高程

C. 地貌高程位置　　D. 地面高低状态

12. 同一张地形图上等高距是相等的，则地形图上陡坡的等高线是：

A. 汇合的　　B. 密集的

C. 相交的　　D. 稀疏的

13. 设计单位的安全责任，不包含的是：

A. 在设计文件中注明安全的重点部位和环节

B. 对防范生产安全事故提出指导意见

C. 提出保障施工作业人员安全和预防生产安全事故的措施建议

D. 要求施工单位整改存在的安全事故隐患

14. 某勘察设计咨询企业A与其他事业单位合作的成果，其著作权、专利权、专有技术权归属，下列叙述正确的是：

A. 应归勘察设计咨询企业A所有

B. 应为合作各方共有

C. 应为提供最多资金的企业所有

D. 应为建设单位所有

15. 根据《建设工程质量管理条例》第七至十七条的规定，建设单位质量责任与义务具体是：

A. 向勘察、设计、施工、监理等单位提供有关的资料

B. 为求工程迅速完成而任意压缩工程

C. 肢解分包以加快发包速度

D. 为了赶进度而暗示承包方在施工过程中忽略工程强制性标准

16. 若投标人组成联合投标体进行投标，联合体的资质正确认定的是：

A. 以资质等级最低为基准

B. 以资质等级最高为基准

C. 以相关专业人数比例最高的单位资质等级为基准

D. 以投入资金比例最高的单位资质等级为基准

17. 反铲挖土机的挖土特点是：

A. 后退向下，强制切土

B. 前进向上，强制切土

C. 后退向下，自重切土

D. 直上直下，自重切土

18. 某悬挑长度为 1.5m、强度等级为 C30 的现浇阳台板，当可以拆除其底模时，混凝土立方体抗压强度至少应达到：

A. $15N/mm^2$

B. $22.5N/mm^2$

C. $21N/mm^2$

D. $30N/mm^2$

19. 与工程网络计划方法相比，横道图进度计划方法的缺点是不能：

A. 直观表达计划中工作的持续时间

B. 确定实施计划所需要的资源数量

C. 直观表示计划完成所需要的时间

D. 确定计划中的关键工作和时差

20. 下列关于网络计划的工期优化的表述不正确的是：

A. 一般通过压缩关键工作来实现

B. 可将关键工作压缩为非关键工作

C. 应优先压缩对成本、质量和安全影响小的工作

D. 当优化过程中出现多条关键线路时，必须同时压缩各关键线路的持续时间

21. 流水施工的时间参数不包括：

A. 总工期

B. 流水节拍和流水步距

C. 组织和技术间歇时间

D. 平行搭接时间

22. 图示结构，节点C处的弯矩是：

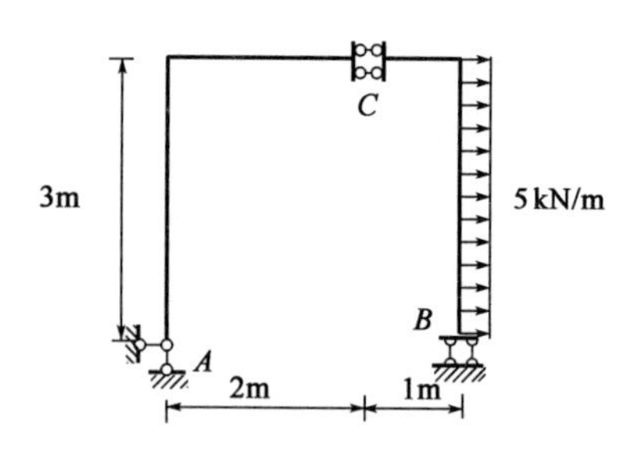

A. 30kN · m，上侧受拉

B. 30kN · m，下侧受拉

C. 45kN · m，上侧受拉

D. 45kN · m，下侧受拉

23. 图示结构，EI =常数。节点C处弹性支座刚度系数$k = 3EI/L^3$，B点的竖向位移为：

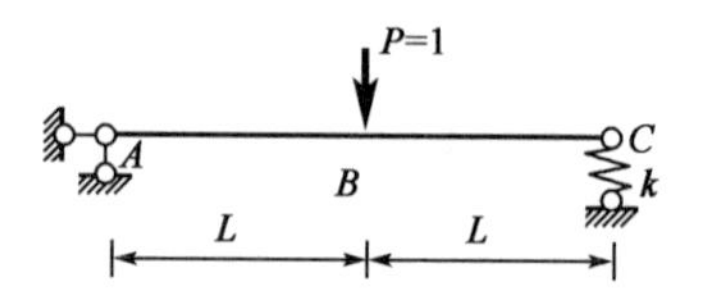

A. $L^3/(2EI)$

B. $L^3/(3EI)$

C. $L^3/(4EI)$

D. $L^3/(6EI)$

24. 图示结构，EA =常数，线膨胀系数为α，若环境温度降低t℃，则两个铰支座A、B的水平支座反力大小为：

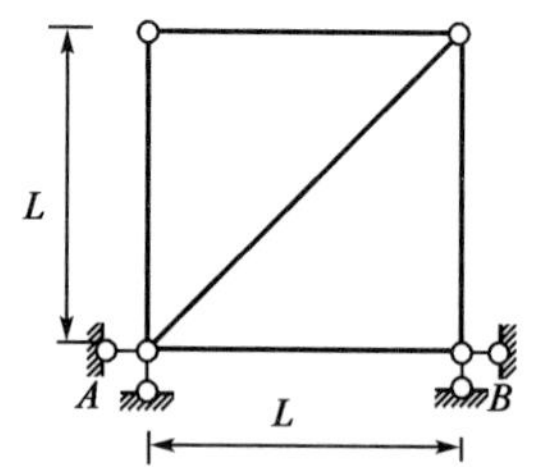

A. αtEA

B. $\alpha tEA/2$

C. $2\alpha tEA/L$

D. $\alpha tEA/L$

25. 钢筋混凝土结构抗震设计时，要求“强柱弱梁”是为了防止：

A. 梁支座处发生剪切破坏，从而造成结构倒塌

B. 柱较早进入受弯屈服，从而造成结构倒塌

C. 柱出现失稳破坏，从而造成结构倒塌

D. 柱出现剪切破坏，从而造成结构倒塌

26. 关于预应力混凝土轴心受拉构件的描述，下列说法不正确的是：

A. 即使张拉控制应力、材料强度等级、混凝土截面尺寸及预应力筋截面面积相同，后张法构件的有效预压应力值也比先张法高

B. 对预应力钢筋超张拉，可减少预应力钢筋的损失

C. 施加预应力不仅能提高构件抗裂度，也能提高其极限承载能力

D. 裂缝控制等级为一级的构件在使用阶段前始终处于受压状态，发挥了混凝土受压性能

27. 关于钢筋混凝土单层厂房结构的布置与功能，下列说法不正确的是：

A. 支撑体系分为屋盖支撑和柱间支撑，主要作用是加强厂房结构的整体性和刚度，保证构件稳定性，并传递水平荷载

B. 屋盖分为有檩体系和无檩体系，起到承重和围护双重作用

C. 抗风柱与圈梁形成框架，提高了结构整体性，共同抵抗结构所遭受的风荷载

D. 排架结构、刚架结构和折板结构等均适用于单层厂房

28. 影响焊接钢构件疲劳强度的主要因素是：

A. 应力比　　B. 应力幅

C. 计算部位的最大拉应力　　D. 钢材强度等级

29. 提高钢结构工字形截面压弯构件腹板局部稳定性的有效措施是：

A. 限制翼缘板最大厚度　　B. 限制腹板最大厚度

C. 设置横向加劲肋　　D. 限制腹板高厚比

30. 与普通螺栓连接抗剪承载力无关的是：

A. 螺栓的抗剪强度　　B. 连接板件的孔壁承压强度

C. 连接板件间的摩擦系数　　D. 螺栓的受剪面数量

31. 施工阶段的新砌体，砂浆尚未硬化时，砌体的抗压强度：

A. 按砂浆强度为零确定

B. 按零计算

C. 按设计强度的 30%采用

D. 按设计强度的 50%采用

32. 对于跨度较大的梁，应在其支承处的砌体上设置混凝土或钢筋混凝土垫块，但当墙中设有圈梁时，垫块与圈梁宜浇成整体，对砖砌体而言，现行规范规定的梁跨度限值是：

A. 6.0m　　B. 4.8m

C. 4.2m　　D. 3.6m

33. 考虑抗震设防时，多层砌体房屋在墙中设置圈梁的目的是：

A. 提高墙体的抗剪承载能力

B. 增加房屋楼（屋）盖的水平刚度

C. 减少墙体的允许高厚比

D. 提高砌体的抗压强度

34. 能用于估算和判断岩石的抗拉和抗压强度、各向异性和风化程度的力学指标是：

A. 点荷载强度

B. 三轴抗压强度

C. RQD

D. 模量比

35. 岩体初始地应力主要包括：

A. 自重应力和温度应力

B. 构造应力和渗流荷载

C. 自重应力和成岩应力

D. 构造应力和自重应力

36. 关于土的灵敏度，下面说法正确的是：

A. 灵敏度越大，表明土的结构性越强

B. 灵敏度越小，表明土的结构性越强

C. 灵敏度越大，表明土的强度越高

D. 灵敏度越小，表明土的强度越高

37. 某饱和土体，土粒相对密度d_s=2.70，含水率（含水量）w=30%，取水的重度γ_w=10kN/m^3，则该土的饱和重度为：

A. 19.4kN/m^3

B. 20.2kN/m^3

C. 20.8kN/m^3

D. 21.2kN/m^3

38. 关于分层总和法计算沉降的基本假定，下列说法正确的是：

A. 假定土层只发生侧向变形，没有竖向变形

B. 假定土层只发生竖向变形，没有侧向变形

C. 假定土层中只存在竖向附加应力，不存在水平附加应力

D. 假定土层中只存在水平附加应力，不存在竖向附加应力

39. 直剪试验中快剪的试验结果最适用于下列哪种地基？

A. 快速加荷排水条件良好地基

B. 快速加荷排水条件不良地基

C. 慢速加荷排水条件良好地基

D. 慢速加荷排水条件不良地基

40. 对于图示挡土墙，墙背倾角为α，墙后填土与挡土墙的摩擦角为δ，墙后填土中水压力E_{w}的方向与水平面的夹角Ψ为：

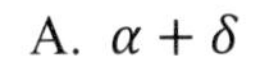

A. $\alpha+\delta$

B. $90°-(\alpha+\delta)$

C. α

D. δ

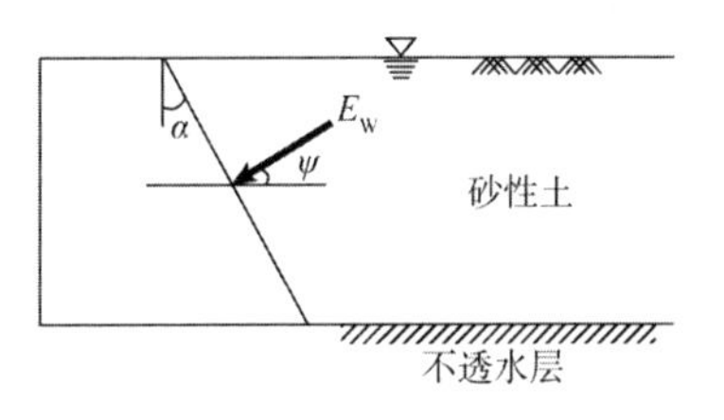

41. 沉积岩通常具有：

A. 层理构造　　B. 片理构造

C. 流纹构造　　D. 气孔构造

42. 下列岩石中，最容易遇水软化的是：

A. 石英砂岩　　B. 石灰岩

C. 黏土岩　　D. 白云岩

43. 某一地区出露的彼此平行的地层系列为O_1、O_2、C_2、C_3，则O_2与C_2之间的接触关系为：

A. 整合接触　　B. 沉积接触

C. 假整合接触　　D. 角度不整合接触

44. 下列哪个地貌现象和地壳上升作用直接相关？

A. 牛轭湖　　B. 洪积扇

C. 滑坡台阶　　D. 基座阶地

45. 裂隙岩体的稳定性主要取决于：

A. 组成岩体的岩石的结构

B. 组成岩体的岩石的矿物成分

C. 岩体内的各种结构面的性质及对岩体的切割程度

D. 岩体内被切割的各岩块的力学性质

46. 岩浆岩的抗化学风化能力总体上讲比沉积岩：

A. 强　　B. 弱

C. 差不多　　D. 一样

47. 某种沉积物的组成砾石的成分复杂，有明显磨圆，具有上述特点的沉积物可能是：

A. 残积物　　B. 坡积物

C. 浅海沉积物　　D. 河流中上游冲积物

48. 下列物质中，最有可能构成隔水层的是：

A. 页岩　　B. 断裂破碎带

C. 石灰岩　　D. 玄武岩

49. 岩土工程勘察等级分为：

A. 2 级　　B. 3 级

C. 4 级　　D. 5 级

50. 确定地基土的承载力的方法中，下列哪个原位测试方法的结果最可靠？

A. 载荷试验　　B. 标准贯入试验

C. 轻型动力触探试验　　D. 旁压试验

51. 下列关于均匀岩质边坡应力分布的描述中，哪一个是错误的？

A. 愈接近于临空面，最大主应力方向愈接近平行于临空面，最小主应力方向愈接近垂直于临空面

B. 坡面附近出现应力集中，最大主应力方向垂直于坡脚，最小主应力方向垂直于坡顶

C. 临空面附近为双向应力状态，向内过渡为三向应力状态

D. 最大剪应力迹线为凹向临空面的弧形曲线

52. 岩石边坡内某一结构面上的最大、最小主应力分别为σ_1和σ_3，当有地下水压力p作用时，其应力状态莫尔圆应该用下列哪个图示表示？

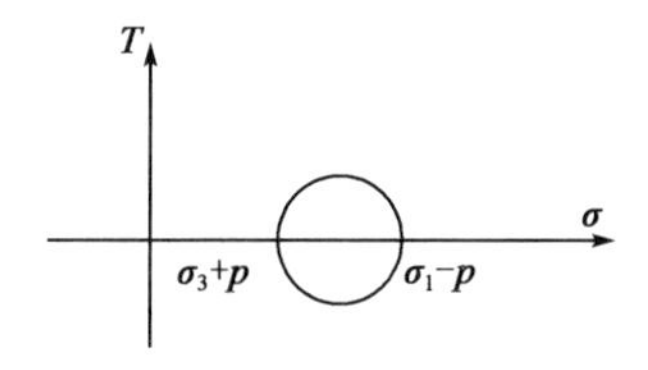

A.

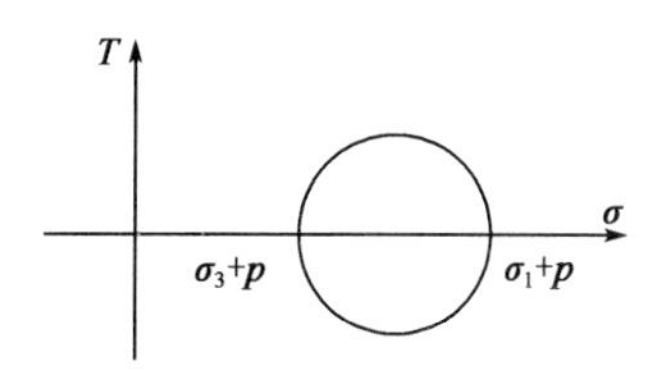

B.

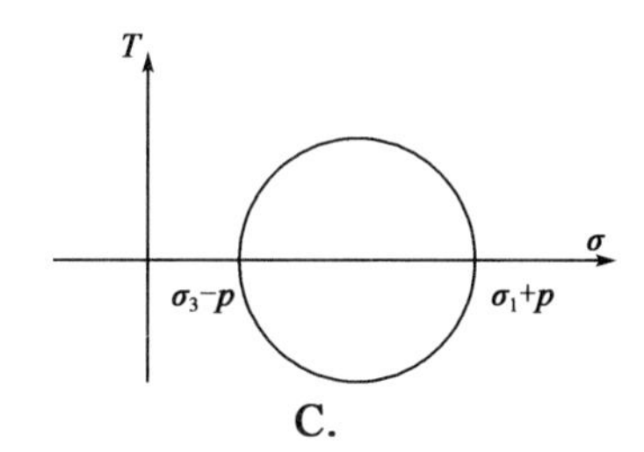

C.

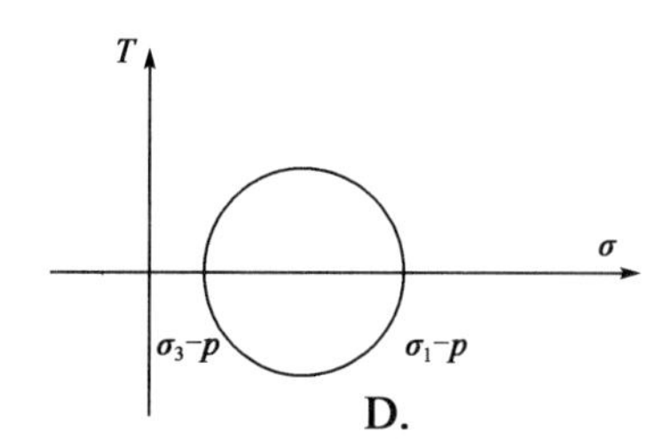

D.

53. 不属于岩基常见的破坏形式是：

A. 沉降　　B. 开裂

C. 滑移　　D. 倾倒

54. 扩展基础的抗弯验算主要用于哪一项设计内容：

A. 控制基础的高度　　B. 控制基础的宽度

C. 控制基础的长度　　D. 控制基础的配筋

55. 关于地基承载力特征值的宽度修正公式$\eta_b\gamma(b-3)$，下列说法不正确的是：

A. $\eta_b\gamma(b-3)$的最大值为$3\eta_b\gamma$

B. $\eta_b\gamma(b-3)$总是大于或等于 0，不能为负值

C. η_b可能等于 0

D. γ取基底以上土的重度，地下水以下取浮重度

56. 下面哪一种措施无助于减小建筑物的沉降差？

A. 先修高的、重的建筑物，后修矮的、轻的建筑物

B. 进行地基处理

C. 采用桩基础

D. 建筑物建成后在周边均匀地堆土

57. 下面哪种情况对桩的竖向承载力有利？

A. 建筑物建成后在桩基附近堆土

B. 桩基周围的饱和土层发生固结沉降

C. 桥梁桩基周围发生淤积

D. 桩基施工完成后在桩周注浆

58. 经过深层搅拌法处理后的地基属于：

A. 天然地基　　B. 人工地基

C. 桩基础　　D. 其他深基础

59. 挤密桩的桩孔中，下面哪一种材料不能作为填料？

A. 黄土　　B. 膨胀土

C. 水泥土　　D. 碎石

60. 关于预压加固法，下面哪种情况有助于减小达到相同固结度所需的时间？

A. 增大上部荷载

B. 减小上部荷载

C. 增大井径比

D. 减小井径比

2012 年度全国勘察设计注册土木工程师（岩土）执业资格考试基础考试（下）试题解析及参考答案

1. 解 晶体结构的基本特征在于其内部质点按照一定的规则排列，即结构单元在三维空间规律性排列。晶体构造使晶体在适当的环境中能够自发地形成封闭的几何多面体，但是由于实际使用的晶体材料通常由众多细小晶粒杂乱排布而成，所以宏观晶体材料为各向同性，即材料的任一部分都具有完全相同的性质。晶体材料具有一定的熔点。非晶体材料没有固定的熔点。

答案： B

2. 解 材料的孔隙率

$$n_0 = \frac{V_0 - V}{V_0} \times 100\% = \left(1 - \frac{\rho_0}{\rho}\right) \times 100\%$$
$$= \left(1 - \frac{1.8}{2.4}\right) \times 100\% = 25\%$$

答案： B

3. 解 普通硅酸盐水泥的代号为 P.O，硅酸盐水泥的代号为 P.I，粉煤灰硅酸盐水泥的代号为 P.F，复合硅酸盐水泥的代号为 P.C。

答案： D

4. 解 测定混凝土强度时，由于环箍效应的影响，试件尺寸越大测得的强度值越小，所以试件尺寸的选择对测得混凝土强度有较大影响。

答案： C

5. 解 减水剂能够使混凝土在保持相同坍落度的前提下，大幅减小其用水量，进而降低混凝土的水灰比（或水胶比），提高强度。

答案： B

6. 解 珠光体是铁素体和渗碳体的机械混合物，含碳量较低；渗碳体是铁碳化合物，含碳量很高；铁素体是碳在 α-Fe 中的固溶体，含碳量小于 0.02%；奥氏体是碳在 γ-Fe 中的固溶体，含碳量为 0.8%~2.06%。当含碳量小于 0.8%时，钢材的晶体组织主要为铁素体和珠光体；当含碳量大于 0.8%时，钢材的晶体组织包含珠光体和渗碳体；当含碳量等于 0.8%时，钢材的晶体组织全部是珠光体。

答案： A

7. 解 胶合板是用数张（奇数张）由原木沿年轮方向旋切的薄片，使其纤维方向相互垂直叠放经热压而成的。

纤维板是以植物木纤维（如树皮、刨花、树枝等）为主要原料，经破碎浸泡，研磨成木浆，加入一定量的胶合剂经热压成型、干燥处理而成的。

刨花板是天然木材粉碎成颗料状后，再经黏合压制而成的。

细木工板，又称大芯板，是天然木条拼接而成的。

答案：B

8. 解　高斯平面直角坐标系的定义，X轴正向指北、Y轴正向指东。

答案：D

9. 解　水准仪的三个主要组成部分是望远镜、水准器和基座。

答案：B

10. 解　$D = kL\cos^2\alpha = 100 \times 0.365 \times \cos^2(3°15'00'') = 36.383\text{m}$

$$h = D\tan\alpha + i - v = 36.383 \times \tan(3°15'00'') + 1.460 - 2.379$$
$$= 1.147\text{m} \approx 1.15\text{m}$$

答案：A

11. 解　地形图是按一定比例，用规定的符号表示地物、地貌的平面位置和高程的正射投影图。

答案：B

12. 解　等高线是地面上高程相同的相邻点连成的闭合曲线。等高线越密，则坡度越陡。

答案：B

13. 解　《建设工程安全生产管理条例》第十三条规定，设计单位应当按照法律、法规和工程建设强制性标准进行设计，防止因设计不合理导致生产安全事故的发生。

设计单位应当考虑施工安全操作和防护需要，对涉及施工安全的重点部位和环节在设计文件中注明，并对防范生产安全事故提出指导意见。

采用新结构、新材料、新工艺的建设工程和特殊结构的建设工程，设计单位应当在设计中提出保障施工作业人员安全和预防生产安全事故的措施建议。

条文中不包括选项D。

答案：D

14. 解　《中华人民共和国著作权法》第十四条规定，两人以上合作创作的作品，著作权由合作作者共同享有。没有参加创作的人，不能成为合作作者。

答案：B

15. 解　见《建设工程质量管理条例》。

第七条　建设单位应当将工程发包给具有相应资质等级的单位。建设单位不得将建设工程肢解发包。

第九条　建设单位必须向有关的勘察、设计、施工、工程监理等单位提供与建设工程有关的原始资料。原始资料必须真实、准确、齐全。

第十条　建设工程发包单位不得迫使承包方以低于成本的价格竞标，不得任意压缩合理工期。建设单位不得明示或者暗示设计单位或者施工单位违反工程建设强制性标准，降低建设工程质量。

答案：A

16. 解　《中华人民共和国建筑法》第二十七条规定，大型建筑工程或者结构复杂的建筑工程，可以由两个以上的承包单位联合共同承包。共同承包的各方对承包合同的履行承担连带责任。

两个以上不同资质等级的单位实行联合共同承包的，应当按照资质等级低的单位的业务许可范围承揽工程。

答案：A

17. 解　反铲挖土机的挖土特点是后退向下，强制切土；正铲挖土机的挖土特点是前进向上，强制切土；拉铲、抓铲挖土机的共同特点是自重切土，区别在于拉铲挖土机后退向下，抓铲挖土机直上直下。

答案：A

18. 解　任何跨度的悬挑构件拆除其底模时，同条件下养护的混凝土立方体试件抗压强度都至少应达到设计强度等级值的100%，故选D。

答案：D

19. 解　工程网络计划方法与横道图进度计划方法相比，最大的优点是能够找到关键线路、关键工作及时差等参数，及时合理地指导工程。而横道图计划则不能。

答案：D

20. 解　网络计划的工期优化的过程中，不得将关键工作直接压缩成非关键工作。否则，花了代价，工期并不能缩短。但允许在压缩其他工作时，某些关键工作被动地变为了非关键工作。

答案：B

21. 解　流水施工的时间参数有流水节拍、流水步距、间歇时间（组织间歇和技术间歇，层间间歇和施工过程间歇）、平行搭接时间、流水工期，但不包括总工期，因为总工期是整个进度计划的工期。

答案：A

22. 解　整体平衡$\sum X = 0$，$H_A = 15\text{kN}(\leftarrow)$

C截面之左隔离体平衡$\sum Y = 0$，$V_A = 0$，$M_C = 15 \times 3 = 45\text{kN}\cdot\text{m}$（下侧受拉）

答案：D

23. 解　所求位移由两项构成：

（1）刚性支座简支梁、弹性变形引起的位移（即中点挠度）；

（2）弹簧变形引起的位移（弹簧压缩量的一半）。

$$\Delta_{\mathrm{B}}^{\mathrm{V}}=\frac{(2L)^3}{48EI}+\frac{1}{2}\frac{1}{2k}=\frac{L^3}{4EI}$$

答案： C

24. 解 结构上部 4 杆静定无内力，可自由发生温度变形。下部为轴向一次超静定杆件，按力法，变形协调条件为$\alpha tL=\frac{HL}{EA}$，所以水平支座反力$H=\alpha tEA$。

答案： A

25. 解 地震作用下，框架柱的破坏一般发生在柱的上下端，对于一般的框架结构，柱内弯矩以地震作用产生的弯矩为主，“强柱弱梁”就是为了防止柱先于梁进入受弯屈服，导致整体结构破坏。

答案： B

26. 解 完成全部预应力损失后混凝土的有效预压应力，先张法：

$$\sigma_{\mathrm{pc}}=(\sigma_{\mathrm{con}}-\sigma_l)A_{\mathrm{p}}/A_0$$

后张法：

$$\sigma_{\mathrm{pc}}=(\sigma_{\mathrm{con}}-\sigma_l)A_{\mathrm{p}}/A_{\mathrm{n}}$$

其中，A_0为换算截面面积，A_{n}为净截面面积，$A_0>A_{\mathrm{n}}$，故选项 A 正确。

根据《混凝土结构设计规范》（GB 50010—2010）（2015 年版）第 10.1.3 条，要求部分抵消由于应力松弛、摩擦、钢筋分批张拉以及预应力筋与张拉台座之间的温差等因素产生的预应力损失时，张拉控制应力限值可相应提高$0.05f_{\mathrm{ptk}}$或$0.05f_{\mathrm{pyk}}$，所以对预应力筋超张拉可减小预应力损失，选项 B 正确。

施加预应力后，可以减小构件在使用荷载下的开裂，甚至不开裂，提高构件的抗裂性；但消压后即可视为普通钢筋混凝土构件，并不能提高构件的承载能力，选项 C 错误。

根据《混凝土结构设计规范》（GB 50010—2010）（2015 年版）第 3.4.4 条，裂缝控制等级一级，为严格要求不出现裂缝的构件，按荷载标准组合计算时，构件受拉边缘混凝土不应产生拉应力（处于受压状态），选项 D 正确。

答案： C

27. 解 抗风柱是承受风荷载的主体构件，设置抗风柱间的圈梁只是为了提高结构的整体性。

答案： C

28. 解 根据《钢结构设计标准》（GB 50017—2017）第 16.1.3 条，疲劳计算采用的是基于名义应力的容许应力幅法，即构件或连接的应力幅值只要小于或等于容许应力幅，则满足疲劳强度的要求。

答案： B

29. 解 根据《钢结构设计标准》（GB 50017—2017）第 8.4.1 条，实腹式压弯构件要求不出现局部失稳，其腹板高厚比、翼缘宽厚比应符合本标准表3.5.1规定的压弯构件S4级截面要求。所以限制腹板高厚比是提高局部失稳的有效措施。

答案：D

30. 解 普通螺栓连接的抗剪承载力不考虑板件间的摩擦力。

答案：C

31. 解 《砌体结构设计规范》（GB 50003—2011）第3.2.4条规定，施工阶段砂浆尚未硬化的新砌体的强度和稳定性，可按砂浆强度为零进行验算。

答案：A

32. 解 根据《砌体结构设计规范》（GB 50003—2011）第6.2.7条，跨度大于6m的屋架和跨度大于下列数值的梁，应在支承处砌体上设置混凝土或钢筋混凝土垫块：对砖砌体为4.8m，对砌块和料石砌体为4.2m，对毛石砌体为3.9m。

答案：B

33. 解 多层砌体房屋中设置圈梁是一种抗震构造措施，不考虑其对砌体承载力的提高作用，也不考虑对墙体允许高厚比的影响，但可以增加房屋的水平刚度。

答案：B

34. 解 点荷载试验是一种适用于现场的简易快速试验方法，可快速获得岩石的点荷载强度指标，根据该指标与岩石抗压强度、抗拉强度之间的经验关系，可间接预测岩石抗压、抗拉强度的大小，同时也可根据不同加载方向获得的点荷载强度指标差异分析岩石的各向异性，工程中有广泛应用。

RQD只能反映岩体中的节理裂隙发育程度，并不能表征岩石的强度大小等力学性能。

三轴抗压强度和模量比能反映岩石的抗压强度和变形性能，但不能据此估算岩石的抗拉强度。因此，选项A最合理。

答案：A

35. 解 岩体中的初始地应力主要是由自重应力和构造应力构成，温度应力和渗流荷载虽然也会影响岩体中的局部应力分布，但对整个初始地应力场的分布规律和大小影响有限。

答案：D

36. 解 土的灵敏度越高，其结构性越强，受扰动后土的强度降低就越多。

答案：A

37. 解 根据土的三项比例指标换算公式，$\gamma_{\mathrm{sat}}=\frac{d_{\mathrm{s}}+e}{1+e}\gamma_{\mathrm{w}}$，$e=\frac{wd_{\mathrm{s}}}{S_{\mathrm{r}}}$。饱和土体取$S_{\mathrm{r}}=1$，则$e=27\times30\%=0.81$，$\gamma_{\mathrm{sat}}=\frac{2.7+0.81}{1+0.81}\times10=19.4\mathrm{kN/m^3}$。

答案：A

38. 解 采用完全侧限条件下的压缩性指标计算沉降量。

答案：B

39. 解 快剪是在试验施加垂直压力后，立即施加水平剪力。剪切过程是模拟不排水的排水条件。

答案：B

40. 解 水压力同墙后填土与墙背之间的摩擦角无关，水在各个方向传递的压强相等，都是$p_w = \gamma_w h_w$，合力为$E_w = 0.5\gamma_w {h_w}^2$，其中$h_w$为墙高，墙后填土中水压力方向（与墙背垂直的水压力合力）与水平面的夹角Ψ为α。

答案：C

41. 解 选项B为变质岩构造，选项C、D为岩浆岩构造。

答案：A

42. 解 选项A、B、D岩石结构分别为碎屑结构、化学结构，对水不敏感，不易软化，但石灰岩易溶解；黏土岩为泥质结构，对水敏感，遇水强度降低快，易软化。

答案：C

43. 解 O_1、O_2、C_2、C_3地层系列由老到新，但缺失O_3、C_1，地层产状一致、中间缺失部分地层为假整合接触。

答案：C

44. 解 选项A、B、C均与地壳上升无关。基座阶地是地壳间歇性上升与河流下切形成的河谷地貌，其上层为河流冲积物，下部为基岩。

答案：D

45. 解 裂隙岩体中含有大量密集分布的裂隙、节理等短小结构面，结构面将岩体切割成各种不同形态和大小的岩块，破坏了岩体的完整性，结构面属于软弱面。因此，岩体的稳定性主要受控于岩体中结构面的性质及结构面对岩体的切割程度。岩块的力学性质、结构特征以及矿物成分等对裂隙岩体的强度和稳定性的影响有限。

答案：C

46. 解 岩石形成时与现今地表环境差异越大，其抗风化能力越差。岩浆岩是高温熔融岩浆冷凝后形成的岩石，其抗风化能力总体上比沉积岩弱。

答案：B

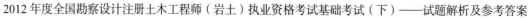

47. 解 磨圆、成分复杂、颗粒组成粒度大（砾石），是河流上游沉积物的显著特征。残积物、坡

积物颗粒无磨圆，呈棱角状；浅海沉积物颗粒小。

答案：D

48. 解 页岩层薄、颗粒细，绝大部分为泥质胶结，故透水性弱，是良好的隔水层。断裂破碎带、玄武岩中裂隙发育，石灰岩易溶蚀形成溶洞，故透水性强。

答案：A

49. 解 《岩土工程勘察规范》（GB 50021—2001）（2009年版）第3.1.4条规定，岩土工程勘察等级分为甲、乙、丙三级。

答案：B

50. 解 地基承载力确定的基准方法为载荷试验。

答案：A

51. 解 本题应根据边坡中应力的分布特征来解答。由于边坡临空面的影响，临空面附近的主应力迹线均会明显发生偏转，表现为最大主应力与临空面近于平行，最小主应力与临空面近于正交，而且临空面上的法向应力为零，坡脚附近成为应力集中程度最严重的区域。同时，由于主应力方向的偏转，坡体内的最大剪应力迹线也发生变化，由原来的直线变为凹向临空面的弧线。选项B的描述不符合边坡的应力分布特点。

答案：B

52. 解 岩体中的地下水水压属于各个方向等压的静水压力，作用在结构面上的水压力与结构面上的应力方向相反，有减小结构面上应力的作用效果。4个选项中，只有选项D为最小、最大主应力同时减小。

答案：D

53. 解 本题的关键是了解变形与破坏的区别，沉降一般指变形，与破坏有明显区别，其他三个答案均属于破坏。

答案：A

54. 解 扩展基础的设计计算主要包括基础底面积确定（与无筋扩展基础相似）、抗冲切验算、抗弯验算、局部受压验算（当基础的混凝土强度等级小于柱的混凝土强度等级）。基础底板的配筋，应按抗弯计算确定。

答案：D

55. 解 基础底面宽度，当基础宽度小于3m时，按3m取值；大于6m时，按6m取值。淤泥和淤泥质土、人工填土等$\eta_b\gamma$等于0，不进行宽度修正。γ取基底以下持力层土的重度，地下水以下取浮重度。

答案：D

56. 解　建筑物建成后在周边均匀堆土可增加建筑物的绝对沉降量，无助于减小建筑物的沉降差。（沉降差是指相邻两基础沉降的差值）

答案：D

57. 解　桩所承受的轴向荷载是通过作用于桩周土层的桩侧摩阻力和桩端地层的桩端阻力来支承的。桩基施工完成后在周边注浆可以增加桩侧摩阻力。

答案：D

58. 解　天然地基如不能承受基础传递的全部荷载，需采用人工处理的方式对天然地基进行加固，经过加固处理后的天然地基称为人工地基。地基处理方法有换填法、预压法、强夯法、振冲法、砂石桩法、石灰桩法、柱锤冲扩桩法、土挤密桩法、水泥土搅拌法等（含深层搅拌法、粉体喷搅法。深层搅拌法简称湿法，粉体喷搅法简称干法）。

答案：B

59. 解　膨胀土主要由亲水性强的黏土矿物组成，具有显著的吸水膨胀性和失水收缩性。

答案：B

60. 解　预压加固法是对地下水位以下的天然地基或设置有砂井等竖向排水设施的地基，通过加载使地基土固结的方法。减小井径比有助于减小达到相同固结度所需的时间。

答案：D

2013年度全国勘察设计注册土木工程师（岩土）
执业资格考试试卷

基础考试
（下）

二〇一三年九月

应考人员注意事项

1. 本试卷科目代码为“2”，考生务必将此代码填涂在答题卡“科目代码”相应的栏目内，否则，无法评分。

2. 书写用笔：**黑色或蓝色钢笔、签字笔或圆珠笔**；

   填涂答题卡用笔：**黑色 2B 铅笔**。

3. 必须用书写用笔将工作单位、姓名、准考证号填写在答题卡和试卷相应的栏目内。

4. 本试卷由 60 题组成，每题 2 分，满分 120 分，本试卷全部为单项选择题，每小题的四个备选项中只有一个正确答案，错选、多选、不选均不得分。

5. 考生作答时，必须按**题号在答题卡上**将相应试题所选选项对应的**字母用 2B 铅笔涂黑**。

6. 在答题卡上书写与题意无关的语言，或在答题卡上作标记的，均按违纪试卷处理。

7. 考试结束时，由监考人员当面将试卷、答题卡一并收回。

8. 草稿纸由各地统一配发，考后收回。

单项选择题（共 60 题，每题 2 分。每题的备选项中只有一个最符合题意。）

1. 两种元素化合形成离子化合物，其阴离子将：

A. 获得电子　　B. 失去电子

C. 既不获得电子也不失去电子　　D. 与别的阴离子共用自由电子

2. 在组成一定时，为使材料的导热系数降低，应：

A. 提高材料的孔隙率　　B. 提高材料的含水率

C. 增加开口大孔的比例　　D. 提高材料的密实度

3. 水泥颗粒的大小通常用水泥的细度来表征，水泥的细度是指：

A. 单位质量水泥占有的体积

B. 单位体积水泥的颗粒总表面积

C. 单位质量水泥的颗粒总表面积

D. 单位颗粒表面积的水泥质量

4. 混凝土强度是在标准养护条件下达到标准养护龄期后测量得到的，如实际工程中混凝土的环境温度比标准养护温度低了 10℃，则混凝土的最终强度与标准强度相比：

A. 一定较低　　B. 一定较高

C. 不能确定　　D. 相同

5. 在寒冷地区的混凝土发生冻融破坏时，如果表面有盐类作用，其破坏程度：

A. 会减轻　　B. 会加重

C. 与有无盐类无关　　D. 视盐类浓度而定

6. 衡量钢材塑性变形能力的技术指标为：

A. 屈服强度　　B. 抗拉强度

C. 断后伸长率　　D. 冲击韧性

7. 土的塑性指数越高，土的：

A. 黏聚性越高　　B. 黏聚性越低

C. 内摩擦角越大　　D. 粒度越粗

8. “从整体到局部、先控制后碎部”是测量工作应遵循的原则，遵循这个原则的目的包括下列何项？

A. 防止测量误差的积累　　B. 提高观测值精度

C. 防止观测值误差积累　　D. 提高控制点测量精度

9. 经纬仪有四条主要轴线，当竖轴铅垂，视准轴垂直于横轴时，但横轴不水平，此时望远镜绕横轴旋转时，则视准轴的轨迹是：

A. 一个圆锥面　　B. 一个倾斜面

C. 一个竖直面　　D. 一个不规则的曲面

10. 某双频测距仪设置的第一个调制频率为 15MHz，其光尺长度为 10m，设置的第二个调制频率为 150kHz，它的光尺长度为 1000m，若测距仪测相精度为 1：1000，则测距仪的测尺精度可达到：

A. 1cm　　B. 100cm

C. 1m　　D. 10cm

11. 已知直线AB的方位角$\alpha_{\mathrm{AB}}=60°30'18''$，$\angle BAC=90°22'12''$，若$\angle BAC$为左角，则直线$AC$的方位角$\alpha_{\mathrm{AC}}$等于：

A. $150°52'30''$　　B. $29°51'54''$

C. $89°37'48''$　　D. $119°29'42''$

12. 施工控制网一般采用建筑方格网，对于建筑方格的首级控制技术要求应符合《工程测量规范》的要求，其主要技术要求为：

A. 边长：100~300m，侧角中误差：5″，边长相对中误差：1/30000

B. 边长：150~350m，侧角中误差：8″，边长相对中误差：1/10000

C. 边长：100~300m，侧角中误差：6″，边长相对中误差：1/10000

D. 边长：800~200m，侧角中误差：7″，边长相对中误差：1/15000

13. 有关评标方法的描述，错误的是：

A. 最低投标价法适合没有特殊要求的招标项目

B. 综合评估法可用打分的方法或货币的方法评估各项标准

C. 最低投标价法通常用来恶性削价竞争，反而工程质量更为低落

D. 综合评估法适合没有特殊要求的招标项目

14. 建设项目对环境可能造成轻度影响的，应当编制：

A. 环境影响报告书

B. 环境影响报告表

C. 环境影响分析表

D. 环境影响登记表

15. 下列国家标准的编制工作顺序，正确的是：

A. 准备、征求意见、送审、报批

B. 征求意见、准备、送审、报批

C. 征求意见、报批、准备、送审

D. 准备、送审、征求意见、报批

16. 有关招标的叙述，错误的是：

A. 邀请招标，又称有限竞争性招标

B. 邀请招标中，招标人应向 3 个以上的潜在招标人发出邀请

C. 国家重点项目应公开招标

D. 公开招标适合专业性较强的项目

17. 压实松土时，应采用：

A. 先用轻碾后用重碾

B. 先振动碾压后停振碾压

C. 先压中间再压边缘

D. 先快速后慢速

18. 混凝土施工缝宜留置在：

A. 结构受剪力较小且便于施工的位置

B. 遇雨停工处

C. 结构受弯矩较小且便于施工的位置

D. 结构受力复杂处

19. 在柱子吊装时，采用斜吊绑扎法的条件是：

A. 柱平卧起吊时抗弯承载力满足要求

B. 柱平卧起吊时抗弯承载力不满足要求

C. 柱混凝土强度达到设计强度 50%

D. 柱身较长，一点绑扎抗弯承载力不满足要求

20. 某土方工程总挖方量为 1 万 m^3。预算单价 45 元/m^3，该工程总预算为 45 万元，计划用 25 天完成，每天完成 $400m^3$。开工后第 7 天早晨刚上班时，经业主复核确定的挖方量为 $2000m^3$，承包商实际付出累计 12 万元。应用挣值法（赢得值法）对项目进展进行评估，下列哪项评估结论不正确?

A. 进度偏差 = −1.8 万元，因此工期拖延

B. 进度偏差 = 1.8 万元，因此工期超前

C. 费用偏差 = −3 万元，因此费用超支

D. 工期拖后 1 天

21. 下列关于单代号网络图表述正确的是：

A. 箭线表示工作及其进行的方向，节点表示工作之间的逻辑关系

B. 节点表示工作，箭线表示工作进行的方向

C. 节点表示工作，箭线表示工作之间的逻辑关系

D. 箭线表示工作及其进行的方向，节点表示工作的开始或结束

22. 图示静定三铰拱，拉杆AB的轴力等于：

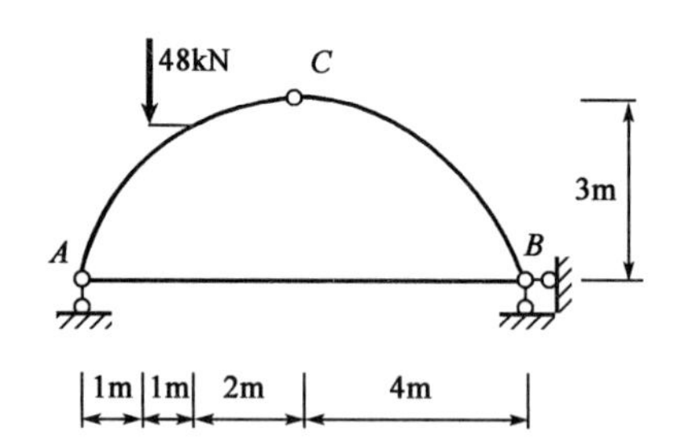

A. 6kN

B. 8kN

C. 10kN

D. 12kN

23. 图示梁AB，EI为常数，固支端A发生顺时针的支座转动θ，由此引起的B端转角为：

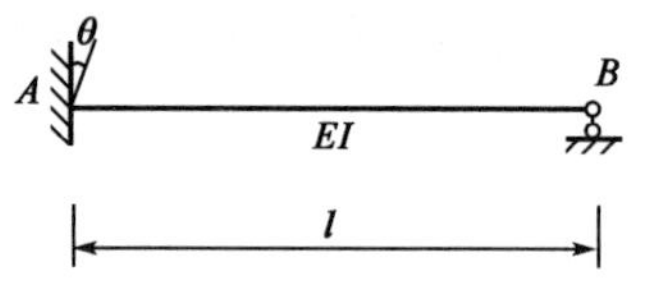

A. θ，顺时针

B. θ，逆时针

C. $\theta/2$，顺时针

D. $\theta/2$，逆时针

24. 用力矩分配法分析图示结构，先锁住节点B，然后再放松，则传递到C支座的力矩为：

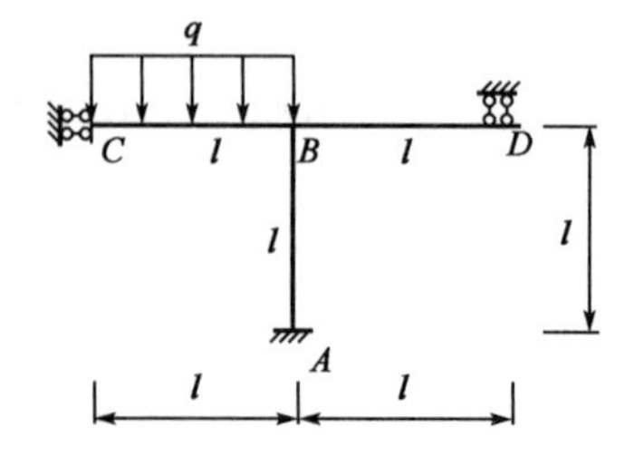

A. $ql^2/27$

B. $ql^2/54$

C. $ql^2/23$

D. $ql^2/46$

25. 若钢筋混凝土双筋矩形截面受弯构件的正截面受压区高度小于受压钢筋混凝土保护层厚度，表明：

A. 仅受拉钢筋未达到屈服

B. 仅受压钢筋未达到屈服

C. 受拉钢筋和受压钢筋均达到屈服

D. 受拉钢筋和受压钢筋均未达到屈服

26. 关于钢筋混凝土简支梁挠度验算的描述，不正确的是：

A. 作用荷载应取其标准值

B. 材料强度应取其标准值

C. 对带裂缝受力阶段的截面弯曲刚度按截面平均应变符合平截面假定计算

D. 对带裂缝受力阶段的截面弯曲刚度按截面开裂处的应变分布符合平截面假定计算

27. 钢筋混凝土结构中抗震设计要求"强柱弱梁"是为了防止出现的破坏模式是：

A. 梁中发生剪切破坏，从而造成结构倒塌

B. 柱先于梁进入受弯屈服，从而造成结构倒塌

C. 柱出现失稳破坏，从而造成结构倒塌

D. 柱出现剪切破坏，从而造成结构倒塌

28. 结构钢材的主要力学性能指标包括：

A. 屈服强度、抗拉强度和伸长率

B. 可焊性和耐候性

C. 碳、硫和磷含量

D. 冲击韧性和屈强比

29. 设计螺栓连接的槽钢柱间支撑时，应计算支撑构件的：

A. 净截面惯性矩

B. 净截面面积

C. 净截面扭转惯性矩

D. 净截面扇性惯性矩

30. 计算拉力和剪力同时作用的高强度螺栓承压型连接时，螺栓的：

A. 抗剪承载力设计值取$N_{\mathrm{v}}^{\mathrm{b}}=0.9n_{\mathrm{f}}\mu P$

B. 抗拉承载力设计值取$N_{\mathrm{t}}^{\mathrm{b}}=0.8P$

C. 承压承载力设计值取$N_{\mathrm{c}}^{\mathrm{b}}=d\sum tf_{c}^{\mathrm{b}}$

D. 预拉力设计值应进行折减

31. 砌体的抗拉强度主要取决于：

A. 块材的抗拉强度

B. 砂浆的抗压强度

C. 灰缝厚度

D. 块材的整齐程度

32. 在相同荷载、相同材料、相同几何条件下，用弹性方案、刚弹性方案和刚性方案计算砌体结构的柱（墙）底端弯矩，结果分别为$M_{弹}$、$M_{刚弹}$和$M_{刚}$，三者的关系是：

A. $M_{刚弹} > M_{刚} > M_{弹}$

B. $M_{弹} < M_{刚弹} < M_{刚}$

C. $M_{弹} > M_{刚弹} > M_{刚}$

D. $M_{刚弹} < M_{刚} < M_{弹}$

33. 图示砖砌体中的过梁（尺寸单位为 mm），作用在过梁上的荷载为：

A. 20kN/m

B. 18kN/m

C. 17.5kN/m

D. 2.5kN/m

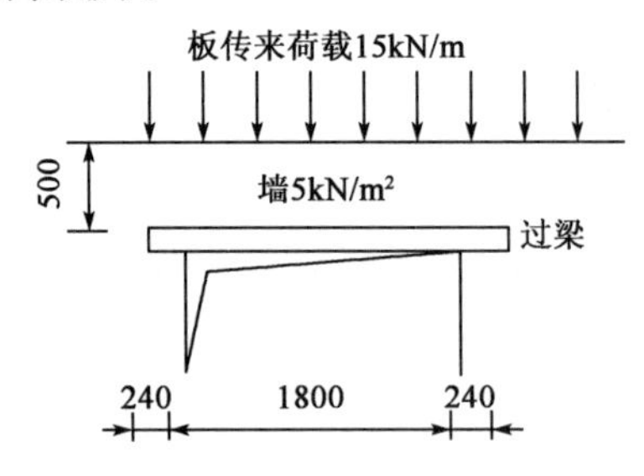

34. 能直接给出岩石的弹性模量和弹性抗力系数的现场试验是：

A. 承压板法试验

B. 狭缝法试验

C. 钻孔环向加压法试验

D. 双轴压缩法试验

35. 已知均质各项异性岩体呈水平状分布，其水平向与垂直向的弹模比为 2 : 1，岩石的泊松比为 0.3，岩石的重度为γ，问深度h处的自重应力状态是：

A. $\sigma_x = \sigma_y = 0.25\sigma_z$

B. $\sigma_x = \sigma_y = 0.5\sigma_z$

C. $\sigma_x = \sigma_y = 1.0\sigma_z$

D. $\sigma_x = \sigma_y = 1.25\sigma_z$

36. 某土样液限$w_L = 24.3\%$，塑限$w_p = 15.4\%$，含水率$w = 20.7\%$，可以得到其塑性指数I_p为：

A. $I_p = 0.089$

B. $I_p = 8.9$

C. $I_p = 0.053$

D. $I_p = 5.3$

37. 关于土的自重应力，下列说法正确的是：

A. 土的自重应力只发生在竖直方向上，在水平方向上没有自重应力

B. 均质饱和地基的自重应力为$\gamma_{sat}h$，其中γ_{sat}为饱和重度，h为计算位置到地表的距离

C. 表面水平的半无限空间弹性地基，土的自重应力计算与土的模量没有关系

D. 表面水平的半无限空间弹性地基，自重应力过大也会导致地基土的破坏

38. 关于有效应力原理，下列说法正确的是：

A. 土中的自重应力属于有效应力

B. 土中的自重应力属于总应力

C. 地基土层中水位上升不会引起有效应力的变化

D. 地基土层中水位下降不会引起有效应力的变化

39. 饱和砂土在振动下液化，主要原因是：

A. 振动中细颗粒流失

B. 振动中孔压升高，导致土的强度丧失

C. 振动中总应力大大增加，超过了土的抗剪强度

D. 在振动中孔隙水流动加剧，引起管涌破坏

40. 如果其他条件保持不变，墙后填土的下列哪些指标的变化，会引起挡土墙的主动土压力增大？

A. 填土的内摩擦角φ减小

B. 填土的重度γ减小

C. 填土的压缩模量E增大

D. 填土的黏聚力c增大

41. 与深成岩岩石相比，浅成岩岩石的：（原题为“与深成岩岩浆相比，浅成岩岩浆的”，题意不清，此为改编）

A. 颜色相对较浅

B. 颜色相对较深

C. 颗粒相对较粗

D. 颗粒相对较细

42. 陆地地表分布最多的岩石是：

A. 岩浆岩　　B. 沉积岩

C. 变质岩　　D. 石灰岩

43. 湿陷性黄土的形成年代主要是：

A. N、Q_1　　B. Q_1、Q_2

C. Q_2、Q_3　　D. Q_3、Q_4

44. 洪积扇发育的一个必要条件是：

A. 物理风化为主的山区　　B. 化学风化为主的山区

C. 常年湿润的山区　　D. 常年少雨的山区

45. 河流下游的地质作用主要表现为：

A. 下蚀和沉积　　B. 侧蚀和沉积

C. 溯源侵蚀　　D. 裁弯取直

46. 剪切裂隙的地质作用主要表现为：

A. 裂隙面平直光滑　　B. 裂隙面曲折粗糙

C. 裂隙面倾角较大　　D. 裂隙面张开

47. 最有利于化学风化的气候条件是：

A. 干热　　B. 湿热

C. 寒冷　　D. 冷热交替

48. 坡积物的结构特征具有：

A. 棱角分明　　B. 磨圆很好

C. 磨圆一般　　D. 分选较好

49. 每升地下水中以下成分的总量，称为地下水的总矿化度：

A. 各种离子、分子与化合物　　B. 所有离子

C. 所有阳离子　　D. Ca^{2+}、Mg^{2+}离子

50. 十字板剪切试验最适用的土层是：

A. 硬黏土　　B. 软黏土

C. 砂砾石　　D. 风化破解岩石

51. 已知岩石重度γ、滑面黏聚力c、内摩擦角φ，当岩坡按某一平面滑动破坏时，其滑动体后部可能出现的张裂隙的深度为：

A. $z=\frac{2c}{\gamma}\tan\left(45°-\frac{\varphi}{2}\right)$　　B. $z=\frac{2c}{\gamma}\tan\left(45°+\frac{\varphi}{2}\right)$

C. $z=\frac{c}{\gamma}\tan\left(45°-\frac{\varphi}{2}\right)$　　D. $z=\frac{c}{\gamma}\tan\left(45°+\frac{\varphi}{2}\right)$

52. 工程开挖形成边坡后，由于卸荷作用，边坡的应力将重新分布，边坡周围主应力迹线发生明显偏转，在愈靠近临空面的位置，对于其主应力分布特征，下列各项中正确的是：

A. σ_1愈接近平行于临空面，σ_2则与之趋于正交

B. σ_1愈接近平行于临空面，σ_3则与之趋于正交

C. σ_2愈接近平行于临空面，σ_3则与之趋于正交

D. σ_3愈接近平行于临空面，σ_1则与之趋于正交

53. 在验算岩基抗滑稳定性时，下列哪一种滑移面不在假定范围内：

A. 圆弧滑面　　B. 水平滑面

C. 单斜滑面　　D. 双斜滑面

54. 无筋扩展基础需要验算下面哪一项？

A. 冲切验算　　B. 抗弯验算

C. 斜截面抗剪验算　　D. 刚性角

55. 关于地基承载力特征值的深度修正式$\eta_d\gamma_m(d-0.5)$，下面说法不正确的是：

A. $\eta_d\gamma_m(d-0.5)$的最大值为$5.5\eta_d\gamma_m$

B. $\eta_d\gamma_m(d-0.5)$总是大于或等于 0，不能为负值

C. η_d总是大于或等于 1

D. γ_m取基底以上土的加权平均重度，地下水以下取浮重度

56. 下面哪一种措施无助于减少不均匀沉降对建筑物的危害？

A. 增大建筑物的长高比　　B. 增强结构的整体刚度

C. 设置沉降缝　　D. 采用轻型结构

57. 下面哪种方法不能用于测试单桩竖向承载力？

A. 载荷试验　　B. 静力触探

C. 标准贯入试验　　D. 十字板剪切试验

58. 对软土地基采用真空预压法进行加固后，下面哪一项指标会增大？

A. 压缩系数　　B. 抗剪强度

C. 渗透系数　　D. 孔隙比

59. 挤密桩的桩孔中，下面哪一种可以作为填料？

A. 黄土　　B. 膨胀土

C. 含有有机质的黏性土　　D. 含有冰屑的黏性土

60. 关于堆载预压法加固地基，下面说法正确的是：

A. 砂井除了起加速固结的作用外，还作为复合地基提高地基的承载力

B. 在砂井长度相等的情况下，较大的砂井直径和较小的砂井间距都能够加速地基的固结

C. 堆载预压时控制堆载速度的目的是让地基发生充分的蠕变变形

D. 为了防止预压时地基失稳，堆载预压通常要求预压荷载小于基础底面的设计压力

2013年度全国勘察设计注册土木工程师（岩土）执业资格考试基础考试（下）试题解析及参考答案

1. 解 两种元素化合物形成离子化合物，其阴离子获得电子，带负电荷。

答案：A

2. 解 因为空气的导热系数为 0.023W/(m·K)，水的导热系数为 0.58W/(m·K)，在组成一定时，增加空气含量（即提高孔隙率，降低密实度）可以降低导热系数，如果孔隙中含水，则增大了导热系数，开口孔隙会形成对流传热效果，使导热能力增大。

答案：A

3. 解 水泥的细度是指单位质量水泥的颗粒总表面积，单位是 m^2/kg。

答案：C

4. 解 混凝土的养护温度越低，其强度发展越慢，所以，当实际工程混凝土的环境温度低于标准氧化温度时，在相同的龄期时，混凝土的实际强度比标准强度低，但是一定的时间后，混凝土的最终强度会达到标准养护条件下的强度。

答案：D

5. 解 在寒冷地区混凝土发生冻融破坏时，表面有盐类，除了冰冻破坏外，还会产生盐冻破坏，使破坏程度加重。

答案：B

6. 解 断后伸长率反映了钢材塑性变形能力。屈服强度和抗拉强度反映了钢材的抗拉能力，冲击韧性反映了钢材抵抗冲击作用的能力。

答案：C

7. 解 土的塑性指数是指液限与塑限的差值。塑性指数越大，即从液限到塑限含水率的变化范围越大，土的可塑性越好，表明土的颗粒越细，比表面积越大。土的颗粒越细，土的内摩擦角越小，黏聚力越大。

答案：A

8. 解 测量工作遵循“从整体到局部，先控制后碎部”原则的主要目的是防止测量误差的积累。

答案：A

9. 解 这种情况属于经纬仪横轴误差。即横轴不垂直于竖轴，这种情况下，望远镜绕横轴旋转形成的轨迹为倾斜面。

答案：B

10. 解　取精测尺 10m 进行计算，$\Delta d = 10 \times 0.001 = 0.01\text{m} = 1\text{cm}$。

答案： A

11. 解　根据左角定义、正反方位角概念及方位角的传递推算公式，可得：

$$\alpha_{AC} = \alpha_{BA} + \beta_{左} - 180° = \alpha_{AB} + 180° + \beta_{左} - 180° = \alpha_{AB} + \beta_{左}$$
$$= 60°30'18'' + 90°22'12 = 150°52'30''$$

答案： A

12. 解　《工程测量标准》（GB 50026—2020）第 8.2.4 条规定，建筑方格网首级控制技术要求：边长 100~300m，角中误差 5″，边长相对中误差小于 1/30000。

注：《工程测量标准》（GB 50026—2020）自 2021 年 6 月 1 日起实施，《工程测量规范》（GB 50026—2007）同时废止。本题中的技术要求在新的《工程测量标准》中没有变化，与《工程测量规范》（GB 50026—2007）相同。

答案： A

13. 解　2018 年 9 月 28 日住房和城乡建设部决定对《房屋建筑和市政基础设施工程施工招标投标管理办法》作出修改后公布。其中，第四十条规定，评标可以采用综合评估法、经评审的最低投标标价法或者法律法规允许的其他评标方法。

采用综合评估法的，应当对投标文件提出的工程质量、施工工期、投标价格、施工组织设计或者施工方案、投标人及项目经理业绩等，能否最大限度地满足招标文件中规定的各项要求和评价标准进行评审和比较。以评分方式进行评估的，对于各种评比奖项不得额外计分。

采用经评审的最低投标价法的，应当在投标文件能够满足招标文件实质性要求的投标人中，评审出投标价格最低的投标人，但投标价格低于其企业成本的除外。

从文件中可以看出采用经评审的最低投标价法的前提是在能够满足招标文件实质性要求的投标人中，评审出投标价格最低的投标人中标。如果有人恶性竞争，报价低于成本价，而不能满足招标文件的实质性要求是不能中标的。选项 C 完全否定了最低投标价法，是不符合文件精神的。

答案： C

14. 解　见《中华人民共和国环境影响评价法》第十六条。

国家根据建设项目对环境的影响程度，对建设项目的环境影响评价实行分类管理。

建设单位应当按照下列规定组织编制环境影响报告书、环境影响报告表或者填报环境影响登记表（以下统称环境影响评价文件）：

（一）可能造成重大环境影响的，应当编制环境影响报告书，对产生的环境影响进行全面评价；

（二）可能造成轻度环境影响的，应当编制环境影响报告表，对产生的环境影响进行分析或者专项评价；

（三）对环境影响很小、不需要进行环境影响评价的，应当填报环境影响登记表。

建设项目的环境影响评价分类管理名录，由国务院环境保护行政主管部门制定并公布。

答案：B

15. 解 《国家标准制定程序的阶段划分及代码》（GB/T 16733—1997）将我国国家标准制定程序阶段划分为 9 个阶段，即预阶段、立项阶段、起草阶段、征求意见阶段、审查阶段、批准阶段、出版阶段、复审阶段、废止阶段。

答案：A

16. 解 《中华人民共和国招标投标法》第十七条规定，招标人采用邀请招标方式的，应当向三个以上具备承担招标项目的能力、资信良好的特定的法人或者其他组织发出投标邀请书。所以选项 B 对。

《中华人民共和国招标投标法实施条例》第八条规定，国有资金占控股或者主导地位的依法必须进行招标的项目，应当公开招标；但有下列情形之一的，可以邀请招标：

（一）技术复杂、有特殊要求或者受自然环境限制，只有少量潜在投标人可供选择；

（二）采用公开招标方式的费用占项目合同金额的比例过大。

从上述条文可见：只有在特殊情况下才能邀请招标，一般情况下均应公开招标。所以选项 C 对。

答案：D

17. 解 先用轻碾，后用重碾的方法可避免土层强烈起伏而影响压实效率和效果。故选项 A 的说法正确，而其他选项都说反了。

答案：A

18. 解 因施工缝会大大削弱混凝土的抗剪能力，所以《混凝土结构工程施工规范》（GB 50666—2011）第 8.6.1 条规定，施工缝和后浇带宜留设在结构受剪力较小且便于施工的位置。

答案：A

19. 解 柱子常采用平卧预制。不进行翻身，直接绑扎为斜吊绑扎法。该法绑扎简单，但由于只能在上表面这一侧有吊索，进行起吊时柱子不可能立直，安装就位时需要牵拉扶正。由于起吊时受力截面高度较小，因此其起吊时的抗弯承载力一定要满足要求。

答案：A

20. 解 用挣值法对项目进展进行评价：

进度偏差 = 已完工作预算费用−计划工作预算费用

$$= 2000\times45-400\times6\times45 = 90000-108000 = -18000 \text{ 元}$$

负值，工期拖延，故选项 A 结论正确。也即选项 B 评估结论不正确。

费用偏差 = 已完工作预算费用−已完工作实际费用

$=2000\times45-120000=-30000$ 元

负值，费用超支，故选项 C 结论正确。工期拖后时间 $=(400\times6-2000)/400=1$ 天，故选项 D 结论正确。

答案： B

21. 解 《网络计划技术 第 1 部分：常用术语》（GB/T 13400.1—2012）规定：双代号网络图，是以箭线或其两端节点的编号表示工作的网络图，箭线表示工作，节点表示工作的开始或结束事件。而单代号网络图，是以节点或该节点的编号表示工作的网络图，节点表示工作，箭线表示工作之间的逻辑关系。

答案： C

22. 解 结构整体平衡，对A取矩，可得：$Y_{\mathrm{B}}=6\mathrm{kN}$。再过铰$C$作竖直截面，取右半结构平衡，对$C$取矩，得：$N_{\mathrm{AB}}=6\times4/3=8\mathrm{kN}$。

答案： B

23. 解 按杆端弯矩的转角位移方程，有：$M_{\mathrm{BA}}=4i\theta_{\mathrm{B}}+2i\theta=0$，解得：$\theta_{\mathrm{B}}=-\frac{\theta}{2}$（负号表示逆时针方向）。

答案： D

24. 解 按公式计算，分配系数$\mu_{\mathrm{BC}}=\frac{1}{9}$，分配弯矩$M_{\mathrm{BC}}^{\mu}=\frac{1}{9}\left(-\frac{ql^2}{3}\right)=-\frac{ql^2}{27}$，再乘以$(-1)$得传递弯矩$M_{\mathrm{CB}}^{\mathrm{C}}=\frac{ql^2}{27}$。

答案： A

25. 解 设计中规定，当混凝土受压区高度x小于$2a_s'$时，取$x=2a_s'$，其目的是满足破坏时受压区钢筋的应力等于其抗压强度设计值的假定。所以当受压区高度小于受压钢筋混凝土保护层厚度时，受压区钢筋一般达不到屈服。

答案： B

26. 解 挠度验算为正常使用阶段，荷载和材料强度均应取标准值（荷载效应为荷载准永久组合），选项 A、B 正确。对于带裂缝受力阶段的混凝土梁，裂缝截面处与裂缝间截面，受拉钢筋的拉应变与受压区边缘混凝土的压应变是不均匀的，截面的弯曲刚度B_{s}是根据各水平纤维的平均应变沿截面高度的变化符合平截面假定建立的，故选项 C 正确、选项 D 错误。

答案： D

27. 解 地震作用下，框架柱的破坏一般发生在柱的上下端，对于一般的框架结构，柱内弯矩以地震作用产生的弯矩为主，“强柱弱梁”就是为了防止柱先于梁进入受弯屈服，导致整体结构破坏。

答案： B

28. 解 钢材的力学性能指标包括屈服强度、极限抗拉强度、伸长率和冷弯性能（选项 A 不完整）。对于低温条件下的结构钢材，还应有冲击韧性的合格保证。

答案：A

29. 解 支撑一般按轴心受拉构件设计，根据《钢结构设计标准》（GB 50017—2017）第 7.1.1 条第 1 款，轴心受拉构件的截面强度应计算毛截面屈服强度$\sigma = N/A \leqslant f$和净截面断裂强度$\sigma = N/A_{\text{n}} \leqslant 0.7f_{\text{u}}$（其中，$f_{\text{u}}$指钢材的抗拉强度最小值）。

答案：B

30. 解 根据《钢结构设计标准》（GB 50017—2017）第 11.4.3 条，承压型连接的高强度螺栓的预拉力P与摩擦型连接相同，抗剪、抗拉和承压承载力设计值的计算方法与普通螺栓相同。选项 A、B 为摩擦型高强度螺栓的计算公式。

答案：C

31. 解 根据《砌体结构设计规范》（GB 50003—2011）第 3.2.2 条第 1 款，由表 3.2.2 可以看出，砌体的抗拉强度与砌体的破坏特征、砌体种类和砂浆的强度等级（抗压强度）有关。

答案：B

32. 解 上端水平约束越小，变形越大，柱（墙）底弯矩越大。弹性方案为上端自由，刚弹性方案为弹性约束，刚性方案为不动铰。所以柱（墙）底弯矩弹性方案最大，刚性方案最小。

答案：C

33. 解 根据《砌体结构设计规范》（GB 50003—2011）第 7.2.2 条第 1 款，对砖和砌块砌体，当梁、板下的砌体高度h_{w}小于过梁的净跨l_{n}时，过梁应计入梁、板传来的荷载。第 2 款，对砖砌体，当过梁上的墙体高度$h_{\text{w}} < l_{\text{n}}/3$时，应按墙体的均布自重采用；当墙体高度$h_{\text{w}} \geqslant l_{\text{n}}/3$时，应按高度$l_{\text{n}}/3$墙体的均布自重采用。所以应计入板传来的荷载，则作用在过梁上的荷载为：$15+5\times0.5=17.5\text{kN/m}$。

答案：C

34. 解 承压板法试验是用千斤顶通过承压板向半无限岩体表面加载，测量岩体变形与压力，按布西涅斯克的各向同性半无限弹性表面局部受力公式计算岩体的变形参数（包括弹性模量和弹性抗力系数等）。狭缝法试验是指在岩体上凿一狭缝，将压力钢枕放入，再用水泥砂浆填实并养护到一定强度后，对钢枕加压，当测得岩体表面中线上某点的位移时，则求得岩体的弹性模量。钻孔环向加压法试验是通过在钻孔内给孔壁加压获得钻孔变形，以此来获得岩体的弹性模量和变形模量的一种试验方法。双轴压缩法试验通过给岩体两个正交方向加压测得岩体在双向受压条件下的变形特性及变形参数（弹性模量和泊松比）。

工程中岩体的弹性抗力系数一般采用隧洞变形试验获得，加压方式可分为径向液压枕法和水压法。之所以需要进行这种现场试验，主要原因在于岩体的不均匀、各向异性、尺寸效应突出的特点。如果这些特点不突出，或者在某些情况下这些特点带来的影响可以忽略不计，则完全可以用承压板法试验代替，不必进行这种要耗费大量资金和时间的试验。本题中强调的是岩石，而不是岩体，所以，岩体上述的特点可以不考虑。实际上，《工程岩体试验方法标准》（GB/T 50266—2013）第 3.1.17 条第 5 点还具体给出了采用方形刚性承压板法计算基准基床系数的公式，标准中的基床系数与弹性抗力系数具有相似的含义。因此，正确答案应选 A。

答案： A

35. 解 层状岩体中的自重应力计算方法为：

竖向应力：$\sigma_z = \sum\gamma_i h_i$

水平应力：$\sigma_x = \sigma_y = \lambda\sigma_z = \frac{\mu}{1-\mu}\sigma_z = \frac{0.3}{1-0.3}\sigma_z = 0.429\sigma_z$

选择最接近的答案 B。

答案： B

36. 解 $I_{\mathrm{p}} = w_{\mathrm{L}} - w_{\mathrm{p}} = 24.3 - 15.4 = 8.9$。

答案： B

37. 解 A 项，土的自重应力不止发生在竖直方向，还有作用在水平方向上的自重应力；B 项，饱和地基土应采用浮重度计算其有效自重应力；C 项，土的自重应力计算与土的重度及地面以下深度有关，与土的模量无关；D 项，土体在自重应力作用下，各点应力不会超过土体的抗剪强度。

答案： C

38. 解 B 项，饱和土体中的总应力包括孔隙水压力和有效应力；C、D 项，在计算有效应力时通常取用浮重度，故水位的上升、下降会引起有效应力的变化。

答案： A

39. 解 饱和沙土在振动作用下，土中孔隙水压力增大，当孔隙水压力增大到与土的总应力相等时，土的有效应力为零，土颗粒处于悬浮状态，表现出类似水的性质而完全丧失其抗剪强度，土即发生液化。

答案： B

40. 解 主动土压力强度$\sigma_{\mathrm{a}} = \gamma z K_{\mathrm{a}} - 2c\sqrt{K_{\mathrm{a}}}$，其中$K_{\mathrm{a}} = \tan^2\left(45° - \frac{\varphi}{2}\right)$，可知，填土内摩擦角$\varphi$减小，重度$\gamma$增大，黏聚力$c$减小，都会引起挡土墙的主动土压力增大；压缩模量对其没有影响。

答案： A

41. 解 浅成岩由于位于地表以下较浅（小于 3km），岩浆冷凝成岩过程快，因此致使矿物结晶不充分，颗粒较细小；深成岩浆冷却速度缓慢，使得各类矿物均匀生长，颗粒相对较粗大。

答案： D

42. 解 陆地表面由于地壳抬升，造成接受沉积的海洋及湖泊底部出露，因此使得海洋沉积物固结成岩形成的沉积岩在地表分布面积大。石灰岩为沉积岩的一种。

答案：B

43. 解 黄土是第四纪的沉积物，早、中更新世（Q_1、Q_2）形成的黄土逐渐胶结硬化，不具有湿陷性；晚更新世（Q_3）和全新世（Q_4）黄土尚未硬化，孔隙大，易湿陷。

答案：D

44. 解 洪积扇位于山前山谷出口处，山谷坡面沟底分布的物理风化产物在强降雨形成的洪流冲出沟口后因水流失去沟壁的约束而散开，坡度和流速突然减小，搬运物迅速沉积下来形成的扇状堆积地形，称为洪积扇。因此物理风化的山区是形成洪积扇的一个重要条件。

答案：A

45. 解 河流的下游河道坡度较缓，河流携带物质的能力降低，主要表现为侧蚀和沉积作用。溯源侵蚀是发生在河流上游源头的地质作用，下蚀和沉积一般发生在河流中游，裁弯取直是河流下游河曲发育后期的地质作用。

答案：B

46. 解 剪切裂隙是岩石受剪切而破坏形成的，因此裂隙面表现出光滑平直的特点。

答案：A

47. 解 温度较高、湿度较大的南方地区是化学风化作用占主导作用的地区，因此湿热环境是化学风化作用的最有利气候条件。干热、寒冷和冷热交替气候条件是物理风化作用的有利条件。

答案：B

48. 解 坡积物是斜坡坡面流水携带到坡脚形成的沉积物，由于搬运距离近，磨圆度较差，其物质组成棱角明显，分选性较差。

答案：A

49. 解 地下水中各种离子、分子与化合物的总量称矿化度，以 g/L 或 mg/L 为单位。

答案：A

50. 解 十字板剪切试验是将十字板头插入软土中，以一定速率扭转，在土层中形成圆柱形破坏面，根据扭力大小确定软土的饱和不排水抗剪强度的一种试验方法。不适用于砂土、碎石类土及坚硬土体等。

答案：B

51. 解 平面破坏边坡坡顶中垂直张裂缝的极限深度可用下式计算：

$$H=\frac{2c}{\gamma}\tan\left(45°+\frac{\varphi}{2}\right)$$

答案：B

52. 解 工程边坡形成后，临空面（包括坡顶和坡面以及坡底）附近的应力状态会发生明显变化，其中，最大主应力平行于临空面，最小主应力垂直于临空面。中间主应力作用于边坡走向方向，四个选项中只有选项 B 的描述符合其规律。

答案：B

53. 解 岩基抗滑稳定性验算时，一般假设岩基发生剪切破坏，并假设破坏面为平面（单平面或双平面），不考虑曲面的破坏面，所以选项 A 不正确。

答案：A

54. 解 无筋扩展基础即刚性基础，在设计时，基础尺寸如满足刚性角，则基础截面弯曲拉应力和剪应力不超过基础施工材料的强度限值，故不必对基础进行抗弯验算和斜截面抗剪验算，也不必进行抗冲切验算。

答案：D

55. 解 《建筑地基基础设计规范》（GB 50007—2011）规定："d为基础埋深，宜为室外地面标高算起"。规范中并未对基础埋深最大值作出限值。

答案：A

56. 解 A 项，建筑物基础尺寸越长，刚度越小，不均匀沉降现象越严重；B、C、D 项均有助于减少不均匀沉降对建筑物的危害。

答案：A

57. 解 十字板剪切试验用于野外测定地基土抗剪强度。

答案：D

58. 解 软土地基采用真空预压法进行加固后，其孔隙比减小，压缩系数减小，渗透系数减小，黏聚力增大，抗剪强度增加。

答案：B

59. 解 B 项，膨胀土含有蒙脱石、伊利石等亲水性黏土矿物，有较强的胀缩性；C 项，黏性土中含有有机质，会减弱桩与周围土体的黏结作用；D 项，黏性土中含有冰屑时，将降低挤密桩的密实度。以上三种土质均不宜作为挤密桩桩孔中的填料。

答案：A

60. 解 A 项，砂井仅起到加速固结的作用；C 项，在预压过程中控制加载速率，可防止因加载速率过快而导致土体结构破坏；D 项，堆载预压荷载的大小应根据设计要求确定，宜使得预压荷载下受压土层各点的有效竖向应力大于建筑物荷载引起的相应点的附加应力。

答案：B

2014年度全国勘察设计注册土木工程师（岩土）执业资格考试试卷

基础考试（下）

二〇一四年九月

应考人员注意事项

1. 本试卷科目代码为“2”，考生务必将此代码填涂在答题卡“科目代码”相应的栏目内，否则，无法评分。
2. 书写用笔：**黑色或蓝色钢笔、签字笔或圆珠笔**；

   填涂答题卡用笔：**黑色 2B 铅笔**。
3. 必须用书写用笔将工作单位、姓名、准考证号填写在答题卡和试卷相应的栏目内。
4. 本试卷由 60 题组成，每题 2 分，满分 120 分，本试卷全部为单项选择题，每小题的四个备选项中只有一个正确答案，错选、多选、不选均不得分。
5. 考生作答时，必须按**题号在答题卡上**将相应试题所选选项对应的**字母用 2B 铅笔涂黑**。
6. 在答题卡上书写与题意无关的语言，或在答题卡上作标记的，均按违纪试卷处理。
7. 考试结束时，由监考人员当面将试卷、答题卡一并收回。
8. 草稿纸由各地统一配发，考后收回。

单项选择题（共 60 题，每题 2 分。每题的备选项中只有一个最符合题意。）

1. 弹性体受拉应力时，所受应力与纵向应变之比称为：

   A. 弹性模量　　B. 泊松比

   C. 体积模量　　D. 剪切模量

2. 材料在绝对密实状态下，单位体积的质量称为：

   A. 密度　　B. 表观密度

   C. 密实度　　D. 堆积密度

3. 普通硅酸盐水泥的水化反应为放热反应，并且有两个典型的放热峰，其中第二个放热峰对应：

   A. 硅酸三钙的水化　　B. 硅酸二钙的水化

   C. 铁铝酸四钙的水化　　D. 铝酸三钙的水化

4. 混凝土材料在单向受压条件下的应力-应变曲线呈现明显的非线性特征，在外部应力达到抗压强度的 30%左右时，图线发生弯曲，这时应力-应变关系的非线性主要是由于：

   A. 材料出现贯穿裂缝　　B. 骨料被压碎

   C. 界面过渡区裂缝的增长　　D. 材料中孔隙被压缩

5. 从工程角度，混凝土中钢筋防锈的最经济措施是：

   A. 使用高效减水剂　　B. 使用钢筋阻锈剂

   C. 使用不锈钢钢筋　　D. 增加混凝土保护层厚度

6. 地表岩石经长期风化、破碎后，在外力作用下搬运、堆积，再经胶结、压实等再造作用而形成的岩石称为：

   A. 变质岩　　B. 沉积岩

   C. 岩浆岩　　D. 火成岩

7. 钢材牌号（如 Q390）中的数值表示钢材的：

   A. 抗拉强度　　B. 弹性模量

   C. 屈服强度　　D. 疲劳强度

8. 经纬仪的操作步骤是：

A. 整平、对中、瞄准、读数

B. 对中、瞄准、精平、读数

C. 对中、整平、瞄准、读数

D. 整平、瞄准、读数、记录

9. 用视距测量方法求A、B两点间距离，通过观测得尺间距l=0.386m，竖直角α=6°42′，则A、B两点间水平距离为：

A. 38.1m　　B. 38.3m

C. 38.6m　　D. 37.9m

10. 测量误差按其性质的不同可分为两类，它们是：

A. 读数误差和仪器误差

B. 观测误差和计算误差

C. 系统误差和偶然误差

D. 仪器误差和操作误差

11. 图根平面控制可以采用图根导线测量，对于图根导线作为首级控制时，其方位角闭合差应符合下列规定：

A. 小于$40''\sqrt{n}$　　B. 小于$45''\sqrt{n}$

C. 小于$50''\sqrt{n}$　　D. 小于$60''\sqrt{n}$

12. 沉降观测的基准点是观测建筑物垂直变形值的基准，为了相互校核并防止由于个别基准点的高程变动造成差错，沉降观测布设基准点一般不能少于：

A. 2个　　B. 3个

C. 4个　　D. 5个

13. 有关ISO 9000国标标准中的质量保证体系，下列正确的是：

A. ISO 9000：生产、安装和服务的质量保证模式

B. ISO 9004：最终检验和试验的质量保证模式

C. ISO 9001：仅设计与开发的质量保证模式

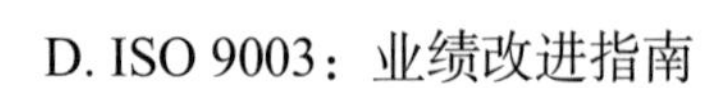

D. ISO 9003：业绩改进指南

14. 某超高层建筑施工中，一个塔吊分包商的施工人员因没有佩戴安全带加上作业疏忽而从高处坠落死亡。按我国《建筑工程安全生产管理条例》的规定，除工人本身的责任外，请问此意外的责任应：

A. 由分包商承担所有责任，总包商无需负责

B. 由总包商与分包商承担连带责任

C. 由总包商承担所有责任，分包商无需负责

D. 视分包合约的内容确定

15. 下列非我国城乡规划的要求的是：

A. 优先规划城市

B. 利用现有条件

C. 优先安排基础设施

D. 保护历史传统文化

16. 下列不属于招标人必须具备的条件是：

A. 招标人须有法可依的项目

B. 招标人有充足的专业人才

C. 招标人有与项目相应的资金来源

D. 招标人为法人或其他基本组织

17. 在锤击沉桩施工中，如发现桩锤经常回弹大，桩下沉量小，说明：

A. 桩锤太重　　　　B. 桩锤太轻

C. 落距小　　　　D. 落距大

18. 冬季施工时，混凝土的搅拌时间应比常温搅拌时间：

A. 缩短 25%　　　　B. 缩短 30%

C. 延长 50%　　　　D. 延长 75%

19. 某项工作有三项紧后工作，其持续时间分别为 4 天、5 天、6 天，其最迟完成时间分别为第 18 天、16 天、14 天末，本工作的最迟完成时间是第几天末：

A. 14　　　　B. 11

C. 8　　　　D. 6

20. 进行网络计划“资源有限，工期最短”优化时，前提条件不包括：

A. 任何工作不得中断

B. 网络计划一经确定，在优化过程中不得改变各工作的持续时间

C. 各工作每天的资源需要量为常数，而且是合理的

D. 在优化过程中不得改变网络计划的逻辑关系

21. 有关施工过程质量验收的内容正确的是：

A. 检验批可根据施工及质量控制和专业验收需要按楼层、施工段、变形缝等进行划分

B. 一个或若干个分项工程构成检验批

C. 主控项目可有不符合要求的检验结果

D. 分部工程是在所含分项验收基础上的简单相加

22. 图示刚架M_{DC}为（下侧受拉为正）：

A. 0kN · m

B. 20kN · m

C. 40kN · m

D. 60kN · m

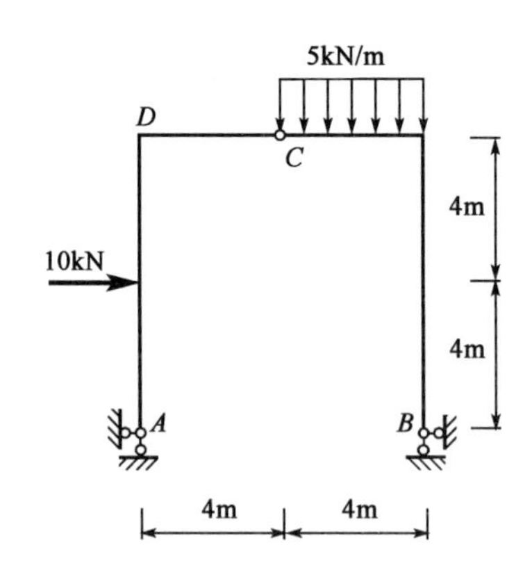

23. 图示桁架 a 杆轴力为：

A. 15kN

B. 20kN

C. 25kN

D. 30kN

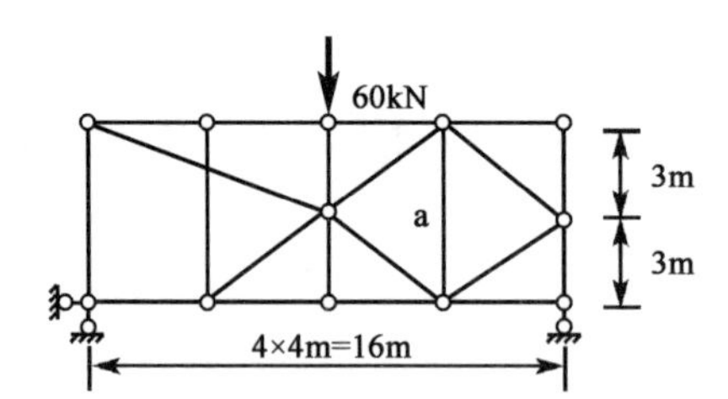

24. 图示梁$EI=$常数，固定端A发生顺时针方向角位移θ，则铰支端B的转角（以顺时针方向为正）为：

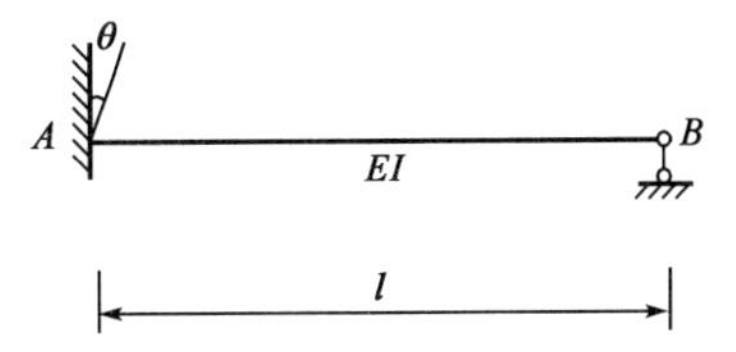

A. $\theta/2$

B. θ

C. $-\theta/2$

D. $-\theta$

25. 下列哪种情况是钢筋混凝土适筋梁达到承载能力极限状态时不具有的：

A. 受压混凝土被压溃

B. 受拉钢筋达到其屈服强度

C. 受拉区混凝土裂缝多而细

D. 受压区高度小于界限受压区高度

26. 提高钢筋混凝土矩形截面受弯构件的弯曲刚度最有效的措施是：

A. 增加构件截面的有效高度

B. 增加受拉钢筋的配筋率

C. 增加构件截面的宽度

D. 提高混凝土强度等级

27. 钢筋混凝土排架结构中承受和传递横向水平荷载的构件是：

A. 吊车梁和柱间支撑

B. 吊车梁和山墙

C. 柱间支撑和山墙

D. 排架柱

28. 建筑钢结构经常采用的钢材牌号是 Q355，其中 355 表示的是：

A. 抗拉强度

B. 弹性模量

C. 屈服强度

D. 合金含量

29. 设计一悬臂钢梁，最合理的截面形式是：

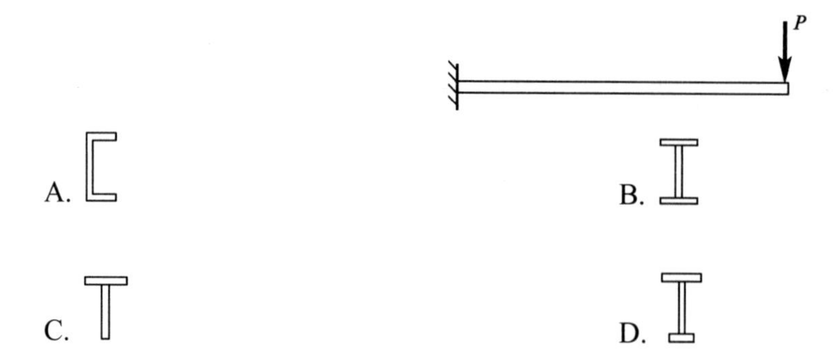

30. 钢框架柱拼接不常用的是：

A. 全部采用坡口焊缝

B. 全部采用高强度螺栓

C. 翼缘用焊缝而腹板用高强度螺栓

D. 翼缘用高强度螺栓而腹板用焊缝

31. 下列哪种情况对抗震不利？

A. 楼梯间设在房屋尽端

B. 采用纵横墙混合承重的结构布置方案

C. 纵横墙布置均匀对称

D. 高宽比为 1：2

32. 对多层砌体房屋进行承载力验算时，“墙在每层高度范围内可近似视作两端铰支的竖向构件”所适用的荷载是：

A. 风荷载

B. 水平地震作用

C. 竖向荷载

D. 永久荷载

33. 砌体局部受压强度的提高，是因为：

A. 局部砌体处于三向受力状态

B. 非局部受压砌体有起拱作用而卸载

C. 非局部受压面积提供侧压力和力的扩散的综合影响

D. 非局部受压砌体参与受力

34. 下列哪种模量可以代表岩石的弹性模量和变形模量?

A. 切线模量和卸载模量

B. 平均模量和卸载模量

C. 切线模量和割线模量

D. 初始模量和平均模量

35. 关于地应力的分布特征，海姆（Haim）假说认为:

A. 构造应力为静水压力状态

B. 地应力为静水压力状态

C. 地表浅部的自重应力为静水压力状态

D. 地表深部的自重应力为静水压力状态

36. 某土样液限$w_{\mathrm{L}} = 25.8\%$，塑限$w_{\mathrm{p}} = 16.1\%$，含水率（含水量）$w = 13.9\%$，可以得到其液性指数I_{L}为:

A. $I_{\mathrm{L}} = 0.097$

B. $I_{\mathrm{L}} = 1.23$

C. $I_{\mathrm{L}} = 0.23$

D. $I_{\mathrm{L}} = -0.23$

37. 关于附加应力，下面说法正确的是:

A. 土中的附加应力会引起地基的压缩，但不会引起地基的失稳

B. 土中的附加应力除了与基础底面压力有关外，还与基础埋深等有关

C. 土中的附加应力主要发生在竖直方向，水平方向上则没有附加应力

D. 土中的附加应力一般小于土的自重应力

38. 饱和土中总应力为200kPa，孔隙水压力为50kPa，孔隙率0.5，那么土中的有效应力为:

A. 100kPa

B. 25kPa

C. 150kPa

D. 175kPa

39. 关于湿陷性黄土，下列说法不正确的是:

A. 湿陷性黄土地基遇水后发生很大的沉降

B. 湿陷性特指黄土，其他种类的土不具有湿陷性

C. 湿陷性黄土的湿陷变形与所受到的应力也有关系

D. 将湿陷性黄土加密到一定密度后就可以消除其湿陷性

40. 对于下图的均质堤坝，上下游的边坡坡度相等，稳定渗流时哪一段边坡的安全系数最大？

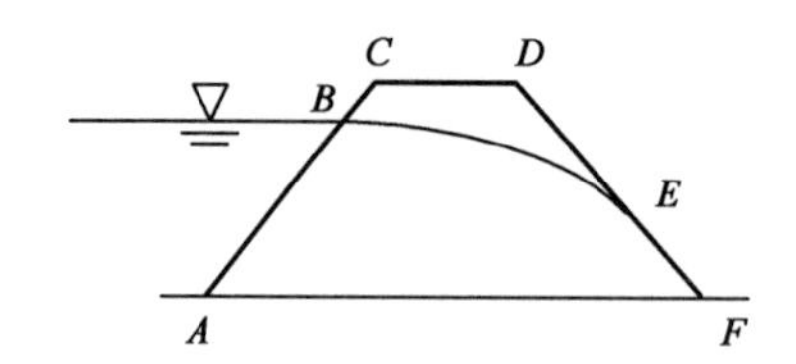

A. AB　　B. BC

C. DE　　D. EF

41. 石灰岩经热变质重结晶后变成：

A. 白云岩　　B. 大理岩

C. 辉绿岩　　D. 板岩

42. 上盘相对下降，下盘相对上升的断层是：

A. 正断层　　B. 逆断层

C. 平移断层　　D. 阶梯断层

43. 形成蘑菇石的主要地质营力是：

A. 冰川　　B. 风

C. 海浪　　D. 地下水

44. 张性裂隙通常具有以下特征：

A. 平行成组出现

B. 裂隙面平直光滑

C. 裂隙面曲折粗糙

D. 裂隙面闭合

45. 以下岩体结构条件，不利于边坡稳定的情况是：

A. 软弱结构面和坡面倾向相同，软弱结构面倾角小于坡角

B. 软弱结构面和坡面倾向相同，软弱结构面倾角大于坡角

C. 软弱结构面和坡面倾向相反，软弱结构面倾角小于坡角

D. 软弱结构面和坡面倾向相反，软弱结构面倾角大于坡角

46. 下列地质条件中，对风化作用影响最大的因素是：

A. 岩体中的断裂发育情况　　B. 岩石的硬度

C. 岩石的强度　　D. 岩石的形成时代

47. 下面几种现象中，能够作为活断层标志的是：

A. 强烈破碎的断裂带　　B. 两侧地层有牵引现象的断层

C. 河流凸岸内凹　　D. 全新世沉积物被错断

48. 下列地层中，能够形成含水层的是：

A. 红黏土层　　B. 黄土层

C. 河床沉积　　D. 牛轭湖沉积

49. 地下水按其埋藏条件可分为：

A. 包气带水、潜水和承压水三大类

B. 上层滞水、潜水和承压水三大类

C. 孔隙水、裂隙水和岩溶水三大类

D. 结合水、毛细管水、重力水三大类

50. 为取得原状土样，可采用下列哪种方法：

A. 标准贯入器　　B. 洛阳铲

C. 厚壁敞口取土器　　D. 探槽中刻取块状土样

51. 岩质边坡发生曲折破坏时，一般是在下列哪种情况下：

A. 岩层倾角大于坡面倾角　　B. 岩层倾角小于坡面倾角

C. 岩层倾角与坡面倾角相同　　D. 岩层是直立岩层

52. 对数百米陡倾的岩石高边坡进行工程加固时，下列措施中哪种是经济可行的？

A. 锚杆和锚索　　B. 灌浆和排水

C. 挡墙和抗滑桩　　D. 削坡减载

53. 在垂直荷载作用下，均质岩基内附加应力的影响深度一般情况是：

A. 1 倍的岩基宽度　　B. 2 倍的岩基宽度

C. 3 倍的岩基宽度　　D. 4 倍的岩基宽度

54. 如果无筋扩展基础不能满足刚性角的要求，可以采取以下哪种措施？

A. 增大基础高度　　B. 减小基础高度

C. 减小基础宽度　　D. 减小基础埋深

55. 对于相同的场地，下面哪种情况可以提高地基承载力并减少沉降？

A. 加大基础埋深，并加做一层地下室

B. 基底压力p（kPa）不变，加大基础宽度

C. 建筑物建成后抽取地下水

D. 建筑物建成后，填高室外地坪

56. 先修高的、重的建筑物，后修矮的、轻的建筑物能够达到下面哪一种效果？

A. 减小建筑物的沉降量

B. 减小建筑物的沉降差

C. 改善建筑物的抗震性能

D. 减小建筑物以下土层的附加应力分布

57. 对混凝土灌注桩进行载荷试验，从成桩到开始试验的间歇时间为：

A. 7 天

B. 15 天

C. 25 天

D. 桩身混凝土达设计强度

58. 对软土地基采用真空预压法进行加固后，下面哪一项指标会减小？

A. 压缩系数

B. 抗剪强度

C. 饱和度

D. 土的重度

59. 复合地基中桩的直径为 0.36m，桩的间距（中心距）为 1.2m，当桩按梅花形（等边三角形）布置时，面积置换率为：

A. 12.25

B. 0.082

C. 0.286

D. 0.164

60. 采用堆载预压法加固地基时，如果计算表明在规定时间内达不到要求的固结度，加快固结进程时，不宜采取下面哪种措施？

A. 加快堆载速率

B. 加大砂井直径

C. 减少砂井间距

D. 减小井径比

2014年度全国勘察设计注册土木工程师（岩土）执业资格考试基础考试（下）试题解析及参考答案

1. 解 弹性体受拉应力时，所受应力与纵向应变之比称为弹性模量。

答案： A

2. 解 材料在绝对密实状态下，单位体积的质量称为密度；材料在自然状态下，单位体积的质量称为表观密度；散粒材料在堆积状态下，单位体积的质量称为堆积密度。材料中固体体积占自然状态体积的百分比称为密实度。

答案： A

3. 解 普通硅酸盐水泥水化反应为放热反应，并且有两个典型的放热峰，其中第一个放热峰对应的是铝酸三钙水化的放热峰，第二个放热峰对应的是硅酸三钙水化的放热峰。

答案： A

4. 解 混凝土材料在单向受压条件下的应力-应变曲线表现出明显的非线性特征，在外部应力达到抗拉强度的30%左右时，由于混凝土内部界面过渡区裂缝增长，使曲线发生弯曲。当外部应力达到抗拉强度的90%以上时，材料出现贯穿裂缝。

答案： C

5. 解 混凝土中钢筋防锈的措施有：使用高效减水剂提高密实度，掺入阻锈剂，加厚保护层等。其中，最经济的措施是使用高效减水剂，其是现代工程混凝土中必掺的外加剂。

答案： A

6. 解 岩石根据形成机理分为岩浆岩、沉积岩和变质岩三种。其中，地表岩石经长期风化、破碎后，在外力作用下搬运、堆积，再经胶结、压实等再造作用形成的岩石称为沉积岩。

答案： B

7. 解 钢材牌号中的数字表示钢材的屈服强度。

答案： C

8. 解 经纬仪操作步骤是：对中、整平、瞄准、读数。

答案： C

9. 解 按视距测量水平距离计算公式：

$$D = kl\cos^2\alpha = 100 \times 0.386\cos^2(6°42') = 38.1\text{m}$$

答案： A

10. 解　测量误差按性质主要分为两类：系统误差和偶然误差。

答案：C

11. 解　根据《工程测量标准》（GB 50026—2020）第 5.2.7 条，图根导线作为首级控制时，方位角闭合差应小于$40''\sqrt{n}$。

答案：A

12. 解　《建筑变形测量规范》（JGJ 8—2007）要求，建筑物沉降监测基准点布设不少于 3 个。《工程测量标准》（GB 50026—2020）第 10.1.4 条，变形监测水准基准点布设不少于 3 个。

注：《工程测量标准》（GB 50026—2020），自 2021 年 6 月 1 日起实施，《工程测量规范》（GB 50026—2007）同时废止。本题中的技术要求在新的《工程测量标准》中没有变化，与《工程测量规范》（GB 50026—2007）相同。

答案：B

13. 解　质量管理体系应包括从设计、开发、生产、安装、检验、服务、持续改进的全过程。

答案：A

14. 解　《建设工程安全生产管理条例》第二十四条规定，建设工程实行施工总承包的，由总承包单位对施工现场的安全生产负总责。

总承包单位依法将建设工程分包给其他单位的，分包合同中应当明确各自的安全生产方面的权利、义务。总承包单位和分包单位对分包工程的安全生产承担连带责任。

分包单位应当服从总承包单位的安全生产管理，分包单位不服从管理导致生产安全事故的，由分包单位承担主要责任。

答案：B

15. 解　《中华人民共和国城乡规划法》第四条规定，制定和实施城乡规划，应当遵循城乡统筹、合理布局、节约土地、集约发展和先规划后建设的原则，改善生态环境，促进资源、能源节约和综合利用，保护耕地等自然资源和历史文化遗产，保持地方特色、民族特色和传统风貌，防止污染和其他公害，并符合区域人口发展、国防建设、防灾减灾和公共卫生、公共安全的需要。该条文没有 A 的提法。

答案：A

16. 解　《中华人民共和国招标投标法》第八条规定，招标人是依照本法规定提出招标项目、进行招标的法人或者其他组织。所以选项 A、D 对。

第九条　招标项目按照国家有关规定需要履行项目审批手续的，应当先履行审批手续，取得批准。招标人应当有进行招标项目的相应资金或者资金来源已经落实，并应当在招标文件中如实载明。所以选项 C 对。

第十二条　……招标人具有编制招标文件和组织评标能力的，可以自行办理招标事宜。

选项 B 中“充足人才”和《中华人民共和国招标投标法》的第十二条表述不一致，何为充足？很难界定，所以选项 B 的表述不合适。

答案： B

17. 解　桩锤太轻冲击力小，且能量被桩吸收，造成桩不下沉，反而桩锤回弹。

答案： B

18. 解　《混凝土结构工程施工规范》（GB 50666—2011）第 10.2.6 条第 3 款规定，冬季施工混凝土搅拌时间应比常温搅拌时间延长 30~60s，即 50%，以使小的冻粒融溶、温度均匀、外加剂掺匀。

答案： C

19. 解　本工作的最迟完成时间应为其各项紧后工作最迟开始时间中取最小值，以保证不影响工期。

每项工作最迟开始时间 = 工作最迟完成时间 − 该工作持续时间

三项紧后工作的最迟开始时间分别为：

$$18-4=14$$

$$16-5=11$$

$$14-6=8$$

在 14、11、8 中取小值为 8，即本工作的最迟完成时间是第 8 天末。

答案： C

20. 解　在资源优化的前提中，一般工作均应连续，不得中断，但若有规定可中断的工作除外。因此，“任何工作不得中断”的前提条件说法不准确。其他选项的说法均正确。

答案： A

21. 解　检验批可根据施工及质量控制和专业验收需要按楼层、施工段、变形缝进行划分，更能反映有关施工过程质量状况，也符合《建筑工程施工质量验收统一标准》（GB 50300—2013）第 4.0.5 条的规定。其他选项表述均不正确。

答案： A

22. 解　由整体平衡，对B取矩，可得：

$$Y_{\mathrm{A}}=0$$

再由C截面之左隔离体平衡（见解图），可得：

$$Q_{\mathrm{C}}=0,\ M_{\mathrm{DC}}=0$$

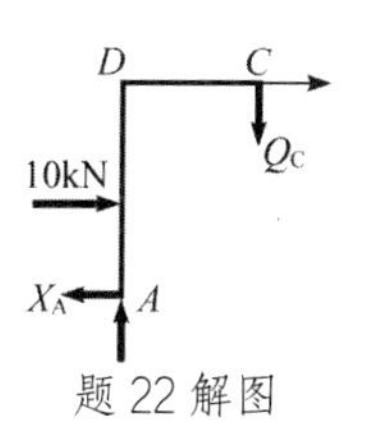

题 22 解图

答案： A

23. 解 见解图，判断零杆后，依次截取节点A、B，由节点法可得：

$$N_a = 30\text{kN}（压）$$

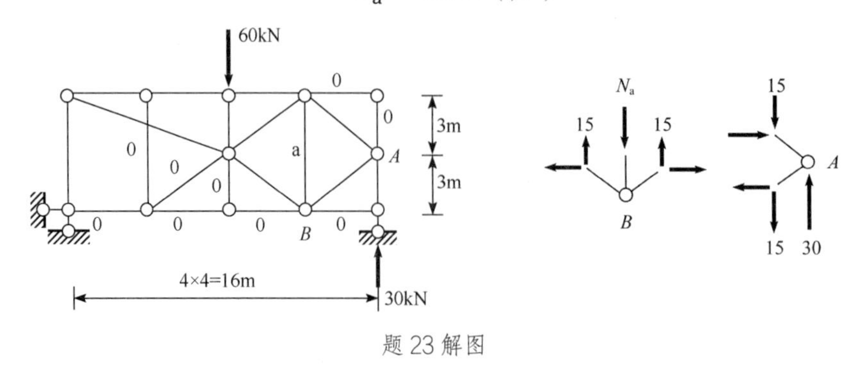

题 23 解图

答案：D

24. 解 按杆端弯矩的转角位移方程，有：$M_{BA} = 4i\theta_B + 2i\theta = 0$，解得：$\theta_B = -\frac{\theta}{2}$

答案：C

25. 解 当正截面混凝土受压区高度$x \leqslant \xi_b h_0$，配筋率$\rho = \frac{A_s}{bh_0} \geqslant \rho_{min}$时，纵向受拉钢筋首先达到屈服，然后受压区混凝土被压碎，呈延性破坏，裂缝开展很宽，构件挠度很大，有明显的塑性变形和裂缝预告，这种破坏形态是适筋破坏。

答案：C

26. 解 抗弯刚度与截面有效高度的平方成正比，因此增加构件截面的有效高度是提高混凝土受弯构件抗弯刚度最有效的措施。

答案：A

27. 解 吊车梁承受吊车横向水平制动力，并传递纵向水平制动力；柱间支撑是为保证建筑结构整体稳定、提高侧向刚度和传递纵向水平力而在相邻两柱之间设置的连系杆件。承受和传递横向水平荷载的构件是排架柱。

答案：D

28. 解 碳素结构钢的牌号由代表屈服点的字母、屈服强度、质量等级符号、脱氧方法四个部分组成。如 Q235-B. F，Q 为钢材屈服强度，235 为屈服点为 235N/mm^2，B 为质量等级，F 代表沸腾钢。

答案：C

29. 解 根据悬臂梁的受力特点可知，上翼缘承受拉应力，下翼缘承受压应力，钢材的抗拉、抗压强度相同，当不考虑构件的稳定性时，应选择上、下翼缘面积相同，双轴对称的工字形截面形式。

答案：B

30. 解 框架柱安装拼接接头宜采用高强度螺栓和焊接组合节点或全焊缝节点。采用高强度螺栓和焊缝组合节点时，腹板应采用高强度螺栓连接，翼缘板应采用单面V形坡口加衬垫全焊透焊缝连接；采用全焊缝节点时，翼缘板应采用单面V形坡口加衬垫全焊透焊缝，腹板宜采用K形坡口双面部分焊透焊缝。不常采用的是选项D。

答案：D

31. 解 根据《建筑抗震设计规范》（GB 50011—2010）第7.1.7条第4款，楼梯间不宜设在房屋的尽端或转角处。

答案：A

32. 解 根据《砌体结构设计规范》（GB 50003—2011）第4.2.5条第2款，多层砌体房屋在竖向荷载作用下，墙、柱在每层高度范围内，可近似视作两端铰支的竖向构件；在水平荷载作用下，墙、柱可视作竖向连续梁。

答案：C

33. 解 砌体的局部受压，按受力特点的不同，可以分为局部均匀受压和梁端局部受压两种。由于局部受压砌体有套箍作用及应力扩散的存在，所以砌体抵抗压力的能力有所提高，在计算砌体局部抗压承载力时，用局部抗压提高系数γ来修正。

答案：C

34. 解 弹性模量表示材料的弹性变形特性，由于岩石并不是真正的弹性材料，变形曲线一般为非线性曲线，曲线上各点的切线斜率并不相同，无法根据弹性模量的定义确定弹性模量，因此，工程上通常用割线模量、切线模量或者平均模量表示岩石的弹性模量，而不采用卸载模量和初始模量。由于岩石并非弹性材料，所以也把弹性模量称作变形模量。初始模量一般使用较少，4个选项中，只有选项C符合要求。

答案：C

35. 解 海姆假说认为地应力的铅直应力和水平应力相等，即处于静水压力状态，不区分浅部和深部。

答案：B

36. 解 $I_{\mathrm{L}}=\frac{w-w_{\mathrm{p}}}{w_{\mathrm{L}}-w_{\mathrm{p}}}=\frac{13.9\%-16.1\%}{25.8\%-16.1\%}=-0.23$

答案：D

37. 解 A项，土中的附加应力是使地基产生变形、导致土体强度破坏和失去稳定的重要原因；C项，土的附加应力不只发生在竖直方向，还有作用在水平方向；D项，当上部荷载过大时，土中的附加应力将大于土的自重应力。

答案：B

38. 解 $\sigma' = \sigma - u = 200 - 50 = 150\text{kPa}$

答案：C

39. 解 黄土具有大孔结构和盐类胶结，在遇水后湿陷是其工程地质特性。但也有具有湿陷性的其他种类的土。

答案：B

40. 解 AB段静水压力垂直于坡面，渗流方向和动水力有利于边坡稳定性，安全系数最高。BC、DE段渗流对边坡没有影响。EF段由于动水压力作用方向与边坡方向相同，不利于边坡稳定，安全系数最低。

答案：A

41. 解 石灰岩经高温变质后形成大理岩，其成分不变。白云岩为沉积岩，辉绿岩为岩浆岩，板岩为区域变质岩。

答案：B

42. 解 断层由断层面和其两侧的断盘构成，倾斜断层面之上断盘为上盘，倾斜断层面之下断盘为下盘。正断层指断层上盘相对下盘下降的断层，反之为逆断层。两盘相对平移的断层为平移断层。多个相互平行的断层面上盘依次下降形成阶梯断层。

答案：A

43. 解 蘑菇石是风的地质作用的一种地貌和产物。

答案：B

44. 解 张性裂隙是岩体受拉破坏后产生的破裂面，与剪切破坏面不同，由于没有受到挤压和相互错动，拉裂破坏面一般粗糙不平，而且呈张开状态。剪切裂隙表现出平行成组出现、裂隙面闭合且平直光滑。

答案：C

45. 解 此题考查的是边坡的单平面滑动破坏条件，顺倾边坡的滑动破坏主要取决于边坡倾角、软弱结构面倾角以及结构面的摩擦角三者之间的大小关系，结构面倾角小于边坡倾角是边坡发生平面滑动破坏的基本条件之一，由此可见，应选择 A。选项 B、C、D 均有利于边坡稳定。

答案：A

46. 解 风化作用是使岩石机械破碎、物质成分和结构发生改变的过程，但岩石中的断裂发育使得各类风化营力（温度、水、生物等）更易使岩石风化进程加快。

答案：A

47. 解 出现选项 A、B 的情况是断层存在的标志，全新活动断裂为全新世（一万年）以来有过活动的断裂，错断的全新世沉积物是活断层的重要标志。河流凸岸内凹是滑坡存在的标志。

答案：D

48. 解 在正常水力梯度下，饱水、透水并能给出一定水量的岩土层称为含水层。含水层的形成必须具备以下条件：有较大且连通的空隙，与隔水层组合形成储水空间，以便地下水汇集不致流失；要有充分的补水来源。红黏土、牛轭湖沉积物空隙细小，透水性差，是隔水层；黄土由于垂直裂隙发育不易形成储水空间；河床沉积物颗粒粗大，孔隙较大，富含水，可以形成含水层。

答案：C

49. 解 地下水按埋藏性质分为包气带水、潜水和承压水三种类型。上层滞水是包气带中隔水层之上的局部饱水带；结合水、毛细管水、重力水是地下水存在的形式；岩体空隙分为裂隙、孔隙和溶隙，分别形成裂隙水、孔隙水和岩溶水。

答案：A

50. 解 标准贯入器和洛阳铲取到的是扰动样，厚壁取土器取得的土样仍有一定的扰动。探槽中人工刻取土样可获得高质量的原状样。

答案：D

51. 解 曲折破坏也叫溃屈破坏，指层状结构顺向边坡的上部坡体沿软弱面蠕滑，由于下部受阻而出现岩层鼓起、拉裂、脱层的现象。根据曲折破坏的特点可知，只有岩层平行于坡面时，才会发生曲折破坏，所以应选择 C。

答案：C

52. 解 解答此题需要了解各类支挡结构或工程措施的适用条件。灌浆的目的在于提高岩体的完整性，不能完全改变边坡的下滑趋势；排水有利于边坡的稳定，但只能作为辅助措施；挡墙和抗滑桩原则上仅适用于高度有限、缓倾斜边坡；对于高陡边坡而言，全部采用削坡减载成本太高，不经济。因此，高陡边坡最常用的加固措施应为锚杆和锚索加固。

答案：A

53. 解 此题与岩基的关系不大，考的是一般基础。地基沉降计算深度的下限，一般取地基附加应力等于自重应力的 20%处。因此，根据竖向荷载作用下地基内附加应力的理论计算公式可以计算得出（也可根据附加应力系数分布表查找获得），满足这一条件的埋深约为基础宽度的 2 倍。

答案：B

54. 解 刚性角可用$\tan\alpha = b/h$表示（b为基础挑出墙外宽度，h为基础放宽部分高度），需满足$\alpha <$

α_{max}，故当无筋扩展基础不能满足刚性角的要求时，可采取增大基础高度和减小基础挑出宽度来调整α大小，使其满足要求，其代替了抗弯验算。

答案：A

55. 解 A项，增大基础埋深可减小基底附加应力，进而减小基础沉降，且由地基承载力特征值计算公式：$f_a = f_{ak} + \eta_b\gamma(b-3) + \eta_d\gamma_m(d-0.5)$可知，埋深$d$值增大，可适当提高地基承载力；B项，加大基础宽度可提高地基承载力，但当基础宽度过大时，基础的沉降量会增加；C项，抽取地下水会增大土的自重应力，进而增大基础沉降量；D项，提高室外地坪，增大了基底附加应力，进而会增大基础沉降量。

答案：A

56. 解 先修高的、重的建筑物，基础将产生较大的沉降量，再修矮的、轻的建筑物，则后者将产生较小的沉降量，对前者的影响也较小，相对于先修先沉降的前者，可以减少两者的沉降差。但两者施工顺序的不同，对建筑物沉降量、建筑物的抗震性能及建筑物以下土层的附加应力分布无明显影响。

答案：B

57. 解 《建筑地基基础设计规范》（GB 50007—2011）第Q.0.4条规定开始试验的时间：预制桩在砂土中入土7d后。黏性土不得少于15d。对于饱和软黏土不得少于25d。灌注桩应在桩身混凝土达到设计强度后，才能进行。

答案：D

58. 解 对软土地基进行真空预压法加固后，孔隙水排出，孔隙减小，其孔隙比减小，压缩系数减小，渗透系数减小，黏聚力增大，土的重度增大，抗剪强度增加。真空预压法主要是将孔隙中的水排出，土体固结所产生的沉降量主要是孔隙中水的体积减小引起的。即使固结中饱和度有变化，但也很小，因为软土地基接近饱和。

答案：A

59. 解 面积置换率

$$m = \frac{\frac{\pi}{8}d^2}{\frac{\sqrt{3}}{4}s^2} = \frac{\frac{\pi}{8}\times 0.36^2}{\frac{\sqrt{3}}{4}\times 1.2^2} = 0.082$$

答案：B

60. 解 采用堆载法预压加固地基时，如果计算在规定时间内达不到要求的固结度，加快固结进程时，可采用减小砂井间距或增大砂井直径来减小井径比。加快堆载速率有可能造成土体因加载速率过快而发生结构破坏。

答案：A

2016年度全国勘察设计注册土木工程师（岩土）执业资格考试试卷

基础考试
（下）

二〇一六年九月

应考人员注意事项

1. 本试卷科目代码为“2”，考生务必将此代码填涂在答题卡“科目代码”相应的栏目内，否则，无法评分。
2. 书写用笔：**黑色或蓝色钢笔、签字笔或圆珠笔**；

   填涂答题卡用笔：**黑色 2B 铅笔**。
3. 必须用书写用笔将工作单位、姓名、准考证号填写在答题卡和试卷相应的栏目内。
4. 本试卷由 60 题组成，每题 2 分，满分 120 分，本试卷全部为单项选择题，每小题的四个备选项中只有一个正确答案，错选、多选、不选均不得分。
5. 考生作答时，必须按**题号在答题卡上**将相应试题所选选项对应的**字母用 2B 铅笔涂黑**。
6. 在答题卡上书写与题意无关的语言，或在答题卡上作标记的，均按违纪试卷处理。
7. 考试结束时，由监考人员当面将试卷、答题卡一并收回。
8. 草稿纸由各地统一配发，考后收回。

单项选择题（共 60 题，每题 2 分。每题的备选项中只有一个最符合题意。）

1. 材料的孔隙率降低，则其：

A. 密度增大而强度提高
B. 表观密度增大而强度提高
C. 密度减小而强度降低
D. 表观密度减小而强度降低

2. 密度为 2.6g/cm^3 的岩石具有 10%的孔隙率，其表观密度为：

A. 2340kg/m^3
B. 2680kg/m^3
C. 2600kg/m^3
D. 2364kg/m^3

3. 水泥中不同矿物的水化速率有较大差别，因此可以通过调节其在水泥中的相对含量来满足不同工程对水泥水化速率与凝结时间的要求。早强水泥要求水泥水化速度快，因此以下矿物含量较高的是：

A. 石膏
B. 铁铝酸四钙
C. 硅酸三钙
D. 硅酸二钙

4. 混凝土的干燥收缩和徐变的规律相似，而且最终变形量也相互接近，原因是两者具有相同的微观机理，均为：

A. 毛细孔的排水
B. 过渡区的变形
C. 骨料的吸水
D. 凝胶孔水分的移动

5. 描述混凝土用砂的粗细程度的指标是：

A. 细度模数
B. 级配曲线
C. 最大粒径
D. 最小粒径

6. 下列几种矿物粉料中，适合做沥青的矿物填充料的是：

A. 石灰石粉
B. 石英砂粉
C. 花岗岩粉
D. 滑石粉

7. 衡量钢材的塑性高低的技术指标为：

A. 屈服强度
B. 抗拉强度
C. 断后伸长率
D. 冲击韧性

8. 水准测量实际工作时，计算出每个测站的高差后，需要进行计算检核，如果$\sum h=\sum a-\sum b$算式成立，则说明：

A. 各测站高差计算正确

B. 前、后视读数正确

C. 高程计算正确

D. 水准测量成果合格

9. 经纬仪有四条主要轴线，如果视准轴不垂直于横轴，此时望远镜绕横轴旋转时，则视准轴的轨迹是：

A. 一个圆锥面　　B. 一个倾斜面

C. 一个竖直面　　D. 一个不规则的曲面

10. 设在三角形A、B、C中，直接观测了$\angle A$和$\angle B$。$m_{\mathrm{A}}=\pm 4''$、$m_{\mathrm{B}}=\pm 5''$，由$\angle A$、$\angle B$计算$\angle C$，则$\angle C$的中误差m_{C}：

A. $\pm 9''$　　B. $\pm 6.4''$

C. $\pm 3''$　　D. $\pm 4.5''$

11. 导线测量的外业工作在踏勘选点工作完成后，需要进行下列何项工作：

A. 水平角测量和竖直角测量

B. 方位角测量和距离测量

C. 高程测量和边长测量

D. 水平角测量和边长测量

12. 建筑场地高程测量，为了便于建（构）筑物的内部测设，在建（构）筑物内设±0点，一般情况建（构）筑物的室内地坪高程作为±0，因此，各个建（构）筑物的±0应该是：

A. 同一高程　　B. 根据地形确定高程

C. 依据施工方便确定高程　　D. 不是同一高程

13. 有关我国招投标的一般规定，下列理解错误的是：

A. 采用书面合同

B. 禁止行贿受贿

C. 承包商必须有相应资质

D. 可肢解分包

14. 有关建设单位的工程质量责任与义务，下列理解错误的是：

A. 可将一个工程的各部位分包给不同的设计或施工单位

B. 发包给具有相应资质登记的单位

C. 领取施工许可证或者开工前，办理工程质量监督手续

D. 委托具有相应资质等级的工程监理单位进行监理

15. 国家规定的安全生产责任制度中，对单位主要负责人、施工项目经理、专职人员与从业人员的共同规定是：

A. 报告生产安全事故

B. 确保安全生产费用有效使用

C. 进行工伤事故统计、分析和报告

D. 由有关部门考试合格

16. 就下列叙述中，职工没有侵犯所属单位的知识产权的是：

A. 职工离职一年后将形成的知识产权视为已有或转让他人

B. 在职期间，职工未经许可将所属企业的勘察设计文件转让其他单位或个人

C. 职工在离开企业前复制技术资料

D. 将应属于职务发明创造的科技成果申请成非职务专利

17. 灌注桩的承载能力与施工方法有关，其承载能力由低到高的顺序依次为：

A. 钻孔桩、复打沉管桩、单打沉管桩、反插沉管桩

B. 钻孔桩、单打沉管桩、复打沉管桩、反插沉管桩

C. 钻孔桩、单打沉管桩、反插沉管桩、复打沉管桩

D. 单打沉管桩、反插沉管桩、复打沉管桩、钻孔桩

18. 影响混凝土受冻临界强度的因素是：

A. 水泥品种　　B. 骨料粒径

C. 水灰比　　D. 构件尺寸

19. 对平面呈板式的六层钢筋混凝土预制结构吊装时，宜采用：

A. 人字桅杆式起重机　　B. 履带式起重机

C. 轨道式塔式起重机　　D. 附着式塔式起重机

20. 在双代号时标网络计划中，若某项工作的箭线上没有波形线，则说明该工作：

A. 为关键工作

B. 自由时差为 0

C. 总时差等于自由时差

D. 自由时差不超过总时差

21. 施工单位的计划系统中，下列哪类计划是编制各种资源需要量计划和施工准备工作计划的依据？

A. 施工准备工作计划

B. 工程年度计划

C. 单位工程施工进度计划

D. 分部分项工程进度计划

22. 图示对称结构C点的水平位移$\Delta_{\mathrm{CH}}=\Delta(\rightarrow)$，若$AC$杆$EI$增大一倍，$BC$杆$EI$不变，则$\Delta_{\mathrm{CH}}$变为：

A. 2Δ

B. 1.5Δ

C. 0.5Δ

D. 0.75

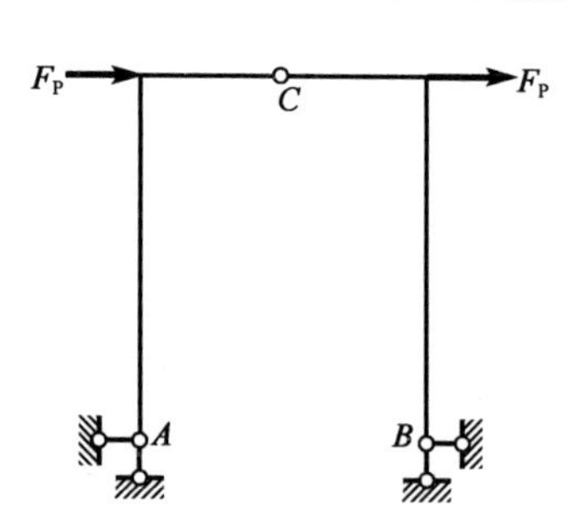

23. 在图示结构中，若要使其自振频率ω增大，可以：

A. 增大P

B. 增大m

C. 增大EI

D. 增大l

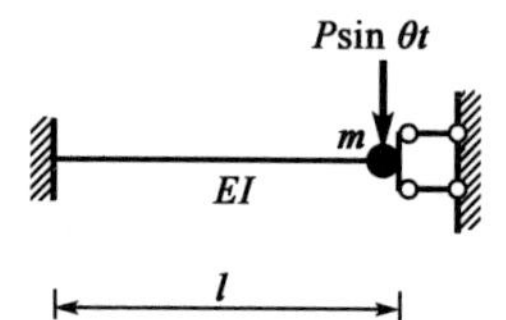

24. 图示结构M_{BA}值的大小为：

A. $Pl/2$

B. $Pl/3$

C. $Pl/4$

D. $Pl/5$

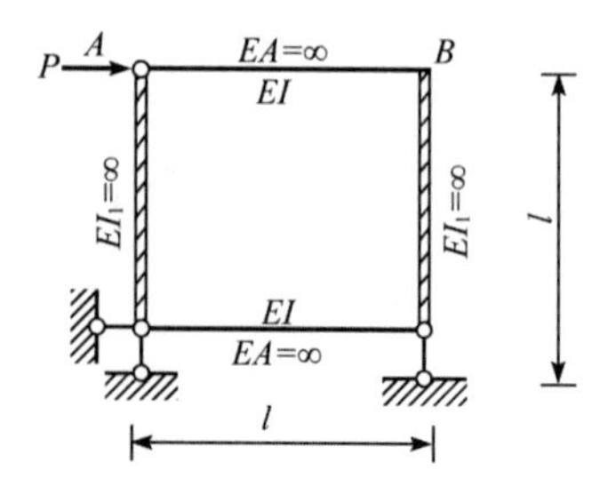

25. 钢筋混凝土受扭构件随受扭箍筋配筋率的增加，将发生的受扭破坏形态是：

A. 少筋破坏

B. 适筋破坏

C. 超筋破坏

D. 部分超筋破坏或超筋破坏

26. 关于预应力混凝土受弯构件的描述，正确的是：

A. 受压区设置预应力钢筋目的是增强该受压区的强度

B. 预应力混凝土受弯构件的界限相对受压区高度计算公式与钢筋混凝土受弯构件相同

C. 承载力极限状态时，受拉区预应力钢筋均能达到屈服，且受压区混凝土被压溃

D. 承载力极限状态时，受压区预应力钢筋一般未能达到屈服

27. 与钢筋混凝土框架-剪力墙结构相比，钢筋混凝土筒体结构所特有的规律是：

A. 弯曲型变形与剪切型变形叠加

B. 剪力滞后

C. 是双重抗侧力体系

D. 水平荷载作用下是延性破坏

28. 结构钢材牌号 Q355C 和 Q355D 的主要区别在于：

A. 抗拉强度不同

B. 冲击韧性不同

C. 含碳量不同

D. 冷弯角不同

29. 钢结构轴心受拉构件的刚度设计指标是：

A. 荷载标准值产生的轴向变形

B. 荷载标准值产生的挠度

C. 构件的长细比

D. 构件的自振频率

30. 计算图示高强度螺栓摩擦型连接节点时，假设螺栓A所受的拉力为：

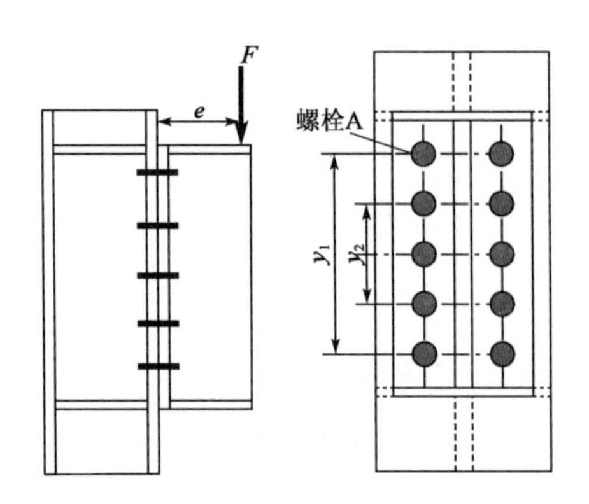

A. $Fey_1/(5.5y_1^2+y_2^2)$　　B. $Fey_1/(2y_1^2+2y_2^2)$

C. $F/10$　　D. $F/5$

31. 多层砖砌体房屋钢筋混凝土构造柱的说法，正确的是：

A. 设置构造柱是为了加强砌体构件抵抗地震作用时的承载力

B. 设置构造柱是为了提高墙体的延性、加强房屋的抗震能力

C. 构造柱必须在房屋每个开间的四个转角处设置

D. 设置构造柱后砌体墙体的抗侧刚度有很大的提高

32. 砌体结构房屋，当梁跨度大到一定程度时，在梁支承处宜加设壁柱。对砌块砌体而言，现行规范规定的该跨度限值是：

A. 4.8m　　B. 6.0m

C. 7.2m　　D. 9m

33. 影响砌体结构房屋空间工作性能的主要因素是：

A. 房屋结构所用块材和砂浆的强度等级

B. 外纵墙的高厚比和门窗洞口的开设是否超过规定

C. 圈梁和构造柱的设置是否满足规范的要求

D. 房屋屋盖、楼盖的类别和横墙的距离

34. 下列哪种现象可以代表岩石进入破坏状态？

A. 体积变小　　B. 体积增大

C. 应力变小　　D. 应力增大

35. 在均质各向同性的岩体内开挖一圆形洞室，当水平应力与垂向应力的比值为多少时，在围岩内会出现拉应力？

A. 1∶4　　B. 1∶3

C. 1∶2　　D. 1∶1

36. 关于土的塑性指数，下面说法正确的是：

A. 可以作为黏性土工程分类的依据之一

B. 可以作为砂土工程分类的依据之一

C. 可以反映黏性土的软硬情况

D. 可以反映砂土的软硬情况

37. 在相同的地基上，甲、乙两条形基础的埋深相等，基底附加压力相等，基础甲的宽度是基础乙的2倍。在基础中心以下相同深度Z（$Z>0$）处基础甲的附加应力σ_A与基础乙的附加应力σ_B相比：

A. $\sigma_A>\sigma_B$，且$\sigma_A>2\sigma_B$

B. $\sigma_A>\sigma_B$，且$\sigma_A<2\sigma_B$

C. $\sigma_A>\sigma_B$，且$\sigma_A=2\sigma_B$

D. $\sigma_A>\sigma_B$，但σ_A与$2\sigma_B$的关系尚要根据深度Z与基础宽度的比值确定

38. 下面哪一个可以作为固结系数的单位？

A. 年/m　　B. m^2/年

C. 年　　D. m/年

39. 关于膨胀土，下列说法正确的是：

A. 膨胀土遇水膨胀，失水收缩，两种情况的变形量都可能比较大

B. 膨胀土遇水膨胀量比较大，失水收缩的变形量则比较小，一般可以忽略

C. 对地基预浸水可以消除膨胀土的膨胀性

D. 反复浸水—失水后可以消除膨胀土的膨胀性

40. 无水情况的均质无黏性土边坡，不考虑摩擦角随应力的变化，滑动面形式一般为：

A. 深层圆弧滑动　　B. 深层对数螺旋形滑动

C. 表面浅层滑动　　D. 深层折线形滑动

41. 一种岩石，具有如下特征：灰色、结构细腻、硬度比钥匙大且比玻璃小，滴盐酸不起泡但其粉末滴盐酸微弱起泡。这种岩石是：

A. 白云岩　　B. 石灰岩

C. 石英岩　　D. 玄武岩

42. 具有交错层理的岩石通常是：

A. 砂岩　　B. 页岩

C. 燧石条带石灰岩　　D. 流纹岩

43. 上盘相对上升，下盘相对下降的断层是：

A. 正断层　　B. 逆断层

C. 平移断层　　D. 迭瓦式构造

44. 地质图上表现为中间新、两侧变老的对称分布地层，这种构造通常是：

A. 向斜　　B. 背斜

C. 正断层　　D. 逆断层

45. 典型冰川谷的剖面形态是：

A. U 形　　B. V 形

C. 蛇形　　D. 笔直

46. 一个产状接近水平的结构面在赤平面上的投影圆弧的位置：

A. 位于大圆和直径中间　　B. 靠近直径

C. 靠近大圆　　D. 不知道

47. 在荒漠地区，风化作用主要表现为：

A. 被风吹走　　B. 重结晶

C. 机械破碎　　D. 化学分解

48. 下列条件中不是岩溶发育的必需条件为：

A. 岩石具有可溶性　　B. 岩体具有透水结构面

C. 具有溶蚀能力的水　　D. 岩石具有软化性

49. 存在干湿交替作用时，侵蚀性地下水对混凝土的腐蚀强度比无干湿交替作用时：

A. 相对较低　　B. 相对较高

C. 不变　　D. 不一定

50. 关于黄土的湿陷性判断，下列哪个陈述是正确的?

A. 只能通过现场载荷试验

B. 不能通过现场载荷试验

C. 可以采用原状土样做室内湿陷性试验

D. 可以采用同样密度的扰动土样的室内试验

51. 在高应力条件下的岩石边坡开挖，最容易出现的破坏现象是：

A. 岩层弯曲　　B. 岩层错动

C. 岩层倾倒　　D. 岩层断裂

52. 排水对提高边坡的稳定性具有重要作用，主要是因为：

A. 增大抗滑力　　B. 减小下滑力

C. 提高岩土体的抗剪强度　　D. 增大抗滑力，减小下滑力

53. 对一水平的均质岩基，其上作用三角形分布的垂直外荷载，下列所述的岩基内附加应力分布中，哪一个叙述是不正确的?

A. 垂直应力分布均为压应力

B. 水平应力分布均为压应力

C. 水平应力分布既有压应力又有拉应力

D. 剪应力既有正值又有负值

54. 如果扩展基础的冲切验算不能满足要求，可以采取以下哪种措施?

A. 降低混凝土强度等级　　B. 加大基础底板的配筋

C. 增大基础的高度　　D. 减小基础宽度

55. 在相同的砂土地基上，甲、乙两基础的底面均为正方形，且埋深相同。基础甲的面积为基础乙的2倍，根据载荷试验得到的承载力进行深度和宽度修正后，有：

A. 基础甲的承载力大于基础乙

B. 基础乙的承载力大于基础甲

C. 两个基础的承载力相等

D. 根据基础宽度不同，基础甲的承载力可能大于或等于基础乙的承载力，但不会小于基础乙的承载力

56. 下面哪种措施有利于减轻不均匀沉降的危害?

A. 建筑物采用较大的长高比

B. 复杂的建筑物平面形状设计

C. 增强上部结构的整体刚度

D. 增大相邻建筑物的高差

57. 下面哪种情况下的群桩效应比较突出?

A. 间距较小的端承桩

B. 间距较大的端承桩

C. 间距较小的摩擦桩

D. 间距较大的摩擦桩

58. 在进行地基处理时，淤泥和淤泥质土的浅层处理宜采用下面哪种方法?

A. 换土垫层法

B. 砂石桩挤密法

C. 强夯法

D. 振冲挤密法

59. 复合地基中桩的直径为0.36m，桩的间距(中心距)为1.2m，当桩按正方形布置时，面积置换率为:

A. 0.142

B. 0.035

C. 0.265

D. 0.070

60. 采用真空预压法加固地基，计算表明在规定时间内达不到要求的固结度，加快固结进程时，下面哪种措施是正确的?

A. 增加预压荷载

B. 减小预压荷载

C. 减小井径比

D. 将真空预压法改为堆载预压

2016 年度全国勘察设计注册土木工程师（岩土）执业资格考试基础考试（下）试题解析及参考答案

1. 解 材料的密度是指材料在绝对密实状态下单位体积的质量，体积中不包含内部孔隙。表观密度是指材料在自然状态下单位体积的质量，体积中包含内部孔隙。所以密度与孔隙率无关；孔隙率降低，即材料的密实度增大，表观密度增大，而强度提高。

答案：B

2. 解 孔隙率$n = 1 - \frac{表观密度}{密度}$

表观密度$= (1 - n) \times 密度 = (1 - 10\%) \times 2.6 = 2.34\text{g/cm}^3 = 2340\text{kg/m}^3$

答案：A

3. 解 早强水泥要求水泥水化速度快，早期强度高。硅酸盐水泥四种熟料矿物中，水化速度最快的是铝酸三钙，其次是硅酸三钙；早期强度最高的是硅酸三钙。所以早强水泥中硅酸三钙的含量较高。

答案：C

4. 解 徐变是由于凝胶孔中的水分向毛细孔中迁移引起的。干燥收缩是由于湿度降低导致凝胶孔和毛细孔中的水分失去引起的。所以凝胶孔水分的移动是干燥收缩和徐变的共同机理。

答案：D

5. 解 描述混凝土用砂粗细程度的指标是细度模数。最大粒径是描述混凝土用石粗细程度的指标，级配曲线反映了砂石不同颗径的搭配情况。

答案：A

6. 解 在沥青中加入的矿物填充料的粉料主要有滑石粉。

答案：D

7. 解 断后伸长率（即伸长率）是衡量钢材塑性变形的指标。屈服强度和抗拉强度是衡量钢材抗拉性能的指标，冲击韧性是衡量钢材抵抗冲击荷载作用能力的指标。

答案：C

8. 解 如果$\sum h = \sum a - \sum b$，说明各测站高差计算正确。

答案：A

9. 解 视准轴不垂直于横轴，属于视准轴误差，望远镜绕横轴旋转形成一个圆锥面。

答案：A

10. 解 因$\angle C = 180° - \angle A - \angle B$，所以按误差传播定律得：

$$m_C = \pm\sqrt{m_A^2 + m_B^2} = \pm\sqrt{4^2 + 5^2} = \pm 6.4''$$

答案：B

11. 解 导线测量外业工作在踏勘选点完成后，需要进行的测量工作是水平角测量和边长测量。

答案：D

12. 解 在建（构）筑物内设置±0点，是根据建（构）筑物的室内地坪设计高程确定的，通常±0点是室内地坪的设计高程。由于不同建（构）筑物的室内地坪设计高程不一定相同，所以各建（构）筑物内的±0点不是同一高程。

答案：D

13. 解 《中华人民共和国建筑法》第二十四条规定，提倡对建筑工程实行总承包，禁止将建筑工程肢解发包。

答案：D

14. 解 《中华人民共和国建筑法》第二十四条规定，提倡对建筑工程实行总承包，禁止将建筑工程肢解发包。

答案：A

15. 解 《中华人民共和国安全生产法》第八十三条规定，生产经营单位发生生产安全事故后，事故现场有关人员应当立即报告本单位负责人。

单位负责人接到事故报告后，应当迅速采取有效措施，组织抢救，防止事故扩大，减少人员伤亡和财产损失，并按照国家有关规定立即如实报告当地负有安全生产监督管理职责的部门，不得隐瞒不报、谎报或者迟报，不得故意破坏事故现场、毁灭有关证据。

答案：A

16. 解 职工离职一年以后形成的知识产权已经不属于职务发明创造，所以可以转让。关于此点在《中华人民共和国专利法》第十二条中已有规定，条文如下：

专利法第六条所称执行本单位的任务所完成的职务发明创造，是指：

（一）在本职工作中做出的发明创造；

（二）履行本单位交付的本职工作之外的任务所做出的发明创造；

（三）退休、调离原单位后或者劳动、人事关系终止后一年内做出的，与其在原单位承担的本职工作或者原单位分配的任务有关的发明创造。

答案：A

17. 解 钻孔桩为非挤土桩，而沉管灌注桩为挤土桩，故在同等条件下钻孔桩承载力最低。沉管桩中，单打法的成桩断面面积不超过桩管的1.3倍，反插法可达到1.5倍，复打法可达到1.8倍左右。断面增加，外表面积也增加，承载力必然会增大。

答案：C

18. 解 影响混凝土受冻临界强度的最重要因素是水泥品种，不同水泥品种的水泥强度不同，水化反应产生的水化热不同，直接影响混凝土的温度及强度增长。故《混凝土结构施工规范》（GB 50666—2011）第10.2.12条第一款规定，采用硅酸盐水泥、普通硅酸盐水泥配制的混凝土，其受冻临界强度为设计混凝土强度等级值的30%；其他水泥为40%。

答案：A

19. 解 桅杆式起重机移动困难，且控制范围小，不适合大面积的结构吊装；一般履带式起重机可吊装五层以下的结构；附着式塔式起重机适合高层塔楼的结构安装；轨道式起重机移动方便，控制范围大，一般适合十层以下板式结构吊装。故宜采用轨道式塔式起重机。

答案：C

20. 解 双代号时标网络计划中，实箭线上的波形线代表该工作的自由时差，若无波形线，则其自由时差为0。关键工作自由时差、总时差都为0，但仅自由时差为0不一定是关键工作，即非关键工作也可以自由时差为0。所以没有波形线，只说明该工作自由时差为0。

答案：B

21. 解 施工单位施工前应进行单位工程施工组织设计的编制，包括单位工程施工进度计划、各种资源需要量计划和施工准备工作计划等。其中，单位工程施工进度计划是关键，要优先编制，它是编制各种资源需要量计划和施工准备工作计划的重要依据。

答案：C

22. 解 本题荷载弯矩图及求位移加单位力引起的弯矩图均为反对称图形，故图乘时可分左、右分别图乘然后相加。按题意，位移可表达为$\varDelta_{\mathrm{CH}}=\frac{1}{2}\varDelta+\frac{1}{2}\varDelta=\varDelta$。

当AC杆刚度由EI变为$2EI$时，由于图乘时刚度在分母，故新的位移为$\varDelta'_{\mathrm{CH}}=\frac{1}{2}\frac{1}{2}\varDelta+\frac{1}{2}\varDelta=\frac{3}{4}\varDelta$。

答案：D

23. 解 根据频率计算公式$\omega=\sqrt{\frac{k}{m}}$可知，增大刚度可增大自振频率。

答案：C

24. 解 用静力平衡条件求得反力后，利用对称性可作图示转化，从而求得$M_{\mathrm{BA}}=\frac{Pl}{2}$。

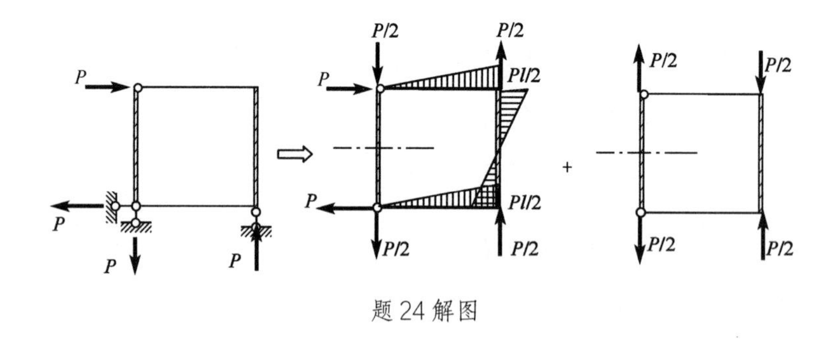

题24解图

答案：A

25. 解 受扭钢筋包括受扭纵筋和受扭箍筋，当受扭纵筋与箍筋的强度比值$0.6\leqslant\zeta\leqslant1.7$时，可能出现纵筋达不到屈服或箍筋达不到屈服的部分超筋情况（设计中允许）；只有当两者配筋都适当时，两者应力才均可以达到屈服强度，此种情况为适筋破坏。对于适筋构件，随着箍筋配筋率的增加，可能导致破坏时箍筋达不到屈服的部分超筋构件。对于纵筋配置过多的部分超筋构件，随着箍筋配筋率的增加，也可能出现纵筋和箍筋均达不到屈服的超筋构件。

答案：D

26. 解 受压区（预拉区）设置预应力钢筋是为了减小预拉区的拉应力，减小构件的反拱值，选项A错误。

由于预应力筋预拉应力的存在，预应力混凝土受弯构件的相对界限受压区高度ξ_b的计算公式与普通钢筋混凝土受弯构件不同，选项B错误。

承载能力极限状态时，预应力混凝土受弯构件与钢筋混凝土受弯构件相似，当$\xi\leqslant\xi_b$时，受拉区的预应力筋先达到屈服，而后受压区混凝土被压碎使构件破坏，当不满足$\xi\leqslant\xi_b$时，选项C错误。

受压区的预应力筋初始应力为拉应力，承载能力极限状态时，预应力筋的应力为拉应力或压应力，但一般不能达到其受压屈服强度，选项D正确。

答案：D

27. 解 钢筋混凝土筒体结构是由四片密柱深梁框架所组成的立体结构。在水平荷载作用下，四片框架同时参与工作。水平剪力主要由平行于荷载方向的“腹板框架”承担，倾覆力矩则由垂直于荷载方向的“翼缘框架”和“腹板框架”共同承担。由于“翼缘”和“腹板”是由密柱深梁的框架所组成，相当于墙面上布满洞口的空腹筒体。尽管深梁的跨度很小，截面高度很大，深梁的竖向弯剪刚度仍然是有限的，因此出现剪力滞后现象，使得柱的轴向力愈接近角柱愈大，框筒的“翼缘框架”和“腹板框架”的各柱轴向力分布均呈现曲线变化。

答案：B

28. 解 钢材牌号最后的字母代表冲击韧性合格保证，其中A级为不要求V型冲击试验，B级为具有常温冲击韧性合格保证。对于Q235和Q355钢，C级为具有0℃（工作温度$-20℃<t\leqslant0℃$）冲击韧

性合格保证，D 级为具有$-20°C$（工作温度$t \leqslant -20°C$）冲击韧性合格保证，选项 B 正确。

答案：B

29. 解　钢结构轴心受拉构件的轴向变形一般不需要计算，选项 A 错误。荷载标准值产生的挠度为受弯构件的一个刚度设计指标，选项 B 错误。自振频率为构件的固有动态参数，选项 D 错误。钢结构轴心受拉构件除了应进行强度计算外，还应进行刚度验算，对不同的受拉构件，《钢结构设计标准》（GB 50017—2017）第 7.4.7 条表 7.4.7 规定了受拉构件的允许长细比。

答案：C

30. 解　螺栓群的转动中心（形心）为中间一排螺栓，受力为零，形心以上螺栓受拉，形心以下螺栓受压。螺栓受力大小与其到形心的距离成正比，有$\frac{N_1}{y_1/2}=\frac{N_2}{y_2/2}$，则$N_2=\frac{N_1 y_2}{y_1}$。

根据弯矩平衡，有$Fe=2N_1y_1+2N_2y_2$

螺栓 A 所受的拉力$N_1=Fey_1/(2y_1^2+2y_2^2)$

答案：B

31. 解　构造柱不能够提高砌体的承载能力，选项 A 错误。构造柱应按规范要求进行设置，但并不需要在房屋每个开间的四角处设置，选项 C 错误。设置构造柱后并不能较大提高砌体墙体的抗侧刚度，选项 D 错误。设置构造柱后可以提高墙体的延性，提高房屋的抗震能力，选项 B 正确。

答案：B

32. 解　根据《砌体结构设计规范》（GB 50003—2011）第 6.2.8 条，当梁跨度大于或等于下列数值时，其支承处宜加设壁柱：对 240mm 厚的砖墙为 6m，对 180mm 厚的砖墙为 4.8m，对砌块、料石墙为 4.8m。

答案：A

33. 解　砌体结构房屋静力计算时，根据房屋的空间工作性能分为刚性方案、刚弹性方案和弹性方案。影响房屋空间工作性能的主要因素有屋盖或楼盖的类别和横墙的间距。见《砌体结构设计规范》（GB 50003—2011）第 4.2.1 条表 4.2.1。

答案：D

34. 解　由岩石在压应力作用下的变形与破坏规律可知，当应力超过了岩石的弹性极限后，由于内部微裂纹的产生和扩展，岩石的体积开始增大（即扩容），进入塑性变形阶段，这是岩石开始发生破坏的标志。

答案：B

35. 解　地下隧洞围岩中的应力分布取决于隧洞的形状和初始地应力的大小，对于二向不等压下的均质各向同性岩体中的圆形隧洞而言，洞壁应力的计算公式如下：

$$\sigma_\theta=(1+\lambda)p_0+2(1-\lambda)p_0\cos 2\theta$$

式中λ为侧压系数，等于水平应力与垂直应力的比值。

由上式可知，洞壁出现拉应力的条件为$(1+\lambda)p_0+2(1-\lambda)p_0\cos 2\theta<0$

当$\theta=0$，$\lambda>3$时，洞壁两侧帮出现拉应力。

当$\theta=\frac{\pi}{2}$，$\lambda<\frac{1}{3}$时，洞壁顶底板出现拉应力。

因此，题中四个选项最接近准确答案的是选项B。（本题考点为洞周应力分布状态，不在考试大纲范围内）

答案：B

36. 解　细颗粒土可以按塑性指数分类。塑性指数$I_p=w_L-w_p$。液限与塑限之差值（省去%），反映在可塑状态下土的含水率变化范围，此值可作为黏性土分类指标的依据之一。

答案：A

37. 解　根据土中附加应力计算公式：$\sigma_z=\alpha p_0$，基底附加应力p_0不变，只要比较两基础的土中附加应力系数α_A和α_B即可。

沿条形基础长度方向取1m作为研究对象，即$b=1m$。由题意可知，基础埋深相同，即$Z_A=Z_B$，故$Z_A/b=Z_B/b$。根据矩形面积受均布荷载作用时角点下应力系数表，当$l_A=2l_B$时，$(l_A/2)/b$与Z_A/b所确定的附加应力系数α_A小于2倍的附加应力系数α_B［根据$(l_B/2)/b$与Z_B/b所确定］，即$\alpha_A<2\alpha_B$。

答案：B

38. 解　一般使用单位为cm^2/s，与选项B量纲相同，可以换算为m^2/年。

答案：B

39. 解　选项A的说法正确，选项B、C、D的说法错误。

膨胀土的膨胀性大小主要是与所含黏土矿物自身结晶结构单位层间的联结力有关，也与土颗粒表面带电有关，不同膨胀土性质也有区别。对于其遇水膨胀性和失水收缩性表现出的结果，还与其现状条件、含水量、环境等因素有关，膨胀与收缩（压缩）在一定条件下和一定程度上具有可逆性。

答案：A

40. 解　此题选项表述有问题。无水均质无黏性土不存在摩擦角随应力变化。这里无水均质无黏性土坡滑动面一般为平面。用排除法，选项A、B、D不对，按题意最接近的正确答案是选项C，表面浅层滑动。

答案：C

41. 解　白云岩矿物成分主要以白云石为主，含少量方解石和黏土矿物，有时混有石膏等矿物，白云岩遇冷稀盐酸不起泡，但粉末会有微量方解石即碳酸钙成分，遇盐酸会微微起泡，选项 A 正确；石灰岩含大量方解石，遇盐酸会大量起泡，选项 B 错误；石英岩以石英为主要成分，玄武岩以辉石和斜长石为主要成分，它们遇酸均不会起泡，选项 C、D 均错误。

答案：A

42. 解 砂岩属于沉积岩，沉积岩最主要的构造是层理构造，层理构造包括水平层理、单斜层理和交错层理，它是沉积岩区别于变质岩、火成岩的最主要标志，砂岩表明沉积时动水条件剧烈，特别是在海岸潮起潮落带，常形成交错层理，故选项 A 正确；页岩、燧石条带石灰岩尽管也为沉积岩，但反映出明显的静水沉积特征，故选项 B、C 不正确；流纹岩是火成岩，不会形成交错层理，选项 D 错误。

答案：A

43. 解 断层按形态分类，分为正断层、逆断层和平移断层。正断层是指断层上盘沿断层面相对下移、下盘相对上移的断层；逆断层上、下盘的相对位移正好与正断层相反；平移断层是断层两盘沿断层走向相对平移运动。

答案：B

44. 解 褶皱构造有背斜和向斜两种基本形态。背斜岩层向上拱起，核部的岩层时代较老，两侧的时代依次对称变新；向斜是岩层向下凹陷弯曲，核部岩层相对较新，两侧岩层依次对称变老。正断层、逆断层两侧岩层不对称出现。

答案：A

45. 解 冰川移动的山谷称为冰川谷，或称为幽谷、槽谷，冰川下蚀和侧蚀力量巨大，使得幽谷两壁陡立，横剖面呈“U”字形，且具有明显的冰川擦痕及磨光面等特征。

答案：A

46. 解 当结构面为水平时，在吴氏网赤平面上的投影正好落在大圆上，当结构面倾角逐渐增大时，其在吴氏网赤平面上的投影表现为由靠近大圆的圆弧逐渐向大圆直径方向的圆弧发展，当岩层结构面直立时，为一通过圆心的直径线。

答案：C

47. 解 风化作用类型分为物理风化作用、化学风化作用和生物化学风化作用。在荒漠地区，由于水分参与极少，气候干燥，温差变化大，因此化学分化和生物化学风化作用微弱或不发生，岩石主要由于温差变化带来的岩石热胀冷缩导致岩石的机械破碎。风化作用与风的地质作用属于两个概念，不能混淆。

答案：C

48. 解　具有可溶性岩石、可溶岩体具有透水性结构面或裂隙、具有循环交替和溶蚀能力的水是岩溶发育的三个必要条件。岩石软化性是岩石遇水强度降低的特性。

答案：D

49. 解　有干湿交替作用时，侵蚀性地下水对混凝土的腐蚀强度比无干湿交替作用时相对较高，反之则相对较低。

答案：B

50. 解　黄土的湿陷性，主要是利用现场采集的不扰动土试样，通过室内浸水压缩试验求得其湿陷性系数，据以判定是否具有湿陷性或自重湿陷性。湿陷性土可采用现场浸水载荷试验确定其湿陷性。

答案：C

51. 解　岩石边坡开挖时常出现的破坏形式有顺层滑动破坏、楔形滑动破坏、倾倒破坏、圆弧滑动破坏。在高应力条件下，岩石容易发生变形和断裂。岩层弯曲指岩层倾角与坡面倾角相同的边坡开挖后坡面最前面岩层下滑弯曲的现象。岩层倾倒是由于岩层倾向与边坡倾向相反，与高应力无关。因此，本题问的是破坏现象，高应力条件下的开挖破坏只有岩层断裂可选。

答案：D

52. 解　排水后滑面上的静水压力消失，法向应力增大，抗滑力提高，同时下滑力减小。虽然排水后不仅滑面的抗剪强度提高，而且坡体内部岩土体的强度也会提高，但是其作用不如选项D。

答案：D

53. 解　当岩基上承受三角形垂直分布荷载时，岩基中坐标为x，y的任一点应力可由弹性力学中的公式给出：

$$\sigma_y = \frac{p_\mathrm{v}}{\pi b}\left[(x-b)\arctan\frac{x-b}{y} - (x-b)\arctan\frac{x}{y} + \frac{bxy}{x^2+y^2}\right]$$

$$\sigma_x = \frac{p_\mathrm{v}}{\pi b}\left\{(x-b)\arctan\frac{x-b}{y} - y\ln[(x-b)^2+y^2] - (x-b)\arctan\frac{x}{y} + y\ln\left[(x^2+y^2) - \frac{bxy}{x^2+y^2}\right]\right\}$$

$$\tau_{xy} = \frac{p_\mathrm{v}}{\pi b}\left(y\arctan\frac{x}{y} - y\arctan\frac{x-b}{y} - \frac{by^2}{x^2+y^2}\right)$$

式中：p_v——三角形垂直荷载中的最大荷载强度；

b——荷载分布宽度。

由上式分析可以看出，垂直应力均为压应力，水平应力和剪应力既有正值又有负值。

答案：B

54. 解　增大基础高度即增大基础抗冲切面积。

答案：C

55. 解 增大基础宽度和埋深可以提高地基承载力。根据《建筑地基基础设计规范》（GB 50007—2011），可对基础宽度在3~6m范围内的基础地基承载力进行提高修正。据题意，影响两基础地基承载力的因素只有基础宽度。

答案：D

56. 解 增大建筑物上部结构的整体刚度有利于减轻不均匀沉降的危害。选项A、B、D都不利于减轻不均匀沉降的危害。

答案：C

57. 解 当摩擦型群桩桩距较小时，群桩效应显著，破坏时接近实体基础破坏形式。

答案：C

58. 解 换土垫层法主要应用于浅层地基处理。砂石桩挤密法适用于挤密松散砂土、粉土、黏性土、素填土、杂填土等地基。强夯法适用于处理碎石土、砂土、低饱和度的粉土与黏性土、湿陷性黄土、杂填土和素填土等地基。振冲挤密法适用于处理砂土和粉土等地基。

答案：A

59. 解 圆形桩直径$d = 0.36\text{m}$，桩间距$B = 1.2\text{m}$

正方形布置时的等效直径：$d_{\text{e}} = 1.13B = 1.356\text{m}$

复合地基面积置换率：

$$m = \frac{A_{\text{p}}}{A_{\text{e}}} = \frac{\pi\left(\frac{d}{2}\right)^2}{\pi\left(\frac{e}{2}\right)^2} = \frac{\pi \times 0.18^2}{\pi \times 0.678^2} = 0.070$$

答案：D

60. 解 井径比为砂井的有效排水直径d_{e}与砂井的直径d_{w}之比。加大砂井直径、增加砂井数量（即减少砂井间距）或减小井径比可加快地基固结进程。

答案：C

2017年度全国勘察设计注册土木工程师（岩土）执业资格考试试卷

基础考试
（下）

二〇一七年九月

应考人员注意事项

1. 本试卷科目代码为“2”，考生务必将此代码填涂在答题卡“科目代码”相应的栏目内，否则，无法评分。

2. 书写用笔：**黑色或蓝色钢笔、签字笔或圆珠笔**；

   填涂答题卡用笔：**黑色 2B 铅笔**。

3. 必须用书写用笔将工作单位、姓名、准考证号填写在答题卡和试卷相应的栏目内。

4. 本试卷由 60 题组成，每题 2 分，满分 120 分，本试卷全部为单项选择题，每小题的四个备选项中只有一个正确答案，错选、多选、不选均不得分。

5. 考生作答时，必须按**题号在答题卡上**将相应试题所选选项对应的**字母用 2B 铅笔涂黑**。

6. 在答题卡上书写与题意无关的语言，或在答题卡上作标记的，均按违纪试卷处理。

7. 考试结束时，由监考人员当面将试卷、答题卡一并收回。

8. 草稿纸由各地统一配发，考后收回。

单项选择题（共 60 题，每题 2 分。每题的备选项中只有一个最符合题意。）

1. 土木工程中使用的大量无机非金属材料，叙述错误的是：

A. 亲水性材料　　B. 脆性材料

C. 主要用于承压构件　　D. 完全弹性材料

2. 材料孔隙中可能存在三种介质，水、空气、冰，其导热能力顺序为：

A. 水 > 冰 > 空气　　B. 冰 > 水 > 空气

C. 空气 > 水 > 冰　　D. 空气 > 冰 > 水

3. 硬化水泥浆体中的孔隙分为水化硅酸钙凝胶的层间孔隙、毛细孔隙和气孔，其中对材料耐久性产生主要影响的是毛细孔隙，其尺寸的数量级为：

A. nm　　B. μm

C. mm　　D. cm

4. 从工程角度，混凝土中钢筋防锈的最经济有效措施是：

A. 使用高效减水剂　　B. 使用环氧树脂涂刷钢筋表面

C. 使用不锈钢钢筋　　D. 增加混凝土保护层厚度

5. 我国使用立方体试件来测定混凝土的抗压强度，其标准立方体试件的边长为：

A. 100mm　　B. 125mm

C. 150mm　　D. 200mm

6. 下列木材中适宜做装饰材料的是：

A. 松木　　B. 杉木

C. 水曲柳　　D. 柏木

7. 石油沥青的针入度指标反映了石油沥青的：

A. 黏滞性　　B. 温度敏感性

C. 塑性　　D. 大气稳定性

8. 测量中的竖直角是指在同一竖直面内，某一方向线与下列何项之间的夹角：

A. 坐标纵轴　　B. 仪器横轴

C. 正北方向　　D. 水平线

9. 精密量距时，对钢尺量距的结果需要进行下列何项改正，才能达到距离测量精度的要求：

A. 尺长改正，温度改正和倾斜改正

B. 尺长改正，拉力改正和温度改正

C. 温度改正，读数改正和拉力改正

D. 定线改正，倾斜改正和温度改正

10. 有一长方形水池，独立地观测得其边长$a = 30.000\text{m} \pm 0.004\text{m}$，$b = 25.000\text{m} \pm 0.003\text{m}$，则该水池的面积$S$及面积测量的精度$m_s$为：

A. $750\text{m}^2 \pm 0.134\text{m}^2$

B. $750\text{m}^2 \pm 0.084\text{m}^2$

C. $750\text{m}^2 \pm 0.025\text{m}^2$

D. $750\text{m}^2 \pm 0.142\text{m}^2$

11. 进行三、四等水准测量，通常是使用双面水准尺，对于三等水准测量红黑面高差之差的限差是：

A. 3mm

B. 5mm

C. 2mm

D. 4mm

12. 由地形图上量得某草坪面积为 632mm^2，若此地形图的比例尺为 1：500，则该草坪实地面积S为：

A. 316m^2

B. 31.6m^2

C. 158m^2

D. 15.8m^2

13. 土地使用权人可对下列房地产进行转让的是：

A. 依法收回使用权的土地

B. 共有的房地产却未经所有共有人书面同意

C. 办理登记但尚未领取所有权证书

D. 取得土地使用权证书，并已支付全部土地使用权出让金

14. 下列关于开标流程的叙述正确的是：

A. 开标时间应定于提交投标文件后 15 日

B. 招标人应邀请最有竞争力的投标人参加开标

C. 开标时，由推选代表确认每一投标文件为密封，由工作人员当场拆封

D. 投标文件拆封后即可立即进入评标程序

15. 有关企业质量体系认证与产品质量认证的比较，下列错误的是：

A. 企业质量认证的证书与标记都不能在产品上使用，产品质量认证标志可用于产品

B. 国家对企业认证实行强制性的原则，对产品认证实行自愿的原则

C. 企业质量体系认证依据的标准为《质量管理标准》，产品质量认证依据的标准为《产品标准》

D. 产品认证分为安全认证与合格认证，而企业认证则无此分别

16. 某学校与某建筑公司签订一份学生公寓建设合同，其中约定：采用总价合同形式，工程全部费用于验收合格后一次付清，保修期限为6个月等。而竣工验收时，学校发现承重墙体有较多裂缝，但建筑公司认为不影响使用而拒绝修复。8个月后，该学生公寓内的承重墙倒塌而造成1人死亡3人受伤致残。基于法律规定，下列合同条款认定与后续处理选项正确的是：

A. 双方的质量期限条款无效，故建筑公司无需赔偿受害者

B. 事故发生时已超过合同质量期限条款，故建筑公司无需赔偿受害者

C. 双方质量期限条款无效，建筑公司应当向受害者承担赔偿责任

D. 虽然事故发生时已超过合同质量管理期限，但人命关天，故建筑公司必须赔偿死者而非伤者

17. 在沉桩前进行现场定位放线时，需设置的水准点应不少于：

A. 1个　　B. 2个

C. 3个　　D. 4个

18. 现浇框架结构中，厚度为150mm的多跨连续预应力混凝土楼板，其预应力施工宜采用：

A. 先张法　　B. 铺设无黏结预应力筋的后张法

C. 预埋螺旋管留孔道的后张法　　D. 钢管抽芯预留孔道的后张法

19. 下列选项中，不是选用履带式起重机时要考虑的因素为：

A. 起重量　　B. 起重动力设备

C. 起重高度　　D. 起重半径

20. 在进行网络计划工期—费用优化时，如果被压缩对象的直接费用率等于工程间接费用率时：

A. 应压缩关键工作的持续时间　　B. 应压缩非关键工作的持续时间

C. 停止压缩关键工作的持续时间　　D. 停止压缩非关键工作的持续时间

21. 检验批验收的项目包括：

A. 主控项目和一般项目　　B. 主控项目和合格项目

C. 主控项目和允许偏差项目　　D. 优良项目和合格项目

22. 图示对称结构$M_{AD} = ql^2/36$（左拉），$F_{NAD} = 5ql/12$（压），则M_{BC}为（以下侧受拉为正）：

A. $-ql^2/6$

B. $ql^2/6$

C. $-ql^2/9$

D. $ql^2/9$

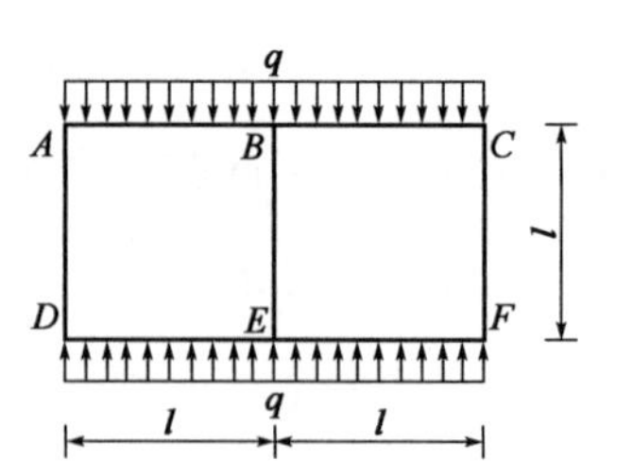

23. 图示结构EI =常数，在给定荷载作用下，水平反力H_A为：

A. P

B. $2P$

C. $3P$

D. $4P$

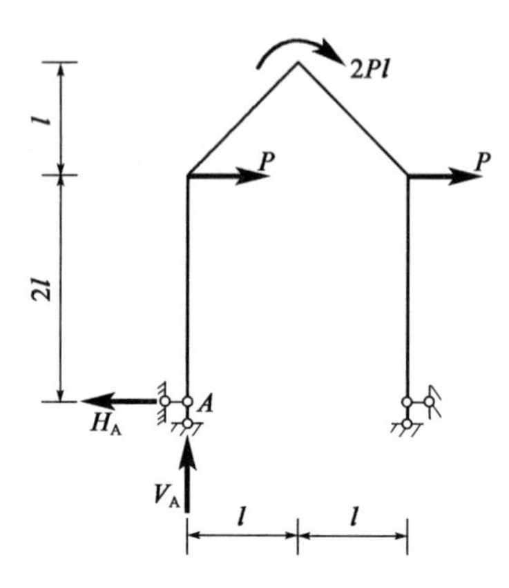

24. 图示梁的抗弯刚度为EI，长度为l，欲使梁中点C弯矩为零，则弹性支座刚度k的取值应为：

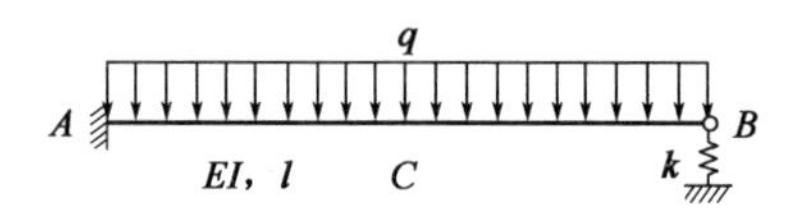

A. $3EI/l^3$　　B. $6EI/l^3$

C. $9EI/l^3$　　D. $12EI/l^3$

25. 关于混凝土局部受压强度，下列描述中正确的是：

A. 不小于非局部受压时的强度

B. 一定比非局部受压时强度要大

C. 与局部受压时强度相同

D. 一定比非局部受压时强度要小

26. 关于钢筋混凝土受弯构件正截面即将开裂时的描述，下列不正确的是：

A. 截面受压区混凝土应力沿截面高度呈线性分布

B. 截面受拉区混凝土应力沿截面高度近似均匀分布

C. 受拉钢筋应力很小，远未达其屈服强度

D. 受压区高度约为截面高度的 1/3

27. 承受水平荷载的钢筋混凝土框架剪力墙结构中，框架和剪力墙协同工作，但两者之间：

A. 只在上部楼层，框架部分拉住剪力墙部分，使其变形减小

B. 只在下部楼层，框架部分拉住剪力墙部分，使其变形减小

C. 只在中间楼层，框架部分拉住剪力墙部分，使其变形减小

D. 在所有楼层，框架部分拉住剪力墙部分，使其变形减小

28. 结构钢材冶炼和轧制过程中可提高强度的方法是：

A. 降低含碳量　　　　B. 镀锌或镀铝

C. 热处理　　　　D. 减少脱氧剂

29. 设计起重量为$Q = 100\mathrm{t}$的钢结构焊接工字形截面吊车梁且应力变化的循环次数$n \geqslant 5 \times 10^4$次时，截面塑性发展系数取：

A. 1.05　　　　B. 1.2

C. 1.15　　　　D. 1.0

30. 焊接 T 形截面构件中，腹板和翼缘相交处的纵向焊接残余应力为：

A. 压应力　　　　B. 拉应力

C. 剪应力　　　　D. 零

31. 下列砌体结构抗震设计的概念，正确的是：

A. 6 度设防，多层砌体结构既不需做承载力抗震验算，也不需考虑抗震构造措施

B. 6 度设防，多层砌体结构不需做承载力抗震验算，但要满足抗震构造措施

C. 8 度设防，多层砌体结构需进行薄弱处抗震弹性变形验算

D. 8 度设防，多层砌体结构需进行薄弱处抗震弹塑性变形验算

32. 设计多层砌体房屋时，受工程地质条件的影响，预期房屋中部的沉降比两端大，为防止地基不均匀沉降对房屋的影响，最宜采取的措施是：

A. 设置构造柱　　B. 在檐口处设置圈梁

C. 在基础顶面设置圈梁　　D. 采用配筋砌体结构

33. 砌体局部承载力验算时，局部抗压强度提高系数γ受到限制的原因是：

A. 防止构件失稳破坏　　B. 防止砌体发生劈裂破坏

C. 防止局部受压面积以外的砌体破坏　　D. 防止砌体过早发生局部破坏

34. 按照莫尔-库仑强度理论，若岩石强度曲线是一条直线，则岩石破坏时破裂面与最大主应力作用面的夹角为：

A. $45°$　　B. $45° - \frac{\varphi}{2}$

C. $45° + \frac{\varphi}{2}$　　D. $60°$

35. 在均质各向同性的岩体内开挖地下洞室，当洞室的宽高比在1.5~2时，从围岩应力有利的角度，应选择何种形状的洞室：

A. 圆形　　B. 椭圆形

C. 矩形　　D. 城门洞形

36. 计算砂土相对密实度D_r的公式是：

A. $D_r = \frac{e_{max}-e}{e_{max}-e_{min}}$　　B. $D_r = \frac{e-e_{min}}{e_{max}-e_{min}}$

C. $D_r = \frac{\rho_{dmax}}{\rho_d}$　　D. $D_r = \frac{\rho_d}{\rho_{dmax}}$

37. 利用土的侧限压缩试验不能得到的指标是：

A. 压缩系数　　B. 侧限变形模量

C. 体积压缩系数　　D. 泊松比

38. 土的强度指标c、φ涉及下面的哪一种情况：

A. 一维固结　　B. 地基土的渗流

C. 地基承载力　　D. 黏性土的压密

39. 下面不属于盐渍土主要特点的是：

A. 溶陷性　　B. 盐胀性

C. 腐蚀性　　D. 遇水膨胀，失水收缩

40. 下面哪一项关于地基承载力的计算中假定基底存在刚性核：

A. 临塑荷载的计算

B. 临界荷载的计算

C. 太沙基关于极限承载力的计算

D. 普朗德尔-瑞斯纳关于极限承载力的计算

41. 下列岩石中，最容易遇水软化的是：

A. 黏土岩　　B. 石英砂岩

C. 石灰岩　　D. 白云岩

42. 与年代地层“纪”相应的岩石地层单位是：

A. 代　　B. 系

C. 统　　D. 层

43. 河流冲积物二元结构与河流的下列作用有关的是：

A. 河流的裁弯取直　　B. 河流的溯源侵蚀

C. 河床的竖向侵蚀　　D. 河床的侧向迁移

44. 在构造结构面中，充填以下何种物质成分时的抗剪强度最高？

A. 泥质　　B. 砂质

C. 钙质　　D. 硅质

45. 岩体剪切裂隙通常具有以下特征：

A. 裂隙面倾角较大　　B. 裂隙面曲折

C. 平行成组出现　　D. 发育在褶皱的转折端

46. 在相同岩性与水文地质条件下，有利于溶洞发育的构造条件是：

A. 气孔状构造　　B. 层理构造

C. 褶皱构造　　D. 断裂构造

47. 下列现象中，不是滑坡造成的是：

A. 双沟同源地貌　　B. 直线状分布的泉水

C. 马刀树　　D. 醉汉林

48. 每升地下水中以下成分的总量，称为地下水的总矿化度：

A. 各种离子、分子与化合物　　B. 所有离子

C. 所有阳离子　　D. Ca^{2+}、Mg^{2+}

49. 利用指示剂或示踪剂来测试地下水流速时，要求钻孔附近的地下水流符合下述条件：

A. 水力坡度较大　　B. 水力坡度较小

C. 呈层流运动的稳定流　　D. 腐蚀性较弱

50. 标准贯入试验适用的地层是：

A. 弱风化至强风化岩石　　B. 砂土、粉土和一般黏性土

C. 卵砾石和碎石类　　D. 软土和淤泥

51. 对岩石边坡，从岩层面与坡面的关系上，下列哪种边坡形式最易滑动：

A. 顺向边坡，且坡面陡于岩层面　　B. 顺向边坡，且岩层面陡于坡面

C. 反向边坡，且坡面较陡　　D. 斜交边坡，且岩层较陡

52. 利用锚杆加固岩质边坡时，锚杆的锚固段不应小于：

A. 2m　　B. 3m

C. 5m　　D. 8m

53. 在确定岩基极限承载力时，从理论上看，下列哪一项是核心指标：

A. 岩基深度　　B. 岩基形状

C. 荷载方向　　D. 抗剪强度

54. 在保证安全可靠的前提下，浅基础深埋设计时应考虑：

A. 尽量浅埋　　B. 尽量埋在地下水位以下

C. 尽量埋在冻结深度以上　　D. 尽量采用人工地基

55. 下面哪种情况不能提高地基承载力：

A. 加大基础宽度　　B. 增加基础埋深

C. 降低地下水　　D. 增加基础材料的强度

56. 断桩现象最容易发生在下面哪种桩？

A. 预制桩　　B. 灌注桩

C. 旋喷桩　　D. 水泥土桩

57. 均质地基，承台上承受均布荷载，正常工作状态下下面哪根桩的受力最大？

A. 桩 A

B. 桩 B

C. 桩 C

D. 桩 D

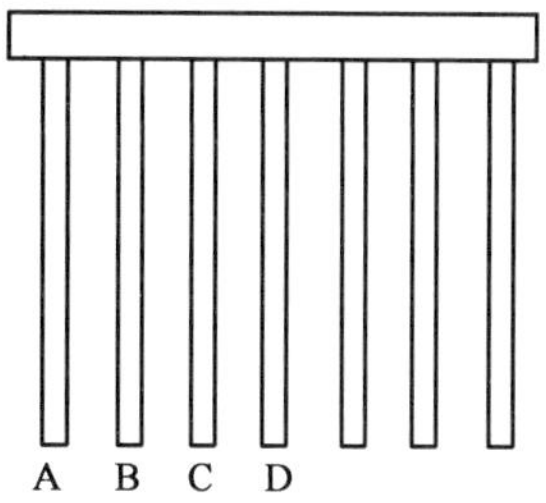

58. 下面哪一种属于深层挤密法？

A. 振冲法

B. 深层搅拌法

C. 机械压密法

D. 高压喷射注浆法

59. 已知复合地基中桩的面积置换率为 0.15，桩土应力比为 5。复合地基承受的已知上部荷载为P（kN），其中由桩间土承受的荷载大小为：

A. 0.47P

B. 0.53P

C. 0.09P

D. 0.10P

60. 下面哪一种土工合成材料不能作为加筋材料？

A. 土工格栅

B. 有纺布

C. 无纺布

D. 土工膜

2017 年度全国勘察设计注册土木工程师（岩土）执业资格考试基础考试（下）试题解析及参考答案

1. 解　无机非金属材料为容易被水润湿，为亲水性材料；不能承受冲击荷载作用，为脆性材料，故适合于做承压构件；不是完全弹性材料。

答案：D

2. 解　空气的导热系数为0.023W/(m · K)，水的导热系数为0.58W/(m · K)，冰的导热系数为2.20W/(m · K)，故三种介质的导热能力顺序为：冰 > 水 > 空气，所以保温材料是多孔的，且要保持干燥，防潮。

答案：B

3. 解　水化硅酸钙凝胶的层间孔隙尺寸为 1~5nm；毛细孔尺寸为 10~1000nm，大小取决于水泥浆体的水化程度和水灰比，多数为 100nm 左右；而气孔尺寸为几毫米。

答案：A

4. 解　以上措施均可以提高钢筋混凝土中钢筋的防锈效果。使用环氧树脂涂刷钢筋和使用不锈钢钢筋都会大幅度增加成本，增加混凝土保护层厚度会增加混凝土用量，减小有效使用面积，不经济，所以比较而言，通过使用高效减水剂提高混凝土的密实度是最经济有效的措施。

答案：A

5. 解　我国使用立方体试件来测定混凝土的抗压强度，其标准立方体试件的边长为 150mm。非标准尺寸为边长 100mm 或 200mm 的立方体。一般情况下，试件尺寸越小，测得的强度越偏大。

答案：C

6. 解　木材分为针叶树和阔叶树。针叶树（又称软木树）的树干通直高大，纹理平顺，材质均匀，表观密度和胀缩变形小，耐腐蚀性较强，材质较软，多用作承重构件，有松、杉、柏。阔叶树（又称硬木树）强度较高，纹理漂亮，胀缩翘曲变形较大，易开裂，较难加工，适合作装饰，有水曲柳、桦木、椴木、柚木、樟木、榉木、榆木等。

答案：C

7. 解　石油沥青的针入度反映其黏滞性（也称黏性）的大小，针入度越大，黏滞性越小。塑性的指标是延度，温度敏感性的指标是软化点。大气稳定性即耐老化性，是通过烘箱蒸发试验后测定蒸发后的质量损失和针入比。

答案：A

8. 解　竖直角是在同一竖直面内，某一方向线与水平线的夹角。

答案：D

9. 解 钢尺精密量距需进行尺长改正、温度改正及倾斜（高差）改正。

答案： A

10. 解 $S = a \times b = 30.000 \times 25.000 = 750.000\text{m}^2$

$\frac{\partial s}{\partial a} = b$，$\frac{\partial s}{\partial b} = a$

$$m_s = \pm\sqrt{b^2 \cdot m_a^2 + a^2 \cdot m_b^2} = \pm\sqrt{25.000^2 \times 0.004^2 + 30.000^2 \times 0.003^2}$$

$$= \pm 0.134\text{m}^2$$

$S = 750.000\text{m}^2 \pm 0.134\text{m}^2$

答案： A

11. 解 三等水准测量红黑面高差之差的限值是±3mm，详见《国家三、四等水准测量规范》（GB/T 12898—2009）。

答案： A

12. 解 $S_{实地} = S_{图} \times 500^2 = 1.58 \times 10^8\text{mm}^2 = 158.00\text{m}^2$

答案： C

13. 解 《中华人民共和国城市房地产管理法》第三十八条规定，下列房地产，不得转让：

（一）以出让方式取得土地使用权的，不符合本法第三十九条规定的条件的；

（二）司法机关和行政机关依法裁定、决定查封或者以其他形式限制房地产权利的；

（三）依法收回土地使用权的；

（四）共有房地产，未经其他共有人书面同意的；

（五）权属有争议的；

（六）未依法登记领取权属证书的；

（七）法律、行政法规规定禁止转让的其他情形。

按照上述条文规定，题目中的选项 A、B、C 均属于不得转让的情形，所以选项 D 正确。

答案： D

14. 解 《中华人民共和国招投标法》第三十四条规定，开标应当在招标文件确定的提交投标文件截止时间的同一时间公开进行。所以选项 A 错误。

第三十五条规定，开标由招标人主持，邀请所有投标人参加。所以选项 B 错误。

选项 C 没有明确是谁来推举代表，所以表述也是不准确的，按照第三十六条的规定：开标时，由投标人或者其推选的代表检查投标文件的密封情况，也可以由招标人委托的公证机构检查并公证；经确认无误后，由工作人员当众拆封，宣读投标人名称、投标价格和投标文件的其他主要内容。

评标要在保密的情况下进行，开标后尽快评标有利于保密，所以选项 D 正确。

答案：D

15. 解 国家推行企业质量体系的认证，虽不是强制性的，但对某些产品是有强制性认证制度的。

《中华人民共和国认证认可条例》（2020 年版）第二十七条规定，为了保护国家安全、防止欺诈行为、保护人体健康或者安全、保护动植物生命或者健康、保护环境，国家规定相关产品必须经过认证的，应当经过认证并标注认证标志后，方可出厂、销售、进口或者在其他经营活动中使用。所以选项 B 说反了。同时，该条例第二十四条规定，不得利用管理体系认证证书、认证标志和相关文字、符号，误导公众认为其产品、服务已通过认证。所以选项 A 正确。

《中华人民共和国产品质量法》第十四条规定，国家根据国际通用的质量管理标准，推行企业质量体系认证制度，所以选项 C 正确。

凡根据安全标准进行认证或只对商品标准中有关安全的项目进行认证的，称为安全认证，属于强制性认证。合格认证是依据商品标准的要求，对商品的全部性能进行的综合性质量认证，一般属于自愿性认证。所以选项 D 正确。

答案：B

16. 解 《中华人民共和国民法典》第八百零二条规定，因承包人的原因致使建设工程在合理使用期限内造成人身和财产损害的，承包人应当承担损害赔偿责任。

保修期限是国务院规定的，企业自定期限不能小于国家规定。

答案：C

17. 解 为了保证施工质量，沉桩施工前应布置测量控制网、水准基点，按平面图进行测量放线。设置的控制点和水准点的数量不得少于 2 个，并应设在受打桩影响范围以外。

答案：B

18. 解 先张法不能用于现浇结构。在多跨连续结构构件中预应力筋需曲线形设置，而楼板较薄，难以留设孔道，故宜采用铺设无黏结预应力筋的后张法施工。

答案：B

19. 解 起重机型号选择需依据其技术性能参数，使其均满足起重作业需要。起重机的主要技术性能参数包括起重量、起重高度和起重半径。因此选用履带式起重机时，“起重动力设备”不是选用履带式起重机时要考虑的因素。

答案：B

20. 解 工期-费用优化是通过压缩直接费率较低的关键工作的持续时间，使工期缩短，但直接费用将增加；而随着工期缩短，工程的间接费用会降低；通过两者叠加比较，即可求出工程费用最低时的相应最优工期。因此优化时，在确定了一个压缩方案后，必须将被压缩工作的直接费用率与间接费用率进

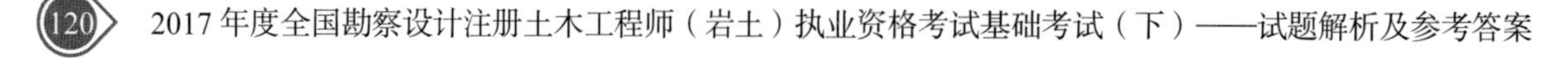

行比较，如果直接费用率小于间接费用率，则需继续压缩；如果直接费用率已大于间接费用率，则在此之前的直接费用率小于间接费用率的压缩方案即为优化方案。如果直接费用率已等于间接费用率，则已得到优化方案，应停止压缩关键工作的持续时间。

答案：C

21. 解 《建筑工程施工质量验收统一标准》（GB 50300—2013）第 3.0.6 条第 3 款规定，检验批的质量应按主控项目和一般项目验收。

答案：A

22. 解 此结构为双轴对称结构承受对称荷载，其内力分布对称，可知杆AD及CF的中点剪力为零。通过杆AD中点及点B作截面取出隔离体（见解图），对B取矩得：

$$M_{BA}=\frac{5ql}{12}l-\frac{ql^2}{36}-ql\frac{l}{2}=-\frac{ql^2}{9}$$

由于对称，故$M_{BC}=M_{BA}=-\frac{ql^2}{9}$

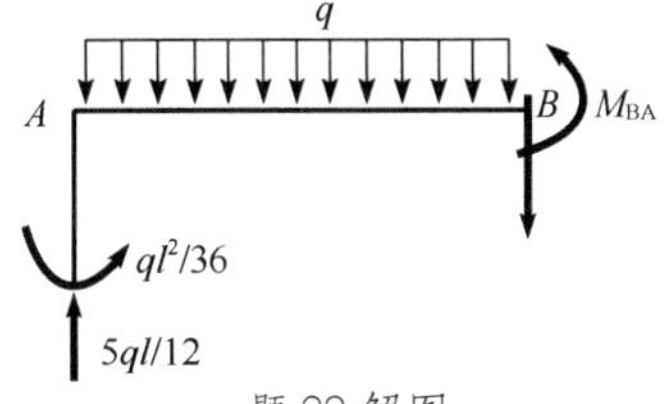

题 22 解图

答案：C

23. 解 结构对称荷载反对称，其反力及内力必为反对称，可知两个水平反力等值同向，设方向向左，根据结构整体平衡有

$$\sum X=0,\ H_A+H_B=2H_A=P+P$$

$$H_A=P$$

答案：A

24. 解 设梁中点C弯矩为零时，弹簧压缩量为 Δ，按题意由CB段的平衡可知：

$$k\Delta=\frac{ql}{4}$$

另外，按解图，可建立力法方程：

$$\frac{l^2}{2EI}\cdot\frac{2l}{3}\cdot k\Delta-\frac{1}{3EI}\cdot\frac{ql^2}{2}\cdot l\cdot\frac{3l}{4}=-\Delta$$

联立以上两式，解得$k=\frac{6EI}{l^3}$

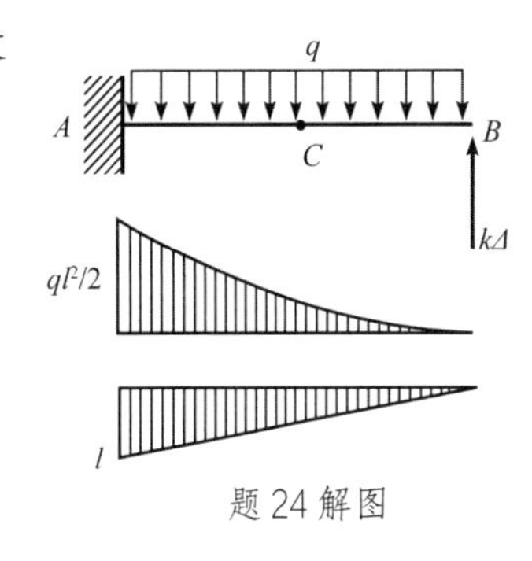

题 24 解图

答案：B

25. 解 根据《混凝土结构设计规范》（GB 50010—2010）第 6.6.1 条、第 6.6.2 条。混凝土局部受压时的强度提高系数$\beta_l=\sqrt{A_b/A_l}$。其中，A_l为混凝土局部受压面积，A_b为混凝土局部受压计算底面积。当构件处于边角局部受压时，$A_b=A_l$，即$\beta_l=1.0$，所以局部受压时的强度不小于非局部受压时的强度。

答案：A

26. 解 钢筋混凝土受弯构件正截面即将开裂时，受压区混凝土基本处于弹性工作状态，受压区应力图形接近三角形（线性分布），选项 A 正确。

由于混凝土抗拉强度远小于抗压强度，此时受拉区混凝土表现出明显的塑性性质（应力沿截面高度近似均匀分布），选项 B 正确。

由于黏结力的存在，受拉钢筋的应变与同一水平处混凝土拉应变相等，钢筋的拉应力处于较低的水平，选项 C 正确。

对于矩形截面的混凝土梁，此时其受压区高度约为截面高度的 1/2，选项 D 错误。

答案：D

27. 解 水平荷载单独作用于框架结构时，结构侧移曲线呈剪切型，单独作用于剪力墙结构时，结构侧移曲线呈弯曲型。所以，在结构的底部，框架结构的侧向变形较剪力墙结构大，在结构的顶部，剪力墙结构的侧向变形较框架结构大。二者协同工作后，在上部楼层，框架部分拉住剪力墙部分，使其变形减小。

答案：A

28. 解 ①含碳量增加，钢材的强度提高，但塑性和韧性下降。②镀锌或镀铝的目的是防止钢材表面氧化而发生锈蚀。③钢在冶炼过程中，脱氧程度取决于脱氧剂的数量和种类，脱氧剂的多少与钢材的强度没有直接关系。④钢材通过热处理（调质处理），可以获得不同的金相组织，从而改变其力学性能，提高强度。

答案：C

29. 解 《钢结构设计标准》（GB 50017—2017）第 16.1.1 条规定，直接承受动力荷载重复作用的钢结构构件，当应力变化的循环次数$n \geqslant 5 \times 10^4$次时，应进行疲劳计算；第 6.1.2 条第 3 款规定，对需要计算疲劳的梁，其截面塑性发展系数宜取 1.0。

答案：D

30. 解 焊接 T 形截面构件，腹板与翼缘用焊缝顶接，翼缘与腹板相交处因焊缝收缩受到两边钢板的阻碍而产生纵向拉应力。

答案：B

31. 解 根据《砌体结构设计规范》（GB 50003—2011）第 10.1.7 条第 1 款，抗震设防烈度为 6 度时，规则的砌体结构房屋构件，应允许不进行抗震验算，但应有符合现行国家标准的抗震构造措施。选项 A 错误、选项 B 正确。

根据《建筑抗震设计规范》（GB 50011—2010）第 5.5 节“抗震变形验算”，对多层砌体房屋结构，没有规定进行薄弱处抗震弹性变形或弹塑性变形验算，选项 C、D 错误。

答案：B

32. 解 为了防止地基不均匀沉降，可在多层砌体房屋的基础顶面和檐口处各设一道圈梁。当房屋中部沉降较两端为大时，基础顶面的圈梁作用大；当房屋两端沉降较中部为大时，则檐口处的圈梁作用大。

答案： C

33. 解 砌体局部抗压强度提高系数$\gamma = 1 + 0.35\sqrt{A_0/A_l - 1}$，其中第一项为局部受压面积本身砌体的抗压强度，第二项是非局部受压面积$(A_0 - A_l)$的套箍作用与应力扩散作用对抗压强度的综合影响。为了避免A_0/A_l大于某一限值时会出现危险的劈裂破坏，《砌体结构设计规范》（GB 50003—2011）对γ规定了上限值。

答案： B

34. 解 莫尔-库仑强度理论假设受压下岩石的破坏属于剪切破坏，破坏面的方向取决于两个主应力的大小关系和材料的内摩擦角。如解图所示，理论上，剪切破坏面与最大主应力作用面之间的夹角为$45° + \frac{\varphi}{2}$，所以正确答案应为C。

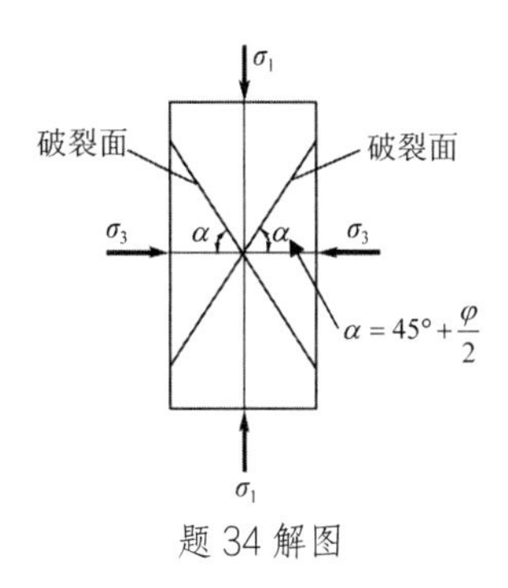

题 34 解图

答案： C

35. 解 地下洞室设计时应该以洞周应力均匀分布和不产生拉应力为原则，主要指的是洞周切向应力。均质岩体中洞周应力取决于洞室的形状和地应力场的分布状态。竖向和水平向的地应力比值越大，洞周应力分布越不均匀；洞周曲率半径越小，附近应力梯度越大，应力分布越不均匀，洞室形状越平顺，应力分布越均匀。此题没有告诉地应力场的分布情况，仅告诉了洞室的宽高比为1.5~2，因此，正确答案只能选择椭圆形。圆形断面适用于双向等压应力场，矩形和城门洞形含有直角，易产生应力集中，不宜考虑。**此题超纲。**

答案： B

36. 解 相对密实度公式为$D_r = \frac{e_{max} - e}{e_{max} - e_{min}}$。

答案： A

37. 解 通过土的侧限压缩试验能得到的压缩性指标分别为压缩系数、侧限压缩模量、体积压缩系数。

答案： D

38. 解 各选项中只有地基承载力与黏聚力（c）和内摩擦角（φ）有关。

答案： C

39. 解 盐渍土特点：溶陷性、盐胀性、腐蚀性。

答案：D

40. 解　太沙基极限承载力（整体剪切破坏）理论假定：条形浅基础荷载作用，基础底面以下的土楔体为弹性压密区（即Ⅰ区），它与基础底面一起移动。

答案：C

41. 解　泥岩，成分以黏土矿物为主，常呈厚层状，遇水易软化。石英砂岩、白云岩遇水强度不变，石灰岩遇水易溶解，因此，选项B、C、D均不正确。

答案：A

42. 解　地质时代单位划分为宙、代、纪、世，相应的地层单位划分为宇、界、系、统。因此，地质时代"纪"对应的地层单位为"系"。

答案：B

43. 解　河流冲积物二元结构反映的是，河漫滩堆积物的下层是河床相冲积物粗砂和砾石，上部是河漫滩相细沙和黏土，构成了河漫滩的二元结构，反映了河流横向环流作用特征，即河床侧向迁移的结果。

答案：D

44. 解　结构面的抗剪强度大小与结构面的起伏情况和充填物质紧密相关，充填物抗剪强度高低的顺序为：硅质＞钙质＞砂质＞泥质。

答案：D

45. 解　剪切节理裂隙是岩石受剪应力作用形成的破裂面，一般形成"X"形共轭节理。剪节理常成组成对出现，一般发育较密，节理间距较小。

答案：C

46. 解　断层和裂隙是地下水在岩层中流动的良好通道，特别是断裂和区域性断裂，对岩溶发育起控制性作用。气孔状构造为喷出岩浆岩构造，层理构造属于沉积岩层构造。褶皱构造相较断裂构造对岩溶发育的控制性相对较弱。

答案：D

47. 解　滑坡变形、滑动及破坏过程中，其在地形地貌上和地表植物分布特征上，常表现为后缘的拉裂造成的滑坡台阶和圈椅状滑坡后壁、两侧冲沟的侵蚀同源、滑坡弧形前缘（滑坡舌）的地下泉水出露、滑坡体蠕动形成的地表醉汉林及马刀树、滑坡体前部地表形成的鼓胀裂隙等。直线状分布的泉水是断层发育的地表现象。

答案：B

48. 解　地下水中各种离子、分子、化合物（不含气体）的总含量称为总矿化度；地下水的硬度由水中Ca^{2+}、Mg^{2+}离子的含量决定。

答案：A

49. 解 当地下水呈层流运动的稳定流时，流速较慢，指示剂或示踪剂沿着地下水流方向均匀扩散，浓度较高，利于取样观察和分析。

答案：C

50. 解 标准贯入试验可适用于砂土、粉土和一般黏性土。圆锥动力触探试验适用于弱风化至强风化岩石、卵砾石、碎石类土及一般类土。软土和淤泥一般采用十字板剪切试验测试土的抗剪强度。

答案：B

51. 解 此题考查的是层状岩质边坡破坏的条件，此类边坡破坏主要类型包括顺倾边坡的平面滑动破坏和反倾边坡的倾倒破坏。前者必须满足边坡的倾角大于岩层倾角的条件，后者则发生在岩层较陡的反倾岩质边坡中。此题除选项A外，其余三个选项均不是层状岩质边坡的破坏条件。

答案：A

52. 解 锚杆的锚固力主要由锚固段提供，锚固段越长，锚固力越大，因此，为了保证锚杆能够提供需要的锚固力，锚固段长度一般不应小于某个最小值。《建筑边坡工程技术规范》（GB 50330—2013）第8.4.1条第2款规定，岩石锚杆的锚固段长度不应小于3.0m。

答案：B

53. 解 岩基的破坏主要为剪切破坏。因此，从理论上看，岩基的极限承载力应该主要取决于岩体和结构面的抗剪强度。其他三个都是次要因素。

答案：D

54. 解 浅基础，如条件允许，宜尽量浅埋。

答案：A

55. 解 根据地基承载力计算公式$f_a = f_{ak} + \eta_b\gamma(b-3) + \eta_d\gamma_m(d-0.5)$，增加基础材料强度与地基承载力无关。

答案：D

56. 解 灌注桩浇筑混凝土施工过程中，因钻孔护壁达不到效果或混凝土灌注不及时出现塌孔，才容易出现断桩现象。

答案：B

57. 解 群桩中中桩位置地基出现应力叠加现象，桩的沉降规律与其相同，中间大，两边小，一般中间桩受力较小，边桩受力较大。（此题假定条件不全）

答案：A

58. 解　振冲法对深层土有挤密作用。

答案：A

59. 解　设基础面积为A，则桩面积为$0.15A$，桩承载力为$5f$，桩间土体承载力为f，故桩间土承受的荷载也即桩间土的应力为：

$$P \times \frac{0.85Af}{0.85Af + 0.15A \times 5f} = 0.53P$$

答案：B

60. 解　土工膜由聚氯乙烯和聚乙烯等制成，它们是一种高分子化学柔性材料，相对密度较小，延伸性较强，适应变形能力高，耐腐蚀，耐低温，抗冻性能好。土工膜一般用于防渗，其他材料对路基有加筋作用。

答案：D

2018年度全国勘察设计注册土木工程师（岩土）

执业资格考试试卷

基础考试

（下）

二〇一八年十月

应考人员注意事项

1. 本试卷科目代码为“2”，考生务必将此代码填涂在答题卡“科目代码”相应的栏目内，否则，无法评分。

2. 书写用笔：**黑色或蓝色钢笔、签字笔或圆珠笔**；

   填涂答题卡用笔：**黑色 2B 铅笔**。

3. 必须用书写用笔将工作单位、姓名、准考证号填写在答题卡和试卷相应的栏目内。

4. 本试卷由 60 题组成，每题 2 分，满分 120 分，本试卷全部为单项选择题，每小题的四个备选项中只有一个正确答案，错选、多选、不选均不得分。

5. 考生作答时，必须按**题号在答题卡上**将相应试题所选选项对应的**字母用 2B 铅笔涂黑**。

6. 在答题卡上书写与题意无关的语言，或在答题卡上作标记的，均按违纪试卷处理。

7. 考试结束时，由监考人员当面将试卷、答题卡一并收回。

8. 草稿纸由各地统一配发，考后收回。

单项选择题（共 60 题，每题 2 分。每题的备选项中只有一个最符合题意。）

1. 脆性材料的断裂强度取决于：

A. 材料中的最大裂纹长度　　B. 材料中的最小裂纹长度

C. 材料中的裂纹数量　　D. 材料中的裂纹密度

2. 一般来说，同一组成、不同表观密度的无机非金属材料，表观密度大者的：

A. 强度高　　B. 强度低

C. 孔隙率大　　D. 空隙率大

3. 水泥中掺入的活性混合材料能够与水泥水化产生的氢氧化钙发生反应，生成水化硅酸钙的水化产物，该反应被称为：

A. 火山灰反应　　B. 沉淀反应

C. 碳化反应　　D. 钙矾石延迟生成反应

4. 混凝土的碱—骨料反应是内部碱性孔隙溶液和骨料中的活性成分发生了反应，因此以下措施中对于控制工程中碱—骨料反应最为有效的是：

A. 控制环境温度　　B. 控制环境湿度

C. 降低混凝土含碱量　　D. 改善骨料级配

5. 根据混凝土的劈裂强度可推断出其：

A. 抗压强度　　B. 抗剪强度

C. 抗拉强度　　D. 弹性模量

6. 衡量钢材均匀变形时的塑性变形能力的技术指标为：

A. 冷弯性能　　B. 抗拉强度

C. 伸长率　　D. 冲击韧性

7. 土的性能指标中，一部分可通过试验直接测定，其余需要由试验数据算得到。下列指标中，需要换算得到的是：

A. 土的密度　　B. 土粒密度

C. 土的含水率　　D. 土的孔隙率

8. 使用经纬仪观测水平角时，若照准同一竖直面内不同高度的两个目标点，分别读取水平度盘读数，此时两个目标点的水平度盘读数理论上应该是：

A. 相同的　　B. 不相同的

C. 不一定相同　　D. 在特殊情况下相同

9. 进行三、四等水准测量，视线长度和前后视距差都有一定的要求，对于四等水准测量的前后视距差限差是：

A. 10m　　B. 3m

C. 8m　　D. 12m

10. 某城镇需测绘地形图，要求在图上能反映地面上 0.2m 的精度，则采用的测图比例尺不得小于：

A. 1：500　　B. 1：1000

C. 1：2000　　D. 1：100

11. 微倾式水准仪轴线之间应满足相应的几何条件，其中满足的主要条件是下列哪项？

A. 圆水准器轴平行于仪器竖轴

B. 十字丝横丝垂直于仪器竖轴

C. 视准轴平行于水准管轴

D. 水准管轴垂直于圆水准器轴

12. 同一张地形图上等高距是相等的，则地形图上陡坡的等高线是：

A. 汇合的　　B. 密集的

C. 相交的　　D. 稀疏的

13. 《工程建设项目报建管理办法》属于我国建设法规体系的：

A. 法律　　B. 行政法规

C. 部门法规　　D. 地方性规章

14. 《中华人民共和国城乡规划法》中城镇总体规划没有对以下定额指标进行要求的是：

A. 用水量　　B. 人口

C. 生活用地　　D. 公共绿地

15. 下列关于项目选址意见书的叙述，正确的是：

A. 内容包含建设项目基本情况、规划选址的主要依据、选址用地范围与具体规划要求

B. 以划拨方式提供国有土地使用权的建设项目，建设单位应向人民政府行政主管部门申请核发选址意见书

C. 由城市规划行政主管部门审批项目选址意见书

D. 大、中型限额以上的项目由项目所在地县市人民政府核发选址意见书

16. 城乡规划的原则不包含：

A. 关注民生　　B. 可持续发展

C. 城乡统筹　　D. 公平、公正、公开

17. 最适合在狭窄现场施工的成孔方式是：

A. 沉管成孔　　B. 泥浆护壁钻孔

C. 人工挖孔　　D. 螺旋钻成孔

18. 采用钢管抽芯法留设孔道时，抽管时间应为混凝土：

A. 初凝前　　B. 初凝后、终凝前

C. 终凝后　　D. 达到 30%设计强度

19. 下列关于工程网络计划中关键工作的说法不正确的是：

A. 总时差为零的工作为关键工作

B. 关键线路上不能有虚工作

C. 关键线路上的工作，其总持续时间最长

D. 关键线路上的工作都是关键工作

20. 施工组织总设计的编制，需要进行：①编制资源需求量计划、②编制施工总进度计划、③拟定施工方案等多项工作。仅就上述三项工作而言，其正确的顺序为：

A. ①—②—③　　B. ②—③—①

C. ③—①—②　　D. ③—②—①

21. 当采用匀速进展横道图比较工作的实际进度与计划进度时，如果表示实际进度的横道线右端落在检查日期的右侧，这表明：

A. 实际进度超前

B. 实际进度拖后

C. 实际进度与进度计划一致

D. 无法说明实际进度与计划进度的关系

22. 图示结构中的反力$\boldsymbol{F}_{\mathrm{H}}$等于：

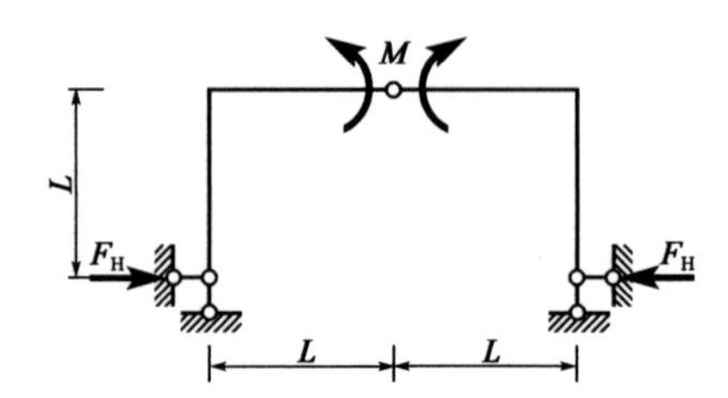

A. M/L

B. $-M/L$

C. $2M/L$

D. $-2M/L$

23. 有阻尼单自由度体系受简谐荷载作用，当简谐荷载频率等于结构自振频率时，与外荷载平衡的力是：

A. 惯性力　　B. 阻尼力

C. 弹性力　　D. 弹性力+惯性力

24. 图示两桁架温度均匀降低时，则温度改变引起的结构内力状况为：

A. a）无，b）有　　B. a）有，b）无

C. 两者均有　　D. 两者均无

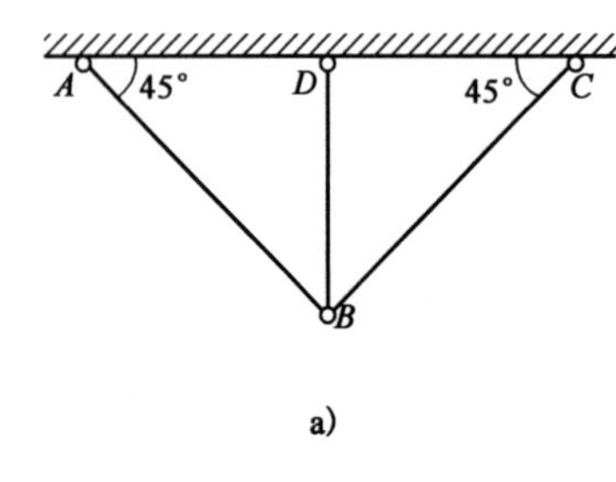

a)

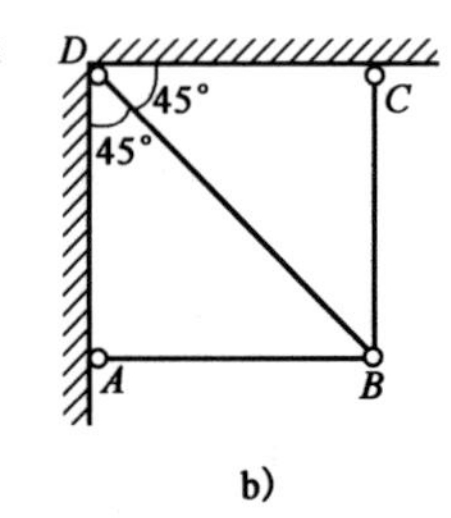

b)

25. 对于双筋矩形截面钢筋混凝土受弯构件，为使配置 HRB400 级受压钢筋达到其屈服强度，应满足下列哪种条件：

A. 仅需截面受压区高度≥$2a_s'$（a_s'为受压钢筋合力点到截面受压面边缘的距离）

B. 仅需截面受压区高度≤$2a_s'$

C. 需截面受压区高度≥$2a_s'$，且钢筋满足一定的要求

D. 需截面受压区高度≤$2a_s'$，且钢筋满足一定的要求

26. 一个钢筋混凝土矩形截面偏心受压短柱，当作用的轴向荷载N和弯矩M分别为 3000kN 和 350kN · m 时，该构件纵向受拉钢筋达到屈服的同时，受压区混凝土也被压溃。试问下列哪组轴向荷载N和弯矩M作用下该柱一定处于安全状态？

A. $N = 3200\text{kN}$，$M = 350\text{kN} \cdot \text{m}$

B. $N = 2800\text{kN}$，$M = 350\text{kN} \cdot \text{m}$

C. $N = 0\text{kN}$，$M = 300\text{kN} \cdot \text{m}$

D. $N = 3000\text{kN}$，$M = 300\text{kN} \cdot \text{m}$

27. 下面关于钢筋混凝土剪力墙结构中边缘构件的说法中正确的是：

A. 仅当作用的水平荷载较大时，剪力墙才设置边缘构件

B. 剪力墙若设置边缘构件，必须为约束边缘构件

C. 所有剪力墙都需设置边缘构件

D. 剪力墙只需设置构造边缘构件即可

28. 设计我国东北地区露天运行的钢结构焊接吊车梁时宜选用的钢材牌号为：

A. Q235A　　　　B. Q355B

C. Q235C　　　　D. Q355D

29. 图中所示工形截面简支梁的跨度、截面尺寸和约束条件均相同，根据弯矩图（$|M_1| > |M_2|$），可判断整体稳定性最好的是：

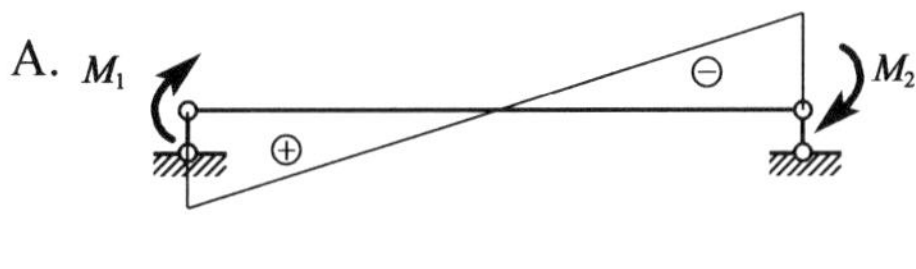

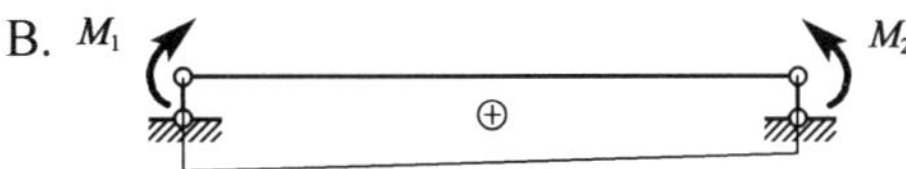

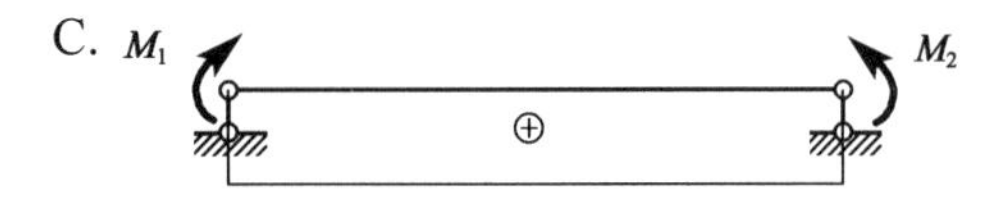

30. 计算拉力和剪力同时作用的普通螺栓连接时，螺栓：

A. 抗剪承载力设计值取$N_{v}^{b}=0.9n_{f}\mu P$

B. 承压承载力设计值取$N_{c}^{b}=d\sum t f_{c}^{b}$

C. 抗拉承载力设计值取$N_{t}^{b}=0.8P$

D. 预拉力设计应进行折减

31. 抗震设防烈度 8 度、设计地震基本加速度为$0.20g$的地区，对普通砖砌体多层房屋的总高度、总层数和层高的限值是：

A. 总高 15m，总层数 5 层，层高 3m

B. 总高 18m，总层数 6 层，层高 3m

C. 总高 18m，总层数 6 层，层高 3.6m

D. 总高 21m，总层数 7 层，层高 3.6m

32. 多层砖砌体房屋顶部墙体有八字缝产生，较低层都没有，估计产生这类裂缝的原因是：

A. 墙体承载力不足

B. 墙承载较大的局部压力

C. 房屋有过大的不均匀沉降

D. 温差和墙体干燥

33. 下列有关墙梁的说法中正确的是：

A. 托梁在施工阶段的承载力不需要验算

B. 墙梁的受力机制相当于“有拉杆的拱”

C. 墙梁墙体中可无约束地开门窗

D. 墙体两侧的翼墙对墙梁的受力没有什么影响

34. 在描述岩石蠕变理论模型中，用弹性模量进行并联时，能描述出下列哪种蠕变阶段：

A. 瞬时变形

B. 初期蠕变

C. 等速蠕变

D. 加速蠕变

35. 在地下某深度对含有地下水的较完整体进行应力测量，一般应选择下列哪种测试方法？

A. 孔壁应变法

B. 孔径变形法

C. 孔底应变法

D. 表面应变法

36. 关于土的密实程度，下列说法正确的是：

A. 同一种土，土的孔隙比越大，表明土越密实

B. 同一种土，土的干密度越大，表明土越密实

C. 同一种土，土的相对密度越小，表明土越密实

D. 同一种土，标准贯入试验的锤击数越小，表明土越密实

37. 已知甲土的压缩系数为 0.1MPa^{-1}，乙土的压缩系数为 0.6MPa^{-1}，关于两种土的压缩性比较，下列说法正确的是：

A. 甲土比乙土的压缩性大

B. 甲土比乙土的压缩性小

C. 不能判断，需要补充两种土的泊松比

D. 不能判断，需要补充两种土的强度指标

38. 下列哪种试验不能测试土的抗剪强度指标？

A. 三轴试验　　B. 直剪试验

C. 十字板剪切试验　　D. 载荷试验

39. 直立光滑挡土墙，其主动土压力分布为两级平行线，如图所示，其中$c_1 = c_2 = 0$，则两层土参数的正确关系为：

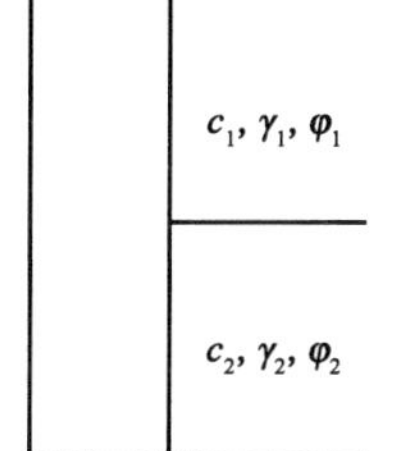

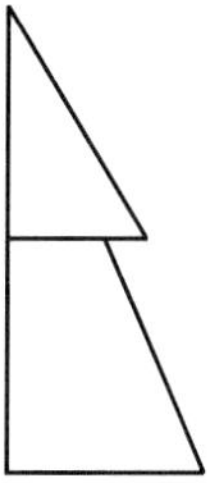

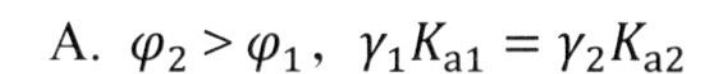

A. $\varphi_2 > \varphi_1$，$\gamma_1 K_{a1} = \gamma_2 K_{a2}$

B. $\varphi_2 < \varphi_1$，$\gamma_1 K_{a1} = \gamma_2 K_{a2}$

C. $\varphi_2 < \varphi_1$，$\gamma_1 = \gamma_2$

D. $\varphi_2 > \varphi_1$，$\gamma_1 > \gamma_2$

40. 地基极限承载力计算公式$p_{\text{v}} = \frac{1}{2}\gamma B N_\gamma + q N_{\text{q}} + c N_{\text{c}}$中，系数$N_{\text{c}}$主要取决于：

A. 土的黏聚力为c　　B. 土的内摩擦角φ

C. 基础两线荷载q　　D. 基础以下土的重度γ

41. 下列岩石中，最容易遇水软化的是：

A. 白云岩　　B. 混积岩

C. 石灰岩　　D. 硅质页岩

42. 下列构造中，不属于沉积岩的构造是：

A. 片理　　B. 结核

C. 斜层理　　D. 波痕

43. 岩浆岩和沉积岩之间最常见的接触关系是：

A. 侵入接触　　B. 沉积接触

C. 不整合接触　　D. 断层接触

44. 距离现代河床越高的古阶地的特点是：

A. 结构越粗　　B. 结构越细

C. 年代越新　　D. 年代越老

45. 地球岩体中的主要结构面类型是：

A. 剪裂隙　　B. 张裂隙

C. 层间裂隙　　D. 风化裂隙

46. 黏土矿物产生于：

A. 岩浆作用　　B. 风化作用

C. 沉积作用　　D. 变质作用

47. 群发性岩溶地面塌陷通常与下列哪项条件有关？

A. 地震　　B. 煤矿无序开采

C. 过度开采承压水　　D. 潜水位大幅下降

48. 粉质黏土层的渗透系数一般在：

A. 1cm/s左右　　B. 10^{-2}cm/s左右

C. 10^{-4}cm/s左右　　D. 10^{-5}cm/s左右

49. 通过压水试验可以确定地下岩土的：

A. 含水性　　B. 给水性

C. 透水性　　D. 吸水性

50. 若需对土样进行颗粒分析试验和含水率试验，则土样的扰动程度最差可以控制到：

A. 不扰动土　　B. 轻微扰动土

C. 显著扰动土　　D. 完全扰动土

51. 地震条件下的岩石边坡失稳，下列哪种现象最为普遍：

A. 开裂与崩塌　　B. 岩层倾倒

C. 坡体下滑　　D. 坡体错落

52. 通过设置挡墙、抗滑桩、锚杆（索）等支护措施，可改善斜坡力学平衡条件，其原因是：

A. 提高了地基承载力

B. 提高了岩土体的抗剪强度

C. 减小了斜坡下滑力

D. 增大了斜坡抗滑力

53. 某岩基作用有竖向荷载，岩基的重度$\gamma=25\mathrm{kN/m^3}$，$c=50\mathrm{kPa}$，$\varphi=35°$，当条形基础的宽度为2m，且无附加应力时，其极限承载力是：

A. 2675kPa　　B. 3590kPa

C. 4636kPa　　D. 3965kPa

54. 季节性冻土的设计冻深z_d与标准冻深z_0相比有：

A. $z_\mathrm{d} \geqslant z_0$

B. $z_\mathrm{d} \leqslant z_0$

C. $z_\mathrm{d}=z_0$

D. 两者不存在总是大或总是小的关系，需要根据影响系数具体计算确定

55. 软弱下卧层验算公式$p_z+p_\mathrm{cz} \leqslant f_\mathrm{az}$，其中$p_\mathrm{cz}$为软弱下卧层顶面处土的自重应力值，下列说法正确的是：

A. p_cz的计算应当从地表算起

B. p_cz的计算应当从基础顶面算起

C. p_cz的计算应当从基础底面算起

D. p_cz的计算应当从地下水位算起

56. 基坑工程中的悬臂式护坡桩受到的主要荷载是：

A. 竖向荷载，方向向下　　B. 竖向荷载，方向向上

C. 水平荷载　　D. 复合受力

57. 均质地基，承台上承受均布荷载，正常工作状态下下面哪根桩的受力最小：

A. 桩 A

B. 桩 B

C. 桩 C

D. 桩 D

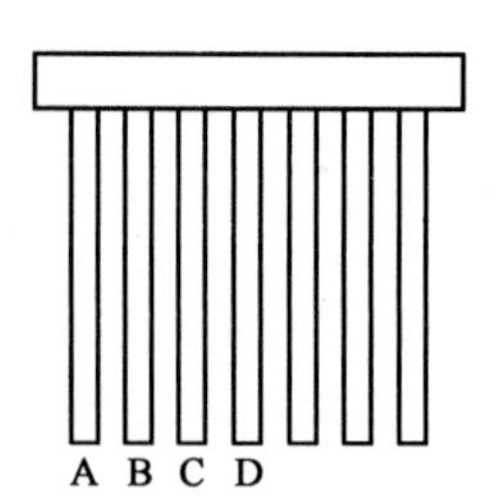

58. 下列地基中，最适合使用振冲法处理的是：

A. 饱和黏性土

B. 松散的砂土

C. 中密的砂土

D. 密实砂土

59. 已知复合地基中桩的面积置换率为 0.15，桩土抗力比为 5，基底压力为p（kPa），其中桩的压力为：

A. 3.13p

B. 0.63p

C. 0.62p

D. 1.53p

60. 下面哪一种土工合成材料可以作为防渗材料：

A. 土工格栅

B. 有纺布

C. 无纺布

D. 土工合成材料黏土衬垫

2018 年度全国勘察设计注册土木工程师（岩土）执业资格考试基础考试（下）试题解析及参考答案

1. 解　断裂力学说明材料的断裂是裂缝扩展的结果，所以脆性材料的断裂强度不取决于裂缝的数量，而是取决于裂缝的大小，即材料中最大裂缝的长度。

答案：A

2. 解　密度是指材料在绝对密实状态下，单位体积的质量，与材料的孔隙无关，与材料的组成有关，所以当材料的组成相同时，其密度也相同。表观密度是指材料在自然状态下，单位体积的质量，与材料的孔隙率有关。材料的孔隙率指材料在自然状态下，孔隙的体积占总体积的百分率。空隙率是指散粒材料在堆积状态下，空隙的体积占总体积的百分率。所以，对于同一组成、不同表观密度的无机非金属材料，由于密度相同，表观密度越大，材料的孔隙率越小，即密实度越高，强度也越高。

答案：A

3. 解　水泥中掺入的活性混合材料能够与水泥水化产生的氢氧化钙发生反应，生成水化硅酸钙等水化产物，该反应称为火山灰反应。碳化反应指氢氧化钙（来自生石灰或水泥水化产物）在潮湿条件下与二氧化碳反应生成碳酸钙的反应。钙矾石生成反应指水泥混凝土中的水化铝酸钙与二水硫酸钙（即石膏）反应生成三硫型水化硫铝酸钙（即钙矾石）的反应，该反应会导致水泥混凝土体积显著膨胀。延迟钙矾石反应是指在已经硬化的混凝土中发生生成钙矾石的反应，因为体积膨胀，所以会导致混凝土开裂，甚至破坏。

答案：A

4. 解　混凝土的碱-骨料反应是内部碱性孔隙溶液和骨料中的活性成分发生了反应，因此控制工程中碱-骨料反应的措施包括：①降低混凝土中的含碱量；②控制活性骨料的使用；③采用活性掺和料（如粉煤灰、矿渣粉等）；④加入碱-骨料反应抑制剂等。四个选项中，控制碱-骨料反应的最有效措施为降低混凝土含碱量。

答案：C

5. 解　国家标准《普通混凝土力学性能试验方法标准》（GB/T 50081—2019）规定，采用边长 150mm 的立方体试件，在规定的劈裂试验装置上测定混凝土的劈裂破坏荷载，按照以下公式推导出混凝土的劈裂抗拉强度。

$$f_{ts}=\frac{2F}{\pi A}=0.637\frac{F}{A}$$

式中，F为破坏荷载，单位为 N；A为试件的劈裂面积，单位为 mm^2。

所以，可以根据混凝土的劈裂强度推导出其抗拉强度。

答案：C

6. 解 冷弯性能指钢材在常温下抵抗弯曲变形的能力，反映钢材在非均匀受力变形时的塑性变形能力。抗拉强度反映钢材在拉力作用下所能承受的极限荷载。伸长率是指钢材在拉力作用下，拉断时伸长的长度占初始标距长度的百分比，是衡量钢材均匀变形时塑性变形能力的技术指标。冲击韧性指钢材抵抗冲击荷载作用的能力。

答案：C

7. 解 土是固体颗粒、水和空气的混合物。土的密度是指土的单位体积质量，一般分为天然密度、干密度、饱和密度和有效密度，可以通过试验直接测定，比如环刀法适宜测定不含骨料的黏性土的密度；灌砂法适宜测定细粒土、砂类土和砾类土的密度，一般在室外采用。土粒密度是指土壤中固体颗粒的密度，可以采用比重瓶法直接测定。土的含水率是指土中所含水的质量占土干燥质量的百分比，即通过测定土样在 105~110°C 温度下烘干至恒重时所失去的水的质量和恒重时干土质量计算其含水率。土的孔隙率是指土中孔隙的体积占土总体积的百分率，需要通过土的密度和土粒密度换算得到。所以土的指标中，土的密度、土粒密度和土的含水率可以通过试验直接测定，而土的孔隙率则需要通过换算得到。

答案：D

8. 解 经纬仪照准同一竖直面内不同高度的两个目标点，水平角读数理论上应相等。

答案：A

9. 解 根据《国家三、四等水准测量规范》（GB/T 12898—2009），四等水准测量的前后视距差限差是 3m。

答案：B

10. 解 按照比例尺精度的概念求解，即图上 0.1mm 的长度，其对应的实际地面水平距离应大于或等于 0.2m。由此得：$0.1 \times M \geqslant 0.2 \times 10^3$，所以$M \geqslant \frac{0.2 \times 10^3}{0.1} = 2000$，比例尺为$\frac{1}{M}$，即$\frac{1}{2000}$。

答案：C

11. 解 微倾式水准仪轴线之间应满足的主要条件是视准轴平行于水准管轴。

答案：C

12. 解 同一张地形图上，等高线越密集，坡度越陡。

答案：B

13. 解 《工程建设项目报建管理办法》是住建部制定的部门法规。

答案：C

14. 解 原国家建设委员会和城市建设部于 1958 年联合颁发的《关于城市规划几项控制指标的通

知》，是我国第一个有关城市规划定额指标的文件。1980 年原国家基本建设委员会对上项文件做了修订，改为《城市规划定额指标暂行规定》。这个暂行规定给出的总体规划定额指标，是城市发展的控制性指标，作为编制城市总体规划的依据。主要内容有：

①城市人口规模的划分和规划期人口的计算。提出不同规模和类别的城市基本人口、服务人口和被抚养人口各自占城市总人口比例的参考数值。

②生活居住用地指标。指居住用地、公共建筑用地、公共绿地、道路广场等四项用地的人均用地指标（近期的和远期的）。规定城市每一居民占有生活居住用地，近期为 24~35m^2、远期为 40~58m^2。

③道路分类和宽度。城市道路按设计车速分为四级，并分别规定了各级道路的总宽度、不同性质和规模的城市采用不同等级的道路，还规定了干道间距、密度和停车场的用地等。

④城市公共建筑用地。规定分为市级、居住区级和居住小区级三级。居住区人口规模一般按 4 万~5 万人、小区按 1 万人左右考虑；每一居民占有城市公共建筑用地的指标，近期为 6~8m^2，远期为 9~13m^2。

⑤城市公共绿地。也规定分为市级、居住区级和居住小区级三级。每一居民占有城市公共绿地的指标，近期为 3~5m^2，远期为 7~11m^2。

这其中不包括具体用水量，所以选项 A 正确。

答案：A

15. 解 《中华人民共和国城乡规划法》第三十六条规定，按照国家规定需要有关部门批准或者核准的建设项目，以划拨方式提供国有土地使用权的，建设单位在报送有关部门批准或者核准前，应当向城乡规划主管部门申请核发选址意见书。

选项 B 的表述和上述条文不符。

选项 C 中的文字“审批”不合适，选址意见书是规划主管部门给下级建设单位核发的文件，而不是对下级单位呈送文件的审批。

选项 D 也不对，大中型项目不能由所在地的县市政府核发选址意见书，而是提出意见报国务院备案。

答案：A

16. 解 《中华人民共和国城乡规划法》第四条规定，制定和实施城乡规划，应当遵循城乡统筹、合理布局、节约土地、集约发展和先规划后建设的原则，改善生态环境，促进资源、能源节约和综合利用，保护耕地等自然资源和历史文化遗产，保护地方特色、民族特色和传统风貌，防止污染和其他公害，并符合区域人口发展、国防建设、防灾减灾和公共卫生、公共安全的需要。条文中“改善生态环境”和“防止污染和其他公害”等内容就是“关注民生”；“促进资源、能源节约和综合利用”和“符合区域人口发展、国防建设、防灾减灾和公共卫生、公共安全的需要”等内容就是“可持续发展”；条文中还提到了城乡统筹。

答案：D

17. 解 灌注桩施工采用人工挖孔，成孔时仅需使用小型机具，占用场地小，故适合在狭窄现场施工。而其他选项的成孔方法均需较大型的沉管或钻孔机械，不但占用场地大，还可能产生较大的振动力。其中泥浆护壁钻孔还需要泥浆制备、存储、输送、滤渣等设备。

答案：C

18. 解 制作预应力结构构件，采用钢管抽芯法留设孔道时，混凝土浇筑后应每隔 10~15min 转动钢管，以避免与混凝土黏结；当混凝土初凝后、终凝前，将钢管边旋转边抽出。抽管时机既关系到孔道能否成型，又关系到钢管能否顺利拔出。

答案：B

19. 解 网络计划中，关键线路就是总持续时间最长的线路，它决定了工期，因此关键线路上的每项工作都是关键工作；一般情况下（计划工期等于计算工期），总时差为零的工作为关键工作；而关键线路上可能有虚工作。

答案：B

20. 解 施工组织总设计的编制程序主要为：拟定施工部署与施工方案→编制施工进度计划→编制资源配置计划（需要量计划）→编制施工准备计划→设计施工平面图。其中施工部署与施工方案是编制进度计划和施工平面图的依据，而进度计划是编制资源计划、施工准备计划等各种计划的依据。

答案：D

21. 解 横道图计划的进度线及时标网络计划的箭线均应从左向右绘制。因此，采用匀速进展横道图比较法检查进度状况时，实际进度线右端若落在检查日期位置的左侧，则表明实际进度拖后；若二者重合，则表明实际进度与进度计划一致；若落在检查日期的右侧，则表明实际进度超前。

答案：A

22. 解 先针对结构整体，分别对两底铰计算力矩平衡，可知两个竖向反力为零。再针对半结构，对顶部铰计算力矩平衡，可得：

$$F_{\mathrm{H}}L + M = 0 \Rightarrow F_{\mathrm{H}} = -\frac{M}{L}$$

答案：B

23. 解 有阻尼单自由度体系受简谐荷载作用，当荷载频率接近结构自振频率（接近共振）时，位移与荷载相差的相位角接近 90°。故当荷载值为最大时，位移和加速度接近于零，因而弹性力和惯性力都接近于零，这时动荷载主要由阻尼力平衡。共振时阻尼起重要作用不容忽视。

答案：B

24. 解 设想撤去铰B，当经历温度均匀降低时，若竖杆缩短量为Δ，则斜杆缩短量为$\sqrt{2}\Delta$，如解图所示，这时每杆下端可以上端铰为圆心、以缩短后的杆长为半径画弧（现为小变形用切线代替）寻找联结点。在图 b）中三切线共同交于B'点，在此点重新用铰联结，既满足零内力平衡又满足变形协调，即为真实状态。而图 a）中三切线没有共同交点，即零内力无法满足变形协调，只有杆件受力才能变形协调用铰联结。

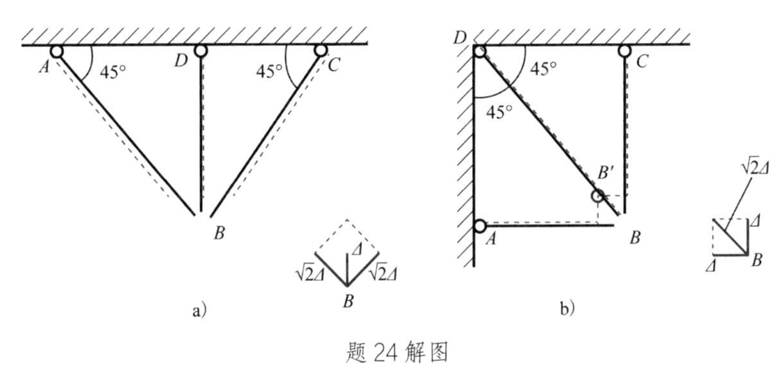

题 24 解图

答案：B

25. 解 根据《混凝土结构设计规范》（GB 50010—2010）第 6.2.10 条公式（6.2.10-4），混凝土受压区高度应符合$x \geqslant 2a'_s$，其目的是保证受压区钢筋达到其屈服强度。根据第 9.2.1 条，纵向受力钢筋应满足最小钢筋直径、最小钢筋净距的要求。

答案：C

26. 解 此荷载组合为大、小偏心受压构件的界限破坏状态$(\xi = \xi_b)$，此时构件达到最大的抗弯承载能力M_{max}。对于选项 D，轴向力相等，且弯矩小于构件的最大抗弯承载能力M_{max}，因此该荷载组合作用下，柱一定处于安全状态。

答案：D

27. 解 《混凝土结构设计规范》（GB 50010—2010）（2015 年版）第 11.7.17 条规定，剪力墙两端及洞口两侧应设置边缘构件。当边缘构件的轴压比不大于表 11.7.17 规定时，可按规范规定设置构造边缘构件；当墙肢底截面轴压比大于表 11.7.17 规定时，应按规范规定设置约束边缘构件。所以，所有的剪力墙都需设置边缘构件。

答案：C

28. 解 东北绝大部分地区的最低基本气温低于−20℃[见《建筑结构荷载规范》(GB 50009—2012）表 E.5]，所以该吊车梁的工作温度应按低于−20℃考虑，根据《钢结构设计标准》（GB 50017—2017）第 4.3.3 条第 2 款，需要验算疲劳的焊接结构用钢材，当工作温度不高于−20℃时，Q235 钢和 Q355 钢不应低于 D 级。

答案：D

29. 解 梁端有弯矩，但跨中无荷载作用，由《钢结构设计标准》（GB 50017—2017）附录 C 表 C.

0.1，梁的整体稳定性系数：

$$\varphi_b = 1.75 - 1.05\frac{M_2}{M_1} + 0.3\left(\frac{M_2}{M_1}\right)^2$$

式中M_1和M_2为梁的端弯矩，使梁产生同向曲率时M_1和M_2取同号，产生反向曲率时取异号。

由梁平面内整体稳定性计算公式（6.2.2）：

$$\frac{M_x}{\varphi_b W_x f} \leqslant 1.0$$

可知，其他参数相同的情况下，φ_b越大，梁的整体稳定性越好。排除弯矩图无反弯点（梁端弯矩同号）的选项B和C，比较选项A和D的弯矩图，左端弯矩M_1的绝对值相等，右端弯矩M_2的绝对值图A大于图D，所以选项A的φ_b值较选项D大。

答案：A

30. 解 选项A、C是高强度螺栓摩擦型连接的计算公式。普通螺栓连接的承压承载力设计值按选项B的公式计算，见《钢结构设计标准》（GB 50017—2017）公式（11.4.1-3）：

$$N_c^b = d\sum t f_c^b$$

答案：B

31. 解 根据《砌体结构设计规范》（GB 50003—2011）第10.1.2条表10.1.2，设防烈度8度，设计基本地震加速度为$0.20g$的地区，普通砖砌体多层房屋的总高度限值为18m，总层数为6层；第10.1.4条第1款1），多层砌体结构房屋的层高不应超过3.6m。

答案：C

32. 解 产生该种裂缝的原因一般为温度变形和砌体干缩变形。

答案：D

33. 解 《砌体结构设计规范》（GB 50003—2011）第7.3.5条规定，墙梁应进行托梁使用阶段正截面承载力和斜截面承载力计算，以及施工阶段承载力验算，选项A错误。第7.3.2条对墙梁上开洞口做了明确的规定，选项C错误。根据第7.3.9条，墙梁的墙体受剪承载力验算，考虑了翼墙的影响，选项D错误。

无洞口墙梁主压力迹线呈拱形，作用于墙梁顶面的荷载通过墙体的拱作用向支座传递。托梁主要承受拉力，两者组成一拉杆拱受力机构，选项B正确。

答案：B

34. 解 基本流变原件包括可表示弹性变形的弹簧、表示黏性特性的黏壶以及表示塑性流动的滑块，题目中的弹性模量可看作为弹簧，弹簧可分别与黏壶和滑块并联后组合成不同的组合模型。对于弹簧与滑块的并联模型，若应力小于滑块的滑动应力阈值，则模型的应变为零；若应力大于或等于滑块的滑动应力阈值，由于滑块会产生塑性流动，则模型应变将不断增大。可见此模型无法表现瞬时变形和蠕变。弹簧与黏壶并联后形成的流变模型（即开尔文模型）的蠕变方程如下：

$$\varepsilon = \frac{\sigma_0}{K}\left[1 - \exp\left(-\frac{K}{\eta}t\right)\right]$$

式中，σ_0为应力水平；K表示弹簧系数；η表示材料的黏性系数；t表示时间。

由上式可以看出，当时间为零时，应变为零，模型无法反映材料的瞬时变形。随着时间的增大，应变呈负指数规律逐渐增大，并最终趋于稳定，因此，模型不能表现等速蠕变和加速蠕变。所以，本题最接近的答案为B。应注意，本题中的初期蠕变并非常用名词，一般叫第一阶段蠕变。

答案：B

35. 解 四个选项都是地应力测量方法，其中孔壁应变法、孔底应变法及表面应变法都需要在岩体表面上粘贴应变片，但在含有地下水的岩体表面粘贴应变片比较困难，无法保证测量质量。相反，孔径应变法是利用引伸计测量钻孔直径的变形，不受地下水的影响。

答案：B

36. 解 一般土的干密度越大，孔隙比、孔隙率均越小，标准贯入试验的锤击数越高，土体越密实。

答案：B

37. 解 土的压缩系数是反映土体压缩性大小的指标，是压缩试验所得到的e-p曲线上某一压力段的割线（或切线）的斜率。斜率越小，压缩系数越小，土的压缩性越小。

答案：B

38. 解 土的抗剪强度指标是c、φ值，载荷试验不能测得土的抗剪强度指标。

答案：D

39. 解 理解“其主动土压分布为两级平行线”为在两层土中土压力分布线斜率相同，根据主动土压力公式$p_a = \gamma z \tan^2\left(45° - \frac{\varphi}{2}\right) - 2c\tan\left(45° - \frac{\varphi}{2}\right)$，$c_1 = c_2 = 0$。

说明：原题图表达的两层土中土压力分布斜率并不一致。

答案：A

40. 解 据地基承载力公式，N_c的大小主要取决于土的内摩擦角φ，N_γ、N_q、N_c统称为承载力系数，因N_c在承载力公式中是修正与黏聚力c相关的承载力项，因此N_c也是与黏聚力c相关的承载力系数。

答案：B

41. 解 白云岩、石灰岩为碳酸盐岩，前者遇水不易溶解，后者易溶解；硅质页岩由于为硅质胶结的页岩，遇水不易软化；混积岩是陆源碎屑和碳酸盐颗粒及灰泥混合在一起的沉积岩，属于陆源碎屑岩和碳酸盐岩之间的过渡类型，遇水易软化。

答案：B

42. 解 沉积岩中常有圆形或不规则的与周围岩石成分、颜色、结构不同、大小不一的无机物包裹体，称为结核。波痕是沉积过程中，沉积物由于受风力或水流的波浪作用，在沉积岩层面上遗留下来的波浪的痕迹。沉积岩层中当层理与层面斜交时，称为斜层理。片理是变质岩中在定向挤压应力的长期作用下，岩石中含有大量片状、板状、纤维状矿物互相平行排列形成的构造。

答案：A

43. 解 侵入接触指沉积层形成在先，后来岩浆岩侵入其中。沉积接触指侵入岩先形成，之后地壳上升受风化剥蚀，然后地壳又下降接受新的沉积。不整合接触也称角度不整合接触，是指上下地层间有明显的沉积间断，且上下地层产状不同，以一定角度相交。断层接触为断层两侧岩石的接触关系。

答案：A

44. 解 河流阶地，是指河谷内河流侵蚀或沉积作用形成的阶梯状地形，又称为阶地或台地，阶地的划分，是由现代河床由低到高依次命名为一级阶地、二级阶地、三级阶地等。因此，距离现代河床越高的古阶地的特点是年代越老。各阶地的物质组成各异，不是越老阶地物质成分和结构就一定越粗。

答案：D

45. 解 层间裂隙是沉积岩层层间错动的产物。风化裂隙是地表风化营力造成岩体破裂形成，一般不规则，由地表向内部逐渐减少直至消失。岩体内剪裂隙和张裂隙分别是由构造剪切应力和张拉应力形成的，岩体中的剪裂隙分布最为普遍。

答案：A

46. 解 岩浆从形成、运动、演化直至冷凝成岩的全过程，称为岩浆作用，形成的岩石为岩浆岩。沉积作用是被运动介质搬运的物质到达适宜的场所后，由于条件发生改变而发生沉淀、堆积的过程，经固结硬化形成沉积岩。地球内力引起岩石产生结构、构造以及矿物成分改变而形成新岩石的过程称为变质作用，形成的岩石称为变质岩。地壳表层的岩石，在太阳辐射、大气、水和生物等风化营力的作用下，发生物理和化学变化，使岩石崩解破碎以致逐渐分解而在原地形成松散堆积物的过程，称为风化作用，黏土矿物是风化作用形成的新矿物。

答案：B

47. 解 地震、煤矿无序开采造成的地面塌陷不属于岩溶地面塌陷。过度开采承压水会造成地面沉降。岩溶区地下水位即潜水位的大幅下降将会造成覆盖性岩溶地区的地面形成群发性地面塌陷。

答案：D

48. 解 各类岩土层的渗透系数差异巨大，而黏土层、粉质黏土层渗透系数小，一般在10^{-5}cm/s左右；粉土渗透系数一般在10^{-4}cm/s左右；中砂渗透系数一般在10^{-2}cm/s左右；卵砾石、漂石渗透系数一般在1cm/s左右。

答案：D

49. 解 含水性是指岩土介质含有水的性能，用含水量表示。给水性是饱水岩土在重力作用下能自由排出水的能力，可用给水度表示。吸水性是指岩土吸收并保持其水分的性质，可用吸水率表示。透水性是指岩土允许水透过的能力，评价岩土透水性的指标是渗透系数。

压水试验是在现场进行确定地下岩土渗透性和渗透系数的试验方法。

答案：C

50. 解 现场采集的土试样质量分为I级不扰动土、II级轻微扰动土、III级显著扰动土和IV级完全扰动土。I级不扰动土土样可以进行土类定名、含水率、密度、强度和固结试验，II级轻微扰动土土样可以进行土类定名、含水率和密度试验，III级显著扰动土土样可以进行土类定名和含水率试验，IV级完全扰动土土样仅可以进行土类定名。

答案：C

51. 解 地震对边坡的作用主要包括：对边坡施加水平和竖向的地震惯性力，同时伴随着强烈的震动。前者将增大边坡的下滑力，减小滑面上的法向力，从而减小抗滑力，导致边坡发生滑动破坏；后者则会引起坡体表面附近岩块的松动和掉块。倾倒破坏和错落都需要特别的地质条件，因此，从地震对边坡稳定性的影响来看，选项B、D可以不考虑，只能从选项A、C中选择最合理的答案。虽然滑坡的破坏危害更严重，但本题问的是地震时最常见的现象，所以，结合大地震时经常出现崩塌、落石发生的实际情况，选择A较为合理。

答案：A

52. 解 挡墙、抗滑桩属于支挡结构，其作用是提高斜坡的抗滑力，阻止坡体下滑。锚杆由于与滑面斜交，给滑面上分别施加了一个法向压力和抗滑力，所以也能显著提高斜坡的抗滑力。因此，四个选项中，选项D最恰当。

答案：D

53. 解 条形基础的岩基承载力理论计算公式为：

$$q_{\mathrm{f}}=0.5\gamma bN_{\gamma}+cN_{\mathrm{c}}+qN_{\mathrm{q}}$$

其中，

$$N_{\gamma}=\tan^{6}\left(45^{\circ}+\frac{\varphi}{2}\right)-1$$

$$N_{\mathrm{c}}=5\tan^{4}\left(45^{\circ}+\frac{\varphi}{2}\right)$$

$$N_{\mathrm{q}}=\tan^{6}(45^{\circ}+\frac{\varphi}{2})$$

式中，N_{γ}、N_{c}、N_{q}称为承载力系数；γ、c分别为岩体的重度和黏聚力；q为岩基上的竖向均布荷载。

将以上参数值代入以上公式可得：

$$N_{\gamma}=\tan^{6}\left(45°+\frac{\varphi}{2}\right)-1=\tan^{6}\left(45°+\frac{35°}{2}\right)-1=49.25$$

$$N_{c}=5\tan^{4}\left(45°+\frac{\varphi}{2}\right)=5\tan^{4}\left(45°+\frac{35°}{2}\right)=68.09$$

本题中，$q=0$，因此：

$$\begin{aligned}q_{f}&=0.5\gamma bN_{\gamma}+cN_{c}+qN_{q}\\&=0.5\times25\times2\times49.25+50\times68.09=4635.75\text{kPa}\end{aligned}$$

上述计算结果与选项C最接近。

答案： C

54. 解 季节冻土的基础埋置深度中采用的设计冻深，是由标准冻深经修正后得到计算值。土的类别、土的冻胀性和环境都对标准冻深的修正结果有影响。

答案： D

55. 解 p_{cz}的计算应当从原地面算起。

答案： A

56. 解 原状土体基本固结，护坡桩主要受水平荷载作用。

答案： C

57. 解 由于群桩作用，中桩桩端土存在应力叠加现象，桩间正摩阻力减弱，单桩承载力降低较多。实际上，群桩及地基在不同承载状态下受力会有所不同。

答案： D

58. 解 地基处理是以达到土体密实、提高承载力为目的的。可以通过振冲法减小松散砂土的孔隙，挤密土颗粒，越松散的砂土处理效果越好，但该方法对密实砂土就会起到相反作用。黏性土有黏聚力，通过振冲法达不到使其密实的效果。

答案： B

59. 解 设复合地基面积为A，据已知桩的面积置换率为0.15，则复合地基中桩总面积A_{p}为$0.15A$，加固后土面积A_{s}为$0.85A$；设土承受压（应）力为p_{s}，桩承受压（应）力为p_{p}，已知桩土抗力比（应力比）为$p_{p}/p_{s}=5$，则有$pA=p_{p}A_{p}+p_{s}A_{s}$，即$pA=0.2\times0.85Ap_{p}+0.15Ap_{p}$，桩压（应）力$p_{p}=3.13p$。

答案： A

60. 解 土工合成材料黏土衬垫有较好的防渗性能。

土工格栅、无纺布、有纺布在防渗透方面，或不具有防渗透性，或防渗透性达不到要求。

答案： D

2019年度全国勘察设计注册土木工程师（岩土）执业资格考试试卷

基础考试
（下）

二○一九年十月

应考人员注意事项

1. 本试卷科目代码为“2”，考生务必将此代码填涂在答题卡“科目代码”相应的栏目内，否则，无法评分。
2. 书写用笔：**黑色或蓝色钢笔、签字笔或圆珠笔**；
   填涂答题卡用笔：**黑色 2B 铅笔**。
3. 必须用书写用笔将工作单位、姓名、准考证号填写在答题卡和试卷相应的栏目内。
4. 本试卷由 60 题组成，每题 2 分，满分 120 分，本试卷全部为单项选择题，每小题的四个备选项中只有一个正确答案，错选、多选、不选均不得分。
5. 考生作答时，必须按**题号在答题卡上**将相应试题所选选项对应的**字母用 2B 铅笔涂黑**。
6. 在答题卡上书写与题意无关的语言，或在答题卡上作标记的，均按违纪试卷处理。
7. 考试结束时，由监考人员当面将试卷、答题卡一并收回。
8. 草稿纸由各地统一配发，考后收回。

单项选择题（共 60 题，每题 2 分。每题的备选项中只有一个最符合题意。）

1. 憎水材料的润湿角：

A. $>90°$ B. $<90°$

C. $>135°$ D. $\leqslant 180°$

2. 含水率 3%的砂 500g，其中所含的水量为：

A. 15g B. 14.6g

C. 20g D. 13.5g

3. 硅酸盐水泥熟料中含量最大的矿物成分是：

A. 硅酸三钙 B. 硅酸二钙

C. 铝酸三钙 D. 铁铝酸四钙

4. 现代混凝土使用的矿物掺合料不包括：

A. 粉煤灰 B. 硅灰

C. 磨细的石英砂 D. 粒化高炉矿渣

5. 混凝土的单轴抗压强度与三轴抗压强度相比：

A. 数值较大 B. 数值较小

C. 数值相同 D. 大小不能确定

6. 为了提高沥青的塑性、黏结性和可流动性，应增加：

A. 油分含量 B. 树脂含量

C. 地沥青质含量 D. 焦油含量

7. 相同牌号的碳素结构钢中，质量等级最高的等级是：

A. A B. B

C. C D. D

8. 水准测量中设P点为后视点，E点为前视点，P点的高程是 51.097m，当后视读数为 1.116m，前视读数为 1.357m 时，E点的高程是：

A. 51.338m B. 52.454m

C. 50.856m D. 51.213m

9. 下列可作为测量野外工作基准线的是：

A. 水平线　　B. 法线方向

C. 铅垂线　　D. 坐标纵轴方向

10. 若施工现场附近有控制点若干个，如果采用极坐标方法进行点位的测设，则测设数据为：

A. 水平角和方位角　　B. 水平角和边长

C. 边长和方位角　　D. 坐标增量和水平角

11. 在 1∶2000 地形图上有A、B两点，在地形图上求得A、B两点高程分别为H_A=51.2m、H_B=46.7m，地形图上量A、B两点之间的距离d_{AB}=93mm，则AB直线的坡度i_{AB}为：

A. 4.1%　　B. −4.1%

C. 2%　　D. −2.42%

12. 用视距测量方法求C、D两点间距离。通过观测得尺间隔$l = 0.276\text{m}$，竖直角$\alpha = 5°38'$，则C、D两点间的水平距离为：

A. 27.5m　　B. 27.6m

C. 27.4m　　D. 27.3m

13. 下列有关项目选址意见书的叙述，说法正确的是：

A. 以划拨方式提供国有土地使用权的建设项目，建设单位应向人民政府行政主管部门申请核发选址意见书

B. 内容包含建设项目的基本情况，规划选址的主要依据，选址用地规范与具体规划要求

C. 由公安部门审批项目选址意见书

D. 大、中型限额以上的项目，由项目所在地县、市人民政府核发选址意见书

14. 根据《建设工程安全生产管理条例》，建设工程安全生产管理应坚持的方针为：

A. 预防第一、安全为主　　B. 改正第一、罚款为主

C. 安全第一、预防为主　　D. 罚款第一、改正为主

15. 有关我国对代理招标机构的规定，下列说法错误的是：

A. 独立于任何行政机关的组织

B. 注册资金没有限制

C. 有专家库，用以邀请（随机抽取）技术、经济、法律方面的专家

D. 有固定的营业场所

16. 有关《民用建筑节能条例》，下列说法错误的是：

A. 鼓励发展集中供热

B. 逐步实行按照用热量收费制度

C. 人民政府应安排节能资金，支持民用建筑节能的科学技术研究以及标准制定

D. 自 2003 年起实行

17. 下列可作为检验填土压实质量控制指标的是：

A. 土的可松性　　B. 土的压实度

C. 土的压缩比　　D. 土的干密度

18. 某构件预应力筋的直径为 18mm，孔道灌浆后，对预应力筋处理错误的是：

A. 预应力筋锚固后外露长度留足 30mm

B. 多余部分用氧炔焰切割

C. 封头混凝土厚 100mm

D. 锚具采用封头混凝土保护

19. 设置脚手架连墙杆的目的是：

A. 为悬挂吊篮创造条件

B. 增加建筑结构的稳定性

C. 方便外装饰的施工操作

D. 抵抗风荷载

20. 在进行“资源有限、工期最短”优化时，当将某工作移出超过限量的资源时段后，计算发现总工期增量$\Delta > 0$，以下说法正确的是：

A. 总工期会延长　　B. 总工期会缩短

C. 总工期不变　　D. 无法判断

21. 某混凝土浇筑工程，总工程量为 2000m^3，预算单价 400 元/m^3，计划用 5 天时间完成（等速施工）。开工后第 3 天早晨刚上班时业主测量得知：已完成浇筑量 1200m^3，承包商实际付款累计 52 万元。应用挣值法（赢得值法）对项目进展进行评估，则下列评估结论正确的是：

A. 进度偏差= 10万元，因此进度超前

B. 费用偏差= 4万元，因此费用节省

C. 进度超前 1 天

D. 进度偏差= -400m^3，因此进度滞后

22. 图示结构BC杆的轴力为：

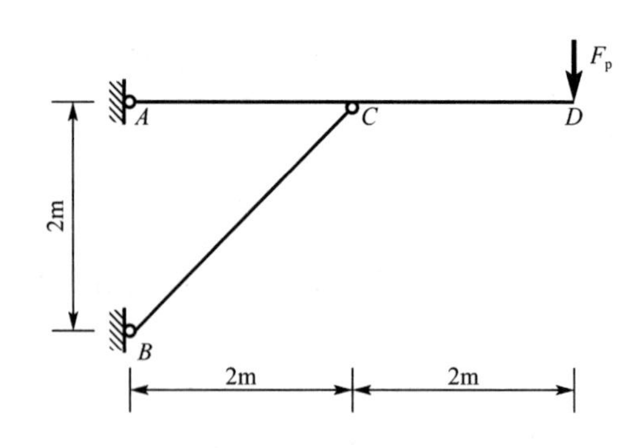

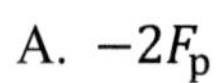

A. $-2F_p$

B. $-2\sqrt{2}F_p$

C. $-\sqrt{2}F_p$

D. $-4F_p$

23. 图示三铰拱，若高跨比$f/L=1/2$，则水平推力F_H为：

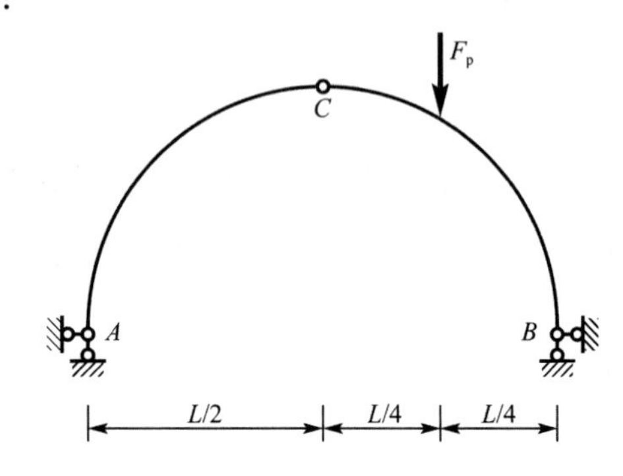

A. $\frac{1}{4}F_p$

B. $\frac{1}{2}F_p$

C. $\frac{3}{4}F_p$

D. $\frac{3}{8}F_p$

24. 图示结构EI=常数，当支座A发生转角θ时，支座B处截面的转角为（以顺时针为正）：

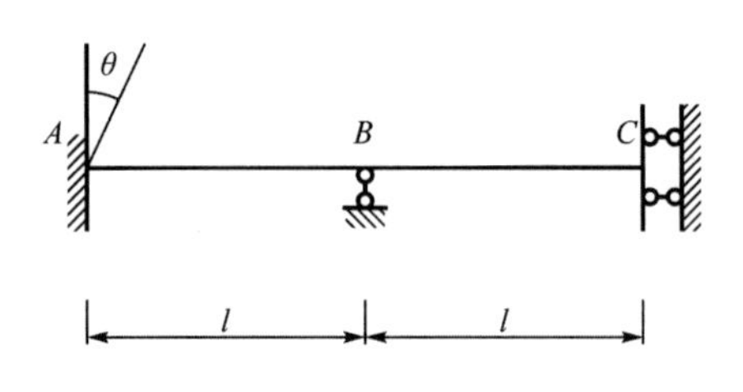

A. $\frac{1}{3}\theta$

B. $\frac{2}{5}\theta$

C. $-\frac{1}{3}\theta$

D. $-\frac{2}{5}\theta$

25. 用于建筑结构的具有明显流幅的钢筋，其强度取值是：

A. 极限受拉强度　　B. 比例极限

C. 下屈服点　　D. 上屈服点

26. 某一钢筋混凝土柱，在两组轴力和弯矩分别为(N_{1u},M_{1u})和(N_{2u},M_{2u})作用下都发生大偏心受压破坏，且$N_{1u}>N_{2u}$，则M_{1u}与M_{2u}的关系是：

A. $M_{1u}>M_{2u}$　　B. $M_{1u}=M_{2u}$

C. $M_{1u}<M_{2u}$　　D. $M_{1u}\leqslant M_{2u}$

27. 单层工业厂房中屋盖支撑的作用不包括：

A. 增强厂房的整体稳定性和空间刚度　　B. 传递纵向水平力

C. 保证受压构件的稳定性　　D. 承受吊车荷载

28. 下列属于碳素结构钢材牌号的是：

A. Q355B　　B. Q460GJ

C. Q235C　　D. Q390A

29. 设计跨中受集中荷载作用的工字形截面简支钢梁的强度时，应计算：

A. 梁支座处抗剪强度

B. 梁跨中抗弯强度

C. 截面翼缘和腹板相交处的折算应力

D. 以上三处都要计算

30. 采用高强度螺栓连接的构件拼接节点中，螺栓的中心间距应：（d_0为螺栓的孔径）

A. 不小于 $1.5d_0$　　B. 不小于 $3d_0$

C. 不大于 $3d_0$　　D. 不大于 $1.5d_0$

31. 《砌体结构设计规范》中砌体弹性模量的取值为：

A. 原点初始弹性模量　　B. $\sigma = 0.43f_{\mathrm{m}}$时的切线模量

C. $\sigma = 0.43f_{\mathrm{m}}$时的割线模量　　D. $\sigma = f_{\mathrm{m}}$时的切线模量

32. 配筋砌体结构中，下列说法正确的是：

A. 当砖砌体受压承载力不符合要求时，应优先采用网状配筋砌体

B. 当砖砌体受压构件承载能力不符合要求时，应优先采用组合砌体

C. 网状配筋砌体灰缝厚度应保证钢筋上下至少有 10mm 厚的砂浆层

D. 网状配筋砌体中，连弯钢筋网的间距S_{n}取同一方向网的间距

33. 进行砌体结构设计时，必须满足下面哪些要求：

①砌体结构必须满足承载力极限状态；

②砌体结构必须满足正常使用极限状态；

③一般工业与民用建筑中的砌体构件，可靠指标$\beta \geqslant 3.2$；

④一般工业与民用建筑中的砌体构件，可靠指标$\beta \geqslant 3.7$。

A. ①②③　　B. ①②④

C. ①④　　D. ①③

34. 下面哪一个指标可以直接通过室内试验测试出来？

A. 孔隙比　　B. 土粒相对密度

C. 相对密实度　　D. 饱和度

35. 某饱和土体，土粒相对密度$d_s = 2.70$，含水率$w = 30\%$，则其干密度为：

A. 1.49g/cm^3　　B. 1.94g/cm^3

C. 1.81g/cm^3　　D. 0.81g/cm^3

36. 已知甲土的压缩模量为 5MPa，乙土的压缩模量为 10MPa，关于两种土的压缩性的比较，下面说法正确的是：

A. 甲土比乙土的压缩性大

B. 甲土比乙土的压缩性小

C. 不能判断，需要补充两种土的泊松比

D. 不能判断，需要补充两种土所受的上部荷载

37. 下面可以作为时间因数单位的是：

A. 无量纲　　B. m^2/年

C. 年　　D. m/年

38. 直立光滑挡土墙后双层填土（图左），其主动土压力分布为一条折线（图右），相关指标关系正确的是：

A. $c_2 > c_1$，$\gamma_1 K_{\alpha1} = \gamma_2 K_{\alpha2}$

B. $c_2 < c_1$，$\gamma_1 K_{\alpha1} = \gamma_2 K_{\alpha2}$

C. $c_2 = c_1$，$K_{\alpha1} = K_{\alpha2}$，$\gamma_1 < \gamma_2$

D. $c_2 = c_1$，$K_{\alpha1} = K_{\alpha2}$，$\gamma_1 > \gamma_2$

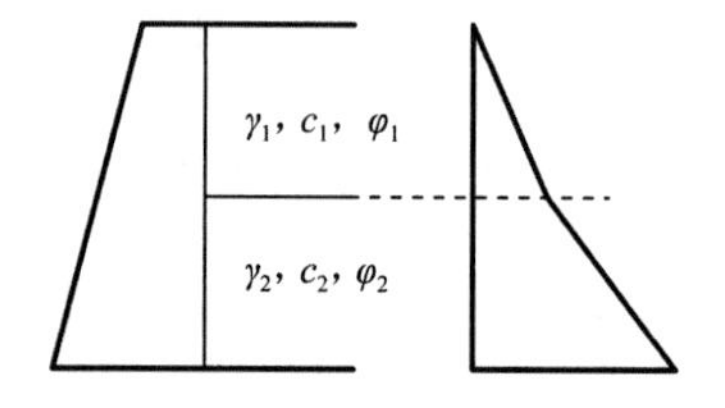

39. 岩石的吸水率是指：

A. 岩石试件吸入水的质量与岩石天然质量之比

B. 岩石试件吸入水的质量与岩石干质量之比

C. 岩土试件吸入水的质量与岩石饱和质量之比

D. 岩石试件天然质量与岩石饱和质量之比

40. 某层状结构的岩体，结构面结合良好，实测岩石单轴饱和抗压强度$R_c = 80\text{MPa}$，单位岩体体积的节理数$J_v = 6$条/m^3，按《工程岩体分级标准》（GB 50218—2014）确定该岩体的基本质量等级为：

A. I级　　B. II级

C. III级　　D. IV级

41. 地壳中含量最多的矿物是：

A. 高岭石　　B. 方解石

C. 长石　　D. 石英

42. SiO_2含量超过60%，Fe、Mg含量较低的岩浆岩，其颜色通常有哪一特征？

A. 颜色较浅　　B. 颜色较深

C. 颜色偏绿　　D. 颜色偏黑

43. 上盘相对上升、下盘相对下降的断层是：

A. 正断层　　B. 逆断层

C. 阶梯断层　　D. 地堑

44. 河流冲积物“二元结构”的特征是：

A. 上宽下窄　　B. 上窄下宽

C. 上粗下细　　D. 上细下粗

45. 张裂隙可能发育于下列哪一构造部位？

A. 背斜的转折端　　B. 背斜的核部

C. 向斜的核部　　D. 逆断层的两侧

46. 坡积物与河流中上游冲积物相比，具有下列结构特征，其中不正确的是：

A. 棱角更鲜明　　B. 碎屑颗粒的岩石种类较单一

C. 结构更松散　　D. 磨圆情况相近，岩石更新鲜

47. 地震烈度反映一次地震的：

A. 能量大小　　B. 地表破坏程度

C. 影响范围　　D. 地震裂隙情况

48. 下列地层中，透水性最弱的是：

A. 河床沉积物　　B. 河漫滩沉积物

C. 山麓坡积物　　D. 沙漠沉积物

49. 岩土试验参数的可靠性与适用性，可通过数据的变异系数来判断。对变异系数的要求是：

A. 小于 0.15　　B. 小于 0.10

C. 小于 0.05　　D. 不同试验指标不一样

50. 现场载荷试验中，下列情况可以作为试验终结条件的是：

A. 连续 2h 内每小时沉降量小于 0.1mm

B. 某级荷载下 24h 内沉降速率不能达到稳定标准

C. 本级沉降量达到承压板直径的 0.015 倍

D. 沉降位移超过百分表读数范围

51. 用混凝土土桩进行地基处理后的筏形基础属于：

A. 浅基础　　B. 桩基础

C. 深基础　　D. 扩展基础

52. 关于土的冻胀，下列说法正确的是：

A. 碎石土中黏粒含量较高时也会发生冻胀

B. 一般情况下粉土的冻胀性最弱，因为它比较松散，不易冻胀

C. 在冻胀性土上不能修建建筑物，应当将冻胀性土全部清除

D. 土的冻胀性主要取决于其含水量，与土的颗粒级配无关

53. 当地基沉降验算不能满足要求时，采取下面哪种措施对减小地基沉降比较有利？

A. 加大基础埋深

B. 降低地下水位

C. 减少基础深度

D. 将无筋扩展基础改为扩展基础

54. 关于桩的侧阻力，下列说法正确的是：

A. 通常情况下侧阻力的方向向下

B. 灌注桩施工完毕后采用后压浆技术可以提高桩的侧阻力

C. 竖向荷载变化时侧阻力和端阻力的分担比例不变

D. 抗拔桩不存在侧阻力

55. 承台设计无须验算下列哪一项?

A. 柱对承台的冲切

B. 角桩对承台的冲切

C. 斜截面抗剪

D. 刚性角

56. 强夯法处理黏性土地基后，地基土层的下列哪一性质发生了变化?

A. 颗粒级配　　B. 相对密度

C. 矿物成分　　D. 孔隙比

57. 下列不适合用土工格栅进行水平加筋的是：

A. 加筋土挡墙　　B. 加筋土边坡

C. 台背路基填土　　D. 基坑工程

58. 在下列各种因素中，对边坡岩体中的应力分布影响最为显著的是：

A. 边坡角　　B. 岩体中原始应力状态

C. 岩体的变形特征　　D. 岩体的结构特征

59. 产生岩块流动现象的原因目前认为是：

A. 剪切破坏　　B. 弯曲破坏

C. 塑性破坏　　D. 脆性破坏

60. 排水是提高岩石边坡稳定性的一个重要措施，主要表现在：

A. 渗漏量增大　　B. 水荷载减小

C. 应力方向改变　　D. 总应力减小

2019 年度全国勘察设计注册土木工程师（岩土）执业资格考试基础考试（下）试题解析及参考答案

1. 解 材料能被水润湿的性质称为亲水性，材料不能被水润湿的性质称为憎水性。一般可以按润湿边角的大小将材料分为亲水性材料和憎水性材料。润湿边角指在材料、水和空气的交点处，沿水滴表面的切线与水和固体接触面所形成的夹角。亲水性材料水分子之间的内聚力小于水分子与材料分子间的相互吸引力，润湿边角≤90°；憎水性材料的润湿边角＞90°。

答案：A

2. 解 含水率是材料吸湿性指标，为材料所含水的质量占材料干燥质量的百分比，即含水率$w=\frac{m_1-m}{m}$，其中m_1为材料吸收空气中水分后的质量，m为材料干燥状态下的质量。所以$3\%=\frac{500-m}{m}\times100\%$，得到$m=485.4\text{g}$，则$m_{水}=500-485.4=14.6\text{g}$。

答案：B

3. 解 硅酸三钙的含量为 35%~65%，硅酸二钙的含量为 18%~30%，铝酸三钙的含量为 5%~12%，铁铝酸四钙的含量为 10%~40%。所以，硅酸三钙的含量最多。

答案：A

4. 解 现代混凝土常用的矿物掺合料有硅灰、粉煤灰、粒化高炉矿渣等，这些矿物掺合料微观结构为玻璃体，因而具有活性。磨细石英砂具有晶体结构，常温下没有活性，所以不是现代混凝土的矿物掺合料。

答案：C

5. 解 在三轴抗压强度测试时，试件与受力方向垂直的另外两个方向有约束作用，可以延迟破坏，使测得的抗压强度高于单轴抗压强度。

答案：B

6. 解 石油沥青组分有油分、树脂和地沥青质。油分可以赋予沥青流动性，树脂可提高沥青的黏结性、塑性和可流动性，地沥青质可提高沥青的黏结性和耐热性。焦油常指煤焦油。所以为了提高沥青的黏结性、塑性和可流动性应该增加树脂含量。

答案：B

7. 解 碳素结构钢按照其中所含杂质成分含量（如硫、磷等）划分为 A、B、C、D 四个质量等级，其中 A 级最差，D 级最好。钢材质量等级越高，冲击韧性越好。

答案：D

8. 解 $H_E = H_P + h_{PE} = H_P + (\text{后视读数} - \text{前视读数})$
$= 51.097 + (1.116 - 1.357) = 50.856\text{m}$

答案： C

9. 解 测量野外工作的基准线是铅垂线。

答案： C

10. 解 极坐标法测设点位采用水平角和边长数据进行测设。

答案： B

11. 解 坡度计算：

$$i_{AB} = \frac{h_{AB}}{D_{AB}} \times 100\% = \frac{46.7 - 51.2}{0.093 \times 2000} \times 100\% = -2.42\%$$

答案： D

12. 解 根据视距测量水平距离计算公式计算：

$$D_{CD} = kl\cos^2\alpha = 100 \times 0.276 \times \cos^2 5°38' = 27.3\text{m}$$

答案： D

13. 解 选项 A 错误，应向城乡规划部门申请，而不是人民政府。

《中华人民共和国城乡规划法》第三十六条规定，按照国家规定需要有关部门批准或者核准的建设项目，以划拨方式提供国有土地使用权的，建设单位在报送有关部门批准或者核准前，应当向城乡规划主管部门申请核发选址意见书。

选项 C 错误，不属于公安部门管理。

选项 D 错误，国家审批的大、中型限额以上的建设项目，由项目所在地县市人民政府城市规划行政主管部门提出审查意见，并报国务院城市规划行政主管部门备案。

答案： B

14. 解 《建设工程安全生产管理条例》第三条规定，建设工程安全生产管理，坚持“安全第一、预防为主”的方针。

答案： C

15. 解 2018 年 3 月 8 日住房和城乡建设部决定废止《工程建设项目招标代理机构资格认定办法》（建设部令第 154 号）。废止令自发布之日起施行。

按照 154 号令，此题正确答案为 B。

答案： B

16. 解 《民用建筑节能条例》于 2008 年 8 月 1 日发布，自 2008 年 10 月 1 日起施行，选项 D 错误。

答案： D

17. 解 土的干密度是指单位体积土中固体颗粒的质量，用ρ_d表示，它是检验填土压实质量的控制指标。

答案：D

18. 解 《混凝土结构工程施工质量验收规范》（GB 50204—2015）第 6.5.5 条规定，后张法预应力筋锚固后，锚具外预应力筋的外露长度不应小于其直径的 1.5 倍，且不应小于 30mm。选项 A 处理正确。

第 6.5.4 条规定，锚具的封闭保护措施应符合设计要求。当无设计要求时，外露锚具和预应力筋的混凝土保护层厚度不应小于一类环境 20mm，二 a、二 b 类环境 50mm，三 a、三 b 环境 80mm。故选项 C、D 处理正确。

至于选项 B 所涉及的“预应力筋的切割”，已废止的《混凝土结构工程施工质量验收规范》（GB 50204—2002）第 6.5.3 条曾规定，后张法预应力筋锚固后的外露部分宜采用机械方法切割，2015 年版规范并未规定切割方法。而现行《混凝土结构工程施工规范》（GB 50666—2011）第 6.5.2 条规定，后张法预应力筋锚固后的外露多余长度，宜采用机械方法切割，也可采用氧−乙炔焰切割。所以，选项 B 的“切割”方法按照 GB 50666—2011 不属于错误处理，但并不提倡，所以可作为本题的正确答案。

答案：B

19. 解 连墙杆也称连墙件，是将脚手架架体与建筑主体结构连接，能将脚手架所受的部分拉力和压力传递给建筑结构的杆件。它对保证架体刚度和稳定性、抵抗风荷载等水平荷载具有重要作用。故选项 D 符合题意。

答案：D

20. 解 “资源有限、工期最短”优化，是在保证任何工作的持续时间不发生改变、任何工作不中断、网络计划逻辑关系不变的前提下，通过调整出现资源冲突的若干工作的开始时间及其先后次序，使资源量满足限制要求，且工期增量又最小的过程。工期延长值=排在前面工作的最早完成时间 − 排在后面工作的最迟开始时间，即$\Delta T_{m-n,i-j} = EF_{m-n} - LS_{i-j}$。调整中，若计算出的工期增量$\Delta \leqslant 0$（这种情况仅会出现在所调整移动的资源冲突的工作均为非关键工作时，而工期是由关键工作决定的），则对工期无影响，即工期不变；若工期增量$\Delta > 0$（这种情况出现在所调整移动的资源冲突的工作中含有关键工作，或该调整移动使非关键工作变成了关键工作），则工期将延长该正值。

答案：A

21. 解 题中给出工程进行了 2 天的状况，用挣值法对项目进展进行评价：

进度偏差=已完工作预算费用 − 计划工作预算费用

$$= 1200 \times 400 - \frac{2000}{5} \times 2 \times 400 = 160000\text{元}$$（正值，进度超前）

费用偏差=已完工作预算费用−已完工作实际费用

$=1200 \times 400 - 520000 = -40000$元（负值，费用超支）

进度超前时间=进度超前量/每天应完成量

$$=\frac{1200-\frac{2000}{5}\times 2}{\frac{2000}{5}}=\frac{400}{400}=1天（即进度超前400m^3，超前时间为1天）$$

评估结论中选项C正确。

答案：C

22. 解　取杆AD为隔离体

$\sum M_A = 0$，$F_p \times 4m + N_{BC}\frac{1}{\sqrt{2}} \times 2m = 0$

解得$N_{BC} = -2\sqrt{2}F_p$

答案：B

23. 解　整体平衡对B点取矩可得支座A的竖向反力为$\frac{1}{4}F_p$，再由AC半拱平衡对C点取矩可得水平反力为$\frac{1}{4}F_p$。

答案：A

24. 解　按位移法，由结点B的平衡（见解图），知：

$M_{BA} + M_{BC} = 0$

$(4i\theta_B + 2i\theta) + i\theta_B = 0$

解得：$\theta_B = -\frac{2}{5}\theta$

题24解图

答案：D

25. 解　具有明显屈服点的钢筋，其强度取值为屈服强度，由于上屈服点不稳定，故取下屈服点。

答案：C

26. 解　根据偏心受压构件M-N承载力相关性，大偏心受压构件的破坏形态为受拉破坏，轴力N_u越大，承受的弯矩M_u越大，故$M_{1u} > M_{2u}$。

答案：A

27. 解　屋盖支撑的作用包括选项A、B、C，不能承受吊车荷载。

答案：D

28. 解　Q235为碳素结构钢牌号，其余均为低合金高强度结构钢，见《钢结构设计标准》（GB 50017—2017）第4.4.1条表4.4.1。

答案：C

29. 解　受集中荷载作用的简支钢梁，应计算最大弯矩截面的抗弯强度、最大剪力截面处的抗剪强度。根据《钢结构设计标准》（GB 50017—2017）第6.1.5条，在梁的腹板计算高度边缘处，若同时承受较大的正应力、剪应力和局部压应力时，应计算其折算应力。梁跨中作用有集中荷载，应考虑局部压应力，计算其折算应力，故三处都要计算。

答案：D

30. 解　根据《钢结构设计标准》（GB 50017—2017）第 11.5.2 条表 11.5.2，螺栓最小容许中心间距为$3d_0$。

答案：B

31. 解　因为砖砌体为弹塑性材料，受压一开始，应力与应变即不成直线变化。随着荷载的增加，变形增长逐渐加快，在接近破坏时，荷载增加很小，变形急剧增长，应力—应变呈曲线关系。《砌体结构设计规范》（GB 50003—2011）将应力—应变曲线上应力为$0.43f_m$（f_m为砌体的抗压强度平均值）处的割线模量取为砌体的弹性模量E。

答案：C

32. 解　网状配筋对提高轴心和小偏心受压能力是有效的，但由于没有纵向钢筋，其抗纵向弯曲能力并不比无筋砌体强。《砌体结构设计规范》（GB 50003—2011）第 8.1.1 条第 1 款规定，偏心距超过截面核心范围（对于矩形截面，即$e/h>0.17$）或构件的高厚比$\beta>16$时，不宜采用网状配筋砖砌体构件。第 8.2.1 条规定，当轴向力偏心距$e>0.6y$时，宜采用砖砌体和钢筋混凝土面层或钢筋砂浆面层组成的组合砖砌体构件。第 8.1.3 条第 5 款规定，钢筋网应设置在砌体的水平灰缝中，灰缝厚度应保证钢筋上下至少各有 2mm 厚的砂浆层。

作废版本《砌体结构设计规范》（GB 50003—2001）第 8.1.2 条规定，当采用连弯钢筋网时，网的钢筋方向应互相垂直，沿砌体高度交错设置。S_n取同一方向网的间距。现行规范取消了连弯钢筋网的内容。

综合以上，采用网状配筋是有条件的，而组合砖砌体构件适用于普遍的情况，故按新版规范选项 B 正确。

答案：B

33. 解　根据《砌体结构设计规范》（GB 50003—2011）第 4.1.2 条，砌体结构应按承载能力极限状态设计，并满足正常使用极限状态的要求。一般工业与民用建筑中的砌体构件，其安全等级为二级，且呈脆性破坏特征。《建筑结构可靠性设计统一标准》（GB 50068—2018）第 3.2.6 条表 3.2.6 规定，安全等级为二级，脆性破坏的结构构件可靠指标$\beta\geqslant3.7$。

答案：B

34. 解　土的天然重度、含水率和土粒相对密度是土的三个基本量测物理性质指标。孔隙比和饱和度是导出的物理性质指标；相对密实度是无黏性土的密实度指标，用土的最大、最小和天然孔隙比表示，其中土的最大、最小孔隙比由土的标准试验方法得出，天然孔隙比也是导出的物理性质指标。

答案：B

35. 解 计算如下：$e=\frac{d_s w}{S_r}=\frac{2.7\times0.3}{1}=0.81$

$\rho_d=\frac{d_s}{1+e}\rho_w=\frac{2.7}{1+0.81}\times1=1.49\text{g/cm}^3$

答案：A

36. 解 同其他模量一样，压缩模量小的土的压缩性大。

答案：A

37. 解 根据$T_V=\frac{C_V t}{H^2}$，$C_V=\frac{k(1+e_1)}{a\gamma_w}$，时间因数为无量纲量。

答案：A

38. 解 相关指标满足$c_1=c_2$，$K_{a1}=K_{a2}(\varphi_1=\varphi_2)$，$\gamma_1<\gamma_2$的关系，当土中$c$、$\varphi$值不变，土压力图形斜率的变化是由土重度变化引起的。

答案：C

39. 解 与土的吸水率定义类似，岩石的吸水率是指常温常压条件下岩石自由吸入水的质量和岩石固体质量之比。

答案：B

40. 解 《工程岩体分级标准》（GB/T 50218—2014）中关于岩体级别是根据岩体基本质量指标BQ值和分级标准来划分的。其中，BQ值根据岩石饱和单轴抗压强度R_c和岩体完整性系数K_v通过下式计算：

$$BQ=100+3R_c+250K_v$$

当$R_c>90K_v+30$时，应以$R_c=90K_v+30$和K_v代入计算BQ值；

当$K_v>0.04R_c+0.4$时，应以$K_v=0.04R_c+0.4$和R_c代入计算BQ值。

该标准第3.4.3条规定，岩体完整程度的定量指标，应采用岩体完整性指数(K_v)，K_v应采用实测值。当无条件取得实测值时，也可用岩体体积节理数(J_v)，按照该标准表3.4.3确定对应的K_v值。

J_v与K_v对照表　　　　题40解表

J_v（条/m^3）	<3	3~10	10~20	20~35	>35
K_v	>0.75	0.75~0.55	0.55~0.35	0.35~0.15	<0.15

由解表可知，$J_v=6$时，$K_v=0.66$，则：

$$BQ=100+3\times80+250\times0.66=505$$

根据分级标准可知，II级岩体的BQ值应为451~550，因此，本题中岩体的基本质量等级为II级。

答案：B

41. 解 高岭石、方解石主要为地表岩石中长石等矿物风化作用的次生矿物。

石英（SiO_2）主要分布于沉积岩、酸性岩和部分变质岩中。地壳由上部的硅铝层和下部的硅镁层构成，尽管地壳中含量最多的元素依次为O、Si等，但游离的石英矿物（SiO_2）含量较少。

长石是地表岩石最重要的造岩矿物，是长石族矿物的总称，它是一类常见的含钙、钠和钾的铝硅酸盐类造岩矿物，包括正长石和斜长石，广泛分布于地壳岩石中。

答案：C

42. 解 岩浆岩当SiO_2含量介于52%~65%时为中性岩，其Fe和Mg含量较低，组成该类岩石的主要矿物为长石，少量石英（SiO_2），以及角闪石、辉石、黑云母等次要矿物，由于长石、石英为无色或浅色矿物，因此该类岩石整体表现出颜色较浅。

答案：A

43. 解 根据断层形态分为正断层、逆断层和平移断层三种基本类型。其中，上盘相对下移，下盘相对上移的断层，称为正断层；上盘相对上移，下盘相对下移的断层，称为逆断层；断层两盘沿断层走向相对平移移动的断层称为平移断层，也称为走滑断层。一系列正断层呈阶梯状分布为阶梯断层；两组相对的阶梯状断层构成地堑。

答案：B

44. 解 河流冲积物下层是颗粒较粗的粗砂和砾石河床相冲积物，上部为颗粒较细的细沙和黏土河漫滩相冲积物，这种上细下粗的典型结构称为河流冲积物的“二元结构”。

答案：D

45. 解 岩层褶皱过程中产生弯曲形成背斜和向斜，由于背斜核部上方覆盖岩层厚度相对较小，弯曲变形相对较大，造成背斜核部岩层拉张断裂裂隙发育。

答案：B

46. 解 坡积物与河流中上游冲积物相比，搬运距离短，其磨圆度相对较差，棱角更鲜明，结构更松散，且其来源为本斜坡之上岩体风化破碎岩石，其碎屑颗粒的岩石种类较单一。

答案：D

47. 解 地震烈度反映一次地震的地表建筑物的破坏程度。地震震级反映了一次地震震源释放能量的大小，震级越大，影响范围越大。

答案：B

48. 解 山麓坡积物和沙漠沉积物由于颗粒磨圆度差，其压实度差，孔隙率大，渗透性强；河漫滩沉积物相对河床沉积物颗粒细，孔隙小，因此河漫滩沉积物相对本题中其他沉积物渗透性最弱。

答案：B

49. 解 岩土变异系数是反映岩土参数变异特点的一个指标，在正确划分地质单元和标准试验方法的条件下，变异系数反映了岩土指标固有的变异性特征。由于土的类型、土的指标不同，其变异系数的大小也不同。

答案：D

50. 解 在某级荷载下24h内沉降速率不能达到相对稳定标准，是载荷试验终结条件之一。连续2h每小时沉降量小于0.1mm，是沉降达到相对稳定标准，可施加下一级荷载的条件。本级沉降量大于前一级荷载沉降量的5倍，荷载与沉降曲线出现明显陡降，是载荷试验终结条件之一。

答案：B

51. 解 用混凝土土桩进行地基处理后的筏形基础，属于人工处理地基上的浅基础。

深基础是指位于地基深处承载力较高的土层上，埋置深度大于5m或大于基础宽度的基础，如桩基、地下连续墙、墩基和沉井等。

答案：A

52. 解 土中水冻结膨胀体积增大约9%，黏性土颗粒具有分子引力和电场力，即具有吸附水分子的能力，当其含量较高，吸附水能力强，吸附水较多时也会发生冻胀现象。

答案：A

53. 解 加大基础埋深可以提高地基承载力，减小土中附加应力，减小基础沉降和地基土压缩。

答案：A

54. 解 后压浆技术可以使桩体侧面与土结合得更紧密，其结果势必可以提高桩与桩侧土之间的摩阻力。

答案：B

55. 解 刚性角是无筋扩展基础（刚性基础）设计需满足的条件。

答案：D

56. 解 强夯法加固地基的效果是使土体内土颗粒之间孔隙挤得更小，土颗粒挤得更紧密，则孔隙比更小。

答案：D

57. 解 前三项都是经过开挖和回填修筑的工程，适合施作土工格栅。

基坑工程是解决基坑开挖后的边坡稳定问题，工程上可以采取不开挖边坡即可解决边坡稳定问题的技术（如喷锚、各种围护结构等），不必要分层施作水平土工格栅进行边坡加固。

答案：D

58. 解 岩体中的结构面对边坡应力有明显的影响。因为结构面的存在使坡体中的应力呈非连续分布，并在结构面周边或端点形成应力集中带或阻止应力的传递，这种情况在坚硬岩体边坡中尤为明显。边坡角、岩体中原始应力状态以及岩体的性质也会影响边坡中的应力分布状态和大小，但是，从对坡体内应力连续性和均匀性的影响程度看，岩体结构特征的影响最显著。

答案：D

59. 解 岩块流动通常发生在均质的硬质岩层边坡中，这种破坏类似于脆性岩石在峰值强度点上破碎而使岩层全面崩塌的情形。不同于一般的沿着软弱面剪切破坏引起的滑坡，岩块流动破坏的起因是岩石内部的脆性破坏，岩块流动时没有明显的滑动扇形体，破坏面极不规则，没有一定的形状。

答案：D

60. 解 边坡排水能够减小边坡岩土体中的孔隙水压力、滑面和张裂缝中的静水压力等。其中，孔隙水压力的减小可以提高边坡岩土体或滑面上的法向有效应力，从而提高边坡岩土体或滑面的抗剪强度；张裂缝中的地下水产生的静水压力会增大边坡的下滑力。因此，排水相当于减小了水荷载。排水不可能增大渗漏量，选项A不正确；排水也不可能使应力方向改变、总应力减小，因此，选项C、D均不正确。

答案：B

2020年度全国勘察设计注册土木工程师（岩土）

执业资格考试试卷

基础考试

（下）

二〇二〇年十月

应考人员注意事项

1. 本试卷科目代码为“2”，考生务必将此代码填涂在答题卡“科目代码”相应的栏目内，否则，无法评分。
2. 书写用笔：**黑色或蓝色钢笔、签字笔或圆珠笔**；

   填涂答题卡用笔：**黑色 2B 铅笔**。
3. 必须用书写用笔将工作单位、姓名、准考证号填写在答题卡和试卷相应的栏目内。
4. 本试卷由 60 题组成，每题 2 分，满分 120 分，本试卷全部为单项选择题，每小题的四个备选项中只有一个正确答案，错选、多选、不选均不得分。
5. 考生作答时，必须按**题号在答题卡上**将相应试题所选选项对应的**字母用 2B 铅笔涂黑**。
6. 在答题卡上书写与题意无关的语言，或在答题卡上作标记的，均按违纪试卷处理。
7. 考试结束时，由监考人员当面将试卷、答题卡一并收回。
8. 草稿纸由各地统一配发，考后收回。

单项选择题（共 60 题，每题 2 分。每题的备选项中只有一个最符合题意。）

1. 玻璃态物质：

A. 具有固定熔点　　B. 不具有固定熔点

C. 是各向异性材料　　D. 内部质点规则排列

2. NaCl 晶体内部的结合力是：

A. 金属键　　B. 共价键

C. 离子键　　D. 氢键

3. 我国现行《通用硅酸盐水泥》（GB 175）中，符号“P.C”代表：

A. 普通硅酸盐水泥　　B. 硅酸盐水泥

C. 粉煤灰硅酸盐水泥　　D. 复合硅酸盐水泥

4. 混凝土用骨料的粒形对骨料的空隙率有很大的影响，会最终影响到混凝土的：

A. 孔隙率　　B. 强度

C. 导热系数　　D. 弹性模量

5. 骨料的性质会影响混凝土的性质，两者的强度无明显关系，但两者关系密切的性质是：

A. 弹性模量　　B. 泊松比

C. 密度　　D. 吸水率

6. 为了提高沥青的温度稳定性，可以采取的措施是：

A. 提高地沥青质的含量　　B. 降低环境温度

C. 提高油分含量　　D. 提高树脂含量

7. 测定木材强度标准值时，木材的含水率需调整到：

A. 平衡含水率　　B. 纤维饱和点

C. 绝对干燥状态　　D. 12%

8. 设在$\triangle EFN$中，直接观测$\angle E$和$\angle F$，其中误差$m_{\mathrm{E}} = m_{\mathrm{F}} = \pm 3°$，由$\angle E$、$\angle F$计算$\angle N$，则$\angle N$的中误差$m_{\mathrm{N}}$为：

A. $\pm 5°$　　B. $\pm 7°$

C. $\pm 3.5°$　　D. $\pm 4.2°$

9. 根据水准测量的原理，水准仪的主要作用是：

A. 提供一条水平视线　　B. 提供水准器装置

C. 具有望远镜功能　　D. 可以照准水准尺读数

10. 在测区半径为 10km 的范围内，面积为 100km^2 之内，以水平面代替大地水准面所产生的影响，在普通测量工作中可以忽略不计的为：

A. 距离影响、水平角影响

B. 方位角影响、竖直角影响

C. 距离影响、高差影响

D. 坐标计算影响、高程计算影响

11. 光学经纬仪竖盘刻划的注记有顺时针方向与逆时针方向两种，若经纬仪竖盘刻划的注记为顺时针方向，则该仪器的竖直角计算公式为：

A. $\alpha_{左} = 90° - L$，$\alpha_{右} = 270° - R$

B. $\alpha_{左} = 90° - L$，$\alpha_{右} = R - 270°$

C. $\alpha_{左} = L - 90°$，$\alpha_{右} = R - 270°$

D. $\alpha_{左} = L - 90°$，$\alpha_{右} = 270° - R$

12. 视距测量中，设视距尺的尺间隔为l，视距乘常数为k，竖直角为α，仪器高为i，中丝读数为v，则测站点与目标点间高差计算公式为：

A. $h_{测点-目标点} = kl\cos\alpha - i + v$

B. $h_{测点-目标点} = kl\cos^2\alpha\tan\alpha - i + v$

C. $h_{测点-目标点} = kl\cos^2\alpha\tan\alpha + i - v$

D. $h_{目标点-测点} = kl\cos^2\alpha - i + v$

13. 根据《中华人民共和国招标投标法》规定，下列哪种情形不可采用直接发包，而必须进行招标？

A. 关系社会公共利益、公众安全的大型基础设施项目

B. 重要设备材料等货物的采购，单项合同估算价在 100 万元人民币以下

C. 施工单位合同估算价为 100 万元人民币以下

D. 勘察、设计、监理等服务的采购单项合同估算价在 40 万元人民币以下

14. 建设或施工单位在处理城市的建筑垃圾时，应当：

A. 请政府核准的单位运输

B. 无论是否危害环境，以最经济的路线运输

C. 于深夜倾倒在河里

D. 与生活垃圾一并处理

15. 有关企业质量体系认证与产品质量认证的描述，下列说法错误的是：

A. 国家对所有产品质量认证采用自愿的原则

B. 企业质量体系认证依据的标准为质量管理标准

C. 企业质量认证的证书与标记都不能直接在产品上使用

D. 产品认证分为安全认证与合格认证，而企业认证则无此分别

16. 有关评标方法的描述，下列说法错误的是：

A. 最低投标价法适合没有特殊要求的招标项目

B. 综合评估法适合没有特殊要求的招标项目

C. 最低投标价法通常带来恶性削价竞争，工程质量不容乐观

D. 综合评估法可用打分的方法或货币的方法评估各项标准

17. 场地平整前的首要工作是：

A. 计算挖方量和填方量

B. 确定场地的设计标高

C. 选择土方机械

D. 拟订调配方案

18. 混凝土施工缝宜留置在：

A. 遇雨停工处

B. 结构受剪力较小且便于施工的位置

C. 结构受弯矩较小且便于施工的位置

D. 结构受力复杂处

19. 某工程项目双代号网络计划中，混凝土浇捣工作 M 的最迟完成时间为第 25 天，其持续时间为 6 天。该工作共有三项紧前工作分别是钢筋绑扎、模板制作和预埋件安装，它们的最早完成时间分别为第 10 天、第 12 天和第 13 天，则工作 M 的总时差为：

A. 9 天　　B. 7 天

C. 6 天　　D. 10 天

20. 在单位工程施工平面图设计中应该首先考虑的内容为：

A. 工人宿舍　　B. 垂直运输机械

C. 仓库和堆场　　D. 场地道路

21. 下列关于单位工程施工流向安排的表述不正确的是：

A. 对技术简单、工期较短的分部分项工程一般优先施工

B. 室内装饰工程一般有自上而下、自下而上及自中而下再自上而中三种流向

C. 当有高低跨并列时，一般应从低跨向高跨处吊装

D. 室外装饰工程一般应遵循自上而下的流向

22. 几何可变体系的计算自由度：

A. ＞0　　B. ＝0

C. ＜0　　D. 不确定

23. 图示刚架M_{DC}为（以下侧受拉为正）：

A. 20kN · m

B. 40kN · m

C. 60kN · m

D. 80kN · m

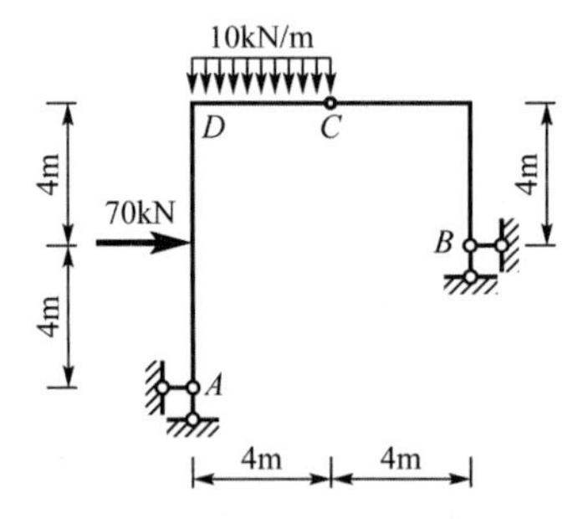

24. 图示结构M_{BA}为（以下侧受拉为正）：

A. $-\frac{1}{3}M$

B. $\frac{1}{3}M$

C. $-\frac{2}{3}M$

D. $\frac{2}{3}M$

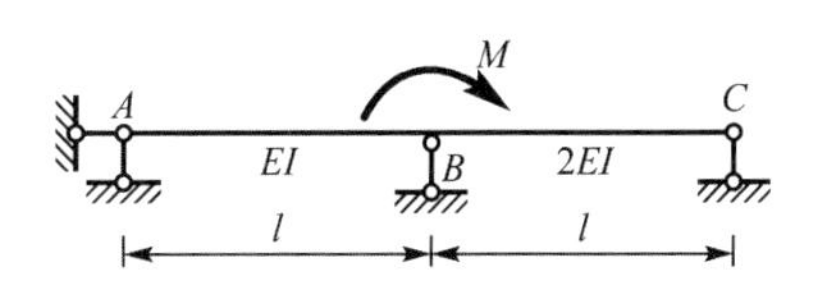

25. 正常使用极限状态验算时应进行的荷载效应组合为：

A. 标准组合、准永久组合和频遇组合

B. 基本组合、准永久组合和频遇组合

C. 标准组合、基本组合和偶然组合

D. 偶然组合、频遇组合和准永久组合

26. 在进行钢筋混凝土双筋矩形截面构件受弯承载力复核时，若截面受压区高度x大于界限受压区高度x_b，则截面能承受的极限弯矩为：

A. 近似取$x = x_b$，计算其极限弯矩

B. 按受压钢筋面积未知重新计算

C. 按受拉钢筋面积未知重新计算

D. 按最小配筋率计算其极限弯矩

27. 五等跨连续梁，为使第 2 和第 3 跨间的支座上出现最大负弯矩，活荷载应布置在：

A. 第 2、3、4 跨

B. 第 1、2、3、4、5 跨

C. 第 2、3、5 跨

D. 第 1、3、5 跨

28. 型号为 L160 × 10 所表示的热轧型钢是：

A. 钢板

B. 不等边角钢

C. 等边角钢

D. 槽钢

29. 在验算普通螺栓连接的钢结构轴心受拉构件强度时，需考虑：

A. 板件宽厚比

B. 螺栓孔对截面的削弱

C. 残余应力

D. 构件长细比

30. 我国常用的高强度螺栓等级有：

A. 5.6 级和 8.8 级

B. 8.8 级和 10.9 级

C. 4.6 级和 5.6 级

D. 4.6 级和 8.8 级

31. 现浇钢筋混凝土框架结构梁柱节点区混凝土强度等级应该为：

A. 低于梁的混凝土强度等级

B. 低于柱的混凝土强度等级

C. 与梁的混凝土强度等级相同

D. 不低于柱的混凝土强度等级

32. 砌体的轴心抗拉强度、弯曲抗拉强度、抗剪强度，主要取决于：

A. 砂浆的强度　　B. 块体的抗拉强度

C. 块体的尺寸与形状　　D. 砌筑方式

33. 钢筋砖过梁的跨度不宜超过：

A. 2.0m　　B. 1.8m

C. 1.5m　　D. 1.0m

34. 土的三相物理性质指标中可以借助三个基本量测指标导出的指标是：

A. 含水率　　B. 土粒相对密度

C. 重度　　D. 孔隙比

35. 对细颗粒土，要求在最优含水率时压实，主要考虑的是：

A. 在最优含水率时压实，能够压实得更均匀

B. 在最优含水率时压实，在相同压实功下，能够得到最大的饱和度

C. 在最优含水率时压实，在相同压实功下，能够得到最大的干密度

D. 偏离最优含水率，容易破坏土的结构

36. 某地层在大面积均布荷载 150kPa 作用下变形稳定，然后卸载到 0，与施加均布荷载之前相比，下列土的哪一项性质发生了变化？

A. 应力状态　　B. 粒径级配

C. 应力历史　　D. 土粒相对密度

37. 下面哪一种试验方法不能用于测试土的不排水强度指标？

A. 快剪试验　　B. 不固结不排水试验

C. 十字板剪切试验　　D. 固结不排水试验

38. 朗肯土压力理论没有考虑墙背与土体之间的摩擦作用，这会导致使用朗肯土压力理论计算的主动土压力与实际相比：

A. 偏小

B. 偏大

C. 在墙背与填土间的摩擦角较小时偏大，较大时偏小

D. 在墙背与填土间的摩擦角较小时偏小，较大时偏大

39. 已知岩石的干重度为 $20kN/m^3$，天然重度为 $23kN/m^3$，饱和重度为 $25kN/m^3$，则岩石的饱水系数为：

A. 0.9　　B. 0.8

C. 0.7　　D. 0.6

40. 我国现行《工程岩体分级标准》（GB/T 50218）中确定岩石的坚硬程度是按照：

A. 岩石的软化系数

B. 岩石的弹性模量

C. 岩石的单轴饱和抗拉强度

D. 岩石的单轴饱和抗压强度

41. 下列矿物中，硬度最大的是：

A. 正长石　　B. 石英

C. 白云石　　D. 方解石

42. 下列构造中，属于变质岩的是：

A. 劈理　　B. 结核

C. 斜层理　　D. 流纹

43. 地质图上表现为中间较老、两侧较新的对称分布地层，这种构造通常是：

A. 正断层　　B. 逆断层

C. 背斜　　D. 向斜

44. 第四纪是新生代最晚的一个纪，其下限一般认为是 260 万年，其可分为：

A. 更新世和全新世　　B. 上新世和下新世

C. 下新世和全新世　　D. 更新世和下新世

45. 在构造结构面中，充填以下哪种物质成分时的抗剪强度最低？

A. 硅质　　B. 铁质

C. 钙质　　D. 砂泥质

46. 风化作用会使岩石发生：

A. 破碎和分解　　B. 变质

C. 重结晶　　D. 被风吹走

47. 下列现象中，不是滑坡造成的是：

A. 双沟同源地貌　　B. 多条冲沟同步弯转

C. 马刀树　　D. 河流凸岸内凹

48. 地下水按照矿化度的分类中，淡水的矿化度指标是：

A. $<1\mathrm{g/L}$　　B. $<0.1\mathrm{g/L}$

C. $<3\mathrm{g/L}$　　D. $<0.3\mathrm{g/L}$

49. 在现场载荷试验中，加荷分级应满足的条件是：

A. 不少于 5 级　　B. 不少于 8 级

C. 不少于 15 级　　D. 每级不小于 100kPa

50. 为查明包气带浅层的渗透性，通常采用的现场测试方法为：

A. 降水试验　　B. 抽水试验

C. 渗水试验　　D. 压水试验

51. 在自重应力为主的倾斜岩石边坡中，二维剖面上的最大主应力分布是：

A. 垂直方向　　B. 水平方向

C. 垂直坡面　　D. 平行坡面

52. 某条形基础上部中心荷载为 300kN/m，埋深 1.5m，基底以上土的重度为 20kN/m，深度修正后的承载力特征值为 180kPa，既满足承载力要求又合理的基础底宽为：

A. 2.0m　　B. 2.3m

C. 2.5m　　D. 3.0m

53. 软弱下卧层验算公式为$p_z + p_{cz} \leqslant f_{az}$，其中$p_{cz}$为软弱下卧层顶面处土的自重压力值。关于$p_z$，下列说法正确的是：

A. p_z是基础底面压力

B. p_z是基底附加应力

C. p_z是软弱下卧层顶面处的附加应力，由基底附加压力按一定的扩散角计算得到

D. p_z是软弱下卧层顶面处的附加应力，由基底压力按一定的扩散角计算得到

54. 关于抗浮桩，下列说法正确的是：

A. 抗浮桩设计时侧阻力的方向向上

B. 抗浮桩设计时侧阻力的方向向下

C. 抗浮桩的荷载主要由端阻力承担

D. 抗浮桩的荷载主要由水的浮力承担

55. 对于摩擦型群桩基础，确定其复合基桩的竖向承载力特征值时，下列哪种情况可以不考虑承台效应？

A. 桩数少于 4 根

B. 上部结构整体刚度较好

C. 对差异沉降适应性较强的排架结构和柔性构筑物

D. 桩基沉降较大，土与承台紧密接触且结构能正常使用

56. 位于城市中心区的饱和软黏土地基需要进行地基处理，比较适合的方法为：

A. 深层搅拌法　　B. 强夯法

C. 灰土挤密法　　D. 振冲法

57. 已知某一复合地基中桩的面积置换率为 0.16，桩土应力比为 7，基础底面压力为p（kPa），则桩间土的应力为：

A. 3.17p　　B. 0.65p

C. 0.51p　　D. 0.76p

58. 在坡面几何形态中对坡体稳定影响最大的是：

A. 坡角　　B. 坡高

C. 边坡横断面的形状　　D. 坡面形态

59. 对于易发生岩块流动及岩层曲折的岩坡，通常采用下列哪种方法来改善其不稳定状态？

A. 开挖卸载　　B. 灌浆加固

C. 抗滑桩加固　　D. 锚杆加固

60. 岩质边坡的圆弧滑动破坏一般发生在：

A. 不均匀岩体　　B. 薄层脆性岩体

C. 厚层泥质岩体　　D. 多层异性岩体

2020年度全国勘察设计注册土木工程师（岩土）执业资格考试基础考试（下）试题解析及参考答案

1. 解 物质按照微观粒子的排列方式分为晶体和非晶体（也称玻璃体）。玻璃体的粒子呈无序排列，也称无定型体。其主要特征是无固定熔点，各向同性，导热性差，且具有潜在的化学活性，在一定条件下容易与其他物质发生化学反应。

答案：B

2. 解 晶体的基本质点按照一定的规律排列，而且按照一定的周期重复出现，即具有各向异性的性质。晶体根据结合力的不同分为原子晶体（结合力为共价键），如金刚石；离子晶体（结合力为离子键），如 NaCl；金属晶体（结合力为金属键），如铜；分子晶体（结合力为范德华力），如冰。所以 NaCl 晶体内部的结合力为离子键。

答案：C

3. 解 根据《通用硅酸盐水泥》（GB 175—2007），普通硅酸盐水泥的代号是“P.O”，硅酸盐水泥的代号有“P.I”和“P.II”两种，粉煤灰硅酸盐水泥的代号为“P.F”，复合硅酸盐水泥的代号为“P.C”。

答案：D

4. 解 混凝土骨料的粒形最好为球形或立方体，堆积后形成的空隙率小。粒形不好的颗粒有针状颗粒、片状颗粒和不规则颗粒，这些颗粒堆积后形成的空隙率大，在浆体含量固定的前提下，会降低混凝土的泵送性能、强度和耐久性。

答案：B

5. 解 混凝土按照其表观密度的大小分为重混凝土（表观密度大于 $2800kg/m^3$，一般采用重质骨料，如重晶石、铁矿石等），普通混凝土（表观密度为 $2000\sim2800kg/m^3$，采用普通砂石骨料）和轻混凝土（表观密度小于 $2000kg/m^3$，采用陶粒、页岩等轻质多孔骨料等）。由此可知，改变骨料的表观密度会导致混凝土的表观密度变化，即混凝土和骨料两者密切相关的性质是密度。

答案：C

6. 解 沥青的温度稳定性反映了沥青的黏性和塑性随温度升降的变化性能。油分常温下为淡黄色液体，赋予沥青以流动性。树脂常温下为黄色到黑褐色的半固体，赋予沥青以黏性与塑性。地沥青质常温下为黑色固体，是决定沥青热稳定性与黏性的主要组分。所以，为了提高沥青的温度稳定性，可以提高地沥青质的含量。

答案：A

7. 解 当木材的含水率与周围空气相对湿度达到平衡时的含水率为平衡含水率，我国各地木材的平衡含水率一般为10%~18%，木材使用前需干燥至环境的平衡含水率，以防制品变形、开裂。当木材细胞壁中充满吸附水，细胞腔和细胞间隙中没有自由水时的含水率称为纤维饱和点，一般为20%~35%，平均为30%。纤维饱和点是木材物理力学性质发生改变的转折点，是含水率影响强度和体积变化的临界值。木材中含水率等于零时的状态为绝对干燥状态。因为含水率会影响木材的强度，所以在测定木材强度时，需要规定木材的含水率。《木材物理力学试验方法总则》（GB/T 1928—2009）、《木材顺纹抗压强度试验方法》（GB/T 1935—2009）和《木材横纹抗压试验方法》（GB/T 1939—2009）等都规定测定强度时木材含水率为12%，并规定木材含水率为12%时的强度为标准强度。所以测定木材强度标准值时，木材的含水率需调整到12%。

答案：D

8. 解 因$\angle N = 180° - \angle E - \angle F$

故$m_{\mathrm{N}} = \pm\sqrt{m_{\mathrm{E}}^2 + m_{\mathrm{F}}^2} = \pm\sqrt{3^2 + 3^2} = \pm 4.2°$

答案：D

9. 解 水准仪的主要作用是提供一条水平视线，借助水准尺测得两点之间的高差。

答案：A

10. 解 在测区半径10km的范围内，用水平面代替大地水准面，对距离和水平角的影响可忽略不计。涉及高程测量的误差均不能忽略。

答案：A

11. 解 若光学经纬仪竖盘刻划注记为顺时针方向，则该仪器的竖直角计算公式为：

$$\alpha_{左} = 90° - L;\ \alpha_{右} = R - 270°$$

答案：B

12. 解 视距测量中，测点至目标点的高差计算公式为：

$$h_{测点-目标点} = kl\cos^2\alpha\tan\alpha + i - v$$

答案：C

13. 解 《中华人民共和国招标投标法》第三条规定：在中华人民共和国境内进行下列工程建设项目包括项目的勘察、设计、施工、监理以及与工程建设有关的重要设备、材料等的采购，必须进行招标：

（一）大型基础设施、公用事业等关系社会公共利益、公众安全的项目；

（二）全部或者部分使用国有资金投资或者国家融资的项目；

（三）使用国际组织或者外国政府贷款、援助资金的项目。

前款所列项目的具体范围和规模标准，由国务院发展计划部门会同国务院有关部门制订，报国务院批准。

2018 年 3 月 30 日，国家发改委印发《必须招标的工程项目规定》（国家发改委令第 16 号，6 月 1 日起实施），其中第五条规定：

本规定第二条至第四条规定范围内的项目，其勘察、设计、施工、监理以及与工程建设有关的重要设备、材料等货物的采购达到下列标准之一的，必须招标：

（一）施工单项合同估算价在 400 万元人民币以上；

（二）重要设备、材料等货物的采购，单项合同估算价在 200 万元人民币以上；

（三）勘察、设计、监理等服务的采购，单项合同估算价在 100 万元人民币以上。

由此可见，只有选项 A 是必须进行招标的。

答案：A

14. 解　2005 年，原建设部发布了《城市建筑垃圾管理规定》（建设部 139 号令），其中第七条规定：处置建筑垃圾的单位，应当向城市人民政府市容环境卫生主管部门提出申请，获得城市建筑垃圾处置核准后，方可处置。从常识角度判断，选项 B、C、D 肯定是不对的。

答案：A

15. 解　《中华人民共和国产品质量法》第十四条规定，企业根据自愿原则可以向国务院市场监督管理部门认可的或者国务院市场监督管理部门授权的部门认可的认证机构申请产品质量认证。但是，对某些产品是要求强制性认证的。

《中华人民共和国认证认可条例》（2020 年版）第二十七条规定，为了保护国家安全、防止欺诈行为、保护人体健康或者安全、保护动植物生命或者健康、保护环境，国家规定相关产品必须经过认证的，应当经过认证并标注认证标志后，方可出厂、销售、进口或者在其他经营活动中使用。所以选项 A 所有产品质量认证都采用自愿原则是错误的。

《中华人民共和国产品质量法》第十四条规定，国家根据国际通用的质量管理标准，推行企业质量体系认证制度，所以选项 B 正确。

《中华人民共和国认证认可条例》（2020 年版）第二十四条规定，不得利用管理体系认证证书、认证标志和相关文字、符号，误导公众认为其产品、服务已通过认证。所以选项 C 正确。

凡根据安全标准进行认证或只对商品标准中有关安全的项目进行认证的，称为安全认证，属于强制性认证。合格认证是依据商品标准的要求，对商品的全部性能进行的综合性质量认证，一般属于自愿性认证。所以选项 D 正确。

答案：A

16. 解　2019 年 3 月 13 日，住房和城乡建设部决定对《房屋建筑和市政基础设施工程施工招标投标管理办法》作出修改后公布。其中，第四十条规定　评标可以采用综合评估法、经评审的最低投标标价法或者法律法规允许的其他评标方法。

采用综合评估法的，应当对投标文件提出的工程质量、施工工期、投标价格、施工组织设计或者施工方案、投标人及项目经理业绩等，能否最大限度地满足招标文件中规定的各项要求和评价标准进行评审和比较。以评分方式进行评估的，对于各种评比奖项不得额外计分。

采用经评审的最低投标价法的，应当在投标文件能够满足招标文件实质性要求的投标人中，评审出投标价格最低的投标人，但投标价格低于其企业成本的除外。

由此可以看出，采用经评审的最低投标价法的前提是在能够满足招标文件实质性要求的投标人中，评审出投标价格最低的投标人中标。如果有人恶性竞争，报价低于成本价，而不能满足招标文件的实质性要求是不能中标的。选项 C 完全否定了最低投标价法，是不符合文件精神的。

答案：C

17. 解 场地平整前，要确定场地的设计标高，计算挖方和填方的工程量，然后确定挖方和填方的平衡调配方案，再选择土方机械、拟订施工方案。故场地平整前的首要工作是确定场地的设计标高。

答案：B

18. 解 施工缝处由于连接较差，特别是粗骨料不能相互嵌固，使混凝土的抗剪强度受到很大影响。故《混凝土结构工程施工规范》（GB 50666—2011）第 8.6.1 条规定，施工缝和后浇带的位置应在混凝土浇筑前确定，并宜留设在结构受剪力较小且便于施工的位置。受力复杂的结构构件或有防水抗渗要求的结构构件，施工缝留设的位置应经设计单位确认。

答案：B

19. 解 工作 M 的最迟开始时间为：$LS_M = LF_M - D_M = 25 - 6 = 19$天；

工作 M 的最早开始时间为：$ES_M = \max\{10,12,13\} = 13$天；

所以，工作 M 的总时差为：$TF_M = LS_M - ES_M = 19 - 13 = 6$天。

答案：C

20. 解 起重及垂直运输机械的布置位置，是施工方案与现场安排的重要体现，是关系到现场全局的中心环节；它直接影响到现场施工道路的规划、构件及材料堆场的位置、加工机械的布置及水电管线的安排，因此应首先布置。然后，布置运输道路，布置搅拌站、加工棚、仓库和材料、构件，布置行政管理及文化、生活、福利用临时设施，布置临时水电管网及设施。

答案：B

21. 解 确定施工起点流向时应考虑以下因素：

（1）建设单位的要求。如建设单位对生产、使用要求在先的部位应先施工。

（2）车间的生产工艺过程。先试车投产的段、跨优先施工，按生产流程安排施工流向。

（3）施工的难易程度。技术复杂、进度慢、工期长的部位或分部分项工程应先施工。

（4）构造合理、施工方便。如基础施工应"先深后浅"，一般为由下向上（逆作法除外）；当有高低跨并列时，应从并列处开始，由低跨向高跨处吊装；屋面卷材防水层应由檐口铺向屋脊；有外运土的基坑开挖应从距大门或坡道的远端开始等。

（5）保证质量和工期。如室内装饰及室外装饰面层的施工一般宜自上至下进行，有利于成品保护，但需结构完成后开始，使工期拉长；当工期极为紧张时，某些施工过程（如隔墙、抹灰等）也可自下至上，但应与结构施工保持足够的安全间隔；对高层建筑，也可采取沿竖向分区、在每区内自上至下（各区之间随结构自下向上）的装饰施工流向，既可使装饰工程提前开始而缩短工期，又易于保证质量和安全。

由此可见，选项A表述不正确。

答案：A

22. 解 体系的计算自由度大于0、等于0、小于0都有可能的是几何可变体系。

答案：D

23. 解 取整体平衡，以BC与AD延长线的交点为矩心建立力矩平衡方程，可求得支座A的水平反力

$$F_{\mathrm{A}x}=\frac{70\times8-10\times4\times2}{12}=40\mathrm{kN}(\text{向左})$$

再由AD杆隔离体平衡，对D点取矩可得

$$M_{\mathrm{DC}}=40\times8-70\times4=40\mathrm{kN\cdot m}$$

答案：B

24. 解 按力矩分配法可求得AB杆B端力矩分配系数为

$$\frac{i}{i+2i}=\frac{1}{3}$$

AB杆B端弯矩为$M/3$，上面受拉。

答案：A

25. 解 《建筑结构可靠性设计统一标准》（GB 50068—2018）第4.3.3条规定，进行正常使用极限状态设计时，宜采用下列作用组合：

（1）对于不可逆正常使用极限状态设计，宜采用作用的标准组合；

（2）对于可逆正常使用极限状态设计，宜采用作用的频遇组合；

（3）对于长期效应是决定性因素的正常使用极限状态设计，宜采用作用的准永久组合。

答案：A

26. 解 当$x>x_{\mathrm{b}}$时，属于超筋截面，在截面受弯承载力复核时，可取$x=x_{\mathrm{b}}$计算其极限弯矩。

答案：A

27. 解 根据连续梁最不利荷载布置原则，为使第 2 和第 3 跨间的支座出现最大负弯矩，应在该支座相邻两跨布置活荷载，并隔跨布置，即在第 2、3、5 跨布置活荷载。

答案： C

28. 解 L160×10 表示的是肢宽 160mm、厚 10mm 的等边角钢。

答案： C

29. 解 根据《钢结构设计标准》（GB 50017—2017）第 7.1.1 条第 1 款，轴心受拉构件的截面强度应计算毛截面屈服强度$\sigma = N/A \leqslant f$和净截面断裂强度$\sigma = N/A_{\mathrm{n}} \leqslant 0.7f_{\mathrm{u}}$（其中，$f_{\mathrm{u}}$指钢材的抗拉强度最小值）。所以应考虑螺栓孔对截面的削弱。

答案： B

30. 解 根据《钢结构设计标准》（GB 50017—2017）第 11.4.2 条表 11.4.2-2，常用的高强度螺栓性能等级为 8.8 级和 10.9 级。

答案： B

31. 解 根据“强节点弱构件”的设计要求，梁柱节点区的混凝土强度等级应不低于柱。

答案： D

32. 解 根据《砌体结构设计规范》（GB 50003—2011）第 3.2.2 条表 3.2.2，砌体的轴心抗拉强度、弯曲抗拉强度、抗剪强度取决于砂浆的强度等级及砌体的种类。

答案： A

33. 解 《砌体结构设计规范》（GB 50003—2011）第 7.2.1 条规定，当过梁的跨度不大于 1.5m 时，可采用钢筋砖过梁；不大于 1.2m 时，可采用砖砌平拱过梁。

答案： C

34. 解 土的三相物理性质指标的三个基本量测指标是土的重度、含水率和土粒相对密度，孔隙比、孔隙率、饱和度、干重度、饱和重度和有效重度为导出指标，可以用三个基本量测指标表示。

答案： D

35. 解 自然环境下的压实土，要在雨淋甚至水浸泡的条件下工作，而在最优含水率时压实的土，浸水强度高，水稳定性好，这就是要求在最优含水率时压实土的原因。相同压实功下，在最优含水率时压实的土，其干密度最大。

答案： C

36. 解 经历加载和卸载过程后，土体回到了之前未施加大面积均布荷载的状态，粒径级配和土粒相对密度都不会发生变化。一般土的固结状态、压缩性质和密实度都会发生变化，但变化多大与土的性质和应力历史有关。

答案：C

37. 解 固结不排水试验的固结过程是允许排水的；不固结不排水试验是可以严格做到不排水的；十字板剪切可以在原状土有水的条件下进行试验；快剪试验是力求通过“快”的试验过程，尽可能达到不排水或少排水的目的。

答案：D

38. 解 朗肯土压力理论适用于墙背直立、光滑、填土面水平的挡土墙。朗肯土压力理论是库仑土压力理论在以上条件下的一个特例。可以用库仑公式在墙背直立、光滑、填土面水平的条件下，考虑和不考虑墙背与土体间的摩擦力进行土压力计算和比较。

答案：B

39. 解 饱和时岩石的饱水系数为 1，本题已知干燥时和饱和时岩石的重度，天然重度对应的饱水系数可以通过线性插值法计算得出，即天然状态下的饱水系数$=(23-20)/(25-20)=0.6$。

答案：D

40. 解 《工程岩体分级标准》（GB/T 50218—2014）第 3.3.1 条规定，岩石坚硬程度的定量指标，应采用岩石单轴饱和抗压强度。

答案：D

41. 解 矿物摩氏硬度表中各矿物硬度由小到大排列依次为滑石、石膏、方解石、萤石、磷灰石、长石、石英、黄玉、刚玉、金刚石。本题中正长石与长石硬度相当，白云石与方解石硬度相当。因此，矿物石英是本题四种矿物中硬度最大者。

答案：B

42. 解 斜层理、结核是沉积岩的构造，流纹是岩浆岩的喷出岩流动构造，劈理是变质岩构造的一种。

答案：A

43. 解 正断层和逆断层是断裂构造。上盘相对下移、下盘相对上移的断层，称为正断层；上盘相对上移、下盘相对下移的断层，称为逆断层。断层两侧岩层在地质图上往往呈不对称重复出现。

背斜和向斜是褶皱构造。向斜在地质图上表现为中心较新、两侧较老的对称分布地层；背斜在地质图上表现为中心较老、两侧较新的对称分布地层。

答案：C

44. 解 新生代包括第三纪和第四纪。第三纪划分为早第三纪和晚第三纪，其中，早第三纪由老到新依次为古新世、始新世和渐新世，晚第三纪由老到新依次为中新世和上新世；第四纪由老到新依次为更新世和全新世。

答案：A

45. 解 根据充填物胶结成分抗剪强度由高到低依次排列有：铁质、硅质、钙质、砂泥质。

答案：D

46. 解 风化作用分为物理机械破碎作用、生物风化作用和化学风化作用，破碎和分解分别是岩石物理风化和化学风化作用的结果；变质是变质作用下岩石发生动力变质、接触变质和混合岩化，重结晶是变质作用的结果；岩石被风吹走是风的地质作用。

答案：A

47. 解 滑坡体由于地表水流的侵蚀作用而在其边缘常出现双沟同源地貌；由于滑坡体缓慢下滑，表面生长的树木表现出马刀形状，其弯曲凸面朝向滑坡下滑方向。河流凸岸内凹，表明在河流侧蚀很弱的部位出现河岸滑塌。

受地层岩性或地质构造控制，在地表流水侵蚀作用下呈多条冲沟同步弯转。

答案：B

48. 解 根据矿化度的大小，地下水分为淡水（<1g/L）、微咸水（1~3g/L）、咸水（3~10g/L）、盐水（10~50g/L）、卤水（>50g/L）。

答案：A

49. 解 现场载荷试验中，分级加荷按荷载增量均衡施加，荷载增量按预估极限荷载等分为 10~12 级，加荷分级应不少于 8 级。

答案：B

50. 解 降水试验是对降低地下水位进行的降水工程试验；抽水试验是在饱和含水层内确定岩土地层渗透系数及地下水位随时间变化特征时进行的水文地质现场试验；对于岩石地层，为测定其渗透性或为判定注浆试验前后岩层渗透性变化应进行压水试验，以获取岩层单位吸水量参数；渗水试验主要用于包气带非饱和土层的渗透性试验，表现出低水头压力的特点，以免高压水流带走包气带浅层地层细颗粒，影响渗透性测试精度。

答案：C

51. 解 当地表为水平面时，地下岩土体中自重应力引起的最大主应力和最小主应力分别作用于垂直方向和水平方向。当地面由水平面变为斜面时，由于应力场的重分布作用，不仅斜面附近的主应力作用方向会发生明显偏转，而且斜面附近的最大主应力增大，最小主应力减小，表现为越接近于临空面，其最大主应力作用方向越趋于平行于临空面。因此，倾斜岩石边坡坡面附近的最大主应力方向平行于坡面，远离坡面的坡体内部主应力作用方向仍然为垂直方向和水平方向。本题没有明确问的是坡面附近，还是远离坡面处，考虑到是边坡中的应力分布问题，所以应按坡面附近的应力分布特征回答。

答案：D

52. 解

$$p_k \leqslant f_k$$

$$p_k = (F_k + G_k)/A$$

对于条形基础

$$b = \frac{F_k}{f_a - \gamma_G d} = \frac{300}{180 - 20 \times 1.5} = 2\text{m}$$

答案：A

53. 解 式中p_z是指软弱下卧层顶面处的“附加应力”，应由基底附加应力按照一定的扩散角度扩散到软弱下卧层顶面通过计算得来。

答案：C

54. 解 抗浮桩即抗拔桩，只有依靠土对结构物下桩基础施加向下的侧向摩阻力，才能平衡或抵抗水对水下结构物施加的向上的浮力。

答案：B

55. 解 《建筑桩基技术规范》（JGJ 94—2008）第5.2.3条指出：桩数少于4根的摩擦型柱下独立桩基不宜考虑承台效应。

答案：A

56. 解 深层搅拌比较适合用于处理软黏土地基。强夯法用于处理饱和软黏土土基时需慎重，一般需经过试验证明有效才可使用。灰土挤密法比较适合用于处理深度不大、松散的土质地基，包括松散的中、细、粉砂土等。振冲法施工振动较大，不适于在城市中心区施工。

答案：A

57. 解 面积置换率$m = A_p/A = 0.16$，桩土应力比$n = p_p/p_s = 7$，基底压力为p，则：

$$p_s = \frac{p}{m(n-1)+1} = \frac{p}{0.16 \times (7-1)+1} = 0.51p(\text{kPa})$$

答案：C

58. 解 如果坡角小，坡高、边坡横断面的形状和坡面形态都不会对坡体稳定起决定作用。

答案：A

59. 解 岩块流动和岩层曲折破坏的岩质边坡多是岩层平行于坡面，且层面间的抗剪强度较小，因此，锚杆加固可以将岩层固定成为一个整体，提高层间的抗剪强度。

答案：D

60. 解 圆弧滑动破坏一般发生在十分破碎的岩体或者无优势结构面的软弱均质岩体中，厚层泥质岩体属于软弱均质岩体。

答案：C

2021年度全国勘察设计注册土木工程师（岩土）
执业资格考试试卷

基础考试
（下）

二〇二一年十月

应考人员注意事项

1. 本试卷科目代码为“2”，考生务必将此代码填涂在答题卡“科目代码”相应的栏目内，否则，无法评分。

2. 书写用笔：**黑色或蓝色钢笔、签字笔或圆珠笔**；

   填涂答题卡用笔：**黑色 2B 铅笔**。

3. 必须用书写用笔将工作单位、姓名、准考证号填写在答题卡和试卷相应的栏目内。

4. 本试卷由 60 题组成，每题 2 分，满分 120 分，本试卷全部为单项选择题，每小题的四个备选项中只有一个正确答案，错选、多选、不选均不得分。

5. 考生作答时，必须按**题号在答题卡上**将相应试题所选选项对应的**字母用 2B 铅笔涂黑**。

6. 在答题卡上书写与题意无关的语言，或在答题卡上作标记的，均按违纪试卷处理。

7. 考试结束时，由监考人员当面将试卷、答题卡一并收回。

8. 草稿纸由各地统一配发，考后收回。

单项选择题（共 60 题，每题 2 分。每题的备选项中只有一个最符合题意。）

1. 物质通过多孔介质发生渗透，必须在多孔介质的不同区域存在着：

A. 浓度差　　B. 温度差

C. 压力差　　D. 密度差

2. 同一材料，在干燥状态下，随着孔隙率提高，材料性能不降低的是：

A. 密度　　B. 体积密度

C. 表观密度　　D. 堆积密度

3. 我国颁布的通用硅酸盐水泥标准中，符号“P.F”代表：

A. 普通硅酸盐水泥　　B. 硅酸盐水泥

C. 粉煤灰硅酸盐水泥　　D. 复合硅酸盐水泥

4. 减水剂是常用的混凝土外加剂，其主要功能是增加拌合物中的自由水，其作用原理是：

A. 本身产生水分　　B. 通过化学反应产生水分

C. 释放水泥吸收的水分　　D. 分解水化产物

5. 增大混凝土的骨料含量，混凝土的徐变和干燥收缩的变化规律为：

A. 都会增大　　B. 都会减小

C. 徐变增大，收缩减小　　D. 徐变减小，收缩增大

6. 在交变荷载作用下工作的钢材，需要特别检测：

A. 疲劳强度　　B. 冷弯性能

C. 冲击韧性　　D. 延伸率

7. 在环境条件长期作用下，沥青材料会逐渐老化，此时：

A. 各组成比例不变

B. 高分子量组成向低分子量组成转化

C. 低分子量组成向高分子量组成转化

D. 部分油分会蒸发，而树脂和地沥青质不变

8. 根据比例尺的精度概念，测绘 1:1000 比例尺地图时，地面上距离小于下列何项在图上表示不出来？

A. 0.2m　　B. 0.5m

C. 0.1m　　D. 1m

9. 使用经纬仪观测水平角，角值计算公式$\beta = b - a$，已知读数a为296°23′36″，读数b为6°17′12″，则角值β为：

A. 110°06′24″　　B. 290°06′24″

C. 69°53′36″　　D. 302°40′48″

10. 下列用作野外测量工作基准面的是：

A. 大地水准面　　B. 旋转椭球面

C. 水平面　　D. 平均水平面

11. 有一长方形游泳池，独立地观测得其边长$a = 60.000\text{m} \pm 0.002\text{m}$，$b = 80.000\text{m} \pm 0.003\text{m}$，则该游泳池的面积$S$及面积测量的精度$m_s$为：

A. 4800m^2；0.27m^2　　B. 4800m^2；0.6m^2

C. 4800m^2；0.24m^2　　D. 4800m^2；5m^2

12. 已知A、B两点坐标，其坐标增量$\Delta x_{\text{AB}} = -30.6\text{m}$，$\Delta y_{\text{AB}} = 15.3\text{m}$，则$AB$直线坐标方位角为：

A. 153°26′06″　　B. 156°31′39″

C. 26°33′54″　　D. 63°26′06″

13. 国家规定的安全生产责任制度中，对单位主要负责人、施工项目经理、专职人员与从业人员的共同规定是：

A. 确保安全生产费用有效使用　　B. 报告安全生产事故

C. 接受安全生产培训教育　　D. 进行工伤事故统计、分析和报告

14. 有关合法的工程项目招标，下列叙述错误的是：

A. 理论上来说，公开招标的优点为择优率高

B. “邀请招标”是向三个以上的潜在投标人发出邀请

C. “协议招标”属于我国法律法规允许的范围

D. 公开招标的缺点为耗时长、成本高

15. 我国城乡规划的原则不包含：

A. 城乡统筹　　B. 公平公正公开

C. 关注民生　　D. 可持续发展

16. 根据《中华人民共和国建筑法》，建设单位应当自领取施工许可证之日起三个月内开工。因故不能按期开工的，应当向发证机关申请延期，延期以两次为限，每次不超过：

A. 一个月　　B. 三个月

C. 六个月　　D. 九个月

17. 在流动性淤泥土层中做桩可能有颈缩现象，则可行又经济的施工方法是：

A. 反插法　　B. 复打法

C. 单打法　　D. 以上选项 A 和 B 都可以

18. 某 C25 混凝土在温度 30℃时的初凝时间为 210min，如果混凝土运输时间为 60min，则其浇筑和间隔的最长时间应是：

A. 120min　　B. 150min

C. 180min　　D. 90min

19. 吊装中小型单层工业厂房的结构构件时，宜使用：

A. 履带式起重机　　B. 附着式塔式起重机

C. 人字拔杆式起重机　　D. 轨道式塔式起重机

20. 已知某工程有五个施工过程，分成三段组织全等节拍流水施工，工期为 49 天，工艺间歇和组织间歇的总和为 7 天，则各施工过程之间的流水步距为：

A. 6 天　　B. 5 天

C. 8 天　　D. 7 天

21. 网络计划与横道图计划相比，其优点不在于：

A. 工作之间的逻辑关系表达清楚　　B. 易于各类工期参数计算

C. 适用于计算机处理　　D. 通俗易懂

22. 图示刚架M_{DC}大小为：

A. 20kN · m

B. 40kN · m

C. 60kN · m

D. 80kN · m

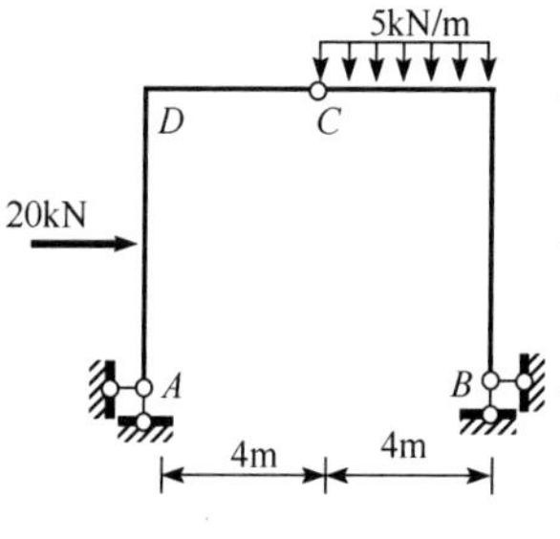

23. 图示桁架 a 杆轴力为：

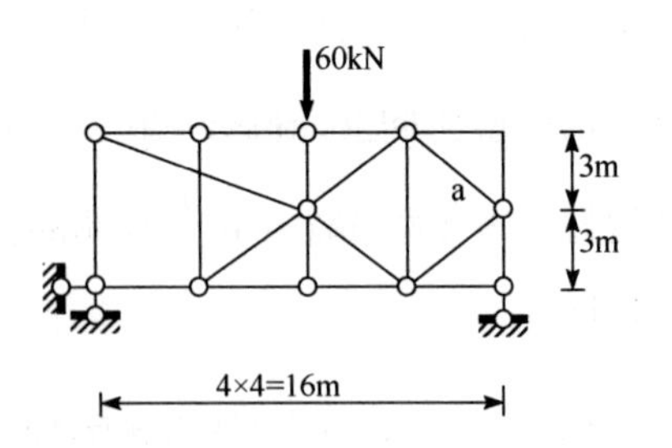

A. −15kN

B. −20kN

C. −25kN

D. −30kN

24. 图示结构B处弹性支座的弹簧刚度$k = 6EI/l^3$，B截面转角位移大小为：

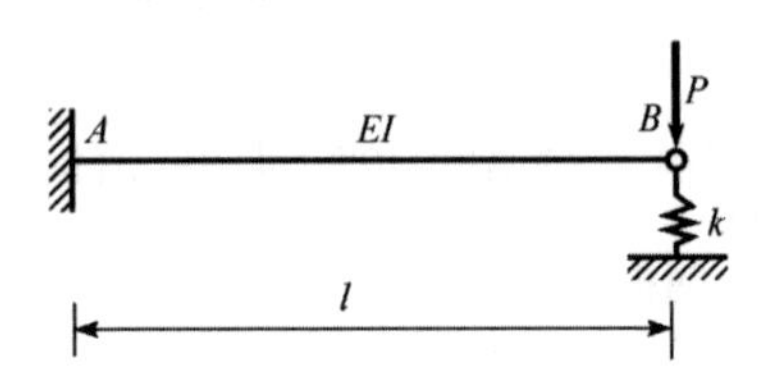

A. $(Pl^2)/(12EI)$

B. $(Pl^2)/(6EI)$

C. $(Pl^2)/(4EI)$

D. $(Pl^2)/(3EI)$

25. 混凝土内部最薄弱的是：

A. 砂浆的受拉强度

B. 水泥石的受拉强度

C. 砂浆与骨料接触面间的黏结

D. 水泥石与骨料接触面间的黏结

26. 下列关于钢筋混凝土双筋矩形截面构件受弯承载力计算的描述，正确的是：

A. 增加受压钢筋面积会使受压区高度增大

B. 增加受压钢筋面积会使受压区高度减小

C. 增加受拉钢筋面积会使受压区高度减小

D. 增加受压钢筋面积会使构件超筋

27. 两端固定的钢筋混凝土梁，仅承受均布荷载q，梁跨中可承受的正弯距为80kN · m，支座处可承受的负弯距为120kN · m，该梁的极限荷载q_u为：

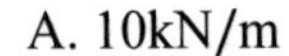
A. 10kN/m

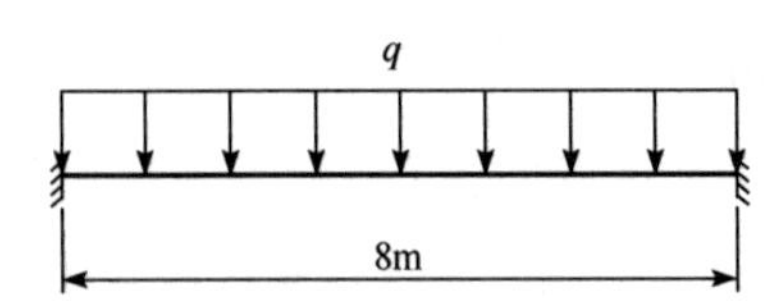

B. 15kN/m

C. 20kN/m

D. 25kN/m

28. 设计寒冷地区的钢结构体育场时，不应采用的钢号是：

A. Q420C　　　　B. Q355B

C. Q355A-F　　　　D. Q390B

29. 计算钢结构桁架下弦受拉杆时，需计算构件的：

A. 净截面屈服强度　　　　B. 净截面稳定性

C. 毛截面屈服强度　　　　D. 净截面刚度

30. 采用高强度螺栓的双盖板钢板连接节点如图所示，计算节点受轴心压力N作用时，假设螺栓 A 所承受的：

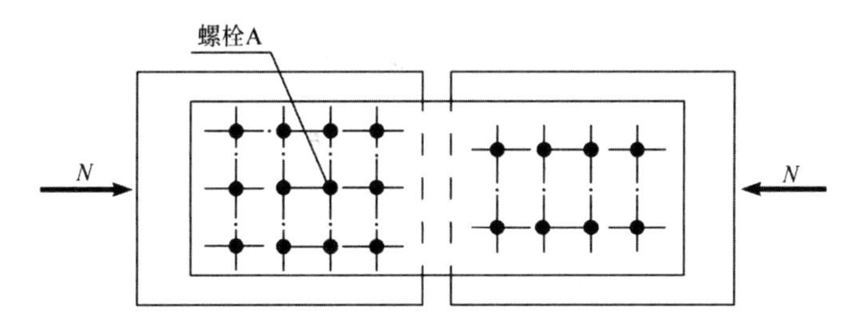

A. 压力为$N/8$　　　　B. 剪力为$N/8$

C. 压力为$N/12$　　　　D. 剪力为$N/12$

31. 刚性房屋的主要特点为：

A. 空间性能影响系数η大，刚度大

B. 空间性能影响系数η小，刚度小

C. 空间性能影响系数η小，刚度大

D. 空间性能影响系数η大，刚度小

32. 下列符合网状砌体配筋率要求的是：

A. 不应小于 0.1%，且不应大于 1%

B. 不应小于 0.2%，且不应大于 3%

C. 不应小于 0.2%，且不应大于 1%

D. 不应小于 0.1%，且不应大于 3%

33. 圈梁必须是封闭的，当砌体房屋的圈梁被门窗洞口切断时，洞口上部应增设附加圈梁与原圈梁搭接，搭接长度不应小于 1m，且不小于其垂直间距的：

A. 1 倍　　B. 1.5 倍

C. 2 倍　　D. 2.5 倍

34. 下面土的指标可以直接通过室内试验测试出来的是：

A. 天然密度　　B. 有效密度

C. 孔隙比　　D. 饱和度

35. 通常情况下，土的饱和重度γ_{sat}、天然重度γ和干重度γ_{d}之间的关系为：

A. $\gamma_{\mathrm{sat}} < \gamma < \gamma_{\mathrm{d}}$　　B. $\gamma_{\mathrm{sat}} > \gamma > \gamma_{\mathrm{d}}$

C. $\gamma < \gamma_{\mathrm{sat}} < \gamma_{\mathrm{d}}$　　D. $\gamma > \gamma_{\mathrm{sat}} > \gamma_{\mathrm{d}}$

36. 用分层总和法计算地基变形时，由于假定地基土在侧向不发生变形，故不能采用下列哪一个压缩性指标？

A. 压缩系数　　B. 压缩指数

C. 压缩模量　　D. 变形模量

37. 关于固结度，下列说法正确的是：

A. 一般情况下，随着时间的增加和水的排出，土的固结度会逐渐减小

B. 对于表面受均布荷载作用的均匀地层，单面排水情况下不同深度的固结度相同

C. 对于表面受均布荷载作用的均匀地层，不同排水情况下不同深度的固结度相同

D. 如果没有排水通道，即边界均不透水，固结度将不会变化

38. 一般情况下，在相同的墙高和填土条件下，挡土墙静止土压力E_0、主动土压力E_{a}、被动土压力E_{p}三者之间的关系是：

A. $E_0 > E_{\mathrm{a}} > E_{\mathrm{p}}$　　B. $E_0 > E_{\mathrm{p}} > E_{\mathrm{a}}$

C. $E_{\mathrm{p}} > E_0 > E_{\mathrm{a}}$　　D. $E_{\mathrm{p}} > E_{\mathrm{a}} > E_0$

39. 岩体的强度小于岩块的强度，主要是由于：

A. 岩体中含有大量的不连续面

B. 岩体中含有水

C. 岩体为非均质材料

D. 岩块的弹性模量比岩体的大

40. 测得岩体的纵波波速为4000m/s，岩块的纵波波速为5000m/s，则岩体的完整性属于：

A. 完整　　B. 较完整

C. 完整性差　　D. 较破碎

41. 典型情况下，关于方解石和斜长石的异同，下列说法错误的是：

A. 盐酸反应不同　　B. 解理组数不同

C. 颜色相似　　D. 硬度相近

42. 下列岩浆岩中，结晶最粗的是：

A. 深成岩　　B. 浅成岩

C. 喷出岩　　D. 岩墙

43. 向斜构造的特征是：

A. 两侧地层新，中间地层老

B. 两侧地层老，中间地层新

C. 上盘地层向下，下盘地层向上

D. 下盘地层向下，上盘地层向上

44. 太古代的岩石大部分属于：

A. 岩浆岩　　B. 沉积岩

C. 变质岩　　D. 花岗岩

45. 洪积扇沉积物和平原区河流沉积物相比：

A. 颗粒更细　　B. 颗粒更粗

C. 层理更好　　D. 分选更好

46. 一个产状接近直立的结构面在赤平面上的投影圆弧的位置：

A. 靠近大圆　　B. 靠近直径

C. 位于大圆和直径中间　　D. 与结构面的走向有关

47. 河流冲积物的成分和结构，从上游到下游的变化是：

A. 成分越来越复杂，分选越来越差

B. 成分越来越复杂，粒径越来越细

C. 成分越来越单一，分选越来越差

D. 成分越来越单一，粒径越来越细

48. 下列各因素中，与风化作用最不相关的是：

A. 昼夜温差　　B. 岩石种类

C. 岩石硬度　　D. 水文地质条件

49. 下列地层中，透水性最强的是：

A. 河漫滩沉积　　B. 含大量有机质的淤泥

C. 河床沉积　　D. 牛轭湖沉积

50. 为取得原状土样，可采用下列哪种方法？

A. 标准贯入法　　B. 洛阳铲

C. 螺纹钻头　　D. 薄壁取土器

51. 下面对基础刚性角有要求的基础类型为：

A. 扩展基础　　B. 无筋扩展基础

C. 筏形基础　　D. 箱形基础

52. 季节性冻土的设计冻深z_d由标准冻深z_0乘以影响系数而得到，就环境对冻深的影响系数来说，下列影响系数最小的是：

A. 村　　B. 旷野

C. 城市近郊　　D. 城市市区

53. 如图所示，宽度为b的条形基础上作用偏心荷载F，当偏心距$e > b/6$时，下列说法正确的是：

A. 基底左侧出现拉应力区

B. 基底右侧出现拉应力区

C. 基底左侧出现 0 应力区

D. 基底右侧出现 0 应力区

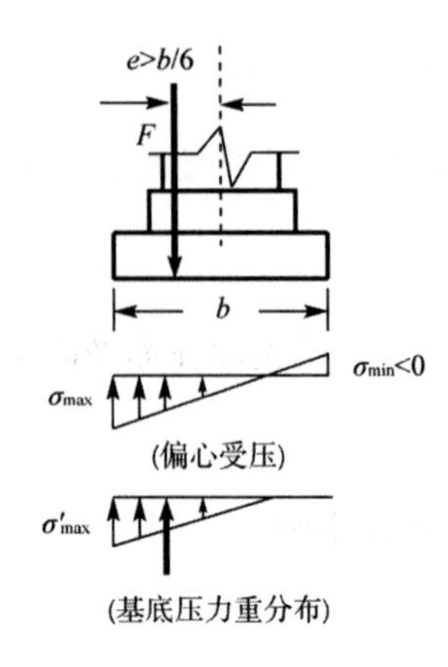

54. 对拉拔桩，下列对桩基总的拉拔力有利的措施是：

A. 在桩基附近开挖

B. 混凝土用量不变，增大桩径，减少桩的数量

C. 混凝土用量不变，增大桩径，减少桩长

D. 桩基施工完成后在桩周注浆

55. 桩基础承台设计无需验算下面哪一项？

A. 柱对承台的冲切

B. 角桩对承台的冲切

C. 刚性角

D. 抗弯强度

56. 强夯法的夯锤上往往开几个孔，开孔的目的是：

A. 降低噪音

B. 减小对附近建筑物的振动

C. 用于排气，减少气垫效应

D. 便于运输和起吊

57. 在加筋土边坡中，计算筋材的锚固长度时涉及以下哪一项指标？

A. 抗压强度

B. 握持强度

C. 撕裂强度

D. 拉拔摩擦系数

58. 构成岩质边坡变形与破坏的边界条件是：

A. 岩体变形特征

B. 岩体中原始应力状态

C. 岩体结构特征

D. 坡形

59. 在用圆弧法分析岩坡稳定性时，如果滑动力矩为M_s，抗滑力矩为M_r，则该岩坡的稳定安全系数为：

A. M_r/M_s

B. M_s/M_r

C. $M_r/(M_s+M_r)$

D. $M_s/(M_s+M_r)$

60. 岩石边坡的稳定性主要取决于：

①边坡高度和边坡倾角；

②岩石强度；

③岩石类型；

④软弱结构面的产状和力学性质；

⑤地下水位的高低和边坡的渗水性能。

A. ①④　　B. ②③

C. ①②④⑤　　D. ①④⑤

2021年度全国勘察设计注册土木工程师（岩土）执业资格考试基础考试（下）试题解析及参考答案

1. 解 由于物质在多孔介质的不同区域中存在浓度差，所以其可以通过多孔介质发生扩散迁移，即从高浓度区域向低浓度区域迁移。

答案：A

2. 解 密度是指材料在绝对密实状态下，单位体积（包括固体颗粒的体积，不包括孔隙体积）的质量，所以随着孔隙率提高，密度不变（选项A正确）。

体积密度是指材料在自然状态下，单位自然体积（包括固体颗粒体积与孔隙体积）的质量；表观密度是指单位表观体积（包括固体颗粒体积与闭口孔隙体积）的质量；堆积密度是指散粒材料在堆积状态下，单位堆积体积（包括固体颗粒体积、孔隙体积和空隙体积）的质量。体积密度、表观密度和堆积密度均随着孔隙率提高而降低。

答案：A

3. 解 我国颁布的通用硅酸盐水泥标准中，普通硅酸盐水泥的代号为P.O，硅酸盐水泥的代号为P.I和P.II，粉煤灰硅酸盐水泥的代号为P.F，复合硅酸盐水泥的代号为P.C。

答案：C

4. 解 减水剂是一种表面活性剂，其分子由亲水基团和憎水基团两部分组成。当减水剂加入水泥浆体后，其中的憎水基团定向吸附于水泥质点表面，亲水基团指向水溶液，在水泥颗粒表面形成单分子或多分子吸附膜，使水泥颗粒表面带上相同的电荷（多数为负电荷），表现出斥力，将水泥加水后形成的絮凝结构打开并释放出被絮凝结构包裹的水，最终增加了拌合物中的自由水。

答案：C

5. 解 徐变是指混凝土在恒定荷载长期作用下，随时间而增加的变形。徐变是在外力作用下，混凝土中的凝胶体向毛细孔中迁移产生的收缩变形。干燥收缩是混凝土中的毛细孔和凝胶孔失水所引起的变形。骨料，特别是粗骨料的主要作用是抑制收缩，所以增大混凝土中的骨料含量，可以降低浆体的含量，最终使徐变和干缩减小。

答案：B

6. 解 受交变荷载反复作用时，钢材在应力低于其屈服强度的情况下突然发生脆性断裂破坏的现象，称为疲劳破坏，以疲劳强度表示（选项A正确）。冷弯性能是指钢材在常温下承受静力弯曲时所容许变形的能力；冲击韧性是指钢材抵抗冲击荷载作用的能力；延伸率是指在拉力作用下断裂时，钢材伸长长度占原标距长度的百分率。

答案： A

7. 解 在环境条件长期作用下，沥青材料组分会发生递变，即低分子量组成向高分子量组成转化，最终地沥青质含量增加，使沥青逐渐老化，变硬变脆。

答案： C

8. 解 比例尺的精度是指传统地形图上 0.1mm 所代表的实地长度。1∶1000 比例尺精度为：$m_{比例尺精度} = 0.1 \times 1000 = 100\text{mm} = 0.1\text{m}$，故地面上距离小于 0.1m 的地物在图上标示不出来。

答案： C

9. 解 根据经纬仪的水平度盘注记方式及其水平角测量原理，当读数b小于读数a时，b应加 360°再减a。故：

$$\beta = a - b = 6°17'12'' + 360° - 296°23'36'' = 69°53'36''$$

答案： C

10. 解 野外测量工作的基准面是大地水准面。

答案： A

11. 解 面积$S = a \times b = 60.000 \times 80.000 = 4800\text{m}^2$，根据误差传播定律得：

$$\frac{\partial S}{\partial a} = b,\ \frac{\partial S}{\partial b} = a$$

$$m_s = \pm\sqrt{b^2 m_a^2 + a^2 m_b^2} = \pm\sqrt{80^2 \times 0.002^2 + 60^2 \times 0.003^2} = \pm 0.24\text{m}^2$$

答案： C

12. 解 依题意$\Delta x_{AB} < 0$，$\Delta y_{AB} > 0$，故直线AB的方位角位于第二象限，即：

$$R_{AB} = \arctan\frac{\Delta y_{AB}}{\Delta x_{AB}} = \arctan\frac{15.3}{-30.6} = 26°33'54''(南东)$$

故AB的方位角：$\alpha = 180° - 26°33'54'' = 153°26'06''$。

答案： A

13. 解 《中华人民共和国安全生产法》第五十八条规定，从业人员应当接受安全生产教育和培训，掌握本职工作所需的安全生产知识，提高安全生产技能，增强事故预防和应急处理能力。

该条文中所指的接受安全教育的从业人员是指包括主要负责人、专职安全员、一般从业人员等的所有从业人。选项 A、B、D 不是所有从业人员的职责。

答案： C

14. 解 《中华人民共和国招标投标法》第十条规定，招标分为公开招标和邀请招标。没有选项 C 提到的“协议招标”这种说法。

答案： C

15. 解 《中华人民共和国城乡规划法》第一条规定，为了加强城乡规划管理，协调城乡空间布局，改善人居环境，促进城乡经济社会全面协调可持续发展，制定本法。

第四条规定，制定和实施城乡规划，应当遵循城乡统筹、合理布局、节约土地、集约发展和先规划后建设的原则，改善生态环境，促进资源、能源节约和综合利用，保护耕地等自然资源和历史文化遗产，保持地方特色、民族特色和传统风貌，防止污染和其他公害，并符合区域人口发展、国防建设、防灾减灾和公共卫生、公共安全的需要。

答案：B

16. 解 《中华人民共和国建筑法》第九条规定，建设单位应当自领取施工许可证之日起三个月内开工。因故不能按期开工的，应当向发证机关申请延期；延期以两次为限，每次不超过三个月。既不开工又不申请延期或者超过延期时限的，施工许可证自行废止。

答案：B

17. 解 该题所列选项为沉管灌注桩施工的三种工艺方法。《建筑地基基础工程施工规范》（GB 51004—2015）第 5.8.1 条规定，“单打法可用于含水量较小的土层，且宜采用预制桩尖，复打法及反插法可用于饱和土层”。因流动性淤泥土层含水量极大（超饱和），故不能采用单打法，即排除选项 C。反插法和复打法均可消除在淤泥层中的颈缩现象，但规范第 5.8.4 条第 4 款又规定，流动性淤泥土层、坚硬土层中不宜使用反插法。可见，仅有复打法可以采用，故选 B。

答案：B

18. 解 《混凝土结构工程施工规范》（GB 50666—2011）第 8.3.3 条规定，上层混凝土应在下层混凝土初凝之前浇筑完毕。也即运输、浇筑、间隔的总延续时间不超过初凝时间。故本题的浇筑和间隔的最长时间 = 初凝时间 − 运输时间 = 210min − 60min = 150min。

需注意的是：规范第 8.3.4 条规定，混凝土运输、输送入模的过程应保证混凝土的连续浇筑，并给出了时间限值（见解表）。但本题所给条件不足，其目的在于要明确“初凝前浇筑完毕”的概念。

运输到输送入模的延续时间及总时间限值（单位：min） 题 18 解表

条件	运输到输送入模的延续时间		运输、输送入模及其间歇总的时间限值	
	气温≤25℃	气温>25℃	气温≤25℃	气温>25℃
不掺外加剂	90	60	180	150
掺外加剂	150	120	240	210

答案：B

19. 解 本题主要考查各种起重机的特点及适用范围。一般对 5 层以下的民用建筑或高度在 18m 以下的单层、多层工业厂房，可采用履带式、汽车式或轮胎式等自行杆式起重机；对于 10 层以下的民用建筑，宜采用轨道式塔式起重机；对于高层建筑，可采用附着式塔式起重机；对于超高层建筑，宜采用爬升式塔式起重机。拔杆式起重机因移动困难，不适于厂房的结构吊装。可见，本题中“履带式起重机”较宜。

答案：A

20. 解　本题考查的是流水工期计算公式。全等节拍流水施工最重要的特点是各个施工过程的流水节拍全部相等，且流水步距等于流水节拍。

由题可知，施工过程数$n=5$；施工段数$m=3$；施工层数未给，即层数$r=1$；流水工期$T=49$天；施工过程间歇（包括一层内的工艺间歇和组织间歇总和）$\sum S=7$；无搭接，即$\sum C=0$。

将数据代入全等节拍流水工期的计算公式$T=(rm+n-1)K+\sum S-\sum C$

即：$49=(1\times3+5-1)K+7-0$，解得流水步距$K=6$天。

注意：由于全等节拍流水施工最重要的特点是各个施工过程的流水节拍全部相等，且流水步距等于流水节拍，所以该题若改为求各施工过程的流水节拍，则其结果也相同。

答案：A

21. 解　网络计划的优点：①各项工作之间的逻辑关系表达清楚；②可以找出关键工作和关键线路；③可以进行各种时间参数的计算，找到计划的潜力，可以进行优化；④在计划执行过程中，对后续工作及总工期有预见性；⑤可利用计算机进行计算、优化、调整。缺点：①不能清晰地反映流水情况；②非时标的网络计划，不便于计算资源需求量。

横道图计划的优点：①形象直观（因为有时间坐标，各项工作的起止时间、作业持续时间、工作进度、总工期，以及流水作业状况都能一目了然），通俗易懂，易于编制，流水表达清晰；②便于叠加计算资源需求量。缺点：不能反映各工作间的逻辑关系，不能反映哪些是主要的、关键性的工作，看不出计划中的潜力所在，也不能使用计算机进行计算、优化、调整。

可见，各选项中仅“通俗易懂”不是网络计划的优点，故选 D。

答案：D

22. 解　由整体平衡可得支座A的竖向反力$Y_A=5\text{kN}$（向下）

取C左隔离体（见解图），平衡可得铰C截面的剪力值$Q_C=5\text{kN}$

所求弯矩$M_{DC}=5\text{kN}\times4\text{m}=20\text{kN}\cdot\text{m}$（内侧受拉）

答案：A

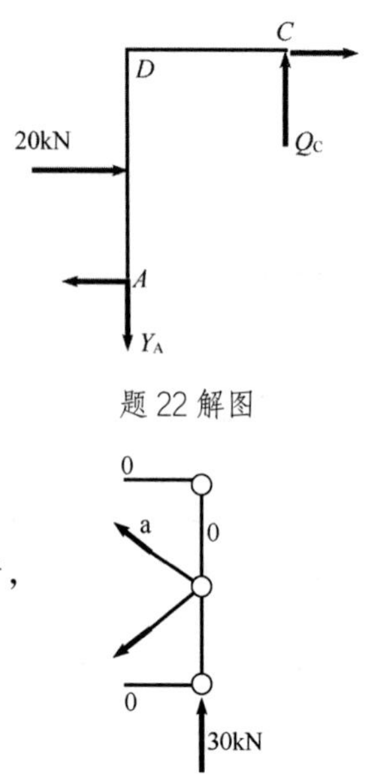

题 22 解图

题 23 解图

23. 解　先由结构整体平衡求得支座反力后，作解图所示隔离体，判断零杆，由平衡条件可得$N_a=-25\text{kN}$。

答案：C

24. 解 本题为一次超静定结构求位移问题。先用力法求解，选力法基本体系并建立力法基本方程（见解图 1）：

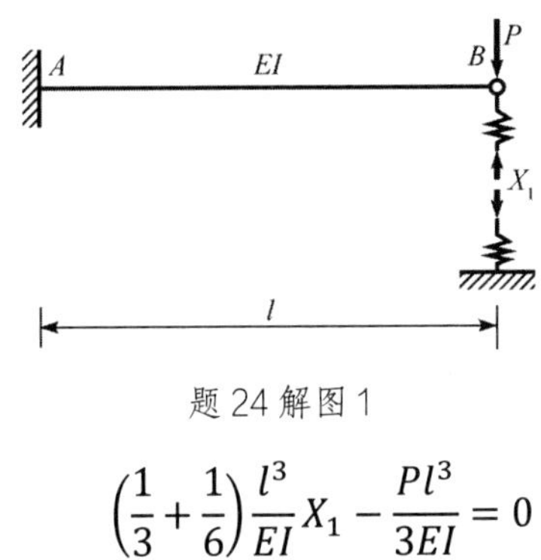

题 24 解图 1

$$\left(\frac{1}{3}+\frac{1}{6}\right)\frac{l^3}{EI}X_1-\frac{Pl^3}{3EI}=0$$

解得：$X_1=\frac{2}{3}P$

为求位移，作解图 2，图乘可得B截面转角为：

$$\emptyset=\frac{1}{EI}\left(\frac{1}{2}\times\frac{Pl}{3}\times l\right)\times 1=\frac{Pl^2}{6EI}$$

题 24 解图 2

答案： B

25. 解 在混凝土凝结的初期，由于水泥胶块的收缩、泌水、骨料下沉等原因，在粗骨料与水泥胶块的接触面上以及水泥胶块内部将形成微裂缝（黏结裂缝），是混凝土内最薄弱的环节。在荷载作用下，微裂缝将继续发展，对混凝土的强度和变形产生重要影响。

答案： D

26. 解 增加受压钢筋面积，可使更多的钢筋分担混凝土的压力，从而可减小混凝土的受压区高度。

答案： B

27. 解 两端固定梁，在均布荷载作用下，支座负弯矩$M=ql^2/12$，跨中正弯矩$M=ql^2/24$。根据已知条件，可知梁受力由支座截面处控制，支座处可承受的负弯矩为120kN · m，则$q=12\times 120/8^2=22.5$kN/m，作用的分项系数取 1.5，则$q_u=22.5/1.5=15$kN/m。

［根据《建筑结构可靠性设计统一标准》（GB 50068—2018）第 8.2.9 条，永久作用的分项系数$\gamma_G=1.3$，可变作用的分项系数$\gamma_Q=1.5$］

答案： B

28. 解 根据《钢结构设计标准》(GB 50017—2017)第 4.3.3 条第 1 款，A 级钢仅可用于结构工作温度高于 0℃的不需要验算疲劳强度的结构。所以寒冷地区不应采用 Q355A 钢。

答案：C

29. 解 受拉构件一般为强度控制，根据《钢结构设计标准》(GB 50017—2017)第 7.1.1 条第 1 款，轴心受拉构件的截面强度应计算毛截面屈服强度：$\sigma = N/A \leqslant f$和净截面断裂强度：$\sigma = N/A_n \leqslant 0.7f_u$($f_u$为钢材的抗拉强度最小值)。

答案：C

30. 解 此连接节点螺栓受剪力作用，假设螺栓群均匀受力，则节点左侧 12 个螺栓，每个螺栓承受的剪力为$N/12$，右侧 8 个螺栓，每个螺栓承受的剪力为$N/8$。

答案：D

31. 解 房屋的侧向刚度越大，变形越小，空间性能影响系数就越小。

答案：C

32. 解 根据《砌体结构设计规范》(GB 50003—2011)第 8.1.3 条第 1 款，网状配筋砖砌体中的体积配筋率，不应小于 0.1%，并不应大于 1%。

答案：A

33. 解 根据《砌体结构设计规范》(GB 50003—2011)第 7.1.5 条第 1 款，附加圈梁与原圈梁的搭接长度不应小于其中到中垂直间距的 2 倍，且不得小于 1m。

答案：C

34. 解 土的天然密度、含水量和土粒相对密度是基本量测指标，可以通过实验室试验测出。称土的有效密度、干密度、饱和密度、孔隙比、孔隙率和饱和度是换算指标(导出指标)，即都可以用基本量测指标表示。

答案：A

35. 解 根据不同重度的定义，三个重度的条件是土粒的重量均相同，但区别是：饱和重度是土的孔隙充满水，天然重度是孔隙有部分水，干重度是孔隙没有水，三种含水情况下土的重度大小不同。

答案：B

36. 解 带“压缩”的变形指标，如压缩系数α、侧限压缩模量E_s、压缩指数C_c均是由土的侧限压缩试验得出的压缩性指标，与“假定地基土在侧向不发生变形”对应，可以使用；而“变形模量”定义的是“无侧限”条件下的参数，与“分层总和法计算地基变形”的假定不同，不能采用。

答案：D

37. 解 某时刻的固结度，是该时刻的沉降量与最终沉降量之比。

随着时间的增加和水的排出，土的压缩固结逐步完成，固结度增加，故选项 A 错误。

土体受荷固结，排水边界近处排水快，压缩先完成（固结度较大），排水边界远处的排水压缩完成较慢，同一时刻的固结度比排水边界近处要小，单面排水与双面排水的情况均如此，所以选项 B、C 错误。

没有排水通道，土体中的水不能排出，压缩不能发生，所以固结度一直是开始时的固结度，选项 D 正确。

答案： D

38. 解 挡土墙静止不动，土体作用于整个墙高上的压力为静止土压力E_0；

挡土墙在土压力作用下向着离开土体的方向移动，土体抗剪强度发生作用，抵消了土体原作用于挡土墙上的部分力，土体作用于挡土墙上的压力减少，挡土墙继续向着离开土体的方向移动，直到土体强度完全发挥，在土体中形成滑裂面，此时土体作用于整个墙高上的压力为主动土压力E_a，所以$E_a < E_0$；

挡土墙在外力作用下向着土体内部移动，土体抗剪强度发生作用，外力需要克服静止土压力E_0与土体抗剪强度产生的抵抗力之和，挡土墙才能向土体内部移动，这时挡土墙作用于土体的压力（与土体作用于挡土墙的压力为作用力与反作用力）比静止状态下土体作用于挡土墙的静止土压力E_0大，挡土墙在外力作用下继续向着土体内部移动，直到土体抗剪强度完全发挥出来，形成滑裂面，此时土体作用于整个墙高上的压力为被动土压力E_p，这个状态需要克服土的静止土压力E_0 +滑裂面抗滑力之和才能达到，所以被动土压力$E_p > E_0$。

所以，三者之间的关系为$E_p > E_0 > E_a$。

答案： C

39. 解 岩块是指完整岩块，可在实验室测试其强度。岩体是由完整岩石被各类地质界面（统称为不连续面）交互切割后的自然地质体，属于不连续介质，由于结构面的强度远小于岩块，因此，岩体的破坏大都受控于结构面，其强度远小于岩块的强度。

水仅对软弱岩体有一定的软化作用，岩石遇水也会发生软化，不是岩体强度小于岩石强度的主要因素。非均质性对岩体和岩石强度的影响相似，也不是岩体强度小于岩石强度的主要因素。弹性模量只影响岩体的变形特性，对强度无影响。

答案： A

40. 解 我国《工程岩体分级标准》采用岩体完整性指数K_v表示岩体的完整程度，K_v等于岩体纵波波速与岩石纵波波速比值的平方。据此，可以计算本题的岩体完整性指数如下：

$$K_v = \left(\frac{v_{pm}}{v_{pr}}\right)^2 = \left(\frac{4000}{5000}\right)^2 = 0.64$$

《工程岩体分级标准》（GB/T 50218—2014）第 3.3.4 条规定，岩体完整性指数与岩体完整程度的对应关系，可按解表（规范中的表 3.3.4）确定。

K_v与岩体完整程度的对应关系　　题40解表

K_v	>0.75	0.75~0.55	0.55~0.35	0.35~0.15	≤0.15
完整程度	完整	较完整	较破碎	破碎	极破碎

据此可知，本题的岩体属于较完整岩体。

答案：B

41. 解　方解石和斜长石是岩石常见的主要矿物，颜色均为白色；方解石遇盐酸起泡，斜长石与盐酸不起化学反应；方解石具有三组完全解理，斜长石具有两组近直交完全解理；斜长石较方解石硬度大，前者相对硬度为6，后者为3。

答案：D

42. 解　岩浆岩分为侵入岩和喷出岩，深成岩、浅成岩和岩墙均为侵入岩。地表以下大于3km的深成岩浆冷却速度缓慢，各类矿物均匀生长，致使深成岩结晶颗粒较为粗大，而浅成岩（小于3km）结晶颗粒较为细小。岩墙由于侵入后围岩温度低，致使矿物结晶时间短，总体结晶颗粒较细，甚至形成非晶质结构，有时某种矿物生长速度快而形成较大的斑晶，使岩墙的岩石呈斑状结构。由于岩浆喷出地表后温度降低速度很快，其矿物难以结晶，喷出岩一般表现为隐晶质或玻璃质。

答案：A

43. 解　两侧地层新，中间地层老，为背斜构造；两侧地层老，中间地层新，为向斜构造。上盘地层向下，下盘地层向上 ，为正断层；下盘地层向下，上盘地层向上，为逆断层。

答案：B

44. 解　太古代由于构造运动频繁和岩浆活动强烈，岩石普遍深度变质，形成古老的片麻岩、结晶片岩、石英岩、大理岩等，构成地壳的古老基底。元古代及古生代、中生代和新生代形成了主要覆盖大陆地壳表面的沉积岩。岩浆岩发育于地质历史全过程，但其在地壳中分布范围不够广泛，花岗岩是岩浆岩的一种类型。

答案：C

45. 解　山间洪流冲出沟口后失去沟壁约束而散开，由于坡度和流速突然减小，搬运物迅速沉积下来，形成扇状堆积地形，称为洪积扇。洪积扇沉积物未经长途搬运，成分复杂，故颗粒较粗、磨圆度和分选性较差、层理不很发育；平原区河流沉积物是经河流长途搬运、充分分选后沉积形成，表现出颗粒细小、成分单一、层理明显等特点。

答案：B

46. 解　根据吴氏网赤平极射投影原理，水平结构面的投影恰与大圆重合，当倾斜结构面的倾角逐渐增大时，其在吴氏网赤平面上的投影表现为逐渐由靠近大圆的圆弧向靠近大圆直径方向的圆弧发展，当岩层结构面直立时，为一通过圆心的直径线。因此，一个产状接近直立的结构面在赤平面上的投影圆弧的位置为靠近直径。

答案：B

47. 解　河流冲积物从上游到下游，其携带的复杂成分经过长途搬运分选和磨圆，表现出成分越来越单一、颗粒粒径越来越细小、层理越来越明显等特点。

答案：D

48. 解　风化作用包括物理风化、化学风化和生物风化等三种作用，影响风化作用的主要方面包括反映降雨量与气温变化的气候因素、岩石类型及岩石结构因素、地质构造对岩石的切割破坏程度因素及地形变化因素等，岩石硬度与岩石种类密切相关。水文地质条件相对前面几种因素对风化作用的影响较弱。

答案：D

49. 解　河流上游由于山谷河床坡降大、水流急的特点，一般以下蚀作用为主，沉积层较薄或无沉积层；河流下游河床坡降小、河谷宽、水流速度慢，成分单一的卵砾石或中粗砂等沉积下来形成河床沉积（C 项）；特别是河流的裁弯取直形成的牛轭湖沉积物（B 项），主要为含有大量有机质的淤泥（D 项）；洪水期河流由于横向环流形成的具有底部为砾石和粗砂、上部为河漫滩相细砂和黏土构成了典型二元结构沉积物（A 项）。

地层透水性强弱是由组成地层的土颗粒粗细程度决定的，组成地层的土颗粒越粗大，孔隙越大，透水性越强；反之，透水性越弱。因此，河床沉积物（C 项）的渗透性最强，河漫滩沉积物（A 项）的渗透性次之，牛轭湖沉积物（B 项）及含有大量有机质的淤泥（D 项）的渗透性最弱。

本题特点：

①考点内容广：河流地貌、河流沉积、沉积物组成、颗粒分选特征；

②渗透性概念：颗粒粗细决定渗透性强弱，实质是孔隙越大，渗透性越强。

答案：C

50. 解　标准贯入法的标贯器、洛阳铲和螺纹钻头获得的土样由于对土体的密度、结构甚至含水量等均有显著扰动和完全扰动，故所获土样仅为III、IV级。薄壁取土器由于是通过击入或压入将取土器贯入土中，获得的土样能够达到I级的原状试样要求。

答案：D

51. 解　为保证无筋扩展（刚性）基础悬出部分在基底反力作用下所产生的弯曲拉应力和剪应力不超过基础圬工的强度限值，在设计时应使无筋扩展（刚性）基础每个台阶宽度与厚度的比值保持在一定的比例范围内，这个最大的夹角即所谓刚性角σ_{max}。对符合这一要求的无筋扩展（刚性）基础，不必进行弯曲拉应力和剪应力的验算。

答案：B

52. 解　村、镇、旷野影响系数为 1.0，城市近郊影响系数为 0.95，城市市区影响系数为 0.90。故城市市区最小。

答案：D

53. 解 基底作用合力大且偏心时，按偏心受压公式计算出基底反力，出现所谓的拉力区，这是假设基底与土之间存在拉力的计算结果。实际情况是，基底与土之间不存在拉应力，故应按基底压力重分布条件计算地基反力。根据地基反力合力与基底作用合力大小相等、方向相反且作用在同一条直线上的条件，偏心合力作用下偏心方向的另一侧基底将出现0应力区。

答案：D

54. 解 在桩基附近开挖会减小侧摩阻力，对抗拔力不利，选项A错误。

混凝土用量不变，增大桩径，无论是减小桩的数量还是减小桩长，总侧面积均会减小，总抗拔力减小，所以选项B、C错误。

答案：D

55. 解 刚性角验算是刚性基础验算的内容，不用于承台设计验算。

答案：C

56. 解 开孔的目的是用于排气，减少气垫效应。气垫效应会降低强夯效果。

答案：C

57. 解 涉及筋与土之间的拉拔摩擦系数。

答案：D

58. 解 岩质边坡的稳定性和破坏模式主要受控于岩体中结构面的产状、规模、性质、数量以及与坡面和坡顶面产状之间的相对关系，一般是沿着结构面的滑动破坏或者陡倾岩层的倾倒破坏。边坡的变形与岩体的变形特性有一定关系，但主要受控于岩体的结构类型。原始应力和坡形对边坡变形与破坏的影响远小于结构面的影响，所以，本题的正确答案是C。

答案：C

59. 解 瑞典条分法是圆弧滑动破坏边坡稳定性分析的极限平衡方法中的最基本方法。由于滑动面为圆弧形，滑面上各处的下滑力和抗滑力方向均不同，所以，瑞典条分法采用整体的力矩平衡条件计算安全系数，将安全系数定义为抗滑力矩M_r与滑动力矩M_s的比值。其他几种用于圆弧滑动边坡稳定性分析的极限平衡方法也都采用了力矩的平衡条件。

答案：A

60. 解 边坡高度和边坡倾角是影响各类边坡稳定性的主要因素；岩石强度关系岩石边坡岩体的强度，间接影响边坡的稳定性；地下水位高低和坡体的渗水性能关系坡体内的水量、作用于结构面上的静水压力、渗透性，静水压力和渗透性都不利于边坡的稳定；软弱结构面的产状和力学性质则控制着岩石边坡的破坏形式。岩石类型对边坡稳定性的影响有限。因此，4个组合中，选项C最全面。

答案：C

2022 年度全国勘察设计注册土木工程师（岩土）执业资格考试试卷

基础考试（下）

二〇二二年十一月

应考人员注意事项

1. 本试卷科目代码为“2”，考生务必将此代码填涂在答题卡“科目代码”相应的栏目内，否则，无法评分。

2. 书写用笔：**黑色或蓝色钢笔、签字笔或圆珠笔**；

   填涂答题卡用笔：**黑色 2B 铅笔**。

3. 必须用书写用笔将工作单位、姓名、准考证号填写在答题卡和试卷相应的栏目内。

4. 本试卷由 60 题组成，每题 2 分，满分 120 分，本试卷全部为单项选择题，每小题的四个备选项中只有一个正确答案，错选、多选、不选均不得分。

5. 考生作答时，必须按**题号在答题卡上**将相应试题所选选项对应的**字母用 2B 铅笔涂黑**。

6. 在答题卡上书写与题意无关的语言，或在答题卡上作标记的，均按违纪试卷处理。

7. 考试结束时，由监考人员当面将试卷、答题卡一并收回。

8. 草稿纸由各地统一配发，考后收回。

单项选择题（共 60 题，每题 2 分。每题的备选项中只有一个最符合题意。）

1. 随着材料含水率的增加，材料密度的变化规律是：

A. 增加　　B. 不变

C. 下降　　D. 不确定

2. 硅酸盐水泥熟料，后期强度增加较快的矿物组成是：

A. 铝酸三钙　　B. 铁铝酸四钙

C. 硅酸三钙　　D. 硅酸二钙

3. 砂子的粗细程度以细度模数表示，其值越大表明：

A. 砂子越粗　　B. 砂子越细

C. 级配越好　　D. 级配越差

4. 下列措施中，能够有效抑制混凝土碱—骨料反应破坏的技术措施是：

A. 使用高碱水泥　　B. 使用大掺量粉煤灰

C. 使用较多的胶凝材料　　D. 使用较大水胶比

5. 下列措施中，改善混凝土拌合物和易性合理可行的方法是：

A. 采用最佳砂率　　B. 增加用水量

C. 掺早强剂　　D. 改用较大粒径骨料

6. 设计混凝土配合比时，确定水灰比的依据是：

A. 强度要求　　B. 和易性要求

C. 保水性要求　　D. 强度和耐久性要求

7. 钢材的屈强比越小，则：

A. 结构安全性高　　B. 强度利用率高

C. 塑性差　　D. 强度低

8. 水准测量中，已知A点水准尺读数为 1.234m，B点为 2.395m，则高差h_{BA}为：

A. +1.161m　　B. −1.161m

C. +3.629m　　D. −3.629m

9. 1：500 地形图的比例尺精度为：

A. 0.1m　　B. 0.05m

C. 0.2m　　D. 0.5m

10. 某导线的纵横坐标增量闭合差分别为$f_x = 0.04$m，$f_y = -0.05$m，若导线全长为 490.34m，则导线全长相对闭合差为：

A. 1/6400　　B. 1/7600

C. 1/5600　　D. 1/4000

11. 若要求地形图能反映实地 0.2m 的长度，则所用地形图的比例尺不应小于：

A. 1：500　　B. 1：1000

C. 1：2000　　D. 1：5000

12. 已知直线AB的坐标方位角为 186°，则直线BA所在的象限为：

A. 第四象限　　B. 第二象限

C. 第一象限　　D. 第三象限

13. 在从事建筑活动中，建筑工程的发包单位与承包单位应当依法订立书面合同，明确双方的：

A. 责任和义务　　B. 责任和权利

C. 权利和义务　　D. 归责和免责

14. 根据《中华人民共和国城乡规划法》，直辖市的城市总体规划，由直辖市人民政府报国务院审批，省、自治区人民政府所在地的城市以及国务院确定的城市的总体规划，由省、自治区、人民政府审查同意后，报：

A. 全国人大审批　　B. 国务院审批

C. 中央常委审批　　D. 住建部审批

15. 根据《中华人民共和国环境保护法》，生产、储存、运输、销售、使用有毒化学物品和含有放射性物质的物品，必须要遵守国家有关规定，防止：

A. 中毒事故　　B. 安全事故

C. 污染环境　　D. 修复环境

16. 注册证书和执业印章是注册土木工程师的：

A. 执业工具

B. 执业

C. 执业凭证

D. 执业特点

17. 砌筑砂浆应该随拌随用，当施工期间温度小于 30℃时，水泥砂浆和混合砂浆必须分别在拌成后多少时间内使用完毕？

A. 3h 和 4h　　B. 2h 和 3h

C. 1h 和 2h　　D. 4h 和 5h

18. 适用于开挖停机面以下的土方，挖土时后退向下，强制切土的施工机械是：

A. 正铲挖土机　　B. 反铲挖土机

C. 拉铲挖土机　　D. 抓铲挖土机

19. 编制进度计划过程中，在确定施工班组人数时，不考虑：

A. 最小劳动组合人数　　B. 最小工作面

C. 可能安排的施工人数　　D. 施工流水步距

20. 预制混凝土桩起吊时，要求混凝土强度达到设计强度的：

A. 60%　　B. 70%

C. 80%　　D. 100%

21. 全面质量管理的特点不包括：

A. 全方位　　B. 全过程

C. 全员参与　　D. 质量第一

22. 图示平面几何组成性质为：

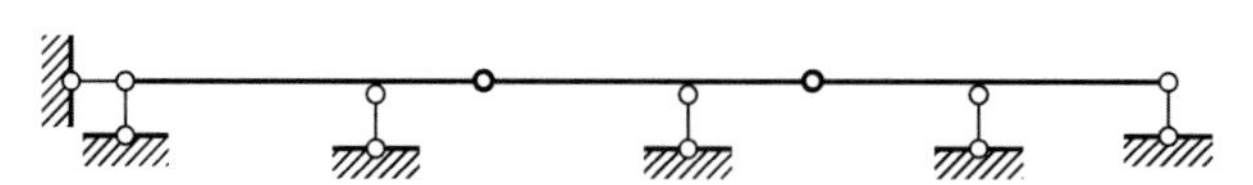

A. 几何不变，无多余约束　　　　B. 几何不变，有多余约束

C. 几何可变　　　　D. 瞬变

23. 图示桁架 c 杆的内力为：

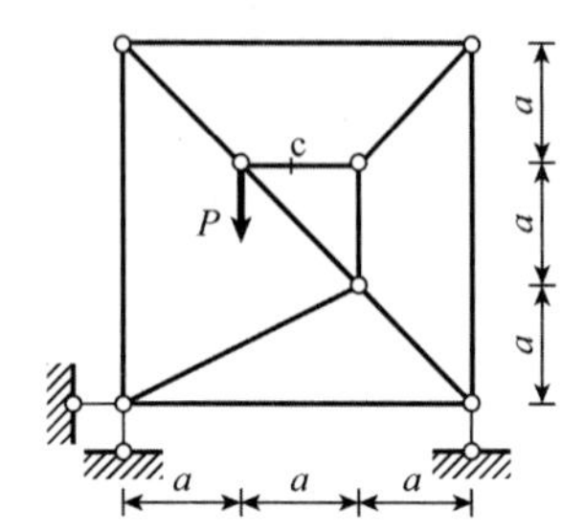

A. P

B. $-P/2$

C. $P/2$

D. 0

24. 图示结构，求A、B两点相对线位移时，虚力状态应在两点分别施加的单位力为：

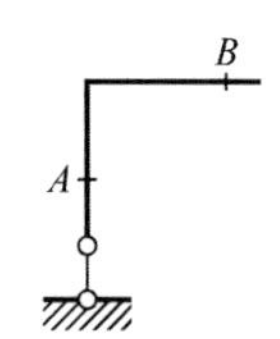

A. 竖向反向力

B. 水平反向力

C. 连线方向反向力

D. 反向力偶

25. 位移法典型方程中，主系数γ_{11}一定是：

A. 等于零　　　　B. 大于零

C. 小于零　　　　D. 大于或等于零

26. 图示体系在$P(t)=P\sin(\theta t)$作用下，不考虑阻尼，当$\theta=\sqrt{0.75EI/(ml^3)}$时，动力系数$\mu$为：

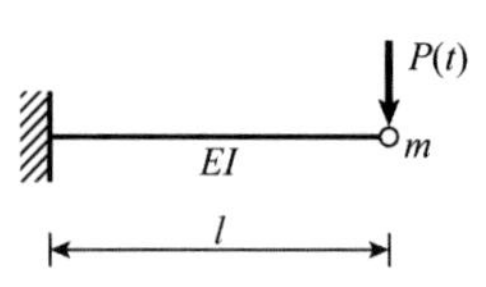

A. 0.75

B. 1.33

C. 1.50

D. 1.80

27. 混凝土试件受到双向正应力作用时，以下何种情况下强度降低?

A. 两向受压　　B. 两向受拉

C. 一向受拉，一向受压　　D. 凡双向受力，强度都降低

28. 有一均布荷载作用下的钢筋混凝土简支梁，截面尺寸为$b \times h = 200\text{mm} \times 500\text{mm}$，采用C20混凝土，作用有（设计值）：$M = 155\text{kN} \cdot \text{m}$，$V = 250\text{kN}$。梁内配置单排HRB335纵向受力钢筋，取$a_\text{s} = 35\text{mm}$，则该梁的截面尺寸：

（$f_\text{y} = 310\text{N/mm}^2$，$f_\text{c} = 9.6\text{N/mm}^2$，$f_\text{t} = 1.1\text{N/mm}^2$，$\alpha_1 = 1.0$，$\beta_\text{c} = 1.0$，$\xi_\text{b} = 0.55$）

A. 受剪满足，受弯不满足　　B. 受弯满足，受剪不满足

C. 受弯、受剪均满足　　D. 受弯、受剪均不满足

29. 后张法预应力混凝土轴心受拉构件，当截面处于消压状态时，预应力筋的拉应力σ_{p0}的值为：

A. $\sigma_{\text{con}} - \sigma_l$　　B. $\sigma_{\text{con}} - \sigma_l + \alpha_\text{E}\sigma_{\text{pc}}$

C. $\sigma_{\text{con}} - \sigma_l - \alpha_\text{E}\sigma_{\text{pc}}$　　D. 0

30. 关于单层厂房的支撑，下列说法不正确的是：

A. 柱间支撑可以将水平荷载传至基础

B. 柱间支撑可以保证厂房结构的纵向刚度和稳定

C. 屋架下弦横向水平支撑应设置在伸缩缝区段的两端

D. 下部柱间支撑应设置在伸缩缝区段的两端

31. 关于钢筋混凝土框架结构的变形，下列结论正确的是：

A. 框架结构的整体水平变形为弯曲形

B. 框架结构中，柱的轴向变形引起的侧移与结构高度无关

C. 框架结构的层间水平位移自顶层向下逐层递增

D. 框架结构的层间位移仅与柱的线刚度有关

32. 格构式轴心受压构件在验算其绕虚轴的整体稳定时采用换算长细比，是因为：

A. 格构式构件的整体稳定承载力高于同截面的实腹式构件

B. 考虑强度降低的影响

C. 考虑剪切变形的影响

D. 考虑单肢失稳对构件承载力的影响

33. 两块厚度分别为 10mm 和 12mm 的钢板，板宽为 300mm，采用对接焊缝连接，材料为 Q235 钢、无引弧板，承受静态轴心拉力 400kN，则焊缝应力为：

A. 119N/mm^2　　B. 121N/mm^2

C. 133N/mm^2　　D. 143N/mm^2

34. 自重应力场和构造应力场的叠加构成了岩体中初始应力场的主体，关于岩体的自重应力场，下列说法错误的是：

A. 岩体自重应力是由岩体的自重引起的

B. 研究岩体自重应力时，假定岩体是均匀、连续和各向同性的半无限弹性体，可以使用连续介质力学原理

C. 侧压力系数λ为 1 时，$\mu = 0.5$，即岩体处于静水应力状态（海姆假说）

D. 岩体的侧压系数λ小于或等于 1

35. 关于岩石的常规三轴抗压强度，下列说法错误的是：

A. 围压越大，轴向压力越大

B. 孔隙水压力使有效应力（围压）减小

C. 围压越大，岩石抗压强度越小

D. 脆性岩石随围压增大具有延性

36. 当各土层中仅存在潜水面而不存在毛细水和承压水时，在潜水位以下的土中自重应力为：

A. 静水压力

B. 总应力

C. 有效应力，但不等于总应力

D. 有效应力，但等于总应力

37. 对某土样进行侧限压缩试验，测得在 0kPa、50kPa、100kPa、200kPa、300kPa 的竖向固结压力作用下，压缩稳定后土样孔隙比分别为 0.965、0.880、0.840、0.800、0.775。该土样的压缩系数$a_{1\text{-}2}$为：

A. 0.4MPa^{-1}

B. 0.5MPa^{-1}

C. 0.6MPa^{-1}

D. 0.7MPa^{-1}

38. 已知地基土的抗剪强度指标为$c = 5\text{kPa}$，$\varphi = 30°$，当地基中某点的大主应力$\sigma_1 = 300\text{kPa}$，小主应力σ_3为多少时，该点刚好发生剪切破坏？

A. 84kPa

B. 94kPa

C. 106kPa

D. 116kPa

39. 当挡土墙后的填土处于被动极限平衡状态时，挡土墙：

A. 在外荷载作用下推挤墙背土体

B. 被土压力推动而偏离墙背土体

C. 被土体限制而处于原来位置

D. 受外力限制而处于原来位置

40. 某条形基础基底宽度$b = 4\text{m}$，埋深$d = 2\text{m}$，埋深范围内土的重度$\gamma_{\text{m}} = 17.0\text{kN/m}^3$，地基持力层土的重度$\gamma = 18.0\text{kN/m}^3$，内摩擦角$\varphi = 25°$，黏聚力$c = 8\text{kPa}$，试按太沙基理论求得地基发生整体剪切破坏时的地基极限承载力为：

（$\varphi = 25°$，$N_{\text{r}} = 11.0$，$N_{\text{q}} = 12.7$，$N_{\text{c}} = 25.1$）

A. 768.0kPa

B. 841.2kPa

C. 932.7kPa

D. 1028.6kPa

41. 沉积岩按其物质成分和结构构造可分为：

A. 碎屑岩、黏土岩、化学及生物化学岩

B. 黏土岩、化学岩、生物化学岩

C. 黏土岩、化学及生物化学岩、生物化学岩

D. 碎屑岩、生物化学岩、黏土岩

42. 造成牛轭湖相沉积的地质作用为：

A. 河流　　B. 湖泊

C. 海洋　　D. 地震

43. 沉积岩中的沉积间断面属于：

A. 构造结构面　　B. 次生结构面

C. 原生结构面　　D. 层间错动面

44. 下列全部属于变质岩构造类型的是：

A. 层理构造、千枚状、片状、片麻状

B. 层理构造、千枚状、块状、片麻状

C. 板状构造、千枚状、片状构造、片麻状

D. 块状、流纹状、气孔状、杏仁状

45. 近震是指距震中下列哪个数值的地震？

A. >1000km　　B. >100km

C. <1000km　　D. <100km

46. 风蚀作用包括吹蚀和磨蚀两种方式，其中吹蚀作用的主要对象是：

A. 软岩　　B. 砾石

C. 细砂　　D. 干燥的粉砂级和粘土级碎屑

47. 达西定律适用于土中渗流的流态是：

A. 稳定流　　B. 非稳定流

C. 层流　　D. 紊流

48. 矿化度是指每升地下水中的下列哪种物质？

A. 所有离子

B. 所有阳离子

C. Ca^{2+}、Mg^{2+}

D. 各种离子、分子、化合物（不含气体）的总和

49. 应进行场地与地基地震效应评价的建筑物，其抗震设防烈度应等于或大于：

A. 5 度　　B. 6 度

C. 7 度　　D. 8 度

50. 上盘下降、下盘上升的断层为：

A. 正断层　　B. 逆断层

C. 平移断层　　D. 斜交断层

51. 岩基稳定性分析一般采用下面哪一种理论？

A. 弹性理论　　B. 塑性理论

C. 弹塑性理论　　D. 弹塑黏性理论

52. 工程上计算同倾向双滑面型岩坡滑动时，一般采用下列哪种方法？

A. 条分法　　B. 赤平投影法

C. 传递系数法　　D. 极限平衡法

53. 计算地基土的短期承载力时，宜采用下列哪种试验结果作为抗剪强度指标？

A. 不固结不排水试验　　B. 固结不排水试验

C. 固结排水试验　　D. 固结快剪试验

54. 已知某承载力砖墙作用在条形基础顶面的轴心荷载$F_{\mathrm{k}} = 200\mathrm{kN/m}$，基础埋深$h = 0.5\mathrm{m}$，地基承载力特征值$f_{\mathrm{ak}} = 165\mathrm{kPa}$，最小底面宽度$b$为：

A. 1.22m　　B. 1.29m

C. 1.45m　　D. 1.57m

55. 对于框架结构，地基变形一般由哪一特征控制？

A. 沉降量　　B. 沉降差

C. 倾斜　　D. 局部倾斜

56. 下列属于非挤土桩的是？

A. 实心的混凝土预制桩　　B. 下端封闭的管桩

C. 沉管灌注桩　　D. 钻孔桩

57. 某承台下设置 3 根直径为 500mm 的灌注桩，桩长 12m，桩侧土层自上而下依次为淤泥，厚 8m，$q_{si}=8\text{kPa}$；粉土，厚 2m，$q_{si}=30\text{kPa}$；黏土，很厚（桩端伸入 2m），$q_{si}=36\text{kPa}$，$q_{\text{pk}}=1850\text{kPa}$。计算单桩竖向承载力特征值为：

A. 103.6kN　　B. 181.5kN

C. 285.2kN　　D. 335.4kN

58. 某桩下承台埋深为 1.5m，承台下设置 4 根灌注桩，桩中心距 1.8m，承台边长 2.5m。作用在承台顶面竖向荷载$F_{\text{k}}=2500\text{N}$，单桩竖向力为：

A. 625.0kN　　B. 656.3kN

C. 671.9kN　　D. 673.8kN

59. 地基处理方法分类中的挤密、振密法不包括：

A. 振动压实法　　B. 振动水冲法

C. 灰土桩挤密法　　D. 砂桩挤密法

60. 换填处理方法分类中，垫层的厚度：

A. <2.0m　　B. <2.5m

C. <3.0m　　D. <3.5m

2022年度全国勘察设计注册土木工程师（岩土）执业资格考试基础考试（下）试题解析及参考答案

1. 解 密度是指材料在绝对密实状态下单位体积的质量。水分存在于孔隙中，而密度与孔隙率无关，所以材料含水率增加，材料的密度不变。

答案： B

2. 解 硅酸盐水泥熟料矿物中，后期强度增加较快的是硅酸二钙，硅酸三钙早期强度和后期强度都较高，铝酸三钙和铁铝酸四钙对强度的贡献很小。

答案： D

3. 解 细度模数反映砂子的粗细程度，不能反映级配。细度模数越大，表明砂子越粗。

答案： A

4. 解 混凝土中的碱性氧化物（Na_2O、K_2O）与骨料中的活性二氧化硅或活性碳酸盐发生化学反应，生成碱硅酸凝胶或碱—碳酸盐凝胶，沉积在骨料与水泥石界面上，吸水后体积膨胀3倍以上，导致混凝土开裂破坏，这种碱性氧化物与骨料活性成分之间的化学反应称为碱—骨料反应。控制工程中碱—骨料反应的措施包括：①降低混凝土中的含碱量；②控制活性骨料的使用；③采用活性掺合料（如粉煤灰、矿渣粉等）；④加入碱—骨料反应抑制剂等。因此，在四个选项中，能够有效抑制碱—骨料反应破坏的技术措施为使用大掺量粉煤灰。

答案： B

5. 解 最佳砂率，也称为合理砂率，是指在用水量和胶凝材料用量一定的情况下，能使混凝土拌合物获得最大的流动性，且能保持黏聚性和保水性良好的砂率值。增加用水量会降低混凝土拌合物的强度和耐久性；掺入早强剂可以提高混凝土拌合物的早期强度，但不可以改善其和易性；在用水量和胶凝材料用量一定的情况下，改用较大粒径骨料会导致混凝土拌合物离析和泌水。所以改善混凝土拌合物和易性合理可行的方法是采用最佳砂率。

答案： A

6. 解 水灰比对混凝土强度和耐久性的影响很大，增大水灰比会使混凝土强度和耐久性降低，所以设计混凝土配合比时，确定水灰比的依据是强度和耐久性的要求。

答案： D

7. 解 钢材的屈强比是指屈服点（也称屈服强度）与抗拉强度的比值，反映钢材的安全性和利用率。屈强比越小，表明钢材在超过屈服点工作时可靠性较高，结构安全性越高。但是屈强比太小，则反映钢材的强度不能有效地被利用。

答案：A

8. 解　B点到A点的高差为：

$$h_{\mathrm{BA}}=h_{\mathrm{B}}-h_{\mathrm{A}}=2.395-1.234=1.161\mathrm{m}$$

答案：A

9. 解　比例尺精度指地形图上0.1mm的长度相应于地面的实地水平距离，故1：500地形图的比例尺精度为：

$$0.1\times10^{-3}\times500=0.05\mathrm{m}$$

答案：B

10. 解　导线全长闭合差为：

$$f=\pm\sqrt{f_x^2+f_y^2}=\pm\sqrt{0.04^2+0.05^2}=\pm0.064\mathrm{m}$$

故导线全长相对闭合差为：

$$k=\frac{f}{\sum d}=\frac{0.064}{490.34}=\frac{1}{7657}\approx\frac{1}{7600}$$

答案：B

11. 解　此题按照比例尺精度的概念求解，比例尺精度是地形图上0.1mm的长度相应于地面的实地水平距离，故根据题意，应有：$0.1\times10^{-3}\times M=0.2\mathrm{m}$

即：

$$\frac{1}{M}=\frac{0.1\times10^{-3}}{0.2}=\frac{1}{2000}$$

答案：C

12. 解　已知直线AB的坐标方位角为186°，则其反方位角直线BA的坐标方位角为6°，故直线BA所在的象限为第一象限。

答案：C

13. 解　《中华人民共和国建筑法》第十五条规定：建筑工程的发包单位与承包单位应当依法订立书面合同，明确双方的权利和义务。发包单位和承包单位应当全面履行合同约定的义务。不按照合同约定履行义务的，依法承担违约责任。

答案：C

14. 解　《中华人民共和国城乡规划法》第十四条规定：城市人民政府组织编制城市总体规划。直辖市的城市总体规划由直辖市人民政府报国务院审批。省、自治区人民政府所在地的城市以及国务院确定的城市的总体规划，由省、自治区人民政府审查同意后，报国务院审批。其他城市的总体规划，由城市人民政府报省、自治区人民政府审批。

答案：B

15. 解　《中华人民共和国环境保护法》第四十八条规定：生产、储存、运输、销售、使用、处置化学物品和含有放射性物质的物品，应当遵守国家有关规定，防止污染环境。

答案：C

16. 解　《勘察设计注册工程师管理规定》第十条规定：注册证书和执业印章是注册工程师的执业凭证，由注册工程师本人保管、使用。注册证书和执业印章的有效期为3年。

答案：C

17. 解　本题所列选项已经过时。现行《砌体结构工程施工质量验收规范》（GB 50203—2011）第4.0.10条及《砌体结构工程施工规范》（GB 50924—2014）第5.3.4条均规定：现场拌制的砂浆应随拌随用，拌制的砂浆应3h内使用完毕；当施工期间最高气温超过30℃时，应在2h内使用完毕，并未区分水泥砂浆和混合砂浆。《砌体结构工程施工质量验收规范》（GB 50203—2011）对第4.0.10的条文解释为：近年来，设计中对砌筑砂浆强度普遍提高，水泥用量增加，因此将砌筑砂浆拌和后的使用时间做了一些调整，统一按照水泥砂浆的使用时间进行控制。

若按已废止的《砌体工程施工质量验收规范》（GB 50203—2002）第4.0.11条规定:砂浆应随拌随用，水泥砂浆和水泥混合砂浆应分别在3h和4h内使用完毕；当施工期间最高气温超过30℃时，应分别在拌成后2h和3h内使用完毕。故可认为选项A正确。

答案：A

18. 解　正铲挖土机的工作特点是“前进向上、强制切土”，适用于开挖停机面以上的一～四类土；反铲挖土机的工作特点是“后退向下、强制切土”，适用于开挖停机面以下的一～三类土；拉铲挖土机的工作特点是“后退向下、自重切土”，适用于开挖停机面以下的一～二类土；抓铲挖土机的工作特点是“直上直下、自重切土（液压抓斗可强制切土）”，适用于开挖停机面以下的一～二类土。故题目所述为反铲挖土机，选项B正确。

答案：B

19. 解　编制施工进度计划在确定某工作的作业时间时，应先确定参与该工作的人数（或施工班组人数）。确定人数时，除了要考虑可能供应的情况外，还应考虑工作面大小、最小劳动组合要求、施工现场与后勤保障条件，以及机械的配合能力等因素，以使其数量安排切实可行。故选项A、B、C所述均在考虑之列。在组织流水施工时，施工班组的人数有时需要根据已定的“流水节拍”而确定，但不需要考虑“流水步距”，故选项D正确。

答案：D

20. 解　《建筑地基基础工程施工规范》（GB 51004—2015）第5.5.3条规定：混凝土预制桩的混凝

土强度达到70%后方可起吊，达到100%后方可运输。

答案： B

21. 解 全面质量管理的特点主要是“三全”，即全方位、全过程和全员参与。

①“全方位”是指项目参与各方（建设、监理、勘察、设计、施工总承包、施工分包等单位及材料、设备供应商等）所进行的工程（产品）质量与工作质量的全面管理，以及对工程的质量、成本、工期、服务等各方面的全方位质量管理。

②“全过程”是指对产品产生、形成、运行的整个过程进行质量控制，包括项目策划与决策过程、勘察设计过程、设备材料采购过程、施工组织与实施过程、施工生产的检验试验过程、工程质量的评定过程、工程竣工验收与交付过程、工程回访维修服务过程等。

③“全员参与”是指组织和动员全体员工参与到实施质量方针的系统活动中去，发挥自己的角色和作用。

而“质量第一，一切为用户着想”“一切以预防为主”“一切用数据说话”“一切工作按PDCA循环进行”等是全面质量管理的理念方针和方法。

答案： D

22. 解 题图最右侧的链杆支座可视为多余约束，去掉它，则剩余结构即为静定结构。如解图所示，该结构是按两刚片规则依次发展AB至C再至D的多跨静定梁，为几何不变体系，则原结构为几何不变，有多约余束体系。

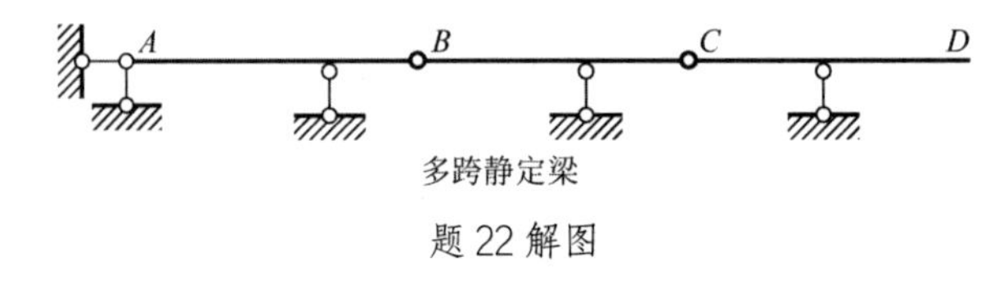

题22解图

答案： B

23. 解 截取荷载作用的结点为隔离体，并作垂直于斜杆的投影轴线1-1，如解图所示。

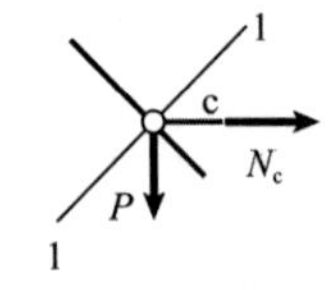

题23解图

建立1-1轴的投影平衡方程，可得$N_C = P$。

答案： A

24. 解 求位移时施加的单位力应与所求位移匹配，乘积为功。求A、B两点连线方向的相对线位移需沿连线方向施加一对反向集中力。

答案： C

25. 解 位移法典型方程中的主系数是某个附加约束的单位位移引起自身约束中的反力，其值恒为正，不可能等于零也不可能小于零。

答案：B

26. 解 先计算悬臂梁自由端的柔度系数$\delta=\frac{l^3}{3EI}$以及体系的自振频率$\omega=\sqrt{\frac{1}{m\delta}}=\sqrt{\frac{3EI}{ml^3}}$，代入单自由度体系在简谐荷载作用下的动力系数公式计算，可得：

$$\mu=\frac{1}{1-\frac{\theta^2}{\omega^2}}=\frac{1}{1-\frac{0.75}{3}}=1.33$$

答案：B

27. 解 当混凝土双向受压时，本身变形受到约束，两个方向的抗压强度比单轴受压时有所提高。当混凝土一个方向受压，另一个方向受拉时，其抗压或抗拉强度都比单轴抗压或抗拉时的强度低，这是由于异号应力加速变形的发展，使得混凝土较快地达到极限应变值的缘故。当混凝土双向受拉时，其抗拉强度与单轴受拉时无明显差别。

答案：C

28. 解 根据《混凝土结构设计规范》（GB 50010—2010）（2015 年版）第 6.2.10 条，该梁能够承受的最大弯矩为：

$$\begin{aligned}M_\mathrm{u}&=\alpha_1 f_\mathrm{c} b h_0^2 \xi_\mathrm{b}(1-0.5\xi_\mathrm{b})=1.0\times 9.6\times 200\times(500-35)^2\times 0.55\times(1-0.5\times 0.55)\\&=165.54\mathrm{kN\cdot m}>M=155\mathrm{kN\cdot m}\end{aligned}$$

故正截面受弯满足要求（$\xi_\mathrm{b}=x_\mathrm{b}/h_0$）。

根据第 6.3.1 条，$h_\mathrm{w}/b=500/200=2.5<4$，该梁能够承受的最大剪力为：

$$V_\mathrm{u}=0.25\beta_\mathrm{c} f_\mathrm{c} b h_0=0.25\times 1.0\times 9.6\times 200\times 465=223.2\mathrm{kN}<V=250\mathrm{kN}$$

故斜截面受剪不满足要求。

答案：B

29. 解 根据《混凝土结构设计规范》（GB 50010—2010）（2015 年版）第 10.1.6 条第 1 款、第 2 款，先张法预应力混凝土轴心受拉构件，当预应力筋合力点处混凝土法向应力等于零时（消压状态），预应力筋的拉应力为$\sigma_\mathrm{p0}=\sigma_\mathrm{con}-\sigma_l$。后张法预应力混凝土轴心受拉构件，预应力筋合力点处混凝土法向应力等于零时，预应力筋的拉应力为$\sigma_\mathrm{p0}=\sigma_\mathrm{con}-\sigma_l+\alpha_\mathrm{E}\sigma_\mathrm{pc}$。

答案：B

30. 解 支撑系统主要用于加强厂房的整体刚度和稳定性，并传递风荷载及吊车水平荷载，可分为屋盖支撑和柱间支撑两大类。根据《建筑抗震设计规范（附条文说明）》（GB 50011—2010）（2016 年版）第 9.1.23 条第 1 款，一般情况下，应在厂房单元中部设置上、下柱间支撑，选项 D 错误。

答案：D

31. 解 框架结构的整体水平变形呈剪切形，由于层间剪力自顶层向下逐层累加，所以层间位移是自顶层向下逐层递增，选项 A 错误，选项 C 正确。框架结构中，柱的轴向变形引起的侧移与房屋的高度、宽度有关，房屋越高，宽度越窄，则由柱的轴向变形引起的顶点位移就越大，选项B错误。框架柱的侧移刚度不仅与柱本身的线刚度有关，还与梁的线刚度有关，选项D错误。

答案：C

32. 解 根据《钢结构设计标准》（GB 50017—2017）第7.2.3条，格构式轴心受压构件的稳定性计算，对虚轴应取换算长细比。对于格构式轴心受压构件，当绕虚轴弯曲时，剪切变形较大，对弯曲屈曲临界力有较大影响，因此应采用换算长细比来考虑此不利影响。

答案：C

33. 解 根据《钢结构设计标准》（GB 50017—2017）第11.2.1条，焊缝应力：

$$\sigma = \frac{N}{l_w h_e} = \frac{400 \times 10^3}{(300 - 2 \times 10) \times 10} = 142.9\text{N/mm}^2$$

注：凡要求等强的对接焊缝，施焊时应采用引弧板和引出板，以避免焊缝两端的起、落弧缺陷。当无法采用引弧板和引出板时，计算每条焊缝长度时应减去$2t$（t为焊件的较小厚度）。

答案：D

34. 解 初始地应力场包括自重应力场和构造应力场，前者是岩体自重引起的应力，竖向应力等于岩体自重。假设岩体是均匀、连续和各向同性的半无限弹性体，在竖向应力作用下，水平方向的应变为零，采用广义胡克定律计算得出水平方向应力等于竖向应力乘以侧压系数，侧压系数等于$\mu/(1-\mu)$，μ为岩体的泊松比，所以，自重应力场的侧压系数一般小于0.5，竖向应力大于水平应力，且两个方向的水平应力相等。海姆假设地应力场为三个方向相等的静水压力状态。

构造应力为地质构造运动引起的地应力，特征是最大主应力作用于近水平方向，最小主应力作用于竖向，因此，侧压系数大于1。由此可见，选项D错误。

答案：D

35. 解 如解图所示，常规三轴抗压试验得出的岩石应力与应变关系曲线随着围压的增大会发生改变，围压越大，曲线的峰值位置会越高（表示岩石的抗压强度越大），峰后曲线的斜率则越小。这说明围压较小时，岩石表现出脆性变形特征，随着围压的增大，脆性特征逐渐消失，延性特征开始出现。另外，孔隙水压力作用方向与围压相反，因此，孔隙水压力会导致有效应力（围压）减小。可见，选项C错误。

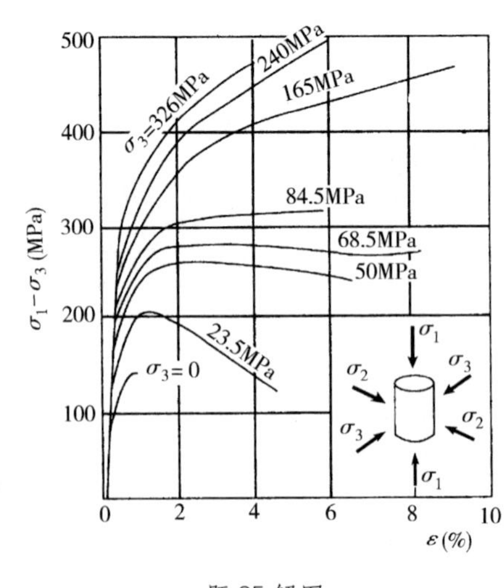

题35解图

答案：C

36. 解 浅水层以下土的自重应力为有效应力，即扣除浮力之后土颗粒传递的应力，即

有效应力 = 总应力 − 静水压力

答案：C

37. 解 根据压缩系数的定义，$a_{1\text{-}2}$为固结压力100kPa到200kPa压力段压缩曲线的斜率，即：

$$a_{1\text{-}2}=\frac{e_1-e_2}{p_2-p_1}\times10^3=\frac{0.84-0.8}{200-100}\times10^3=0.4\text{MPa}^{-1}$$

答案：A

38. 解 根据莫尔-库仑强度理论，极限平衡条件下，大、小主应力之间的关系式为：

$$\sigma_3=\sigma_1\tan^2\left(45°-\frac{\varphi}{2}\right)-2c\tan\left(45°-\frac{\varphi}{2}\right)$$

即

$$\sigma_3=400\tan^2\left(45°-\frac{30°}{2}\right)-2\times5\tan\left(45°-\frac{30°}{2}\right)\approx94\text{kPa}$$

答案：B

39. 解 根据被动土压力的概念，当挡土墙墙背在外力作用下向土体方向移动时，挡土墙挤压土体；土中剪应力增加到抗剪强度时，达到被动极限平衡状态。故选项A正确。

答案：A

40. 解 根据太沙基理论，条形浅基础下的地基极限承载力计算公式：

$$\begin{aligned}p_{\text{u}}&=\frac{\gamma b}{2}N_{\text{r}}+cN_{\text{c}}+\sigma_0N_{\text{q}}\\&=\frac{18\times4}{2}\times11+8\times25.1+17\times2\times12.7=1028.6\text{kPa}\end{aligned}$$

答案：D

41. 解 沉积岩按其物质成分和结构构造，可分为碎屑岩、黏土岩、化学及生物化学岩三类。碎屑岩包括砾岩、砂岩和粉砂岩，黏土岩包括泥岩和页岩，化学及生物化学岩包括碳酸盐岩（石灰岩、白云岩、泥灰岩、灰质白云岩等）、硅质岩、油页岩、硅藻岩及含有生物化石岩石等。沉积岩不单独划分化学岩和生物化学岩，而是归为化学及生物化学岩类别中。

答案：A

42. 解 牛轭湖是当河流侧蚀作用造成河流弯曲得十分厉害，一旦裁弯取直，由原来弯曲的河道淤塞而形成的。牛轭湖相沉积物一般是泥炭、淤泥，属于河流地质作用，不属于湖泊、海洋地质作用，而地震为构造作用。

答案：A

43. 解 结构面可分为原生结构面、构造结构面和次生结构面三类。原生结构面是成岩阶段形成的结构面，包括沉积结构面（层理面、沉积间断面及原生软弱夹层等）、火成结构面（火成岩中的流层、流线、原生节理、侵入体与围岩的接触面及软弱接触面等）、变质结构面（片麻理、片理、板理等）；构造结构面主要为劈理、节理、断层和层间错动带等；次生结构面主要为风化裂隙、卸荷裂隙、泥化夹层、工程爆破裂隙等。沉积间断面为原生结构面，包括平行不整合面（假整合）和角度不整合面。

答案：C

44. 解 变质岩构造包括变余构造、块状构造、板状构造、千枚状、片状构造、片麻状、条带状、眼球状构造等，层理构造为沉积岩的独有构造类型，流纹状、气孔状、杏仁状构造为火成岩的构造类型。

答案：C

45. 解 近震是距震中小于1000km的地震，远震是距震中大于1000km的地震。划分近震、远震以便于采用不同方法计算震级。

答案：C

46. 解 风蚀作用包括吹蚀和磨蚀两种方式。吹蚀作用的主要对象是干燥的粉砂级和黏土级碎屑。磨蚀作用是被风吹扬起的碎屑物质在沿地表运动时，对地面岩石的碰撞和磨蚀。

答案：D

47. 解 地下水在岩土空隙中渗流时，水的质点做有序、互不混杂的流动，称为层流运动；水的质点做无序、互相混杂的流动，称为紊流运动。水在渗流场内运动，各个运动要素（水位、流速、流向等）不随时间改变时称为稳定流，运动要素随时间改变时称为非稳定流。在天然条件下，地下水的实际流速很小，绝大多数情况下地下水的运动为层流状态，符合达西线性渗透定律。对于岩溶管道及宽大裂隙，由于地下水流速快，处于紊流状态，达西定律不再适用。

答案：C

48. 解 每升地下水中各种离子、分子与化合物的总和称为矿化度，以g/L或mg/L为单位。

答案：D

49. 解 房屋建筑和构筑物的岩土工程勘察，对于抗震设防烈度等于或大于6度的场地，应进行场地与地基的地震效应评价。

答案：B

50. 解 断层按形态分类，分为正断层、逆断层和平移断层。正断层是指断层上盘沿断层面相对下移、下盘相对上移的断层；逆断层上、下盘的相对位移正好与正断层相反；平移断层是断层两盘沿断层走向相对平移运动。斜交断层是指断层走向与岩层走向呈斜交关系。

答案：A

51. 解 岩基应力和沉降计算均采用弹性理论，坝基稳定性分析则采用极限平衡方法计算安全系数，所以，都不会用到塑性理论、弹塑性理论以及弹塑黏性理论。

答案：A

52. 解 极限平衡法是边坡稳定分析的最常用方法，包括针对不同形态滑动面的多种极限平衡方法，比如，针对圆弧滑面的瑞典条分法、针对不规则滑面或折线形滑面的传递系数法等，大部分都需要对滑体进行条分。传递系数法具有简单、实用等特点，在国内应用十分广泛。赤平投影法是基于赤平极射投影和实体比例投影的岩质边坡稳定性分析方法，用摩擦圆考虑摩阻力，可用于沿单滑面的平面滑动、沿两相交结构面交线方向滑动的楔形体稳定分析。

题中同倾向双滑面型岩坡属于折线形滑面，传递系数法可方便地用于此类边坡的稳定分析，赤平投影法则不适合，极限平衡法是一类方法的总称，包括传递系数法，而条分法也包括多种方法。因此，最合理选项为 C。

答案：C

53. 解 计算地基土的短期承载力时，外荷载作用时间短、施工速度快，较接近不固结不排水试验条件，推荐 UU 试验结果作为抗剪强度指标。

答案：A

54. 解 根据《建筑地基基础设计规范》（GB 50007—2011）第 5.2.2 条，条形基础宽度b为：

$$b \geqslant \frac{F_{\mathrm{k}}}{f_{\mathrm{ak}} - \gamma_{\mathrm{G}} h} = \frac{200}{165 - 20 \times 0.5} = 1.29\mathrm{m}$$

答案：B

55. 解 根据《建筑地基基础设计规范》（GB 50007—2011）第 5.3.3 条，框架结构和单层排架结构应由相邻柱基的沉降差控制。

答案：B

56. 解 根据《建筑桩基技术规范》（JGJ 94—2008）第 3.3.1 条，钻孔桩施工过程中无挤土效应，为非挤土桩，其他均为挤土桩。

答案：D

57. 解 摩擦桩基承载力由摩擦力和端承力组成，根据《建筑桩基技术规范》（JGJ 94—2008）第 5.3.5 条与第 5.2.2 条：

$$Q_{\mathrm{uk}} = u \sum q_{\mathrm{sik}} l_i + q_{\mathrm{pk}} A_{\mathrm{p}}$$

$$Q_{\mathrm{uk}} = 3.14 \times 0.5 \times (8 \times 8 + 2 \times 30 + 2 \times 36) + 3.14 \times \frac{0.5^2}{4} \times 1850 = 670.78\mathrm{kN}$$

$$R_{\mathrm{a}} = \frac{1}{K} Q_{\mathrm{uk}} = \frac{1}{2} \times 670.78 = 335.39\mathrm{kN}$$

答案：D

58. 解 根据《建筑桩基技术规范》（JGJ 94—2008）第 5.1.1 条：

$$N_{\mathrm{k}} = \frac{F_{\mathrm{k}} + G_{\mathrm{k}}}{n} = \frac{2500 + 1.5 \times 2.5^2 \times 20}{4} = 671.875\mathrm{kN}$$

答案：C

59. 解 根据《建筑地基处理技术规范》（JGJ 79—2012）第6.2.2条，振动压实法为压实地基处理方法。

答案：A

60. 解 根据《建筑地基处理技术规范》（JGJ 79—2012）第4.1.4条，换填垫层的厚度应根据置换软弱土层深度以及下卧土层的承载力确定，厚度宜为0.5~3m。

答案：C

附录一

注册土木工程师（岩土）执业资格考试
专业基础考试大纲

十、土木工程材料

10.1　材料科学与物质结构基础知识

材料的组成：化学组成　矿物组成及其对材料性质的影响

材料的微观结构及其对材料性质的影响：原子结构　离子键金属键　共价键和范德华力　晶体与无定形体（玻璃体）

材料的宏观结构及其对材料性质的影响

建筑材料的基本性质：密度　表观密度与堆积密度　孔隙与孔隙率

特征：亲水性与憎水性　吸水性与吸湿性　耐水性　抗渗性　抗冻性　导热性强度与变形性能脆性与韧性

10.2　材料的性能和应用

无机胶凝材料：气硬性胶凝材料　石膏和石灰技术性质与应用

水硬性胶凝材料：水泥的组成　水化与凝结硬化机理　性能与应用

混凝土：原材料技术要求　拌和物的和易性及影响因素　强度性能与变形性能

耐久性-抗渗性、抗冻性、碱-骨料反应　混凝土外加剂与配合比设计

沥青及改性沥青：组成、性质和应用

建筑钢材：组成、组织与性能的关系　加工处理及其对钢材性能的影响　建筑钢材和种类与选用

木材：组成、性能与应用

石材和黏土：组成、性能与应用

十一、工程测量

11.1　测量基本概念

地球的形状和大小　地面点位的确定　测量工作基本概念

11.2　水准测量

水准测量原理　水准仪的构造、使用和检验校正　水准测量方法及成果整理

11.3　角度测量

经纬仪的构造、使用和检验校正　水平角观测　垂直角观测

11.4　距离测量

卷尺量距　视距测量　光电测距

11.5　测量误差基本知识

测量误差分类与特性　评定精度的标准　观测值的精度评定　误差传播定律

11.6　控制测量

平面控制网的定位与定向　导线测量　交会定点　高程控制测量

11.7　地形图测绘

地形图基本知识　地物平面图测绘　等高线地形图测绘

11.8　地形图应用

地形图应用的基本知识　建筑设计中的地形图应用　城市规划中的地形图应用

11.9　建筑工程测量

建筑工程控制测量　施工放样测量　建筑安装测量　建筑工程　变形观测

十二、职业法规

12.1　我国有关基本建设、建筑、房地产、城市规划、环保等方面的法律法规

12.2　工程设计人员的职业道德与行为准则

十三、土木工程施工与管理

13.1　土石方工程　桩基础工程

土方工程的准备与辅助工作　机械化施工　爆破工程　预制桩、灌注桩施工　地基加固处理技术

13.2　钢筋混凝土工程与预应力混凝土工程

钢筋工程　模板工程　混凝土工程　钢筋混凝土预制构件制作　混凝土冬、雨季施工　预应力混凝土施工

13.3　结构吊装工程与砌体工程

起重安装机械与液压提升工艺　单层与多层房屋结构吊装　砌体工程与砌块墙的施工

13.4　施工组织设计

施工组织设计分类　施工方案　进度计划　平面图　措施

13.5　流水施工原理

节奏专业流水　非节奏专业流水　一般的搭接施工

13.6　网络计划技术

双代号网络图　单代号网络图　网络计划优化

13.7　施工管理

现场施工管理的内容及组织形式　进度、技术、全面质量管理　竣工验收

十四、结构力学与结构设计

14.1　结构力学

14.1.1　平面体系的几何组成

几何不变体系的组成规律及其应用

14.1.2　静定结构受力分析与特性

静定结构受力分析方法　反力　内力的计算与内力图的绘制　静定结构特性及其应用

14.1.3　静定结构位移

广义力与广义位移　虚功原理　单位荷载法　荷载下静定结构的位移计算　图乘法　支座位移和温度变化引起的位移　互等定理及其应用

14.1.4　超静定结构受力分析及特性

超静定次数　力法基本体系　力法方程及其意义　等截面直杆刚度方法　位移法基本未知量　基本体系基本方程及其意义　等截面直杆的转动刚度　力矩分配系数与传递系数　单结点的力矩分配　对称性利用　超静定结构位移　超静定结构特性

14.1.5　结构动力特性与动力反应

单自由度体系　自振周期　频率　振幅与最大动内力　阻尼对振动的影响

14.2　结构设计

14.2.1　钢筋混凝土结构

材料性能：钢筋　混凝土

基本设计原则：结构功能　极限状态及其设计表达式　可靠度

承载能力极限状态计算：受弯构件　受扭构件　受压构件　受拉构件　冲切　局压　疲劳

正常使用极限状态验算：抗裂　裂缝　挠度

预应力混凝土：轴拉构件　受弯构件

单层厂房：组成与布置　柱　基础

多层及高层房屋：结构体系及布置　剪力墙结构　框-剪结构　框-剪结构设计要点

抗震设计要点；一般规定　构造要求

14.2.2　钢结构

钢材性能：基本性能　结构钢种类

构件：轴心受力构件　受弯构件　拉弯和压弯构件的计算和构造

连接：焊缝连接普通螺栓和高强螺栓连接　构件间的连接

14.2.3　砌体结构

材料性能：块材　砂浆　砌体

基本设计原则：设计表达式

承载力：抗压　局压

混合结构房屋设计：结构布置　静力计算　构造

房屋部件：圈梁　过梁　墙梁　挑梁

抗震设计要点：一般规定　构造要求

十五、岩体力学与土力学

15.1　岩石的基本物理、力学性能及其试验方法

岩石的物理力学性能等指标及其试验方法

岩石的强度特性、变形特性、强度理论

15.2　工程岩体分级

工程岩体分级的目的和原则

工程岩体分级标准（GB 50218—94）简介

15.3　岩体的初始应力状态

初始应力的基本概念　量测方法简介　主要分布规律

15.4　土的组成和物理性质

土的三相组成和三相指标　土的矿物组成和颗粒级配　土的结构

黏性土的界限含水率　塑性指数　液性指数

砂土的相对密实度　土的最佳含水率和最大干密度

土的工程分类

15.5　土中应力分布及计算

土的自重应力　基础底面压力　基底附加压力　土中附加应力

15.6　土的压缩性与地基沉降

压缩试验　压缩曲线　压缩系数　压缩指数　回弹指数　压缩模量　载荷试验

变形模量　高压固结试验　土的应力历史　先期固结压力　超固结比

正常固结土　超固结土　欠固结土

沉降计算的弹性理论法　分层总和法　有效应力原理　一维固结构论　固结系数固结度

15.7　土的抗剪强度

土中一点的应力状态　库仑定律　土的极限平衡条件　内摩擦角　黏聚力

直剪试验及其适用条件　三轴试验　总应力法　有效应力法

15.8　特殊性土

软土　黄土　膨胀土　红黏土　盐渍土　冻土　填土　可液化土

15.9　土压力

静止土压力、主动土压力和被动土压力

朗肯土压力理论　库仑土压力理论

15.10　边坡稳定分析

土坡滑动失稳的机理　均质土坡的稳定分析　土坡稳定分析的条分法

15.11　地基承载力

地基破坏的过程　地基破坏形式

临塑荷载和临界荷载　地基极限承载力　斯肯普顿公式　太沙基公式　汉森公式

十六、工程地质

16.1　岩石的成因和分类

主要造岩矿物　火成岩、沉积岩及变质岩的成因及其分类

常见岩石的成分、结构、构造及其他主要特征

16.2　地质构造和地史概念

褶皱形态和分类　断层形态和分类　地层的各种接触关系

大地构造概念　地史演变概况和地质年代表

16.3　地貌和第四纪地质

各种地貌形态的特征和成因　第四纪分期

16.4　岩体结构和稳定分析

岩体结构面和结构体的类型和特征

赤平极射投影等结构面的图示方法

根据结构面和临空面的关系进行稳定分析

16.5　动力地质

地震的震级、烈度、近震、远震及地震波的传播等基本概念　断裂活动和地震的关系

活动断裂的分类和识别及对工程的影响

岩石的风化

流水、海洋、湖泊、风的侵蚀、搬运和沉积作用

滑坡、崩塌、岩溶、土洞、塌陷、泥石流、活动沙丘等不良地质现象的成因、发育过程和规律及其对工程的影响

16.6　地下水

渗透定律　地下水的赋存、补给、径流、排泄规律

地下水埋藏分类

地下水对工程的各种作用和影响　地下水向集水构筑物运动的计算　地下水的化学成分和化学性质　水对建筑材料腐蚀性的判别

16.7　岩土工程勘察与原位测试技术

勘察分级　各类岩土工程勘察基本要求　勘探　取样　土工参数的统计分析

地基土的岩土工程评价

原位测试技术：载荷试验　十字板剪切试验　静力触探试验

圆锥动力触探试验　标准贯入试验　旁压试验　扁铲侧胀试验

十七、岩体工程与基础工程

17.1　岩体力学在边坡工程中的应用

边坡的应力分布、变形和破坏特征

影响边坡稳定性的主要因素　边坡稳定性评价的平面问题　边坡治理的工程措施

17.2　岩体力学在岩基工程中的应用

岩基的基本概念　岩基的破坏模式

基础下岩体的应力和应变

岩基浅基础、岩基深基础的承载力计算

17.3　浅基础

浅基础类型　刚性基础　独立基础　条形基础　筏板基础　箱形基础

基础埋置深度　基础平面尺寸确定　地基承载力确定　深宽修正　下卧层验算

地基沉降验算　减少不均匀沉降损害的措施

地基、基础与上部结构共同工作的概念

浅基础的结构设计

17.4　深基础

深基础类型　桩与桩基础的类型

单桩的荷载传递特性　单桩竖向承载力的确定方法

群桩效应　群桩基础的承载力　群桩的沉降计算

桩基础设计

17.5 地基处理

地基处理目的 地基处理方法分类 地基处理方案选择

各种地基处理方法的加固机理、设计计算、施工方法和质量检验

附录二

注册土木工程师（岩土）执业资格考试 专业基础试题配置说明

土木工程材料	7题
工程测量	5题
职业法规	4题
土木工程施工与管理	5题
结构力学与结构设计	12题
岩体力学与土力学	7题
工程地质	10题
岩体工程与基础工程	10题

合计60题，每题2分。考试时间为4小时。

上、下午总计180题，满分为240分。考试时间总计为8小时。